滨海湿地
生态维护的理论与实践
——以曹妃甸湿地为例

王印庚　陈克林　李学军 ◎主编

中国农业出版社
北　京

内容提要

　　本书系统介绍了湿地的基本概念、类型、特征和功能，分析了环渤海区域黄河三角洲湿地、北大港滨海湿地、唐山段滨海湿地、双台子河口滨海湿地等 10 多个湿地的现状、功能退化原因及恢复方法，阐述了外来生物入侵与防控措施；以曹妃甸湿地和鸟类省级自然保护区为例，重点介绍了该保护区的生态特征，全面总结了曹妃甸湿地动植物种类，记录了鸟类 439 种、高等植物 287 种；从湿地保护区核心区、缓冲区的法规政策要求和功能定位出发，探索性提出湿地维护的退养还湿措施，同时针对实验区制定了多种生态种养方案。在生态维护技术上，创新性实施鱼虾蟹混养、水循环＋生物链双循环，构建鱼鸟共生系统和以卤虫为核心的湿地生态维护系统，实现了人工湿地保湿、维护生物多样性和保障鸟类食物等生态功能；引入生物安保理念，保障保护区免受有害微生物侵害。本书全面反映了曹妃甸湿地在生境、资源、生态维护等方面取得的研究成果，是一本研究滨海湿地维护、退养还湿、生态种养及鸟类保护的专业图书，旨在先行先试，探索滨海湿地生态维护的新路径、新方法。

　　本书可为滨海湿地、生态环境、鸟类保护领域的科研技术人员、大专院校师生、湿地保护区行政管理人员以及湿地爱好者提供参考和借鉴。

本书得到以下项目支持：

- 国家重点研发计划"蓝色粮仓科技创新"专项——水产养殖动物病害免疫预防与生态防控技术项目（SQ2019YFD090034）（2019—2022 年）
- 山东省泰山产业领军人才项目——山东省海水养殖重大疫病防控诊疗技术产品研发及公共服务平台建设（2018—2022 年）
- 曹妃甸养殖水域滩涂规划（2018—2030 年）
- 农业农村部 2022 年度渔业绿色循环发展试点项目
- 河北省曹妃甸湿地生态养护方案规划项目（2020 年）
- 2018 年中央财政林业改革发展资金项目——曹妃甸湿地珍稀水鸟栖息地恢复工程建设项目
- 河北曹妃甸湿地和鸟类省级自然保护区 2019 年中央财政湿地保护与修复项目

资助出版单位

曹妃甸区湿地和鸟类省级自然保护区管理服务中心

唐山曹妃甸惠通水产科技有限公司

岳阳渔美康生物科技有限公司

本书编委会

主　编：王印庚　中国水产科学研究院黄海水产研究所　二级研究员
　　　　　　　　中国水产学会水生生物健康管理科学传播专家团队首席专家
　　　　陈克林　国际湿地（中国）　主任
　　　　　　　　中国科学院东北地理与农业生态研究所　研究员
　　　　李学军　曹妃甸区湿地和鸟类省级自然保护区管理服务中心　原主任
副主编：孙中之　中国水产科学研究院黄海水产研究所　研究员
　　　　李　彬　中国水产科学研究院黄海水产研究所　高级工程师
　　　　高儒林　曹妃甸区湿地和鸟类省级自然保护区管理服务中心　农艺师
　　　　王　骥　曹妃甸区湿地和鸟类省级自然保护区管理服务中心　主任
　　　　王术庆　唐山曹妃甸惠通水产科技有限公司　高级工程师/董事长
　　　　周锡勋　岳阳渔美康生物科技有限公司　农艺师/副总经理
参　编：齐遵利　河北农业大学　教授
　　　　王文斌　曹妃甸区农业农村局　研究员
　　　　王　昆　唐山曹妃甸农业发展集团　政工师/董事长
　　　　霍永生　曹妃甸区湿地和鸟类省级自然保护区管理服务中心　科长
　　　　张　正　中国水产科学研究院黄海水产研究所　研究员
　　　　于永翔　中国水产科学研究院黄海水产研究所　助理研究员
　　　　吕　咏　中国科学院东北地理与农业生态研究所　副研究员
　　　　刘绍春　岳阳渔美康生物科技有限公司　农艺师/总经理
　　　　廖梅杰　中国水产科学研究院黄海水产研究所　研究员
　　　　荣小军　中国水产科学研究院黄海水产研究所　研究员/副所长
　　　　孙少双　唐山市曹妃甸区湿地维护有限公司　经理
　　　　龙宗尚　曹妃甸区湿地和鸟类省级自然保护区管理服务中心　农艺师
　　　　田中喜　唐山曹妃甸惠通水产科技有限公司　工程师/主任
　　　　张天时　中国水产科学研究院黄海水产研究所　副研究员
　　　　李炜建　曹妃甸区湿地和鸟类省级自然保护区管理服务中心　科长
　　　　陈贵平　中国水产科学研究院黄海水产研究所　工程师
　　　　樊均德　岳阳渔美康生物科技有限公司　副教授
　　　　王晓萍　中国水产科学研究院黄海水产研究所　副研究员
　　　　田吉腾　中国水产科学研究院黄海水产研究所　助理研究员

序　一

　　湿地是地球上有着多种功能、富有生物多样性的生态系统，是人类赖以生存和发展的资源宝库及最重要的生存环境之一，是全球可持续发展的重要保障。很多珍稀水禽的繁殖和迁徙离不开湿地，因此湿地被称为"鸟类的乐园"。湿地也具有强大的生态净化作用，因而又有"地球之肾"的美名。

　　然而，由于人口的急剧增加和社会经济发展的双重压力以及人类对湿地认知的片面性，导致了对湿地的破坏和不合理的开发利用，使得湿地面积大幅度减少、生物多样性逐渐丧失、生态功能步步衰退，严重危及湿地生物的生存，也制约着人类社会和经济的可持续发展。保护、恢复与合理利用湿地已成为全球广泛关注的问题。

　　2017年以来，国家对各类自然保护区开展了"绿盾行动"，对湿地保护中出现的违法违规现象进行了整改，要求核心区和缓冲区违法违规的水产养殖机构五年内分期分批退养还湿。然而在退养还湿行动中，各地区的保护措施五花八门，有的简单粗暴、筑高坝大蓄水，有的敷衍了事、搁置观望……迫于保护区和环保政策压力，人们往往跟风行动，缺少科学合理的规划和实施方案，使保护区要么缺水导致土壤盐渍化，要么大水漫灌导致鱼虾生物量骤减、鸟类栖息环境丧失，出现了"死保护、保护死"的不良局面。

　　曹妃甸湿地和鸟类省级自然保护区地处海淡水交汇处，区域内分布有洼淀、苇塘、沼泽、滩涂、河流等天然湿地，又有水库、输排水沟渠、水稻田、养殖池塘、卤虫养殖池等人工湿地，是适宜多种鸟类栖息、繁殖的湿地类型，既是东亚—澳大利西亚鸟类迁徙的重要驿站，也是我国东部沿海候鸟南北迁徙的重要通道、部分鸟类繁殖和越冬的场所，鸟类资源十分丰富。曹妃甸湿地和鸟类省级自然保护区是一个由草甸、水体、野生动植物、湿地植被等多种生态要素组成的湿地生态系统，具有独特的湿地自然景观，风光秀美、景色宜人，素有"冀东白洋淀"之称。

本书对环渤海区域 10 多处滨海湿地的生态环境现状、功能退化原因、外来生物入侵、动植物丰度、湿地保护措施等进行了全面系统的总结，并以曹妃甸湿地和鸟类省级自然保护区为例，探索性地提出湿地生态维护、退养还湿和鸟类保护的实践性规划方案，是一本研究滨海湿地生态维护的专业书籍。书中重点介绍了曹妃甸湿地和鸟类省级自然保护区的生态环境、动植物资源、湿地退化原因、湿地存在的问题，从湿地保护区核心区、缓冲区的政策要求和功能定位出发，探索沿海盐碱湿地维护的生态系统构建和退养还湿途径，同时针对实验区制定了多种生态种养方案。在湿地生态维护技术上，创新性实施鱼虾蟹混养、草梭鲢虾混养、水循环＋生物链双循环，构建鱼鸟共生系统和以卤虫为核心的湿地生态维护系统，实现了保持人工湿地属性、丰富生物多样性和保障鸟类食物等生态功能；引入生物安保理念，保障保护区免受有害微生物侵害；首次全面总结了曹妃甸湿地动植物种类，记录鸟类 439 种、高等植物 287 种。本书是一部湿地生境、生物资源、生态维护等信息集大成的最新力作。

本书既有理论，又有实践方案，这是作者在湿地生态维护、退养还湿、鸟类保护和生态种养方面的辛勤工作成果。在此，衷心祝贺这本书的出版。我真心希望，此书能够为我国滨海湿地保护行动提供理论指导和实践性借鉴，亦为科研人员、院校师生、湿地保护区管理人员以及湿地爱好者提供参考，为建设生态文明和美丽中国作出积极贡献。

中国科学院东北地理与农业生态研究所　研究员

2022 年 9 月

序 二

　　党的十九大指出"必须树立和践行绿水青山就是金山银山的理念"，将绿水青山作为提升全面小康质量、中华民族永续发展的金山银山，并把建设美丽中国作为中国 2020 年到 2035 年发展的重要目标。生态兴则文明兴，生态衰则文明衰，要实现中华民族伟大复兴的中国梦，就必须建设生态文明、建设美丽中国，这关系到人民的福祉、关乎民族未来之大计。2021 年 10 月 12 日，习近平总书记在《生物多样性公约》第十五次缔约方大会领导人峰会上提出："绿水青山就是金山银山。良好生态环境既是自然财富，也是经济财富，关系经济社会发展潜力和后劲。"我们要加快形成绿色发展方式，促进经济发展和环境保护双赢，构建经济与环境协同共进的地球家园。

　　湿地是人类赖以生存和持续发展的重要基础，是人类最重要的环境资本之一，也是自然界富有生物多样性和有较高生产力的生态系统，具有巨大的生态、经济和社会功能。湿地的水陆过渡性使环境要素在湿地中的耦合和交汇作用复杂化，对自然环境的反馈作用是多方面的。湿地生态系统支持了丰富的生物多样性，其中一些种类为人类提供了重要的动植物产品，因此在发挥生态作用的同时也发挥着经济作用。湿地能抵御洪水、调节径流、控制污染、消除毒物、净化水质，是自然环境中自净能力很强的区域之一；对保护环境、维护生态平衡、保护生物多样性、蓄滞洪水、涵养水源、补充地下水、稳定海岸线、控制土壤侵蚀、保墒抗旱、净化空气、调节气候等起着极其重要的作用。

　　然而，自 20 世纪 80 年代起，随着我国沿海水产养殖发展、填海造地以及临港工业区、房地产开发建设，数百万亩湿地被强行挤占。人类对滨海湿地的破坏和不合理开发利用使得滨海湿地面积大幅度减少，许多水禽丧失了栖息地，湿地生物多样性逐渐丧失、生态功能步步衰退。随着人口急剧增加和经济持续快速发展，人类对湿地的干扰活动越来越频繁，滨海湿地已经成为全球性的高脆弱生态系统。因此，研究、保护、恢复与合理利用滨海湿地已成为全球广泛关注的焦点。面对诸多问题，加大对滨海湿地的保护和对退化湿地的生态修复已刻不容缓！

　　本书系统介绍了湿地的基本概念、类型、特征和功能，分析了环渤海滨海湿地的现状、退化原因及恢复方法，阐述了外来生物入侵与防控措施；以曹妃甸湿地为例介绍了湿地的演化与演替、生态系统类型与评估、退化原因及保护途径，全面详述了曹妃甸湿地动植物种类资源，并记录了规模化水产养殖活动对湿地的深度影响，调研分析了湿地维护行动对鸟类的保护效应，探索性制定了曹妃甸湿地退养还湿养护方案，提出鱼虾蟹混养、草梭鲑虾混养、水循环＋生物链双循环，构建鱼鸟共生系统等创新性技术，并付诸实践性保护行动，实现了湿地保护的科学化管理，为滨海湿地生态维护提供了典型样板。

　　本书涵盖内容丰富，涉及环境学、生态学、海洋学、分类学、植物学、动物学、鸟类生态学、水利工程学、水产养殖学、微生物学与生物安保等学科，既有系统的湿地理论知识，又有湿地生态维护、退养还湿的具体方案，既有湿地退化的理论成因，又有湿地修复的技术措施。书中多学科交叉汇集，理论与实践相结合，其观点新颖、数据翔实、图文并茂、通俗易懂，具有良好的创新性、科学性和实用性，为我国湿地的生态维护、退养还湿、生态种养提供了经典范例。本书是一部湿地生态维护的专业性著作，值得从事湿地研究、环境保护及工程规划等相关工作的科研人员、院校师生以及湿地爱好者借鉴与参考。

中国水产科学研究院　院长/研究员

2022 年 9 月

前　言

　　湿地是地球上重要的生态系统，具有多种独特的功能，享有"地球之肾""天然蓄水库""生命的摇篮""鸟类的天堂""物种基因库"等美誉。湿地生态系统富有生物多样性，是人类赖以生存和发展的资源宝库及最重要的生存环境之一，是全球可持续发展的重要保障。

　　滨海湿地是湿地的重要类型之一，也是与人类关系最密切的湿地。滨海湿地处于海陆交错地带，既有活跃的海陆相互作用，又承受着巨大的人类活动压力，受人类活动干扰强烈。因此，滨海湿地是生态环境条件变化最剧烈和生态系统最易受到破坏的区域，也是人们探索研究和关注最多的湿地。滨海湿地是生物多样性最丰富、生产力最高、最具价值的湿地生态系统之一，是重要的物质资源，更是环境资源，其发展变化直接关系到沿海经济发展和社会进步，关系着当地乃至世界环境的变化，在维持区域和全球生态平衡以及提供野生动植物生境方面具有重要的意义。

　　然而，20世纪60—70年代，受人口的急剧增加和社会经济发展的双重压力以及经济社会发展战略向沿海聚集的影响，人类在沿海区域的各种生产活动强烈地改变着滨海湿地生态环境，导致对滨海湿地的破坏和不合理的开发利用，使得滨海湿地面积大幅度减小、生物多样性逐渐丧失、生态功能一步步衰退，严重危及滨海湿地生物的生存，制约着人类社会和经济的可持续发展。

　　自20世纪80年代起，我国沿海大面积开发对虾养殖池塘，之后又相继开发了鱼类养殖、海参养殖、港口码头、临港工业区、房地产等，数百万亩湿地被强占或挤占。滨海湿地保护面临诸多难题：一是城市建设、港口扩建、围垦等活动侵占了滩涂湿地，造成天然滨海湿地大面积减少；水产养殖密集化建设池塘导致湿地破碎化、进排水系统遭到破坏。二是农药、兽药逐步污染了保护区内的水源，导致湿地农业面源污染加重、环境损害及生境丧失。三是油气开发与湿地保护的矛盾仍然突出、不可调和，其对滨海湿地的侵占与破坏及海域的石油污染仍将不可避免。四是生物资源过度利用和不合理开发导致滨海湿地生物多样性降低，湿地资源减少甚至枯竭。五是外来物种入侵严重影响滨海湿地生态环境，导致滨海湿地生物多样性丧失和生态系统退化。六是滨海湿地管理体制不健全、管理权限不清、缺乏协调机制，导致滨海湿地保护和利用措施很难有效实施；湿地维护不善，导致土壤盐渍化和芦苇退化严重。

随着人口急剧增加和经济持续快速发展，人类对湿地的干扰活动越来越频繁，滨海湿地已经成为全球性高脆弱生态系统之一，研究、保护、恢复与合理利用滨海湿地已成为全球广泛关注的焦点。面对诸多问题，加大对滨海湿地的保护和对退化湿地的生态修复已刻不容缓，设立湿地保护区也成为现实的选择和历史的必然。如此一来，湿地保护亦成为当地政府、主管部门的一项重要任务，当然也是十分棘手的问题。环渤海沿岸是我国北方滨海湿地最集中的分布区，分布有黄河三角洲国家级自然保护区、莱州湾南岸滨海湿地、长岛国家级自然保护区、南大港湿地、海兴湿地、北戴河湿地和鸟类自然保护区、昌黎黄金海岸湿地、滦河口湿地、曹妃甸湿地和鸟类省级自然保护区、北大港湿地、天津古海岸与湿地国家级自然保护区、双台子河口湿地、大连斑海豹国家级自然保护区、辽宁蛇岛老铁山国家级自然保护区、大连四湾滨海湿地、凌海滨海湿地、六股河口湿地等10多个湿地。基于保护生态环境、维护湿地的迫切需要，2017年以来国家对各类自然保护区进行了"绿盾行动"整治，在保护区生态保护活动中，各地对湿地的保护措施五花八门，有的简单粗暴、筑坝蓄水，有的蜻蜓点水、敷衍了事，有的转移视线、搁置观望，常常缺少科学的规划和合理的保护方案。

曹妃甸湿地是古滦河三角洲的一部分，是滦河水系冲积形成的冲积平原和海洋动力作用下形成的滨海平原。20世纪50—80年代，这里由潮间带逐渐演替为滨海滩涂-芦苇湿地-稻田湿地-淡水养殖池塘，经历了"先植苇种稻、后养鱼、再养虾"的发展过程。水产养殖经历了从大水面鱼苇混养到半精养，再到精养的发展过程，高峰时期养殖面积达到20多万亩。由此，曹妃甸湿地便成为我国沿海驰名的水稻种植基地和水产养殖重地。2005年9月经河北省政府批准，设立河北曹妃甸湿地和鸟类省级自然保护区*，总面积10 081.40 hm²，其中，核心区

---

* 自然资函〔2020〕71号《自然资源部国家林业和草原局关于做好自然保护区范围及功能分区优化调整前期有关工作的函》于2022年2月发布，要求自然保护区功能分区由原来的核心区、缓冲区、实验区转为核心保护区和一般控制区。鉴于原有规划、功能区图示均以核心区、缓冲区、实验区为区划标识，本书为方便起见沿用原称谓。

面积 3 504 hm²、缓冲区面积 1 503 hm²、实验区面积 5 074.40 hm²；主要保护对象为湿地生态系统和以湿地为栖息地的珍稀鸟类。保护区地处海淡水交汇处，区域内分布有洼淀、苇塘、沼泽、滩涂、河流等天然湿地，又有水库、输排水沟渠、水稻田、水产养殖池塘、卤虫养殖池等人工湿地，是适宜多种鸟类栖息、繁殖的湿地类型，既是东亚—澳大利西亚鸟类迁徙的重要驿站和通道，也是我国东部沿海候鸟南北迁徙的重要驿站、部分鸟类繁殖和越冬的场所，鸟类资源十分丰富。

2018 年，为响应国家"绿盾行动"，河北省政府颁布了《河北省湿地自然保护区规划（2018—2035 年）》和《河北省级湿地和鸟类自然保护区养殖退出实施方案》（唐曹政办字〔2018〕23 号）文件。根据要求，曹妃甸湿地和鸟类省级自然保护区管理处（以下简称保护区管理处）委托相关单位，分别对保护区八种湿地类型制定了湿地维护、退养还湿的规划与实施方案，其目标是完成湿地核心区、缓冲区五年退养还湿计划，保持保护区内的湿地属性，防止湿地次生盐渍化、沼泽化和湿地功能退化，同时，提高生物多样性和丰度，为鸟类栖息、繁殖和觅食提供场所。中国水产科学研究院黄海水产研究所承担了"海水湿地与水鸟栖息地维护方案与实施""实验区淡水湿地生态养殖规划与实施""卤水湿地生态养护方案""落潮湾水库湿地生态系统维护与实施方案"的制定工作；河北农业大学承担了"核心区淡水大水面生态修复""渔苇湿地生态修复技术方案"的制定工作；曹妃甸区农林畜牧水产局承担了"核心区水稻田湿地养护方案"和"实验区稻田湿地综合种养方案"的制定工作；保护区管理处进行了水鸟与东方白鹳的分布与数量监测性调查研究等。

其后，保护区管理处于 2019 年和 2020 年先后多次聘请国际湿地中国办事处陈克林研究员、吕咏副研究员，北京师范大学张正旺教授，首都师范大学洪剑明教授，中国林业科学研究院森林生态环境与保护研究所钱法文研究员，天津农学院邢克智教授，河北大学生命科学学院侯建华教授，河北省林业调查规划设计院杨丽教授、栾慎强高级工程师（教授级），河北省水产技术推广站曹杰英高级工程师，河北省唐山市水产技术推广站苏文清高级工程师等专家学者，对曹妃甸湿地有关湿地维护、退养还湿的多个规划和实施方案以及鸟类调查项目等内容进行了论证评审，专家学者给予了高度评价。

《滨海湿地生态维护的理论与实践——以曹妃甸湿地为例》一书旨在对滨海湿地生态维护理论进行系统总结和研究探讨，并以曹妃甸湿地为例编制了人工湿地的生态维护、退养还湿、鸟类保护、生态种养的实施方案。这是多年来对曹妃甸湿地和鸟类省级自然保护区保护成果的实践性总结，旨在先行先试，探索滨海湿地生态维护、退养还湿、保护鸟类、生态种养的新途径、新方法。在生态维护技术上，构建了鱼虾蟹混养、草梭鲶虾混养、病原种间隔离、水循环+生物链双循环等技术，以及鱼鸟共生系统和以卤虫为核心的湿地生态维护系统（Artemia Based Eco-culture System，ABC System）等，上述关键技术及系统集成创造性地解决了保护区生态维护、退养还湿、生态种养、鸟类保护之间的生态功能矛盾，并使彼此之间的互益性需求得到满足；引入生物安保理念，使保护区免受有害微生物的侵害。

全书共分十章，第一章至第六章为滨海湿地理论部分，第七章至第十章为曹妃甸湿地生态维护与实践部分。本书内容丰富、资料翔实、图文并茂、生动易懂。书中首次全面总结了曹妃甸湿地动植物种类，记录鸟类439种、高等植物287种；分析了外来入侵生物种类以及高密度水产养殖对湿地生态的影响；针对曹妃甸湿地生态维护、退养还湿、鸟类保护提出了多项养护规划与实施方案，这既是滨海湿地生态维护和退养还湿的先行先试典范，同时又可为滨海湿地科研人员和湿地保护区管理人员提供借鉴，亦可供大专院校师生、生态环境保护者和鸟类爱好者参考。

书中引用文献、图表等资料数量较大，在此谨向资料作者深表感谢！曹大庆、石博宇、季春天、霍永生、李克东、马宝祥、李宗岳等摄影师和摄影爱好者提供了大量的精美照片，不仅大大充实了本书的内涵，也真实地反映了曹妃甸湿地生态维护的风貌和成果，在此表示衷心的谢意！

最后，我们对勤勤恳恳、不辞辛苦参与本书编写的人员以及曹妃甸四农场、七农场、十一农场等单位领导给予的积极协作表示真诚的感谢！对唐山曹妃甸惠通水产科技有限公司、岳阳渔美康生物科技有限公司给予的出版资金支持表示衷心的谢意！此外，对唐山市海洋渔业局、曹妃甸区政府及相关领导给予的大力支持也一并深表感谢！

王印庚　陈克林　李学军

2022年9月

目　录

第一章

湿地概述

湿地与森林、海洋被称为地球的三大生态系统，湿地被称为"地球之肾"，森林被称为"地球之肺"，海洋被称为"地球之心"。

湿地是位于陆生生态系统和水生生态系统之间的过渡性地带，在浸泡于水中的特定土壤环境里，生长着很多具有湿地特征的植物。湿地广泛分布于世界各地，拥有众多野生动植物资源，是重要的生态系统。很多珍稀水禽的繁殖和迁徙离不开湿地，因此湿地被称为"鸟类的乐园"。湿地具有强大的生态净化作用，因而又有"地球之肾"的美名。

湿地是地球上有着多种功能的、富有生物多样性的生态系统，是人类赖以生存和发展的资源宝库及最重要的生存环境之一，是全球可持续发展的重要基础。然而，人口的急剧增加和社会经济发展的双重压力以及人类对湿地认识的片面性导致了对湿地的破坏和不合理的开发利用，使得湿地面积大幅度减少、生物多样性逐渐丧失、功能和效益一步步衰退，严重危及湿地生物的生存，制约着人类社会及其经济的持续发展。保护、恢复与合理利用湿地已成为全球广泛关注的问题。

第一节　湿地公约与湿地定义

1. 湿地公约的由来

湿地公约起源于 20 世纪中期，当时在全球范围内人们对湿地的众多价值不甚了解或知之甚少。20 世纪 60—70 年代，人口的快速增长及人类对湿地认识的片面性导致对湿地的过度开发利用，湿地面积急剧萎缩、自然特性不断丧失、生态价值不断下降，自然湿地的存在受到了严重挑战。在这种情况下，人们开始把目光投向湿地的保护。

签订保护湿地公约的想法始于 1962 年，那时在欧洲有许多湿地被开垦，许多水禽丧失了栖息地。时光回转到 1960 年，瑞士知名教授卢克·霍夫曼（Luc Hoffmann）先生启动了一个项目叫 MAR（MARshes，MARécages，MARismas，这三个词均与"湿地"含义相关——编者注），当时国际自然与自然资源保护联盟（现更名为国际自然保护联盟，简称 IUCN）、国际水鸟与湿地研究局（即现在的湿地国际，简称 IWRB）、国际保护鸟类理事会（International Councilfor Bird Preservation，简称 ICBP）也参与了该项目。他们于 1962 年 11 月 12—16 日在法国开会，研究了保护湿地的问题。经过多次会议协商，包括 1963 年在圣安德鲁斯（St. Andrews）、1966 年在诺德韦克（Noordwijk）、1967 年在莫尔日（Morges）、

1969 年在维也纳、1969 年在莫斯科和 1970 年在埃斯波（Espoo）举行的会议，在荷兰政府的支持下由马修斯教授（G. V. T. Matthews）主持起草了湿地公约的文本。当时文本的核心内容是保护水禽。

2. 湿地公约的签署与发展

湿地公约缔结于 1971 年，是全球第一项政府间多边环境公约。1971 年，在 IUCN、IWRB、ICBP 的推动下，伊朗体育与渔业部部长艾斯坎德尔（Eskander Firouz）于 1971 年 2 月 2 日在里海边的旅游城市拉姆萨尔（Ramsar）召开了国际会议，来自 18 个国家的代表签署了一个旨在保护和合理利用全球湿地的公约：《关于特别是作为水禽栖息地的国际重要湿地公约》（Convention on Wetlands of International Importance Especially as Waterfowl Habitat），简称《湿地公约》，又称《拉姆萨尔公约》（陈克林，1995）。根据公约规定，第七个缔约国递交批准书 4 个月后公约生效。澳大利亚于 1974 年 1 月递交了批准书，是第一个递交批准书的国家。1975 年 12 月 21 日，希腊递交批准书（是第七个递交批准书的国家）后公约生效。2019 年，《湿地公约》已有 170 个缔约方，我国于 1992 年加入《湿地公约》组织。

《湿地公约》第一届至第八届缔约方大会分别于 1980 年、1984 年、1987 年、1989 年、1993 年、1996 年、1999 年、2002 年在意大利卡利亚里（Cagliari）、荷兰格罗宁根（Groningen）、加拿大里贾纳（Regina）、瑞士蒙特勒市（Montreux）、日本钏路（くしろし）、澳大利亚布里斯班（Brisbane）、哥斯达黎加圣何塞（San José）和西班牙巴伦西亚（Valencia）举行。这几届会议先后做出了一系列决议，提出了一系列建议案，明确了定期召开缔约方大会、细化国际重要湿地的标准、公约关注的范围不再局限于水禽这一单项，特别提出了"合理利用"（Wise use）的概念，还讨论通过了湿地监测程序、新的国际重要湿地信息表格及湿地分类体系。在日本钏路举行的第五届缔约方大会上，通过了更多关于实施"合理利用"概念的纲领，成立了技术咨询组和科学技术审查小组，确定和监测与湿地生态特征相关的基本问题，并制定标准利用湿地作为鱼类栖息地等。1996 年，《湿地公约》第六届缔约方大会通过了公约战略计划，确定了优先行动，包括将湿地保护与"合理利用"纳入主流计划、湿地的恢复与建设以及社区群众参与管理湿地等。第七届缔约方大会正式确认国际鸟类组织、世界保护联盟、湿地国际和世界自然基金会为公约的伙伴组织。第八届缔约方大会在西班牙召开，审议缔约方和常委会提交的提案和决议草案。

1996 年，《湿地公约》第十九次常委会决定，将 2 月 2 日确定为"世界湿地日"。2018 年，《湿地公约》第十三届缔约方大会通过决议，提请联合国大会将每年 2 月 2 日确定为联合国世界湿地日。此项决议由包括我国在内的 75 个国家共同提案并获大会通过。

随着《湿地公约》加速成为一个环球性的公约，需要更多的措施确保其成员和社会有能力实施公约的核心概念，即"合理利用"。《湿地公约》和《生物多样性公约》确定了一个联合工作计划。《湿地公约》已经为各个层次的行动提供了框架，包括国际、区域、跨国境、国家和地方层次。通过国家行动和国际合作来保护与合理利用湿地，并以此作为在全世界实现可持续发展的一种途径。

3. 《湿地公约》的宗旨

《湿地公约》主张以湿地保护和"合理利用"为原则，在不破坏湿地生态系统的条件下可持续利用湿地。该公约的主要作用是通过地区和国家层面的行动及国际合作推动所有湿地的保护和合理利用，保护湿地及其生物多样性，特别是水禽和它们赖以生存的栖息环境，以此为实现全球可持续发展作出贡献。其宗旨是承认人类与环境的相互依存关系，通过协调一致的国际行动确保全球范围内作为众多水禽繁殖栖息地的湿地及其生物多样性得到良好的保护而不至于丧失，并通过各成员之间的合作加强对世界湿地资源的保护及合理利用，以实现生态系统的持续发展。

目前，《湿地公约》已成为国际上重要的自然保护公约之一，我国自 1992 年加入湿地公约以来，已指定国际重要湿地 49 块，总面积约 405 万 hm^2。

《湿地公约》签订后，国际湿地保护得到了极大的改善。但是，仅仅靠建立自然保护区或其他传统的自然保育措施还远远不足以阻止湿地及其生态功能的退化，唯有在发挥湿地的环境功能过程中，对湿地的存在与自然演替施加积极主动的正面影响，才能遏制对自然湿地的破坏与威胁。同时，除了对工业废水、生活污水进行处理外，还应根据自然湿地恢复或重建的原理营造湿地，这样才能有效地阻断能源污染向现有自然湿地扩散，这也是湿地保护的有力措施之一。

二、湿地的定义

"湿地"一词译自英文"Wetland"，由"Wet"（潮湿）和"Land"（土地）组成。对湿地从特定方面进行描述可以形成湿地的概念，并对湿地的本质特征加以抽象和概括。湿地的定义应根据水文、土壤、植被等特点而加以明确。由于湿地所处环境的复杂性，难以确定积水湿地和水域的界线及无水湿地与陆地的界线，一些地理学家、土壤学家、水文学家、社会学家及经济学家等对湿地研究的着重点不同，对于湿地的确切定义至今仍有争议。

关于湿地的定义有许多种，不同的国家、地区，甚至不同的部门考虑到本地区湿地的独特性和复杂性，对湿地的理解及定义都有着各自不同的解释。世界上对湿地的研究从 20 世纪初期到现在已有 100 多年的历史，各领域的专家学者从不同角度出发研究湿地，由于研究的目的、观察的角度以及应用对象的不同，世界各国给湿地所下的定义近 60 种（杨永兴，2002b）。从生态学角度来看，湿地是介于陆地与水生生态系统之间的过渡地带，并兼有两类系统的某些特征，其地表为浅水覆盖或者其水位在地表附近变化（Wilen et al.，1993）。从资源学的角度来看，凡是具有生态价值的水域（只要其上覆水体、水深不超过 6 m）都可视为湿地加以保护，不管它们是天然的还是人工的、永久的还是暂时的（Wilen et al.，1993）。从动力地貌学角度来看，湿地是区别于其他地貌系统（如河流地貌系统、海湾、湖泊等水体）的具有不断起伏水位的、水流缓慢的潜水地貌系统（Mitsch et al.，1994）。从系统论的观点来看，湿地是一个半开放半封闭的系统。一方面，湿地是一个较独立的生态系统，它有其自身的形成、发展和演化规律。另一方面，湿地又不完全独立，在许多方面依赖相邻的地面景观，与它们发生物质和能量交换，并影响邻近系统（Mitsch et al.，1994）。美国工程师协会则把湿地定义为在一定的频率和时间内被地表水或地下水淹没或浸润的地区。具体到其发育史上，湿地源于其他生态系统，又演变成别类生态系统（余国营，2001）。不同类型的湿地有其各自的特征，但它们也具有一些共性特征。所有湿地都是在一定的气候、地貌背景下形成的，有浅层积水或者土壤水分饱和，常常具有独特的土壤，都累积植物有机物质并且分解缓慢，具有多种多样的适应水分饱和条件的动物和植物，缺乏不耐水淹的植物。湿地具有特殊的性质：具有积水或水淹土壤、厌氧条件和相应的动植物，明显区别于陆地系统和水体系统（吕宪国等，2004）。

综合起来，湿地定义分为两类，即科学定义和管理定义，或称狭义定义和广义定义。根据这些定义的不同性质，大致有《湿地公约》中的定义、狭义和广义的湿地定义以及针对不同的研究目的和强调不同特征的湿地定义。

1. 《湿地公约》中的定义

《湿地公约》第一条第一款对湿地做了明确界定："For the purpose of this convention wetlands are areas of marsh, fen, peatland or water, whether natural or artificial, permanent or temporary, with water that is static or flowing, fresh, brackish or salt, including areas of marine water the depth of which at low tide does not exceed six metres"。译文：为本公约的目的，湿地系指天然或人工、长久或暂时的沼泽地、湿原、泥炭地或水域地带，带有静止或流动的淡水、半咸水或咸水水体者，包括低潮时水深不超过6 m的水域。虽然此定义不是最科学的，但因其全面性，在管理、保护上体现出明显的优势而被广泛接受。它可以包括邻接湿地的河湖沿岸、沿海区域的滨海，以及湿地范围的岛屿或低潮时水深不超过6 m的水域。根据该定义，湿地的范围极为广泛，是指所有季节性或常年积水地段，不仅包括了河流以及洪泛平原、滩涂、红树林、珊瑚礁、海草床、河口、淡水沼泽、湖泊、盐沼、泥炭地、沼泽森林、湿草甸及盐湖等天然湿地，还包括了稻田、水渠、水库、大型池塘、污水处理用地等人工湿地。

虽然《湿地公约》中的定义与各国的湿地定义不尽相同，但构成了基本框架。《湿地公约》对湿地的定义目前已成为各国政府及学者采用的概念。在对《湿地公约》理解的基础上，1997年我国湿地主管部门国家林业部在《全国湿地资源调查与监测技术规程（试行本）》（林护自字〔1997〕101号）中将湿地定义为：天然或人工、长久或暂时性沼泽地、湿原、泥炭地或水域地带，带有静止或流动的淡水、半咸水、咸水水体者，包括低潮时水深不超过6 m的海域。

2. 国外有关湿地的定义

（1）美国湿地的定义

1956年，美国鱼类和野生动物管理局（FWS）在其颁布的《39号通告》中使用了湿地这一专业术语，将湿地定义为：被间歇存在的或永久存在的浅水层所覆盖的土地，一般包括草本沼泽、灌丛沼泽、苔藓泥炭沼泽、湿草甸、泡沼、浅水沼泽以及滨河泛滥地，也包括生长挺水植物的浅水湖泊或浅水水体，但河、溪、水库和深水湖泊等稳定水体不包括在内（Shaw et al.，1956）。该定义强调浅水覆盖在湿地特性形成中的主导作用。由于长期或相当长时间的浅水覆盖，形成了特殊的土壤：湿地，发育了适应这种土壤的挺水植物。但该定义对水深未作规定。

1977年美国军事工程师协会（SAME）在"净水行动计划增补本的404议案"要求下，把湿地定义为地表水和地面积水浸淹的频度和持续时间很充分，能够供养那些适应潮湿土壤植被的区域。通常包括草本沼泽（Marshes）、灌丛沼泽（Swamps）、苔藓泥炭沼泽（Bogs）以及其他类似区域。这一定义主要是为了便于在法律和管理中应用，概念中给出了植被这个单一指标（崔保山等，2006；葛继稳，2007）。

1979年，为了对湿地和深水生态环境进行分类，FWS对湿地内涵进行了重新界定，在一份题为《美国湿地和深水生境的分类》的报告中提出新的湿地定义：处于陆地生态系统和水生生态系统之间的过渡土地，其地下水位经常达到或接近地表，或为浅水所覆盖（Cowardin et al.，1979）。该定义认为湿地必须至少具备以下3个特征之一：①水生植物占优势，至少是周期性地占优势。②基底以排水不良的水成土为主。③若土层为非土壤，则至少在生长季节的部分时间里被水浸和水淹。该定义包含了对植被、土壤、水文的界定，适用于科研，被美国湿地学界广泛接受（彭培好，2017）。该定义包括湖泊低水位时水深2 m以内地带，这意味着水深超过2 m的湖泊不能纳入湿地范畴（赵微，2010）。

Mitsch等（1986）在《湿地》一书中将湿地定义为：介于纯陆地生态系统与纯水生生态系统之间的一种生态环境，不同于相邻的陆地与水体环境，又高度依赖相邻的陆地与水体环境。该定义包括3个特征：①湿地是以水的出现为标准来确定的；②通常具有独特的、不同于其他地区的土壤；③生长着适应潮湿环境的水生植物。这是从自然地理学角度出发给湿地做出的定义。Mitsch等（1986）还认为，由于认识上的差异和目的的不同，湿地定义的多样性是正常的、合理的，不存在统一的、绝对科学的湿地定义。

1995年，美国农业部（USDA）把湿地定义为：一种土地，具有一种优势的水成土壤；经常被地表水或地下水淹没或饱和，生长有适于饱和土壤水环境的典型水生植被；在正常情况下，生长有一种典型植被（Mitsch et al.，2007）。该定义强调了水成土壤和典型植被，是一个基于农业的湿地定义。*Wetlands：Characteristics and Boundary* 一书中也认为，湿地不存在统一的、绝对科学的定义，该书给出的湿地定义（NRC定义）为：一个依赖于在基质的表面或附近持续的或周期性的浅层积水或水分饱和的生态系统，并且具有持续的或周期性的浅层积水或饱和的物理、化学和生物特征。通常湿地的特征为：水成土壤和水生植被；特殊的物理、化学和生物条件，或人类活动的因素才能使得这些特征消失或阻碍它们的发育（Committee on Characterization of Wetlands et al.，1995）。

2006年，加利福尼亚海岸委员会（CCC）将湿地定义为：地表淹水或土壤水饱和历时足够长以至于形成湿地土壤或生长湿地植物的土地，也包括那些由于经常性的水位波动剧烈、波浪侵蚀、水流冲蚀、底土中的含盐量高等而没有发育湿地土壤和湿地植被的区域，这样的湿地类型可以根据每年地表淹水或基底水饱和的历时以及其与植被生长良好的湿地或深水生境之间的相对位置来鉴别（California Coastal Commission，2011）。该定义认为，只要是地表淹水或土壤水饱和历时足够长的区域，无论是否发育湿地土壤和湿地植被都属于湿地，强调的是水文要素。

（2）其他国家湿地的定义

1979年，在加拿大国家湿地工作组的一次讨论会上，Zoltai（1979）把湿地定义为：被水淹或地下水位接近地表，或浸润时间足以促进湿成或水成过程，并以水成土壤、水生植被和适应湿生环境的生物活动为特征的土地。这一定义强调了潮湿的土壤、水生植物和多种生物活动（Zoltai，1979；Zoltai，1988）。1987年在加拿大埃德蒙顿（Edmonton）国际湿地与泥炭研讨会上，加拿大学者把湿地定义为：一种土地类型，其主要标志是土壤过湿、地表积水（但水深不超过2 m，有时含盐量高）、土壤为泥炭土或潜育化沼泽土，并生长有水生植物。水深超过2 m的，因无挺水植物生长，则算作湖泊水体（National Wetlands Working Group，1988）。这一定义提出了水深不超过2 m的指标（葛继稳，2007）。在 *Wetlands of Canada* 一书中，Tarnocai等（1988）将湿地定义为：因水饱和历时足够长，以至湿成或水成过程占优势的土地，以排水不良的土壤、水生植被和适应湿生环境的多种生物活动为特征。该定义后来被加拿大的湿地科学家们接受，是加拿大湿地分类系统的基础。

英国 Lloyd 等（1993）将湿地定义为：一个地面受水浸润的地区，具有自由水面，通常是四季存水，但也可以在有限的时间段内没有积水。自然湿地的主要控制因子是气候、底质和地貌条件，人工湿地还有其他控制因子。该定义强调了水分和土壤，未强调植被这一指标（葛继稳，2007；崔保山等，2006）。Maltby 等（1983）认为：湿地是水支配其形成、控制其过程和特征的生态系统的集合，即在足够长的时间内足够湿润，使得具有特殊适应性的植物或其他生物体发育的地方。该定义强调的是生物要素。

苏联学派对湿地的定义是：沼泽是一种地表景观类型，它经常或长期处于湿润状态，具有特殊的植被和相应的成土过程，它可以是有泥炭的也可以是无泥炭的。欧美学派在描述这类景观时，多用湿地（Wetland）一词，而把沼泽看成其所属单位（孙广友，2008）。俄罗斯的湿地定义是基于《湿地公约》中的定义，如《湿地保护和利用法》中的湿地定义为：地球表面过度潮湿或者积水的生态系统，是具有自我调节能力的土地，与水体相连或是其一部分，具有特定的水生和半水生植物及动物群落种类特征，包括沼泽地、泥炭地以及天然或人工、永久或暂时、静止或流动的淡水、半咸水或咸水水域，还包括低潮时水深不超过 6 m 的地带。

1993 年，日本学者井一认为：湿地的主要特征，首先是潮湿，其次是地下水位高，最后是至少在一年的某一段时间内，土壤是处于饱和状态的。这一提法强调水分和土壤，但忽略了植被现状（王宪礼等，1995）。

3. 我国有关湿地的定义

我国最早对湿地的认识源于对沼泽的研究，对湿地的定义也是在对沼泽定义的基础上进一步延伸而得的。20 世纪 70 年代后期，我国提出沼泽是一种特殊的自然综合体，它具有3 个基本特征：①地表经常过湿或有薄层积水。②生长沼生和湿地植物。③土壤有泥炭层或浅育层（王永洁，2010）。

1987 年，《中国自然保护纲要》提出"现在国际上常把沼泽和滩涂合称为湿地"，首次提到湿地的概念。徐琪（1989）提出，凡是受地下水与地表水影响的土地均可理解为湿地。佟凤勤等（1995）和赵魁义（1995）对湿地做了如下定义："陆地上常年或季节性积水（水深 2 m 以内，积水期达 4 个月以上）和过湿的土地，并与其生长、栖息的生物种群构成独特的生态系统"。这一概念强调了构成湿地的三要素：积水、过湿地及生物群落，但并未明确地说明 3 个因子的组合与湿地之间的确定关系，同时对水质状况亦未加说明，但这被认为是国内最完整的一个有关湿地的定义（王宪礼等，1995）。

1991 年出版的《环境科学大辞典》中将湿地定义为：陆地和水域的过渡地带，包括沼泽、滩涂、湿草地等，也包括低潮时水深不超过 6 m 的水域，具有净化水源、蓄洪抗旱、保淤保滩、提供野生生物良好的栖息地等功能（《环境科学大辞典》编辑委员会，1991）。

陆健健（1996a）参照《湿地公约》及美国、加拿大和英国等国的湿地定义，根据我国的实际情况，定义我国湿地为：陆缘为含 60% 以上湿生植物的植被区、水缘为海平面以下 6 m 的近海区域，包括内陆与外流江河流域中自然的或人工的、咸水的或淡水的所有富水区域（枯水期水深 2 m 以上的水域除外），不论区域内的水是流动的还是静止的、间歇的还是永久的。

王宪礼（1997）将湿地定义为：地表水和地面积水浸淹的频度和持续时间很充分，在正常环境条件下能够供养那些适应潮湿土壤的植被的区域，通常包括灌丛沼泽（Swamps）、腐泥沼泽（Marshes）、苔藓泥炭沼泽（Bogs）以及其他类似的区域。关于湿地植被、土壤和水文特征的判定，一般采用以下标准：①必须有 50% 以上的生物物种为水生或适于水生生境。②土壤为水成土壤或者表现出还原环境的特征。③常年或季节性水浸，平均积水深度小于或等于 6.6 英尺（2 m）且有挺水或木质植物生长。

余国营（2000）将湿地定义为：地球表层由水、土和水生或湿生植物（可伴生其他水生生物）相互作用构成，其内部过程长期为水所控制的自然综合体。

吕宪国（2002）将湿地定义为：分布于陆地系统和水体系统之间的、由陆地系统和水体系统相互作用形成的自然综合体。由于湿地是介于陆地系统和水体系统之间的过渡地带，并兼有两种系统的某些特征。湿地具有地表积水或土壤饱和、淹水土壤、厌氧条件和适应湿生环境的动植物是湿地系统既不同于陆地系统也不同于水体系统的本质特征。该定义中更多强调了湿地的水陆过渡性。

杨永兴（2002a，2002b）把湿地定义为：一类既不同于水体，又不同于陆地的特殊过渡类型生态系统，为水生、陆生生态系统界面相互延伸扩展的重叠空间区域。湿地应该具有 3 种突出特征：①地表长期或季节性处在过湿或积水状态。②地表生长有湿生、沼生、浅水生植物（包括部分喜湿的盐生植物），且具有较高生产力。有湿生、沼生、浅水生动物和适应该特殊环境的微生物群。③发育水成或半水成土壤，具有明显的潜育化过程。

吕宪国等（2008）在《中国湿地与湿地研究》一书中将湿地定义为：一类在生态性质上介于水生和陆生生态系统之间，由于常年或周期性的水分潴积或过度湿润，造成基底的嫌气性条件，维持绿色高等水生或湿生植物群落长期赋存的土地。该定义使湿地的概念有了明确的内涵和外延，更多地强调了湿地的本质属性。

我国各地区对湿地的定义也有所不同。2003 年，我国第一部关于湿地保护的法规《黑龙江省湿地保护条例》出台，该法规所称湿地是指"自然形成的具有调节周边环境功能的所有常年或者季节性积水地段，包括沼泽地、泥炭地、河流、湖泊及洪泛平原等，并经过认定的地域"（黑龙江省人民代表大会常务委员会，2003）。随后江西省颁布了《江西省鄱阳湖湿地保护条例》，指出"鄱阳湖湿地是指天然形成的具有调节周边生态环境功能的水域、草洲、洲滩、岛屿等；鄱阳湖湿地区域是指鄱阳湖丰水期水体所能覆盖的区域范围"（江西省人民代表大会常务委员会，2003）。两者定义的特点均是仅针对本地的湿地。此外，甘肃、湖南、四川等省也都出台了有关湿地的保护条例，都对湿地进行了阐述。

通过对湿地定义的讨论，有助于理解《湿地公约》中对湿地定义的内涵。

4. 广义与狭义的湿地定义

基于国内外湿地的定义，湿地的定义可分为广义和狭义两种。广义上的湿地泛指地表过湿或有积水的地区，包括水下和水面已无植物生长的明水面（水库与湖泊）和大型江河的主河道；狭义上的湿地则指有喜湿生物栖息活动、地表常年或季节积水、土层严重潜育化 3 个条件并存的地域（Henry et al.，1995）。

(1) 广义定义

广义定义，即湿地系指天然或人造、永久或暂时的静水或流水的淡水、微咸水或咸水沼泽地、泥炭地或水域，包括低潮时水深不超过 6 m 的海水区。《湿地公约》采用的是广义的湿地定义，这一定义包含了狭义湿地的区域，有利于将狭义湿地及附近的水体、陆地形成一个整体。从管理角度上来说，广义定义有许多优点。湿地保护界强调湿地的广义定义，因为这样更有利于湿地管理者划定管理边界、开展管理工作，有利于流域联系以阻止或控制流域的不同地段人为地破坏湿地，沼泽、湖泊、稻田等被看作是镶嵌在陆地背景基质上的一个个富水斑块，溪流、江河、渠系等则是这些斑块之间水力联系的廊道。水的循环是湿地与背景基质、大气、海洋之间物质交换的基本方式，它把湿地这一遍布全球的特殊生态系统联系在一起，任何一处的湿地发生退化或丧失，都会直接或间接影响到其他地区的湿地状况（国家林业局野生动植物保护司，2001）。

因广义定义有利于湿地的保护和管理，目前各国大多数都采用《湿地公约》中的定义，以有效保护和管理好宝贵的湿地资源。

（2）狭义定义

狭义定义，即湿地是地球表层由水（经常过湿或有浅水面）、土（水成土、半水成土或潜育层）和湿生植被（可伴生其他水生生物）相互构成，其内部过程长期为水所控制的自然综合体。湿地具有极高的生产力、物质周转率、截流作用、自净作用、环境敏感性与指示作用、丰富的生物多样性和独特的小气候调节功能。其起源有 3 种：水体湿地化、陆地湿地化和海岸带湿地化。水体湿地化包括湖泊湿地化、河流湿地化、水库湿地与池塘湿地化、沟渠湿地化等；陆地湿地化包括森林湿地化、草地湿地化、冻土湿地化等；海岸带湿地化则包括三角洲湿地化、潮间带湿地化、海岸潟湖湿地化和平原海岸湿地化等。因此，湿地既包括陆地部分，又包括水域部分，既包括泥炭湿地，又包括潜育湿地，既包括淡水湿地，又包括盐碱性湿地，既包括天然湿地，又包括人工湿地（余国营，2001）。

狭义定义是把湿地看作陆地生态系统与水生生态系统的过渡地带（Ecotone），在针对湿地的研究活动中，往往采用狭义定义。狭义定义以美国的湿地定义为代表。1956 年，美国鱼类和野生生物管理局（FWS）第一次将湿地定义为：被间歇存在的或永久存在的浅水层所覆盖的土地，但河流、水库和深水湖泊等稳定水体不包括在内。1979 年，FWS 将上述定义进一步修改为：陆地生态系统和水生系统之间的过渡土地，其地下水位经常达到或接近地表，或为浅水所覆盖。湿地至少应具有以下 3 个特点之一：①至少是周期性地以水生植物为优势。②地层以排水不良的水成土为主。③若土层为非土壤，则至少在生长季节的部分时间被水浸或水淹。该定义包括湖泊低水位时水深 2 m 以内的地带。据此，湿地被分成 20 多个类型，目前这个狭义湿地定义已经被许多国家的湿地研究者接受。

广义的湿地定义所包括的湿地范围比较广，有利于管理部门规划湿地管理边界、有效地保护湿地免受人为破坏；狭义的湿地定义则更强调湿地的生物、土壤和水文之间的彼此作用，反映了湿地生物多样性的典型特征，但不利于湿地的保护与管理（葛继稳，2007）。

第二节　湿地分类

湿地分类是湿地研究的基础，由于湿地不同程度地兼有其他生态系统类群的特征，与湿地定义一样，从不同角度出发可以对湿地进行不同的分类，由于湿地研究的目的和方法以及湿地的地域不同，不同国家甚至同一国家不同的学派或学者在湿地分类上观点不同。湿地的类型多种多样，通常分为自然湿地和人工湿地两大类。自然湿地包括沼泽地、泥炭地、湖泊、河流、海滩和盐沼等，人工湿地主要有稻田、水库、池塘、盐田等。随着人们对湿地研究的不断深入以及湿地定义的内涵不断扩大，原有的湿地分类体系也不断完善，许多国际组织和学者也从不同角度提出了许多湿地分类系统和方法。

一、《湿地公约》中的湿地分类

目前，对湿地分类研究影响比较大且被广为接受的主要为《湿地公约》的湿地分类系统（Finlayson et al.，1995）。该分类系统是一个全球范围内的湿地分类系统，目的是向《湿地公约》各缔约方提供一个简单的方法或参照，用以描述和定义具有重要国际意义的湿地，以及使各缔约方能够制定和执行各自湿地的规划，以便在各自领土内促进对《湿地公约》下具有重要国际意义的湿地开展保护，并尽量合理地利用这些湿地。该分类系统尽管是一个针对国际意义的湿地制定的全球湿地分类系统，但当前正被越来越多的国家作为湿地分类的依据。

《湿地公约》中将湿地划分为"海洋/海岸湿地、内陆湿地、人工湿地"3大类，共42型，并赋予了湿地代码。其中海洋/海岸湿地12型、内陆湿地20型、人工湿地10型。《湿地公约》中湿地分类如下：

1. 天然湿地
（1）海洋/海岸湿地

A. 永久性浅海水域：多数情况下低潮时水位小于6 m，包括海湾和海峡。

B. 海草层：包括潮下藻类、海草、热带海草植物生长区。

C. 珊瑚礁：珊瑚礁及其邻近水域。

D. 岩石性海岸：包括近海岩石性岛屿、海边峭壁。

E. 沙滩、砾石与卵石滩：包括滨海沙洲、海岬及沙岛、沙丘及丘间沼泽。

F. 河口水域：河口水域和河口三角洲水域。

G. 滩涂：潮间带泥滩、沙滩和海岸及其他咸水沼泽。

H. 盐沼：包括滨海盐沼、盐化草甸。

I. 潮间带森林湿地：包括红树林沼泽和海岸淡水沼泽森林。

J. 咸水、碱水潟湖：有通道与海水相连的咸水、碱水潟湖。

K. 海岸淡水湖：包括淡水三角洲潟湖。

Zk（a）. 海滨岩溶洞穴水系：海滨岩溶洞穴。

（2）内陆湿地

L. 永久性内陆三角洲：内陆河流三角洲。

M. 永久性的河流：包括河流及其支流、溪流、瀑布。

N. 时令河：季节性、间歇性、定期性的河流、小溪、小河。

O. 湖泊：面积大于8 hm² 的永久性淡水湖，包括大的牛轭湖。

P. 时令湖：大于8 hm² 的季节性、间歇性的淡水湖，包括漫滩湖泊。

Q. 盐湖：永久性的咸水、半咸水、碱水湖。

R. 时令盐湖：季节性、间歇性的咸水、半咸水、碱水湖及其浅滩。

Sp. 内陆盐沼：永久性的咸水、半咸水、碱水沼泽与泡沼。

Ss. 时令碱、咸水盐沼：季节性、间歇性的咸水、半咸水、碱性的沼泽、泡沼。

Tp. 永久性的淡水草本沼泽、泡沼：草本沼泽及面积小于 8 hm² 的泡沼，无泥炭积累，大部分生长季节伴生浮水植物。

Ts. 泛滥地：季节性、间歇性的洪泛地，湿草甸和面积小于 8 hm² 的泡沼。

U. 草本泥炭地：无林泥炭地，包括藓类泥炭地和草本泥炭地。

Va. 高山湿地：包括高山草甸、融雪形成的暂时性水域。

Vt. 苔原湿地：包括高山苔原、融雪形成的暂时性水域。

W. 灌丛湿地：灌丛沼泽、灌丛为主的淡水沼泽，无泥炭积累。

Xf. 淡水森林沼泽：包括淡水森林沼泽、季节泛滥森林沼泽、无泥炭积累的森林沼泽。

Xp. 森林泥炭地：泥炭森林沼泽。

Y. 淡水泉及绿洲。

Zg. 地热湿地：温泉。

Zk（b）. 内陆岩溶洞穴水系：地下溶洞水系。

2. 人工湿地

（1）水产池塘：例如鱼、虾养殖池塘。

（2）水塘：包括农用池塘、储水池塘，一般面积小于 8 hm²。

（3）灌溉地：包括灌溉渠系和稻田。

（4）农用洪泛湿地：季节性泛滥的农用地，包括集约管理或放牧的草地。

（5）盐田：晒盐池、采盐场等。

（6）蓄水区：水库、拦河坝、堤坝形成的一般大于 8 hm² 的储水区。

（7）采矿区：积水取土坑、采矿地。

（8）废水处理场所：污水场、处理池、氧化池等。

（9）运河、排水渠：输水渠系。

（10）Zk（c），即地下输水系统：人工管护的岩溶洞穴水系等。

〔"漫滩"是一个宽泛的术语，指一种或多种湿地类型，可能包括 R、Ss、Ts、W、Xf、Xp 或其他湿地类型的范例。漫滩的一些范例为季节性淹没草地（包括天然湿草地）、灌丛林地、林地和森林。漫滩湿地在此不作为一种具体的湿地类型。〕

二、我国湿地分类标准

1997 年，《全国湿地资源调查与监测技术规程（试行本）》（林护自字〔1997〕101 号）将全国湿地划分为 5 大类 28 型，主要包括近海及海岸湿地、河流湿地、湖泊湿地、沼泽和沼泽化草甸湿地、库塘。该技术规程中没有把人工湿地包括在内。在《湿地公约》分类系统的基础上，结合我国的湿地资源状况，国家林业局于 2009 年 1 月 12 日下发了《全国湿地资源调查与监测技术规程（试行）》（林湿发〔2008〕265 号），该规程中将全国湿地类型划分为 5 类 34 型：近海与海岸湿地 12 型、河流湿地 4 型、湖泊湿地 4 型、沼泽湿地 9 型和人工湿地 5 型（表 1-1）。

表 1-1　湿地类、型及划分技术标准

代码	湿地类	代码	湿地型	划分技术标准
I	近海与海岸湿地	I1	浅海水域	浅海湿地中，湿地底部基质为无机部分组成，植被盖度＜30％的区域，多数情况下低潮时水深小于 6 m，包括海湾、海峡
		I2	潮下水生层	海洋潮下，湿地底部基质为有机部分组成，植被盖度≥30％，包括海草层、海草、热带海洋草地
		I3	珊瑚礁	基质由珊瑚聚集生长而成的浅海湿地
		I4	岩石海岸	底部基质75％以上是岩石和砾石，包括岩石性沿海岛屿、海岩峭壁
		I5	沙石海滩	由沙质或沙石组成的植被盖度＜30％的疏松海滩
		I6	淤泥质海滩	由淤泥质组成的植被盖度＜30％的淤泥质海滩
		I7	潮间盐水沼泽	潮间地带形成的植被盖度≥30％的潮间沼泽，包括盐碱沼泽、盐水草地和海滩盐沼
		I8	红树林	以红树植物为主要组成的潮间沼泽
		I9	河口水域	从近口段的潮区界（潮差为零）至口外海滨段的淡水舌峰缘之间的永久性水域
		I10	三角洲/沙洲/沙岛	河口系统四周冲积的泥/沙洲，沙洲、沙岛（包括水下部分）植被盖度＜30％
		I11	海岸性咸水湖	地处海滨区域有一个或多个狭窄水道与海相通的湖泊，包括海岸性微咸水、咸水或盐水湖
		I12	海岸性淡水湖	起源于潟湖，与海隔离后演化而成的淡水湖泊
II	河流湿地	II1	永久性河流	常年有河水径流的河流，仅包括河床部分
		II2	季节性或间歇性河流	一年中季节性（雨季）或间歇性有水径流的河流
		II3	洪泛平原湿地	在丰水季节由洪水泛滥的河滩、河心洲、河谷、季节性泛滥的草地以及保持了常年或季节性被水浸润的内陆三角洲所组成
		II4	喀斯特溶洞湿地	喀斯特地貌下形成的溶洞集水区域地下河/溪
III	湖泊湿地	III1	永久性淡水湖	由淡水组成的永久性湖泊
		III2	永久性咸水湖	由微咸水/咸水/盐水组成的永久性湖泊
		III3	季节性淡水湖	由淡水组成的季节性或间歇性淡水湖（泛滥平原湖）
		III4	季节性咸水湖	由微咸水/咸水/盐水组成的季节性或间歇性湖泊
IV	沼泽湿地	IV1	藓类沼泽	发育在有机土壤的、具有泥炭层的以苔藓植物为优势群落的沼泽
		IV2	草本沼泽	由水生和沼生的草本植物组成优势群落的淡水沼泽
		IV3	灌丛沼泽	以灌丛植物为优势群落的淡水沼泽
		IV4	森林沼泽	以乔木森林植物为优势群落的淡水沼泽
		IV5	内陆盐沼	受盐水影响，生长盐生植被的沼泽。以苏打为主的盐土，含盐量应＞0.7％；以氯化物和硫酸盐为主的盐土，含盐量应分别大于 1.0％、1.2％
		IV6	季节性咸水沼泽	受微咸水或咸水影响，只在部分季节维持浸湿或潮湿状况的沼泽

（续）

代码	湿地类	代码	湿地型	划分技术标准
Ⅳ	沼泽湿地	Ⅳ7	沼泽化草甸	为典型草甸向沼泽植被的过渡类型，是在地势低洼、排水不畅、土壤过分潮湿、通透性不良等环境条件下发育起来的，包括分布在平原地区的沼泽化草甸以及高山和高原地区具有高寒性质的沼泽化草甸
		Ⅳ8	地热湿地	以地热矿泉水补给为主的沼泽
		Ⅳ9	淡水泉/绿洲湿地	以露头地下泉水补给为主的沼泽
Ⅴ	人工湿地	Ⅴ1	库塘	以蓄水、发电、农业灌溉、城市景观、农村生活为主要目的而建造的面积不小于 8 hm² 的蓄水区
		Ⅴ2	运河、输水河	为输水或水运而建造的人工河流湿地，包括以灌溉为主要目的的沟、渠
		Ⅴ3	水产养殖场	以水产养殖为主要目的而建造的人工湿地
		Ⅴ4	稻田/冬水田	能种植一季、两季、三季的稻田或者是冬季蓄水或浸湿的农田
		Ⅴ5	盐田	为获取盐业资源而修建的晒盐场所或盐池，包括盐池、盐水泉

三、国外湿地分类

最早的湿地分类开始于 1900 年左右对欧洲和北美泥炭地的分类（刘厚田，1995）。早期的湿地分类只将湿地分为几个一般类型，如河流沼泽、湖沼、台地沼泽、间歇和永久沼泽、湿牧地、定期泛滥地（唐小平等，2003）。从 20 世纪初到现在，不同国家和地区根据其研究的实际需要提出了各自不同的湿地分类体系。

20 世纪 50 年代，美国鱼类和野生动物管理局为查清湿地作为野生生物栖息地的主要意义及其分布和面积，提出了新的湿地分类系统，将湿地分为内陆淡水区域、内陆咸水区域、海滨咸水区域和海滨淡水区域，再根据水深、淹水的频度及植被外貌等指标进一步划分为 20 个湿地基本类型（Mitsch et al.，1986）。该系统实用性强，但过分强调植被，且过于简单、准确性不足。Mitsch 等（1986）采用"系统、亚系统、类、亚类、主体型、特殊体" 6 级分类系统将美国湿地划分为 5 个系统、10 个亚系统和 55 个类。Cowardin 等（1979）依据湿地特征提出了湿地分类体系，该体系根据不同的成因类型把湿地分成海洋湿地、河口湿地、河流湿地、湖泊湿地和沼泽湿地 5 大系统；根据水文特征分成湿地亚系；根据占优势的植被生命形态和基底组成等湿地外貌特征把亚系分成湿地类；按照植被的不同把湿地类细分成湿地亚类；用附加的优势种特征描述较为特殊的湿地特征，以便更好地反映湿地水文、化学、地貌、生物因子和人类影响。该方法分类全面、易于操作。Brinson（1993）依据湿地的功能划分，把地貌、水文和水动力特征看成湿地的 3 个同等重要的基本属性，分析湿地的第一步就是将这 3 个特征归入相应的功能湿地类中（吴辉等，2007）。美国湿地分类体系中 Cowardin 和 Brinson 的分类方法最为典型，具有一定的代表性。

1987 年，加拿大国家湿地工作组从 Jeglen、Tarnocai、Zoltai 等的工作中总结出了一套分级结构形式的湿地分类系统，将湿地划分为"湿地类（Class）、湿地型（Form）、湿地体（Type）"3 级系统（Glooschenko et al.，1993）。其中湿地类为分类系统中的最高级别，根据湿地生态系统的综合成因的差异，将湿地划分为 5 种湿地类，即藓类沼泽湿地（Bog）、森林沼泽湿地（Swamp）、草本泥炭沼泽湿地（Fen）、湖滨湿地或腐泥湿地（Marsh）、浅水湿地（Shallow water）；湿地型为分类系统中的中级分类单位，根据沼泽湿地表面形态、模式、水源补给类型和土壤形状等特征将湿地划分成 70 个湿地型；湿地体是该分类体系的基本单位，其划分依据是湿地优势植物外貌（National Wetlands Woeking Group，1988；唐小平等，2003；邓龙等，2006；葛继稳，2007）。

澳大利亚湿地分类采用的是 Paijmans 分类系统（Finlayson et al.，1993）。它采用简单和松散的分级结构，根据水文、植被特征划分为类（Categories）、级（Classes）、亚级（Subclasses）3 个层次。第 1 层次包括湖泊（Lake）、沼泽（Swamp）、受泛洪影响的陆地（Land subject to inundation）、河流（River and channel）、潮间带（Tidal flat）、海岸水体（Coast water body）。由于澳大利亚纬度跨越大，北部属于热带，南部属于温带，因此南北部各自发展了更为细致的分类系统。北部有湿地植被和地理学分类系统、昆士兰湿地分类系统等。南部有一般性的湿地植被分类系统和区域性的假分级湿地分类系统。这些系统对区域湿地进行了较好的分类（唐小平等，2003；卢昌义等，2006）。

欧洲一些沼泽湿地较丰富的国家研究沼泽湿地分类较早。这些国家把沼泽湿地主要分为 4 大类：芦苇沼泽湿地（Reed swamp）、腐泥沼泽湿地（Wet grassland marshes）、泥炭沼泽湿地（Fen）、苔藓沼泽湿地（Bog or moor）。欧洲分类以地表水量、营养输入、植被类型、pH、泥炭构建特征等为基础（田家怡等，2005）。早在 1902 年，德国的 Weber 就将泥炭沼泽划分为低位（富营养）沼泽、中位（中营养）沼泽、高位（贫营养）沼泽，这一分类至今仍被广泛应用。后来许多学者根据沼泽水源补给、地貌条件、植物组成、土壤性质及不同应用目的对沼泽进行分类。例如，Bellamy（1968）和 Moore 等（1974）提出的欧洲泥炭地水文分类，将泥炭地分为靠集水区地表水和大气降水补给的泥炭地、仅靠集水区地表水补给的泥炭地以及仅靠大气降水补给的泥炭地 3 大类。又如芬兰的 Cajander 根据植被类型把芬兰沼泽分为泥炭藓沼泽、灰藓沼泽、小灌木沼泽和森林沼泽（刘子刚等，2006）。1978 年，Heikurainen 和 Pakarinen 联合提出了芬兰泥炭沼泽分类系统，把芬兰的泥炭沼泽分成了"泥炭沼泽组、基本类型"两级，其中，泥炭沼泽组划分为硬木云杉泥炭沼泽（Hardwood-spruce mires）、松林泥炭沼泽（Pine mires）和无林泥炭沼泽（Treeless mires）3 类；根据优势树种及有无树木情况再进行了基本类型的划分，包括 40 个基本类型（Laine，1982；赵魁义等，1995；邓龙等，2006）。

Kim 等（2006）将韩国湿地分为 6 级。第 1 级分为内陆湿地、河口湿地和滨海湿地 3 类；第 2 级根据湿地所处的地形和水文特征分为山地、平原、河流、湖泊、河口和库塘；第 3 级根据湿地的水文地貌特征分为洼地、河流、坡地、平地和边缘地带；第 4 级根据湿地的土壤、植物、水文和地貌特征分为若干类；第 5 级将湿地分为草本湿地和木本湿地两类；第 6 级则根据湿地的优势植物群落来进行划分。

四、国内学者湿地分类研究

我国学者早期对湿地的研究侧重沼泽和沿海滩涂，缺少将湿地作为整体概念的研究，因而缺少统一完善的分类体系。郎慧卿等（1983a，1983b）以发生学原则为基础，将我国的沼泽划分为富营养、中营养和贫营养 3 个沼泽型，然后按沼泽中的植物生活类型划分为 13 个沼泽组（群系）和 30 个沼泽体（群丛）。不同地带内的沼泽类型，由于受地带性气候的影响而有明显的差异。季中淳（1981）根据地貌和沉积类型、水源补给及水动力条件、植物种属和底栖生物群落将海滨沼泽按沼泽系、沼泽组和沼泽体三级系统分类。黄锡畴（1982）根据自然分异的原则和我国沼泽特点，划分出平原沼泽、高原沼泽和山地沼泽三大类。杨永兴（1988）从生态学的观点出发，根据沼泽水文性质将三江平原沼泽划分为季节性积水沼泽和常年积水沼泽两大类，然后再根据微地貌差异，进一步划分出多丘沼泽、浮毡沼泽、浅洼沼泽和深洼沼泽 4 个亚类，最后根据微地貌、沼泽植被以及有无泥炭积累划分沼泽体。但我国对滩涂等海岸湿地的分类的研究则开始得比较晚。

后期的湿地研究中，将湿地分类扩展到了湖泊、河流、河滩及滩涂、稻田及人工湿地等。王飞等（1990）把我国湿地划分为 4 种类型，包括沼泽、浅水河和河滩、浅水湖和湖滩、海涂等。季中淳（1991）曾根据水源补给、地貌类型、水动力条件和优势生物种群的不同类型，将湿地分为潮上带湿地、潮间带湿地、潮下带湿地三类和若干湿地自然与人工综合体。陆健健（1990）根据《湿地公约》中湿地的定义和成因，在《中国湿地》一书中将我国湿地分成了 22 个类型，后来又在《湿地生态学》（陆健健等，2006）一书中分为 3 大类 41小类。中国科学院沈阳应用生态研究所与辽宁省环境保护局所做《湿地资源开发项目环境影响评价指标体系及方法研究》（1993）一文中，根据我国湿地资源的地理分布状况与所处地形的差异、水分补给的来源与性质、植被类型、泥炭累积与土壤潜育特征等将我国湿地分为三大类：①沼泽湿地。根据有无泥炭积累，将沼泽湿地又分为泥炭沼泽和无泥炭沼泽两个亚类。②湖泊湿地。包括湖滩地和河滩地。根据湖水含盐量大小，将湖泊湿地分为淡水（盐度＜1）、咸水（盐度 1～35）和盐水（盐度＞35）湿地三种类型。③滨海湿地。包括海涂、河口地区。我国的滨海湿地可分为盐沼湿地（Coastal salt marsh）、河口半咸水湿地（Estuarine brackish marsh）以及红树林沼泽湿地（Mangrove swamp）三种类型（王宪礼等，1995）。袁正科（2008）根据湿地形成原因控制湿地一级分类单位，根据湿地分布特点控制二级分类单位，根据湿地水文状况控制三级分类单位，将湖泊湿地分成组、类和类型。徐琪等（1995）提出按"族、组、类、型"划分的湿地分类系统以人类活动的影响程度作为划分依据，将我国湿地划分为自然湿地和人工湿地两个族，根据植被群落与土壤属性的差异又将湿地划分为 9 个组，组以下根据地表水或地下水浸润状况、植被群落与土壤属性划分为 27个类及若干基本型。陈建伟等（1995）根据国际《湿地公约》对湿地分类的有关要求和建议，结合我国湿地类型的实际情况，提出了系→亚系→类→亚类→型→优势型的分级式湿地分类及其指标系统。首先将我国湿地分为海洋及沿岸、内陆、人造三个系，再依次分为10 类、39 型、20 优势型，可用于不同规模和层次的湿地资源调查和监测。

第三节 湿地生态系统的结构与特点

一、湿地生态系统的结构

1. 基本结构

湿地生态系统的结构可以分为两大部分：生物部分（生物群落）和非生物部分（无机环境）。湿地生态系统是由湿生、中生和水生植物，动物和微生物等生物因子以及与其紧密相关的阳光、水和土壤等非生物环境通过物质循环、能量交换和信息传递共同构成，具有一定结构和功能的特殊生态系统，主要分布在陆地生态系统和深水水体生态系统相互过渡的区域。湿地生态系统的组成要素包括生物要素和非生物要素两大部分（图1-1）。

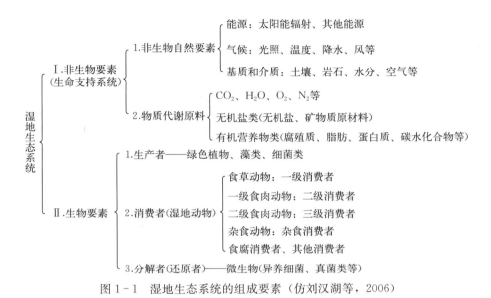

图1-1　湿地生态系统的组成要素（仿刘汉湖等，2006）

（1）非生物要素

湿地生态系统的非生物要素是指湿地动植物和微生物生存所依赖的有关物理化学环境条件和生物物质代谢原料，它们共同构成生物生长、发育的能量与物质基础。非生物要素主要包括非生物自然要素和物质代谢原料两部分。

1）非生物自然要素。①能源（太阳能辐射或其他能源）。②气候（光照、温度、降水、风等）。③基质和介质（土壤、岩石、水分、空气等）。

2）物质代谢原料。① CO_2、H_2O、O_2、N_2 等。②无机盐类（无机盐、矿物原材料等）。③有机营养物类（腐殖质、脂肪、蛋白质、碳水化合物等）。

（2）生物要素

湿地生态系统的生物要素是指湿地上生存的动植物和微生物。根据它们获取营养和能量方式、能量流通和在物质循环中所起的作用等，生物要素可分为生产者、消费者和分解者三部分。

1）生产者。①绿色植物，主要为湿生植物（阴生植物和阳生植物）、水生植物（挺水植物、浮叶植物、漂浮植物和沉水植物等）、盐生植物（适盐、耐盐及具有抗盐特性的植物）。②藻类。③细菌类（光合细菌、化能细菌等）。

2）消费者（湿地动物）。①食草动物（一级消费者）。②一级食肉动物（二级消费者）。③二级食肉动物（三级消费者）。④杂食动物。⑤食腐消费者、其他消费者。这些动物主要为无脊椎动物、鸟类、两栖动物、鱼虾类、爬行类、哺乳类等。

3）分解者（还原者）。主要为微生物（异养细菌、真菌类等）。

2. 基本特征

湿地生境与非湿地生境相比具有以下几个显著特征：①高度湿润乃至常年被水覆盖，这是湿地生态系统的最基本特征，它决定了湿地生态系统的其他特征。②氧气稀少，泥炭化或潜育化过程显著。③热容量高，导热性差。④营养贫乏（田家怡等，2005）。

湿地植物是湿地生态系统的生产者，也是湿地其他生物类群生长和新陈代谢所需物质和能量的主要来源。不同类型湿地植物的种类组成、分布特征具有一定的差异。湿地植物主要分为湿生（沼生）植物、水生植物、盐生植物、耐盐植物和红树林等。湿地生境特征决定了湿地植物具有适应高温、缺氧、贫营养环境的特征。湿地植物是水生和陆生之间的过渡类型，具有适应这一特殊生境的生态特征，如通气组织比较发达、根系浅、以不定根繁殖、以牙蘖方式密层生长、具有食虫习性（如狸藻）等。

湿地生态系统的消费者主要为具有飞翔能力的鸟类和昆虫，适应湿生环境的哺乳类、两栖类和爬行类，以鱼类为代表的水生动物，以及种类繁多的底栖无脊椎动物。不同的湿地类型，其消费者种类组成也有一定的差异。湿地上的哺乳动物很少，消费者主要是喜湿的鸟类和鱼类。几乎所有的鸟类都喜欢湿地环境，它们是湿地上最主要的消费者，其特点是种类多、数量大、分布广，而且有不少种类属于濒危物种，是世界或国家重点保护对象。鱼类主要分布在河流、湖泊、池塘和浅水海域，是人类和鸟类的主要食物来源之一。此外，还有两栖类、爬行类、无脊椎动物及少量哺乳动物。根据动物在湿地上的活动情况，可将湿地动物分为5类：①只在湿地上觅食和繁殖的。②在其他系统中繁殖，长期觅食于湿地的。③仅在湿地上繁殖，而在其他系统中觅食的。④既在湿地又在其他系统中繁殖和觅食的。⑤只在迁徙季节在湿地上短暂停留的（田家怡等，2005）。

湿地微生物主要是指水体和土壤中的细菌、真菌、霉菌和放线菌等。微生物是湿地生态系统的分解转化者，它们对湿地生态系统的物质转化、能量流动起着重要作用，制约着湿地的类型和演替。微生物对湿地中的有机物及有毒物质具有转化、降解和净化作用（孙绪金，2008）。湿地的特殊生境也决定了湿地分解者的种类和数量少，且以厌氧微生物为主，使有机残体分解不完全、有机质积累明显。

3. 空间结构

空间结构是不同的动植物适应不同的小生境的必然结果，表现为不同的空间分布格局及其与相邻陆地系统和深水水体系统的组合关系，在湿地水位和土壤水分改变的情况下，湿地植物群落可向陆岸转移，引发湿地物种的水平分布与垂直分布的差异。水是影响湿地生态系统形成、发育和维持的首要环境因子，湿地水位的变化不但直接影响着湿地空间结构的垂直变化和水平伸缩，更重要的是还会引起湿地植物的空间分布变化，进而影响湿地动物与微生物的变化。一般而言，当水位降低且变化速率较小时，群落向湿地水边转移，当水位升高时，群落则向陆上转移（邱彭华等，2012）。例如，在湖泊及其周围的湿地区域，植物向湖心变化依次为：草甸植物—沼泽植物—水生植物。其中，水生植物由湖岸向湖心又依次变化：挺水植物—浮叶植物—沉水植物。动物虽具有空间运动能力，但必须以湿地生产的有机物为食，或者利用植物环境作为栖息场所和保护条件；因而，与植物的空间结构相适应，湿地生态系统中的动物也成层和成带分布（田家怡等，2005）。不同的是，自然湿地生态系统通常比人工湿地生态系统的空间结构更为复杂和多样化。由于植物地上部分需光、需热等的差异，而地下部分则须从土壤中吸收养分等，形成了湿地植物垂直方向上的分化。如小兴凯湖的芦苇沼泽，其垂直结构可分为三层：第一层为芦苇；第二层为狭叶甜茅和菰；第三层为小狸藻和浮水植物槐叶萍（刘月杰，2004）。再如曹妃甸湿地生态系统的生物在垂直方向上从上到下分为三层，最上层是乔木层，主要为沿海、沟渠、库塘岸堤上的防护林带（杨树、柳树、榆树、槐树等）；第二层为渠堤、田埂、路边分布的灌木（紫穗槐等）、草本植物（茅草、刺菜、曲菜等）；第三层为水稻、芦苇及池塘里的鱼、虾、蟹等。深水生态系统中水生植物的垂直变化稍微复杂：在深水的边缘生长着芦苇、香蒲等挺水植物；水面为水鳖、浮萍、紫萍等浮水水生植物；水面以下为小叶眼子菜、金鱼藻、狸藻等沉水植物（吕宪国，2008）。

由于地貌、水文条件等的不同，湿地生态系统水平结构的湿地生物也发生相应的变化。水平结构适应不同的营养条件、土壤条件、水分条件和耕作制度，如曹妃甸湿地植物在水平方向上呈现明显的规律性分布。曹妃甸湿地被开垦为稻田后，受引进淡水和种植水稻的影响，原有的盐角草、白刺等耐盐植物几近绝迹，喜肥浅水植物（稗、苦草、眼子菜等）成为水作区优势野生植物；渠堤地势高、排水流畅，具有一定程度的旱田土壤特征和沼泽地植被特征，渠堤、田埂、路边多为茅草、刺菜、曲菜等渠道野生植物；近海狭长地带，由于海拔低，其含盐量大于 0.8%，为盐土类，植物种类主要为沼泽植物和耐盐植物（碱蓬、盐角草、白刺等）；淡水蓄积区除以芦苇为优势种外，旱荒地中尚有獐茅、青蒿、碱蓬等。

4. 时间结构

生态系统的时间结构是指生态系统中的物种组成、外貌、结构和功能等随着时间的推移和环境因子的变化而呈现的各种时间格局。它是生态系统中的生物物种对环境长期适应与进化的结果，反映出生态系统在时间上的动态（唐文跃等，2006）。由于一年四季周期性的变化，生物群落结构也随之变化。湿地生态系统中的生物在春、夏、秋、冬各有不同的形态，忽而绿草如茵，忽而枯枝残叶，还有动物休眠、鸟类迁徙等。此外，随着时间的流逝，物种也会发生明显的演化，生态系统的结构亦随之变化。生态系统的时间结构一般用三个时间尺度来量度：长时间尺度，以生态系统进化为主要内容，如现在的森林生态系统与古代的不同；中等时间尺度，以群落演替为主要内容，如草原的退化；短时间尺度，以昼夜、季节和年份等周期性变化为主要内容，如一个森林生态系统，冬季白雪覆盖，春季万物复苏，夏季鲜花遍野，秋季果实累累。生态系统结构不仅有季相变化，昼夜也有明显变化，如绿色植物白天在阳光下进行光合作用，在夜间只进行呼吸作用。短时间的周期性变化在生态系统中是较为普遍的现象，它反映了动植物等为适应环境因素的周期性变化而引起的整个生态系统外貌的变化，这种短时间结构的变化往往反映了环境质量的变化。因此，对生态系统短时间结构变化的研究具有重要的意义。

自然湿地生态系统主要受自然演替规律支配，但不同的自然湿地类型其自然演替规律也不一样；而人工与半人工湿地生态系统则以人为定向培育为主导。在时间结构上，人工与半人工湿地生态系统的形成、演化与消亡远比自然湿地迅速，因为人为干扰因素通常在频率、强度、影响上表现得更大、更长久，而且其累积效应更深远。人为的一次短时间干扰能改变自然干扰成百上千年逐渐形成的湿地结构和功能。

5. 功能结构

物质和能量在生态系统中的流动、转化和储存共同体现了生态系统的功能特征。不同的空间结构及其组合表现为不同的功能结构。湿地生态系统由具有光合作用能力的植物、以植物组织为食的植物消费者、以食草动物为食的食肉动物、杂食动物和以死的动植物为食的分解者构成，这些生物共同构成食物链，而食物链交织在一起构成食物网（吕宪国等，1998）。

湿地是水体和陆地之间的过渡型自然综合体，和自然界其他生态系统一样，也是一个物质循环和能量转换系统（图1-2）。首先，湿地植物通过光合作用将太阳能转化为化学能，将无机物转化为有机物，并储存在植物体内，然后沿着食物链将物质和能量从湿地植物移至昆虫、软体动物、鱼虾等食草动物，再到顶部的食肉动物，最后由微生物将一部分有机残体分解成无机物，并释放热量，分散返回到环境中去，而另一部分有机残体则经过一系列理化作用演变成泥炭或潜育土或淤泥。湿地植物的生长发育和繁殖需消耗大量能量，因而湿地生态系统的能量流也随着营养级的升高而逐渐减少。但在湿地生态系统中，植物产品被消费者利用的程度很低。例如，在爱沙尼亚高位沼泽植物中，只有3种植物（帚石南、水越橘、云莓）有大量的消费者，即使是这几种植物的利用率也仅为其初级生产量的百分之几。因此，实际上湿地生态系统的能量流动率比其他生态系统要低。此外，湿地生态系统中有机质的大量积累使大量营养物质无法参与系统的物质循环，致使湿地生态系统营养缺乏。这些事实对合理利用和有效保护湿地具有重要意义（刘月杰，2004；佘国强等，1997）。

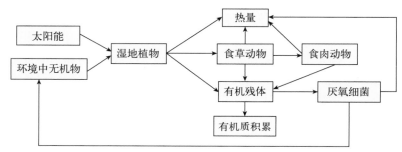

图1-2　湿地生态系统的物质循环和能量流（仿刘月杰，2004）

二、湿地生态系统的特点

湿地通常处于陆生生态系统和水生生态系统之间的过渡区域，一般由湿生、沼生和水生植物，动物、微生物等生物因子，及与之紧密相关的阳光、水分、土壤等非生物因子构成。湿地生态系统具有以下特点：①脆弱性。②高生产力和生物与生态多样性。③过渡性。④两重性（张永泽等，2001）。

1. 脆弱性

湿地水文、土壤、气候相互作用，形成了湿地生态系统环境主要因素。每一因素的改变，都或多或少地导致生态系统的变化，特别是水文，当它受到自然或人为活动干扰时，生态系统稳定性受到一定程度的破坏，进而影响生物群落结构，改变湿地生态系统。

湿地特定的水文条件决定了湿地生态系统易受自然及人为活动的干扰，生态极易受到破坏，且受到破坏后难以恢复。其原因主要是湿地所具有的介于水陆生态系统之间的特殊水文条件，水文期是湿地水位的季节性模式，是湿地水文情况的标志，它决定了湿地地表和地下水位的升降，其稳定性决定湿地生态系统的稳定性，因而水文期对营养物质的转化及营养物质对植物的有效性有显著的影响。影响湿地的因素除水文条件外，还有气候、环境污染、人为生产活动、工程建设或其他破坏活动等。

湿地生态系统的脆弱性特点主要表现为易变性，当水量减少以至干涸时，湿地生态系统演替为陆地生态系统，当水量增加时，该系统又演化为湿地生态系统，水文决定了系统的状态。

影响和导致湿地损失或损害的 4 个主要危险因素：①水源变化。②直接的自然变化。③有害污染物质流。④营养物输入和沉积非平衡（田家怡等，2005；孙庆艳等，2007）。湖泊萎缩和干涸、河流径流量减少以及沼泽湿地退化等极易导致湿地生态系统消失和破坏。如新疆的罗布泊由于其水源塔里木河和孔雀河上中游用水量剧增，向下游输送的水量显著减少，到 1964 年开始干涸，水草丰美的罗布泊湿地如今已沦为一片荒漠。湿地的退化乃至消失不仅直接导致湿地植物分布面积和野生动物生存环境的缩减，还导致生物群落结构的破坏，使生物多样性降低、生物资源受到破坏。据调查，围垦使洪湖水生植物种类由 20 世纪 60 年代的 92 种减少至 80 年代初期的 68 种，植被类型由 20 世纪 50 年代的 10 个群丛减少至 80 年代初期的 5 个群丛（田家怡等，2005）。再如曹妃甸湿地，20 世纪 60—80 年代的大规模鱼虾养殖池的建造、盐田的开发和稻田的开垦导致了该湿地生态系统的自然功能大大降低。

2. 高生产力和生物与生态多样性

湿地多样的动植物群落决定其具有较高的生产力、丰富多样的生物物种和复杂的生态系统类型。

（1）高生产力

湿地生态系统由于处于水陆过渡带，物种丰富、水源充沛、养分充足，有利于动植物生长，既有来自水陆两相的营养物质，又有与陆地相似的阳光、温度和气体交换条件，因而具有较高的生物生产力，使其成为地球上最富有生产力的生态系统之一。湿地多样的动植物群落是其高生产力的基础。一般来说，湿地对水文流动的开放程度是其潜在初级生产力的最重要的决定因素。此外，影响湿地生产力的因子还有气候、水化学性质、沉积物化学性质与厌氧状况、盐分、光照、温度、种内和种间作用、生物的再循环效率及植物本身的生产潜力等。据美国湿地生态系统学家 Maltby（1986）报道，每平方米湿地平均每年生产 9 g 蛋白质，是陆地生态系统平均值的 3.5 倍，有的湿地植物的生产量比小麦地的平均产量还高8 倍。当然，并不是所有湿地的生产力都很高，例如只通过降水这一途径输入营养物质的湿地，其生产力是很低的。

（2）生物与生态多样性

湿地生态系统是一类介于水陆生态系统之间的生态单元，受地理分布、地形、地貌、土壤特征、水源补给、气候、光照、生物群落等影响，其生境类型本身具有多样性特点。如沼泽湿地、河口湿地、河流湿地、湖泊湿地、海涂湿地等是主要的几大湿地生态系统。

湿地的多样性特点不仅体现在生态系统类型的多样性上，同时还体现在湿地生境类型的多样性和生物群落的多样性上。由于湿地是陆地与水体的过渡地带，其生态系统具有多样的生物类群，兼具丰富的陆生和水生动植物资源。湿地生态系统所处的独特水文、土壤、气候等环境条件所形成的独特生态位为丰富多彩的动植物群落提供了复杂而完备的特殊生境。一方面，它具有水域系统的一些特征（如藻类、底栖无脊椎动物、游泳动物、缺氧基质和流动的水）；另一方面，湿地又有与陆地维管束植物结构相似的维管束植物。湿地植物群落包括乔木、灌木、多年生禾本科、莎草科、多年生草本植物以及苔藓和地衣等，动物群落包括哺乳类、鸟类、两栖类、爬行类、鱼类等。湿地特殊生境的重要性特别体现在它是许多濒危野生动物的独特生境。因此，湿地生态系统是天然的基因库，对保护物种、维持生物多样性具有难以替代的生态价值。

3. 过渡性

水陆过渡性是湿地生态系统最重要的生态特性。湿地生态系统既具有陆地生态系统的地带性分布特点，又具有水生生态系统的地带性分布特点，表现出水陆相兼的过渡型分布规律。水陆界面的交错群落分布使湿地具有显著的边缘效应，也是湿地具有很高的生产力及生物多样性的根本原因。湿地生态系统的过渡性特点不仅表现在其地理分布上，还表现在其生态系统结构上，无论是其无机环境还是其生物群落都具有明显的过渡性。

（1）水文情势

湿地过渡性的陆生和水生生境形成了独特的理化环境。湿地水文条件是湿地最重要的决定因素，是维持湿地结构和功能的主要原动力，也是区别于陆地生态系统和深水生态系统的独特属性，它包括了水的输入、水的输出、水深、水流方式、淹水持续期和淹水频率。水的输入来自降水、地表径流、地下水、泛滥河水及潮汐；水的输出包括蒸散作用、地表外流、注入地下等。水文不仅直接影响湿地生态环境的物理化学性质（如营养物质有效性、土壤厌氧条件、盐分、酸碱度、沉积物性质等）及营养物质的输出，还是最终影响湿地生物群落的主要因素之一。

（2）土壤条件

湿地土壤是湿地生态系统结构的又一主要特征，通常称为水成土。湿地土壤是湿地各种物理化学反应过程发生的基质，也是湿地植物营养物质的主要储存库。湿地土壤不同于一般的陆地土壤，由于是在水分过饱和厌氧环境条件下形成，有氧呼吸生物降解有机物质受到条件的制约，厌氧菌进行发酵作用将高分子质量的碳水化合物分解成低分子质量的可溶性有机化合物，为其他厌氧菌提供底物。在水分过饱和状态下，环境中的动植物残体分解缓慢或不易分解，土壤中有机质含量高，泥炭沼泽土的有机质含量可高达 60%～90%。由于土壤持水能力由黏土矿物类型和含量、有机物质含量、土壤结构三方面的因素所决定，高黏土矿物质含量和有机质含量使湿地土壤具有很强的持水能力，其草根层的潜育沼泽持水能力为 200%～400%；泥炭沼泽较强，草本泥炭持水能力为 400%～800%；藓类泥炭一般都超过 1 000%（骆世明，2005；余顺慧，2014）。因此，湿地具有巨大的调蓄功能，对洪水控制、减小洪峰冲击有重要作用。

（3）生物群落

湿地生物群落是湿地特殊生境选择的结果，其组成和结构复杂多样，生物生态学特征差异很大，这主要是由于湿地生态条件变幅较大，不同类型的湿地生境条件有很大差异，即使在同一块湿地内，其生境条件也很复杂。湿地植物是陆生植物和水生植物之间的过渡类型，具有适应半水半陆生境的生态特征，如具有通气组织发达、根系浅、以不定根方式繁殖等；湿生动物群落以两栖类和涉禽占优势，涉禽具有长嘴、长腿、长颈等生态特征，以适应湿地的过渡性生态环境。

4. 两重性

湿地生态系统处于由低级向高级发展、由不成熟向成熟演替的过渡阶段，因而它既具有成熟生态系统的性质，又具有不成熟（年轻）生态系统的性质。湿地生态系统初级生产力高，生产量与生物量亦高；湿地稳定性（对外界扰动的抗性）差；有部分净生产力输出及矿物质循环开放等；这些标志着它是一个不成熟的生态系统。此外，湿地空间分异大，结构良好（多数湿地在泥炭中积累了高生物量）；总有机质较多；生物多样性高；生命循环相对较短，但食物网很复杂；湿地是一个自我维持系统等；这些特征则标志着它是一个成熟的生态系统。湿地生态系统的两重性既是湿地过渡性特点的体现，又是湿地生态系统特殊的体现，它们是湿地生态学得以独立生存和发展的基础（田家怡等，2005）。湿地是一类特殊而重要的具有两重性的生态系统。

第四节　湿地功能

　　湿地是人类赖以生存和持续发展的重要基础，是人类最重要的环境资本之一，也是自然界富有生物多样性和较高生产力的生态系统，湿地具有巨大的生态、经济和社会功能。湿地的水陆过渡性使环境要素在湿地中的耦合和交汇作用复杂化，对自然环境的反馈作用是多方面的。湿地生态系统支持了丰富的生物多样性，其中一些种类为人类提供了重要的动植物产品，因此在发挥生态效益的同时也发挥着经济效益。湿地能抵御洪水、调节径流、控制污染、消除毒物、净化水质，是自然环境中自净能力很强的区域之一，对保护环境、维护生态平衡、保护生物多样性、蓄滞洪水、涵养水源、补充地下水、稳定海岸线、控制土壤侵蚀、保墒抗旱、净化空气、调节气候等起着极其重要的作用。湿地还为野生动植物提供必不可少的生息场所。湿地具有科研、教育功能以及自然观光、旅游、娱乐等美学方面的社会效益。

　　湿地生态系统具有多种独特的功能，有"地球之肾""天然蓄水库""生物生命的摇篮""鸟类的天堂""物种基因库"的美誉。

　　湿地的功能主要表现在以下几个方面。

一、生态功能

1. 调节径流和蓄洪

　　湿地在调节河川径流、蓄洪和维持区域水平衡方面发挥着非常重要的作用。湿地含有大量持水性良好的泥炭土、植被及质地黏重的不透水层，能够储存大量水分，是巨大的生物蓄水库，能在短时间内蓄积洪水，然后用较长的时间将水排出。由于湿地土壤具有的特殊水文物理性质，湿地具有超强的蓄水性和透水性，能消解外力带来的巨大能量，降低其危害程度，被称为蓄水防洪的天然"海绵"。湿地区域多是地势低洼地带，与河湖相连，在暴雨和河流涨水期间可将过量的水分存储起来，然后均匀地缓慢释放，减缓或避免洪涝灾害的发生。湿地在汛期可储存来自降水、河流的多余水量，从而避免发生洪涝灾害；在干旱季节和降水时空分配不均匀时，将洪水期间容纳的水量向周边地区和下游排放，以减缓或避免旱灾的发生。故湿地又被称为天然的流量调节系统。

2. 保护土壤和防浪固岸

　　湿地有着特殊的植被和特殊的潮湿环境，具有控制侵蚀、保护土壤的作用。湿地植物的枝叶及枯枝落叶阻挡了雨水对土壤的冲刷，植物的根系和土壤生物使土壤变得疏松，增加了其吸水能力，有利于控制土壤流失、涵养水源。

　　河口、海岸湿地中生长的海藻场、海草床、芦苇、碱蓬、红树林、海岸林带等湿地植被可以抵御和消减海浪、台风和风暴对海岸的冲击。湿地植被的主要作用在于削弱海浪和水流的冲力；沉降沉积物，防止岸线被侵蚀；同时，湿地植物的根系和堆积的植物残体可以固定、稳固堤岸和海岸，是应对海水入侵等自然灾害和海平面上升等气候变化影响的天然绿色屏障，在保障沿海地区人民生命财产安全中发挥了重要作用。研究表明，在沿海地区，植被发育较好的湿地具有良好的消浪作用，可以有效地保护海岸线，80 m 宽的湿地植被加上 3 m 高的海堤就可以有效保护海岸，而如果没有湿地植被的保护，则海岸需要 12 m 高的海堤加以保护（马志军等，2018）。因此，湿地在维护沿海地区的生态安全方面也具有重要作用。

3. 降解污染和净化水质

湿地具有很强的降解污染的能力。湿地植物、微生物通过物理过滤、生物吸收和化学降解等把人类排入湖泊、河流、库塘等湿地的有毒有害物质降解和转化为无毒无害甚至有益的物质，使湿地环境得到净化。湿地在降解污染和净化水质上的强大功能使其被美誉为"地球之肾"。

湿地降解污染的功能主要体现在植物净水和水质净化两方面，包括物理净化和生物净化两大类型。物理净化过程主要是悬浮物的吸附和沉降，生物净化过程是营养物和有毒物质的移出和固定。湿地中的植物有助于减缓水流速度，当含有有害物质和污物（如农药、生活污水、工业排放物等）的流水经过湿地时，流速减缓，从而有利于固体悬浮物的吸附和沉降。随着悬浮物的沉降，其所吸附的氮、磷、有机质及重金属等污染物也随之从水体中沉降下来。一部分营养物会与沉积物结合在一起，随着沉积物沉降，营养物沉降之后通过湿地植物的吸收、化学和生物学过程的转移而储存起来。湿地中许多水生植物，如挺水植物、浮水植物和沉水植物，它们能够很好地富集、降解有毒物质和有机污染物，其过程包括附着、吸收、积累、降解。据估计，湿地植物体内组织中富集的重金属浓度比水中高出 10 万倍以上（姜文来等，2004；陈国栋等，2016；彭培好，2017）。正因为如此，人们常常会利用湿地植物的这一生态功能来净化污水，有效地清除污水中的"毒素"，达到净化水质的目的。

4. 保留营养物质和防止盐水入侵

当水流经过湿地时，其中所含的营养成分或被湿地植被吸收，或沉积在湿地基质之中，不仅净化了水质、减少了营养盐的排放，还养育了丰富的湿地动植物、维持了湿地丰富的生物多样性（马志军等，2018）。

在地势低洼的沿海地区，下层基底是可渗透的。淡水楔一般位于较深咸水层的上面，通常由沿海淡水湿地所保持。淡水楔的减弱或消失会导致深层咸水向地表上移及土壤盐碱化，因而影响生态群落和当地居民的淡水供应（湿地国际·中国项目等，1997）。另外，沼泽、河流等湿地向外流出的淡水抑制了海水的回灌，沿岸植被也有助于防止潮水流入河流。如果排干湿地、破坏植被，淡水流量减少，海水逐步回灌，将会影响人们的生活、工农业生产及生态系统的淡水供应。

5. 调节气候

湿地具有调节和改善周边地区气候的功能，通过诱发降水和增加地下水供应而调节区域气候。湿地所蕴含的水分通过蒸发及植物叶面的水分蒸腾成为水蒸气，使得湿地和大气之间不断地进行能量和物质交换，可降低区域温度；然后水分又以降水的形式返回周围地区，并保持局部区域的空气湿度和降水量，维持区域气候条件稳定，对周边地区的气候调节具有明显作用。湿地中的一些植物还可以吸收空气中的有害气体、滞尘除菌、降解空气粉尘污染，从而起到净化空气的作用。

6. 固定二氧化碳

许多湿地类型，特别是泥炭地具有强大的固碳能力，从而形成一个巨大的碳汇。由于湿地水分过饱和及厌氧的生态特性，在植物生长、淤积成陆等过程中积累了大量的无机碳和有机碳。由于湿地环境中微生物活动弱，土壤吸收及释放二氧化碳、植物残体分解释放二氧化碳等过程十分缓慢，因而形成了富含有机质的湿地土壤和泥炭层，起到固定碳源的作用，能够减缓温室效应的发生，对调节大气中的二氧化碳浓度具有重要的作用。科学研究显示：湿地固定了陆地生物圈 35% 的碳，总量为 770 亿 t，是温带森林的 5 倍；单位面积的红树林沼泽湿地固定的碳是热带雨林的 10 倍（马志军等，2018）。

7. 维持生物多样性

生物多样性是所有生物种类、种内遗传变异和其生存环境的总称。生物多样性包含生态系统的多样性、物种多样性和遗传多样性等多个层次。生物多样性包括湿地中所有动物、植物、微生物及其所拥有的基因以及它们与环境共同组成的生态系统。

湿地生态系统具有类型多样性特点。湿地是生物多样性的载体，其独特的生境既造就了生态系统类型的多样性又造就了湿地生物群落的多样性，同时演化出既不同于陆生动植物也不同于水生动植物的独特的湿地动植物群落。

湿地对于生物多样性的维持具有无法替代的功能。湿地的独特生态环境使其具有丰富的陆生和水生动植物资源，其中包括许多珍稀濒危物种。湿地生物物种丰富，并具有极高的生产力，湿地生物之间形成了复杂的食物网和食物链。因此，湿地为众多的动植物提供了生存场所，在物种保存和生物多样性保护方面发挥着重要作用。

湿地也是重要的遗传基因库，对维持野生物种种群的存续以及筛选、培育和改良具有经济价值的物种均具有重要意义。例如，中国利用野生稻杂交培育的水稻新品种具备高产、优质、抗病等特性，在提高粮食产量和质量等方面起到了重要作用。如果没有保存完好的自然湿地，许多野生动植物将无法完成其生命周期，湿地生物将失去栖身之地。据统计，全球湿地仅占地球表面积的 6%，却为世界上 20% 的生物提供了生境（昝启杰等，2013；彭培好，2017）。同时，自然湿地为许多物种保存了基因特性，使得许多野生动植物能在不受干扰的情况下生存和繁衍。因此，湿地当之无愧地被称为"物种基因库"。

8. 鸟类的天堂

湿地特殊的自然环境、生物多样性、丰富的食物来源为鸟类提供了繁殖、栖息、迁徙、越冬的场所。我国滨海湿地汇集了全国水鸟种类总数的 80% 以上，从我国过境迁徙的候鸟种类和数量占世界的 20%～25%（李长久，2014）。湿地不仅是候鸟迁徙的驿站，还是诸多珍稀鸟类觅食、繁衍的唯一场所。我国湿地面积占国土面积的 5%，却为约 50% 的珍稀鸟类提供了栖息场所（彭培好，2017）。在 92 种国家 I 级重点保护的鸟类中，约有 1/2 生活在湿地，故湿地被美誉为"鸟类的天堂"。

二、经济功能

1. 物质生产

湿地由于处于水陆过渡带，物种丰富、具有较高的生物生产力，可为社会经济发展提供重要的物质基础。水稻是全球重要的粮食作物，作为人工湿地主要类型的稻田为全球人口提供了 20% 的食物来源；湿地提供的莲、藕、菱、芡及鱼、虾、蟹、贝、藻等副食品具有丰富的营养价值（马志军等，2018）。

有些湿地动植物还可以入药，如谷精草、芡实等。我国湿地植物中有 200 余种药用植物（赵魁义，1995），许多植物的根、茎叶或花、花粉、果实等可入药，是我国药用植物宝库的组成部分。

有许多动植物还是发展轻工业的重要原材料，如芦苇就是重要的造纸原料。湿地动植物资源的利用还间接带动了加工业的发展，为农业、渔业、牧业和副业的发展提供了丰富的自然资源。

2. 提供水源和涵养地下水

水是人类生存与发展必不可少的生态要素。湿地常常作为居民生活用水、工业生产用水和农业灌溉用水的水源。众多的沼泽、溪流、河流、湖泊和水库等湿地中有着可以直接利用的水源，在输水、蓄水和供水方面发挥着巨大作用。

我们所用的水源有很多是地下水，而湿地与地下蓄水层有着密切的关系，湿地可为地下蓄水层补充水源，从湿地到蓄水层的水可以成为地下水系的一部分，为周边的工农业生产提供水源。例如泥炭沼泽森林可以成为浅水井的主要水源，湿地水资源补给过程体现在当湿地水渗入到地下时，地下蓄水层中的水就会得到补充，湿地水就变成浅层地下水不可分割的一部分。湿地水与地下水的交互作用使得地下水得到维持。水在地下的运动和迁移，一部分湿地水可以最终流至深层地下水系，成为长期潜在的水资源。如果湿地受到破坏或消失，就无法涵养水源。

3. 提供矿产资源

湿地中有各种矿砂和盐类资源，是众多矿物资源的集结地。如咸水湖和盐湖，不仅有大量的食盐、芒硝、天然碱、石膏等工业原料，还富集着硼、锂等多种稀有金属。我国的滩涂湿地每年提供海盐近 2 000 万 t（魏成广，2009；马志军等，2018），带动了我国盐化工业的发展。我国的重要油田大都分布在湿地区域，如黄河口、珠江口、辽河口等湿地均有大量的油气资源，使这些沿海湿地成为我国重要的能源基地，为经济发展发挥着重要作用。湿地的地下油气资源开发利用在国民经济发展中的地位与意义重大。

4. 水电及航运

湿地能够提供多种能源。水电为一种清洁能源，在我国电力供应中占有重要的地位。我国的水能蕴藏居世界第一位，达 6.8 亿 kW，有着巨大的开发潜力（马志军等，2018）。我国沿海有众多河口港湾，蕴藏着巨大的潮汐能。

河流、湖泊等具有开阔水域的湿地具有重要的航运价值。沿海沿江地区经济的快速发展很大程度上受惠于此。我国约有 100 000 km 的内河航道，内陆水运承担了大约 30% 的货运量（马志军等，2018）。

三、社会功能

1. 历史文化

人类文明几乎都发源于江河附近的湿地，湿地与人类的文明和人类社会的发展密切相关。中国、古印度、古埃及和古巴比伦四大文明古国的起源地分别位于黄河、印度河和恒河、尼罗河、幼发拉底河和底格里斯河等河流湿地。中国江浙一带的河流、湖泊湿地也孕育了独具特色的江南水乡湿地渔耕文化。人类从来就离不开水，与水为邻是人类选择聚居地的重要条件。湿地是城市立地之本，绝大多数城市都是建立在江河两边、湖泊之滨并发展壮大的。因此，湿地是人类社会文明和进步的发祥地，积淀了人类活动和文明进步的历史文化遗迹，具有宝贵的历史文化价值。有些湿地还保留了具有宝贵历史价值的物质和非物质文化遗址，是历史文化研究的重要场所。

2. 休闲娱乐

湿地具有自然观光、旅游、娱乐等美学方面的功能和巨大的景观价值。湿地蕴含着秀丽的自然风光，是观光旅游的重要场所。特别是湖泊、河流、海岸和水库等湿地，空气新鲜、环境优美、景观独特，生存着多种多样观赏价值极高的动植物，为人们提供了垂钓、射击、划船、游泳、观鸟、赏花等多种机会，是人们旅游、娱乐、疗养的最佳场所，吸引人们前往，被辟为旅游胜地。城市中的湿地（如湿地公园）在美化环境、调节气候、为居民提供休闲空间方面也发挥着重要的功能。此外，湿地优越的环境条件也是人类居住的理想之地。

3. 科研和教育

湿地具有较高的科研价值。湿地生态系统和湿地生物多样性，湿地资源的有效保护和合理利用，以及湿地形成、演化、分布、结构和功能等，为生物学、地理学、湿地学等多门学科的研究者提出了丰富多彩的研究课题。湿地是十分脆弱的生态系统，但又具有多种功能，拥有多种价值，与人类的生存和发展息息相关。各种类型的湿地生态系统、多样的动植物群落、丰富的濒危物种、遗传基因等为科研和教育提供了研究对象和实验基地，一些湿地中保留的古代和现代的生物、地理、地质、环境等方面的演化进程信息，在研究环境演变、生物进化以及古地理等方面具有十分重要和独特的价值。因此，湿地在科研和教育方面具有重要的作用。此外，湿地在科普宣教方面也发挥着重要的作用。

第二章

滨海湿地

天然湿地有滨海湿地、江河湖泊湿地和沼泽湿地三大系统。其中滨海湿地系统的亚系统和类型最多且与人类关系最密切（陆健健，1996b）。《湿地公约》中将湿地划分为"海洋/海岸湿地、内陆湿地、人工湿地"三大类，滨海湿地是湿地的重要类型之一。滨海湿地处于海陆交错地带，既受活跃的海陆相互作用影响，同时又承受着巨大的人类活动压力，受人类干扰比较强烈，因此也是人们研究和关注最多的湿地。滨海湿地是生物多样性最丰富、生产力最高、最具价值的湿地生态系统之一。滨海湿地的重要性在于其具有多变的水文和营养元素循环功能，又具有巨大的食物网和支持多样的生物，在调节气候、涵养水源、均化洪水、促淤造陆、净化环境、保护生物多样等方面起着重要的作用，并且向人类提供大量的生产和生活原料（李永祺，2012）。滨海湿地是重要的物质资源，更是环境资源，其发展变化直接关系着沿海经济的发展和社会的进步，关系着当地乃至世界环境的变化，在维持区域和全球生态平衡以及提供野生动植物生境方面具有重要的意义。

第一节　滨海湿地的概念、定义和类型划分

 滨海湿地的概念

1. 滨海湿地的概念

滨海湿地（Coastal wetlands）又称沿海湿地、海岸带湿地。滨海湿地是指发育在海岸带（和岛屿）附近并且受海陆交互作用影响的湿地，广泛分布于沿海海陆交界、淡咸水交汇地带，是一个高度动态和复杂的生态系统（WERG，1999）；具体来讲，滨海湿地是指海陆交互作用下经常被静止或流动的水体所浸淹的沿海低地，潮间带滩地及低潮时水深不超过6 m的浅水水域（恽才兴等，2002）。滨海湿地主要分布在海岸带，海岸线以上部分的湿地形成与分布多与河口相关，海岸线以下部分的湿地则多与滩涂连接为一体。滨海湿地分布于海陆作用力共同影响的区域，是海岸带中具有特定自然条件、复杂生态系统和特殊经济意义的功能区块。地形上包括河口、浅海、海滩、盐滩、潮滩、潮沟、泥炭沼泽、沙坝、沙洲、潟湖、红树林、珊瑚礁、海草床、海湾、海岛等。图2-1为曹妃甸滨海湿地。

2. 国内外对滨海湿地概念的相关研究

国内外学者对滨海湿地都有一些重要的论述，但大多都是从各自的研究角度进行论述，不够全面，滨海湿地的概念只能参照前述湿地概念中涉及海洋的内容而定。

陆健健（1996a）认为滨海湿地是海平面以下6 m至大潮高潮位之上与外流江河流域相

图 2-1　曹妃甸滨海湿地

连的微咸水和淡浅水湖泊、沼泽以及相应河段间的区域。肖笃宁等（1996）认为滨海湿地是陆地与海洋的过渡地带，拥有非常丰富的生物和水土资源，又是一个非常脆弱的生态系统。赵焕庭等（2000）认为海岸湿地处于海陆相交的区域，受到物理、化学和生物等多种因素的强烈影响，是一个生态多样性较高的生态边缘区。孙贤斌（2013）认为滨海湿地是介于陆地和海洋生态系统间复杂的自然综合体，是生物多样性最丰富、生产力最高、最具价值的湿地生态系统之一。滨海湿地是一个区域，其范围与海岸、海岸带、滨海等概念关系密切，其主体包括滨海湿地区、潮上带和潮间带，另外包括部分农田和潮下带的边缘区域。钦佩等（2004）和严宏生（2008）认为滨海湿地是陆地生态系统和海洋生态系统之间的过渡性区域（图 2-2），是海洋作用、大气过程、地质过程、生物作用和人类活动等各方面相互作用最为活跃的耦合带，也是脆弱的生态敏感区。

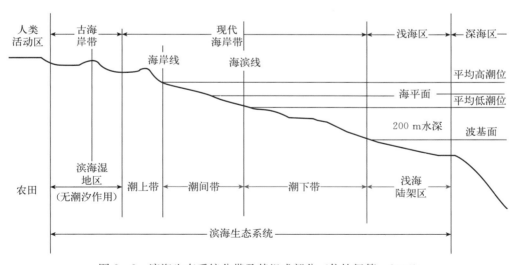

图 2-2　滨海生态系统分带及其组成部分（仿钦佩等，2004）

滨海湿地处于海陆的交错地带，是一个边缘区域（Levenson，1991）。Perillo 等（2009）在 *Coastal wetlands：an integrated ecosystem approach* 一书中论述：滨海湿地是一种生态系统，其海拔梯度介于潮下带深度和陆地边缘之间，在潮下带深度，光线穿透以支持底栖植物的光合作用；到陆地边缘，海洋将其水文影响传递给地下水和大气过程。在向海边缘，生物膜、底栖藻类和海草是其具有代表性的生物组成部分；在陆地边缘，植被在从潮湿气候下的地下水渗漏区或沼泽地到干旱气候中相对贫瘠的盐滩。海洋景观凸显了潮汐湿地占主导地位的河口及其与邻近流域/河流、大陆架和公海的关系（图 2-3）。

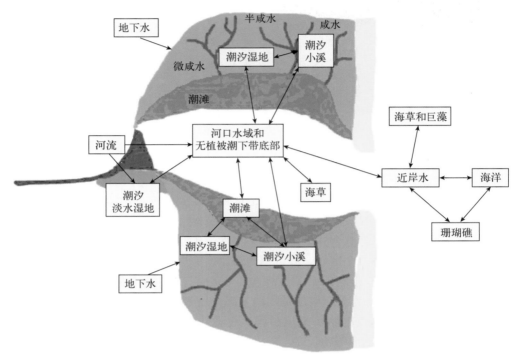

图 2-3　海洋景观凸显了潮汐湿地占主导地位的河口及其与邻近流域/河流、
大陆架和公海的关系（仿 Perillo 等，2009）

注：箭头说明了各种景观元素之间的主要水文和物质交换。

综上所述，滨海湿地是海陆交界的生态过渡带，兼具海、陆特征的生态类型，具有特殊的水文、植被、土壤特征（李伟等，2014）。滨海湿地是湿地的重要类型，既是介于海洋与陆地之间的一种特定区域，又是一种特殊的湿地生态系统。滨海湿地包括滩涂湿地、浅海湿地和岛屿湿地等。①滩涂湿地包括低潮线以上到高潮线之间、向陆地延伸可达 10 km 的海岸带湿地，包括潮上带湿地和潮间带湿地。潮上带湿地一般常年积水或季节性积水，水分补给来源主要为大气降水、河水和地下水，是滨海湿地需水的主要关注对象。潮间带在各地宽窄不同，一般宽 3～4 km。②浅海湿地主要指浅海湾及海峡低潮时水深在 6 m 以内的水域，浅海湿地海水温度适中、盐度较高、营养物质丰富，适于鱼、虾、贝、藻生长繁殖。③岛屿湿地林木多、滩涂广阔，是鸟类的迁徙栖息地（郑清梅，2017）。

二、滨海湿地的定义

关于滨海湿地的定义，各国学者都有一些重要的论述，但都没有一个比较全面的、能为湿地学界普遍接受的科学定义。一般认为，滨海湿地是指从潮上带至低潮线之间的海滩形成的湿地。

1. 法律意义上的定义

《湿地公约》（1971）将滨海湿地范围扩大至低潮线以下水深 6 m 处，并将滨海湿地分类定义：自然滨海湿地主要包括浅海水域、滩涂、盐沼、红树林、珊瑚礁、海草床、河口水域、潟湖等；人工滨海湿地主要包括养殖池塘、盐田、水库等。

法律意义上湿地的定义一般与《湿地公约》中的定义保持一致。《中华人民共和国海洋环境保护法》（2017）对滨海湿地的定义为：低潮时水深浅于 6 m 的水域及其沿岸浸湿地带，包括水深不超过 6 m 的永久性水域、潮间带（或洪泛地带）和沿海低地等。《全国湿地资源调查与监测技术规程（试行）》（2008）将滨海湿地定义为：在近海与海岸地区由天然的滨海地貌形成的浅海、海岸、河口以及海岸性湖泊湿地，统称为近海与海岸湿地，包括低潮水深不超过 6 m（含 6 m）的浅海区与高潮位（含高潮线）海水能直接浸润到的区域。国家海洋局"908"专项办公室在《海洋灾害调查技术规程》（2006）中将滨海湿地定义为：沿海岸线分布的低潮时水深不超过 6 m 的滨海浅水区域到陆域受海水影响的过饱和低地的一片区域。

2. 科学意义上的定义

陆健健（1996a）认为滨海湿地是海平面以下 6 m 至大潮高潮位之上与外流江河流域相连的微咸水或淡水湖泊、沼泽以及相应的河段间的区域，分潮上带淡水湿地、潮间带滩涂湿地、潮下带近海湿地和河口沙洲离岛湿地四个子系统及若干型。参照《湿地公约》及美国、加拿大和英国等国的湿地定义，结合我国实际情况，将滨海湿地定义为：陆缘为含 60% 以上湿生植物的植被区、水缘为海平面以下 6 m 的近海区域，包括江河流域中自然的或人工的、咸水的或淡水的所有富水区域（枯水期水深 2 m 以上的水域除外），不论区域内的水是流动的还是静止的、间歇的还是永久的（陆健健，1996a）。这一定义基本涵盖了潮间带（潮下带至高潮带）的主要地带以及直接与之有密切生态关系的相邻区域，是海岸带中具有特定自然条件、复杂生态系统和特殊经济意义的功能区块（王自磐，2001）。

Perillo 等（2009）在 *Coastal wetlands：an integrated ecosystem approach* 一书中介绍了滨海湿地的特点：一方面，滨海湿地是在陆地边缘同时受到潮水动力和淡水注入影响的区域；另一方面，生物因素通过生物膜、沉积物的生物扰动和有机物的伏击、水流和潮汐的振动以及营养物质的循环等发挥反馈作用。同时作者将滨海湿地笼统地定义为：建立在这样一个区域内的生态系统，即向海洋方向至海底，植物可以进行光合作用的潮下带区域；向陆地方向，地下水和大气过程都受到海洋水文影响的区域。

三、滨海湿地的类型与划分

湿地类型的划分是滨海湿地研究的重要环节，类型的界定不仅影响各类型湿地边界的确定，还影响各类湿地面积的大小及湿地功能的评价等。

1.《湿地公约》对滨海湿地类型的划分

《湿地公约》将滨海湿地（海洋/海岸湿地）分为：永久性浅海水域，海草层，珊瑚礁，岩石性海岸，沙滩、砾石与卵石滩，河口水域，滩涂，盐沼，潮间带森林湿地，咸水、碱水潟湖，海岸淡水湖和海滨岩溶洞穴水系 12 个类型（见第一章中的《湿地公约》湿地分类）。

2. 我国法规对滨海湿地类型的划分

《全国湿地资源调查与监测技术规程（试行）》（林湿发〔2008〕265号）将全国滨海湿地（近海与海岸湿地）分为：浅海水域、潮下水生层、珊瑚礁、岩石海岸、沙石海滩、淤泥质海滩、潮间盐水沼泽、红树林、河口水域、三角洲/沙洲/沙岛、海岸性咸水湖和海岸性淡水湖12类型（表1-1）。

3. 国外关于滨海湿地类型的划分

国外关于滨海湿地类型的划分有许多种。

早在20世纪50年代，美国鱼类和野生动物管理局（FWS）意识到需要一个确定与野生动物生活环境质量息息相关的存留湿地的分布、范围大小和质量的国家湿地清单，随之，完善了一个关于湿地清单的分类体系，并于1956年颁布了《39号通告》，在其中列出了湿地清单和分类体系，把滨海盐碱湿地划分为6种类型（表2-1）。

表2-1　美国鱼类和野生动物管理局《39号通告》滨海湿地分类

滨海盐碱湿地类型	湿地特征
盐滩	生长季节土壤淹水，盐碱草甸和沼泽内的向岸侧或岛屿偶尔或很有规律地被高潮覆盖
盐沼	长季节土壤淹水，盐沼的向陆侧很少被潮水覆盖
不规则淹水盐沼	在生长季节，沿着几乎封闭的海湾、海峡海岸等被间歇性的潮水覆盖
经常淹水的盐沼	沿着开阔的海洋和海峡，在高潮时被15 cm或15 cm以上的水覆盖
海峡和海湾	从平均低潮线向陆地方向的所有水体，咸水海峡和海湾的一部分浅到可以被筑堤和填充
红树林沼泽	沿佛罗里达南部海岸，平均高潮时土壤被15 cm到1 m的水覆盖

资料来源：Shaw et al.，1956。

Cowardin等（1979）的分类系统作为美国鱼类和野生动物管理局的官方分类系统，在美国得到广泛采用。该系统将湿地和深水生境分为海洋、河口、河流、湖泊和沼泽5个系统，每个系统依次再往下分为亚系统、类、亚类和优势型等。Dennis等（2005）建立了美国Great Lake滨海湿地的水文分类系统，该系统首先根据湿地的水分来源、水文连通性等特征将湿地分为湖泊湿地、河流湿地和有屏障保护的湿地3个湿地系统，然后再根据湿地动植物特征及岸线过程等分为若干湿地型。

澳大利亚湿地分类采用的是Paijmans等（1985）的分类系统，该系统首先将湿地分为湖泊、沼泽、受泛洪影响的陆地、河流和海峡、潮滩、海岸水体6类，然后再依次分为级和亚级（牟晓杰等，2015）。

Mitsch和Gosselink在*Wetlands*一书中分别从潮汐盐沼、滨海淡水沼泽、红树林湿地3个方面介绍了滨海湿地的情况，根据潮汐的影响，按照盐度的分布特征，将滨海沼泽划分为6个区域，分为海洋、盐沼和淡水沼泽3大类（图2-4）。

4. 国内学者关于滨海湿地类型的划分

在我国，除广泛采用《湿地公约》的分类方法外，许多学者都根据自己的研究并结合我国的实际情况提出了各自的分类体系，大致为成因分类法、特征分类法和综合分类法等几类。

季中淳（1991）根据水源条件、地貌类型、水动力条件与优势生物种群，将我国滨海湿地划分为潮上带湿地（高位湿地）、潮间带湿地（中位湿地）、潮下带湿地（低位湿地）3大类，在类下再分出若干个湿地自然与人工综合体（表2-2）。

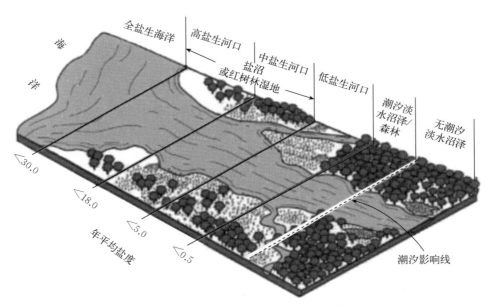

图 2 - 4　滨海沼泽分布示意图（仿 Mitsch 等，1986）

表 2 - 2　季中淳（1991）提出的我国滨海湿地分类体系

海岸湿地类	湿地自然与人工综合体
潮上带湿地（高位湿地）	芦苇沼泽
	水稻沼泽湿地
	盐生草地、草甸湿地
	盐田湿地
	水松沼泽湿地
	落羽松沼泽湿地
潮间带湿地（中位湿地）	底栖硅藻滩涂湿地
	草滩滩涂湿地
	红树林滩涂湿地
	海草滩涂湿地
潮下带湿地（低位湿地）	海草沼泽
	微型藻类湿地

　　陆健健（1996a）将滨海湿地界定为"海平面以下 6 m 至大潮高潮位之上与外流江河流域相连的微咸水和浅淡水湖泊、沼泽以及相应的河段间的区域"，将滨海湿地划分为潮上带淡水湿地、潮间带滩涂湿地、潮下带近海湿地、河口沙洲离岛湿地 4 个子系统，潮下带又分基岩质、淤泥质、生物礁、藻床滨海湿地 4 型；潮间带分盐沼、泥沙质、岩石海岸 3 型；河口沙洲离岛湿地分为河口沙洲和离岛 2 型；潮上带结合江河湖泊再分为若干型（表 2 - 3）。后又在《湿地生态学》中将滨海湿地分为 12 类（表 2 - 4）（陆健健等，2006）。

表 2-3 陆健健 (1996a) 提出的我国滨海湿地分类体系

滨海湿地 (系)	滨海湿地型与亚型
1. 潮下带近海湿地——海平面以下6 m 至大潮的低潮位之间的区域,分基岩质、淤泥质、生物礁和藻床滨海湿地 4 型	型 1: 基岩质滨海湿地——底质 75% 以上为岩石,植被盖度低于 30%。 型 2: 淤泥质 (河口) 滨海湿地——底质 75% 以上为粉沙,植被盖度低于 30%。 型 3: 生物礁滨海湿地——30% 以上的区域由固着无脊椎动物 (如有孔虫、珊瑚和牡蛎等) 集群生活形成的丘状体构成,通常情况下礁中的生物残骸多于活体生物。 型 4: 藻床滨海湿地——30% 以上的区域长有轮藻、巨藻或其他植物
2. 潮间带滩涂湿地——大潮低潮位至大潮高潮位之间的区域,分盐沼、泥沙质和岩石海岸 3 型	型 5: 滩涂湿地——底质以细沙为主,盐分在 0.5% 以上,含有一定量的有机质,分 3 亚型: 亚型 1: 海草和芦苇潮滩湿地 (又称草本植物潮滩湿地)——70% 以上的面积覆被海草或芦苇的区域。 亚型 2: 红树林潮滩湿地 (又称灌木潮滩湿地)——70% 以上的面积被红树林等覆被的区域。 亚型 3: 高盐碱潮滩湿地——盐碱浓度高于一般耐盐植物生长的限度,很少植被的区域。 型 6: 泥沙质滩涂湿地——大部分区域长有单细胞海藻 (如硅藻),底栖无脊椎动物富集区,但海藻、芦苇或红树林等高等植物覆被不足 30%。 型 7: 岩基海岸湿地——以岩石、砾石为底质
3. 河口沙洲离岛湿地——近海具湿地功能的岛屿和河口由江河泥沙冲积而成的露出或尚未露出水面的沙洲,分河口沙洲和离岛 2 型	型 8: 离岛湿地——70% 以上面积被水鸟用作繁殖巢地的小型离岛或离岛的部分区域。 型 9: 河口沙洲湿地——正在堆积形成或被冲刷剩余的、大潮时往往被水淹没、尚未被高等植物覆被的河口沙洲
4. 潮上带淡水湿地——海岸大潮高潮线之上与外流江河流域相连的微咸水和淡浅水湖泊、沼泽和江河河段	

表 2-4 陆健健等 (2006) 提出的我国滨海湿地分类体系

滨海湿地类型	界定
1. 浅海水域	低潮时水深不超过 6 m,植被盖度<30%,包括海湾、海峡
2. 潮下水生层	海洋低潮线以下,植被盖度≥30%,包括海草床、海洋草地
3. 珊瑚礁	由珊瑚聚集生长而成的湿地,包括珊瑚岛及其有珊瑚生长的海域
4. 岩石性海岸	底部基质 75% 以上是岩石,植被盖度<30% 的硬质海岸,包括岩石性沿海岛屿、海岩峭壁
5. 潮间带沙石海滩	潮间植被盖度<30%,底质以沙、砾为主
6. 潮间带淤泥海滩	潮间植被盖度<30%,底质以淤泥为主

（续）

滨海湿地类型	界定
7. 潮间盐沼湿地	植被盖度≥30%的盐沼
8. 红树林沼泽	以红树植物群落为主的潮间沼泽
9. 海岸咸水湖	海岸带范围内的咸水湖泊
10. 海岸淡水湖	海岸带范围内的淡水湖泊
11. 河口水域	从近口段的潮区界（潮差为零）至口外滨海段的淡水舌峰缘之间的永久性水域
12. 三角洲湿地	河口区由沙岛、沙洲、沙嘴等发育而成的低冲积平原

陈建伟等（1995）在国际主要湿地分类系统的基础上，根据《湿地公约》湿地分类的有关要求，结合我国湿地类型实际情况，提出了系→亚系→类→亚类→型→优势型6级湿地分类及其指标系统。根据成因或水文地理将湿地生态系统分为海洋及沿海、内陆、人造3个系，每个系分若干个亚系（其中自然系根据地质地貌、景观划分，人造系根据目的、用途划分），每个亚系根据基质淹没时间、状态再分为若干个类，每个类根据表面状况可进一步分成亚类，每个亚类下再根据基质特性、水化学和植物特性进一步分为型，此后再根据具体状况分出优势型。海洋及沿海系分为海洋、河口、沿海3个亚系，海洋和河口两个亚系根据潮汐水位分为两类，即潮下（连续性淹没区域）、潮间（间歇性潮汐泛滥区域），海洋潮下根据表面状况和植被盖度分浅海水域、水生层和礁3个亚类，海洋潮间根据表面基质状况分岩石和疏松两类，河口潮下类仅指河口水域，河口潮间类根据植被状况分疏松泥滩、露出性和林木3类，海洋及沿海系滨海湿地具体分为11型（表2-5）。该分类体系可用于不同规模和层次的湿地资源调查和监测。

表2-5　陈建伟等（1995）提出的我国滨海湿地分类体系

系	亚系	类	亚类	型	优势型
海洋及沿海系	海洋	潮下	浅海水域	1. 海洋水域：低潮时水深不超过6 m的永久性水域，包括海湾、海峡	
			水生层	2. 潮下水生层：海洋潮下，植被盖度≥30%，包括海草层、海草、热带海洋草地	
			礁	3. 珊瑚礁：由珊瑚聚集生长而成	
		潮间	岩石	4. 岩石海岸：底部基质75%以上是石头和砾石，<30%的植被覆盖，包括岩石性岛屿、海岩峭壁	
			疏松	5. 沙海滩/圆卵石滩：潮间植被盖度<30%的疏松海滩	
	河口	潮下	河口水域	6. 河口水域：河口永久性水域和三角洲河口系统	
		潮间	疏松泥滩	7. 潮间泥/沙滩：河口系统四周冲积的泥/沙滩，植被盖度<30%	
			露出性	8. 盐水沼泽：包括盐碱沼泽、盐水草地和海滩盐沼（植被盖度≥30%）、高位盐水沼泽	
			林木	9. 红树林	
	沿海			10. 沿海咸淡水/盐水湖（潟湖）：有一个或多个窄水道与海相通	
				11. 沿海淡水湖：潟湖与海隔离后演化而成	

赵焕庭等（2000）在海岸湿地组成和成因基础上提出潮上带、潮间带和潮下带3类湿地论述，从沉积学、地貌学和生态学视角，按形态、成因、物质组成和演变阶段将我国海岸湿地划分为7大类型，即淤泥质海岸湿地、沙砾质海岸湿地、基岩海岸湿地、水下岸坡湿地、潟湖湿地、红树林湿地和珊瑚礁湿地（表2-6）。

表2-6　赵焕庭等（2000）提出的我国滨海湿地分类体系

大类	成因、特征等
1. 淤泥质海岸湿地（平原型、港湾型）	由河流带来丰富的粉沙和黏土以及部分沙堆积在海岸，受强盛的潮流作用冲淤而形成。形态单一，堆积地形宽广而平坦
2. 沙砾质海岸湿地	由波浪运移粗颗粒沉积物在潮间带堆积而形成。以海滩为主，包括沙嘴、海岸沙坝、连岛坝、沿海风成沙丘和沙席等
3. 基岩海岸湿地	由陆地基岩延伸至海边构成，一般地形比较陡峭，岸线比较曲折，天然港湾较多，多是在陆地下沉或海面上升时形成。波浪是影响海岸形态的主要动力
4. 水下岸坡湿地	低潮面以下潮间带向海延展的基岩或碎屑物和生物礁的堆积裾，水深可超过6m。一般水下岸坡宽、浅，海洋生物十分丰富
5. 潟湖湿地	通过潮汐通道与大海沟通，潮流进退，又接纳环湖陆地地表径流，水质从微咸到半咸。潟湖潮下带的生物比潟湖潮间带更加丰富
6. 红树林湿地	红树林发育的海岸湿地，成一独特生态系。外边界为平均海面或稍上，内边界为回归潮平均高潮位或大潮平均高潮位
7. 珊瑚礁湿地（海滩型、礁坪型、向坡型、潟湖型）	造礁石珊瑚群体及其遗骸构成的岩体。潮间带海滩生物沙砾滩低潮出露，生物较少，有鸟类栖息。潮间带礁坪遍地钙质生物骨壳以及巨砾，在大潮低潮时才基本出露，礁栖生物繁多，有活珊瑚。潮下带向海坡以水深6m以浅计，礁岩坡较陡，多洞穴沟隙，活珊瑚丛生，礁栖生物繁多，鱼类多。环礁潟湖大小不一，深浅不一，水深多超过6m，岩坡较陡，沙砾坡度较缓，湖底较平，礁相生物和珊瑚繁多、鱼类多

倪晋仁等（1988）提出了一种动力与成因相结合的综合分类方法，将湿地按水文地貌过程特征等因子依次划分为族、组、类、型4层级，族下分亚族，按照外动力控制因子将滨海湿地分为三角洲湿地、口湾潮流湿地、平原海岸湿地、潟湖湿地、红树林湿地几个亚族（表2-7）。该分类方法的主要目的是为湿地模型研究提供框架。

表2-7　倪晋仁等（1998）提出的我国滨海湿地分类体系

族（水文地貌特征）	亚族（外动力控制因子）	组（基底物质结构）	类（植被类型）	型（浸水时间和深度）
海岸带湿地	三角洲湿地	泥滩	灌木海岸	潮下湿地
	口湾潮流湿地	沙滩	附着藻类	潮间带湿地
	平原海岸湿地	潟湖沼泽	挺水植物	风暴潮湿地
	潟湖湿地	砾石滩	水草	
	红树林湿地		红树林	
			耐盐碱植物	

唐小平等（2003）结合我国实际情况和湿地资源清查数据管理的需要，采用成因、特征

与用途分类相结合的方法，提出了我国湿地分级式分类系统，该系统共为6级，第1级根据成因将湿地生态系统分为天然湿地和人工湿地两大类；第2级共分为9类，第3级共分为16类，第4级为基本级，共分为41类，对一些类型复杂的湿地提出了第5级、第6级分类。在第3级的划分中，将滨海湿地划分为浅海、滩涂、河口和海岸性湖泊4类（表2-8）。

表2-8 唐小平等（2003）提出的我国滨海湿地分类体系

1级	2级	3级	4级
天然湿地	滨海湿地	浅海	浅海水域
			潮下水生层
			珊瑚礁
		滩涂	岩石海岸
			沙海滩/圆卵石滩
			泥滩
		河口	河口水域
			三角洲/沙洲/沙岛
			潮间沼泽
			红树林
		海岸性湖泊	海岸性咸淡水/盐水湖（潟湖）
			海岸性淡水湖

左平等（2014）采用成因分类法与特征分类法相结合的方法，构建了湿地分级分类系统。1级，按成因的自然属性进行分类。2级，天然湿地按地貌及潮汐动力特征进行分类；人工湿地按主要功能用途进行分类。3级，天然湿地主要按滨海湿地的水文特征以及地貌高程特征进行分类，包括海水淹没时间、平均潮位以及咸淡水混合程度等特征因子。4级，主要按基质性质、地表植被覆盖类型或其他水文特征因子进行分类，包括占优势的植被生命形态和基底组成等湿地外貌特征因子；人工湿地按具体用途和外部形态特征进行分类（表2-9）。

表2-9 左平等（2014）提出的我国滨海湿地分类体系

1级	2级	3级	4级	备注
Ⅰ自然湿地	Ⅰ1潮下带	Ⅰ1.1浅水海域	Ⅰ1.1-1浅海水域	常年淹没，水深<6 m
	Ⅰ2潮间带	Ⅰ2.1光滩	Ⅰ2.1-2泥滩	高于普通大潮时的高水位或低于普通大潮时的低水位，植被盖度<30%
			Ⅰ2.1-3沙滩及沙砾滩	
			Ⅰ2.1-4泥沙混合滩	
		Ⅰ2.2藻类沼泽	Ⅰ2.2-5大叶藻	大潮平均高潮位与大潮平均低潮位之间，植被盖度≥30%
			Ⅰ2.2-6麒麟菜	
		Ⅰ2.3禾本沼泽	Ⅰ2.3-7互花米草	
			Ⅰ2.3-8藨草	
			Ⅰ2.3-9碱蓬	

（续）

1级	2级	3级	4级	备注
Ⅰ自然湿地	Ⅰ2潮间带	Ⅰ2.3 禾本沼泽	Ⅰ2.3-10 芦苇 Ⅰ2.3-11 茅草	大潮平均高潮位与大潮平均低潮位之间，植被盖度≥30%
		Ⅰ2.4 木本沼泽	Ⅰ2.4-12 红树林 Ⅰ2.4-13 柽柳	
	Ⅰ3河口区	Ⅰ3.1 河口水域	Ⅰ3.1-14 河口水域	近口段的潮区界（潮差为零）至口外海滨段
	Ⅰ4岛屿	Ⅰ4.1 无人岛	Ⅰ4.1-15 无人岛	无人定居
	Ⅰ5潟湖	Ⅰ5.1 潟湖	Ⅰ5.1-16 潟湖	
Ⅱ人工湿地	Ⅱ1 养殖池			鱼、虾等养殖池塘
	Ⅱ2 盐田			盐田
	Ⅱ3 库塘			水库、坑塘
	Ⅱ4 水田			稻田等农田

牟晓杰等（2015）在总结分析国内外相关研究以及系统调查的基础上，建立了我国滨海湿地的综合分类、水文分类和植被分类系统。①在综合分类系统中，将我国滨海湿地分为自然滨海湿地和人工滨海湿地两大类、20个湿地型。其中，自然滨海湿地以受潮汐的影响程度为主要指标，分为潮上带、潮间带和潮下带3个亚类；继而，按照滨海湿地的地貌、物质组成和植被特征划分为海岸性淡水湖、海岸性淡水沼泽、岩石性海岸、沙石海滩、泥质海滩、盐水沼泽、盐化草甸、河口三角洲/沙洲/沙岛、红树林沼泽、海岸性咸水湖、河口水域、浅海水域、海草层、珊瑚礁14个湿地型。人工滨海湿地则分为盐田、稻田、养殖池塘、库塘、沟渠和污水处理池6个湿地型。②在水文分类系统中，根据滨海湿地的盐度条件，将自然滨海湿地分为咸水（半咸水）滨海湿地和淡水滨海湿地两大类、13个湿地型。根据咸水（半咸水）湿地的水文状况，将其分为常年积水的和周期性积水的咸水（半咸水）湿地。常年积水的咸水（半咸水）湿地可以分为近海水域、河口水域、海岸性咸水湖、生物礁滨海湿地和海草（藻）床5个型；周期性积水的咸水（半咸水）湿地可以分为基岩质海岸、沙砾质海滩、淤泥质海滩、滨海沼泽湿地、河口三角洲和潮沟6个型。淡水湿地则可以分为海岸性淡水湖和海岸性淡水沼泽2个型。③在植被分类系统中，根据我国湿地植被分类系统的分类原则，将我国滨海湿地植被分为植被型组、植被型和群系3个等级，具体为滨海盐沼、滨海沼泽湿地、浅水植物湿地、红树林沼泽、海草湿地5个植被型组、10个植被型以及若干群系。

此外，王宪礼等（1995）根据我国湿地资源的地理分布状况与所处地形的差异、水分补给的来源与性质、植被类型、泥炭累积与土壤潜育特征等将我国湿地分为沼泽湿地、湖泊湿地、滨海湿地3类，其中滨海湿地可分为盐沼湿地、河口半咸水湿地、红树林沼泽湿地3种类型。吕彩霞（2003）根据生态、水文和地理、地貌学的特点以及规划、决策和管理等方面的可操作性，将我国的海岸带湿地划分为沿海低地、沿海潟湖、潮间带湿地、河口湾、红树林、珊瑚礁、浅海水域和岛屿8大类。丁东等（2003）根据湿地在沿海的地理位置及海岸特征，将我国沿海湿地分为浅海滩涂湿地、河口湾湿地、海岸湿地、红树林湿地、珊瑚礁湿地及海岛湿地6大主要类型。

　　我国一些学者还对区域性滨海湿地提出了自己的类型划分方法。邹发生等（1999）将海南岛湿地分为近海及海岸湿地、河流、湖泊和沼泽4大类，其中，近海及海岸湿地分为浅海水域、珊瑚礁、岩石性海岸、潮间带沙石海滩、潮间带淤泥海滩、潮间带盐水沼泽、红树林沼泽、潟湖、河口水域、三角洲湿地和晒盐场11个类型。刘红玉等（2001）以湿地形成和人类活动影响因子为主导，根据河流三角洲的特点，建立了辽河与黄河三角洲湿地3级分类系统。第1级为天然湿地和人工湿地两大类；第2级按湿地水文状况（积水状况）和景观类型划分为河流湿地、河口湿地、草甸湿地、沼泽湿地、疏林湿地、灌丛湿地、滨海湿地、人工水域、人工盐沼和稻田湿地10类；第3级形成综合分类系统，将三角洲湿地类型细分为河流、湿草甸、芦苇沼泽等17类，并将其中的滨海湿地分为潮下带浅海水域（低潮线水深＜6 m）和潮间带湿地（滩涂）两类。朱叶飞等（2007）通过对江苏海岸带 TM（Thematic Mapper）影像进行计算机自动分类与人工解译相结合的分类研究，探讨了提高海岸带湿地分类精度与效率的方法与途径，将江苏海岸带湿地分为近海及海岸带湿地、河流湿地、鱼塘水库和河口湿地4大类。其中，近海及海岸带湿地分为浅海水域、中潮带淤泥海滩、中潮带沙石海滩、中潮带盐水沼泽、高潮带沙石海滩、高潮带淤泥海滩、高潮带沼泽、低潮带淤泥海滩、低潮带沙石海滩、河口水域和晒盐场11个类型。陈渠（2007）应用3S（GPS、RS、GIS）解译湿地遥感数据，提出了福建省湿地分类系统，将福建湿地分为近海和海岸湿地、内陆湿地与人工湿地3大类及若干下级类型。近海和海岸湿地依淹水程度分为潮下带湿地与潮间带湿地，潮下带湿地分为浅海水域和河口水域，潮间带湿地又分为浅海、岩石性海岸、潮间沙石海滩、潮间淤泥海滩、红树林沼泽、潮间盐沼、珊瑚礁等类型。张绪良等（2009）通过野外调查及参考文献资料，将黄河三角洲湿地分为浅海湿地、滩涂湿地、河流湿地、湖泊与水库湿地、坑塘湿地、水田湿地、沟渠湿地、沼泽和草甸湿地、路边湿地9类，将自然湿地植被分为灌丛（小乔木）湿地和草本湿地2个植被亚型，柳丛湿地、柽柳丛湿地、白刺丛湿地、高草湿地、低草湿地、浮叶型湿地和沉水型湿地7个群系以及51个群丛。孙永涛等（2010）依据湿地的成因、用地类型、人为干扰程度等实地情况，将长江口北支湿地分为2大类4级。第1级为天然湿地和人工湿地两类，第2级为滨海湿地、河口湿地、沟渠湿地和坑塘湿地，第3级为淤泥质海岸潮滩、河口沙洲、河口水域和河口漫滩；在此基础上，将长江口北支湿地划分为海岸潮滩湿地生境、河口湿地生境和人工湿地生境3大类。李洪远等（2012）按照湿地系统、湿地类、湿地型和湿地体4级分类系统，将天津滨海新区天然湿地划分为滨海湿地、河流湿地和湖泊湿地3类，将人工湿地划分为水利用途湿地、水产养殖用途湿地、农业用途湿地、工业用途湿地和城市用途湿地5类。滨海湿地分为潮下带近海湿地、潮间带湿地和潮上带湿地3型；河流湿地分为永久性河流和河漫滩湿地2型；湖泊湿地分为永久性湖泊湿地和滨湖湿地2型；最后划分出32个湿地体。总体来看，这些区域性的分类系统不具有普适性和统一性，不便广泛应用。

第二节　滨海湿地的特征与功能

一、我国滨海湿地的基本特征

滨海湿地是陆海交界的生态过渡地带，以高度活跃、敏感和动态演变为主要特征，兼具海、陆特征的生态类型，具有不同于一般湿地的地貌、气候、水文、海洋环境、动植物、土壤等特征。因滨海湿地是在多水环境下发育而成，其水文状况又受制于潮汐、波浪、潮流以及河口地区咸水与淡水的不同混合模式，且水文状况还与滨海地貌、地表物质组成和气候特征有关，由此形成的环境特征又决定了土壤和植被的类型特征。在空间上，滨海湿地既有海洋水域的一些性质又有陆地的某些性质，并且可以在两者之间相互转换；在时间上，滨海湿地的类型和性质会随时间的变化产生较大的变化。此外，滨海湿地还是一类具有地带性烙印的非地带性自然类型和生态系统。

1. 地貌特征

滨海湿地主要分布在海岸带，海岸线以上部分的湿地形成与分布多与河口相关，海岸线以下部分的湿地则多与滩涂连接为一体，其成因都是海洋系统和陆地系统的相互作用，与地貌息息相关。滨海湿地经常发生在坡度平缓的沙滩、砾湾、泥滩或港口、沙洲岛、礁石等具有抵御海浪能力的地区以及河流或溪流的出海口。在河流经过的沿岸，宽广的出海口因长年淤积而产生泥滩地。在大陆边缘，因为潮汐涨退，也会形成滩地；在河口海岸生长的红树林具有阻挡泥沙的功能，故而亦会形成湿地；海岸飘沙围成的潟湖，海水倒灌之后造成海岸边缘较低地层的积水以及隆起的珊瑚礁（岸礁、环礁、堡礁等），都是形成滨海湿地的原因。比较特殊的是在某些高纬度地区，冰河融解、海平面上升也会使内陆湿地渐渐转变为滨海湿地。许多河流经过平原、盆地流入海洋，并在入海区域形成河流三角洲和河口湾，有的入海河流由于输沙量大，三角洲发展非常迅速，从而形成由松散沉积物构成的三角洲沉积带。

地貌在某一特定气候区域内对滨海湿地的生态系统结构产生重要的影响。地貌影响滨海湿地生态系统形状、面积大小和分布位置，也影响湿地的淹水深度和水文周期，从而影响滨海湿地生态系统的动植物结构。其周围景观中的地貌强烈地影响滨海湿地和毗邻的陆地及水生生态系统之间的地表水和地下水的联系，地貌还通过影响湿地在景观中的位置而影响其结构和功能。

2. 气候特征

我国滨海湿地南北纬度跨度大，横跨渤海、黄海、东海、南海及南海诸岛 4 个气候带，即暖温带、亚热带、南亚热带和热带，气候特征差异较大。

(1) 暖温带气候特征

暖温带北起辽宁省的鸭绿江口，经过渤海和北黄海，南达江苏的灌溉总渠。本带光照资源丰富，全年太阳总辐射量在 5 000～5 800 MJ/m²，日照时长为 2 500～2 900 h。年均气温在 8.5 ℃（丹东）至 14.2 ℃（西连岛）；极端高温 34.3 ℃（丹东）至 43.7 ℃（埕口）；极端低温－28.0 ℃（丹东）至－11.9 ℃（西连岛）；最高气温除少数地段出现在 7 月外，多数出现在 8 月；最低气温以 1 月为最低。气温的年较差为 25.6～33.5 ℃（龙口）。

年均降水量在 577.8 mm（长岛）至 1 019.1 mm（丹东）。除丹东地区外，降水量由北向南逐渐增多。陆上多雨，海岛少雨，迎山面多雨，背山面少雨。降水量以 6—9 月为最多，平均占全年降水量的 74%；其余 8 个月仅占 26%。降水量的年际变化也很大。例如青岛，最大年降水量达 1 227.6 mm（1975 年），最小年降水量仅有 263.8 mm（1981 年），最大年是最少年的 4.65 倍。蒸发量在 1 220.9～2 430.4 mm。蒸发量最小的站是降水量最多的丹东，而蒸发量最大的站则是降水量最小的埕口。

本带地处东亚季风区，风向的季节变化十分明显。夏季，我国在印度低压和太平洋副热带高压的影响下，盛行偏南风；冬季，受蒙古高压控制，盛行偏北风。春、秋季节则是过渡时期，平均风速在 3.0 m/s（秦皇岛）至 6.7 m/s（成山头）。总的来讲，黄海沿岸的平均风速比渤海沿岸大。一年之中春季风速最大，夏季风速最小。由于寒潮和台风的影响，本区时有大风出现，例如青岛 8509 号台风时最大风速达 28 m/s，瞬时大风风速达 35.6 m/s（全国海岸带办公室《中国海岸带气候调查报告》编写组，1991；李培英等，2007；关道明，2012）。

（2）亚热带气候特征

亚热带北起苏北总灌渠，南迄闽江口。本带全年太阳总辐射量 4 300~5 000 MJ/m²，日照时长为 1 800~2 400 h，是全国海岸带日照时长低值区。年平均气温 14.0 ℃（大丰）至 19.6 ℃（福州）。气温从北向南逐渐增高，海上气温低于陆域。极端低温为 −10.6 ℃（杭州湾）至 −2.4 ℃（三沙湾），极端高温为 33.1 ℃（下大陈）至 39.9 ℃（杭州）。气温自北向南升高，海域比陆域低。

本气候带的降水量为 947.8 mm（嵊泗）至 1 694.9 mm（温州），其年变化呈双峰型，即两个雨季和两个相对干季。第一个雨季为 3—5 月的春雨和 6—7 月的梅雨，春雨降水量占年降水量的 25%~30%，梅雨降水量占年降水量的 17%~19%，梅雨是本区降水的一大特征。第二个雨季为秋雨，主要出现在 8—9 月，降水量占全年的 13% 左右。第一个干季出现在 7 月，此月少系统性降水，偶尔有台风雨和局部雷阵雨；第二个干季出现在 10 月至翌年 2 月，这 5 个月降水量在 30.7 mm 左右，本带降水量的年变化比暖温带小，最大降水量仅为最小降水量的 2 倍多。年均蒸发量在 1 146.4 mm（宁波）至 1 455.2 mm（福州），是我国海岸带蒸发量最小地区。相对湿度在 77%（福州）至 85%（下大陈），相对湿度年内变化不大。

本带内风具有明显的季节变化。冬季，受蒙古高压影响，以北风为主，东北风次之；夏季，受到太平洋副热带高压作用，盛行东南风，西南风次之。春、秋季为转风季节，其中春季东—东北风较多，秋季则北风较多。年均风速在 1.6 m/s（福鼎）至 8.1 m/s（下大陈）。很明显，海岛上年均风速远大于大陆沿海。进入本区及邻近警戒区的气旋年均为 3.7 个，最多年份 6 个，最少年份 1 个；主要出现在 7—9 月。台风登陆时瞬时最大风速达 53 m/s（三沙）。寒潮进袭本区，南北不一，杭州年均 3.4 次，温州 1.6 次，三沙 1.2 次，有自北向南减少之势；出现最频繁的月份为 11 月至翌年 1 月（全国海岸带办公室《中国海岸带气候调查报告》编写组，1991；李培英等，2007；关道明，2012）。

（3）南亚热带气候特征

南亚热带北起闽江口，向南经广东（不含雷州半岛），向西至广西的北仑河口。本带全年太阳总辐射量 4 300~5 100 MJ/m²，日照时长大多在 2 000~2 300 h；但广西东兴由于地处迎风坡，云雨多，年总辐射量只有 4 200 MJ/m²，年日照时长仅 1 560 h，为全国海岸带最少地段。本带内年平均气温在 19.5 ℃（平潭）至 22.5 ℃（北海），气温由北向南逐渐升高；海岛稍低，陆域偏高。极端高温为 36.2 ℃（南澳）至 38.7 ℃（深圳）。极端低温为 −1.8 ℃（钦州）至 3.8 ℃（东山）。气温的年较差较小，且由北向南逐渐减小（17.5~12.9 ℃）。

年降水量在 1 010.9 mm（崇武）至 2 884.3 mm（东兴）。从降水量分布而言，广东汕头以西的降水量都在 1 500 mm 以上，而福建海岸多在 1 300 mm 以下。本带降水多集中在夏季，一般占全年的 50%～60%；冬季降水量最少，仅占全年的 4%～6%。年际降水量变化也比较大，一般而言，最大年是最小年的 2～3 倍，个别可达 3 倍以上。例如潮阳站，最多降水量为 2 740.3 mm（1983 年），最少为 812.6 mm（1963 年），前者为后者的 3.4 倍。年蒸发量在 1 477.6 mm（东兴），相对湿度在 77%（厦门）至 82%（东兴和汕头），是我国海岸带内相对湿度较大的地带。

年均风速为 1.8 m/s（东兴）至 7.7 m/s（东山），一般在 3.0 m/s 左右。平均风速在 10 月至翌年 3 月较大，4—9 月较小。本带内热带气旋影响较大。据 1949—1980 年的资料显示，登陆热带气旋次数在福建年均 1.8 个，广东 6.7 个，广西 0.5 个；影响本区的热带气旋次数为福建 7.9 个，广东 12.7 个，广西 4.1 个。5—11 月均为热带气旋影响期，而 7—8 月则是热带气旋集中登陆期。台风登陆时最大风速可达 40 m/s 以上。例如 1979 年 8 月 2 日 7908 号台风在广东碣石登陆时，风速曾达 61 m/s，最大风速 24.0 m/s 的风出现 16 次，且台风过程往往伴有大暴雨和特大暴雨，所以台风的破坏力极大（全国海岸带办公室《中国海岸带气候调查报告》编写组，1991；李培英等，2007；关道明，2012）。

（4）热带气候特征

热带区域为雷州半岛、海南岛及南海诸岛。全年太阳总辐射量 4 800～5 739 MJ/m²，日照时长为 2 000～2 600 h。本带年均气温为 22.2℃（白龙尾）至 22.5℃（三亚），南北温差仅 3℃多。最高气温出现在 7 月，平均 28.1℃（阳江）至 28.8℃（涠洲）；最低气温出现在 1 月，14.2℃（白龙尾）至 18.7℃（万宁）。极端高温在 35.4℃（东方）至 38.9℃（海口），极端低温在 -1.4℃（阳江）至 6.2℃（万宁）。

年降水量 993.3 mm（东方）至 2 324.1 mm（白龙尾），主要出现在 5—10 月，最大降水量月份为 7—9 月。11 月至翌年 4 月为干季，其中 1 月降水量最少，仅占全年的 10% 左右。降水量的年际变化也很大，例如万宁最大降水量为 3 533.7 mm（1972 年），最小降水量为 834.9 mm（1977 年），前者为后者的 4.2 倍。本带年蒸发量为 1 802.0 mm（湛江）至 2 596.8 mm（东方）；相对湿度在 79%（三亚）至 85%（海口），是全国海岸带中相对湿度较大的区域。

本带风向虽较复杂，但冬季以东北风为主，夏季以南、东南、西南风为主，春季为过渡季节。年均风速为 2.6 m/s（万宁）至 5.0 m/s（涠洲），其他多数为 2.3～3.5 m/s。大风主要由热带气旋引起。1949—1980 年的资料显示，登陆和影响海南岸段的热带气旋共 275 个，平均每年 8.6 个，其中登陆的有 79 个，平均每年 2.5 个。1956—1989 年的资料显示，在此带登陆的热带气旋中，中心风力达 6 级以上的 59 个，8～11 级的有 26 个，风力不小于 12 级的有 9 个。热带气旋过境时，常有 30 m/s 以上大风并伴有大到暴雨，易引起风暴潮（李培英等，2007；关道明，2012；全国海岸带办公室《中国海岸带气候调查报告》编写组，1991）。

3. 水文特征

滨海湿地内的海洋水文要素，特别是动力要素，是滨海湿地过程最为活跃的要素（薛鸿超等，1996），对滨海湿地的变化和生态环境非常重要。潮位及相关水文条件在滨海湿地生态系统结构的形成和演化过程中起着决定性的作用。水文的变化影响滨海湿地动植物的生存，也影响其习性和分布。

（1）潮汐和风暴潮

潮汐不仅改变滨海湿地内水位的高低，还不断地改变着滨海湿地的海洋动力场的性质和作用范围，影响其生态系统和物种的分布。周期性的潮汐淹水是滨海湿地的重要水文特征。潮汐不仅可以作为胁迫因子造成湿地淹没、土壤盐碱化和土壤厌氧环境，还可以成为有益的辅助条件，带走多余盐分、重建有氧环境和提供营养物质等。此外，潮汐还可以改变滨海湿地的沉积物格局，形成外观统一的表面特征。潮汐的涨落使海面发生周期性的移动，拓展了海水和波浪的活动范围，分散波浪的直接作用效应（关道明，2012）。潮汐是滨海湿地沉积物转运、迁移和沉积的重要动力。强大的潮流可以侵蚀松散的沉积物，形成潮滩，塑造潮沟和巨大的潮流通道，它同波浪相似，是我国滨海湿地的主要动力因素，塑造了一系列的滨海湿地地貌。潮汐可以通过改变潮间带的沉积状态改变此区域的海洋生物组成和分布（赵淑江等，2011）。受潮汐影响的滨海湿地，通常可以具有明显的地下水输入，不仅可以降低相应湿地的土壤盐度，还可以保持低潮时滨海湿地土壤的湿润。由于周期性的潮汐淹水和生物对淹水环境的适应，滨海盐沼湿地沿着高程梯度往往形成单优群落而且具有带状分布的特征。在不同区域，由于受水文等因素的影响，植物群落分布的宽度不尽相同（关道明，2012）。

风暴潮则是非正常的增减水，所到之处往往对滨海湿地造成危害。台风和寒潮是诱发风暴潮的两种主要因素。南海台风盛行，故成因以台风为主；渤海、北黄海常遭寒潮大风袭击，故以寒潮为主；南黄海、东海两者都有，但以台风为主。由于成因不同，地理条件有别，各海区的风暴潮特征也不一样（李培英等，2007）。

（2）海流

因地貌、气候、环境等不同，各个海域的潮流也复杂多变。海流的性质、运动形态、历时长短和流速变化等均对滨海湿地产生一定的影响。一般说来，开阔海域的涨、落潮历时相差不大，流速也较小，对滨海湿地影响较小；河口区受径流影响，涨潮流比落潮流历时短、流速大，对滨海湿地的影响相对较大；而海峡水道常是强潮流区，对滨海湿地的影响大。

影响我国滨海湿地的海流主要为沿岸流，我国沿岸流主要由渤海沿岸流、辽南沿岸流、黄海沿岸流、浙闽沿岸流及南海沿岸流组成。沿岸流对近岸海域物质能量输运、海水温盐结构和海洋生态系统格局的维持起着关键作用。沿岸流的强弱消长对滨海湿地产生一定的影响，在海洋动力作用下海岸线会遭受侵蚀，被侵蚀下来的泥沙在沿岸流的作用下，有一些被搬运到某一地方沉积，另一些会被搬运离岸而去。在泥沙负平衡的地方，海岸便遭侵蚀而后退。此外，沿岸流会使滨海湿地的生物多样性和资源量更加丰富。

（3）波浪

波浪产生于开阔的海洋，因风而起，在靠近浅水区时，由于水底摩擦力的作用而减速，波长降低，使得波浪变得又高又陡。在水深是波高的 1.3 倍时，波浪破碎。波浪在滨海湿地破碎时，能量作用于湿地，造成湿地地貌的改变。波浪是塑造湿地的动力，同时也影响滨海湿地生物群落的结构与构成。波浪可以使海滨的沙和砾石迁移，改变整个基质；长时间的波浪运动可以搬运沉积物，引起侵蚀和堆积，进而重塑区域地貌。波浪还可以把大气中的气体混入水体，增加水中的溶解氧（关道明，2012）。

4. 脆弱性和易变性特征

滨海湿地的脆弱性和易变性是滨海湿地生态环境固有的一种属性，具有客观性，是在自然因素和人类活动等条件下相互作用过程中表现出的一种易损性。但这种脆弱性可通过人为干预（保护、维护等）和修复而又具有一定的可恢复性，但不是全部。

滨海湿地是水陆相互作用形成的特殊生态系统，是陆地和海洋相互连接的纽带，既是缓冲区，又是脆弱区（李永祺，2012）。滨海湿地生态环境的脆弱性是在自然和人为多种复杂动力因素作用下形成的。滨海湿地脆弱性和易变性的自然成因是其对全球气候变化响应的敏感性。因地处海洋系统和陆地系统的过渡与渗透地带，滨海湿地受海洋和陆地两大系统的相互作用，是一个复杂的生态系统，与其周围环境处在动态平衡之中。因自然灾害频发（包括风暴潮、洪水泛滥、盐水入侵、台风袭扰、海岸侵蚀等），导致滨海湿地具有脆弱性和易变性的自然属性特征。水是滨海湿地形成、发育、演替、消亡与再生的主导因素，也是滨海湿地生态系统中潜育化土壤形成、维持生物物种的关键，是湿地的敏感因子和存在关键（周林飞等，2007），决定了滨海湿地生态系统的脆弱性和易变性。相对于自然因素，人为因素对滨海湿地的影响相对较大。例如滩涂围垦、港口开发、水利工程建设、填海造地、发展盐田、水产养殖等，致使滨海湿地面积减少和斑块化，由此引起潮水对海岸环境作用加剧，同时也破坏和减少了潮间带生物的栖息地，直接导致脆弱性以不同的表现形式发生（关道明，2012；赵蓓等，2017）。

5. 多样性特征

滨海湿地处于海陆交错地带，受底质地貌、水文、土壤、动植物、生态环境等自然因素和人类开发利用活动的影响，我国滨海湿地具有湿地类型多样性、生态系统多样性和生物多样性等特征。

（1）湿地类型多样性

我国海岸线漫长，地跨暖温带、亚热带、南亚热带和热带 4 个气候带，地质地貌复杂，并有众多的入海河口、海湾和岛屿，形成了类型丰富的滨海湿地。根据《湿地公约》和《全国湿地资源调查与监测技术规程（试行）》（林湿发〔2008〕265 号）湿地分类系统，我国滨海湿地有浅海水域、潮下水生层、珊瑚礁、岩石海岸、沙石海滩、淤泥质海滩、潮间盐水沼泽、红树林沼泽、河口水域、三角洲/沙洲/沙岛湿地、海岸性咸水湖和海岸性潟湖 12 个类型，同时又有库塘、养殖池塘、盐田、稻田等人工滨海湿地。受自然和人类开发活动的双重影响，我国滨海湿地在分布和类型组合特征上呈现明显的地域性特征。

（2）生态系统多样性

滨海湿地是海岸带范围内海洋与陆地相互作用形成的、由陆地向海洋过渡的特殊生态系统，具有海洋和陆地生态系统两方面的基本特征，同时又具有自身的独特性，是一个复杂的生态系统。气候、水文、土壤和植被等因素对滨海湿地生态系统产生交互影响和作用，形成和演化为多种多样的生态结构，因而决定了滨海湿地生态系统具有多样性特征。水文对滨海湿地生态系统的影响和作用最大，最典型的特征为周期性的潮水淹没。潮位的涨落不仅直接引起潮水周期性作用于滩面，还通过影响海岸湿地潜水的水位和水质控制着滨海湿地土壤的性状和发育方向，并进而影响植被的生长和更替，决定生态演替的趋向。因湿地水文动力条件的不同，在潮上带和潮间带生态系统中生活着不同的生物类群。河流入海口淡水径流的消长（如洪水泛滥和极度干旱），直接影响滨海湿地盐度的变化，进而导致其生态系统发生变化，导致不同的生物群落随其消长和变化。我国滨海湿地类型的多样性构成了多种多样的生态环境，生态环境多样性的表现形式则为生态系统多样性。

（3）生物多样性

生物多样性是一定时间和一定区域范围内所有生物（动物、植物、微生物）种类、种内遗传变异和生存环境的总称，是生命在其形成和发展过程中与多种环境要素相互作用的结果，即生态系统进化的结果。其中包括遗传（基因）多样性、物种多样性和生态系统多样性三个层次。

滨海湿地生境独特，生长着众多的动物、植物和微生物等，是重要的物种基因库。

滨海湿地生态系统是生物多样性高度富集的区域，野生动物、植物和微生物种类繁多。除了一些常见于滨海湿地的动物外，还有各种洄游/迁徙物种，它们可能来自内陆、入海的河流。一些陆生动物和海洋动物也会光临滨海湿地，如繁殖期的海龟会在夜间潜入海滨的沙滩上产卵，而一些鸟类等会把滨海湿地作为它们生活、繁殖和迁徙的栖息地。滨海湿地既有陆生、盐沼生植物，又有咸水生植物，且种类繁多，兼具咸淡水藻类种类。微生物兼具陆地、半咸水和咸水微生物的特征，种类较多。

根据已发表且物种有定名的资料，我国海岸带湿地生物种类共有 8 252 种，其中有浮游植物 481 种，浮游动物 462 种，游泳动物 593 种，底栖生物 2 200 种，种子植物 4 516 种（吕彩霞，2003）。此外，还有依赖滨海湿地生活的水鸟种类尚未统计进来。我国滨海湿地属于东亚—澳大利西亚候鸟迁徙区，东亚—澳大利西亚候鸟迁徙区有雁鸭类、鹤类、鸻鹬类等492 种水鸟，包括勺嘴鹬、卷羽鹈鹕、东方白鹳等 33 种国际受威胁物种，几乎是其他 8 条线路上受威胁物种的总和。每年在这条飞行路线上的候鸟超过 5 000 万只，再加上其他尚未统计、尚未发表或发现的新物种，保守估计我国滨海湿地物种达 1.3 万余种，是生物多样性最丰富的生态系统之一（李裕红，2019）。

6. 稀有性特征

滨海湿地具有生物多样性和稀有性并存的特点。稀有性指湿地物种或生境等在自然界存在数量的稀有程度（韩钦臣等，2007）。稀有性是自然保护区评价中常用的直观概念，可划分为物种稀有性、生境稀有性和群落稀有性等（北京市环境保护科学研究院，2002；庄平等，2009）。

物种稀有性是指滨海湿地具有全球珍稀与濒危物种。例如，崇明东滩湿地和长江口中华鲟自然保护区，区域内生活着大量的珍稀、濒危物种，其中珍稀、濒危鱼类 5 种：国家Ⅰ级重点保护动物 2 种（中华鲟、白鲟）（白鲟现已灭绝），国家Ⅱ级重点保护动物 3 种（花鳗鲡、胭脂鱼、松江鲈）（庄平等，2009）。

生境稀有性是指滨海湿地是世界范围内、国家或生物地理区内以及地区范围内唯一或重要的湿地。例如曹妃甸湿地和鸟类省级自然保护区，自然景观呈现明显的南北过渡性质（海水向淡水过渡），具有多种湿地类型，该生境在河北仅有，在全国也不多见。

群落稀有性是指群落类型在不同区域尺度上的稀有程度（吕世海等，2012），区域内有地理分布较窄的国家Ⅰ级、Ⅱ级重点保护动植物和世界珍稀、濒危物种，并有一定的数量。例如曹妃甸湿地和鸟类省级自然保护区，在该区域内栖息、中转、繁殖的国家Ⅰ级重点保护鸟类 13 种，占其鸟类总种数的 2.96%，包括东方白鹳、丹顶鹤等；国家Ⅱ级重点保护鸟类70 种，占其鸟类总种数的 15.95%，包括黄嘴白鹭、大天鹅等（截至 2020 年资料）。

二、滨海湿地的特殊功能

滨海湿地除了具有湿地的普遍功能外，如抵御洪水、调节径流、蓄洪抗旱、降解污染、调节气候、控制土壤侵蚀、促淤造陆、美化环境，还具有许多独特功能，包括：减弱海流对海岸的侵蚀；防止海水入侵，减轻海水倒灌导致的土壤盐渍化；形成海景、海滩等独特的旅游资源；为洄游鱼类提供生长繁殖所需的生境；维护近海海洋生物多样性，提供初级生产力等（于志刚等，2009；赵淑江等，2011）。滨海湿地不仅为人类的生产、生活提供食物、原料和水等多种丰富的资源，还在稳定环境、维持生态平衡、保持生物多样性方面均起到重要作用（Forbes et al.，2012）。

1. 自然资源功能

滨海湿地是地球上生产力最高、生物多样性最为丰富的生态系统之一，物产丰富，生物量高。滨海湿地蕴藏着各种丰富的自然资源，与人民的生活和国民经济建设息息相关。滨海湿地每年可以为沿海地区提供大量的水产品，其中有浅海区的鱼、虾、贝等，溯河洄游型的银鱼、凤尾鱼等，降河洄游型的河鳗、河蟹等。滨海湿地可以提供作为建材和造纸原料的芦苇、作为饲料的海草等（赵蓓等，2017）。滨海湿地还是水产养殖的重要场所，我国适于人工养殖的浅海和滩涂面积超过 133 万 hm² （崔旺来，2009），通过水产养殖可直接为人类提供具有重要经济价值的鱼、虾、贝、藻、参类等生物资源。人工滨海湿地盐田可提供大量的海盐供人类食用和作为工业原料。

2. 消减自然灾害

滨海湿地中的红树林、盐沼植物、海草（藻）和珊瑚礁等都对海浪有缓冲作用，有保护海岸、消减自然灾害等重要功能。一方面体现在滨海湿地上的植被对防止和减轻海浪对海岸线的侵蚀起着很大作用；另一方面，特别是河口湿地能够储存雨水和河流涨水季节过量的水分，防止洪涝灾害。此外，滨海湿地植物可以使陆域一侧的建筑物、农作物以及其他陆域设施免遭风暴潮或台风的破坏（赵蓓等，2017）。滨海红树林湿地及沿海盐沼对海浪具有缓冲作用，在海洋风暴袭击时，是护岸的第一道防线，可以有效降低海洋灾害天气的威胁。我国东南沿海台风盛行，红树林防风护堤的作用相当明显（昝启杰等，2013）。1959 年 8 月 23 日厦门地区遭受 12 级特大台风袭击，唯有龙海县（现龙海市）寮东村的在 8 m 高的红树林保护下的堤岸安然无恙（林鹏，1984）。滨海湿地植物可以消减海潮和波浪的冲力、沉降沉积物，对基底产生稳固作用，能够防止或减轻海岸线、河口湾的侵蚀（左平等，2014）。

3. 调节水分和气候

滨海湿地中的许多类型具有强大的水分储存能力，是巨大的蓄水库，如草本沼泽、灌丛沼泽、森林沼泽等。这些湿地既可以蓄水也有补水功能，一种情况是补给地下水，另一种情况是向周围其他湿地补水，或向地表承泄区排水（昝启杰等，2013）。

滨海湿地调节气候主要依靠湿地热容大及水资源丰富的两大特征来实现，热容大使湿地区域的气温变化幅度小，有利于改善当地的小气候。而湿地的水分则通过蒸发成为水蒸气，然后以降水的形式调节附近地区的湿度和降水量。

4. 大气环境影响

滨海湿地尤其是植被覆盖率较高的滨海湿地对大气环境既有正面影响又有负面影响。滨海湿地对大气调节的正效应是通过分布的挺水植物（芦苇、海三棱藨草和互花米草等）和沉水植物（海草）的光合作用固定大气中的 CO_2，向大气释放 O_2；滨海湿地对于大气的负效应体现在释放温室气体 CH_4 和 N_2O 等（左平等，2014）。滨海湿地 N_2O 和 CH_4 排放不仅会对大气环境产生重要的影响，其所导致的 N 损失及 CH_4 与气候间的反馈作用还会对滨海湿地系统稳定性产生一定的影响。总之，滨海湿地对大气温室效应具有明显的抑制作用。

5. 生物多样性功能

滨海湿地的潮间带和近海水域是维持海洋生物多样性的关键区域，集聚了丰富的生物种类，适合鱼类、甲壳类、底栖生物、浮游生物、两栖类、爬行类、兽类及鸟类、植物、昆虫、微生物等各类生物生存和繁衍，甚至不少地方生存着珍稀、濒危物种。而红树林、海草床、珊瑚礁湿地更是全球公认的海洋生物繁育的重要场所。

滨海湿地尤其适合一些候鸟和珍稀鸟类的栖息和中转。在我国东北和俄罗斯远东地区繁殖，在澳大利亚、新西兰等地越冬的鸻鹬类迁徙就经我国沿海地区，以滨海湿地作为沿途补充能量的中转站。因其丰富的鱼、虾、蟹、贝类等资源为鸟类的生存与繁衍提供了充足的食物条件，滨海湿地是候鸟南来北往的驿站、觅食地、越冬地和繁殖地。每年的迁徙季节，滨海湿地都为数以万计的迁徙鸟类提供觅食和栖息场所，是鸟类迁徙航线中的重要中转站。

6. 提供海水资源和海洋可再生能源

滨海湿地是人类工、农业生产用水和城市生活用水的主要来源。海水资源取之不竭，目前主要用于制盐、海水淡化和海水直接利用等。海水的直接利用主要是工业冷却水、生活冲洗水以及海水农业（左平等，2014）。

滨海湿地区域具有丰富的潮汐能、波浪能、风能和生物质能等。我国是世界上建造潮汐电站最多的国家，20 世纪 50—70 年代，先后建造了近 50 座潮汐电站。开发建设海上风电场是缓解滨海湿地能源环境压力、促进当地经济社会可持续发展的有效措施。滨海湿地生物质资源丰富，开发生物质资源可不与粮争地、不与林争山（关道明，2012；左平等，2014）。滨海湿地水资源的能量转出主要通过水力发电实现，许多河口湿地都具有利用潮汐发电的能力。此外，滨海湿地中的草本植物（如芦苇、米草等）也是一种潜在的能量源。

7. 截污、纳污和净化环境

滨海湿地的净化环境功能分为截污、纳污和净化两方面。滨海湿地具有非常显著的截污、纳污功能，能够截留和沉淀陆源污染物，同时也是重金属等有毒、难降解污染物的最终归宿地之一。滨海湿地的植物、土壤及湿地微生物对水体中有机物质及无机物质有吸附、固定、移除和降解作用，使水体环境得以净化。

8. 旅游资源功能

滨海湿地的海洋、海滩、潮涌、海水浴场、岛屿、海底、人文等是一类特殊的景观，也是我国沿海地区重要的旅游、观光资源，具有潜在的旅游资源功能。其中河口、三角洲湿地空气新鲜，环境优美，景观独特。滨海湿地生长和栖息着多种观赏价值极高的动植物，为人们提供垂钓、观鸟、赏花等各种机会，我国许多重要的旅游资源景区都分布在滨海湿地（张晓龙等，2010a；赵蓓等，2017）。

9. 科研教育价值

滨海湿地在人文、科研、教育等方面具有重要的意义，不同区域、不同类型及不同发展历史的滨海湿地承载着不同的人文、科研、教育内涵。从科研的角度来讲，所有类型的滨海湿地都具有十分重要的科研价值。滨海湿地的生态系统、生物多样性、类型、结构和功能之间的差异以及滨海湿地的有效保护和合理利用等为多门学科的科学工作者提供了丰富的研究课题。某些滨海湿地中保留着过去和现在的生物、地理等方面演化进程的信息，在滨海湿地中，有一类独特的人类遗址，即贝冢，为史前人类捕食并抛弃的贝壳堆积遗址。贝冢遗址在我国的辽东半岛、长山群岛、山东半岛及庙岛群岛广有发现，此外在河北、江苏、福建、台湾、广东和广西的沿海地带也有分布。根据贝冢的地理位置和贝壳种类的变化，可以了解古代海岸线和海水温差的变迁，对于复原当时自然条件和生活环境也有很大帮助，亦可为研究当地自然环境及变迁、人与自然环境间的互动关系、古人类文化等提供重要证据（左平等，2014）。

第三节　滨海湿地的分布

一、我国滨海湿地的主要分布

我国滨海湿地主要分布于沿海的 11 个省、直辖市、自治区和香港、澳门、台湾地区，海域沿岸有 1 500 多条大中小河流入海，形成浅海滩涂生态系统、河口生态系统、海岸湿地生态系统、红树林生态系统、珊瑚礁生态系统、海岛生态系统等。

以杭州湾为界，我国滨海湿地分为南、北两个部分。杭州湾以北的滨海湿地，除山东半岛和辽东半岛的部分地区为基岩性海滩外，多为沙质和淤泥质海滩，由环渤海滨海湿地和江苏滨海湿地组成。环渤海滨海湿地主要由辽河三角洲和黄河三角洲组成，江苏滨海湿地主要由长江三角洲和废黄河三角洲组成。辽河三角洲湿地有集中分布的世界第二大苇田——盘锦苇田；黄河三角洲是我国暖温带保存最完整、面积最大的新生湿地；盐城湿地保护区是丹顶鹤越冬的场所，被称为丹顶鹤的第二故乡。杭州湾以南的滨海湿地以基岩性海滩为主，其主要河口及海湾有钱塘江—杭州湾、晋江口—泉州湾、珠江口河口湾和北部湾等。在河口及海湾的淤泥质海滩上分布有红树林，从海南至福建北部沿海滩涂及台湾西海岸均有分布。在西沙群岛、中沙群岛、南沙群岛及台湾、海南沿海还分布有热带珊瑚礁（表 2 - 10）（张晓龙等，2005）。

表 2 - 10　我国滨海湿地主要分布地区

地区	滨海湿地主要分布区域
辽宁	辽河三角洲、大连湾、鸭绿江口
河北	北戴河、滦河口、南大港、昌黎黄金海岸
天津	天津沿海湿地
山东	黄河三角洲及莱州湾、胶州湾、庙岛群岛
江苏	盐城滩涂、海州湾
上海	崇明东滩、江南滩涂、奉贤滩涂
浙江	杭州湾、乐清湾、象山湾、三门湾、南麂列岛
福建	福清湾、九龙江口、泉州湾、晋江口、三都湾、东山湾

（续）

地区	滨海湿地主要分布区域
广东	珠江口、湛山港、广海湾、深圳湾、韩江口
广西	铁山港和安铺港、钦州湾、北仑河口湿地
海南	东寨港、清澜港、三亚、大洲岛、西沙群岛、中沙群岛、南沙群岛
香港、澳门、台湾	香港米浦和后海湾、台湾淡水河、兰阳溪、大肚溪河口、台南、台东湿地

资料来源：张晓龙等，2005。

2007年，我国滨海湿地（含海岸线到-6 m区）面积为693×10^4 hm^2，其中，滨海自然湿地的面积为669×10^4 hm^2，占滨海湿地总面积的97%；滨海人工湿地面积为24×10^4 hm^2，占总面积的3%。在滨海自然湿地中，浅海水域面积为499×10^4 hm^2，滩涂面积为46×10^4 hm^2，滨海沼泽面积为5×10^4 hm^2，河口水域和河口三角洲湿地面积为119×10^4 hm^2。滨海人工湿地中，水库面积约2×10^4 hm^2，养殖池塘14×10^4 hm^2，盐田8×10^4 hm^2（表2-11）。我国滨海湿地从北至南以海区划分依次为：渤海滨海湿地面积165×10^4 hm^2，其中滨海自然湿地面积152×10^4 hm^2，滨海人工湿地13×10^4 hm^2；黄海滨海湿地面积156×10^4 hm^2，其中滨海自然湿地面积150×10^4 hm^2，滨海人工湿地6×10^4 hm^2；东海滨海湿地面积207×10^4 hm^2，其中滨海自然湿地206×10^4 hm^2，滨海人工湿地1×10^4 hm^2；南海滨海湿地面积165×10^4 hm^2，其中滨海自然湿地面积161×10^4 hm^2，滨海人工湿地面积4×10^4 hm^2。由于过度开发利用及陆源污染等原因，我国滨海湿地大面积减少、湿地生境破碎化，生态系统严重失衡。目前，沿海地区已累计丧失滨海滩涂湿地面积约119×10^4 hm^2，另城乡工矿占用湿地面积约100×10^4 hm^2，二者相当于沿海湿地总面积的50%（关道明等，2012；刘长安，2012；中国海洋年鉴编纂委员会，2013；李家彪等，2015）。滨海人工湿地大多数由天然湿地开发而来，人工湿地的增加往往意味着天然湿地的减少，它们是滨海湿地保护与开发中的一对矛盾。为了在自然保护区内更好地保护滨海湿地的生态系统和生物资源，应当对人工湿地实施生态维护、"退养还湿"等计划和措施。

表2-11 我国滨海湿地面积（海岸线到-6 m区）

1级	2级	面积（$\times10^4hm^2$）
滨海自然湿地	浅海水域	499
	滩涂	46
	滨海沼泽	5
	河口水域	94
	河口三角洲	25
	滨海自然湿地面积合计	669
滨海人工湿地	水库	2
	养殖池塘	14
	盐田	8
	滨海人工湿地面积合计	24

资料来源：刘长安，2012。

二、被列入《国际重要湿地名录》的滨海湿地国家级自然保护区

截至 2020 年，我国已有 14 处滨海湿地国家级自然保护区被列入《国际重要湿地名录》（表 2-12），从而促进了我国滨海湿地各种珍稀濒危动植物以及滨海湿地生态系统的保护与科学研究的发展。

表 2-12 被列入《国际重要湿地名录》的我国滨海湿地

保护区名称	面积（hm²）	地点	主要保护对象	列入年份
东寨港自然保护区	5 400	海南省琼山区	以红树林为主的北热带边缘和海岸滩涂生态系统及越冬鸟类栖息地	1992
米埔—后海湾湿地	1 540	香港特别行政区西北部	鸟类及其栖息地	1992
大连斑海豹自然保护区	11 700	复州湾长兴岛	以斑海豹为主的海洋动物生态系统	2002
盐城珍禽自然保护区	453 000	盐城市正东方向	以丹顶鹤为主的珍稀濒危鹤类、涉禽栖息地	2002
大丰麋鹿自然保护区	78 000	江苏省大丰区	以麋鹿、丹顶鹤为主的珍稀野生动物栖息地	2002
崇明东滩鸟类自然保护区	32 600	上海市崇明东滩	以东方白鹳、黑鹳、白头鹤为主的迁徙鸟类及其栖息地	2002
惠东港口海龟自然保护区	400	广东省惠东市	以绿海龟为主的海龟繁殖地	2002
山口红树林自然保护区	4 000	广西壮族自治区合浦县	包括湿地鸟类、浅海生物在内的红树林滨海湿地	2002
湛江红树林自然保护区	20 279	广东省湛江市	我国最大面积红树林湿地、鸟类栖息地	2002
双台河口湿地保护区	128 000	辽宁省辽东湾北部	以丹顶鹤、东方白鹳、大天鹅、黑嘴鸥等为主的珍稀水禽及其栖息地	2005
漳江口红树林自然保护区	2 360	福建省云霄县	以红树林湿地、濒危动植物物种和水产种质资源为主要保护对象的湿地生态系统	2008
北仑河口国家级自然保护区	3 000	广西壮族自治区防城港市	以红树林生态系统为主要保护对象	2008
长江口中华鲟自然保护区	3 760	上海市长江入海口	以中华鲟为主的水生野生生物及其栖息生态环境	2008
天津北大港湿地	34 887	天津市滨海新区东南部	湿地生态系统及其生物多样性，包括鸟类和其他野生动物、珍稀濒危物种等	2020

第四节 滨海湿地的主要类型

滨海湿地主要包括滨海盐沼湿地、红树林湿地、海草床、珊瑚礁、河口沙洲湿地和岩石离岛湿地等，滨海湿地的高等植物群落主要为红树林和浮游水生植物、维管束植物、海草群落等。

一、滨海盐沼湿地

世界上的滨海盐沼湿地大多分布在中高纬度的潮间带，是复杂的湿地生态系统，与其周围环境处在动态平衡之中。地貌、盐度、水文、植被盖度和植被类群等是影响其生态系统的主要因子。滨海盐沼湿地生产力最高，具有传递物质能量、净化水质、消减风浪的功能。

1. 盐沼湿地定义

盐沼湿地分为两大类，一类是内陆咸水湖泊盐沼湿地，一类是滨海盐沼湿地。盐沼，即含有大量盐分的沼泽，主要发生在荒漠盆地中部或局部洼地，由河流和地下水携带的盐分在此类地区长久积聚而成。在滨海或大河三角洲前端，受海水浸渍，亦可形成盐沼。盐沼多生长喜湿性盐生植物，一般因地势低平、排水不良或受海洋潮汐涨落影响所形成（河海大学《水利大辞典》编辑修订委员会，2015）。

滨海盐沼湿地是指底部基质周期性被潮水淹没或过湿的盐化沼泽，并长有盐生植物、植被盖度≥30%的湿地。Long（1983）在所著的 *Saltmarsh ecology* 一书中定义：盐沼是几乎长期潮湿和频繁被咸水体淹没的，生长有草本和小灌木、陆生维管束植物的淤泥质或泥炭质地区。Adam（1990）定义滨海盐沼为"临接咸水体，覆被以草本或低灌木植物的地区"。Mitsch 和 Gosselink（1986）将盐沼定义为"濒临水位潮汐性或非潮汐性变动的咸水体的淤泥质盐生草地"。这三个定义都说明了滨海盐沼的一些特点，比如受海洋潮汐作用、咸水体影响和有植被覆盖。但 Long 和 Adam 的定义中没有把海洋潮汐的作用纳入定义，因此不能区分滨海盐沼和内陆盐沼；而 Mitsch 和 Gosselink 的定义没能详细定义滨海盐沼的植被类型。王飞燕等（1991）从海积地貌的角度考虑将盐沼湿地定义为：位于粉沙淤泥质上部的潮上带，即位于平均高潮面以上，只有特大高潮时才被淹没，多生长盐生植物，称盐沼、湿地或草滩。Beeftink（1977）认为：盐沼湿地生态系统是指发育于淤泥滩地的自然或半自然的盐生草地与低矮灌丛，周边被潮汐或非潮汐水位变化的盐水所包围的区域。欧阳峰等（2009）根据植被和盐度特征将盐沼湿地定义为：河口地区长有植被的泥滩，植被的带状分布特征反映了不同的潮汐淹没时间，由于水体盐度的影响，植被以盐生植物为主。贺强等（2010）认为：滨海盐沼是处于海洋和陆地两大生态系统的过渡地区，周期性或间歇性地受海洋咸水体或半咸水体作用，具有较高的草本或低灌木植物覆被的一种淤泥质或泥炭质的湿地生态系统。其应具有以下几个基本特点：①处于滨海地区，受海洋潮汐作用影响。②具有以草本或低灌木为主的植物群落，植被盖度通常应大于30%。③潮汐水体应为非淡水。④基质以淤泥或泥炭为主。

2. 滨海盐沼湿地分布与成因

滨海盐沼湿地主要分布于暖温带和亚热带的潮间带和河口三角洲地区，在热带和南亚热带的沿海地区（25°S—25°N）被红树林所替代。我国滨海盐沼湿地主要分布在杭州湾以北的淤泥海滩、近海河口三角洲地带等。受海岸地貌、坡度的影响，滨海盐沼湿地的宽度范围在数十米至几千米不等，分布在入海的河口、海湾、沿海滩涂和潟湖处等。

根据滨海盐沼发育的条件，其形成发育过程可分为两类，一类是以海洋动力作用为主导形成的盐沼，主要分布在沙坝、沙洲、离岛作为屏障的区域；另一类是以陆地径流作用为主导，通过径流输沙形成的盐沼，包括各种大型河口三角洲（童春富，2004）。欧阳峰等

（2009）认为，盐沼湿地有很多形成模式，但一般分成两类：一类是以近海沉积物悬浮为主要成因的海洋型盐沼湿地；另一类是以河口三角洲地区河流带入的沉积物为主要成因的河流型盐沼湿地，即河口沙洲湿地。形成盐沼湿地的沉积物主要来自上游河道径流中的泥沙、近海沉积物的再悬浮和盐沼自身形成的沉积物。

3. 滨海盐沼湿地的环境特征

滨海盐沼湿地在高潮时被海水淹没，低潮时露出水面，盐度和水文的变化是盐沼湿地生态系统的重要环境特征。同时，特殊的地形及植被使盐沼湿地能够有效地消减风浪的冲击力。受潮汐及沿岸径流的影响，盐沼湿地的盐度由陆向海逐渐升高。潮汐的涨落和地表径流的大小决定着盐沼湿地生态系统不同区域的盐度和水文变化。盐沼湿地盐度和水文的变化与潮沟密切相关。

潮沟是滨海盐沼湿地的一个显著地形特征。一些不规则的水流不断偏向某一特定的水道即形成潮沟。地表径流及潮汐沿潮沟交替影响湿地生态系统，是湿地与周围水体物质和能量交换的重要通道，对湿地生态系统的稳定起着重要作用。

减缓风浪的冲刷力是滨海盐沼湿地另一个重要的物理特征。一般说来，滨海盐沼湿地能够经受潮汐的冲刷，削弱海浪的冲击力。究其原因，盐沼湿地对沉积物具有强积聚作用且湿地植被对海浪及风暴潮有明显的消减作用。首先，湿地植被发达的根系及其堆积的植物体对土壤有稳固作用，如大米草根系的生物量是地上部分的 30 倍，且通过分泌有机质将土壤颗粒联结起来，起到稳固作用；其次，一些湿地植物的植株可以削弱海浪的冲击力。例如，随着米草带宽度的增加，其对海浪的削弱能力不断增强。200 m 宽的米草带可以完全消减小于 5 m 的海浪，对于 11 m 的巨浪，仍可消减其能量的 39%（李永祺，2012）。

滨海盐沼湿地内不同的地貌部位，如潮沟、水塘，是生物迁徙、鱼类洄游和繁殖、营养交换、能量和物质转移的通道和场所。涨潮时，浅海鱼类随着潮水进入盐沼取食和产卵。由此形成了特殊的盐沼湿地生态系统。

4. 滨海盐沼湿地植被

滨海盐沼湿地植被主要分布在潮滩海岸的潮上带和潮间带上部，潮间带下部和潮下带缺少植被生长。我国滨海盐沼湿地的植被主要以芦苇、盐地碱蓬、互花米草等为优势群落，分布在我国长江口以北地区，其中以辽东湾、渤海湾、黄河三角洲、莱州湾、盐城滩涂地区分布最为集中（夏东兴等，2014）。

滨海盐沼湿地的植被通常以米草属（*Spartina*）或盐角草属（*Salicornia*）的盐沼草为优势种。植物种间竞争是影响盐沼湿地生态系统结构及生产力的重要生物因子（Hacker et al.，1999）。群落演替过程中主要表现为竞争性替代（Sun et al.，2003）。滨海盐沼植物除少部分被陆生动物摄食外，大部分会转化为碎屑，再通过碎屑食物链被底栖生物等利用。未被利用的碎屑逐渐积累在湿地沉积物上。此外，部分湿地碎屑还会受潮水、海风等作用的影响转移到邻近海域。

滨海盐沼湿地生态系统的植物由喜湿耐盐的植物组成。由于沿海春季少雨干旱、土壤返盐、受海水浸润的影响等，高矿化度的盐水由海滨向大陆方向浸润，因此，地面形成喜盐耐旱的草本植物群落（吕宪国，2008）。

由于盐沼生物自身的特性，根据其喜光、喜盐程度的不同，植物的高矮、种类也都呈现出一定的垂直层次，动物的结构、活动空间同样具有一定的结构性。同时，由于受盐度波动、潮汐的影响，海岸盐沼植物、动物和微生物呈现复杂的带状结构分布（吕宪国，2008）。

5. 滨海盐沼湿地初级生产力

潮间带盐沼湿地是世界上生产力最高的生态系统之一，具有非常高的初级生产力，大量的多余有机质可以输送到相邻海域和河口，为其他生态系统提供能量。Odum（1968）将盐沼描述为能供养大量相邻水体地区的"初级生产泵（Primary production pump）"，并且将从盐沼来的有机物质流和营养物质流与那些可以供应海岸带水体的深海上升流相比较。Teal（1962）的能量流分析表明，大约 45% 的净初级生产力从盐沼输出。Nixon（1980）关于溶解和颗粒态物质的研究与之相似，也就是在海岸带和三角洲地区的水体中，这种输出占浮游植物生产的 10%～50%。盐沼湿地的高生产力体系支撑了众多的消费者，提高了生态系统的生物多样性。以米草为主的维管束植物的残体有 90% 进入湿地生态系统，与大型藻类一起构成了生态系统的生产者（关道明，2009）。

除了高等植物外，这里还生存着大量的低等植物和微生物等，如绿藻、蓝藻、硅藻、硫细菌、真菌、小型底栖动物，它们共同构成了盐沼湿地生态系统中的生产者和分解者，支撑着盐沼湿地食物网中的初级消费者、次级消费者。消费者包括哺乳类、鸟类、两栖类、爬行类、软体动物、鱼类、虾类、甲壳类、底栖无脊椎动物和多种昆虫。盐沼中大约有 90% 的初级生产力是通过碎屑食物链消耗与转移的，死亡的植物被细菌与真菌分解，然后，它们一同被原生动物、线虫、无脊椎动物的幼体等取食（吕宪国，2008），这些无脊椎动物等被鱼类摄食，鱼类等再将能量向近海传送，完成了从盐沼向近海的能量输送。

6. 滨海盐沼湿地功能

由于盐沼的高生产力，往往向邻近的浅海生态系统输入大量的有机营养颗粒，提高这些区域的生产力，特别是经济鱼类的生产（安树青等，2003）。根据前人的计算（Teal，1962），盐沼的总初级生产力大约占输入盐沼太阳能的 6.1%，仅仅有 1.4% 的太阳能转化成其他生物可以利用的有机物质；食草的昆虫消费大约 4.6% 的米草净初级生产力，剩下的米草生物量和藻类通过碎屑食物链被转移到邻近的生态系统中，其中脊椎动物在转移过程中起了很大作用。另外无脊椎动物将碎屑物质转化成鱼类可以吸收的有机质，鱼类等再将能量向近海和河口三角洲传递，这样完成了从盐沼向近海的能量传送。因此，整个盐沼生态系统对三角洲和海岸海洋的生产力维持和稳定是非常重要的（王晓辉，2006）。

在生态系统服务功能方面，盐沼湿地是多种鸟类、鱼类、两栖类动物繁殖、栖息、迁徙、越冬的场所，拥有丰富的生物资源和旅游观光价值。此外，盐沼湿地生态系统可作为各种入海营养盐的汇，在净化陆地径流入海水质等方面有着重要的作用（Mitsch et al.，1986）。

二、红树林湿地

红树林湿地处于海洋与陆地的动态交界面，受海水周期性浸淹，在结构与功能上具有既不同于陆地生态系统，也不同于海洋生态系统和其他滨海湿地生态系统的特性。红树林是热带海岸的重要生态环境之一，是一种高生产力系统与重要的"碳汇（Carbon sink）"，既是良好的海岸防护林带，又是海洋生物繁衍栖息的理想场所，具有重要的生态价值、经济价值和社会价值。

1. 红树林湿地定义

红树林是 100 多种耐盐植物的统称，尽管其中只有 35％的植物才被认为是真正意义上的红树植物。红树林这个词既可以指单株植物，也可以用来表示整个红树林群落（奥林·H·皮尔奇等，2015）。红树林是生长在热带、亚热带海岸潮间带，受周期性海水浸淹的木本植物群落，由于主要由红树科植物组成（该类树种的皮含有丰富的单宁素，当它暴露在空气中时就会变成红色），因此得名"红树林"。

红树林湿地是指以红树植物为主组成的潮间沼泽（《全国湿地资源调查与监测技术规程（试行）》〔2008〕265 号）。红树林潮滩湿地（又称为灌木潮滩湿地）是指 70％以上的面积被红树林等覆被的区域（陆健健，1996a）。Mitsch 和 Gosselink（1986）在 *Wetlands* 一书中指出：红树林沼泽是一个生长在热带和亚热带海岸线的咸水到微咸水潮汐水域的由盐生乔木、灌木和其他植物组成的群落地带。

2. 红树林湿地分布

红树林湿地多见于 25°S—25°N 的热带、亚热带无霜地区的海岸及河口潮间带地区，在我国仅见于海南、广东、广西、香港、澳门、台湾、福建和浙江沿海，自然分布从海南岛南端的榆林港（18°09′N）至福建福鼎的沙埕湾（27°20′N）。20 世纪 60 年代起，浙江温州乐清（28°25′N）开始引种秋茄树（*Kandelia obovata*），并在西门岛获得了成功，可以视之为人工种植的北缘。

我国红树林分布有 21 科 28 属 38 种，其中红树科 9 种，占全世界红树科的 53％（欧阳峰等，2009）。根据林鹏（1997）的研究，我国有红树植物 12 科 15 属 27 种（含 1 个变种），除两种蕨类外都是高大乔木或灌木；半红树有 9 科 10 属 10 种；真红树和半红树共有 21 科 25 属 37 种（含 1 个变种）。早年林鹏报道我国红树植物有 16 科 20 属 31 种（林鹏，1984）。廖宝文等（2014）认为，我国红树林有真红树植物 26 种，半红树植物 12 种，合计 38 种。杨盛昌等（2017）认为，我国红树植物种类为 22 科 26 属 38 种（不含外来种），其中真红树植物 13 科 15 属 27 种〔含：2 个杂交种，海南海桑（*Sonneratia hainanensis*）、拟海桑（*Sonneratia paracaseolaris*）；1 个变种，尖瓣海莲（*Bruguiera sexangula* var. *rhynchopetala*）；2 个外来种，无瓣海桑（*Sonneratia apetala*）、拉关木（*Laguncularia racemosa*）〕，半红树植物 9 科 11 属 11 种（杨盛昌等，2017）。红树林植物主要有红树属（*Rhizophora*）、木榄属（*Bruguiera*）、秋茄树属（*Kandelia*）、角果木属（*Ceriops*）。此外还有使君子科的锥果木（*Conocarpus erectus*）和榄李属（*Lumnitzera*）、紫金牛科的桐花树（蜡烛果）（*Aegiceras corniculatum*）、海桑科的海桑属（*Sonneratia*）、爵床科的海榄雌（*Avicennia marina*）、楝科的木果楝属（*Xylocarpus*）、茜草科的瓶花木（*Scyphiphora hydrophyllacea*）、大戟科的海漆（*Excoecaria agallocha*）、棕榈科的水椰属（*Nypa*）等。在红树林边缘还有一些草本和小灌木，如唇形科的苦郎树（*Clerodendrum inerme*）、蕨类的卤蕨（*Acrostichum aureum*）、爵床科的老鼠簕（*Acanthus ilicifolius*）、藜科的盐角草（*Salicornia europaea*）、禾本科的盐地鼠尾粟（*Sporobolus virginicus*）等。

红树林分布特点为：①由于我国热带面积少，红树林大部分分布在亚热带南缘，红树植物种类分布随纬度的升高和平均气温的下降由南向北逐渐减少，最南端的海南文昌有 23 种，而北界福鼎仅有秋茄树分布。②以灌木为主。由于我国处于热带北缘，平均温度较低，故绝大部分红树林为低矮的灌木林，由南向北种类逐渐减少、矮化现象明显。③由于沿海人类经济活动干扰严重，现存成熟的红树林面积很小，多为次生林，呈小乔木林或灌丛状。

红树林面积通常指被红树林覆盖的潮滩面积，不包括光滩和低潮时水深不超过 6 m 的港湾海底区。红树林面积不等同于红树林湿地面积，前者大约为后者的 1/3。由于缺乏统一的设备与调查方法，我国红树林的准确面积没有确定。化石记录表明，我国红树林面积曾达 25 万 hm²，至 20 世纪 50 年代红树林尚有 4 万 hm² 之多，至 80 年代则只余 1.7 万～2.3 万 hm²，而 1990 年已降至 13 646～16 209 hm²。2001 年全国湿地调查，采用 3S 等手段得出我国红树林面积为 22 680.9 hm²，由于严格的保护和大规模的人工造林，2009 年全国红树林面积增加至 24 500 hm²（杨盛昌等，2017）。此外，贾明明（2014）通过 Landsat 遥感数据，得出 2013 年全国红树林面积为 32 077 hm²。海南、广东、广西三省份红树林面积占全国红树林面积的 80% 以上，其余各省份占比较小（杨盛昌等，2017）。

3. 红树林生物学特性

红树林植物指的是红树林生态系统中的植物，包括木本、藤本和草本植物。红树林植物分为红树植物（包括真红树植物和半红树植物）和伴生植物。

发育较好的红树林一般可分为乔木、灌木和草本植物三层。红树林植物具有非常显著的适应水淹生境的生物学特性，如支柱根（气生根）、呼吸根和板根等各种特化的根系；此外还有特殊的胎生繁殖现象，即它的种子在没有离开母树时就开始发芽，生长成为绿色棒状或纺锤形的胚轴，到发育成熟时，脱离母树而坠入淤泥中，或随潮水去往其他滩涂，能很快生根发芽、长成幼树（欧阳峰等，2009）。红树林植被的特征为：①主要由红树科的常绿种类组成，其次为马鞭草科、海桑科、爵床科等的种类。②外貌终年常绿，林相整齐，结构简单，多为低矮性群落。③具有成带现象，即有一个大致与海岸平行的优势林带，不同的红树林种类生长在不同的林带内。据此把红树植物分为真红树植物、半红树植物和伴生植物，显示出明显的演替系列和典型的生态序列。

红树林具有高光合率、高呼吸率、高归还率的特点，它不断地进行光合作用，把太阳能转化为化学能，把简单的无机物质制造成碳水化合物，以凋落物有机碎屑的形式输出有机物，为消费者和分解者提供物质来源，是海岸沼泽生态系统中的主要组成部分（Lugo et al.，1974）。物质循环与能量流动通过两条路径：一条路径是通过植食性动物的啃食把物质和能量转移到动物体内，再由这些动物逐级传递下去；另一条路径则是通过枯枝落叶在底层泥滩被微生物、藻类等分解利用，这些微生物、藻类等又被底栖动物（如弹涂鱼、招潮蟹等）食用，由此逐级传递。能量的流动是逐级减少的，在逐级流动过程中，都会有部分能量散失。

4. 红树林湿地生境特征

红树林主要分布于风浪和水体运动缓慢而多淤泥沉积的隐蔽海岸，自然发育的滩面平坦而广阔，常可沿河口海湾、三角洲地区或河口延伸至内陆数千米。不同类型的红树林湿地有不同的地形学和水文学特征，从地形学元素考虑，包括三种类型，即波浪控制、潮汐控制、河流控制，但大多数情况下是这几种元素的组合控制。潮汐和径流会对红树林沼泽的范围和功能造成影响。潮汐为红树林湿地提供了重要的能量补充，输入营养物质、为土壤通风、稳定土壤的盐度。盐水提高了红树的竞争力，潮汐为红树种子的运动与分布提供了条件。潮汐使得在红树林群落边缘的营养物质能够循环，为底栖滤食生物（例如牡蛎、海绵）和底栖动物（例如蜗牛、蟹类）提供食物。同盐沼湿地一样，红树林处于高潮线与低潮线之间。大多数红树林湿地处于 0.5～3.0 m 的潮位。红树林可以耐受洪水变化的范围较大（欧阳峰等，2009）。红树林仅生长于潮滩，只有当潮滩发生淤积并达平均海平面以上的高程时，红树林生态系统才能建立。如果没有潮间带间隔的涨潮、退潮变化，红树植物就生长不好，长期淹水会很快死亡，长期干旱则生长不良。

红树林生长的土壤质地以黏土为好，底质为粗沙或沙的海湾内没有红树林生长或仅有少量稀疏、矮小的红树林生长。红树林由一些耐热和耐盐的植物组成，在光、热、雨量充足的热带、亚热带生长普遍较好，其生长最适宜的条件为最冷月平均温度不低于 20 ℃、年均气温 25～30 ℃、年均海水温度 24～27 ℃。红树林在含盐量高的水域及土壤生长较好，据测定，红树林带外缘的海水盐度为 32.0～34.0、内缘为 19.8～22.0。在河流出口处海水的含盐量要低些（中国大百科全书总编辑委员会，1991），土壤中的含盐量很高，一般盐度在 4.6～27.8。不同的红树种类对盐度的适应度也不相同，在一些河口地区则只有一些稀疏、低矮的灌丛。pH（4～8）较低的地区红树林生长较好。红树林的生境具有如下特点：①高盐性。②强酸性土壤。③土壤缺氧。④土壤有机质含量高（在海南岛红树林发育较好的土壤中，有机质含量达 4%～6%，最高可达 10%～15%）。⑤土壤颗粒组成较细，质地黏重等（夏小明，2015）。

5. 红树林湿地生态系统特性

红树林湿地是以红树植物群落为核心的一种特殊的滨海湿地类型，其湿地生态系统具有鲜明的特色，兼具陆地和海洋生态特征。红树林湿地生态系统内物质循环和能量运转速度快、效率高，对维持生物多样性和高生产力具有特别的价值，是生物活动高度集中的地区，同时也是海岸带具有重要价值的湿地生态系统。

红树林湿地生态系统具有藻类、原生动物、软体动物、昆虫、蟹类、鱼类、两栖类、爬行类、鸟类以及水生植物等生物类群。红树林是动物较好的隐蔽场所，并为动物提供了丰富的食物，因此动物多样性极为丰富，贝类、昆虫、蟹类、鱼类和鸟类种类多且生物量大。此外，两栖类和爬行类动物亦较常见。

红树林湿地生态系统一般由藻类、红树植物和半红树植物、伴生植物、动物、微生物等生物因子及阳光、水分、土壤等非生物因子构成。分解者种类和数量均较少，且以厌氧微生物为主，有机体残体分解不完全。消费者以水鸟和鱼类居多，底栖无脊椎动物、昆虫、两栖动物、爬行动物亦较常见，哺乳动物种类、数量较少（尚笑雨，2015）。红树林作为初级生产者为林区动物、微生物提供食物与营养，为鸟类、昆虫、鱼虾等提供栖息、繁衍场所。因此，红树植物对维护生态平衡、保护海洋生态系统起着重要的作用（林鹏等，1995；林鹏，1997）。在该生态系统中，植物、动物以及微生物等以各种各样的方式相互依赖而又相互制约，而所有生物在依赖环境的同时又作用于环境，它们之间形成一种动态的平衡制约关系。红树林生态系统的生态平衡是一种脆弱的平衡，其中包含着许多生物和环境因子，一旦由于人为等因素破坏了结构中的某一部分，就可能造成整体失衡。红树林湿地生态系统作为独特的海陆边缘生态系统在自然生态平衡中起着特殊的作用。

红树林湿地生态系统有许多食物链，它们常常以极其复杂的关系彼此联系、结合形成食物网。食物链中每一环称为一个营养级，每一个营养级约能够获得前一个营养级 1/10 的能量，因此，食物链一般不会多于 5 级。作为生产者，繁茂的红树植物等通过光合作用合成碳水化合物；同时，利用从土壤中获取的有机物和无机盐合成蛋白质、核酸等机体有机物，完成植物体的物质生产和积累。作为消费者，招潮蟹和弹涂鱼等直接以藻类作为食物和能量来源，某些昆虫以红树等绿色植物为食，是一级消费者。以弹涂鱼等食草动物为食的黑脸琵鹭等水鸟为二级消费者，以二级消费者为食的动物为三级消费者，以此类推。

同时，红树林湿地生态系统也受到外来物种的入侵。随着人类经济活动的日益频繁和对生态系统干扰程度的加剧，生物扩散传播的速度和范围远远超过历史上的任何时候。一部分入侵物种（如互花米草、薇甘菊），已对我国的红树林生态系统造成一定的危害。

6. 红树林生态价值

红树林是热带海岸的重要生态环境之一，是良好的海岸防护林带，又是海洋生物繁衍栖息的理想场所，具有重要的生态价值。

红树林具有热带、亚热带河口地区湿地生态系统的典型特征以及特殊的咸淡水交叠的生态环境，为众多的鱼虾蟹、水禽和候鸟提供了栖息和觅食的场所，蕴藏着丰富的生物资源和物种多样性。红树林是候鸟的重要中转站和越冬地，据统计，每年在深圳湾红树林湿地停歇和觅食的冬候鸟及过境鸟类约有 10 万只，超过 190 种。

红树植物的根系十分发达，盘根错节屹立于滩涂之中。红树林对海浪和潮汐的冲击有着很强的适应能力，可以护堤固滩、防风浪冲击、保护农田、降低盐害侵袭，对保护海岸起着重要的作用，为内陆的天然屏障，有"海岸卫士"之称。

红树林湿地生态系统可通过物理、化学和生物作用对各种污染物进行处理，以吸收、累积等方式起到对大气、海水和土壤的净化作用。红树林对重金属、石油及生活污水等有较强的耐性，且红树林植物和林下的土壤都有吸收多种污染物的能力，对污染物有较强的净化效果。红树林可净化海水，吸收污染物，降低海水富营养化程度，防止赤潮发生。红树林可吸收 SO_2、HF、Cl_2、CO_2 和其他有害气体（彭逸生等，2011；卢昌义等，2006），固碳量高出热带雨林 10 倍，并将大气中的 CO_2 转化为有机碳，同时释放大量的 O_2（孙松，2012）。

红树林具有促淤造陆功能。红树林在海滩上形成一道藩篱，密集交错的根系减缓水体流速、沉积水体中的悬浮颗粒，发达的支柱根加速了淤泥的沉积作用。红树林网罗碎屑，加速了潮水和陆地径流带来的泥沙和悬浮物在林区的沉积，促进土壤的形成。红树林自身的大量凋落物以及林内丰富的海洋生物的排泄物、遗骸等也为海岸的淤积提供了物质来源（林鹏，1993）。随着红树群落向外缘发展，陆地面积也逐渐扩大。

红树林特殊的环境和生物特色也使红树林在科学研究、科普教育、生态旅游等方面具有重要的价值。

三、海草床

海草床是与红树林、珊瑚礁生态系统并称的三大典型的近海生态系统之一，具有极高的生态服务价值，其生态服务价值远高于红树林和珊瑚礁（Costanza et al.，1997）。海草床是热带和温带重要的海洋生态系统，是生物圈中最具生产力的水生生态系统之一，也是许多海洋动物的栖息地、生存场所和食物来源地。

1. 海草床定义

海草（Seagrass）是一类生活在温带、亚热带及热带近海浅水中的单子叶草本植物。海草有发育良好的根状茎（水平方向的茎），叶片柔软、呈带状，花生于叶丛的基部，花蕊高出花瓣，所有这些都是为了适应水生生活环境（庞世瑜等，2010）。

"海草场 (Seagrass meadow)" 是指以海草为优势种的群落，强调海草斑块及其分布；"海草床 (Seagrass bed)" 是指由单种或多种海草植物主导的海草生态系统，强调其系统整体性及功能 (郑凤英等，2013)。胡求光 (2017) 指出：海草床是指由海草植物等聚集所形成的浅海海床生物群落。

2. 海草床分布

我国海草有 22 种，隶属于 4 科 10 属，其中：大叶藻属 (*Zostera*) 5 种，喜盐草属 (*Halophila*) 4 种，川蔓藻属 (*Ruppia*) 3 种，虾海藻属 (*Phyllospadix*)、丝粉藻属 (*Cymodocea*) 和二药藻属 (*Halodule*) 各 2 种，针叶藻属 (*Syringodium*)、泰来藻属 (*Thalassia*)、海菖蒲属 (*Enhalus*) 和全楔草属 (*Thalassodendron*) 各 1 种 (郑凤英等，2013)。据统计，全球已知海草 72 种，隶属于 6 科 14 属 (Short et al.，2011；李永祺等，2016)，我国海草种类约占世界海草总数的 30.5%。

我国海草分布区分为南海海草分布区和黄渤海海草分布区。南海海草分布区包括海南、广西、广东、香港、台湾和福建沿海，黄渤海海草分布区包括山东、河北、天津和辽宁沿海。这两个海草分布区分别属于印度洋—太平洋热带海草分布区和北太平洋温带海草分布区。江苏和浙江两省沿岸仅有川蔓藻属种类，不在上述两个海草分布区内。南海海草分布区有海草 9 属 15 种，喜盐草 (*Halophila ovalis*) 分布范围最广，是我国亚热带海草群落的优势种。黄渤海海草分布区有 3 属 9 种，其中大叶藻 (*Zostera marina*)、丛生大叶藻 (*Zostera caespitosa*)、红纤维虾海藻 (*Phyllospadix iwatensis*) 和黑纤维虾海藻 (*Phyllospadix japonicus*) 在辽宁、河北和山东三省沿海均有分布，而具茎大叶藻 (*Zostera caulescens*) 和宽叶大叶藻 (*Zostera asiatica*) 只分布于辽宁沿海，其中大叶藻分布最广，也是多数海草场的优势种；天津只有川蔓藻 (*Ruppia maritima*)。南海海草分布区的种属区系较为复杂，热带属在此区域均有分布；而黄渤海海草分布区主要以温带的大叶藻属和虾海藻属为主。我国现有海草场的总面积约为 8 765.1 hm²，分布在海南、广西、广东、香港、台湾、福建、山东、河北和辽宁 9 个省区，南海海草分布区海草场在数量和面积上均明显大于黄渤海海草分布区 (郑凤英等，2013)。广东的流沙湾、湛江东海岛和阳江海陵岛等，广西合浦和珍珠港海域，海南黎安港、新村湾、龙湾和三亚湾等，海草面积约为 2 400 hm² (Huang et al.，2006)。目前我国海草床处于大面积萎缩状态，保护和扩繁海草床已是当前的一项重要任务。

3. 海草床生态系统特征

海草床具有明显的生境特征。海草耐盐性强，能完全生长于沉水环境，一般生活在潮间带浅水 6 m 以上 (少数可达 30 m 以深) 的热带或温带海域的海岸带，适生于近海水域和河口海湾向海一侧的环境，可以自由生长于红树林与珊瑚礁之间。海草从海水和表层沉淀物中吸收养分的效率很高，能在水中可溶性营养盐含量很低的条件下生长。海草可以固定在松软的海洋底质上面，从沉积物中吸收所需要的营养物质，从而储存资源 (Hemminga，1998)，沉降于海底的有机颗粒物也可改善沉积物的营养状况。海草具有发达的根状茎，能进行水媒传粉。海草具备 4 种机能以适应海洋生活：①具有适应盐介质的能力。②具有一个很发达的支持系统来抗拒波浪和潮汐。③当完全被海水覆盖时，有完成正常生理活动以及实现花粉释放和种子散布的能力。④在环境条件较为稳定的情况下，具备与其他海洋生物竞争的能力 (李博，2000)。

海草床是生产力较高的浅海生态系统。海草群落是第一生产者，具有很高的生产力，是热带和温带浅海水域初级生产力的重要提供者，也是许多动物的一种直接食物来源。尽管海草是很多沿岸海区的主要初级生产者，但事实上海草仅可被少数动物直接利用，这些动物包括海胆、多种鱼类以及海龟等，在热带海区，儒艮（或称海牛）会摄食大量的龟草。海草的生物量随纬度而变化。在温带海区，平均生物量接近 500 g/m² （干重），热带海区平均生物量则超过 800 g/m² （干重）。生产力也有纬度差异，温带海草的生产力为 120～600 g/(m²·a) （以碳计），而热带海草净生产力可高达 1 000 g/(m²·a) （以碳计）。可见海草床的生产力是很高的（曾江宁，2013）。

海草床是浅海水域食物网的重要组成部分，直接食用海草的生物包括儒艮、海胆、马蹄蟹、绿海龟、海马、鱼类等。死亡的海草床又是复杂食物链形成的基础，细菌分解海草腐殖质，为沙虫、蟹类和一些滤食性动物如海葵和海鞘类提供食物（刘芳，2012；费菲，2017）。对海草而言，只有小部分初级产量能直接进入近岸牧食食物链，而大部分则进入碎屑食物链，海草死亡分解的碎屑不仅可为海草床海域提供营养物质，还可为遥远的深海底栖生物提供营养物质。一些草食动物直接以海草为食，使得海草床中的碳通过微生物过程和颗粒有机碎屑进入浅海和河口食物网（Newell，2001）。

海草床是生物多样性较多的浅海生态系统，结构的复杂性决定了其重要的栖息地功能，是许多动植物重要的栖息地、繁殖和隐蔽场所，同时也有利于海鸟的栖息。生活于海草床的生物种类很多，硅藻和绿藻等附生植物以及原生动物、线虫、水蛭、苔藓虫等附生动物可以生活在海草叶片上，腹足类软体动物、等足类、端足类和猛水蚤类则直接与附生动物有关，还有许多鱼类的幼鱼可暂时停留在这种环境中（曾江宁，2013）。海草床能为许多动物提供关键的栖息地，是海胆的生存场所和繁殖地，也是儒艮重要的栖息地（Sheppard et al.，2007），为儒艮、长须鲸、贝类和海鸟等提供营养基础（Klumpp et al.，1989）。研究表明，上百种的浮游植物和深海洄游种靠海草床维持生存（Jackson et al.，2001），海草的存在极大地丰富了周围环境的生物多样性。

海草床具有明显的营养循环特征。海草生长所必需的营养盐主要来源于水体和沉积物中有机物质的分解。海草碎屑是海草床中可以再利用的营养物质的主要有机来源，海草床中的有机物质循环可以通过有机物质的快速降解来完成。海草床中存储的营养盐可在 0.3～6.0 d 内迅速转化，在龟草床内，溶解性无机氮在水体和沉积物中的转化时间少于 2 d。研究表明，海草贡献了全球海洋中有机碳的 12%（韩秋影等，2008a）。

4. 海草床功能

（1）海草床净化水质功能

海草床对水质的净化功能主要体现在降解 COD（化学需氧量）和吸收无机盐方面，通过光合作用释放氧气，促进氮、磷以及重金属元素的吸收和转化，具有净化水质的功能。海草通过降低悬浮物含量和吸收营养物质达到净化水质的目的。海草从海水和表层沉淀物中吸收养分的效率很高，是控制浅水水质的关键植物，因此，海草能在水中可溶性营养盐含量很低的条件下生长。海草的根和根状茎生长在沉积物中，具有稳定沉积物的作用；海草草冠对水体悬浮颗粒物的影响可通过直接"捕获"的方式实现，也可通过抑制波浪和水流促进悬浮颗粒物沉积的间接方式实现。同时海草叶片可以"捕获"海水中的悬浮颗粒物，从而降低了水体浑浊度和改善了水体光照条件，继而改善了海水的透明度（曾江宁，2013）。海草可以调节水体中的悬浮物、DO（溶解氧）、叶绿素、重金属和营养盐，海草还可以通过地上和地下组织吸收无机营养盐。海草通过吸收海水中的氮、磷等元素，净化了水质，防止了赤潮发生，与周围小生境形成"正反馈"。

（2）海草床护堤减灾功能

海草被证明能降低来自波浪和水流的能量。海草稠密的根系起着固定底质的作用，具有抗波浪与潮汐的能力，是保护海岸的天然屏障，防止或减缓海滩和海岸的流失和侵蚀（周毅等，2020）。海草还可以改变沉积物的沉积速率，主要通过在生长季提高沉积物中的淤泥量实现，一年生海草对沉积速率的影响取决于海草遮蔽的密度。海草还可以通过根和茎增加沉积物的沉降速率，对沉积物起到稳定作用（韩秋影等，2008a）。

（3）海草床固碳功能

海草床生态系统具有高效的碳汇能力，是地球上最有效的碳捕获和封存系统，是全球重要的碳库（周毅等，2020）。全球海草生长区面积占海洋总面积不到0.2%，但其每年封存于海草沉积物中的碳相当于全球海洋碳封存总量的10%～15%（Duarte et al.，2005；Fourqurean et al.，2012；Laffoley et al.，2009）。全球海草生态系统的平均固碳速率为83 g/（m^2·a）（以碳计），约为热带雨林［4 g/（m^2·a）］的21倍（邱广龙等，2014）；Fourqurean 等（2012）的研究表明，全球海草床沉积物有机碳的储量在9.8～19.8 Pg（1 Pg＝10^{15} g），相当于全球红树林和潮间带盐沼植物沉积物碳储量之和。海草床是海洋生物圈中碳循环的一个重要组成部分，是重要的 CO_2 吸收者。海草生态系统是陆源物质入海后的前沿阵地，陆地径流输入的有机悬浮颗粒物等会被海草生态系统截获并埋存于沉积物中，是海草床固碳的另一条重要途径。海草床海水中的悬浮颗粒物富含有机物，其对海草沉积物中所埋存的有机碳总量的贡献有时甚至可高达72%（Gacia et al.，2002）。海草床等蓝碳生态系统可将碳封存于海底达数千年，而陆地的热带雨林所封存的碳通常只能维持数十年，最多是数百年；高效的碳汇能力得益于海草床自身（包括海草植物及其附生藻类）的高生产力、强大的悬浮物"捕捉"能力以及有机碳在海草床沉积物中的低分解率和相对稳定性（邱广龙等，2014），具有区别于其他生态系统固碳的显著特点。

5. 海草床生态经济价值

海草床资源保护区生态旅游是一种以独特的自然资源为基础的高层次旅游活动，可使当地人民在保护自然资源的同时获得经济收益。成片的海草床是海洋生态养殖业的重要基地。海草床资源可以带动相关加工业的发展。海草的编织工艺品，如海草画、海草篮、海草包等，在欧美市场很受欢迎，成为重要的出口产品（《"海洋梦"系列丛书》编委会，2015）。海草叶片的木质素含量低、纤维素含量高，可用于造纸。大叶藻的根茎和许多海草的果实可食。海草可作饲料，若与陆生饲料混合效果更佳；此外，海草还可用作肥料（程胜高等，2003）。

四、珊瑚礁

珊瑚礁（Coral reef）是由成千上万的碳酸钙组成的珊瑚虫的骨骼在数百年至数万年的生长过程中形成的岩体结构。热带深海中的浅水水域和浅海中均有珊瑚礁存在。珊瑚礁是一个生态系统，可以影响其周围环境的物理和生态条件，为许多动植物（包括蠕虫、软体动物、海绵、棘皮动物和甲壳动物和藻类等，约占海洋物种数的25%）提供了生活环境，同时也是大洋带的鱼类幼鱼的生长地。珊瑚礁生态系统是热带海洋最突出、最具代表性的生态系统，也是世界上公认的四大高生产力、高生物多样性的典型生态系统之一，享有"蓝色沙漠中的绿洲""海洋中的热带雨林"等美誉。在防护海岸、减轻海洋灾害、提供工农业原材料、促进旅游资源开发、增加水产品资源、净化大气和海洋环境、减轻大气温室效应等方面均发挥着重要的作用（周永灿等，2013）。

1. 珊瑚礁概念及湿地定义

珊瑚礁是指造礁石珊瑚群体死后其遗骸构成的岩体。丛生的珊瑚群体死后仍留在海底原地，其遗骸构成的岩体保留死前的态势者称为原生礁。珊瑚和各种附礁生物骨壳碎屑混杂堆积在一处，又被珊瑚藻覆盖与黏结构成的岩体称为次生礁（赵焕庭等，2009）。珊瑚礁有多种类型，达尔文根据礁体与岸线的关系，划分出岸礁、堡礁和环礁，根据形态分出台礁和点礁等类型。①岸礁，沿大陆或岛屿岸边生长发育，亦称裙礁或边缘礁。②堡礁，又称堤礁，是离岸有一定距离的堤状礁体，它与陆地被潟湖隔开。③环礁，礁体呈环带状围绕潟湖，有的与外海有水道相通。④台礁，呈台地状高出附近海底，但无潟湖和边缘隆起的大型珊瑚礁，也称桌礁。⑤点礁，即斑礁，是堡礁和环礁潟湖中的礁体，大小不等，形态多样。此外，根据形态还有圆丘礁、塔礁、马蹄礁、层状礁等（中国大百科全书总编辑委员会，2002）。

珊瑚礁在岩石学上统称为礁灰岩，主要化学成分为 $CaCO_3$（赵焕庭，1998）。珊瑚礁物质有礁灰岩和松散的生物碎屑沉积物，沉积物以砾石和各种粒级的沙为主（王丽荣等，2001）。我国造礁石珊瑚属印度—太平洋区系，已鉴定有 50 余属 200 多种（赵焕庭，1998）。

珊瑚礁湿地是指基质由珊瑚聚集生长而成的湿地，包括珊瑚岛及其有珊瑚生长的海域（国家海洋局 908 专项办公室，2005）。《湿地公约》将珊瑚礁湿地定义为：珊瑚礁及其邻近水域。

2. 珊瑚礁分布

造礁珊瑚对生境要求严格，使得现代珊瑚礁分布具有严格的范围，即主要分布在南北两半球海水表层水温 20 ℃等温线及以上区域，或大致在南北回归线之间、30°S—30°N 的热带和亚热带的浅水海域。全球珊瑚礁的总面积约为 284 300 km²，主要分布于大西洋加勒比海和印度—太平洋两个分布区，少量分布在东太平洋（李永祺等，2016），其中最长、最大的珊瑚礁是澳大利亚东海岸外的大堡礁，延伸 2 000 km（Achituv et al.，1990）。我国的珊瑚礁从台湾岛及其离岛（澎湖列岛、钓鱼岛等）开始，一直分布到热带海洋南海，以南海诸岛的珊瑚岛礁为多（除西沙群岛的高尖石小岛是火山碎屑岩岛外），珊瑚岛、暗礁和暗沙共有 170 多个（雷宗友等，1986）。台湾海峡南部、台湾岛东岸和台湾岛东北面的钓鱼岛等地，虽位于北回归线以北，但受黑潮影响，仍有岸礁存在。海南岛及其离岛周围岸礁断续分布。另外，华南大陆不少岸段零星生长活珊瑚，丛生的很少，聚成岸礁者仅见于大陆南端的雷州半岛灯楼角岬角东西两侧，沿岸离岛的岸礁仅见于北部湾的涠洲岛和斜阳岛（王丽荣等，2001）。

按照世界资源研究所 2002 年利用 1 km² 网格量进行的计算，我国的珊瑚礁面积约为 7 300 km²，占世界珊瑚礁面积的 2.6%（关道明等，2017）。海南省珊瑚礁面积占我国珊瑚礁总面积的 98% 以上，西沙群岛、中沙群岛和南沙群岛多由珊瑚礁组成，所占分量最大。海南岛沿岸的 14.15% 都分布有珊瑚礁，岸线长达 228.90 km，并以岸礁（裙礁）为主，占总礁量的 92.44%，堡礁次之，占总礁量的 6.88%，环礁仅占总礁量的 0.68%（周祖光，2004）。

3. 成礁环境

珊瑚礁是在潮间带和潮下带浅水区由珊瑚虫分泌 $CaCO_3$ 构成珊瑚礁骨架，通过堆积、填充、胶结各种生物碎屑，经逐年不断积累而形成的。在珊瑚礁群落中成千上万的物种里只有小部分生物可以分泌石灰石形成珊瑚礁，其中最重要的生物是珊瑚虫。珊瑚虫中只有部分类群能够建造珊瑚礁，其中最主要的珊瑚礁建造者是石珊瑚目的珊瑚虫。几乎所有的造礁珊瑚都与虫黄藻（Zooxanthella）共生，虫黄藻是珊瑚虫最重要的营养物质来源之一（李太武，2013）。

造礁珊瑚对水温、盐度、水深和光照等条件都有比较严格的要求。①水温。造礁珊瑚只能生活在温度较高的水域，水温为 18～36 ℃。J. D. 米利曼认为 23～27 ℃是造礁珊瑚生长发育的最佳水温，韦尔斯认为最佳水温上限可达 29 ℃。温度过高会对珊瑚礁造成伤害，使其出现白化，长时间高水温会导致珊瑚死亡。热带海区，这一最佳水温出现在冬季和春季，因而许多学者认为冬季珊瑚生长最快。海南岛和西沙群岛水温平均为 25～27 ℃，为珊瑚生长最佳水温范围，但海南岛的季节变化大，水温不稳定，对珊瑚生长有抑制作用。海南岛和台湾岛的珊瑚礁被称为"高纬度珊瑚礁"。②盐度。造礁珊瑚生长在盐度为 27～40 的海水中，最佳盐度范围是 34～36。大多数珊瑚对盐度的降低非常敏感，难以忍受海水盐度偏离正常值太多，因此，珊瑚在河口区的沿岸无法生存。南海盐度为 34，属最佳盐度范围，海南岛沿岸有淡水注入，盐度略低，为 32 左右。③水深。一般认为造礁珊瑚生长的水深范围是 0～50 m，最佳水深为 20 m 以浅。许多学者认为这实际上是与造礁珊瑚共生的虫黄藻进行光合作用所需的深度有关。④光照。光照条件是珊瑚生长的重要限制因子之一，因为只有充足的光线才能使共生藻类（如虫黄藻）顺利进行光合作用，以促使 $CaCO_3$ 沉淀，所以珊瑚虫只能在浅水中生长。一般热带光照强，光照时间长，平均光照率在 50% 以上，有利于珊瑚礁的发育。⑤风和风浪。一般迎风浪一侧礁发育较好。新月形和马蹄形礁体的凸面是迎风、迎浪的。如果风浪有季节性变化，礁的形状会出现双马蹄形。所以根据古代礁的形态可判断古风向。过强的风浪使珊瑚虫难以在基底上固着，不发育礁。⑥河流。河流入海处，海水盐度低，泥沙含量大，混浊度高，海水透明度低，会使珊瑚窒息而死，所以有大量泥沙入海的河口处一般不发育岸礁，如海南岛的岸礁在河口区缺失。⑦海平面变动。当海面稳定时，珊瑚礁平铺发展，但厚度不大；当海面上升或海底下沉时，形成的礁层厚度较大，礁体可发育成塔形、柱形，也有的礁体可深溺于海面以下成为溺礁。海面下降或地壳上升时，形成的礁层厚度也不大，也有的礁体可高出海面成为隆起礁。这种影响因素对古代礁意义较大。⑧海底地形。无论是在大洋还是在浅海区，珊瑚礁总是生长于海底的正地形上，如大洋中的平顶海山、海底火山、大陆架的边缘堤以及构造隆起。由于在不同的海底地形上水动力作用不尽一致，因此地形特征有时对礁体发育有很大影响。如极浅的平缓海底往往形成离岸礁；如岸坡较陡，则礁体紧贴岸线发育。珊瑚在海底营固着生活，在坚硬的岩石基底上发育较好，部分属种也可在水下沙坎上发育，说明对底质有一定的选择。⑨藻类与珊瑚礁的关系。虫黄藻与造礁珊瑚共生，它吸收造礁珊瑚排出的 CO_2，为珊瑚虫提供钙质，形成珊瑚虫骨骼中甲壳质（几丁质）的有机成分，它们构成一个相互依存的生态系统。红藻中的珊瑚藻是完全钙化藻，可形成层状骨架，参与造礁。藻屑是珊瑚礁中常见的组分，一般占 20%～50%。藻类还可黏结礁骨架和生物屑，并有富镁作用，形成高镁方解石。但钻孔藻（Bring algal）在珊瑚礁中起破坏作用（中国大百科全书总编辑委员会，2002）。

4. 珊瑚礁的生物多样性

珊瑚礁是海洋环境中物种最丰富、多样性程度最高的生态系统之一，几乎所有海洋生物的门类都有代表生活在珊瑚礁中各种复杂的栖息空间，生活方式多种多样。珊瑚虫是构成珊瑚礁基本结构的主要生物，根据相关资料，印度—太平洋区系共有造礁珊瑚 86 属 1 000 多种；大西洋珊瑚种类较少，有 26 属 68 种（李太武，2013）。

珊瑚礁生态系统生物组成按功能划为 3 类。①初级生产者。包括浮游植物（如硅藻、甲藻、裸甲藻、蓝绿藻、微型藻及营自养的蓝细菌）、底栖藻类（如红藻、绿藻、褐藻和硅藻）和共生虫黄藻；其中各种藻类以 3 种形式存在，即微丝藻、珊瑚状藻和叶状大型藻（王丽荣等，2001）。初级生产者初级生产水平很高，可达到 1 500～5 000 g/(m² · a)（以碳计）。珊瑚与虫黄藻的共生关系对维持珊瑚礁很高的生物生产力和营养盐的有效循环至关重要，也为大量的物种提供了广泛的食物（李永祺等，2016）。②消费者。包括浮游动物，如有孔虫、放射虫、纤毛虫、水螅水母、钵水母、桡足类、磷虾类和甲壳类等。根据大小可分为胶质浮游动物、大型浮游动物、中型浮游动物和微型浮游动物 4 种。根据生活习性又可分为：为了繁殖或改变栖息地而短时间进入水团的、为了取食而在水团中停留相当长时间的和包括个体发育的早期阶段以浮游形式而生活者 3 种。底栖动物包括双壳类、海绵类、水螅虫类、苔藓类、多毛类、腹足类、寄居蟹、海星类、海胆类等，以及各种鱼类。③分解者。包括浮游细菌和底栖细菌。异养细菌不仅是珊瑚礁生态系统中的碳和氮循环的重要媒介，也是微型浮游动物的食物来源。因此，这个"微生物环"（由溶解有机物、细菌和食细菌者组成）对于营养物质再生和维持浮游植物的生长都有重要意义（王丽荣等，2001）。

珊瑚礁构造中众多孔洞和裂隙为习性相异的生物提供了各种生境，为之创造了栖居、藏身、繁殖和索饵的有利条件。某些物种只能存在于这种生态系统中，如蝴蝶鱼（*Chaetodon* spp.）是专食珊瑚的，蝴蝶鱼的丰度与活珊瑚的覆盖率高度相关。所有这些，都为生态系统高的生物多样性提供了物质基础。据对斯里兰卡普塔勒姆潟湖的研究，在该珊瑚礁区生活的鱼有 95 属近 300 个种，包括大量具有重要经济价值的鱼种。而澳大利亚大堡礁作为世界上物种最丰富的珊瑚礁区之一，大约由 350 种硬珊瑚礁组成，支持着 4 000 多种软体动物、2 000 多种鱼类和 240 种鸟类的生存繁衍，更多的微型和小型的生物物种尚未报道。全球不到大洋面积 0.2% 的珊瑚礁中，生活着所有海洋物种的 1/4 和已知海洋鱼类的 1/5（4 500种），是已知海洋栖息地中物种最丰富的生态系统（李永祺等，2016）。在珊瑚礁生活的生物种类繁多，目前已知的物种大约有 100 000 种（李太武，2013）。海南的珊瑚礁的构成除珊瑚虫外还有多种造礁生物，如三亚珊瑚礁自然保护区水下分布有 80 余种造礁珊瑚，珊瑚礁生物群落中珍稀生物很多；此外，还有多种大型贝类、蜘蛛螺、珍珠贝、钟螺、宝贝等。珊瑚虫体可成为鱼类的饵料，故珊瑚礁区也是鱼类集中区域；而礁区的原生动物、动物残体也是不少贝类的饵料和藻类生长的肥料，因此礁盘上有多种藻类生长，如麒麟菜、马尾藻、囊藻、肋叶藻、法囊藻、沙菜、网球藻、喇叭藻、蛎菜、角网藻等，这些藻类又可成为其他生物的饵料（周祖光，2004）。

5. 珊瑚礁的生态功能与价值

在全球范围内，珊瑚礁还是一种重要的碳吸纳物。研究表明，世界范围内珊瑚礁的破坏在一定程度上导致了 CO_2 在空气中的含量日益升高（刘冬梅，2017）。由珊瑚礁生物参与的生物化学过程和营养物质循环对于维持和促进全球碳循环有重要作用。珊瑚虫在地球上大气中的碳循环中扮演了重要的角色，可将 CO_2 转变为碳酸钙骨骼，有助于降低地球大气中的 CO_2 含量，从而减轻温室效应，降低大气温度（周祖光，2004）。

珊瑚礁还是鸟类重要的生境之一，一些珊瑚岛礁被描述为"丰富的鸟类资源库"。例如，大堡礁是许多鸟类的栖息地，在此聚集的鸟类有 240 多种，如燕鸥、黑燕鸥、海鸥、鹭、军舰鸟、鲣鸟、大海雕等（潘秀英，2014）。

珊瑚礁是海水的净化器。无数细小的珊瑚虫利用其触手和肠腔不停地"吞食"海水中的各种微生物及浮游动植物，通过过滤海水中的各种微粒获取营养，从而保持了海水的洁净和净化了环境，在一定程度上减少了赤潮的发生。

珊瑚礁可抵御风浪、保护海岸。珊瑚礁以自然屏障的形式抵御海风巨浪对海岸的冲击，70%～90%的海浪冲击力量被珊瑚礁吸收或减弱（傅秀梅等，2009），可有效保护林木和建筑设施、海岸地貌；珊瑚礁本身具有自我修补的能力，死掉的珊瑚被海浪分解成细沙，取代海滩上被海潮冲走的沙粒。

由于珊瑚礁特殊的生物栖息环境，珊瑚礁往往成为维持海岸带生物多样性和高生产力的重要区域。珊瑚礁是重要的渔场，在维持海洋渔业资源方面起着至关重要的作用，为沿海生物群落提供了生境，从而可以提供大量的水产品。研究表明，健康的珊瑚礁生态系统每年每平方千米渔业产量达 35 t，全球约 10%的渔业产量源于珊瑚礁地区（Smith，1978）。一些具有重要经济价值的动植物，如麒麟菜、石斑鱼、鲍鱼、江珧、珍珠母贝、海参、龙虾以及其他无脊椎动物等，大都来自珊瑚礁区。

珊瑚礁生物还是海洋药物的重要原材料，如珊瑚骨骼在医学上可用于骨骼移植、牙齿和面部改造等；许多海藻、海绵、珊瑚、海葵、软体动物等体内含有高效抗癌、抗菌的化学物质，有广阔的药物开发潜力。珊瑚礁生物还可用作工农业和建筑材料，如海藻（如麒麟菜等）可用来提取琼脂、角叉胶等工业原料或用作肥料（傅秀梅等，2009）。

珊瑚礁海岸是典型的热带生物海岸，是一种特殊的海岸类型，其独特的自然景观是优质的旅游资源。鉴于其优美的环境、特殊的生态及生物多样性，珊瑚礁是理想的海洋生态科研和科普教育基地，并可提供以珊瑚礁生态系统为主题的文化产品。珊瑚礁是海洋中的奇异景观，为发展滨海旅游业提供了条件。珊瑚礁集热带风光、海洋风光、海底风光、珊瑚花园、生物世界于一体，是发展生态旅游、休憩（如潜水等）的绝好景观（刘世梁等，2017）。珊瑚礁各种物质形态造型奇特、多姿多彩，具有极高的观赏价值。此外，珊瑚礁生态系统的存在为人类带来了美学和艺术灵感，并提供文化、精神、道德、信念和宗教等服务价值（Lal，2004），是人类共同的自然文化遗产。

珊瑚礁作为一种特殊的生态类型，是海洋生态学研究的重要方面之一。珊瑚虫对环境要求严格，根据古代礁可判断古代气候、地理。珊瑚礁从古代繁衍至今，珊瑚属种演化快、生物节律明显，可为划分地层和古生物钟研究提供依据（田华等，2014）。

五、河口沙洲湿地

河口沙洲湿地（Estuarine shoal wetland）是一类特殊的盐沼湿地，其特征为大潮时沙洲四周有水或被水淹没，包括河口沙洲和沙岛、三角洲湿地内的沙洲和沙岛以及岸外辐射沙洲和沙岛湿地等。

1. 河口沙洲湿地定义

陆健健（1996a）将河口沙洲湿地定义为：正在堆积形成或被冲刷剩余的、大潮时往往被水淹没、尚未被高等植物覆被的河口沙洲。其后又将河口三角洲湿地界定为：河口区由沙岛、沙洲、沙嘴等发育而成的低冲积平原（陆健健，2006）。《全国湿地资源调查与监测技术规程（试行本）》（林湿发〔1997〕101 号）将"河口系统四周冲积的泥/沙滩，沙洲、沙岛（包括水下部分）植被盖度＜30％"的湿地定义为三角洲/沙洲/沙岛湿地。

2. 河口沙洲成因

河口沙洲湿地是一类特殊的盐沼湿地，主要在大河高浊度河口，凭借径流的大量水沙输出，于海岸潮汐能较小的区域发育而成（欧阳峰等，2009）。河口三角洲湿地的形成是在河流流入水域的终端处，由于河流在注入海洋时，水流向外扩散，动能显著减弱，由河水所挟带的泥沙沉积、淤积而形成，多为呈三角形或扇形的沉积物堆积体，形成一片向海伸出的平地，外形常呈三角状，称为"三角洲"。由于河口区河流受潮流顶托，流速较小，使河流分汊，在河口口门处，因水流扩散，流速减缓，泥沙常堆积成浅滩，易形成心滩和江心洲（赵冬至，2013）。这些河口三角洲湿地的面积由河流的排灌盆地的注入量和它的排放量决定，但如果在大陆架则主要取决于大陆架的坡度，也就是依赖于河流排放和潮汐幅度（欧阳峰等，2009）。例如，长江口宽度约为 90 km，水面宽广，涨潮流与落潮流路线分开，在入海处由往复流逐渐转向旋转流，其间出现缓流区，形成浅滩，加上盐水楔的絮凝作用，使泥沙沉积，进而发育成河口沙洲（朱保和，1992）。由于河流的入海口地势平坦，河道变化无常，水流速度慢，泥沙堆积作用强，河水挟带的泥沙长期沉积后在入海处形成河口三角洲或河口沙洲、沙岛。

3. 主要河口沙洲湿地的分布及特点

我国沿海自北向南有鸭绿江、辽河、海河、黄河、淮河、长江、钱塘江、闽江、珠江等1 500 多条大小河流入海，在河口形成众多的沙洲湿地。河口沙洲湿地主要分布在辽河、黄河、淮河（及古黄河入海口）、长江、珠江等河口地带。典型的河口沙洲湿地有黄河三角洲湿地、辽河三角洲湿地、江苏岸外辐射沙洲、长江口岛屿沙洲湿地等。

黄河三角洲湿地位于山东省东营市的渤海之滨，是世界少有的河口湿地生态系统，黄河流路的快速摆动，造就了一个我国暖温带最完整、最广阔、最年轻的湿地生态系统，具有鲜明的原生性，许多新生湿地尚未遭到干扰和破坏，仍基本处于典型的自然演替中，湿地景观发育处在初始阶段（马德毅等，2013）。由于河床宽浅，水流分散，河道游荡不定，进入口门的泥沙因受海潮顶托而淤积集中，沙洲星罗棋布，成为典型的河口拦门沙体（叶青超，1982）。黄河三角洲湿地以常年积水湿地（河流、湖泊、河口水域、坑塘、水库、盐池和虾蟹池以及滩涂）为主，滩涂湿地在其中占优势地位；季节性积水湿地为潮上带重盐碱化湿地、芦苇沼泽、其他沼泽、疏林沼泽、灌丛沼泽、湿草甸和稻田（李德峰等，2018）。

辽河三角洲湿地位于辽宁省盘锦市双台子区入海口，为入海河流冲积淤积形成的低平原，属于退海辽东湾湿地。是东亚—澳大利西亚鸟类迁徙路线上的重要栖息地和驿站。一望无际的"红地毯（指盐地碱蓬）"形成天下奇景，大芦苇荡号称世界第二，还有丹顶鹤、黑嘴鸥和斑海豹等众多珍稀动物，构成了丰富多彩的湿地生态系统。辽河三角洲湿地内有百万亩*苇田，占湿地面积的80％（《农区生物多样性编目》编委会，2008）。

江苏岸外辐射沙洲被认为是当今太平洋西岸最大的海中沙洲湿地、世界上规模最大的岸外沉积体，具有独特的准封闭的生态系统与自然景观。该系统包括气候变化、海平面变化、海洋生物及其生境演替、黄河口演变、陆架地貌，这里的自然地理特征不仅独特，而且具有世界代表性（蔚东英等，2015；张忍顺等，1992；张忍顺等，2006）。

长江口岛屿沙洲湿地主要包括崇明、长兴、横沙三岛及其他刚露出水面的沙洲，成陆较晚。这些沙洲由长江挟带的泥沙淤积而成。至今崇明岛北沿、东沿、西沿以及长兴岛北沿和横沙东滩高地滩仍在不断地迅速淤涨，形成大片滩涂（《国家地理系列》编委会，2012）。九段沙是目前长江口最靠外海的一个河口沙洲，也是长江口最年轻的河口沙洲，位于长江口外南侧水道的南北槽之间的拦门沙河段，由上沙、中沙、下沙三部分组成。九段沙是现代长江河口拦门沙系的组成部分，在长江径流和潮流两个完全不同水体频繁的相互作用下，由长江流域来沙在该地区淤积而成。九段沙形成时间不长，仅有50年左右的历史（《上海环境保护丛书》编委会，2014）。九段沙湿地国家级自然保护区总面积为42 320 hm²（王智等，2014），主要保护对象为稀缺的动植物及其湿地环境。崇明东滩鸟类国家级自然保护区主要保护对象为水鸟和湿地生态系统。崇明东滩以东至吴淞标高5 m等深线水域为长江口中华鲟国家级自然保护区水域，还包括潮上滩、潮间带滩涂和部分露出水面的湿地和浅滩等，主要保护对象为中华鲟、白鲟（白鲟现已灭绝）、花鳗、胭脂鱼、松江鲈等珍稀动物。

4. 河口沙洲湿地的功能与价值

河口沙洲湿地位于河、海、陆、气和人类社会五大介质作用的交汇点上，既是气候变化的敏感区，也是生态环境的脆弱区，在调节气候、涵养水源、分散洪水、净化环境、保护生物多样性等方面具有极其重要的作用。河口沙洲湿地因地势低平，河道汊口多，水流缓慢，海淡水交汇，常常发育着良好的湿地生态系统，湿地资源丰富，生物多样性非常突出。如我国北方的辽河三角洲湿地、黄河三角洲湿地，南方的长江三角洲、苏北岸外辐射沙洲等，具有明显的生物多样性，是一些溯河和降河鱼类、蟹类的过渡区，如鳗鲡（*Anguilla japonica*）、河蟹等，也是鸟类迁徙的天然驿站、越冬和繁殖场所。

六、岩石离岛湿地

岩石离岛（Offshore rock island）湿地是滨海湿地的一种类型，也是一个集岛陆、潮间带和浅海生态系统特征于一体的复杂生态系统，具有多种功能和价值，是人类重要的环境资源之一。由于地域、环境等的不同，每个岩石离岛湿地都有其独立的生态系统，特别是一些小岛，由于受地域的限制，物种构成单一。滨海湿地除了在大陆边缘分布外，在岩石海岛也均有分布。

1. 岩石离岛湿地定义

陆健健（1996a）将近海具湿地功能的岛屿界定为滨海湿地，将离岛湿地定义为：70％以上面积被水鸟用作繁殖巢地的小型离岛或离岛的部分区域。

＊ 亩为非法定计量单位，1亩＝1/15 hm²。

2. 海岛概念及分布

根据《中华人民共和国海岛保护法》，海岛是指四面环海水并在高潮时高于水面的自然形成的陆地区域，包括有居民海岛和无居民海岛。简言之，海岛就是四周被海水包围，高潮时露出海面的陆地。岩石离岛即基质为岩石的、与大陆分离的海岛。

我国是世界上海岛数量最多的国家之一，海岸线外的海岛星罗棋布，仅面积 500 m^2 以上的岛屿就有 6 900 个，岛屿海岸线长达 14 000 km，总面积则超过 80 000 km^2，是一个海岛资源丰富的国家（欧阳峰等，2009）。我国海岛的主要类型有基岩岛、泥沙岛、珊瑚岛。这些海岛空间分布不均，就各海区分布而言，东海最多，南海次之，黄海再次之，渤海海岛数量最少。就各沿海省（直辖市、自治区）海岛的数量而言，浙江最多，其次为福建，天津仅 1 个海岛。我国海岛的分布有 3 个特征：①大部分海岛分布在沿岸海域，距大陆小于 10 km 的海岛占我国海岛总数的 67% 以上。②基岩岛数量最多，500 m^2 以上的海岛超过 97% 为基岩岛。③海岛呈明显的链状和群状分布（蒋兴伟，2016）。

我国的海岛大小不等，其中面积最大的达数万平方千米，面积小的仅有数平方米。海岛的形成也很复杂，可分为大陆岛、海洋岛和冲积岛三大类型。大陆岛是大陆地坎延伸到海底并露出海面而形成的岛屿；海洋岛则是与大陆没有直接关系的岛屿，其又可细分为火山岛和珊瑚岛两类，火山岛是海底火山喷发出的岩浆物质堆积并露出海面所形成，珊瑚岛则是由珊瑚虫骨骼在水下基岩上堆积而成；冲积岛位于江河入海口，由径流挟带泥沙堆积形成（欧阳峰等，2009）。有的海岛尽管面积很小，没有淡水和无人居住，但它们却都是重要的滨海湿地资源，是海鸟的繁殖栖息地以及其他生物（如蛇类）的繁殖栖息地（如大连蛇岛）。

我国岩石岛屿分布地域广，南北环境差异较大，其生态系统和物种差异也较大。

3. 海岛生态系统的构成与划分

海岛生态系统（Island ecosystem）是由岛陆、岛基、岛滩和环岛浅海四个小生境及其各自拥有的生物群落构成的相对独立的生态系统（杨文鹤，2000）。根据地域范围、生态环境、生物组成、水文、地质地貌等引起的生物群落差异性，海岛湿地生态系统可划分为岛陆生态系统、潮间带生态系统和浅海生态系统三个子系统，这三个子系统之间的相互关系极为密切，存在能量流动与物质循环（马志远等，2017；王小龙，2006）。①岛陆是指高潮线以上的陆地部分，其生态系统具有典型的陆地生态系统的特征，但也有一些自身的特点。由于与大陆隔离，物种丰度低，动植物种类少，优势种群相对明显，结构和功能简单，稳定性差，对外界的抵抗力和自身恢复能力较弱。②潮间带是指高潮线与低潮线之间的区域。潮间带生态系统既受岛陆的影响又受海洋水文规律的调控，是岛陆生态系统与浅海生态系统的过渡区域，在结构和功能上兼有三者的某些相似性，但又有自身的特点。潮间带生物对环境的变化适应性较强，能够适应盐度、温度等的剧烈波动，还能够适应波浪和海流的侵袭，对周期性的干燥具有很强的耐受力。生物种类多，因底质复杂，形成各具特色的生物群落。③浅海是指低潮时水深不超过 6 m 的水域。其生态系统与海洋生态系统相似，但由于受岛陆与潮间带生态系统的影响，其盐度、温度等环境因子的变化较为剧烈，变化程度自近岸向外海方向逐渐减小。环岛浅海区营养盐丰富，初级生产力水平较高，是多种生物理想的栖息地。岛陆生态系统、潮间带生态系统和浅海生态系统通过物质循环与能量流动相互联系在一起，共同组成了一个完整的海岛湿地生态系统（李永祺等，2016；桂峰等，2018）。

4. 海岛生态系统的特点

海岛生态系统是指在海岛（包括岛陆、潮间带、近海）范围内的生物群落（包括动物、植物、微生物）与周围环境组成的自然形态。海岛的生物部分包括栖息于岛陆、潮间带以及近海范围的动物、植物和微生物（李永祺等，2016）。

（1）海陆双重性

海岛地理位置独特，与大陆隔离，相对孤立地处在海洋之中。海岛生态系统的主体是岛陆部分，环岛的潮间带区域和近海海域是其生态系统的延伸。因此，海岛生态系统兼具陆地与海洋生态系统的特征（马志远等，2017）。海岛的岛陆生态系统结构相对简单，生物群落和环境与陆地生态系统类似，覆盖有良好的植被并形成生境缀块，并生存着一定数量的陆生动物，这些丰富的动植物与岛陆环境共同构成了一个相对完整的岛陆生态系统。海岛四周被水包围，海岛的潮间带和浅海区域是海岛生态系统中生物多样性、生物密度及生物量较高的区域，这些生物的特征及其生存环境的特征与海洋生态系统完全相同（李永祺等，2016）。

（2）独立而又完整

海岛四周被水包围，因其孤立和封闭性，与其周围近海构成了一个既独立又完整的生态系统。岛陆、潮间带和浅海三类地貌单元极具多样化，随之演化出较为特殊的生物群落。

海水的阻隔作用限制了海岛生态系统与外界的物质和能量交换以及生物种群的扩散和流动，但海岛生态系统食物链结构较为完善，物质能量循环也较为稳定，形成了以海岛为单元的、相对独立的生态系统。其完整性主要体现在组成、结构的完整和功能的多样性。海岛生态系统的生物群落由陆生、潮间带和浅海生物群落组成，丰富多样的生境为这些群落提供了适宜的生存空间，生物在空间分布上具有分带和分层现象，生物间的食物联系多样，营养结构复杂，系统内依靠生物之间以及生物与环境之间的相互关系维持着物质循环和能量流动的正常进行（李永祺等，2016）。

（3）生态脆弱性

海岛生态系统是一种特殊的生态系统，每个海岛都有其独立的生态系统，因此也造就了海岛的生态脆弱性（王迪等，2018）。海岛的地理位置决定了其易受风暴潮、台风、暴雨、干旱、地震、海啸等自然灾害影响；海岛无过境客水，仅靠大气降水难以形成水系；因基岩底质原因而截水条件差；以上自然因素也导致了其稳定性较差。由于海岛相对狭小，地域结构简单，物种来源受限，生物多样性相对较少，生物群落组成简单，导致其生态系统的稳定性相对较差，环境承载力有限，生态系统十分脆弱，遭受损害后难以恢复。岛陆植物种类少，优势种明显，也导致了生态系统稳定性较差，易受影响而发生退化。尽管海岛有丰富的特有物种资源，但由于分布范围小、生境脆弱且种群数量较少，更易受外界干扰而处于濒危或灭绝的状态（李永祺等，2016）。海岛生物因缺乏掠食动物或天敌而侵略性较小、扩散能力较弱，当有外来生物入侵时，极易造成本地物种灭绝（桂峰等，2018）。

（4）资源特有性

海岛生态结构相对独立，经过成百上千年的自然变迁，进化出了特殊的生物物种和生态群落。海岛的岛陆上分布着典型的陆地生物种类，而在潮间带和海岛周边的浅海区域则分布着典型的海洋生物种类。岛陆植物包括针叶林、经济林木、草丛、灌木以及农作物等；岛陆动物主要有鸟类、哺乳类动物、昆虫类、爬行类等；由于海水阻隔，大多数海岛往往缺少大型哺乳类动物。潮间带植物主要有大型海藻和耐盐的高等植物，潮间带动物主要为软体类、甲壳类、腔肠类、多毛类、棘皮类等。在海岛周围的浅海中，分布着浮游生物、游泳生物和底栖生物三大生态类群。相对于其他类型的海洋生态系统，海岛生态系统中一般具有较高比例的特有种。海岛生物种群往往由一个大种群分离而来，在长期的隔离状态下，经长期演化慢慢形成具有一定遗传特征的特有种。此外，许多原生于陆地的物种经一定的途径传播到海岛后，逐渐适应了海岛的环境并形成了稳定的种群，而留在陆地的则由于大环境的变动可能已经灭绝（李永祺等，2016；桂峰等，2018；马志远等，2017）。

5. 海岛湿地的功能与价值

海岛湿地位于海岛生态系统的最外缘，具有海岛生态系统第一重保护者的角色，是抵御海平面上升以及台风等极端灾害天气的重要屏障（王迪等，2018）。有的海岛周围有着极其丰富的海产资源。一些比较靠近外海的岩石离岛周围是鱼类最佳的天然栖息场所，是良好的渔场。从生态价值角度来看，海岛周围集大自然的岩石圈、大气圈、水圈、生物圈于一身，不仅有其自身特有的地理位置、气候、土壤、水文等自然环境条件，还有其特有的生物群落，形成了一个独特的生态系统。有的海岛上存在着大量的野生、珍稀动植物物种，是保持生物多样性的重要场所。海岛是候鸟迁徙的驿站，也是许多鸟类特别是水鸟的生存、栖息和繁殖场所，如庙岛群岛。有些海岛旅游资源丰富，景观奇特，是旅游观光的胜地。

第三章
环渤海滨海湿地概况

环渤海沿岸是我国北方滨海湿地最集中的分布区，主要有山东省的黄河三角洲湿地、莱州湾南岸滨海湿地和庙岛群岛滨海湿地，天津市的古海岸滨海湿地和北大港滨海湿地，河北省的沧州段滨海湿地、唐山段滨海湿地和秦皇岛段滨海湿地，辽宁省的辽东湾底部双台子河口滨海湿地、大连段的斑海豹滨海湿地、大连四湾滨海湿地和辽宁蛇岛老铁山滨海湿地等。湿地类型为自然滨海湿地和人工滨海湿地，以浅海水域、滩涂湿地、盐沼湿地、河口湿地、人工湿地为主，沙洲湿地较少，海草床和岩石岛更少。据关道明（2012）《中国滨海湿地》一书记载，2007 年，渤海滨海湿地面积为 $1.65 \times 10^6 \ hm^2$，其中：自然滨海湿地面积为 $1.52 \times 10^6 \ hm^2$，占滨海湿地总面积的 92%；人工滨海湿地面积为 $1.3 \times 10^5 \ hm^2$，占滨海湿地总面积的 8%。在自然滨海湿地中，浅海水域的面积为 $9.9 \times 10^5 \ hm^2$，占自然滨海湿地总面积的 65%，其他湿地类型占自然滨海湿地总面积的 35%。其中，滩涂面积为 $1.0 \times 10^5 \ hm^2$，滨海沼泽面积为 $1 \times 10^4 \ hm^2$，河口湿地面积为 $4.2 \times 10^5 \ hm^2$。环渤海滨海湿地植被以芦苇、碱蓬、柽柳等为主。

第一节　山东渤海沿岸滨海湿地

一、黄河三角洲湿地

黄河三角洲湿地是世界少有的河口型滨海湿地，位于山东省东北部渤海之滨的黄河入海口，湿地总面积约为 747 139.4 hm^2，其中浅海湿地面积最大，占湿地总面积的 41.22%，滩涂湿地（包括海涂和河涂湿地）占湿地总面积的 24.64%（田家怡等，2005；孙娟等，2007）。黄河三角洲湿地类型丰富、景观类型多样，由天然湿地和人工湿地两大类组成，天然湿地占湿地总面积的 68.4% 左右，人工湿地约占湿地总面积的 31.6%。在天然湿地中，淡水生态系统（河流、湖泊）占 6.51%，陆地生态系统（湿草甸、灌丛、疏林、芦苇、盐碱化湿地）占 48.12%；人工湿地以坑塘、水库为主，坑塘、水库占该区人工湿地的 57.69%。黄河三角洲河流纵横交错，形成明显的网状结构，各种湿地景观呈斑块状分布。在湿地存在形态上，黄河三角洲湿地以常年积水湿地（河流、湖泊、河口水域、坑塘、水库、盐池和虾蟹池以及滩涂）为主，占总面积的 63%，且滩涂湿地在其中占优势地位；季节性积水湿地（潮上带重盐碱化湿地、芦苇沼泽、其他沼泽、疏林沼泽、灌丛沼泽、湿草甸和稻田）占湿地总面积的 37%（李洪奎等，2015；马吉让等，2015）。

1992 年 10 月经国务院批准建立的黄河三角洲国家级自然保护区（Yellow River Delta

national nature reserve）位于黄河入海口两侧新淤地带，是以保护黄河口新生湿地生态系统和珍稀濒危鸟类为主体的滨海湿地类型保护区，总面积为 15.3 万 hm²，其中，核心区面积 7.9 万 hm²，缓冲区面积 1.1 万 hm²，实验区面积 6.3 万 hm²（李吉祥，1997）。其中陆地面积 8.27 万 hm²，潮间带面积 3.825 万 hm²，低潮时－3 m 浅海面积 3.205 万 hm²。地理坐标为 118°33′—119°20′E，37°35′—38°12′N。自然保护区地理位置优越，生态类型独特，是我国暖温带最完整、最广阔、最年轻的滨海湿地生态系统，是东北亚内陆和环西太平洋鸟类迁徙的重要"中转站、越冬栖息和繁殖地"，也是全国最大的河口三角洲自然保护区，在世界范围内河口湿地生态系统中亦极具代表性。

1. 黄河三角洲湿地的地理位置

（1）黄河三角洲地理位置

黄河三角洲（Yellow River Delta）泛指黄河在入海口多年来淤积延伸、摆动、改造和沉淀而形成的一个扇形地带，属陆相弱潮强烈堆积性河口。由于受到海水的顶托，黄河水流的速度到此减慢，大量泥沙得以在这里淤积沉淀，周而复始，年复一年，最终形成了这片富饶辽阔而且是最年轻的土地。黄河三角洲位于山东省北部渤海湾和莱州湾之间，其范围大致在 118°10′—119°15′E、37°15′—38°10′N（王新功等，2007；娄广艳等，2007；李洪奎等，2015）。黄河三角洲依据成陆时间分为古代三角洲、近代三角洲和现代三角洲。一般认为，黄河三角洲是指 1855 年黄河于河南铜瓦厢决口夺大清河注入渤海后冲积形成的近代三角洲，它以垦利县（今垦利区）宁海为顶点，东南至支脉河口，西北到徒骇河（套儿河）口，整个扇形地区面积达 5 400 km²，行政区划上 93% 属东营市，7% 属滨州市（韩美，2009；王一，2008）。1934 年 9 月，黄河自利津渔洼以下决口（黄河水利委员会黄河志总编辑室，2001），黄河尾闾分流点下移 26 km，开始建造以渔洼为顶点的现代三角洲体系至今（田家怡等，2016a），现代三角洲指以渔洼为顶点，西起挑河、南至宋春荣沟口，陆上面积 2 400 km²，水下面积 2 680 km²（姜在兴等，1994）。2009 年 11 月 13 日，国务院以国函〔2009〕138 号批复印发的《黄河三角洲高效生态经济区发展规划》中明确划定了黄河三角洲的地理坐标为 116°59′—120°18′E、36°25′—38°16′N。

（2）黄河三角洲湿地地理位置

黄河三角洲湿地（Yellow River Delta wetland）位于东营市。地理坐标为 118°07′—119°10′E，36°55′—38°10′N。黄河三角洲湿地具备河口湿地、三角洲湿地、滨海湿地的特点，主要分布在临海区域，以滩涂湿地为主，形成了一个宽广的扇带（王一，2008）。

2. 黄河三角洲自然环境

（1）地质地貌

黄河三角洲隶属华北平原，位于华北地台区济阳拗陷的东北部，以横跨南部的广饶—齐河大断裂为界，分为南北两个二级地质构造单元。南部地下分布有震旦纪、古生代和中生代地层，在邹平县南部山区有中生代基性侵入岩体出露，山区以外部分地表均为第四纪以来山区风化剥蚀碎屑堆积而成的洪积-冲积地层覆盖，其厚度多在 100～200 m，由西南向东北渐增，地层冲积层理明显，分界面亦较清晰。广饶—齐河断裂带以北属渤海拗陷区的沉降地带，处在济阳拗陷的范围之中。长期以来，该单元的地壳一直处在一面沉降、一面为河流冲积物填充的状态。由于黄河等多泥沙河流的冲积作用占优势，冲积速度大于地壳沉降速度，形成广大的冲积平原。基岩为古生代的沉积地层和前震旦纪的变质岩系，由北至南依次被下泊头断裂、陵县—徒骇河农场断裂、滨城—陈家庄断裂等分割成几个南抬北降、顶面向北倾斜的断块，形成由北至南相间排列的埕口—宁津凸起、沾化—车镇凹陷、陵县—无棣—徒骇河农场凸起、滨城—陈家庄—青坨子凸起、临邑—惠民凹陷，凹陷一般深 5 000 m 左右，最深处约 10 000 m。断块凸起形成古潜山，在无棣县北部的大山一带有新生代玄武岩出露。断块凹陷在黄河等多泥沙河流的冲积作用下，沉积了全套巨厚的新生代地层。其表层为第四纪冲积沉积，厚 200~550 m，其下为第三纪红土、沙粒和玄武岩，基本无中生代地层。因该区新生代地层系海相、湖相和河流相碎屑的互层沉积，含有丰富的有机物，具有良好的生油条件（山东省滨州市地方史志编纂委员会，2003；田家怡等，2005）。

黄河三角洲两面濒海，黄河穿境而过，总的地势为西南高、东北低，地形以黄河为轴线，近河高、远河低，总体呈扇状。由于黄河三角洲新堆积体的形成以及老堆积体不断被反复淤淀，造成三角洲平原地势大平而小不平，微地貌形态复杂，主要的地貌类型有河滩地（河道）、河滩高地与河流故道、决口扇与淤泛地、平地、河间洼地与背河洼地、滨海低地与湿洼地以及蚀余冲积岛和贝壳堤（岛）等。总的地势为由西南向东北微倾，地势低平，自然坡降为 1/12 000~1/8 000（刘艳霞等，2012；王君，2018）。

由于黄河独特的高含沙水体、善淤、善徙及弱潮型河口等特点，其带来的大量泥沙是塑造黄河三角洲的物源，在潮汐、风浪、风暴潮等复杂动力因素的长期再改造作用下，沿岸形成了宽广平坦的潮滩和树枝状密布的潮水沟。潮滩宽度自西向东变大，漳卫新河河口外宽约 6 km，至套儿河河口湾内滩面宽达 22 km，是渤海沿岸潮滩宽度最大的地方，潮水沟规模最大、分布密集。在潮滩的平均高潮线上缘，分布着一列贝壳及贝壳沙组成的"岛链"，西起漳卫新河口、东至小沙，长约 37 km，由 50 多个断续的新月形贝壳及贝壳沙岛组成，向海略成弧状突出。顺江沟口—支脉河口海岸段为近代黄河三角洲海岸，海岸潮滩以顺江沟至钓（刁）口河间及支脉河口外发育好、宽度大，达 6 km 左右，潮水沟发育。其余岸段潮滩宽度多小于 6 km（山东省地方史志编纂委员会，1996）。在三角洲周边（主要在广大潮滩范围内）形成有冲积岛和贝壳岛，面积小至数千平方米，大至数平方千米，是黄河三角洲海岸的又一地貌特征。据统计，面积大于 0.01 km² 的堆积岛有 90 余座（田家怡等，2005）。

（2）土壤

黄河三角洲湿地属于退海的盐碱地，特殊的地理位置决定了其特殊的地质环境。由于长期滞水、退水的交替进行，黄河三角洲湿地土壤含盐量较高，是典型盐渍土。土壤中盐分积累过程是一系列作用于不同时空尺度上的自然和人为因素相互叠加作用的结果。滨海潮土、滨海盐土亚区位于黄河河口，为近代黄河河口的扇形堆积平原，地势低平，土壤因受近代黄河泛滥沉积影响多形成滨海潮土，其特点是在原来含盐量很高的滨海盐渍物质上，覆盖了一层源自黄土高原的黄河冲积物，厚度 1~4 m，土质比较肥沃，自然植被生长较好，曾有大片天然柳林和柽柳林。若土壤开垦不当或植被破坏，盐分极易上升至地表；滨海潮土则逐步退化，目前不少耕地已盐化撂荒，形成了滨海盐土。依盐分含量不同，生长各类盐生植被。在滨海防潮堤内侧滩地分布有滨海滩地盐土，地表大都具有较厚的盐结皮，通体盐分含量大于 1.5%，目前多为光板地，仅在地形较低处或冲蚀的浅沟内可见黄须菜、柽柳、盐蒿、马绊草、二色补血草生长，生物累积微弱，有机质含量低于 0.5%（山东省地方史志编纂委员会，1996）。黄河三角洲的沉积环境、气候条件、土壤母质以及地下水埋深和矿化度等决定了区域内原生盐碱土广泛分布。黄河三角洲约有 90% 的土壤属于不同程度的盐渍土，其中，原生盐渍土约占70%，次生盐渍土约占30%，盐渍化程度高、发展迅速（范晓梅等，2010）。同时，流域内伴随着重灌轻排的耕作方式、平原水库的修建和人口增加等，土壤次生盐碱化日趋加剧（李鹏等，2017）。

（3）气候

黄河三角洲地处中纬度带，位于暖温带，背陆面海，受欧亚大陆和太平洋的共同影响，属于暖温带半湿润大陆性季风气候。基本气候特征为冬寒夏热，四季分明。

1）气温。黄河三角洲四季温差明显，年平均气温11.7～12.6℃，极端最高气温41.9℃，极端最低气温-23.3℃（宋爱环等，2015）。1月气温最低，平均为-4.2～-3.4℃；7月气温最高，平均为25.8～26.8℃。一般春夏季沿海气温低于内陆，秋冬季沿海气温高于内陆；极端最高气温多出现在7月，孤岛最低、为39.1℃，埕口最高、为43.7℃；极端最低气温多出现在1月中下旬或2月上旬，孤岛、垦利较低，均是-19.1℃；埕口最低、为-25.3℃；其余各地均在-20℃左右（田家怡等，2005）。无霜期211 d。

2）光照。全年平均日照时长为2 590～2 830 h，太阳总辐射量为514.2～543.4 kJ/cm² （许学工，1998）；全年日照时长5月最大、月日照时长多在290 h；12月月日照时长最小、多在180 h。太阳辐射量5月最多，月总辐射量都在67.00 kJ/cm²左右，最少的12月不足25.12 kJ/cm²（田家怡等，2005）。

3）降水与蒸发量。年均降水量530～630 mm，70%分布在夏季。降水量年际变化大，平均相对变化率为21%～23%，降水量最多年份为最少年份的2.7～3.5倍。年内降水分布不均，常有春旱、夏涝、晚秋又旱的特点。年降水日数多为70～77 d，一日最大降水量平均在130～170 mm，最长连续降水日数10～12 d，最长连续无降水日数多在60～70 d。年平均降雪日数为8～10 d，积雪日数年平均为10～17 d，最大积雪深度多在200～240 mm。历年平均地表水径流量为4.48亿m³，多集中在夏季，水大部分排入渤海（田家怡等，2005；王君，2018）。据垦利区、利津县气象台站逐月地面常规气象资料（1970—2007年），春季平均降水量72.4 mm，夏季平均降水量370.8 mm，秋季平均降水量91.6 mm，冬季平均降水量19.0 mm（赵雅萱，2017）。年平均蒸发量为1 900～2 400 mm，为年降水量的3倍以上，埕口最大、为2 430 mm，各月中5月最大、多在350 mm以上，1月蒸发量最少、为45～53 mm（田家怡等，2005）。

4）主要灾害性天气。全年平均暴雨（日降水量≥50 mm）日数多为1.5～2.0 d，最多年份在6 d以上，多出现在7—8月。年平均大风（瞬时风速≥17 m/s）日数为45～48 d，3—5月较多；主要风向为北风和西北风。年平均降冰雹日数2.6 d，最多降雹12 d（2005年），最少降雹0 d（1972年、1991年、1998年、2000年）（张景珍等，2008），主要发生在4—10月，降雹持续时间一般为5～10 min。风暴潮灾害一年四季均有发生，春秋和冬末多发生温带风暴潮，夏季有台风袭击。据统计，每年发生在黄河三角洲沿海浪高100 cm以上的温带风暴增水过程平均在10次以上，每年约有1次台风进入和影响该地区（田家怡等，2005）。在过去的100年中，高于3.5 m的风浪就发生了7次。根据实测资料，该区域100年、50年、10年一遇风暴潮位分别为3.95 m、3.70 m和3.10 m。也就是说，不到10年一遇的风暴潮位即可将3 m以下地区淹没（韩美，2009）。如2019年8月11—12日第九号台风"利奇马"（热带风暴级）过境东营、滨州沿岸并伴有强降雨，风暴潮摧毁多处拦海坝，潮位高涨不退、海水回灌、淹没大量农田及养殖池塘。黄河口附近海域每年冬天都有海冰出现，冰期一般为 12 月上旬至翌年 3 月上旬。

（4）水文环境

1）河流。黄河三角洲湿地的水资源主要为地表径流和极少量的地下水资源。黄河贯穿三角洲湿地，是湿地的主要客水资源，根据黄河利津水文站 1950—2000 年的观测资料，黄河河口年平均径流量为 338.16 亿 m^3，年平均输沙量 8.49 亿 t（李希宁等，2004）。黄河三角洲水系除黄河外，还有马颊河、徒骇河、小清河等，滨海河流有支脉河、潮河、神仙沟等。

2）地下水。浅层地下水主要为微咸水、咸水和卤水等。黄河三角洲地下卤水分布于唐头营、城寨屋子以东，赵家屋子以南，东义和、支脉沟以西，呈西、北、东三面封闭，南与莱州湾沿岸地下卤水相连接的纺锤状卤水分布区。黄河三角洲两翼地下卤水分布区，东至徒骇河东岸，西至沙沟子东，南界为时家台子、马山子，北界可能延伸至海区内。地下卤水分布总面积约 1 794 km^2，卤水总储量 3 432.64×10^4 m^3（刘艳霞等，2012）。

3）浅海水文。黄河三角洲浅海水温、盐度受大陆气候和黄河入海径流影响较大，冬季表层海水温度平均为 −1 ℃左右，沿岸约有 3 个月的结冰期。春秋季水温在 12～20 ℃，夏季最高可达 28 ℃以上。海水盐度 30 左右，夏季受黄河径流影响，盐度为 21～30。神仙沟至五号桩为日潮区，两侧为不规则的半日潮区，再外围为不正规半日潮区。神仙沟附近的潮差为 0.22～1.00 m，以西增大到 1.84～2.88 m（田家怡等，2005）。北部近岸海域为逆时针往复流；黄河口附近为顺时针旋转流，底层为往复流。黄河口和神仙沟口外各有一个强流区。

3. 黄河三角洲湿地类型与面积

黄河三角洲湿地由天然湿地和人工湿地两大类组成。湿地类型主要为浅海滩涂湿地、河流湿地、河口湿地、沼泽和草甸湿地、疏林灌丛湿地、水库坑塘湿地、稻田湿地、沟渠湿地等。据韩美（2009）调查，截至 2004 年底，共有湿地 333 427 hm^2。其中天然湿地 229 329 hm^2，约占总湿地面积的 68.78%，人工湿地有 104 098 hm^2，占总湿地面积的 31.22%。天然湿地主要分布在沿海和黄河两岸，湿地面积广，分布集中。滩涂湿地面积为 101 914 hm^2，占总湿地面积的 30.57%；沼泽和草甸湿地面积 80 988 hm^2，占 24.29%；疏林灌丛湿地 23 062 hm^2，占 6.92%；河流湿地 14 940 hm^2，占 4.48%；河口湿地面积最小，为 8 425 hm^2，占 2.53%。人工湿地多分布在内陆，由于距海远、地势高，河流、沟渠纵横交错以及人类开发等方面的原因，湿地面积逐渐减少，分布也较零散，且类型复杂。人工湿地中：沟渠湿地面积最大，为 26 790 hm^2，占总湿地面积的 8.03%；虾蟹盐田湿地 24 949 hm^2，占 7.48%；水库湿地 14 410 hm^2，占 4.32%；坑塘湿地 18 846 hm^2，占 5.65%；稻田湿地 19 103 hm^2，占 5.73%。

4. 黄河三角洲湿地生物资源概况

（1）植物资源

黄河三角洲湿地自然保护区内共有种子植物 42 科 393 种（含变种），分别为浮游植物 116 种，蕨类植物 4 种，裸子植物 2 种，被子植物 271 种（单子叶植物 87 种、双子叶植物 184 种）（赵延茂等，1995）。其中野生种子植物 36 科 116 种，以菊科、禾本科、豆科、藜科为主，代表性植物有碱蓬、芦苇、柽柳、罗布麻、野大豆、獐茅、白茅等，其中野大豆属国家 II 级重点保护植物（王一，2008；韩美，2009；赵蓓等，2017）。植被面积为 65 319 hm^2，植被盖度为 53.7%，植被组成以自然植被为主，面积为 50 915 hm²，占植被面积的 77.9%，是我国沿海最大的海滩自然植被区（赵延茂等，1995）。

（2）动物资源

黄河三角洲湿地自然保护区共记录到野生动物 1 524 种。陆生脊椎动物 300 种，其中兽类 20 种，鸟类 265 种，爬行类 9 种，两栖类 6 种。陆生无脊椎动物 583 种，其中节肢动物 534 种，原腔动物 32 种，扁体（形）动物 17 种。陆生性水生动物 223 种，其中淡水鱼类 108 种，甲壳动物 49 种，软体动物 13 种，原腔动物 18 种，原生动物 19 种，环节动物 4 种，水生昆虫 12 种。海洋性水生动物 418 种，其中海兽类 5 种，海洋爬行类 1 种，海洋鱼类 85 种，甲壳动物 99 种，软体动物 95 种，环节动物 81 种，腔肠动物 25 种，纽形动物 8 种，棘皮动物 10 种，星虫动物 2 种，腕足动物 3 种，毛颚动物 1 种，其他脊索动物 3 种（赵延茂等，1995）。国家Ⅰ级重点保护水生野生动物有达氏鲟（达氏鲟在黄河口现已绝迹）、白鲟（白鲟早已在黄河绝迹，现已灭绝）2 种，国家Ⅱ级重点保护水生野生动物有斑海豹（西太平洋斑海豹，已升为Ⅰ级）、长江江豚、松江鲈等 7 种。国家Ⅰ级重点保护鸟类有丹顶鹤、白头鹤、白鹤、东方白鹳、黑鹳、大鸨、金雕、白尾海雕、中华秋沙鸭 9 种，国家Ⅱ级重点保护的有大天鹅、小天鹅、疣鼻天鹅、灰鹤、白枕鹤（2021 年《国家重点保护野生动物名录》中定为Ⅰ级）、蓑羽鹤、白琵鹭、黑脸琵鹭等 41 种。该自然保护区是东北亚鹤类的重要迁徙停歇地和越冬栖息地，我国及亚洲有 9 种鹤，该保护区就有 7 种，其中丹顶鹤在此越冬，是我国丹顶鹤越冬的最北界（张晓龙等，2009）。

5. 黄河三角洲湿地特征

黄河三角洲湿地是个新生的湿地，具有新生性、湿地类型多样、生物多样性、脆弱性、稀有性、土壤盐渍化程度高等典型特征。

（1）新生性

黄河三角洲湿地生态系统的发展具有年轻性、演进性和自然性。①新生湿地是现代黄河三角洲最具特色、最有研究价值和保护价值的区域。在黄河径流泥沙和海洋动力共同作用下，新生陆地不断出现，湿地成陆时间短，景观发育仍处于初始阶段，各种生态系统处于产生、发展的阶段，具有明显的原生性和年轻性。②随着河口陆地面积不断向海淤进，生态系统也不断由陆地向海岸方向发展，明显表现出由海洋生态系统向陆地生态系统过渡，呈现不断发展、演替趋势，因而具有演进性。③湿地生态系统的产生、发展和演替基本上是在自然状态下进行的（王一，2008；韩美，2009），许多新生湿地尚未受到干扰和破坏，仍处于自然演替当中，具有典型的自然性。

（2）湿地类型多样

由于地貌、水源补给条件的差异，黄河三角洲湿地类型多样。沿海和河流两侧有永久性和半永久性海水补给浅海滩涂类型，在黄河故道上有以淡水补给为主的湖滩类型，在黄河两侧有以淡水补给为主的河床类型和河漫滩类型，西部有天然水库湿地、沼泽草甸等类型（王一，2008；韩美，2009）。

（3）生物多样性特征

黄河三角洲湿地生物群落多样，主要表现为成因类型的多样性、生物群落的多样性及适应物种的多样性。水陆交接状况的变化差异造成生物群落以及适应物种的多样性。如新淤地类型有狗牙根群落、白茅群落及其过渡群落；滨海浅洼地类型有柽柳群落、盐地碱蓬群落、獐茅群落、芦苇群落及过渡群落；河漫滩类型有拂子茅群落、芦苇群落及过渡群落（程晓明等，2006）。物种多样性主要表现为种子植物 393 种，野生动物 1 524 种，既有陆生、中生物种，也有淡水生、半咸水生和咸水生物种。多样性特征主要表现在：植被结构简单、覆盖度低、生态系统年轻性特点和湿地生态系统特点明显；植物种类少、常具有抗盐、抗旱特性；旱生、中旱生植物以及与内蒙古共有植物种类多，充分体现了黄河的生物廊道作用；主要保护动物种类多，生物多样性保护意义重大。这些特征反映了黄河三角洲新生陆地的盐化生境特点，同时也深刻揭示了河流通道对区域生物多样性形成的重要作用（李政海等，2006）。

（4）脆弱性

由于黄河三角洲湿地特殊的地理位置和成陆时间短，其湿地生态系统具有明显的脆弱性。①成陆时间短，成土母质质地较粗，胶结能力弱，极易受海洋、河流动力作用等因素影响，稳定性差。土壤熟化程度低、含盐量高，地表蒸发快，极易盐碱化。②湿地生态系统发育层次低，食物网结构不完善。尽管物种类别较为齐全，但因受盐碱、高矿化度水的影响，生境条件较为恶劣，使得一些生物适应环境变化的能力弱，整个生态系统处于既不成熟也不稳定状态，常常处于一种物质和能量、结构与功能的非均衡状态，缺乏自我调节能力，这种简单的食物网结构导致了抵御外界干扰的能力较差。③动植物残体和土壤有机质积累少，导致土壤的持水能力不高。④地形地貌过于平坦，易发生突变。黄河三角洲湿地除库塘、河床湿地类型外，其他类型的湿地水文生态系统所处地域地势过于平坦，水文补给条件的变化在其积水状况下反应敏感，易受黄河改道、决堤、风暴潮等各种自然灾害的影响而发生突变。

（5）稀有性

黄河三角洲湿地良好的生态环境及独特的自然特征使其具有典型的湿地生物多样性，对珍稀鸟类的生存、中转和繁衍具有重要意义。对黄河三角洲新生湿地生态系统和珍稀濒危鸟类的研究和保护，可以为全球气候变化研究、生物多样性保护、湿地生态系统的保护，特别是为鸟类保护等提供巨大的支持，具有普遍的资源环境价值和重要的国际意义。多样的水生、湿生、中生、耐盐植物群落包括金鱼藻等水生植被、芦苇等草本沼泽、白茅等典型草甸、盐地碱蓬等盐生草甸以及柽柳等盐生灌丛和落叶阔叶林，尤其是其天然柳林，在国际同类湿地中非常少见（李培英等，2007）。野大豆等是国家重点保护的珍稀濒危物种。国家Ⅰ级重点保护鸟类 9 种，Ⅱ级重点保护鸟类 41 种。

（6）土壤盐渍化程度高

土壤盐渍化是指咸水区土壤内水分在蒸发之后形成大片盐碱地，使土壤肥力大大降低、植物难以生存。黄河三角洲是世界上形成年代最晚的一个大河三角洲。由于其成陆时间短，土质疏松，地势低平，而且地下水位高，盐分易生于地表。加之其长期处于渤海海洋动力的三面包围和冲击浸润之中，当风暴潮发生时，海水可回灌数十千米，极易导致土壤盐渍化程度加剧，严重影响生态系统的稳定（王一，2008），其影响将会达数年之久。

二、莱州湾南岸滨海湿地

莱州湾（Laizhou Bay）是渤海三大海湾之一，位于渤海西南部，西起黄河口、东至龙口的屺姆岛，海岸线长 319 km，总面积 9 530 km²。莱州湾湾口较窄，湾内水浅，是半封闭的内陆浅海海湾，海岸大部分水域水深小于 10 m。因水深较浅，故沿岸附近海底平坦，滩涂广阔。由于黄河等河流输入的泥沙大量淤积，海湾面积不断缩小，沿岸水深不断变浅，分布在高潮线以上的盐沼湿地向海迁移，并不断退化消失。受河流搬运和沉积泥沙等外力地质作用的影响，现代莱州湾南岸潮上带淡水沼泽湿地发育、演化过程也较迅速。由于河流输送的泥沙在河床、河漫滩和淡水湖泊中缓慢沉积，莱州湾南岸潮上带的淡水湖泊、河流等水体逐渐演化为淡水沼泽湿地，最后演化为潮上带茅草湿地（赵蓓等，2017；张晓龙等，2010a）。莱州湾南岸滨海湿地 2006 年晋升为市级自然保护区，是列入我国重要湿地名录的 173 块湿地之一，是我国重要的湿地分布区，为淤泥质滩涂海岸湿地，作为大黄河三角洲的外延，在成因上与黄河三角洲湿地有高度的一致性。莱州湾湿地是东北亚环西太平洋鸟类迁徙的重要"中转站"及越冬、栖息和繁殖地。

1. 莱州湾南岸滨海湿地的地理位置

莱州湾南岸滨海湿地（the coastal wetland of the southern Laizhou Bay）位于莱州湾的南端、潍坊市北部的寿光、寒亭和昌邑的沿海海岸，海岸线呈西北—东南走向，西起小清河河口，东至胶莱河口，海岸线全长约 113 km，包括海岸线以下低潮时水深≤6 m 的近海水域。地理坐标为 118°32′—119°37′E，36°25′—37°19′N（张绪良等，2008a；徐宗军等，2010）。

2. 莱州湾南岸滨海湿地自然环境

（1）地质地貌

莱州湾南岸在地质构造上位于新华夏系第二沉降带（华北拗陷），沂沭大断裂以西的莱州湾西部沉降区。莱州湾南岸第四系分布广泛，成因类型繁多，第四系最厚处可达 400 m。沉积物主要有淤泥、泥质粉沙及粉沙组成的第四系沉积物。在海洋与河流的共同作用下广泛发育了低平、宽广的冲积平原和冲海积平原，全新世中期以来形成海积平原（张绪良，2006）。由于平原沉积物质地较细，不利于降水下渗，地势平坦坡度极小，地表漫流流速非常缓慢，有利于地表和近地面土壤层的水分蓄积和湿地的形成，为我国北方典型的粉沙-淤泥质海岸。平原-淤泥质海岸立地区分布于山东省广饶县淄脉沟（原名支脉河）口至莱州市虎头崖（林文棋，1993）。

莱州湾南岸滨海湿地属滨海堆积平原地貌类型，主要有近海低平地、滩涂、低平地等。地形呈南高北低态势，地势广阔平坦，地形坡度为 1/3 000；陆地部分属滨海堆积平原地貌，海岸部分为典型的粉沙淤泥质潮滩（马德毅等，2013）。本岸段岸线以内西部为卑湿低地，东部潍河、北胶莱河下游为冲积平原，以外为宽阔平坦的浅滩。提供莱州湾海岸的粉沙淤泥物质的，除弥河、潍河和胶莱河等一些中小平原河流外，黄河占重要地位。黄河入海泥沙有小部分循向南的沿岸流注入莱州湾，因此这里的潮滩自西向东变窄，西段宽 6 000～7 000 m，东段为 500～1 000 m（林文棋，1993）。平原高程多在 10 m 以下，自南向北、出陆向海微微倾斜。南部的冲积平原地势平坦，平均坡度为 1/10 000～3/10 000，中部的冲海积平原和北部的海积平原平均宽度分别为 2～3 km 和 3～4 km，平均坡度为 1/10 000（张绪良，2006）。地貌类型为沿岸河流宽浅的尾闾河槽、羽状分布的潮水沟和河口沙坝（马德毅等，2013）。

莱州湾南岸潮间带浅滩平均宽 4～6 km，分为潮上带、潮间中带和潮间下带 3 部分。以波浪作用为主在潮间下带低潮线附近形成宽 0.2 km 左右、相对起伏 0.2～0.4 m 的潮间沙堤，小清河、白浪河、虞河、堤河和潍河等河流潮间带河槽两侧均发育河口拦门沙，白浪河、潍河等河流潮间带河槽在枯水期因为河流长期断流成为潮沟，是潮水上溯的主要通道。潮下带海底是河流沉积形成的水下三角洲和浅海堆积平原，入海河流沉积形成的水下三角洲面积一般小于 10 km²（张绪良，2006）。

（2）土壤

莱州湾南岸滨海湿地土壤属滨海湖盐土，发育在海相沉积物之上（山东省盐务局，1992），土壤类型有潮土、湖积型湿潮土、脱潮土、盐化潮土和滨海潮土等。地带性土壤为棕壤和褐土；其中分布面积最大的为滨海盐土，占莱州湾南部海岸带总面积的 27.44%；沿岸滩涂主要分布的土壤类型为滨海滩地盐土，近海低平地分布的主要为氯化潮盐土和盐化潮土、盐化潮土和河潮土主要分布在缓低平地。土壤质地以黏质沙土、粉沙、粉土层为主，其中粉沙层处于饱和状态，土质较差（吴珊珊，2009）。潮上带湿地底质多为粉沙，主要为潮土、湖积型湿潮土、氯化物滨海潮盐土和滨海滩地盐土 4 个亚类；土壤表层盐度自陆向海增大，多在 2～5，地下水矿化度高，埋深浅。潮间带湿地的底质以淤泥、黏土质粉沙和粉沙为主，滩涂平均宽度为 4～6 km，底质含盐量较潮上带湿地高（马德毅等，2013）。

（3）气候

莱州湾南岸滨海湿地属暖温带大陆性季风气候区，冬冷夏热，四季分明。冬季寒冷干燥多偏北风，夏季炎热多雨多偏南风，干、湿季节交替明显，形成春旱、夏涝、晚秋旱的特点。虽地处沿海，但气候干燥，具大陆性半干旱气候特征。

1）气温。多年平均气温为 11.9～12.6 ℃。最低气温出现在 1 月，月平均气温 −3.8～−3.4 ℃，历年极端最低温在 −22.9～−17.0 ℃；夏季 7 月气温最高，平均气温 25.9～26.4 ℃，历年极端最高气温在 38.9～41.3 ℃。日最高气温≥30.0 ℃的日数年平均 50.9～61.5 d，出现在 4 月上旬至 10 月上旬，7 月出现最多，平均 17.0～19.4 d。日最低气温≤0.0 ℃的日数年平均 105.0～120.7 d，出现在 10 月下旬至翌年 4 月中旬，1 月出现日数最多，平均 30.1～30.9 d；≤−15 ℃的日数出现在 12 月下旬至翌年 2 月上旬，年平均 0.7～2.9 d（中国海湾志编纂委员会，1991）。

2）光照。年日照时长为 2 600～2 800 h。年太阳辐射总量为 522～534 kJ/cm²（李爱贞等，1997）。寒亭区无霜期一般为 190 d，初霜始于 10 月 24 日左右，终霜止于翌年 4 月 15 日左右（寒亭地名编纂委员会，1989）。初霜期最早出现于寒亭区，终霜期最早出现在寿光市和昌邑市。多年最大冻土厚度 45～54 cm（吴珊珊，2009）。

3）降水量与蒸发量。多年平均降水量为 612.5～660.1 mm，最多达 1 412.2 mm（1964 年），最少降水量仅为 337.2 mm（1981 年），降雨多集中在 7—8 月，降水量 416.8 mm，占全年降水量的 68%。由于气温较高，蒸发量大，多年平均蒸发量为 1 802.6 mm，年最大蒸发量达到 2 600 mm（1981 年），5 月蒸发量在 278.2～371.6 mm，是全年蒸发量最大的月份。蒸发量大于降水量（张绪良，2006；吴珊珊，2009；中国海湾志编纂委员会，1991）。

4）主要灾害性天气。寒潮是主要的灾害性天气，根据 1971—1980 年的资料，10 年中一共发生寒潮 32 次，11 月至翌年 1 月发生频率最高，占 87.5%。寒潮侵袭时，48 h 降温一般在 15 ℃以内，海上风力多在 7～8 级，最大可达 9～10 级。风向多在西北—东北（中国海湾志编纂委员会，1991）。寒潮大风形成的温带风暴潮增水对莱州湾南岸湿地的演化有较大影响。风向季节性变化较为明显，夏季偏南风较多，冬季盛行西北风和东北风，平均风速 4 m/s，春季风速最大，大风较多；9 月风速最小，月平均风速 2.8～3.2 m/s。8 级及以上大风多年平均日数为 44.3 d（张绪良，2006）。莱州湾西南部和南部沿海是风暴潮较为严重的地区，历史上常有海水倒灌灾害，仅清代的 268 年中就发生 45 次之多，其中较大的 10 次。1955—1974 年，共发生 5 次较严重的风暴潮，1969 年 4 月 23 日的风暴潮使羊角沟港水位高达 6.74 m，最大增水 3.55 m，超过警戒水位 1.74 m。莱州湾南部沿岸海水上涨 3 m 以上。风暴潮多发生在春、秋季，4 月最多，11 月次之（中国海湾志编纂委员会，1991）。台风较为少见。

（4）水文环境

1）河流。莱州湾南岸自西向东有小清河、堤河、弥河、白浪河、虞河、潍河、蒲河、胶莱河等 10 余条河流注入莱州湾，形成了胶莱河水系、潍河水系、白浪河水系、弥河水系和塌河（又名漏沟）水系（亦称小清河水系）5 个独流入海的水系。这些河流中，小清河、弥河、白浪河、潍河、胶莱河 5 条主要河流平均年径流量约 1.8×10^9 m³（张绪良等，2003）。径流的年际变化和季节变化明显，一般 6—8 月洪水期径流量占全年径流量的 70%～80%，10 月至翌年的 3 月为枯水期。但目前由于在各河流上游修建了许多水库和拦水坝，径流量大大减少，某些河流几乎常年断流，对湿地的发育、演化产生了不利影响（张绪良，2003）。

2）地下水。莱州湾南岸滨海湿地地下水埋深浅，含盐量高。高潮线以上的潮上带地下水埋深浅，地下潜水埋深一般 1～2 m，并且潜水矿化度高，导致潮上带湿地土壤积盐，湿地植物由水生植物向盐生植物演替。潮上带下部和潮间带滩涂地下水埋深更浅，多小于 1 m，矿化度极高，多为矿化度 30～50 g/L 的咸水、卤水（张高生等，1999）。卤水浓度在 5～18°B′e（吴珊珊，2009）。水位稍有下降就可低于海平面。易使地下水的流向改变，地下水位下降，海水便通过含水层迅速向内陆淡水区侵入，造成土壤次生盐渍化。

3）浅海水文。莱州湾南岸属不规则半日潮。历史上高潮位峰值 6.74 m，最低潮位 1.01 m，高潮平均水位 3.69 m，低潮平均水位 2.35 m，平均潮差 1.34 m。莱州湾顶，涨潮流西南向，退潮流东北向。波浪主要受季风控制，以风浪为主，风浪出现频率在 80% 以上，沿岸波浪以北、北偏西向为主。冬、春季风浪平均波高较大，为 1.3 m，最大 3.0 m 左右。冬季 2 月，表层水温在 −3.0～−0.3 ℃，沿岸有冰冻出现。至 5 月，湾顶水温在 15 ℃ 以上。夏季 8 月，水温最高，整个海湾的表层水温都在 26 ℃ 以上。冬季 2 月，表层盐度均小于 29.0，个别河口区域（如胶莱河）在 25.0 左右；春季 5 月，盐度分布呈东部高西部低的态势，莱州湾的东部和北部在 28.0 以上，西部和南部都小于 28.0。底层盐度分布与表层相近。夏季 8 月，受黄河及其他河流径流的影响，盐度比春季低，小于 27.0（中国海湾志编纂委员会，1991）。莱州湾沿岸，一般在 12 月上、中旬初冰，融冰期在翌年的 3 月上旬，冰期为 3 个月左右。冰区范围为距岸 6～28 km。冰厚一般在 10～30 cm（郭琨等，2016）。

3. 莱州湾南岸滨海湿地类型与面积

（1）湿地类型

在海洋动力与陆地径流的相互作用下，莱州湾南岸发育了类型多样、面积广阔的滨海湿地。莱州湾南岸滨海湿地主要包括天然湿地和人工湿地两大类。天然湿地主要包括粉沙淤泥质海岸和河口水域两种，人工湿地以水产养殖池塘和盐田为主；另外，在海岸线向陆侧存在少量水库。根据湿地植被、水文、底质和受人类活动影响的程度，潮上带湿地可划分为 7 个类型：河流及间断性溪流湿地、碱蓬-盐角草湿地、光滩湿地、柽柳湿地、盐蒿湿地、马绊草海蔓群丛湿地、茅草湿地。潮间带湿地由岸向海为 3 个带状分布类型：潮间上带湿地，包括河流尾闾河槽、两侧的芦苇沼泽、淤泥质光滩等；潮间中带泥质粉沙光滩湿地；潮间下带粉沙至光滩湿地（马德毅等，2013）。

（2）湿地面积

莱州湾南岸滨海湿地总面积 25.466×10^4 hm²，其中：自然湿地（包括潮下带低潮时水深≤6 m 的浅海水域，面积约 7.6×10^4 hm²）20.226×10^4 hm²，占 79.42%；人工湿地 5.24×10^4 hm²，占 20.58%。自然湿地（滨海湿地、河流和河口湿地）主要分布在距海 10 km 内的海岸带范围内。自海向陆分别为潮下带湿地、潮间带裸露滩涂湿地、潮上带盐土光滩湿地、各种潮上带咸水沼泽湿地、淡水沼泽湿地等湿地类型，呈带状分布，河流及河口湿地贯穿其中（张绪良等，2006）。另根据张绪良等的资料，2002 年时，潮间带和潮上带光滩湿地面积为 20 271 hm²，潮上带自然湿地 4 619 hm²，河流与河口湿地 7 010 hm²，养殖池 13 868 hm²，盐田 45 494 hm²，人工沼泽湿地 266 hm²（张绪良等，2008a；张绪良等，2009a）。

（3）湿地分布

莱州湾南岸各种滨海湿地呈环带状分布，表现出明显的空间结构特征，自海向陆地分别为潮下带湿地、潮间带湿地和潮上带湿地（张绪良，2003；张绪良等，2003）。潮上带湿地地域分异结构明显，自高潮线向上呈带状分布；最下部是光滩湿地、碱蓬-盐角草湿地，中部是虾池、盐田与周围的柽柳湿地、盐蒿湿地、马绊草海蔓群丛湿地、茅草湿地，最上部是芦苇湿地等（马德毅等，2013）。由于开发状况的差异，也表现出不同湿地类型的分异。在建有防潮堤的岸段，防潮堤以内（向陆方向）养殖池、盐田分布集中，其间散布条带状碱蓬湿地、柽柳湿地、旱生茅草湿地，最上部为淡水芦苇沼泽湿地、香蒲湿地；昌邑市灶户盐场至寒亭西利渔之间自高潮线开始呈带状分布盐地碱蓬湿地、柽柳湿地、旱生茅草湿地、盐田。最上部为散布的淡水芦苇沼泽湿地、香蒲湿地（张绪良等，2004；高美霞等，2009；李广雪等，2014）。

4. 莱州湾南岸滨海湿地生物资源概况

（1）植物资源

莱州湾南岸滨海湿地分 4 个植被型，25 个植物群落，自然植被由 48 科 129 属 197 种维管束植物构成，包括蕨类植物 4 科 4 属 4 种，种子植物 44 科 125 属 193 种（其中有单子叶植物 15 科 44 属 74 种，双子叶植物 29 科 81 属 119 种）。这些维管束植物分为盐生植物、水生植物、湿生植物、中生植物和旱生植物四大生态类群。维管束植物区系的主体为菊科、禾本科、莎草科等 13 科。从维管束植物属的分布区类型构成来看，种子植物中世界分布属最多，达 40 属，占种子植物总属数的 32%，这反映了湿地植被的隐域性特征；温带和热带分布区成分作为区系成分的主体共 80 属，占种子植物总属数的 64%（张绪良等，2008c）。①盐生植物。主要包括聚盐植物、泌盐植物和避盐植物。聚盐植物（亦称真盐生植物）细胞液的渗透压大大高于盐土溶液的渗透压，所以能在盐土中生长并吸收高浓度土壤溶液中的水分，从土壤中吸收大量可溶性盐类储存在体内而不受到伤害，如盐角草、碱蓬、滨藜等。泌盐植物（也称耐盐植物）能把吸收的过多盐分通过茎叶表面密布的盐腺排出体外，如柽柳、中华补血草等。避盐植物（也称抗盐植物）的根细胞对盐类的透过性非常小，所以它们虽然生长在天然溶液浓度很高的盐土中，但几乎不吸收或很少吸收土壤中的盐分，如蒿属、獐茅等。目前，莱州湾南岸受地下咸水、卤水入侵的影响，潮上带自然湿地植被的建群种和优势种为适应高盐生态环境的盐生植物，如盐地碱蓬、中亚滨藜、扁秆草、獐茅、中华补血草、柽柳等。②水生植物。水生植物是典型的湿地植物，主要分布在河流及河口湿地的水体中，包括沉水植物、浮叶植物、漂浮植物和挺水植物4类。沉水植物是整个植株都沉没在水下的典型水生植物，根退化或消失，如狐尾藻、金鱼藻、眼子菜科等。浮叶植物是一类叶片漂浮在水面、无性繁殖速度快、生产力高的水生植物，如睡莲、芡实等。漂浮植物是整个植物体漂浮在水面的植物，根着生在水下的底质中，如凤眼莲、浮萍、满江红、眼子菜等。挺水植物是植株大部分挺出水面，但根部淹没在水中的植物，如芦苇、东方香蒲、菖蒲、莲、慈姑等。③湿生植物。湿生植物是能够在潮湿环境中正常生长和繁殖，但不能忍受较长时间的水分不足，即抗旱能力最弱的陆生植物。根据生长环境的特点可以分为阴性湿生植物、阳性湿生植物2个亚类。湿生植物主要生长在距高潮线较远的潮上带自然湿地较高处、河流及河口湿地的河岸上，主要包括蓼属植物、荻、萹蓄、两栖蓼、车前草、灯芯草等；其中，禾本科、蓼科种类最多。④中生、旱生植物。中生植物是能适应中度潮湿的生境，抗旱能力不如旱生植物，但在过湿环境中也不能正常生长的一类陆生植物。莱州湾南岸滨海湿地中生、旱生植物种类较多，分布也较广。常见的中生植物有杨柳科、豆科、菊科等，典型的旱生植物有短叶决明、蒺藜、酸枣、鬼针草属、黄花蒿、苍耳等（张绪良等，2008c；马德毅等，2013）。

（2）动物资源

莱州湾南岸滨海湿地已观测记录到的滨海湿地鸟类共有10目17科79种，种类和数量丰富繁多。其中鸻形目2科19种、占总种数的24.05%，雁形目1科16种、占20.25%，鸥形目1科13种、占16.46%，鹤形目4科11种、占13.92%。其他包括鹳形目2科7种、鹈鹕目2科4种、佛法僧目2科3种、隼形目1科3种、鸮形目1科2种、鹃形目1科1种。大天鹅、鸳鸯、白鹤、丹顶鹤、灰鹤、黑嘴鸥、大鸨等是易危或濒危鸟类，属国家Ⅰ级或Ⅱ级重点保护鸟类。据近年观察，在莱州湾南岸滨海湿地栖息、越冬的大天鹅150～500只，大鸨15只左右（张绪良，2006）。

淡水浮游动物（包括原生动物、轮虫类、枝角类、桡足类）共有4大类群61种。甲壳动物3目19科60种，其中淡水甲壳动物5种，淡水底栖动物9种。适应潮间带和潮下带湿地海洋水生环境的甲壳动物57种，以虾蟹类为主；软体动物39种，海水中甲壳动物、软体动物约38种为可食用的渔业资源种类。鱼类9目19科57种，其中海水鱼23种，淡水鱼34种（张绪良，2006）。中国对虾、三疣梭子蟹、日本蟳、毛蚶、文蛤、四角蛤蜊、青蛤、长竹蛏等甲壳类是主要的潮间带和潮下带湿地底栖经济动物，毛蚶分布面积最广，其次是文蛤。主要经济鱼类中的鲅、黄姑鱼、鲈、鲳等资源已经严重衰退，带鱼、小黄鱼、真鲷等鱼类资源濒临绝迹。目前，该区域主要捕捞鱼种为梭鱼、鲈、鲅、青鳞鱼、鲆鲽类、舌鳎、鲐、石鲽、虾虎鱼等。潮上带湿地养殖引进虾蟹类主要有日本对虾、斑节对虾、凡纳滨对虾、锯缘青蟹等；鱼类有美国红鱼、大菱鲆、施氏鲟、漠斑牙鲆、大西洋牙鲆等。

5. 莱州湾南岸滨海湿地特征

（1）地下水矿化度高

地下水埋深浅，矿化度高，多咸水、卤水（张绪良等，2003）。此外，由于过量开采地下水，河流径流量减少，风暴潮入侵，在地下淡水下降的同时，导致地下淡水咸化、矿化度升高，海水与淡水的交界面不断向内陆推移，海水不断向陆地侵入。

（2）自然湿地向人工湿地演化

由于盐田、养殖池等人工湿地的开发和道路建设以及海岸受侵蚀、地下咸水和卤水入侵，加之气候干旱、河流断流等自然和人为因素导致莱州湾南岸滨海湿地退化，自然湿地萎缩或消亡、向人工湿地演化。为发展海水养殖业、盐业，利用莱州湾南岸潮上带滨海湿地建设了大面积的养殖池、盐田等人工湿地，导致莱州湾南岸自然湿地面积不断萎缩、人工湿地面积不断增大。

根据张绪良（2008）和张晓龙等（2010a）的资料，1987年莱州湾南岸自然湿地景观中，潮间带和潮上带光滩湿地 36 834.10 hm²，河流与河口湿地 5 626.50 hm²，潮上带自然湿地 20 181.12 hm²，3种自然湿地景观类型的总面积为 62 641.72 hm²，占莱州湾南岸所有自然湿地及人工湿地总面积的 69.01%，至 2002 年减少到 31 900.16 hm²，占莱州湾南岸所有自然湿地及人工湿地总面积的 34.85%，1987—2002 年的 15 年间，自然湿地总面积减少了 30 741.56 hm²，在湿地总面积基本保持不变的情况下，减少了 49.08%；而人工湿地面积由 28 100 hm² 增加到 59 600 hm²，增加了 112.10%。其中，养殖池面积增加了53.57%，盐田面积增加了 138.21%。

（3）生物多样性特征

莱州湾南岸滨海湿地蕨类植物和种子植物 48 科 129 属 197 种；水禽 5 目 14 科 73 种，仅占中国鸟类总种数的 6.1%，鸻形目、雁形目和鸥形目种类最多，分别有 20 种、17 种和13 种；昆虫 11 目 102 科 273 属 323 种（害虫 234 种、益虫 89 种）；兽类、两栖类、爬行类动物 7 目 12 科 30 种；潮间带和潮下带海水藻类 2 门 31 属 80 种（硅藻门最多，70 种），潮上带淡水藻类 7 门 102 种（主要为绿藻门，53 种），浮游动物 25 种，甲壳动物 19 科 46 属60 种，底栖动物 21 科 74 属 96 种（其中海水 87 种、淡水 9 种），底栖动物可食用种类 47 种（徐宗军等，2010；高美霞等，2009）。湿地具有生物物种多样性特点。

受地下咸水、卤水入侵的影响，陆生植物正常生长受抑制，植物群落发生演替，盐生植物群落逐渐成为优势群落。莱州湾南岸潮上带自然湿地植被的建群种和优势种已为适应高盐生态环境的盐生植物，如盐地碱蓬、中亚滨藜、扁秆草、獐茅、中华补血草、柽柳等。维管束植物区系科的分化程度较低，属的分化程度较高，湿生植物、水生植物在区系中占据重要地位。从生活型角度分析，区系中草本植物、地下芽植物和一年生植物占据优势；从维管束植物区系的地理分布成分看，以温带分布属和世界分布属为主。莱州湾南岸滨海湿地水禽区系的居留型构成以旅鸟和候鸟为主，地理分布成分构成以古北界种为主。莱州湾南岸滨海湿地的维管束植物和水禽种类都明显少于相邻的黄河三角洲滨海湿地（徐宗军等，2010）。莱州湾南岸滨海湿地在退化过程中导致了生物多样性水平下降和自然湿地植被净初级生产力降低。

（4）生态环境脆弱性

莱州湾南岸滨海湿地的生态脆弱性主要表现在以下几个方面：①莱州湾南岸滨海湿地处于海洋与河口交汇处、海陆及海淡水过渡性明显，对外界变化的适应能力弱，易受人类活动干扰，具有生态脆弱性特点。②潮上带湿地生态系统土壤含盐量高，同时受季风、气候的影响，旱、涝、沙、碱等自然灾害发生频繁，对生态环境造成不利影响。③春、秋季寒潮大风形成的风暴潮、冬季的海冰等是其主要的海洋灾害，风暴潮发生时搅动滩涂泥沙使一些贝类在短时间内大量死亡。④海滩侵蚀和海水倒灌易引起潮上带生物种类和种群数量的突变，导致湿地植被退化。⑤莱州湾处于渤海的一个湾底，水交换差，易造成环境污染并难以消除。

三、长岛国家级自然保护区

长岛国家级自然保护区（Changdao national nature reserve）位于山东省烟台市蓬莱区境内，地处辽东半岛和山东半岛之间的渤海海峡。长岛又称长山列岛，历称庙岛群岛，古称沙门岛，自北向南，可分为三个岛群：北岛群有南隍城岛、北隍城岛和大钦岛、小钦岛等；中岛群有砣矶岛、高山岛、猴矶岛等；南岛群有南长山岛、北长山岛、大黑山岛、小黑山岛、庙岛等；由32个岛屿组成，南北长54.4 km，东西宽30.8 km，整个列岛横亘于渤海海峡，约占渤海海峡宽度的3/5。长岛国家级自然保护区属岩石离岛滨海湿地类型。

长岛省级自然保护区成立于1982年，1984年国家投资建立了山东省长岛候鸟保护环志中心站，1988年5月经国务院批准晋升为国家级森林和野生动物自然保护区。保护区总面积5 015.2 hm²，其中陆地面积3 910.0 hm²，湿地海域1 105.2 hm²。属野生动物自然保护区类型，是以保护迁徙猛禽为主的重要海岛自然保护区，是我国唯一具有海岛特点的国家级自然保护区。主要保护对象为鹰、隼等猛禽及候鸟栖息地。长山列岛先后有12个岛被划为猛禽自然保护区，其中鸟类集中栖息的北隍城岛、大黑山岛、大竹山岛、砣矶岛和南长山岛的礓头被划为重点保护区，车由岛、高山岛和猴矶岛被划为鸟类特别自然保护区，以利于夏候鸟的集中繁殖。长岛自然保护区林木苍郁、山峦重叠，为鸟类的栖息提供了良好的生境，是候鸟迁徙的重要通道和停歇地，是我国鸟类迁徙三大通道之一的东部鸟类迁徙通道的必经之地，是东北亚内陆和环西太平洋鸟类迁徙的重要中转站，素以"候鸟旅站"著称，具有极为重要的保护价值和科学研究价值。

1. 地理位置

长岛位于山东半岛与辽东半岛之间，黄海、渤海交汇处，南临烟台，北倚大连，西靠京津，东与韩国、日本隔海相望。岛陆面积56 km²，海岸线长度146.6 km，海域面积8 700 km²。地理坐标为120°35′58″—120°56′35″E，37°53′20″—38°23′58″N（钟海波等，2010）。

2. 自然环境
（1）地质地貌

长岛保护区地理上属诸岛系"胶东隆起"断陷分离的岛链式基岩群岛，属胶东隆起的北延部分，处于胶（东）辽（东）隆起的接合部位，西邻渤海拗陷。出露地层为上元古界"蓬莱群"，为一套浅变质岩系。岛陆构造简单，地层多呈单斜，断层规模较小，岩浆活动较微弱。诸岛除基底长期隆起外，主要受北东向沂沭断裂带和北西向威海—蓬莱断裂带控制。这两组断裂带为长期继承性活动断裂。岛陆上的构造线方向同区域一致，但不发育，规模也小（山东省长岛县志编纂委员会，1990）。岛屿主要由长石石英岩、绢云母千枚岩及板岩等构成。

长岛岛陆以剥蚀山丘和海岸地貌为主要特征。有40多座山头海拔在百米以上，最高点高山岛海拔202.8 m；最低点东嘴石岛海拔7.2 m。众多岛屿南北向排布，纵贯渤海海峡南部，占据了海峡3/5的海面，以北砣矶水道、长山水道为界，分为北、中、南3岛群。南岛群地势平缓,多沙滩、石滩;中、北岛群地势高陡,多岩岸。山体走向与岛屿走向基本一致,以南北为主。列岛岸线曲折,岬湾交错,海湾众多,有大小海湾 79 个。诸岛海蚀强烈,发育陡峭,高低悬殊,潮间带狭窄,分布着诸多奇礁异洞。长山列岛海底地形自西向东、自南向北逐渐倾斜,最深处老铁山水道可达 86 m,庙岛湾水深小于 5 m。南五岛近岸水深为 5 m,而北五岛近岸水深为 10 m;海底地形比较复杂,海域岛礁星罗棋布,确定了标准名称的礁石有 81 个(钟海波等,2010)。

(2)土壤

长岛湿地土壤有棕壤、褐土和潮土 3 个类型、6 个亚类,总面积 79 149 亩。棕壤土 1 个亚类,为变质岩母质风化物,面积 45 325.9 亩,质地粗疏,表层沙砾多,蓄水能力差,主要分布在岛屿中上部,土体厚度少于 30 cm。褐土有淋溶褐土、褐土和潮褐土 3 个亚类,发育于马兰黄土母质区,面积 33 064 亩,主要分布于山丘中下部和部分滨海平缓地,南长山、北长山、大黑山和小黑山岛较为典型,另在砣矶岛、大钦岛、小钦岛、南隍城岛、北隍城岛和庙岛也有发育。潮土有盐化潮土和滨海卵石土 2 个亚类,面积较小,仅 759.1 亩,主要分布于滨海平缓地,滨海盐化潮土分布在北长山岛嵩前村西北部,潜水埋深 2 m 左右;滨海卵石土分布于北长山岛北城村,潜水埋深 3 m 左右(山东省长岛县志编纂委员会,1990)。

(3)气候特征

长岛位于东亚暖温带湿润季风区,夏季气候倾向于海洋性,冬季倾向于大陆性。四季特点是春季风大回暖晚、夏季雨多气候凉爽、秋季干燥降温慢、冬季风频寒潮多。年均日照时长为 2 674.4 h。年平均太阳辐射总量为 5 375.9 MJ/m²。年平均气温为 12.0 ℃,年平均最高气温为 15.3 ℃,最低为 9.2 ℃。1 月最冷,月平均气温 -1.8 ℃;8 月最热,月平均气温 24.5 ℃。极端最高气温 36.5 ℃;极端最低气温 -15.1 ℃。年均无霜期 121 d。年平均降水量为 552.0 mm,降水分配不均衡,多集中在 6—9 月,在 7 月、8 月最多。年最多降水量 881.4 mm,年最少降水量 231.7 mm。年均蒸发量 1 988.1 mm。

(4)水文环境

长岛南北跨度大,岛屿分布分散,区域的水深差异明显,水温分布复杂,季节变化明显。春季表层水温为 5.0~10.5 ℃,底层水温为 4.9~10.3 ℃;夏季表层水温分布比较复杂,为 19.9~27.5 ℃,底层水温在 11.0~26.9 ℃;秋季表层水温为 12.6~14.8 ℃,底层水温 12.7~14.9 ℃;冬季表层水温 3.3~5.8 ℃,底层水温为 2.9~5.4 ℃。长山列岛海域为黄海高盐水与渤海低盐水的交换通道,故高、低盐水的强弱变化对其影响颇大。盐度季节变化显著,春末至夏季降水多、蒸发少,又受来自渤海的黄河冲淡水的影响,为降盐期。秋后蒸发大于降水,黄河冲淡水影响减弱,而黄海高盐水西侵,盐度增高。

3. 生物资源

(1)海洋生物资源

① 海洋浮游植物。全国海岛调查时,全列岛周围海域获得浮游植物 147 种(包括变种和变形),全年浮游植物数量达 105~107 个/m³,数量高而且稳定。浅海藻类植物以褐藻、绿藻、红藻、石花菜等为优势种群。②海洋浮游动物。浮游动物 57 种,浮游幼虫 19 类及鱼卵、仔稚鱼 14 种。浮游动物中节肢动物和甲壳动物种类占优势;而软体动物和棘皮动物在浮游幼虫中占优势。③底栖生物。各岛周围海域均有种类繁多的底栖生物,共 227 种,其中经济动物为优势种群,有许多海珍品,如刺参、皱纹盘鲍、栉孔扇贝、虾夷扇贝、光棘球海

胆等。④潮间带生物。长岛各岛潮间带狭窄，但潮间带生物种类及数量均丰富，有动物154种，植物120种。在潮间带生物中软体动物种类最多，其次为甲壳动物。⑤海洋鱼类。长岛周围海域是多种鱼类洄游必经之路，是我国北方重要的过路渔场，有鱼类74科145种，多为沿岸洄游性类群和定居性类群（钟海波等，2010；山东省长岛县人民政府，1996）。⑥浅海哺乳动物。长岛海域是斑海豹过路栖息区，每年5月和11月，斑海豹穿越渤海海峡。

（2）陆生动植物资源

1) 陆生植物资源。保护区植被类型以针叶林、落叶阔叶林、杂生港灌木及草类为主，植被盖度46.92%（郭连杰等，2017）。良好的自然环境为各种动物特别是鸟类提供了适宜的栖息地。据初步调查，长岛境内维管植物有139科591种。其中木本植物32科85种，草本植物107科506种。植物中菊科、豆科、百合科、蔷薇科、禾本科、十字花科、葫芦科、茄科、藜科、蓼科、唇形科、旋花科、大戟科植物较多，占总数的47%。全境植被面积3 567.6 hm²，其中，林地面积为2 774.5 hm²（钟海波等，2010），主要树种有黑松、赤松、刺槐、合欢、臭椿、栎类、山榆、白蜡树、皂荚、杂交杨等，灌木为紫穗槐、白檀、胡枝子等。草本植物有野古草、蒿草、狼尾草、羊胡子、百蕊草、毛蓼、中亚滨藜、苋花、硬毛棘豆、山黧豆、蛇葡萄、光叶蛇葡萄等，裸子植物有苏铁等，蕨类植物有中华卷柏、卷柏、节节草、全缘贯众（*Cyrtomium falcatum*）等。受海岛独特的生态环境影响，拥有较多的滨海植物，如肾叶打碗花、单叶蔓荆、砂引草、碱蓬、滨藜、筛草（*Carex kobomugi*）、攀缘天门冬、紫花补血草、珊瑚菜、蒙古鸦葱、柽柳等（马成亮，2007）。

2) 陆生动物资源。长岛国家级自然保护区已观测记录到鸟类19目58科326种。其中：在中日两国候鸟保护协定所列鸟类中的有158种，占70.0%；在中澳两国政府签订的"保护候鸟及其栖息环境的协定"中的保护鸟类有46种，占56.8%；在世界"濒危动植物红皮书"所列的国际重点保护鸟类中的有34种（钟海波等，2010）。其中：有国家Ⅰ级重点保护鸟类9种，分别为金雕、白肩雕、白尾海雕、丹顶鹤、白鹤、大鸨、东方白鹳、黑鹳、中华秋沙鸭；有国家Ⅱ级重点保护鸟类44种，分别为雀鹰、松雀鹰、赤腹鹰、苍鹰、蜂鹰、鸢、白头鹞、白尾鹞、鹊鹞、大鵟、普通鵟、毛脚鵟、灰脸鵟鹰、乌雕、草原雕、秃鹫、兀鹫、鹗、红隼、燕隼、游隼、灰背隼、红脚隼、猎隼（*Falco cherrug*）、红脚鸮、领角鸮、长耳鸮、短耳鸮、纵纹腹小鸮、鹰鸮、草鸮、海鸬鹚、黄嘴白鹭、白额雁、大天鹅、鸳鸯、灰鹤、花田鸡、小杓鹬、小青脚鹬、小天鹅等；有山东省重点保护鸟类35种。在国家Ⅰ级、Ⅱ级重点保护动物中，猛禽尤其多，达39种。岛上栖息鸟类有5万余只，有"万鸟岛"之称。该保护区鸟类以候鸟和旅鸟居多，占总量的98.0%。候鸟迁徙多集中在春、秋两季。区域内有珍稀猛禽多种，国家重点保护的有金雕、白尾海雕、秃鹫、隼类等常在这里出现（钟海波等，2010；《农区生物多样性编目》编委会，2008）。

两栖类动物主要有金线蛙、中华大蟾蜍、北方狭口蛙等；爬行类动物主要有黑眉蝮蛇、山地麻蜥、壁虎等；哺乳类动物主要有鼠类、刺猬、蝙蝠等。昆虫8目46科47种（钟海波等，2010）。

4. 湿地特征

据调查，长岛长山水道以南海底基本平坦，70%以上为泥质、泥沙质，5 m等深线内海域面积300 hm²；长山水道以北地形走势变化较大，潮间带分布面积约135 hm²，5 m等深线内岩礁面积约1 330 hm²，可增养殖水面13 300 hm²。全境可增养殖海域87万 hm²。据不完全统计，贝类筏式、藻类筏式、网箱养鱼、软体动物底播、海珍品等各类增养殖面积达 30 000 hm² 以上，其中贝类筏式养殖面积约 7 000 hm²。

长岛保护区湿地动植物资源丰富。初步调查结果为浅海海洋植物 7 门 78 科 299 种。其中硅藻门 126 种，褐藻门 35 种，红藻门 78 种。浮游动物主要有水母、毛虾等，底栖动物主要有刺参、皱纹盘鲍、光棘球海胆等，哺乳动物有海豹、海狗等海洋兽类。各种海洋及湿地野生动物共有 15 门 264 科 602 种。优越的地理位置、良好的生态环境、富饶的资源和饵料吸引了大量的水禽，包括游禽、涉禽类在内的大天鹅、鹭类、鸥类等 100 多种水禽在此栖息、取食和繁衍。

第二节　河北渤海沿岸滨海湿地

一、南大港湿地

南大港湿地位于河北省黄骅市东北部，紧邻渤海，是著名的退海河流淤积型滨海湿地，属滨海潟湖沼泽湿地和人工湿地类型。南大港湿地由南大港水库、管养场水库以及周边盐田、养殖池塘等构成，面积 156 km²（河北省国土资源厅等，2007b；河北省海洋局，2013a）。湿地由潮间泥炭地、盐沼地、岸堤林带、养殖池塘、盐田和浅水淡水水库构成，是一个由草甸、沼泽、水体、野生动植物、人工动植物等多种生态要素组成的湿地生态系统，具有独特的自然景观。湿地内人迹罕见，水草茂盛，孕育了丰富的动植物资源，同时也保持了较原始的状态和环境优美的自然生态系统。2002 年 5 月，河北省政府批准设立南大港湿地和鸟类省级自然保护区，总面积 9 800 hm²，其中核心区 3 000 hm²，缓冲区 3 800 hm²，实验区 3 000 hm²（张义文等，2005）。2005 年 9 月，保护区面积由 9 800 hm² 扩大到 13 380.24 hm²，其中核心区 4 824.14 hm²，缓冲区 4 235.7 hm²，实验区 4 320.4 hm²；覆盖各类湿地面积 7 178.67 hm²（河北省海洋局，2013a），占保护区面积的 53.65%。保护区是一个集自然生态系统保护、生物多样性保护、湿地生态系统保护、生态科学研究、生态经济示范于一体的综合性自然保护区。主要保护对象：滨海湿地生态系统，以滨海湿地为栖息地的珍稀候鸟，以湿地为生境的具有科学和经济价值的野生动植物。保护区属于湿地、野生动物类型的自然保护区，从生态系统特征上看，属于以滨海湿地生态系统为主的复合湿地生态系统（张义文等，2005）。湿地间水生物丰富，沼泽、池塘密布，是一座天然的养鱼场，也是我国东部沿海候鸟南北迁徙的必经之路和交汇点。适宜的环境、丰富的食物吸引了大量鸟类在此中转、栖息和繁衍。

1. 南大港湿地地理位置

南大港湿地（Nandagang wetland）位于渤海湾西岸滨海低平原，地处黄骅市东北部，南临黄骅港城，北与天津市接壤，西与沧州市区为邻，东临渤海湾，地理坐标为 117°18′15″—117°38′17″E、38°23′35″—38°33′44″N（张义文等，2005；张义文等，2001）。

2. 南大港湿地的形成与演替

南大港湿地属滨海潟湖型半人工淡水沼泽湿地，是在长期的地质地貌形成和演变过程中，由内外力和人类经济活动共同塑造的。湿地形成的动力因素主要有以下几点：①所在地质构造单元的沉降作用。②海洋沉积和堆积作用。③河流淤积、冲积作用。④湖积作用。⑤人工控制和改造作用（张义文等，2005）。南大港湿地由历史时期的洼地演变而成。湿地所在区域原是一片大洼地，当地称之为"大洼"，经过几万年的海侵、海退、冲积、淤积而成。据史料记载，大洼在 11 万年以前为陆地环境，是针阔混交林和草原地带，以后经历了 3 次大的海陆变相，最终，在距今 5 000 年时，海水逐渐东退，成为现在的退海、河流、淤积型滨海低平原湿地。因地处九河下梢，地势低洼，河水汇集形成浅水沼泽环境。中华人民共和国成立前，该区域一直保持着天然湿地的自然属性，湿地生物自然栖息繁衍。1956 年以后，水库的修建及耕地、养殖池塘和盐田的开发使大面积的天然湿地被改造为库塘、盐田、养殖池塘等人工湿地（河北省国土资源厅等，2007；张义文等，2005）。南大港湿地的历史演替过程为由陆到海、再由海到陆、反复交替，面积由大到小，水量由大变小，由湖及泽、由泽及陆、由湿变干，由自然洼地变为人工控制洼地。

3. 南大港湿地自然环境

（1）地质地貌

南大港湿地所在区域的地质构造属于在中生代以来甚为发育的新华夏系北东向（自汉沽经黄骅到德州）断裂结构的黄骅拗陷区（杨庆礼，1990），基岩埋藏深度为 2 km 左右，最上一地层以第四纪海相沉积为主，夹有三次河湖相沉积的松散层。第四纪后形成的以沧县隆起和黄骅拗陷构造分界的沧州东部断裂带是一条重力异常带，湿地所在区域处于沧东断裂带上（张义文等，2005）。第四纪以来，新构造运动比较稳定，南大港地区沉积类型受黄河的影响较大，主要有冲积、潟湖沉积、海积、生物堆积和人工堆积等，沧州沿海发育了堆积型海岸地貌，形成粉沙淤泥质岸滩（河北省国土资源厅等，2007）。冰川后期，由于被沙嘴、离岸沙坝、贝壳堤分割，封闭或半封闭的海域在河流和海流的作用下填充泥沙，在本区域内形成潟湖平原地貌。南大港湿地地貌较为单调，但由于处于海陆交错地带，塑造成的微地貌变化多样，大致分为高平地及间隔的岭子地、港坡地、微斜缓岗地、低洼潮地、槽状洼地和潟湖洼淀。湿地高程一般为 3.0～3.5 m。地势由西南向东北略有倾斜，西南部略高，东北部稍低，地面坡降为 1/10 000～1/8 000，东北部离海最近点距渤海仅为 2 km 左右，而且东北部地势低洼，又无山脉阻挡，易受海啸、风暴潮侵袭（张义文等，2005）。

（2）土壤

南大港湿地土壤主要为沼泽土、潮土和盐土，土质黏重。湿地表层土壤含盐量大，土壤盐渍化、沼泽化严重。由于地下水资源十分缺乏，是旱涝盐碱危害严重的地区。湿地东北部土壤盐渍化程度高，其盐度平均比西南部高 2，使湿地内盐分形成由东北向西南递减的趋势，进而影响到湿地内植物群落和动物群落的分布。

（3）气候

南大港湿地属于暖温带半湿润大陆性季风气候，因邻近渤海，略具有海洋性气候特征。受海陆位置和季风环流影响，四季分明，春季干旱多风，夏季炎热多雨，秋季秋高气爽，冬季干旱少雪。

1）气温。南大港湿地年平均气温 12.1 ℃。7 月气温最高，平均为 26.4 ℃；1 月气温最低，平均为 −4.5 ℃；极端最高气温 40.8 ℃（1997 年），极端最低气温 −19 ℃（1980 年）（河北省海洋局，2013a）。

2）光照。年日照时长 2 810.1 h，日照率 64%，雨热同期、光照较充足。无霜期 194 d 左右，全年日平均温度 ≥0 ℃积温 4 710 ℃。全年太阳辐射总量 526.26 kJ/cm²（河北省沧州地区地名办公室，1983；《农区生物多样性编目》编委会，2008）。夏季太阳辐射强。

3）降水量与蒸发量。南大港地区降水量年际变化大，多年平均降水量 642.5 mm，最多年降水量 1 343 mm（1964 年），最少年降水量 247.1 mm（1968 年），二者相差 1 096 mm，平均相对变化率高达 25%，因此出现旱涝的年份较多。降水量年内分配很不均匀：夏季平均降水量 482.1 mm，占全年降水量的 75%；秋季平均降水量 83.6 mm，占全年降水量的 9.6%；冬季平均降水量 15.1 mm，占全年降水量的 2.4%。年平均蒸发量为 1 928 mm，最大蒸发量为 2 593 mm（1968 年），超过 2 000 mm 的年份占 30%，最小蒸发量为 1 652 mm（1991 年）。春季和夏季蒸发量较大，春季占全年的 35.5%，夏季占全年的 37.0%（张义文等，2005）。

4）主要灾害性天气。南大港湿地历史上就是旱、涝、风暴潮的多发区。该区域在海河水利工程建设前十年九涝、建成后又演变为十年九旱。由于临近渤海，是风暴潮的高发区，一旦遇到风暴潮，将加剧海洋对湿地的危害，导致库区水质盐碱化。例如，光绪三十一年（1905 年）9 月、民国二十七年（1938 年）8 月 11 日发生大海啸，海水潮至境内王徐庄以西，树木皆死、耕地碱化，潮淹灾情九成。1965 年 11 月 7 日发生大风暴潮，海潮冲垮黄骅县（现黄骅市）沿海 50 km 的海挡，涌流陆岸、倒灌农田。2003 年 11 月 11—12 日，北方强冷空气来袭引起风暴潮，渤海湾最高潮位达 5.69 m，黄骅港潮位站最大增水 2.0 m 以上，潮水越过海堤缺口和海防路，侵入内地 5~10 km，潮水沿河道上溯 50 km，灾情严重（张义文等，2005；河北省海洋局，2013a；河北省国土资源厅等，2007a）。

（4）水文环境

1）河流。南大港湿地水源有南排河、新石碑河、廖家洼排干河 3 条过境河流；亦可引取捷地减河来水。另外，也可以利用南排河和廖家洼排干河河道在汛期内最大限度地拦洪蓄水。南排河朱庄闸蓄水量为 1 200×10⁴ m³，廖家洼排干河河道防潮闸设计拦蓄水量 1×10⁸ m³，两条河道若在汛期蓄水 4 000×10⁴ m³，注入水库，可基本满足湿地的需求（郭亚梅等，2012）。南排河是季节性排水河流，对南大港湿地蓄汛期雨水和引蓄黄河水起到了关键作用。廖家洼排干一般只在大雨或暴雨情况下才有客水。南大港湿地周边堤防高程 5.5~6.0 m，滨海高尘头有一泄洪闸，最大泄洪量为 100 m³/s。南大港水库容积、水面面积随水位变化而变化。南大港湿地年平均径流量 2 731.1×10⁴ m³，年均径流深 93 mm。平水年（$P=50\%$）径流量为 2 340.5×10⁴ m³，径流深 79.7 mm；偏枯水年（$P=75\%$）径流量为 1 057.2×10⁴ m³，径流深 36 mm。这些径流主要产生在汛期的 6 月、7 月、8 月 3 个月内，除部分经第二扬水站进入湿地外，其余大部分泄入渤海。水系特点为河流少、流量小、河流短、流域面积狭窄。为防止南大港湿地干涸，枯水年都要引黄河水补给（张义文等，2005；河北省海洋局，2013b）。

2）地下水。南大港湿地浅层地下水埋深年变化不大，平均埋深 1.5 m，绝大部分为咸水。由于地表水匮乏，浅层地下水无法使用，生活和工农业用水只能开采深层地下水。由于近年来开采量较大，导致地下水位大幅度下降。

南大港湿地的水源主要靠积蓄自然降水，但由于气候的持续干旱和上游地区对地表水截留能力的扩大，湿地补给水源逐渐减少。

4. 南大港湿地类型与面积

南大港湿地是一个滨海潟湖型半人工淡水沼泽湿地，由沼泽、草甸、水库、盐田、养殖池塘等构成。严格地讲，南大港湿地没有纯的自然原生生态系统，只有自然属性占主导地位的生态系统（张义文等，2005）。南大港天然湿地有浅海水域、淤泥质海滩、天然河流和天然沼泽 4 个类型，人工湿地有水库和坑塘、海水养殖池塘、人工沟渠和盐田 4 个类型。2012年时面积：浅海水域 $1.94 \times 10^4 \, hm^2$、淤泥质海滩 6 612 hm^2、天然河流 75 hm^2 和天然沼泽 1 162 hm^2，水库和坑塘 8 110 hm^2、海水养殖池塘 5 474 hm^2、人工沟渠 454 hm^2 和盐田 3 652 hm^2。1969 年，南大港湿地总面积为 $4.37 \times 10^4 \, hm^2$，其中人工湿地面积仅为 331 hm^2；至 2012 年，湿地总面积为 $4.49 \times 10^4 \, hm^2$。总面积不断增加，但天然湿地的面积由 1969 年的 $4.34 \times 10^4 \, hm^2$ 减少到了 2012 年的 $2.73 \times 10^4 \, hm^2$，减少了 37.1%，人工湿地面积明显增加，湿地逐渐由天然湿地向人工湿地演化（赵志楠等，2014）。

5. 南大港湿地动植物资源概况

南大港湿地属于滨海复合型湿地类型，由海滩、滨海微咸水及咸水沼泽、盐场、养殖池塘等构成，孕育了丰富的动植物资源。湿地动植物生态系统既保留了历史长期发展演替形成的盐生动植物、沼泽型动植物和水陆生动植物生态系统，又形成了结构和功能各异的动植物群落，繁衍了一批具有重要保护价值的珍稀动植物，水域、沼泽、港坡、滩地和陆生动植物等多种多样。植被类型以盐生和水生植被为主。

（1）植物资源

南大港湿地植物 63 科 159 属 237 种，其中：苔藓类 2 科 2 属 2 种，蕨类 3 科 3 属 5 种，单子叶 15 科 39 属 57 种，双子叶 43 科 115 属 173 种。以水生、盐生植物为主，水生挺水植物以芦苇、香蒲属为主，盐生植物主要有碱蓬、柽柳等，坡、堤上为陆生植被，以禾本科、藜科、菊科为主（张浩等，2012）。芦苇是水生植物的优势种，占南大港植被总量的 90%，覆盖面积 5 000 hm^2（张义文等，2001）；其次还有狭叶香蒲、白菖蒲、喜旱莲子草、茨藻等。其中最大的科为菊科，有 18 种；其次分别为禾本科 15 种，豆科 10 种。上述 3 个较大的科共有 32 属 43 种（张义文等，2005）。浮游植物的优势种以绿藻、硅藻为主。

（2）动物资源

南大港湿地现已观察记录鸟类 17 目 45 科 259 种，其中国家Ⅰ级重点保护鸟类 8 种，分别为黑鹳、白肩雕、丹顶鹤、东方白鹳、白头鹤、大鸨、金雕、中华秋沙鸭，国家Ⅱ级重点保护鸟类 39 种，分别为灰鹤、灰背隼、白额雁、苍鹭等。哺乳动物 5 目 8 科 12 种，主要有草兔、黄鼬、白鼠等。两栖爬行类 2 目 3 科 6 种，主要有黄脊游蛇、红点锦蛇、中华大蟾蜍、黑斑蛙等。鱼类 9 目 12 科 27 种，主要淡水鱼有鲤、鲫、鳙、鲢、草鱼、乌鳢、黄鳝等，海水鱼有黄鲫、黄姑鱼、叫姑鱼、孔鳐等，咸淡水鱼有梭鱼、矛尾刺虾虎鱼、半滑舌鳎、焦氏舌鳎等。昆虫 14 目 86 科 291 种。浮游动物有原生动物、轮虫、枝角类、桡足类 4 个门。甲壳类有河蟹、中国对虾等（张浩等，2012；张义文等，2005）。

6. 南大港湿地特征

（1）南大港湿地的基本特征

①南大港湿地已由自然生态系统转化为半人工生态系统，具有自然和社会双重属性。②空间结构多层性和分异性突出，湿地内动植物区系呈规律性变化。③湿地生态系统生存和发展受到多方面制约，面临衰退和消亡的威胁。④湿地人工化过程在加强，湿地处于退化过程中（张义文等，2005）。⑤由于缺水发生了由湖泊到沼泽、洼地、再到旱地的演替过程，水质也由淡水逐渐咸化为半咸水。

（2）植物物种结构相对简单

南大港湿地生态系统中群种植物芦苇占有绝对优势，占全部植物生物量的90%以上，品种单一，结构简单，种内竞争趋向最大化，自我调节能力差、稳定性低。遇到不利条件（如干旱缺水、污染、植物病虫害、恶劣气候等）极易受伤害，并且恢复困难，甚至永续失去这些资源（赵彦民等，2002）。除芦苇外，还有蒲、碱蓬、榆树、刺槐、柳树、柽柳以及栽培农作物等100余种，但不论是个体数还是生物量都很少。

（3）候鸟多

由于南大港湿地处于我国东部沿海候鸟南北迁徙带及东西迁徙路径的交汇点，候鸟鸟类多是其一大特点。南大港湿地现已观察记录到鸟类259种，其中夏候鸟和旅候鸟最多，均为74种，冬候鸟4种（张义文等，2005）。途经南大港湿地的候鸟有240余种，其中包括许多珍稀濒危物种，充分显示了该地区作为候鸟迁徙地的重要性（张彦威，2004）。

（4）脆弱性

由于南大港湿地处于水陆交错地带、又紧邻渤海湾，所处的地理位置及生态环境易受上游、周边及海洋的影响，生态系统脆弱性明显，主要表现在水资源补给保障脆弱性、水质污染脆弱性、人类活动综合影响干扰的脆弱性和风暴潮侵袭的脆弱性4个方面。①水量不足，水质恶化。南大港区域是严重缺水地区，加之连年干旱和上游拦蓄水源，客水很少，近年来主要依靠引蓄少量河道来水和黄河水维持生态。②汇入南大港湿地的主要河流将沿途大量的工业废水、生活污水未经处理就直接排入湿地，造成湿地水质恶化。③大规模开垦农田造成湿地干涸、面积减少。开发石油造成湿地污染，加速了湿地的干涸。大面积引海水养虾，使海水向湿地侵移速度加快，减少了湿地可利用淡水量。④每隔几年就会有风暴潮来袭，会给湿地生态系统带来极大危害。

二、海兴湿地

海兴湿地位于河北省海兴县东部，地处渤海湾西岸滨海低平原，是在河流动力和海洋动力以及人类活动综合作用下形成的河流、浅滩、沟槽、沼泽和积水洼地等组合而成的复合型滨海湿地，由杨埕水库及周边盐田、养殖池塘等构成，总面积260 km²，包括河流、盐沼、农田、库塘、盐田和养殖池塘等生境类型（河北省国土资源厅等，2007）。海兴湿地自然条件优越，耐盐碱的陆生植物、耐潮湿环境的湿生植物以及各类水域环境的水生植物生长茂盛。海兴湿地地理位置独特、生态环境复杂多样，丰富的食物来源使这里成为鸟类的天堂，春秋季节是澳大利西亚至太平洋西岸东北亚鸟类迁徙的中转站。2005年11月，河北省人民政府批准建立海兴湿地和鸟类省级自然保护区，这也是渤海地带最大的鸟类自然保护区之一。保护区总面积16 800 hm²，其中核心区面积3 586 hm²，缓冲区面积3 009 hm²，实验区面积10 205 hm²（《河北省人民政府办公厅关于调整河北海兴湿地和鸟类省级自然保护区边界及功能区的复函》冀政办函〔2014〕94号）。主要保护对象为湿地生态系统和鸟类栖息地。

1. 海兴湿地地理位置

海兴湿地（Haixing wetland）西距海兴县城（苏基镇）5 km，东临渤海湾，海岸线北起黄骅的新村，南隔漳卫新河与山东省无棣县相望。东西最大距离26.1 km，南北最大距离18.6 km。地理坐标为117°35′—117°46′E，38°07′—38°17′N（《河北省人民政府办公厅关于调整河北海兴湿地和鸟类省级自然保护区边界及功能区的复函》冀政办函〔2014〕94 号）。

2. 海兴湿地自然环境

（1）地质地貌

海兴县处在埕宁隆起的中心偏北部位，岩层破裂易被侵蚀，在漫长的地质年代中形成谷地，发育成古鬲津河的雏形，后经黄河多次泛滥改道，部分黄河水由此道注入渤海，泥沙沉积，给两岸留下了几十米厚的沙质沉积层。地壳在中生代隆起的基础上，在新生代持续下降，形成复合型断陷盆地。主要为松散的陆相沉积，上部间有海相沉积。现代地貌的基底是太古代形成的结晶片岩、花岗片麻岩和混合岩。中更新世末，境内为陆地环境，在地貌发育过程中，经历了三次海侵、海退过程。全新世后期，海水继续东退，海岸线慢慢东移，距今800 年左右，海岸线接近现在的位置。由于黄河多次改道，河流挟带的泥沙大量沉积，湖盆、沼泽逐渐填平。流水冲积、洪积地貌发育，有沙质沉积的缓岗、有洪积的洼地、有流水侵蚀和沉积复合作用的古河道和沿海潮沟；在近海水域内，由于受海潮的顶托，河流挟带的泥沙沉积及海潮推出的大量贝壳沙堆积成许多岛屿和断续相接的贝壳堤（海兴县地方志编纂委员会，2002）。

海兴湿地属于河北平原东部运东平原的一部分，总体地势低洼，起伏不大。地貌总趋势为西南部较高，东北部略低，坡降为 1.2/15 000。海拔（黄海高程）在 1.0～3.0 m（张海燕，2009）。湿地区域内地貌差异较大，由于河流、沟渠纵横交错，形成了微波起伏的河流、河间洼地、沼泽、山丘等内陆地貌类型，淤泥海滩及海岸和岛屿地貌类型。主要地貌类型：①河流。湿地地势低洼，河流众多。素有"九河下梢"之称的大口河，在这里汇集的河流南部有漳卫新河，中部是宣惠河、淤泥河、大浪淀河，北部是六十六排干渠等。②河间洼地。河床两侧一般为古河道遗迹、地势低洼，较大型的洼地常年积水，有的仅夏季积水，冬春干涸。③沼泽。杨埕以北、宣惠河以南地区，原是第四纪以来贝壳和泥沙在海潮的顶托下沉积下来围成的潟湖，经过长期的洪积作用，湖水越来越浅，形成沼泽。④山丘。湿地以西有第四纪火山活动遗留下的连片分布的低矮山丘，由火山碎屑物质堆积而成，最高处海拔达 36 m。主要有小山（古称马骝山）和磨磨山（也称末末山）。在磨磨山与小山之间有一块直径 2 km 左右的圆形洼地，底部海拔 2 m 多，夏季积水，冬春干涸。⑤海岸与岛屿。湿地东临渤海，海岸绵延 18 km，北部有一宽 9 km 的大河口，称大口河。地质历史上经历多次海浸、海退，海水从此开口处大量涌进、退出，侵蚀成一个巨大的潮沟和一系列小潮沟。由于潮沟伸入内陆，腹地宽广，形成大面积的淤泥质海滩。附近海域内，岛屿众多，较大的有灰台子岛、葫芦头子岛、冯家屋子岛、小王庄岛、姬家堡岛、大口河岛、汪子岛、高坨子岛 8 个岛屿，其中灰台子岛、葫芦头子岛、冯家屋子岛 3 岛表面为黏质潮土，重度盐碱，植物很少，是海鸟的天然栖息场所；姬家堡子岛、大口河岛、汪子岛、高坨子岛 4 岛断续连成一条新月形的贝壳堤；小王庄岛海拔较高，表层有机质丰富，土壤发育良好，植被生长茂盛（海兴县地方志编纂委员会，2002）。

（2）土壤

海兴湿地为滨海沉积海积平原，土壤受海潮影响较大，均属滨海土壤，主要有潮土、盐土、草甸盐土、沼泽土等，以滨海草甸盐土为主，面积约占湿地区域总面积的 80%。潮土的成土母质由海相沉积和黄河、海河冲积物混合发育而成，冲积海积相间，厚度不一。由于高矿化度地下水参与成土过程，土壤易盐碱化，形成盐化潮土。盐土的成土母质是冲积母质，由于高矿化度地下水和海水的侵蚀而形成盐土，矿化度高达 10 g/L 以上。草甸盐土母质以海积物为主，盐分为氯化物，地下水埋深一般为 1.0～1.5 m，矿化度在 10～20 g/L，大部分分布在东部沿海地区，表层野生植被茂盛，主要有芦苇、马绊草、黄须菜、碱蓬、蒿等盐生植物。此外，在湿地东南部的杨埕水库等常年积水洼地还发育着小部分沼泽土，生长着狐尾藻、金鱼藻、小眼子菜等水生植物和芦苇、蒲草等湿生植物（海兴县地方志编纂委员会，2002；张海燕，2009）。

（3）气候

海兴湿地属暖温带半湿润季风气候区，季风显著，冬季受西伯利亚—蒙古高压控制盛行西北风；夏季受太平洋高压影响盛行东南风。因濒临渤海湾，具海洋性气候特征。气候特点是四季分明，春季干旱多风，夏季高温多雨，秋季冷暖适中，冬季寒冷少雪。

1）气温。根据海兴县气象局 1966—2000 年的气象资料记录，该地多年平均气温 12.4 ℃；月平均气温最低是 1 月，为 −4.2 ℃；月平均气温最高是 7 月，为 26.6 ℃。极端最高气温 40.6 ℃（1988 年），极端最低气温为 −21.2 ℃（1990 年）。

2）光照。年平均日照时长为 2 718.8 h，年均日照百分率为 63%，年日照时长最多为 3 514 h（1984 年），最少为 2 314.5 h（1985 年）。一年之中日照时长以 5 月为最长、达 291.8 h。年均太阳辐射总量为 521.98 kJ/cm²，最高值在 5 月，月辐射为 66.97 kJ/cm²，12 月最低，月辐射仅 23.44 kJ/cm²。初霜日一般在 10 月 18 日前后，终霜日在 4 月 13 日前后，无霜期平均 233 d。

3）降水量与蒸发量。多年平均降水量为 574 mm。7 月、8 月降水集中，往往造成夏涝，最大为 1 021 mm（1971 年）。冬季降水最少。最小年降水量 221 mm（1968 年），最大年降水量是最小年降水量的 4.6 倍，旱涝灾害频发。年平均蒸发量为 2 096 mm。1985 年蒸发量最小、为 1 688.7 mm，1972 年蒸发量最大、为 2 375 mm。历年各月平均蒸发量以冬季为最小，尤其是 1 月，只有 52.4 mm；6 月蒸发量最大，历年平均蒸发量为 334.1 mm（海兴县地方志编纂委员会，2002）。

4）主要灾害性天气。海兴湿地地处渤海之滨、九河下梢、地势低洼，自然灾害频繁。影响湿地的自然灾害主要有干旱、洪涝、风暴潮等。进入 20 世纪 80 年代末期，经常发生旱灾。如遇强降雨，因多条河流流经海兴湿地，极易造成洪涝。近几十年较大的风暴潮有：1965 年 11 月 7 日的渤海大潮，波高 5.5 m，海挡被冲毁，海岸向西移 4～10 m；2003 年 11 月 11—12 日风暴潮，渤海湾最高潮位达 5.69 m，对海兴湿地造成了极大破坏。

（4）水文环境

1）河流。海兴湿地河渠、洼淀较多，较大河渠有 5 条，自南而北依次有漳卫新河、宣惠河、淤泥河、大浪淀排水渠和六十六排干渠等。湿地中部宣惠河、淤泥河和大浪淀排水渠汇合后称板堂河，向东北流过约 5 km 后，再与南面的漳卫新河、北面的六十六排干渠汇合，形成喇叭形向海敞开的大河口，称大口河。河道之间分布着大大小小的洼淀和小沟渠。其中又以杨埕水库面积为最大，占地 2 400 hm²，最大蓄水量 3 600 万 m³。此外还有许多坑塘。

2）地下水。海兴湿地地处渤海西岸，为滨海冲积海积平原的一部分，因此总体上地下水属咸水区，矿化度较高。整个湿地仅杨埕水库及其以南地区地下水矿化度较低，矿化度 2～3 g/L，特别是夏季接受大量地表水补给，地下水矿化度低于 2 g/L；杨埕水库以北，宣惠河两侧广大地区已开辟为盐场，地下水矿化度很高，均在 3 g/L 以上。地下水埋深 1～2 m。

3）浅海水文。海兴湿地沿海潮汐类型属不规则半日潮，潮差比为 0.94，平均潮差为 2.34 m。潮位的年内变化呈现冬季低、夏季高特征，平均潮位的最低值出现在 1 月、为 2.27 m，最高值在 7—8 月、为 2.88 m。浅海海域的潮流为回转流，涨潮主流向西、流速 0.6～1.3 kn，落潮主流向东、流速 0.5～1.2 kn。海浪波向主要取决于风向，波浪向多为东向，涌浪亦多为东向。波高多年平均值为 0.6 m。表面水温夏季最高、为 26～27 ℃，冬季平均水温为 0.7 ℃。盐度冬春季高、为 33.2，夏季由于河流径流入海，河口区域较低、盐度为 28 左右。11 月底至 12 月初开始结冰，翌年 3 月初海冰消失，冰层最大厚度可达 35 cm（海兴县地方志编纂委员会，2002）。

3. 海兴湿地类型

海兴湿地是由河流、浅滩、沟槽、沼泽、积水洼地、岛屿等组合而成的复合型滨海湿地，分为天然湿地和人工湿地两大类。天然湿地有浅海水域、淤泥滩涂、永久性河（溪）、季节性或间歇性河（溪）、草本沼泽和贝壳岛 6 个类型；人工湿地有淡水养殖池塘、海水养殖池塘、库塘、盐田 4 个类型。

4. 海兴湿地动植物资源概况

（1）植物资源

海兴湿地和鸟类自然保护区水域辽阔，陆地面积小，而且低洼盐碱，所以耐盐碱的陆生植物、适应潮湿环境的湿生植物以及各类适应水域环境的水生植物非常丰富。海兴湿地野生植物共计 146 种，隶属于 47 科 113 属，其中：蕨类植物只有 1 科 1 属 2 种；裸子植物也只有 1 科 1 属 1 种；被子植物最丰富，有 45 科 111 属 143 种，其中双子叶植物 37 科 90 属 116 种，单子叶植物 8 科 21 属 27 种。以草本植物为主，分布着白刺、芦苇、碱蓬、柽柳等盐生植物，以芦苇、碱蓬为优势种。在水库、鱼虾养殖池及盐田水洼，分布着以盐地碱蓬、灰绿藜、碱茅、白茅、二色补血草等为优势种的港坡植物，多为一年生草本植物。在水库、鱼虾养殖池及盐田水洼，分布着大量沉水植物，以轮叶狐尾藻、狐尾藻等为主。水库中的挺水植物主要是芦苇和达香蒲。此外二色补血草为河北省重点保护植物（赵平等，2008）。

（2）动物资源

海兴湿地是东亚—澳大利西亚鸟类迁徙路线上一个突出的重要停歇地，也是鹭类、鸻鹬类、鸥类等水鸟的重要繁殖地以及鹤类和雁鸭类的重要越冬栖息地。据《河北省海洋环境资源基本现状》（河北省海洋局，2013a）记载，海兴湿地鸟类有 16 目 51 科 232 种，其中：留鸟 26 种，占保护区鸟类总数的 11.2%，主要是雀形目鸟类；夏候鸟 61 种，占 26.3%，主要是鸻形目、雀形目和鹳形目鸟类；冬候鸟 23 种，占 9.9%，其中雀形目和雁形目是冬候鸟中的优势类群；南北迁徙经过保护区的旅鸟最多，有 122 种，占 52.6%，主要是雀形目和鸻形目鸟类。旅鸟中鸻鹬类较多。在 232 种鸟类中，古北种 162 种，旅候鸟 49 种，东洋界鸟类 21 种。另据赵平等（2008）的资料，海兴湿地鸟类有 237 种。这些鸟类中属国家 I 级重点保护鸟类的有东方白鹳、黑鹳、中华秋沙鸭、金雕、丹顶鹤等 7 种，国家 II 级重点保护鸟类有 33 种。旅鸟和冬候鸟的代表种类有东方白鹳、大天鹅、灰鹤、燕雀等；广布种鸟类常见种类有大白鹭、松雀鹰、普通翠鸟、金腰燕等。常见种类有池鹭、董鸡、白头鹎等。有 4 种我国鸟类特有种，即中华秋沙鸭、白头鹎、黄腹山雀和震旦鸦雀（*Paradoxornis heudei*）。海兴湿地分布的小鸦鹃（*Centropus bengalensis*）等为河北省鸟类新纪录种，震旦鸦雀为河北省东部鸟类新纪录种。

海兴湿地水生浮游动物 38 种，底栖动物 45 种，鱼类 59 种；陆栖无脊椎动物中蛛形纲 1 目 10 科 20 种；昆虫纲动物 12 目 89 科 185 种；陆栖脊椎动物 4 纲 25 目 69 科 265 种，其中有鸟类 232 种，两栖动物 6 种，爬行动物 8 种，兽类 19 种（河北省海洋局，2013b）。

5. 海兴湿地特征

（1）由天然湿地向人工湿地演替

海兴天然湿地以潮滩、沼泽及沼泽化草甸湿地为特色，人工湿地则以盐田、养殖池塘和库塘湿地为代表。20 世纪 70 年代末，海兴湿地仍以天然湿地为主，漳卫新河、宣惠河、淤泥河在大口河汇流入海，形成了宽阔的河流湿地、河漫滩湿地和沼泽湿地，人工湿地仅有杨埕水库一处。1980 年后，随着海盐业和海水养殖业的不断发展，大面积的天然湿地被改造为盐田、养殖池塘等人工湿地，湿地生境逐渐单一化，物种多样性也随之降低。

（2）鸟类多

海兴湿地鸟类资源丰富，每年在这里生活、栖息的鸟类达 232 种。海兴湿地是东亚—澳大利西亚鸟类迁徙路线上一个重要的停歇地，每年春秋季节鸟类迁徙时，在此停歇觅食的鸟类百万余只。同时海兴湿地也是鹭类、鸻鹬类、鸥类等水鸟的重要繁殖地，也是鹤类和雁鸭类的重要越冬栖息地。

（3）植物特征

海兴湿地低洼盐碱、土壤贫瘠，陆生植物资源欠丰富。湿地植被主要为盐水植被和沼泽植被，以芦苇、碱蓬、柽柳等盐生植物为优势种。

（4）脆弱性

人类活动对海兴湿地的影响较大，呈现生境的脆弱性。盐田及海水养殖池塘的大量扩建导致土壤盐渍化面积增大。随着土壤盐度的增加，群落多样性呈现下降趋势，群落的物种逐渐单一化，群落间物种组成的相似性逐渐增高。

三、秦皇岛段滨海湿地

秦皇岛全市沿海县（区）有山海关、海港、北戴河 3 个区和抚宁、昌黎两个县，海岸线东起老龙头，西止滦河口，全长 126.4 km，其中沙质岸线 105.9 km，岩石岸线 20.5 km（徐宁伟，2016；汤玉强等，2019）。该段海岸岬湾发育，景观奇特，沙丘、河口三角洲、沙坝—潟湖和古河道分布广泛（刘松涛，2012）。境内有石河、汤河、新开河、戴河、洋河、大蒲河、滦河等主要河流入海，在海陆、河海相互作用下及人类活动的影响下，形成沙质海岸湿地、浅海水域、河口湿地、潟湖湿地等自然滨海湿地以及养殖池和港池等人工滨海湿地（汤玉强等，2019）。秦皇岛段滨海湿地是我国最具代表性的沙质海岸湿地分布区，主要湿地类型为沙质海岸湿地、岩石性海岸湿地、河口湿地、潟湖湿地、浅海水域和人工湿地（谷东起等，2005）。秦皇岛海岸沙质或泥沙质湿地主要分布于各河口区域及沿岸。其中北戴河滨海湿地、昌黎黄金海岸湿地、滦河口湿地被列入中国重要湿地名录。自 20 世纪 80 年代以来，秦皇岛天然湿地面积逐渐缩小，人工湿地面积扩张较快，湿地总量随着沿海经济的开发而减少（赵蓓等，2017；张晓龙等，2010a）。在天然湿地中，秦皇岛段以海滩、岩滩和潟湖湿地为特色，在人工湿地中则以稻田和养殖池塘湿地为代表。秦皇岛段有各类滨海湿地

38 157.90 hm^2，其中潮上带湿地（滨海沼泽）329.94 hm^2，潮间带湿地（岩石性海岸、沙质海岸、粉沙淤泥质海岸、河口水域）4 368.34 hm^2，潮下带湿地（浅海水域）19 941.07 hm^2；人工湿地（水库、养殖池塘、稻田、盐田）13 518.55 hm^2（河北省海洋局，2013b）。

1. 北戴河湿地

（1）概况

被国际湿地保护组织命名的"北戴河湿地（Beidaihe wetland）"区域范围北起海洋花园别墅，南至洋河口，东起鸽子窝，西至南戴河，面积约 7 000 hm^2（河北省国土资源厅等，2007b），是我国最大的城市湿地。北戴河湿地为沿海滩涂湿地，是候鸟迁徙的重要通道和国际四大观鸟胜地之一，区位优势重要，湿地类型多样，有森林、海滩、潟湖、河口滩涂、沼泽、荒草地、库塘及农田等。在这里已发现鸟类 412 种，占我国总鸟类种数的三分之一，国家重点保护的动物有近 70 种（赵培等，2017）。据有关资料记载，北戴河沿海地区曾拥有极其丰富的湿地资源，被描述为"溪流纵横，湿地棋布，草甸苇塘到处可见"。但随着人类开发活动影响区域的日益扩大，区域内各类湿地受到不同程度的干扰和破坏。其中，草甸、沼泽等自然湿地多被开发为水浇地和稻田、养殖池塘等人工湿地，河流湿地因河堤等水利工程设施的修建，水体被约束，泛滥地逐渐消失，海滩湿地因地处滨海旅游的热点区域，人类干扰日趋严重（河北省国土资源厅等，2007b）。

北戴河湿地和鸟类自然保护区（Beidaihe wetland and birds nature reserve）位于北戴河海滨鸽子窝北侧，其范围南至戴河，北到立交桥，西至海滨林场边界，南到渤海 6 m 等深线，总面积 3 081 hm^2。是以保护候鸟为主体的珍稀鸟类和湿地生态类型的保护区，保护区内鸟类资源丰富，其中列入《世界濒危野生动植物物种国家贸易公约》的鸟类有 14 种，列入国家Ⅰ级重点保护鸟类的有 12 种，列入国家Ⅱ级重点保护鸟类的有 51 种。这里有不少世界著名珍禽，如黑嘴鸥、白鹤、丹顶鹤等。保护区内分布有海滩、潟湖、河口滩涂、沼泽、树林、荒草地及农田等（彭林等，2009）。

（2）自然环境

1）地质地貌。北戴河一带属岩岸海岸，其海岸为花岗岩或伟晶花岗岩和混合岩组成的陡崖，海岸沉积物主要由砾石和砾状沙组成，此外尚有一定量的生物碎屑（郑浚茂等，1980）。上部为全新世海相沉积层，以淤泥质亚黏土、亚黏土为主，下部为汤河早期所形成的沉积、洪积层，以沙混卵石、卵石、圆砾层为主。北戴河区海岸在戴河口至新开河之间，基岩岬角与沙质海湾相间分布，海蚀地貌与海积地貌相间分布，形成港湾型海岸地貌，从戴河口往东 3 km 海岸称西海滩，为沙质海滩，向陆一侧有海蚀崖。中海滩有沙滩，有海蚀岩脊滩形成的较大礁石。北戴河东部为东海滩，海蚀地貌发育，有海蚀滩、海蚀崖（秦皇岛市人民政府地方志办公室，2009；秦皇岛市地方志编纂委员会，1994）。北戴河湿地北依燕山山脉，南临渤海，北高南低，主要为平原、沿海、湿地、山地丘陵与沿河湿地相结合的地貌形式（秦皇岛年鉴编纂委员会，1996）。

2）土壤。北戴河湿地土壤以棕壤、沙质潮土为主，另有滨海盐土、草甸滨海盐土、沼泽盐土等。潮滩盐土为沙砾质，营养盐贫乏、有机质含量低、黏粒稀少。分布在戴河口以西岸段的潮滩盐土，其沉积物多为沙质；戴河口以东岸段，沉积物中含有大量砾石。戴河口至滦河口海岸带分布有风沙土。

3）气候。北戴河湿地处于中纬度地带，属暖温半湿润大陆季风气候，春季多日照，气温回升快，相对湿度低，空气半干燥，蒸发快，风速较大；夏季多阴雨，空气潮湿，气温高但少闷热；秋季时间短，降温快，秋高气爽；冬季长，寒冷干燥，多晴天，四季气候分明。受我国东部沿海季风环流的影响，海洋性特征明显，夏无酷暑、冬无严寒。年平均气温11.0 ℃左右；7月最热，月平均气温24.8 ℃，冬季1月最冷，月平均气温−4.8 ℃。年平均降水量650～750 mm，年均蒸发量1 468.7 mm。年日照时长为2 593 h，年太阳辐射总量517.53 kJ/cm²（河北省国土资源厅等，2007a；匡翠萍等，2017）。无霜期约199 d（居丽玲等，2005）。

4）水文。流经北戴河湿地的河流主要有洋河、戴河、汤河、新河，分别在西部、中部和东部注入渤海。

北戴河沿海属正规日潮流，年平均潮位87 cm。盐度30～32，5月最高，8月最低。海水表层水温：春季为8.5～17.5 ℃，夏季为26.0～27.0 ℃，秋季为12.0～15.6 ℃，冬季为−1.3～0.7 ℃。北戴河近海冰期一般为11月底至翌年3月初，冰期100 d左右。冰厚5～15 cm，最大厚度可达35 cm。

（3）湿地类型

北戴河湿地类型主要有浅海水域、沙石海滩、河口水域、永久性河流、沼泽洼地、坑塘、农田等7种类型。岩石性海岸湿地主要分布在鸽子窝至老虎石岸段，滩涂宽度较窄，面积约20 hm²，岸段基岩直逼海岸，发育有岩石滩，海岸植被较少，只在局部港湾有沙滩的地方有零星分布（谷东起等，2005；河北省国土资源厅等，2007）。浅海水域、沙石海滩、河口水域主要位于滨海大道东侧；永久性河流位于滨海大道西侧，由西向东横穿滨海湿地。沼泽洼地主要位于新河北侧。湿地植被类型有灌丛草坡和盐生草甸等。

（4）动植物资源

北戴河国家湿地公园共有植物93科257属367种（含21变种、2亚种）。蕨类植物2科2属4种；裸子植物4科6属8种；被子植物87科248属355种，其中草本植物260种，木本植物95种（乔木56种、灌木39种）。植物种类以菊科、蔷薇科、豆科、唇形科、百合科和禾本科为主，占植物种类总数的45.3%，主要代表植物有毛白杨、加杨、刺槐、紫穗槐、柽柳、盐地碱蓬、芦苇、牛鞭草、荻、碱菀、狭叶香蒲、水葱、莲、白睡莲等。有外来入侵植物11种：反枝苋、绿穗苋、长芒苋、通奶草、圆叶牵牛、垂序商陆、豚草、钻叶紫菀、一年蓬、小飞蓬和大狼耙草。有水生植物30种：槐叶苹、浮萍、格菱、莲、白睡莲、黄睡莲、红睡莲、金鱼藻、穗状狐尾藻、黑藻、狸藻、马来眼子菜、篦齿眼子菜、菹草、慈姑、梭鱼草、黄菖蒲、千屈菜、狭叶香蒲、水芹、沼生蔊菜、球果蔊菜、辣蓼、尖被灯芯草、芦苇、槽秆荸荠、扁秆藨草、水葱、香附子、碎米莎草。有我国国家重点保护植物4种，其中银杏（*Ginkgo biloba*）和水杉（*Metasequoia glyptostroboides*）（均为我国特有种）为我国国家Ⅰ级重点保护植物，莲（*Nelumbo nucifera*）和紫叶李（*Prunus cerasifera*）为我国国家Ⅱ级重点保护植物；有河北省重点保护植物9种，包括油松、白扦、河北杨、文冠果、野大豆、山绿豆、连翘、莲和狸藻。在北戴河滨海栈道沿线沙滩分布有苍耳和豚草2种群落（徐宁伟，2016）。

北戴河湿地观察记录到的鸟类共20目61科412种，其中候鸟居多，共369种（秦皇岛市地方志办公室，2004），雀形目占优势，其次是鸻形目、雁形目和隼形目；在这些鸟类中，旅鸟270种，夏候鸟54种，冬候鸟10种，留鸟36种（河北省海洋局，2013a）。在珍稀鸟类中，列入世界《濒危野生动植物种国际贸易公约》的有 14 种，列入国家 I 级重点保护鸟类的有 12 种，列入国家 II 级重点保护鸟类的有 52 种。这里有不少世界著名珍禽，如黑嘴鸥、白鹤、丹顶鹤等。北戴河曾一次记录到东方白鹳 2 729 只，超过以往世界最高纪录的一倍以上；一次记录到鹬鹬 14 534 只，为世界上一个地点发现鹬鹬的最高纪录（王楠等，2016）。

海洋生物种类繁多，其中浮游植物 109 种，浮游动物 66 种，底栖生物 166 种，潮间带生物 163 种。浮游动物以桡足类为优势种（孙保和等，2002）。底栖生物中有软体动物 56 种、甲壳类 45 种、多毛类 27 种、棘皮动物 13 种、鱼类 9 种、腔肠动物 5 种、脊索动物 4 种、螠虫 2 种、星虫 1 种、腕足类 1 种、其他 2 种。

2. 昌黎黄金海岸湿地

(1) 概况

昌黎黄金海岸湿地（Changli golden coastal wetland）位于秦皇岛市昌黎县沿海，地理坐标为 119°11′—119°37′E，39°27′—39°41′N。总面积约 30 000 hm²。该保护区的陆域北界为大蒲河，西界经北部沙丘的西缘，向南绕过七里海的西侧，经由侯里、大滩等村至滦河，面积 9 180 hm²；海域面积 20 850 hm²，海岸线长 30 km（《农区生物多样性编目》编委会，2008）。保护区分核心区、缓冲区、实验区，其中：陆域、潟湖、海域 3 个核心区的面积为 9 203 hm²，占总面积的 30.68%。海、陆各两个缓冲区，面积 16 010 hm²；实验区 3 个，面积 4 787 hm²；滦河口湿地实验区面积 1 234 hm²（张鑫，2007）。昌黎黄金海岸湿地是一个海滩生态系统自然保护区，1990 年 9 月经国务院批准建立，保护对象为文昌鱼（*Branchiostoma belcheri tsingtauense*）、沙丘、沙堤、潟湖、林带、鸟类和海洋生物等构成的沙质海岸自然景观及沿岸海区生态环境和自然资源，是研究海洋动力过程和海陆变化的典型岸段，特别是文昌鱼、黑嘴鸥、七里海现代潟湖等均具有重要的保护价值和科研价值。该保护区以环抱平原的地貌轮廓和温带较湿润大陆季风气候为基本自然地理特征，自然资源丰富，以沙质海岸闻名于世。

(2) 自然环境

1) 地质地貌。昌黎黄金海岸在距今 2 000～3 000 年前形成，为由海滩、多道沙堤、风成沙丘组成的沙质岸。滦河、饮马河挟带的中细沙沉积物，经过波浪、潮流等海洋动力长期搬运、分选等作用形成的海滩、沙堤沙粒磨圆度高，分选性好，含有海生贝壳碎片和微体生物化石。地质构造属燕山褶皱带，次一级构造单元为昌黎凸起和姜各庄凸起，第四纪松散沉积的最大厚度为 400 m 左右，全新世地层厚度一般为 10～20 m。靠近滦河有一条向北弯曲的弧形断裂。地貌类型自西向东依次为冲积平原、潟湖平原、海积平原（沿岸沙丘带）、海滩、水下岸坡。海域最大水深 15 m。海岸线较平直，沿岸沙丘带呈 NNE—SSW 分布，在横向上沙丘类型自西向东分别为沙丘地、固定沙丘、半固定沙丘和流动沙丘，沙丘带宽 1～2 km，七里海外侧沙丘规模最大，最高点大坨顶为海拔 45 m。沙丘间有洼地分布，内侧尚有湿地和沼泽。沙丘带内侧是七里海现代潟湖，属半封闭潟湖，面积约 850 hm²，在新开口有潮汐通道与海相通。滦河在该区域南端入海，形成现代三角洲（《农区生物多样性编目》编委会，2008）。

大蒲河至七里海新开口，长 12 km，是黄金海岸最佳地段，海岸景观奇特，地貌类型多样：①潮间带海滩。平均宽度 100～150 m，向海坡度小于 5°（高潮滩 5°～8°）。组成物质主要为中细沙。②沿岸沙堤。在平均高潮线以上大沙丘链之间，宽 200～300 m，分布有新老两道沿岸沙堤。新沙堤在外，保存连续完整，堤高 1～2 m、宽 20～40 m，向陆坡度 20°，向海坡受大潮水侵蚀成陡坎；老沙堤组成物质与之类似，均为中细沙，含有海生贝壳碎屑。③海岸大沙丘链。沿岸沙堤向陆是高低悬殊的活动性大沙丘链，走向 NNE，与海岸线平行，高程由北向南增大。七里海附近沙丘发育最壮观。沙丘链内侧，有多条走向由 NNW 逐渐偏至 NWW 的次一级沙丘与主沙丘斜交，组成单侧羽毛状沙丘链。④半固定沙荒地。在大沙丘内陆，分布着一系列 NE、NW 向单体小沙丘、沙平地和丘间低洼地。其特征是面积大、地形平缓、绿化好，沙丘半固定。⑤七里海潟湖。滦河冲积扇—饮马河冲积扇前缘与海岸大沙丘之间的低洼湿地环境形成七里海，沉积淤泥质亚黏土夹粉、细沙层。如遇风暴潮或滦河特大洪水，将沙丘冲开新口，七里海与渤海相连，则变成咸水潟湖。目前七里海水域面积已很小，水深较浅，基本上接近沼泽化。渤海涨潮时，海水淹没潟湖；退潮后，湖底大部分出露。

2）土壤。昌黎黄金海岸湿地土壤为风沙土、沙质草甸土和草甸沼泽土。风沙土分布在沙丘带，pH 为 6.5～7.0，属中性土壤，通透性好，但保水能力差。沙质草甸土主要分布在丘间洼地中，pH 为 7 左右，肥力比风沙土好，土壤含水量适中。草甸沼泽土主要分布在沙丘带的内侧及地势较低洼的区域，pH 为 7.5～8.0，还原性较强，潜水位较高，通透性差（《农区生物多样性编目》编委会，2008）。

3）气候。昌黎黄金海岸湿地属于暖温带半湿润大陆性季风气候，四季分明，春季干燥多风，夏季高温多雨，秋季天气多晴，冬季寒冷干燥。年平均气温 10.2 ℃。最低月平均气温出现在 1 月，为－5.1 ℃；最热月平均气温出现在 7 月，为 24.7 ℃，且北部气温较南部气温高。气温日较差年度平均为 10.4 ℃。无霜期 180 d 左右。年平均降水量 600～800 mm，年平均蒸发量 1 700～1 800 mm。年平均日照总时长 2 080 h。年平均太阳辐射总量 520.23 kJ/cm²（河北省国土资源厅等，2007）。全年春季风最大，平均风速可达 6.0～6.5 m/s，冬季次之，夏秋季风较小。年均风速 4.5～5.5 m/s。大风风向多为东或东北。

4）水文环境。湿地境内的河流南界有滦河，中部有间歇性的稻子沟、刘台沟、刘坨沟、泥井沟和赵家港沟（潮河）等经七里海潟湖汇入渤海，北部饮马河水系的大蒲河、饮马河、东沙河由大蒲河口入海。除南端的滦河是渤海湾北部最大河流外，其他各河流均属季节性的小河沟。

昌黎黄金海岸近岸潮汐为不规则日潮混合潮，最高潮水位 2.05 m，平均高潮水位 1.73 m；最低潮水位 0.53 m，平均低潮水位 1.03 m；最大潮差 1.52 m，平均潮差 0.75 m。涨潮流向西南，落潮流向东北，呈往复流。一般流速 0.5～0.7 kn。海浪以风浪为主。表层水温多年平均为 12.5 ℃，夏季一般为 25.0～27.0 ℃，1 月平均为－1.4 ℃。极端高水温 31.1 ℃（1967 年 8 月），极端低水温－2.3 ℃（1971 年 1 月）。盐度春季高、夏季低，5 月平均为 30.59，8 月因河流注入，盐度相对较低，月均为 29.00；年平均盐度为 29.83。11 月下旬初冰，3 月上旬融冰，冰期 100 d 左右（昌黎县地方志编纂委员会，1992）。

（3）湿地类型

昌黎黄金海岸湿地有天然湿地和人工湿地 2 大类 5 个型。天然湿地为浅海水域、沙石海滩、河口水域以及潟湖湿地。浅海水域主要分布在大蒲河镇、团林乡和刘台庄镇的近海岸至浅海的 6.0 m 等深线附近，面积为 14 213.30 hm²；沙石海滩多为松散的泥沙组成，海岸平直、坡度很小，面积为 175.67 hm²；河口水域湿地分布在滦河河口区域，面积为 2 078.83 hm²；七里海潟湖位于湿地内中南部沙丘带的内侧，因水域宽七里而得名，东北隅有潮汐通道与渤海相连，属半封闭式潟湖（王芳等，2018），面积约 850 hm²（刘亚柳等，2010）。人工湿地类型为水产养殖场，位于七里海潟湖和滦河河口北部，面积为 4 165.20 hm²。

（4）动植物资源

根据 2011 年全国第二次湿地资源调查"重点调查湿地"数据，昌黎黄金海岸湿地内分布有高等植物 60 科 138 属 190 种，其中苔藓类植物 6 科 7 属 7 种，蕨类植物 3 科 3 属 3 种，裸子植物 2 科 2 属 2 种，被子植物 49 科 126 属 178 种。被子植物中包括单子叶被子植物 13 科 44 属 60 种，双子叶被子植物 36 科 82 属 118 种。湿地内分布有陆生脊椎动物 27 目 82 科 408 种，其中两栖动物 1 目 2 科 4 种，爬行动物 2 目 5 科 13 种，哺乳动物 5 目 9 科 16 种，鸟类 19 目 66 科 375 种（王芳等，2018）。

图 3-1　文昌鱼

湿地保护区海洋生物资源丰富，是"活化石"文昌鱼（图 3-1）在渤海的主要栖息地。有游泳生物 78 种，优势种有鳀、黄鲫、棘头梅童鱼、焦氏舌鳎等。浮游植物 5 种，优势种有绕孢角毛藻、具槽直链藻、威氏圆筛藻等。浮游动物 40 种，优势种有强壮箭虫、中华哲水蚤、小拟哲水蚤等。底栖动物 72 种，优势种有寻氏肌蛤、扁角樱蛤、鸭嘴海豆芽、加州卷吻沙蚕等（河北省海洋局，2013b）。

保护区内有鸥类、鸭类、鹬类等鸟类 168 种（胡镜荣，1991），其中国家重点保护鸟类达 68 种，如丹顶鹤、白鹤、东方白鹳、白尾海雕、大天鹅、鹊鹞等，保护区更是"国际珍禽"黑嘴鸥（图 3-2）的主要栖息繁殖地。

图 3-2　黑嘴鸥

植被类型主要有落叶阔叶林、灌丛、草丛、沼生植物、沙生植物、盐生植物等，代表种有刺槐、小叶杨、旱柳、紫穗槐、白茅、野古草、芦苇、香蒲、紫苜蓿、无翅猪毛菜、师草实、肾叶打碗花、盐地碱蓬等（王智等，2014）。

3. 滦河口湿地

(1) 概况

滦河口湿地（Luanhe estuary wetland）位于乐亭县与昌黎县交界处，北起昌黎黄金海岸自然保护区南部，西至昌黎县王家铺与乐亭县赵家铺一线，南至浪窝口，地理坐标为119°07′—119°23′E，39°20′—39°32′N（孙砚峰等，2014；张玉峰等，2014），是渤海湾沿岸较大河流入海冲积而成的扇形滩涂湿地。数千年来，滦河入海口一直在唐海县（今曹妃甸区）、滦南县、乐亭县、昌黎县一带沿海地区摆动，到清朝末期东移至昌黎南部沿海地区；1915 年渤海大海啸，八爷铺至莲花池之间的沙丘被海潮冲断，滦河改道东流入海，形成现在的滦河口。滦河裹带的泥沙不断在河口淤积，形成现代滦河三角洲（《河北环境保护丛书》编委会，2011；河北省水文水资源勘测局，2015），三角洲平原呈扇形向海突出，地表平坦，河流沟汊密布，在枯水季节这些河汊便成为潮汐通道。滦河口湿地陆域面积约 6 900 hm²，水下三角洲面积 25 000 hm²。湿地区域范围包括昌黎南部的塔子沟至乐亭县的浪窝口沿岸、现代滦河三角洲滨海陆域和潮间带，由盐化沼泽与盐化沼泽草甸湿地、河流湿地、潮滩与潟湖湿地以及稻田与养殖池塘湿地构成。湿地发育有水下沙体、潮滩、潮沟、河汊、冲积海积平地、潟湖、离岸沙坝、稻田、养殖池塘的地貌类型，自然植被为以盐地碱蓬和芦苇为优势种的盐生、沼生植被。因地处动物地理区系中陆生动物区系与海洋动物区系交汇区以及陆生动物区系华北区与东北区交界地带，野生动物资源十分丰富，是珍稀鸟类黑嘴鸥、黑鹳（*Ciconia nigra*）等的繁殖地，也是丹顶鹤（*Grus japonensis*）等鸟类的迁徙中转站和栖息地（河北省海洋局，2013）。

滦河口湿地自然保护区面积 31 900 hm²，其中：王家铺村以东、第一道水下沙坝以西、黄金海岸保护区以南、滦河（包括河道和河口）以北为核心区。核心区陆域部分植被以盐地碱蓬为主，主要是黑嘴鸥、普通燕鸥（*Sterna hirundo*）、蛎鹬（*Haematopus ostralegus*）、红脚鹬（*Tringa totanus*）等众多鸟类的繁殖区；水域为海洋鱼类产卵区。稻田、鱼塘虾池、码头、养蛤用地等为缓冲区。王家铺西南、滦河南岸以北、昌乐大桥以东为实验区，区域内有约 1/5 的林地和 1/3 的沙荒地，其余多为临时耕作的半荒地（河北省海洋局，2013）。其保护对象主要为国家Ⅰ级、Ⅱ级重点保护鸟类、文昌鱼（*Branchiostoma belcheri tsingtauense*）、河口湿地生态环境、河道湿地生态环境、滩涂湿地生态环境、沿海林带植被生态环境等。

(2) 自然环境

1）地质地貌。滦河三角洲地质构造属燕山褶皱带，是断裂运动的产物，其发育和沉积受黄骅拗陷北部边界断层昌黎断裂和滦河断裂的控制，以中生界地层和新生界地层为沉积地层。自晚更新世以来，长期持续不断的南降北升地壳构造运动及断裂、岩浆活动使滦河三角洲基本地貌轮廓形成，并控制了滦河冲积扇—三角洲的演化、发育和变迁，使滦河冲积扇—三角洲具有明显的形成及发展上的继承性。进而也影响了这一地区海岸线的变化（田海兰，2011；王平格，2008）。滦河三角洲区域第四纪地层厚 300~400 m，以海陆交替沉积为主，其中存在 4 个海相地层。滦河冲积扇—三角洲区域以滦河和溯河为界，东部和西部均为冲积扇，中部为三角洲平原。末次冰盛期之后冲积扇形成海进河床和河流层序，三角洲发育为浅海—近岸浅水—三角洲平原的组合（程丽玉等，2020）。

滦河口湿地为平原地貌，地势十分平缓。陆地地貌为全新世中、晚期滦河冲洪积物叠置于更新世滦河和青龙河冲积扇上的产物，主要有海岸沙丘、潟湖平原、洪积冲积平原、海积平原等；河流冲积平原自北而南呈带状延伸，将东西方向展布的堆积型地貌分隔为条块状。西南部以平原为主，东北部以风成沙丘为主，南北差异明显。地势由岸向陆逐渐变陡，海水作用迅速减弱。冲积平原由陆向海地势逐渐降低，平均坡降为 1/1 000～2/1 000，高程 5 m以上；冲积海积平原坡降为 5/1 000 左右，高程一般在 2～5 m。湿地以河流现代三角洲、潟湖、沙坝、海滩为主。潮间带地貌为岸蚀滩积型地段，北部以中细沙组成的海滩为主，滦河口附近向西以潟湖沙坝体系为主。浅海地貌主要为水下三角洲、水下沙脊、水下古河道、冲刷槽、侵蚀凹地、潮流脊。近岸水深较大，10 m 等深线距岸 6 000 m 左右。邻近海域浅海地貌复杂，类型众多，水深变化大，北部近岸水深较浅。人工地貌主要有海水养殖场、防潮坝、扬水站、盐田等（王平格，2008）。

2）土壤。滦河口湿地主要土壤类型有滨海盐土、沼泽土、风沙土等。滨海盐土主要分布在海岸线至陆地的近海地带，植物稀少，多呈光板地。沼泽土主要分布在滨海盐土的远海一侧，离海岸线 2 000 m 左右，多为小碟形洼地及河旁洼地。风沙土主要分布在沼泽土的西面和西北面，植被以人工林和农作物为主（河北省海洋局，2013a；河北省海洋局，2013b）。近海土壤含盐量高，淡水资源贫乏。

3）气候。滦河口湿地属暖温带半湿润季风气候，四季分明，春季少雨多风，夏季多雨，秋季天高气爽，冬季寒冷封冻。年平均气温 10.6 ℃，最高气温 33 ℃，最低气温 −18.2 ℃，1 月平均气温 −5.8 ℃，7 月平均气温 24.6 ℃。年均降水量 620 mm，夏季降水量占全年的70％左右；年均蒸发量 1 900 mm。年均风速 4 m/s，4 月风速最大，最大风速 19 m/s（河北省海洋局，2013a）。太阳年日照时长 2 809 h，太阳年总辐射量 520.23 kJ/cm²（河北海岸带资源编辑委员会，1989）。

4）水文环境。滦河口多年平均入海径流量 $44.53 \times 10^8 \, m^3$、多年平均输沙量为 $2\,010 \times 10^4 \, t$（姜太良等，1986）。滦河口是一个弱潮型河口，沿海的潮汐为不正规半日潮，平均大潮差只有 1 m，最大潮差 3 m。滦河口以南最大涨潮流向为西南向，最大落潮流为东北向；而河口以北涨潮呈南北向。河口外海域 5 月最大涨潮流速为 80 cm/s、8 月为 90 cm/s，平均落潮流速为 53 cm/s。滦河口全年以风浪为主，涌浪很少。沿海海水年平均表层水温为15 ℃，最高月均水温 26 ℃。近海海水盐度较低、为 26.6。王家铺以东无浅层淡水（地下水），王家铺以西有 3 m、10 m 两层淡水，咸水层在 50 m 以下分布（河北省海洋局，2013a；河北省海洋局，2013b；陈吉余，1996）。

（3）湿地类型

滦河口湿地由天然湿地（包括浅海水域、沿海滩涂、河流湿地）和人工湿地（坑塘、养殖池塘、稻田）等组成。据曹议丹（2017）对滦河口湿地实验区，即滦河口北岸的现代滦河口三角洲（地理坐标为 119°12′—119°18′E，39°25′—39°31′N；北起塔子口北部养殖池塘，沿海岸简易公路向南，沿大滩至海岸小路向西至防护林带边缘，沿滦河北岸向东至滦河入海口，沿滨外沙坝外缘向西北至塔子口北部养殖池塘；面积 3 314.95 hm²）的研究资料，滦河口湿地动态演变结果为：1979 年，滦河口湿地浅海面积 357.32 hm²，沿海滩涂 2 021.89 hm²，河流湿地 683.68 hm²；没有坑塘、养殖池塘和稻田，湿地处于自然状态。至 2015 年，浅海面积 192.01 hm²，沿海滩涂 5.09 hm²，河流湿地 8.17 hm²；坑塘面积

13.87 hm²，海水养殖池塘 2 543.21 hm²，稻田 62.97 hm²。湿地已处于人工状态，人类活动影响成为主导因素。

（4）动植物资源

1）动物资源。滦河口湿地动物资源丰富，共有鸟类 12 目 49 科 241 种，被誉为"东亚旅鸟大客栈"，其中有中华秋沙鸭、金雕、白头鹤、丹顶鹤、斑嘴鹈鹕、白枕鹤和大鸨等国家 I 级重点保护鸟类 9 种，角䴙䴘、海鸬鹚、白额雁、大天鹅和小天鹅等国家 II 级重点保护鸟类 32 种。特别值得一提的是滦河口三角洲以盐地碱蓬为优势种的盐化沼泽湿地是世界珍禽黑嘴鸥的栖息繁殖地。另有兽类 6 目 8 科 13 种，爬行动物 3 目 4 科 7 种，两栖动物 1 目 2 科 4 种；软体动物 23 种，节肢动物 19 种，环节动物 9 种，腔肠动物 2 种，棘皮动物 2 种（河北省国土资源厅等，2007），线形动物、半索动物、头索动物各 1 种，鱼类 89 种（孙立汉等，1999）。

2）植物资源。滦河口湿地植物种类主要有盐地碱蓬、二色补血草、狗尾草、柽柳、师草实、野鸢尾、肾叶打碗花、盐角草、猪毛蒿和獐茅等。盐地碱蓬为本区优势种，占滦河口湿地自然植被的 90%（孙砚峰等，2014；吕宪国，2008）。水域沿岸植被以柳、槐及盐生植被为主，盐生植物有盐角草、黄花蒿、补血草等群落。人工植被主要是种植的农作物，如水稻、小麦、玉米等。此外，田间杂草有刺儿菜、灰绿藜等。

3）湿地生态系统。滦河口天然湿地生态系统由河口湿地—黑嘴鸥—盐地碱蓬子系统、近海裸露沙滩—白额燕鸥—牡蛎子系统、浅滩—黑尾鸥—沙蚕子系统组成，人工湿地生态系统由人工养殖池塘子系统（虾塘—燕鸥—黑尾鸥子系统）、农田子系统（农田—雀科鸟类子系统）组成。前三种子系统构成滦河口天然湿地生物系统的主体。

① 河口湿地—黑嘴鸥—盐地碱蓬子系统。该子系统是本区域最重要、最具有代表性的子生态系统。分布在滦河尾闾河段的北岸冲积海积地域和河心岛上，呈零散的块状分布，面积大约 1 600 hm²。该系统主要由种子植物、涉禽、游禽、猛禽、蛇类、鱼类、半索动物、软体动物、环节动物、线形动物和纽形动物以河口湿地环境为基底构成。主要生物种类有盐地碱蓬、二色补血草、獐茅、黑嘴鸥、红脚鹬、燕鸻、沙蚕等。黑嘴鸥和盐地碱蓬是本系统的特征物种；沙蚕为环节动物中的优势种；盐地碱蓬为植物优势。该子系统主要特点为：稀有性，由于黑嘴鸥在该群落繁殖，使该子系统成为世界上罕见的生态系统；植被单一，盐地碱蓬占植物总量的 99% 以上；植被矮小，植被高度一般都低于 20 cm；植被覆盖率较低，裸地占 50% 左右（孙立汉等，1999；河北省海洋局，2013b）。

② 近海裸露沙滩—白额燕鸥—牡蛎子系统。该子系统分布在近海边或潮沟边的裸露沙滩上，呈条状或块状分布，面积约 169 hm²。5 月燕鸥为优势种，6 月燕鸻占多数。该子系统主要特点为：动物种类少，一般情况下只有燕鸥、燕鸻、牡蛎 3 种鸟类分布；植被缺乏，该区域内很少有植被分布；亲鸟母性较差（孙立汉等，1999；河北省海洋局，2013b）。

③ 浅滩—黑尾鸥—沙蚕子系统。该子系统分布在东部的潮间带上和丘间洼地内，呈片状分布，面积 100 hm²。常见种有黑尾鸥、黑嘴鸥、红嘴鸥、银鸥、普通燕鸥、黑枕燕鸥、白额燕鸥、白腰杓鹬、红腰杓鹬、红脚鹬、环颈鸻、斑嘴鸭、赤麻鸭、翘鼻麻鸭、琵嘴鸭、白尾海雕、玉带海雕、白鹤、丹顶鹤、灰鹤、田鸡、董鸡、灰头麦鸡、夜鹰、雨燕、戴胜等，以及一些鱼类、半索动物、棘皮动物、甲壳动物、软体动物、腕足动物、蜇虫动物、多毛动物、纽形动物、线形动物、扁形动物、腔肠动物、浮游植物等。黑尾鸥、银鸥为该子系统

中鸟类的优势种；沙蚕、毛蚶为无脊椎动物的优势种。本子系统主要特点为：物种繁多；动物成群分布；动物种类分布变化大；抗灾能力差（孙立汉等，1999；河北省海洋局，2013b）。

④ 人工养殖池塘子系统。人工养殖池塘子系统占据了滦河入海口以北现代三角洲平原的绝大部分，面积 1 600 hm²。该子系统内生物群落由水生低等生物、养殖生物、陆生植物和鸟类组成。水生低等生物主要源自近岸海域，以浮游植物、浮游动物为主。养殖生物主要有日本对虾、凡纳滨对虾、三疣梭子蟹、红鳍东方鲀等。陆生植物受地貌条件限制，分布区局限在养殖池塘边缘（池埝），因土壤积盐较重，以盐生和湿生植物为主。鸟类以鸻鹬类和鸥类为主。该子系统主要特点为：原有河口三角洲自然生态系统遭破坏，固有功能基本丧失；生境类型单一化，生物多样性降低；频繁的人类活动影响鸟类的栖息繁衍；大量未经处理的养殖废水直接排海，使近岸海水富营养化，危及浅海湿地生态系统的安全（河北省海洋局，2013b）。

⑤ 农田子系统。农田子系统分布区位于西部王家铺村周围，面积约 170 hm²。生境类型包括稻田、旱地、林地和村落等。植物群落由水、旱农作物和多种田间杂草组成，主要有水稻、玉米、狗尾草、刺儿菜、灰绿藜、苍耳、稗、荆三棱、芦苇、香蒲、野慈姑等。农田动物优势种有燕隼、树麻雀、家燕、凤头百灵、黑线仓鼠；常见种有中华大蟾蜍、戴胜、喜鹊、小鸦、云雀、纵纹腹小鸮、黑线姬鼠、褐家鼠、小家鼠等；稀有种有灰背隼、普通鵟、大鵟、灰头麦鸡、凤头麦鸡、短耳鸮、灰鹤等。本系统主要特点为：原生自然生态系统遭破坏、景观日渐单一化；土质偏沙，生产力低下（河北省海洋局，2013b）。

4. 秦皇岛段滨海湿地特点

（1）典型性和稀有性

由于地理位置的特殊性，秦皇岛段滨海湿地是东亚—澳大利西亚候鸟迁徙的通道，也是许多鸟类（包括珍稀濒危鸟类）的中转站和栖息繁殖地。海岸地质属于典型的北方原始沙质海岸地质，在全国少有。湿地生态系统具有多样性、稀有性，不仅有现代潟湖湿地、沙质海岸湿地、浅海滩涂、河口湿地、芦苇沼泽、人工防护林等，还具有咸淡水交汇潟湖和原始海岸沙丘等景观，并且是北方地区文昌鱼的自然保护地。

（2）生物多样性逐渐减少

秦皇岛段滨海湿地植被类型以沙生植被为主，植被类型较少，主要优势种群有师草实、盐地碱蓬、沙蓬、白茅、滨麦等十几种植物群落（谷东起等，2005）。由于人类活动和资源开发加剧，湿地植被生境呈现零碎化。天然湿地被大量开发成人工湿地后，导致湿地综合调节能力大幅度下降、湿地动植物生境发生改变、生态系统结构简单化、湿地天然异质性降低，直接减少了生物栖息地，繁殖地、索饵场也遭到破坏，使人工湿地内水生生物和鸟类种类和数量大幅度减少，生物多样性锐减。

（3）脆弱性加剧

由于人类活动加剧，如海水养殖、港口建设、滩涂围垦、水利工程建设、旅游开发等因素，秦皇岛段天然滨海湿地面积减少，湿地生态系统结构趋于简单，生态环境恶化、天然异质性减弱，使湿地生态系统的脆弱性进一步加剧。

（4）海岸被侵蚀严重

由于全球气候变暖、干旱、河道径流量减少、风暴潮、海啸等因素影响，海岸被侵蚀现象逐年加剧，对秦皇岛段滨海湿地的生态环境造成相当程度的破坏。

四、唐山段滨海湿地

1. 概况

唐山段滨海湿地（Tangshan coastal wetland）位于河北省东部，地处渤海湾中心地带，东起滦河口，西至洒金坨插网铺，包括曹妃甸区、乐亭县、滦南县、丰南区、海港开发区、唐山国际旅游岛 6 个沿海县区（开发区），陆地海岸线长 229.7 km，滦河口外、曹妃甸海域共有大小岛屿 100 多个，岛屿岸线 125.7 km，著名的岛屿有祥云岛、月坨岛、菩提岛、龙岛等，陆地海岸线介于滦河口—陡河口区间，基本按照等高线与海岸线呈近似平行的带状分布，可划分为滨海平原、潮间带滩涂和低潮时小于 6 m 等深线浅海海域三部分。滨海湿地除浅海水域外，以盐田、稻田、鱼虾蟹养殖池塘、库塘、沟渠等人工湿地为主，天然湿地面积较小，芦苇沼泽占优势。区域内建有河北曹妃甸湿地和鸟类省级自然保护区。

2. 自然环境

（1）地质地貌

唐山段滨海湿地地质构造属于新华夏构造体系，位于华北断块区东北部的燕山块陷，大地构造位置恰居燕山沉降带与华北大凹陷接合部位，两者由昌黎大断裂分割开来，自中元古代起，总体上为东西向拗陷，接受了中元古界、上元古界、下古生界、上古生界沉积，构造运动以震荡运动为主（曹炳臣，1989）。受滦河、沙河冲击和海洋动力等作用影响，覆盖较厚的河流冲积物、潟湖沉积物和海相沉积物，属于中生代和新生代第四纪地层，基岩埋深自北向南加深，深度 1 000～3 000 m。滦河口—南堡沿海，第四纪沉积物厚达 500～550 m（河北省国土资源厅等，2007a）。

地貌简单，由冲积平原和滨海平原组成。受燕山构造运动和渤海海相沉积的影响，形成构造堆积冲洪积平原和滨海低洼平原。在地貌发育过程中，既受滦河、沙河等河流作用，也受海洋动力作用，有河流冲积物、潟湖沉积物和海相沉积物（张国臣，2014）。湿地北部属滦河冲积平原，南部属滨海平原。地势平坦，西北高东南低。海拔（黄海高程）在 1.5～2.5 m，地面坡度 1/25 000～1/5 000。唐山海岸位于淤泥质海岸向沙质海岸的过渡地带，物质组成自西向东颗粒逐渐变粗。海岸类型按照滩涂物质成分来分，可以分为淤泥质岸线、沙泥质岸线、泥沙质岸线和沙质岸线四种类型；按形成的原因可以分为自然岸段、人工岸段两种类型；按岸线的形态又可以分为海滩岸线、河口岸线、堤坝岸线和港口岸线（方成等，2014）。

（2）土壤

唐山段滨海湿地土壤主要有滨海盐土、潮滩盐土、草甸滨海盐土、褐土、沼泽土、沙质褐色草甸非盐渍土、淡水草甸盐沼土、淡水草甸盐化土、盐化沼泽土、海边盐土等。海退地逐渐摆脱海水影响后，受降水的淋洗，盐分逐渐降低。建海挡之前，近海地区每天受潮水淹没，土壤潜育化严重，地下水矿化度很高；在距海稍远地带，定期受潮水淹没，土壤和地下水含盐量仍很高；在距离海洋较远的地面较高地带，受海潮影响较小，经降水淋洗后，土壤含盐量较低；在距海较远的低洼地，雨季积存淡水，土壤盐分进一步降低。

（3）气候

唐山段滨海湿地属东部季风区半湿润气候区，气候温和，四季分明，雨热同在。兼有短时海洋性气候特征。受季风影响，春季风多雨少，蒸发量大，空气干燥，多数情况下干旱。

夏季常刮东南风，温度高，湿度大，雨水集中，暴雨、雷雨、大风等天气频发。秋季一般为晴，高低温差异明显，气温下降快，风小。冬天受蒙古高压带制约，常刮西北风，寒冷且干燥，雨量明显减少（周巍，2018）。

1）气温。年平均气温 10.8 ℃，最低气温 −15.5 ℃，最高气温 35.2 ℃，气温平均年较差 31.2 ℃，全年日平均 ≥0 ℃积温 4 026～4 568 ℃。初霜日一般出现在 10 月 20 日前后，终霜日出现在 4 月 14 日前后。全年无霜期 190 d 左右。

2）日照。年均日照时长 2 877 h，日照百分率为 65%。年太阳总辐射量为 534.9 kJ/cm²。

3）降水和蒸发量。全年降水量不均，降水集中在 6—8 月。年均降水量 682.5 mm，年均蒸发量 1 751.5 mm。

（4）水文环境

唐山段滨海湿地内主要有滦河、沙河、陡河、清河、小清河、小青龙河、双龙河和新老浭河等河流入海，在南堡湿地中间地带，湿地平均水深 0.3 m，丰水期总水量 3 100 万 m³，枯水期总水量 620 万 m³，水中盐分总含量为 0.4%～0.6%，以 Cl⁻、Na⁺ 为主（《农区生物多样性编目》编委会，2008）。

3. 湿地类型

（1）湿地类型与分布

唐山段滨海湿地主体部分介于滦河口—陡河口区间，基本按照等高线与海岸线呈近似平行的带状分布，可划分为滨海平原、潮间带滩涂和低潮时小于 6 m 等深线浅海海域三部分。滨海平原水田面积达 36 533 hm²，潮间带滩涂面积为 82 913 hm²，低潮时小于 6 m 等深线浅海面积为 416 800 hm²。湿地类型为湖泊、沿海滩涂、河流、芦苇沼泽等天然湿地，以及稻田、盐田、池塘、水库、河渠等人工湿地（图 3-3）（高莲凤等，2012b）。此外，在曹妃甸

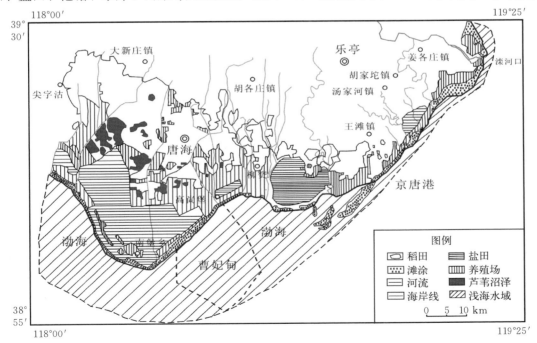

图 3-3 唐山段滨海湿地分布简图（高莲凤等，2012b）

龙岛浅海水域分布有海草床。

（2）分布特征

唐山段滨海湿地除浅海水域外，以盐田、稻田、鱼虾蟹池等人工湿地为主，天然湿地面积较小，芦苇沼泽占优势。其景观结构呈条带状分布，由海向陆主要分为四大区域：①浅海—滩涂区，包括低潮时水深小于 6 m 的浅海水域、潮间带滩涂和沙坝潟湖体系，面积为 144 317 hm²。②盐田—海水养殖区，紧邻潮间带滩涂并向陆延伸 10 km 左右，从西往东依次分布有涧河盐场、南堡盐场、十里海养殖场、八里滩养殖场、滦南沿海养殖场、大清河盐场、乐亭沿海养殖场、乐亭盐场和滦河口养殖场，其间夹杂零星盐沼沼泽和芦苇沼泽，总面积 73 750 hm²。③淡水养殖—芦苇沼泽区，濒临盐田—海水养殖区向陆宽度 5 km 左右，主要分布于丰南滨海镇至滦南柳赞镇之间的曹妃甸境内，其间有小面积的稻田分布，总面积约 21 680 hm²。④稻田灌溉区，由淡水养殖—芦苇沼泽区向陆延伸 5～10 km，西起丰南的草泊水库东至乐亭县王滩镇海田村，其间分布有小面积的淡水养殖区，总面积 59 810 hm²。河流、沟渠纵横交织，形成明显的网状结构，分布于整个滨海地区。其他类型湿地分布比较零散，呈斑块状分布于滨海地区（邱若峰等，2006）。

4. 生物资源

唐山段滨海湿地生境类型众多，湿地野生植物达 53 科 164 属 238 种，其中苔藓植物 2 属 2 种，蕨类植物 4 科 4 属 5 种，被子植物 57 科 158 属 231 种。分布在区域内的鸟类 300 多种，其中国家Ⅰ级、Ⅱ级重点保护鸟类 55 种，主要有灰鹤、野鸭、大天鹅、苍鹭、白鹭、大鸨、东方白鹳、灰雁等。湿地爬行动物主要有蛇、鳖等，两栖动物主要有青蛙、蟾蜍等。淡水鱼类 20 余种，潮间带生物 163 种，海洋虾类有中国对虾、白虾、老红虾、狗虾等，蟹类有梭子蟹、长腿蟹、鬼蟹等（邱若峰等，2006）。另据河北曹妃甸湿地和鸟类省级自然保护区管理处资料，曹妃甸湿地保护区观察记录到鸟类种数已有 439 种（《2019 年春季曹妃甸湿地水鸟调查报告》，内部资料，2019）。

5. 唐山段滨海湿地特点

（1）典型性和稀有性

唐山段滨海湿地处于海陆交接的位置，河海的相互作用形成了独特的生境，自然景观呈现明显的海水向淡水的过渡性质，具有多种湿地类型。湿地内有鸟类 400 多种，其中东方白鹳、丹顶鹤、白头鹤、大鸨等国家Ⅰ级、Ⅱ级重点保护鸟类 70 多种。湿地水域内有丰富的水生动植物资源，是鱼、虾、蟹、贝类生殖繁衍的良好场所，为水禽等鸟类提供了丰富的食物来源和栖息环境，使之成为东北亚内陆和环西太平洋鸟类迁徙的重要驿站，也是部分鸟类的越冬栖息地。

（2）海草床

曹妃甸近海浅水海域分布着大叶藻（*Zostera marina*）（又称鳗草）海草床，总面积为 29.17 km²，外围面积高达 90.26 km²（周毅等，2019）。龙岛北侧、油田大堤西侧的浅滩均为大叶藻分布区，海草床面积约为 10 km²，油田大堤东侧浅滩也有海草床分布，但密度非常低（刘慧等，2016）。龙岛浅滩大叶藻海草床是迄今为止发现的我国黄渤海区面积最大的海草床，也是目前国内发现的面积最大的大叶藻海草床。

（3）天然湿地向人工湿地演化

自 20 世纪 60 年代开始，在广袤的滨海湿地的基础上，建造了南堡盐场、扩建了柏各庄农场，投入了大量的人力物力，修筑塘坝、挖沟排水，进行泄洪治涝等农业水利建设，大面积的芦苇沼泽、草甸盐沼被改造；20 世纪 80 年代中期开始大规模围垦养殖，滩涂面积迅速减少；2000 年至今的海港开发建设，使浅海—滩涂湿地受到严重影响，典型的沙坝潟湖体系遭到严重破坏。唐山段滨海天然湿地逐渐退化，人工湿地范围大幅度扩大，天然湿地已经大面积演化为人工湿地。

第三节　天津渤海沿岸滨海湿地

一、北大港湿地

1. 概况

北大港湿地（Beidagang wetland）位于天津市滨海新区东南部，东距渤海湾 6 km，与天津古海岸与湿地国家级自然保护区核心区上古林贝壳堤相邻。北大港湿地包括北大港水库、沙井子水库、钱圈水库、独流减河下游、官港湖、李二湾和沿海滩涂共七个部分。地理坐标为 117°11′—117°37′E，38°36′—38°57′N。湿地总面积 44 240 hm²，其中，沿海滩涂区域为渤海大港低潮线至北排河口沿岸，面积约 9 317 hm²。天津市北大港湿地自然保护区是在原大港区政府 1999 年 8 月批准成立的古潟湖湿地自然保护区（区级）的基础上扩建而成。2001 年 12 月经天津市政府批准，建成了天津市北大港湿地自然保护区（市级）。

北大港湿地自然保护区分为核心区、缓冲区和实验区三个部分，总面积 34 887 hm²。其中：核心区面积 11 572 hm²，缓冲区面积 9 196 hm²，实验区面积 14 119 hm²。核心区以北大港水库为主，库区东邻渤海湾，西面通过马圈引河经马圈闸与马厂减河沟通，东南部与大港油田毗邻，北侧与独流减河行洪道右堤相连，注入库区的河流主要有大清河、子牙河以及引黄来水。北大港湿地是东亚—澳大利西亚候鸟和旅鸟迁徙路线的重要驿站，每年的春秋两季，很多鸟类都会途经北大港湿地并停歇、栖息、觅食，补充迁飞能量，每年迁徙和繁殖的鸟类近 100 万只。同时湿地也是留鸟、水鸟的繁殖栖息地。北大港湿地具有多类型湿地特征，生态系统保存完整，有着良好的生物多样性，是天津乃至渤海湾地区生物多样性最为丰富的地区之一，被国际湿地专家认定为一块达到国际"重要意义湿地"标准的湿地。作为天津重要的生态基础设施，北大港湿地具有完善城市防洪排涝体系、调控水源、改善生物栖息环境、提供资源等众多生态环境与社会服务功能（刘克等，2010）。2020 年 3 月，北大港湿地被国家林业和草原局列入国家重要湿地名录，2020 年 9 月，被列入《国际重要湿地名录》。主要保护对象为湿地生态系统及其生物多样性，包括鸟类和其他野生动物、珍稀濒危物种等。

2. 北大港湿地自然环境

（1）地质地貌

北大港湿地是中晚期全新世以来海陆变迁的产物，是海退成陆过程的遗迹。北大港湿地绝大部分是海积、湖积低平原，其成陆是在浅海环境中由于海积而逐渐形成后，随着海退又接受了潟湖的沉积，在境内形成了许多星罗棋布的潟湖、碟形洼地和港淀。在地质上属于中国东部黄骅拗陷的一部分，基底岩石埋藏较深，主要岩石包括碳酸盐岩、碎屑岩、火山岩三大类。北大港湿地由海岸和退海岸成陆的低平淤泥堆积而成，形成了以河砾黏土为主的盐碱地貌沉积构造。区域内地势平缓，地形单一，由西南向东北微微降低，平原坡度小于万分之一（许宁等，2005）。北大港湿地既有平原地貌也有海岸地貌，地形总趋势为西南高、东北低，地面高程一般在 3.88～5.08 m，整个地势低洼平坦，多静水沉积。潟湖的代表为北大港水库和官港湖，地面高程绝大部分在 3.88 m（黄海高程）以下；此外，有潟湖及洼淀改造成的沙井子水库、钱圈水库。李二湾南依北排河、北靠子牙新河，是自然形成的洼地。

（2）土壤

北大港湿地土壤质地黏重，主要土壤类型为普通潮土、盐化潮土和盐化湿潮土，以潮土面积分布为多。由于过去河流泛滥和长期引水，沉积了不同质地的土壤，地势较高的区域为轻壤土和沙壤土，而洼地多为重壤土和中壤土。在河流连续和交替进行的冲积作用之下，土壤层次也较复杂，土层厚度一般在 0.3～0.6 m。此外，由于近海区域土壤直接发育于海相沉积物，成陆过程中经常受到海水和海潮的浸渍，土壤表层盐度高，一般在 5～10，盐渍化程度较重，小部分区域为沼泽土、滨海盐土。

（3）气候

北大港湿地属暖温带半湿润大陆性季风气候，深受海洋影响，寒暑交替，四季分明，春秋短、冬夏长，春季干旱多风，夏季高温高湿多雨，秋季冷暖适宜，冬季寒冷少雪。受太平洋季风影响，夏季盛行高温的东南风，冬季盛行寒冷干燥的西北风。年平均风速为 2～5 m/s，最大风速 22 m/s。

1）气温。年平均气温 12.1 ℃，7 月气温最高、平均气温 26.3 ℃，1 月平均气温-4.9 ℃，极端最高温度 40.3 ℃（1988 年 6 月 13 日），极端最低温度-20.3 ℃（1979 年 1 月 31 日）。累年气温年较差 31.3 ℃。初霜为 10 月 15 日至 11 月 14 日，终霜为 3 月 1 日至 4 月 11 日。无霜期 211 d。

2）日照。全年平均日照时长为 2 618.9 h。月日照时长 4 月、5 月、6 月最长，其中 5 月平均日照时长为 299.2 h；11 月至翌年 2 月日照时长最短，12 月平均日照时长仅为 178.8 h。累年太阳总辐射量平均为 506.9 kJ/cm²。总辐射量以 5 月和 6 月为最大，11 月和 12 月最小（徐长喜，1994）。

3）降水量和蒸发量。降水量在时空分布上变化较大，降水集中在 7—8 月。年均降水量 550 mm，年均蒸发量 1 120.5 mm（王斌等，2008）。

（4）水文环境

1）河流与水库。北大港湿地周边河流纵横交错，坑塘、洼淀较多。主要河流有独流减河、子牙新河、马厂减河、北排河、青静黄排水渠、沧浪渠、十米河、八米河等 11 条河流，主要承担输水、引水和汛期泄洪等功能。各河流来水含沙量较大，泥沙多在这一河段沉积。北大港水库的水源主要来自西部的马厂减河和西北部的独流减河。湿地内水库有北大港水库、沙井子水库、钱圈水库。此外还有官港湖、李二湾等湖泊洼淀。

2）地下水。地下水潜水较丰富。沿马厂减河一带的地下水埋深在 1.5～2.0 m，为弱矿化水和矿化水。靠近沿海地区，地下水埋深在 1.5～2.0 m，受海水侧浸的影响，地下水矿化度较高，以强矿化水为主。在离海较远地区，地下水以钠质硫酸盐氯化物型水为主；沿海附近地区，地下水以钠质氯化物型水为主。

3）近海水文。沿海海区年平均水温为 12 ℃左右，常年变化范围在-1～30 ℃。冬季有冰封现象，多为浮冰，平均厚度 20 cm。盐度一般为 30～32。沿海潮汐属不规则半日潮，一日之内有两次潮汐，大潮可涨落 3 m 左右。涨潮流向西偏北，落潮流向东偏南（徐长喜，1994）。

3. 湿地类型

北大港湿地属滨海湿地生态系统类型，天然湿地主要有湖泊湿地、河流湿地、沼泽湿地、海岸滩涂湿地、浅海湿地 5 个类型，人工湿地有养殖池塘 1 个类型。其中：北大港水库、官港湖属潟湖湿地，沙井子水库、钱圈水库属人工湖泊湿地，独流减河、李二湾属河流湿地，沿海滩涂属海岸滩涂湿地，水库边缘及一些洼淀属沼泽湿地。

4. 动植物资源

（1）动物资源

北大港湿地鸟类资源丰富。已记录到鸟类 12 目 26 科 140 多种。其中属国家Ⅰ级重点保护鸟类的 6 种，分别为东方白鹳、黑鹳、丹顶鹤、白鹤、大鸨、遗鸥。属国家Ⅱ级重点保护鸟类的 17 种，分别为海鸬鹚、大天鹅、疣鼻天鹅、白额雁、灰鹤、白枕鹤（2021 年《国家重点保护野生动物名录》中定为Ⅰ级）、蓑羽鹤、红隼、红脚隼、白腹鹞、白尾鹞、鹊鹞、雀鹰、普通鵟、大鵟、短耳鸮等（《天津市北大港湿地自然保护区总体规划》，天津市环境保护科学研究院，2003 年 7 月）。另据天津北大港湿地管理中心网站（http://www.bhsd-bh.org/）2010 年 4 月 17 日报道，保护区内监测到的鸟类已超过 276 种。

其他野生动物有：两栖动物 5 种，爬行动物 8 种，哺乳动物 13 种。鱼类有 10 目 17 科 38 种，最常见的有青鱼、草鱼、鲢、鲫、梭鱼、鲈、鲶鱼、白条、鲤、泥鳅、黄鳝等。昆虫有 6 目 80 余种。浮游动物 13 种（张庆辉，2013）。

（2）植物资源

北大港湿地有植物 43 科 113 属 153 种（除人工栽培外），其中乔木、灌木、草本植物分别占植物总数的 5.23%、5.88% 和 88.89%，草本植物是湿地内植物物种的主要组成成分。植物种类主要有芦苇、狗尾草、碱蓬、虎尾草、盐地碱蓬、獐茅，其次为盐角草、猪毛蒿、黄花蒿、鹅绒藤、牵牛、刺儿菜、苘麻、砂引草，还有少量的山莴苣、马唐、荩草、稗、小蓬草、茜草、荠菜、稷、野大豆、全叶马兰、苣荬菜、曼陀罗、猪毛菜、草木樨、白茅、马齿苋等。核心区具有较高的生物物种多样性（蔡在峰等，2019）。北大港湿地植被以沼泽芦苇群落为主、约占 60%，此外还有水葱群落、约占 2%，芦苇、香蒲群落约占 5%，狐尾藻、苦草、马来眼子菜群落约占 2%，狐尾藻、金鱼藻、黑藻群落约占 3%，水稗子群落约占 5%，碱蓬、角碱蓬群落约占 5%，芦苇、碱蓬群落约占 15%，柽柳群落约占 3%。坝堤上有零散的人工乔木，以榆树、槐树等为主（尤平等，2006）。

5. 北大港湿地特征

①湿地面积大，自然环境良好，物种丰富，鸟类种类和数量多，在我国东部沿海乃至太平洋西岸实属罕见。②草本植物是北大港湿地自然保护区植物物种的主要组成部分，对保护区内植物物种多样性具有重要影响。缓冲区草本层植物群落在空间分布的均匀程度高于实验区，而灌木层和乔木层植物群落在空间分布的均匀程度低于实验区（蔡在峰等，2019）。③由于水资源的匮乏，湿地植物群落退化，有向盐渍化过渡的趋势。蓄水量的减少使淡水的淹水时间缩短，湿地水体和土壤含盐量增大，湿地植被因此发生了迅速的退化演替。湿生和沼生植物种类逐渐减少，碱蓬群落的大量出现表明湿地植物群落有向盐渍化植物群落发展的趋势。由于水域面积持续减少，植被生长受到抑制而产生了退化趋势。④湿地变化呈现自然湿

地人工化、人工湿地城市化两大特点。部分李二湾及南侧用地的沼泽湿地和沿海滩涂等自然湿地变为以虾蟹池为主的人工湿地；中塘镇及大港城区零星散落虾蟹池被填埋作为城乡工矿居民用地（刘克等，2010）。

二、天津古海岸与湿地国家级自然保护区

1. 概况

天津古海岸与湿地国家级自然保护区（Tianjin ancient coast and wetland national nature reserve）位于天津滨海新区、津南区、宁河区和宝坻区，东临渤海湾，地处海河等河流的入海口，地势低洼。1984年12月，天津市人民政府下发津政办函〔1984〕101号文件，同意建立南郊区贝壳堤自然保护区，定为市级自然保护区，保护区面积为100 hm²。1992年10月，国务院下发国函〔1992〕166号文件，批准保护区晋升为国家级自然保护区，保护区范围由南郊区扩大到塘沽区、汉沽区、大港区、东丽区、宁河县。保护区面积由100 hm²扩大为99 000 hm²，由牡蛎礁和七里海湿地区域、贝壳堤青坨子区域、老马棚口区域、邓岑子区域、板桥农场区域、上古林区域、新桥区域、巨葛庄区域、中塘区域、大苏庄区域、沙井子区域和翟庄子区域组成。保护对象由单纯的贝壳堤扩展为贝壳堤、牡蛎礁和七里海古潟湖湿地生态系统。2009年9月，国务院下发国办函〔2009〕92号文件，同意保护区总面积由99 000 hm²调整至35 913 hm²，其中核心区面积为4 515 hm²，缓冲区面积为4 334 hm²，实验区面积27 064 hm²。保护区的核心区由原来的"巨葛庄贝壳堤""东泥沽贝壳堤"变为"巨葛庄贝壳堤"（津南区）、"邓岑子贝壳堤"（津南区）、"上古林贝壳堤"（大港区）、"青坨子贝壳堤"（塘沽区）、"俵口牡蛎礁"（宁河县）和"七里海古潟湖湿地"（宁河县）。保护区范围在117°14′35″—117°46′34″E、38°33′40″—39°32′02″N〔《关于调整天津古海岸与湿地等5处国家级自然保护区有关事项的通知》（环函〔2009〕301号）〕。

在距今1万多年前，全球气候进入温暖的冰后期，由于冰川消融、大地水准面变化等原因，全球沿海平原相继遭受海侵，之后在5 000~6 000年前的全新世时期，气候开始变暖，河流进积作用增强，海平面上升，在复杂的海陆变迁及河流的共同作用下，形成了保护区大量发育的沼泽、盐沼和潟湖，并形成了天津独具特色的贝壳堤和牡蛎礁（王强，1994；林露菲，2010；曾江宁，2013）。

天津古海岸与湿地国家级自然保护区是我国唯一的以贝壳堤、牡蛎礁构成的珍稀古海岸遗迹和湿地自然环境及其生态系统为主要保护对象的国家级海洋类型自然保护区。属不连续、开放性类型。保护区内的贝壳堤、牡蛎礁具有规模大、出露好、连续性强、序列清晰等特点，在我国沿海最为典型，在西太平洋各边缘濒海平原也属罕见，并且两类截然不同的生物堆积体在如此近的距离共存也为世界罕见。七里海湿地还栖息和生长着多种珍稀野生动植物（曾江宁，2013）。该保护区在国际上海洋、第四纪地质、古气候、古环境的研究领域中占有重要位置，是国际合作研究海洋学、地质学、地理学、湿地生态学的典型地区之一，被誉为"天然博物馆"（林露菲，2010）。主要保护对象为贝壳堤、牡蛎礁古海岸遗迹和滨海湿地。保护区的天然湿地类型主要为芦苇沼泽、季节性积水的河漫滩、湖泊和河流、盐滩，区域内地貌类型复杂。地面高程在4 m以下，地势低平，坡降小于2/10 000。主要植物群落为芦苇群落、盐地碱蓬群落和白茅（*Imperata cylindrica*）-狗尾草（*Setaria viridis*）群落等。

近年来，随着社会经济的发展，保护区内及周边地区基础设施建设和开发活动频繁，使得保护区湿地面积萎缩、生物多样性减少，湿地景观呈现人工化、破碎化状态。古贝壳堤和牡蛎礁也面临着被压占的威胁。

2. 自然环境

（1）地质地貌

天津古海岸与湿地国家级自然保护区主要位于淤泥质海岸带和淤泥质低平原带，处于燕山纬向构造体系与新华夏构造体系的交接部位，属燕山纬向构造体系的南亚带，与新华夏构造体系的分界线大致在 $39°20'$N 附近宝坻至丰南一线，以北主要为纬向构造地段，以南主要是新华夏构造体系发育新区。区内大部分地区被河流冲积物覆盖，但其地下的岩石基底是华北古陆地的一部分，断裂、隆起、拗陷等分布错综复杂。这样复杂的地形是由 7 000 年前发生的"燕山运动"形成的，当时的"燕山运动"使整个燕山地区隆起，而华北地区下降，被众多上游河流所带来的泥沙填充，形成现在保护区所在的华北平原的整体地形（林露菲，2010）。七里海湿地土壤主要是盐化潮土、沼泽土、滨海盐土等，组成物质为沙质黏土和含淤泥黏土粉沙。地势低平，微微倾斜，地面坡度为 1/10 000～1/5 000，平均海拔（黄海高程）为 0.8 m。

（2）气候、水文

天津古海岸与湿地国家级自然保护区属暖温带半湿润季风型气候。主要特征是季风显著，温差大。冬季多为偏北风，寒冷干燥，降水少；夏季多为东南风和偏南风，高温多雨，降水相对集中，为 7 月、8 月。年平均气温 11.1～12.3 ℃，极端最高气温 39.3 ℃，极端最低气温 -20 ℃。无霜期 195 d。年均降水量 600～900 mm（中国人民政治协商会议天津市宁河县委员会，2014）；年均蒸发量为 1 786.2 mm。年均日照总时长为 2 588～2 768.9 h。年均太阳总辐射量为 544.2 kJ/cm²（林露菲，2010）。

穿越七里海和七里海周边地区的河道有永定河、潮白新河、蓟运河、金钟河、曾口河、津唐运河、青龙湾故道、青污渠、青排渠、津唐引渠等。七里海潟湖湿地历史上曾是天津北部众水汇流之地，蓄积着这些河流注入的自然径流之水。

3. 贝壳堤

（1）贝壳堤形成

贝壳堤（Chenier）（图 3 - 4）是近海海底的贝壳及贝壳碎屑由于向岸风、风暴潮、强潮汐的作用搬运堆积而形成的渤海湾内四道依次分布的贝壳堤遗迹。由海生腹足类、双壳类的遗骸贝壳及其碎片组成，主要为毛蚶、四角蛤蜊、文蛤、青蛤、强棘红螺、托氏娼螺、杜氏笋螺、扁玉螺、缢蛏、竹蛏、扇贝、长牡蛎、近江牡蛎等潮间带或浅海粉沙质海底的海生贝类（津南区地方志编修委员会，1997）。贝壳堤出露厚度一般为 1～3 m，水平层理、粗细相间、排列有

图 3 - 4　贝壳堤

序，贝壳和贝壳碎屑完整纯净，种属相当一致。

贝壳堤的形成过程大致分为三个阶段：①水下沙坝阶段。该阶段是贝壳堤的雏形阶段，此时还没有成型的贝壳堤。一些死亡的贝壳残骸在水下与泥沙混合堆积在一起，由于波浪和潮流的筛选作用，贝壳碎屑从泥沙中逐渐剥离出来，并堆积在一起。这期间，如果水动力减弱或其他因素影响，筛选作用不充分，贝壳碎屑和泥沙就会形成互层沉积或混杂堆积。之后，当水动力逐渐增大时，贝壳或贝壳碎屑开始进一步堆积，在潮间带形成小型的水下沙坝。②障壁岛并向沿岸堤发展阶段。随着堆积作用的继续，水下沙坝规模不断增大、增高，最终超出高潮线的位置，形成出露于水面的障壁岛。在障壁岛不断发育的同时，岛后的潟湖和盐沼也在逐渐地被泥质沉积物填充，直到最终高度接近平均高潮线位置。此时，障壁岛完全转换为沿岸堤。③风成沙丘阶段。贝壳堤高出平均高潮线之后，贝壳堤形成的主要营造力由水动力转化为风动力。贝壳堤向海面的贝壳碎屑在风动力的作用下，可被向陆方向搬运数米至数十米的距离，细碎的贝壳碎屑在风力经年累月的搬运作用下使贝壳堤的高度缓慢增加，在距今约 4 000 年前，风力作用逐渐强盛，致使新近形成的贝壳堤上部逐渐发育成风成沙丘，贝壳堤的发育过程也基本结束（林露菲，2010）。自中全新世以来，由于陆地的影响逐渐增强、河流与沿岸流搬运的泥沙在海岸带大量淤积等原因，沿海低地及潮间带浅滩逐渐被淤高，裸露成陆，历经多次海侵海退，最终在渤海湾西岸形成了典型的贝壳堤。

（2）贝壳堤分布

保护区内有 4 道贝壳堤，总跨度约 36 km，相邻两堤间最大距离约 18 km，南北方向绵延约 60 km。总面积 25 km²。堤宽 20～50 m，最宽 100 m，高出地面 1～2 m（最高 3～4 m）。层数多达 10 余层（王恺，2003；黄宗国，2004）。贝壳堤自东向西（即由海向陆）依次分别称为第 1 道、第 2 道、第 3 道、第 4 道贝壳堤，由新到老呈弧形排列，与现代海岸线大致平行，呈垄岗状不连续分布。横剖面顶部上凸，向两翼减薄至尖灭。组成物质以贝壳和贝壳碎屑为主，夹粉沙、细沙、泥炭层或淤泥黏土薄层，沉积层具有层理、分选、磨圆、孔隙度等特征（徐利森，1995）。贝壳堤排列序数越高，形成的年代越早。第 4 道贝壳堤见于大港区南部翟庄，形成于距今 4 000～5 000 年前。第 3 道贝壳堤北段见于东丽区荒草坨—小王庄—张贵庄—津南区巨葛庄—南八里台—大港区中塘一线；在南、北大港间分为 3 支：西支为大苏庄—小刘庄—窦庄，中支为坡江—友爱，东支为沙井子；南段自王肖庄延至黄骅境内，该堤形成于距今 3 000 年前。第 2 道贝壳堤北起东丽区白沙岭，经军粮城—津南区泥沽—邓岑子—大港区上古林—老马棚口，进入河北省黄骅歧口，形成于距今 1 000～2 000 年前。第 1 道贝壳堤北起汉沽区大神堂—蛏头沽，在塘沽区滨海驴驹河、高沙岭等地断续呈小新月形贝壳沙丘或小面积的贝壳滩出露，到大港区老马棚口一带，形成于距今 500～700 年前（王恺，2003）。

4. 牡蛎礁

（1）牡蛎礁形成

天津古海岸的牡蛎礁（Oyster reef）（图 3-5）亦称牡蛎堆积、牡蛎滩，由清一色的牡蛎壳堆积形成，一般长 500 m、宽 300 m、厚 5 m，埋深 1～3 m。牡蛎礁是全新世以来渤海成陆过程中的主要产物，是距今 2 200～5 800 年间渤海湾一次次的海进海退留下的大量历史遗迹，构成了古海岸滨海湿地的奇特生态景观。据 ¹⁴C 测年测定，最老的牡蛎礁分布在宁河北部东老口、苑洪桥一带，最年轻的出现在北塘口一带，总体呈现由北向南越来越年轻的趋势（林露菲，2010）。牡蛎礁是由牡蛎不断附着在蛎壳上、长时期稳定堆积而成的天然堆积体，基本属于潮下带、半咸水潟湖河口环境的生物堆积体。牡蛎礁由长牡蛎（*Crassostrea gigas*）和近江牡蛎（*Crassostrea ariakensis*）遗骸组成，剖面堆积层次清晰，最厚的可达 5 m，这在西太平洋各边缘滨海平原实属罕见。牡蛎礁体中还包括现代土壤、古代土壤、潟湖相沉积层、潮间带相沉积层以及填充在牡蛎壳空隙内的少量泥沙和贝壳碎屑，并含有伴生的宏体生物化石，如梯蛤和

图 3-5　天津七里海牡蛎礁（任永利摄）

红螺等壳体。牡蛎礁堆积掩埋的过程也反映了该地区的海、陆变迁史。距今 6 000 年前是牡蛎礁生成初期。由于当时海岸线与偏东向强风斜交，风浪对海岸的侵蚀并不严重，水流又处于相对平缓的状态，形成了以海积为主的宽阔浅滩；同时，在流量较小、泥沙含量较少的河口地区为低平的堆积平原海岸；海岸动态相对较为稳定，岸线增长一般较慢；海底地形平坦，潮间带浅滩宽阔；底质为硬的泥质；潮差小，波浪、潮流和缓，具有较为安静的水动力条件，再加上西北岸有源于山间的潮白河、蓟运河带来大量的新鲜淡水资源和陆源物质，形成咸淡水汇聚的适宜环境，有利于牡蛎的大量生长和密集分布（林露菲，2010；王亚明，2018）。

牡蛎礁的形成过程大致分为三个阶段：①零星个体阶段。发育于潮间带下部的细小沙质颗粒的沉积物，为牡蛎礁礁底的形成提供了基本条件，这种颗粒物质随着海浪长期的作用，逐渐向上累积直至潮间带，使得波浪引起的水动力影响减弱，此时，一些零星的牡蛎个体开始在这种细碎的泥质基底上附着发育。这些零星的牡蛎和贝类由于处在波浪带，很容易被搬运后再沉积，形成贝壳碎屑的堆积层。②形成牡蛎层阶段。随着零星牡蛎和贝类碎屑的不断堆积增厚，牡蛎个体占据周围的空间范围，努力地使整个基底布满牡蛎个体，形成小的凸起；新的牡蛎个体并不是等到老的个体死亡后才开始生长，而是以成年牡蛎个体为新的基底开始向上生成，形成牡蛎礁独特的老上有幼、幼上有新的多个生长期并存的簇生循环生长模式，在这种持续生长的情况下，礁体开始向上建造。③建礁阶段。随着牡蛎层的不断向上生长，个体之间不断相互依附、密集簇生、向上建造，直至礁体高度达到潮间带中部，即海平面的位置。由于潮水涨落变化，生长在潮间带的牡蛎礁体每天都有一半的时间暴露在空气中，这样的环境不适于牡蛎生长，礁体的建造速度逐渐变缓。再之后随着岸线不断推进，大量泥沙被搬运并堆积于礁体所在的河口地区，泥沙的堆积速度远远大于礁体向上建造的速度，导致大量的泥沙覆盖于礁体之上，使上层牡蛎窒息而死；至此，牡蛎礁建礁过程完成（林露菲，2010）。由于河流的物质来源及其物质供给不同，在渤海湾西北岸则形成了多道牡蛎礁。

（2）牡蛎礁分布

牡蛎礁是保护区内的另一地质遗迹，形成于天津滨海平原海河以北，宁河区、宝坻区境内潮白河与蓟运河下游地带，其分布集中在宝坻南部、宁河中部及东部地区，最典型地段是宁河区俵口的牡蛎礁核心区。保护区内牡蛎礁富集区有 9 处，保护区外发现牡蛎礁富集区 3 处。保护区内第Ⅰ区：分布在蓟运河右岸，杨庄子—宁河驾校一带。礁体顶板埋深 3.45～4.50 m。第Ⅱ区：分布在潮白新河左岸，姜家庄—史家庄一带。礁体顶板埋深 3.8～6.0 m。

第Ⅲ区：分布在芦台农场四分场一带。礁体顶板埋深 3.3～5.5 m。第Ⅳ区：分布在芦台农场五分场、后辛庄、桐城村和岭头村一带。礁体顶板埋深 1.2～5.0 m。第Ⅴ区：分布在俵口和蓟口河一带。礁体顶板埋深 2.7～5.5 m。第Ⅵ区：分布在东唐坨一带。礁体顶板埋深 4.5～5.7 m。第Ⅶ区：分布在小八亩坨一带。礁体顶板埋深 4.1～5.4 m。第Ⅷ区：分布在淮淀乡一带。礁体顶板埋深 4.0～5.0 m。第Ⅸ区：分布在于家岭大桥、清河农场八分场一带。礁体顶板埋深 1.7～5.0 m。保护区外 3 处分别为：①大吴庄礁区。呈一个东西向的长方形，面积约 2 hm²，礁体顶板埋深 3.10～6.34 m，礁体厚 5 m，并被平均 4 m 厚的泥质沉积物覆盖。②黄港水库礁区。该礁体呈西北—东南向的纺锤形分布，长约 500 m，平均宽 100 m，面积约 5 hm²。礁体顶板埋深 3.22～6.33 m，厚度为 2 m。③空港物流中心礁区。礁体顶板埋深约 5.8 m，厚度不小于 1.5 m（曾江宁，2013）。贝壳堤与牡蛎礁具有较大的联系，因受同样的海洋动力条件的影响，表现出亦堤亦岭的特征。牡蛎礁与渤海湾西北岸的湾顶（主要受湾中湾的影响）大致呈平行的弧形排列分布特点。牡蛎礁壳体剖面呈单（侧）羽状或平行结构，层状构造明显。大吴庄、俵口、蓟口河等牡蛎礁体的空间厚度较大，为 5.20～5.50 m（岳军等，2012）。

5. 七里海潟湖湿地

（1）概况

七里海潟湖湿地（Qilihai Lagoon wetland）位于宁河区西南部，俵口、任凤、造甲城之间，距离渤海约 15 km。是在距今约 7 000 年前的古海湾基础上逐渐演化而成的古潟湖型湿地。七里海自形成 3 000 多年以来，一直保持着滨海湖泊、沼泽湿地的自然景观（秦磊，2012），附近的近地表和地表以上至今还保留着近岸地带形成的牡蛎礁。七里海湿地特色突出，是我国北方面积最大的带有古海岸特色的潟湖型湿地，已被列入国家重点湿地名录。七里海湿地水面宽阔，空气清新，各种动植物资源十分丰富，为许多珍稀濒危野生动物提供了良好的栖息、繁殖基地，尤其是夏季植物生长茂盛、满目青翠，多种鸟类在此栖息、繁衍，有些珍稀候鸟在迁徙途中也喜欢在此驻足停留、暂作栖息。七里海湿地不仅是生物多样性的典型地区，也是人与自然和谐相处的典范，同时还具有泄洪、滞洪、抵御旱涝、调节小区气候、沉积和降解毒物、涵养水分、保留养分、生物量输出等功能。

（2）七里海潟湖的形成与变迁

七里海潟湖是自全新世晚期以来多次发生的海侵海退过程中在天津平原残留下来的众多潟湖之一，之后逐渐演化为淡水沼泽，属沙坝-潟湖体系，以河漫滩相、潟湖相、沼泽相沉积为主，地下有海相层，近地表有牡蛎礁沉积（秦磊，2012）。当海侵发生时，海水超过沙坝后形成潟湖，海退时由于泥沙运动封闭了一部分海湾和浅海，形成了残留的潟湖。七里海潟湖湿地的形成大致分为两个阶段：①冰后期中期形成阶段。冰后期是指第四纪最后一次冰期至晚更新世冰期结束之后的暖温时期，一般指全新世。在此时期，由于全球温度升高，各地的海平面上升速度加快，海进范围达到最大，之后海平面上升速度减缓，岸线趋于稳定，沿岸沙坝或滨外坝开始发育，致使当时本区域海岸线一带形成半封闭潟湖。②冰后期中晚期形成阶段。在这一时期，海平面上升速度低于沉积速率，海退开始发生。入海的泥沙在波浪的长期作用下堆积在海岸带附近，沙坝持续向海滩推进，潟湖逐渐封闭。随后在风力的作用下海滨沙被吹扬并最终形成沙丘带，封闭了潮汐入口，海水无法汇入潟湖，随着潟湖湖面的升高，部分淡水河汇入潟湖，致使湖水由咸变淡（林露菲，2010）。

宁河地区的古海岸线、古岭地、古牡蛎礁是陆相沉积推进、海相沉积节节后退的佐证，这一海陆变迁过程直接影响着七里海古潟湖湿地的形成和演变。距今 5 000 年前，海岸线位于潘庄镇、大海北、小海北一带，当时七里海地区为海相沉积环境。距今 3 000～3 800 年前，海岸线退至造甲城、七里海镇一带。清朝乾隆年间，七里海被逐渐分割成前海、后海、曲里海 3 部分，湖底不断淤积，水面不断萎缩，逐渐演变为湖泊、沼泽湿地。1926—1950 年为自然变化阶段。七里海潟湖周围的洼地星罗棋布，潮白河穿越七里海与蓟运河交汇后入海，仍保持着原始的湿地景观，总面积约 10 800 hm²（不含曲里海）。1951—1981 年为改造治理阶段。20 世纪 60 年代，由于经济发展需要，后海和曲里海被开垦为农田，前七里海面积由原来的 7 800 hm² 减少到 6 850 hm²。1976 年，前七里海被潮白河一分为二，成为东、西七里海，面积比 20 世纪 50 年代减少了近 6 000 hm²。1978—1981 年对东七里海实施围海筑堤工程，东七里海被改造成水库，七里海古潟湖湿地进一步萎缩。由于人类活动影响，七里海古潟湖湿地的大片天然湿地逐渐消失，后海和曲里海不复存在。七里海古潟湖湿地的生态功能明显减弱。1982—2005 年为围垦和水产养殖阶段。在此期间，七里海地区水产养殖业兴起，东、西七里海的大面积水域以及湿地周围的大片农田都被改建为养殖池，人工池塘面积由 0 hm² 增加到了 6 397 hm²。从 20 世纪 50 年代起，七里海潟湖天然湿地面积不断减小，而人工湿地面积不断增加，改变了七里海潟湖湿地的自然景观格局，类型日趋单一，天然异质性降低，自我调节能力和生态恢复能力明显减弱（秦磊，2012）。

（3）七里海潟湖湿地分布

七里海潟湖湿地的核心区、缓冲区总面积为 9 500 hm²。以潮白河为界分为东、西七里海。核心区范围为 117°27′—117°39.3′E，39°16′—39°29′N，以东、西七里海围堤外侧堤脚为界。核心区面积约为 5 320 hm²。缓冲区以核心区边界向外延伸至 1 000 m 处，在东七里海北部以罾口河北岸河堤外侧堤脚为界，延伸至罾口河、津唐运河交汇点。其中俵口段与俵口牡蛎礁保护边界接界（林露菲，2010）。

（4）动植物资源

七里海湿地发现的鸟类有 16 目 39 科 181 种，其中留鸟 21 种，旅鸟 100 种，夏候鸟 33 种，冬候鸟 27 种。属于古北界种 138 种，广布种 38 种，东洋界种 5 种。濒危或有重点保护意义的鸟类有：国家 Ⅰ 级重点保护鸟类 16 种，包括青头潜鸭、中华秋沙鸭、大鸨、白鹤、白枕鹤、黑嘴鸥、遗鸥、黑鹳、东方白鹳、黑脸琵鹭、黄嘴白鹭、卷羽鹈鹕、乌雕、白尾海雕、猎隼、黄胸鹀。国家 Ⅱ 级重点保护鸟类 46 种，包括鸿雁、白额雁、小白额雁、疣鼻天鹅、小天鹅、大天鹅、鸳鸯、花脸鸭、斑头秋沙鸭、角䴙䴘、黑颈䴙䴘、灰鹤、半蹼鹬、白腰杓鹬、大杓鹬、翻石鹬、大滨鹬、白琵鹭、鹗、黑翅鸢、凤头蜂鹰、日本松雀鹰、雀鹰、苍鹰、白腹鹞、白尾鹞、鹊鹞、黑鸢、灰脸鵟鹰、毛脚鵟、大鵟、普通鵟、红角鸮、纵纹腹小鸮、长耳鸮、短耳鸮、红隼、红脚隼、灰背隼、燕隼、游隼、云雀、震旦鸦雀、红胁绣眼鸟、红喉歌鸲、蓝喉歌鸲（莫训强等，2021）。列入"世界濒危动物红皮书"的有 6 种，包括东方白鹳、白尾海雕、遗鸥、鸿雁、花脸鸭、青头潜鸭等；"亚太地区具有特殊意义的迁移水鸟"有 5 种，包括东方白鹳、青头潜鸭、灰头麦鸡、大杓鹬、遗鸥等。列入中澳、中日候鸟保护协定的分别有 43 种（占总数的 53%）和 111 种（占总数的 49%）。除了珍稀鸟类，还有大量普通鸟类，如野鸭、大雁、鸹、海鸥、白鹭、鹌鹑、大苇莺、喜鹊、乌鸦、麻雀、黄莺、斑啄木、绿啄木等（宋菲菲，2014）。

爬行类动物 6 种；两栖类动物 4 种；甲壳类动物 8 种；环节类动物 2 种；哺乳类动物 5 目 6 科 13 种；软体类动物 2 纲 19 科 28 种；鱼类 7 目 9 科 50 种；昆虫类 10 目 56 科 155 属 164 种（何广顺等，2013）。珍稀哺乳动物有麋鹿（*Elaphurus davidianus*）。

高等植物 44 科 114 属 165 种，其中双子叶植物 38 种，单子叶植物 15 种。以禾本科、菊科、豆科等为主，如芦苇、獐茅、羊草、白羊草、狗尾草、金色狗尾草等。木本的乔灌木植物很少，除柽柳、西伯利亚白刺、酸枣、枸杞等外，其他乔灌木大多数为栽培的抗盐树种，如榆树、刺槐、臭椿、紫穗槐、桑、旱柳等（彭士涛等，2009）。珍贵保护植物有野大豆（*Glycine soja*）、猫眼草（*Euphorbia lunulata*）、地锦草（*Euphorbia humifusa*）等。主要植被类型有乔木植被、灌木植被、草甸植被、盐生植被、沼泽植被、水生植被等。主要湿地植物有芦苇、蒲草、稗（丁世坤，2012）。七里海属芦苇沼泽，以芦苇群落为主，在低洼区还生长大片的香蒲群落、水葱群落、荆三棱群落和水蓼群落等挺水植物群落。超过 40 cm 水深的地带，生长着藻类和荇菜等沉水植物群落。但在植物群落演替过程中，芦苇正逐渐替代其他植物。

6. 保护价值

天津古海岸贝壳堤和美国路易斯安那州贝壳堤、南美苏里南贝壳堤一起在地质界享有盛名，是世界三大著名贝壳堤之一。四道贝壳堤是距今 6 000 年以来在特定的古地理环境条件下形成的古海岸遗迹，规模大、出露好、连续性强、顶底清楚、序列清晰、剖面保存完好，是中国少有、世界罕见的古海洋生物遗迹。贝壳堤的位置标志着渤海湾西岸古海岸线的大致位置，贝壳堤真实地记录了沧海变桑田的过程，是古海岸及海、陆变迁的重要佐证和珍贵遗迹，对研究全球古地理、古气候、海洋生态、海陆变迁等多学科具有重要的科学价值（津南区地方志编修委员会，1997）。

天津古海岸牡蛎礁的规模，只有泰国曼谷以北地区和美国路易斯安那州的牡蛎礁可与之相比，但迄今为止，还没有发现其他类似天津古海岸厚达 5 m 的牡蛎礁堆积层。牡蛎礁堆积掩埋的过程也反映了该地区的海、陆变迁史。牡蛎礁与贝壳堤一样是天津古海岸与湿地国家级自然保护区独具特色的古海岸遗迹，极具保护价值。

七里海湿地是天津滨海平原自全新世以来地球气候变化引起海平面波动、历经由陆到海、又由海到陆变迁的重要佐证，并处于东亚—澳大利西亚鸟类迁徙路线上，每年的鸟类迁徙季节都会有大量候鸟经过此地，有些鸟类属于珍稀鸟类品种，保护候鸟迁徙路线对保持全球的生态系统平衡有着重要的意义。

第四节 辽宁渤海沿岸滨海湿地

一、双台子河口湿地

1. 概况

双台子河口湿地（Wetland of the Shuangtaizi River estuary）位于辽宁省盘锦市境内，辽河三角洲的最南端，距市区约 30 km，地处辽东湾底部双台子河入海处，东起大辽河、西至大凌河、南接辽东湾、北连辽河平原，总面积 128 000 hm²，南北长 60 km，东西宽 35 km。双台子河口国家级自然保护区（Shuangtaizi estuary national nature reserve）于 1985 年建立，1987年被列为省级自然保护区，1988年经国务院批准，以国发30号文件确定为国家级自然保护区，2015年7月20日经国务院批准，辽宁双台河口国家级自然保护区正式更名为辽宁辽河口国家级自然保护区。1993年被纳入"中国人与生物圈保护区网络"，1996被纳入"东亚—澳大利西亚涉禽迁徙航道保护区网络"。

保护区地理坐标为121°30′—122°00′E，40°45′—41°10′N，总面积120万亩（80 000 hm²）。保护区划分为核心区和实验区，其中，东郭苇场的孙家流子、流子沟、罗家、八道沟、三道沟管区，北屁岗管区的南部，赵圈河苇场的向阳、红旗、建设和大洼小三角洲围海大堤以外的水域、滩涂、苇田及双台子河口水域共60万亩（40 000 hm²）为核心区，其余60万亩（40 000 hm²）区域为实验区。是以丹顶鹤、黑嘴鸥等珍贵、稀有、濒危鸟类和双台子河口湿地生态环境为保护对象的综合性自然保护区（《辽宁双台子河口国家级自然保护区管理办法》，盘锦市人民政府1994年6月29日发布）。

双台子河口湿地是我国最大的湿地自然保护区，也是目前世界上保存最好、面积最大、植被类型最完整的生态地块，湿地由芦苇沼泽、滩涂、浅海滩涂、河流、水库和稻田湿地类型组成。除双台子河穿过该区域入海外，还有大凌河、绕阳河、盘锦河、大辽河等十几条河流在该区域入海，河水挟带的大量泥沙沉积导致海水退却，形成了大面积的发育滩涂和沼泽湿地，由于淡水和海水相互浸淹、混合，致使该区域植被具有喜湿耐盐植被多、植物种类少、优势种群密度大、生物量高的特点（《农区生物多样性编目》编委会，2008）。湿地保护区内主要植物为芦苇、碱蓬等。滩涂上的盐地碱蓬（东北称翅碱蓬）群落大面积分布，整个生长季节几乎都呈红色，进入秋季，嫣红似火，形成"红海滩"，宛如一片"红地毯"，是我国沿海湿地少见的自然景观。芦苇沼泽更是享誉中外，有"世界第二大苇田"之称。

双台子河口湿地是环西太平洋鸟类迁徙的中转站，是我国暖温带最年轻、最广阔、保护最完整的湿地，是我国最重要的自然保护区之一。主要保护类型是野生动物，如丹顶鹤、东方白鹳（*Ciconia boyciana*）、大天鹅（*Cygnus cygnus*）、黑嘴鸥等珍稀水禽。此外还是国家Ⅰ级重点保护动物斑海豹（*Phoca largha*）的繁殖区之一。

随着区域气候变化和人类活动的加剧，双台子河口湿地环境发生了深刻变化，湿地面临着淡水资源短缺、自然湿地逐渐被人工湿地取代、破碎化严重等问题。

2. 自然环境

（1）地质地貌

双台子河口湿地大地构造位于华北台地东北部，区域构造位于辽河断陷构造位置上。在漫长的地质演变过程中，历经多次地壳升降，海陆交替变化。在距今6亿～9亿年前的古元代，蓟县运动使盘锦地区下降为浅海，沉积浅海相灰岩、泥质岩、页岩等地层，早古生代中期至晚古生代中期（距今3.2亿～5.0亿年）上升为陆地。晚古生代末期（距今2.3亿～3.2亿年）地面下降，是一片浅海或滨海水域，中生代初期（距今1.75亿～2.30亿年）上升为陆地。中生代中期以后，发生多次升降运动，并伴有火山喷发活动，沉积环境为内陆湖泊及湖沼相的陆相砾岩、沙砾岩、沙岩、页岩及火山碎屑岩、安山岩等（盘锦市人民政府地方志办公室，2005）。下辽河盆地是中生代的断陷盆地，自中生代形成之后，在第三纪时期由于北东—北北东断裂的控制作用，盆地发生了大幅度下沉，并在其内部发生强烈的分异作用，形成一系列的隆起和凹陷。凹陷内部有巨厚的老第三纪堆积，厚度可达6 000 m。下辽河盆地是沉积中心之一，第三纪发育齐全，上第三纪分馆陶组和明化镇组；第四纪分布广，面积大，成因类型复杂，岩相变化较大。下辽河盆地自中生代更新世以来有过三次海侵，在辽河口、双台子河口堆积了三套海侵地层，海岸线有过频繁进退迁移，反映了本区构造运动相对活跃的结果。地貌类型为辽河下游冲积滨海平原，以冲积平原和潮滩为主，地势低洼平坦，由东北向西南微微倾斜，高程 1.3～4.0 m，海岸地带地势低洼，潮沟发育。坡降 1/25 000～1/20 000。河道明显，多苇塘沼泽和潮间带滩涂（金连成等，2004；刘焕鑫，2006；王永洁等，2011；关道明，2012）。

(2) 土壤

双台子河口湿地成土母质主要来源于河水淤积物，土壤类型以沼泽土、盐碱土、潮滩盐土和水稻土为主。由于受长年积水影响，土壤透气性差，养分分解慢；再加上土壤含盐量高，影响了植物根系对土壤养分的代谢吸收，造成土壤养分的大量累积，形成了典型的潮滩盐土、滨海盐土、草甸盐土和沼泽盐土，土壤盐渍化程度较高。0～20 cm 深度的土壤全盐量为 0.11%～1.00%，pH 为 7.9～8.3（《农区生物多样性编目》编委会，2008）。

(3) 气候

双台子河口湿地位于中纬度地带，属暖温带大陆性半湿润半干旱季风气候。春季回暖快，降水少，空气干燥；夏季气候湿热，降水集中；秋季天高气爽，多晴朗天气；冬季寒冷干燥，降水少。

1）气温。年平均气温 8.4 ℃，最冷的 1 月平均气温 -10.4 ℃，最热的 7 月平均气温 24.6 ℃；年均温差 35.0 ℃；极端最高气温 35.2 ℃（1967 年 8 月 8 日），极端最低气温 -28.2 ℃（1964 年 2 月 2 日）；≥10 ℃年均积温 3 438 ℃。年平均无霜期 177 d。

2）光照。年均日照时长为 2 768.5 h。日照时长全年内变化呈双峰型，5 月为最高峰、为 278.5 h，9 月是次高峰、为 250 h。年均太阳总辐射量为 563.9 kJ/cm²。

3）降水量与蒸发量。年平均降水量 621.4 mm，年际变化较大，丰水年最大降水量 928 mm，枯水年最小降水量 269 mm。降水集中在 6—9 月，占全年的 70% 左右。年平均蒸发量 1 640.7 mm，年最大蒸发量 2 500 mm。5 月蒸发量最大，1 月蒸发量最小。

4）风。由于受渤海影响，风速和风向变化较小，年均风速为 4.3 m/s；4 月最大、平均为 5.8 m/s；8 月最小、为 3.3 m/s。年瞬时风速达 25.7 m/s。全年主导风向为西南风（刘焕鑫，2006；金连成等，2004；张嫣然，2012）。

(4) 水文环境

保护区水文复杂，区域内水资源可分为海、河、湖、池塘及地下水，此外还有春季融雪和夏季降雨。在潮间带，海水为其主要的补给水源；在潮间带以上区域，河水、天然降水为其主要补给水源。随着海洋的季节变化，地表水与地下水发生水分与盐分的交换。

1）河流。大凌河、双台子河、绕阳河和大辽河 4 条河流是湿地保护区主要的入海河流，而大凌河和双台子河则为形成和维持本区域湿地生态系统的主导河流。

2）河口近海水文。冬季，近河口区表层水温低于 1 ℃；夏季，水温达 27 ℃。多年最高表层水温为 33.2 ℃（1981 年 7 月 30 日），多年最低水温 -2.3 ℃（1960 年 2 月 17 日），多年平均水温 11.3 ℃。11 月中下旬结冰，翌年 3 月中下旬终冰，冰期 80～130 d。1 月下旬进入严重冰期，约 30 d。固定冰宽 5～15 km，冰厚 30～60 cm（中国海湾志编纂委员会，1998）。海水盐度平均为 30 左右，春季可高达 32 左右，夏秋季在 29 以下。双台子河口及附近海域海水透明度为 0.2～1.5 m。潮汐属不规则半日潮，平均潮差 2.47 m；潮间带一般宽 3～4 km，最宽处达 8～9 km。潮流基本为往复流，流向为东北—西南；最大平均大潮流速为 60 cm/s，大致与潮流方向相同。春秋季浪向杂乱，夏季浪向以西南为主，平均浪高 0.5～0.6 m。

3）地下水。地下水为第四纪浅层水和第三纪水，均属松散岩类空隙水。

3. 湿地类型

双台子河口保护区湿地由沼泽、潮间带滩涂、浅海水域、河流、水库、养殖池塘和稻田 7 种湿地类型组成。其中：芦苇沼泽面积 10 792 hm²，碱蓬沼泽等面积 820 hm²，浅海水域面积 95 985 hm²，水库面积 1 618 hm²，养殖池塘面积 14 489 hm²（关道明，2012），潮间带滩涂面积 43 300 hm²，河流面积 18 600 hm²，稻田面积 102 000 hm²（杨慧玲，2009）。

4. 生物资源

（1）植物资源

双台子河口湿地植被区系特征属华北植物区系，受区域湿地生态环境的影响，种类比较单一，分布有植物 229 种，分别为浮游植物 91 种（杨慧玲，2009），维管束植物 40 科 99 属 138 种，其中蕨类植物 1 科 1 属 1 种、裸子植物 1 科 1 属 1 种、双子叶植物 30 科 66 属 94 种、单子叶植物 8 科 31 属 42 种（王诗慧，2015）。建群种植物不超过 10 种，多为草本类植物，少有木本种类，个别区域偶见零星的杨树、柳树、榆树等单株树。植被分布受土壤结构、水、含盐量和潮汐影响，主要有海滨碱蓬盐生草地、獐茅盐生草甸、芦苇沼泽和水生植被四大类。①滨海滩涂受潮汐影响，潮下带长年被海水淹没，无植被生长；潮间带长有稀疏的碱蓬植物，而潮上滩涂近河口处长有茂密的盐地碱蓬植物，一般盖度达 80% 以上，高度为 25 cm 左右。东部区域，由于土地围垦，滩涂不受潮汐影响，灰绿碱蓬入侵成为优势种。②獐茅盐生草甸分布于地势平坦、土质盐碱、含盐量较高的区域，主要生长有披碱草、芦苇、羊草、马绊草、碱蓬、补血草、东北茵陈蒿、野苜蓿、白刺和怪柳等。③沼泽植被分布于地势低洼、常年积水区域，是本区植被组成中分布最广、占地面积最大的一个植被类型，以芦苇为主，间杂有水烛、香蒲、泽泻、灯芯草及菖蒲等。④水生植被分布于湖沼、沟塘、河流等地，挺水植物有慈姑和泽泻，浮水植物有浮萍、紫萍等，沉水植物有金鱼藻、竹叶眼子菜等（张婷婷，2007）。此外还有少量的木贼、桑、蓼、藜、马齿苋、石竹、毛茛、蔷薇、豆科、锦葵、二仙草、车前草等植物。

2002 年 6 月，在双台子河口海域观察到浮游植物近 39 种，以金藻门和硅藻门为主，其次为甲藻。其中硅藻 36 种，甲藻 2 种，定鞭藻 1 种。主要种类有棕囊藻（*Phaeocystis* sp.）、中华盒形藻（*Biddulphia sinensis*）、舟形藻（*Navicula* sp.）、圆筛藻（*Coscinodiscus* spp.）、中肋骨条藻（*Skeletonema costatum*）、短角弯角藻（*Eucampia zoodiacus*）、夜光藻（*Noctiluca scintillans*）等（刘述锡等，2004；关道明，2012）。

（2）动物资源

保护区有浮游动物 51 种（刘焕鑫，2006）。2002 年春季调查，在双台子河口共采集到浮游动物 31 种，其中原生动物 1 种，水母类 8 种，桡足类 14 种，糠虾类 5 种，涟虫类、十足类、毛颚类各 1 种。主要种类有强壮箭虫（*Sagitta crassa*）、中华哲水蚤（*Calanus sinicus*）、强额拟哲水蚤（*Paracalanus crassirostris*）、双毛纺锤水蚤（*Acartia bifilosa*）（刘述锡等，2004），浮游动物种类组成以广温近岸低盐种为主体（关道明，2012）。甲壳类 49 种，分属于 5 目 22 科；软体动物有 63 种，隶属于 4 个纲 12 目 26 科，主要有文蛤、四角蛤蜊（*Mactra veneriformis*）、毛蚶等（刘焕鑫，2006）。底栖生物主要有 18 种，其中软体动物 6 种、多毛类 4 种、甲壳类 5 种、棘皮动物 1 种、其他动物 2 种。主要种类有双齿围沙蚕（*Perinereis aibuhitensis*）、四角蛤蜊、泥螺（*Bullacta exarata*）、托氏蜎螺（*Umbonium thomasi*）、天津厚蟹（*Helice tientsinensis*）、隆线拳蟹（*Philyra carinata*）等。底栖生物种类较少，生物多样性低（关道明，2012）。保护区有鱼类 19 目 57 科 124 种，主要鱼类有小黄鱼、带鱼、白姑鱼、鲤、鲢、鲫、泥鳅、乌鳢、赤眼梭、鲻、红鳍鲌、草鱼和鲈等。昆虫 11 目 77 科 300 种。哺乳动物 7 目 11 科 21 种，主要有普通刺猬、狐、黄鼬、草兔、斑海豹及多种鼠类等。两栖类有中华大蟾蜍、花背蟾蜍、普通蟾蜍、黑斑蛙、北方狭口蛙。爬行类有无蹼壁虎、丽斑麻蜥、蓝颈锦蛇、两头蛇、白条草蜥、枕纹锦蛇、虎斑游蛇、红点锦蛇、棕黑锦蛇、赤链蛇（金连成等，2004；刘焕鑫，2006；《农区生物多样性编目》编委会，2008；杨慧玲，2009）。

双台子河口滨海湿地已观测记录到鸟类 17 目 58 科 269 种，其中古北种为优势种、有 220 种，广布种 37 种，东洋种最少、仅有 12 种。《中日保护候鸟及其栖息环境协定》规定保护的鸟类 147 种，《中澳保护候鸟及其栖息环境的协定》规定保护的鸟类 50 种。鸟类物种数最多的是雀形目（Passeriformes）、有 27 科 105 种，其次是鸻形目（Charadriiformes）、共计 8 科 58 种。每年在湿地内停歇的丹顶鹤数量占全球野生种群总数的 45%、有 800 余只，停歇的东方白鹳占全球野生种群数的 40%、有 1 000 余只，停歇的白鹤占全球野生种群数的 20%、约 500 只。旅鸟种类最多、有 182 种，水鸟的数量组成中鹭类和鸥类最大，存在较明显的季节性变化，以游禽和涉禽为主的水禽有近百万只（王诗慧，2015）。在这些鸟类中，国家Ⅰ级重点保护鸟类有黑鹳、东方白鹳、金雕、丹顶鹤、白鹤、黄嘴白鹭、白额雁、白尾海雕等 8 种；国家Ⅱ级重点保护鸟类有苍鹰、雀鹰、大鵟、燕隼、白枕鹤（2021年《国家重点保护野生动物名录》中定为Ⅰ级）、灰鹤、大天鹅、小天鹅、鸳鸯、白尾鹞、雕鸮、白头鹤等 29 种。主要鸟类有黑颈䴙䴘、凤头䴙䴘、小䴙䴘、大麻鳽、黄斑苇鳽、紫背苇鳽、草鹭、苍鹭、绿翅鸭、斑嘴鸭、青头潜鸭、董鸡、黑水鸡、白骨顶、凤头麦鸡、黑翅长脚鹬、反嘴鹬、红脚鹬、须浮鸥、白翅浮鸥、白额燕鸥等。珍稀鸟类有黑嘴鸥 1 种。双台子河口湿地地处我国东部候鸟迁徙的必经之路，每年来此栖息繁殖的涉禽和雁鸭类水禽都有数十万只（金连成等，2004；《农区生物多样性编目》编委会，2008）。

5. 湿地特征

芦苇湿地、碱蓬湿地以及鸟类种类和数量众多是双台子河口湿地的主要特征。此外，是斑海豹的繁殖地之一是其另一重要特征。

（1）芦苇

芦苇是双台子河口湿地的主要植物类型，也是我国沿海最大的芦苇基地，面积曾达 60 000 hm²。其中约 70% 分布在低洼地区，约 30% 分布在平原地区。芦苇草甸分布在芦苇沼泽的外围，地势较高，没有积水或季节性积水，土壤为盐化草甸土，芦苇高度略低于 1.0 m。芦苇沼泽分布在常年积水和季节性积水的浅水湿地，是全球性分布最为典型的水生植被类型。芦苇沼泽因积水深 20～40 cm，群落总盖度达 90% 以上，芦苇占绝对优势，只在下层分布有少量伴生种。芦苇高度一般在 2～3 m，个体密度较大。随着水位的降低，芦苇密度逐渐降低。广袤无垠的芦苇湿地为鸟类、鱼类、甲壳类等提供了良好的生存环境。

（2）碱蓬

碱蓬湿地是双台子河口湿地的又一大特色。盐地碱蓬主要分布在平均高潮线以上的滩涂，群落总面积曾达到 2 000 hm²，仅次于芦苇的分布面积。一般高 15～40 cm，最高可达 50～60 cm，盖度 70%～80%。由于经常受到海潮浸渍，土壤含水量和含盐量都很高，碱蓬几乎整个生长季节都是红色，成为广阔的"红海滩"，是我国沿海少有的自然景观（图3-6）。

图3-6 碱蓬湿地（"红海滩"）

（3）鸟类多

双台子河口湿地水鸟类数量和种类众多，每年都有候鸟、旅鸟在此栖息和迁徙中转。湿地不仅是丹顶鹤最南端的繁殖区，也是丹顶鹤最北端的越冬区，还是世界上濒危鸟类黑嘴鸥最大的繁殖地。

（4）斑海豹繁殖地

双台子河口结冰区是世界上斑海豹 8 个繁殖区中最南端的一个繁殖地，也是斑海豹在我国的唯一繁殖地。每年 12 月，斑海豹穿越渤海海峡到此冰区产仔繁殖，3 月海冰融化后，分散在沿岸觅食，4 月中旬至 5 月中旬逐渐离去。

二、大连斑海豹自然保护区

1. 概况

大连斑海豹国家级自然保护区（Dalian harbor seal national nature reserve）（简称斑海豹保护区）位于大连市西北的复州湾长兴岛附近，距市区约 20 km。属于野生动物类型的保护区，主要保护对象是斑海豹（*Phoca largha*）及其生态环境。保护区湿地类型为典型的浅海水域滨海湿地，符合《湿地公约》国际重要湿地指定标准。1983 年，斑海豹被辽宁省政府列为省级保护动物，1989 年被列为国家Ⅱ级重点保护动物，2021 年升级为国家Ⅰ级重点保护动物。1992 年 9 月，经大连市人民政府批准建立省级自然保护区，1997 年 12 月，经国务院批准升级为国家级自然保护区，2002 年被列入《国际重要湿地名录》。大连斑海豹国家级自然保护区总面积 909 000 hm²，其中核心区面积 279 000 hm²，缓冲区面积 320 000 hm²，实验区面积 310 000 hm²。地理坐标为 120°50′E，北至 40°05′N，南至 38°45′N。

根据大连斑海豹国家级自然保护区的实际情况和发展要求，保护区管理处于 2005 年提出了保护区范围和功能调整的具体方案和发展规划，2007 年 5 月国务院批准了该调整方案，调整后的保护区总面积为 672 275 hm²，包括核心区 278 490 hm²、缓冲区 271 600 hm²、实验区 122 185 hm²。2016 年 11 月，国务院同意调整辽宁大连斑海豹国家级自然保护区的范围，调整后保护区的总面积为 561 975 hm²，其中核心区面积 279 690 hm²、缓冲区面积 209 400 hm²、实验区面积 72 885 hm²。范围在 120°50′00″—121°55′50″E，38°55′00″—40°05′00″N。调整后的保护区设 2 处核心区，分别为北核心区和南核心区。北核心区边界自拐点（121°25′00″E，

$40°05′00″N$）起，经拐点（$121°25′00″E$，$39°44′24″N$）至拐点（$121°27′31″E$，$39°44′24″N$），沿海岸线向南至城八线公路路基北侧与海岸线交汇处（$121°33′14″E$，$39°37′15″N$），沿城八线公路北侧向西至拐点（$121°31′32″E$，$39°37′03″N$），沿长兴岛北部海岛岸线向西北至高脑山西嘴子（$121°17′43″E$，$39°36′00″N$），4 个拐点（$121°03′00″E$，$39°36′00″N$；$121°03′00″E$，$39°51′25″N$；$121°08′02″E$，$39°54′59″N$；$121°08′02″E$，$40°05′00″N$）至起点。南核心区边界以 7 个拐点的连线为界，拐点坐标分别为：$121°18′50″E$，$39°19′22″N$；$121°18′50″E$，$39°15′04″N$；$121°30′40″E$，$39°15′04″N$；$121°30′40″E$，$39°07′15″N$；$121°22′24″E$，$39°03′40″N$；$121°03′00″E$，$38°55′00″N$；$121°03′00″E$，$39°19′22″N$（《关于发布河北小五台山等 4 处国家级自然保护区面积、范围及功能区划的函》，环生态函〔2017〕181 号）。

斑海豹是中国鳍脚动物的代表种，又是唯一在我国海区繁殖的种类，因长期被滥捕，数量急剧减少，已属濒危物种。辽东湾斑海豹 1930 年前后有 7 100 头，1940 年有 8 137 头，1940—1970 年过度捕杀使其数量锐减，1979 年只剩 2 269 头。1982 年始，我国采取了多项保护措施，1983 年，辽宁省也颁布法令严禁猎捕斑海豹，并建立了大连斑海豹自然保护区，至 1993 年，辽东湾斑海豹有 4 500 头（孙峰等，2012）。为了使斑海豹有良好的栖息、繁衍环境，免受外界干扰，建立保护区、促使其在经过一段保护时期后得到恢复是切实可行和非常有效的措施。同时，通过对斑海豹的保护，带动保护区内其他哺乳动物（如鲸类）和渔业资源的保护，进而促进海洋生物多样性的保护（王恺，2003）。

2. 自然环境

（1）地质地貌

斑海豹保护区海岸位于新华夏巨型隆起带上，NNE、NE 和 NW 两组断裂带与海岸整体轮廓走向具有成因上的联系。贯穿半岛中部的金州断裂带及其他依次排列的 NNE 向断裂带，在 NW 向断裂带纵横交错处，海岸常形成岬湾更迭、蜿蜒曲折的势态。海岸多为丘陵山体直逼岸边或直接倾没入海中，组成高大悬垂岸，岸坡陡急，个别坡降达 $1/50\sim1/10$，属辐聚型高能海岸，处于强烈侵蚀后退过程中。各种海蚀地貌异常发育。海滨熔岩地形甚为奇特。堆积地貌不甚发育。近岸区域性泥沙流不发育，只有个别海湾以海岸蚀余物补给的横向物质运动较占优势（辽宁省海岸带办公室，1989）。水深多在 $5\sim40$ m，有 70 多个岛礁，岸线长度为 820 km，其中，岛岸线 147.5 km。沿岸海底地势陡峻，坡度较大，均为基岩岸段。海岸地貌以海蚀崖、岩滩、砾石滩为主。由金州湾、复州湾、普兰店湾和太平湾等几个小海湾构成的岸线蜿蜒曲折，而由海岸延伸向海湾中部的海底却是异常平坦。保护区的底质均为陆源碎屑物质，北部为各种粒度的砾石，南部分布着沙质沉积物。

（2）气候

1）气温。春季气温开始回升，4 月沿岸月平均气温为 $8.1\sim12.3$ ℃，夏季增温显著，8 月沿岸月平均气温为 $24.0\sim26.4$ ℃，秋季冷空气开始盛行，沿海偏南气流退居次要地位，10 月沿岸月平均气温为 $12.3\sim14.7$ ℃，冬季受冷空气影响天气寒冷，1 月沿岸月平均气温为$-8.1\sim-1.5$ ℃。

2）季风。季风明显，春秋季南北风交替频繁。春季盛行风于 5 月转为偏南风，最大风速可达 24 m/s；夏季多为西南偏南风；秋季是夏季风向冬季风转换的过渡期，沿岸 9 月转为偏北风，平均风速较大，全年最高值出现在寒潮暴发的 11 月，月平均风速为 $6.2\sim7.6$ m/s。冬季盛行强劲的偏北风，长兴岛 1 月东北偏北风的频率为 24%，春季风速较大，最大风速曾达 34 m/s 以上。

3）寒潮。寒潮带来的天气主要表现为大风和剧烈降温，一般持续时间为 5～7 d。强冷空气从 9 月下旬开始至翌年 4 月下旬结束，出现频率以 11 月为最多，其次是 1—4 月。强冷空气能使大部分地区降温 10～20 ℃，沿岸一般降温 10～15 ℃（大连市水产局，1996）。

（3）海洋水文

1）水温。保护区冬季各水层温度分布基本相同，等温线大体与等深线平行分布。冬季海水的对流可及海底，水温的垂直分布在各处呈均匀状态。在沿岸浅滩区域，每年海冰的生消对于局部海域的水文状态产生显著的影响。春季 3—4 月开始进入升温期，水温变化范围为 10～15 ℃；夏季表层水温最高，且近岸水温明显高于远岸水温，水温变化范围为 23～26 ℃，表层与底层水温分布差别不大；秋季气温逐月下降，水温小于 15 ℃，近岸水温低于远岸水温；冬季受冷空气的影响，水温降到最低，历年最低水温为 −2.2～−1.7 ℃（长兴岛海洋站）。

2）春季大量流冰溶解，沿岸径流增加，致使海水的盐度下降；夏季由于降水和河口径流增强，沿岸水域盐度除南部小于 32.0 外，由瓦房店至金州沿岸大于 32.0；秋季沿岸水域盐度变化范围在 31.0～32.0；冬季沿岸水域盐度变化范围为 30.2～32.8。

3）潮汐。因受太平洋潮汐影响，保护区内潮汐为左旋潮汐系统，夏季潮位高，冬季潮位低。每月农历初三和十八前后有两次大潮，初十和二十五前后有两次小潮，以不规则半日潮为主。

4）海冰。冰期 3～4 个月，海冰分布范围的北部一般浮冰量达 6～8 级，冰厚 25～40 cm，海面常有堆积冰，一般高达 2～3 m，沿岸个别年份可达 6～10 m。冰情的变化每年大致分为初冰期、严重冰期和融冰期三个阶段：11—12 月为初冰期，沿岸浅滩有薄冰，不影响船只活动；1 月上旬进入严重冰期，沿岸出现固定冰，冰量增多，冰厚质坚，浮冰密集堆积严重，影响船只活动，冰情严重的年份，海上出现流冰，大者可达几平方千米，冰厚 20～30 cm，主要流冰方向都是平行于海岸。每年 2 月下旬至 3 月上旬为融冰期，海冰从海上向岸边逐渐消失，特殊年份因受强寒潮侵袭，也会再度出现严重冰情（大连市水产局，1996；王恺，2003）。

3. 斑海豹

斑海豹也叫西太平洋斑海豹、大齿斑海豹、大齿海豹、海豹、腽肭兽等，属于鳍脚目、海豹科、斑海豹属，是在温带、寒温带沿海和海岸生活的海洋性哺乳类动物。生活在北半球的西北太平洋，主要分布在楚科奇海、白令海、鄂霍次克海、日本海和中国渤海、黄海北部。它们有洄游的繁殖习性，为肉食性动物，食物主要为鱼类和头足类。斑海豹是唯一能在中国海域繁殖的鳍足类动物，属中国国家Ⅰ级重点保护动物。身体肥壮而浑圆，呈纺锤形，体长 1.2～2.0 m，体重约 100 kg，全身生有细密的短毛，背部灰黑色并布有不规则的棕灰色或棕黑色的斑点，腹面乳白色，斑点稀少，雄兽略大于雌兽。头圆而平滑，眼大，吻短而宽，唇部触口须长而硬、呈念珠状、感觉灵敏，是其觅食的武器之一。没有明显的颈部，四肢短，前后肢都有五趾（指），趾间有皮膜相连，似蹼状，形成鳍足，趾端部具有尖锐的爪（图 3-7）。每年冬、春季节洄游到中国渤海、黄海一带。斑海豹一生的大部分时间是在海水中度过的。仅在生殖、哺乳、休息和换毛时才爬到岸上或者冰块上。每年的 11 月后，由南向北穿越渤海海峡陆续进入大连斑海豹国家级自然保护区直至辽东湾，翌年 1—3 月，在双台子河口浮冰上产仔繁殖。当海冰融化之后，幼兽才开始独立在水中生活。5月中旬以后斑海豹开始逐渐离开保护区。

图 3-7 斑海豹

4. 动植物资源

大连斑海豹国家级自然保护区内有鱼类 100 余种，经济甲壳类 5 种，头足类 3 种，贝类 10 余种。海兽类有斑海豹、小鲸、虎鲸、伪虎鲸、宽吻海豚、真海豚、江豚 7 种。近几年的特点是经济类种减少，如小黄鱼、带鱼、鲀、蓝点马鲛等在资源量组成中所占比例已很小，鳓几乎绝迹，鳀类尚有一定数量，小杂鱼品种占优势；中国对虾为经济价值最高的虾类，以渤海为重要产区。此外，作为渔业生产直接利用对象的还有虾和海蜇两种（大连市水产局，1996）。保护区海域游泳动物优势种有 10 种，分别为脊腹褐虾、安氏新银鱼、矛尾虾虎鱼、葛氏长臂虾、斑尾复虾虎鱼、许氏平鲉、大泷六线鱼、泥脚隆背蟹、三疣梭子蟹、焦氏舌鳎（田甲申等，2013）。有虎头海雕、白尾海雕、白肩雕、黑尾鸥等珍稀鸟类及维管束植物 426 种。植被包括沿海岸滩涂植物、浅海植物及北温带海岛植物（王凤丽，2015）。

5. 保护区价值

①科研价值。保护区是斑海豹在我国的主要分布区之一，并且是唯一的繁殖地，可以保护区为依托，进行斑海豹生活习性、生长繁育规律、人工驯养等方面的研究，加强斑海豹保护，促进斑海豹种群数量的恢复。②环境价值。以保护濒危动物斑海豹物种资源为主，建成综合性的海洋生物多样性保护基地。

三、辽宁蛇岛老铁山国家级自然保护区

辽宁蛇岛老铁山国家级自然保护区（Snake Island - Laotie Mountain national nature reserve, Liaoning）位于大连市旅顺口区西部，由蛇岛和老铁山、九头山、老虎尾 4 部分组成，属岩石离岛和岩石海岸滨海湿地类型，区内分布有森林、灌丛、灌草丛和草甸 4 个植被类型。其中，蛇岛位于旅顺口区西北的渤海之中，以盛产单一种类的蛇岛蝮而闻名，被称为"蝮蛇王国"，是研究海洋岛屿生态系统和蛇岛蝮生态学的理想基地。老铁山位于辽东半岛最南端，与蛇岛隔海相望；由于特殊的地理位置和自然条件，老铁山地区成为东北亚大陆候鸟南北迁徙的重要通道和停歇站，每年有上千万只候鸟经此迁徙，南至澳大利亚，北至西伯利

亚。而迁徙的小型候鸟又是蛇岛蝮的主要食源，保护候鸟与保护蛇岛蝮具有紧密不可分割的关系（《辽宁蛇岛老铁山国家级自然保护区志》编辑委员会，2010）。

1973 年 10 月 5 日，辽宁省旅大市革命委员会颁布了《关于加强蛇岛管理的通告》，决定辟蛇岛为自然保护区，禁止登岛进行打柴、打猎、拣卵石、捕蛇等一切非科学研究活动。1980 年 6 月，辽宁省政府向国务院提交了《关于建立蛇岛自然保护区的请示》，建议将蛇岛、老铁山候鸟停歇站列为国家级自然保护区。1980 年 8 月 6 日，国务院办公厅发文同意将蛇岛、老铁山候鸟停歇站列为国家重点自然保护区（国发〔1980〕207 号），1994 年 10 月 9 日，国务院颁布了《中华人民共和国自然保护区条例》，对自然保护区级别做了明确规定，此后，蛇岛自然保护区即被认同为国家级自然保护区（《辽宁蛇岛老铁山国家级自然保护区志》编辑委员会，2010）。保护区总面积 9 072 hm²，分为蛇岛及其周围 500 m 以内海域和以老铁山、老虎尾、九头山为代表的陆地区域两大部分。其中：核心区分 4 个部分，总面积 3 565 hm²；缓冲区 4 个部分，总面积 1 947 hm²；实验区 2 个部分，总面积 3 560 hm²。保护区主要保护对象为蛇岛蝮、候鸟及其生态环境。

1. 地理位置

辽宁蛇岛老铁山国家级自然保护区分为 4 部分，分别为蛇岛部分、老铁山部分、九头山部分和老虎尾部分（图 3-8）。蛇岛位于辽宁省大连市旅顺口区双岛湾街道大甸子西北 7 n mile 处；老铁山保护区位于旅顺口区西部，西起双岛湾街道大甸子村、东到狮子口老虎尾、北至双岛湾街道艾子口村、南至铁山街道陈家村，地理坐标为 121°2′30″—121°15′04″E、38°43′16″—38°57′53″N。

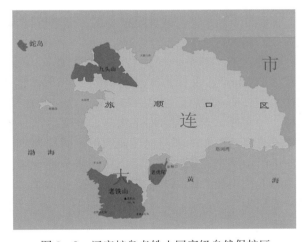

图 3-8　辽宁蛇岛老铁山国家级自然保护区

（1）蛇岛部分

蛇岛（又名蟒岛、小龙山）部分位于大连市旅顺口区西北方的渤海中，包括蛇岛陆域和周围 500 m 海域。地理坐标：120°58′00″—120°59′15″E，38°56′28″—38°57′41″N。岛屿面积 73 hm²，蛇岛周围 500 m 海域 256 hm²，总面积 329 hm²。

（2）老铁山部分

老铁山部分主要包括老铁山主峰、周围山峰及一些丘陵地带和老铁山南部 500 m 海域，地理坐标：121°06′31″—121°12′24″E，38°43′02″—38°47′02″N。面积 4 399 hm²。其范围界线：从南庙子向北经单家村、西岗、刁窝棚、老虎洞、对庄沟村、韭菜房村、金家村、曹家沟、小杨树村一直到海边，将各个村庄的居民点划出保护区；西部沿海岸线到老铁山灯塔；南部海域界线从老铁山灯塔到南庙子，沿海岸线向外延伸 500 m。

（3）九头山部分

九头山部分主要包括九头山、台山、大甸子北山及周围的一些农田和外部部分海域。地理坐标：121°04′53″—121°12′18″E，38°53′42″—38°57′16″N。面积 3 524 hm²。范围界线：从黄泥湾经袁家沟村、腰岭沟，沿山脚到石门水库，到东甸子、台山西村、张家沟村、山头村、官家村、大甸子村直到西湖嘴村海边，去除其中的大、小艾子口村的居民点和渔港。海域部分为从小艾子口到西湖嘴和艾子口到黄泥湾海岸线外 500 m 海域。

（4）老虎尾部分

老虎尾部分包括老虎尾半岛及南北两块海域，面积 820 hm²（《辽宁蛇岛老铁山国家级自然保护区志》编辑委员，2010）。

2. 调整后各功能区范围

（1）核心区

蛇岛老铁山国家级自然保护区有 4 个核心区：蛇岛核心区、老铁山核心区、九头山核心区、老虎尾核心区。总面积为 3 565 hm²，占保护区总面积的 39.3%。①蛇岛核心区：包括 73 hm² 岛屿面积及周围 200 m 海域面积 82 hm²，总面积 155 hm²。②老铁山核心区：老铁山主峰及周围森林茂密的高山地带。范围：从南庙子海边沿山底向北至西岗、老虎洞、上对庄沟、九道沟、双沟、上沟，沿国防公路至铁山灯塔连线以内陆地。面积 2 000 hm²。③九头山核心区：九头山主峰及周围森林茂密的高山地带。范围：从黄泥湾海边西侧向南沿山底至铁山岬水库大坝，经大坝沿山底向北、向东南至袁家沟村，沿山路向西南至官家东沟水库大坝，沿山底和山路至公路，沿公路向北至山底，依山形向北蜿蜒至海边连线以内的陆地区域。面积 860 hm²。④老虎尾核心区：即老虎尾半岛，面积 550 hm²。

（2）缓冲区

缓冲区有 4 部分，即蛇岛缓冲区、老铁山缓冲区、九头山缓冲区和老虎尾缓冲区。总面积 1 947 hm²，占保护区总面积的 21.5%。①蛇岛缓冲区：将蛇岛核心区外的 300 m 海域作为蛇岛的缓冲区。面积 174 hm²。②老铁山缓冲区：陆地部分为老铁山核心区外围的单家村、刁窝棚、老虎洞、对庄沟村、韭菜房村、金家村居民点外的农田部分，以及沿双陈路到陈家村海边以东的部分村庄及农田。面积为 984 hm²。③九头山缓冲区：从黄泥湾海边东侧向南沿山路至袁家沟村，沿山路向南至腰岭沟、向西至官家村，沿公路向西北至海边连线以内除九头山核心区以外的陆地面积，以及九头山外围海域。将沿途的居民点划在缓冲区外。面积为 519 hm²。④老虎尾缓冲区：老虎尾核心区南北两侧的 500 m 海域，面积为 270 hm²。

（3）实验区

实验区包括老铁山部分和九头山部分，总面积为 3 560 hm²。占保护区总面积的 39.2%（《辽宁蛇岛老铁山国家级自然保护区志》编辑委员，2010）。

3. 自然环境

（1）地质地貌

1）蛇岛。蛇岛原是胶辽古陆的组成部分，约在 1 亿年前形成，经过燕山运动，久经剥蚀的古陆皱褶成山。在地质构造上位于中朝准地台东北部，胶辽台隆上复县台陷中的复州—大连凹陷，该凹陷形成于晚古生代。经过燕山运动该区全面隆起。新生代受喜马拉雅造山运动影响，发生了下辽河断裂，导致渤海下陷，古陆剥蚀平原被海水淹没，山峰形成岛屿。至今，蛇岛仍处于微微上升之中。

蛇岛岛屿呈西北—东南走向，长约 1 460 m，宽约 760 m，主峰海拔 215 m。蛇岛四周主要为海蚀地貌和重力地貌，有海蚀崖、海蚀沟、海蚀柱、海蚀阶地等。蛇岛上出露的岩石全部属于中震旦系，自下而上可分为 5 层，依次为细砾沙岩、石英砾岩与沙岩互层、石英砾岩、粗粒石英砂岩和石英岩。岛的东南部有少量辉绿岩脉。重力地貌以及海蚀地貌在其四周十分发育。其中，海蚀沟、海蚀崖、海蚀柱以及海蚀阶地等是其较为典型的海蚀地貌。蛇岛的断裂及地层皱褶均十分发育，后又受到强烈的现代融冰风化及不断的海蚀作用，岛上广泛分布着纵横的裂纹及洞穴，为蛇岛蝮提供了合适的生活环境，岛的周围大都为悬崖峭壁，仅东南部有一片乱石滩（《辽宁蛇岛老铁山国家级自然保护区志》编辑委员，2010；栾天宇，2017）。

2）老铁山区域。老铁山地区在地质构造上属于中朝准地台的复州—大连凹陷区，在新生代的喜马拉雅期，以老铁山至复县老帽山为中轴继续上升，其西翼同时发生沉降，地势基本与现代相同。由于古气候多次变化，亦出现多次海退海进和海岸带的变迁。老铁山地区出露的岩层主要为太古界震旦系地层，以分布在老铁山东坡的混合岩和片麻岩为代表。区内广泛分布的地层为震旦系石英岩、石英砂岩、板岩和千枚岩。老铁山地区在地貌分区上属侵蚀剥蚀低山丘陵区。陆地地貌类型主要有侵蚀剥蚀小起伏低山、侵蚀剥蚀高丘陵、侵蚀剥蚀低丘陵、山麓冲洪积台地、海积冲积平原、海蚀台地和海滩。沿海广泛分布有海蚀阶地、海蚀岩脊滩和海蚀崖（《辽宁蛇岛老铁山国家级自然保护区志》编辑委员，2010；栾天宇，2017）。

在地貌分区上，九头山、老铁山地区属侵蚀剥蚀低山丘陵区。老铁山主峰是黄海和渤海在陆地上的分界线，海拔 465.6 m，是保护区的核心区之一。而九头山是保护区的另一核心区，海拔 171 m。本区（老铁山和九头山）沿海广泛分布海蚀岩脊滩、海蚀阶地和海蚀崖，海蚀地貌十分发育。老铁山和艾子口的海蚀崖上大量分布着海蚀洞，且崖下倒石堆十分发育，为滨海鸟类提供了极为优越的生存和繁殖环境（栾天宇，2017）。

（2）土壤

蛇岛上的地带性土壤为棕壤，绝大部分是发育在石英岩类风化壳上的棕壤性土，坡积棕壤面积较小（《辽宁蛇岛老铁山国家级自然保护区志》编辑委员，2010），由于强烈的生物合成，在土壤表层积累了较多的腐殖质（最高为 13%）。土体厚度一般仍在 60～80 cm，薄处也有 40 cm 左右，在二、三、四沟的缓坡处土体厚度可达 1 m 以上。土壤各层次质地多为重砾质沙壤土至重砾质轻壤土，整个剖面通体均有石砾，且多为粒径大于 3 mm 的石块，一般下层含量高于上层。每年有大量的枯枝落叶使土壤表层形成厚而疏松的枯枝落叶层，一般为 5 cm 以上。土壤有机质含量高，故土壤相对密度、容重小，孔隙度高，有机质含量高，养分丰富。土壤呈酸性，pH 为 5.0～6.5。受人类活动的影响极小，未受到环境污染，比较完整地保持了自然土壤的原始状态（白鸿祥，1990）。

老铁山地区的土壤分布为典型的地带性土壤（棕壤），同时还零星分布一些隐域性土壤（草甸土、风沙土、盐土和水稻土），共 5 个土类 7 个亚类。棕壤分 3 个亚类，面积约 131.33 km²，其中棕壤性土亚类 73.33 km²，该亚类土层薄、坡度大、易发生水土流失；棕壤亚类 33.33 km²；潮棕壤亚类 24.67 km²。草甸土只分 1 个亚类，面积约 6.66 km²。风沙土和盐土各为 1 个亚类，主要分布在海岸边，2 个亚类面积约 2 km²。水稻土 1 个亚类，面积不足 0.67 km²。各类土壤有机质平均含量为 1.65%。总的来看，老铁山地区土壤不良因素主要是土层较薄、坡度大、水土流失严重（王恺，2003）。

（3）气候

蛇岛的气候属温带亚湿润季风气候。年平均气温为 10 ℃ 左右。最冷月为 1 月，月平均气温不低于−8 ℃。最热月 8 月的平均气温在 26 ℃左右。无霜期 200 d 左右。年平均降水量 575 mm。70％的降水集中在 6 月、7 月、8 月 3 个月。夏季盛行偏南风，冬季盛行偏北风，具有风日多、风力大的特点。

老铁山地区属温带亚湿润季风气候，根据旅顺 1951—1975 年气象观测资料统计，年平均气温 10.2 ℃，极端高温 34.6 ℃，极端低温−19.3 ℃。日均温≥10 ℃的年积温 3 665 ℃，无霜期 200 d 左右。年平均降水量 614.5 mm。降水量在空间上自东向西逐渐减少。该区年平均风速在 6.0 m/s 以上。以偏北风和偏西风为主（《辽宁蛇岛老铁山国家级自然保护区志》编辑委员会，2010）。

（4）河流水系

蛇岛上无固定河流，仅在降水时沿山沟形成若干径流，很快就消失。

老铁山地区有大小河流 10 多条，多为季节性的干河。长年流水的河有 2 条：鸦户嘴河和江西河。鸦户嘴河发源于铁山镇对庄沟水库，注入黄海港湾，全长约 11.5 km；江西河发源于旅顺口区三农场北甸子村，流入渤海双岛湾，全长 7.7 km。老铁山地区有水库 6 座：铁山镇对庄沟水库、铁山镇杨树沟水库、江西镇大潘家村八一水库、双岛湾镇大甸子村军民水库、台山西村台山西水库、曲家村曲家水库。老铁山地区地表水年径流量为 1 916.8 万 m³。

4. 生物资源

（1）动物资源

截至 2014 年 5 月，保护区内野生动物种类共有 725 种，其中脊椎动物有 34 目 97 科 391 种，昆虫有 13 目 58 科 117 种，海滨无脊椎动物 11 门 21 纲 217 种。脊椎动物中，爬行类共有 2 目 5 科 10 种；两栖类共有 1 目 3 科 4 种；鸟类 19 目 57 科 307 种；兽类 2 目 9 科 16 种；鱼类共有 10 目 23 科 54 种。

1）蛇岛蝮。蛇岛蝮（*Gloydius shedaoensis* Zhao，1979）（图 3-9），1979 年由中国科学院赵尔宓院士定为新种，是蛇岛的主要保护对象。蛇岛蝮属管牙类毒蛇，隶属爬行纲，有

图 3-9　蛇岛蝮

鳞目，蛇亚目，蝰科，蝮亚科，亚洲蝮属。蛇岛蝮是体型中等的毒蛇，体长可达 80 cm，体型粗壮，头略呈三角形，明显区分于腹部，头背有 9 枚对称排列的大鳞，眼后斜向口角处有一条黑色眉纹，其下缘略呈波状且镶有一条较细的白色细纹，全身背面灰褐色，体侧排列有30 多个不规则的 X 形暗褐色斑纹，腹面浅褐色，密布暗褐色细点，头侧有颊窝。它的毒液为金黄色，以血循毒为主。蛇岛蝮先后被列为《中国濒危动物红皮书》（1998）的易危物种以及《中国物种红色目录》（2004）中的极危物种（刘鹏，2008），目前已被列入世界自然保护联盟（IUCN）濒危物种红色名录，被认定为易危（VU）物种。

蛇岛蝮属树栖性蛇类，多潜伏于灌丛下、枯草边、石板下或岩缝中，白天常爬上栎树、小叶朴、黄榆、叶底珠、胡枝子等的树干等候捕食，主要进食鸟类及鼠类等啮齿目动物，相当依赖水源。蛇岛蝮多活跃于每年的 5—9 月，该时段为鸟类迁徙的高峰时期，蛇岛蝮因时四处觅食；约在 11 月到翌年 4 月，蛇岛蝮亦会钻入洞穴进入冬眠期，此时岛上的另一种鼠类褐家鼠会伤害蛇岛蝮，并以之为食。蛇岛蝮是中国大陆的特有种，主要分布于辽宁省大连的蛇岛（朱建国，2019），种群数量在 20 000 条左右，大连市北面的瓦房店和沈阳市附近的千山有少量蛇岛蝮千山亚种（*Gloydius shedaoensis qianshanensis* Li，1999）分布。

2）鸟类和生态类群。截至 2017 年，保护区共有鸟类 20 目 63 科 169 属 340 种，其中国家Ⅰ级重点保护鸟类有 9 种，分别是东方白鹳、白肩雕（*Aquila heliaca*）、黑鹳、虎头海雕（*Haliaeetus pelagicus*）、金雕（*Aquila chrysaetos*）、白尾海雕（*Haliaeetus albicilla*）、胡兀鹫（*Gypaetus barbatus*）、丹顶鹤和大鸨（*Otis tarda*）。国家Ⅱ级重点保护鸟类 49 种，如海鸬鹚（*Phalacrocorax pelagicus*）、黄嘴白鹭（*Egretta eulophotes*）、凤头蜂鹰（*Pernis ptilorhynchus*）、白尾鹞（*Circus cyaneus*）、长耳鸮（*Asio otus*）等。猛禽为 39 种，其猛禽种类占辽宁、东北及全国猛禽种类的比例分别为 90.70%、76.47% 和 47.56%（栾天宇，2017）。

老铁山的鸟类绝大部分是候鸟，约占全部鸟类的 90% 以上，冬候鸟和夏候鸟的种类也比较少，大部分是旅鸟，只是途经老铁山。而猛禽是老铁山鸟类中最有特点的鸟类，迁徙期种类多、数量大，动辄有数百只的猛禽在天空盘旋，这在国内其他地方是看不到的。根据生态环境特点和鸟类的不同生活习性，将老铁山的鸟类分成 4 个生态类群。①森林鸟类群。迁徙的大型食肉猛禽常在这一生态环境中作短暂的栖息和停留，该类群以体型较大的隼形目和鸮形目鸟类为主，如金雕、白肩雕、苍鹰、长耳鸮、猎隼等。另外，该类群还包括一些小型鸟类，如松鸦、山斑鸠、虎纹伯劳等。②低山灌木丛鸟类群。由于隐蔽性差，受人为活动频繁干扰，在该区域活动的鸟类多为雀形目的小型鸟类，常见的有各种鸫类、灰山椒鸟、大山雀、山鹡鸰等。以这些小型鸟类为食的雀鹰、松雀鹰、燕隼等，也属于这一生态类群的鸟类。③水域沼泽鸟类群。这一类群的鸟类主要是指生活在海岸滩涂、河流、水库等地的鸟类，以海滨无脊椎动物和浅水鱼类为食的一些涉禽和游禽，主要有：鸥类，如黑尾鸥、红嘴鸥；鹭类，如黄嘴白鹭、苍鹭等；雁鸭类，如豆雁、绿头鸭等；鸻鹬类，如环颈鸻、红脚鹬等。④农田村落鸟类群。指一些栖息在农田、村庄等人类生产和生活区域的鸟类，常见的有麻雀、喜鹊、黄雀、金翅雀、鹌鹑等，这些鸟以留鸟和夏候鸟为主（王小平，2015；《辽宁蛇岛老铁山国家级自然保护区志》编辑委员会，2010）。

（2）植物资源

辽宁蛇岛老铁山国家级自然保护区植物区系属于华北植物区系，以华北植物区系成分为主，并混有东北植物区系成分、东西伯利亚植物区系成分和蒙古植物区系成分。其植物种类比较丰富和多样，植物区系主要是温带性质，并具有明显的过渡性；植物分布有明显的区域差异；特有性程度比较低。主要为森林、灌丛、灌草丛和草甸这 4 个植被类型，5 个植被亚型，7 个群系组，10 个群系，18 个群层（《辽宁蛇岛老铁山国家级自然保护区志》编辑委员会，2010）。

保护区共记录到野生维管束植物 108 科 703 种。其中：被子植物为 95 科 676 种；蕨类植物为 10 科 16 种；裸子植物有 3 科 11 种。其中包括裸子植物和被子植物在内的种子植物共占华北植物区系种子植物的 65%（栾天宇，2017）。国家 Ⅰ 级重点保护植物 1 种，即银杏，国家 Ⅱ 级重点保护植物 4 种，即青檀（*Pteroceltis tatarinowii*）、野大豆、中华结缕草（*Zoysia sinica*）和珊瑚菜（*Glehnia littoralis*）（《生态环境名片》编委会，2012）。

代表性植物主要有栾树、小叶朴、老铁山腺毛茶藨（*Ribes giraldii* var. *polyanthum*）和蛇岛乌头（*Aconitum fauriei*）等，栾树作为蛇岛上乔木层的优势种，形成独特的海岛矮林，树高平均 2 m，与麻栎、小叶朴、锦鸡儿、叶底珠等伴生（秦卫华等，2014）。老铁山林木均为人工次生林，主要有日本黑松、赤松、刺槐、酸枣、扁担木，还有杨柳科、榆科的树木和一些果树等。该区域草本植物种类较多，主要有大油芒（*Spodiopogon sibiricus*）、艾蒿（*Artemisia argyi*）、全叶马兰（*Kalimeris integrifolia*）等（张恒庆等，2020）。

5. 保护价值

①科研价值。蛇岛是易危爬行类动物蛇岛蝮在世界上的唯一栖息地，岛上集中分布着上万条蛇岛蝮，是研究海洋岛屿生态系统，探求蛇岛蝮的生活习性、种群演替规律并继而进行合理开发利用的理想基地。老铁山保护区是东北亚大陆候鸟南北迁徙的主要通道和停歇地，是研究候鸟迁徙规律的重要基地，也是保护国家和辽宁省重点保护鸟类及维持生态平衡的重要场所。此外，对研究岩石海岸滨海湿地生态系统也具有极高的价值。②经济价值。蛇岛蝮及其产品具有很高的经济价值和药用价值；在保护好资源的前提下开展旅游观赏活动，也可取得一定的经济效益。③环境价值。老铁山地区以优越的地理位置和自然条件为鸟类提供了良好的栖息场所，并且成为许多鸟类南北迁徙的重要通道和中转站，为保持蛇岛蝮食物链的完整性提供了重要保障；蛇岛有效地保护了蛇岛蝮这一独特物种。同时，对保护生物多样性亦有重要的意义和价值。

四、四湾滨海湿地、凌海滨海湿地和六股河口滨海湿地

1. 四湾滨海湿地

(1) 概况

四湾滨海湿地（Four Bay coastal wetland）位于辽宁省南部甘井子区、普兰店区、瓦房店市境内，包括金州湾、普兰店湾、葫芦山湾和复州湾（简称四湾）沿海，整个湿地沿一区二市境内的海岸线从南北海村起至北温坨子止，沿海岸线南北长 184 km，东西宽 5 km 左右，呈带状分布。平均高程 4.5 m。湿地总面积为 101 260 hm²，其中浅海水域 57 150 hm²，沙石海滩 4 410 hm²，潮间淤泥海滩 39 130 hm²，河口水域 570 hm²。地理坐标为 121°05′—121°45′E，38°55′—39°50′N。四湾滨海湿地是由复州河口及蜿蜒曲折的潮间滩、咸水湖和盐水滩所构成的四湾湿地，属滨海沼泽湿地类型。沼泽、潮间滩、咸水湖、盐滩平均水

深 10～25 cm。湿地保存基本较好，尚未受到严重破坏；但部分沼泽地已被围垦成稻田、养虾池和工业用地等。过度围垦、工业污染、渔猎等现已成为该湿地最大的干扰和威胁。

四湾滨海湿地年平均气温 9.3 ℃，≥10 ℃年平均积温 3 603.4 ℃。年平均降水量 643.4 mm，年平均蒸发量 1 688.2 mm。年平均日照时长 2 701.8 h（金连成等，2004；李新香，2004）。

(2) 动植物资源

主要植物种类有宽叶香蒲、毛果薹草、罗布麻、薹草、水苏、灰绿碱蓬、尖嘴薹草、莎薹、水杨梅、芦苇等。

四湾滨海湿地有鸟类近 300 种（金连成等，2004），主要鸟类有红嘴潜鸭、黑嘴鸥、红腰杓鹬、灰鹤、针尾鸭、黄嘴白鹭等，是包括灰鹤、丹顶鹤、白鹤、东方白鹳、黑鹳、金雕及多种猛禽在内的珍稀鸟类的栖息地和停歇地。其中长兴岛及附近陆岸还有 200 多只灰鹤越冬。浅海水域是斑海豹的重要分布区和繁殖地。四湾滨海湿地渔产、蓄水和晒盐有较大的经济效益；可为鸟类提供越冬地、繁殖地和中转驿站。四湾滨海湿地不但具有较高的经济价值，而且具有重要的生态价值，保护价值十分突出（金连成等，2004；赵冰梅等，2008）。

2. 凌海滨海湿地

(1) 概况

凌海滨海湿地（Linghai coastal wetland）位于辽宁省西南部凌海市境内，东与盘锦市双台子河口湿地接壤，西至小凌河口，南临辽东湾，北起农田苇塘交替地带，湿地海岸线东西长 48 km，南北宽 10 km 左右，包括水深 5 m 的浅海水域。整个湿地沿凌海市境内的海岸线自东向西呈带状分布。平均高程 4.0 m。2004 年，凌河口自然保护区成立；2005 年，由锦州市人民政府批准晋升为市级自然保护区。湿地总面积 79 310 hm²，其中浅海水域 38 800 hm²，潮间淤泥海滩 29 490 hm²，草本沼泽 11 020 hm²。地理坐标为 121°00′—121°30′E，40°45′—41°00′N。凌海滨海湿地由大凌河河口湿地、小凌河河口湿地及曲折的潮间滩和咸水湖等构成，属河口湿地和滨海沼泽湿地类型。沼泽、潮间滩、咸水湖、盐水湖平均水深 10～25 cm（金连成等，2004；李新香，2004）。由于大凌河水挟带着大量泥沙入海，使入海口不断向前延伸，退海滩涂面积每年都在增长。湿地滩涂的东部属于淤泥质，而西部属于沙泥质，有大量的无机盐类和悬浮物沉降，营养丰富，适于贝类生长，同时也是重要的涉禽觅食地（石卉，2010）。目前草本沼泽已被围垦成稻田和工业用地。过度围垦、工业污染、渔猎等是该湿地最大的干扰和威胁。

凌海滨海湿地四季分明，日照充足，年平均气温 8.4 ℃，≥10 ℃年平均积温 3 426.7 ℃。年平均降水量 608.9 mm，年平均蒸发量 1 972.6 mm。年平均日照时长 2 808.2 h（金连成等，2004；李新香，2004）。

(2) 动植物资源

主要植物种类有宽叶香蒲、毛果薹草、薹草、水苏、盐地碱蓬、灰绿碱蓬、尖嘴薹草、莎薹、水杨梅、芦苇等。十万余亩芦苇荡碧波滔天、数千亩盐地碱蓬红若地毯铺遍海滩，大面积的芦苇和盐地碱蓬植被是该湿地的植被特点。建群种有芦苇、盐地碱蓬、飞蓬等。

凌海滨海湿地已发现鸟类 240 种（金连成等，2004），主要鸟类有丹顶鹤、白枕鹤、东方白鹳、白眉鸭、大滨鹬、白骨顶、针尾鸭、鹊鸭、红腰杓鹬、翘鼻麻鸭、赤麻鸭、斑嘴鸭等。丹顶鹤、白枕鹤、灰鹤、天鹅等为国家级重点保护鸟类。凌海湿地渔产、蓄水和晒盐有较大的经济效益；可为鸟类提供越冬地、繁殖地和中转驿站。不但具有较高的经济价值，而且更具有重要的生态价值（金连成等，2004；李新香，2004）。

3. 六股河口滨海湿地

(1) 概况

六股河口湿地（Liuguhe estuary wetland）位于辽宁省西南部绥中县境内，北起烟台河口至南东石河口，南至水深5m浅海，东临辽东湾。湿地沿绥中县境内的海岸线从北向南呈带状分布。湿地沿海岸线南北长64km，东西宽5km左右，包括辽东湾水深5m的浅海水域。北部多为泥质海岸，南部多为沙质海岸，部分为岩质海岸。湿地总面积为56280 hm²，其中浅海水域43830 hm²，沙石海滩5130 hm²，潮间淤泥滩7320 hm²。地理坐标为120°00′—120°35′E，40°05′—40°25′N。平均高程3.0m。六股河口湿地由烟台河口、六股河口、狗河口和东石河口以及曲折的潮间滩等构成，属河口湿地和滨海沼泽湿地类型。沼泽、潮间滩平均水深10～15cm。2006年7月，建立绥中县六股河入海口湿地市级野生动物自然保护区，主要保护对象为丹顶鹤、灰鹤等珍稀鸟类及湿地生态系统。目前，部分沼泽、海滩已被围垦。过度围垦、工业污染、渔猎等是该湿地最大的干扰和威胁。

六股河口湿地年平均气温8.9℃，≥10℃年平均积温3483.8℃。年平均降水量604.0mm，年平均蒸发量1639.3mm。年平均日照时数2742.8h（金连成等，2004；李新香，2004）。

(2) 动植物资源

湿地有野生植物331种（金连成等，2004），主要植物种类有碱蓬、毛果薹草、莎草、水杨梅、尖嘴薹草、宽叶香蒲等。

湿地有鸟类231种（金连成等，2004），主要鸟类有赤麻鸭、罗纹鸭、豆雁、普通秋沙鸭、翘鼻麻鸭、针尾鸭、斑嘴鸭、鹊鸭、白眉鸭、灰鸭等。丹顶鹤、灰鹤、天鹅、赤麻鸭等为珍稀物种。六股河口湿地对渔产、蓄水和晒盐有较大的经济效益；可为鸟类提供越冬地、繁殖地和中转驿站。不但具有较高的经济价值，而且具有重要的生态价值（金连成等，2004；赵冰梅等，2008）。

第四章

滨海湿地的退化

滨海湿地是介于陆地和海洋生态系统之间过渡地带的自然综合体，是地球上生产力最高、生物多样性最为丰富的生态系统之一。其生态特征不仅受到陆域环境的影响，还受到海洋环境的制约；既受到自然因素的控制，又受到人类活动的干扰。因此，滨海湿地是生态环境条件变化最剧烈和生态系统最易受到破坏的地区。但是，由于滨海湿地特殊的地理位置和丰富的自然资源，滨海区域又往往是人类高强度经济开发的区域，人类为了获取大量生产和生活资料对滨海湿地资源进行大规模的开发利用，给滨海湿地生态系统带来了严重的负面影响。尤其是近几十年来，受区域经济社会发展战略向沿海辐聚的影响，人类在沿海区域的各种生产活动强烈地影响和改变着滨海湿地生态环境。随着经济持续快速发展和人口急剧增加，人类对湿地的干扰活动越来越频繁，滨海湿地已经成为全球性的高脆弱生态系统之一。此外，从景观的角度出发，滨海湿地生态系统还具有景观的动态变化性和空间异质性。受近些年来全球气候变化和人类生产活动的影响，全球约80%的滨海湿地资源丧失或退化（Moffat，1995），降低了湿地的生态经济价值并严重干扰了湿地服务功能的发挥。研究滨海湿地退化则是为滨海湿地的恢复和保护提供科学依据和技术支持。

第一节　滨海湿地的退化原因

 一、湿地退化概念

1. 湿地退化定义和概念

《海洋灾害调查技术规程》将湿地退化（Wetland degradation）定义为：在一定的时空背景下，由于自然因素、人为因素或二者的共同干扰而引起的湿地面积缩小、自然景观丧失、质量下降、生态系统结构和功能降低、生物多样性减少等一系列现象和过程（国家海洋局908专项办公室，2006）。

美国Minnehaha流域管理委员会将湿地退化界定为：湿地退化是由于人类活动的影响而使湿地只能提供最小的功能和价值的变化。美国国家食物安全行动指南中将湿地退化定义为：由于人类活动的影响致使湿地的一种或多种功能减弱、受损或破坏（谢正宇，2006）。

目前有关湿地退化的概念尚未统一，不同的学者对湿地退化的定义不同。林光辉（2014）认为湿地退化是一个过程：湿地退化是湿地生态系统从一个稳定状态演替到脆弱的、不稳定状态的逆向演替过程。在这一过程中，生态系统在系统组成、结构、能量和物质循环总量与效率、生物多样性等各方面均会发生变化，例如生态系统结构破坏、功能衰退、生物多样性减少、生物生产力下降等。吕宪国等（2017）认为湿地退化是一种衰退现象：湿地退化是指在不合理的人类活动或不利的自然因素影响下，湿地生态系统的结构、功能衰退的现象。湿地退化首先表现为湿地生态系统组成成分和结构状态的衰退，接着是系统功能的降低。湿地退化在湿地的三个重要组成成分即湿地水文、植被和土壤要素中都有明显特征。袁正科（2008）认为：湿地退化是指湿地在人力的作用下，改变了湿地自然演替过程而出现的结构、功能的变劣与降低。在湿地的退化过程中，人力是主要的，自然力只是在人力的作用下发挥作用。马广仁（2017）对湿地的定义为：湿地退化是指自然环境突变或人类活动干扰导致湿地的自然特征退化、生态系统结构破坏、功能衰退、生物多样性减少、生产力下降等一系列生态恶化现象。韩大勇等（2012）认为：湿地退化是指在不合理的人类活动或不利的自然因素影响下湿地生态系统的结构和功能不合理、弱化甚至丧失的过程，并引发系统的稳定性、恢复力、生产力以及服务功能在多个层次上发生退化。在这一过程中，系统的结构和功能均发生改变，能量流动、物质循环与信息传递等过程失调，系统熵值增加，并向低能量级转化。

徐恒力等（2009）概括为：在生态学领域，湿地退化主要是指由于自然环境的变化或人类对湿地自然资源过度以及不合理地利用而造成的湿地生态系统结构破坏、功能衰退、生物多样性减少、生物生产力下降以及湿地生产潜力衰退、湿地资源逐渐丧失等一系列生态环境恶化的现实。从环境地质学角度来看，湿地的形成、发育与湿地的退化在本质上是区域水均衡控制的过程。尽管人为活动可改变湿地的形成、发育或退化的方向和速度，但归根到底还是受水动力学、水文地球化学、生物学和地质学等客观（自然）规律的控制，人为活动只不过是外在作用的一种形式而已。湿地系统的演化包括两个方向：一个是湿地形成、扩大，喜水生物群落结构不断丰富完善的演进方向；另一个是湿地萎缩，生物结构简单化，生态功能削弱的退化方向。区域湿地储水体积的改变是导致湿地系统演化的主导性因素。简言之，水空间增大，湿地就会形成、发育，水空间减少，湿地就会退化。

湿地退化是一种普遍存在的现象，也是环境变化的一种反应，同时也对环境造成威胁，是危及整个生态环境的重大问题。湿地退化是自然环境变化或是人类对湿地资源过度开发或不合理利用等造成的湿地生态系统结构破坏、功能衰退、生物多样性减少、生物生产力下降以及湿地生产潜力衰退、湿地资源逐渐丧失等一系列生态环境恶化的现象和过程（王学雷，2001；马学慧等，1997）。湿地退化还可能导致水资源短缺、气候变异、各种自然灾害频繁发生等。一旦形成退化湿地生态系统，要想恢复已遭破坏的生态环境和失调的生态平衡是非常艰难的。若能恢复，所需时间和资金投入也是相当大的。况且，有些退化过程是不可逆转的，结果可能是毁灭性的（李培英等，2007）。从动态角度来讲，湿地退化是湿地生态系统的一种逆向演替过程（濮培民等，2001），是系统在物质、能量的匹配上存在着某一环节的不协调，或者某种不利的量变过程已达到使系统发生蜕变的临界点。此时，系统处于一种不稳或失衡状态，表现为系统对自然或人为的干扰只有较低的抗性、较弱的缓冲能力以及较强的敏感性和脆弱性。在此情形下，原有的生态系统会逐渐演变为另一种与之相适应的低水平状态下的系统，即退化湿地生态系统。一般情况下，湿地的退化首先表现为湿地生态系统组成成分和结构状态的衰退，接着是系统功能的降低，进而引起整个环境的退化。因而，湿地的退化是一个复杂的过程，它不但包括了湿地生物群落的退化、土壤的退化、水域的退化，而且还包括了环境各个要素在内的整个生境的退化（张晓龙等，2004；Wang et al.，2006）。

2. 湿地退化机理和特征

（1）机理

湿地生态系统退化机理，即退化驱动力，可以分为自然因素、人为因素干扰等方面。湿地退化的自然因素具体包括全球或区域性气候变化（气候变暖、降水不均等），海平面上升、海岸侵蚀和风暴潮等海洋灾害，水土流失、河流淤积、断流和径流量减少等内陆灾害和新构造运动等地质灾害（刘峰等，2020）。湿地退化的生物学机理是指在湿地退化过程中，人为活动如何通过改变原生湿地植物种间关系、导致外来物种入侵、减少植物和土壤微生物种类和数量、改变生态系统营养结构等方式导致湿地生态系统退化。湿地一旦退化，便会对内因和外因变化表现出更低的抗性、更弱的缓冲能力以及更强的敏感性和脆弱性。

（2）特征

湿地退化最基本的诊断特征是湿地固有功能的破坏或丧失、系统稳定性降低、抗逆能力减弱以及湿地面积的损失和景观结构的变化。湿地退化的主要特征是湿地面积减小、水质恶化、植被退化、蓄水力下降、水生生物多样性减少、系统生产力降低、湿地生态系统逆向演替、湿地功能退化等。湿地退化的表征包括湿地水体、土壤和生物三部分（Chapman，1992；Daily，1995），湿地退化过程包括水文过程、土壤过程、生物过程、生理生化过程和生物地球化学过程（韩大勇等，2012）。

1）水文退化特征。湿地退化水文特征通常表现为水文周期和水位的变化，在气候变化和人类活动的影响下，大部分退化湿地都存在地表水与地下水水位下降的问题。水文退化过程是湿地退化的主要标志和直观体现，主要影响径流、蒸发、降水截留、补给和水循环动态，水文退化特征表现为水位下降、面积缩小、径流量减少、补充水源不足、水质污染、水平衡破坏和水环境质量下降等（刘峰等，2020）。

2）土壤退化特征。土壤过程和生理生化过程的退化特征表现为土壤干旱化，盐碱化，土壤氮、磷、有机质、重金属等过量导致的土壤污染等问题及其植物逆向演替响应等（刘峰等，2020）。

3）生物退化特征。生物退化过程主要表现在生物群落的初级、次级生产和污染物生物降解方面。生物退化特征包括生物多样性、系统生产力下降，生物群落及结构改变等方面，如植物覆盖度、高度、生产力、演替等的退化，动物种类和数量的退化，大型动物向小型动物的优势转化等。①大型水生维管束植物是湿地生态系统结构和功能维持的关键部分，在湿地退化过程中，植物生理过程以及群落高度、生产力、种群繁殖方式和种间关系等生物生态特征均会发生退化，并且植物退化特征与湿地类型密切相关。②对于沼泽湿地，原生湿地植物群落退化为杂类草群落，无论是种类的数量还是个体的数量均极大降低，使植物群落趋向同质化。③对于浅水湖泊湿地，植物退化特征突出表现为浮游植物或大型水生植物的过量生长，使湖泊向"藻型湖"或"草型湖"退化。④湿地退化动物特征主要为动物种类和丰度的变化，其变化特点依退化原因有别。排水疏干导致的湿地退化突出的特点是湿地动物种类减少、数量下降、陆生动物种类增加、数量增多。污染胁迫下，湿地耐污染的种类保存下来，对污染敏感的种类消失。湿地动物由传统的水禽、鱼类等大型湿地动物向昆虫、浮游生物等小型生物转变，这些小型生物类群是湿地生态系统生产力的主要构成部分，处于食物链底端，决定着大型动物的种群数量，即"上行控制效应"（King et al.，1999；韩大勇等，

2012；刘峰等，2020）。

4）生化特征。生物地球化学过程包括系统营养元素的收支、循环、转化和积累，凋落物分解，沉积物、温室气体排放，碳负荷量增大，生产力下降和重金属污染等。湿地退化的深层次特征（相对于表征而言）为湿地功能面积减少、系统物质能量流失衡、组织结构破坏、生态功能减弱（刘峰等，2020）。

5）功能退化特征。湿地功能退化特征主要表现为湿地生态功能削弱甚至消失，危及人类生存环境，影响人类生态安全。伴随着湿地生态系统退化：首先，大型维管束植物的生产力和养分吸收能力下降，从而削弱湿地的水质净化功能；其次，湿地蓄洪能力降低，水文调节功能削弱，导致洪灾频繁发生；最后，土壤侵蚀和植被丧失将会进一步降低湿地社会经济功能。此外，气候变化将对湿地固碳功能产生重大影响，有证据表明，在未来全球气温上升的背景下，温带北方泥炭地非生长季碳排放通量将会增加，影响泥炭地 CO_2 年度收支平衡（韩大勇等，2012）。

二、滨海湿地退化原因

影响滨海湿地退化的因素包括人为因素和自然因素。人为因素是指围垦、城市建设和港口开发、环境污染、油气开发、生物资源过度利用、制度体制不健全等。自然因素包括外来物种入侵、海岸侵蚀、海平面上升、风暴潮、气候变化、海水内侵等。当前导致我国滨海湿地退化的主要因素为人为因素，以湿地围垦为主（夏东兴等，2014；谷东起等，2003）。

1. 围垦

围垦是滨海湿地大面积减少的主要原因。围垦侵占了大面积的滩涂湿地，是天然滨海湿地面积减少的主要驱动力。滨海湿地一旦被围就等于切断了其与海水的直接联系，从而导致滨海湿地类型和性质从根本上发生改变，进而改变湿地植被生境，加速湿地退化（张继民等，2014）。据统计，由于人类的直接围垦，全球海岸湿地正以每年1％的速率消失（詹文欢等，2013）。自20世纪50年代以来，我国沿海大规模的围垦活动导致滨海湿地生态服务功能退化。

围垦对滨海湿地的影响主要表现为：①通过围垦将滨海湿地改变为可以耕种或适宜居住或适宜工业开发的其他土地，致使湿地部分甚至完全丧失了湿地功能，湿地植被消失，直接导致滨海湿地面积减小。②围垦导致滨海湿地景观破碎化加剧。由于湿地围垦和人类干扰活动的介入，原本景观单一、均质和连续的滨海湿地整体演变为复杂、异质和不连续的景观斑块镶嵌体，造成湿地景观格局发生变化，景观斑块面积减少，斑块数量增加，湿地景观破碎化加重。另外，堤坝、沟渠和道路等人工廊道面积和长度的增加，阻断了滨海湿地间物质和能量的正常流通，干扰和阻断了滨海湿地的正常演替。③湿地围填后，围填区外的原有或新生湿地处于水动力环境和生境自我恢复和调整期，植被生长滞后，湿地常因无固着泥沙的植被而变得易遭受海水冲刷侵蚀（夏东兴等，2014）。此外，围填海活动导致岸线固化，当海平面上升时，防波堤和其他工程建筑改变了海岸环境，使其不适合植物生存，进而阻碍了滨海植物的向陆迁移，导致盐沼退化、湿地萎缩（罗舒心等，2015）。

2. 城市建设和港口开发

沿海城市和港口的建设及开发是海岸湿地面积不断减小的另一个主要原因。20世纪后半叶以来，因城市的建设和港口的开发，滨海湿地正在加速消失。我国是人口大国，沿海湿地所承受的城市和人口压力远大于其他国家。海岸工程的实施会显著影响滨海湿地的沉积特征、地貌形态、水文动态、生态结构等，导致滨海湿地面积减小、生境破碎、环境恶化、资源过载、物种入侵等一系列问题，增加了滨海湿地生态环境的脆弱性。如建造防波堤会破坏潮间带湿地的陆地营养物质输入过程，中断湿地生物陆地食物来源，还能改变潮间带水动力状况，使高潮期潮间带水深增大，冲刷下蚀加剧，半咸水环境也渐变为咸水环境，原有生物会因不适应而死亡，滨海湿地生物多样性下降，湿地功能受到损害（张晓龙等，2014）。受城市影响的滨海湿地环境在生物、物理、生态、水文和地貌等方面与原始海岸湿地间的区别很大。我国城市、港口的建设和开发对滨海湿地的影响主要表现为：①直接导致滨海湿地面积减小。②湿地被隔离成小的生境斑块，湿地间的联系被隔断。③工农业废水及船舶溢油加剧了滨海湿地环境污染。④干扰了生物的正常迁移。⑤护岸工程改变了原有海洋水动力平衡，加重了堤外湿地的侵蚀。⑥人类的介入增加了许多外来物种，原有湿地营养网链可能被打破。⑦城市和港口的建设及开发最终会导致滨海湿地的生态环境更加脆弱（谷东起等，2003）。

3. 环境污染

水环境污染是当前滨海湿地环境损害及生境丧失的主要原因之一。滨海湿地是陆源污染物的最直接承泄区和转移区，未经处理的生活污水和工农业废水的大量排放以及近岸海水养殖业的迅猛发展，重金属在沉积物中的逐步积累等，严重影响了湿地的生态平衡，使水生环境不断恶化，造成了海岸湿地和近岸水域污染，原有生境被破坏，生物栖息地被摧毁，湿地系统生产力下降。污染物也能直接毒害湿地生物，而生物通过富集效应会最终以食物的形式将毒物传递给人类。大量污染物的聚集也可能诱发环境灾难，如营养盐类污染物的输入会导致富营养化的发生，在沿岸可能诱发赤潮等灾害。我国近海区域污染十分严重，而陆源污染物的输入是最重要的原因（张晓龙等，2014）。近年来，我国沿海地区每年直接排放入海污水 96×10^8 t，比 20 世纪 90 年代前期每年增加了约 11×10^8 t；污染物年入海总量约 15×10^6 t，其中河流携带量占总量的 90% 以上，大部分河口、海湾以及大中城市邻近海域污染日趋严重，滨海湿地和近岸海水富营养化程度明显加重。据不完全统计，1980—1992 年我国近海水域共发现赤潮近 300 起，特别是 20 世纪 80 年代末以来，发现赤潮的次数逐年增加，赤潮面积越来越大，对滨海湿地生物资源造成了严重损害。湿地污染可引起滨海湿地生物死亡，破坏湿地的原有生物群落结构，并通过食物链逐级富集进而影响其他物种的生存，严重干预了湿地生态平衡、破坏了湿地生态环境（张婧，2006；夏东兴等，2014；谷东起等，2003）。

4. 油气开发

油气是我国的重要战略资源，滨海湿地又是国家重要的环境资源，而且承载着物质资源的孕育和转化。尽管在油气开发的过程中采取了严格的环保措施，油气开发与湿地保护的矛盾仍然十分突出。随着新的陆域与海上油气田的不断开发，对滨海湿地的侵占与破坏及海域的石油污染仍将不可避免（李培英等，2007）。①油气开发造成生态环境、景观破碎化。油田大量配套的地面工程占地面积大，对地表扰动强烈。如采油井场的建设、石油加工输送场站的建设以及输油管线、道路的集输系统建设等，将分割开发区域内的生态环境，造成区域景观破碎化，使得景观由单一、均质和连续的整体向复杂、异质和不连续的斑块状镶嵌体发展，从而对区域生物多样性产生较大影响。②油气开发对生态系统的影响。在井场建设及配套设施修建过程中，场地清理会清除地面植被的地上部分，地面挖掘会破坏植被的地下部分，材料堆存会影响植被的生长。这三种生产活动造成植物生产能力下降、植被覆盖率萎缩、生物多样性减少，从而导致其环境功能下降、系统的总生物量减少。运营期间则表现为采油及作业过程中产生的污染物和落地原油对井场周边的植被产生不利影响。井场检修时产生的落地原油或发生事故时的原油泄漏均会使泄漏点附近土壤遭受石油污染，若超出植物对石油的耐受限度，将导致植物死亡，若不进行彻底回收，则会随降水被携带出井场，影响井场周围植物。此外，在施工期，施工会割断和破坏部分陆生动物的活动区域、迁徙途径、栖息区域、觅食范围等，从而对动物的生存产生一定的影响。同时，施工人员及施工机械、车辆的噪声和施工人员对野生动物的干扰，也将迫使动物离开井场和场站附近区域。营运期，井场附近人员流动较大，加之车辆较多，对动物生存仍有一定的影响。再者，在滩涂和浅海水域开采油气，围海造陆会导致海岸带滩涂面积减小、湿地退化，自然生态系统被破坏，使动物栖息地和近海海洋生物受到严重影响，对生态环境构成威胁（刘艳霞等，2012）。

我国河口三角洲湿地孕育着丰富的油气资源。黄河三角洲和辽河三角洲分别是我国第二大油田胜利油田和第三大油田辽河油田的所在地。油田开发以及随之而来的井区、道路、通信、输油管线等设施使湿地面积、结构和功能发生巨大变化，极大改变了湿地原有面貌，湿地景观破碎化加剧，生态功能面临严重威胁。辽河油田"八五"石油开发占用自然湿地面积31 850 hm^2；胜利油田投入开采的 56 个油田中有 35 个是在黄河三角洲湿地地区。油气资源的开发不但占用了大面积的天然湿地，还对湿地造成了很大的污染，其中以石油污染最为严重。受原油污染的湿地一般生物种类很少，甚至寸草不生（谷东起等，2003）。

5. 生物资源过度利用

生物资源过度利用和不合理开发会导致滨海湿地生物多样性降低，使湿地资源减少甚至枯竭。滨海湿地资源开发应遵循湿地生境演替规律，资源的开发强度不应超过生物更新和恢复的速度。由于生物演替的时滞性，其更新和演替速度往往明显跟不上人们对它的开发速度。在辽河三角洲和黄河三角洲湿地地区，由于采割、农业开发和油田建设，芦苇沼泽面积逐渐萎缩，滨海湿地的减少和破坏也影响了海洋生物的繁育生长，甚至造成经济鱼类捕获量下降。因围垦和砍伐，我国天然红树林资源已从 20 世纪 50 年代的 5.0×10^4 hm^2 减少到2000 年的 1.4×10^4 hm^2，约有 72％的红树林消失。珊瑚礁因过度开采而严重退化，海南省约有 80％的珊瑚礁资源已遭到不同程度的破坏（国家林业局等，2000）。近海过度捕捞、滩涂超强采集远远超出了滨海湿地生物资源的承载能力，导致滨海湿地生态系统遭受严重破坏。过度捕捞已使滨海湿地生态系统结构变化、生产力下降，大部分潮间带海洋生物出现了低龄化、小型化趋势，有些生物甚至失去了产卵、栖息场所，近海许多经济鱼类年捕获产量逐渐下降，生物资源日趋单一化。另外，人类对滨海湿地生物资源的过度利用严重削弱了滩涂湿地的自然再生能力和净化能力，不利于生物多样性的保护和可持续利用。例如，水产养殖是滨海湿地资源利用的主要形式之一，但大面积、高密度、单一品种的水产养殖已超过自然界自身的净化能力，导致养殖产量和效益大幅度下降。湿地植被的过度采摘、砍伐和收割也会削弱湿地作为野生生物栖息地的作用（夏东兴等，2014）。大面积的滨海湿地被开发为水产养殖池塘、稻田后，生态环境单一并逐渐恶化，导致大量的鸟类失去了栖息、繁殖和迁徙中转的基地，哺乳动物、两栖类、爬行类等动物资源也会因此而减少。

6. 制度体制不健全

滨海湿地的管理权限虽然归口在林业部（现林业和草原局），湿地国际履约机构就设置在该部门，但涉及湿地管理的部门还包括农业、水利、国土、环保、海洋等国家部门以及相关的地方单位，它们之间对滨海湿地的管理权限不清，而且缺乏管理的协调机制，导致滨海湿地的利用和保护很难有效实施。在实际利用中，滨海湿地资源虽归国家所有，但具体使用者的差异使得不同利益主体之间为了获得自身利益而对滨海湿地这种公共资源进行围抢滥用，其结果自然是不断地被占用、损毁，以至丧失。因管理不善导致滨海湿地资源破坏而产生退化的现象非常普遍。就湿地自然保护区而言，它是针对具体资源行使保护职能的直接主管机构，自然保护区的建立能够在很大程度上限制资源的任意开发和滥用，但由于土地产权及管理职能等问题，以及与地方有关部门的利益冲突，自然保护区时常并不能完全有效地行使自己的职能（张晓龙等，2010a）。目前，在设立湿地保护区的地方管理体制尽管有了很大改善，取得了一定进展，但依然存在一些问题。而尚未设立湿地保护区的地方，问题还是如此，改变不大，需要继续加强管理，理顺关系。

7. 外来物种入侵

外来物种入侵是影响滨海湿地生态环境，导致滨海湿地生物多样性丧失、生态系统退化的因素之一。由于外来物种具有强大的资源竞争能力，近年来对滨海湿地生态系统造成了极大的威胁。外来物种入侵对滨海湿地生物多样性、遗传多样性、生态系统多样性和生态服务功能已造成严重的影响。由于湿地生态系统的脆弱性和复杂性，外来入侵生物带来的危害将会通过能量流通、食物链、物质循环等环节被放大，从而影响整个湿地生态系统。一旦湿地生态系统遭外来物种入侵，结构和功能的改变将很难修复。对稳定的湿地生态系统而言，外来生物入侵的过程是短暂的，而修复遭到破坏的湿地生态系统的工作却是长期的。入侵物种造成的危害显而易见，而潜在的危害却难以预见。

例如，外来入侵物种互花米草对我国滨海湿地造成了很大危害。互花米草的繁殖速度极快，主要有营养繁殖和种子繁殖两种繁殖方式。互花米草是高耐盐碱植物，对总磷、铵态氮等的净化效果良好，但互花米草被引入盐城滨海湿地后迅速繁殖、抢占潮滩，原来的优势种白茅、盐蒿等已逐渐被其取代；互花米草疯长，抢占了大面积滩涂，使文蛤、泥螺等贝类的生存空间缩减、生境恶化、产量减少，同时也破坏了丹顶鹤等珍稀鸟类的栖息环境（常曼等，2019）。互花米草与薇甘菊在红树林生态系统中暴发入侵，显著降低了红树林微生境质量，并改变了底栖生物群落结构（陈权等，2015）。据估计，目前全国沿海滩地的互花米草面积已达 $10 \times 10^4 \sim 13 \times 10^4 \ hm^2$，分布面积居世界首位，互花米草在许多地区泛滥成灾，每年造成的直接经济损失高达数十亿元，对生态环境的危害难以测算。①互花米草秆密集粗壮、地下根系发达，能够促进泥沙的快速沉降和淤积，从而改变了潮间带的地形，妨碍了潮沟和水道的畅通，影响了潮间带水的正常流动，影响了航运，对港口经济的威胁是巨大且深远的。②互花米草改变了潮滩底栖动物的生境，导致有些珍贵、高经济价值的底栖动物类群毁灭性消失，同时导致大面积良好的养殖埕地和天然苗埕消失，影响藻类的生长。③互花米草入侵后可能竞争取代土著植物，占领光滩，形成密集的单一的米草群落，从而使涉禽栖息和觅食的生境丧失，导致涉禽种群数量明显减少（郑冬梅等，2006）。

8. 海岸侵蚀

海岸侵蚀是当今全球海岸普遍存在的地质灾害现象，也是造成我国滨海湿地退化的又一主要因素之一，它对湿地基底的不可逆转性改造是滨海湿地生态系统不稳定的主要原因。我国海岸蚀退现象非常严重，北起辽东湾，南至海南岛，无论是大陆岸线，还是岛屿海岸，均有侵蚀分布。侵蚀岸线在岸线总长中占有较高的比例，据统计，在渤海沿岸为46%，黄海沿岸为49%，东海沿岸（包括台湾岛）为44%，南海沿岸（包括海南岛）为21%，侵蚀岸线已逾5 000 km，湿地年损失面积600~800 hm²（夏东兴等，2014）。目前除了一些大型河流的行水河道外，我国约有70%的沙质海岸和大部分处于开阔水域的泥质潮滩和珊瑚礁海岸均遭受到侵蚀灾害，侵蚀程度在长江以北重于在其以南。江苏废弃黄河口附近自1855年黄河北徙后迅速后退，原河口区已后退20 km之多，平均蚀退速率为15~45 m/a（夏东兴等，1993）。引滦入津工程完成后，潘家口及大黑汀水库开始蓄水，入海泥沙急剧减少，使得滦河口三角洲停止淤涨，甚至出现侵蚀后退现象。海南岛海岸分布约有1/4的珊瑚礁海岸，20世纪70年代以来，由于珊瑚礁的开采，海岸的后退速率达15~20 m/a（夏东兴等，2009）。1976年黄河断流之后，黄河入海口刁口地区的沙嘴及附近海岸线不断受到海水侵蚀，一直处于蚀退状态，1976—1986年，刁口河沙嘴蚀退了约6 km，蚀退面积约100 km²，1986—2002年沙嘴蚀退了1 km左右，蚀退面积为37 km²左右（薛芳等，2003）。根据调查统计，刁口河口附近海岸1976—1980年平均蚀退速率为0.9 km/a，1980—1990年为0.24 km/a，1990—1995年为0.15 km/a。19年间蚀退强度逐渐降低，平均蚀退速率为0.43 km/a（徐洪增等，2009）。

海岸侵蚀导致海岸线后退、滩面下蚀、湿地基底流失、潮间带变窄、陆域环境向海域转变，直接导致湿地面积减小，湿地生物赖以生存的生境被破坏，严重者甚至引起湿地生境全部丧失。岸线后退和滩面的下降亦会提高潮间带湿地的潮侵频度，使湿地植被发生逆向演替，或死亡消失。同时，海岸侵蚀还会破坏沉积基础，改变环境营养状况，使滨海湿地生态结构和功能受到损害（张晓龙等，2008）。如在江苏废弃黄河三角洲，由于海岸侵蚀，一些中低潮滩粉沙淤泥质光滩被侵蚀消失，致使高潮区盐蒿滩地退化为光滩区，而禾草滩地又退化为盐蒿滩地，整个湿地逆向演替。而一些有人工海堤防护的海岸，堤外湿地植被无后退的新生空间，已导致堤外湿地全部被海水淹没，湿地严重退化（夏东兴等，2014）。

9. 海平面上升

低平的海岸湿地是全球变化敏感地区。海平面上升及其所诱发的一系列环境变化会直接在滨海湿地上得到反馈。全球变暖引起的海平面上升会导致滨海湿地向陆域方向退缩，虽然沿岸堤坝等海防设施会限制这种趋势，但部分滨海湿地仍将因此而消失。海平面上升也会增加其他海洋灾害发生的概率和强度而直接威胁滨海湿地的生境和演化（张晓龙等，2014）。据《2019年中国海平面公报》报道，海平面监测和分析结果表明，我国沿海海平面变化总体呈波动上升趋势。1980—2019年，我国沿海海平面上升速率为3.4 mm/a，高于同时段全球平均水平。过去10年，我国沿海平均海平面处于近40年来高位。2019年，我国沿海海平面较常年高72 mm，为1980年以来第三高。预计未来30年，我国沿海海平面将上升51~179 mm。1980—2019年，渤海沿海海平面上升速率为3.7 mm/a。预计未来30年，渤海沿海海平面将上升55~180 mm。并且由于温室气体的排放，海平面上升速度正在加快。据预计，在将来的100年内，海平面的上升速率可达到4~6 mm/a，再加上沿岸地区的地面沉降，相对海平面上升的幅度会更大（Day et al.，1999）。到2080年，海平面上升将导致世界22%的滨海湿地消失，加上其他人为因素，70%的湿地将会消失（Nicholls et al.，

1999）。海平面上升会在近岸低洼的地方营造出新的滨海湿地，使近岸陆地生态景观逐渐向湿地生态景观演替，但是由于大多数海岸都有护岸工程，湿地内移的幅度有限。近年来海平面上升加速了辽东湾、莱州湾、海州湾和其他沿海低洼湿地的消亡（谷东起等，2003）。

10. 风暴潮

风暴潮是一种突发的、高强度的增水现象，会对所波及的湿地产生毁灭性影响。风暴潮发生时，沿岸水位比正常情况下高出 2～5 m，波浪和潮流作用的边界迅速向陆地扩展，海岸受侵蚀、滩面遭冲刷、潮滩结构破碎、沉积物质改变、植被被毁坏、地貌形态改变等随之发生。在很短的时间里，滨海湿地的形态特征、物质组成、生态结构、环境状况等都将发生显著变化，其所引发的一系列结果在之后相当长的时间里都会存在并将产生深刻的影响。①淹没沿海低地，破坏湿地环境。滨海湿地相当多的部分时常会处于潮水的作用下，风暴潮发生时，最直接的影响便是迅速淹没大片沿海低地，破坏湿地环境，对滨海湿地生态环境造成毁灭性破坏。②加速海岸蚀退，致使湿地范围缩小。风暴潮的潮位高、波浪能量大，发生时将使海岸迅速蚀退。风暴潮发生时海水水位的升高还改变了原有的海岸均衡状态，导致岸坡的重新塑造。风暴潮的能量可以挟带大量的沉积物，使原有岸线的坡度剧烈变化。2 m 左右处的沉积物被搬运至向陆方向或向海方向，使原有的坡度变缓。③破坏岸滩形态，导致湿地结构破碎化。风暴潮巨大的破坏力能使原有的地貌形态发生迅速的变化。风暴潮的高能潮流卷起大量泥沙，或漫过沿岸堤，直接侵入潮上带平原地区，或沿河道、潮道上溯，造成河道、潟湖海水漫溢。伴随着风暴潮能量的减弱及潮水的逐渐退却，其挟带的大量泥沙及粗粒沉积物堆积在高潮线向陆的后方，形成风暴潮沉积。风暴潮在使岸线迅速后退的同时，使滩面遭受冲刷，潮沟扩宽，枝汊增多，滩面形态破碎化，使其更易遭受侵蚀。④毁坏地表植被，改变湿地景观。风暴潮发生时，往往使植被遭受冲刷，根部裸露，严重的可使地表植被全部毁坏死亡。如 1997 年 8 月 20 日，黄河三角洲遭受特大风暴潮侵袭时，在滨海区域经多年营造的总面积达 1.2×10^4 hm² 的全国最大的人工刺槐林和白杨林被全部摧毁，昔日林海顿时变成了荒原。风暴潮期间，大量的可溶性盐类被带至陆地，破坏土壤物质结构，形成大面积盐碱化土地。盐类物质侵入地下，形成高矿化度地下水，在蒸发作用下，盐类返于地表，形成轻重不同的盐碱土壤，植被难以生长。在黄河三角洲时常可以看到植被呈条带状分布，这是风暴潮对滨海湿地作用程度的强弱不同导致土壤结构发生变化的结果。⑤加重海水入侵，恶化湿地水环境。海水入侵是某些滨海低地重要的灾害之一，海水入侵的潜在危害大、治理难度大。海水入侵能使滨海湿地水质变坏，恶化滨海湿地水环境，进而造成滨海湿地生态环境的整体恶化；海水入侵还直接引起水资源的破坏，影响人们的生产、生活和身体健康。风暴潮灾往往扩大海水入侵的范围，加剧海水入侵的危害。莱州湾沿岸是我国海水入侵较为严重的地区之一，这与该区频繁的风暴潮灾害有着直接的关系。风暴潮灾害对滨海湿地的影响还反映在风暴潮灾过后的自然资源退化、生态环境的其他恶化、偶发疾病的流行、湿地生产力的下降、大的风暴潮灾所造成的次生灾害等，往往在较长时间内难以消除（张晓龙等，2006b；李培英等，2007；宋爱环等，2015）。

11. 气候变化

全球气候变化主要表现为气候变暖。气候变暖影响滨海湿地的生态过程，从而改变滨海湿地的结构和功能。从长远来看，全球变暖将显著影响各种湿地的分布与演化。气候变暖导致的降水量区域变化会引起河流水量及其携沙量的变化，对滨海湿地的稳定和生态功能的发挥产生重大影响（张晓龙等，2014）。气候变化对滨海湿地最直观和最明显的影响是湿地面积、分布格局及景观的变化。湿地面积的变化一般与气温变化呈负相关关系，与降水、湿度变化呈正相关关系。

气温升高、降水变化是影响湿地分布和功能的又一主要气候变化因素。气温是控制滨海湿地消长最根本的动力因素，气温升高会引起湿地水温及土壤温度升高，导致湿地的蒸发量增加，影响湿地的能量平衡。降水频率、降水强度以及降水量直接影响滨海湿地的水文。①气候变化对滨海湿地面积和分布的影响。湿地水文在湿地物质循环方面具有重要的作用，是影响湿地生物组成的关键因素，进而水文的变化又直接影响湿地的面积和分布状况。降水、地表径流和地下水为湿地的主要水源，近年来由于全球气候变化，各地区降水量和蒸发量明显改变，引发水资源在时空上重新分布，导致降水模式、降水量等发生改变，使湿地水源补给减少，从而影响湿地生态环境，降水减少将大大减少湿地面积。②气候变化对滨海湿地水文的影响。水文条件是滨海湿地形成过程中最重要的影响因素之一，不同的水文条件会形成不同的湿地类型。相对较少的降水、蒸发等只要改变地表水或地下水几厘米，就足以让湿地萎缩或扩展，或将湿地转化为旱地，或使湿地从一种类型转变为另一种类型。全球气候变化通过蒸散、水汽输送、径流等环节改变水文循环，并引起水资源在时空上的重新分布，导致大气降水的形式和量发生变化，对湿地生态系统的水文情势产生深刻的影响。同时，气候变化也对辐射、风速以及干旱洪涝等极端事件发生的频率和强度造成直接影响，从而改变湿地的蒸散、径流、水位、周期等水文过程。气候变化对湿地水文情势的影响主要表现为：第一，加速大气环流和水文循环过程，通过干旱、暴风雨、洪水等降水变化以及频繁、高强度的扰动事件对湿地能量和水分的收支平衡产生影响，进而影响湿地的水循环过程；第二，气温升高或因此导致的干旱将会增加社会和农业的用水需求，从而更多地挤占湿地用水，进一步导致湿地水资源短缺（吕宪国等，2017）。③气候变化对滨海湿地土壤的影响。湿地土壤是构成湿地生态系统的又一重要环境因子，在湿地生态系统发挥其生态功能的过程中起着关键的不可替代的作用。湿地作为重要的"储碳库"，在湿地生态系统碳循环中起着关键性作用。随着全球变暖，气温和大气中CO_2浓度升高，导致湿地土壤温度升高、通透性改变，加速了土壤中植物残体的分解速率，有些原本不参与碳循环的底泥及微生物的活动变得活跃，使"碳汇"向"碳源"转变，进而影响生态系统的碳循环进程。温度升高，湿地土壤中的有机物分解加快，产生的CO_2或者CH_4被释放到大气中，直接参与了大气的碳循环过程，进一步影响气候的变化。所以湿地土壤中碳的变化在CO_2、CH_4等温室气体的固定和释放中起着重要作用。而植物则以改变结构组织、增加生物量等方式作为应对空气中CO_2浓度增加的响应。温度升高使湿地土壤硝化和反硝化作用增强，促进N_2O的产生与排放，湿地成为N_2O的排放源（吕宪国等，2017；董晓玉等，2019）。④气候变化对滨海湿地生物多样性的影响。气候变化直接影响湿地生物群落、生物多样性及其适应性的变化。气候变化使湿地生态环境恶化，导致生长和栖息于湿地中的生物生境发生改变，使湿地生物多样性受到严重威胁。气温升高致使水分蒸发量加大，一些河流断流，大片沼泽湿地消失或退化，沼泽湿地植被向中旱生植被演化。同时，洪水、干旱等极端事件发生的频率不断增加，再加上人类活动的干扰，湿地水体环境恶化，自净能力降低，依靠初级生产力的鱼类和浮游动物等大量消失，食物链变得越来越脆弱，严重威胁到系统的生物多样性（吕宪国等，2017）。

全球变暖可能会导致整个海洋生态结构的改变，使海岸带物质和能量重新分配，因而滨海湿地的生态结构和生物体系的变化亦将不可避免。气候变化引起的生物群落的变化有可能导致一些种群的消失和一些种群出现新的变种。气候变化对鸟类也会产生一定的影响,气温的变化会影响鸟类的繁殖速率,进而影响其种群数量;区域降水量年内和年际变化会影响鸟类对湿地的依赖程度;湿地面积萎缩会使鸟类数量明显下降,最终会导致一些依赖湿地生存的鸟类面临失去栖息地、繁殖地和迁徙中转地的危险。

第二节　滨海湿地退化评价

　　滨海湿地评价(Evaluation of coastal wetland)是对滨海湿地的功能类型、功能容量和阈值进行确认和度量,是对滨海湿地的经济价值进行评估,对湿地开发项目、湿地功能和环境影响大小以及对湿地演变趋势预测的过程。湿地评价的目的是为湿地的合理保护、开发决策以及恢复提供科学依据和技术支撑。

　　湿地退化评价(Evaluation of wetland degradation)是应用相关的生态学和数学等方法对湿地生态系统的退化程度进行科学评价,是对湿地生态环境现状、湿地环境资源和生态破坏程度、湿地污染程度甚至湿地周边地区的经济发展水平、人口素质等方面的综合评价,是对人类不合理经济活动造成整个湿地生态系统质量下降程度的定量描述。湿地退化评价在湿地恢复生态学研究中占有重要的地位,是开展退化湿地恢复与管理的基础性工作(高士武等,2008)。滨海湿地退化评价(Evaluation of coastal wetland degradation)亦然。

　　随着滨海湿地面积的减小和功能退化的日益加剧,滨海湿地资源的保护和合理利用以及恢复已成为当前极为紧迫的任务。我国滨海湿地退化现象严重,已对沿海生态环境和经济发展产生了严重影响。如何客观正确地评价滨海湿地的现状和功能价值,怎样实际有效地进行退化湿地的恢复与重建,这些问题的解决必须建立在对当前湿地退化水平的正确认识的基础上。但如何评价、用什么标准来评价,到目前为止,尚无统一的认识和标准。湿地的评价主要包括湿地功能的评价和湿地环境的评价,前者着重对湿地内部过程的分析比较,常用湿地机理模型作为依据,而后者则包括湿地现状评价和预测评价,主要依据是实测数据和评价模型的预测结果。由于湿地的退化评价和退化标准是保护、恢复和重建滨海湿地的基础和依据,近些年来,国内外在这方面都有不同程度的研究。

一、滨海湿地退化评价研究概况

1. 国外湿地退化评价研究

　　国外的湿地评价研究开展得较早,也较为深入。20 世纪初,美国为了建立野生动物保护区特别是迁徙鸟类、珍稀植物保护区而开展了少量的湿地评价工作。20 世纪 50 年代,进行了以湿地物种为主要对象的湿地编目和评价。到了 20 世纪 70 年代,美国马萨诸塞大学的 Larson 和 Mazzarese 提出了第一个帮助政府颁发湿地开发补偿许可证的湿地快速评价模型(Larson et al.,1994)。Brinson 等(1994)提出了“五步”湿地生态系统功能评价方法,这一方法首先根据湿地的地貌结构、水补给类型以及内部水文动力学特点划分湿地组,然后确定每组湿地的水文地貌性质与其生态功能之间的联系,再选择典型的湿地,设计具体评价方法。Kent 等(1990)开发了一种宏观层次上的湿地功能评价技术,其目的是评估那些广为人知的湿地的功能，它能在野外快速运用，适用于不同的湿地类型，重复性好。Breaux 等（2005）在加利福尼亚州旧金山海湾的湿地生态系统和适应性评价中涉及 5 个特征：野生动物、优势植被、生物栖息地状态、水文和周围土地利用。加拿大的 Young（1994）选择了加拿大萨斯喀彻温的 Lost River 湿地和 King George 湿地作为研究对象，对这 2 个湿地的娱乐效益（猎鸭、参观野生动物、远足以及湿地存在效益）进行测算，每年价值为 140 万加元。1991 年 Bond 等提出了湿地开发评价指南，将整个评价过程划分为基本分析、详细分析和专门分析 3 个阶段，对湿地的价值和拟议的项目价值进行对比分析。将湿地开发项目的功能增益与损耗分析包括在湿地效益的评价过程中，这一步满足了各级政府在整体环境管理框架基础上指导跨部门规划活动的技术要求（崔丽娟等，2002）。北美的湿地评价目的明确，简洁易操作。评价者选取指标时充分考虑了数据的可获得性。虽然后来指标体系在不断地完善，但评价者往往会根据湿地的具体情况把指标体系尽量设计得小而精练，增强实用性。同时，各种生态效益的评估方法，诸如旅游支出法、替代花费法、享乐价值法，在美国得到了应用（俞小明等，2006）。

英国的 Maltby 等（1994）研究了湿地生态系统的功能与评价方法，认为由于湿地中的种群、环境效益是受国界限制的，应制定一个泛欧洲湿地政策。因而他们在法国、爱尔兰、西班牙以及英国进行了多国间河岸湿地的对比研究，包括建立所有河岸湿地系统共有的关键过程以及功能间的联系，测定湿地系统对外界干扰的恢复能力以及对这些干扰的反应。与此同时，英国的 Murphy、德国的 Castella、法国的 Clement 以及爱尔兰的 Speight 等联合进行了利用生物学标志评价河岸湿地生态系统功能的研究（Murphy et al.，1994）。他们选取了植被和食蚜蝇（Syrphidae）作为有机指示物，发现这些有机物的遗传物质影响其在河岸湿地中生存时对环境压力的耐受性。据此，对这些有机物进行了分类，并对分类结果与反映栖息地特点的种群分布资料做了对比研究，结果表明这些生物可以作为河岸湿地独立水文地貌单元与环境条件的指示物来反映湿地栖息地的环境特点。在英国，贝特曼在 1993 年对诺福克布罗德湿地、汉雷和克拉依格在 1991 年对福罗地区的泥炭沼泽分别进行了评价，他们采用的都是自愿付费调查。评价者对比了保留湿地的优点和改作他用或不进行投资和管理任其退化两种情况下湿地的经济价值（崔丽娟等，2002）。欧洲的湿地评价较严谨，研究者不仅仅是停留在描述湿地表面现象，还试图选取一些可以精确反映湿地本质特征的指标，从而深入理清湿地现状和功能之间的关系。所以他们选用了有机物作为指示物进行评价，并制定了定量指标和严密的计算方法（俞小明等，2006）。

澳大利亚的 Spencer 等（1998）利用植被、土壤、水体的 13 个指标建立了退化湿地生态评价指标体系。Davis 和 Froend 等对澳大利亚西南地区的湿地退化进行分析研究，得出灌溉、排水以及农业和城市发展是该区域湿地退化的主要原因（Davis et al.，1999）。

印度的 Shukla 于 1996—1998 年利用湿地大型植物控制模型调查研究了凯奥拉德奥国家公园（Keoladeo National Park）退化湿地的控制问题，证实大型植物的控制与作业水平或密度关系最为密切，控制的阈值是一个关键问题，即管理的适宜性是维持湿地生态系统生态平衡的关键（Shukla，1998）。

2. 国内湿地退化评价研究

我国的湿地评价研究起步较晚，但也取得了较大的进展。崔丽娟等（2002）对湿地评价研究做了概述和分类，提出了湿地评价的 3 个基本阶段的技术路线和方法（阶段 1：明确评价目的，制定评价原则，选择评价方法；阶段 2：确定评价湿地的类型、范围、界限，展列湿地全部效益或性质，效益归类或重要性分级或分层；阶段 3：搜集资料、积累信息，选择评价方法、技术，具体操作）。江春波等（2007）综述了天然湿地生态系统评价技术研究进展，提出湿地-河流生态系统评价、湿地生态系统对临近区域及其子系统可持续发展的影响评价、湿地生态系统反馈评价以及极端条件下湿地生态系统评价技术。高士武等（2008）综述了国内外湿地退化评价研究的现状及内容，提出了湿地退化评价研究中存在的问题，并对未来湿地退化评价的研究进行了展望。安娜等（2008）从湿地功能面积减小、湿地系统物质能量流失衡、湿地组织结构破坏、湿地生态功能减弱 4 个方面着重介绍了我国湿地的退化特征，从影响湿地退化的自然和人为因素共同作用角度系统分析了其退化的原因，并介绍了湿地退化评价的三大技术体系（湿地退化的定性及定量评价，湿地退化的分类评价和湿地退化评价的新技术）。张晓龙等（2014）依据定量化目标和相应的资料获得性，确定了滨海湿地退化评估的 8 个指标，并对指标的估值方法做了规定，将滨海湿地的退化划分为 5 个等级，对我国 28 个滨海湿地区段的退化状况进行估值。韩大勇等（2012）从湿地退化标准、退化特征、退化分级、退化过程、退化机理、退化监测体系、退化评价指标与指标体系、退化监测新技术及其生态恢复理论与技术 9 个方面系统地介绍了当前湿地退化研究进展。结果表明，湿地退化过程、退化机理、退化评价指标体系和退化湿地监测、恢复与重建研究是当前研究的重点，在未来相当长的时间内，全球气候变化、湿地退化的微观过程与机理、湿地生态系统的可持续利用将会是重要的研究方向。杨波（2004）指出，我国湿地评价研究方法已由过去仅局限于湿地特征描述的定性评价发展到湿地价值评价、湿地生态系统健康评价、湿地环境影响评价以及湿地生态风险评价等方面。陈颖等（2012）选取不同类型退化湿地的典型退化指标，如湿地面积变化率、水源补给状况、地表水水质、濒危物种数和种群数量变化率、植被覆盖变化率等作为湿地退化状况的评价指标，将湿地的退化程度划分为未退化、轻度退化、重度退化和极度退化 4 个等级，并对 10 处滨海国际重要湿地和 22 处内陆国际重要湿地的退化状况进行了评价。李怡等（2018）选取滨海湿地面积、经济、生态系统中的各种属性、政策法规等指标构建了滨海湿地退化评估体系和损失评估体系，以胶州湾滨海湿地为例，利用阈值设定法，对滨海湿地退化指标和损失指标的等级进行划分，并对胶州湾滨海湿地的退化程度和生态服务价值损失情况进行了评估，结果表明：胶州湾滨海湿地处于中度退化状态；湿地生态服务价值处于中度损失状态；湿地退化与损失呈正相关关系，湿地退化越严重，湿地损失就越严重。

此外，张晓龙等（2010b）利用综合评价法对黄河三角洲滨海湿地退化进行了评价，谷东起（2003）采用模糊评价法对山东半岛潟湖湿地退化进行了评价，此后谷东起等（2012）根据野外监测数据和遥感信息解译结果分析了盐城滨海湿地生态特征、定量评估了湿地退化程度和分区探讨了导致湿地退化的主导因素。李宁云（2006）参照压力—状态—响应框架（PSR）模式建立了纳帕海湿地生态系统退化评价指标、对湿地生态系统退化程度进行了多因子综合评价，杨会利（2008）基于景观生态学的人为干扰强度模型评判法对河北省典型滨海湿地的退化进行了评价，赵志楠等（2014）利用综合矩阵分析法和基于景观生态学的人为干扰强度模型评判法定量评估了河北省南大港滨海湿地的退化程度、探讨了导致湿地退化的主导因素。华国春等（2005）采用层次分析法对青藏高原拉鲁湿地进行了生态恢复评价研究，张明祥等（2001）以三江平原、长江中游湖泊湿地等重点地区的湿地资源退化为例评价了我国湿地资源的退化情况，沈彦等（2007）从湿地面积与调蓄能力、生物多样性、湿地水质污染、土壤退化等方面对洞庭湖湿地退化现状进行了评价。李文艳（2011）参照压力—状态—响应模型构建了天津滨海湿地退化指标体系，刘德良等（2009）基于成因—状态—结果模型构建了我国湿地退化监测和评价的地学指标体系。

3. 湿地退化评价研究中存在的问题

国内外已经开始认识到湿地退化程度评价的重要性，但是对于湿地生态系统退化程度的评价研究还很薄弱，目前大多研究尚集中在理论探讨方面。有个别学者提出了湿地退化的标准，但在指标描述上定性居多、定量较少。仍存在着未形成统一的湿地退化评价体系、评价指标不全且缺乏代表性、缺少不同评价方法之间的对比分析等问题（崔丽娟，2001）。存在的问题主要有：

（1）未形成统一的滨海湿地退化评价体系

由于各国各地区湿地类型、规模及环境背景差异较大，目前尚未形成统一的对滨海湿地的退化评价体系，一些评价仅是探讨性的。定量评价滨海湿地退化程度是有效恢复退化湿地的重要前提。滨海湿地退化评价指标体系应能反映湿地生态系统所具有的功能、性质和用途，应是由若干相互联系、相互补充、具有层次性和结构性的指标组成的有机序列，聚焦于湿地生态系统退化的动态过程。现有的湿地退化评价体系主要针对湿地功能退化、湿地土壤退化、湿地生态系统影响因子退化以及针对某一具体湿地生态系统类型的退化（高士武等，2008）。

（2）评价指标不全且缺乏代表性

为了反映湿地退化的动态变化，应选取能反映湿地退化的演变序列和发展趋势的指标，目前大部分指标侧重于湿地生态系统内指标，定性指标较多，定量指标少，且集中在水质、土壤和生物等单指标或多指标方面的比较研究，而对整个湿地生态系统退化的系统综合评价指标研究较少；指标选取专业化现象严重，缺乏推广性；同时，评价指标不全面，造成评价指标缺乏代表性（吴后建等，2006）。

（3）湿地退化评价方法较多，缺少不同评价方法之间的对比分析

目前，对湿地退化评价不同方法的对比研究较少，且仅集中在单一区域的比较研究，缺乏对整个湿地生态系统退化评价不同方法间的系统、综合对比研究；许多研究只进行数值之间的简单对比分析，不能刻画整体湿地生态系统退化状况，同时，在进行单一区域对比分析时，有些只进行研究区域内的横向对比分析，缺乏区域的纵向对比分析（高士武等，2008）。

二、滨海湿地退化评价方法

1. 湿地退化评价体系

（1）湿地退化评价指标的建立

依据湿地类型、退化表现特征等选取相应的指标，按照典型性、通用性、可量化、现实性、可操作性等原则建立湿地退化评价指标。首先，根据评价目的和原则建立具有区域特征的评价指标体系，按湿地类型的不同分别建立滨海湿地退化状况评价指标体系；其次，按重要性和必要性分级建立综合评价系统和子系统，并细化为评价指标、计算方法、等级、评价标准、分值等；最后，运用专家咨询和层次分析法进行指标量化处理，并按重要性对不同的评价指标进行等级赋分，统计综合评判计算分值，结合区域生态类型和现实生态环境因子推算出湿地退化评价等级。滨海湿地以湿地面积变化率、植被覆盖变化率、物种多度变化率、水鸟数量变化率、濒危物种数变化率、植物入侵物种、土地（水域）利用方式变化率等为评价指标（陈颖等，2012）。

（2）湿地退化的定性及定量评价

湿地退化的定性评价一般多对湿地面积、湿地功能、湿地生态系统特征是否遭到明显破坏以及湿地自然保护区和管理模式是否有效保护湿地系统等方面进行概括性的评估，并对湿地开发利用、管理和保护过程中存在的导致湿地退化的问题进行现状评价，提出解决问题的措施和途径，确定今后发展方向。首先，根据评价目的和原则建立具有区域特征的指标体系；其次，进行评价指标分级处理，建立综合评价系统和子系统；最后，运用层次分析法、专家咨询等方法进行指标量化处理，利用模糊综合评判等统计方法计算湿地综合评价指数，对研究区域进行生态类型、功能等级划分，得出评价结论（安娜等，2008）。

（3）湿地退化的分类评价

湿地退化的分类评价即对湿地的退化从湿地健康系统评价、湿地环境影响评价、湿地生态价值评价及湿地生态风险评价几个方面进行分类评估（杨波，2004）。①湿地生态系统健康评价强调湿地生态系统能否提供特殊功能（如洪水调蓄和水质净化等）的能力和维持自身有机组织的能力，是湿地生态系统是否发生退化的重要指标。②湿地环境影响评价是从保护和可持续利用角度，科学地论证湿地开发活动对湿地环境及湿地退化造成的影响，提出降低不利影响的方案、湿地资源可持续利用的对策与环保措施，减少开发活动对湿地资源的破坏。③湿地生态价值评价即湿地系统的生态服务功能的价值评价，包括直接利用价值、间接利用价值、选择价值和存在价值。该评价方式将湿地生态系统功能转化为货币形式，用货币价值的减少直观地反映湿地的功能和作用的降低，从而对湿地退化量化评价。④湿地生态风险评价侧重于研究湿地主要风险源（自然、人为等因素）对湿地造成的危害，这些不确定性的事故或灾害对生态系统及其组分可能产生巨大的影响，其结果可能导致生态系统结构和功能的损伤，从而加剧湿地系统的退化（安娜等，2008）。

湿地健康评价、湿地环境影响评价、湿地生态价值评价和湿地生态风险评价具有一定的相似性，均是根据研究目的，选取评价指标，对指标进行量化分析，得到湿地退化状况的评价结论，从而寻求最佳的湿地利用、保护和管理方式，为制定合理的湿地保护对策提供依据。其差别在于研究的出发点和侧重点不同：湿地健康评价侧重于湿地生态系统自我保护和自我恢复能力是否减退；湿地环境影响评价侧重于湿地项目开发可能对湿地造成的不良影响评价；湿地生态价值评价侧重于把湿地生态系统的功能转化为货币值，为湿地退化提供经济参考；湿地生态风险评价侧重于对可能的湿地生态退化的风险源产生的危害作用进行评价（杨波，2004）。

（4）湿地退化评价的新技术

与传统的湿地退化评价方法相比，近年来发展了一批新型的湿地退化评价技术。大量新技术和新手段的应用有力地推动了湿地退化研究的深入。3S技术被越来越普遍地应用于湿地资源调查、湿地编目、湿地功能评价和湿地保护研究，尤其是在湿地退化监测方面的应用取得了深入的进展。周昕薇等（2006）以多年ETM（Enhanced thematic mapper）遥感影像为信息源，在遥感和地理信息系统技术支持下，结合野外调查，辅以收集研究区相关资料和多年的统计数据，动态监测和分析北京地区湿地资源的类型、面积、分布情况及湿地开发利用情况等，对该地区的湿地资源的退化进行动态监测、分析与评价。谷东起等（2006）利用遥感和地理信息系统技术对滨海湿地景观特征及景观破碎化程度进行了分析，指出莱州湾南岸滨海湿地景观破碎化严重，人类活动是莱州湾南岸滨海湿地景观破碎化的主要原因。杨永兴（2002a）将数学方法与计算机技术应用于湿地退化的过程研究，建立了很多有科学价值的模型，深化了机理研究，逐步完善了湿地学的方法论。

2. 湿地退化评价常用的方法和指标体系

（1）湿地退化评价常用的方法

湿地退化评价方法较多，主要有单要素指标对比分析方法、模糊评价方法、综合评价指数法和景观生态学方法等（表 4-1）。其中常用的综合评价指数法是体现了生态系统评价的整体性、综合性和层次性的一种较好的方法，已被广泛应用于湿地退化评价（高士武等，2008）。

表 4-1　湿地退化评价常用的方法

方法	解释
单要素指标对比分析方法	针对某项具体指标，进行退化前与退化后的数值比较，以确定湿地退化程度。例如对湿地土壤生物学和化学退化指标进行对比分析，以确定湿地土壤退化程度
模糊评价方法	以模糊数学理论为基础，用数值特征来反映人们对环境质量的模糊认识。对反映湿地质量的环境因子进行调查，建立环境因子对湿地质量的隶属度函数，用该隶属度函数确定某处环境因子反映的湿地质量的相对优劣性。该方法能考虑各功能之间的相关性以及功能的全面性
综合评价指数法	该方法中最关键的是评价因子权重的确定。为使评价结果更具可信性，一般采用层次分析法（AHP）进行评价因子权重排序。该方法把多目标决策分析中的定性问题定量化，使定性与定量相结合，从而较合理地对各参评因子进行权重排序
景观生态学方法	景观生态学理论被用于生态系统退化研究已较为广泛，被用于湿地退化评价还比较少。湿地退化景观格局分析常常构建相关模型，运用各种定量化的指标来进行景观结构的描述与评价。3S 技术为湿地退化景观格局分析的定量研究创造了条件，难点是难以获得长时间尺度，即生态系统退化前的景观资料，一些景观指标值虽有理论阈值，但缺乏客观性

资料来源：高士武等，2008。

（2）湿地退化评价常用的指标体系

目前湿地退化评价指标与指标体系正在逐步建立的过程之中，虽然还没有建立完善的指标体系，但已取得很多新进展。现有的评价指标大体可分为生物指标、土壤指标、水体指标和景观指标等，近年来又提出应用社会经济指标评价湿地的退化，使湿地退化评价指标范围更广，几乎涵盖了湿地生态系统的各个方面（韩大勇等，2012）。湿地退化评价指标体系的设计要综合考虑多方面的因素。湿地一旦发生退化，会在湿地生态系统的组成、结构、功能与服务等方面有所表现。要想准确地反映生态系统的退化程度，评价的指标应包括湿地景观指标、湿地生态特征指标以及湿地生态系统服务功能指标（表 4-2）（高士武等，2008）。

表4-2　湿地生态系统退化评价指标体系

一级指标	二级指标
湿地景观指标	湿地景观格局变化指标（可包括湿地面积变化指标、湿地景观格局变化指标、斑块空间变化指标、斑块形状指数等）
	湿地景观多样性变化指标（可包括景观多样性指数、景观优势度指数）
	湿地景观破碎化指标（斑块密度指数、景观斑块形状破碎化指数、景观内部生境面积破碎化指数、斑块隔离度指数）
湿地生态特征指标	湿地水质、水文指标（可以选取水质、湿地蒸发量、盐度、透明度、pH、化学需氧量、生化需氧量、水源保证或补给）
	湿地土壤指标（湿地土壤温度特征、湿地土壤含水特性变化、湿地土壤电导率的变化、湿地土壤容重变化、湿地土壤pH、湿地土壤污染状况、湿地土壤养分指标）
	湿地大气指标（可包括大气环境质量等指标）
	湿地生物多样性指标
湿地生态系统服务功能指标	供应（包括生物资源、矿产资源、能源、水资源）
	调节（包括改善空气质量、调节区域小气候、水土保持、调蓄洪水、降解污染物）
	人文（包括历史和文化、旅游和休闲、科研和教育等）
	支持（包括授粉、土壤形成等）

资料来源：高士武等，2008。

3. 滨海湿地退化程度界定与快速评估方法

相对简单快速地评价一定区域的滨海湿地退化状况需要建立一定的指标，一般可以省级单元为基础，再划分出滨海湿地的次级区段，依据所获得的该区段的相关资料，综合分析其退化状况，再对其估值，划分出退化级别。

（1）评价指标

1）指标选择的参照依据。要初步对全国滨海湿地进行退化评价，需要选择相对较为可靠的数据来源，能够较为客观地反映滨海湿地现状。考虑到工作量与实际情况，评价指标的选取及量化依据以收集的资料为主。具体可以下几个方面的资料作为指标选择的主要参照依据：①已发表或已完成的有关滨海湿地的调查评价成果。②中国海洋环境质量公报及沿海省市海洋环境质量公报的历年数据。③通过现场调查和具体工作所得的数据。④遥感解译得到的滨海湿地变化状况。

2）评估指标的确定。张晓龙等（2010a，2014）根据资料的获取难易与目标的明确程度以及量化依据的确定性，将指标分为关键指标和参考指标两类。

① 关键指标。

A. 天然湿地的损失。考虑到依据湿地的功能降低来评判滨海湿地的损失时量化很难，首先应以天然湿地的面积损失比例为评估的主要依据。面积的损失能够直观地反映滨海湿地的变化，同时也能够直接影响滨海湿地功能的发挥。

B. 近岸污染程度。主要考虑近岸海域的水质、底质、生物体内污染残留状况等。污染状况是湿地质量特征的直接表征。

C. 生态系统健康状况。以生态系统所处的健康级别为主要依据，考虑生态脆弱状况。生态系统的健康状况综合地反映了滨海湿地的整体特征。

D. 海洋灾害。考虑滨海湿地受到的海水入侵危害程度及滨海土地盐渍化状况，海岸侵蚀的强弱和分布，台风、赤潮等海洋灾害的侵袭和危害。海洋灾害对滨海湿地的损失及功能的退化有重要影响。

② 参考指标。

A. 开发状况。考虑城市化的扩展、海岸工程的建设、资源开发、水产养殖业发展等，可反映滨海湿地受到的退化压力和变化趋势，也能够相应补充和说明滨海湿地损失的速率和系统的稳定状态。

B. 自然保护区状况。滨海湿地自然保护区的建设直接影响滨海湿地的变化。因而滨海湿地自然保护区的设施建设和状况可以反映滨海湿地发展的状态，也是系统健康和湿地损失变化的补充。

C. 生物多样性。可考虑动植物种类和数量及其变化情况、植被的覆盖状况、底栖生物的分布等。能够从一定程度上反映系统的健康状况和湿地功能的退化。

D. 水沙条件。考虑到河流动力及物质变化、海平面上升、海洋动力特征等，某些区域水沙条件的变化会直接影响滨海湿地面积的变化、系统的健康状况、灾害的危害程度、生物多样性等（张晓龙等，2010a；张晓龙等，2014）。

（2）滨海湿地退化快速评估方法

1）指标的估值。张晓龙等（2010a，2014）依据上述指标确定的原则，考虑能使最终分值总和明确体现湿地退化的差异，按照等差序列对各指标逐级赋值。通常，在各指标中有明确界定和等级划分的按照10分、30分、50分、70分的序列给其赋值，对其中有辅助价值的相关因素按作用大小以10分的分距给其增减分值。

① 天然湿地损失。面积损失<5%可记10分；损失在5%~15%记30分；损失在15%~30%记50分；损失在30%~80%记70分；损失≥80%记100分。面积若增加，则记相应的负分。若只以面积损失作为评判湿地退化的表征指标，面积损失<5%可将湿地系统列为未退化，损失在5%~15%为轻度退化，损失在15%~30%为中度退化，损失>30%为严重退化，若损失≥80%，湿地系统已基本失去其功能，可认为湿地丧失。

② 近岸污染。主要参照近岸水质状况。清洁水域记0分；较清洁水域记10分；轻度污染记30分；中度污染记50分；严重污染记70分。相应的底质与生物污染残留可作参考，作为近岸污染估值的补充。例如，底质中有1项超标记10分，按严重程度以10分的差异增减；生物污染残留中有项目增高的按程度以10分的分距加减分值。综合考虑污染的整体状况以确定最后的估值。

③ 生态健康。若生态系统评级为健康，记0分；生态系统处于健康级别且比较稳定，但有相关因素威胁系统健康的记10分；生态系统健康但有相关指标超标的记30分；处于亚健康状态的记50分；处于不健康状态的记70分。此外，可参照该湿地生态系统中生物种类、数量、密度的变化和分布情况，生物量的增减变化特征和生物栖息地的破坏程度等对生态系统的健康状况进行补充估值。

④ 海洋灾害。如以海水入侵作为该指标估值对象，若有海水入侵现象记10分，轻度入侵记30分，严重入侵记50分。可依据入侵面积和距离的差异适当增减分值。受多种海洋灾

害影响时，可综合考虑海水入侵及范围、沿岸盐渍化程度及范围、海岸侵蚀强弱、台风、赤潮等危害程度等。例如，参照海岸侵蚀程度及破坏情况计分，若该岸段有侵蚀记 10 分，出现强侵蚀记 30 分，严重侵蚀的记 50 分。

⑤ 开发状况。依据开发的速度、规模及其对滨海湿地造成的侵占、破坏、污染等情况做定性或定量的估计。脆弱程度为非脆弱区 0 分，轻脆弱区 30 分，中脆弱区 50 分，高脆弱区 70 分。

⑥ 自然保护区。该岸段若有保护区且确实能够起到保护作用，效果明显的可估值记负分。如国家级自然保护区可记－30 分，地方级自然保护区记－10 分。根据对自然保护区所起作用的评判估值。

⑦ 生物多样性。若有相关资料可作为生态系统健康状况的补充。依据动植物种类的数量和分布、植被盖度变化、底栖生物的丰富度与环境的关系等综合估值，记负分。

⑧ 水沙条件。可作为海洋灾害及生态系统变化的补充，结合海平面变化、海陆动力作用及物质供应特征可进行定量或定性估计。例如：陆源物质供应断绝、河流动力基本消失的，可记 50 分；有水利工程或自然原因使水沙大幅减少而影响到滨海湿地稳定的，可记 30 分；有自然或人为原因导致入海水沙明显减少的，可记 10 分。

2）评估级别划分。拟将滨海湿地退化程度定为 5 个级别：未退化、轻度退化、中度退化、严重退化、丧失。依据上述估值计分规则，拟将总分＜50 分的滨海湿地区段划作未退化，将 60～150 分的划作轻度退化，将 160～250 分的划作中度退化，将 260～350 分的划作严重退化，将总分＞360 分的视作滨海湿地系统丧失（张晓龙等，2010a；张晓龙等，2014）。

三、滨海湿地的退化标准

评价滨海湿地退化程度需要一定的退化标准。对湿地退化标准的认识，各家有异，一般认为湿地退化标准应包括湿地面积变化、组织结构状况、湿地功能、社会价值、物质能量平衡、持续发展能力、外界胁迫压力等方面。在多种类型湿地退化评价研究中，河流、湖泊研究较多，沼泽研究较少。目前我国湿地退化评价的主要工作包括基本理论研究和退化指标的确定研究等（崔丽娟，2001），对滨海湿地的退化标准研究则更少。滨海湿地退化标准主要应包括 4 个方面，滨海湿地面积减少、组织结构破坏、系统物质能量流失衡和功能减退。具体标志为滨海湿地径流量减少、蓄水能力下降、面积萎缩及斑块化、水质富营养化及污染严重、植被盖度降低、景观破碎化、生物多样性受损或减少、功能退化、湿地生态系统整体呈逆向演替等。

张晓龙等（2004）对湿地退化标准进行了研究探讨，认为建立湿地退化标准需要遵循 5 项原则：代表性与全面性相结合的原则；定量化与定性相结合的原则；通用性与地域的特殊性相结合的原则；现实可行性原则；可操作性原则。在制定滨海湿地退化标准时应考虑 7 项基本内容：滨海湿地退化的面积；组织结构状况；滨海湿地功能特征；滨海湿地系统的物质能量平衡；滨海湿地的社会价值体现；滨海湿地持续发展能力；外界胁迫压力。

1. 滨海湿地退化标准的制定原则

（1）代表性与全面性相结合的原则

用来描述滨海湿地退化的每一个指标都应能够客观地反映湿地生态环境或湿地功能的固

有特征。全部指标须形成一个完整的体系，能够较为全面地反映湿地的状态和功能特征，即指标体系应能覆盖和反映湿地生态系统的主要性状。

（2）定量化与定性相结合的原则

滨海湿地退化标准的描述应尽可能地定量化，以体现其科学性和精确性。湿地退化涉及许多方面，过程复杂，所选取的每一项指标不可能都能量化，没有必要强求。若强求量化，反而有失客观。对于这样的指标，应尽量准确全面地加以描述，反映其特征。有些指标的定性描述会比定量化更形象和更有说服力。标准的制定，定量化是必要的，但定性的描述也是一种不可缺少的补充。

（3）通用性与地域的特殊性相结合的原则

滨海湿地分布广泛，相同类型的湿地可能分布于多处。所确定的标准应能够应用于不同地域的相同类型湿地，使其生态现状及可预见的持续发展能力具有可比性。不同地域的地理环境有一定的特殊性，在评价湿地退化时应考虑到这种特点，适当补充和调整相关的指标，使标准尽可能全面地体现湿地退化的实际水平。

（4）现实可行性原则

环境的健康发展固然重要，但人类的现实生存也很重要，这两者是完全统一的。但在现实中，这两者却时常产生矛盾，有时矛盾还非常尖锐。在现有的经济技术水平条件下，不可能将环境的要求绝对化，也不可能只强调经济的发展。湿地退化的标准在现实环境条件下应是可行的。

（5）可操作性原则

滨海湿地退化标准中的指标，其原始数据应该是能够通过资料收集、实地调查、统计分析或是借助遥感等手段获得的。同时这些指标应有明确的现实意义，符合湿地科学研究的要求和行业规范，便于实际应用和环境管理的实施（张晓龙等，2004）。

2. 滨海湿地退化标准的内容

（1）滨海湿地退化的面积

面积可以作为湿地退化的重要标准之一，但孤立的面积不能说明湿地的状态，只能在变化中了解其情形。多大的面积可以支持一个健康持续发展的生态系统？不同的生态系统要求的面积应有所不同。不能见到面积减少就断言湿地退化。实际中，由于面积减小，湿地的边际效应增大，湿地的价值会变得更高。一块面积小栖息和生长着珍贵动植物的湿地的价值可能比一块面积巨大却只是栖息着普通水禽的湿地要高得多。如广东省惠东港口海龟保护区面积仅有 400 hm²，却可以成为中国国际重要湿地名录中的一处，面积并未成为其限制因素。相对于生态系统而言，主要看面积的大小是否可以维持当前环境条件下的生态系统健康有序地发展，并有一定的抵抗外来干扰的能力。对于与人类的生活和生产有密切关系的湿地而言，还要看该湿地是否能够提供足够的物质资料来满足当地人口的物质需求和经济发展需要而不对湿地的生态环境和功能造成危害。将面积作为湿地退化的标准，应根据实际情况具体分析和对待。

（2）组织结构状况

组织结构包括系统的生物群落结构和生态景观结构。一般而言，湿地生态系统的结构越复杂，说明系统的组成越完整、发展越成熟，系统也就越稳定。生物群落结构主要表现在生物的种类多、数量大，食物链结构复杂，呈错综交织的网络状。景观结构中，基质、斑块、廊道等大小适中、数量适宜、布局合理，有利于湿地内的生物栖息、繁衍和迁移，能有效地促进系统中的物质、能量的流动和转化，维持系统在一种平衡状态下稳定发展。越是退化的湿地，生物种群越简单、生物数量越少、食物链越单调，甚至呈短直线结构。景观结构的组成不协调，景观破碎化严重，难以有效地维持湿地系统健康持续地发展。

（3）滨海湿地功能特征

湿地的功能可以包括提供物质资料、调节环境状态、净化过滤污染物及有机质等、调控洪水时空变化、维持生物多样性、抵制环境破坏、提供生物栖息地等方面的能力。一个成熟健康的湿地生态系统能够综合行使多种功能，它不仅能够满足人类和栖息生物的物质需求，还能够调节环境各要素，使其在一个稳定的水平上协调发展。湿地的退化意味着这些功能会部分地或全部地削弱或丧失，湿地系统变得越来越脆弱。

（4）滨海湿地系统的物质能量平衡

湿地生态系统的物质能量流动主要表现为系统内外水的动态变化和生物地球化学循环。湿地的重要特征是季节性或常年处于浅水状态，因而，湿地水流特征的变化对维持湿地、保持健康状态具有十分重要的意义。水的流入流出、水位的涨落、淹水时间的长短等直接影响着湿地系统的景观、生产力、功能水平和发展过程。生物地球化学循环体现着湿地系统有机环境和无机环境之间的联系，反映湿地系统多相界面之间物质能量的交换以及不同元素储存库间物质的流动，控制着湿地生态系统的营养水平及其变化。在水陆边界的沿岸地带，物质能量的平衡还应包括沉积侵蚀的动态变化，它反映着沿岸作用力的消长及其影响下的物质运移状况。淤蚀的变化对湿地面积有直接的影响，也影响生物的栖息环境质量及其他相关的特征变化。

（5）滨海湿地的社会价值体现

湿地的社会价值应包括提供人们休闲娱乐场所的娱乐性价值、具有美学意义的观赏性价值、可作为环境教育基地的教育性价值以及具有重要科学研究意义的科学性价值等。对于一个自然状态下健康的湿地生态系统来说，它所具有的各种社会价值能够通过人们适当的实践活动有效地体现。当湿地生态系统出现退化时，这些价值会不断被削弱，或者会最终丧失。

（6）滨海湿地持续发展能力

对于一个处于平衡状态的成熟生态系统而言，系统自身具有一定的适应外界环境变化并自发调节系统各个组成部分以维持相对平衡状态的能力。健康的湿地生态系统是处于进化较高阶段正在上升时期或基本成熟的系统，具有较强的自维持、自组织、自协调能力。在此状态下，湿地系统具有良好的生产能力，能够持续生产足以维持系统内各营养级正常生存和繁殖所需的物质与能量，使湿地系统处于良好的状态，并在可预见的环境变化背景条件下维持系统健康存在和发展。湿地一旦退化，其脆弱性增强，对外界的敏感性提高，湿地系统变得容易被破坏，物质生产能力下降，物种减少，生境恶化。在此情形下，湿地便逆向发展，逐渐形成新的较低层次的生态系统。

（7）外界胁迫压力

湿地系统始终处在变化之中，自然的过程和人为的过程都会促使湿地向着一定的方向演进。一方面，来自外界的胁迫压力导致湿地具有退化的趋势，使生境不断恶化；另一方面，湿地承受的胁迫压力的持续存在和增强以及湿地自身响应反映了湿地系统的抗性和自维持能力。压力的存在方式和变化既是湿地退化的影响因素，也是湿地退化的重要指标。来自自然的胁迫包括气候、物源流、水流、沉积过程、海水入侵、土地侵蚀等变化过程；人为的胁迫包括物质获取、开发、污染、土地利用或覆被的变化、人口、经济、城镇发展等因素（张晓龙等，2004）。

3. 滨海湿地退化等级的划分

湿地退化标准的制定是为退化湿地生态系统的恢复和重建服务的，考虑到不同退化程度的湿地特征与恢复和重建的对应关系，可将退化湿地分为4个级别，不同的退化级别对应着不同的恢复和重建策略（表4-3）（张晓龙等，2004）。

表4-3 湿地退化的级别

退化级别	恢复和重建特征描述
未退化	湿地系统处于健康状态，具有稳定的结构和功能，是鸟类等生物理想的栖息地和繁育地，能很好地为人们提供物质资料，具有良好的美学价值和社会功能，在合理规划的前提下，适宜开发和利用
轻度退化	湿地水文和营养循环受到一定程度的破坏，淹水时间缩短、面积减小、水位下降、土壤干化、水域出现富营养化、生物栖息环境退化、生物多样性降低、湿地功能衰退、价值下降。但消除外界胁迫后，尚能够自然恢复，以保护促其恢复为主，可以有条件地适度开发利用
重度退化	湿地系统受到严重破坏，结构失调，功能严重衰退，水循环脆弱，土地干旱化突出，污染严重，富营养化明显，鸟类等生物难以栖息和生存，湿生生物和栖息息鸟类明显减少。湿地系统本身难以自我维持，无法通过自然方式恢复，必须加强保护，同时通过工程措施促使其逐渐恢复
极度退化	湿地系统被完全破坏，水域消失，已可视为非湿地生态系统，或环境严重恶化，生产力几乎丧失，不能再恢复至原有的或近似原有的面貌和功能，只能采取人工措施，在新的基础上重建新的系统

资料来源：张晓龙等，2004。

第三节 滨海湿地的退化现状

一、我国滨海湿地的退化概况

我国滨海湿地（含海岸线到-6 m区）面积广大，2007年约为6.93×10^6 hm²（关道明，2012）。随着沿海经济的迅速发展，在气候变暖、海平面上升、海岸侵蚀、近岸环境污染、滩涂围垦等自然与人为因素的共同作用下，较大面积的滨海湿地资源正遭受到极大的破坏，面积减少，并逐渐退化，甚至最终消亡。

1. 我国滨海湿地损失、退化概况

我国对滨海湿地大规模的开发利用始于20世纪50年代后期。由于对滨海湿地的不合理开发和过度利用，我国沿海地区已累计丧失滨海滩涂湿地面积约1.19×10^6 hm²，另城乡工矿占用湿地约1.00×10^6 hm²，两项累计损失相当于现有海岸湿地总面积的50%（国家林业局等，2000）。2016年，我国滨海湿地面积为5.25×10^6 hm²，其中天然湿地面积为4.46×10^6 hm²，占总面积的85%；人工湿地面积为7.85×10^5 hm²，占总面积的15%（表4-4）。2016年的遥感影像解译等方法获得的我国滨海湿地总面积数据与1975年的资料数据相比，我国滨海湿地总面积减少了约28.7%，滨海湿地退化问题日趋严重（张健等，2019）。

表 4-4　我国沿海各省份滨海湿地面积

单位：$\times 10^4 \ hm^2$

省份	近海与海岸湿地	人工湿地	小计
辽宁	60.5	14.8	75.3
河北	19.8	2.7	22.5
天津	8.8	0.8	9.6
山东	55.2	23.4	78.6
江苏	75.7	6.3	82.0
上海	18.9	1.6	20.5
浙江	44.5	8.4	52.9
福建	33.3	7.6	40.9
广东	79.2	10.9	90.1
广西	26.3	1.5	27.8
海南	23.8	0.5	24.3
合计	446.0	78.5	524.5

资料来源：张健等，2019。

　　杭州湾及其以北海岸是我国滨海湿地分布最多的区域，也是滨海湿地退化最严重的区域。由于受到海岸侵蚀、海平面上升、风暴潮、入海河流断流和输沙量减少、气候变化等自然因素和围垦、城市和港口建设、污染、海岸带油气资源开发、在入海河流上中游建设水库拦蓄径流和泥沙等人为因素的影响，我国北方的滨海湿地发生了严重退化。北方滨海湿地的退化主要表现在物理、化学和生物三个方面。物理方面表现为自然湿地面积减小、人工湿地面积增大、湿地景观格局破碎化等。化学方面表现为湿地温室气体排放增加、水体富营养化、潮下带近海湿地赤潮灾害增强、湿地底质和渔获物污染、湿地土壤含盐量变化等。生物方面表现为湿地生物多样性水平下降、自然湿地净初级生产力降低、潮间带滩涂湿地和潮下带近海湿地渔获量减少、自然湿地植被退化演替等（张绪良等，2010）。

　　张晓龙等（2014）根据我国海岸带的区域自然环境特征，结合不同行政区的发展和利用特点，将我国大陆海岸带涉及的 11 个省份的滨海湿地划分为 28 个区段，并对不同区段滨海湿地退化特征进行分析，依据滨海湿地退化评估指标的估值规则，对我国 28 个滨海湿地区段的退化状况进行了估值，结果如表 4-5 所示。根据评估结果，28 个滨海湿地区段中，辽东湾滨海湿地、莱州湾滨海湿地、杭州湾滨海湿地、珠江口滨海湿地 4 个区段属严重退化，14 个区段属中度退化，10 个区段属轻度退化。我国滨海湿地的退化具有区域性特征，并与其所处区段的自然环境特征和经济发展状况密切相关。从自然角度来看，一般而言，以基岩为主的滨海湿地区段退化程度较轻，以粉沙淤泥质为主的区段退化程度相对较严重；从经济角度来看，相对欠发达区域的滨海湿地退化程度较轻，相对较为发达的区域又缺乏相应的自然保护措施的退化程度较为严重，一些工业集聚明显、规模较大的经济区域的滨海湿地退化尤为严重。

表 4 - 5 我国滨海湿地退化程度

区域	区段	面积损失（分）	近岸污染（分）	生态健康（分）	海洋灾害（分）	开发现状（分）	自然保护区（分）	生物多样性（分）	水沙条件（分）	分值合计（分）	退化程度
辽宁	鸭绿江口段	50	70	50	50	30	−20	−10	0	220	中度退化
	大连段	50	10	10	30	40	−30	−10	0	100	轻度退化
	辽东湾岸段	60	70	60	60	50	−20	0	10	290	严重退化
	葫芦岛段	30	10	30	30	30	−20	0	0	100	轻度退化
河北	秦皇岛段	70	10	50	50	40	−20	−10	20	210	中度退化
	唐山段	70	10	30	30	30	−20	0	20	190	中度退化
	沧州段	70	40	20	10	50	−20	−20	30	180	中度退化
天津	天津段	60	70	50	30	30	−30	0	20	210	中度退化
山东	黄河三角洲	30	70	40	30	40	−30	−20	30	190	中度退化
	莱州湾	70	70	70	60	50	0	0	0	320	严重退化
	半岛区域	30	10	20	10	40	0	0	0	110	轻度退化
	鲁南区域	20	10	10	10	70	0	0	0	120	轻度退化
江苏	连云港段	70	30	10	10	50	0	0	10	180	中度退化
	盐城段	60	10	10	10	70	−20	−20	0	140	轻度退化
	南通段	40	30	50	10	50	0	0	0	180	中度退化
上海	上海段	20	70	60	30	70	−30	−20	20	210	中度退化
浙江	杭州湾	50	70	70	30	50	−10	0	0	260	严重退化
	浙东区	10	40	50	50	50	0	−10	0	190	中度退化
福建	福建沿岸	50	50	40	40	50	−50	−30	0	160	中度退化
广东	粤东区	60	40	50	40	60	−40	−10	0	200	中度退化
	珠江口	50	70	70	30	70	−10	0	0	280	严重退化
	粤西区	70	30	50	20	60	−10	0	10	230	中度退化
广西	北海段	20	10	30	20	40	−10	−10	10	110	轻度退化
	钦州段	30	50	30	10	50	−10	0	10	160	中度退化
	防城港段	20	30	30	10	50	−10	−20	0	110	轻度退化
海南	琼东北	50	10	10	30	30	−30	−20	20	100	轻度退化
	琼东南	50	10	20	20	30	−20	0	0	110	轻度退化
	琼西部	40	10	10	30	30	0	0	0	120	轻度退化

资料来源：张晓龙等，2014。

2. 存在的问题

滨海湿地是人类社会存在和发展不可或缺的重要资源，是人类赖以生存的重要物质基础，滨海湿地所具有的生态价值、经济价值和社会价值正在被越来越多的人关注。但是长期以来，由于我们缺乏对湿地保护的正确认识，加之过分的开发利用，我国滨海湿地的现状不容乐观。引水工程、氮富集、资源过度利用、泥沙淤积、水温变化以及外来物种入侵等是影响滨海湿地的直接驱动力，但目前对滨海湿地造成最大威胁的是间接驱动力：沿海地区人口的增长以及经济活动的增多所导致的对滨海湿地生态系统的开发性围垦活动，该类活动易导致滨海湿地大范围丧失（张晓龙等，2010a；Nicholls，2004）。

我国滨海湿地存在的主要问题有：

（1）围垦

近40年来，沿海地区已围垦滩涂面积超过$219×10^4$ hm^2，约占0 m等深线以上滨海湿地的50%，围海造地工程使沿岸湿地面积平均以$2×10^4$ hm^2/a的速率减少（华泽爱等，1996）。我国滨海湿地围填比较集中的地区主要为辽河三角洲、渤海湾、河北曹妃甸、黄河三角洲、莱州湾、胶州湾、苏北沿海、长江三角洲以及珠江三角洲等地。辽河三角洲和黄河三角洲因围垦和区域开发，人工湿地日渐增多，天然湿地逐渐被人工湿地代替。在1935—1999年的60多年内，胶州湾面积因围垦而缩小了17 700 hm^2，减少了近30%，其中滩涂面积减少了70%以上（谷东起等，2003）。围垦除了直接造成湿地面积减少外，还会导致湿地生境质量变差、生物多样性下降、湿地生态功能减退。湿地围垦直接破坏了湿地植被赖以生存的基底，导致植被的直接消亡。同时，垦区外围原有或新生湿地处于水动力环境和生境自我恢复和调整期，植被生长滞后，湿地常因无充足固着泥沙的植被而变得易遭受海水冲刷侵蚀（谷东起等，2003；夏东兴等，2014）。

（2）城市和港口开发

我国是人口大国，沿海湿地所承受的城市和人口压力远大于其他国家，城市、港口的发展和扩建造成了海岸湿地大面积的损失和破坏。Ehrenfeld（2000）研究发现受城市影响的海岸湿地环境在生物、物理、生态、水文和地貌等方面与原始海岸湿地间的区别很大（夏东兴等，2009）。

（3）油气矿产资源开发

我国河口三角洲湿地往往孕育着丰富的油气资源。黄河三角洲和辽河三角洲分别是我国第二大油田胜利油田和第三大油田辽河油田的所在地，曹妃甸湿地是冀东油田的所在地，油气资源的开发不仅占用了大面积的天然湿地，还会对湿地造成很大的污染。部分湿地会因石油污染而生物种类稀少，甚至寸草不生。

（4）生物资源过度利用

近岸海域酷渔滥捕造成渔获产量下降，鱼类资源变得单一；滩涂超强度开发导致其生态功能下降。由于大面积的烧荒和采割，芦苇沼泽面积逐渐萎缩。珊瑚礁因过度开采而退化严重，海南省约有80%的珊瑚礁资源已遭到不同程度的破坏，有些地区礁资源已濒临绝迹（夏东兴等，2009）。

（5）污染

海岸湿地是陆源污染物的最终承泄区，未经处理的生活污水、工农业废水的大量排放以及近岸海水养殖业的迅猛发展，造成了海岸湿地和近岸水域污染，引起湿地生物死亡，破坏湿地的原有生物群落结构，并通过食物链逐级富集进而影响其他物种的生存，严重干预了湿地生态平衡。近年来我国海岸湿地和近岸海水富营养化程度明显加重，赤潮时有发生。

（6）海岸侵蚀

海岸侵蚀是指海岸带的地形地貌与海岸动力过程不相适应所造成的泥沙搬运和转移，其形式表现为岸线后退和潮滩面及水下沉积体的侵蚀刷深，主要发生在无海堤或堤外尚有高滩分布的沙质或淤泥质海岸。海岸侵蚀是滨海湿地损失退化的主要原因之一。①海岸侵蚀使岸线后退，滩面下蚀，滨海湿地缩小，原有生境彻底丧失，这种损失难以补偿。②海岸侵蚀导致滨海湿地基底物质流失，沉积结构改变，营养物质减少，原有湿地生物赖以生存的环境被破坏，生态系统组成、结构、生物量都会受到严重损害。③海岸侵蚀使海水活动范围扩大，潮水作用频率和强度增大，陆生生物直接受到影响，滨海湿地植被出现逆向演替或迅速死亡消失（李培英等，2007）。目前除了一些大型河流的行水河道外，我国约有70%的沙质海岸和大部分处于开阔水域的泥质潮滩以及珊瑚礁海岸均遭受到不同程度的侵蚀灾害（夏东兴等，2014）。1984年国际地理学会海岸环境委员会的一份报告指出，当时的世界沙质海岸约有70%以上处于侵蚀后退状态，平均蚀退速率约为10 cm/a，其中约有20%甚至超过1 m/a（孙秀玲，2016）。环渤海辽冀津鲁沙质海岸近几十年遭受越来越强烈的侵蚀，岸线平均蚀退率为1.0~2.0 m/a，个别区域侵蚀速度更快，局部或短期可达5~8 m/a（庄振业等，2013）。海岸侵蚀可造成海岸线后退、潮间带变窄、湿地面积减小和湿地生境破坏。

(7) 海平面上升

近50年来我国沿海海平面平均以1.0~3.0 mm/a的速率上升，并且由于温室气体的排放，海平面上升速度正在加快，滨海湿地因受淹而加速消亡（谷东起等，2003；张健等，2019）。

(8) 外来物种入侵

外来物种有强大的资源竞争能力，近年来对滨海湿地生态系统造成了极大的威胁，并导致某些湿地生态功能下降、湿地物种多样性减少等严重后果（安树青，2003；崔保山，1999）。例如，互花米草等外来植物的入侵已经对滨海湿地生态系统的生物多样性和生态功能产生了了多方面的威胁。

(9) 湿地保护区管理机构和管理机制不完善

主要表现为：管理制度不健全，管理资金和建设资金匮乏，未被列入各级财政计划或财政预算较少，有关部门的监管职能和监管能力薄弱，不能保证工作的正常进行等。此外，湿地生态环境研究基础薄弱，湿地保护区区划不尽合理，保护与利用的矛盾突出等。值得庆幸的是，我国滨海湿地的退化问题已引起各部门的关注，各部门已采取了一定的措施，随着滨海湿地保护区的建立，一些湿地保护区的生态环境正在逐步向好并得到某种程度的恢复。

Nicholls（2004）指出，21世纪，相对于全球气候变化，人类活动干扰才是造成全球滨海湿地丧失和退化的最重要因素。环境优先型国家与唯物型、消费型国家在发展中采取的差异化行动为滨海湿地带来的影响远大于全球气候变化对滨海湿地的影响。

二、环渤海主要滨海湿地的演变、退化现状与存在的问题

1. 山东环渤海滨海湿地

随着经济建设的发展和人类活动的增加，沿岸滨海湿地大面积滩涂被开发为盐田、养殖池、油田等，岸线缩短、海湾水域面积减小、天然湿地面积缩小，而沿岸滩涂利用面积逐渐增大。海岸带资源的不合理利用导致了海洋生态环境破坏程度的加剧。

(1) 黄河三角洲湿地

在黄河三角洲北侧，人工养虾池及采油区迅速发展，使滩涂利用范围向海伸展了4~8 km，面积随之扩大。半个世纪以来的开发和黄河流域气候的变化、黄河水沙量减少等使得黄河造

陆速率下降，黄河三角洲滨海湿地呈现不断萎缩退化的趋势。1976—2000 年的 20 多年间，三角洲蚀退陆地 283.98 km²，淤积造陆面积 267.20 km²，净蚀退陆地总面积 16.78 km²，并且蚀退现象呈恶化趋势。此外，风暴潮的侵袭破坏、滩涂的开发利用、油田开采占地、农业生产垦殖、水工建筑与道路的阻隔都使得黄河三角洲地区的天然湿地不断减少，湿地生态系统受到严重损害。黄河经常断流直接造成湿地干旱，影响了湿地植被的正常生长，使湿地退化甚至消失，某些水鸟生境遭到破坏、范围萎缩、适宜性降低，土壤的次生盐渍化不断加重。同时，淡水入海径流的减少导致河口及近岸海域的浮游生物、底栖生物及洄游性生物大量减少和死亡，物种减少，生物量下降。虽然黄河三角洲自然保护区的建立和发展对湿地的保护发挥了巨大作用，但目前尚不能完全遏制整个三角洲滨海湿地损失和退化的趋势（张晓龙，2005；张晓龙等，2010b）。河口区和垦利县湿地处于重度退化阶段，利津县湿地处于轻度退化阶段，东营区湿地处于中度退化阶段，即各区湿地都出现了不同程度的退化（赵小萱等，2016）。

（2）莱州湾南岸湿地

近几十年来，为了发展海水养殖业、盐业，在莱州湾南岸潮上带滨海湿地建设了大面积的养殖池、盐田等人工湿地，一些养虾池和盐田等向陆推进，破坏了原有的自然岸线，使滩涂范围增大，导致天然湿地面积不断萎缩、人工湿地面积不断扩大。在人类活动的影响下，湿地演化过程的特点为由天然湿地逐渐向人工湿地演化。1987 年，莱州湾南岸湿地总面积 90 771.07 hm²，其中天然湿地总面积 62 641.72 hm²，天然湿地面积占莱州湾南岸所有天然湿地及人工湿地景观总面积的 69.01％。2002 年，莱州湾南岸湿地总面积 91 530.50 hm²，其中潮间带和潮上带光滩湿地、河流与河口湿地、潮上带天然湿地 3 种天然湿地总面积为 31 900.16 hm²，占莱州湾南岸所有天然湿地及人工湿地总面积的 34.85％。1987—2002 年的 15 年间，天然湿地总面积减少了 30 741.56 hm²，减少了 49.08％，而人工湿地面积由 28 100 hm² 增加到 59 600 hm²，增加了 112.10％，其中养殖池面积由 9 030.80 hm² 增加到 13 868.70 hm²，增加了 53.57％，盐田面积由 19 098.55 hm² 增加到 45 494.94 hm²，增加了 138.21％。莱州湾南岸潮上带盐沼湿地由 1987 年的 20 181.12 hm² 减少到 2002 年的 4 619.14 hm²，约减少了 77.11％。天然湿地面积减小和湿地景观格局破碎化引起潮上带湿地维管束植物多样性下降，大约有占总种数 15％的湿地维管束植物（30 种）和水禽（12 种）在当地的生存受到威胁，有成为濒危物种的可能性。同时，潮上带天然湿地净初级生产力也随之降低。生物多样性水平下降和天然湿地植被净初级生产力降低是莱州湾南岸滨海湿地退化过程中在生物方面表现出来的主要问题。此外，湿地的气体调节功能以及吸收、净化氮的功能也随之下降，15 年间湿地年吸收 CO_2、释放 O_2 的总量均下降了 84.27％，湿地吸收、净化氮的功能降低了 75.79％。引起莱州湾南岸滨海湿地退化的自然因素主要有气候变暖和持续的干旱、河流径流量减小和断流、风暴潮和海岸侵蚀等，人为因素有围垦天然湿地，水资源超量开采利用与地下咸水、卤水入侵，道路与港口建设等（张绪良，2006；张绪良等，2009a；张绪良等，2009b，张绪良等，2009c）。

（3）山东长岛国家级自然保护区

前期由于人类对海洋湿地功能认识不足、过度开发利用，导致长岛（1988 年晋升为国家级自然保护区）湿地的功能严重退化。自 20 世纪 80 年代开始，长岛浅海养殖业兴起，由于片面追求经济效益，人们在各岛屿周边大面积进行贝类筏式养殖，因养殖密度过大，导致饵料供应不足，海水水质下降，扇贝生长速度变慢，品质退化，苗种成活率在 45% 左右，局部仅有 20% 左右，大面积死亡，导致贝类筏式养殖业几乎崩溃。退养范围内残存的养殖筏固定缆绳和海底固定木桩等对海水造成了一定污染，影响了海水流动和底栖生物的生长发育。海参围堰育苗、养殖阻碍了海洋水体循环，饵料及排泄物污染了水质，同时，也严重影响了海洋生物及水禽的栖息、繁衍。过度的养殖、捕捞使滨海湿地受到严重的破坏，海洋的再生能力面临枯竭。另外，随着长岛旅游业的繁荣，游客急剧增加，特别是"黄金周"期间，游客量严重超过了环境容量，产生的生活污水及废弃物污染了浅海湿地。大量的生活、生产污水，石油开采和运输中的原油污染时有发生，船舶作业过程中燃油泄漏等均对长岛湿地造成污染（钟海波等，2010）。

2. 河北滨海湿地

20 世纪 80 年代中期以前，河流、沼泽与沼泽化草甸、盐沼等天然湿地在河北省沿海地区广泛分布。1987—2005 年 18 年间，河北 0 m 线以上滨海湿地的总面积由 243 738.23 hm² 增加到 276 964.06 hm²，增加了 13.63%。然而，天然湿地的面积却由 138 147.68 hm² 减少到 109 632.66 hm²，减少了 20.64%；人工湿地的面积由 105 590.55 hm² 增加到 167 331.40 hm²，增加了 58.47%。天然湿地面积锐减，由 1987 年占湿地总面积的 56.68% 降低到 2005 年的 39.58%（刘爱智，2007）。受各种人类开发活动的影响，河北滨海湿地生态环境问题日趋严峻，面积缩减、水源短缺、环境污染、生物多样性下降和功能丧失等直接威胁着各类湿地的生态健康（河北省海洋局，2013b）。

（1）沧州段湿地

1）南大港湿地。南大港湿地时空变迁分为两个阶段，即洼变库阶段（1956—1979 年）和人为干预阶段（1979—2005 年），经历了湿地面积由大到小、水量由多到少、由湖及泽、由泽及陆、由天然洼地到人工控制洼地的变迁。20 世纪 50 年代中期，南大港大洼地面积为 40 386.5 hm²，20 世纪 50 年代后期南大港湿地兴建了水库，水库四周围堤全长 59.7 km，库区面积约 2×10⁴ hm²。1964 年的地形图显示，水库大堤内的水域面积为 21 276.9 hm²。其后，因气候干旱以及入境内河流径流量减少，甚至有些年份断流，加之南大港油田石油的开采，使水库干涸，依赖水库灌溉的水田也变成了旱田，严重危及农业及其他各行业的发展。至 1979 年，库塘湿地是主要的湿地类型，面积为 6 243.1 hm²，沼泽湿地有 1 616.3 hm²。1979—2005 年，南大港湿地的结构和总面积发生了很大变化。水库蓄水面积逐渐萎缩，而养殖池塘和盐田等人工湿地面积逐渐增大。水库的东部被围垦，建立养殖池塘及开发盐田。1987 年，水库面积缩减为 6 026.9 hm²，而养殖池塘湿地面积已有 3 031.9 hm²，盐田湿地面积 607.7 hm²。此后水库面积继续萎缩，至 2005 年，南大港水库面积仅有 5 001.7 hm²，养殖池塘、盐田湿地面积分别增大为 2 676.1 hm² 和 1 945.1 hm²，沼泽湿地 307.4 hm²。由库塘、养殖池塘、盐田湿地及库外沼泽湿地组成的南大港湿地面积 9 930.3 hm²，比 1964 年减少了 11 346.6 hm²；平均减少速率为 276.7 hm²/a，现有的湿地面积不足 20 世纪 60 年代的 1/2。进入 20 世纪 80 年代以后，随着上游地区地表水截留设施不断增加，减少了水源补给；再叠加气候持续干旱，入境河流几乎断流，作为南大港湿地补给水源的两条主要河流捷地减河、南排河除汛期有部分径流外，大部分时间干枯断流，湿地处于缺水状态，进一步加重了湿地的萎缩退化。湿地的蓄水量已由 20 世纪 50 年代前的 4×10⁸ m³ 下降到 1972 年的 0.78×10⁸ m³，到 2005 年已降至 0.2×10⁸ m³ 左右，湿地的蓄水位明显下降。1990 年后，南大港湿地是在人为干预下发展的，南大港农场对湿地采取了一些有效的保护措施：建设各种水利设施，加强湿地拦蓄工程建设，又跨流域引黄河水等到南大港湿地，努力保存南大港湿地，由此南大港湿地变为人工控制湿地。又由于受气候持续干旱、入境河流径流量减少和上游地区用水量不断增加的影响，湿地严重缺水，从而限制了湿地的面积，湿地有干涸退化的趋势，亟须人工调节保护（杨会利，2008）。

在造成湿地退化的自然和人为因素中，围垦、环境污染、水利工程建设和河流径流量减少对湿地的退化影响最为明显，气候变化等自然因素虽对湿地退化也起到了一定作用，但整体上对湿地的退化影响程度较低。由于人类的开发利用活动，南大港湿地被改造为人工湿地，湿地景观类型日益单一化，湿地的人为干扰强度不断增大，湿地逐渐由天然湿地向人工湿地演化。20 世纪 70 年代以来，人为因素与自然因素对南大港滨海湿地的影响不断加强，湿地退化逐渐严重，1969—1979 年人类对南大港滨海湿地的干扰强度为强干扰，1979—2012 年尽管人类对湿地的干扰程度增幅不明显，但湿地仍在不断退化（赵志楠等，2014）。

2）海兴湿地。海兴湿地由杨埕水库以及周边盐田、养殖池塘构成，面积为 26 000 hm²。一直到 20 世纪 70 年代末期，海兴湿地都是以天然湿地为主体，漳卫新河、宣惠河和淤泥河在大口河河口汇流入海，形成了宽阔的河流湿地、河滩湿地和大面积泛滥的湿地，人工湿地仅有杨埕水库一处。1980 年后，随着海盐业和海水养殖业的不断发展，大面积的天然湿地被改造为盐田、养殖池塘等人工湿地，湿地生境渐趋单一化，物种多样性随之降低。此外受气候干旱和上游地区用水量不断增加的影响，杨埕水库入库水量严重不足，并因此诱发蝗灾，加之上游河流水体污染长期得不到改善，导致库区水质较差，湿地生态系统面临威胁（河北省海洋局，2013a）。盲目开垦利用和改造湿地使海兴湿地资源和生态环境遭受到严重破坏，不仅导致天然湿地迅速减少，而且使湿地生态功能逐渐减弱甚至丧失。盲目扩大盐田面积使得盐田周边盐碱化土地面积呈现不断扩大的趋势，土壤盐渍化程度日益加重，生态环境急剧恶化。大量的滩涂被改为虾塘和盐田进行对虾养殖和晒盐。虾塘产量降低后即被废弃，继续建虾塘，由此衍生了大量盐碱化湿地，滩涂面积同时也在下降。滩涂遭到破坏直接影响着迁徙鸟类的栖息环境，鸟类减少、多样性降低。沿海部分渔民为了追求短期的经济效益，对水产品乱捕滥捕，导致湿地生物资源退化。海兴湿地周边的工业企业污水、城镇生活污水、农用污水、船舶污水及养殖业本身的污水等排入湿地，造成水中污染物超标。在海兴湿地有较大影响的外来入侵植物是凤眼莲（*Eichhornia crassipes*）（又名凤眼蓝、浮水莲花、水葫芦）。湿地资源调查滞后，没资金、没人力来研究海兴湿地，无法得知海兴湿地价值到底有多大，该如何保护也无从得知，这些问题将直接影响着海兴湿地的保护、管理与恢复（张海燕，2009）。

(2) 秦皇岛段湿地

秦皇岛市沿海有山海关区、海港区、北戴河区、抚宁区和昌黎县，海岸线长 126.4 km，境内有石河、汤河、新开河、戴河、洋河、大蒲河、滦河等主要河流入海，海岸以沙质或泥沙质为主，湿地主要分布于各河口区域及沿岸，其中北戴河沿海湿地、昌黎黄金海岸湿地等被列入中国重要湿地名录。20 世纪 80 年代以来，秦皇岛段天然湿地面积逐渐萎缩，人工湿地面积扩张较快，湿地面积总量随着沿海的开发而减少（河北省国土资源厅等，2007）。

1）七里海潟湖湿地与昌黎黄金海岸。由于受到自然环境条件和人类违背自然规律活动的影响，七里海潟湖湿地在其演变过程中出现了严重的退化现象。1919—1969 年，七里海潟湖水域面积呈逐渐增加趋势，平均增加速率为 11.42 hm²/a；1970—2005 年，潟湖面积逐年减少，平均减少速率约为 27.86 hm²/a。1919 年，七里海湖面宽约 1.5 km，长约 5.5 km，水域面积约 711.1 hm²，水域周围分布有 2 263.3 hm² 的沼泽，至 1956 年，潟湖水体面积增为 984.3 hm²，湿地类型主要为宽阔的潟湖水域及周边大量的沼泽湿地。由于入湖水量增加，到 1969 年，潟湖水体面积增至 1 282.3 hm²。1969—1979 年，在七里海潟湖周边修筑围堤约 25 km，并在潟湖潮汐通道内侧修筑防潮闸，将七里海潟湖改造为平原水库，使潟湖水域面积被约束在 817.9 hm²，潟湖内逐渐发育了 5 个面积不等的湖心三角洲。同期，潟湖东南侧 101.5 hm² 沼泽湿地被开发为稻田。到 2005 年，在七里海潟湖范围内共开发养殖池塘 1 293.1 hm²，其东南角开发稻田面积约 31.4 hm²。围垦养殖除造成潟湖周边沼泽湿地基本消失外，还侵占潟湖水域面积 547.9 hm²，使潟湖水域面积剧烈收缩至 279.1 hm²。1987 年以前，养殖池塘的开发主要集中于七里海潟湖的西北和西南两侧，开发面积还相对较小，仅 877.6 hm²；1987 年以后，养殖池塘的开发遍布潟湖周边，并开始大范围地侵占潟湖水体。围堤建闸，水深不断淤浅，水面不断缩窄。天然湿地面积不断减小，人工湿地面积增大，地貌和水文条件的改变以及由此引起的湿地生态结构的变化及环境状况变差反映了七里海潟湖退化发展的态势（杨会利，2008）。

过度开发利用导致七里海潟湖天然湿地萎缩，水域面积的缩减致使动物栖息地、繁殖地遭受破坏，迫使动物种群数量减少，由此改变了食物链的构成，对于濒危物种、珍稀物种可能引发严重后果。1970 年，七里海入湖河流赵家港沟、泥井沟、刘坨沟、刘台沟、稻子沟按 10 年一遇排涝标准进行了流域治理，通过修建排洪、泄洪及灌溉工程，使河流的排洪、泄洪能力得到了加强，同时因雨洪沥水迅速下泄，径流含沙量增大，河水入湖后泥沙迅速沉淀，河口附近逐渐发育湖心三角洲，径流含沙量增加，加快了潟湖衰亡过程。受养殖废水、渔港排污（潟湖与昌黎县最大的渔港新开口渔港相邻）、上游排污（入湖的五条河流带来的生活与农业污水）的影响，七里海潟湖近年来污染日趋严重，水质现已不适于渔业和海水养殖业，湿地污染已造成湿地生态环境失调、湿地环境调节功能降低、湿地生态环境恶化趋势日益严重。受湿地围垦、潟湖养殖等资源利用影响，潟湖水面和天然湿地萎缩，生物的生存空间大大压缩，造成湿地植物群落退化甚至直接消亡、种类数量大大减少；动物栖息地剧烈萎缩，鸟类组成由湖塘的鹳鸭群落到草甸的鹤鹭群落演化至滩涂浅海的鸥鹬鸻群落，同时数量、密度也大为减少。受海洋捕捞、流域整治、湿地围垦、潟湖养殖、渔港修建等资源利用工程影响，外海游泳生物资源丰度下降，潟湖的鱼、蟹、虾洄游通道被阻隔，湖内原有带鱼、小黄鱼、青鳞鱼、梭鱼、鲅鱼、鲆、黄姑鱼等海洋游泳生物基本绝迹。受流域整治工程影响，入湖河流水量减少甚至干涸，潟湖水体盐度升高，低盐物种消失。潟湖环境演变极大地降低了生物多样性，生态趋于简单、低级。蓄洪防涝功能大为减弱，降解污染物、净化水体能力降低，改善环境、美化环境的功能也随之降低。自然草甸湿地景观基本消失，人工养殖池塘成为区域的主要景观。景观的天然异质性、抗干扰能力、生态恢复能力、自我调节能力均大大下降，单一化趋势日益严重，现已成为高脆弱性生态系统（刘亚柳等，2010）。

随着滦河入海泥沙大量减少，海岸动态失去平衡，昌黎黄金海岸普遍出现岸滩、沙坝侵蚀后退，甚至发生海水入侵现象。昌黎海域青岛文昌鱼（*Branchiostoma belcheri tsing-tauense*）平均栖息密度为 31.36 个/m²，个体偏小，与历史资料对比，青岛文昌鱼资源量正在逐年减少（郭兴然等，2019）。

2）滦河口湿地。1956—1980年，滦河口湿地保持着自然湿地状态，河口三角洲冲积扇逐年向渤海推移，湿地类型主要为天然湿地，分布有大片的沼泽湿地、淤泥滩涂湿地。1956年，沼泽湿地有2 602.7 hm²，滩涂湿地有3 973.8 hm²；1980年，部分沼泽湿地被开发种植水稻，稻田湿地面积为584.9 hm²，无其他人工湿地，沼泽湿地1 721.8 hm²，淤泥滩涂湿地5 432.9 hm²，湿地总面积增大。河口三角洲向海推进，推进面积2 279.3 hm²，平均推进速率为94.96 hm²/a。1997年后，修建沿海防潮堤，保护了人工养殖池塘的安全，以至于到2005年，全部的高潮滩亦被开垦为养殖池塘，2005年人工养殖池塘面积已达5 097.7 hm²，稻田946.8 hm²，所剩滩涂湿地（低潮滩）仅有3 147.1 hm²。因此，人工养殖池塘湿地及稻田湿地成为目前滦河口湿地典型的生态景观，湿地结构较以前有了很大的改变。同期，滦河上游修建了许多水库，受此影响叠加人类围垦活动影响，河口三角洲呈现出向陆退缩趋势，与1980年相比，2005年河口三角洲向陆退缩面积841.1 hm²，25年间平均退缩速率为33.64 hm²/a。滦河入海水沙量的逐年减少动摇了河口三角洲形成的动力基础和物质基础，造成海浪活跃，三角洲逐渐向破坏性三角洲演变，湿地发育过程减缓甚至停止发育，滦河三角洲进一步萎缩，进入准废弃阶段。在人类活动极大干扰下，滦河口湿地的演变受到重大影响，退化演变态势严峻，湿地生态系统遭到破坏，湿地出现了严重的退化现象。滦河口广阔的陆域湿地现已被大量开发利用，遍布养殖池塘，使沼泽和草甸沼泽湿地不断被蚕食以致损失殆尽。同时，大量未经处理的养殖废水直接排放，致使岸外潟湖水体的富营养化程度加剧，危及岸外潟湖生态系统的安全（杨会利，2008）。受入海水沙量减少和人类开发利用活动增强的双重影响，现代滦河三角洲自然湿地的面积在逐渐减小，人工湿地面积呈线性增长趋势；近岸海域环境污染加重，海域非生物环境遭到破坏，湿地的生物多样性下降，景观异质性降低；湿地退化程度逐年加重，已经达到严重退化的程度。天然湿地的大量丧失使鸟类逐渐失去了栖息地，仅几年的时间，昔日闻名中外的滦河三角洲湿地变成了一望无际的"经济地"。世界珍禽黑嘴鸥的繁殖地刚被发现就被破坏了，滦河口、七里海、大蒲河口一带的广阔滩涂已开发殆尽，黑嘴鸥失去了生存环境（张晓龙等，2010a）。

3）北戴河滨海湿地。北戴河滨海湿地的海岸由缓慢淤涨的过程转向侵蚀，致使海滩变窄、变陡，滩面物质粗化，老地层裸露，滨岸人工构筑物遭受破坏。1950—1980年，海岸侵蚀平均速率约为1.5 m/a，其中河口区侵蚀更为严重，如汤河口、戴河口和洋河口，侵蚀速率为2.5 m/a。在北戴河附近海滩，由于栈桥码头及戴河口东侧船厂防波堤的修建，切断了沿岸泥沙流对中直机关浴场至戴河口一带海滩的泥沙供应，导致海滩遭受强烈侵蚀。洋河口以南，大片沙滩消失。2000—2003年，一些岸段变为人工海岸，岸线才没有继续后退，但海滩已经非常狭窄。海岸侵蚀灾害的主要影响因素是入海河流泥沙量的减少、人类活动、风暴潮和海平面的相对上升（李培英等，2007；谷东起等，2005）。

由于人类活动加剧，天然湿地被大量开发成人工湿地后秦皇岛段天然滨海湿地面积减小、湿地生态系统结构趋于简单、湿地植被生境零碎化。生态环境恶化、天然异质性减弱，使湿地生态系统的脆弱性进一步加剧，导致湿地综合调节能力大幅度下降。人工湿地内水生生物、鸟类种类和数量大幅度减少，生物多样性降低。海岸被侵蚀现象逐年加剧，海滩大部分处于被侵蚀状态，沿海河流入海泥沙量的减少是海滩侵蚀的主要原因。

（3）唐山段湿地

唐山段滨海湿地位于滦河、陡河等几条较大河流下游低洼区，有大片的草泊、滩涂、河滩、洼淀和水陆连接的湿地，除浅海水域外，以盐田、稻田、鱼虾蟹池塘等人工湿地为主，天然湿地面积较小，芦苇沼泽占优势。其景观结构呈条带状分布，由海向陆主要分为四大区域：浅海-滩涂区、盐田-海水养殖区、淡水养殖-芦苇沼泽区和稻田灌溉区。20 世纪 50 年代初期，仅滩涂沼泽面积就有 89 600 hm²，水生动植物十分丰富，并拦蓄大量的雨洪资源，形成了天然的蓄水库。自 20 世纪 60 年代开始，在广袤的滨海湿地的基础上，建造了南堡盐场、扩建了柏各庄农场，投入大量的人力物力进行修建塘坝、挖沟排水、泄洪治涝等农业水利建设，大面积的芦苇沼泽、草甸盐沼被改造，野生水禽失去了生存环境、数量大大减少，有些物种也彻底灭绝，湿地原始生态系统遭到极大破坏，生态环境恶化。1987—2000 年是围垦养殖发展阶段，湿地总面积由 314 753 hm² 减少到 296 838 hm²，湿地总面积减少了 17 915 hm²，其中：天然芦苇沼泽湿地面积由 25 114 hm² 减少到 11 391 hm²，减少了 54.6%；滩涂面积由 25 298 hm² 减少到 15 995 hm²，减少了 36.8%。水产养殖场面积由 12 410 hm² 增加到 44 387 hm²，增加了 2.58 倍；盐田面积由 40 116 hm² 增加到 46 660 hm²，增加了 16.3%。围垦养殖是导致湿地丧失的重要方式。2000 年以来是海港开发建设阶段，港口建设和沿海开发区的建设又成为滨海湿地减少的新驱动力。这一阶段浅海-滩涂湿地受到严重影响，典型的沙坝潟湖体系遭到严重破坏。2000—2004 年，海域有 4 124 hm² 被港口开发建设占用，滩涂有 1 859 hm² 转化为养殖场、有 2 990 hm² 转化为开发区建设和港口建设用地，芦苇沼泽有 2 570 hm² 转化为稻田、有 1 254 hm² 转化为养殖场、有 3 081 hm² 转化为旱地或工程用地。湿地呈现明显的退化趋势（邱若峰等，2006）。近几十年来，过度开发和河流径流量减小导致唐山段天然湿地大幅减少，人工湿地面积相对增加，湿地总面积不断减少，湿地的生态服务功能下降，内部结构和状态发生了显著的变化，大量的滩涂湿地和河流湿地通过人工输排水和围垦的方式转化为耕地、养殖池、盐田等。综上，湿地景观破碎程度日益加剧。

3. 天津段湿地

天津已建有湿地保护区 5 处，面积 1.6×10⁵ hm²，占全市湿地总面积的 64.5%（李宝梁，2007）。近一个世纪以来，天津湿地面积呈现持续减少趋势，出于城市建设的需要，占用了大量的坑塘、滩涂湿地，取代天然湿地的是大片的人工景观，以农田、鱼虾养殖场、工业用地和城镇交通用地等为主。水面消失以及大面积湿地萎缩、破碎化，目前天津的自然岸线只剩下不到 1/3。由于经济迅速发展，湿地被过度开发，特别是近 30 年来，一大批投资项目相继落户滨海新区，其中一些项目就建立在滨海湿地的区域内。1986—2016 年，滨海新区湿地面积累计减少 52 476.2 hm²，2006—2016 年减幅最大，达 40 794.7 hm²。减少区域集中在环渤海地带的淤泥质沙滩和浅海水域，主要转化为建设用地。景观整体变化特征为破碎度逐渐增强、景观形状日趋复杂、景观生态功能日益减弱、景观分布向均衡化发展，整体湿地质心不断向内陆推移。经济发展、人口增长和政策调控等人为因素是该时期景观格局变化的主要驱动因素（樊彦丽等，2018）。天津地区湿地较 20 世纪 50 年代减少一半，市区湿地减少 80% 以上；北大港水库库容原为 5.0×10⁸ m³，现为 2.8×10⁸ m³，已退化 44%；七里海湿地总面积原为 10 800 hm²，现约减少到 4 500 hm²，减少了近 60%。湿地生态环境脆弱，生物多样性减少。与 20 世纪 60 年代相比，天津地区芦苇产量已减少 50% 左右，淡水鱼类减少约 30 种，鸟类减少约 20 种，一些珍禽如鹈鹕、白尾海雕等珍禽已很罕见，自然银鱼、紫蟹、中华绒螯蟹已经绝迹（李宝梁，2007）。

20 世纪 50 年代初以来，人类活动特别是工程活动，如输水工程、盐田改造、港口、防潮大堤、防潮闸、海防公路等大型工程的建设，大大改变了自然海岸的形态，加剧了海岸向海进积的进程，使自然侵蚀型、稳定型海岸总体上成为人为淤积型海岸。20 世纪初，天津海岸线相对稳定，经历了一段裁弯取直的过程，岸线突出部分被冲刷，凹入地段发生淤积，最终使弯曲的海岸变得较为平滑。20 世纪 50 年代的岸线全部表现为向西退蚀，只是在不同岸段其退蚀不同而已。退蚀程度较强烈的岸段在海河口以北大神堂至青坨子、北塘至塘沽岸段，在大神堂和青坨子岸线退蚀约 2 000 m，在海河口以南驴驹河至歧口岸段，高沙岭、白水头一带岸线退蚀约 1 000 m。海河口至驴驹河、歧口以南变化很小，为相对稳定的岸段。20 世纪 80 年代以后，受人类工程活动影响，海岸线向海推进的速度明显加快。根据遥感解译和历史地形图的对比，现今海岸线大部分地段较半个世纪前向海推进了 1～3 km，在天津港区最多达 9 km。20 世纪 50—80 年代，天津岸段潮间带全部淤宽。蛏头沽至大神堂段淤宽 1 000～2 000 m，速率为 33～67 m/a；道沟子至高沙岭段淤宽 1 500～2 000 m，速率为 50～67 m/a；马棚口至歧口淤宽 5 000 m，速率为 167 m/a。河流上游水利工程的修建，使入海泥沙量剧减，淤积作用减弱，海蚀加强，再加上人类填海造陆的侵占，潮间带宽度逐渐变窄的趋势明显（张晓龙等，2010a）。

20 世纪 80 年代以前，天津各滨海湿地受人为干扰程度较小，湿地类型大部分为天然湿地。20 世纪 80 年代以后，随着人类开发活动不断加速、加剧，湿地外貌特征显著改变，即天然湿地面积减小，人工湿地面积增大，养殖湿地、盐田湿地、稻田湿地面积逐年增大，湿地环境条件恶化。七里海湿地为轻度退化、北大港湿地为轻度退化、独流减湿地（包括团泊洼湿地及独流减河下游河口湿地）为中度退化。人为因素是导致湿地退化的主导因素，其中围垦对湿地的退化影响最大，另外还有水资源超量开采、水污染及降水量减少（李文艳，2011）。

4. 辽宁环渤海滨海湿地

(1) 大连段（四湾）湿地

大连环渤海沿海岛坨密布，河口众多，大小河流有 200 余条，并有复州湾、葫芦山湾、普兰店湾、构木岛湾、金州湾等大型海湾以及诸多的河口三角洲。海岸线以岩岸为主，间有大面积沙泥质滩涂。由海岸泥质滩涂、浅海滩涂、潮间滩、咸水湖和盐水滩、河口低湿盐碱沼泽地等形成大面积多类型的湿地资源和湿地景观。

张弘（2007）通过对 2000 年与 2006 年的遥感影像解译分析发现：2000 年，三湾（葫芦山湾、普兰店湾、金州湾）湿地总面积为 105 933 hm²，2006 年减少到 100 528 hm²，减少了 5 405 hm²，6 年间减少了 5.10%。湿地面积减少最多的是海岸湿地，由 2000 年的 8 639 hm² 减少到 2006 年的 4 855 hm²，减少了 43.80%；其次为浅海水域，由 56 600 hm² 减少到 54 733 hm²，减少了 3.30%；稻田由 3 289 hm² 减少到 2 897 hm²，减少了 11.92%；沼泽湿地由 726 hm² 减少到 697 hm²，减少了 3.99%。盐场和养殖场由 36 270 hm² 增加到 36 952 hm²，增加了 1.88%。海岸湿地、浅海水域和沼泽湿地减少的原因主要是整个沿海地区一些移山填海建设工业园区及其他商业用途的项目占用大量海岸湿地、沼泽湿地和部分盐场及养殖场，使其转化成建筑用地，再者是盐场及养殖场的大规模扩建占用了海岸湿地和沼泽湿地。即使移山填海工程占用了大量盐场及养殖场，但 6 年间盐场及养殖场仍扩大了 682 hm²。稻田湿地在这6年间也减少很多，减少量为392 hm²，减少的主要原因是为追求经济利益，大部分稻田被转化成普通耕地，用来耕种产量更高、经济效益更大的其他作物，有少部分稻田由于城市发展的需要而被占用，成为建设用地。湖库水体与池塘在这6年间有所减少，主要原因是部分稻田被转化成旱地及其他用地后，灌溉池被大量废弃。三台乡地区（复州湾）湿地总面积由2000年的5 410 hm²减少到2006年的4 823 hm²，6年间减少了10.85%。减少量最多的是沼泽湿地，由2 364 hm²减少到1 989 hm²，减少了15.86%；海岸湿地由329 hm²减少到0 hm²。与此同时，盐场及养殖场由629 hm²增加到1 161 hm²，增加了84.58%。湿地减少的原因主要是盐场及养殖场的大规模扩建大量占用了海岸湿地和沼泽湿地。沼泽湿地和海岸湿地的减少严重破坏了大天鹅的栖息地，给生态环境带来了难以弥补的损失（张弘，2007；姜玲玲等，2008）。

2005年大连市海洋与渔业局的监测结果表明，大连沿岸海域环境质量总体状况较好，个别监测站位附近海域油类、营养盐超过一类水质标准，局部海域沉积物中的油类和硫化物超过三类海域沉积物标准，总汞、总镉、总铅超过一类海洋沉积物标准（李培英等，2007；大连市海洋与渔业局，2005；国家海洋局，2009）。

大连段（四湾）湿地由于受到海岸侵蚀、风暴潮等自然因素和围垦、城市和港口建设、污染等人为因素的影响而发生了严重的功能退化。主要表现在：自然滨海湿地面积减小、人工湿地面积增大、景观格局破碎加剧、水体富营养化、生物多样性水平下降等。围填海造地是大连段（四湾）湿地面积减小的主要原因，其次是湿地资源不合理的利用和环境污染加剧。

（2）辽河三角洲湿地

辽河三角洲湿地位于双台子河口和大辽河入海口交汇处，由双台子河、大辽河、大凌河等河流冲积、海积平原组成，总体为湾状三角洲，是我国四大河口三角洲之一，同时也是我国主要的石油与粮食生产基地。湿地类型主要有芦苇沼泽、滩涂、盐碱化湿地和稻田等。地理位置的特殊性使得辽河三角洲湿地易受河流、海洋等自然因素的影响，随着城市化进程与围填海活动的加剧，该地区的一些滨海湿地严重退化。该区内景观结构复杂、湿地类型多样，并且有大量栖息、繁衍的鸟类，是鸟类东亚—澳大利西亚迁徙路线上的重要驿站。该区植物以芦苇和盐地碱蓬为优势种，此外还伴生有普香蒲（*Typha przewalskii*）、铁杆蒿（*Artemisia gmelinii*）、扁秆藨草（*Scirpus planiculmis*）、柽柳等。

由刘婷等（2017）的辽河三角洲滨海湿地5期10景 Landsat MSS/TM/ETM/OLI 遥感影像数据（表4-6）可知，总体上，芦苇淡水沼泽面积在波动减小，滩涂面积大幅减小，碱蓬盐水沼泽面积波动增加。五个时期的人工湿地都以稻田为主，面积占整个研究区湿地面积的30%以上。从2010年开始，南部的稻田面积明显减小。从1989年开始，养殖池逐渐遍布整个沿海区域。1982—2000年，各类型人工湿地面积都在增加。2000—2015年，水库（坑塘）面积继续增加。1982—2015年，受1988年后实施的辽河三角洲农业大开发和盐田开发的影响，滨海湿地海岸线向海洋快速淤进：一方面，缓解了土地资源紧缺的矛盾，拓展了生存空间；另一方面，可以带来可观的经济效益，对区域经济发展起到了积极的作用。在人类活动的作用下，1982—2015年，芦苇淡水沼泽和其他淡水沼泽减少，碱蓬盐水沼泽和其他盐水沼泽增加明显。湿地景观破碎化程度加剧，优势度下降，区域各斑块均匀分布（刘婷等，2017）。

表4-6　辽河三角洲五个时期的各类型湿地面积

湿地类型		湿地面积（hm²）				
		1982年	1989年	2000年	2010年	2015年
淡水沼泽	芦苇淡水沼泽	69 299	76 427	69 651	57 454	64 365
	其他淡水沼泽	5 828	9 567	10 435	12 917	4 152
盐水沼泽	碱蓬盐水沼泽	3 239	3 278	3 763	4 499	4 478
	其他盐水沼泽	4 334	7 362	2 661	13 136	10 870
滩涂		39 542	39 126	27 228	24 645	22 919
河流（湖泊）		8 644	11 669	12 063	12 758	13 441
水库（坑塘）		4 534	2 666	5 298	10 340	11 606
养殖池		16 441	24 899	31 300	28 181	29 136
稻田		84 490	89 366	98 337	81 734	81 779
盐田		5 760	6 532	8 062	4 592	4 555

资料来源：刘婷等，2017。

　　遥感调查结果显示，自20世纪80年代以来，辽东湾湿地总面积呈减少趋势，湿地类型呈现天然湿地向人工湿地转化的特征。1986年天然湿地为237 090 hm²，2000年减少到164 450 hm²，减少了30.64%。而其中滩涂面积由50 150 hm²减少到23 640 hm²，减少了52.86%。同期，包括库塘和养殖池在内的人工湿地由302 160 hm²增加到371 400 hm²，增加了22.92%。大凌河口西岸的沿海滩涂转为盐田和虾蟹田，1986年盐田虾池面积仅为6 932 hm²，而到2000年增加到13 330 hm²，增加了92.30%（刘秀云等，2003）。2000年，盘锦市滨海湿地中裸滩和盐地碱蓬滩涂面积分别为31 582.17 hm²和1 678.14 hm²，养殖区与库塘面积分别为12 977.5 hm²和3 829.68 hm²；2005年，裸滩和盐地碱蓬滩涂面积分别减少到21 564.63 hm²和527.94 hm²，而养殖区与库塘面积分别增加到16 064.37 hm²和4 045.50 hm²。双台子河口1987年天然芦苇湿地面积为60 400 hm²，2002年减少到24 000 hm²，15年间减少了60.26%，芦苇天然湿地丧失幅度高于全国平均水平（张晓龙等，2010a）。

　　湿地植物产量也发生了一定的变化，过去有1/2的苇田能够适时灌水，近年来由于连年干旱，上游灌溉供水不足，能适时灌水的苇田只有1/3左右。加之石油开采和在各潮沟设闸拦水，苇田沼泽退化严重，面积减少，芦苇产量下降。调查表明，在水域充足又无石油污染的区域芦苇产量可达10 t/hm²，而在水源不足、石油污染严重区域芦苇产量为5 t/hm²。1985年以前，在鸟类迁徙季节常见到3 000～5 000只雁鸭类种群。1990年调查见到的最大雁鸭类种群只有300～500只（刘秀云等，2003）。

　　双台子河口生态监控区生态系统处于亚健康状态。水体氮磷比严重失衡，夏季，全海域活性磷酸盐含量超四类海水水质标准，部分水域夏季溶解氧含量未达到二类海水水质标准，镉和铅仍然是影响海洋生物质量的主要因子。生物群落结构一般。连续5年的监测结果表明，双台子河口生态系统健康状况总体上处于恢复状态，主要表现在生态系统健康指数呈上升趋势，海域石油类含量超第一类海水水质标准面积呈减少趋势，沉积环境质量持续改善，影响生物质量的主要污染因子呈减少趋势。但陆源污染物输入、油气勘探和海水养殖等开发活动对栖息地的破坏依然是影响生态监控区健康的主要因素。河口近岸水域盐度波动较大，对海洋生态系统健康产生一定的影响。海水入侵及盐渍化危害较大，盘锦地区海水入侵最远距离达 68 km（国家海洋局，2009）。

辽河三角洲滨海湿地大面积萎缩源于自然和人为双重因素，但人类活动是主要因素。天然降水的多少影响着湿地面积的消长，该区域经常干旱、连续降水偏少导致湿地来水减少，干旱是引起辽河三角洲滨海湿地自然萎缩和退化的自然因素。人为因素主要有：农田开垦直接挤占湿地和湿地水源，建造农田修建排水系统的同时也在疏干湿地；上中游通过水利工程引用水过度，造成来水减少引起湿地退化；石油开采对湿地环境的破坏；湿地保护与粮食安全、水产养殖冲突，但又缺乏可操作性强的生态补偿机制，导致湿地保护面临许多难题。生态环境改变、淡水资源短缺、土壤盐分加重等是芦苇湿地和盐地碱蓬植物群落退化的主要原因。

（3）锦州凌河口湿地

长时间、持续的开发和利用造成凌河口湿地严重退化及减少。凌河口湿地开发得比较早，湿地过度开垦情况严重，打鱼、捕鸟、猎兽、乱砍滥伐等行为现在还时有发生。由于人工开地、填海造田，原生芦苇湿地面积锐减。据调查，几十年来，自然芦苇湿地至少减少 2 000 hm²。随着人口的增加，人们大量地修建虾池，占用了大量湿地，造成地表植被被破坏、土地沙化，不仅导致芦苇湿地的大面积减少，也阻滞了湿地的水陆交换。苇田面积骤降，但人工开发的虾池却仍然在扩大，这种不合理的土地资源利用结构已使湿地的原生物种严重减少。随着原有湿地的功能受到破坏，其蓄水能力下降，生物的生存能力也大大下降。丹顶鹤巢位转移，雁鸭群的数量逐年减少，辽东湾的北海岸斑海豹数量发生变化。大凌河口附近许多企业排放的废水和生活污水成为凌河口湿地的主要污染源，主要污染物为油、酚、汞、铅、砷、氰化物和铬。由于污染加剧，赤潮频发，鱼虾几乎绝迹。油污染面积达上万亩，将芦苇等湿生植物扼杀在萌芽之中，其中造成凌河口湿地污染的主要因素是北部油田排出的石油等废弃物和农业的化肥、农药流入海水，使海水变黑变臭。工农业过量开采地下水，已经引发了严重的海水倒灌和海水入侵，近岸土地盐渍化现象日趋严重。每年大凌河入海排放污染物总量已远远超出了附近海域海水的自净能力（石卉，2010）。大凌河口东的粉沙淤泥质海岸侵蚀严重，侵蚀速率达 50 m/a（李培英等，2007）。

（4）葫芦岛段湿地

葫芦岛段海岸线长 258 km，东起连山区塔山乡上坎子村大河口，西至绥中县万家镇孟家村的红石礁。岸线类型主要为基岩海岸、沙质海岸和泥沙滩岸等。葫芦岛段湿地由浅海水域、沙石海滩、河口水域、永久性河流、季节性河流、洪泛平原湿地、草本沼泽 7 个湿地类型组成，湿地总面积 1.34×10^5 hm²，其中近海与海岸湿地 1.07×10^5 hm²，划建湿地自然保护区 1 处（葫芦岛六股河入海口滨海湿地市级自然保护区）和湿地公园 1 处（葫芦岛龙兴国家湿地公园）（赵桂平，2018）。滨海湿地以沙砾质海岸湿地为主，主要分布在狭窄的滨海平原和沙质滩涂上。在六股河口以北海岸基岩岬角与粉沙淤泥质潮滩海岸交替分布，有水土流失情况存在；六股河口以南主要为沙质海岸，海岸普遍遭受侵蚀（李培英等，2007；张晓龙等，2010a）。湿地景观斑块为 119 个，湿地景观斑块类型单调且分布极不均衡，主要景观类型为浅海水域，其面积比例为 90.23%，其余湿地类型面积不大（张华等，2007）。

葫芦岛近海生态环境存在的主要问题：①近岸海域局部污染严重。葫芦岛段大部分海域环境质量较好，绝大部分海域水质未受到污染，水质状况良好；极小部分水域受到个别污染物的污染；陆源入海排污口及邻近海域受到不同程度污染。主要超标污染物是铵态氮、粪大肠菌群。锦州湾是全国海洋污染重灾区，以有机污染物、底质重金属最为突出，连山湾内大片平滩已成为"无生物区"。锦州湾北部污染较轻的小东山浅水湾泥沙平滩也因几年来锦州港疏浚而水质悬浮物浓度增高，由此导致滩地经济贝类的死亡。②海岸侵蚀严重。其中绥中县原生沙质海岸受到的破坏尤其严重。2006 年的监测结果表明，绥中岸段海岸侵蚀长度为40.8 km。从 2002 年 8 月到 2006 年 7 月，侵蚀总面积 0.49 km²，最大侵蚀宽度 16.6 m，年均侵蚀宽度 3 m。该岸段侵蚀的主要原因是六股河口处海底大量采沙破坏了海底自然平衡，与 2002 年的监测结果相比，海岸侵蚀速度呈加快趋势，海岸侵蚀长度增加 14.4 km，最大侵蚀宽度增加 0.8 m，年均侵蚀宽度增加 0.5 m。③海水入侵范围较大。近年来，随着工农业生产的发展，水资源需求量迅速提高，地下水开采量的增加使葫芦岛市沿海的大部地区出现了海水入侵现象。目前，葫芦岛市共有四块海水入侵区：高桥—塔山海水入侵区、五里河海水入侵区、兴城河海水入侵区和六股河—九江河海水入侵区。2006 年底至 2007 年初对全市海水入侵现状普查的结果显示，沿海地区海水入侵的面积已达 307.92 km²。④海洋生物多样性下降，渔业资源受到破坏。从 20 世纪 60 年代起，由于过度捕捞和海水污染，近岸渔业资源遭到严重破坏，一些经济价值高的鱼类，如带鱼、小黄鱼、鳓等几乎绝迹，其他一些经济鱼类，如鲅鱼、鲳也已不能形成渔汛。近年来渤海中仅存的鲅鱼和对虾的产量也大大降低（吴玉红等，2012）。

5. 环渤海地区滨海湿地存在的主要问题

综上所述，环渤海地区滨海湿地存在的主要问题为：①湿地退化、面积减小。魏帆等（2018）的研究结果表明：1985—2015 年，环渤海滨海湿地变化热点区域为黄河三角洲、莱州湾、渤海湾和辽河三角洲。环渤海滨海区域天然湿地面积减少了 45.37%，人工湿地面积增加了 57.23%，以盐田、养殖池面积增加为主，主要由沼泽、滩涂转出。②湿地生态环境脆弱，生物多样性减少。③湿地缺水、污染日趋严重。兴修水库后水源大幅度减少。由于湿地大量缺水，湿地面积在逐渐萎缩的同时造成地下水位和地面下沉，盐渍化程度加重。天然湿地向人工湿地演变，人工湿地向非湿地演变，天然湿地人工化。④由于受人类活动干扰强度大，环渤海滨海湿地景观趋于破碎化、均衡化，各景观类型均匀分布，景观异质性降低。近30 年间，环渤海区域围填海面积增加了 1 606.79 km²，主要土地利用类型为水产养殖池、建筑用地。⑤政策因素和经济因素极大地影响了沿海湿地的演变过程，农田开垦、城镇建设和围海养殖等人类活动是滨海湿地演变的主要驱动力（魏帆等，2018）。

第五章

滨海湿地的恢复

20世纪60年代以来，减缓和防止湿地自然生态系统的退化萎缩，恢复和重建受损的湿地生态系统已经越来越受到国际社会的广泛关注和重视。20世纪90年代起，湿地恢复与重建一直成为国际上生态学研究的热点（Zedler et al.，2005）。我国滨海湿地生态系统的恢复和重建也日益得到广泛重视，随着《中华人民共和国海洋环境保护法》、《全国湿地保护工程规划（2004—2010年）》（国家林业局等，2003）、《全国生态保护与建设规划（2013—2020年）》（国家发展和改革委员会等，2013）、《海洋生态文明建设实施方案（2015—2020年）》（国家海洋局，2015）、《湿地保护修复制定方案》（国办发〔2016〕89号）、《关于加强滨海湿地保护严格管控围填海的通知》（国发〔2018〕24号）等的相继颁布实施，沿海各地纷纷开展滨海湿地生态恢复与保护工作。为此，迫切需要总结国内外滨海湿地生态恢复的经验，完善我国滨海湿地生态恢复的方法和体系，为沿海地区开展滨海湿地生态恢复研究与实践提供科学依据和技术支撑，以此提高滨海湿地生态恢复的成效。随着湿地生态环境恶化对人类以及其他生物的危害日益加剧，加大对滨海湿地的保护和对退化湿地的生态恢复已刻不容缓，设立湿地保护区也成为现实的选择和历史的必然。因此，通过湿地生境恢复、湿地水文状况恢复和湿地土壤恢复等生物、生态技术或生态工程对退化或消失的滨海湿地进行恢复与重建具有十分重要的现实意义和深远的历史意义。

第一节　滨海湿地恢复理论

 一、湿地恢复定义和概念

1. 术语释义

"恢复"与"修复"这两个词在我国学术界使用得比较混乱，如生态恢复与生态修复经常被混用。严格来说，这两个词的内涵和用法是有差别的。比如，身体健康的恢复，很少有人说身体健康的修复，按这种用法，恢复侧重于表述状态。又如，战争中失地的修复，很少用失地的恢复，按这种说法，修复侧重于表述结果（李永祺等，2016）。盛连喜（2002）在《环境生态学导论》一书中认为，"恢复（Restoration）"强调主体（生态系统）的一种状态，其实现方式包括自然恢复与人为恢复；原意是指使一个受损生态系统的结构和功能恢复到接近或达到其受干扰前的状态。"修复（Rehabilitation）"，其原意与恢复基本相同，但更强调人类对受损生态系统的重建与改进，强调人的主观能动性。按此理解，从环境生态学的角度看，"修复"更具有现实意义和实践意义。修复、康复、重建、复原、再生、更新、再造、改进、改良、调整等均可以来解释恢复。因此，恢复在实践中可能表现出一个更广泛的活动范围，从小范围的损害修补、修复，到彻底的重建和再生（崔保山等，1999）。

在西方学术刊物中，"Restoration"被译为"恢复"，指受损害的生境或生态系统恢复到受破坏前的状态。"Rehabilitation"被译为"修复"，指去除干扰并使生态系统恢复原有的利用方式，但不一定恢复到原来的状态；或指根据土地的利用计划将受干扰和破坏的土地恢复到具有生产力的状态，确保该土地保持稳定的生产状态，不再造成环境恶化，并与周围环境的景观保持一致。"Reclamation"被译为"改良"或"改造"，指将被干扰和破坏的生境恢复使原来定居的物种能够重新定居，或者使与原来物种近似的物种能够定居，即改善环境条件以便使原有的生物生存，通常用在原有景观被破坏后的修复。"Remedy"被译为"修补"，指修补受损生态系统的部分结构或功能，使其得以良性发展。"Renewal"被译为"更新"，指通过人工保育或改造促进生态系统的更新和向新的层次演替。"Revegetation"被译为"再植"，指尽可能恢复一个生态系统的任何部分和功能，或者恢复其原来的土地利用类型，即指通过栽植、播种植被恢复生态系统的结构与功能。"Replacement"被译为"更替"，指提供相同的立体条件或构建类似生态系统，以替代受损生态系统。"Reconstruction"被译为"重建"，指通过人工建设或改良措施恢复生态系统的部分结构与功能（李永祺等，2016）。

2. 湿地恢复定义

美国国家研究委员会（NRC）研究了水生生态系统的恢复问题，认为恢复是"对先前受扰的水生功能以及相关的物理、化学和生物特性的重新建立"（Wheeler，1995）。美国生态恢复协会（SER）将恢复定义为：有意识地对一个地区进行转换和改变，建立一个确定的、原始的、有史的生态系统，这一过程的目标是仿效特定生态系统的结构、功能、生物多样性和动态来制定的（Henry et al.，1995）。

湿地恢复（Wetland restoration）是指通过生态技术或生态工程对退化或消失的湿地进行修复或重建，再现干扰前的结构和功能以及相关的物理、化学和生物学特性，使其发挥应有的作用。其中包括提高地下水位来养护沼泽，改善水禽栖息地；增加湖泊的深度和广度以扩大湖容，增加鱼的产量，增强调蓄功能；迁移湖泊、河流中的富营养沉积物以及有毒物质以净化水质；恢复泛滥平原的结构和功能以利于蓄纳洪水，提供野生生物栖息地以及户外娱乐区，同时也有助于水质恢复（崔保山等，1999；刘锡清，2006）。湿地恢复分狭义和广义两个层次：狭义的湿地恢复是对湿地生态系统结构（水文水质、生境和动植物群落等）、状态和功能（如生物多样性、污染物降解等）的恢复；广义的湿地恢复是通过任何有利于湿地结构、过程和功能改善的技术，维持湿地生态系统正常的生态功能（崔丽娟等，2011a）。

3. 湿地恢复的内涵

湿地恢复包括湿地修复、湿地重建和湿地改进等。

湿地修复（Wetland rehabilitation）是指对湿地生态系统停止人为干扰，以减轻负荷压力，依靠生态系统的自我调节能力与自组织能力使其向有序的方向演化；或者利用生态系统的这种自我恢复能力，辅以人工措施，使遭到破坏的湿地生态系统逐步恢复或使湿地生态系统向良性循环方向发展（张学峰等，2016）。马广仁（2017）认为：湿地修复是指通过生态工程技术措施，对退化或消失的湿地进行恢复或重建，再现干扰前的湿地结构和功能，以及相关的物理、化学和生物学特性，依靠湿地生态系统的自我修复能力，尽可能使湿地恢复到自然状态，能够自我维持其稳定性，并发挥应有的生态系统服务功能。

湿地重建（Wetland rebuilding，Wetland reconstruction）是指在不可能或者不需要再现湿地生态系统原貌的情况下重建一个不完全雷同于过去的甚至是全新的湿地生态系统。张学峰等（2016）认为：湿地重建是指根据现实社会经济发展的具体需要，对已被破坏的湿地生态系统进行全新的规划与建设的过程。湿地重建后极有可能在很大程度上改变湿地原始景观，对湿地生态系统的结构与功能造成极大影响。湿地重建本质上就是通过非自身力量推动湿地生态系统向规划的目标变化的一种湿地恢复方法。

湿地恢复的策略包括修复与重建，在实际的恢复过程中，要根据具体的目标和现有湿地的损害程度来选择是修复还是重建。修复是对必要生境条件的直接恢复，它适合小规模干扰的湿地，可以很快实现恢复目的。重建是重新建立适宜的生境条件，使湿地生态系统回到早期阶段并重新发育，它适用于大规模、严重破坏的湿地。

湿地改进（Wetland enhancement）是为了加强湿地某种特殊的功能或价值而对现有湿地所采取的改进、维护和管理活动。该活动可分为两类：高强度影响和管理。高强度影响的改进活动包括改变湿地的物理性质，这类活动往往会付出其他的代价使湿地的某些功能得以加强。管理活动不改变湿地的土壤和水文情势（或是只有很小的影响），比如营造水禽的鸟巢，控制外来物种的传播等。也有人将湿地改进称为湿地重建，是指对生态系统现有状态进行改善，增加人类所期望的某些特点，压低人类不希望的某些自然特点，改善结果使生态系统进一步远离其初始状态。湿地建造（Wetland creation）是指通过工程措施把非湿地区域转变为湿地，人工湿地是湿地建造的典型代表。湿地改建（Wetland rehabilitation）是将湿地恢复与改进（重建）措施有机结合起来，使湿地的不良状态得到改造。改建结果是重新获得既包括原有特性，又包括对人类有益的新特性的状态（吕宪国等，2017）。

4. 滨海湿地恢复

滨海湿地的生态恢复是指帮助一个已经退化或受伤的生态系统修复或重建的过程，是在人为辅助下改变受损生态系统现状，使之能够自我维持生态系统健康的行为。尽管生态恢复强调的是对受损生态系统进行的人为干扰的修复，但在修复过程中还应强调对滨海湿地的自然环境的保护，只有将保护与修复有机地结合在一起，才能真正达到修复的目的（林光辉，2014）。滨海湿地生态恢复是涵养水源、减缓径流、蓄洪防旱、调节周边水源丰枯的需要，既可以减轻防洪压力，又可以在缺水季节缓解水资源紧缺的状况，以实现水资源时空调节；是保护水源、提高水质的需要，也是保护湿地生态系统和珍稀物种的需要，通过保护和改善湿地环境，为更多的鸟类在保护区栖息、生存提供更为优越的生境；是合理开发利用自然资源，促进区域经济可持续发展的需要（吕宪国等，2017）。概括来讲，湿地生态的修复与重建就是经过对某环境条件下湿地生态系统退化的成因和机制进行诊断后，运用生物方法以及生态工程，按照规划好的方案，选择恰当的先锋植物，构造种群、群落以及生态系统，同时逐层恢复土壤、水体等外界环境因素，最终使湿地生态系统的内部结构、基本功能以及各生态学过程达到最佳状态，最大限度地恢复到原有水平（张学峰等，2016）。

二、湿地恢复研究概况

1. 国外湿地恢复研究概况

针对湿地的退化状况，世界各国都在积极采取措施进行湿地的生态恢复与重建研究。在受损湿地的恢复与重建方面，美国开展得较早。1975—1985 年，美国资助了环境保护局（EPA）清洁湖泊项目（CLP）的 313 个湿地恢复研究项目，其中既包括了对污水排放的控制研究、对湖泊分类和湖泊营养状况分类的研究等，又包括了湿地恢复计划可行性的研究、恢复实施的效果评价研究等。1988 年，美国水科学和技术部（WSTB）探讨和评价了由国家研究委员会（NRC）所主导的湿地恢复研究项目及其技术报告。1989 年，美国水科学和技术部的水域生态系统恢复委员会（CRAM）对湿地恢复进行了详细的研究与规定，规定的内容包括了技术、规章制度、政策等多个方面。1990—1991 年，美国国家研究委员会、环境保护局、水域生态系统恢复委员会和农业部共同提出了一个涉及范围极广的湿地恢复计划，此项目计划在 2010 年前恢复受损河流 6 400 万 hm²、湖泊 67 万 hm²、其他湿地 400 万 hm²。计划实施的最终目标是保护和恢复河流、湖泊和其他湿地生态系统中物理、化学和生物的完整性，以改善和促进生物结构与功能的正常运转。美国对湿地的研究项目较多，涉及范围广泛，研究着眼点较多，如生境特征、湿地植被、湿地受损原因、湿地生物多样性、湿地的开发利用与资源保护、湿地管理等。但大部分的研究都在滨海湿地进行（崔保山等，1999；张学峰等，2016）。

欧洲的一些国家如德国、瑞典、瑞士、丹麦、荷兰等，对湿地恢复的研究开始得也较早，发展较快，取得了很大进展。例如，德国的莱茵河由于受工业污染，生态环境遭到了严重破坏，为了恢复莱茵河下游河漫滩（湿地）的生态系统，政府将夏季防洪的堤坝拆除，使洪水能够在河内更顺畅地流动以改善水质、促进植物的生长。在瑞典，30％的地表为湿地、湖泊和河流，但由于芦苇的大量入侵（芦苇的覆盖面积一度达到了 20 万 hm²），众多湿地与湖泊原本的生态系统遭到破坏。基于对受损湖泊与湿地的恢复目的，Larson 等（1994）提出了提高水位、深挖湖底的意见，同时辅以芦苇砍伐，确保其根系也被清除干净。荷兰在 20 世纪 90 年代出台了《自然政策计划》，旨在将之前围湖造田的土地重新修复与重建为湿地，保护生物多样性，协调人与自然的和谐发展。经过近 30 年的努力，实现了 24 万 hm² 农田退耕还湿，保护了当地的动植物，使过去的自然景观复原。同时还建立了以湿地为中心、面积约为 25 000 hm² 的生态廊道。2000 年，西班牙对 52 hm² 的 Algaida 沼泽实施了生态修复与重建工程，主要通过清淤、改造地形、恢复生境多样性等措施，在短时间内打通河口渠道、恢复湿地原始的生物群落，使其接近天然湿地，并通过人为构建的一系列不同的生境、不同的网络将该区域与周边的 Doñana 国家公园联系起来，并在 Doñana 国家公园适量设置水泵为沼泽补充水量（张学峰等，2016）。欧洲的其他国家，如奥地利、比利时、法国、匈牙利、英国等已经将恢复项目集中在泛滥平原。这些项目计划的目标是多种多样的，主要取决于河流和泛滥平原的规模和地貌特征（崔保山等，1999）。

加拿大、澳大利亚、印度、越南等国也在湿地恢复研究方面取得了一定的进展与成效。1992 年，加拿大联邦政府出台了湿地保护政策，有效地对境内的湿地进行了保护与管理。澳大利亚 Capel 附近一个沉积稀有金属矿砂的湖泊群，研究人员通过在其周围栽种水生植物使其生态环境逐渐恢复，现在已完全变成了一个处于健康状态的湿地。由于之前其附近所进行的伐木、筑坝、工业生产等行为和严重的污染，印度的 Rihand 河岸湿地逐渐退化。此后政府出台相关规定，严禁放牧、砍伐、污染河流，并提出了相关的保护措施，最终使河流周围植被恢复，河流生态系统得到改善。越南 Mekong 三角洲由于在战时被大量排水，其 75 万 hm² 的潮汐淡水湿地严重退化受损。为了恢复这一重要的湿地资源，越南于 1988 年利用筑坝围水的形式对其中一片面积为 7 000 hm² 的区域实行了试验性恢复，并取得了成功。

哥斯达黎加政府在 1980 年决定对一片面积为 500 hm² 的湿地进行恢复，主要的恢复方式是对其中大量疯长的香蒲进行清除。通过 10 年的努力，最终香蒲被全部移除，湿地环境得到了有效恢复。日本在 20 世纪 80 年代也开始了湿地生态保护和恢复工作，尤其是在整治水环境方面，提出尊重自然所具有的多样性，创造良好的水循环系统；并使水体和绿带形成相关联的生态系统，避免它们孤立地存在；同时还建立了北海道雾多布湿地中心、琵琶湖水禽湿地中心等，进行了有关湿地保护与恢复的多项研究（张学峰等，2016；张永泽等，2001）。

1993 年，200 多位学者聚集在英国谢菲尔德大学讨论了湿地恢复问题。为更好地进行湿地的开发、保护以及科研工作，学者就如何恢复和评价已退化和正在退化的湿地进行了广泛交流，特别是在沼泽湿地的恢复研究上发表了许多新的见解。1995 年，出版了这次会议的论文集《温带湿地的恢复》(*Restoration of Temperate Wetlands*)，从沼泽湿地恢复的基本理论到实践，文中都有详尽的论述。可以说，通过这次会议，对湿地恢复的研究又进入了一个新的领域（崔保山等，1999）。1996 年 9 月，第五届国际湿地会议在澳大利亚西海岸的珀斯（Perth）召开，来自 30 多个国家的 420 多名学者出席了这次盛会。大会的主题是"湿地的未来（Wetlands for the future）"，旨在讨论增强湿地效益、防止和解决湿地丧失、功能衰退、生物多样性减少等问题及保护与重建湿地的策略和措施。各种湿地都会因不同程度地受到破坏而功能衰退，恢复和增强湿地功能是目前人们所关注的焦点之一，从而将湿地的保护、修复与重建提升到了一个国际化的层面。2009 年 8 月，第十九届国际恢复生态学大会在澳大利亚的珀斯召开，"全球变化背景下的湿地生态恢复"是大会的议题之一。大会主席 Dixon 教授指出："恢复生态学或许是变化世界的唯一未来"。

2. 国内湿地恢复研究概况

我国对湿地恢复的研究开展得比较晚。20 世纪 70 年代，中国科学院水生生物研究所首次利用水域生态系统藻菌共生的氧化塘生态工程技术，使污染严重的湖北鸭儿湖地区水相和陆相环境得到很大的改善，推动了我国湿地恢复研究工作的开展。对江苏太湖、安徽巢湖、武汉东湖以及沿海滩涂等湿地恢复的研究工作逐渐开展起来。在过去的多年中，各科研单位和院校对我国的湿地现状及变化趋势，生态系统退化的防治对策、资源的持续利用等做了大量工作，且主要侧重于湖泊的恢复（崔保山等，1999）。1992 年 7 月 31 日，我国正式加入《国际湿地公约》组织，自此我国湿地保护与恢复工作进入了一个新的阶段。1994 年，我国出台了《中国 21 世纪议程》，明确将控制水污染与湿地生态系统的保护与修复作为我国未来需要长期奋斗的目标之一。2003 年 10 月，国家林业局联合九大部门出台了《全国湿地保护工程规划》。2004 年 11 月，在北京召开了主题为"中国湿地退化、保护与恢复"香山科学会议，会议讨论了我国湿地的受损情况与湿地保护和恢复的措施与手段等。我国在湖泊湿地生态修复与重建研究方面取得了不错的成效和丰富的经验，但也不只局限在湖泊、沼泽，还包括了江滩、河口、海岸等其他湿地类型，涉及的区域包括松嫩平原、白洋淀、黄河三角洲、长江口湿地、莱州湾等。研究的热点内容多集中在湿地的蓄洪能力、水禽栖息地的营造，但对水质的改善、地下水的补充等研究较少。而且由于不同湿地的结构、类型、位置、功能都有所不同，目前还不能确定能否对所有受损湿地都能做到完全恢复（张学峰等，2016）。2016 年 9 月 19 日，由南京大学与江苏常熟市政府共同承办的第十届国际湿地大会在常熟国际会议中心召开。来自 10 个国际机构、72 个国家和地区的 800 多位国内外专家学者参会，研讨了湿地生物多样性保护、湿地生态系统管理、湿地与全球变化、湿地在废水处理和生态系统服务中的应用等方面的热点问题。

2002年，北京师范大学对黄河三角洲芦苇湿地采取工程手段，筑坝修堤，在雨季和黄河丰水期蓄积淡水，旱季则引水补充，以淡压碱，扩大了黄河芦苇湿地的面积，提高了芦苇的质量，并形成了一定的水面，为鸟类的取食和栖息提供了良好的场所（党丽霞，2013）。我国在滨海湿地研究方面已经开展了滨海湿地生态系统服务功能评估及湿地生态系统监测，建立了多个滨海湿地生态系统定位观测研究站。初步开展了滨海湿地生态恢复目标判别、外来入侵物种的影响研究；探索了某些外来入侵物种的入侵路径、机理与防控技术；针对个别地区滨海湿地污染问题，开展了污染物识别筛选研究，探索了污染物分析、管控及去除技术。中国林业科学研究院湿地研究所开展了典型滨海湿地生态系统服务功能价值评价研究，提出了评价滨海湿地生态系统服务功能的指标体系，为滨海滩涂湿地的保护提供了一定的理论指导（李晶等，2018）。目前，国内对滨海湿地恢复与重建的研究基本上仍处在理论阶段，主要研究湿地植被系统和栖息地功能的修复、湿地保护区的建立等，除了红树林修复的研究成果被比较好地应用于实践之外，其他成功的案例也较少，仍待进一步实践和完善。

三、湿地恢复主要理论

湿地恢复和重建最重要的理论基础是生态演替。由于生态演替的作用，只要克服或消除自然的或人为的干扰压力，并且在适宜的管理方式下，湿地是可以恢复的（田家怡等，2005）。目前，普遍被认可的湿地恢复理论主要有以下几种。

1. 自我设计和设计理论

自我设计和设计理论据称是唯一起源于恢复生态学的理论。由Mitsch和Jorgensen（1989）、van der Valk（1999）等提出并完善的湿地自我设计理论认为，只要有足够的时间，随着时间的推进，湿地将根据环境条件合理地组织自己并会最终改变其组分。Mitsch和Jorgensen（1989）认为，在一块要恢复的湿地上，种与不种植物没有影响，最终环境将决定植物的存活及其分布位置。Mitsch等（1996）比较了一块种了植物与一块不种植物的湿地的恢复过程，发现在前3年两块湿地的功能差不多，随后出现差异，但最终两块湿地的功能恢复得一样。Mitsch等（1996）与Odum（1969）均认为湿地具有自我恢复的功能，种植植物只是加快了恢复过程，湿地的恢复一般需要15～20年。而设计理论认为，通过工程和植物重建可直接恢复湿地，但湿地的类型可能是多样的。这一理论把物种的生活史（即种的传播、生长和定居）作为湿地植被恢复的重要因子，并认为通过干扰物种生活史的方法就可加快湿地植被的恢复。这两种理论区别在于：自我设计理论把湿地恢复放在生态系统层次考虑，未考虑到缺乏种子库的情况，其恢复的只能是环境决定的群落；而设计理论把湿地恢复放在个体或种群层次上考虑，恢复可能是多种结果。这两种理论均未考虑人类干扰在整个恢复过程中的作用（彭少麟等，2003）。湿地恢复过程中应将湿地系统设计成需要最少人工维持的系统，即系统中的植物、动物、微生物、基质、水流等，都应有助于系统的自我维持、自我设计（吕宪国，2008）。

2. 演替理论

演替是生态学中最重要而又争议最多的基本概念之一，一般认为"演替是植被在受干扰后的恢复过程或从未生长过植物的地点上植被形成和发展的过程"。演替的观点目前至少已有 9 种，但只有 2 种与湿地恢复最相关，即演替的有机体论（整体论）和个体论（简化论）。有机体论的代表人 Clements 把群落视为超有机体，将其演替过程比作有机体的出生、生长、成熟和死亡过程。他认为植物群落演替由一个区域的气候决定，演替的最终结果是达到与当地气候相适应的稳定的演替顶极。个体论的代表人 Gleason 认为植被现象完全依赖植物个体现象，群落演替只不过是种群动态的总和。上述两种演替观点代表了两个极端，而大多数的生态演替理论反映了介乎其间的某种观点。例如，Egler 提出的初始植物区系组成学说认为，演替的途径是由初始期该立地所拥有的植物种类组成决定的，即在演替过程中哪些种出现将由机遇决定，演替的途径也是难以预测的。事实上，前两种演替理论与自我设计和设计理论相互对应、本质相同（张学峰等，2016；彭少麟等，2003；田家怡等，2005）。

演替理论认为，在一定的环境条件下，湿地生态系统有一定的演替序列，当自然和人为干扰没有超出系统的阈值时，干扰消除后系统可以按其演替序列继续演化。如果干扰超出了系统的阈值，即使干扰消除后系统也不会回到原来的演替序列，而是向着新的顶极群落方向演化（吕宪国，2008）。而次生演替理论认为，只要将受损生态系统的生境条件（如湿地水位）恢复至受损前的状态，该系统的植被（乃至整个生物群落）便可以循序地按照一定演替轨迹自动向前发展，直至恢复至受损前水平（冯雨峰等，2008）。生态系统的演替会受各种自然和人为因素的影响。按照演替趋向可以将生态系统演替划分为进展演替和逆行演替。所谓进展演替，是指生态系统从先锋群落经过一系列的阶段，植物个体数量增加，群落结构复杂化、群落利用自然界的生产力不断增强，最终达到中生性顶极群落，这种沿着顺序阶段向着顶极群落的正向演替过程称为进展演替（Progressive succession）；反之，如果生态系统或群落演替是由顶极群落向着先锋群落演变，群落结构简单化，则称为逆行演替（Retro-gressive succession）。逆行演替多是由人类的不合理活动造成的，是非正常演化，表现为生态系统的退化、功能不能得到有效发挥（刘小鹏，2010）。

演替理论对湿地生态系统恢复与重建的指导意义主要表现在两个方面：①对非湿地生态系统来讲，可以人为地创造条件改变其演化顶极使之向湿地生态系统方向演化，如湿地建造和国外湿地的"影子计划"，就是在原来非湿地区域通过人工干扰使之向湿地生态系统发展。②对现有湿地生态系统的人为干扰（利用）要有一定的限制，否则就会引起湿地生态系统的退化（吕宪国，2008）。利用演替理论指导湿地恢复一般可加快恢复进程，并促进本地种的恢复。虽然可以用演替理论指导恢复实践，但湿地的恢复与演替过程还是存在差异的（彭少麟等，2003；田家怡等，2005）。

3. 入侵理论

在恢复过程中植物入侵是非常明显的。一般地，退化后的湿地恢复依赖植物的定居能力（散布及生长）和安全岛（Safe site，适于植物萌发、生长和避免危险的位点）。Johnstone（1986）提出了入侵窗理论，认为植物入侵的安全岛由障碍和选择性决定，当移开一个非选择性的障碍时，就产生了一个安全岛。例如，在湿地中移走某一种植物，就为另一种植物入侵提供了一个临时安全岛，如果这个新入侵种适合在此生存，它随后会入侵其他的位点，并最终定居下来。入侵窗理论能够解释各种入侵方式，在恢复湿地时可人为加以利用（彭少麟等，2003；田家怡等，2005）。入侵理论认为，在生态恢复过程中，退化的生态系统能否恢复要依赖两方面的因素：①生物的定居能力，即入侵生物在生态系统区域范围内能否散布和生长以及其散布和生长的能力，只有具备一定的定居能力，生物才有可能在退化生态区域生存并逐步发展，使退化区域生态状况得到改善。②安全岛，即退化区域是否具有适于先锋植物萌发、生长和免于危险的安全点，安全岛的存在为植物在退化生态区域生长和发育提供了基本的环境条件（吕宪国，2008）。入侵理论多被应用在人为恢复湿地植被的过程中。

4. 河流理论

位于河流或溪流边的湿地与河流理论紧密相关。河流理论有河流连续体概念（River continuum concept）、系列不连续体概念（Serial discontinuity concept，有坝阻断河流时）两种，这两种理论基本上都认为沿着河流不同宽度或长度其结构与功能会发生变化。根据这一理论，在源头或近岸边，生物多样性较高，在河中间或中游因生境异质性高生物多样性最高，在下游因生境缺少变化而生物多样性最低。在进行湿地恢复时，应考虑湿地所处的位置，选择最佳位置恢复湿地生物（彭少麟等，2003；田家怡等，2005；何兴东等，2016）。

5. 洪水脉冲理论

洪水脉冲理论认为，洪水冲积湿地的生物和物理功能依赖江河进入湿地的水的动态，被洪水冲过的湿地上植物种子的传播和萌发、幼苗定居、营养物质的循环、分解过程及沉积过程均受到影响。在湿地恢复时，一方面应考虑洪水的影响，另一方面可利用洪水的作用，加速恢复退化湿地或维持湿地的动态（彭少麟等，2003；田家怡等，2005）。

6. 边缘效应理论和中度干扰假说

湿地位于水体与陆地的边缘，又常有水位的波动，因而具有明显的边缘效应和中度干扰。边缘效应理论认为，两种生境交汇的地方由于异质性高而导致物种多样性高。湿地位于陆地与水体之间，其潮湿、部分水淹或完全水淹的生境在生物地球化学循环过程中具有源、库和转运者三重角色，适于各种生物的生活，生产力较陆地和水体的高。湿地上环境干扰体系的时空尺度比较复杂，Connell（1978）提出的中度干扰理论认为，在适度干扰的地方物种丰度最高，即在一定的时空尺度下，有适度干扰时，会形成缀块性的景观，景观中会有不同演替阶段的群落存在，而且各生态系统会保留高生产力、高多样性、高物种丰富度等演替的早期特征（彭少麟等，2003；田家怡等，2005）。这一理论虽然在生态学上具有重要意义，但是在实际应用中由于无法确定合适的干扰强度、频率与持续时间等而具有一定的使用难度。利用干扰理论指导湿地恢复与重建，首先要求弄清楚湿地生态系统发展过程的机理及机制，然后分析各种干扰形式及其强度对湿地的影响，特别是要注意某种干扰是正向干扰还是负向干扰、将会使湿地生态系统产生进展演替还是逆向演替。在具体实践中，干扰理论的指导意义主要表现在两个方面：①如果干扰是负向干扰而使湿地生态系统逆行演替，则在湿地生态系统的恢复与重建中消除退化干扰因子，使湿地过程重返自然过程。②已退化的湿地生态系统如果任其自然恢复可能会需要相当长的时间，可以根据正向演替理论，人为地施加干扰使湿地生态系统向着有利于环境质量改善的方向发展。例如：人类对湿地的开垦使湿地退化是负向干扰；禁止对湿地的开垦实际上就是消除了退化干扰因子，使湿地过程重返自然过程是正向干扰。采取一定的工程措施对退化湿地进行恢复和重建，也是一种干扰，只是这种干扰是正向干扰，有利于退化湿地的恢复（吕宪国，2008）。

7. 系统理论

系统是指一定边界范围内由相互联系、相互依赖、相互制约和相互作用的若干事物和过程组成的一个具有整体功能和综合行为的统一体或整体。湿地是由喜水生物和过湿环境等因素构成的特殊自然综合体，是一种具有多种环境功能的生态系统。因此，湿地本身就是一种系统，具备系统的一切要素与特征。在研究湿地生态系统健康状况时，要对生态系统的组成要素（如水文、土壤、植被、动物等）、湿地的各项功能（如调节气候、净化水质、均化洪水等）进行分析，或者从生态系统各子系统开始分析，然后在分析的基础上进行综合，从而完整地认识湿地生态系统（邱彭华等，2012）。

系统理论对湿地恢复与重建的指导意义主要表现在：①根据系统的层次性原理，湿地生态系统是由系统内部的各要素相互联系、相互制约而形成的完整功能整体，同时湿地生态系统又是整个地理区域中的一种生境斑块，它必然与其他类型的生境斑块有相互联系和相互制约的关系。在进行湿地生态系统恢复与重建时，不仅要充分考虑和利用系统内各因素之间相互作用的规律性，还要充分注意区域环境要素或其他生境斑块对湿地生态系统恢复与重建的影响，同时也要注意湿地生态系统的恢复与重建是否对区域环境或其他生境斑块造成影响，特别是负向影响。不能因为湿地生态系统的恢复与重建而破坏了其他的生态系统。②根据系统目的性原理，在一定的条件下，湿地生态系统总是向一定的顶极状态演替，当湿地生态系统的演替达到顶极状态后，就保持相对的稳定。在湿地生态系统的恢复与重建中，应该人为地创造这种条件以促进湿地生态系统的发育与演替。③根据系统的稳定性原理，湿地生态系统在一定的条件下一般总是稳定的，如果干扰使系统稳定性的条件发生了变化，则系统发展的顶极状态也可能发生变化。在湿地生态系统的恢复与重建中，可以人为地改变非湿地生态系统稳定的条件，使其向湿地生态系统稳定的方向发展。④根据系统的相似性原理，在湿地生态系统的恢复与重建中，只要将受损湿地生态系统的结构恢复到与参照湿地相似的状态，则它们必然会具有相似的功能。因为水文和地貌是湿地形成的最主要因素，在实践中，往往是把受损湿地的水文和地貌情势恢复到与参照湿地相似的状态就能够达到目的。将湿地作为更大系统的一个组成部分，可以充分反映现有湿地恢复计划在不同环境条件的湿地恢复中所取得的成功经验和获得的价值。减缓或排除降低湿地功能的限制因子可以极大地提高湿地的功能和状况。要把人类赖以生存的地球或局部区域看成是自然、社会、经济、文化等因素组成的复合系统，它们之间既相互联系又相互制约。环境与发展之间的矛盾的实质是人和这一复杂系统的各个成分之间关系的失调。一个可持续发展的社会，就是要从全局着眼对系统的关系进行综合分析和宏观调控（吕宪国，2008）。

目前，湿地生态恢复的理论研究还十分薄弱，很难支撑湿地生态恢复工作的全面开展：①缺乏对湿地生态系统退化机理的研究（如退化湿地生态系统恢复力、演替规律研究，不同干扰条件下湿地生态系统的受损过程及其响应机制研究等）。②缺乏对湿地生态系统退化的景观诊断及其评价指标体系的研究。③缺乏对湿地生态系统退化过程的动态监测、模拟及预报研究等（张永泽等，2001）。

第二节　滨海湿地恢复方法

一、滨海湿地恢复的目标、原则和策略

1. 湿地恢复的目标

（1）湿地恢复的宏观目标与指标

湿地恢复的根本目标是恢复湿地生态系统的功能和结构，要求生态、经济和社会因

素平衡。每项恢复计划都应当考虑的一个重要恢复方面是湿地的生态学和科学的合理性以及对公众和政策的合理性，只有这样的生态系统才是可持续的生态系统。一般来讲，生态系统的可持续性强调的是系统整体功能状况，由系统自身的组分、结构和功能来体现。生态系统的可持续性应是内部要素的相互作用和外在环境影响的综合结果及整体体现。根据不同的外部环境条件和人为需求，湿地恢复的目标具有多变性。有的目标是在原退化湿地的基础上尽量采用自然恢复的方法，尽可能回到原来的状态；有的目标是重新构建一个既包含原有特性，又包括对人类活动有益的新特性的状态（田家怡等，2005；陈志科，2018）。

吕宪国等（2017）在总结前人研究成果的基础上，考虑生态恢复的生态、社会、经济和文化与生态恢复技术的可能性，认为宏观恢复目标是生态系统结构和功能的恢复。①生态系统结构的恢复。正确认识区域生态系统，实施生态系统恢复工程，首先必须了解系统的组分构成，把握生态系统结构特征，分析退化生态系统组分与结构的变化过程，找出系统变化的原因与机理，通过一定的措施与途径，逐步恢复生态系统原有的组分和结构，保持系统的稳定性。生态系统结构恢复的主要指标是乡土种的丰富度，即恢复所期望的物种丰富度和群落结构，确认群落结构和功能间的联结形成。②生态系统功能的恢复。功能恢复就是要维持和恢复生态系统正常的能量流动，使生态系统能够正常获得外界能量，并使能量在系统内合理流动；功能恢复就是恢复生态系统的良性循环，保持系统内部物质和营养成分的正常生物、化学和物理过程；功能恢复就是恢复生态系统合理的信息传递，使生态系统内部的物理信息、化学信息、行为信息和营养信息能够有效传递。

田家怡等（2005）将湿地恢复主要指标归纳为"内在指标""外在指标"和"综合指标"三个方面。

内在指标主要指生态系统本身组成结构、功能所表现的指标，包括多样性指标、稳定性指标、结构关联性指标和功能过程。①多样性指标。包括生物多样性、生境多样性、生化多样性、理化环境变异性、遗传基因多样性、景观异质性等。多样性是湿地生态系统健康的重要标志。②稳定性指标。包括自我维持力、自我组织力、自我调节力。自我维持力体现在系统内部的生产能力、生产质量；自我组织力主要表现在系统演替的有序性及生态位特化状况；自我调节力主要是指生态系统对环境变化的耐性，组成、结构、功能冗余性，能量流、物质流的均衡性和对污染物的负荷能力。③结构关联性指标。主要是指营养级结构的联结性问题和种间的相互依赖及排斥关系。前者表现为食物链、食物网及节点的冗余性问题，后者表现为生物间的共存、寄生、捕食等种间关系。④功能过程。主要指系统内基因流、能量流、物种迁移与繁殖过程、养分循环过程等。

外在指标主要指外部环境对系统本身产生作用而使生态系统受到影响的因素，主要包括自然要素指标和人为要素指标。①自然要素指标。包括外界水分供应的持续性、降水与蒸发、气候变化、外来物种的侵扰等。②人为要素指标。包括农业化学、工业与城市化、居民垃圾、旅游、伦理道德、政策失效等。

综合指标即功能综合性，主要指生态系统整体表现出的功能特性。包括调节气候功能，流量调节与洪水控制，净化能力，营养物保持，食物链支持，栖息地质量和数量，生物多样性，景观、美学与旅游，教育与科研，动植物产品，这些都是生态系统健康及可持续性的综合体现。

（2）滨海湿地恢复的微观目标

湿地生态恢复的总体目标是采用适当的生物、生态及工程技术，逐步恢复退化湿地生态系统的结构和功能，最终达到湿地生态系统的自我持续发展状态，并产生良好的生态效益（彭少麟，2007）。由于滨海湿地类型丰富多样，生态系统特征及其生态服务功能也存在区域差异，而且不同项目所涉及的湿地生态退化及其恢复类型、内容等也不相同，因此，不同项目的生态恢复目标也有差异。

大多数学者（陈彬等，2012；吕宪国等，2017；彭少麟，2007；何兴东等，2016；林光辉，2014）认为，滨海湿地生态恢复目标有以下几个方面：①恢复滨海湿地的自然水系。水文是湿地的最重要特征之一，它决定了湿地植被类型和其他生物群落。恢复湿地水文条件就是使湿地能够恢复原有的或能够进行设计和自我设计的水量、水位、淹水频率、时间等的要求，就是通过污染控制改善湿地的水环境质量；同时，在退化湿地的恢复中，实行对湿地水环境的监测，避免二次污染。如果湿地水文条件得不到恢复，湿地生境恢复只会事倍功半，甚至影响生物群落的恢复。在湿地自然水系的退化不能逆转的情况下，必须通过水文调查、生物群落调查和经济分析来确定湿地恢复是否可行；若湿地恢复可行，则必须谨慎设计水系的结构，以满足恢复湿地以及目标物种的栖息地要求。②恢复地表基底稳定性。地表基底是生态系统发育和存在的载体，是构成生态系统最基本的环境因素。基底不稳定就不可能保证湿地生态系统的演替与正常发展，我国湿地所面临的主要威胁大都属于改变系统基底类型，这在很大程度上加剧了我国湿地的不可逆演替。因此，滨海湿地恢复必须保证其基底的稳定性。③恢复植被和土壤，保证一定的植被盖度和土壤肥力。④恢复滨海湿地生物群落，提高生态系统的生物多样性、生产力和自我维持能力。⑤保护和保育滨海湿地生物资源，增加物种组成和生物多样性。维持湿地生物多样性并保证各种湿地珍稀濒危水禽栖息地的完整性，是退化湿地恢复与重建成功的重要标志。滨海湿地是鸟类、水生动植物等多种生物栖息繁衍的场所。因此，保护、保育和恢复湿地水鸟的栖息环境，避免各种湿地植被向干旱方向演替，通常是最直接、最简单、最有效的生态恢复方式，是滨海湿地恢复中的一个主要目标。⑥恢复关键的滨海湿地过程，实现生态完整性。一个完整的生态系统是一个具有弹性的、可自我维持的自然系统，能够承受一定程度的胁迫和干扰。在滨海湿地生态恢复中，必须考虑到湿地的一些主要过程，例如，关键种群增长、营养物质循环、演替、水文过程、沉积物的冲积动态等，恢复这些过程是湿地恢复的主要目标。⑦恢复滨海湿地景观，增加视觉和美学享受。

滨海湿地生态恢复的目标必须具有明确性、可操作性和可衡量性。没有明确的目标，湿地恢复就难以成功。此外，确立目标时，必须考虑生态恢复项目所处的社会、经济背景。滨海湿地恢复的最终目标是在无人为辅助维持或尽量少的人为干扰下，实现滨海湿地生态系统自我修复、调节的运行状态，实现人类与自然的和谐相处，为人类的生存与发展营造良好的环境，实现全球与区域生态安全，保障人类的生存与社会的发展。

2. 湿地恢复的基本原则与策略

（1）湿地恢复的基本原则

吕宪国等（2017）、卢昌义等（2006）、陈志科（2018）、何兴东等（2016）、彭少麟（2007）等认为，在滨海湿地的恢复与重建过程中，需要遵循以下几个原则：①生态学原则。主要包括生态演替规律、生物多样性原则、生态位原则等。生态学原则要求根据生态系统本身的演替规律分步骤、分阶段进行恢复，并且根据生态位和生物多样性原则构建生态系统结构和生物群落，使生态系统的物质流、能量流和信息传输过程处于最优循环状态，要求水文、土壤、植被、生物同步和谐演进。②地域性原则。湿地恢复应当依据地理位置、气候特点、植被类型、功能要求等因素制定适当的恢复策略、技术指标体系和技术途径。③可实施性原则。湿地恢复的可实施性主要包括环境容量的可接纳性和技术的可操作性。在了解拟恢复区湿地的本底情况之后，确定哪些地区需要恢复、哪些地区能够恢复，然后制订详细可行的恢复措施。④稀缺性和优先性原则。尽管任何一个恢复项目的目的都是恢复滨海湿地的动态平衡而阻止陆地化过程，但在恢复前必须明确轻重缓急。在湿地恢复过程中，应该具有针对性。通过实地调查，全面了解区域或计划区湿地的广泛信息，了解该区域湿地的保护价值，了解其是否是高价值的保护区，是否是湿地的典型代表等。从当前急需的任务出发，保护一些濒临灭绝的动植物物种及栖息地环境，制订长期的修复计划，逐步对湿地进行恢复。⑤主导性与综合性原则。对湿地的恢复应考虑到滨海湿地的各个要素，包括水文、生物、土壤等。其中水文要素应优先考虑，因为水是湿地存在的关键，没有水就没有湿地。在沼泽湿地进行水源补给的时候，还要考虑水质、水量、水温、水中悬浮物等状况，及时实施对水质的监测分析，以免对沼泽湿地产生二次污染。⑥最小风险和最大效益原则。由于湿地生态系统的复杂性和某些环境要素的突变性，加之人们认识的局限性，人们往往很难对湿地恢复的后果以及最终生态演替方向进行准确的估计和把握。因此，在某种意义上，退化湿地生态系统的恢复具有一定的风险性。故应对被恢复湿地进行系统综合的分析、论证，将风险降低到最低限度；同时，还应尽力做到在最小风险、最小投资的情况下获得最大效益。滨海湿地恢复是一项技术复杂、耗时长、花费巨大的系统工程，在考虑生态意义的同时，还应考虑经济效益和社会效益，以实现生态效益、经济效益和社会效益的相互统一。⑦美学原则。滨海湿地具有多种功能和价值，不但表现在生态环境功能和湿地产品的用途上，还表现在美学、旅游和科研价值上。因此在许多湿地恢复过程中，应注重对美学的追求。美学原则主要包括最大绿色原则和健康原则，体现在湿地的清洁性、独特性、愉悦性、可观赏性等方面。

（2）湿地恢复的策略

对于不同的湿地类型，恢复的指标体系及相应的策略亦不相同。①对沼泽湿地而言，由于泥炭提取、农业开发和城镇扩建而使湿地受损和丧失，若要发挥沼泽在流域系统中原有的调蓄洪水、滞纳沉积物、净化水质、美化景观等功能，必须重新调整和配置沼泽湿地的形态、规模和位置，因为并非所有的沼泽湿地都有同样的价值。在人类开发规模空前巨大的今天，合理恢复和重建具有多重功能的沼泽湿地而又不浪费资金和物力，需要科学的策略和合理的生态设计。②就河流及河缘湿地而言，面对不断的陆地化过程及其污染，恢复的目标应主要集中在减小洪水危害及其水质净化上，通过疏浚河道，河漫滩湿地再自然化，增加水流的持续性、防止侵蚀或沉积物进入等措施来控制陆地化，通过切断污染源以及加强非点源污染的净化来使河流水质得以恢复。③对湖泊的恢复并非如此简单，因为湖泊是静水水体，尽管其面积不难恢复到先前水平，但恢复其水质要困难得多，其自净作用要比河流弱得多，仅仅切断污染源是远远不够的，因为水体中尤其是底泥中的毒物很难自行消除，不但要对点源和非点源的污染进行控制，还要进行污水的深度处理以及进行生物技术调控。④对于红树林湿地而言，红树林沼泽发育在河口湾和滨海区域边缘，在高潮位和大风时是海滨的保护者，在稳定海岸线以及防止海水入侵方面起着重要作用；同时，它还为发展渔业提供了丰富的营养物质来源，也是许多物种的栖息地。近年来，由于各种人类活动，红树林正在不断地遭到破坏。为恢复这一重要的生态系统，保持陆地径流的合理方式、严禁红树林的滥伐及矿物开采、保证营养物质的稳定输入等成为退化红树林恢复的关键所在（崔保山等，1999；彭少麟，2007；田家怡等，2005；吕宪国，2008；卢昌义等，2006）。

湿地恢复策略经常由于缺乏科学的知识而被阻断，特别是湿地丧失的原因、自然性和对一些显著环境变量的控制、有机体对这些要素的反应等还不够清楚，因此获得对湿地水动力的理解及评价不同受损类型的影响是决定恢复策略的关键（崔保山等，1999）。

（3）湿地恢复模式

我国湿地恢复模式也非常多，比较著名的是桑基鱼塘模式和林果草（牧）渔模式。在湿地恢复的过程中，通常采用被动恢复和主动恢复两种模式。①被动恢复模式。湿地恢复的过程就是消除导致湿地退化或丧失的威胁因素，从而通过自然过程恢复湿地的功能和价值。当已退化的湿地仍然保持湿地的基本特征，而且导致湿地退化的因素能够被消除时，被动恢复则是一个最佳的恢复模式。通常被动恢复模式的成功取决于以下几个因素：能够稳定地获取充足水源；最大限度地接近湿地动植物种源地。被动恢复模式的优势在于低成本以及恢复的湿地与周围景观的高度协调一致。②主动恢复模式。主动恢复模式是人类对湿地进行直接控制恢复的过程，以修复、重建或改进湿地生态系统。当湿地严重退化或者只有通过湿地重建和最大限度地改进才能完成预定的目标时，主动恢复模式则是一个最佳的恢复模式。主动恢复模式包括改造恢复区的地形、通过工程措施改变湿地的水文特征、种植植物、引入外来物种、引入适合本地物种的土壤或基质等。主动恢复模式的缺点是湿地恢复的规划、设计、建设、管理的时间和经费投入都比较大（张明祥等，2009）。

二、滨海湿地恢复的措施和方法

1. 湿地恢复的技术措施

湿地恢复措施是根据湿地恢复方案对恢复区域进行修复、改善和提高的自然过程和活动。张明祥等（2009）根据湿地类型、恢复目标以及退化程度的不同，将湿地恢复措施分为土壤基质恢复、植被恢复、栖息地保护与生境改善、生态水管理、富营养化治理、有害生物防控和火生态工程7个方面。①土壤基质恢复：采取退养还滩（湖）、退耕还湖（沼）、清除土壤污染物、补充营养物、移走受污染土壤、建隔离沟措施。②植被恢复：水生植被恢复采取水生植物修复和芦苇复壮等措施，沼生植被恢复采取封滩育草、人工辅助自然修复和人工种植措施，红树林恢复采取封滩育林和人工造林措施。③栖息地保护与生境改善：栖息地保护采取野外投食点、隐蔽地、生物墙等措施，栖息地建设采取巢箱、巢台、生态廊道、动物通道措施，生境改善采取生境岛、生态护堤与缓坡、生境多样化措施。④生态水管理：湿地水位控制与生态补水采取水位控制设施（渠/坝/堤/闸）、围堰蓄水、缓坡水塘（洼）、水通道疏浚、拆除水坝等控水设施、填埋排水沟、潮沟、引水管道、防渗沟措施，水质改善采取泥沙沉淀池、污水处理措施。⑤富营养化治理：采取清除底泥、恢复湖滨湿地、种植水生植物、收割水生植物等措施。⑥有害生物防控：采取病虫害防治检疫、有害动植物控制、外来物种控制、疫源疫病监测等措施。⑦火生态工程：采取控制火烧、建瞭望台（塔）、防火道、生物防火带等措施。

在滨海湿地恢复技术中，技术措施是一种主动恢复措施，属于生态工程。滨海湿地是一个结构复杂、功能多样的湿地生态系统。不同项目中，滨海湿地退化生态系统的胁迫因素、退化程度和恢复目标不同，生态恢复的内容及其所采取的措施差异也很大。对于生态工程中所涉及的具体参数，需通过大量的调查和充分认证确定可行后方可实施。

2. 湿地恢复的管理措施

管理措施是一种滨海湿地的被动恢复措施，强调借助生态系统自身的自我维持和自我恢复能力，主要目的是从源头消除、控制或减轻造成滨海湿地退化的因素。管理措施主要包括外来物种入侵控制、建立海洋保护区（包括自然保护区、特别保护区等）、海岸带综合管理、社区共管等具体措施。滨海湿地生态系统的退化主要源于人类活动的干扰，包括围填海开发、湿地盲目开垦、环境污染、外来物种入侵、过度的渔业捕捞等。由于不同滨海湿地生态系统退化的干扰不一致，因此，需因地制宜采取具体的管理措施。对于人为可控制的干扰因素，如过度捕捞、污染物排放等，需采取措施加强对干扰因素的控制，甚至从源头消除干扰；对于人为不可控制的干扰因素，如气候变化、风暴潮、台风等，需在生态恢复设计中采取防范措施，以减轻这些不可控制因素可能造成的影响（Edwards et al.，2007）。此外，管理措施的制订需考虑当地居民的生活、社会和经济等因素。对于生态恢复管理措施的空间管理范围，不能仅仅局限于生态系统退化区域，而是要涵盖造成生态系统退化所涉及的人类干扰范围，其往往要远远大于滨海湿地范围。当前，大部分湿地恢复项目仅局限于整个区域中退化最严重的一部分，然而，被恢复的湿地范围以外的各种干扰仍然会对生态恢复产生各种不利的影响。如果导致湿地退化的因素依然存在，并且在没有任何预防或缓解措施的情况下，湿地恢复是很难成功的（崔丽娟等，2006）。

《国务院关于加强滨海湿地保护严格管控围填海的通知》（国发〔2018〕24号）要求"严控新增围填海造地"：严控新增项目，除国家重大战略项目外，全面停止新增围填海项目审批。新增围填海项目要同步强化生态保护修复，边施工边修复，最大限度避免降低生态系统服务功能。严格审批程序，国家重大战略项目涉及围填海的，按程序报国务院审批。原则上，不再受理有关省级人民政府提出的涉及辽东湾、渤海湾、莱州湾、胶州湾等生态脆弱敏感、自净能力弱海域的围填海项目。"依法处置违法违规围填海项目"：根据违法违规围填海现状和对海洋生态环境的影响程度，责成用海主体认真做好处置工作，进行生态损害赔偿和生态修复，对严重破坏海洋生态环境的坚决予以拆除，对海洋生态环境无重大影响的，要最大限度控制围填海面积，按有关规定限期整改。在"加强海洋生态保护修复"一条中要求"严守生态保护红线"：对已经划定的海洋生态保护红线实施最严格的保护和监管，全面清理非法占用红线区域的围填海项目，确保海洋生态保护红线面积不减少、大陆自然岸线保有率标准不降低、海岛现有沙质岸线长度不缩短。"加强滨海湿地保护"：全面强化现有沿海各类自然保护地的管理，选划建立一批海洋自然保护区、海洋特别保护区和湿地公园。将天津大港湿地、河北黄骅湿地、江苏如东湿地、福建东山湿地、广东大鹏湾湿地等亟须保护的重要滨海湿地和重要物种栖息地纳入保护范围。"强化整治修复"：制定滨海湿地生态损害鉴定评估、赔偿、修复等技术规范。坚持自然恢复为主、人工修复为辅，加大财政支持力度，积极推进"蓝色海湾""南红北柳""生态岛礁"等重大生态修复工程，支持通过退围还海、退养还滩、退耕还湿等方式，逐步修复已经破坏的滨海湿地。并要求"建立长效机制"：健全调查监测体系，并建立动态监测系统，进一步加强围填海情况监测，及时掌握滨海湿地及自然岸线的动态变化。严格用途管制，坚持陆海统筹，将滨海湿地保护纳入国土空间规划进行统一安排，严格限制在生态脆弱敏感、自净能力弱的海域实施围填海行为。加强围填海监督检查，确保国家严控围填海的政策落到实处，坚决遏制、严厉打击违法违规围填海行为。同时要"加强组织保障"：明确部门职责；落实地方责任，加大海洋生态保护修复力度；推动公众参与，提升公众保护滨海湿地的意识，促进公众共同参与、共同保护，营造良好的社会环境。

3. 湿地恢复的方法

与其他生态系统过程相比，湿地生态系统的过程具有明显的独特性：兼有成熟与不成熟生态系统的性质，物质循环变化幅度大；空间异质性大；消费者的生活史短但食物网复杂；高能量环境下湿地被气候、地形、水文等非生物过程控制，而低能量环境则被生物过程控制，这些生态系统过程特征在湿地恢复过程中应予以考虑。不同湿地恢复方法亦不同，而且在恢复过程中会出现各种不同的问题，因此很难有统一的模式和方法，但在一定区域内同一类型的湿地恢复还可以遵循一定的模式和方法，当然这些模式和方法仍需要进行试验和探索。从各种湿地恢复的方法中可归纳出如下方法：在湿地恢复中，尽可能采用工程与生物措施相结合的方法恢复；恢复湿地与河流的连接为湿地供水；恢复洪水的干扰；利用水文过程加快恢复（利用水周期、深度、年或季节变化、持留时间等改善水质）；停止从湿地抽水；控制污染物的流入；修饰湿地的地形或景观；改良湿地土壤（调整有机质含量及营养含量等）；根据不同湿地选择最佳位置重建湿地的生物群落；减少人类干扰提高湿地的自我维持能力；建立缓冲带以保护自然的湿地和恢复的湿地（田家怡等，2005；吕宪国等，2017）。

三、湿地恢复技术

湿地恢复的方法主要有自然恢复法、人工辅助法和工程技术法。根据湿地的构成和生态系统特征，湿地恢复技术可以划分为湿地生境恢复技术、湿地生物恢复技术和湿地生态系统结构与功能恢复技术三个部分。

1. 湿地生境恢复技术

湿地生境恢复的目标是通过各类技术手段提高生境的异质性和稳定性。湿地生境恢复主要包括湿地基底恢复、湿地水文恢复、湿地水质恢复和湿地土壤恢复等。归纳大多数学者（张学峰等，2016；彭少麟，2007；崔丽娟等，2011b；陈志科，2018；昝启杰等，2013；林光辉，2014）的研究成果，生境恢复技术有以下几个方面。

(1) 基底恢复技术

滨海湿地基底是在上游挟沙和海洋潮汐动力的双重作用下形成的，当上游来沙量减少或潮汐侵蚀力加强时，基底可能会被损坏，不利于植被生长。湿地的基底恢复是通过采取工程措施，维护基底的稳定性，稳定湿地面积，并对湿地的地形、地貌进行改善与适度重建。基底恢复技术包括湿地基底改造与防侵蚀技术、淤泥疏浚技术、生态护岸技术等。对于坡度较大、受自然侵蚀较严重的湿地边缘，可以采用土工护坡结构加种植植被的方法来消减风浪、稳固基底、保护岸滩；对于淤长型海岸的湿地边缘，可以利用上游水土流失控制技术及清淤技术维护湿地基底的稳定性。

1) 基底改造与防侵蚀技术。基底恢复的一个重要目标就是创建适宜沉水植物的生存场所，根据水生植物恢复目标，应首先对基底进行改造，尽可能使原来陡峭易侵蚀的基底平缓化，此工程能够与底泥疏浚工程并列作业。同时基底是挺水植物、浮叶植物以及沉水植物等具根植物的营养来源，起着固定湿地植物的重要作用，对植物的萌发、生长以及繁殖过程具有重要影响。基底如果受到侵蚀，不但植物生长所需的营养盐得不到有效补给，而且植物的根系会暴露受损、失去固着点、生长位置发生改变，进而使湿地植被受到严重破坏。目前，国内外采用的防侵蚀技术主要包括水下土工管、丁坝、拦沙堰技术等，这些技术能够改变湖泊、滨海岸线等的水文条件，促进泥沙淤积，从而达到防侵蚀的目的。

2）淤泥疏浚技术。淤泥疏浚技术是湿地基底恢复中非常关键的手段，此技术可以消除水体中具有高营养盐含量的表层沉积物与营养物质集合成的絮状胶体、浮游藻类以及植物残枝落叶等，从而达到减轻内源污染的目标。国内外相关的工程技术主要包括干法疏浚技术与湿法疏浚技术。

3）生态护岸技术。对于岸堤的恢复，应使用合理的护岸方式，一方面要能够抵抗水流冲刷、降低岸堤的水土流失，防止崩塌现象发生；另一方面，结合水生植物植被带的建设，使岸堤能够调蓄洪水、截留沉积物、净化水质，最终建成一个能和环境和谐共处的生态岸堤。对于不同深度的岸堤有不同的处理方法。对于处在常水位以下的岸堤，可以使用网笼、笼石或者生态混凝土来对岸堤进行保护。对于处在平滩水位以上的岸堤，可以通过种植根系发达且易成林的植物来消减风浪，并且还能发挥植物本身的护岸防洪功能。对于处在滩涂地带的岸堤，要尽量多种植植物物种，提高生物多样性，为其他湿地动物提供适宜的栖息环境，形成稳定的湿地生态系统。如果岸堤陡峭，侵蚀现象严重，植被难以恢复或者岸堤被用于特殊用途，无法使用其他恢复方法，可以实施以人工介质为基础的岸边生态净化工程。

（2）水文恢复技术

自然水文的恢复是湿地恢复的关键。湿地的水位高低、风浪大小都会对水生植被的恢复产生一定的影响。特别是水位高低能够直接影响水生植物的生长，不同植物在生长过程中需要不同的水位，对水位的适应能力也各不相同。当水位出现深浅变化时，水生植物群落很可能会根据新形成的水环境梯度产生新的优势群落。但如果遭到强烈风浪冲击会使水中的沉积物再次悬浮，在降低水质的同时还会使植物表面已经形成的附着层被破坏，造成植物的损伤。故而水文恢复技术包括水文条件的恢复技术、水环境的改善技术、对水位的控制技术以及对风浪的消减技术。水文条件的恢复通常是通过水利工程措施来实现生态补水，主要有湿地水文连通技术、湿地蓄水防渗技术、生态补水技术、水位控制技术、消浪技术、廊道建设等。

1）湿地水文连通技术。根据地形特点，通过地形改造等工程措施，合理调节和控制水位，优化区域水资源分配格局，重新建立水体之间的水平和垂直联系。湿地水文联通技术包括地形削平技术和地形抬高技术，其中地形削平是通过消除局部地势较高的区域、降低局部地形海拔高度间接增加水深；地形抬高是通过基质堆积抬高局部地形海拔高度间接降低水深，以满足一些浅水性湿地植被的要求。在具体恢复实践中，可采用扩挖或沟通小水面、局部深挖、区域滞水和铺设高渗透基质等多种形式。

2）湿地蓄水防渗技术。湿地蓄水防渗技术一般是针对小型排水沟渠或水流较缓的沟壑，可通过填堵排水沟、修筑岸堤、挖筑潟湖等方式蓄积水源，在保持自然水流的前提下，以模拟自然淤填的方式分级建设堵水设施，同时沿水流方向塑造一定的缓坡，以保持自然水流的畅通和水生生物的自然游动。而对于气候干旱或过度排水所导致的水位较低区域，常采用围堰筑坝的方式解决湿地缺水问题。筑坝在扩大水面覆盖的同时，能够实现水源的重新配置，使有限的水源在维护和改善湿地生态功能方面发挥最大作用。一些湿地恢复区域基质受损后,原有的土壤结构被破坏,渗透系数变大,持水性能减弱,不利于蓄水,因此,应采取必要的防渗技术。通常采用钢筋混凝土进行防渗,但由于施工复杂、维护成本高,一般适用于水域面积较小的湿地恢复防渗工程。对于面积较大的湿地恢复工程,可采用黏土夯实或铺设防渗膜等方式进行防渗。

3) 生态补水技术。湿地生态需水量是维持湿地自身发展过程、保证基本生态功能正常发挥所需要的水量,包括湿地植被需水、湿地土壤需水、湿地动物需水、生物栖息地需水和湿地景观需水等类型。外界给予湿地的水量一旦少于最小湿地生态需水量,湿地生态系统的结构和功能便会发生退化,如果不及时进行人工补水,容易导致湿地系统崩溃甚至消失。生态补水技术是通过工程或非工程措施向因最小生态需水量无法满足而受损失的生态系统调水,补充其生态系统用水量。在一定时期内,地表水分的总输入应不少于总输出,以保证区域正常的水文特性。对于某些缺水型湿地,可根据湿地水体净化功能、湿地植被群落生长、生物栖息地水质水量的需求计算湿地生态需水量。

4) 水位控制技术。强化对水资源的统筹规划以及统一调配,以实现对水资源的优化配置,保护湿地水资源、控制水位。在湿地范围内及周边区域要严禁开采地下水,阻止地下水位降低;建立健全湿地补水机制,使湿地水位变化控制在一定的范围之内。对于滨海湿地,可以通过引蓄淡水补充湿地淡水资源,恢复地表径流,改变水源的咸淡比例。还可以通过跨流域调水等补充湿地水资源,控制湿地水位。湿地植物在生长的不同时期对水位的要求有明显变化,因此湿地的管理人员必须在植被恢复与后期管理中实现对湿地水位的精确控制与适度调控,以满足不同时期植物对水位的不同需求。

5) 消浪技术。通过工程技术对风浪实施控制具有重要意义,在湿地生态恢复的前期过程中常用的方法包括建立围堰、防波堤、消浪带等,这些设施能够降低风浪对湿地恢复过程的影响和破坏。一种新的防浪工程生态缓冲岛既可以改变湿地中的水流方向,又可以防浪消浪、降低水动力能量对岸堤的破坏。具体工程做法:首先在生态缓冲岛放置第一层石笼,用其护岸能够极大地增强岛下部的基础稳定性;然后在离岛 10 m 远的位置再放置第二层石笼,这一层石笼可以作为消浪坝,在其上若添加一些树枝,还能够进一步降低水流速度。在两层石笼之间还可以种植水生植物,既能起到净化水体的作用,又能起到消浪的作用,还能稳定生态缓冲岛。

6) 廊道建设。不管是河流湿地、湖泊湿地还是滨海湿地,廊道建设都有利于增加湿地生物多样性与景观异质性,同时能够改善水文,促进整个区域内生态系统各过程的有序进行。具体的廊道建设包括深挖水塘、拓宽水体、疏通水系等。通过这些方法可以提高湿地的纳水量,将湿地水系连为一体,使湿地生态系统内的各组分能够顺畅地流动以及交换,恢复湿地水文。

(3) 水质恢复技术

沉水植物由于完全浸没于水中,因此对水质的要求极高,对水质的变化非常敏感。水质的好坏将直接决定沉水植物的恢复能否成功。一般将水质的改善看作水生植物恢复的前提与保障。水质改善技术包括污水控制与治理技术、水体富营养化控制技术、植物浮岛技术等。

1) 污水控制与治理技术。对于污染点源的控制,可在河流或湖泊入水口处设置沉淀池,以沉淀的方法减少进入湿地水体的泥沙与漂浮物;结合建设拦污网,拦截去除漂浮杂物。对于农村生活污水排放的治理，可在每一个污水排放口设置一个小规模生活污水处理器，使污水达到相关标准后再排放。而对于已经排放出来的污水，可采取集中式人工湿地或沙滤等形式进行治理。同时还要实施针对城市生活污水、工业废水、农村混合污水的处理工程。湿地功能恢复后，根据具体的湿地净化情况，逐渐增加用于净化污水的湿地面积，最终完全依靠湿地净化污水。

2）水体富营养化控制技术。在富营养化水体中，营养物质浓度的升高会造成水生植物的大面积死亡，因此，降低水体中氮、磷等营养盐的含量也就成为湿地恢复尤其是植被恢复的重要内容。如果湿地水体中已经出现了较严重的富营养化现象，通过引水冲洗的方法能够破坏藻类的生长：释放磷的循环模式，降低水中的磷含量，抑制藻类生长；同时也可以使水的 pH 下降，进一步减缓基底磷的释放。当引水中含有较多的钙离子与重碳酸根离子时，易产生 $CaCO_3$ 沉淀，也能够降低水的 pH。除此之外，引水冲洗还能够迅速提高透明度、改善水质，促进沉水植物的生长与湿地生态系统的恢复。

3）植物浮岛技术。植物浮岛技术是指在水体上建造一种载体，人工将高等水生植物或改良的陆生植物种植到富营养化水域面上，营造水上景观，通过植物根部的吸收、吸附来消减富营养化水体中的氮、磷及有害物质，从而净化水体。该技术使用有机或者合成材料作为载体，然后在其上种植植物，构建群落，改善环境。建立起来的植物浮岛相当于植物带，一方面能够吸收水中的营养物质，加速漂浮物的沉淀，改善水质；另一方面可以降低风浪对岸堤的冲击，为岸堤营造一个相对平静的缓冲带，为水生动植物提供适宜的栖息环境。建设植物浮岛的关键技术：①植物遴选技术，选用的植物既要能够适应当地环境，又要具有较大的生物量，最大限度地吸取水中的营养物质，净化水质；同时在配置时要注意景观美感，营造多样的景观环境。②浮床制作技术，浮床一般多选用耐久、经济、高浮力的材料。目前建设较多的植物浮岛属于湿式浮岛，主要由一个浮盆构成，外围是聚乙烯框架，框架中有聚苯乙烯泡沫板，中间为圆形种植孔，孔内种植植物。岸边浮岛多使用锚钩式或绳索牵拉式固定，水域中心的则使用重物下沉式固定。

（4）土壤恢复技术

土壤恢复技术包括土壤改良技术、退耕还湿、坡面工程技术等，通过综合利用动物、植物或微生物的生命代谢活动，使土壤中的有害污染物得以去除、土壤质量得以提高或改善。

1）土壤改良技术。滨海湿地亟须通过土壤改良技术降低盐碱地的高含盐量。具体可利用作物秸秆还田（秸秆拌和乳酸菌、芽孢杆菌等）、种植绿肥、改土培肥等农艺方法来改善土壤的组分与结构，从而达到改善盐碱土的目的。除了农艺方法，还可以利用化学方法来改良盐碱土。例如，可在盐碱土中添加含钙物质等降低土壤碱度。还可用物理方法改变土壤的物理结构，从而改变土壤中的水盐运动方式。具体物理方法有深耕晒垡、抬高地形、微区改土、冲洗盐碱、使用沸石、地面覆盖腐殖质等。

2）退耕还湿。将被开垦的湿地退耕还湿、减少对环境的破坏是湿地修复和重建的先决条件。退耕除了能够还地于湿外，还能够显著增加土壤肥力，增强湿地植物的生长能力。而对于无法完全舍弃农业的区域，要鼓励发展生态农业，降低农业生产过程中产生的污染和对环境造成的危害。开展生态农业，一方面能够高效利用对于湿地来说极其珍贵的水资源，为湿地植被恢复保存充足的水源，另一方面可以有效增强湿地的环境承载力，减缓湿地生态系统的退化过程。

3）坡面工程技术。坡面工程主要是在坡面挖设水平沟和鱼鳞坑，改善微地形，拦截地表径流，提高土壤含水量，为植物的恢复提供合适的环境（张学峰等，2016；彭少麟，2007；崔丽娟等，2011b；陈志科，2018；昝启杰等，2013；林光辉，2014）。

2. 湿地生物恢复技术

湿地生物恢复技术主要有：物种恢复技术，包括物种选育技术、物种栽种技术、种子库技术、水生植物恢复技术；种群恢复技术，包括种植密度控制技术、种群竞争控制技术、造林技术；群落恢复技术，包括群落空间配置技术、植被带恢复技术、群落镶嵌组合技术、功能区划技术；湿地植被恢复管理技术，包括水管理、杂草与虫害管理、施肥管理、植物管理、封育管理；微生物修复技术和植物修复技术，包括微生物修复技术、植物修复技术。此外还有土壤种子库引入技术、先锋物种引入技术、种群动态调控技术、种群行为控制技术、生物技术、群落结构优化配置与组建技术、群落演替控制与恢复技术等。

湿地生物是湿地生态系统中至关重要的组成成分，其中湿地植物能够通过吸收、过滤、沉降和根区微生物的分解作用净化水质；湿地中的微生物和部分以藻类等浮游植物为食的水生动物在一定程度上也能够缓解水资源的富营养化。但现在所说的湿地生物恢复一般均指湿地植被恢复。湿地植被能够为湿地的生物多样性打下基础，保证湿地生态系统中各过程的有序展开。它以自身的形态来反映环境特征，并能及时地对环境的变化做出相应的调整。因此，湿地生态修复与重建工程中最重要的一步就是恢复湿地植被（彭少麟，2007；张学峰等，2016）。此外，利用微生物将环境中的危险性污染物降解为 CO_2 和水或转化为其他无害物质也是常用的生物修复技术。

（1）物种恢复技术

物种恢复是指物种的引入、栽种以及保护管理。物种恢复技术包括物种选育技术、物种栽种技术、种子库技术、水生植物恢复技术等。

1）物种选育技术。要进行植被恢复，第一步就是要确定所要栽植的植物物种。植被重建成功与否很大程度上取决于植物种类的选择，只有选用具有良好水土保持功能和较好经济效益的、适应当地环境的植物种类，才能取得较好的治理效果。应根据下列原则进行植物物种的选择：①生态适应性原则。栽种的物种应针对具体地段的地形地势、水文条件、气候等因素来选择，应具有一定的适应性，可以在受损湿地成活、生长、繁殖。②生态安全性原则。保证选择的物种没有生态入侵性，不会对当地的环境以及原始存在的植被构成危害。这就要求尽可能选用本地种作为恢复植物，本地种易存活、适应性强、不会产生生物入侵现象，是植被恢复的首选。在不得不引入外来物种的情况下，应首先对外来物种的适应性进行评价，再进行小范围试种，确保其不会造成生物入侵后再进行引种。③易繁殖和抗逆性高原则。容易繁殖和快速生长，且要具有较强的抗病虫害能力、抗污染物能力，抗逆性高，适生性广。④保持水土能力原则。在植物的选择中应尽量选择根系发达、枝叶茂密而且萌蘖性能强的植物种，这类植物可以有效地保持水土，抵抗风浪冲击和淘蚀，提高堤岸稳定性。同时还应考虑选择能够改良土壤、提高土壤肥力且具有高生产力的植物物种。⑤景观性和经济性原则。在选择植物的过程中，在充分考虑以上四个原则的基础上，尽量选择容易获取而且具有一定景观美化度的植物种类，这样既有利于成本的控制又有很好的景观效果。常用于湿地植被恢复的植物有挺水植物（如芦苇、菖蒲等）、浮水植物（如野菱、莲等）、沉水植物（如金鱼藻、狐尾藻、眼子菜等）和浮岛植物（如美人蕉、菖蒲、香蒲、茭白）等。对于特殊的湿地，则需要根据具体的受损状况或环境条件选择不同于一般湿地恢复所选用的植物（张学峰等，2016）。

2）物种栽种技术。依据湿地植被恢复的原理选取湿地植物，直接种植到受损湿地中，种植方法多种多样，应根据具体物种及环境特点选择合适的种植技术，以提高植物的成活率。①直接播种技术：具有成本低、效率高、播种时间弹性强、易于大面积作业等优点，但其恢复的成功率较低、受环境影响程度比较大。②繁殖体移植技术：主要是针对无性繁殖的植物物种，能够有效提高其移植成活率。此技术使用根茎植物的根或者茎作为繁殖体，然后将其直接移植栽种。该方法的缺点是需要较长的工作时间，成本又高，其中定植密度直接决定着移植的成功与否。③裸根苗移植技术：裸根苗种植与直接播种相比，受杂草竞争、啮齿动物、草食动物及浅水水涝的影响较小，容易监测、成功率高并且具有初期生长快等优势。但裸根苗适宜的种植季节通常比较短，因为对于苗木来说，从起苗到种植应完全处于休眠状态，种植成功率才较大。④容器苗移植技术：具有培育时间短、种子利用率高、可以为苗木嫁接菌根、可在生长季节种植、成功率高等优势，但成本高、费时、操作困难、难以大规模种植。⑤草皮移植技术：将未受到干扰区域的原始植被移植到受损或退化的湿地中，使其作为先锋种恢复湿地植被。此技术能够人工实施，也可以借助机械实施。但在实施过程中要注意移植的草皮厚度应该大于本地优势植物的地下茎层，而且至少要达到地下水位的高度。此法是植被恢复技术中最原始自然的方法，如不出现意外情况，能够使受损或退化湿地在短时间内恢复到群落发展的高级层次。但此技术需要做大量的工作，且有可能对附近的自然植被造成一定的不利影响（张学峰等，2016）。

3）种子库技术。广义的种子库是土壤表面或基质中具有繁殖能力的种子、果实、无性繁殖体以及其他能再生的植物结构的总称。狭义的种子库是存留于土壤表面及基质中有活力的植物种子的总和。不管是狭义的还是广义的种子库，都是过去植物的"记忆库"，决定着植被能否自然恢复，因此对退化或是受损湿地植被恢复意义重大，可以及时地为湿地补充新个体，使演替重新进行并最终完成，还可以根据种子库来预测未来该地区的植被类型结构。种子库作为重要的用于植被恢复的工具，具有区域特有的物种组成和遗传特性，能够使用自身资源恢复退化或受损湿地的植被，并对维持物种多样性等具有十分重要的意义。但种子库在发挥作用的同时会受到很多因素的影响，这些因素既包括外界的环境因素，又包括种子库的自身因素，如物种组成、种子萌发特性等。使用种子库恢复退化或受损湿地植被主要包括两种方法：第一种方法是直接利用本地土壤或基质中残留的种子库以及从附近环境相似的地区移植种子库；第二种方法为间接利用外地土壤种子库移入，主要应用在原始植被完全消失的湿地植被恢复中。利用种子库恢复植被的技术叫作土壤种子库引入技术，就是把含有种子库的土壤通过喷洒等手段覆盖于受损湿地表层，然后利用土壤中存在的种子完成湿地植被的修复和重建。区域内不同植被状况以及生境类型会致使土壤种子库中所包含的植物种子的数量和种类有很大差异。在对湿地进行植被修复和重建时应尽量选择与湿地环境状况相似或者接近的种子库土壤，这样将更加有利于植被的重建。土壤种子库引入技术在引入种子库的同时也引入了土壤，这些土壤可以改善受损生态系统的土壤质地和结构，为植物的修复和重建创造良好的生长环境。在土壤种子库引入技术中有一种表土法，也称客土法或者是原位土壤覆盖法，此法可被较好地应用于水域植被的恢复，主要是湖沼等（张学峰等，2016）。

4）水生植物恢复技术。水生植物是湿地植被最重要的组成部分，水生植物的恢复也是受损或退化湿地植被能否成功恢复的关键所在。湿地功能的发挥与水生植物密不可分，而且水生植物还能净化水质、抑制水华的发生。因此应尽可能地为水生植物的恢复创造适宜的环境条件，利用多样化的技术方法适度恢复水生植物，并合理配置水生植物的群落结构。①沉水植物恢复技术：水体透明度、水下光照强度以及水质污染情况等都会影响沉水植物的生长、生存以及繁殖。因此在恢复沉水植物时，应将工程技术与生物技术相结合，利用人工调控减少湿地的内外源污染，净化水体，提高水体透明度与水下光照强度，保证沉水植物的有效恢复。常用的技术有三种：一是生长床-沉水植物移植技术，适用于淤泥较少或没有淤泥的区域。由于深水区域的沉水植物得不到足够的光照，生长迟缓，此技术利用生长床可以有效解决这一难题。沉水植物生长床包括浮力调控系统、植物及生长基质、深度调节系统和固定系统4部分。二是浅根系沉水植物恢复技术，即将浅根系植株-土壤复合体直接抛植入水，或者将植株根部与土壤用无纺布包裹起来后抛植入水。进入水中后复合体会沉入水底，植株最初会利用自带的土壤生长。该植被生态修复技术适合在湿地浆砌基底或者是无软底泥的湿地水域使用，所用的植物除了应是浅根系外，还应对水深要求不高，譬如竹叶眼子菜、黑藻、伊乐藻等。三是深根系沉水植物恢复技术，在恢复区域水体透明度较低及要求栽种后立刻出现成果的情况下，可采用容器育苗种植法，即先把深根系沉水植物种植在营养钵或者营养板内，待培养成高大植株后再进行移植。可选用的沉水植物包括菹草、黑藻等。深根系沉水植物恢复技术除采取容器育苗种植外，还可使用悬袋种植、沉袋种植等措施。②挺水植物恢复技术：挺水植物在恢复时首先要对基底进行改造，做平整处理后再进行地形地貌的再造，最终形成一个整体平坦、局部起伏的基底环境。在完成对基底的改造后，引入先锋物种，改善环境条件，再逐步营造其他挺水植物群落。③扎根浮叶植物恢复技术：浮叶植物较沉水与挺水植物对水质的耐受力强，繁殖体粗壮，能够蓄积更多的营养物质供浮叶植物生长所需；叶片多浮于水面，能够直接与空气和阳光接触，所以其生长与生存对水质和光照没有特殊要求，可直接种植或移栽。其中菱可以直接撒播种子种植，方法简单，且种子易收集，但需要注意初夏不易移栽幼苗；睡莲一般是在早春萌芽前进行块茎移栽，能够直接移栽幼苗、开花的植株成活率普遍较高（张学峰等，2016）。

(2) 种群恢复技术

种群恢复技术主要包括种植密度控制技术、种群竞争控制技术、造林技术等。

1) 种植密度控制技术。种植密度在湿地植被恢复中是非常重要的，因为它影响着恢复目标的实现和成本的最小化等。为了确定达到一定苗木生存率的苗木种植密度，一个最简单的方法是估计达到目标植被覆盖率的所需苗木密度。初始苗木的密度还必须要考虑到整地程度、种植效率、物种特性、物种存活率等因素。在实际种植中，尽管恢复区有很多苛刻的条件，如洪水淹没、食草动物啃食、强烈的种群竞争等，这些都会降低苗木的存活率，但种植密度通常不随着这些潜在的危害条件而改变。

2) 种群竞争控制技术。在湿地恢复中，即使物种适宜当地的环境和土壤条件，有时也必须与当地的杂草群落竞争。竞争最终会出现三种结果：①恢复地上"正常"的杂草联合体——先前土地利用留下的和来自周围环境的种源形成杂草联合体。②"问题"杂草，尤其是木本攀缘植物。③"入侵种"，非本地物种。通常，在曾经围湿造田的土地上来自杂草植物的竞争压力会比较大。目前主要有两种种群竞争控制方法——耕作和使用除草剂。耕作主要是对要进行恢复的湿地进行翻地；除草剂能够有效抑制草本植物间的竞争。一般必须在种植前采取控制措施，在"问题"杂草和入侵种上，种植前的积极控制措施将决定恢复的成功与失败。

3）造林技术。不管何种类型的湿地，除了应种植各种水生植物来恢复湿地植被外，在要进行恢复的湿地范围内还应尽量栽种防护林，使其成为湿地的"防护神"。防护林具有多重功效，它可以减缓风速，降低水分蒸发量，拦截污染物，阻止地表径流，涵养水源，为野生动物提供适宜的栖息环境。不过防护林的蒸腾作用极强，因此对湿地的水平衡会产生一定的影响。一般在栽植时，防护林应离水边有一定的距离。如果已经存在草本植物的缓冲地带或者结构完整的水陆交错带，可以直接栽植防护林，形成草林复合系统，更好地实现对湿地的恢复。防护林的宽度一般以 30～50 m 为宜（张学峰等，2016）。

（3）群落恢复技术

群落恢复既包括恢复又包括对演替过程的控制。涉及的技术包括群落空间配置技术、植被带恢复技术、群落镶嵌组合技术、功能区划技术等。

1）群落空间配置技术。应依据湿地的形态、底质、水环境乃至气候等多重条件来确定群落的水平以及垂直结构，复合搭配各类生活型的植物物种，丰富物种多样性，加强群落的稳定性，提高群落的适应力，还可以利用优势种的季节变动性保持湿地植物一年四季常绿。最终通过湿地植物物种的筛选及群落的配置技术，在受损或退化湿地构建出从近到远由陆生植物、挺水植物、浮水植物、沉水植物群落组成的植被带。物种的配置应在各个区域现有物种的基础上，根据各区域的不同情况与条件，选择适合在该区域生长、具有较大生态位宽度、与其他植物种类有较大生态位重叠的物种进行组合。

2）植被带恢复技术。在进行植被带恢复时，首先在选定的区域内进行先锋水草带建设。通过选用新型、高效的人工载体，将"先锋植物"放置在选定的区域作为生态基，改善水体环境。先锋水草带的宽度为 10～15 m。经过一段时间后，其上能够自然出现由各种细菌、藻类、原生动物、后生动物等形成的稳定生物群落，重现完整生物链。这种由人工基质材料构成的生态缓冲区不仅有助于提高透明度、净化水质、创造生物栖息空间、增加生物多样性，还有助于消减风浪对沿岸的冲刷。然后再开始进行其他湿地植被带的恢复，主要通过构建三个植被带实现对湿地植物群落的修复和重建。①岸带水域挺水及浮叶植物带：主要在水陆交错带进行湿生与挺水植物群落组建以及近岸带浮叶植物群落构建。该植物带构建过程也是先锋植物群落建立过程，即用先锋水生植物进一步改善环境条件，从而为后续有效建立沉水植物群落提供适宜的环境。由于生态系统在恢复的过程中可能出现小幅度的波动，因此先锋植物群落可能需要重复多次进行构建才能形成稳定的群落结构。在水环境条件满足沉水植物功能群发展时，开始构建沉水植物功能群，同时削减先锋植物密度，以促进沉水植物功能群的发展。同时，还要根据水体环境各项指标的连续监测结果，判断是否满足沉水植物功能群的发展。该工程还应结合生态岸带改造同时进行，另外在自然护坡区域，可以构建芦苇群落、荻群落、香蒲群落的水生植物群落。在环境特别恶劣、不适宜水生植物生长的地段，可结合先锋水草带的建设，采用人工水草等生态型高科技材料，构建人工水草区域改善水环境。②近岸水域浮叶植物-沉水植物带：待水体透明度逐渐提高后，离开堤岸一定距离可逐步增加栽种浮叶植物与沉水植物。浮叶植物应种植在挺水植物外围，与挺水植物相邻，栽种后浮叶植物的覆盖率不宜超过 30%，可栽植的植物物种包括睡莲、荇菜、萍蓬草、金银莲花等。③离岸沉水植物带：在环境合适的范围内可以使用人工种植的方法栽植沉水植物，但环境条件逐渐变好后，可以适当扩大沉水植物的种植范围，使所种植的各沉水植物能够连为一个整体的沉水植物群落。种植的水草种类主要为苦草、轮叶黑藻、狐尾藻、金鱼藻、马来眼子菜、小叶眼子菜等物种。除了根据不同的植被带使用不同的湿地恢复技术外，由于不同淹没带植被特征、土壤特征以及干扰影响程度均有一定的差异，因此在湿地植被恢复过程中应该根据各淹没带实际情况采取不同的恢复技术。主要有重度淹没带植被恢复方式、中度淹没带植被恢复方式、轻度淹没带植被恢复方式和微度淹没带植被恢复方式。

3）群落镶嵌组合技术。群落的镶嵌组合就是根据种群的特性，将不同生态类型的种群斑块有机地镶嵌组合在一起，构成具有一定时空分布特征的群落，时间分布的镶嵌可以保证群落的季相演替，空间上的镶嵌可以满足局部生境的空间条件差异。湿地植物多为草本类，生长期较短，一些湿地植物在衰亡季节往往会影响景观，有的甚至形成二次污染。为了在不同的季节均有植物存活生长并充分发挥其生态功能，在湿地植被恢复时，除了应注意土著性原则外，还必须考虑到在不同季节物种应镶嵌组合栽植以及乔木、灌木、草本植物间的配置比例等。植物的季相变化在湿地生态恢复设计中也是一个不可避免的问题。一般认为，水生植物的生长状况与其净化能力有一定关系。在夏秋两季，多数喜温水生植物都处在生长旺盛的时期，具有较高的净化能力，但到了秋冬两季，这些植物逐渐衰老死去，净化能力也随之下降消失，而耐寒植物则正好相反，寒冷季节其净化能力反而会提高。

4）功能区划技术。在对受损或退化湿地进行生态恢复时，可以根据不同的植被特征与环境条件把恢复区划分为多个功能区，之后再分区进行修复与重建。这样既有利于提高恢复效率，又有利于日后对湿地进行管理与监测。可将不同的受损湿地划分为不同功能区进行湿地植物恢复，适当栽植不同的植物，如挺水植物、沉水植物、景观植物等（张学峰等，2016）。

（4）湿地植被恢复管理技术

单纯修复湿地植被可能要花一年以上的时间，而恢复湿地中的生物多样性则需要几年到十几年的时间，恢复湿地土壤物理化学性质则需要更长的时间。一些恢复湿地中，虽然植被的组成已经与自然湿地相差不大，但是土壤物理结构、化学组成及生物配置依然与自然湿地存在较大差异。对恢复后的植被进行管理是湿地生态恢复初期不可或缺的一步。但随着植被逐步稳定，管理也应逐渐弱化直到停止。如果一直对植被进行人工管理，最终恢复后的植被将无法形成天然植被，多是人工植被或半自然植被。

1）水管理。植被栽植后，可以适当地提高水位，一方面为植物的生长提供足够的水分，另一方面可以阻止陆生杂草的出现。但水位也不能一味提高，切不可淹没栽植植物的嫩芽。随着植物的不断生长，水位可适当提高。在植物生长稳定后，可以再一次适当提高水位。

2）杂草与虫害管理。要做到及时发现杂草，并在第一时间清除，不要等到杂草形成种群再进行清理。水生植物的生长极易受到真菌感染、虫害侵蚀，从而造成植物表面腐烂、花叶生长畸形等，严重阻碍水生植物的健康生长。因此要避免引入带病植株，控制好栽植密度，保证良好的通风与足够的光照，密切观察植株的生长状况，一旦发现带病植株，及时清除。如遇虫害，及时灭虫。

3）施肥管理。施肥能够有效促进种子植物的生长。不过也有实验证明，施肥只对种子植物幼苗的生长有促进作用，对其成熟的个体无显著影响。

4）植物管理。湿地恢复初期要定期检查，除要检查是否有杂草外，还要检查是否有动物对新栽植的植物进行采食破坏、环境中是否有淤泥淤积等。发现问题，及时处置。

5）封育管理。对正在进行恢复的湿地实施封育管理，能够有效加速其恢复过程。利用封育管理，可以降低人为干扰因素对湿地的干扰，加速湿地植被恢复，提高植被盖度，增加生物多样性。除了封育管理外，还要注意对水生动物以及牲畜的管理（张学峰等，2016）。

（5）微生物修复技术和植物修复技术

1）微生物修复技术。微生物修复主要是利用天然存在的或特别培养的微生物在可调控环境条件下将有毒污染物转化为无毒物质的处理技术（沈德中，2002）。利用微生物修复技术：既可治理受石油和其他有机物污染的环境，又可治理受重金属和 N、P 等的营养盐污染的环境；既可使用土著微生物进行自然生物修复，又可通过补充营养盐、电子受体及添加人工培养菌或基因工程菌进行人工生物修复；既可进行原位修复，又可进行异位修复。大多数环境中都存在着自然的微生物降解转化有毒有机污染物和石油的过程。细菌、真菌和藻类等微生物能以这些有机物为碳源和能源，一方面满足自身生长繁殖的需要，另一方面将这些有机污染物降解转化为低毒或无毒的有机物和无机物，达到净化环境的目的。微生物不仅能降解转化环境中的有机污染物，还能将土壤、沉积物和水环境中的重金属、放射性元素及 N、P 的营养盐等无机污染物清除或降低其毒性（喻龙等，2002；昝启杰等，2013）。重金属污染环境的微生物修复近几年来受到重视，它主要包括两方面的技术（沈振国等，2000）：①生物吸附，主要依靠生物体细胞壁表面的一些具有金属络合、配位能力的基团起作用，如巯基、羧基、羟基等基团。这些基团通过与吸附的金属离子形成离子键或共价键来达到吸附金属离子的目的，其吸附金属的能力有时甚于合成的化学吸附剂。如在适宜的条件下，黑根霉菌丝体对铅的饱和吸附量可以达到 135.8 mg/g（未经处理）和 121.0 mg/g（明胶包埋）（王建龙等，2001）。②生物氧化还原，即利用微生物改变重金属离子的氧化还原状态来降低土壤和水体环境中的重金属浓度或降低重金属毒性（昝启杰等，2013）。

2）植物修复技术。植物修复技术利用植物体（如微藻类）或植物根系（或茎叶）吸收、富集、降解或固定受污染土壤、水体和大气中的重金属离子或其他污染物，以实现消除或降解污染现场的污染强度，达到修复环境的目的。目前在国内外应用较多的技术有富营养化水体的植物修复技术、重金属污染的植物修复技术、有机物污染的植物修复技术等。植物修复主要通过植物提取方式、植物挥发方式、根系过滤方式和植物钝化方式等来实现（昝启杰等，2013；喻龙等，2002）。

3. 湿地生态系统结构与功能恢复技术

湿地生态系统结构与功能恢复技术主要包括生态系统总体设计技术、生态系统构建与集成技术、生态系统结构的优化配置、生态系统功能的调控、生态系统稳定化管理、景观的规划以及创立生态监测体系等。对于退化湿地生态系统结构与功能的恢复，是从一个更高的层面上着眼于恢复整个湿地生态系统的物质、能量与功能的特征与自我维持机制，而不再是仅仅恢复湿地的某一特定方面的性征，目前这方面的研究相对较少，尚未形成比较完整的理论体系，因此也使得湿地生态系统结构与功能的恢复技术成为湿地生态系统恢复研究中的重点与难点，需要进一步探讨和研究（张学峰等，2016；陈志科，2018）。

（1）生态系统自我平衡技术

生态系统是否能够健康稳定发展依赖于生态系统结构与功能是否完整，在所有的因素之中，生态链（食物链）的完整性又是其维持自我平衡的关键所在。有些湿地由于污染负荷较高，一些初级生产者一旦能够引种，生长速度和生物量往往会比较高，有些甚至会疯长，如凤眼莲、喜旱莲子草等。因此，必须注意在合适的时机下引种一些食草性鱼类等生物，以控制初级生产者的蔓延。还应注意选择一些附生功能菌比较丰富的土著物种，提高系统对自身生物残体的降解能力，维护系统的自我平衡机制。同时，在栽植水生植物时要注意每类植物的密度，为底栖动物、鱼类等留出一些空间，充分发挥底栖动物、鱼类以及附生微生物的作用，维护生态系统的平衡（张学峰等，2016）。

（2）生态系统稳定调控技术

生态系统稳定调控技术是指生态系统结构和功能的优化配置与调控，生态系统稳定化控制、景观规划乃至建立对于生态监测的指标体系等。生态系统的调控是将演替理论作为基础背景，对生态系统加以人工辅助，促进生态系统的结构与功能的发展趋向于人类的需求。目前系统稳定调控技术仍处于研究阶段，离实际运用还有较大的差距（张学峰等，2016）。

四、湿地恢复的有效性评价

科学和客观评价湿地恢复的效果作为湿地恢复工程的必要组成部分，能够为继续开展湿地恢复提供科学指导。早期对湿地生态或湿地恢复的评价主要是通过针对湿地植被和生境变化前后建立相应的指标，如生物完整性指标（Index of biological integrity，IBI）、生境评价程序（Habitat evaluation procedure，HEP）等。近年来，基于湿地地貌发育过程和水文状况的水文地貌指标（Hydrogeomorphic approach，HGM）对湿地生态系统恢复前后状态评估运用得较多。另外，澳大利亚学者提出的湿地快速评估技术（Rapid wetland appraisal，RWA）在湿地恢复评估中也得到较广泛的应用。然而，上述指标体系的运用都需要通过建立基本能反映本底状况的湿地参考系统，故一般适用于严格科学意义上（狭义）的湿地恢复（李晓文等，2014）。退化湿地修复和重建的有效性评价目前是湿地恢复研究中的短板，尚无统一的标准及指导规则。造成这种状况的主要原因是针对不同退化原因及修复目标的湿地恢复工程，其选择的评价指标及参数也大不相同。而且在目前的湿地修复工程中，重视修复过程，忽视修复后的长期监测的现象十分严重（陈志科，2018）。

1. 湿地恢复评价方法

在湿地的生态恢复过程中，人们较为关心的问题之一是以什么指标衡量湿地恢复和达到何种程度才算湿地恢复成功。目前有关湿地恢复的研究案例虽然很多，但对湿地生态恢复效果评价的研究则较少，且都是集中在水质、土壤、生物等单指标或多指标方面的比较研究，而对整个湿地生态系统恢复效果的系统、综合评价研究还比较缺乏。国际修复生态学会建议，要比较修复系统与参照系统的生物多样性、群落结构、生态系统功能、干扰体系以及非生物的生态服务功能，通过结构与功能的变化来评价湿地恢复的成功与否。也有人提出使用生态系统的基本特征来帮助量化整个生态系统随时间在结构、组成及功能复杂性方面的变化。还有一些学者采用生态系统特征和重要的景观特征来作为湿地恢复的评价标准。这些生态系统特征主要是景观、组成和功能，而景观特征则包括景观结构与生物组成、景观内生态系统间的功能作用、景观破碎化和退化程度类型和原因。也有一些学者提出，采用以下五个标准判断生态修复的成功与否：一是可持续性（可自然更新），二是不可入侵性（像自然群落一样能抵制恶性入侵），三是生产力（与自然群落一样高），四是营养保持力，五是具有生物（植物、动物、微生物）间相互作用。尽管对湿地恢复的评价指标各异，评价结果也各有差别，但都从各自的观点上体现了人们对湿地恢复的不同认识（吕宪国，2008）。目前，国内外湿地恢复评价方法主要包括以下几个方面。

（1）理论支持

目前，国内外学者已经构建了许多评价方法来评价湿地恢复的效果，各种方法都试图通过生物的或非生物的因素去度量或构建湿地功能的评价指数。按照最初的恢复目标建立相应的评价体系，这些评价体系要么聚焦于水文学和土壤学等自然学科，要么聚焦于生物科学（吕宪国，2008）。

（2）参照系统

在评价技术中使用参照系对恢复前后的湿地进行比较是一种常用的基本方法。所谓参照系统，是指退化生态系统相对于未退化或退化前的原始生态系统而言，理论上，是未受破坏的自然生态系统，也可以是历史的自然残留区或自然修复区，还可以选择生态修复区域或邻近区域内未受破坏或破坏程度较轻的自然生态系统。选择的自然参照系统应考虑与修复区在生态服务功能、水文气象、生物群落结构、土地利用类型、人为干扰等方面的相似性。此外，在没有合适的现实参照系统的情况下，可以假设参照系统，即通过生态修复目标、其他区域多个生态系统或其他来源的资料组装整合出来的非真实存在的生态系统。根据参照系统在生态修复中的作用可将其分为两种类型，第一种是与修复区现有生态特征类似的参照系统，即退化的生态系统，第二种是与修复区的理想目标状态类似的参照系统，即目标生态系统（任海等，2008；林光辉，2014；陈彬等，2012）。

湿地恢复的目标是对退化或消失的湿地进行修复或重建，再现干扰前的结构和功能。因此，选择合理的参照系统对于湿地恢复评价工作是非常重要的。在实践中，由于大多数湿地是在19世纪末和20世纪初受到破坏而开始退化的，因此，在大多数湿地恢复的研究中，缺乏湿地生态系统在退化之前的初始状态的资料。即使有时可以获得湿地退化之前的航空照片，但由于人们过去对湿地的认识不够正确，所以在湿地受干扰前就已经收集了充足资料的例子更是微乎其微。因此，人们通常将恢复后的生态系统与类似的、未受干扰的生态系统进行对比。也有人对湿地恢复之前的状况和恢复之后的状况进行比较，或者采用以空间替换时间的方法，对恢复的效果加以评价。在评价过程中，使用参照系对湿地恢复进行评价是目前学术界一种比较常用的方法，对评判湿地恢复成功与否具有十分重要的科学意义和实践意义（吕宪国，2008）。

（3）评价指标的构建

1）评价指标。评价湿地恢复效果的指标主要有生物多样性指标、植被结构指标和生态工程指标三类，对这三类指标的评价可以反映湿地生态系统恢复的轨迹和自我维持的能力。①生物多样性指标。生物多样性是生态恢复的基础和源泉，生物多样性总体水平的提高又是生态恢复的主要目标。生物多样性评价通常是通过对不同营养级的生物体丰富度和多度来量度。另外，不同功能群的物种多样性是生态系统的恢复力评价的间接量度。生物多样性评价指标主要包括微生物、真菌、植物、无脊椎动物和脊椎动物的丰富度。生物多样性评价最常用的是植物丰富度和节肢动物丰富度，随着研究的进一步深入，生物多样性的评价已经开始关注动物多样性。②植被结构指标。植被群落结构评价指标主要包括植被盖度、植被密度、植被高度、枯枝落叶结构（枯枝落叶层的数量、覆盖以及生物量）。选取植被群落结构作为评价指标的一个重要原因是植被群落结构的恢复是动物群落和生态过程恢复的先决条件；另外一个重要原因是植物群落结构作为评价指标，其数值很容易测量，而且所需时间较短，几乎不存在季节差异。但是评价鸟类群落的恢复则需要考虑鸟类群落的季节差异。同样，对于生产力和分解作用的监测由于季节的变异则至少需要一年的时间。③生态工程指标。土壤性质的变化、养分循环和生物学的相互作用等生态过程可以反映生态系统的恢复能力。因此，生物之间的相互作用、营养元素库以及土壤有机质可以作为评价生态过程的基本指标。生物之间相互作用的恢复对于生态系统长期功能至关重要，菌根作为生物之间作用的中介，在许多研究中得以应用。由于生态过程恢复是一个长期的过程，因而生态恢复评价周期应根据生态恢复的特点适当延长。另外，生态过程需要多方面的监测，这无疑增加了项目的成本和时间。因此，大多数研究一般进行瞬时监测，或者测量能够表征生态过程的指数。而在实际评价过程中，对于生态过程的量度基本上是测量表征某一生态过程的瞬时指标（於方等，2009；林光辉，2014；昝启杰等，2013）。

2）评价指标建立的原则。①科学性。评价指标的建立应该基于生态学的理论，其中包括景观生态学、生态系统健康和生态系统等理论体系。评价指标应该具有明确的科学含义而且能评判生态环境的基本特点以及生态恢复的程度。②易操作性。评价指标应该容易获取，而且容易应用。③完整性。评价指标应该反映生态系统的发展方向以及特点，其中包括生态系统结构组成、生态系统功能特性、生态系统系统变化以及人类干扰。④易比性。各种评价指标应该易于比较，从而有更大的使用范围。⑤代表性和敏感性。评价指标应该对于生态环境质量具有代表性以及对于其变化具有敏感性。⑥独立性。各种评价指标应该相互独立。评价指标的选取应该全面反映生态系统的特点，而且不宜过多；指标体系的建立关键在于评价方法的选择，好的评价方法不仅可以弥补指标选取时的弊端，而且关系到评价指标体系的准确性和合理性（於方等，2009；昝启杰等，2013；林光辉，2014）。

3）评价等级划分。生态恢复效果评价的等级划分需要为每个评价指标设定最为科学合理的评价标准值，目前，评价标准值的确定主要通过以下几个途径获取。①参考参照系统或干扰前的状态值。绝大多数的生态修复可能无法达到与参照系统或干扰前完全一致的水平，在这种情况下，可以参照系统或干扰前的水平作为基准，将评价标准值设定为能表征生态修复最小接受水平的预定值。②通过预测，获取修复生态系统的目标标准值。③对于一些生态修复的社会属性目标，在科学的预测和判断的基础上，结合社会公众的期望调查获取目标标准值（林光辉，2014；陈彬等，2012）。

（4）湿地恢复评价指数

构建评价指数来评价湿地恢复的效果是从湿地多功能要素角度进行具体描述的一条良好的途径。利用评价指数进行湿地恢复评价之后，再将恢复之前湿地的状态与恢复之后的状态或与参照湿地进行比较，可以评价湿地恢复的效果。在进行比较时，一般假设湿地的各项功能与时间正相关。例如，如果参照湿地中有 10 种水生草本植物，而已恢复湿地中有 5 种水草，那么就可以计算出恢复的指数值为 0.5，这表示湿地的该项功能已恢复了 50%。但是，如果水生草本植物种类的自然分布与时间呈对数关系，那么就仅仅恢复了 10%。这种方法利用从不同的时间间隔中恢复的湿地和参照湿地中收集的数据来定量地建立响应面，从而更充分地表现湿地的各项功能及其指数的恢复特征与时间的关系，可以定量刻画湿地恢复的程度和效果，具有很大的参考价值。但是，必须对湿地的恢复情况进行长期的跟踪监测才能建立这些响应面。由此可见，湿地生态恢复的评价指标应该从湿地结构的恢复发展到功能的恢复，最后归结到湿地生态系统服务功能的恢复，更多地与社会和经济的可持续发展相联系（吕宪国，2008）。

2. 湿地生态恢复评价方法

随着生态恢复评价研究的迅猛发展，很多评价方法也随之诞生，目前生态恢复评价的主要方法有模糊综合评价法、灰色评价法、压力—状态—响应（Pressure - State - Response，PSR）框架模型和主成分分析法。常用的统计方法可以分为四类：聚类比较（方差分析、T检验），等级分析（DCA分析、CCA分析、聚类分析），指数法（生物多样性指数），线性比较（回归分析、相关分析、时间轨迹）。例如McKee和Faulkner（2000）选取两个恢复区的不同类型的红树林进行方差分析，评价其生物地球化学循环的恢复状况。再如Watts和Gibbs（2002）利用DCA分析来分析新西兰草原不同植被结构下地上生活的甲虫的群落组成，评价植被恢复的状况（许申来等，2008）。

（1）模糊综合评价法

模糊综合评价法常常要涉及多个因素或者多个指标。比如，要判定某项产品设计是否有价值、每个人都可从不同角度考虑：有人看是否易于投产、有人看是否有市场潜力、有人看是否有技术创新，这时就要根据多个因素对事物做综合评价。具体过程：将评价目标看成由多种因素组成的模糊集合（称为因素U），再设定这些因素所能选取的评审等级，组成评价的模糊集合（称为评判集V），分别求各因素对各个评审等级的归属程度（称为模糊矩阵），然后根据各个因素在评价目标中的权重分配，通过计算（称为模糊矩阵合成）求出评价的定量解值（许申来等，2008；於方等，2009）。丁立仲等（2006）采用层次分析及模糊综合分析相结合的方法，建立了小流域生态恢复工程效益的综合评价指标体系，并用欧式距离模型结合模糊聚类分析法对生态恢复工程效益进行评估。但是采用Delphi法（专家打分法）确定亚目标层的指标权重时，会受到人为因素的影响。

（2）灰色评价法

灰色评价法在于将抽象问题实体化、量化，充分利用已知信息，将灰色系统淡化、白化。使人们能够通过有限的信息，更为客观、真实地认识外部世界。灰色边界模型是用模糊数学的方法来处理环境分级中的边界问题，从而更合理地区分聚类元素在其聚类指标下的所属类别（许申来等，2008），邓聚龙（1985）以灰色系统理论为基础，提出了灰色边界模型，进而增强了聚类函数的边界模糊性，提高了分析方法的灵敏度，更充分、合理地运用了已知信息，使评价结果更为客观、准确。

（3）压力—状态—响应框架模型

压力—状态—响应框架模型在分析问题时具有非常清晰的因果关系，即人类活动对环境施加了一定的压力；由于这个缘故，环境状态发生了一定的变化；而人类社会应当对环境的变化做出反应，以恢复环境质量或防止环境退化。而这三个环节正是决策和制定对策措施的全过程（许申来等，2008）。杨一鹏等（2004）以遥感数据作为信息源，在GIS（地理信息系统）技术支持下建立了松嫩平原西部湿地空间数据库，以压力—状态—响应模型为研究方法，建立了一套湿地生态系统评价指标体系。

（4）主成分分析法

主成分分析法（Principal component analysis，简称PCA），是在保证信息损失尽可能少的前提下，经线性变换对指标进行"聚集"，并舍弃小部分信息，从而使高维的指标数据得到最佳的简化。通过主成分分析，可以将众多的生态恢复环境效应的评价指标重新整合，剔出众多指标中的重复信息，不仅减少了生态恢复评价的工作量，提高了评价效率，还可以更加全面地评价生态恢复的环境效应（於方等，2009）。

3. 滨海湿地生态修复监测方法

在实施生态修复的过程中以及生态修复工程结束后，需要根据预先制定的修复目标和评价指标进行跟踪监测。生态修复过程中的跟踪监测可以及时反映修复现状和工程进度；同时，也可以反映预先设计的修复与管理方案是否合理，从而及时地对生态修复工程进行调整。在生态修复结束后，需要每隔一段时间对生态修复的效果做一个长期的跟踪监测，评价其生态修复效果的稳定性与有效性。因此，监测是生态修复工程不可或缺的组成部分，是实现生态修复效果评价最直接也是唯一的手段。滨海湿地的生态修复监测主要可以分为水文监测、水质监测、沉积物监测、生物质量监测、生物毒性监测、生物群落监测以及面积、社会经济要素调查。

(1) 水文监测

在恢复区域布设 1~2 个站位。项目实施前背景值监测 1 次，修复过程中每年监测 1 次；修复项目结束后监测 1~2 次，每次需要 25 h 定点流速流向剖面监测。根据评估工作等级的不同，监测水深、水温、盐度、海淹、海浪、透明度、水色、潮汐等（林光辉，2014）。

(2) 水质监测

在入海河口区的采样断面布设站位，一般与径流方向垂直布设，根据地形和水动力特征布设一至数个断面。海湾开阔海区的采样站位呈纵横断面网络状布设。也可在海洋沿岸设置大断面。采样断面的布设应该体现近岸较密、远岸较疏的原则，重点区（如主要河口、排污口、渔场或养殖场、风景区、游览区、港口码头等）较密、对照区较疏的原则，在优化基础上设计采样断面。监测频率为项目实施前背景值监测 1 次，修复过程中全年监测 3 次，分别于 5 月、8 月、10 月实施监测。修复项目结束后监测 1~2 次。在针对修复主要目标的基础上，进行重点监测项目筛选，主要监测要素：亚硝酸氮、硝酸氮、氨态氮、活性磷酸盐、pH、溶解氧、盐度、化学需氧量（COD）、透明度、叶绿素 a、粪大肠菌群；铜（Cu）、铅（Pb）、汞（Hg）、镉（Cd）、铬（Cr）、砷（As）等重金属类；石油类；有机农药类；浮游植物种类及密度（林光辉，2014）。

(3) 沉积物监测

站位布设要覆盖修复海域，站位间距最小距离 1 km，可根据实际情况设置 3~6 条断面。项目实施前监测 1 次背景值，修复过程中全年监测 3 次，分别于 5 月、8 月、10 月实施监测。修复项目结束后监测 1~2 次。主要监测砷（As）、镉（Cd）、铬（Cr）、铜（Cu）、铅（Pb）、汞（Hg）、锌（Zn）、有机碳、硫化物、石油类、氧化还原电位、多氯联苯、粪大肠杆菌、异养细菌总数等。

(4) 生物质量监测

在每个修复海域，布设 1~3 个站位进行生物质量监测，生物种类视主要底栖生物或主要养殖品种确定。项目实施前监测 1 次背景值，修复过程中全年监测 3 次，分别于 5 月、8 月、10 月实施监测。修复项目结束后监测 1~2 次。在选定的监测区内采集主要养殖生物作为生物质量样品，按照《海洋监测规范》（GB 17378—2007）的有关技术要求进行生物体石油污染物残留分析，重点监测：铜（Cu）、铅（Pb）、汞（Hg）、镉（Cd）、铬（Cr）、砷（As）等重金属类；石油烃；有机农药类；粪大肠杆菌。

（5）生物毒性监测

站位布设覆盖修复海域，间距最小1 km，可根据实际情况布设3～6条断面。项目实施前监测1次背景值，修复过程中全年监测3次，分别于5月、8月、10月实施监测。修复项目结束后监测1～2次。选取典型模式生物发光细菌、湛江叉鞭金藻、海洋小球藻、卤虫、河蝛蠃蜚（*Corophium acherusicum*）、青鳉（*Oryzias latipes*）幼体和胚胎等为受试生物，对采集的水样和沉积物样品进行急性和慢性毒性风险评估，涉及的毒性终点指标依次为发光抑制率、生长抑制率、致死率、孵化率和畸形率（吕宪国，2005；林光辉，2014）。

（6）生物群落监测

站位布设在每一调查区，根据修复区修复面积设3～6条断面，各断面沿垂直海岸方向向陆地边缘布设，穿越潮下带、潮间带、潮上带，每个断面不少于3个站位。浮游生物、底栖生物和游泳动物等项目的常规监测每年至少应按枯水期和丰水期进行两次。①植物监测的季节应避开汛期，根据植物的生活史（生命周期）确定调查季节。生活史为一年的植物群落应选择在生物量最高和（或）开花结实的时期；一年内完成多次生活史的植物群落根据生物量最高和（或）开花结实的情况，选择最具有代表性的一个时期；多年完成一个生活史的植物群落选择开花结实的季节；具有复层结构的群落，将主林层植物作为确定调查季节的依据。对于入侵植被的监测应根据应用的修复技术选择在修复后2～5年内，于植物生长旺盛季节至少监测一次。②鸟类数量监测分繁殖季和越冬季两次进行。繁殖季一般为每年的5—7月，越冬季为12月至翌年2月。各地应根据本地的物候特点确定最佳监测时间。监测时间应选择监测区域内的水鸟种类和数量均保持相对稳定的时期，监测应在较短时间内完成（一般3～5 d，面积较大者可适当延长至一周以上，但一般以不超过两周为宜），以减少重复记录。③兽类、爬行类、两栖类、昆虫类及土壤动物类监测分繁殖季和越冬季两次进行。具体监测时间应根据修复的滨海湿地当地动物物种习性进行选取。④生物群落的监测要素包括：浮游植物和浮游动物的种类、数量、丰度或密度、多样性指数；底栖生物和游泳动物的种类、数量、分布、丰度或密度、生长发育状况、多样性指数；植物的面积、种类、数量、盖度或保存密度、生长发育状况、多样性指数、入侵植被；水禽类、爬行类、两栖类、兽类、昆虫类、陆地土壤动物类的种类和数量（吕宪国，2005；林光辉，2014）。

（7）面积、社会经济要素调查

在滨海湿地生态修复过程中，面积、社会经济要素只在生态修复工程开展前和结束后进行调查，为反映生态修复工程的修复效果稳定性和有效性，修复工程结束后的长期跟踪调查可以每5年一次，或根据实际需求调整调查频次。①面积调查。采用以遥感（RS）为主、地理信息系统（GIS）和全球定位系统（GPS）为辅的技术，并通过遥感解译获取湿地类型、面积、分布，同时结合野外勘察及卫星影像、航空相片、地形图等资料，绘制湿地平面图并加以标记，其比例尺不应大于1∶50 000。②社会经济要素调查。在滨海湿地生态修复的过程中，要选择一些最具代表性和可操作性的社会经济要素进行调查。一般调查的类别主要包括人口、经济技术、环境生态、滨海湿地效益4个部分。其中：人口包括人口密度、人口总数、劳动力人数等要素；经济技术包括工业产值、农业产值、产业结构、人均收入、能源结构等要素；环境生态要素包括放牧、狩猎、水产养殖和捕捞、农业用化肥施用量、能源消耗量、工业污染源数量和分布、工农业耗水量、工业污染面积等要素；效益要素包括经济植物的产量、动物毛皮、鱼类生产、旅游和科研等（吕宪国，2005；林光辉，2014）。

4. 湿地恢复评价存在的问题

湿地恢复的效果评价涉及水文、土壤、动植物等各个方面，包含了物质循环、能量流动和信息传递等方面。目前湿地生态恢复效果评价主要存在以下几个方面的问题：评价理论框架研究缺乏，评价思路简单；评价指标体系不完善，标准及规则缺失或不合理；评价方法简单，评价手段落后，缺乏定性及定量研究；评价方法应用混乱，缺乏对比分析；评价缺乏长期的恢复湿地监测数据支持；缺乏评价后的生态恢复机理和模式总结研究。总之，对于湿地恢复效果评价的研究滞后，许多问题还有待深入研究（吴后建等，2006；陈志科，2018）。

第三节　几种不同类型滨海湿地的生态恢复

一、滨海盐沼湿地的生态恢复

滨海盐沼湿地（Coastal salt marsh）处于海洋和陆地两大生态系统的过渡地区，规则或不规则地被海洋潮汐淹没，是一种具有较高草本或低灌木植被盖度的湿地生态系统，物理、化学条件较为特殊，随着距海距离渐远，地势逐渐升高，环境因子往往发生急剧变化，具有生态敏感性，为恢复带来了一定的难度。目前，我国滨海盐沼湿地受损严重，已不能简单地通过自然恢复方法进行恢复，必须通过人工辅助的方法维持湿地生态系统功能并恢复其生境（张韵等，2013），恢复过程也是一个长期的过程。根据湿地退化状况，制定恢复方案，调查湿地退化状况，确定技术路线和恢复方法。

1. 滨海盐沼湿地恢复的技术方法

(1) 湿地退化状况调查

①实地采样调查。取湿地水样分析 pH、水温、营养盐浓度、油类、溶解氧、化学需氧量、生物需氧量等指标。取地质样品分析有机碳、油类、重金属元素（铜、铅、锌、镉、总汞等）、硫化物等的含量（李团结等，2011）。②现代信息技术。采用 3S 技术、航空摄影技术等，并结合计算机技术，进行大范围湿地调查。③资料搜集。了解滨海盐沼湿地的基本情况。

(2) 生境整治技术方法

①水文条件整治。水文条件（酸碱度等）的调整，主要通过工程修复的方法进行，如修建堤坝、挖出填埋等。例如，黄河三角洲主要通过修筑堤坝，在雨季和黄河丰水期蓄积淡水、旱季引水补充，降低生境酸碱度（唐娜等，2006）。②基底整治。基底整治主要包括沉积物填充、清淤等，如填充沉积物以弥补退化的湿地或重新构建湿地。③污染治理。主要包括水体及基底污染的治理，修复措施有物理技术、化学技术和生物技术。实际修复过程中，往往需要多种方法综合使用，才能达到理想效果。④土壤改良。向土壤中加入改良剂，如有机质（污泥、堆肥等）和无机肥料（尿素等），主要针对土壤质地

较粗的恢复区域。改良剂的加入可以促进微生物的生长，有助于滨海盐沼湿地生态系统的恢复。

（3）植被恢复

植被恢复不仅能够改善生态系统的生境条件，对于增加物种多样性、维持生态系统的稳定、保证生态系统的正常功能也有着重要的作用。如种植大型藻类、芦苇等。①物种选择。选择植被物种，要优先选择本地物种或已在本地成功驯化的物种；一般选用抗污染能力强、根系发达且具有良好的环境适应能力的植物（吴建强等，2005），同时还要考虑物种多样性以及群落结构的合理性。经济价值和生态美观也是在选择物种时需要考虑的因素。②建植方法。植被建植的方法主要有播种、移植和种植（陈彬等，2012）。为保证成活率，建植时要采用合适的种植方式，考虑不同植物的适宜生长条件，同时要考虑建植季节。湿地植物在春季栽种容易成活，如在冬季应做好防冻措施，如在夏季应做好遮阳防晒措施（冯杰，2009）。

2. 恢复后监测管理与保护

（1）恢复后监测与管理

湿地恢复后采用实地调查、遥感技术等对恢复情况进行监测，及时发现并解决存在的问题。监测内容主要包括：温度、pH、营养盐浓度等水文条件；土壤有机质含量、沉积物种类及比例等；污染改善状况；植被种类、成活率、健康状况、密度、高度、覆盖率等；动物种类、丰度等；群落层次状况。

（2）保护措施

①建立自然保护区，减少人类活动的干扰。②有关各部门合理分工，对湿地生态系统进行监督和管理。③建立完善的法律体系，明确奖励和惩罚制度（李永祺等，2016）。

3. 恢复效果评价技术方法

目前，恢复效果评价主要采用参照系统对照类比法。若选取原生态系统作参照具有一定的困难，可选用历史的自然残留区或自然恢复区或选取未受破坏或破坏程度较轻的邻近区域作为参照（陈彬等，2012）。

二、滨海河口湿地的生态恢复

1. 滨海河口湿地恢复的技术方法

（1）实地调查

滨海河口水环境要素变化主要体现在水量、水质、泥沙（河岸形态）、咸潮四个分布场方面。实地调查内容包括指定河口的水文、理化及生物因素。根据调查结果，综合分析河口水环境的构成、特征、功能以及水环境存在的主要问题。①遥感遥测调查技术方法。相对于一般调查手段，遥感技术具有宏观、快速等特点，同时它可以记录历史、回溯历史的真实情况。因此在调查大范围的河道及口门长期变化，河口及海区的泥沙平面分布以及涨潮、落潮时的流向分布等方面，遥感技术具有较其他常规手段更为独特的优势。②资料搜集方法。对恢复目标区域的相关研究文献进行搜集，同时通过相关政府部门获得目标区域的长期监测资料。

（2）确定河口污染类型

滨海河口是海水与陆地径流交汇的复杂生境交错带，河流、湿地、潮间带等各种生境类型都有分布。因此"河口生态系统"并非严格意义上的生态系统名称，而是多种生态系统的集合，其自身具有一定的复杂性，这就决定了对河口生态系统进行恢复研究需要具有很强的针对性（杨志等，2011）。①重金属污染型河口。关于河口的重金属污染物问题，国内外大量研究表明，通过各种途径排入水体的重金属污染物绝大部分均迅速地由水相转为固相，即迅速地转移至沉积物和悬浮物中。在被水搬运的过程中，悬浮物负荷量超过水的搬运能力时，便逐步转变为沉积物。另外，在受重金属污染的水体中，水相中重金属含量甚微（一般为每升几百毫克之内），且随机性很大，常因排放情况与水文条件而变化，分布往往无规律；但在沉积物中，重金属常得到积累，表现出明显的分布规律性（刘绮等，2008）。去除重金属的措施主要有化学沉淀法、氧化法和还原法、浮上法、电解法、吸附法、离子交换法、膜分离法。②有机物污染型河口。据报道，全球河流每年向海洋输送约 1G t（注：$G = 10^9$）的碳，其中约 40％为有机碳（Meybeck，1993；Hope et al.，1994），而河口是陆源有机碳向海洋输运的必经之处。因其水滞留时间长，盐度、pH、氧化还原电位、离子强度等物理化学参数变化梯度大，导致大量有机物在河口区域沉降（张龙军等，2007；王华新，2010）。河口和海岸地区汇聚的有机物来源复杂，主要由腐殖质、类脂化合物、糖类化合物等各类有机化合物或生化物质组成（刘娇，2011）。有机物既是主要的生源物质，也可能成为重要污染物，在河口生态系统中是一个极其重要的控制因素（张娇等，2008）。研究表明，随着社会经济的高速发展和城市化进程的加快，有机物在河口、海湾区域的累积加剧。我国河口区域有机物污染情况十分突出。有机物在河口潮滩中的分布与当地的水动力条件、与排污口的距离等因素有关（刘娇，2011）。

（3）污染物控制

河流携带的污染物在河口潮滩中累积，造成沉积物中重金属、有机质含量的升高。沉积物中大量有机物的降解容易形成缺氧环境，引起有害物质的累积，严重时会导致河口生态系统的退化。因此必须严格控制上游河流的污染物排放（李永祺等，2016）。

（4）重要生境整治方法

1）自然整治方法。设立自然保护区，加强对河口周边土地使用权的管理，防止人类活动的干扰；制定相应法律规范，加强对旅游业的管理，合理配置旅游资源（李永祺等，2016）。

2）水污染治理方法。①建设污水控制系统。在河口周边建设完善的排污管道，污水需经过处理后排放至大海；或将污水拦截后对其进行深度净化再排放至河口生态系统，从本质上改善水质。②建设水利控导系统。在河道、基围间设置过水涵和闸门，河道闸门兼有污水处理系统、取水及冲刷河道的功能，基围闸门可控制各基围水位，满足不同生境动植物生存需要（沈凌云等，2010）。③生态修复法。针对不同污染类型的河口生态系统，常见生态修复方法包括以下几种，且可以综合应用：一是植物修复，主要利用植物直接吸收有机污染物、通过植物根部释放的酶催化降解有机污染物或利用在植物根系共生的微生物降解有机物。植物修复在污染物修复中的作用已被大量研究证实，并逐渐成为原位修复的主要技术手段之一。可处理的污染物包括 PCBs（Polychlorinated biphenyls，多氯联苯）、PAHs（Polycyclic aromatic hydrocarbons，多环芳烃）、含氮芳香化合物、链烃等（刘娇，2011）。二是动物修复，主要利用一些耐污的大型底栖动物，通过摄食及生物扰动作用，改善底质环境，提高污染物的去除率。大型底栖动物在自然界物质循环和生态平衡中起着巨大作用，在改善环境方面具有一定潜力（Cuny et al.，2007；陈惠彬，2005）。以沙蚕为例，定期跟踪监测结果表明，沙蚕投放后对改善底质结构、增加底质透气性、调节氧化还原电位、促进底质微食物环的形成等均起到良好作用。沙蚕修复区沉积物中石油烃、总氮、砷、总汞和有机质的含量呈明显下降趋势。但目前国内外在该领域的研究相对较少（刘娇，2011）。三是微生物修复，在人为优化的条件下，利用自然环境中生长的微生物或人为投加的特效微生物来分解有机物质。与动物和植物相比，微生物具有体积小、比表面积大、代谢活力强、繁殖快、适应性强、使用范围广等优点，具有强大的降解与转化能力（金志刚等，1997）。目前，利用微生物进行污染环境的修复倍受国内外研究者的重视，具体工作主要集中在寻找高效降解菌、提高污染物的可利用性及为微生物提供更合适的环境三个方面。在河口修复的过程中，要将各种修复技术有机地结合起来，才能提高对河口水体的治理效率，进一步形成有效的生态修复技术（李永祺等，2016）。

3）制定相关环境保护条例。根据《中华人民共和国海洋环境保护法》，结合地区的特点，可制定如下环境管理条例：①海区与河区划分条例，地区环境功能区划条例。②海域保护条例。③海域环境监测条例。④地下水管理条例（内容包括地下水限量开采、地下水收费、限制建井、禁止向地下水排放有害物质等）。⑤渔业资源保护条例（包括在鱼类产卵期限制排放污染物、浅海水域的管理等）。⑥放射性污染的管理条例，石油事故防止及处置条例。⑦环境影响预测评价管理条例。⑧环境损害补偿条例，排放收费和处理条例。⑨工业废渣管理条例。⑩工业废物投海、掩埋、堆放管理条例（李永祺等，2016）。

（5）重要种群的保护及恢复

根据物种生长繁殖对环境的要求与河口区自然条件的符合程度，确定重要保护和恢复种群的种类。

2. 监测、管理与保护方法

（1）重金属污染型河口

对于重金属污染型河口，需严格控制污染源的重金属排放，加强对污染源的治理（刘绮等，2008）：①使用重金属含量低的原料。②对原料进行预处理。③改革工艺，控制污染。④推行综合利用三废，实现化害为利。⑤对工业污染源实行总量控制（李永祺等，2016）。

（2）有机物污染型河口

对于有机物污染型河口，需提高对污染物的去除率，通过适当的手段去除过量有机物，改善沉积物环境。

（3）环境保护

建立健全环境保护机构和法律、法规、政策。针对环境保护工作的特点，建议设立如下管理、监测、科研等机构：①海域污染状况监测预报站（负责对海区和沿岸排污口和河口的监测，并且定期预报海域污染趋势，以便采取对策）。②工业废物管理中心（负责三废的管理、收费、存放、处理等）。③污染事故处理机构（负责事故的报警和处理，如石油事故的报警和对排到海上石油的回收等）。④建立或充实环保科研机构，加强对环境保护的科研工作（李永祺等，2016）。例如，我国海河流域首部河口管理规章《海河独流减河永定新河河口管理办法》于2009年7月1日正式施行。《海河独流减河永定新河河口管理办法》的颁布实施，标志着海河、独流减河、永定新河河口管理进入了依法管理的新阶段（韩清波，2009）。

3. 修复成效评估方法

鉴于河口生态系统复杂的环境因素及重要的生态服务功能，对河口生态系统评价要综合考虑物理特性和生化特性，包括抗干扰能力、水质、沉积特性和营养动力学等。通过对河口结构与功能关系的比较分析，得出河口管理应当综合考虑人为干涉因素的影响，而不能仅仅依据简单的河口评价指标，要给出切合实际的管理对策。同时还要综合考虑河口生态系统对全流域及人类生活的影响，分别从水系的环境部分、生物部分以及对人类的影响等方面，采用集水面积、人口密度、入海量、河口断流时间、水质、生物多样性和生物量等指标对河口生态系统状况进行评价（李永祺等，2016）。

三、红树林的生态恢复

1. 恢复目标与保护策略

（1）恢复目标

红树林湿地的恢复总体目标是采用适当的生物、生态及工程措施，逐步恢复退化的红树林湿地生态系统的结构和功能，最终达到自我持续状态。与其他湿地生态系统一样，红树林湿地恢复的目标主要包括以下几个方面：①实现生态系统的表基底的稳定性。②恢复湿地良好的水状况。③恢复植被和土壤，保证一定的植被覆盖率和土壤肥力。④增加物种组成和生物多样性。⑤实现生物群落的恢复，提高生态系统的生产力和自我维持能力。⑥恢复湿地景观，增加视觉和美学享受。⑦实现区域社会、经济的可持续发展（李永祺等，2016）。

（2）保护策略

通过加强管理和恢复退化区域，保护红树林和潮间带滩涂生态系统；确保以持续利用的方式开发利用保护区及周边地区的湿地资源；确保以负责任的方式发挥保护区在生态旅游、科学研究、环保宣传等方面的服务功能。①保护红树林生态系统。加强保护管理，保护红树林生态系统；恢复和扩大红树林湿地面积；加强红树林生态系统研究。②保护红树林生物多样性。开展自然资源普查和监测；合理利用保护区内的生物资源；加强濒危物种的研究和保护。③红树林保护的宣传教育。增强公众对红树林和生物多样性的认识；扩大红树林生态旅游的影响；提高保护区职工的能力，促进保护管理和宣教工作的开展。④保护滩涂生态系统，科学规划和管理潮间带滩涂资源。⑤水域的保护与管理。控制陆地、旅游、船舶等污染源；建立保护区水环境监测系统（李永祺等，2016）。

（3）保护规划

①在潮间带裸滩种植以海榄雌和红海兰为主，以可就地取材的木榄、秋茄树与蜡烛果为辅的红树植物。在外缘宜种植海榄雌，在林内可种植海榄雌、红海兰、木榄；在内缘可种植海榄雌、红海兰、木榄、秋茄树、蜡烛果、草海桐、银叶树等以丰富红树林物种多样性。在单优群落内宜种植相同种类的红树植物。②在高潮线以上海岸种植半红树植物，扩大半红树林面积，在沙地以外种植植物要以黄槿为主（沙地以种植木麻黄为主），以水黄皮、草海桐、海杧果、海漆、单叶蔓荆为辅，均可就地采种。海杧果、海漆含有诱导人体细胞癌变的因子，不宜多种，更不宜种植在房前屋后（韩维栋等，2009）。

2. 恢复方法和工程保障措施

（1）保护现存红树林

建立红树林自然保护区，并加强红树林的管理，主要包括管护、补植、防治病虫害、防控外来生物入侵等，为红树林创造良好的生长环境。同时，禁止将红树林滩涂改造成农田、盐场、城市建筑区、交通运输区、工业区以及海产养殖场等。以红树林生态系统的维持和保护为前提，进行合理的开发利用。

（2）红树林的恢复方法

红树林恢复主要是利用胎生苗进行自然再生，在自然再生不足的地方人工种植繁殖体和树苗。种植红树林树苗时，在潮间带选用合适的固定技术，充分利用潮汐，确定适当的盐度，从而提高其存活率。较为常用的红树林恢复方法有：①胚轴插植法。胚轴插植法是从野外直接采集繁殖体种植。本方法成本低、易操作，但受繁殖体成熟的时间限制，通常每年只有1～2次，是目前国内的主流造林方法。②人工育苗法。人工育苗法大多在种植前使用容器育苗。待苗木培养一定的时间后，便可连带容器出圃用于造林种植。人工育苗法虽成本较高，但可以为红树林修复工程提供质量更好、抗性更强的苗木，能在一定程度上提高造林成活率，见效快，在经济条件允许或逆境造林时可以推广，目前正逐渐成为另一种主流的造林方法（陈克亮等，2018）。③直接移植法。直接移植法是指从红树林中挖取天然苗来造林的方法。天然苗根系裸露，在移植的过程中容易伤害苗木，移植成活率不太高。因此，在没有成熟繁殖体的季节、种苗短缺或补植时才需要使用该方法。根据我国现阶段的经济、技术水平，从成本、成活率两方面对三种方法的可操作性进行评价：直接移植法成本高、成活率低，可操作性差；人工育苗法虽然成本高，但成活率高、见效快，所以在经费充足或逆境造林时宜推广使用；胚轴插植法成本最低，造林成活率也可利用其他技术加以提高，将是今后一段时间内的主流方法（李永祺等，2016）。

（3）加强关于红树林的法规建设

红树林为人类提供的生物价值和对社会经济的贡献已被广泛认可，但因人类的干扰，红树林面积仍在不断减少。因此，有关红树林的法规建设十分必要。我国在自然保护方面已经制定了一系列的法律，但目前还缺乏直接有关红树林保护的法规。由于红树林生境的特殊性及重要性，应加强与红树林有关的法规建设，以免红树林遭受进一步的破坏（李永祺等，2016；林鹏，2001）。

四、海岛的生态恢复

海岛生态恢复是通过科学分析一定生境条件下人类活动干扰导致的海岛生态系统退化的机理，采用生物技术、工程技术或是综合的措施，使因人为活动干扰而退化或丧失的自然功能得以全部或部分恢复（唐伟等，2013）。

1. 海岛生态恢复的技术方法

（1）实地调查

利用实地调查、遥感测量以及文献资料查找等手段对海岛的自然状况（包括地理、土壤、水文、气候及动植物种群数量与分布等）进行调查。海岛基本信息调查可采用现场测量、取样、拍照、摄像等方式记录海岛的基本信息，也可以通过卫星遥感等获取相关信息。自然资源和环境调查包括土壤调查、植被物种调查、植被群落样地调查、植物资源综合调查以及岛陆动物、潮间带生物和岛基底栖藻类和底栖动物调查等。调查方法主要包括目视鉴别法及样地法。海岛生态破坏区调查采用现场拍照、摄像和记笔记的方式记录海岛生态破坏区域的影像和文字资料。也可采用地形图调绘、航片判读、地形图与实地调查相结合的方法进行调查（毋瑾超，2013）。

（2）恢复目标

根据海岛调查结果，针对具体问题，明确需要重点恢复的区域，并确定恢复目标。①恢复和保护海岛生物多样性。②维持和提高海岛生态系统的可持续经济生产力。③保护和提升海岛的自然资源与生态系统服务功能。④满足人类精神文化需求（李永祺等，2016）。

（3）工程设计与恢复技术

1）恢复模式。根据国内外海岛恢复研究情况，可将海岛生态恢复分为 3 种模式。①重新设计模式。海岛生态系统已经遭到严重破坏，原初物种可能已经完全消失或大量消失，生态系统退化或完全改变而无法挽回，无法进行生态完整性恢复。此时宜采用重新设计模式。②恢复模式。该模式适用于原始性维持在较高水平，原生物种保持较好，只有很少部分灭绝的海岛生态系统，海岛生态系统的完整性可以恢复到较高的水平。③自我恢复模式。当海岛虽然受到各种因素的影响，表现出轻微破坏状态，但是没有超过海岛生态系统的承受能力，具有较好的生态完整性，能够通过生态系统的自我更新修复作用得到恢复时，宜采用自我恢复模式，无须采取措施协助其恢复（史莎娜等，2012）。虽然国内外海岛生态恢复采取各种不同的技术，但迄今尚没有形成一套完整的技术体系。

2）工程设计与修复技术方法。工程修复技术方法包括岛陆护坡、潮间带工程修复、连岛坝工程整治等。①岛陆护坡工程。传统的岛陆护坡工程主要考虑的是工程结构的安全性及耐久性，多采用砌石、钢筋混凝土等硬材料，这样做导致陆坡的硬化改变了海岛自然海岸的生态功能和结构，隔断了水域生态系统和陆地生态系统的联系。如今的岛陆护坡工程技术方式更倾向于绿化混凝土、植草三维土工网、三维植被网、金属线材填石六角格宾网等。②潮间带工程修复技术。对于岩礁、泥滩、沙滩等不同类型的海岛潮间带，通过人工鱼礁、人造沙滩、人工导流堤、人工海藻场等工程修复技术促进岛屿潮间带生态系统的发育与恢复（唐伟等，2013）。③连岛坝工程整治技术。连岛坝是为了交通方便而建造的陆连岛或岛连岛的连岛坝，但其影响坝体两侧水体交换，易对生态环境产生不良影响。连岛坝工程整治包括全部拆除工程和部分拆除工程。④海岸防护技术。可根据自然条件采取以下四种结构保护海岸免遭破坏。a）丁坝。适用于沿岸输沙为主，且主要为单向输沙的海岸。b）离岸堤。适用于横向输沙为主的海岸，也可拦截沿岸输沙。c）海滩捕沙。适用于横向泥沙运动的岸滩，不能用于沿岸输沙海岸。d）护岸。护岸不宜单独使用，而要与其他工程方法结合使用。⑤固体废弃物处理技术。a）固体废弃物收集。对废弃物进行分级分类，并根据不同分类分别进行处理。b）固体废弃物的处理。废纸、玻璃等制品属于可回收废弃物，可进行回收再利用；不能回收利用的废弃物可打包转运至陆地处理，也可采用微生物降解或卫生填埋的方式处理；排泄物可用微生物降解处理。⑥海岛土壤改造技术。土壤改造主要针对盐碱化、沙化及水土流失严重的土壤。主要技术有人工干预、施肥、引进动物（如蚯蚓）改良土壤和种植植被保水固氮。⑦污水处理技术。主要包括对生活污水、工业废水及行船油污等的处理。a）物理方法。沉淀法适用于固体污染，使固体污染物沉降后与水分离。格栅法使用金属栅条制成框架，以 $60° \sim 70°$ 的倾角置于废水流经区域，可以截留块状污染物。b）生物法。用好氧微生物、兼性微生物和厌氧微生物对污染物或氮、磷等的污染物质进行分解；也可种植植物吸收富营养化水体中的氮、磷（李永祺等，2016）。

（4）植被恢复技术方法

由于海岛具有风大、土壤盐碱度高、水分缺乏、土壤贫瘠等特点，因此在选择树种时需要特别考虑这几点因素。根据不同的土壤和气候条件选择合适的树种，一般选择本地树种，适当引进外来树种，以乔木和灌木为主，多种树种混合种植，营造不同层次的植被景观。针对不同自然条件的海岛，植被恢复的技术方法也有所不同。

1）盐碱地植被恢复技术。①土壤改良。盐度 4 以上的土壤需要通过化学（施肥）、生物或物理（设置隔离层、排盐沟等）方法进行改良，盐度 4 以下的土壤可直接种植耐盐碱植物进行恢复。②种植时间。一般选择春秋两季温度适宜时进行建植，此时雨水较多，土壤含盐量下降，利于植物存活。③建植密度。应根据恢复地区的条件确定适宜的种植密度，一般种植密度较大，株行距为 1.5 m×2.0 m，可根据实际情况进行调整。④建植技术。该类技术有 5 种方法：a）容器苗法。将苗木在容器中培育一段时间后再植于造林地，可提高成活率。b）插条法。对于抗逆性强、适于插扦的树种可采取插条的方法种植。插穗长度一般为 20～40 cm，直径为 0.5～1.5 cm。将插条的 2/3 埋入土中并浇水。c）环涂栽植法。在树苗根茎交界处涂涂白剂，减少土壤盐碱对根茎的腐蚀，提高成活率。d）平穴浅栽法。由于土壤表层盐度较低，可将土壤平整后采取浅栽法（30 cm 内），并浇水 2～3 次。e）饱水移植法。树种水分饱和时进行移植，有利于减少移植伤害并促进移植后的恢复（李永祺等，2016）。

2）裸露山地与迎风坡粗骨土立地植被恢复技术。海岛裸露山地土壤一般较为贫瘠、缺乏水分，石砾、岩体较多，需种植具有保水固土作用且抗海风能力较强的植被。少石砾薄土山地常以乔木为主，乔木、灌木混合种植；多石砾薄土山地常以灌木为主，乔木、灌木混合种植；以岩体为主的山地，则要以藤本植物为主，乔木、灌木、藤本植物结合种植，以增加植被盖度。

3）受损山体边坡植被恢复技术。边坡可分为坡顶边坡、坡面边坡、马道边坡及坡脚边坡几种类型。不同的边坡植被种类需求不同。坡顶边坡要以藤蔓为主；坡面边坡中坡度大于 65°的岩石坡面，以藤本植物为主，辅以小乔木和灌木；坡度小于 65°的岩石坡面，按比例种植草本植物、乔木植物和灌木植物；泥质坡面要以木本植物为主，乔木、灌木、草本植物结合种植；马道边坡以乔木和灌木为主，乔木、灌木、草本植物、藤本植物相结合；坡脚边坡需先回填种植土，再定植以乔木、灌木为主，乔木、灌木、草本植物、藤本植物相结合的植物（李永祺等，2016）。

2. 恢复后监测、管理与保护

（1）恢复后监测

海岛恢复后监测内容主要包括自然属性及其变化、海岛开发利用及其变化、海岛管理与执法情况和特殊用途海岛情况。由于海岛具有远离陆地、人烟稀少、交通不便的特点，海岛监测采取以航空遥感为主，辅以船舶巡航、卫星遥感、登岛调查和专项调查的方法（林宁等，2013）。

（2）恢复后管理与保护

①定植植被管理与保护。植被定植后，要进行抚育养护，定期浇水、除草、施肥；防治病虫害，感染病虫害的植株要及时移除；歪倒植株扶正支撑，死亡植株及时补植等。②水资源保护。海岛普遍缺乏淡水，因此水资源的保护对海岛恢复尤为重要。制定相应法律规范，对海岛淡水开采和使用进行限制；开发污水处理技术，实现水资源循环使用；植树造林，涵养水源，防止水土流失；修建水库储水；通过蓄水池等收集雨水；通过多种技术方法进行海水淡化（李永祺等，2016）。

五、海草床的生态恢复

1. 海草床生态恢复的技术方法

(1) 调查方法

①实地调查技术方法。根据国家海洋局《海洋化学调查技术规程》《海洋生物生态调查技术规程》进行现场调查。调查内容包括指定海域的水文、理化因素及生物因素。对于潮下带海草床植物现状，可以通过地面勘察和采样进行调查。②遥感遥测调查技术方法。通过3S技术、航空摄像和水下摄像等野外调查的辅助工作，可以完成大尺度范围的分布调查及浅水区绘图等工作。③资料搜集方法。对恢复目标区域的相关研究文献进行搜集，同时通过相关政府部门获得目标区域水文、气象的长期监测资料（李永祺等，2016）。

(2) 建群种的选择及生物学研究方法

根据藻类和海草生长繁殖对环境的要求与海区自然条件的符合程度，确定大型海藻和海草的种类。对于恢复或重建型海藻场和海草床，原则上以原种类的大型海藻和海草作为底播种。对于新营造的海藻场和海草床，原则上以周围海域存在的大型海藻和海草作为底播种。对建群种的研究方法主要包括繁殖生物学研究方法、生理学研究方法、生态学研究方法等。

(3) 生境整治方法

1）自然保护法。停止对海草床生境的破坏和开发，采取保护措施，杜绝或减少人类活动对海藻场和海草床的干扰，借助海藻和海草的自然繁衍逐步恢复（李森等，2010）。该方法的优点为对现有海草床不产生破坏，对生境的人为影响小，资金投入少。但该法恢复周期长；要求现有海草床必须具有一定规模，且具备自我恢复能力；无法应用于重建型和营造型海草床生态工程。

2）基底整治法。基底整治主要应用于潮间带及浅湾。基底整治包括沙、泥、岩比例的调整，底质酸碱度的调节，基底坡度和基底形状的整备等。一般来说，多数海藻都需要坡度较缓、水深较浅的硬质底，而海草则需要淤泥质与沙质基质。基底整治法对现有海藻场无影响。但该法恢复周期长，藻礁的制造、运输工作工程量大，费用高。①基底清理法。清理恢复目标区域基底附着物，为恢复植物的附着和生长提供基质空间。②潮间带筑槽法。在恢复目标区域（一般为岩基潮间带）用高标号水泥修筑网格水槽，减少潮汐水流以及干露的影响。③潮间带筑台法。在沙质基底上利用水泥构建阶梯状平台以利于海藻附着。④人工藻礁法。人工藻礁法是在恢复目标区域人为投放人工藻礁，为大型海藻提供自然附着场所（于沛民等，2007）。面积较大且表面积粗糙的构件有利于海藻的固着。

(4) 植物体的获得、移植或撒播方法

1）植株移植法。植株移植法是海草床恢复的常用方法。海草植株移植包括植株采集和栽种两个过程。不同植株移植方法，实际上就是对移植单元（Planting unit，PU）进行的不同采集和栽种方法。依据PU的不同，可以将海草植株移植法划分为草皮法、草块法和根状茎法三大类。前两者的PU具有完整的底质和根状茎，而根状茎法的PU不包括底质，是由单株或多株只包含2个茎节以上根状茎的植株构成的集合体。①草皮法。草皮法是指采集一定单位面积的扁平状草皮作为PU，然后将其平铺于移植区域海底的一种植株移植方法。该方法操作简单，易形成新草床，但对 PU 采集草床的破坏较大，且未将 PU 埋于底质中，因此易受海流的影响，在遭遇暴风雨等恶劣天气时新移植 PU 的留存率非常低。②草块法。草块法也称为核心法，是继草皮法之后，用于改良 PU 固定不足而提出的一种更为成功的移植方法，是指通过 PVC 管等空心工具，采集一定单位体积的圆柱体、长方体或其他不规则体的草块作为 PU，并在移植区域海底挖掘与 PU 同样规格的 "坑"，将 PU 放入后压实四周底泥，从而实现海草植株移植的一种方法。与草皮法相比，草块法加强了对 PU 的固定，因此移植植株的留存率和成活率均明显提高，但该方法对 PU 采集草床的破坏仍很大，劳动强度也大幅增加。③根状茎法。草皮法和草块法的 PU 具有完整的底质和根状茎，运输不便，且对 PU 采集草床的破坏较大。随后，根状茎法被提出，注重了对 PU 的固定，有易操作、无污染、破坏性小等特点，并衍生出许多分支方法，概括起来主要有以下 5 种：a) 直插法。直插法也称为手工移栽法，是指利用铁铲等工具将 PU 的根状茎掩埋于移植海区底质中的一种植株移植方法。该方法未添加任何锚定装置，操作简单，但对 PU 的固定不足，尤其是在海流较急或风浪较频繁的海域，移植植株的存活率一般较低。b) 沉子法。沉子法是指将 PU 绑缚或系扎于木棒、竹竿等物体上，然后将其掩埋或投掷于移植海区中的一种植株移植方法。该方法加强了对 PU 的固定，但在底质较硬的海区其固定力仍不足。c) 枚订法。枚订法是参照订书针的原理，使用 U 型、V 型或 I 型金属或木制、竹制枚订，将 PU 固定于移植海域底质中的一种植株移植方法。该方法对 PU 固定较好，移植植株成活率高，但劳动强度相对较大。d) 框架法。框架法是美国新罕布什尔大学 Short 教授于 2002 年研发的一种用于移植大叶藻（*Zostera marina*）植株的方法，是框架由钢筋焊接而成，且框架内部放置砖头等重物作为沉子，将 PU 绑缚于框架之上，然后直接抛掷于移植海域的方法，PU 与框架之间的绑缚材料采用可降解材料，能够对框架进行回收再利用。该方法对 PU 固定较好，且 PU 受框架的保护，减少了其他生物的扰动，因此移植植株成活率较高，但框架的制作与回收增加了移植成本和劳动强度。e) 夹系法。夹系法也称网格法或挂网法，是指将 PU 的叶鞘部分夹系于网格或绳索等物体的间隙，然后将网格或绳索固定于移植海域海底的一种植株移植方法。该方法操作较简单，成本较低，但网格或绳索等物质不易回收，遗留在移植海域可能对海洋环境造成污染（曾星，2013）。

2) 种子撒播法。种子撒播法用于海草床的修复与重建，虽然撒播处理方法较多，但是首先均需要通过潜水采集或退潮时人工收集海草种子（李森等，2010）。①直接撒播法。将收集到的种子直接撒播在恢复目标区域的底质上。②底质播埋法。将收集到的种子埋入底质之下。国外已有机械设备可以将海草种子比较均匀地撒播在底质 1～2 cm 深处。③漂浮网箱法。将种子置于小孔径网袋或者浮箱中，种子将随着海浪的打动散播到海底。④发芽移植法。将种子置于环境条件可控的室内进行培养，待其发芽后移植到恢复目标区域。种子撒播法的优点是该方法通过植物的有性繁殖方式恢复海草床，可提高海草床的遗传多样性；种子较成熟植株便于运输，尤其适用于交通不便的海岛周边海草床的恢复。与成熟植株移植法相比，该方法对现有海草床的影响相对较小。种子撒播法的缺点为由于海草床生产种子的数量和成熟时间具有不确定性，同时海草种子体积微小，因此大量收集种子十分困难；种子由于淤埋、随水流失或遭到取食而损失；大规模收集种子也会影响现有海草床的自然补充；种子撒播产生的海草年龄结构单一，稳定性较差（李永祺等，2016）。

3) 幼植体撒播法。幼植体撒播法可用于海藻场的恢复与重建，虽然撒播处理方法较多，但是首先均需要采集成熟且即将释放配子的植株，诱导配子放散，而后收集幼植体。成熟植株的获得方法一般为在此种植物生长茂盛的区域进行采集，但是对于能够人工养殖的一些大型海藻（如鼠尾藻）而言，获取植株的最优途径为人工繁育。①泼洒播种法。将收集的幼植体泼洒在潮间带水面上，使其自然沉降在岩礁上。②固着投播法。将收集的幼植体喷洒在预制附着基上（如混凝土藻礁、石块、贝壳等）进行室内固着培育，培育至 5 mm 大小后，投播在恢复目标区域（李永祺等，2016；钱宏林等，2016）。

2. 监测、管理与保护方法

（1）监测与养护方法

①监测技术方法。海藻场和海草床恢复过程中需要进行定期的监测，主要指标包括移植种苗的成活率、生长长度、生长密度、成熟状况，植食性动物种群增长情况，杂藻附生情况。②养护技术方法。海藻场和海草床在恢复过程中需要不断地进行养护管理。a）幼植体和种子的保护。无论是撒播幼植体的海藻场，还是撒播种子的海草床，都需要对幼植体和种子进行保护，防止流失。在撒播后覆盖网罩，一方面可以防止幼植体和种子随水流失，另一方面可以阻止植食性动物对幼植体和种子的取食。b）喷洒营养盐。对于使用幼植体撒播法恢复的潮间带海藻场，需要在幼植体固着生长初期喷洒营养盐，促进幼植体生长，使其快速形成优势种群。c）干露防护。对于在潮间带基岩区域恢复的海藻场，可以在恢复区域上方铺盖遮阳网，同时喷洒海水以防止干露和阳光曝晒对幼植体的不利影响。d）杂藻控制。在恢复目标植物尚未形成优势种群之前，需要对群落中的其他植物数量进行控制。其中人工清除法和药剂控制法最为常用（李永祺等，2016）。

（2）恢复效果评估方法

评估方法涉及海草床的种群丰度、生物多样性指数、生物量增长情况。相关指标可参考国家海洋局《海洋生物生态调查技术规程》。另外还需要对海草床的生态系统服务功能价值进行评估（韩秋影等，2008b）。

六、珊瑚礁的生态恢复

1. 珊瑚礁生态恢复的技术方法

（1）调查方法

①珊瑚受损状况调查。采用潜水方法现场调查，但费时费力，无法获得大面积的数据。根据目标和监测对象不同，利用遥感技术对珊瑚礁进行调查，获得监测数据后进行影像处理、数据处理、信息提取、结果分析与校正等。通过查阅文献资料、走访调查等，对目标区域珊瑚礁历史状况及现状进行调查。②珊瑚礁生境调查。通过现场取样的方法，对海水水质（如盐度、温度、pH、营养盐浓度等）进行测定。通过遥感法调查底质类型及分布，监测目标区域海洋及大气环境，预测灾害发生等。③人工干扰及自然捕食情况调查。可采取走访调查方式，对破坏性开采、捕捞、污染物排放等情况进行调查；向有关部门搜集资料，对周围工农业、旅游业情况进行调查。④珊瑚礁受损原因及程度调查。通过资料搜集和现场调查、走访，分析珊瑚礁生态系统受损是源于自然因素还是源于人为干扰。自然因素主要有全球变暖、台风、风暴潮、海啸、疾病、捕食作用等；人为因素主要有珊瑚礁开采、不合理捕捞、海洋污染（如悬浮物增加、营养盐污染）、过度捕捞、船舶搁浅、潜水和抛锚等。从不同层

次对珊瑚礁受损程度进行分析，主要包括珊瑚健康状况、底质、大型底栖藻类、生物种类及数量；珊瑚健康状况指标包括形态、高度、覆盖度、长度、死亡率等（陈彬等，2012；李永祺等，2016）。

（2）珊瑚礁生态恢复的技术方法

1）恢复模式选择。目前，珊瑚礁生态恢复的模式主要有两种，即通过管理手段来消除造成珊瑚礁生态平衡压力的自然恢复方法和主动恢复方法。由于目前技术的限制，主动恢复的规模还比较小，成效也不是特别显著。①有效管理下的自然恢复。珊瑚礁的自然恢复是指对退化的珊瑚礁实行封闭或采取其他相应的管理措施来消减甚至消除压力。当珊瑚礁生态系统仅受到较轻微的破坏时，即自我恢复速度大于退化速度时，可在停止人为干扰后，采取自然恢复的方法，自然恢复的措施主要包括建立自然保护区、开发污染治理技术、纳入环境评估体系、禁止珊瑚礁的挖掘、提高珊瑚礁保护意识等。②主动恢复。当珊瑚礁生态系统退化到无法自然恢复时，需要采用主动恢复方法。主动恢复又分为物理恢复和生物恢复。物理恢复是指珊瑚的栖息地受到了严重损害，地形地貌条件已经大大改变，已经不适宜珊瑚的存活和生长时采取工程措施实行恢复。生物恢复是指进行珊瑚礁的培育和移植。通常，需要将物理恢复和生物恢复结合起来：需要先进行水下地形地貌的恢复，塑造适宜珊瑚生长的基质，再进行珊瑚的移植和培育（陈彬等，2012；李永祺等，2016）。

2）人工恢复法。人工恢复主要通过珊瑚移植的方法进行。①移植适宜性分析。珊瑚移植前要进行评估，分析目标地区是否适宜珊瑚移植。评估项目主要包括水质、底质、退化程度等。适合进行珊瑚移植恢复的主要情况有以下几种：a）受干扰的珊瑚区正处在优势种由石珊瑚向软珊瑚和微藻转变的过渡时期。b）珊瑚区由于珊瑚幼虫的减少或是底质的不稳固而使其本身的后备补充不足。c）存在大量的可移植珊瑚。d）珊瑚区的水质适合珊瑚的生长等（李元超等，2008）。②稳固基底。珊瑚生长的好坏与基底有着密切关系。硬质基底，如岩石、礁块、砾石等均是珊瑚生长的良好条件，而在松散的基底（如沙泥或泥）中，珊瑚则难以生长（陈彬等，2012）。如果基底不稳定，附着的珊瑚幼虫可能会发生脱落。国外主要采用水泥把碎石区覆盖或者把碎石搬走的方法固定底质。在许多珊瑚礁保护区，工作人员将活动的碎石用水泥等胶合在一起以稳定底质，效果非常明显，被广泛应用于珊瑚礁的恢复工作中。它不仅加大了珊瑚自然恢复补充的速率，也使得移植成活率大大提高（李元超等，2008）。③水污染治理。首先应建立完备的污水处理系统，对水域污染抓本清源，采用"控、净、停"的方法（兰竹虹等，2006），改善水质状况。珊瑚礁生态系统周围的工农业废水经处理达标后方可排放入海；不达标的则应严格控制，禁止排放。对于已经污染的水域，应进行生态治理。治理方法包括物理法、化学法和生物法。④珊瑚种类的选择。不同海域适宜生长的珊瑚种类不同，在移植时要选用环境适应性较强的种类。同时，还要考虑移植后生态系统遗传多样性的问题，选择多种珊瑚，以利于生态系统的稳定。⑤珊瑚大小的选择。珊瑚大小以适中为宜。若移植个体较小，易被捕食；若移植个体较大，则会影响供体珊瑚的繁殖。⑥移植试验。在恢复前进行小规模、不同种类珊瑚的移植试验，选取存活率高的珊瑚作为移植种（李永祺等，2016）。⑦珊瑚移植。珊瑚移植方法主要有直接移植和养殖移植两种。直接移植多为无性移植。无性移植是指利用珊瑚的出芽繁殖与断枝繁殖的特性进行珊瑚的移植。根据所用珊瑚体的大小，无性移植又可分为成体移植、截枝移植、微型芽植和单体移植4种。a）成体移植：指利用珊瑚成体进行移植的技术，是目前比较普遍的移植技术。b）截枝移植：指将珊瑚截成一定大小的枝状或块状的形态而进行移植的技术，在不同的珊瑚中，由于肌体结构和抗感染能力的不同，在同一海洋环境下，移植的成活率大不相同。如鹿角珊瑚的成活率通常比蜂巢珊瑚低。c）微型芽植：指用数个水螅体组成的芽状珊瑚移植块进行移植的技术，该技术适用于各种形态的珊瑚，如枝状珊瑚、壳状等扁平生长的珊瑚。但其难度比成体移植和截枝移植高。d）单体移植：指用单个水螅体珊瑚杯作为移植块的珊瑚移植技术，该技术是珊瑚无性移植中难度最大、但也是最能节约资源与成本的移植技术，目前还处于实验室研究阶段。养殖移植多为有性移植。有性移植是指通过采集受精卵，进行孵化、育苗、采苗和野外投放与室内栽培来进行珊瑚移植。珊瑚在自然状态下会产很多卵，但是其中的大多数不能存活。所以，对这些卵进行收集和人工孵化、培育，获得大量新的珊瑚，是提高珊瑚的数量和质量的好方法。相对于无性繁殖来说，有性繁殖主要有两大优势：一是有性繁殖可以提供大量的珊瑚来源，以满足移植和修复的需要，不需要从珊瑚供体采摘珊瑚，对珊瑚的供体可以起到很好的保护作用；二是经过有性繁殖的珊瑚具有遗传多样性的特征，这对于珊瑚群落乃至整个生态系统的稳定和平衡都有重要的作用。有性移植的具体措施是先采集一些珊瑚片段放置在特制的培育箱中，待其产卵孵化后，等小珊瑚长到足够的尺寸再把它们移植到修复地（陈彬等，2012）。

2. 监测、管理与保护方法

（1）珊瑚礁恢复后监测与评估

珊瑚移植后利用遥感技术、实地调查法等拍摄并记录珊瑚生长状况，包括死亡率、病虫害情况、补植情况及生物多样性等内容，并对以上指标进行评估。

（2）珊瑚礁恢复后保护与管理

①设立自然保护区，防止人为干扰对珊瑚礁生态系统产生影响。②制定法律，加大执法力度，对破坏珊瑚礁生态系统的行为进行处罚。③各部门合作，加强对珊瑚礁生态系统的管理。④加大宣传力度，提高公民的保护意识（李永祺等，2016）。

第六章

外来生物入侵与防控

动物、植物、微生物等外来生物入侵已成为当今世界最棘手的三大环境难题（生物入侵、全球气候变化和生境破坏）之一。一些外来物种入侵成功后，在没有天敌的生境中，能够快速蔓延，通过压制或排挤本地物种，形成单优势种群，夺取当地生物的空间和养分，危及本地物种的生存，加快本地物种的消失与灭绝，严重破坏了滨海湿地生态系统的结构和功能，已成为滨海湿地退化的重要原因之一。因此，在滨海湿地的恢复过程中，必须加强和做好生物防控，防止外来生物入侵。

第一节　外来生物入侵的危害

 外来生物入侵的概念和定义

1. 外来物种的概念

外来物种（Alien species，Exotic species，Introduced species，Nonindigenous species）是指那些出现在其过去或现在物种自然分布区及潜在分布区之外、经不同载体携带传送而在新分布区出现的物种、亚种或亚型等分类单元，包括其所有可能存活、继而繁殖的部分、配子或繁殖体。相反，过去本地已经存在的物种称为本地种（Native species）或固有种及土著种（Indigenous species）（李永祺，2012；李永祺等，2016）。

入侵物种（Invasive species）是指由于人类有意或无意的行为而发生迁移，并在自然或半自然生态系统或生境中建立了种群，改变和威胁本地生物多样性的外来物种。其分类阶元主要是种或亚种，也包括种子、卵、孢子或其他能使种族繁衍的生物材料（李振宇等，2002）。外来入侵物种（Alien invasive species）是指在自然或半自然生态系统或生境中形成了自我再生能力，对本地生物多样性产生影响并构成威胁的外来物种（徐海根等，2003）。

2. 外来生物入侵的定义

有关生物入侵（Biological invasions）的定义，不同的学者有不同的解释，但都应当包含入侵种的地理属性、入侵种种群的增长和对被入侵地区的负面影响。

李博等（2002）认为：生物入侵是指非土著种进入一个过去不曾分布的地区，并能存活、繁殖，其种群数量不断增加，形成野化种群（Feral population），其种群的进一步扩散已经或将造成明显的环境和经济后果，这一过程称为生物入侵。李永祺（2012）认为：生物入侵是指非本地物种由于自然或人为因素从原分布区域进入一个新的区域（进化史上不曾分布）的地理扩张过程。典型的入侵过程包括四个阶段：侵入、种群建立、扩散和造成危害。

当非本地种，即外来种，已经或即将对本地经济、环境、社会和人类健康造成损害时，称其为"入侵种"。乔延龙等（2010）认为：生物入侵是指外源生物（包括微生物、植物、动物）被引入本土，种群迅速蔓延失控，造成本土种类濒临灭绝，并引发其他危害的现象。《环境科学大辞典（修订版）》（2008）将生物入侵定义为：生物入侵是指某种生物从外地自然传入或人为引种后成为野生状态，并对本地生态系统造成一定危害的现象。

河北省国土资源厅等（2007）在《河北省海洋资源调查与评价综合报告》一书中指出：物种入侵（Species invasion）指非本土原产的、借助人类活动越过不能自然逾越的空间障碍而入境的物种，在当地的自然或人为生态系统中定居，并可自行繁殖和扩散，最终明显影响当地生态环境，损害当地生物多样性。

外来物种入侵（Exotic species invasion）是指一种不属于本地生态系统的生物物种，由于人为原因或通过其他方式传入原产地之外的地理区域或生态系统，并在那里定殖、定居下来，通过繁殖建立起自然种群，并且威胁入侵地的生物多样性，破坏生态平衡，严重影响社会经济和人类健康的现象（李宏等，2017）。

外来生物入侵是指通过人类活动或其他自然因素使某些生物从原分布区入侵到一个不曾分布的新区域，建立优势种群，威胁或破坏被入侵区域原有的生态平衡，并进而造成一种生态灾难的过程和现象。

二、外来生物入侵的两面性

1. 外来生物入侵的有益性

外来生物引进是发展农林牧渔业的重要途径之一（李永祺，2012）。人类有意引进的海洋物种多出于海水养殖需要或者改善滩涂环境等需要，因此引进的多是经济价值高或品种优良的物种。初步统计结果表明，我国引进的国外和部分国内不同区域的外来水生经济生物达140余种。在水产养殖业中，人们为了改良品种、提高品质往往有意从国外引进物种（白佳玉，2017）。其中已引进的一些养殖种类在海水养殖业的发展中起到了重要作用，如日本囊对虾（*Marsupenaeus japonicus*）、凡纳滨对虾（*Litopenaeus vannamei*）、海湾扇贝（*Argopecten irradians*）、虾夷扇贝（*Patinopecten yessoensis*）、太平洋牡蛎（*Crassostrea gigas*）、美国红鲍（*Haliotis rufescens*）和大菱鲆（*Scophthalmus maximus*）等。海带（*Laminaria japonica*）在我国也属于外来物种，其种群在我国已有80多年的历史，目前是我国北方海区海底植被的重要组成种类，在近海生态系统尤其是海藻生态系统中占据重要的生态地位（李永祺，2012）。凡纳滨对虾在我国逐步发展成为产能最大的对虾养殖品种，年产100多万 t，直接产值达数百亿元。

2. 外来生物入侵的危害性

外来生物入侵对生物安全的危害首先是造成经济上的巨大损失，然后对整个生态系统的平衡、人类社会的发展都潜藏着巨大的威胁。在外来生物的引进过程中，由于缺乏有效的管理，其中部分物种变为入侵物种。这些入侵物种在新的环境中缺乏天敌制约，繁殖十分迅速，对原有生物群落和生态系统的稳定性形成威胁，导致生境破坏、群落结构异常、生物多样性降低，最终破坏当地的生态系统，引发生态系统退化甚至崩溃。例如，20 世纪 80 年代，为了保滩护岸、改良土壤、绿化海滩与改善海滩生态环境，我国沿海地区开始种植大米草

（*Spartina anglica*）和互花米草。但在实际种植后发现，大米草所含盐分很高，根本不适合作饲料。但是大米草繁殖能力很强，目前已经在浙江、福建、广东、香港大面积逸生，造成港口航道淤塞，破坏红树林，赶走滩涂鱼虾贝等海洋经济生物，使滩涂养殖功能丧失殆尽，海水养殖业损失惨重（白佳玉，2017）。

（1）对湿地生物遗传多样性的影响

外来生物入侵造成湿地物种遗传变异，形成优势杂交种。①一些外来有害物种会与湿地内存在的近源物种发生杂交，形成的杂交种改变湿地本地物种的基因结构，造成基因侵蚀，产生的杂交后代可能比亲代更具有抗逆性或繁殖能力，对湿地内的本地物种产生压迫甚至使其濒临灭绝，造成遗传污染。②外来物种不与湿地内本地物种杂交，但其繁殖力和生存力强，新的环境中也缺少制约因子，快速增殖的种群挤占和侵害了湿地原有生物种群的生态位，迫使湿地生态环境片段化或被分割，使得同一物种间产生自然隔离。本地种群被分割成不同数目的小种群后，造成一些物种的遗传漂变和近亲交配，从而导致本地种纯合性增加、杂合性减少以及近亲衰退，最终造成湿地内本地种种群破碎化（于辉等，2014）。

（2）对湿地生态系统结构的影响

外来物种对滨海湿地生态系统的影响可能有三种情况：①外来物种对经济和社会有积极的影响，同时对生态系统的平衡有着稳定和促进作用，如生物防治。②外来物种在新的生态系统中是非关键种，生态位也不与其他物种重复。③外来物种对生态系统所造成的危害是极大的，有时是毁灭性影响（杨圣云等，2001）。外来物种改变湿地生态系统功能。在湿地生态系统漫长的形成过程中，各种生物之间相互协调、相互制约，系统中的能量流动、信息传递、物质循环都已固定。被引入的物种常常是近岸生物群落的优势种，它们具有很强的生存能力，因此对生态系统的结构有着很强的改造能力。外来物种入侵所带来的一系列水土、气候等不良影响将改变湿地生态系统的平衡性。外来入侵物种通过竞争、占据本地物种的生态位、排挤湿地本地物种或与本地物种争夺食物的方式改变种群结构、抵抗能力、食物链结构等，使得食物链发生断裂、湿地生态系统失衡，从而影响到整个湿地生态系统原有的结构与功能，造成湿地生态系统的演化停滞或退化。这种生态系统结构的改变一旦发生将很难进行有效恢复。此外，外来物种通过影响湿地内原有物种数量和种类影响整个湿地生态系统的结构（于辉等，2014）。

（3）对湿地物种多样性的影响

由于外来物种的适应性强，通过竞争食物、争夺生活空间等方式来抑制本地物种的生长和繁殖，甚至分泌化感物质直接扼杀本地物种，使得本地物种种类和数量减少，生物入侵种逐渐演变为优势种，入侵生物还将加速处于濒危和灭绝边缘的水生生物物种的灭绝，造成生态系统的物种多样性下降（乔延龙等，2010）。①竞争性强。在物种原生地，由于自然竞争、天敌制约等限制，种群的消长变化比较平稳。被引入到异地后，多种生存压力解除，又很少受到捕食者、寄生者和群落疾病的影响，它们则会在一定时期内迅速形成优势种群，蔓延成灾，破坏本地的生物群落结构。而本地物种由于大环境的隔离，没有任何此方面的经历，缺乏对外来捕食者和竞争者的防护和竞争能力。因此，入侵的外来物种可能通过损害本地种建立起自己的种群，最后灭绝本地物种种群。如福建东吾洋沿岸滩涂，原有海洋生物 200 多种，引进大米草以后，海洋生物濒临绝迹。②无天敌。入侵生物在新的生境中缺乏能制约其种群增长蔓延的天敌，它们通过与本地种竞争有限的食物资源和空间资源而取而代之。原生物种会受到生境退化、生境片段化和污染的相互影响而减退；而已定居的外来物种则不可能从群落中消失，一旦外来物种建立了庞大的种群，在群落中同其他物种高度混杂，以致根除它们也就特别困难和耗费巨大（杨圣云等，2001）。

（4）改变或破坏生境

生物的生长可以改变环境的特征，反之，环境影响着生物的生长和分布等一些生物学特征。外来物种入侵种群的繁衍和扩张改变了被入侵湿地生境的原来特性或者造成生境破坏，使水域生态系统的营养等级发生变化、生态环境自身净化能力降低、水生生物栖息地的生态体系质量下降。生境的改变或破坏势必会导致生物多样性减少、生物群落异常。当生境与生物群落结构功能因外来生物入侵而被破坏后，原有生态系统的相对平衡状态被打破，极易导致逆向生态演替。例如，我国早期引进的虾夷马粪海胆（*Strongylocentrotus intermedius*）逃逸到天然水体中，可以咬断海底大型海藻根部，进而破坏海草床，造成海草大面积死亡，使水体的自净能力受到严重制约。渤海湾2003年暴发的大面积赤潮，经鉴定属于赤潮异弯藻（*Heterosigma akashiwo* Hada）、夜光藻和球形棕囊藻（*Phaeocystis globosa*）等外来藻类过度繁殖引发的赤潮，严重影响了渤海的水环境质量。入侵物种在对本地水生生物物种生存构成威胁的同时，对水生生物生存的水环境质量也会造成危害（乔延龙等，2010）。

（5）引发病害

外来生物入侵有可能携带病原生物，引发被入侵湿地生物发生新的病害，而本地的原生动植物对入侵的病害几乎没有抗性，于是很容易引起病害流行，继而引起生境质量下降，导致湿地生物大量死亡，引发生态系统退化。病原微生物形体微小，极易通过各种途径入侵、传播和扩散。此外，外来种携带的病原微生物和寄生虫还可能给人类造成严重的伤害。

（6）对经济和社会的危害

外来生物入侵不仅对滨海湿地的生物多样性和生态系统安全带来严重影响，还会对经济发展和社会文化带来间接的危害。外来物种入侵带来的本地物种减少、湿地景观丧失、养殖退化、赤潮频发、生物病害等会直接导致海洋渔业、养殖业、旅游业、交通运输业以及其他滨海产业的直接或间接的经济损失，继而引发劳动就业、社会安定等一系列的社会问题。

三、外来生物入侵现状

1. 入侵现状

近年来，我国外来生物入侵呈现数量多、传入频率加快、蔓延范围扩大、危害加剧、经济损失加重的趋势（李坤陶等，2006）。据湿地国际·中国网站（www. wetwonder. org）报道，现有450多种外来物种侵入我国，经济年损失达千亿元。随着全球人口的不断增加和人类经济活动的迅猛发展，外来物种入侵问题对世界各国造成越来越强烈的冲击。我国更是成为遭受外来物种入侵最严重的国家之一（《国家湿地》第十六期，2012）。海南东寨港红树林有外来入侵植物28种，广西滨海湿地有外来入侵植物16种，深圳湾滨海湿地受薇甘菊的危害最为严重，福建滨海湿地外来入侵植物最典型的是互花米草，互花米草是我国滨海湿地的主要入侵植物，江苏滨海湿地滩涂受互花米草危害严重，长江口九段沙湿地、崇明东滩湿地、天津滨海滩涂都受到互花米草的严重危害（昝启杰等，2013）。

在黄海大海洋生态系的渤海和黄海海区中，共有动物性海洋入侵种 45 种，除 2 种哺乳纲动物和 3 种昆虫纲动物外，其他 40 种动物均生活在渤海和黄海沿海的海水、咸淡水和河口淡水中。69 种植物性海洋入侵种中有 40 种双子叶植物生活在滨海陆地上，24 种藻类植物生长在滨海和黄海地区的海水、咸淡水和河口淡水中。大米草和互花米草生活在沿海滩涂中，其他植物主要生长在滨海陆地上。大米草在黄河三角洲湿地已造成了严重的生态损害（白佳玉，2017）。

2. 滨海湿地外来入侵植物

据有关资料报道，我国滨海湿地主要外来植物有 30 余种，分别为含羞草（*Mimosa pudica*）、无刺含羞草（*Mimosa invisa* Mart. ex Colla var. *inermis* Adelh）、光荚含羞草（*Mimosa bimucronata*）、马缨丹（*Lantana camara*）、龙珠果（*Passiflora foetida*）、凤眼莲、巴拉草（*Brachiaria mutica*）、红毛草（*Rhynchelytrum repens*）、象草（*Pennisetum purpureum*）、稗（*Echinochloa crusgalli*）、铺地黍（*Panicum repens*）、两耳草（*Paspalum conjugatum*）、赛葵（*Malvastrum coromandelianum*）、飞扬草（*Euphorbia hirta*）、野甘草（*Scoparia dulcis*）、五爪金龙（*Ipomoea cairica*）、银合欢（*Leucaena leucocephala*）、白花鬼针草（*Bidens pilosa* var. *radiata*）、薇甘菊、美洲蟛蜞菊（*Wedelia trilobata*）、钻形紫菀（*Aster subulatus*）、假臭草（*Praxelis clematidea*）、紫茎泽兰（*Eupatorium adenophorum*）、胜红蓟（*Ageratum conyzoides*）、皱果苋（*Amaranthus viridis*）、绿穗苋（*Amaranthus hybridus*）、空心莲子草（喜旱莲子草）（*Alternanthera philoxeroides*）、水茄（*Solanum torvum*）、香根草（*Vetiveria zizanioides*）、互花米草、大米草、大黍（*Panicum maximum*）、豚草（*Ambrosia artemisiifolia*）等。其中，危害最为严重的有薇甘菊、互花米草、凤眼莲等（昝启杰等，2013）。互花米草、大米草对滨海滩涂湿地危害最大，薇甘菊对红树林有较大的危害，凤眼莲仅危及滨海湿地的淡水或微咸水区域。

第二节　滨海湿地的几种重要外来入侵植物

一、互花米草

对我国滨海湿地造成最大危害的外来入侵物种是原产于美国东南部沿岸的互花米草。鉴于互花米草的耐贫瘠、高抗性和高生产力的特性，1979 年南京大学从美国北卡罗来纳、佐治亚和佛罗里达分别引进了 3 种不同生态型的互花米草，以取代植株矮小、生物量较低的大米草（*Spartina anglica*）（徐国万等，1985）。自此，互花米草在全国海岸带被广泛种植，后经自然扩散，至今已成为我国沿海潮滩分布面积最广的盐沼植物，辽宁、天津、山东、江苏、上海、浙江、福建、广东、广西等沿海地区淤泥质潮滩上均有分布，几乎已遍及我国海岸线，分布面积约 344 km²，江苏、浙江、上海和福建是分布最集中的地区（马志远等，2017）。例如，黄河三角洲国家级自然保护区的互花米草总面积约有 3 692.07 hm²，主要分布于孤东油田东南侧和黄河现行入海口两侧三个区域，黄河现行入海口两侧互花米草面积最广，占保护区互花米草总面积的 94.39%（路峰等，2018）。互花米草在带来了一定的生态和经济效益的同时，也带来了一系列危害。

1. 互花米草形态特征和生物学特性

互花米草（图 6-1）为禾本科米草属多年生草本植物，植株形态高大健壮、茎秆挺拔。株高 1~3 m，茎秆粗壮，直径约 1 cm。茎叶都有叶鞘包裹，叶互生，呈长披针形，长可达 90 cm，宽 1.5~2.0 cm，深绿色或淡绿色，背面有蜡质光。茎秆基部叶片相对较短，向上则变宽变长，植株花期为 7—10 月，穗形花序，有 10 余小穗，白色羽状。互花米草的地下部分包括长而粗的地下茎和短而细的须根，根系发达，密布于 30~100 cm 深的土层中。互花米草生长于潮间带，植株耐盐耐淹，抗风浪，种子可随风浪传播。单株一年内可繁殖几十甚至上百株。它是一种典型的盐生植物，具有广盐性，适盐范围是 0~30，对盐胁迫具有高抗性。其高度发达的通气组织可为地下部分输送氧气以缓解水淹所导致的缺氧。

图 6-1　互花米草

2. 互花米草的正负生态效益

(1) 正面影响

①保滩护岸。生长于潮间带的互花米草，根系发达，植株粗壮，依靠高大密集的植株，消浪作用更明显，连片分布后可形成很好的"生物软堤坝"。当潮流流经互花米草滩地时，由于植物的柔韧性，互花米草植株随波摆动并对波浪产生反作用，使波能大大降低，削减波浪、降低流速，从而减少高潮位波浪对其后海岸、堤坝的冲刷破坏作用。②促淤造陆。互花米草具有很强的促淤造陆功能，挟带泥沙的潮流进入互花米草滩地时，能量大量消耗，流速显著降低，其茎叶能够黏附潮水带来的泥沙，这些泥沙最终沉落到滩面上，从而促进了滩面的动力沉积作用，加大造陆速度，使得滩面逐渐淤高。当滩面抬高到可围垦的高程，便可以造陆，进行土地开垦，以满足当地农村对土地的需求，这也是引入互花米草的最初目的之一。③净化海岸带水质。互花米草可以吸收、富集污水中的有机物、氮、磷等营养物质，在体内进行代谢转化，将水体中的污染物转变成植物体内的营养物质，从而降低污染物含量。此外，互花米草还可以用来解除水产养殖和石油生产带来的污染，降低对近海的养分贡献和赤潮发生的可能性。④固定 CO_2 和释放 O_2。互花米草与其他植物一样，通过光合作用和呼吸作用与大气进行 CO_2 和 O_2 交换，对维持大气 O_2 平衡、降低大气温室效应起到非常重要的作用。由于互花米草具有较长的生长季、较大的叶面积指数、较高的净光合作用速率和较大的地上部分、地下部分生物量，其固碳作用非常明显。⑤互花米草生态系统物质产品的经济效益。互花米草生物量丰富，每公顷生物量达 50~80 t，使得潮滩生态系统的初级生产力

大大提高（谭芳林，2009；林贻卿等，2008；钦佩等，2012）。

（2）负面影响

①对土著植物群落的影响。互花米草迅速蔓延，占据本地物种生态位，排挤本地种，严重威胁湿地生态系统多样性。入侵互花米草种群还可能与当地种杂交，使基因侵入土著植物基因库中，直接威胁当地种的种质保存，甚至造成濒危植物的灭绝，或形成更具入侵性的生态型，从而可能导致更为严重的生态后果。②对底栖动物的影响。互花米草入侵形成的草滩湿地环境，破坏了一些生物的生态环境，使得原先生活在这里的生物或消失或迁移，主要是泥螺、四角蛤蜊、文蛤等滩涂贝类，但少数生物可以适应这种演替阶段，如沙蚕在互花米草存在的滩涂上数量反而增加。总体来看，互花米草入侵后降低了底泥中的无脊椎动物总密度和丰富度。③对鸟类的影响。互花米草入侵取代土著植物，占领光滩，形成密集的单一群落，从而使鸟类栖息和觅食的生境丧失，导致鸟类种群数量减少，对涉禽的影响更明显。在我国盐城丹顶鹤自然保护区，互花米草带长势好、密度高，使丹顶鹤的行动不便，从而降低了保护区作为栖息地的价值。另外，成片的互花米草也使以海三棱藨草（*Scirpus mariqueter*）的球茎和小坚果以及芦苇的根状茎为食的雁群、野鸭群、小天鹅群和白枕鹤（*Grus vipio*）等多种鸟类数量减少，同时也影响了以底栖动物为食的鸻鹬类和白鹭类等鸟类。④对自然环境的影响。互花米草的生长和泥沙的快速淤积显著改变了潮间带的地形，妨碍潮沟和水道的畅通，从而影响了潮间带水的正常流动；在夏季大汛时，就会影响河流的排涝，甚至导致洪水泛滥。入侵的互花米草地上部分改变了土壤表面光照条件以及温度波动范围，根系生长改变了土壤的物理化学性质。互花米草根、茎、叶的腐烂，使淤泥的有机质、腐殖质大量累积；土壤剖面变成黑色，土壤黏粒含量显著增加，表层土壤粒径显著小于相邻地点的光滩；互花米草的入侵还会影响盐沼土壤孔隙中水分的氧化还原电位，提高底泥中硫化物的氧化程度以及底泥中厌氧微生物的活性，同时互花米草的根系能扰乱滩面的结构。总之，互花米草的入侵改变了地形及土壤理化性质等自然条件，进而可能会对土著生物群落产生重大的影响。⑤对经济的影响。互花米草的入侵直接威胁水产养殖业。有关资料显示，互花米草的生物入侵对福建省宁德地区滩涂养殖造成的直接经济损失每年高达近十亿元。三都湾 4 000 hm² 之多的互花米草所占用的滩涂，绝大多数都是缢蛏、牡蛎、泥蚶、花蛤等贝类良好的养殖埕地，互花米草的大量入侵导致蛏、蛤、蚶等许多水产品种濒临绝迹。互花米草还会与浅海养殖的紫菜、海带等藻类争夺营养，导致福建东沿海的海带、紫菜因缺乏营养而逐年减产；另外，互花米草残体的漂流和腐烂也影响藻类的生长、收获及产品质量。互花米草侵占滩涂，还使得原来以滩涂养殖为生的大量劳动力闲置、失业或改行，给社会带来就业压力。随着互花米草面积的进一步扩大和可养殖滩涂的进一步减少，这些问题也日趋严重（谭芳林，2009；林贻卿等，2008）。

3. 防控措施

根据互花米草的生物学特性，通常采用三种方法来控制互花米草种群的进一步扩散，即物理控制、化学控制和生物控制。

（1）物理控制

物理控制主要有刈割、碾埋、挖掘、遮盖、水淹、绞杀等。①刈割。刈割能遏制互花米草的生长，有效减少其当年的产籽量及第二年的开花植株数量，但往往需要反复刈割才能奏效。如果连续收割三年，特别是在夏季收割，有可能彻底杀死植物体。采取特殊的割草机械可以提高效率，减轻人力负担。②碾埋。用轻型履带车将互花米草丛翻出并埋到沉积物中。③挖掘。挖掘可以有效控制互花米草秧苗和新定居的互花米草，但必须把挖掘出的植被放置在高水位区。挖掘所需要的劳动强度大，而且挖掘很容易折断根，造成残留根的再次发芽。所以在互花米草入侵初期有效，对大面积的成熟群落则效果不佳。④遮盖。一般考虑在夏季高温时，先收割，使整个地上部分被清除，然后覆盖较厚的黑色塑料膜，用沙包或树桩压住，当薄膜下温度升高时，互花米草地上部分很快死亡，根茎的养分将被持续输出、最后耗尽而死。缺点是塑料膜在强光下容易老化，膜下的动物以及植物的尖端可能会破坏薄膜。有研究表明遮盖1～2个生长季节后，草丛死亡，而且对环境影响较小。⑤水淹。筑堤并在堤内对互花米草进行水淹处理，可以限制其根茎的横向蔓延，也能隔绝潮流，抑制营养吸收和氧气交换，最终导致互花米草死亡。⑥绞杀。将互花米草的根茎绞碎，使根茎的长度缩短乃至失去活力、不足以再生成新个体，这种方法在夏秋季节实施为好，在冬季反而会促进发芽活动。物理控制方法的优点是如果应用得当，不污染环境，效果良好。但往往成本巨大，需要耗费大量的人力、时间，一般只适用于小面积控制（林贻卿等，2008；谭芳林，2009；张巧等，2011）。

（2）化学控制

化学控制是采用合适的除草剂来进行防除。美国曾用Rodeo（草甘膦，Glyphosate）来杀死互花米草，喷施后，通过叶面吸收并随同化产物传导至整个植株，因其阻断了芳香族氨基酸的生物合成，对植物细胞分裂、叶绿素合成、蒸腾、呼吸以及蛋白质等代谢过程产生影响而导致植株死亡，能较好地杀死互花米草。这种除草剂往往和表面吸附剂一起使用，但表面吸附剂的类型和使用时间对除草剂的使用效果影响较大。表面活性剂X-77、LI-700等有助于提高互花米草对Rodeo的吸收。近年来，美国还尝试使用Arsenal，已取得了初步的成效，作用方式与Rodeo相似，但比Rodeo更加有效，用量比Rodeo少。荷兰主要采用除草剂Gallant控制互花米草的蔓延，也取得了一定的效果。福建省农业科学院先后研制出互花米草专用除草剂BC-06、BC-08、米草净、米草星，也取得了较好的效果。化学控制，特别是应用除草剂，快速有效，可以大大扩大控制面积；但通常未被互花米草吸收的药剂会直接被海水带走，可能污染环境，从而间接影响人体健康。因此，在有些国家和地区是禁用的（林贻卿等，2008；谭芳林，2009；张巧等，2011）。

（3）生物控制

①生物防治法。生物防治法是寻找合适的昆虫、寄生虫以及病原菌等互花米草的天敌来控制互花米草种群爆发。其中一种昆虫叶蝉（*Prokelisia marginata*）（引自加利福尼亚）被认为是最具潜力的互花米草生物防治天敌因子，叶蝉可在互花米草叶片中产卵，破坏叶片维管系统的结构，其幼虫和成体还吸食互花米草叶韧皮部的汁液，消耗其能量。实验室研究发现，叶蝉密度很高时，温室培育的互花米草死亡率超过90%，但是当叶蝉密度很低时，仅有不到1%的植被死亡。而且叶蝉是狭食性的物种，对其他属的植物无明显影响。此外，还有麦角菌（*Claviceps purpurea*）可以大量感染互花米草的花，在种子内形成菌核，从而显著减少种子的产生，故也有可能被用于互花米草的生物防治，但其寄主范围不如叶蝉狭窄，除了米草属植物外，也能感染莎草科、灯芯草科和禾本科的其他植物。因此麦角菌能否作为控制互花米草的生物防治因子，还需进一步研究。玉黍螺（*Littoraria irrorata*）直接取食互花米草的叶片，导致其茎叶损伤，从而强烈抑制其生长，使互花米草产量降低38%。生

物防治法被认为是最有前景也是最经济的方法。然而，所有的实验都是在实验室或温室里进行的，在野外进行的实验至今还没有治理成功的例子。另外，生物控制的应用容易引起外来种二次生态入侵，这种生态风险也必须注意。②生物演替法。生物演替法是根据植物群落演替的自身规律，利用有经济或生态价值的竞争力强的本地植物取代外来入侵植物的一种生态学防治技术。但在米草的生物替代方面相关报道却很少。中国科学院热带林业研究所曾经于1999年在珠海汉澳岛引种无瓣海桑进行替代互花米草的实验，所种植的无瓣海桑生长速度快，在抑制互花米草的生长方面取得了较好的效果。用生物演替法进行控制，可以使部分互花米草被取代，但在其他植物无法生存的湿地上，就无能为力。同时，互花米草本身生产力高，竞争性强，再加上互花米草的存在也改变了原有土壤的理化性质，所以要用其他竞争力强的生物取代互花米草比较困难，而且演替过程往往进行得较为缓慢。但如果与物理、化学控制相结合，抑制互花米草的生长优势，则可以取得较好的效果（林贻卿等，2008；谭芳林，2009；张巧等，2011；谢宝华等，2018）。

目前所使用的防治方法都不能很好地控制互花米草的扩散，主要原因是控制方法本身的效果有限而且控制的成本较高。但是，就目前互花米草发展的趋势来看，控制互花米草种群的疯狂扩张已经是大势所趋。然而，就目前的研究结果而言，要完全控制和根除互花米草也是不实际的（林贻卿等，2008）。

二、薇甘菊

薇甘菊（*Mikania micrantha* H. B. K.），也称小花蔓泽兰或小花假泽兰，原产于热带美洲，是一种具有超强繁殖能力的菊科多年生草本植物或灌木状攀缘藤本植物，有攀缘习性，借助自身的瘦果扩散能力，广泛分布于中南美洲至美国南部，因在原产地有许多生物天敌控制其生长而未对当地造成危害。薇甘菊入侵到其他国家和地区后，由于失去了天敌，成为优势植物，构成单优的种群，排斥和取代了原有植物群落，泛滥成灾，成为一种严重危害森林植被和经济作物的农林杂草，已被列为世界上最有害的100种外来入侵物种之一。

1. 薇甘菊的生物、生态学特性

(1) 薇甘菊生物学特征

薇甘菊（图6-2），菊科，假泽兰属，为多年生草质或木质藤本，茎细长，匍匐或攀缘缠绕，多分枝，被短柔毛或近无毛，幼时绿色，近圆柱形，老茎淡褐色，具多条肋纹，茎节生有稳定的根。具对生心形叶，叶脉稍隆起，茎中部叶三角状卵形至卵形，长40～130 mm，宽20～90 mm，基部心形，偶近截形，先端渐尖，边缘具数个粗齿或浅波状圆锯齿，两面无毛，基出3～7脉；叶柄长20～80 mm；上部的叶渐小，叶柄亦短。头状花序多数，在枝端常排成复伞房花序状，花序渐纤细，顶部的头状花序花先开放，依次向下逐渐开放，头状花序小，长45～60 mm，含小花4朵，全为结实的两性花，总苞片4枚，狭长椭圆形，顶端渐尖，部分急尖，绿色，长2.0～4.5 mm，总苞基部有一线状椭圆形的小苞叶（外苞片），长1.0～2.0 mm，有小齿或弯曲成长约0.5 mm的齿尖，花有香气；花冠白色，脊状，长3.0～3.5 mm，檐部钟状，5齿裂；果实瘦果，长1.5～2.0 mm，黑色，被毛，具5棱，被腺体，冠毛有32～38条刺毛，白色，长2.0～3.5 mm。不同种群的薇甘菊染色体类型不同，有的种群为二倍体，有的为四倍体（这是薇甘菊生存力极强的原因之一）。

图 6-2　薇甘菊

（2）薇甘菊生态学特征

薇甘菊通常生长在沼泽或湿润的地方，大多生长在湿润的林缘、淡水沼泽边缘、溪河流岸边、受干扰破坏的路边，尤其喜好低洼潮湿空旷地，极少生长在贫瘠的土壤上。

薇甘菊种子细小而轻，且基部有冠毛，易借风力、水流、动物、昆虫以及人类的活动远距离传播，也可随带有种子、藤茎的载体、交通工具传播。但到目前为止，对于薇甘菊的传播方式和迁移机理的研究较少，仅 Soerjani 在 1987 年报道，薇甘菊最初是作为观赏植物及垃圾填埋场的土壤覆盖植物被引到印度尼西亚，而后逃逸为野生，并扩散到整个东南亚（于晓梅等，2011）。

薇甘菊从花蕾到盛花约 5 d，开花后 5 d 完成受粉，再过 5～7 d 种子成熟，然后种子散布开始新一轮传播，故而生活周期很短。开花数量很大，0.25 m^2 面积内，有头状花序达 20 535～50 297 个，合小花 82 140～201 188 朵，花生物量占地上部分生物量的 38.4%～42.8%。

在实验室控制条件下，薇甘菊种子在 25～30 ℃时的萌发率达 83.3%，胚根和胚茎生长发育良好，在 15 ℃时萌发率仍较高，达 42.3%，40 ℃时萌发率下降至 1.0%。薇甘菊种子在低温（5 ℃以下）、高温（40 ℃以上）条件下萌发极差，而且是需光性的，在黑暗条件下很难萌发，光照条件较好有利于萌发。种子在萌发之前，有 10 d 左右的"后熟期"。种子成熟后，自然储存 10～60 d，萌发率较高（胡玉佳等，1994）。薇甘菊是一种喜光好湿的热带植物，光照强、湿度大、温度在 30 ℃左右适合其生长（陈志云等，2018）。

薇甘菊幼苗初期生长缓慢，在 1 个月内苗高仅为 1.1 cm，单株叶面积 0.33 cm^2。但随着苗龄的增长，其生长加快，对光照的要求也急剧增加，光照不足会抑制其生长。由于薇甘菊营养体的茎节处极易出根，进行无性繁殖，根伸入土壤吸取营养，故其营养茎可进行旺盛的营养繁殖，而且较种子苗生长要快得多，薇甘菊一个节 1 d 生长近 20 cm。在内伶仃岛，薇甘菊的一个节在一年中分出来的所有节的生长总长度为 1 007 m（李宏等，2017）。由于其蔓延速度极快，故有些学者称其为"一分钟一英里的杂草（Mile‑a‑minute weed）"（Waterhouse，1994）。6—10 月为薇甘菊生长旺盛期，10 月下旬至 11 月中旬为花期，11 月下旬至翌年 2 月为结实期。在内伶仃岛，3—10 月为薇甘菊生长旺盛期，11—12 月为花期，翌年 1—2 月为结实期。但在深圳福田红树林自然保护区及香港地区，3—8 月为薇甘菊生长旺盛期，9—10 月为花期，11 月至翌年 2 月为结实期。

2. 薇甘菊的生物入侵

薇甘菊在原产地因有许多自然天敌控制其生长而尚未发展成有害杂草，但在东南亚及太平洋地区却是危害森林植被、经济作物的重要有害杂草，其对生态系统造成危害后才引起人们的注意。薇甘菊现已广泛分布于东南亚地区及我国海南、广东南部沿海低山地区、沿海岛屿、香港地区等，并有进一步蔓延的趋势。

(1) 在东南亚的入侵

20 世纪 40 年代，薇甘菊从热带美洲被引入印度东北作为茶园的地表覆盖物（杨洪，2013）。1949 年，印度尼西亚的茂物植物园从巴拉圭引入薇甘菊，1956 年薇甘菊被用作垃圾填埋场的土壤覆盖植物，至此传布到整个印度尼西亚，后来又扩散到整个东南亚、太平洋地区及印度、斯里兰卡、孟加拉国等（昝启杰等，2000）。薇甘菊现已广泛传播到亚洲热带地区，包括印度、马来西亚、泰国、印度尼西亚、菲律宾，以及巴布亚新几内亚、所罗门岛、印度洋圣诞岛和太平洋上的一些岛屿（包括斐济、西萨摩尔、澳大利亚北昆士兰地区）（于晓梅等，2011）。

(2) 在我国的入侵

1919 年，薇甘菊便在香港出现，20 世纪 50—60 年代，薇甘菊在香港地区蔓延开来。1984 年，在深圳银湖地区发现逸生的薇甘菊，直至 20 世纪 90 年代后期，薇甘菊在深圳湾泛滥成灾。尤其是 1991 年，随着锦绣中华微缩景区和中华民俗文化村两大主题公园在深圳湾建立，从香港等地大量引种花卉的同时也无意中带入了薇甘菊种子。上述两大主题公园内，经常性的人为商业管理措施没能使薇甘菊成为危害，但公园围栏附近仅存的几株却得以保存下来，但这种生境并不适合薇甘菊生长，更难以扩大种群规模，存活的个体沿着围栏蔓延，产生的种子由于周围环境干旱而无法存活，一路之隔的深圳湾大量的海水也不能使薇甘菊种子萌生。1998 年，深圳启动填海工程，修筑拦海大坝后，海水慢慢退去，靠近中华民俗文化村附近的大面积地面土壤裸露、疏松、肥沃、湿润的红树林滩涂成为喜湿喜肥的薇甘菊种子萌发生长的最适生境，围栏上的薇甘菊产生的种子凭借风力和人为活动飘落到海水退去的红树林地区，薇甘菊凭借快速生长的能力迅速在红树林地区蔓延生长，并攀缘爬上红树林顶端，将其覆盖，造成大量经济损失和社会损失。在风力和交通工具的共同作用下，新的种子传播到白石桥附近的裸露地，并形成小面积种群。2001 年，滨海大道填海区形成以后，部分地区成为垃圾场，频繁的交通工具和人为影响使薇甘菊种子得以在这一新生境萌发，形成新的危害区。现广泛分布于海南、香港以及广东、福建等地（于晓梅等，2011）。

近年来，薇甘菊已在惠州、深圳、珠海、香港、中山、顺德、阳江、新会、湛江等地分布。薇甘菊分布较广，繁殖较快，危害较大，已促使部分森林植物群落向灌草丛发展。内伶仃岛的东面、东北面、东南面，植被类型主要为灌木林，在海拔 6～340 m 的范围内，都有薇甘菊分布，占面积 62% 以上的地区全部被薇甘菊覆盖，薇甘菊在部分疏林地区的发展极其迅速，而且在这一地区薇甘菊进一步蔓延的趋势明显。在内伶仃岛的北部、西部，植被以马尾松林、台湾相思林为主，林缘地区多为薇甘菊覆盖，林缘的草坡、灌木丛也大多有薇甘菊正向林冠层发展。内伶仃岛的东北部，植被主要为次生性疏林。在林缘薇甘菊稍少，但在很多地段也多次出现。特别是在林边旷地、灌丛处，薇甘菊也多次出现，局部地区已被成片薇甘菊覆盖。目前，薇甘菊还在不断地蔓延。薇甘菊入侵香港后，成为香港地区次生自然植被、庭院的主要害草。传入我国珠江三角洲后，迅速扩散，广泛传播。目前，薇甘菊不仅见于珠江三角洲的许多农田区荒地、灌丛、次生林、海岸滩涂、红树林林缘滩地等，还有继续向北蔓延的趋势（昝启杰等，2000）。薇甘菊的适生范围在我国为 24°N 以南（于晓梅等，2011）。

3. 薇甘菊的危害性

(1) 薇甘菊危害特点

薇甘菊的危害有如下几个特点：①薇甘菊是一种喜光好湿的热带性杂草，生长极其迅速，并与其他藤本植物共同通过盖幕作用而对附主植物加以危害。②土壤肥力对薇甘菊生长的分布影响不大，而相对重要的因子是光照和土壤水分。③薇甘菊常发生于人为干扰明显的路边或荒地，此时与其共同作用的主要有野葛（*Pueraria lobata*）、五爪金龙、鸡屎藤（*Paederia foetida*）、蟛蜞菊（*Wedelia chinensis*）等。④对于自然次生群落，薇甘菊一般多发生于低海拔的山谷地段，危害类型多为灌木草丛或灌木林，并主要危害上层小乔木或高灌木，而对林内阴生性灌木和草本植物危害较小，对高大乔木也难以造成严重危害。此时与其共同作用的主要藤本有野藤、五爪金龙、买麻藤（*Gnetum montanum*）、刺果藤（*Byttneria aspera*）、锡叶藤（*Tetracera asiatica*）等。⑤对于人工林，薇甘菊主要危害疏于管理的未成林地、幼林地或林相较差的疏林地，并首先发生于近路边、沟边的林缘或林窗，而后逐渐向林内侵蚀。综上所述，薇甘菊本身存在着许多生长限制因子，如一定的水湿条件和光照条件。在不符合这些条件的地方，如较郁闭的林内，薇甘菊不可能造成大的危害。薇甘菊的伴生种大部分为藤本，它们与薇甘菊共同对其他植物起到盖幕危害作用。但它们本身也存在相互制约作用（黄忠良等，2000）。

薇甘菊具有超强繁殖能力，兼有有性繁殖和无性繁殖能力。能攀上灌木和乔木，迅速形成覆盖，使植物因光合作用受到破坏窒息而死。薇甘菊还具有明显的化感作用，其挥发油对植物、真菌和细菌均具有生物活性。研究发现，薇甘菊对昆虫也具有明显的趋避效应（于晓梅等，2011）。

(2) 薇甘菊在东南亚的危害

薇甘菊是多年生藤本植物，在其适生地攀缘缠绕于乔灌木植物，重压于其冠层顶部，阻碍附主植物的光合作用继而导致附主死亡，是世界上最具危险性的有害植物之一。薇甘菊迅速生长蔓延的蔓藤缠绕着幼树、作物和其他植物，已成为东南亚、太平洋地区森林和经济林（如茶园、柚木林、橡胶园和油棕林种）的一种恶性杂草（杨洪，2013）。例如，在马来西亚，由于薇甘菊的覆盖，橡胶树的种子萌芽率降低 27%，橡胶树的橡胶产量在 32 个月内减少 27%～29%。在东南亚地区，薇甘菊严重危害树木作物，如油棕、椰子、可可、茶叶、橡胶、柚木等都是其主要危害对象。薇甘菊的喜攀缘习性使其攀到高达 10 m 的树冠或灌丛的上层，因此，清除它就免不了伤害其他作物（昝启杰等，2000）。

(3) 薇甘菊在我国的危害

在我国,薇甘菊主要危害天然次生林、人工林,对 6 m 以下的几乎所有树种,尤其是对一些郁闭度小的林分危害更为严重。危害严重的乔木树种有红树、血桐、紫薇、山牡荆、小叶榕;危害严重的灌木树种有马缨丹、酸藤果、白花酸藤果、梅叶冬青、盐肤木、叶下珠、红背桂等;危害较重的乔木树种有龙眼、人心果、刺柏、苦楝、番石榴、朴树、荔枝、九里香、铁冬青、黄樟、樟树、乌桕;危害较重的灌木植物有桃金娘、四季柑、华山矾、地桃花、狗芽花等(云南减灾年鉴编辑委员会,2012)。广东省每年因薇甘菊危害造成的经济损失达数亿元,薇甘菊对本地的生物多样性、生态环境及农林业生产安全构成严重威胁(周文珠,2019)。

薇甘菊是目前世界公认的十大恶性杂草之一,被称为"植物杀手",入侵我国后对滨海湿地的危害主要是在红树林地区产生了严重的经济和生态后果(图 6-3)。薇甘菊生长快速,茎节随时可以生根并繁殖,且有丰富的种子,快速覆盖生境。因此,能快速入侵红树林,通过竞争或他感作用抑制红树林或自然植被的生长。薇甘菊在广东南部地区造成危害,深圳湾滨海潟湖侨城湿地近 10 年来红树林森林面积因外来藤本薇甘菊的入侵而急剧减少(昝启杰等,2013)。

图 6-3　红树林保护区薇甘菊危害状况(杨洪,2013)

在广东内伶仃岛,其危害性主要表现在以下几个方面。①薇甘菊生长发育繁殖周期快、生长期长、繁殖量大,植株覆盖密度大。因此,对其他植物的生长发育有极大危害。薇甘菊的特殊向光性、种子萌发及生长都需要好的光照条件,因此,薇甘菊很容易向上层生长、扩展,从而覆盖其他植物或植被,致使其他植物死亡。②内伶仃岛南峰坳与尖峰山面南的缓坡地带,发育有典型的白桂木、刺葵、油椎群落,有可能形成较典型的常绿阔叶林,但目前几乎为薇甘菊所覆盖,除白桂木较高大薇甘菊一时仍无法覆盖外,刺葵以下灌木已被覆盖,使其他植物种类长势受到严重影响,群落中灌丛、草本的种类组成明显减少。③内伶仃岛的东北部、北部、东南部、东部有薇甘菊生长的地段,土壤结构、肥力可能会受到较大的影响,未来情况不明。但在局部地区,疏林树木、林缘树木已被薇甘菊缠绕,出现枯枝、枯茎现象,呈现明显的逆行演替趋势。④按现状发展来看,薇甘菊很可能得到极大的发展,在岛的下缘四周蔓延,形成环岛杂草藤本群落,并向上部发展,抑制常绿林的自然演替,逆行向着灌丛、草丛、藤丛等低矮群落发展。这对于该岛整个生态环境、生态系统的良性发育是很大的威胁(昝启杰等,2000)。

4. 薇甘菊的防除

薇甘菊的防除,目前主要采用人工清除、化学防治、生物防治生态调控和替代控制、综合防治等方法,其中生物防治是最有效的防治方法之一。

(1) 人工清除

人工清除方式主要是通过人工铲除或者使用一些割灌机具,割除薇甘菊的营养体部分来有效地降低薇甘菊的覆盖率。在薇甘菊成长期定期割除营养体，能有效遏制薇甘菊的生长，从而达到防治效果。但是这种防治方法需要较大的人力、物力和资金投入，在防治过程中可以选择使用（周文珠，2019）。由于薇甘菊生命力极强，人工拔除"斩草"不能"除根"，一旦遇到雨水，地下残根及地上的茎节又会立即生根，长出新的植株。昝启杰等（2000）曾在1987年7月，用70个劳动日对内伶仃岛焦坑湾2 000 m² 样方内密布的薇甘菊进行人工清除，先用刀割除地上营养体部分，再用挖锄挖除地下根和茎，放在烈日下曝晒。3个月后样方内薇甘菊恢复了80%，6个月后恢复了100%。可见，对薇甘菊进行人工清除效果不佳，而且费时费力。因此，如何能够更有效地进行人工清除还有待今后的深入研究。

（2）化学防治

目前，防除薇甘菊的主要手段是使用除草剂，并且已经进行了广泛的应用，也取得了一定的成效。化学防治主要是使用一些选择性除草剂和农药，例如紫薇清、灭薇净，或者含有森草净等成分的非选择性除草剂，或者是添加一些含有洗衣粉等成分的农药来对薇甘菊进行清除，这些含有助剂的除草剂和农药可以有效提高对薇甘菊的防治效果，并且对农林作物的药害比较小。其中选择性除草剂经试验证明对人畜无害，并且对我国农林作物的负面影响比较小，对薇甘菊的控制效果较好。而非选择性除草剂的灭杀效果也非常好，但是对草本植物具有一定的影响，对一些动物也有一定的影响，这种除草剂对土壤的恢复程度比较高，能够有效地降低薇甘菊的活性（周文珠，2019）。

早在1968年，Dutta等（1968）就对薇甘菊的化学防治进行了研究。Ipor等（1994，1995）也进行了一系列薇甘菊化学防除的研究，结果表明，在强光照下，薇甘菊对Imazapyr除草剂的吸收和在体内的运输及活性明显得到增强，而对百草枯除草剂Paraquat（对草快）的吸收和在体内的运输和活性却在弱光照条件下得到增强。胡玉佳等（1994）曾用除莠剂"达兰（Roundup）""草坝王（Bentazon）""毒莠定（Tordon）"和"恶草灵（Ronstar）"等对薇甘菊种子和幼苗进行杀灭试验，结果表明，以上4种除莠剂对薇甘菊种子和幼苗都有一定的杀灭效果，其中浓度为0.4%的"草坝王"和0.2%的"毒莠定"效果较佳，但除莠剂在野外大面积防除薇甘菊的效果如何尚待继续探讨。昝启杰等（2001）使用0.2%～2.0%的"草甘膦（农达）"和1%的"2，4-D"对内伶仃岛成片的薇甘菊进行杀灭试验，结果表明，较高浓度（50倍液）的"2，4-D"和草甘膦均不能彻底杀灭薇甘菊，尤其是不能杀灭薇甘菊的地下根，其根能很快萌生新的个体，在2～3个月内通过无性繁殖系的快速生长，覆盖度恢复100%，可见使用除草剂防除薇甘菊效果并不理想。另外，除草剂的大量使用会对农田生态系统和人类生存环境造成很大的危害，例如：①造成杂草群落的变异。②杂草抗药性的增强，造成控制难度增加，成本大幅度上升。③污染地下水以及危害人体健康等，再加上除草剂降解性差，使得危害更加严重。因此，在野外不适宜大量使用除草剂。使用除草剂防除薇甘菊还有待深入研究。

（3）生物防治

杂草生物防治是指利用寄主范围较为专一的植食性动物或植物病原微生物将影响人类经济活动的杂草种群控制在经济阈值以下，尤其是对除草剂有抗性作用或很难用除草剂防治的杂草（伍建军，2001）。生物防治主要是引进薇甘菊的天敌或者是一些寄主植物和病原微生物，薇甘菊的天敌主要有安娴珍蝶（*Actinote anteas*）和艳娴珍蝶（*Actinote thalia pyrrha*）等（李丽英等，2002），它们可以取食薇甘菊的叶片，遏制薇甘菊的生长繁殖，也可使其叶片卷缩，影响其正常生长。而一些小蓑蛾（*Acanthopsyche* sp.）幼虫啃食叶片，也会对薇甘菊的生长产生影响。寄主植物通过对薇甘菊的寄生使其死亡，并且有效控制薇甘菊覆盖率，同时不会对受害群落的物种多样性造成破坏，不会对其他植物产生影响。病原微生物主要采用适应性较强的菌类感染薇甘菊，促使其感病，会引起薇甘菊叶片坏死和脱落，并且处于一种循环过程，造成薇甘菊连片死亡，通过这些方式，综合有效地遏制薇甘菊的生长和蔓延（周文珠，2019）。

Cock（1982）、Freitas（1991）报道，在薇甘菊原产地热带美洲有 9 种主要天敌，22 种次要天敌，这 9 种主要天敌是假泽兰滑蓟马（*Liothrips mikaniae*）、网蝽科的 *Teleonemia* sp. or spp. nr *prolixa*、叶甲科的 *Desmogramma conjuncta*、*Echoma marginata*、*Echoma quadristillata*、*Physimerus pygmaeus*、梨象甲科的喙小蠹（*Apion luterirostre*）、象甲科的 *Pseudoderelomus baridiiformis*、瘿螨科的下毛瘿螨（*Acalitus* sp.），这些天敌虽有望应用于对薇甘菊的生物防治，但尚需今后的深入研究。目前，*Liothrips mikaniae* 已被引进南亚国家用于防治薇甘菊，虽有一定的效果，但尚未达到根本防治的目的（昝启杰等，2000；张玲玲等，2006）。

另外两种真菌 *Mycosphaeralla micrantha* 和 *Puccinia spegazzinii* 虽然寄主范围较广，但对薇甘菊的控制效果良好，且气候适应性广，因此也可能被引到亚热带用作薇甘菊的天敌。在墨西哥，锈菌 *Dietelia portoricensis* 首次在薇甘菊上被发现，有可能用于薇甘菊的生物防除，印度已引进一种锈菌 *Puccinia spegazzinii* 作为有潜力的生物防除天敌来防除薇甘菊。此外，用于控制薇甘菊的其他病菌还有 *Cerospora mikaniicola* 等（杨洪，2013；余萍，2004）。

寄生性植物菟丝子对薇甘菊亦有一定的防除效果。在广东，菟丝子属植物有 3 种：田野菟丝子（*Cuscuta campestris*）、南方菟丝子（*Cuscuta australis*）和菟丝子（*Cuscuta chinensis*），其中田野菟丝子寄生效果最佳。对东莞、汕尾、深圳以及香港等地 11 个样地进行调查，结果表明：菟丝子能寄生并致薇甘菊死亡，使样地群落中薇甘菊的覆盖度由 75%～95% 降低至 18%～25%，较好地抑制了薇甘菊。有关菟丝子寄生对薇甘菊的光合作用及生长影响的实验结果表明：菟丝子寄生薇甘菊 20 d 左右，薇甘菊单株叶片数、茎秆长度和生物量开始减少，光合速率、蒸腾速率、叶绿素含量开始降低。在实验状态下，菟丝子从寄生开始，逐步覆盖薇甘菊，然后由点到面，逐渐向外扩展，只用两个月的时间就完全把薇甘菊变成了枯草。菟丝子在寄生过程中，不仅与薇甘菊竞争养分、水分和阳光，导致薇甘菊叶片枯萎甚至死亡，还可充分抑制薇甘菊开花结籽，若非菟丝子的资源问题，它或许能为防治薇甘菊提供一条便捷的道路（昝启杰等，2002；李坤陶等，2006）。

（4）生态调控和替代控制

生态调控方法主要是在平坦地面，采用黑膜覆盖方式，提高地面温度，利用遮阳物阻断薇甘菊光合作用或者是提高农作物的郁闭度等来除治薇甘菊。可以利用一些遮阳物对薇甘菊进行有效的覆盖，或者是对农林作物的生长环境进行系统的分析，制定一个科学有效的生长培育方案，迅速提高郁闭度来阻止薇甘菊的扩散和蔓延，达到明显的除治效果。这种防治方法比较有效，并且可以有效遏制薇甘菊的生长蔓延（周文珠，2019）。采用生态调控措施，利用黑膜覆盖的方式除治薇甘菊可以达到速效的目的，但此方式对地形选择要求较高，同时也存在致死非靶标草本植物、影响地下昆虫生存的不利因素。林业上，提高林分郁闭度可以长期有效控制薇甘菊危害，但在林木成林以前，若不加强管理，薇甘菊极有可能攀附绞杀死所栽种的林木幼苗。还可以种植一些替代树种，如幌伞枫（*Heteropanax fragrans*）、血桐（*Macaranga tanarius*）等，这些树种通过其生长过程中产生的次生代谢产物抑制薇甘菊的生长，可备选为薇甘菊除治空地的替代树种，防止薇甘菊重新入侵。幌伞枫、血桐虽可以用于控制薇甘菊，但树种相对单一，不利于增加生物多样性；再者，成片种植幌伞枫、血桐，其自身极易暴发病虫害。因此，需加大薇甘菊抗性树种选育工作，增加抗性树种林木多样性，达到持续控制薇甘菊的目的（泽桑梓等，2010）。植物化感作用实验结果表明凤凰木的叶和花对薇甘菊有强烈植物毒性（窦笑菊等，2006）。

（5）综合防治技术

在防除薇甘菊的实践过程中，现有化学防治、生物防治、人工防除和生态防治各有优缺点，如化学防治有效性不能永续持久，生态防治对于严重区域的效果不佳，人工防除费时费力且不能根除，因此应对不同的防除方法进行综合应用。要对防治技术进行有效的选择，且这些防治技术都不能单一有效地对薇甘菊进行除治，需要在系统地掌握薇甘菊生物学和生态学特性的基础上，以人工清除、机械清除为先导，再辅以化学防治措施进行综合性的防治，并需要积极开发和利用天敌、病原微生物、植物树种等生物资源，加强对滨海湿地生态系统的科学管理，选择合适、方便的防治技术，达到和谐统一防治薇甘菊的目的。

5. 薇甘菊的综合开发利用

相关专家研究发现薇甘菊具有较大的利用潜力。在中美洲、南美洲，薇甘菊可以用来治疗多种疾病，如创伤、癌症、霍乱、毒蛇咬伤等，并且具有其他用途。Facey等（1999）对牙买加的野生植物进行了系统的研究后发现：薇甘菊中分离出的薇甘菊内酯和二氢藤薇甘菊内酯可抑制金黄色葡萄球菌（*Staphylococcus aureus*）和白色念珠菌（*Candida albicans*）的生长。薇甘菊的次生代谢物可能具有提高动物的免疫功能和抗癌的功效。薇甘菊产生的挥发油对植物、细菌、真菌都具有抑制效应，且具有趋避昆虫和影响昆虫性行为等作用。经过对薇甘菊的活性物质鉴定分析，从薇甘菊的活性物质中分离出的去氧薇甘菊内酯和双氢薇甘菊内酯两种抑菌活性成分对小麦纹枯病菌（*Rhizoctonia cerealis*）、辣椒疫霉病菌（*Phytophthora capsici*）和棉花立枯病菌（*Rhizoctonia solani*）的菌丝具有较强的抑制作用。同时，研究也发现从薇甘菊中提取的薇甘菊内酯和间-甲氧基苯甲酸两种活性物质对南方根结线虫（*Meloidogyne incognita*）和其卵囊的孵化具有明显的抑制作用。由于薇甘菊的杀菌作用显著且具有较高抗炎活性，因此有学者提出利用薇甘菊来治疗皮肤癣菌病。薇甘菊的乙醇提取物对柑橘全爪螨（*Panonychus citri*）和假眼小绿叶蝉（*Empoasca vitis*）的自然种群具有良好的防治效果。研究发现薇甘菊的水提取液对各个时期褐云玛瑙螺（*Achatina fulica*）具有防治作用，1.0 g/mL 薇甘菊提取液对其卵的抑制效果最显著。另外，薇甘菊产生的次生物质对椰心叶甲（*Brontispa longissima*）的产卵行为具有一定的影响（李志杰等，2018）。

抑菌实验发现，薇甘菊挥发油在 400 mg/L 时，对水稻稻瘟病菌、香蕉枯萎病菌和长春花疫病菌的抑制率分别为 53.38%、28.66% 和 18.69%。0.02 g/mL 的薇甘菊甲醇、丙酮提取物对辣椒疫霉病菌、玉米大斑病菌（*Exserohilum turcicum*）菌丝的抑制率均为 100%。利用薇甘菊提取物具有杀虫、抑菌活性这一特点开发生物农药，可以有效控制杂草生长，杀灭危害植物的害虫和植物病原菌。该类生物农药对环境不会造成污染，且可避免有害生物在化学农药的使用过程中产生抗药性问题（窦笑菊等，2006）。

同时土壤养分对薇甘菊的影响较小，但光照和水分对其影响较大。因此，可以将其播种在盐碱地以及肥力较差的土地，用作绿肥，改良土壤的肥力（李志杰等，2018）。

然而，薇甘菊的综合开发利用的相关报道只是停留在表面，并未大范围地推广运用。因此，今后应加强这方面的研究，对薇甘菊的防治具有重要的意义（李志杰等，2018）。在对薇甘菊进行综合防除的同时开发其潜在的利用价值，是对这一外来植物研究的两个方面，绝不可偏废（窦笑菊等，2006）。

三、凤眼莲

凤眼莲，别名凤眼蓝、浮水莲花、水葫芦，雨久花科、凤眼莲属，是一种多年生漂浮性宿根大型水生草本植物，主要分布于河流、湖泊和水塘中，往往形成单一的优势群落，自由漂浮于水面。凤眼莲原产于南美洲亚马孙河流域，其在原产地巴西由于受生物天敌的控制，仅以一种观赏性种群零散分布于水体，1844 年在美国的博览会上曾被喻为"美化世界的淡紫色花冠"。自此以后，凤眼莲被作为观赏植物引种栽培，已在亚洲、非洲、欧洲、北美洲的数十个国家造成危害，在北纬（葡萄牙）至南纬（新西兰）之间的大部分热带、亚热带地区均有分布，并形成患害，被列为世界百大外来入侵物种之一。19 世纪被引入东南亚，1901 年作为花卉被引入中国台湾，19 世纪 30 年代被作为畜禽饲料引入中国内地各省份，并被作为观赏和净化水质的植物推广种植，后逃逸为野生。由于其无性繁殖速度极快，已广泛分布于华北、华东、华中、华南和西南的 19 个省份，在云南（昆明）、江苏、浙江、福建、四川、湖南、湖北、河南等省份的入侵严重，在长江流域和长江以南地区危害最为严重，现已扩散到温带地区，如在锦州、营口、沧州一带均有分布（叶森，2020；高雷等，2004）。在河北海兴滨海湿地，凤眼莲的入侵是引发湿地生物多样性减少和生境退化的主要原因之一（张海燕，2009）。凤眼莲作为一种在世界范围内广泛分布的入侵种，其入侵所带来的生态灾害、经济损失以及社会问题也日趋明显，已经成为人们日益关注的外来物种入侵问题中的典型代表，被称为世界上最恶劣的十大杂草之一（Holm et al.，1977）。2003 年，凤眼莲被列入中国国家环境保护总局公布的《中国第一批外来入侵物种名单》。

1. 凤眼莲生物学特性

(1) 形态特征

凤眼莲（图 6-4）属直立多年生草本，高 30～60 cm。须根发达，纤维状，丛生于茎基部，新根蓝紫色，有的为白色，老根棕黑色，须根悬垂于水中，可伸到水下 1 m 处或更深。茎极短，具长匍匐枝，匍匐枝淡绿色或带紫色，与母株分离后长成新植物。叶在基部丛生，莲座状排列，一般 5～10 片；叶片圆形、宽卵形或宽菱形，长 4.5～14.5 cm，宽 5～14 cm，顶端钝圆或微尖，基部宽楔形或在幼时为浅心形，全缘，具弧形脉，表面深绿色有光亮，质地厚实，两边微向上卷，顶部略向下翻卷；叶柄长短不等，中部膨大呈囊状或葫芦状（故俗称水葫芦），内有许多多边形柱状细胞组成的气室，维管束散布其间，黄绿色至绿色，光滑；叶柄基部有鞘状苞片，长 8～11 cm，黄绿色，薄而半透明；花葶从叶柄基部的鞘状苞片腋内伸出，长 34～46 cm，多棱；花为穗状花序，通常具 9～12 朵花；花瓣 6 枚，花大而美丽，紫蓝色，花冠略两侧对称，直径 4～6 cm，四周淡紫红色，中间蓝色，在蓝色的中央有 1 个黄色圆斑，花被片基部合生成筒，呈多棱状，喇叭花瓣上有黄色斑点，看上去像凤眼，也像孔雀羽翎尾端的花点，非常耀眼靓丽，曾一度作为观赏植物被人为引种栽培；花径中部有鞘状苞叶；雄蕊 6 枚，雌蕊 1 枚，子房上位，整柱花序有 300～500 粒种子，种子极小，千粒重约为 0.49 g，呈枣核状，黄褐色（何国富等，2012；曹侃等，1983）。

图 6-4　凤眼莲

（2）生态特征

凤眼莲喜欢温暖湿润、阳光充足的浅水淤泥区环境，对生态环境的适应性很强，适于在较浅的静水或水流缓慢的水面生长，特别是在南方温暖湿润的环境里，以及在滨海湿地的淡水区域、河口区域极易生长。凤眼莲通常可自由漂流，随水漂流到很远的地方，传播扩散能力极强。凤眼莲繁殖需要氮、磷等营养元素，河湖的富营养化促使其加速发展。凤眼莲适宜生长水温为 18～23 ℃，超过 35 ℃也可生长；气温在 39～40 ℃持续 5～6 h 凤眼莲会焦黄枯萎，气温低于 10 ℃则停止生长；具有一定耐寒性，最低耐受气温在 0～5 ℃，霜冻或者 0 ℃以下可导致植株死亡。凤眼莲是世界上繁殖速度最快的植物之一，兼具有性繁殖与无性繁殖，主要通过匍匐枝与母株分离来进行无性繁殖。无性繁殖为合轴分枝，以匍匐茎进行增殖，即从缩短的茎基部叶腋中横生出匍匐枝，当匍匐枝长到一定长度后，前端的芽逐渐分离，长出叶片，形成新的分株，匍匐枝不断伸长，最终可使子株远离母株 50 cm 以上。凤眼莲也可利用种子进行有性繁殖。夏季开花后，花草逐渐向下弯曲，产生果实，果实成熟后在水面开裂，成熟种子散落于水中，在水下萌发，形成新的植株。凤眼莲在适宜的生长环境中，5 d 可以繁殖出新的植株，一株凤眼莲 90 d 能繁殖出 25 万株左右新株。凤眼莲的花期长，在整个生长季节都可以开花，开花后，花茎弯入水中生长，子房在水中发育膨大；花期 7—10 月，果期 8—11 月；1 株花序可产生 300 多粒种子，种子具有极强的生命力，沉积水下可存活 5～20 年，可以度过干涸、寒冷等不良环境（何国富等，2012；叶森，2020）。

2. 凤眼莲入侵的影响

凤眼莲的生物入侵造成了一系列严重的生态、经济、社会问题。首先，凤眼莲改变了当地水体生态系统的环境，进而影响水体生态系统的生物多样性，破坏食物链、物质循环等；其次，凤眼莲造成当地经济的重大损失，航运、渔业、水力发电等都受到了严重影响；最后，凤眼莲的入侵也对当地居民饮水、健康等构成威胁。

(1) 对生态环境的影响

凤眼莲繁殖速度极快，在水面形成一层单一致密的覆盖层，使得水体的透射光明显下降，从而使水体中的浮游植物、沉水植物以及藻类光合作用受到限制。凤眼莲在河道、湖泊、池塘中的覆盖度可达 100%，由于水体中溶解氧含量降低，水生动物易缺氧死亡（李宏等，2017）。凤眼莲的大量生长繁殖，使得水体中腐殖质增加，pH 下降，水体颜色发生改变。由于凤眼莲生物量的增加，致密的草垫使得水流速度下降，水底未降解的植物碎屑增加，逐渐在水体中淤积，导致河床等抬升。在自然腐烂分解过程中，凤眼莲的残体物质主要通过"可溶成分的释放、难溶成分的微生物氧化以及物理碎屑和生物碎屑的形成"3 种方式进入水体，释放氮、磷和碳等物质，如果这些物质的释放速度大于水体的自净速度，则会导致水体的二次污染。在热带富营养化湖泊中，凤眼莲腐烂分解过程中可能释放了某些物质，结果导致浮游植物的多样性和生产率显著下降（安鑫龙等，2007）。水体理化因子的改变（特别是水体中含氧量的下降）、水下植物以及动物繁殖场所的减少会导致水体动物多样性的下降（高雷等，2004）。

(2) 对生物多样性的影响

由于凤眼莲繁殖迅速，一旦侵入湖泊、河流、水道、水塘、湿地等淡水水域，只要条件适合，即以不可阻挡之势覆盖整个水面，形成单一、致密的优势群落，挤占本地水生植物生态位，致使本地水生植物减少甚至消亡，进而破坏了水生动物的食物链，使那些依赖这些水生植物生存的水生动物也受到影响，同时也破坏了本地水生生物的遗传多样性。例如，凤眼莲被引入滇池后，蔓延成灾，引入凤眼莲前滇池的主要水生植物有 16 种、水生动物有 68 种，20 世纪 80 年代引入凤眼莲后大部分水生植物相继消亡，水生动物仅存 30 余种（吴克强，1993）。由于直接减少了当地物种种类和数量，形成了单优势群落，间接地使依赖这些物种生存的当地其他物种种类和数量减少，最后导致生态系统单一和退化，破坏了自然生态环境（汪凤娣，2003）。

(3) 对生态系统功能的影响

凤眼莲入侵引起的另一个严重生态后果是其改变了原有生态系统的矿化循环，打破了原有的生态平衡。凤眼莲可以吸收水体中的营养元素如 N、P、K 以及其他元素 S、Fe、Mn、B、Mg、Ca、Al、Cu、Zn，并随水流漂移到其他地方，或沉积在水底，缓慢释放，从而改变化学元素的正常循环，使矿质元素富集，改变生态系统自然物质的循环，也影响了其他生物的正常生长。而那些有害的重金属离子往往对水生生态系统造成不可估量的影响。由于工业的发展，大量稀土元素（REE）被排放入水体，凤眼莲可以富集稀土元素，从而通过牲畜牧食进入食物链，威胁人类健康。凤眼莲入侵后，影响水生植物的正常光合作用，同时，也使得水生大型无脊椎动物多样性增加，也在一定程度上对静水区细菌群落有重要的影响。因此，凤眼莲在一定程度上改变了淡水生态系统的物质循环和能量流动。另外，河流中水分的蒸发损失同水生植物也有很大关系。研究表明，凤眼莲的水分蒸发量是开阔水面蒸发水量的 2.5 倍。凤眼莲暴发严重时，它的蒸发可导致水库水量减少，造成水库淤积。由于水量的下降，水质污染加重，更促进了凤眼莲的暴发和扩展，并且导致土著鱼类产量下降，使食物链受到破坏（高雷等，2004）。

(4) 对社会和人类生活的影响

近年来，每年 3—11 月，凤眼莲就疯狂肆虐地大面积覆盖我国长江流域及其以南地区等水体，大量的凤眼莲植株死亡后与泥沙混合沉积水底，抬高河床，使很多河道、池塘、湖泊逐渐出现了沼泽化，对周围气候和自然景观产生不利影响，加剧了旱灾、水灾的危害程度。凤眼莲植株大量吸附重金属等有害物质，死亡后腐烂变臭沉入水底，对水体产生二次污染，又加剧了河流湖泊的污染程度。凤眼莲的危害期大都在炎热的夏天，水体的水流速度很慢，久而久之造成水质污染、发臭、变黑（汪凤娣，2003）。大量的凤眼莲覆盖水面会使水的 pH 降低，CO_2 浓度增高，水的嗅值浓度、色度增高，水体的酸度也增加，使水资源的使用价值大大降低，直至不能饮用。

（5）对电站、航道的影响

凤眼莲繁殖速度极快，易在生长区内成为优势物种。目前已在我国广大水域"所向披靡"，如入无人之境，特别是在我国南方诸省"安营扎寨"，泛滥成灾。尤其是近年来各流域梯级电站建成并投入使用，凤眼莲在电站大坝上游水面大面积繁殖，严重威胁了电站的正常生产和安全。华东最大的水电站福建水口电站近年来因凤眼莲危害年年告急，2002 年其上游斑竹溪电站也出现了大面积凤眼莲"疯长"现象，更为严重的是，大量繁殖的凤眼莲已经直接对船闸的密封性构成了威胁，有时甚至触碰到船闸感应器，因此，发电公司每年都要花费大量的人力和财力来清除这些凤眼莲，以确保电站顺利发电和电站的安全（汪凤娣，2003）。

凤眼莲在河面的大量滋生，往往造成河面的严重堵塞，给航运带来很大不便。在凤眼莲完全覆盖的水面，水流速度会减缓 60%～80%（Mitchell，1985）。凤眼莲大量繁殖时，密集处覆盖度高达 100%，堵塞河道，使航运受到了严重影响甚至断航。在云南省昆明市，20 世纪 70—80 年代建成了大观河篆塘处—滇池—西山的理想水上游线路，游人可以从市区乘船游览滇池和西山。但自 20 世纪 90 年代初，大观河和滇池中的凤眼莲疯长成灾，覆盖了整个大观河以及部分滇池水面，致使这条旅游线路被迫取消，在大观河两侧建设的配套旅游设施也只好废弃或改作他用，大观河也改建地下河，给昆明的旅游业造成了巨大的损失（汪凤娣，2003）。

（6）对经济发展的影响

100 多年前被作为花卉引入的凤眼莲，作为饲料和净化水质植物得到推广种植。而如今对农业灌溉、运输、水电站生产、水产养殖、自然景观、旅游等造成了巨大的经济损失。广东、云南、江苏、浙江、福建、上海等地每年都要投入大量的人力和物力人工打捞凤眼莲。据不完全统计，我国每年打捞凤眼莲的费用就多达 10 亿元，由凤眼莲造成的直接经济损失也接近 100 亿元，并造成了生态系统等不可估量的间接损失（汪凤娣，2003；安娜，2011）。

3. 凤眼莲危害成因分析

凤眼莲作为一种外来物种，在短短 100 多年间就遍布世界各地，在大多数国家和地区造成严重危害，其成功入侵有多方面的原因。

（1）适应能力和竞争能力强

凤眼莲可以自由漂浮，随水漂流到很远的地方，这有利于凤眼莲的扩散。作为漂浮于水面生长的一种植物，凤眼莲常常要面对的一种情况就是水体营养水平太低（贫营养）或者含有毒物质太多而对其生长繁殖造成一定的压力。但凤眼莲对环境的适应能力很强，其对水体营养状况适应范围广泛，水体可以是贫营养的湖泊和水库，也可以是含大量营养和有机物的高度污染水体，也可以是含大量有机物质、无机物质和重金属物质的工业污水。在高酸性和高碱性水体中凤眼莲仍能存活。凤眼莲几乎在任何污水中都生长良好、繁殖旺盛。如果凤眼莲能在逆境中维持其生命，并到达一个有利于其生长繁殖的新生境，就会形成生态入侵（何国富等，2012）。

同时，凤眼莲的竞争能力很强，这与其叶片的高形态可塑性密切相关。其叶柄具有极强的形态可塑性，当种群密度较小时，叶柄的长度比较短，随着种群密度的增加，叶柄的长度就明显增加。当与其他物种混生时，也有类似的效应。在密集的凤眼莲群落中，其叶片受光质的影响往往是垂直向上生长而不是往水平方向伸展。在适宜的环境条件下，凤眼莲的高生长速率及叶柄的高形态可塑性有利于其在竞争状态下生长在一些本地植株的上面，从而进行遮蔽并抑制后者的生长，前者将占有更多的生存空间，而后者的生长受到明显的不利影响。凤眼莲与其他水生生物还有营养上的竞争。凤眼莲凭借极强的竞争能力挤占其他水生生物的生存条件，快速繁殖生长，最终暴发引起生态灾难（何国富等，2012；谢永宏，2003）。

(2) 生长繁殖能力强

凤眼莲的生命力旺盛，生长繁殖力很强，是已知植物中生长繁殖最快的物种之一，其长势凶猛，呈几何级数增长，每株可分出多枝匍匐茎，茎端可分出幼株，在有限的空间内，能在短期内迅速增殖。凤眼莲进行有性和无性两种方式繁殖，以后者为主。在适宜的条件下，凤眼莲的繁殖速率非常快，每5 d即萌发一新植株，90 d内一株凤眼莲就能繁衍出25万棵幼株，种群在200 d后可达342万株左右，覆盖水面约1.5万 m²（Batanouny et al.，1975）。而在自然生境中，虽然其生长速率因地区和季节而异，但仍然维持在很高的水平。成株在淹水时甚至能激发更强的生活力，而浅水中的凤眼莲可以连续几年完全阻塞水道。虽然凤眼莲的爆发主要是靠无性繁殖，但是它的有性繁殖也具有很多植物成功入侵的优点。当凤眼莲的根接触到河底淤泥时，凤眼莲常可以进行有性繁殖，开花结果产生种子，每个花穗包含300~500粒种子，种子沉积在水下可存活5~20年（谢永宏，2003；何国富等，2012；汪凤娣，2003）。

(3) 缺乏专一性天敌

谢永宏（2003）认为，生物界类群众多，生境多样，种间关系复杂，任何一种生物的起源和繁衍都会受到其他生物类群的制约，使其种群数量控制在一定水平上，从而维系整个生物界的动态平衡。研究发现，原产地没有形成凤眼莲种群"生态暴发"的主要原因就是水葫芦象甲的两个种 *Neochetina bruchi* 和 *Neochetina eichhorniae* 的控制作用，它们是凤眼莲的专食性昆虫，整个发育史都能影响凤眼莲的生长繁殖，成虫取食叶子和叶柄，幼虫蛀食叶柄和根茎部，而蛹在凤眼莲根部做茧，消耗养分，制约根部生长（Harley，1990）。这两种水葫芦象甲对23个科46种植物不产生危害，不取食花卉、蔬菜、果木、粮食及其他作物，只取食凤眼莲（刘嘉麒等，1996）。大部分国家在引入凤眼莲时，未同时引入其专一性天敌，因而缺乏自然控制力。那么，在适宜的环境条件下，凤眼莲所具有的高无性繁殖速率和形成的漂浮植毡层结构特性，使其在短期内迅速扩展种群，形成大面积的单优群落，侵占周围水域，造成水域生态系统功能失调和本土种大量灭绝，成为目前世界上危害最为严重的水生杂草之一（Holm et al.，1977）。可见，缺乏天敌的控制是凤眼莲形成生态入侵的主要原因之一。

（4）水体富营养化加剧

近年来，大量生活污水排入江河湖塘，加上农田化肥、农药施用量的增加，使得水质富营养化加剧。水中氮、磷等营养成分和有机物提供了凤眼莲生长繁殖的必要条件。2011年我国废水排放量为652.1亿t，湖泊富营养化问题突出（中国环境状况公报，2011；中国环境年鉴社，2012），这为凤眼莲暴发提供了合适条件。对自然生境中凤眼莲的研究发现，营养水平的升高将刺激植物的生长繁殖，凤眼莲的生长繁殖速率与水体营养水平呈明显的正相关关系，对水体中磷水平的变化尤其敏感。在一定的范围内，水体的氮、磷水平升高导致凤眼莲累积、生物量明显增加（何国富等，2012；崔心红，2012）。

4. 凤眼莲的防控

（1）物理控制

物理控制主要包括人工或机械打捞以及在河流内设置栅栏防止凤眼莲漂移等方法。控制凤眼莲最直接的方法仍然是物理打捞，虽然人们试图用很多方法替代物理打捞，但是由于可操作性、收效性、风险性等问题，其他控制方法没有得到大规模的推广应用。虽然凤眼莲含水量大，人工打捞十分困难，但在一些小池塘或小河流仍然不失为一种有效的控制方法。机械打捞较人工打捞有效得多，因此在许多国家和地区被广泛使用，但也只限于在凤眼莲暴发严重的大河流或湖泊内。机械打捞的缺点也显而易见，因为凤眼莲繁殖生长迅速，单株植物体可以在短时间内呈指数式扩张，机械打捞速度远跟不上凤眼莲的生长速度。对于机械打捞的应用，目前最多的还是结合凤眼莲打捞后的转化利用，尽量弥补打捞所造成的经济损失（高雷等，2004）。凤眼莲污染是一种有规律的、季节性的、流域性的污染，需要跨省市治理。首先，利用冬季凤眼莲大量死亡的时机，组织人员对其进行打捞，将其消灭在萌芽状态；其次，在凤眼莲长到适当的时候就需要适时打捞，防止其腐烂造成二次污染；再次，对打捞上岸的凤眼莲应及时清理，如不妥善处理，它们可能成为新的传播源；最后，提高打捞能力，引进更多的集打捞、压缩、粉碎、储存等于一体的先进清理设备（汪凤娣，2003）。

（2）化学防治

利用化学方法控制凤眼莲是见效最快的一种方法。很多除草剂对去除凤眼莲都具有一定效果，其中敌草快（Diquat）和"2，4-D"是两种广泛使用的除草剂，对河流内鱼类相对较安全（Joyce，1993）。但是这两种除草剂应用于凤眼莲后对水生群落有影响，施用除草剂后直接导致了浮游植物的死亡，由于溶解氧和食物链的破坏，浮游动物的死亡率增加，种群密度下降。另外，施用除草剂也会为其他非靶标生物带来危害。丁建清等（1998a，1998b）研究发现用草甘膦（Glyphosate）喷洒凤眼莲综合效果较其他几种除草剂好，并且不会对其天敌水葫芦象甲造成危害。尽管化学控制的效果明显，但凤眼莲种群往往恢复迅速，并且除掉凤眼莲后，常常滋生大量浮游植物（高雷等，2004）。化学农药具有效果迅速、使用方便、易大面积推广应用等特点。但在防治外来物种时，化学农药往往也杀灭了许多本地物种，因此在一些特殊环境中应该限制使用，并且化学防治一般费用较高（汪凤娣，2003）。

（3）生物防治

生物防治是指从外来有害生物的原产地引进食性专一的天敌，将有害生物的种群密度控制在生态和经济危害水平之下。①利用牧食关系。利用天敌控制凤眼莲一直被许多国家和地区采用。利用凤眼莲自然天敌（象甲、水葫芦螟蛾、叶螨）控制凤眼莲已经在美国、澳大利亚、泰国以及非洲国家等30多个国家开展实验，并取得了一定效果。其中，应用最广泛的是水葫芦象甲和布奇水葫芦象甲（*Neochetina bruchi*）以及一种螨类（*Sameodes albiguttalis*，水葫芦螟蛾）。引进天敌控制凤眼莲在很多地方取得了成功，但也面临一些困难和风险。对于昆虫，主要是面临越冬、定居、病害等问题。一种白僵菌（*Beauveria bassiana*）是使水葫芦象甲和布奇水葫芦象甲死亡的天敌。相对于化学控制，利用天敌控制凤眼莲，对环境来说是安全的，但收效慢，引进的昆虫往往需要3～5年的时间才能建立种群，对控制凤眼莲起到作用。另外，引进天敌还需要进行对专一性寄主的观察、评测潜在的控制能力以及进行天敌的管理等研究。刘嘉麒等（1996）通过实验发现，水葫芦象甲具有很强的单食性，不会对其他作物造成危害。但是，在引进天敌时，需要考虑两个重要的因素：天敌的安全性、天敌用于生物控制的潜力。另外，还要考虑当地的气候、水体富营养化程度、人为干扰、水体特征以及管理机制等方面的影响，这些都会制约天敌控制的效果。②利用寄生关系。Charudattan等（1976）最先在阿根廷和巴西南部的河谷中收集到可以感染凤眼莲并具有潜在控制能力的水葫芦生防菌（*Cercospora piaropi*）。随后，许多研究者从世界范围内收集或从染病凤眼莲植株上分离到60种具有生物控制潜力的病原菌，而其中54种来源于受到凤眼莲入侵的国家。1984年，埃及科学家找到一种专性寄生的真菌（*Alternaria eichhorniae*，水葫芦链格孢菌），并把这种真菌制成一种乳油，用来控制凤眼莲，效果比较明显。能够抑制凤眼莲生长的病菌很多，但是能够起到明显效果的并不很多，并且，在气候波动情况下，病菌的毒性容易受到影响，作用时间不长，在大多情况下，用病菌传染凤眼莲的技术不成熟。③利用化感作用。利用生物的化感作用来控制凤眼莲是生物控制的新思路。Charudattan等（1974）发现酢浆草酸（Oxalic acid）可以导致凤眼莲轻微枯黄，并使其根部受损。Indra等（1984）把水鳖科龙舌草（*Ottelia alismoides*）放入湖中，3周后导致湖中包括凤眼莲在内的5种水生植物死亡。Santiago（1990）报道黑藻（*Hydrilla verticillata*）可以抑制凤眼莲的生长。Pandey等（1993）用菊科银胶菊（*Parthenium hysterophorus*）的叶和花的干粉喷洒凤眼莲，1个月后，凤眼莲开始死亡。Kauraw等（1994）用樟科无根藤属（*Cassytha*）的干粉喷洒凤眼莲，15 d内凤眼莲的生物量明显下降。Kathiresan（2000）用到手香（*Coleus amboinicus*）粉末悬浮液（40 g/L）喷洒凤眼莲，24 h内使得80.72%（鲜重）的凤眼莲死亡，1周内使凤眼莲干重下降了75.63%，显示出很好的生物控制潜力。利用植物的化感作用控制凤眼莲看来有很好的发展前景，但是它也有自身的局限性，人们主要是对它的推广性产生怀疑（高雷等，2004）。

（4）综合治理

将生物、化学、人工、生境管理等单项技术结合起来进行综合治理，效果会更好，以便根除凤眼莲，重构生态平衡。防治方法需因地制宜，如水闸前的凤眼莲密集区域，此处位置水动力较微弱，可采用物理防治，打捞后运走。在河道变向较快的河流凸岸或有较大障碍物的河流凹岸，亦可采用物理防治方法。河道干流上的凤眼莲，在水流、船舶、风等的作用下漂流，密度相对较小，分布面积较广，可采用生物防治或综合防治方法。在河道上游采用长期防治的生物防治方法，下游采用物理或化学防治方法。在湖泊、池塘可采用化学防治和生物防治方法。每种防控方法都有其最佳的适用范围，鉴于凤眼莲极强的种群恢复能力和扩散能力，单独使用物理、化学或生物防治方法都难以取得快速、持久的防治效果，因此采用综合治理方法控制效果会更显著。

与此同时还必须综合治理凤眼莲的生长环境,严格控制流域内工业废水和生活污水的排放,切断工业污染和生活污染源头。综合治理流域内禽畜养殖场粪便等,减少流域内水体助长凤眼莲疯长的富营养有机化合物。因凤眼莲繁殖力极强,容易再次生长蔓延,故应需长期防控,标本兼治,以实现对其长期控制的目标。要解决凤眼莲泛滥成灾的问题,需要从根本上消除水体的富营养化。

5. 综合开发利用

凤眼莲既有其危害性,又有其利用价值;趋利避害、变废为宝是解决凤眼莲问题的根本出路。主要利用方式有治理水体污染、加工成饲料、作为有机肥料等。

(1) 治理水体污染

凤眼莲在生长过程中需要吸收大量的氮、磷等营养物质,对重金属离子、农药及其他人工合成化合物等也有极强的富集能力,净化污水的能力在所有的水草中是最强的,这也是凤眼莲当前对人类的最大贡献。在适宜条件下,1 hm² 凤眼莲能将 800 个人排放的氮、磷元素当天吸收掉;24 h 内每克(干重)凤眼莲能除去 0.67 mg 镉、0.176 mg 铅、0.15 mg 汞、0.65 mg 银、0.57 mg 钴和 0.54 mg 锶。凤眼莲发达的根系所分泌的物质可有效降解毒杀酚、灭蚊灵、氰等多种有机毒物。凤眼莲可以有效清除污水中铜、铁、磷、硝酸铵和石油的残留有机化合物,还能杀灭污水中的所有病菌;可使石油化工企业排放的废水净化率平均达40%、最高达90%。一般情况下,凤眼莲在 3 年时间内可以将污水净化到常用水质标准,而投资仅需现行治污工程治污投资的 20% 以下(孙小燕等,2004)。

(2) 加工成饲料

用作畜禽的饲料是凤眼莲最早的用途。凤眼莲含粗蛋白 1.19%、粗纤维 1.11%、粗脂肪 0.24%、无氮浸出物 2.21%。其茎叶柔软,适口性好,正是凤眼莲帮助我国农民度过了历史上最艰难的饲料危机。但传统的打捞后直接投喂畜禽的做法存在许多弊端,需对其进行深加工:一是干燥后制成凤眼莲草粉;二是通过应用微生物工程和固体发酵技术,提高凤眼莲蛋白质含量,开发出以凤眼莲为原料、营养价值高、口味佳的微生物饲料产品。除此之外,将凤眼莲与精料按一定比例配制饲料饲喂猪、鸡等畜禽,不仅可以降低饲养成本,对畜禽的生长和品质也无不良影响(王庆海,2006)。

(3) 作为有机肥原料

凤眼莲中氮、磷、钾养分含量很高,分别达 3.3%、1.28% 和 3.36%,可以制作优质有机肥和有机无机复混肥。每公顷凤眼莲干重有 30 t,可产 75 t 复混肥(孙小燕等,2004)。也可直接利用其干粉作为有机肥料或土壤改良剂,或将干凤眼莲燃烧后的灰分作为肥料使用。另外,凤眼莲晒干后具有很强的吸水性,而且蓬松柔软,是牛栏猪圈的最佳垫圈材料,堆沤后可成为优质圈厩肥。国外曾将凤眼莲作为钾肥与化学肥料混合追施于沙质土壤中,与单独施用化学肥料相比,能增加小麦和大麦的产量和品质(矿物质和蛋白质的含量高)(王庆海,2006)。

(4) 其他利用

此外,凤眼莲可作为能源植物,经厌氧发酵,可产生大量的甲烷气体。也可以凤眼莲为原料造纸,制作木板、手工艺品和家具(王庆海,2006)。凤眼莲中含有丰富的蛋白质、氨基酸、胡萝卜素、总黄酮和微量元素,可制成食品、饮料和饲料添加剂,还可精加工提炼成保健品和药品。武汉已有企业以凤眼莲为主要原料制作饮料，通过了权威部门检测，获准批量上市。凤眼莲含有丰富的纤维素、蛋白质、脂肪及灰分，可用作培育草菇的原料，但用量以 20%～60% 为宜。凤眼莲的鲜花、叶和茎可直接食用，也可作菜汤或叶菜食用，可与蔬菜媲美。凤眼莲还可作为盆栽观赏植物（孙小燕等，2004）。

第三节　外来生物入侵的治理技术和防控措施

一、外来生物入侵的治理技术

目前，我国对滨海湿地外来生物入侵的治理技术基本上还不成熟或者说还是空白，可以借鉴其他专业领域（如农业、林业）已有的治理方法和经验进行研究、实验和探索。主要治理技术有物理治理、化学治理、生物治理和综合治理等。

1. 物理治理

通过人工、机械等物理手段消除入侵滨海湿地的外来物种。如前述的用"刈割、碾埋、挖掘"等控制互花米草的方法，尽管不能根除，但也取得了一定的成效。该方法短时间内对入侵初期扩散能力较弱的植物物种具有一定的成效，而要控制、消除扩散能力强、扩散面积大的入侵物种，人力物力耗费大，效果欠佳。而要对滨海湿地水域内或近海的入侵物种彻底清除控制，该方法几乎没有实用性。

2. 化学治理

通过化学手段（如化学除草剂等）防除滨海湿地某些外来入侵物种，具有效果迅速明显、使用方便等特点，易控制大面积暴发的外来入侵物种灾害，但费用高，对本地环境和生物的副作用大。对近海而言，由于水体流动性大，波及面广，有时效果不明显，而且可能会造成意想不到的污染和副作用。

3. 生物治理

外来入侵物种在原生长地无危害，但进入新的生长环境后，由于在一定程度上摆脱了原有的天敌、寄生虫危害和相关物种的生态竞争等，从而迅速建群、疯狂扩张，导致其他物种逐渐衰退或灭绝。此时可采用生物方法治理，例如：依据有害生物天敌的生态平衡理论，引入外来入侵物种的原有天敌生物，重新建立入侵物种和天敌之间的相互调节、相互制约机制，将入侵物种的种群控制在无害的水平；依据植物群落演替的自身规律，引入外来入侵生物的本地竞争种进行竞争性生物替代等。该方法如果科学论证不周密、使用不当，可能会引发二次生物入侵，引发新的生态灾难。生物防治方法具有效果好、控效持久、防治成本低等优点。通常从释放天敌到获得明显控效一般需要几年甚至更长的时间，因此，对于那些要求在短时期内彻底清除的入侵生物，生物方法难以取得较好的效果。

4. 综合治理

对于那些已成功入侵的外来物种，依靠一种方法往往很难达到完全将其清除的目的，因此需要针对不同的外来入侵物种和不同的湿地类型综合运用物理、化学和生物方法进行治理，以期在有限的投入和有限的时间内将其快速根除。把单一的方法组合应用，取长补短，在滨海湿地外来生物入侵的防治中具有很大的参考价值和应用前景。如互花米草的综合防治就可供参考和借鉴。

二、外来生物入侵的防控措施

1. 建立健全法律法规

建立健全外来入侵物种的法律法规，对管理的对象、适用范围、管理机构和程序、风险评估、预警、引进、消除、控制、生态恢复、赔偿责任等做出明确规定，特别要加强对水产养殖业等有意引进外来生物的管理。建立外来入侵生物的名录制度、风险评估制度、引进许可证制度，在环境影响评价制度中增加有关外来入侵生物分析的内容。应加快制定滨海湿地防止外来生物入侵的专项法规，尤其是制定符合国际惯例和我国实际的、针对滨海湿地外来生物入侵的预防和控制法规。首先，要制定入境船舶压载水管理法规。因为压载水入侵生物传播已被全球环境基金（GEF）认为是当今世界海洋所面临的四大威胁之一。其次，制定引进国外海洋生物的管理政策和法规。外来海洋物种尤其是外来海洋经济物种的引入，引进的品种多、来源广，致使目前我国海洋外来物种管理形势严峻、任务艰巨。特别是由于管理不善和相应法律法规的不健全，引入的海水养殖动物逃逸现象经常发生。因此，应制定引进国外海洋生物的管理政策和法规，使所有外来海洋生物都在严格控制之下（陈朝宗，2013）。

2. 健全管理体系、提高监管能力

外来生物入侵的管理是一项长期而繁重的任务，涉及多个部门，应由环保、农渔、检疫、海关、交通、科技、教育等多个部门以及由从事生物分类学、动物学、植物学、生态学、农学、林学、养殖学、海洋学、环境科学等方面的专家组成专门委员会，负责对外来生物入侵的环境影响和生态风险的评估工作。①形成多部门协作的专门机构，开展对外来有害入侵物种的全面普查。②加大引进海洋生物及其制品的检疫力度，严格外来物种检疫，提高检疫水平和检疫质量是将风险遏制在源头的关键。对引入物种应进行5个世代的小规模隔离试验，确定对当地生态系统没有威胁后再推广（河北省国土资源厅等，2007）。③对船舶压载水实行严格的排放与处置制度，重点监视和控制，并加强对压载水携带生物的检测与监测。④加强滨海湿地基层监管体系建设，形成外来物种入侵的跟踪预警、监测和快速反应体系。

3. 建立物种风险评估体系

建立物种风险评估体系，及时消灭有害物种。收集入侵物种的分类、原产地、入侵分布地、生理、生态、传播途径和防治方法等相关信息，完善外来入侵物种的检验检疫方法，建立外来物种信息数据库和预警监测网络体系并引进风险评估机制，及时向社会发布有害物种信息，一旦发现外来入侵物种，及时予以控制、消灭和清除。对引进的物种事先需要进行严格的风险评估。

4. 加强国际合作

当前，我国外来生物入侵的数据、资料比较零散，也缺少有效、准确、客观、清晰的评价，这对我国外来生物入侵的立法、监督、防治无疑是一个巨大的障碍。原产国相应物种的防治方法、生态特点、天敌生物等信息对被入侵国的防治有着重要的作用和启示，同样，其他国家防治物种入侵的经验和教训也有极大的参考价值。因此，应加强国际交流和合作研究，共享、连接或共建入侵物种信息系统，全面掌握外来生物入侵的综合信息，编制入侵物种目录，建立与国际研究机构交流合作的渠道，推进有害物种的防治、加强国际合作、共建或连接外来海洋入侵生物数据库和信息系统。

5. 提升科学研究能力

我国对滨海湿地外来生物入侵的研究才刚起步不久，对外来生物入侵给当地湿地生态系统造成影响的研究还不够。①通过灾害调查、长期监测资料全面分析等，研究外来物种入侵的分布和影响以及外来入侵物种的引入、逃逸、建群及危害的不同阶段、不同程度，从基因、物种、生态系统等层次研究外来物种入侵的生态学机理及危害发生、发展和暴发的规律。②建立针对不同传播扩散媒介、不同入侵途径、不同风险程度的外来入侵物种的风险评价和风险管理技术体系。③建立外来入侵物种检疫检测、环境监测和预报的技术平台以及信息网络和数据库系统。④以严重危害我国湿地环境的重要外来入侵物种为研究对象，探索外来入侵物种的生物防治、生态替代、资源再利用、高效特性低毒化学控制的可持续控制技术和环境友好组合技术。⑤建立具有国际先进水平的全方位、全过程、高技术、高灵敏度的外来入侵物种风险评价、预警与安全控制的研究技术平台，使我国在有关外来入侵生物的全球环境问题研究中占有重要的一席之地（徐海根等，2003）。⑥研究外来入侵生物的典型个案，明确入侵生物的生物学和生活史特征以及入侵能力的关系，全面了解其分布和扩散情况以及对湿地生态系统结构和功能的影响，评估外来入侵物种的入侵风险，从中获取治理经验、科学数据以及预防、控制和治理的技术方法。

开展外来生物入侵研究，提升科学研究能力，可为外来生物入侵的管理和防治提供科学依据，同时也可为我国社会经济发展、生态环境与生物多样性保护提供科学依据、技术支撑和安全保障。

6. 加强科普教育、提高防范意识

随着我国对外开放力度的加大，国际交流与日俱增，贸易、运输、人员携带物品中混入有害物种的概率大大增加，增加了物种入侵的风险。然而，有很多人还不知道外来物种入侵是怎么回事，更谈不上预防。因此应加强全民科普教育，宣传防治外来生物入侵的相关法律法规和科学知识，提高自觉防范意识。进而需要通过各种途径宣传外来物种入侵对生态环境和本土物种所产生的不良影响，让广大群众了解外来物种入侵的巨大危害性，不要轻易引进和盲目放流放生。同时，还要对有关管理人员和科研人员开展培训，提高其对外来入侵物种的鉴定识别能力和防治水平。

第七章
曹妃甸湿地

第一节 曹妃甸简介与湿地演变

一、概况

1. 地理位置和范围

曹妃甸区（原唐海县）位于河北省东北部、唐山市东南部，南临渤海、北邻滦南县、西部与丰南区接壤、东部与乐亭县相连。地理坐标为118°12′12″—118°43′16″E，39°07′43″—39°27′23″N。全境版图形状近似三角形，但边界线不整齐，与邻县互嵌，西北部的第六农场几乎被丰南区、滦南县环绕，东部的第九农场被滦南县属地分切，成为飞地。海岸线长度直线距离9.17 km。区境东西广45 km，南北袤37 km，区界周长136 km，总面积1 943.72 km²。

曹妃甸区人民政府驻地唐海镇，西北距北京220 km，北距唐山55 km，西南距天津新港120 km，东距京唐港30 km、秦皇岛150 km，全境地势平坦。曹妃甸区位于环渤海中心地带，辐射华北、西北、东北，面向东北亚和全世界，是连接东北亚的桥头堡，是唐山市打造国际航运中心、国际贸易中心、国际物流中心的核心组成部分，是河北省国家级沿海战略的核心，是京津冀协同发展的战略核心区（图7-1）。

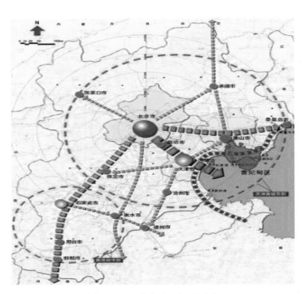

图7-1 曹妃甸地理区位

2. 行政隶属

曹妃甸区今境原为沿海荒滩，后随滦河水系不断冲击形成陆地。民国后设县政，分属丰润县和滦县。1937年河北省沦陷后属日伪冀东道尹公署。1945年侵华日军投降后，中国共产党领导的抗日民主政府冀热辽区第十七专署接收了侵华日军在境域内建立的伪华北垦业股份有限公司滦县农场，更名为冀热辽区第十七专署解放农场，1946年5月改称第十三专署解放农场，1948年，改称滦南县解放农场。1949年11月被国家农业部接收，更名渤海区农垦管理局柏各庄区农场。1956年定称河北省国营柏各庄农场。1968年划归省直属，改为河北省柏各庄农垦区，行使县级行政职权。1982 年 9 月 22 日改建唐海县，隶属唐山市管辖，保留国营柏各庄农场名称，实行建制县和农垦企业双重体制。2012 年 7 月 11 日，国务院批准撤销唐海县成立曹妃甸区，同时将唐山市丰南区的滨海镇、滦南县的柳赞镇划归唐山市曹妃甸区管辖。

3. 特色资源和文化

曹妃甸资源丰富，盛产水稻、对虾、芦苇、淡水鱼、河蟹、河鲀、肉鸡、水果等，素有"北方小江南"的美誉。绿色食品"格绿"牌新小站稻享誉北京、天津、唐山、秦皇岛各大市场，在 1996 年北京国际食品暨加工技术博览会上荣获金奖，特种稻滋补珍品黑米、美食佳品香糯米在河北省首届农业博览会上获"河北名牌"称号。海水养殖红鳍东方鲀，俏销日、韩市场，养殖数量与出口量居国内之首。

曹妃甸岛上建有指引海上航运的古灯塔，历经多次重修改建，依旧在运行之中。岛上有"古井甘泉"的自然现象和"法本禅师燃指化灯"的故事传说。坐落于曹妃甸南部沿海柳赞镇蚕沙口村的蚕沙口天妃宫（又称妈祖庙）和蚕沙古戏楼始建于元代，历经沧桑，几经修复，至今犹在，记载和传承了曹妃甸厚重的历史和民俗文化。曹妃湖边有着一段曹妃与李世民感情的美丽动人传说。因此而得名的曹妃湖位于曹妃甸国家 4 A 级景区东侧，总面积 733.3 hm²，蓄水能力 2 365 万 m³，平均水深 2.5 m，最深处达 6 m。湖中的 3 座小岛是天然的鸟巢，成为多种鸟类栖息繁衍的天堂。曹妃湖兼有 1 500 m 的木栈道和 3 座亲水平台以及水上公园、荷花池等景观，游客可以乘坐游艇，饱览曹妃湖风光。曹妃湖以双龙河、青龙河为纽带，与落潮湾、润泽湖两个湿地湖泊相互贯通，形成 13 km² 的姊妹湖，成为曹妃甸新区的黄金水带。曹妃甸湿地迷宫位于第七农场境内，依托湿地资源开发建设，占地 200 hm²，是主要运用我国古代太极八卦的图形元素，对现有鱼塘、水域和芦苇地进行整合而建成的水道迷宫，游人可乘船进入迷宫体验湿地游览的快乐。龙岛位于曹妃甸东南老龙沟海域，是古滦河入海与海洋波浪潮流共同作用形成的沙质岛屿，岛上沙质细腻，海水湛蓝，锦鳞畅游，鸥鸟翔集，荒野韵味十足，是渤海湾中一块未经雕琢的天然岛屿。

曹妃甸海盐文化历史悠久。北魏时期，丰润沿海开始"置灶煮盐"；唐朝时，唐山沿海地带"万灶沿海而煮"，制盐业已经很发达（张铁铮等，2007）。古代制盐采用在海边埋锅设灶、燃薪熬煮的方法，称"设灶煮盐"，"盐民"又称"灶民"，灶户聚居的村落以其姓氏冠名。如今在曹妃甸辖区内，有很多村名带"灶"字，皆因某姓盐民最早在此"置灶煮盐"而得名，历史上也曾有"七十二面灶"的说法。第十一农场，自古就是我国北方重要的盐产区之一，为越支场的一部分。

曹妃甸农垦文化浓重。自 1956 年起，数万农垦大军在一片"斥卤不毛"的滨海荒滩之地建设了国营柏各庄农场，农垦人发扬"艰苦奋斗、努力拼搏"精神，使农垦区很快成为当时河北省最大的商品粮基地和重要的稻米生产区。历经多年建设，农垦区内沟渠纵横交错、井然有序，绿树成荫，稻花飘香。当前，曹妃甸区仍保留着农场建制，形成了至今仍有教益的农垦精神和文化。

曹妃甸湿地是北方最大的滨海湿地之一，总面积 540 km²，其中曹妃甸湿地和鸟类省级自然保护区面积 110 km²。曹妃甸湿地是曹妃甸论坛的永久会址所在地，拥有华北地区最大的湿地温泉中心，是集鸟类保护、湿地体验、科普教育、商务会所、运动休闲、文化创意、生态居住于一体的旅游休闲度假社区。

二、历史沿革与曹妃甸由来

1. 历史沿革

曹妃甸区原名为唐海县。唐海，取义唐山沿海（河北省地方志编纂委员会，1986）。唐海县是在河北省国营柏各庄农场基础上建立的农垦体制县。此前，该域是丰（润）、滦二县的滨海荒滩，"斥卤不毛"，村稀人少。

唐海县境，商属孤竹，春秋时属无终和山戎，战国为燕地，秦属右北平郡和辽西郡，西汉为右北平郡昌城、夕阳地，东汉并夕阳、昌城为海阳。北齐省海阳入肥如。三国、魏、晋基本因之。隋开皇六年（586年）省肥如入新昌，十八年（598年）新昌更名卢龙。唐贞观置石城，开元二十八年（740年）置马城，辖县域大部。辽天赞析卢龙山南地置滦州，领义丰、马城、石城。金代县境西部属中书省大都路蓟州丰润县，东部为永平路滦州义丰、马城县。元至元四年（1267年）省马城入义丰。明代分属顺天府丰润县和永平府滦州义丰县。洪武二年（1369年）裁义丰入滦州。清初仍袭明制，将原京师地改为直隶省，府县未变。康熙五年（1666年），遵化成为直隶州，丰润属之。至此县境西部属直隶省遵化州丰润县，东部为永平府滦州地。1911年，辛亥革命推翻清王朝，结束了统治中国两千多年的封建帝制。次年成立中华民国临时政府。1913年裁撤府州，一律称县，今境分属直隶丰润县和滦县。1928年直隶省改称河北省，遂属河北省丰润县和滦县（唐海县地方志编纂委员会，1997）。

1935年，日本侵略者利用汉奸在通县成立伪冀东防共自治政府，丰、滦均在其中。1937年河北省沦陷后建立日伪政权。县境属伪冀东道尹公署。但是中国共产党领导人民群众积极开展游击战争，建立抗日根据地和人民政权。县境为晋、察、冀边区冀东革命根据地的一部分，曾先后分属丰滦迁联合县，迁滦卢联合县，丰滦、滦卢联合县等。1945年初，丰滦、滦卢合组唐滦特区，同年5月因遭敌破坏而重建丰滦办事处。1946年5月冀东行署调整区划，撤销丰滦办事处，建立丰南县佐公署。并把滦县境域分建成滦南、滦北、滦西3个办事处。同年7月，丰南、滦南均成县。至此，县境西部属丰南县，东部属滦南县。1954年滦南并滦县，丰南并丰润，县境分属丰润和滦县。另外东北部少数村庄曾属乐亭县管辖（唐海县地方志编纂委员会，1997）。

抗日战争时期，侵华日军华北驻屯军为补给粮秣，从1941年开始，在今第一农场境域建立伪华北垦业股份有限公司滦县农场。1945年侵华日军投降后，中国共产党领导的抗日民主政府冀热辽区第十七专署，接收了伪华北垦业股份有限公司滦县农场，更名为冀热辽区第十七专署解放农场，同年底改称冀东区第十七专署解放农场。1946年5月，冀东区第十七专署改为第十三专署，第十七专署解放农场随称第十三专署解放农场，同年底曾一度被国民党军队占领。1948年，该地再次解放，原第十三专署解放农场由滦南县人民政府接管，改称滦南县解放农场。1949年7月，滦南县解放农场收归华北局农业部，改称华北局农业部津沽区农垦管理局柏各庄区农场。同年11月，中华人民共和国农业部接收了柏各庄区农场，改名为渤海区农垦管理局柏各庄区农场。1951年7月，柏各庄区农场改称柏各庄合作农场。1953年1月，柏各庄合作农场下放给河北省管理，又改称河北省柏各庄合作农场。1954年2月，柏各庄合作农场更名为柏各庄机械农场（唐海县地方志编纂委员会，1997）。

1955年底，经国家计划委员会、建设委员会批准，河北省人民委员会决定，在滦县南部地区建立大型国营农场，并借用沿海较大村镇柏各庄之名，定称河北省国营柏各庄农场，隶属河北省农业厅。1956 年 1 月正式动工兴建，农场性质为全民所有制农垦企业，兼有部分地方行政职能。农场设总场场部，初辖 4 个分场。1958 年基本完成建场任务。1959 年 10 月 21 日，经河北省人民委员会批准，柏各庄农场改为唐山市柏各庄区，建立了区政府，隶属唐山市人民委员会。1961 年 6 月，撤销唐山市柏各庄区建制，恢复国营柏各庄农场，接受唐山专署和丰南县双重领导。1963 年 5 月柏各庄农场党委改归唐山地委领导，行政业务归河北省农垦局领导。1968 年 6 月 18 日，经河北省革命委员会批准，河北省国营柏各庄农场改为河北省柏各庄农垦区，行使县一级权力。1982 年 12 月 26 日，河北省农垦局〔80〕冀垦字第 53 号文批准，在柏各庄农垦区建立河北省垦丰农工商联合公司，与柏各庄农垦区实行一套人马，挂两块牌子（唐海县地方志编纂委员会，1997）。

　　1982 年 9 月 22 日，国务院发出〔82〕国函字 211 号文件，正式批准柏各庄农垦区改建唐海县。同年 10 月 7 日，河北省人民政府发出冀政〔82〕208 号文件，转发了国务院关于建立唐海县的通知。1983 年 10 月 17 日，中共唐山市委组织部以市组〔83〕58 号文件下发了关于组建唐海县筹建小组的通知，并派出建县工作组，负责筹建唐海县。1983 年 11 月 29 日召开唐海县第一届人民代表大会，12 月 1 日选举出县长（李文斌）、副县长（赵建新、霍善祥、孟庆贺），唐海县人民政府正式成立，隶属唐山市。1985 年 1 月 1 日，撤销河北省垦丰农工商联合公司，唐海县实行县管农场体制，仍保留国营柏各庄农场名称（唐海县地方志编纂委员会，1997）。2012 年 7 月 11 日，经国务院批准撤销唐海县成立曹妃甸区（国函〔2012〕85 号）。

2. 曹妃甸由来

　　曹妃甸，亦称曹妃殿，在距离唐山市区 80 km 的南部沿海，原来距离北边陆地约 20 km。据《滦南县志》（2010）记载，曹妃甸为一带状沙岛，南面略高于北面，四周略高于中间，形成于 3 000～6 000 年前，为古滦河三角洲湖尖。系滦河经由老溯河中、下游在这里入海而形成的巨大三角洲。滦河不断东移后，这里在海水的经久冲刷作用下，三角洲渐渐脱离河口和陆地而形成海岛。曹妃甸岛后方滩涂广阔且与陆域相连，低潮面积达 30 km²，零米水深线面积达 150 km²（滦南县地方志编纂委员会，2010）。

　　曹妃甸的名字则来源于传说。《滦县志（卷二·地理河流）》记载："曹妃甸在海中，距北岸四十里，上有曹妃殿，故名"（张凤翔总修，民国二十五年）。《唐山文化的历史脉络》记载，"关于曹妃甸的由来，现在通常说：唐太宗李世民东征途经渤海湾时，一位曹姓妃子患病须留下来休养。而当唐太宗班师回朝再经此地时，曹妃已故，李世民遂将其安葬在渤海湾一沙甸，此岛得名曹妃甸"（张铁铮等，2007）。

　　有关曹妃甸的由来，另一个传说是，这个小岛原叫"沙垒甸"，是古代渔家停船避风的小岛。相传李世民率兵追赶叛军时，在渤海湾搭救了一位被叛军调戏的渔家姑娘，她姓曹。海上气候无常，风高浪急，李世民病倒在船上。渔家女子得知救命恩人病倒后，就日夜守护在李世民身边，为他端茶送水。经过几天的精心调理，李世民的病情很快就好了。李世民也对眼前这位善良、美丽的渔家姑娘有了好感，并对她说，等他平定叛军后，就接她回宫做妃子。随后，李世民就转战南北，当地的老百姓知道这件事后，都把这位曹姓渔家女子供为贵妃。经过多年的鏖战，李世民忘了与渔家女的"海誓"。这位曹姓的渔家女一直在岛上等待，终身未嫁，最终死在岛上。老百姓在岛上修建寺庙曹妃庙，岛屿也就被人称为曹妃殿。据民间传说，李世民后来来渤海岸边接曹妃入宫。但此时，曹妃已化作一座青冢。唐王伤感至极，下令千军缟素，并扩建曹妃殿。又闻曹妃生前常在老爷庙弹奏古筝，有时打鱼来不及归航，也在曹妃殿弹。老爷庙琴声悠扬，引来百鸟盘旋。便下旨，令百鸟永伴曹妃。所以至今，老爷庙还是鸟的天堂，千万只鸟盘旋于此，千古不绝。相传，唐末宋初一个叫魏明鹤的秀才曾留下一首绝句《曹妃吟》，诗曰："唐王何日再回眸，沧海横流几度秋。缟素千帆随浪逝，空余云影恨悠悠。"明末滦州一位姓张的庠生专门有诗记录这个美丽的传说，诗的全文是："唐王荒岛憩羁身，惊见渔舟有丽人。玉女清歌旋百鸟，伟男子夜赠千金。皇娃苇荡迷幽径，盐坊老夫立至亲。可叹长安一片月，深宫空自怅游魂！"这些诗文均见于 20 世纪 80 年代在曾家湾村西麻坨岗子出土的一本《古滦州诗钞》中（孙梦成，2012；刘昱枫，2018）。刘昱枫（2018）对"曹妃甸传说"考证后认为，唐太宗东征高丽确有其事，但唐太宗究竟在行军途中有没有驻扎在曹妃甸境内有待考证。在史料记载，虽有太宗经过幽州，但并没有明确肯定的证据证明太宗在唐山境内驻扎过。所以这个传说无法得到证实，应该是当地人杜撰而来。但无论历史的真相究竟是怎样，这样的美丽传说终究给这座城市蒙上了一层神秘美好的色彩，为唐山人民的善良传唱了一曲生动的歌谣（刘昱枫，2018）。一座小小沙岛，负载着一段悠远的历史回声；一片寻常土地，记录了一个不朽的爱的传奇（刘兰朝等，2019）。一个直教曹妃生死相许的凄美哀婉、荡气回肠的爱情传说成为曹妃甸千古绝唱、广为传颂。古往今来，曹妃庙都是附近渔民和过往船舶祈求平安的圣地，香火鼎盛，曹妃甸这块古老神秘而又充满活力的滨海之地至今仍令无数人神思遐想、无限向往。

三、曹妃甸湿地演变

据《唐海县志》（1997）记载，国营柏各庄农场建立之前，该域自然环境很差，突出特点有二：一是大部分土地含盐碱量较高，野草亦难生长；二是地势低洼，又处几条大河下梢，沥涝"比岁皆然"。对此，在清光绪二十四年（1898 年）撰修的《滦州志》中，有一段较为详细的记载："滦境滨海之地，东西广九十余里，南北四十余里，皆斥卤不毛，如场之涤。远或十数里，近亦七八里，间有人烟。蛎墙草屋，村止数家，晒盐捕鱼，外无生业。布粟所需，器械所用，均购之于数十里外。沿海之地数万顷，固以其五谷不生而弃之"。

唐海县域，北部为滦河下游冲积平原，南部则是海退地，成陆较晚，而南端的鱼虾养殖场为渤海北缘的潮间带。早在一千多年前，海岸线尚在今第八、第十、第二农场一线。据明隆庆四年（1570 年）《丰润县志》记载，此间从北魏孝昌二年（526 年）开始出现制盐业，之后历代发展。由于自然条件与其他方面的原因，清代以后，该域制盐业开始衰落，民初只剩少量散居的私人熬盐点。古代境内居民多以制盐捕鱼为生，少数以农为业，县境除北部高地和零零星星的坨地有人耕种外，大部为盐滩草地，少有人烟。乾隆初年，因再无可开垦的坨岗，开始种"港地"（港：音 jiāng）。即择稍高小片草甸荒场，四围开渠筑堤，利用雨水淋碱，待土壤含盐碱量降低后，方可种些高粱、稗子等耐碱耐涝作物，产量很低，通常年景亩产不足斗。对此，清光绪二十四年（1898 年），杨文鼎、王大本编修的《滦州志》中有一段详细的记述："滦境滨海之地……，固以其五谷不生而弃之也。然而民无生计，或择稍高之地，四围筑堤，堤外穿渠。夏秋之季积雨于堤内，其咸水下渗入渠。俟二三年，碱性泄尽，堪以施种五谷，乃报认荒田，每段多止五六亩。过则雨水不足以泄碱，遇稔岁所收亦薄，不能与腴壤比也"。清道光二十六年（1846 年），制盐改熬为晒，原有盐户改从农业，大量开垦"港地"，总面积已达 3 000 余亩。为了提高产量，当地农民想尽办法改"港地"为"挑坨地"（从两面甩土，中间叠岗）。坨地高于原地面 1 m 左右，坨地挑成后，地面覆盖一层乱草末，用以压碱保墒，翌年种的谷子获得了比"港地"高出两倍的产量。清末民初，除北部建成大量"挑坨地"外，在今县境中部，也有部分自然形成的高地被开垦成农田，地块较小，且不连片，零零星星地分布于各处（唐海县地方志编纂委员会，1997）。

曹妃甸湿地（图 7-2）是古滦河三角洲的一部分，是滦河水系冲积形成的冲积平原和海洋动力作用下形成的滨海平原，明清至民国时期，该区域古河道、泛滥洼地、河间洼地和沼泽等湿地地貌广布，到处呈现"鹰击长空、鱼翔浅底、苇蒲丛生、雁叫鸭鸣、兔隐狐藏"的自然景象。20 世纪 50—80 年代，这里由潮间带逐渐演替为滨海滩涂—芦苇湿地—稻田湿地—淡水养殖池塘。1956 年国营柏各庄农场和南堡盐场的开发建设拉开了曹妃甸湿地（又称唐海湿地、南堡湿地）开发的序幕。自此，大面积的天然湿地被稻田、养殖池塘、人工苇田和盐田等人工湿地取代，生境多样性和物种多样性受到较大影响。20 世纪 90 年代至今，以芦苇沼泽为代表的天然湿地相对萎缩，仅有部分相对集中分布在曹妃甸第十一农场范围内，在其他区域零星分布；海、淡水养殖相对扩展，滩涂面积减小，土壤盐渍化，湿地沼泽化逐渐加重，以鸟类资源为主的生物多样性逐年弱化。为了进行抢救性保护，2005 年 9 月，河北省批准建立了曹妃甸湿地和鸟类省级自然保护区。

图 7-2　曹妃甸湿地部分区域

曹妃甸滨海盐滩草地经历了三个主要开发阶段：围垦阶段、水产养殖阶段和填海造地阶段。

1. 围垦阶段

（1）垦荒种稻

1956 年 1 月，为解决河北省缺粮问题，国营柏各庄农场正式成立，它是一个以经营水稻为主的大型谷物农场。自此，垦荒、开渠及其他农田水利工程也随之开始。当年就开荒 3 万多亩。1958 年，农场基本建成时即已开垦稻田 10 万多亩，占当时全场农作物播种面积的 95%。1962 年扩种到 13.5 万亩，占河北省水稻面积的一半。之后，每年约以 3.15% 的速度递增，到 1977 年发展到 21.5 万亩。1990 年达到 28.9 万亩，水稻总产量达 151 207 t。

（2）植苇

曹妃甸近海，低洼盐碱，适宜芦苇生长。历史上境内即有大片苇泊，在沟渠堤埝及大小水坑边也有点片生长。1961—1964 年，柏各庄农场与北京农业大学合作，先后在第一农场和第四农场的光板地（土壤含盐量高，透水性能差，表面有白色盐霜覆盖，无任何植物生长的地块）上，试验栽植芦苇，以研究芦苇改良滨海重盐土的性能与效果，在实践中逐步积累与总结出一套比较成功的植苇技术经验，为农场进一步大面积开发利用盐碱荒滩提供了科学依据。1966 年，第七农场芦苇栽植面积达 2 800 亩，1967 年再栽植芦苇 2 700 亩，至 1982 年，第七农场共植苇 3.7 万亩，年产苇草 14 750 t。到 1990 年，唐海全县芦苇产量达 49 739 t，其中第七农场产苇 30 000 t。

（3）水利建设

在 1956—1958 年的建场施工过程中，开挖与疏通 60 多 km 长的总输水干渠 1 条，新建和改建干渠以上节制闸、泄洪闸 117 座，新建大型排水涵管 6 道，跌水泄沥涵管 19 处，支、斗渠进排水闸涵 74 座。农场基本建成后，大大小小的排灌渠系蛛网般密布于农场全境，滦河之水由渠首闸自流而下，源源不断地注入方正而平整的稻田，土壤得以改良，水稻始能生长。之后又经数年不断续建完善，并投入大量人力物力，先后治理了几条入海大河，加深疏浚河床，两旁筑堤，近海处建闸，闸门启闭，尽如人意，能泄上游沥水，又能阻海水于闸外。正因有了如此规模的水利设施，方使这片滨海弃地逐渐变成了膏腴之田。同时，为了防止海潮的入侵，在南部海边修建了海挡大堤，底宽 23 m，高 3.5 m，总长 72 km。

（4）植树造林

1956 年前，境内除北部地势较高的村庄内或岗坨地上生长着一些树木外，其他地域仍然很少见到树木，特别是在南部大片光板地上，寸草不生，何况树木？国营柏各庄农场建立后，1956 年春在第一农场二用干、三用干的渠堤上试植营造第一条防护林带，面积 200 亩，试植树种有杨树、柳树、槐树等。到 1958 年，造林面积达到 3 428 亩（包括四旁植树）。到 1969 年，各级渠道里口已基本栽上了树木。20 世纪 70 年代，重点补植完善各级渠系的防护林带，各干、支、斗、农渠均有固定的林带地，一般干渠林带地宽 10 m，支渠林带地宽 8 m，斗渠林带地宽 6 m、农渠林带地宽 4 m。栽植的树种大多为杨树、柳树、槐树三大系列，另有部分榆树、椿树、桑等。到 1990 年底，全县林木占地面积已达 54 507 亩，其中防护林 41 438 亩，占 76%（唐海县地方志编纂委员会，1997）。

（5）南堡盐场

南堡盐场位于唐山市曹妃甸区南堡经济技术开发区，是全国乃至亚洲最大的海盐生产场，始建于 1956 年 3 月，该场总面积为 300 km²。

2. 水产养殖阶段

曹妃甸天然及人工河流、沟渠、坑塘、洼淀较多，沿海滩涂广阔，有较好的鱼虾蟹生长环境。淡水养鱼始自 20 世纪 60 年代，盛于 80 年代，养殖水面最大时达到 10 万亩，年产鱼 4 000 多 t；从 20 世纪 70 年代初开始试验人工养殖对虾，1985 年大量开发沿海滩涂，建立两个专业化对虾养殖场，至 1988 年，全县对虾养殖水面发展到 5 万多亩。

（1）鱼类养殖

从 1958 年开始，在一些较大洼地四周开渠筑埝，拦住灌入的淡水或降水。当时是为蓄水灌溉，扩种水稻。自 1968 年开始，则利用部分水库植苇兼养鱼。到 1975 年，植苇养鱼面积发展到 10 万多亩，其中：水库 80 个，面积 104 051 亩；坑塘 54 个，面积 1 057 亩。但是，多数水库面积大、水浅、草多，实际用于养鱼的水面并不多。后经多年改造调整，一部分水库被开垦成稻田、苇田，一部分被改造成养鱼池塘。主要养殖品种有梭鱼、鲈、矛尾复虾虎鱼、鲤、鲫、鲶、乌鳢、泥鳅、鳝、鳙、鲢、草鱼、鲂、罗非鱼、鲻、翘嘴红鲌、黄颡鱼等。

（2）对虾养殖

1972 年开始人工养殖对虾，当时的养殖方法极为简单，且是鱼虾混养。春季把海水放入水库，靠海水本身带入的虾苗，在水库中凭其自然成长，当年 3 万多亩养殖水面共获对虾 150 余 kg。1973 年，第五农场渔林队在 115 亩虾池中初试单养，总产达到 1 598.5 kg。1975 年，养虾池已达到 3 215 亩；海水鱼虾混养总面积 4.5 万亩。1980 年，国家水产总局资助 200 万元，在第五农场原渔林队的基础上建十里海养殖场（仍归属第五农场），建养虾池 6 000 亩，围海 6 000 亩，总养殖面积扩大到 1.6 万亩。1983 年海水养殖面积发展到 1.8 万亩，其中 150 亩水面的土池 20 个，300 亩水面的土池 10 个，3 000 亩大池 2 个，6 000 亩粗放池 1 个。1984 年，全境海水养殖对虾总面积达到 4.1 万亩。1985 年 1 月，滩涂开发工程正式开始，到 1986 年 6 月，共完成土方 772.16 万 m³，共开发内滩 42 826 亩，建成精养虾池 234 个，面积 26 110 亩。1990 年，对虾精养面积已达 5.3 万亩，粗养面积 6 000 亩（唐海县地方志编纂委员会，1997）。

（3）河蟹养殖

1980 年，在双龙河、小青龙河两岸的 7 个农场 10 个养鱼水库中，放养河蟹（中华绒螯蟹）总面积达 2 万多亩。1987 年，河蟹养殖面积 14 286 亩，其中精养 186 亩，粗养 14 100 亩，并放流增殖 10 万亩。1989 年，河蟹养殖面积 8 000 多亩，增殖面积 10 万多亩（唐海县地方志编纂委员会，1997）。

（4）大型养殖场建设

十里海养殖场是国有大型海水养殖专业场，始建于 1985 年，位于唐海县城南 20 km 处，在第五农场原渔林队十里海养殖场的基础上扩建而成，有土地 35 km²，集苗种繁育、大田养殖、工厂化养殖、人工越冬于一体，养殖面积 2.64 万亩。八里滩养殖场是 1985 年在第五农场养虾场的基础上扩建而成的县属场级对虾专业化养殖场，有养殖水面 1.5 万亩，是国有大型专业化海水养殖企业。经过多年发展，逐步形成了以河鲀、牙鲆、东方对虾、日本车虾为主导产品的养殖园区。

3. 填海造地阶段

2000 年至今，曹妃甸沿海进入海港开发建设阶段，浅海-滩涂湿地受到严重影响，典型的沙坝、潟湖体系遭到严重破坏。2003 年，曹妃甸港开始建设，占用了大量的浅海水域。2003—2012 年，通过人工吹沙造地已经形成了 170 km² 的陆域面积。按照曹妃甸新区开发建设规划，曹妃甸工业区（310 km²）、曹妃甸国际生态城、曹妃甸区、南堡开发区（412 km²）四部分规划面积达 1 943.72 km²，陆域海岸线约 80 km，是我国"十一五"期间（2006—2010 年）全国最大的项目集群（高连凤等，2012b）。按此规划，还将有大量的浅海水域、滩涂等被吹填为陆地。

四、社会经济状况

1. 行政区域

2019 年，曹妃甸区下辖 3 个街道：希望路街道、垦丰街道、中山路街道；3 个镇：唐海镇（2000 年 6 月，原唐海镇与第二农场合并）、柳赞镇和滨海镇；10 个农场：第一农场、第三农场、第四农场、第五农场、第六农场、第七农场、第八农场、第九农场、第十农场、第十一农场；2 个海水养殖专业场：八里滩养殖场和十里海养殖场。并管理曹妃甸工业区、唐山湾生态城、南堡经济开发区 3 个功能区。

2. 人口

2019 年末，曹妃甸区总户数 69 758 户，户籍总人口 214 303 人，其中城镇人口 113 130 人，户籍人口城镇化率 52.79％。全年常住人口 313 007 人，其中城镇人口 230 060 人，常住人口城镇化率达到 73.5％（曹妃甸区 2019 年国民经济和社会发展统计公报，2020）。

曹妃甸湿地和鸟类省级自然保护区涉及第七农场、第四农场和第十一农场 3 个农场。其中第十一农场涉及孙家灶、沽南灶和农科站的一部分，但没有村镇、居民点分布在保护区内；第四农场涉及一队（即八里坨村）的一部分，八里坨村分布在保护区的实验区内，第七农场涉及滨海一村和滨海二村，第七农场场部、滨海一村和滨海二村分布在保护区的实验区内（表 7-1）。2016 年底，3 个农场共有人口 18 621 人，其中第七农场 2 674 人，第十一农场 8 244 人，第四农场 7 703 人，保护区内人口只涉及第七农场和第四农场一队，共计 3 521 人（《曹妃甸湿地和鸟类省级自然保护区资源调查成果报告》，内部资料，2017 年 12 月）。

表 7-1　保护区社区情况

保护区	农场	队、站、养殖场
曹妃甸湿地和鸟类省级自然保护区	第十一农场	孙家灶、沽南灶、农科站的一部分、养殖场、渔林队
	第四农场	一队（八里坨）一部分、第二渔苇队、养殖场
	第七农场	农场场部、滨海一村、滨海二村

3. 经济

2019 年，曹妃甸区实现地区生产总值（GDP）630.04 亿元，比上年增长 9.1％。其中，第一产业实现增加值 30.57 亿元，比上年增长 4.0％；第二产业实现增加值 331.53 亿元，比上年增长 9.6％；第三产业实现增加值 268.34 亿元，比上年增长 9.1％。三产比重为 4.85∶52.59∶42.56。人均地区生产总值为 203 579 元，比上年增长 7.9％。实有市场主体 33 624 户，其中企业 10 084 家，规模以上工业企业共 152 家，规模以上服务业企业 157 家。城镇居民人均可支配收入 42 560 元。全区农林牧渔业总产值 59.15 亿元，其中渔业产值 33.6 亿元。渔业养殖面积 14 369 hm²，其中：海水养殖面积 6 916 hm²，淡水养殖面积 7 453 hm²。全年海淡水产品产量 15.08 万 t，比上年增长 28.31％。其中：海水产品产量 6.95 万 t，比上年增长 98.57％；淡水产品产量 8.13 万 t，比上年下降 1.47％。在海水产品中：虾蟹产量 1.19 万 t，比上年增长 9.83％；海水鱼产量 8 474 t，比上年增长 9.82％。在淡水产品中：淡水鱼产量 6.37 万 t，比上年下降 1.82％；虾蟹类产量 1.76 万 t，比上年下降 0.24％（曹妃甸区 2019 年国民经济和社会发展统计公报，2020）。

4. 土地状况

曹妃甸土地总面积 73 219.58 hm²，全部为国有土地。耕地面积 24 793.58 hm²，占国土总面积的 33.9％，其中水田 19 266.33 hm²；旱地 5 527.25 hm²；园地面积 665.95 hm²，占国土总面积的 0.91％；林地面积 1 319.09 hm²，占国土总面积的 1.8％；居民点及工矿用地

5 368.86 hm²，占国土总面积的 7.33%；交通用地面积 1 825.75 hm²，占国土总面积的 2.49%；水域面积 34 050.62 hm²，占国土总面积的 46.45%；未利用土地面积 3 639.59 hm²，占国土总面积的 4.97%；其他沟荒、杂类建筑物用地等土地面积 1 574.22 hm²，占国土总面积的 2.15%（《河北唐海湿地和鸟类自然保护区总体规划（修编）》，内部资料，2011）。

保护区批复总面积 10 081.40 hm²，其中：湿地面积 8 805.9 hm²，占保护区总面积的 87.35%；林业用地面积 74.40 hm²，占 0.74%；建设用地面积 639.90 hm²，占 6.35%；其他土地面积 561.20 hm²，占 5.57%。建设用地集中在保护区的实验区，主要是冀东油田占地。据 2017 年有关单位调查，保护区总面积为 9 613.74 hm²，与正式批复面积（10 081.40 hm²）相差 467.66 hm²。保护区土地使用权目前分属于第四农场、第七农场和第十一农场，其中：第四农场在保护区内的面积为 1 502.94 hm²，占保护区总面积的 15.63%；第七农场在保护区内的面积为 4 719.99 hm²，占 49.10%；第十一农场在保护区内的面积为 3 390.81 hm²，占 35.27%。

5. 交通

保护区拥有极佳的区位优势和一定的交通便利条件，公路交通网日趋完善，道路网络较为密集。保护区周边有唐曹高速、青林公路、沿海公路、通港铁路。东西走向的唐曹高速、唐曹铁路穿越保护区实验区北部，青林公路、唐柏公路与京哈、京沈、唐港三条高速公路相连。保护区内主要道路有：沿双龙河南北向的城西快速路（长南线），东西向的 235 乡道、李四线、湖中线、湿地路、庙中路和西线路等，此外还有若干管护道路和生产经营用便道。保护区距京唐港、曹妃甸港各 30 km，可由两港通达四海。

6. 基础设施

因保护区是在农场的基础上建立的，故保护区内分布了大量的农田水利和电力基础设施。其中主要的设施有：实验区北部的落潮湾变电站（0.2 hm²）、南堡供水站（0.5 hm²）、湖中路北侧的第七农场供水站（0.4 hm²）、第七农场变电站（0.67 hm²），实验区南部的谐园变电站（0.42 hm²）。此外还有较多的排水站、水渠、涵闸等水利基础设施。这些基础设施均是为保护区及周边地区生产活动提供保障的民生设施，变电站、供水站不再扩建，运行中不产生废水、废气，无排放物，所有设备符合国家规定，对湿地保护区影响较小。保护区内双龙河河道上主要桥梁有：第七农场桥、曹妃甸湿地景观桥、零点桥、旧零点桥以及曹妃湖橡胶坝一座。实验区范围内有较多高压线路，主要有唐曹铁路二期供电线路、华润曹妃甸电厂二期供电线路、冀东油田老爷庙作业区供电线路及输油（气）管线、曹津线输油管线等设施。

7. 湿地保护区各类企业

2017 年"绿盾行动"开展以来，曹妃甸区委区政府和保护区管理处加大整治力度，全面拆除了保护区内与有关法律法规和生态保护相违背的建设项目。目前，保护区实验区内保留的主要有以下项目：

（1）冀东油田老爷庙作业区

冀东油田老爷庙作业区位于实验区第七农场区域，1986 年开始开发，占地总面积 553.16 hm²，实验区内共有采油平台 29 处，油井 229 口，大型原油储备库一处以及若干配套设施。保护区核心区、缓冲区内油井已全部停止开采，实验区内已不再新增油井。

（2）惠通水产科技有限公司

惠通水产科技有限公司位于保护区实验区第七农场区域，老爷庙作业区南侧，是一家集水生生物研究、育种、水产养殖、加工储运于一体的科技型企业。公司设施占地 13.3 hm²，主要包括亲本培育车间、繁育车间、养殖区、加工车间、冷藏库和实验楼等。实验区内养殖基地占地 258.89 hm²，主要开展卤虫、对虾等水生生物的生态养殖，并且是曹妃甸区的科普示范基地。

（3）多玛乐园

多玛乐园项目是 2017 年河北省重点旅游项目之一，总占地面积 156.3 hm²，其中 69.3 hm² 位于实验区东南部，其余部分在保护区之外。保护区内 69.3 hm² 已成功进行了湿地恢复，该区域内没有游乐设施，对保护区影响极小。

（4）蛙蹼有机循环农业示范园

蛙蹼有机循环农业示范园（蛙蹼工社）位于保护区实验区东北部，第四农场八里坨村。项目占地面积 99.73 hm²，是以有机水稻为主，集特色农业生态旅游、农业科普教育、乡村文化体验等于一体的现代农业示范园。种植基地严格按照有机农业的国家标准进行生产，不使用化学农药、化肥、生长激素，不使用任何转基因品种，实行人工除草、物理除虫，不产生废弃物，对保护区影响较小。

（5）第七农场孵化站

第七农场孵化站位于保护区实验区南部边界，占地面积 0.66 hm²，主要为保护区及周边鱼塘培育鱼虾等水生动物种苗。孵化站主要包括育种车间、繁育车间、办公室、宿舍及相关配套设施。

第二节　曹妃甸自然环境概况

一　地质地貌

1. 地层

据《唐海县志》（1997）记载：唐海县地层由老至新发育为 5 个主要层次，分别为元古界、下古生界、上古生界、中生界和新生界。

（1）元古界

1）前蓟县系。底部为肉红色花岗岩，主要分布在柏各庄凸起的西南庄一带，厚度 7.00～22.26 m。同位素地质年龄 10.5 亿年。

2）青白口系。龙山组为页岩夹石英砂岩，含海绿石沙岩，厚度为 29.0～63.5 m。井儿峪组为泥灰岩，厚度为 7.1～41.4 m，主要分布于柏各庄凸起的西南庄一带。同位素地质年龄 6.0 亿年。

（2）下古生界

1）寒武系。下统府君山组为深灰白色白云岩夹泥灰岩，厚度为 15.4～73.0 m；下统馒头组为紫红色、深灰色泥页岩夹灰岩，厚度为 42.0～123.5 m；中统毛庄组为灰色灰岩，厚度为 66.0～116.5 m；中统徐庄阶为灰褐色鲕状灰岩间夹泥页岩，厚度为 61.4～165.4 m；中统张夏阶为鲕状灰岩；上统为灰岩与泥页岩互层，竹叶状灰岩、泥晶灰岩。寒武纪主要分布在柏各庄凸起的西南庄一带。同位素地质年龄在 5.0 亿年。

2）奥陶系。下统冶里组为深灰色白云岩，竹叶状灰岩泥质条带灰岩，厚度为 44.50～62.34 m；下统亮甲山组为深灰色白云岩，上部夹灰岩，下部夹泥灰岩，厚度为 141.6～146.0 m；中统下马家沟组为花斑状灰岩、白云岩、泥灰岩，厚度为 134.0～265.4 m；上马家沟组为灰岩、白云岩、角砾状灰岩，厚度为 32.0～49.0 m；峰峰组以灰黄色白云质泥灰岩、泥质白云岩为主。奥陶系主要分布于柏各庄凸起的西南庄一带。同位素地质年龄 3.5 亿年。

（3）上古生界

1）石炭系。中上统下部为铝土岩夹沙砾岩和煤层，上部为灰黑色石炭质泥岩、煤层夹沙砾岩。位于涧河凹陷的第八农场一线有石炭系分布。同位素地质年龄在 2.85 亿年。

2）二迭系。底部为紫红色、棕红色、灰色厚层状沙砾岩、沙岩、砾状沙岩及沙质泥岩互层。山西组厚度为 95.0～124.0 m，下石盒子组厚度为 147.0～238.5 m，上石盒子组厚度为 79.5～88.0 m，石千峰组厚度为 129.5～138.5 m。涧河凹陷的第八农场一带有二迭系分布。同位素地质年龄在 2.35 亿年。

（4）中生界

1）中下侏罗统。底部为沙砾岩夹煤层和灰质泥岩，厚度为 34.0～378.5 m。主要分布在柏各庄凸起的西南庄一带。

2）沙四-侏罗系上统。底部为沙泥岩中夹层状玄武岩，厚度为 63.0～167.5 m。主要分布在第二农场十队一带。中生界同位素地质年龄在 6 600 万年。

（5）新生界

1）下第三系。沙河街组沙三段五为粗碎屑沙砾岩，厚度为 78.5 m；沙三段四为暗色泥岩、油页岩，厚度为 207.0～269.0 m；沙三段三为以沙岩为主的沙泥互层，厚度为 456.0～709.0 m；沙三段二为深灰色泥岩夹薄层灰色沙岩，厚度为 250.0～365.0 m；沙三段一以粗碎屑沉积为主，顶部为造浆泥岩，厚度为 69.5～700.0 m；沙一下段顶底组以沙岩为主，中部以泥岩为主，厚度为 113.0～424.0 m；沙一上段为灰色、深灰色沙岩和泥岩互层，厚度为 128.0～619.0 m。南堡凹陷老爷庙（现第七农场）一带有沙河街组分布。东营组三段下为灰色中细粒沙岩，含砾沙岩；东营组三段上为灰色沙岩、泥岩互层，东营组二段以灰色泥岩为主；东营组一段为沙岩和泥岩频繁交互，泥岩性软、造浆。东营组厚度为 0～522.0 m。第七农场老爷庙一段有分布。新生界下第三系同位素地质年龄在 2 250 万年。

2）上第三系。馆陶组底部为沙砾岩夹泥岩和灰色玄武岩，厚度为 136.5～554.5 m。曹妃甸大部分地域有馆陶组分布；明化镇组下段为红色沙泥岩互层，厚度 327.5～1 328.0 m，明化镇组上段为红色粗碎屑沙砾岩，厚度为 501.0～915.0 m。曹妃甸境内大部分区域有明化镇组分布，新生界上第三系同位素地质年龄在 200 万年。

3）第四系。中原组以冲洪积冲湖积为主，土黄色、灰黄色沙泥岩。上部以粉、细中粒沙岩为主，夹黏土层，中部常分布 1～2 层卵砾石层，含水性甚好。下部渐变灰色，以黏土类为主。新生界第四系中原组分布在曹妃甸境内。同位素地质年龄在 0～200 万年（唐海县地方志编纂委员会，1997）。

2. 地质构造

曹妃甸所处大地构造位置属黄骅拗陷北部、燕山褶皱带前缘部位。属于黄骅拗陷的次级单元构造乐亭凹陷上，构造线走向近东西向。区内主要断裂为宁河—昌黎隐伏大断裂，走向 60°，倾向 SE，长约 80 km，是唐山隆起与乐亭凹陷交界边界的正断层，该断层形成于古生代，中生代以后重新活动，对平原地区的地貌形成起控制作用，从滦南县城约 2 km 处通过，第四系以来未见活动。境内主要构造单元是南堡凹陷和柏各庄凸起，二者以西南庄断裂和柏各庄断裂为界。

1）西南庄断裂。位于唐海镇—第四农场—第七农场一线，向西延伸至南堡化工厂一带；总体走向由南向西30°转成近东西走向，在第四农场构成一个向南凸起的弧形弯曲，为一个向南倾斜的断层。

2）柏各庄断裂。位于第二农场九队—柳赞一线，呈西北至东南走向，为一个南倾断层。

3）南堡凹陷。南堡凹陷是在华北陆台基底上，经中、新生代断块运动发育而成的断陷盆地。老爷庙（第七农场保护区）构造带位于南堡凹陷北翼中部，为西南庄断层下降盘。在南堡凹陷区内已发现高尚堡、柳赞、老爷庙、北堡、唐海、杜林6个油田。

4）柏各庄凸起。西自张庄子，东至坨里、杨岭一带，南以西南庄断裂和柏各庄断裂与南堡凹陷相邻。总体呈向北凸出的弓形弯曲（唐海县地方志编纂委员会，1997）。

曹妃甸区在地质构造上属华北台地的一部分，新生代以来，一直处于沉降状态，在古河流和海洋双重动力作用之下，形成了较厚的新生界地层，在新生界地层的下部广泛分布中生代储油构造。曹妃甸区主要由第四系全新统（Q_4）海相沉积物和第四系上更新统（Q_3）海陆交互层沉积的黏性土、粉土及沙类土组成，曹妃甸工业区和唐山湾生态城一部分区域上部为近年人工围海吹填土。

3. 地形地貌

（1）地貌特征

曹妃甸区是古滦河三角洲的一部分，北部陆地地处滦河下游，渤海湾北岸，所辖区域北部属滦河冲积平原，中部属海积潟湖平原，南部属滨海平原。其北部为滦河下游冲积扇的末端，成土母质为滦河冲积物。南部"海岸地貌"明显，是在渤海沿岸流、潮汐和生物作用以及入海河流的影响下形成的海退地，成土母质为海相沉积物。区域内广泛分布着古滦河和现代河流的冲积、洪积、海积、湖积等多种微地貌应力形成的河间洼地、古河道台地、坡地、港地和滩涂，平均地面高程2.7 m（大沽高程），地势北高南低，平均坡度1/2 000，一般高差为200～500 mm。自然地面最高处是第六农场东北部的沙岗，海拔为10 m，最低处是八里滩、十里海水产养殖场。系渤海北缘潮间带，接近海平面。

（2）地貌类型

地貌类型分为冲积平原、潟湖平原、滨海平原、潮间带滩涂。

1）冲积平原。位于第八农场尚庄子—小戟门一线以北，第六农场曾家湾—曾新村以北，第九农场东城子—青坨一线以北，总面积0.62×10^4 hm²，占全区土地面积的9%（河北省海洋局，2013b）。其南缘以4.3 m等高线为界，往北逐渐升高，坡度为1/2 000～1/1 000。此区域可见到岗、坡及洼地等地形变化，海拔为4.5～10.0 m。自丰南区莲花泊、大新庄、曹妃甸区第八农场北部、曾家湾北部、滦南县薛各庄、曹妃甸区第九农场青坨以北一线，为滦河下游冲积平原的末端，地表坡度从北部边缘3.0～4.3 m等高线中间带为冲积平原，地表坡度在1/200～1/100，有明显的岗坡、洼地的地形变化。

2）潟湖平原。丰南区杨家泊至越支、曹妃甸区第八农场中南部、曾家湾为古潟湖平原。滦南柏各庄以东至曹妃甸区第九农场中部为古牛轭湖，同属潟湖平原。海拔为2.5～4.3 m，坡度在1/2 500～1/500，高差变化很小，南部近海处微有隆起，平均地面高程3 m。

3）滨海平原（海退地）。潟湖平原至现代海岸线（海堤）为滨海平原，总面积约5.6×10^4 hm²，占全区土地面积的80%。此区域地势平坦，平均海拔2.5～4.3 m，坡度1/5 000～1/2 500，高差变化很小。南部近海处微有隆起，平均高程3 m，犹如平行于海岸的一条断断续续的自然堤。到明清时代，北部已逐渐成陆，后随海水缓缓南退，南部也形成了海退地（唐海县地方志编纂委员会，1997）。因南部沿海隆起的地方阻碍自然降水与北来客水向海注流，故常年积水而形成沼泽。柏各庄农场建场后，在南部沿海筑起一条长达72 km的拦海大堤，以防海水入侵。目前，该区域大部分被开垦，用于稻田、淡水养殖、海水养殖、苇塘、盐业生产和石油矿产开采。

4）潮间带滩涂。海堤之外为泥沙质潮间带，潮上带、潮中带大部涨潮为水，落潮成滩，滩面平坦，微向海内倾斜，坡度1/3 000～1/2 000。曹妃甸以北两侧区域受海洋动力作用形成的三道沙岗（自然堤或称海唇）现已被吹填造地。第一农场南部的八里滩和第五农场南部的十里海是潮间带滩涂中新围垦地域，坡度1/5 000～1/3 000。

二、土壤

1. 曹妃甸区土壤概况

根据1979年9月至1983年10月第二次土壤普查及河北省土壤普查成果汇总资料《河北土壤》（李承绪，1990）、《河北省土壤图集》（姚祖芳等，1991），按照国家土壤普查分类标准，曹妃甸区土壤共分为3个土类（潮土、水稻土、盐土）、9个亚类、14个土属、41个土种。潮土土类分为褐化潮土、潮土、盐化潮土、盐化湿潮土4个亚类；水稻土土类分为淹育型水稻土、盐渍型水稻土2个亚类；盐土土类分为滨海盐土、滨海草甸盐土、沼泽草甸盐土3个亚类。其中滨海盐土的面积最大，占土地总面积的40.8%；其次为水稻土，占38.2%；其余为潮土，占21%。土壤机械组成为重黏土和黏土，成土母质多为壤质三角洲沉积物，土壤盐度在1～41。土壤种类分布见表7-2。

表7-2　土壤种类分布

土类	亚类	植被	盐度	地下水深（m）	分布
潮土	褐化潮土	植被丰富	<1	3.0～5.0	第六农场
	潮土	植被丰富	<1	1.5～3.0	曾家湾、梁各庄、青坨以北
	盐化潮土	植被丰富	1～2	1.0～1.5	梁各庄、东城子以南、第八农场、太平庄
	盐化湿潮土	植被丰富	2～3	0.8～1.5	第六农场、第十一农场、原潮土现辟为稻田
水稻土	淹育型水稻土	湿地植物	2～3	0.5～1.0	沿海公路以北、第八农场南部边缘地带
	盐渍型水稻土	湿地植物	2～6	1.0～1.5	中南部各农场稻田
盐土	滨海草甸盐土	以耐盐植物为主	2～4	1.5～1.8	第三、第四、第五、第十一农场南部高地
	沼泽草甸盐土	芦苇等藜科、以禾本科植物为主	6～12.8	0.2～0.8	第一、第五、第七、第十一农场
	滨海盐土	稀疏芦苇、盐地碱蓬等或光板地	25～41	0～1.0	八里滩、十里海及以南海域和第七农场、第十一农场南部海水养殖区

2. 湿地保护区土壤概况

（1）土壤类型

保护区属海退地，土壤绝大多数属盐土类，水稻土和潮土在保护区内仅是零星分布。土壤主要分为潮土、盐渍型水稻土、沼泽草甸盐土、滨海盐土和滨海草甸盐土5种类型。

1）潮土。该土类在保护区内主要分布在第四农场和第十一农场，分布面积较小。包括盐化潮土 1 个亚类，黏质轻度氯化物盐化潮土、壤质中度氯化物盐化潮土和壤质重度氯化物潮土 3 个土种。该类土壤盐度在 1.0～2.0，地下水位在 1.0～1.5 m。

2）盐渍型水稻土。该土类主要分布在第四农场和第十一农场，有黏质盐渍化水稻土 1 个土种，土壤盐度 1.1～4.4，有机质 0.11%～1.64%。地下水位在 1.0～2.0 m，矿化度 3.10 g/L。

3）沼泽草甸盐土。该土类是保护区主要土壤类型之一，主要分布在滨海平原的第七农场，第一农场、第五农场、第十一农场有零星分布，共计约 1 万 hm²。只有沼泽草甸盐土 1 个亚类、黏质盐化沼泽土 1 个土种，该土类分布区域地势低洼，生长着芦苇、三棱草、蒲草等湿生植物，土壤长年或季节性积水，土体盐度 8.0～13.7，地下水矿化度 3.36～4.40 g/L，地下水位 0.5～1.0 m 或地表积水。

4）滨海盐土。滨海盐土分布在离海较近、地势较低的第五农场、第七农场的南部和第三农场的西南部地带，共计 6 067 hm²。地表呈光板状态，其间有小片地段生长着黄蓿等耐盐碱植物。该土类也是保护区的主要土类之一，主要分布在第七农场和第十一农场，第四农场有零星分布。保护区内只有 1 个亚类、1 个土种，即黏壤质滨海盐土，该土种土壤盐度在 13.0 左右，地下水位在 0.5～1.7 m，矿化度 30.00～65.00 g/L。

5）滨海草甸盐土。主要分布在滨海平原微高的第十一农场，第三农场、第四农场、第五农场也有分布，共计 4 513 hm²。地表为低洼集水地，生长着以黄蓿、马绊草为主的盐生植物群落，土壤平均盐度 14.0～17.0，地下水位 0.5～1.4 m，地下水矿化度为 50.00～64.00 g/L。

（2）地下水

1）地下咸水埋深。第十一农场沿海公路以北及沿海公路以南、孙家灶以北地下咸水埋深 20～40 m；以南从第十一农场十五队南、第七农场六斗一农、四斗八农至第七农场南一斗四农一线地下咸水埋深 40～60 m；此线以南至保护区南界零点桥处地下咸水埋深 60～80 m，零点桥以南地下咸水埋深 80～100 m。

2）土壤淡水层。北部水稻区地下淡水临界深度 0.8～1.2 m，南部淡水养殖区地下淡水临界深度 0.2～0.8 m，海水、卤水养殖区地下淡水临界深度为 0 m。

（3）土壤理化指标

1）潜水矿化度。沿海公路沽南灶至孙家灶以南至保护区实验区范围地下水矿化度为 10.00～30.00 g/L；以南淡水养殖区及农田为高浓度盐分、矿化度大于 30.00 g/L；海水、卤水养殖区矿化度为 70.00～150.00 g/L。

2）土壤酸碱度（pH）。北部水稻土 pH 为 7.0～8.0，中部淡水养殖区及苇田 pH 为 8.0～8.2，海水养殖池 pH 为 8.2～8.6，最高 pH 为 9.2。

3）地下水化学类型。全区为 HCO_3^- · Cl^- — Na^+ · Ca^{2+}。

4）地表水含盐量。稻区表层水全盐含量 0.1%～0.6%，淡水养殖区全盐含量 0.4%～1.2%，海水养殖区全盐含量 2.6%～3.5%，卤水养殖区全盐含量 3.0%～8.0%。

5）土壤有机质。按国家土壤养分含量分线，保护区土壤有机质大面积为 4～6 级最低水平，缺氮、贫磷、富钾，由于地处沿海，钾含量是国家 1～2 级标准的 3～5 倍（>200 mg/kg）。水稻土的有机质 1.5%～2.0%，全氮为 0.075%～0.100%，碱解氮为 60～90 mg/kg，有效磷为 5～10 mg/kg。滨海重黏土依次为苇地、池沼、光板地及海水养殖池，有机质为 0.6%～1.0%，全氮 0.05%～0.075%，碱解氮为 30～60 mg/kg，有效磷为 3～5 mg/kg。

曹妃甸湿地和鸟类省级自然保护区土壤概况见图7-3。

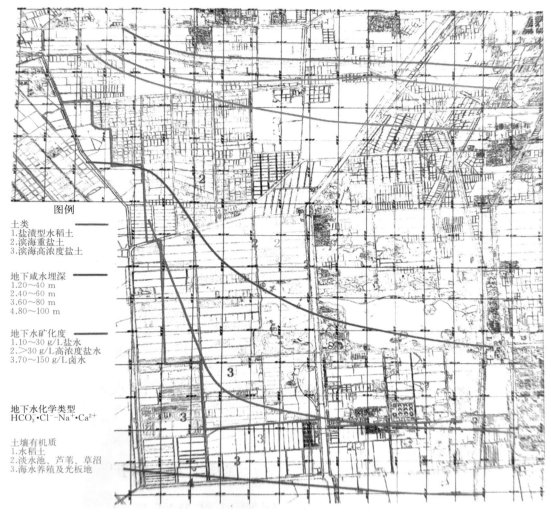

图例

土类
1.盐渍型水稻土
2.滨海重盐土
3.滨海高浓度盐土

地下咸水埋深
1.20~40 m
2.40~60 m
3.60~80 m
4.80~100 m

地下水矿化度
1.10~30 g/L盐水
2.>30 g/L高浓度盐水
3.70~150 g/L卤水

地下水化学类型
$HCO_3^- \cdot Cl^- - Na^+ \cdot Ca^{2+}$

土壤有机质
1.水稻土
2.淡水池、芦苇、草沼
3.海水养殖及光板地

图7-3　曹妃甸湿地和鸟类省级自然保护区土壤概况

三、气候特征

按"中国自然区划"气象分类，曹妃甸区属东部季风区暖温带半湿润季风型近海大陆性气候（短时受海洋性气候影响），具有光照充足、降水集中、雨热同期、四季寒暖、干湿分明等气候特点。一是四季分明，春季短暂、多风、干旱、少雨；夏季炎热，雨量集中，夏季降水量占全年总降水量的70%以上；秋季天高气爽，冷暖适宜；冬季寒冷封冻，是一年中最长的季节。二是气候适宜，日温差较小，无霜期长，光能资源充足。三是雷暴、冰雹、大雾等灾害性天气较少，台风对沿海直接危害不大。上述气候气象特征有利于水产养殖及以鸟类为主的生物多样性的维系。

1. 气温

根据曹妃甸区气象局2006—2015年资料：多年年平均气温12.1℃；最冷月为1月，月平均气温−4.0℃；最热月为7月，月平均气温26.0℃；年极端最高气温35.2℃，年极端最低气温−14.5℃，平均气温年较差30.0℃。全年日平均≥0℃积温4 691.6℃，日平均≥10℃积温4 337.5℃，常年活动积温3 817℃。夏季（6—8月）气温变化较小，相对温度变化小于10%；冬季（12月至翌年2月）相对温度变化不超过9%；春季（3—5月）气温回升较快，相对温度相差48%；秋季（9—11月）气温急剧下降，相对温度相差51%；春秋季节显得十分短促。

2. 太阳辐射与日照

1）太阳辐射。曹妃甸区太阳能辐射资源比较丰富，年太阳辐射总量达547.6 kJ/cm²。4—6月空气干燥，大气透明度好，日照时长长，太阳辐射强，平均日辐射总量为2 035.6 J/cm²，其中5月日辐射总量多达2 229.4 J/cm²；7—8月由于雨季来临，日照时长短，太阳能辐射相应减少，平均日辐射总量只有1 744.7 J/cm²；8—9月平均日辐射总量为1 684.4 J/cm²。

2）日照。曹妃甸区历年日照时长2 878 h，日照百分率65%，5月日照时长最长，达308 h；11—12月最短，为200 h；7—8月日照较少，平均每天日照时长低于8 h（唐海县地方志编纂委员会，1997）。

3. 降水与蒸发量

1）降水。曹妃甸多年平均降水量567.0 mm，最大降水量878.2 mm，最小降水量333.2 mm，7—8月降水较多，平均降水量201.4 mm，占全年降水量的36.0%。据唐海县气象站1956—2005年资料，年平均降水量为549.2 mm。以空间分布看，北部地区多年平均降水量大于南部多年平均降水量，第八农场最高，为596.1 mm，十里海养殖场最低，为536 mm，其他南部地区如八里滩养殖场为540.2 mm。南堡气象站年平均降水量为564.0 mm。大清河气象站529.3 mm、滦南县第一盐场（唐山湾生态城）510 mm。降水量年内分配不均，最大3个月（6—8月）降水量占全年降水量的74%，最小3个月（12月至翌年2月）降水量仅占年降水量的2.3%。根据曹妃甸不同年代的三个时期的降水量分析，降水量有越来越少的趋势。保护区多年平均降水量618.9 mm，降水量年际变化较大，全年降水量主要集中在7—8月，占全年降水量的64%，最多年份为1 183.7 mm（1964年），最少年份为335.3 mm（1968年），相对变化率达25%，因此常出现旱涝的年份。唐海县1961—2001年降水量变化见图7-4。

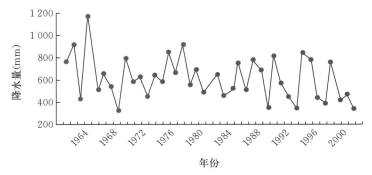

图7-4　唐海县1961—2001年降水量变化

2）蒸发量。曹妃甸区年蒸发量的季节分配不均，春季和夏季蒸发量最大，秋季次之，冬季最少。北部地区年平均蒸发量 1 860 mm，南部沿海地区年平均蒸发量 2 078 mm，大清河气象站年平均蒸发量 1 959.5 mm，南堡气象站年平均蒸发量 2 301.2 mm，滦南县第一盐场年平均蒸发量 2 283 mm。该区域年蒸发量是年降水量的 4.2 倍，春季降水偏少，蒸发最多。保护区多年平均蒸发量为 1 549.3 mm，最大年蒸发量为 1 887.6 mm（2009 年），最小年蒸发量为 1 140.3 mm（2015 年）；春夏季蒸发量最大，占全年蒸发量的 69.75%；秋季次之，占全年蒸发量的 21.24%；冬季最少，仅占全年蒸发量的 8.87%。年平均相对湿度 67.0%，春季相对湿度 58.1%，夏季相对湿度 76.9%。

4. 风

曹妃甸区受季风影响较大，秋冬季大风日数多。

1）风向和风速。多年风向为 SSW，频率为 10%；次常风向为 SSE 和 ENE，频率为 9%；ENE 为强风向，最大风速 25 m/s；NE 为次强风向，最大风速 21 m/s；实测最大风频率 62%，风速 22 m/s；全年平均风速 5.3 m/s；全年≥6 级风频率 4.9%，风速 13.8 m/s。春夏季风向为 SES，频率为 49% 和 64%，平均风速 5.1 m/s 和 6.6 m/s；秋季风向为 WS，频率为 34%，平均风速 4.9 m/s；冬季风向 WN，频率为 47%，平均风速 5.1 m/s。受季风影响，保护区春季盛行偏北风和西北风，夏季盛行偏南风，冬季盛行偏北风，年平均风速 2.7 m/s，极端最大风速 28.3 m/s。大风主要集中在春季，4 月平均风速最大，平均达到 3.6 m/s，且大风日数最多，月平均 3 次，分别出现在 2008 年、2009 年和 2015 年。

2）台风（风暴潮）。台风次数：平均每 3 年 1 次，但有时 1 年出现 2 次。台风出现时间多数在 7—9 月，少数在 10 月出现。如 1985 年 8 月 19 日台风，乐亭海面潮高 3.4 m；1992 年 9 月 1 日台风，乐亭海面潮高 3.9~4.0 m；1997 年 8 月 20 日的 11 号台风；2003 年 10 月 30 日台风，风力 10~11 级；2005 年 8 月 8 日的"麦莎"台风；2007 年 3 月 4 日的台风等。

3）风况特征。据 1996—1999 年曹妃甸 3 年风速观测：全年 6 级以上风速（风速 10.8 m/s）近 796 次（以每天定时 24 次观察统计，下同），频率为 6.1%，风速 3~20 m/s 的风频率为 92.7%。春季 6 级以上大风 209 次，频率为 4.2%；7 级以上大风（风速 13.8 m/s）44 次，频率为 0.9%。夏季 6 级以上大风 163 次，频率为 4.0%；7 级以上大风 26 次，频率为 0.7%。秋冬季 6 级以上大风 424 次，频率为 10.9%；秋冬季 7 级以上大风 96 次，频率为 2.5%。

5. 雾与霜

1）雾。年平均雾日 27.7 d，年最多雾日 37 d（1990 年），年最少雾日 8 d（1986 年）。最长连续雾日数为 3 d。能见度小于 1 km 的雾日数年平均 22 d。雾天多发生在当年 11 月至翌年 2 月，此期间雾日占全年的 77%。海大雾往往带有盐分，对树叶有盐害。

2）霜。曹妃甸初霜日期一般在 10 月 20 日，最早出现在 10 月 9 日，最晚出现在 11 月 3 日；终霜日期为 4 月 14 日，最早为 4 月 2 日，最晚为 4 月 26 日；无霜期平均 188 d，最长 206 d，最短 175 d。按 80% 保证率计算，初霜日期为 10 月 14 日，终霜日期为 4 月 17 日，无霜期 179 d（唐海县地方志编纂委员会，1997）。

四、水文

1. 河流

保护区及周边区域自然河流有 7 条，自西向东依次为陡河、沙河、戟门河、双龙河（又名曾家湾河）、小青龙河、溯河（古称濡河）、小清河，多为独流入海的短小季节性河流；人工输水河包括曹妃甸区三排干、二排干、一排干，柏各庄输水干渠（新滦河），丰南一排干、二排干，滦南马氏滩排干、第一泄洪道和第二泄洪道 9 条。

双龙河自北向南贯穿保护区，是保护区内一条重要的河流，发源于滦县茨榆坨南，流经滦南县的青坨营、油盘庄、邢洪林、安各庄，由解庄子处入曹妃甸境内，经曾家湾和丰南区的黄米廒，沿第二、第十农场和第四、第十一农场边界，穿过第七农场至嘴东入海。双龙河全长 65 km，流域面积 443 km²，多年平均径流量 2 179 万 m³，多年平均径流深 85 mm，多年平均产水模数 8.5 万 m³/km²，年径流系数 0.14；在入海口和第七农场零点桥建有防潮闸 2 座。双龙河在曹妃甸境内河长 37 km，河床宽 90 m，深 3 m，两岸土堤高 3 m，流域面积 312.43 km²。该河流属季节性河流，除下游长年积存咸水外，河道冬春干枯。下游借用二排干，因接近入海口而常年有水，平均流量 155 m³/s。

除双龙河外，保护区内分布有二排干、三排干、八用支、九用支、十用支、十一用支和十二用支，是调剂保护区供水的主要输水河道。

2. 水库

保护区及周边有水库 3 座，分别是第七农场平原水库、第十一农场落潮湾水库（又称十一场水库）和第七农场通港水库（又称曹妃湖水库）；设计总面积 1 025.2 hm²，总蓄水量约 3 826 万 m³。其中第七农场平原水库和第十一农场落潮湾水库位于保护区内。第七农场平原水库设计面积 213 hm²，蓄水深度 2.2 m，蓄水量 470 万 m³；第十一农场落潮湾水库设计面积 477 hm²，蓄水深度 2.2 m，蓄水量 1 000 多万 m³；第七农场通港水库紧邻保护区，总面积 733.3 hm²，蓄水能力 2 365 万 m³，平均水深 2.5 m，最深处达 6.0 m。水库蓄水主要来自汛期积水、水田回头水和采集径流水。

3. 淡水资源

1）淡水。曹妃甸湿地地表淡水靠来自境内的自然河流和人工开挖的排干渠补给，主要靠引滦河水补给。湿地多年平均地表水总量为 4.265 亿 m³。保护区内水源来自三个方面：一是自产径流，多年平均自产径流量为 0.428 亿 m³，占多年平均地表水总量的 10%，根据现有的水利设施，自产径流量调蓄能力达到 50%，蓄水量为 0.215 亿 m³；二是汛期客水，多年平均为 0.63 亿 m³，占多年平均地表水总量的 15%，但因截留措施少，基本流入大海；三是从坐落在迁西境内的大黑汀水库和承德境内的潘家口水库、滦河引水，多年平均引水量为 3.2 亿 m³，占多年平均地表水总量的 75%；然后通过三用干（总输水干渠一段）分水闸入双龙河提取，入保护区内的七用支、十二用支、十用支、八用支、九用支，由输水干渠为保护区湿地供水。此外，还有极少量的地下井水资源。保护区内相对丰富的水资源为湿地正常用水、湿地恢复工程提供了水源保证。

2）地表水淡水水质。据唐海县环保局监测，2005 年全年工业废污水处理量为 494 万 m³，废污水达标排放量为 494 万 m³。2006 年后取缔化肥厂、造纸厂后水处理率为 85.3%；一排干水质由 2005 年的五类标准达到 2008 年以后的四类标准。农业面源污染物主要来源是农业化肥和农药的施入及虾池饵料污染。2005 年唐海县化肥施用量（折量）7 911 t，其中氮肥施用量占 73.52％。此外，农药施用量 404 t。依据《河北省地面水环境功能区划》（河北省环境保护局、河北省水利厅，1998 年 3 月），一排干和双龙河执行《地表水环境质量标准》（GB 3838—2002）中的五类标准，输水干渠执行此类标准，pH、溶解氧、氨氮、高锰酸盐指数、生化需氧量、化学需氧量、六价铬等均未超标。

3）地下水水质。根据水质调查评价资料，采用《地下水质量标准》（GB/T 14848—1993）在采取的 356 份水样中，主要化学指标总硬度超标的 2 份，占 0.56％，铁超标的 46 份，占12.9％，最高含量 1.6 mg/L，锰超标的 3 份，占 0.84％，含量在 0.12～1.89 mg/L；氟化物超标的 7 份，占 1.97％，其含量最高为 23.025 mg/L。另外细菌指标、感官指标有个别超标现象，pH、铜、锌、铅、铬（六价）、砷、硫酸盐、硝酸盐、阴离子合成洗涤剂均未超标，地下水质良好。

4）咸水资源。湿地保护区的咸水资源经双龙河下游通过泵站提取海水。卤虫养殖用水则由附近南堡盐场供给补充。根据《2005 年唐山市陆源一般入海排污口检测报告》公布的数据，对唐海县小青龙河、沙河、溯河、双龙河各入海口水质的化学需氧量、氨氮、磷酸盐、氯化物、六价铬等指标进行了统计，依据《陆源入海排污口及邻近海域生态环境评价指南》附录 A《各类海洋功能区环境保护要求》的规定，对曹妃甸区排放的入海污水采用一级标准进行评价，近岸海域环境质量不能稳定达到功能区标准，主要污染因子为化学需氧量，磷酸盐在 7 月溯河段偶有超标现象，其他因子均能满足功能区标准要求。

4. 近海

1）水温。曹妃甸近海水温夏季最高，平均为 26.3 ℃，最高值 27.2 ℃，冬季水温最低，最低值 -1.3 ℃。春季是增温季节，水温特点是近岸高于远岸，等温线与等深线分布大体一致，以浅滩区为最高；表层水温在 8.6～17.5 ℃，表底层温差在 0.5～2.0 ℃。夏季表层水温 26.0～27.0 ℃；曹妃殿以南有一小于 24 ℃的低温舌，由东向西伸向渤海湾口，其分布与等深线较一致；表底层温差 0.5～4.0 ℃。秋季为降温季节，表层降低 12～13 ℃，底层降低9～12 ℃，分布特点与春夏相反，水温近岸低于远岸，以浅滩为最低；曹妃殿以南的低温舌已成为高温舌，舌尖部位已伸入渤海湾内。近海水温在 12.0～15.6 ℃。

2）盐度。多年平均盐度为 32.4，南堡最高为 33.3，1992 年极端高值曾达 35.1。盐度水平分布近岸高远岸低，等盐度线与等深线基本一致，盐度一般在 32.5～33.4。曹妃殿南最低，为 32.5。

3）潮汐。潮汐大多属涨四（h）落八（h）的不规则半日混合潮型，南堡一带为正规半日潮。平均潮差 2.2 m，最大潮差 3.8 m。曹妃甸海区年平均潮位为 1.77 m，月最高潮位（3.38 m）出现在 9 月，月最低潮位（0.14 m）出现在 12 月。平均潮差夏半年较大，冬半年较小，年平均潮差为 1.40 m。南堡盐场潮位高低平均为 2.61 m，潮位最高值为 3.16 m。近海潮流总的趋势是涨潮流由渤海湾进入湾内海域后，在秦皇岛外海至曹妃甸附近分为两股，一股入辽东湾，一股进入渤海湾流向西南偏西的唐山海域（落潮流方向相反），流向大体与岸线一致，涨潮流向偏西南，落潮流向偏东北（河北省唐山市地方志编纂委员会，1999）。曹妃甸近岸基本呈往复流，其流向与海底地形有密切关系。在浅滩外侧基本与岸线一致，涨潮时的流向在曹妃甸甸头西侧向西而略偏北，东侧向西略偏南，落潮流向则反之，在甸头以西流向东略偏东南，甸头以东流向东略偏东北（河北省国土资源厅等，2007b；孙丽艳等，2019）。唐山沿岸海区流速一般为 1.0～1.5 kn，曹妃甸海区流速最大，可达 2.2～2.5 kn。唐山海区水域开阔，天然掩护性较差，故风浪多年频率在 96%～98%，涌浪频率为 38%～40%。风浪以南向为主，东向和西南偏南向次之，偏北向较少且多发生在冬季。涌浪仍以南向为主，其次是东南至东向，并集中出现于东至西南偏南方向。多年平均波高在 0.6 m 以下（河北省唐山市地方志编纂委员会，1999）。

4）冰期。曹妃甸沿岸水域一般 11 月下旬至 12 月初开始结冰，3 月初海冰消失，潮间带及近岸水域海冰固定冰宽度可达 3～5 km，冰厚一般为 20～30 cm，最厚可达 45 cm 以上；海冰的堆积高度一般为 1～2 m（国家海洋局规划政策研究室等，1990）。

第三节 曹妃甸湿地类型

曹妃甸湿地位于滦河冲积平原与沿海海域之间，是滦河水系冲积以及海洋动力双重作用形成的滨海沼泽湿地，属滨海复合型湿地类型，特有的人工湿地、天然湿地、沿海湿地为河北仅有、全国罕见。湿地类型主要有浅海水域、海草床、滩涂、沿岸沼泽、养殖池塘、稻田、盐田、水库、沟渠等。

 一、曹妃甸主要湿地类型与面积

1. 曹妃甸湿地类型

根据 2000 年河北省湿地资源调查结果，曹妃甸湿地面积为 54 073.14 hm²，占全区土地总面积的 73.8%。湿地自然景观呈现明显的过渡性质，具有多种湿地类型（表 7-3），形成了自然生态系统和半人工生态系统。自然生态系统包括洼地、苇田、沼泽、潮滩、海洋、荒草丛等；半人工生态系统包括水库、洼塘、虾蟹池、稻田、盐田、生态林等。曹妃甸湿地突出的生态景观是一望无际的芦苇、宽广的水库水面、连绵的稻田，成排的海防林、生态涵养林和沟渠林等。3 937.67 hm² 芦苇沼泽湿地人迹罕至，是湿地的核心部分；平原水库存储上游泄洪水、冬灌水和径流水，用于湿地的补水；稻田、人工鱼塘和虾蟹池每年向外输出大量经济产品；林带生态系统在防风、防水土流失的同时，吸引了大量的鹰科、雀科、鹭科等鸟类，使整个湿地生境更加多样化（张义文等，2006）。

表 7-3 曹妃甸湿地类型与面积

湿地类型	面积（hm²）	所占比例（%）
淡水养殖池塘	3 928.47	7.27
海水养殖池塘	4 206.40	7.78
芦苇沼泽	3 937.67	7.28
滩涂	3 233.60	5.98
河流	1 156.73	2.14

（续）

湿地类型	面积（hm²）	所占比例（%）
人工水渠	11 186.80	20.69
稻田	24 000.00	44.38
库塘	2 423.47	4.48
合计	54 073.14	

资料来源：张义文等，2006。

2. 曹妃甸湿地生态系统空间结构

湿地生态系统的空间结构是不同的动植物适应不同的小生境的必然结果，曹妃甸湿地生态系统具有明显的空间结构，形成了水陆生、沼生和盐生动植物生态系统。

（1）水平结构

为适应不同水文条件、基质条件和营养条件，曹妃甸湿地植物在水平方向上呈现明显的规律性分布。①在水稻种植区，受人为开垦稻田、引进淡水和种植水稻的影响，原有的盐角草、白刺等盐渍植物几近绝迹。田间杂草是以喜肥浅水植物为优势的水作区野生植物。主要是稗，其次是苦草、眼子菜等，相对种类、数量少，群落简单。②渠堤地势高，排水流畅，具有一定程度的旱田土壤的特征和沼泽地的植被特征。渠堤、田埂、路边多为茅草、刺菜、曲菜等渠道野生植物，为稻作区野生植物的主要部分。鼠掌老鹳草仅在干渠的两侧分布。③在近海的狭长地带，海拔低，其含盐量大于0.8%，为盐土类。植物种类主要为沼泽植物和耐盐植物。植被群落以碱蓬、盐角草、白刺为群落的主体，植被较稀疏。另一部分土地被人为平整、蓄淡水，在淡水积水区，浅水地的自然植被为单一的芦苇群落，或间有香蒲、獐茅等。除以芦苇为优势种以外，旱荒地中尚有獐茅、青蒿等。在低洼轻盐渍区有马唐、曲菜、蒿子、茅草。毛沟内有慈姑、水葱等，盐分较高的地方有盐地碱蓬、马绊草等盐生植被。

（2）垂直结构

曹妃甸湿地生物在垂直方向上呈规律性分布。①最上层是乔木层，主要是指沿海、沟渠、道路两旁、库区四周堤埝上的防护林带，总长2 000多km，面积4 800 hm²。杨树为建群种，其他的树种还有柳树、榆树、槐树。林带设计规范、林网整齐，在湿地的5级排灌体系中，4级以上都有林木，与稻田、鱼蟹虾池、芦苇沼泽等相间分布，在乔木层上栖息着一些树栖鸟类鹰科、雀科、鹭科等。②第二层为渠堤、田埂、路边分布的灌木紫穗槐、草本植物茅草、刺菜、曲菜等。③第三层是水稻、芦苇及池塘里的鱼、蟹、虾等。深水生态系统中水生植物的垂直变化稍微复杂：在深水的边缘生长着芦苇、香蒲等挺水植物；水面生长着水鳖、浮萍、紫萍等浮水水生植物；水面以下为小叶眼子菜、金鱼藻、狸藻等沉水植物（牛永君等，2007d）。

3. 曹妃甸集约用海区滨海湿地

曹妃甸集约用海区（曹妃甸工业区）是贯彻落实国家发展曹妃甸循环经济示范区部署的具体体现，2005年10月8日成立。该区域是曹妃甸新区的核心区和龙头带动区，位于曹妃甸新区南部，规划面积310 km²。功能定位为能源、矿石等大宗货物的集疏港、新型工业化基地、商业性能源储备基地和国家级循环经济示范区。集约用海区滨海湿地主要由天然湿地（主要包括−6 m等深线以内的浅海水域部分以及部分海涂）和人工湿地（主要为人工养殖池塘）组成（图7-5）。随着曹妃甸循环经济示范区建设的不断推进，曹妃甸集约用海区填海造陆项目不断增加，直接占用了滨海湿地，湿地总面积呈逐年减小的趋势。截至2014年，滨海湿地面积为176.15 km²，较2005年减少233.63 km²，仅为2005年的43%。湿地类型2005—2012年以天然湿地为主，并分布有少量的人工湿地（主要为养殖池），人工湿地基本上占湿地总面积的10%左右。至2014年，由于进行了沿海养殖池塘的拆除，湿地类型主要为天然滨海湿地，但由于填海造陆活动的影响，湿地面积大幅缩减（表7-4），取而代之的是填海造陆活动形成的建设用海面积的增加（赵蓓等，2017）。曹妃甸陆域海岸线约80 km，2003年起，曹妃甸区域在西起双龙河口、东至青龙河口，大陆岸线与沙岛岸线之间的区域，以填筑、开挖相结合的方式，逐步开始实施大规模的集约用海工程。随着集约用海工程的实施，大量岸线资源被占用，2005年曹妃甸工业区自然岸线19.97 km，2008年自然岸线为3.19 km，2010年自然岸线全部消失，全部形成人工岸线；随着各项集约用海工程的逐步实施，到2011年整个曹妃甸区域自然岸线保有率仅为23.50%，大部分转化成港口岸线、工矿岸线、旅游娱乐岸线及城镇岸线（李志伟等，2015）。

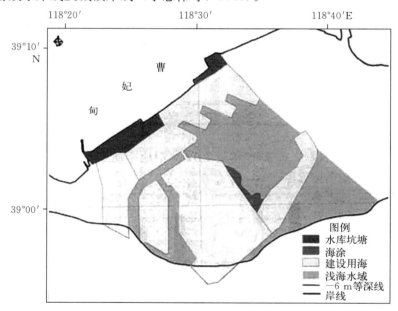

图7-5　2012年曹妃甸集约用海区滨海湿地分布（仿宋文鹏等，2015）

表7-4　2005—2014年曹妃甸集约用海区湿地面积

单位：km²

项目	2005年	2008年	2010年	2011年	2012年	2014年
天然湿地	379.17	249.71	205.96	175.84	175.35	176.15
人工湿地	30.61	30.61	30.66	21.56	21.56	0
建设用海	0	143.60	184.46	228.23	229.20	253.41
湿地总计	409.78	280.32	236.62	197.40	Ⅰ96.91	176.15

资料来源：赵蓓等，2017。

集约用海活动不仅占用大量滩涂，而且减弱海流流速，加速淤积，改变底质成分，进而改变用海范围内海洋生物原有的栖息环境，造成生物多样性、均匀度和生物密度下降，渔获量减少，许多重要的渔业资源产卵场随之消失，渔场外移，使近海渔业资源遭到严重损害。集约用海活动实施期间海水中悬浮物增加，悬浮颗粒会黏附在浮游动物的体表面，干扰其正常的生理功能，造成内部消化系统紊乱，从而导致浮游动物生物量的降低。集约用海活动实施过程中造成的悬浮浓度增加还会使水体透光性减弱，光强减少，对浮游植物的光合作用起阻碍作用；同时陆域的形成减少了海域面积和水体体积，相对减少了浮游植物的生长空间，减少了区域浮游植物的总量，从而可能影响整个食物链。集约用海对底栖生物群落的威胁来得更直接，集约用海工程海洋取土、吹填、掩埋等造成海域生存条件剧变，占用和破坏了海洋底栖生物的栖息空间，导致底栖生物数量减少、群落结构改变、生物多样性降低。集约用海工程在一定程度上占用了海洋空间资源，不断蚕食海域和滩涂。由于集约用海工程建设占用自然岸线，将自然岸线变为人工岸线，导致自然岸线长度缩短和人工岸线长度增加，自然岸线保有率逐步降低。大规模的集约用海活动会占据天然滨海湿地，将其转化为建设用地，从而改变湿地的自然属性，这不仅导致天然湿地面积的减少，也严重影响湿地在气候调节、水文调节、污染物净化等方面的功能，对湿地造成不可逆转的破坏（李志伟等，2015）。

二、龙岛海草床

1. 海草床区域概况

据周毅等（2019）报道，利用声呐探测技术对河北唐山乐亭—曹妃甸沿海的海草床进行探测，发现该地区分布着大叶藻（*Zostera marina*）（又名鳗草）（图7-6）海草床，总面积为29.17 km²，主要分布在石油人工大堤的两侧以及距其以北6 km处，外围面积高达90.26 km²（周毅等，2019）。另据刘慧等（2016）的调查资料，龙岛（原名为东坑坨）北侧基准面以上（即0 m等深线合围区域内）、油田大堤西侧的浅滩均为大叶藻分布区，以卫星地图测距方法估算，海草床面积约为10 km²，油田大堤东侧浅滩也有海草床分布，但密度非常低（刘慧等，2016）。

该区域水深较浅，绝大部分区域不超过4 m，仅航道处有较大水深，最大水深超过15 m。龙岛浅滩大叶藻海草床是迄今为止发现的我国黄渤海最大的海草床，也是目前国内发现的面积最大的大叶藻海草床，同时也是面积最大的单种海草床（图7-7）。乐亭—曹妃甸沿海的大叶藻茎枝高度、密度、生殖枝比例和生

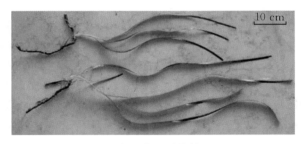

图7-6 大叶藻（刘慧等，2016）

图7-7 乐亭—曹妃甸海草床（周毅等，2019）

物量显示出明显的季节变化。从 5 月初到 9 月末，大叶藻茎枝高度和生物量均显示出先增大后减小的趋势；而大叶藻茎枝密度逐渐下降；这是因为 5—6 月具有一定比例的生殖枝，种子成熟后，生殖枝开始衰落，随着进入秋季，茎枝密度不断下降。由于龙岛附近水域地势较缓、水深较浅、离岸较远，为该处大叶藻海草床提供了非常适宜的生长环境（周毅等，2019）。

2. 海草床生物特征

龙岛西北侧海草床大叶藻呈明显的斑块化分布，覆盖度为（2.8 ± 1.1）%，茎枝密度和生物量差异较大，平均茎枝密度为（56.05 ± 29.97）株/m²，生物量为（100.48 ± 47.16）g/m²（干重），地下茎和根对生物量的贡献略大于叶片；与世界上浅滩海草床的密度相比偏小；与我国其他海区相比，大叶藻密度和生物量明显偏低。龙岛海草床的覆盖度和茎枝密度相对较低、分枝较少，每棵植株叶片数量较少，说明该海域海草有较明显的退化现象，这些可能都与人类的过度活动有关。曹妃甸海域的大规模围填海与其海草床的退化及消失有着密切关系。围填海之前的曹妃甸海域生态系统以其高生产力为渤海提供了重要的生态服务功能，当初这些海草床与曹妃甸近岸的盐沼及滩涂生态系统有着良好的互动关系，共同形成了高生产力的近岸海洋生态系统。

海草床区域生物多样性丰富，浮游植物密度较大，90% 以上为硅藻，另有少量甲藻。其中，斑点海链藻（*Thalassiosira punctigera*）和印度翼根管藻变型种（*Rhizosolenia acuminata f. indica*）为优势种，分别占细胞数量的 33.97% 和 12.68%。大叶藻叶片表面生物以底栖硅藻为绝对优势种，并有大量淤泥和微细物质，覆盖叶片表面积的 20%～50%。大型底栖生物主要为日本蟳（*Charybdis japonica*）、短蛸（*Octopus ocellatus*）、口虾蛄（*Oratosquilla oratoria*）、脉红螺（*Rapana venosa*）、扁玉螺（*Neverita didyma*）、菲律宾蛤仔（*Ruditapes philippinarum*）和织纹螺科（Nassariidae）等。底泥中有大量贝类和螺类幼体、端足目以及沙蚕和蠕虫等底栖动物。泳动生物以鱼类为主，包括许氏平鲉（*Sebastes schlegelii*）、大泷六线鱼（*Hexagrammos otakii*）、方氏云鳚（*Enedrias fangi*）、长绵鳚（*Enchelyopus elongatus*）、斑尾刺虾虎鱼（*Acanthogobius ommaturus*）和矛尾虾虎鱼（*Chaemrichthys stigmatias*）等。海草床内有丰富的游泳动物和底栖生物，仔稚鱼、稚幼贝、鱼类和蟹类资源丰富（刘慧等，2016）。

第四节　曹妃甸湿地生态系统评估

湿地效益是湿地所提供的功能、用途和属性的总称，湿地价值是人类对湿地功能、用途和属性的经济衡量，并通过湿地生态系统的生态服务功能价值来体现。从生态学和经济学角度来看，湿地具有特殊的生态功能和经济价值，它具有持续为人类提供食物、原材料和水资源的潜力，并在防洪抗旱、调节气候、涵养水源、调蓄洪水、促淤造陆、净化环境、保护生物多样性以及旅游休闲等方面发挥着重要的作用，给人类带来了巨大的生态效益、经济效益和社会效益。生态效益和社会效益是通过非实物型生态系统服务功能间接影响人类的经济生活，其经济价值还不能通过商业市场反映出来而往往被人们忽视，从而导致人们在开发利用湿地资源的过程中存在短期行为，只注重近期的经济效益，忽略了湿地所具有的生态效益和社会效益，造成了对湿地生态环境的严重破坏，最终对湿地生态系统的服务功能造成了损害，使湿地生态系统向人们提供的福利减少，直接威胁到人类可持续发展的生态基础（严宏生，2008）。因此，对湿地生态系统服务功能价值进行正确的认识和评价，是湿地保护和合理利用的基础。湿地的功能虽是多方面的，但因其类型、自然地理与社会经济条件的不同而具有明显的效益和价值差异。

湿地是一个独特的生态系统，它可以提供多种资源，如果不合理利用，仅根据自身利益的需要而对湿地资源进行开发利用，则往往会破坏湿地的其他功能（吕勇等，2008）。因此，对曹妃甸湿地生态系统服务功能价值进行科学、全面的评价，不仅可为湿地的调查、监测和研究提供可资比较和广泛应用的数据资料，还能为湿地规划、开发和保护提供可靠的科学依据和技术支撑，确保湿地资源可持续利用。

曹妃甸湿地生态系统服务功能价值评估

1. 服务功能

Costanza 等（1997）提出了基于生态学和经济学综合方法对生态系统价值进行定量评估，根据 Costanza 的研究，生态系统服务功能主要有调节大气、调节水分、供应水资源、控制侵蚀与沉积物的滞留、土壤形成、养分循环、娱乐文化等 17 项。根据曹妃甸湿地生态系统服务结构和功能相关研究结果，曹妃甸湿地生态系统服务功能主要包括物质生产、水质净化、生物栖息地、调蓄洪水、固定 CO_2 和释放 O_2 等服务功能（图 7-8）。

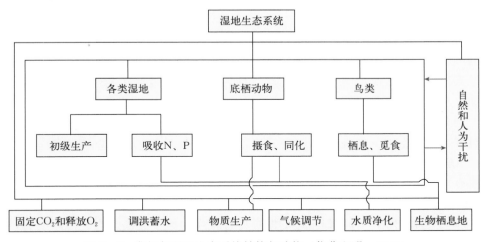

图 7-8 曹妃甸湿地生态系统结构与功能（仿裴宝明，2015）

（1）物质生产功能

曹妃甸湿地所在地曹妃甸区已经成为河北省著名的水稻和水产品生产基地、重要的粮食和水产品供给源，并形成了特殊的质量和品牌优势。曹妃甸区渔业生产历史悠久，规模较大，水产品品种多，养鱼业和虾蟹养殖业都很发达。2019 年，全年海淡水产品产量 15.08 万 t，其中：海水产品产量 6.95 万 t，淡水产品产量 8.13 万 t。在海水产品中：虾蟹产量 1.19 万 t，海水鱼产量 8 474 t；在淡水产品中：淡水鱼产量 6.37 万 t，虾蟹类产量 1.76 万 t。渔业对曹妃甸的经济发展起到了很大的推动作用。2019 年，曹妃甸区稻谷产量 15.74 万 t（曹妃甸区

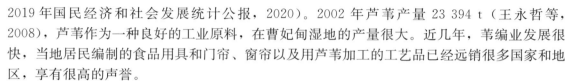

2019年国民经济和社会发展统计公报，2020）。2002年芦苇产量23 394 t（王永哲等，2008），芦苇作为一种良好的工业原料，在曹妃甸湿地的产量很大。近几年，苇编业发展很快，当地居民编制的食品用具和门帘、窗帘以及用芦苇加工的工艺品已经远销很多国家和地区，享有很高的声誉。

（2）休闲和旅游功能

湿地的生态旅游类型众多，既有湿地的天然景观，又有风土人情，独特的自然风光和风土人情相辅相成，形成了很有特点的旅游资源。曹妃甸湿地景观优美、鸟类资源丰富，是湿地观鸟的最佳场所。曹妃湖设有游客服务中心、观鸟平台、人工岛、木栈道、游船码头、鸟类招引设施，为休闲旅游提供了基础保障。登上湿地迷宫观测台可饱览湿地风光，欣赏"万鸟翔集、鹤舞鸥鸣"的壮丽奇观；进入湿地迷宫，既可欣赏风舞芦荻、波光潋滟的自然美景，又可体验水回路转、曲径通幽的探险乐趣。曹妃甸底蕴丰厚的历史文化和美丽动人的历史传说使其成为人们探索奥秘的圣地。

（3）科研功能

曹妃甸湿地是一个集自然生态、生物多样性、湿地生态系统多样性、生态科学研究、生态经济示范于一体的天然实验室。保护区内湿地动植物生态系统保留了历史长期发展演替形成的盐生动植物生态系统、沼泽型动植物生态系统和水陆生动植物生态系统，水域、沼泽、陆地、滩地等多种多样的生境形成了结构和功能奇异的动植物群落，繁衍了一批具有重要保护价值的珍稀动植物，对研究湿地生态系统的结构、功能、演替趋势、分布规律及珍稀物种的保护等具有重要价值。

（4）水质净化功能

1）排除水中富营养物质。湿地对水中的富营养物质的排除作用通过两方面实现：一方面是植物和微生物等对氮和磷等的吸收；另一方面是土壤对氮和磷的过滤截留作用。富含氮和磷的地表径流进入曹妃甸湿地生态系统，植物、微生物的集聚沉积作用和脱氧作用将其从水中排除。水中植物吸收水域中的氮、磷等营养物质，减轻了氮和磷含量过高引起的水质富营养化。同时农田施肥等产生的富含氮和磷的地表径流在垂直方向上向下渗透时被湿地土壤截流和过滤，从而也减少了对地下水的污染。

2）降解有机物。曹妃甸湿地为有机污染物的降解提供了良好的环境。湿地的厌氧环境又为某些有机污染物的降解提供了可能。曹妃甸有着丰富的湿地资源，作为邻海下游的"净化器"，对滨海地区和海洋生态系统保护起到重要的作用。

3）吸附、过滤作用。曹妃甸湿地的泥炭具有较强的离子交换能力和吸附能力，是湿地廉价的净水材料，对防止污染发挥了重要的作用。重金属大部分被吸附在悬浮物和胶体上，遇到适宜的条件则大量沉积，底质是其储蓄库。芦苇等植物和软体动物、甲壳类动物首先富集重金属，并通过复杂的食物链、食物网，在更变中进一步聚集，进而影响湿地生态系统的质量。芦苇的根系能够吸收大量的重金属，随着芦苇的收割，重金属被转移到系统以外，这种植物对重金属的聚集作用在净化湿地生态系统中的作用非常明显。软体动物、甲壳动物和棘皮动物的外骨骼及鱼的表皮亦均能累积一定数量的重金属，贝壳也是吸收、聚集、排除重金属的主要途径之一（图7-9）（张义文等，2005）。

曹妃甸湿地有芦苇沼泽4 000 hm²，湿地中的芦苇对污染物具有吸收、代谢和积累的作用，从而完成了对污水的净化作用。试验表明，芦苇对Al的净化能力为96.06%，对Fe的

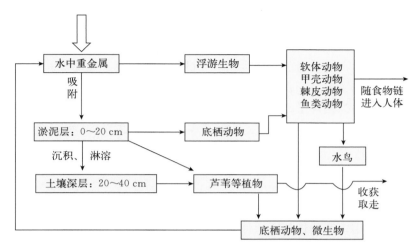

图 7-9 湿地生态系统重金属元素迁移模型（仿张义文等，2005）

净化能力为 92.78%，对 Mn 的净化能力为 94.54%，对 Pb 的净化能力为 80.18%，对 Cd 的净化能力为 100%。吸收了有毒物质的芦苇组织中富集的重金属浓度比周围水体高 10 万倍以上。富含有毒物质的芦苇随着收割而离开水体，从而净化了水体和土壤环境（张树文，2008）。曹妃甸湿地中芦苇沼泽湿地占 90% 以上，因此，湿地有很大的潜在净化功能。

（5）固定 CO_2 和释放 O_2

在光合作用的过程中，大气中的 CO_2 可转变为植物形式的有机碳；在曹妃甸湿地生态系统中，有些植物被降解，碳则以 CO_2 的形式回到大气中。曹妃甸湿地中含有大量未分解的有机物质，这些物质则起到了固定 CO_2 的作用。曹妃甸湿地生态系统通过光合作用和呼吸作用与大气交换 CO_2 和 O_2，在一定程度上维持了大气中的 CO_2 和 O_2 的动态平衡。

（6）调蓄洪水功能

曹妃甸湿地位于多条河流的下梢，并且降水量年内分布也很不均匀，夏季平均降水量 453.1 mm，占全年降水量的 73.2%，湿地起到了防止洪水发生的作用，并且湿地内有多座平原水库，蓄水量较大，上游和周边地区过量的河水和地表径流可以直接蓄积于此。境内干旱缺水时，可以从曹妃甸湿地的蓄水中调水，以供应工农业生产用水。曹妃甸湿地既起到防洪防旱的作用，又避免了汛期宝贵的淡水资源白白流入大海，大大增加了可利用的淡水资源，在一定程度上可以缓解淡水资源短缺的问题。

（7）生物栖息地功能

曹妃甸湿地是陆地生态系统向海洋生态系统过渡区域，具有丰富的湿地类型，由水生植物、盐生植物、沼生植物、动物、微生物等生物因子及与其紧密相关的太阳辐射、气候、水分、地形、土壤等环境因子通过物质循环和能量的流动构成一个独特的生态系统。这种海洋与陆地、水生与陆生相互过渡的复杂多样的生境条件导致其边缘效应显著，动植物资源异常丰富。曹妃甸湿地生态系统赋予并保护了大量的生物群落，储备了物种，成为物种的天然基因库。保护区建立之初的统计表明，曹妃甸湿地生态系统中已统计到鸟类 307 种，其中国家Ⅰ级重点保护鸟类 9 种，国家Ⅱ级重点保护鸟类 41 种，国家有益的或有经济、科学研究价值的野生鸟类 207 种。曹妃甸湿地也是世界鸻形目鸟类迁徙路线之一的东亚—澳大利西亚迁徙路线的中转站，在此发现鸻鹬鸟类45种，如此丰富的鸟类资源对我国及世界生物多样性的保护都具有重要的意义。同时湿地内植物丰富，共有植物63科164属239种。湿地内爬行类2目2科5种，两栖类2科2种，鱼类57科124种，昆虫类10目75科286种，甲壳类17目22科49种。湿地生存有大量的浮游生物，如硅藻、小球藻、绿藻等。湿地内丰富的植物资源为大量的动物提供了丰富的食物和多样的栖息地。同时，湿地内多种多样的生态环境和丰富的动植物资源为鸟类提供了丰富的食物和良好的栖息环境（裴宝明，2015）。随着对曹妃甸湿地保护力度的加大，部分湿地生态环境逐步改善，至2020年，已观察记录到鸟类439种，国家Ⅰ级重点保护鸟类13种，国家Ⅱ级重点保护鸟类70种，已发现记录到高等植物75科、189属、287种。

2. 评估方法

湿地生态系统服务价值有利用价值和非利用价值两类。目前关于湿地生态价值评价方法，国内学者大多采用美国的评价方法或者根据其修改来的评价方法，主要有市场价值法、费用支出法、条件价值法、碳税法与工业制氧影子法、影子工程法、替代花费法、人力资本法等。经多年实践证明，市场价值法的可信度最高（郑施雯等，2016）。

（1）市场价值法

市场价值法是根据市场价格对研究对象的经济价值进行评价的方法，即对有市场价格的生态系统产品和功能进行估价的一种方法，主要用于对生态系统生产的物质产品的评价，适用于对没有费用支出但有市场价格的生态服务功能的价值评估。市场价值法可以直观地评估湿地生态系统服务的某些价值，是当前学者和公众普遍接受的评估方法。例如没有市场交换而在当地直接消耗的生态系统产品，这些自然产品虽没有市场交换，但它们有市场价格，因而可按市场价格来确定它们的经济价值。该方法是基于市场的经济评价方法，主要用于可以货币化的产品价值估算。但是这种方法只考虑了生态系统及其产品的直接效益，没有考虑其间接效益；同时也只考虑了作为有形实物的商品交换价值，而没有考虑到无形交换的生态服务价值。因此，计算结果可能比较片面。但是，市场价值法是计算湿地资源经济价值最根本、最直接的一种方法。在湿地方面，可表示为

$$V = S \times W \times C$$

式中，V 为湿地资源价值量（元/a），S 为湿地资源面积（hm²），W 为单位产品产量（kg/hm²），C 为产品当年平均价格（元/kg）（裴宝明，2015）。

（2）费用支出法

费用支出法（Expenditure method，EM）是指从消费者的角度来评价生态系统服务功能的价值，是一种实用、基础和方便的湿地游憩价值评估方法，主要是将游客旅游时的各种费用支出的总和或部分费用支出的总和作为湿地旅游地的经济价值。常常用来评价那些没有市场价格的自然景点或者环境资源的价值，通过旅游者消费这些环境商品或服务所支出的费用对湿地旅游价值进行估算。例如，对于自然景观的游憩效益，可以将游憩者支出的费用总和（包括往返交通费、餐饮费用、住宿费、门票费、入场券、设施使用费、摄影费用、购买纪念品和土特产的费用、购买或租借设备费以及停车费等所有支出的费用）作为游憩的经济价值。

（3）条件价值法

条件价值法也叫调查法，是生态系统服务功能价值评估中应用最广泛的评估方法之一，

主要用于评价野生物、废物处理、净化水源和控制侵蚀等方面。它应用模拟技术，假设某种商品存在并有市场交换，通过调查、询问、问卷、投标等方式获得该商品的消费者剩余。条件价值法适用于缺乏实际市场和替代市场交换商品的价值评估，是一种主要用于估算生态系统服务的非使用价值的方法。它主要是借由若干假设性问题的安排，以问卷、询问或实验为工具，对非市场财货所设的一个假想市场，并提供假设市场信息，直接询问受访者对非市场财货品质改善或恶化所愿意支付的最大金额或最低愿受补偿金额，这些假设性问题并非以受访者对事物的意见或态度为主要内容，而是以个人在假设性条件下对事物的评价为主（彭培好，2017）。其支付意愿可以表示一切商品价值，也是商品价值的唯一合理表达方法。商品的价值等于人们对该商品的支付意愿，支付意愿又由实际支出和消费者剩余两个部分组成。对于商品，由于商品有市场交换和市场价格，其支付意愿的两个部分都可以求出。实际支出的本质是商品的价格，消费者剩余可以根据商品的价格资料用公式求出（裴宝明，2015）。

（4）碳税法与工业制氧影子法

碳税法由多个国家制定，旨在消减温室气体排放的税收，对 CO_2 的排放进行收费来确定 CO_2 排放损失价值。

$$6nCO_2 + 6nH_2O \longrightarrow nC_6H_{12}O_6 + 6nO_2 \longrightarrow nC_6H_{10}O_5$$

植物体生产 162 g 多糖有机物质，可释放 192 g O_2，即植物体每积累 1 g 干物质，可以释放 1.191 4 g O_2，根据国际碳税标准与我国造林成本的平均值及工业制氧影子价格，将生态指标换算成经济指标，从而得出固定 CO_2 释放 O_2 的价值（鄢帮有，2004）。由此可推断出生态系统释放 O_2 的量及其价值为

$$V_{O_2} = \frac{1}{2}(C_{f\text{-}O_2} + C_p) \times 1.19 \times M_{npp}$$

式中，M_{npp} 为生态系统单位面积生产的干物质量（kg/hm²），$C_{f\text{-}O_2}$ 为释放单位质量 O_2 的造林成本，目前较多采用 0.352 9 元/kg，C_p 为工业制氧的成本，现在较多采用 0.4 元/kg，V_{O_2} 为释放 O_2 的价值（元/hm²）（裴宝明，2015）。

（5）影子工程法

影子工程法是指用人工建造一个工程来替代生态功能或原来被破坏的生态功能的费用来估算生态系统某些功能服务的价值。此方法是恢复费用技术的一种特殊形式。例如，若一个旅游胜地已经污染，这时就需要另建一个旅游胜地来代替它，若某一区域的湿地被严重破坏，使涵养水源功能丧失，这就需要建设一个水库或防风固沙的工程等。其资源损失的价值就是替代工程的投资费用。在进行水库修建的时候，可以根据全国水库建设投资及物价变化指数，按单位蓄水量库容成本为 0.67 元（崔丽娟，2001），其函数可表示为

$$V = L \times W$$

式中，V 为影子价值（元），L 为湿地容积（m³），W 为单位库容价格（元/m³）（裴宝明，2015）。

（6）替代花费法

当生态系统服务价值不能用市场价格直接计算时，用替代物品的市场价格来计算该生态系统服务的价值。可以通过估算替代品的花费而代替某些生态系统服务或效益的价值，如用科研投入和教育投入的经费来替代湿地的科研文化价值。即以使用技术手段获得与生态系统功能相同的结果所需的生产费用为依据。例如，为获得因水土流失而丧失的 N、P、K 养分而产生的等量化肥的费用。

（7）人力资本法

将生态系统服务价值转化为人的劳动价值，利用市场价格、工资收入、医疗费用等来确定个人对社会的潜在价值和个人遭受健康损失的成本，从而估算生态环境变化对人体健康影响的损益。如在计算湿地的净化作用时，可以根据净化作用减少了污染、从而促进人体健康，减少了人体的疾病率和死亡率，增加了劳动价值，并且减少了医疗费用等来替代湿地生态系统净化功能的价值（彭培好，2017）。

3. 服务功能价值评估

侯春良（2005）和裴宝明（2015）分别对曹妃甸湿地生态系统服务功能价值进行了评估，其结果如下。

（1）物质产品价值评估

曹妃甸湿地物质产品主要包括芦苇、鱼蟹和稻米。计算公式为

$$X = X_1 + X_2 + X_3$$

式中，X 代表物质产品的价值（元），X_1 代表芦苇的价值（元），X_2 代表鱼蟹的价值（元），X_3 代表稻米的价值（元）。X_1、X_2、X_3 的计算公式分别为

$$X_i = A \times T \ (i = 1, 2, 3)$$

式中，A 代表单位价格，T 代表产量。

1）芦苇价值。芦苇具有调节气候、净化水质、养育野生动物等多种功能，是造纸、编织的好原料，具有较高的经济价值。芦苇价值的评估采用计算其直接价值不计算加工后价值的方法。曹妃甸湿地苇地面积 3 262 hm²，年产芦苇 18 886 t。按 2002 年的市场价 500 元/t 计算，芦苇价值为 0.094 亿元。

2）鱼蟹价值。曹妃甸湿地非常适宜鱼、虾、蟹生长，是河北省重要的水产养殖基地。正常年景，曹妃甸湿地养鱼面积 2 380 hm²，蟹养殖面积 1 608 hm²，淡水鱼产量 13 094 t，蟹产量 904 t。曹妃甸湿地鱼种主要有鲤、鲫、鲢、鳙、草鱼等，按 2002 年的市场价，鱼类平均价格为 7 元/kg，蟹平均价格为 56 元/kg，则曹妃甸湿地鱼类价值为 0.917 亿元，蟹价值为 0.506 亿元。曹妃甸湿地鱼蟹总价值 1.42 亿元。

3）稻米价值。曹妃甸湿地保护区内种植水稻 4 347 hm²，总产量 34 398 t。按 2002 年市场价 1.64 元/kg 计算，曹妃甸湿地稻米价值 0.56 亿元。

曹妃甸湿地物质产品总价值为芦苇、鱼虾蟹、稻米总价值之和，总计 2.07 亿元。曹妃甸湿地还生长着少量的蒲草、水草等植物，其价值未计算在内，因此湿地水生植物价值量每年要大于 2.07 亿元（侯春良，2005；裴宝明，2015）。

（2）休闲和旅游价值评估

曹妃甸湿地资源丰富、条件优越，特殊的自然条件造就了新、奇、特、美的旅游资源，景色奇特美妙，野趣横生。鱼游浅底、鸟翔天空、芦苇飘荡、稻谷飘香的自然风光吸引着全国各地及国外游客。根据曹妃甸旅游局统计，2001 年曹妃甸国内旅游人数为 0.9 万人，利用费用支出法计算得出，曹妃甸湿地旅游所获得旅游效益为 0.03 亿元/a（侯春良，2005；裴宝明，2015）。

（3）水质净化价值评估

湿地净化的功能主要在于净化水质，其功能价值可采用替代花费法来评估。相应的计算公式如下：

$$L_值 = V_i \times C_i$$

式中，$L_值$ 表示净化水质的价值，C_i 为单位污水处理成本，V_i 为湿地每年接纳周边地区的污水量。根据曹妃甸区有关资料统计，平均每年流入曹妃甸湿地的污水量为 0.90 亿 m^3，按单位污水处理成本为 0.4 元/m^3 计算，从而得到每年曹妃甸湿地净化水质产生的价值为 0.36 亿元（侯春良，2005；裴宝明，2015）。

（4）固定 CO_2 和释放 O_2 价值评估

此功能价值用碳税法和工业制氧影子法评估。根据光合作用方程式：

$$6nCO_2 + 6nH_2O \longrightarrow nC_6H_{12}O_6 + 6nO_2 \longrightarrow nC_6H_{10}O_5$$

推算出每形成 1 g 干物质，需要 1.629 6 g CO_2，释放 1.191 4 gO_2。计算公式如下：

$$V_t = C_r \times P_c + O \times P_o$$

式中，V_t 代表固定 CO_2 和释放 O_2 价值，C_r 代表固碳量，P_c 为国际通用碳税率和我国造林成本的平均值，O 为释放氧气的量，P_o 为工业制氧的价格。

曹妃甸湿地植物总量为 1 237 600 t/a，按照湿地植物干湿比 1∶20 计算出每年湿地植物吸收 CO_2 100 839 t，折合纯碳为 27 501 t，释放 O_2 73 337 t。前者利用国际通用碳税率 150 美元/t 和我国造林成本人民币 250 元/t 的平均值人民币 770 元/t 作为碳税标准，计算得出曹妃甸湿地固定 CO_2 的价值为 0.21 亿元/a。后者按工业制氧现价 400 元/t，计算得出释放 O_2 的价值为 0.29 亿元/a（侯春良，2005；裴宝明，2015）。

（5）调蓄洪水价值评估

调蓄洪水价值可用影子工程法计算，用存储相应体积的洪水所需的工程造价来求该功能价值。即全国水库建设投资测算淹没建设 1 m^3 库容需每年投入成本 0.67 元，则调蓄洪水价值计算公式为

$$Q_t = V_x \times t$$

式中，Q_t 代表调蓄洪水的价值，V_x 代表湿地蓄水量，t 代表单位价格。曹妃甸湿地年调蓄洪水蓄水量 0.58 亿 m^3，单位蓄水量库容成本参照 1998—2012 年全国水库建设投资计算，为 0.67 元/m^3。因此，曹妃甸湿地的水文功能价值为 0.39 亿元/a（侯春良，2005；裴宝明，2015）。

（6）生物栖息地价值评估

曹妃甸湿地为迁徙动物提供了重要的栖息地。因此，栖息地功能价值对于曹妃甸湿地非常重要。该功能价值也采用 Robert（1997）等研究得到的单位面积湿地栖息地功能价值来估算。曹妃甸湿地中，动物栖息地以苇地、林地、池塘、沼泽为主，据调查，曹妃甸湿地总面积约为 54 000 hm^2，由此可得到曹妃甸湿地栖息地功能价值约为 1.11 亿元。

通过条件价值法、费用支出法等多种研究方法对曹妃甸湿地生态系统主要服务功能价值进行评价，得到曹妃甸湿地每年可产生经济价值 4.46 亿元。其中直接使用价值为 2.10 亿元（物质生产 2.07 亿元、文化旅游和休闲 0.03 亿元），占总价值量的 47%，直接使用价值较大；间接使用价值 1.25 亿元（水质净化 0.36 亿元、固定 CO_2 和释放 O_2 0.50 亿元、调洪蓄水 0.39 亿元），占总价值量的 28%，在曹妃甸湿地中占一定比例；非使用价值为 1.11 亿元（生物栖息地 1.11 亿元），占总价值量的 25%，也具有一定的价值。在所有价值类型中，物质生产和生物栖息地显得尤为突出，体现了曹妃甸湿地的经济价值和生态价值（裴宝明，2015；侯春良，2005）。

受科学技术水平、数学计量方法和研究手段的限制，目前仍然无法对湿地生态系统服务功能价值进行十分确切的评估，其价值体现仍然不够完善。因此，对曹妃甸湿地生态系统服务功能价值评估也必然是部分的，不能十分准确地反映其价值，但这一数值也清晰地说明了曹妃甸湿地具有巨大的生态、经济和社会效益。

二、曹妃甸湿地生态系统健康评价

1. 建立指标体系

张国臣（2014）基于曹妃甸湿地生态系统生态环境变化特征和湿地景观格局变化的研究，对曹妃甸湿地生态系统健康进行了评价。在对曹妃甸湿地进行景观指数分析的基础上，依据指标选取原则（科学性原则、可操作性原则、敏感性原则、动态性原则）和筛选方法筛选出 20 个评价指标，并参照压力—状态—响应模型（PSR 模型），建立曹妃甸湿地综合评价指标体系（表 7-5），进一步分析曹妃甸湿地具体的生态健康指数，以便直接地反映湿地的健康状况。并参考《唐山市统计年鉴》（2003—2012 年）10 年的统计数据和《唐海县水利志》部分指标得到曹妃甸湿地退化研究的基础数据，参考其他学者关于曹妃甸湿地研究的一些指标，对指标数值进行了标准化处理，采用客观赋值的变异系数法来确定各指标的权重。

表 7-5 曹妃甸湿地健康评价指标体系

目标层	项目层	指标层
PSR 模型	压力	年末牲畜存栏数、人口密度、耕地面积、第一产业增加值、第二产业增加值、第三产业增加值、河流年径流量
	状态	年均气温、森林面积、湖泊面积、医院病床数、人口素质、沙尘天数、人口自然增长率
	响应	区域生产总值、森林覆盖率、空气质量优良的天数、废气处理量、工业固体废弃物量、人均纯收入

资料来源：张国臣，2014。

2. 评价结果

湿地生态系统健康评价可以确定湿地生态健康程度，评价结果的数值为 0~1。根据湿地生态健康指数，可以判断曹妃甸湿地的生态系统健康状况。把指标归一化后的数值和各指标权重带入综合评价模型：

$$G_i = \sum_{j=1}^{n} \lambda_j \times Y_{ij}$$

式中，G_i 为第 i 个评价指标的健康综合评价值，λ_j 为综合权重，Y_{ij} 为指标标准化后的值，n 为指标总项数。G_i 数值越大表明区域生态系统健康状况越好，G_i 数值越小说明湿地生态系统健康状况越差。

借鉴专家、学者的研究成果并根据曹妃甸湿地健康评价的实际需要，将湿地生态系统健康标准划分为"很健康""健康""较健康""一般病态""疾病"5 个等级（表 7-6），根据湿地综合的评价值确定湿地的等级。

表7-6　曹妃甸地生态系统健康分级标准

划分标准	很健康	健康	较健康	一般病态	疾病
区间数	(1.0~0.8)	(0.8~0.6)	(0.6~0.4)	(0.4~0.2)	(0.2~0)
生态系统健康状况	湿地景观状态良好，结构合理，具有很稳定的生态系统	湿地景观状态较好，结构比较合理，具有较稳定的生态系统	湿地景观发生一定改变，结构比较合理，处于可维持的生态系统之中	湿地景观发生很大程度的破坏，结构不合理，生态系统开始恶化	湿地景观彻底被破坏，结构破碎，生态系统已经严重恶化

资料来源：张国臣，2014。

根据综合评价模型可以得到不同时期曹妃甸湿地生态系统健康评价值（表7-7），表7-7中的健康评价值从2003年的0.57下降到2012年的0.29，生态健康状况由"较健康"转化为"一般病态"，这说明曹妃甸湿地健康程度呈现下降趋势，近十年的健康值不断下降，健康状况日益恶化，并开始朝着一般病态方向发展，鉴于此，对曹妃甸湿地的保护应当进一步加强（张国臣，2014）。

表7-7　曹妃甸湿地生态系统健康指数等级

年份	健康评价值	健康状况
2003	0.57	较健康
2004	0.58	较健康
2005	0.50	较健康
2006	0.46	较健康
2007	0.40	较健康
2008	0.37	一般病态
2009	0.35	一般病态
2010	0.33	一般病态
2011	0.34	一般病态
2012	0.29	一般病态

资料来源：张国臣，2014。

第五节　曹妃甸湿地退化原因与存在的问题

一、曹妃甸湿地退化原因

1. 自然原因

(1) 气候变化

曹妃甸属于温带季风气候区，1956—1980年，境域内年平均气温10.8℃，而2003—2012年，年平均气温上升到11.3℃，气温升高较明显，而且曹妃甸气温年变化量大，有的年份气温相对较高，有的年份气温相对较低，气温升高较快会影响湿地正常的生态系统健康状况，而且大风天气的天数不断增加。气温升高和大风现象都会加大湿地水量的蒸发，导致湿地水量的减少，进而使湿地的退化进程加快。根据唐海县（现曹妃甸区）1956—1980 年的降雨资料，唐海县多年平均降水量为 635.7 mm，最多年份为 1 184.5 mm，最少年份为 335.3 mm，降水量的年较差相对较大，而降水又是湿地和河流的重要补给水源，降水少的年份湿地水量必然会变小，因而加速了湿地的退化，气候的变化加大了湿地的退化程度（张国臣，2014）。1961—2002 年曹妃甸湿地年均气温、年均降水量变化趋势见图 7 - 10。

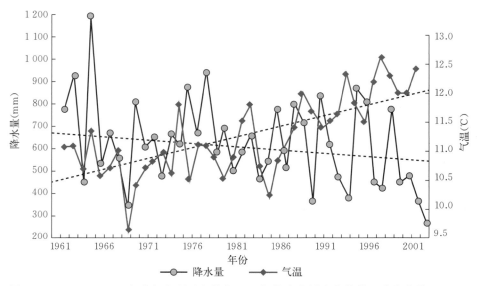

图 7 - 10　1961—2002 年曹妃甸湿地年均气温、年均降水量变化趋势（张义文等，2006）

（2）湿地入水径流量减少

曹妃甸境内有双龙河、沙河、小戟门河等 7 条河流穿过入海，但大多属于季节性河流。近年来，只有双龙河的径流量相对较大，其余的几条河流径流量都不大，相当一部分河流在旱季甚至出现断流，加之当地居民引用当地的河流水大量种植水稻，总体上河流净流量不断下降。而沙河、小青龙河、溯河径流量也都有不同程度的下降，进一步威胁着湿地正常的生态需水量。湿地水源来自三个方面：①每年通过输水干渠从滦河、大黑汀和潘家口水库引水约 4 亿 m³，占湿地水资源总量的 80％以上。②境内 7 条河流流域内的径流，多年平均径流量为 0.22 亿 m³。③地下水约为 0.27 亿 m³。1998 年前滦河供水量充足，1998 年后滦河流域持续干旱，滦下灌区供水量骤减，2000 年湿地引水 3.5 亿 m³，2002 年为 3.2 亿 m³，2004 年不到 3 亿 m³（张义文等，2006）。

2. 人为原因

（1）人工湿地开发规模扩大、天然湿地急剧减少

20 世纪 50 年代中期以前，曹妃甸湿地以河流、滩涂、滨海沼泽、盐沼等天然湿地为主。近几十年来，随着人类对曹妃甸湿地的开发利用强度不断增大，大面积的天然湿地被稻田、盐田、养殖池塘和水库等人工湿地取代。20 世纪 80—90 年代，大量天然湿地被开发，掀起了芦苇改稻、水改稻的狂潮，天然湿地遭到了较大的破坏。草甸和灌丛转化为水田，沼

泽、草地、古河道转化为水库、坑塘、沟渠等，人工水域面积增加迅速，疏林、芦苇面积缩小。河流及河口水域面积相对稳定，这种转化虽然对湿地面积的变化没有造成太大的影响，但却大大破坏了湿地生态系统的功能，造成湿地生态系统功能下降。如滩涂的围垦直接减少了生物栖息地，使生物遗传多样性丧失等；同时，大量开垦湿地资源也造成了湿地生境的破碎性，减少了生物栖息地、繁殖场和索饵场，使生物多样性降低。据调查，1989 年，曹妃甸湿地中的天然湿地面积为 304.26 km²，而到了 2009 年，天然湿地的面积下降到 181.66 km²，减少了 40.29％。天然湿地面积下降明显，10 年间天然湿地面积下降了近一半，而人工湿地的面积 1989 年为 140.69 km²，到了 2009 年，人工湿地的面积为 147.13 km²，人工湿地面积上升不明显，但是湿地的总面积却下降明显，而减少的这部分大多都是天然湿地，天然湿地是当地居民的宝贵资源，天然湿地面积的大量减少威胁着当地的生态平衡（张国臣，2014；张国臣等，2014）。

（2）湿地生态环境恶化

曹妃甸湿地为动物和植物提供了较好的栖息和生长环境，但自 1956 年开始围垦以来，曹妃甸大力发展水稻种植业，对湿地的开发利用程度加大，加之 1980 年前后开始的大规模池塘水产养殖导致曹妃甸天然湿地被大量开发和占用，生态环境逐步恶化，越来越多的鸟类失去了生存家园和迁徙中转基地。据调查，1993 年到 2012 年，曹妃甸湿地的鸟类种数下降了 30％（张国臣，2014）。同时，湿地生态系统的恶化也给植物的生长带来了威胁。由于湿地水量的下降，芦苇等喜水性植物数量进一步减少，湿地周围水生植物数量也在减少。受人类开发活动的影响，湿地呈现不同程度的生态环境恶化、生物多样性受损状况。通过自然环境的改造，尽管人类使生态系统朝着有利于人类生存的方向发展，改良利用了原有荒地，从中获得自己所需要的物质和能量，但同时也削弱了自然生态系统原有生态功能。

（3）大规模工业开发和填海造地

曹妃甸长期以农业生产为主、人少地多。境内人烟稀少，芦苇沼泽区域更是人迹罕至，为鸟类和其他生物提供了生存繁衍的适宜环境。2005 年初，首钢开始搬迁至曹妃甸，随着项目正式启动，各类配套项目也逐步开建，大规模的填海造地随之开始。至 2012 年，人工吹沙造地已经形成了 170 km² 的陆域面积（高莲凤等，2012b）。大规模开发建设虽然对曹妃甸来说是一个难得的发展机遇，但城镇和工业建设用地增加，不可避免地要占用部分湿地资源，同时影响鸟类等生物的生存环境。填海造地给滩涂及近海环境带来了较大破坏，对海洋生物也造成了极大的危害。

（4）湿地生态环境污染较严重

曹妃甸湿地为滨海型半封闭复合湿地，水质自净能力比较差，一旦污染，很难恢复。而作为基础支撑的水生食物链和水生群落完全依赖内部的水质和储水量。虽然目前湿地受人为干扰影响较小，但是潜在的威胁日益加重。农业生产中各类化肥农药的大量使用使大量湿地物种总量锐减，有些物种面临绝迹。据调查，曹妃甸区 2000 年投入使用的化肥总量为 3.6 万 t，农药使用量为 439.7 t。此外，来自河流上游迁安市、滦县等地造纸厂、印染厂、铁矿厂的工业污水排放也是曹妃甸湿地污染的一个重要原因。工业排污的后果不仅给湿地生产带来了巨大损失，而且严重地污染了近海水域（张珺，2005）。

（5）宣传力度不够、群众对湿地的保护意识不强

虽然湿地是"地球之肾""生命的摇篮"和"鸟类的乐园"仿佛已世人皆知，但实际上，曹妃甸湿地保护的重要性和必要性并没有真正地被人们所认识。大规模湿地开发项目的启动，未经审批的湿地围垦，偷猎、毒杀湿地鸟类事件等时有发生。湿地保护还没有成为人们日常的生活习惯和共识，湿地周边的居民还没有完全把湿地当作身边的"空气净化器"和宝贵的天赐资源，自觉保护意识较淡薄，为了利益最大化，无限利用湿地甚至破坏湿地的行为仍未根绝。来曹妃甸湿地观光的游客乱扔垃圾等不文明的行为时有发生。因而，加强宣传保护湿地的重要性非常有必要，湿地保护的宣传既不能仅仅依靠政府，也不能仅仅依靠当地居民，而是要依靠全社会的力量才能保证湿地健康存在和合理开发利用，新闻媒体应加大公益广告的播出力度，让全民保护湿地的意识和自律性得以提升。

二、曹妃甸湿地现存的问题

1. 生物资源的过度利用

滥捕乱猎是物种受威胁的主要原因之一。20世纪50年代初期，曹妃甸湿地曾经是鹰击长空、鱼翔浅底、百鸟争鸣、草长莺飞的和谐自然景象，但随着经济的发展和人为干扰活动的加大，尤其是近海海域鱼类资源的过度利用，鱼的种类、数量急剧减少。同时，湿地内每年有2万多t的芦苇被收割，一些地方甚至成片的芦苇被割尽，不仅导致氮、磷、钾等营养物质的减少，水质净化能力降低，也导致鸟类，尤其是水禽的食物不足、栖息环境受到破坏。同时也造成植物种类减少、质量下降等诸多后果。

2. 湿地水资源的不合理利用

由于曹妃甸的工业、农业、水产养殖业用水主要来自滦河引水，受经济利益的驱动人们忽略了湿地的生态环境用水，随着工业、农业、水产养殖业的发展，用水量急剧增加，分配给湿地的用水量逐年减少，导致湿地面积萎缩，湿地生物多样性也随之减少。长期以来，政府财政专项支出不足，断水或取水不足成为湿地用水的制约因素。

3. 盲目开垦和改造

曹妃甸湿地面积虽然占本区域国土总面积的73.8%，但由于受经济利益的驱动，水稻种植面积和水产养殖面积不断增加，天然湿地面积不断减少。如芦苇沼泽的面积，1989年为9 054.7 hm²，1997年减少为5 296.5 hm²，2000年则为3 937.7 hm²，仅为1989年芦苇沼泽面积的43.5%。滩涂也被吹沙填海变为工业用地。减少的芦苇湿地、沼泽一般被开垦为稻田或淡水养殖池塘等，同时很多天然湿地被开垦为道路、居民点等。

4. 湿地环境污染加剧、危及生物生存

污染是曹妃甸湿地所面临的严重问题之一。湿地污染使水质恶化、生物多样性降低，为了取得高产，农业生产中不得不依靠大量的化肥投入来维系，尤其是各类农药的大量使用，使大量湿地物种总量锐减，有些物种到了濒危、绝迹的境地。此外，境内河流上游工业、农业、生活等污水排放也是造成曹妃甸湿地污染的一个重要原因。排污不仅使湿地服务功能大减，而且严重污染了近海水域。自1992年以来，附近海域发生多次赤潮，此后曹妃甸水产养殖鱼、虾疾病暴发而屡遭重创，一个重要的原因就是近海水域的污染十分严重。

5. 湿地水文变化

曹妃甸湿地水文变化有两个原因，即自然原因和人为原因。由于近几年夏季天气连续高温、蒸发量增加，同时降水量减少，湿地内蓄水量减少，需水量增加；同时，由于上游水库、农用灌渠的不合理修建，曹妃甸湿地水资源的时空分布发生变化，使曹妃甸湿地水质进一步恶化，水资源减少，引起湿地生态系统的退化（裴宝明，2015）。

第八章
曹妃甸湿地和鸟类省级自然保护区

第一节 保护区概况与评价

 曹妃甸湿地和鸟类省级自然保护区概况

1. 保护区背景和地理位置

(1) 保护区背景

　　曹妃甸湿地和鸟类省级自然保护区地处海淡水交汇之处，区域内具有得天独厚的湿地资源，分布有洼淀、苇塘、沼泽、滩涂、河流等天然湿地，又有水库、输排水沟渠、稻田、水产养殖池塘、卤虫养殖池等人工湿地，是适宜多种鸟类栖息、繁殖的湿地类型，既是东亚—澳大利西亚鸟类迁徙的重要驿站和通道，也是我国东部沿海候鸟南北迁徙的重要驿站（图8-1），还是部分鸟类繁殖和越冬的场所，鸟类资源十分丰富。保护区中心区域是一个由草甸、水体、野生动植物、湿地植被等多种生态要素组成的湿地生态系统，具有独特的湿地自然景观，风光秀美、景色宜人，素有"冀东白洋淀"之称。保护区不仅鸟类资源丰富，而且有众多的浮游生物、底栖动物、鱼类、贝类、虾蟹类等，同时还有丰富的陆生动物、湿地植被、高等植物等。2005年9月经河北省人民政府批准，设立"河北曹妃甸湿地和鸟类省级自然保护区"（原名为河北唐海湿地和鸟类省级自然保护区），为省级重要保护湿地，2007年成立湿地保护区管理处。

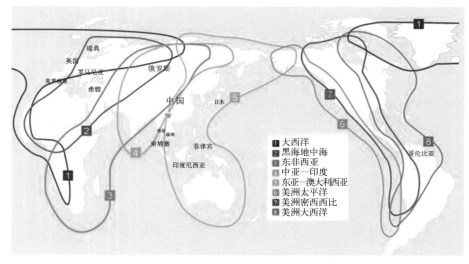

图8-1　全球候鸟迁徙路线

（2）保护区地理位置

曹妃甸湿地和鸟类省级自然保护区位于曹妃甸区西南部，地理坐标为118°15′42″—118°23′24″E，39°09′24″—39°14′28″N。南北长约13 km、东西平均宽约8 km。保护区北依沿海公路以南800 m处，南与南堡盐场相邻，东至第四农场、第五农场、青林公路以西1 500 m，西以三排干为界（图8-2）。

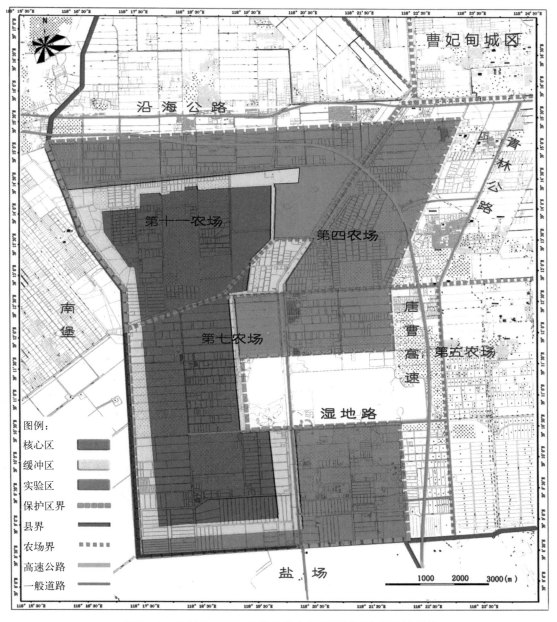

图例：
- 核心区
- 缓冲区
- 实验区
- 保护区界
- 县界
- 农场界
- 高速公路
- 一般道路

图8-2　曹妃甸湿地和鸟类省级自然保护区区位与功能区划

2. 保护区设立与规划原则

（1）保护区设立

《中华人民共和国自然保护区条例》（2017年10月修订版）第二条定义："自然保护区，是指对有代表性的自然生态系统、珍稀濒危野生动植物物种的天然集中分布区、有特殊意义的自然遗迹等保护对象所在的陆地、陆地水体或者海域，依法划出一定面积予以特殊保护和管理的区域"。

2003年，唐海县有关部门组织力量对唐海湿地环境、自然资源、动植物资源、社会经济状况进行了综合考察，2004年，唐海县政府批准成立湿地与鸟类自然保护区，2005年，唐海县政府申请建立"唐海湿地和鸟类自然保护区"，2005年9月，河北省人民政府批准升级为省级自然保护区，总面积11 064 hm²。2012年，经河北省人民政府批准对湿地保护区进行了范围和功能区调整，调整后保护区总面积10 081.40 hm²（冀政办函〔2012〕80号），其中：核心区面积3 504 hm²，缓冲区面积1 503 hm²，实验区面积5 074.40 hm²。调出保护区面积982.60 hm²，全部为保护区实验区。但据2017年有关单位调查，保护区总面积9 613.74 hm²，其中核心区面积3 214.18 hm²，缓冲区面积1 517.17 hm²，实验区面积4 882.39 hm²，分别占保护区总面积（本次调查）的33.43%、15.78%和50.79%。保护区内湿地总面积为8 862.26 hm²，湿地率达92.18%。实际调查面积与正式批复面积（10 081.40 hm²）相差467.66 hm²，误差比例为4.64%（表8-1、图8-3）（《曹妃甸湿地和鸟类省级自然保护区资源调查成果报告》，内部资料，2017年12月）。

表8-1　保护区各功能区面积统计

内容	2017年调查面积（hm²）	2012年调规后面积（hm²）	面积差（hm²）	误差率（%）
核心区	3 214.18	3 504.00	289.82	8.27
缓冲区	1 517.17	1 503.00	−14.17	−0.94
实验区	4 882.39	5 704.40	192.01	3.37
总面积	9 613.74	10 081.40	467.66	4.64

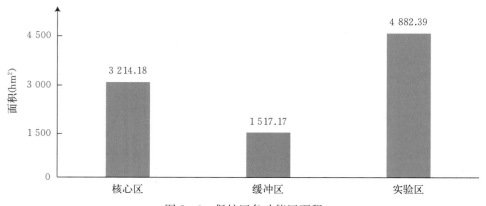

图8-3　保护区各功能区面积

2014 年，经河北省林业厅批准更名为"河北曹妃甸湿地和鸟类省级自然保护区"。湿地保护区是由原柏各庄农场及盐池在多年人工改良和经营的基础上形成的人工湿地和半人工湿地，目前形成了由草甸、河道、水库、养殖池塘、野生动植物、湿地植被、稻田、苇塘等多种生态要素组成的湿地生态系统，生物多样性较为丰富。

（2）指导思想与规划原则

1）指导思想。以国家和河北省关于自然保护区管理有关法律法规为指导，坚持以自然环境、自然资源保护为中心，遵循"统筹协调，全面规划；积极保护，科学管理；远近结合，合理利用"的指导方针，以保护曹妃甸湿地资源、生态环境、生态系统、生物多样性及其珍稀鸟类资源为前提，通过区域规划、范围调整和功能区完善，实现保护区的科学合理规划，处理好保护与发展的关系，解决存在的矛盾和问题，确保曹妃甸湿地保护对象安全、稳定、自然地生长与发展，积极保护湿地生态系统、动植物资源、珍稀野生鸟类及其栖息地，扩大珍稀物种种群，提高生物多样性，确保湿地生态系统的良性循环。在此基础上，搞好科普教育和湿地环境监测，为教学和科研提供良好的野外基地。最终使曹妃甸湿地和鸟类保护区成为集保护、科研、宣教于一体、布局合理、设施完善、功能效益突出、具有自身特色和示范意义的自然保护区，使之成为湿地资源保护宣传的示范区和大本营，以此促进曹妃甸乃至环渤海地区湿地资源保护和区域经济的可持续发展。

2）规划原则。

① 依法规划原则。根据《中华人民共和国自然保护区条例》，依法对曹妃甸湿地和鸟类省级自然保护区进行规划，规划应符合相关法律法规，组织相关专家论证和上报有关主管部门批准。

② 保持生态主体功能完整性原则。规划要符合国家级自然保护区保护和建设的要求，突出自然保护区的主体功能。在规划中重点突出湿地生态环境的恢复和整治、生物多样性的保护以及湿地生态系统保护，提高湿地保护功能。

③ 湿地生物多样性原则。以完整保存、保护为基本目标，以修复区域的生态环境、改善保护区的水质状况为根本立足点，强调历史脉络的延续。同时，在生态允许的范围内，恢复湿地自然景观和历史人文景观。保护湿地生物多样性，为各种湿地生物的生存提供最大的生存空间，营造最适宜发展的环境空间，将生境的改变控制在最小的限度和范围，尽量保持和恢复湿地的生态环境。

④ 连贯性与完整性原则。综合考虑各方面因素，以和谐为宗旨，包括规划的形式与内部结构、生物多样性与适应性、景观功能与环境功能之间的和谐等。避免人工设施的大范围覆盖，保证湿地生物生态廊道的通畅，保持湿地与周边自然环境的连贯性；保持湿地水域环境和陆域环境的完整性，避免湿地环境的过分分割而造成的环境退化；保护湿地生态的循环体系和缓冲保护带，避免人类活动对湿地环境的过度干扰。

⑤ 阶段性原则。本着一次规划、分期建设、逐步实施的原则，根据保护区资源分布状况和生物多样性特点，对保护区进行全方位、整体性规划。在此基础上，再进行建设项目分期规划。规划按照突出重点、照顾一般、先保护后利用、先基础设施后生产经营设施、先急后缓、先易后难的顺序，分阶段、分步骤有计划实施。

⑥ 科学性原则。尊重自然规律，根据自然保护区的功能、资源特点和保护对象等进行合理区划、科学规划。一切规划项目与措施必须有利于保护自然生态系统，有利于保护和拯

救珍稀濒危野生动植物物种，有利于保护生物多样性和自然景观。通过科学规划使湿地恢复高标准、保护管理上水平。

⑦ 生态保护与社会发展双赢原则。规划应尽可能满足今后一个时期经济社会发展规划的需要，既有利于保护区管理效率的提高，又要缓解矛盾，促进发展，实现生态保护与社会发展的双赢。要本着多方参与的原则，协调各权属单位积极参与保护区的规划和建设。

⑧ 前瞻性原则。保护区规划必须满足一定时期内保护区的发展需要，与地方经济整体发展相协调。规划要引入较为先进的保护管理理念、采取先进的技术和设备，使规划在满足保护区当前需求的同时，能兼顾保护区以后相当一段时期的发展需要。

⑨ 可持续性原则。保护区在有效保护自然环境、生态系统和珍稀物种的前提下，适度规划开展生态旅游、生态渔业、生态农业等资源合理利用项目。合理利用保护区自然资源，将资源保护、生态环境建设、经济发展与科研、教育和开发相结合，在充分重视湿地生态效益的前提下，最大限度发挥经济效益和社会效益，努力实现生态、经济、社会三大效益的统一。可以广泛吸收社会资金参与保护区建设，为保护区增加收益，增强保护区的"造血功能"，充分发挥保护区的多种功能，使湿地资源的生态、社会、经济三大效益得以共同体现，为保护区的可持续发展打下良好的基础。

(3) 保护区性质与价值

曹妃甸湿地和鸟类省级自然保护区是以保护和恢复滨海湿地生态系统为目标，以保护珍稀水禽为宗旨，集自然生态保护、生物多样性保护、生态科学研究和生态经济示范于一体的省级自然保护区。其保护价值在于：

1）湿地辽阔、类型多样。保护区位于曹妃甸湿地的重要区域，总面积 10 081.4 hm²，其中湿地面积 8 862.26 hm²，幅员辽阔，保存较好，为众多的鸟类栖息提供了场所。保护区是滦河水系冲积形成的冲积平原和海洋动力作用下形成的滨海平原湿地，属滨海复合型湿地，类型丰富，生态系统多样，可分为自然生态系统和人工生态系统。自然湿地生态系统主要为洼地、苇田、滩涂、海洋、沟渠、荒草丛等类型；人工湿地生态系统主要为水库、稻田、养殖池塘、盐场、海防林、生态涵养林、沟河路渠林带等类型。湿地生态类型的多样性在国内罕见，具有典型的渤海湾潮上带滨海湿地生态系统，属于重要的稀缺湿地资源。保护区原生自然环境对于研究海陆变迁、河湖变迁和气候变迁等具有重要的科学价值，对于普及自然环境演替科学知识具有重要的现实意义。

2）位于鸟类的迁徙通道。保护区位于曹妃甸区西南部的渤海岸边，是候鸟南北迁徙通道的重要中转站。丰富的滩涂及海、淡水湿地资源环境为鸟类提供了必要的栖息地、繁殖地和觅食地，成为候鸟迁徙通道上的重要补给基地。每年春、秋两季大批候鸟在此停歇，大的种群数量可达万只，年过境候鸟数量达数百万只。

3）珍稀水禽的重要停歇地。在 307 种鸟类中，属于国家重点保护的鸟类 50 种，包括 9 种国家Ⅰ级重点保护鸟类和 41 种国家Ⅱ级重点保护鸟类（2005 年规划之初调查数据），其中较多为珍稀水禽，还有大量的鸻鹬类鸟类。

4）鸻鹬类鸟类集中分布区。自然保护区内栖息、中转、繁殖的鸻鹬类鸟类主要为反嘴鹬科、彩鹬科、蛎鹬科、鸻科、燕鸻科和鹬科 6 科。境内的白腰杓鹬、半蹼鹬、红腹滨鹬、泽鹬、黑翅长脚鹬、灰斑鸻、黑尾塍鹬、环颈鸻等 8 种鸻鹬鸟类的数量达到或超过国际重要湿地标准（2005 年规划之初调查数据）。

简言之，主要保护对象为湿地生态系统和以湿地为栖息地的珍稀鸟类。

3. 功能区划

依据生态完整性原则、连续性原则和可操作性原则等，保护区功能区划为核心区、缓冲区和实验区[*]。

（1）核心区

核心区的作用是保护保护区内的自然资源和自然环境，该区要尽量保持生态系统和生物物种不受人为干扰，在自然状态下演替繁衍，应具有完整性和安全性。核心区位于整个保护区的西南部，这里的自然生态环境最好、水域面积较大、水质最好、受干扰破坏最小，是保护区中最具代表性的区域，是众多鸟类尤其是珍稀鸟类最为集中的栖息地和繁殖地。核心区面积 3 504 hm^2，占保护区总面积的 34.76％。该区域没有固定居民，有大面积的芦苇湿地，每年迁徙季节都有大批候鸟在此觅食、栖息。

（2）缓冲区

缓冲区的作用是缓解外界压力，防止人为活动对核心区的影响，对核心区生态系统及生存的物种保护具有必不可少的意义。在该区域内可进行有组织的科学研究、实验观察，安排必要的监测项目、野外巡护及保护线路。缓冲区位于保护区的核心区外围，将核心区与实验区相隔，可防止和减少外界对核心区的干扰和影响。缓冲区面积 1 503 hm^2，占保护区总面积的 14.91％。该区域生态类型有水域、沼泽等自然湿地和少量稻田等人工湿地。

（3）实验区

实验区位于缓冲区的外围，对核心区起到进一步的缓冲作用，而且实验区的划分应在围绕保护主题的前提下，留出教学实习、多种经营和社区发展用地。实验区面积 5 074.40 hm^2，占保护区总面积的 50.33％，包括部分次生生态系统和人工生态系统。此区域人类活动干扰较大，自然生态系统环境不及缓冲区。可在实验区建设科研中心、救护站、宣教中心等，并配合保护区基础设施建设积极开展包括休闲度假、观光旅游、生态农业等方面的旅游服务与农林渔业生产活动，以充分发挥保护区的宣教功能和生态旅游功能等，进一步促进湿地资源合理利用和保护区周边经济的可持续发展。

二、保护区生态质量评价

1. 保护区自然属性

（1）典型性

所谓典型性是指衡量自然保护区的动植物区系、群落结构、生态环境与所在生物地理区域的整个生物区系和生态系统相似性的一个指标。自然保护区应该是某一自然生态系统的典型代表，需要建立在一个具有代表性的典型区域。曹妃甸滨海湿地是一个典型的海陆交互作用地带，是一个多功能的复杂生态系统，具有独特的生态价值和资源潜力。从曹妃甸湿地和

---

[*] 自然资函〔2020〕71 号《自然资源部国家林业和草原局关于做好自然保护区范围及功能分区优化调整前期有关工作的函》于 2022 年 2 月发布，要求自然保护区功能分区由原来的核心区、缓冲区、实验区转为核心保护区和一般控制区。鉴于原有规划、功能区图示均以核心区、缓冲区、实验区为区划标识，本书为方便起见沿用原称谓。

鸟类自然保护区的湿地种类及动植物群落组成来看，保护区在曹妃甸区、河北省乃至全国都属于最具典型性的地区，并以其独具特色的动植物区系、生物群落结构、生态环境和自然景观和丰富的生物多样性资源成为典型的滨海型湿地生态系统。

（2）自然性

自然性是衡量物种、群落和生态系统受人类影响程度的指标，分为自然状态、半自然状态和人工状态。曹妃甸湿地和鸟类省级自然保护区大部分属于次生湿地，但一些芦苇湿地、水库、河流等受人为干扰较少，湿地和植被群落均较接近自然状态，因此自然性较高。

（3）脆弱性

脆弱性是指生态系统抵御外界干扰和自我调节的能力，它反映了群落、生境和物种对环境改变的敏感程度。湿地生态系统脆弱性表现的特殊形态就是生态系统的易变性，当湿地的水量减少甚至是干涸时，湿地生态系统就会随之演变为陆地生态系统。曹妃甸湿地和鸟类省级自然保护区为滨海复合型半封闭湿地，其脆弱性表现在以下几点：一是水自净能力较差，一旦污染，很难恢复。二是湿地土壤养分少、但含盐量高，地表蒸发快、极易盐碱化；而作为基础支撑的水生食物链、食物网和水生群落完全依赖内部的水质和储水量，该类湿地生态系统稳定性较差，一旦受到破坏，将很难恢复。三是长期以来，由于人们对湿地重要性认识不足，湿地保护意识淡薄，部分天然湿地被改造成人工湿地，再加上工业废水和农业废水产生的污染，使得保护区的生态系统具有更加脆弱的特点。

（4）稀有性

稀有性被用来衡量物种或生境等在自然界现存数量状况的稀有程度，是自然保护区中常见的、直观的保护概念之一，包括物种稀有性、群落稀有性和生境稀有性等。

1）物种稀有性。物种在不同区域尺度上的稀有程度称为物种稀有性。在保护区栖息繁殖和逗留中转的307种鸟类中，属于国家Ⅰ级重点保护鸟类的有9种，属于国家Ⅱ级重点保护鸟类的有41种，207种国家保护的有益或有重要经济、科研价值的鸟类。此外，河北省重点保护鸟类18种，河北省保护的有益的或者有重要经济、科研价值的鸟类57种（保护区设立之初调查资料）（至2020年，已观察记录到鸟类439种，其中，国家Ⅰ级重点保护鸟类13种，国家Ⅱ级重点保护鸟类70种；国家保护的有益或有重要经济、科研价值的鸟类282种），国家Ⅱ级重点保护植物3种。

2）群落稀有性。群落稀有性是指群落类型在不同区域尺度上的稀有程度。在保护区内栖息、中转、繁殖的鸻形目鸟类有37种，隶属于鹬科、鸻科、蛎鹬科、雉鸻科、彩鹬科、反嘴鹬科、燕鸻科等，占我国鸻形目鸟类种数（63种）的58.73%，占世界总种数（214种）的17.29%。其组成以鹬科和鸻科鸟类为主，分别为23种和9种，分别占保护区鸻形目鸟类总种数的62.16%和24.32%。

3）生境稀有性。生境类型在不同区域尺度上的稀有程度称为生境稀有性。保护区的特殊海陆交接位置以及河海的相互作用形成了其独特的生境类型，自然景观呈现明显的南北过渡性质（海水向淡水过渡），具有多种湿地类型。该类生境在河北省是仅有的，在全国也不多见。

（5）生物多样性

生物多样性是指地球上所有生物体及其所包含的基因及其赖以生存的生态环境的多样化

和变异性，包括生态系统多样性、物种多样性和遗传多样性 3 个层次以及鸟类物种丰富度等多个方面。其中，物种的数量是衡量生物多样性丰富程度的基本标志。

1）生态系统多样性。曹妃甸湿地和鸟类省级自然保护区呈现生态系统多样性，可分为自然生态系统和人工生态系统。自然生态系统包括洼地、苇田、滩涂、浅海、河流、沟渠、荒草丛等类型；人工生态系统可分为水库、稻田、鱼塘、虾池、蟹池、盐场、海防林、生态涵养林、沟河路渠林带等类型。保护区湿地生态类型的多样性国内罕见。

2）物种多样性。保护区具有丰富的动植物资源，集中表现在水生动植物和鸟类物种的多样性。保护区有高等野生植物 63 科、164 属、239 种（《河北唐海湿地和鸟类自然保护区总体规划（修编）》，内部资料，2011 年 12 月）（至 2020 年已观察记录到高等植物 75 科 189 属 287 种，其中野生高等植物 260 种，栽培植物 27 种），主要为芦苇、香蒲、眼子菜、茨藻、稗、蒿、獐茅、狗尾草、碱蓬等。鸟类 307 种（截至 2020 年，保护区现已观察记录到鸟类 439 种，占我国鸟类 1 445 种总数的 30.38%，隶属 19 目 75 科）。常见陆生哺乳动物有 6 目、9 科、17 种，主要有草兔、普通刺猬、豹猫、草狐、黄鼬、狗獾、棕色田鼠、东方田鼠等。昆虫 10 目 75 科 307 种，以鞘翅目、双翅目为主。淡水鱼类 46 种，分属 16 科，其中鲤科占绝对优势，有 26 种，有 10 个科每科只有 1 种，其他 5 个科每科也只有 2 种。主要鱼种有鲤、鲫、鲢、鳙、青鱼、草鱼等。此外，还有虾蟹类、蛇类、蛙类等。

3）遗传多样性。遗传多样性是指存在于生物个体内、单个物种内以及物种之间的基因多样性，是生物多样性的重要组成部分，包括不同物种的不同基因库所表现出来的多样性。保护区内生物物种多，高等植物 239 种、鸟类 307 种，还有多种陆生哺乳动物和水生动物以及众多的微生物等，是一个庞大的种质资源基因库。

4）鸟类物种丰富度。曹妃甸湿地和鸟类省级自然保护区鸟类种群丰富，据统计，每年在保护区营巢或停留的斑嘴鸭约 8 000 只，鸬鹚 5 000 只，各种鹭类约 10 000 只，鸥类约 10 万只，鸻鹬类约 10 000 只，莺类 30 万只，鸫、鸦、雀等约 100 万只。

2. 保护区可保护属性

（1）面积适宜性

曹妃甸湿地和鸟类省级自然保护区原有面积 11 064 hm²，位于湿地生态环境相对较好的域境西南部。2012 年保护区进行了范围和功能区调整，调整后保护区总面积 10 081.40 hm²，作为自然湿地和生物多样性的主要栖息地和繁殖地，核心区和缓冲区保持不变。2017 年保护区实际调查总面积 9 613.74 hm²，保护区内湿地总面积为 8 862.26 hm²，湿地率达 92.18%，能够满足生物物种的要求，特别是湿地鸟类的迁徙、越冬和繁殖的需要。

（2）科研价值

保护区位于渤海北海岸，属于河流三角洲海陆交接型和人工自然交叉型滨海湿地，湿地保留了历史长期发展演替形成的盐生动植物生态系统、沼泽型动植物生态系统和水陆生态动植物生态系统，有水域、沼泽、滩涂、陆生等多种生境结构，对研究湿地生态系统的结构、功能、演替趋势、分布规律及珍稀物种的保护等具有重要价值，作为东亚—澳大利西亚候鸟迁飞路线上的一个重要停歇地，对候鸟迁徙研究具有重要价值。

（3）经济和社会价值

曹妃甸湿地和鸟类省级自然保护区在资源利用、旅游、教育等多方面具有重要意义。保护区内有丰富的动植物产品，一些鱼虾类可为人们提供富有营养的水产品，大量的芦苇是重要的造纸原材料,有些湿地动植物还可入药等。保护区有许多自然景观,具有自然观光、旅游、娱乐等美学方面的功能,可为观光与旅游提供一些资源。保护区的湿地生态系统、多样性的动植物群落、濒危物种、鸟类等在科研中都有重要地位,它们可为教育和科研提供对象、材料和实验基地。

三、保护区作用总体评价

参照国家环境保护总局拟定的"国家级自然保护区评审标准"(国家环境保护总局文件《关于申报和审批国家级自然保护区有关问题的通知》,环发〔1999〕67号),对保护区的主要保护对象的自然属性、可保护属性和管理基础进行综合评价,2011年的评价结果见表8-2。

表8-2 曹妃甸湿地和鸟类省级自然保护区综合评价

自然保护区评价标准			曹妃甸湿地和鸟类省级自然保护区评价结果	
指标分类	指标名称	满分值	得分值	得分依据
合计		100	81	
自然属性	小计	60	50	
	典型性	15	12	属全国或生物地理区的最好代表
	脆弱性	15	14	地理分布狭窄、破坏后极难恢复
	多样性	10	10	生态系统的组成成分与结构极为复杂,类型复杂多样;物种相对丰度极高,脊椎动物种数>300种
	稀有性	10	8	属国内珍稀濒危、残遗类型
	自然性	10	6	虽有少量人为干扰,但核心区保持自然状态,且核心区内无居民
可保护属性	小计	20	17	
	面积适宜性	8	6	面积基本满足有效维持生态系统的结构和功能,其总面积10 000~20 000 hm²,且核心区面积>1 000 hm²
	科学价值	8	7	在生态、遗传、经济等方面具有极高研究价值
	经济和社会价值	4	4	在资源利用、旅游、教育等多方面具有重大意义
保护管理基础	小计	20	14	
	机构设置和人员配备	4	4	具有健全的管理机构和适宜的人员配备,且专业技术人员占管理人员的比例≥20%
	边界划定和土地权属	4	2	虽未获得土地使用权,但边界清楚,无土地使用权属纠纷
	基础工作	6	4	完成多学科科学考察,基本掌握资源、环境本底情况,编制完成总体规划,收集了大部分样本材料
	管理条件	6	4	初步具备管理所需的设施,但不能满足一般管理工作的需求

资料来源:《河北唐海湿地和鸟类自然保护区总体规划(修编)》,2011年12月。

从评价结果可以看出：曹妃甸湿地和鸟类省级自然保护区总得分为 81 分；其中，自然属性得分占该项满分的 83%，可保护属性得分占该项满分的 85%，保护管理基础得分占该项满分的 70%。结果表明，该保护区自然属性和可保护属性得分均较高，现状受到较好的保护，人为影响程度不高，核心区处于较好的自然状态。但在保护管理基础方面还有更大的潜力。

第二节　保护区湿地生态系统和类型

一、保护区自然生态系统

自然生态系统是指没有人为因素影响或人为因素影响较小的生态系统。严格来讲，曹妃甸湿地和鸟类省级自然保护区内没有纯粹的自然原生生态系统，只有自然属性占主导地位的生态系统。按环境性质不同，自然生态系统又可划分为水生生态系统、陆生生态系统和人工生态系统。

1. 水生生态系统

保护区水生生态系统是指湿地中长期或短期地表有积水的地方，主要是指湿地生态系统中的洼地、苇田、滩涂等。虽然苇田每年都收割，但其他时间人为因素干扰较少，故可将其划为自然生态系统。水生生态系统具有季节性变化，夏季时，通过引水灌溉、降水等，积水较多，洼地、苇田等水供应充足；其余季节水量较小，只有在部分低洼地水量较大。水生生态系统以水生生物为主，芦苇占绝对优势，产量高、品质好，是该生态系统中重要的经济来源之一。丰水时，保护区水生生态系统中还栖息着许多自养生物（如藻类、水草等）、异养生物（多种无脊椎动物和脊椎动物）和分解者（多种微生物），各种生物群落及其与水环境之间相互作用，维持着特定的物质循环与能量流动，构成有趣的生境结构和完整的生态单元。

2. 陆生生态系统

保护区内陆生生态系统主要是指湿地内荒草地和沟渠、河流周边的荒草丛生态系统。保护区内陆生生态系统的面积很小，且分布比较零散。整个生态系统常年无积水、长期无人利用、人为干扰少，植被以天然生成的旱生植物（如狗尾草、白茅、蒿等）为主，动物以田鼠、草兔等陆生动物为主，兼有一些两栖类动物。整个生态系统大多位于交通不便的地方，人为因素影响小。

3. 人工生态系统

保护区人工生态系统主要包括平原水库、稻田、鱼塘、虾池、蟹池、盐田和海防林、生态涵养林、沟河路渠林带等类型。

（1）平原水库生态系统

保护区内有 2 个平原水库，即第十一农场落潮湾水库（又称十一场水库）和第七农场平原水库。水库内水产养殖较少，水生生物以野生鱼类和其他浮游生物为主，水库堤岸上生长着一些芦苇、蒲类等野生植物，此外还有一些人工植被的乔木，并有大量的水禽在此觅食、停息。

（2）稻田、人工鱼塘、虾池、蟹池、盐田生态系统

在保护区内分布着大量的稻田、人工鱼塘、虾池、蟹池、盐田等。稻田中的主要生物是水稻、野生鱼类和浮游生物；塘、池中的生物主要是人工放养的鱼苗、虾苗、蟹苗和野生鱼类及浮游生物；盐田中的主要生物是一些咸水生物（如卤虫等）。该类生态系统受人为的经营管理控制，每年向外输出大量的经济产品。

（3）海防林、生态涵养林、沟河路渠林带生态系统

该类生态系统是指在保护区沿海、沟渠、道路两旁、库区周堤上以乔木杨树等为建群种的林带，林带中的乔木还有柳树、槐树、榆树等，灌木有紫穗槐等。林带设计规范、林网整齐，与稻田、鱼塘、虾池、蟹池、芦苇沼泽等相间分布。林带生态系统在防风、防浪的同时，也吸引了大量的鹰科、雀科、鹭科等鸟类，为其提供了良好的栖息、繁殖场所。林带周边的稻田、鱼塘、虾池、苇塘等为鸟类提供了丰富的食物来源。林带生态系统使整个湿地生境更加多样化，使湿地内生物种类更加丰富。

二、保护区湿地类型与面积

1. 湿地类型、面积与分布

（1）主要湿地类型、面积与分布

保护区内有大面积的芦苇沼泽、草甸沼泽、滨海滩涂、虾池、鱼塘、平原水库（库塘）、稻田、人工排灌渠系等，构成了一个综合的温带滨海湿地生态系统。按人为影响可分为天然湿地和人工湿地两种类型。天然湿地可进一步细分为沼泽湿地、滩涂湿地、微咸水泊塘湿地等。人工湿地主要由平原水库、虾池、鱼塘、稻田和盐田等构成。

保护区内主要湿地类型有芦苇湿地、库塘湿地、鱼苇湿地、淡水湿地、海水湿地、卤水湿地、稻田湿地，面积约占保护区内湿地面积的 87.35%（图 8-4、表 8-3）。从总体上看，人工湿地占保护区面积的 83.30%，占湿地面积的 90.36%。

（2）保护区各功能区面积及权属

保护区内湿地总面积 8 862.26 hm²，按保护区功能区统计，分别为：核心区湿地面积为 3 197.60 hm²，占保护区总面积的 33.26%，占保护区湿地面积的 36.08%，具有实际湿地功能的面积占核心区面积的 99.48%；缓冲区湿地面积 1 496.74 hm²，占保护区总面积的 15.57%，占保护区湿地面积的 16.89%，具有实际湿地功能的面积占缓冲区面积的 98.65%；实验区湿地面积 4 167.92 hm²，占保护区面积的 43.35%，占保护区湿地面积的 47.03%，具有实际湿地功能的面积占实验区面积的 85.37%。

保护区总面积 9 613.74 hm²，土地权属全部为国有，分属于第四农场、第七农场和第十一农场，其中：第四农场在保护区内的面积为 1 502.94 hm²，占保护区总面积的 15.63%，大部分位于保护区的实验区，面积 1 276.28 hm²，少部分位于缓冲区，面积 202.64 hm²，核心区面积仅有 24.02 hm²。第七农场在保护区内的面积为 4 719.99 hm²，占保护区总面积的 49.10%，位于保护区核心区的面积 1 865.01 hm²，位于缓冲区的面积 760.51 hm²，位于实验区的面积 2 094.47 hm²。第十一农场面积为 3 390.81 hm²，占保护区总面积的 35.27%，位于核心区的面积 1 325.24 hm²，位于缓冲区的面积 554.06 hm²，位于实验区的面积 1 511.51 hm²（图 8-5）。

图 8-4 保护区 7 种主要湿地类型分布

表 8-3 保护区内主要湿地类型面积及分布

湿地类型	湿地面积（hm²）			占湿地总面积
	核心区和保护区	实验区	合计	百分比（%）
稻田湿地	226.7	559.0	785.7	8.87
库塘湿地	176.7	366.7	543.4	6.13
芦苇湿地	160.0	0	160.0	1.81
鱼苇湿地	466.7	31.7	498.4	5.62
淡水湿地	1 939.3	1 632.1	3 571.4	40.30
海水湿地	576.7	542.0	1 118.7	12.62
卤水湿地	836.7	226.7	1 063.4	12.00

图 8-5　保护区内各农场所占保护区面积比例

保护区内主要湿地类型为人工湿地，其次为沼泽湿地和河流湿地（图 8-6）。

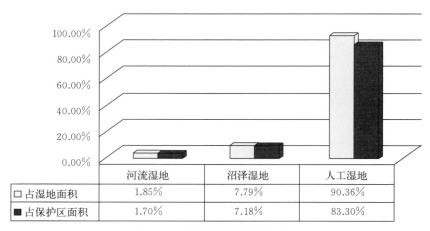

	河流湿地	沼泽湿地	人工湿地
□占湿地面积	1.85%	7.79%	90.36%
■占保护区面积	1.70%	7.18%	83.30%

图 8-6　保护区湿地类型及占比

2. 主要湿地资源类型

（1）河流湿地

按照第二次《全国湿地资源调查技术规程（试行）》（国家林业局，2008 年 12 月），河流湿地是指长度＞5 km、宽度＞10 m（湿地面积＞100 hm²）的河流和连续 5 年不断流的河流，河流湿地包括季节性河流湿地、永久性河流湿地、洪泛平原湿地和喀斯特溶洞湿地 4 个湿地型。保护区内只分布有一个湿地型永久性河流湿地，即双龙河湿地（图 8-7）。双龙河

图 8-7　河流湿地

南北贯穿保护区，常年有水，分布在第四农场、第七农场和第十一农场的孙家灶范围内。保护区内河流湿地的面积为 163.55 hm²，占保护区湿地面积的 1.85%，占保护区总面积的 1.70%。双龙河在保护区内长 11.20 km，河床宽约 90 m，河水深度约 2 m，水质为Ⅲ类，受威胁程度较轻，水源补给主要为上游来水和人工补给，主导利用方式为输水，主要威胁因子是污水排入造成的污染。两岸分布有芦苇、碱蓬、柽柳等植被，群落覆盖度在 50% 左右；部分水域分布有浮萍、菹草、莎草等水生植物。常有白鹭、鸥类等在河边浅水区域取食。

（2）沼泽湿地

沼泽湿地是指地表常年湿润或有薄层积水，生长湿生或沼生植物的地域或个别段落，是一种特殊的自然综合体。具有以下 3 个特征：①受淡水、咸水或盐水的影响，地表经常过湿或有薄层积水。②生长有沼生和部分湿生、水生或盐生植物。③有泥炭积累或尽管无泥炭积累，但土壤层中具有明显的潜育层。按照第二次《全国湿地资源调查技术规程（试行）》（国家林业局，2008 年 12 月），沼泽湿地包括藓类沼泽、草本沼泽、灌丛沼泽、内陆盐沼、季节性咸水沼泽、沼泽化草甸、地热湿地和淡水泉/绿洲湿地。保护区内的沼泽湿地仅有 1 个类型，即草本沼泽（图 8-8）。主要分布在第四农场的八里坨、第七农场、第十一农场的孙家灶等地。保护区内沼泽湿地面积为 690.52 hm²，占保护区湿地面积的 7.79%，占保护区总面积的 7.18%，为保护区内第二大湿地型。水深在 0.1～2.0 m，水质为Ⅲ类、Ⅳ类，水源补给方式为地表径流、人工补给、大气降水和综合补给，主导利用方式包括养殖业、旅游休闲、植被恢复及其他。威胁因子主要是围垦、污染和其他人为活动，受威胁程度为轻度，个别区域为中度。植被群落以芦苇、狭叶香蒲、盐地碱蓬、藨草等为主，群落覆盖度变化较大，50%～100% 均有，多数在 70%～85%，其他植物种类较多，主要有荆三棱、碱蓬、大蓟、小蓟、猪毛蒿、茵陈蒿、马齿苋、萝藦、鹅绒藤、狗尾草、稗、野大豆、滨藜、灰绿

图 8-8　沼泽湿地

藜、白刺、柽柳、枸杞等，水生植物有浮萍、狐尾藻、菹草等，人工栽培植物有旱柳、杨、法国梧桐、紫穗槐等。沼泽湿地是植物种类最丰富的区域，也是鸟类及各种动物活动取食的区域，分布有苍鹭、夜鹭、白鹭、大白鹭、小白鹭、鸥类、雁鸭类、鹬类、黑嘴鸥、震旦鸦雀、家燕、麻雀等，是鸟类活动取食的主要区域。

（3）人工湿地

人工湿地是一种模拟自然湿地的人工生态系统，将若干基本介质按照特定构成混合为人工基质，之后根据设计需要在此基质上种植植物，还要根据水力负荷、污染负荷和停留时间等构建一个完整的且可以良好循环的人工湿地生态系统，是由人工建造和控制运行的与沼泽湿地类似的地面。人工湿地包括面积不小于 8 hm² 的库塘、运河/输水河、水产养殖场、稻田/冬水田和盐田 5 个湿地型。这 5 个湿地型在保护区内均有分布。保护区内人工湿地面积 8 008.19 hm²，占保护区湿地总面积的 90.36%，占保护区总面积的 83.30%，是保护区主要的湿地类型。其中第四农场人工湿地面积 1 155.05 hm²，第七农场 3 670.06 hm²，第十一农场 3 183.08 hm²，分别占保护区人工湿地面积的 14.42%、45.83% 和 39.75%。保护区人工湿地主要分布在第七农场和第十一农场。

1）库塘。库塘（图 8-9）面积 543.40 hm²，占人工湿地面积的 6.79%，分布在第十一农场（十一场水库）、第七农场（原第七农场水库的一部分）及第四农场南部区域。水深在 2.0 m 左右，水质为Ⅲ类、Ⅳ类，水源补给方式为综合补给，主导利用方式包括养殖业、旅游休闲及其他。威胁因子主要是污染、盐碱化，受威胁程度为轻度。因库塘区域水较深，部分区域植被稀疏或无，浅水区域植被群落以芦苇为主，群落覆盖度在 50%～85%，其他植物有荆三棱、碱蓬、苣荬菜、马齿苋、萝藦、鹅绒藤、狗尾草、稗等。由于库塘水比较深，在该区域取食的鸟类较少，主要有鸬鹚、鸊鷉和雁鸭类，白鹭也常常在坑塘边缘取食，其他动物有蛙类等。

图 8-9 库 塘

2）输水河。保护区内斗渠、农渠分布比较普遍，各农渠、斗渠相互连通，是区域内的主要输水河道，输水河（图 8-10）面积 1 053.31 hm²，占人工湿地的 13.15%。输水河在第四农场、第七农场、第十一农场均有分布，面积分别为 131.74 hm²、471.27 hm² 和 450.30 hm²。输水河水深在 1.0～1.5 m，个别区域为 0.5 m 或 2.0 m，水质为Ⅲ类、Ⅳ类，水源补给主要为人工补给，少数为综合补给，主导利用方式为排灌。威胁因子为污染、盐碱化或其他，威胁程度为轻度。输水河边缘植被较发达，主要植物群落为芦苇、碱蓬、盐地碱蓬、大米草等，堤岸上有人工栽植的旱柳、杨树、刺槐、紫穗槐、白榆等，水面上有菱、浮萍、狐尾藻等，群落盖度变化较大，多数在75％～85％，少数地段或低于50％或高于90％。植物种类相对比较丰富，其他有白刺、獐茅、地肤、猪毛蒿、枸杞、鹅绒藤、凹头苋、野大豆、狭叶香蒲、千屈菜、罗布麻、大蓟等。在此取食的鸟类也比较多，主要有雁鸭类、鹭类、鸥类、鹬类，其他动物有青蛙、刺猬等。

图 8-10　输水河

　　3）水产养殖场。保护区内水产养殖场（图 8-11）面积为 5 464.88 hm²，占人工湿地面积的 68.24％，是保护区人工湿地的主要类型，也是保护区的主要湿地类型。第四农场、第七农场和第十一农场均有分布，其中第四农场 841.18 hm²，第七农场 2 780.56 hm²，第十一农场 1 843.14 hm²。这一湿地类型中位于保护区核心区的有 2 200.78 hm²，位于缓冲区的有 948.97 hm²，位于实验区的有 2 315.13 hm²，分别占核心区、缓冲区、实验区面积的 68.83％、63.40％和 55.55％。保护区内的水产养殖包括海水养殖、卤水养殖和淡水养殖

图 8-11　水产养殖

3 类，这 3 类养殖场面积分别为 508.37 hm²、1 409.75 hm² 和 3 546.76 hm²，海水养殖量较小，仅占 9.30%，卤水养殖占 25.80%，淡水养殖占 64.90%。

养殖池水深一般在 1.0～2.0 m，水质为Ⅲ类、Ⅳ类，水源补给主要为人工补给，少数为综合补给，主导利用方式为养殖业。威胁因子为污染、盐碱化和人为活动，威胁程度为轻度。养殖场周边区域植被欠发达。卤水池和海水池周边盐碱化程度较高，植被覆盖较少，种类较单一，主要植物群落以碱蓬、盐地碱蓬、滨藜、白刺等耐盐碱植物为主，堤岸上有人工栽植的旱柳等；淡水池周边植物以芦苇、獐茅、碱蓬、鹅绒藤、茵陈蒿等为主，卤水池和海水池周边植被盖度较低，在 50% 左右；淡水池周边植被盖度较高，在 80% 左右，个别区域能达到 90%。在此取食的鸟类主要有大杓鹬、黑尾塍鹬等鹬类，也有苍鹭、须浮鸥等，其他动物有青蛙、刺猬、黄鼬（黄鼠狼）等种类。

4）稻田。保护区内稻田（图 8-12）面积 785.70 hm²，占保护区人工湿地面积的 9.81%，占保护区总面积的 8.17%。其中核心区中有 196.67 hm²，缓冲区中有 30.03 hm²，实验区中有 559.00 hm²。分别占核心区、缓冲区、实验区面积的 6.15%、2.01% 和 13.41%。主要分布在保护区的北部区域第十一农场范围内和第七农场六队。稻田水深在 0.1～0.2 m，水质为Ⅲ类、Ⅳ类，水源补给主要是人工补给，主导利用方式为种植业。威胁因子为农药、化肥及人工作业造成的农业面源污染，威胁程度为轻度。稻田主要植被类型为人工植被水稻，田埂及田间杂生有水稗、芦苇等。在此取食的鸟类主要有白鹭、苍鹭等，其他动物有青蛙等。

图 8-12　稻　田

5）盐田。盐田在保护区的分布面积较小，仅为 68.09 hm²，占保护区人工湿地面积的 0.85%。分布在第七农场，位于保护区的西南部的缓冲区内，呈长条状分布。盐田水深 1.0 m 左右，水源补给为人工补给，主要利用方式为矿业。威胁因子为盐碱化，威胁程度为重度。由于盐田的盐碱化程度很高，植被不发达，在此取食的鸟类有鸥类、鹬类等。

此外，保护区西侧的南堡盐场，其中紧邻保护区西边界的三角形区域盐池面积 1 415.88 hm²，是重要的人工湿地类型，分布有鸻鹬类 8 科 84 种近十万只野生鸟类，在湿地资源和生物多样性保护方面有着重要的意义。该区域具有一定的保护价值且无相关的开发计划，可作为保护区的延伸性保护对象。

第三节　保护区及周边水生生物资源

一、浅海、潮间带、滩涂生物资源

1. 浅海初级生产力

曹妃甸区近海海域春季叶绿素 a 含量变化范围为 1.5～5.9 mg/m³，平均值为 3.3 mg/m³；初级生产力为 403.2 mg/(m²·d)（以 C 计）。夏季叶绿素 a 含量变化范围为 1.0～6.5 mg/m³，平均值为 3.5 mg/m³；初级生产力为 566.3 mg/(m²·d)（以 C 计），呈现夏季平均值高于春季的特征。

2. 潮间带生物

(1) 生物种类

曹妃甸区咸水水域及潮间带生物资源丰富，种类多，隶属 15 门、100 科，共计 163 种。其中，多毛类（Polychaeta）20 种，占生物物种组成的 12.27%；单壳类（Monoplacophora）25 种，占生物种类组成的 15.34%；双壳类（Bivalvia）33 种，占生物种类组成的 20.25%；甲壳类（Crustacean）41 种，占生物种类组成的 25.15%；藻类（Algae）16 种，占生物种类组成的 9.82%；腔肠动物（Coelenterata）4 种，占生物种类组成的 2.45%；棘皮动物（Echinodermata）2 种，占生物种类组成的 1.23%；鱼类（Pisces）9 种，占生物种类组成的 5.52%；其他物种 13 种，占生物种类组成的 7.98%。

(2) 生物组成

生物组成年平均生物总量为 249.39 g/m²，其中双壳类最高、为 173.45 g/m²，占生物总量的 69.55%。单壳类 8.44 g/m²，占生物总量的 3.38%。甲壳类 14.32 g/m²，占生物总量的 5.74%。多毛类 2.69 g/m²，占生物总量的 1.08%。其他类 50.49 g/m²，占生物总量的 20.25%。年平均密度 879.01 个/m²，其中双壳类密度最高、为 411.65 个/m²，占 46.83%。单壳类 393.54 个/m²，占 44.77%。甲壳类为 58.38 个/m²，占 6.64%。多毛类 11.07 个/m²，占 1.26%。其他类为 3.42 个/m²，占 0.39%。按照底质类型进行分析，总体分布为泥沙相混区或泥区较高，曹妃甸东北部净沙质区较低。西部的沙河、双龙河流域包括黑沿子、北堡、南堡、嘴东等地为泥沙质土质，底栖生物量大，包括单壳类、双壳类、甲壳类、多毛类等，年平均生物密度为 1 559 个/m²，双龙河至溯河—小清河多为泥质，年平均生物密度 956 个/m²，部分净沙质的年平均密度为 47 个/m²（杨学诚，2002）。

(3) 主要经济种类

蛤类有文蛤（*Meretrix meretrix*）、青蛤（*Cyclina sinensis*）、大连湾牡蛎（*Ostrea talienwhanensis*）、四角蛤蜊（白蚬子）（*Mactra veneriformis*）、光滑河蓝蛤（*Potamocorbula laevis*）、彩虹明樱蛤（*Moerella iridescens*）、托氏蜎螺（*Umbonium thomasi*）7 种。潮间带有资源较丰富的蟹类 10 种，其中主要有日本大眼蟹（*Macrophthalmus japonicus*）、天津厚蟹（*Helice tientsinensis*）、豆形拳蟹（*Philyra pisum*）、美丽磁蟹（*Porcellana pulchra*）4 种。褶牡蛎（*Ostrea plicatula*）、焦河蓝蛤（*Potamocorbula ustulata*）、九州斧蛤（*Tentidonax kiusiuensis*）、寻氏肌蛤（*Musculus senhousei*）、中国绿螂（*Glaucomya chinen-*

sis）、沙蚕（*Nereis succinea*）等都有相当数量的分布（图8-13）。

图8-13　潮间带主要经济种类

（4）浮游植物

浮游植物以硅藻类为主，共检出76种，隶属28属。优势种主要有中肋骨条藻、苏氏圆筛藻（*Coscinodiscus thorii*）、有棱曲舟藻（*Pleurosigma angulatum*）、圆海链藻（*Thalassiosira rotula*）、翼根管藻（*Rhizosolenia alata*）、斯托根管藻（*Rhizosolenia stolterfothii*）、洛氏角刺藻（*Chaetoceros lorenzianus*）、窄隙角刺藻（*Chaetoceros affinis*）、具槽直链藻（*Melosira sulcata*）等。

浮游植物平面分布一般为河口高于非河口；海水养殖区高于河口，是浮游植物密集区。季节变化全年有两次高峰期，首次是春季（3—5月），另一次是秋季（9—10月），秋季高于春季。与历史资料（1984年）相比，浮游植物由于海水富营养化，数量平均增长了4～5倍，但有些有毒藻（如角刺藻）类的暴发极易造成浅海区域的赤潮和海水养殖池塘的小赤潮。

（5）浮游动物

海水浮游动物的种类有9大类47种，有幼虫14大类18种。主要种类有：夜光虫（*Noctiluca miliaris*）、水母类（Scyphozoa）、甲壳类（Crustacea）、桡足类（Copepoda）的中华哲水蚤（*Calanus sinicus*）、双毛纺锤水蚤（*Acartia bifilosa*）、强壮箭虫以及中国毛虾（*Acetes chinensis*）、糠虾、长尾住囊虫（*Oikopleura longicauda*）、多毛类（Polychaeta）幼虫、六肢幼体、腹足类（Gastropod）幼体、双壳类（Bivalvia）幼体等。

近岸水域浮游动物的生物量全年只在 5 月出现一次高峰，10 月生物量较低，春夏两季生物量和丰度的空间分布特征整体上呈现近岸向远岸逐渐减少的趋势，西侧海域丰度低，东侧海域丰度高；河口及养殖池是分布的密集区。在种类组成上，主要有夜光虫、中华哲水蚤、双毛纺锤水蚤、箭虫类、桡足类及各类幼虫，而水母类和住囊虫在种类组成中所占比例较小（图 8-14）。

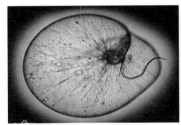

夜光虫　　　　　　　　　　毛虾　　　　　　　　　　糠虾

图 8-14　主要浮游动物

3. 浅海底栖生物

浅海底栖生物丰富，共 138 种，其中脊椎动物（鱼类）8 种，脊索动物 2 种，软体动物 53 种，甲壳动物 41 种，棘皮动物 9 种，多毛类 15 种，腔肠动物 6 种，螠虫、星虫、纽虫和腕足类各 1 种。平均生物量 21.32 g/m²，软体动物最大，为 8.58 g/m²，占平均总生物量的 40.24%；棘皮动物生物量 4.2 g/m²，占平均总生物量的 19.70%；底栖生物密度平均为 116.5 个/m²，其中脊索动物栖息密度最大，为 37.6 个/m²，占总密度的 32.27%；软体动物 22.6 个/m²，占总密度的 19.40%；棘皮动物 18.6 个/m²，占总密度的 15.97%；甲壳类 15.8 个/m²，占总密度的 13.56%。

4. 无脊椎动物

近岸海区无脊椎动物主要包括软体动物和甲壳动物两类。在软体动物中主要有头足纲蛸科的短蛸和长蛸（*Octopus variabilis*），枪乌贼科的日本枪乌贼（*Loligo japonica*），耳乌贼科的双喙耳乌贼（*Sepiola birostrata*），乌贼科的曼氏无针乌贼（*Sepiella maindroni*）等。在甲壳动物中有十足目梭子蟹科的三疣梭子蟹（*Portunus trituberculatus*）和日本蟳，对虾科的中国对虾（*Penaeus chinensis*）、鹰爪虾（*Trachypenaeus curvirostris*），鼓虾科的日本鼓虾（*Alpheus japonicus*），长臂虾科的脊尾白虾（*Exopalaemon carinicauda*）和葛氏长臂虾（*Palaemon gravieri*），褐虾科的脊腹褐虾（*Crangon affinis*），虾蛄科的口虾蛄（琵琶虾）等（图 8-15）。生物组成以三疣梭子蟹比例为最大，占 33.5%，口虾蛄占 27.5%，日本蟳占 11.5%，中国对虾占 8.5%。

5. 主要经济鱼类

曹妃甸近海海域是渤海中鱼卵、仔稚幼鱼分布最多的一个区域，曹妃甸附近深水处是鳀、蓝点马鲛（*Scomberomorus niphonius*）、银鲳（*Pampus argenteus*）等鱼类的集中产卵区，浅海区又是多种鱼类的产卵场，3—11 月均可采集到鱼卵和仔稚幼鱼，夏季最多，春季多于秋季。

5 月以后种类大量增多，主要有青鳞鱼、斑鰶、梭鱼等，人工养殖的梭鱼苗、鲈鱼苗主要在河口处捕捞。春季鱼类种数为 17 种，其中暖水性鱼类 7 种，暖温性鱼类 6 种，冷温性

短蛸	日本枪乌贼	曼氏无针乌贼
三疣梭子蟹	日本蟳	中国对虾
日本鼓虾	脊腹褐虾	口虾蛄

图 8-15　主要无脊椎动物

鱼类 4 种；夏季鱼类种数为 21 种，其中暖水性鱼类 7 种，暖温性鱼类 14 种。

　　春、夏两季海区鱼类群落有 27 种，优势种有 6 种，分别为青鳞鱼（*Harengula zunasi*）、赤鼻棱鳀（*Thrissa kammalensis*）、黄鲫（*Setipinna taty*）、小黄鱼（*Larimichthys polyactis*）、蓝点马鲛和银鲳；重要种有 3 种，为斑鲦、玉筋鱼（*Ammodytes personatus*）和小带鱼（*Eupleurogrammus muticus*）；常见种有 3 种，为安氏新银鱼（*Neosalanx anderssoni*）、方氏云鳚和绿鳍马面鲀（*Thamnaconus septentrionalis*）；其余 8 种为一般种，7 种为少见种。春季海区 17 种鱼类中：优势种有 6 种，分别为黄鲫、方氏云鳚、玉筋鱼、小带鱼、银鲳、欧氏六线鱼（*Hexagrammos otakii*）；重要种有 5 种，为大银鱼（*Protosalanx chinensis*）、小黄鱼、蓝点马鲛、绿鳍马面鲀和鲬（*Platycephalus indicus*）；常见种有 6 种，为青鳞鱼、赤鼻棱鳀、海龙（*Syngnathus acus*）、矛尾虾虎鱼、赵氏狮子鱼（*Liparis choanus*）和细纹狮子鱼（*Liparis tanakae*）。夏季海区 21 种鱼中，优势种有青鳞鱼、赤鼻棱鳀、黄鲫、小黄鱼、蓝点马鲛和银鲳 6 种；重要种有斑鲦和小带鱼 2 种；常见种有安氏新银鱼 1 种；其余 10 种为一般种，有 2 种为少见种。

　　曹妃甸近岸海域鱼类约有 30 种。主要鱼种有青鳞鱼、斑鲦、鳀、梭鱼（*Liza haematocheila*）、黄鲫、中颌棱鳀（*Thrissa mystax*）、大银鱼、安氏新银鱼、尖嘴扁颌针鱼（*Ablennes anastomella*）、鱵（*Hemirhamphus sajori*）、鲻（*Mugil cephalus*）、黄条鰤（*Seriola aureovittata*）、小黄鱼、白姑鱼（*Argyrosomus argentatus*）、方氏云鳚、玉筋鱼、带

鱼（*Trichiurus lepturus*）、小带鱼、蓝点马鲛、银鲳、矛尾虾虎鱼、矛尾复虾虎鱼（*Syne-chogobius hasta*）、六丝钝尾虾虎鱼（*Amblychaeturichthys hexanema*）、红狼牙虾虎鱼（*Odontamblyopus rubicundus*）、纹缟虾虎鱼（*Tridentiger trigonocephalus*）、欧式六线鱼、鲀、赵氏狮子鱼、焦氏舌鳎（*Cynoglossus joyneri*）、绿鳍马面鲀、红鳍东方鲀（*Takifugu rubripes*）、假睛东方鲀（*Takifugu pseudommus*）、弹涂鱼（*Periophthalmus cantonensis*）、花鲈（*Lateolabrax maculatus*）等（图 8 - 16）。

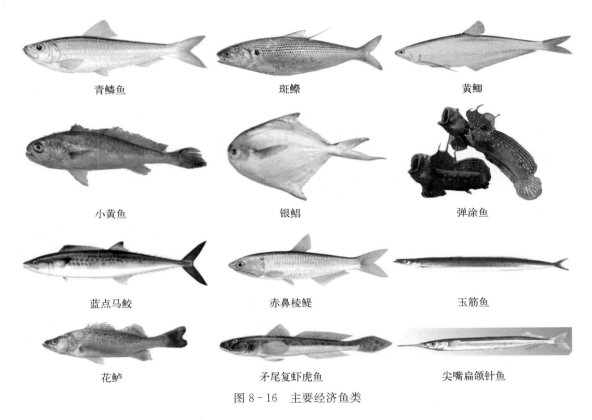

青鳞鱼　　　　　　　　斑鰶　　　　　　　　黄鲫

小黄鱼　　　　　　　　银鲳　　　　　　　　弹涂鱼

蓝点马鲛　　　　　　　赤鼻棱鳀　　　　　　玉筋鱼

花鲈　　　　　　　　矛尾复虾虎鱼　　　　　尖嘴扁颌针鱼

图 8 - 16　主要经济鱼类

曹妃甸湿地和鸟类省级自然保护区的海水养殖池、卤水养殖池、三排干和双龙河南端的生物资源基本与曹妃甸区浅海潮间带滩涂生物资源相似，但整体生物量和种类要少得多。

二、内陆淡水生物资源

曹妃甸区淡水生物资源多样，是域内淡水环境形成后不可替代的生态资源，保护区淡水生物资源基本与全区相似。

1. 鱼类

曹妃甸区淡水鱼类 46 种，分属 16 科，其中鲤科占绝对优势，有 26 种，另有 10 科各有 1 种，其他 5 科各有 2 种。主要鱼种有鲤（*Cyprinus carpio*）、鲫（*Carassius auratus*）、鲢（*Hypophthalmichthys molitrix*）、鳙（*Aristichthys nobilis*）、青鱼（*Mylopharyngodon piceus*）、草鱼（*Ctenopharyngodon idellus*）、团头鲂（*Megalobrama amblycephala*）、鳘条

（*Hemicculter leuciclus*）、红鳍鲌（*Culter erythropterus*）、棒花鱼（*Abbottina rivularis*）、麦穗鱼（*Pseudorasbora parva*）、小鳈（*Sarcocheilichthys parvus*）、马口鱼（*Opsariichthys bidens*）、赤眼鳟（*Squaliobarbus curriculus*）、点纹颌须鮈（*Gnathopogon wolterstorffi*）、鳡鱼（*Elopichthys bambusa*）、逆鱼（*Acanthobrama simoni*）、银鲴（*Xenocypris argentea*）、翘嘴红鲌（*Erythroculter ilishaeformis*）、彩石鲋（*Pseudoperilampus lighti*）、鳑鲏（*Rhodeinae*）、鲶鱼（*Silurus asotus*）、花鳕（*Hemibarbus maculatus*）、东北雅罗鱼（*Leuciscus waleckii*）、宽鳍鱲（*Zacco platypus*）、鳢、泥鳅（*Misgurnus anguillicaudatus*）、中华花鳅（*Cobitis sinensis*）、刺鳅（*Mastacembelus aculeatus*）、黄颡鱼（*Pelteobagrus fulvidraco*）、长吻鮠（*Leiocassis longirostris*）、乌鳢（*Ophiocephalus argus*）、鳗鲡、鳜鱼（*Siniperca chuatsi*）、圆尾斗鱼（*Macropodus ocellatus*）、青鳉（*Oryzias latipes*）（图8-17）等。

鲤　　　　　　　　　　鲫　　　　　　　　　　鲢

鳙　　　　　　　　　　青鱼　　　　　　　　　　鲂

草鱼　　　　　　　　红鳍鲌　　　　　　　　棒花鱼

图8-17 主要淡水鱼类

此外，近年来引进了一些人工养殖的新品种，如镜鲤、荷沅鲤（荷包红鲤♀×沅江鲤♂）、红草鱼（草鱼的白化变种）（*Ctenopharyngodon idella*）、彭泽鲫（*Carassius auratus* var. *pengze*）等。

2. 底栖动物

底栖动物多数是作为杂食性底层鱼类的饵料，包括动物界的很多门，如软体动物、节肢动物、环节动物等。

软体动物瓣鳃类有圆顶珠蚌（*Unio douglasiae*）、褶纹冠蚌（*Cristaria plicata*）、无齿蚌（*Anodonta* sp.）、天津丽蚌（*Lamprotula tientsinensis*）、鱼形背角无齿蚌（*Anodonta* woodiana piscatorum）、蚶形无齿蚌（Anodonta arcaeformis）、河蚬（Corbicula flumi-nea）、截状豌豆蚬（Pisidium subtruncatum）等（图8-18）。

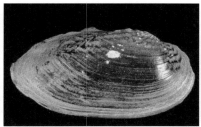  

圆顶珠蚌　　　　　　　　　皱纹冠蚌　　　　　　　　鱼形背角无齿蚌

图8-18　主要淡水蚌类

腹足类有环棱螺属（Bellamya）、萝卜螺（Radix sp.）、光滑狭口螺（Stenothyra gla-bra）、赤豆螺（Bithynia fuchsiana）、中华圆田螺（Cipangopaludina cahayensis）、泉膀胱螺（Physa fontinalis）、平盘螺（Valvata cristata）、旋螺（Gyraulus sp.）等（图8-19）。

方形环棱螺　　　　　　　　赤豆螺　　　　　　　　　中华圆田螺

图8-19　主要螺类

节肢动物甲壳类有日本沼虾（Macrobrachium nipponense）、秀丽白虾（Exopalae mon-modestus）、钩虾（Gammaridea）、米虾（Atyoidae）、中华绒螯蟹（Eriocheir sinensis）等（图8-20）。

日本沼虾　　　　　　　　　秀丽白虾　　　　　　　　中华绒螯蟹

图8-20　主要甲壳类

昆虫类有水黾、红娘华、蜻蜓幼虫、摇蚊幼虫、龙虱幼虫、水斧虫等。
环节动物寡毛类主要有水丝蚓、尾腮蚓、水蛭等。
爬行动物主要有鳖。

3. 浮游生物

（1）浮游植物

主要指浮游藻类，它们是水域中的生产者，主要有绿藻、蓝藻、硅藻、裸藻、金藻和黄藻 7 个门类 70 个种属。

（2）浮游动物

浮游动物是水生动物中十分重要的群类，主要有轮虫、枝角类、桡足类、原生动物等，约有 40 个种属。

第四节　保护区陆生野生动物资源

曹妃甸湿地属滨海湿地生态系统，处于陆地生态系统和水生生态系统的过渡地带，目前虽然湿地陆生野生动物种类和数量较少，但随着保护区生态环境的改善，预测野生动物资源在未来几年内会有所增长。

一、陆生野生脊椎哺乳动物

常见兽类有 6 目 11 科 17 种。主要有草兔（*Lepus capensis*）、豹猫（*Prionailurus bengalensis*）、草狐（*Vulpes vulpes*）、紫貂（*Martes zibellina*）、貉（*Nyctereutes procyonoides*）、青鼬（*Martes flavigula*）、黄鼬、狗獾（*Meles leucurus*）、刺猬（*Erinaceus amurensis*）、棕色田鼠（*Microtus mandarinus*）、东方田鼠（*Microtus fortis*）、大仓鼠（*Cricetulus triton*）、麝鼠（*Ondatra zibethicus*）、长爪沙鼠（*Meiiones unguiculataus*）、黑线仓鼠（*Cricetulus barabensis*）、巢鼠（*Micromys minutus*）、黑家鼠（*Rattus rattus*）、褐家鼠（*Rattus norvegicus*）、东方伏翼（*Vespertilio sinensis*）等（图 8-21）。

草兔

刺猬

豹猫

黄鼬

东方田鼠

东方伏翼(蝙蝠)

图 8-21　陆生哺乳动物

二、两栖类、爬行类动物

1. 两栖类

曹妃甸湿地和鸟类省级自然保护区分布有两栖类动物2科4种，全为无尾目，主要有中华大蟾蜍（*Bufo bufo gargarizans*）、花背蟾蜍（*Bufo raddei*）、黑斑蛙（青蛙）（*Pelophylax nigromaculatus*）、北方狭口蛙（*Kaloula borealis*）（图8-22）。主要分布在平原水库及农田周围。

中华大蟾蜍　　　　　　　　花背蟾蜍　　　　　　　　黑斑蛙

图8-22 两栖类

2. 爬行类

保护区内分布爬行类动物2目2科10种。蜥蜴目有无蹼壁虎（*Gekko swinhonis*）、丽纹麻蜥（*Eremias argus*）。蛇目有黄脊游蛇（*Coluber spinalis*）、红点锦蛇（*Elaphe rufodorsata*）、玉斑锦蛇（*Elaphe mandarinus*）、双斑锦蛇（*Elaphe bimaculata*）、虎斑颈槽蛇（*Rhabdophis tigrinus*）、枕纹锦蛇（*Elaphe dione*）和蓝颈（赤峰）锦蛇（*Elaphe anomala*）等（图8-23）。

无蹼壁虎　　　　　　　　黄脊游蛇　　　　　　　　红点锦蛇

图8-23 爬行类

三、主要昆虫

区域内昆虫分布广、种类多，分为农业、林业、土壤等领域昆虫，包括"有益"和"有害"昆虫。昆虫在自然界生物循环过程中起着承上启下的作用，尤其是对动物，对鸟类的食物来源起着不可替代的作用，直接维持着曹妃甸湿地生态平衡和食物链。

对保护区绿化起直接作用的主要代表性昆虫有螳螂目（Mantodea）、蜻蜓目（Odonata）、蜚蠊目（Blattaria）、鳞翅目（Lepidoptera）、鞘翅目（Coleoptera）、双翅目（Diptera）、膜翅目（Hymenoptera）、同翅目（Homoptera）、半翅目（Hemiptera）等，区域内有昆虫10目75科307种（图8-24）。

| 螳螂目 | 蜻蜓目 | 蜚蠊目 |

鳞翅目   双翅目   半翅目

图8-24　主要昆虫

四、土壤动物、微生物

1. 土壤动物

土壤动物（图8-25）主要包括线虫类（Nematoda）、倍足类（Diplopoda）、蜉蝣类（Ephemeropteroidea）、甲螨类（Oribatida）、蜈蚣类（Scolopendromorpha）、地蜈蚣类（Geophilomorpha）、蜘蛛类（Araneae）、丝蚓类（Lumbsriculida）、蚁类（Formicidae）及昆虫类的步甲科（Carabidae）幼虫、金龟子（Scarabaeoidea）幼虫等，种类繁多，成分复杂。

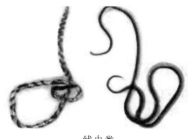

线虫类   倍足类   甲螨类

图8-25　土壤动物

2. 土壤微生物

土壤微生物包括真菌（Fungus）、细菌（Bacteria）（图8-26）等，尤其是嗜碱性微生物、土壤动物等共同作用对土壤改良起到调节作用。土壤微生物是曹妃甸保护区盐土湿地生态系统的生产者，也是生态系统食物网中的消费者，是整个生态系统中能量流动、物质循环的重要环节。土壤微生物不仅对有机物进行消费，还对其他生物系统包括植物动物生存、繁衍起着关键作用。

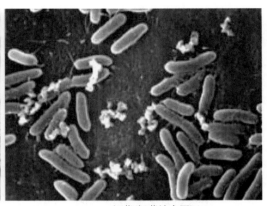

真菌　　　　　　　　　　　　　　　　细菌(杆菌放大图)

图 8-26　土壤微生物

第五节　保护区高等植物资源与植被

一、保护区高等植物资源

1. 植物种类

据保护区历次科学考察报告记载（截至 2011 年），保护区观察记录到野生高等植物 63 科、164 属、239 种（《河北唐海湿地和鸟类自然保护区总体规划（修编）》，内部资料，2011），主要为芦苇、香蒲、眼子菜、茨藻、稗等和禾本科、藜科、豆科、香蒲科、眼子菜科的水生、沼生、盐生、旱生植物等。野生植物中苔藓植物很少，没有裸子植物。被子植物的属数和种数分别占保护区野生植物总属数和总科数的 96.34% 和 97.07%。被子植物对保护区湿地野生植物区系的组成具有决定性的作用。保护区内被子植物优势种为芦苇，占植物总量的 90% 以上，其次是香蒲等。另外，保护区内主要栽培植物有小麦、水稻、玉米等，主要栽培树种有杨树、柳树、榆树、槐树等。

在 63 科高等野生植物中，包括不同进化的类群，古老和进化水平较低的有蕨类植物，而菊科、禾本科则是广布于全球的十分进化的科。野生植物较大的科（较大的科是指 10 个种以上的科）有 6 科，其中最大的科是禾本科，有 28 属 38 种，其次分别为菊科（18 属 31 种）、藜科（8 属 17 种）、豆科（13 属 16 种）、莎草科（6 属 15 种）和蓼科（2 属 10 种），这 6 个较大的科共有 75 属 127 种，分别占湿地保护区高等野生植物总属数和总种数的 45.73% 和 53.14%，对湿地野生植物区系和植被组成起着重要的作用，并且是大多数植物中的建群种或优势种。野生植物单种科有 30 科，单属科有 39 科，分别占总科数的 47.62% 和 61.90%。

在 164 属野生植物中，种数最多的属是蓼属和蒿属，均为 8 种；其次是藜属和稗属，均为 6 种；再次是莎草属，有 5 种，其余的属则种数较少。湿地野生植物中共有单种属 122

个，如荨麻属、轴藜属、金鱼藻属、茜草属等，占总属数的74.39%；寡种属共有29个，如决明属、大戟属等，占总属数的17.68%。由此可见，曹妃甸湿地保护区植物种中小属十分丰富，而大属相对不发达，说明本区属的分化程度较高。

在239种高等植物中，苔藓植物门（Bryophyta）2科、2属、2种，蕨类植物门（Pteridophyta）4科、4属、5种，被子植物门（Angiospermae）57科、158属、232种。根据2017年《曹妃甸湿地和鸟类省级自然保护区资源调查成果报告》（内部资料，2017），本次在保护区内调查到高等植物资源41科、82属、109种，其中包括野生植物29科、59属、85种，栽培植物15科、22属、24种。至2020年，曹妃甸湿地和鸟类省级自然保护区已发现记录到高等植物75科、189属、287种。其中：野生高等植物65科、170属、260种；栽培植物16科、23属、27种。

此外，在保护区内还分布有菱科的野菱、豆科的野大豆和睡莲科的莲3种国家Ⅱ级重点保护植物（图8-27），银杏科的银杏1种国家Ⅰ级重点保护植物。

野菱　　　　　　　　　　　野大豆　　　　　　　　　　　莲

图8-27　国家Ⅱ级重点保护植物

2. 优势植物

根据2017年《曹妃甸湿地和鸟类省级自然保护区资源调查成果报告》（内部资料，2017），本次调查共发现高等植物41科、82属、109种，分别占保护区植物种类的65.08%、50.00%和45.61%，除2种蕨类植物外全部为被子植物，种类最多的是菊科，有9属16种，其次是禾本科，有11属15种，藜科5属9种，蓼科1属6种，旋花科3属4种，莎草科1属3种，这几个科的植物占据保护区本次调查发现植物总种数的48.62%，占本次调查发现野生植物种群的62.35%，构成了保护区植被群落的主体，是保护区植物群落的优势植物种类。

调查发现样方（在保护区范围内均匀布设样方，布设间距为330 m×330 m，共布设样方883个，其中乔木植物样方20 m×20 m、灌木植物样方4 m×4 m、草本植物样方2 m×2 m）内出现次数最多的为芦苇，共出现198次，其次则是碱蓬，出现83次，再者是水稻（Oryza sativa）出现40次，萝藦（Metaplexis japonica）38次，鹅绒藤34次，旱柳（Salix matsudana）30次，狗尾草和地肤（Kochia scoparia）均29次，马齿苋27次，猪毛蒿、葎草（Humulus scandens）、抱茎苦荬菜（Ixeris sonchifolia）和稗皆为24次；出现20～10次的有11种，依次为苋菜、独行菜、酸模叶蓼（Polygonum lapathifolium）、盐地碱蓬、白刺、扁秆藨草（Scirpus planiculmis）、大蓟、小飞蓬、灰绿藜、野大豆、杨（Populus spp.）；出现9～2次的有41种，分别是马唐、柽柳、藨草（Scirpus triqueter）、角果碱蓬、苦苣菜（Sonchus oleraceus）等；有45种仅出现1次。

二、保护区植被

根据《中国湿地植被区划》（郎惠卿，1998），曹妃甸湿地和鸟类省级自然保护区植被隶属华北平原—长江中下游平原浅水湿地—滨海盐沼湿地类型地区。保护区植被以芦苇群落为主，芦苇占绝对优势。保护区湿地生态环境以盐生湿地环境为主，本区的植被类型以盐生植被和水生植被为主。湿地保护区植被分布差异明显，盐生植被主要分布于保护区南部盐渍化严重区域，该区域地势低平、土壤含盐量高，主要组成植物有碱蓬、柽柳等盐生植物。水生植被主要分布于河流、沟渠和人工库塘中，这些区域地势低、长期存有积水、含盐量相对较低，有以狐尾藻（*Myriophyllum verticillatum*）、金鱼藻（*Ceratophyllum demersum*）为主的沉水水生植被，以浮萍（*Lemna minor*）为主的浮水水生植被和以芦苇、狭叶香蒲为主的挺水水生植被。另外，在岸堤、沟渠、河流沿岸等地，土壤含盐量相对较低（大多在 4 以下），还分布有陆生植被，木本植物以杨树、槐树和紫穗槐为主，草本植物以白茅、蒿为主。

按照第二次《全国湿地资源调查技术规程（试行）》（国家林业局，2008 年 12 月）规定的湿地植被分类系统，保护区范围内植被类型包括针叶林湿地植被型组、阔叶林湿地植被型组、灌丛湿地植被型组、草丛湿地植被型组和浅水植物湿地植被型组 5 个湿地植被型组、11 个湿地植被型、86 个群系，其中：自然植被有 3 个湿地植被型组、8 个湿地植被型、62 个群系；人工植被包括 5 个湿地植被型组、6 个湿地植被型、24 个群系。保护区植被覆被面积 1 750.91 hm²，占保护区总面积的 18.21%，其中：自然植被面积 1 134.60 hm²，占保护区总面积的 11.80%，占保护区植被面积的 64.80%；人工植被面积 616.31 hm²，占保护区总面积的 6.41%，占保护区植被面积的 35.20%（《曹妃甸湿地和鸟类省级自然保护区资源调查成果报告》，内部资料，2017）。

1. 自然植被

保护区自然植被类型：3 个湿地植被型组，即灌丛湿地植被型组、草丛湿地植被型组和浅水植物湿地植被型组；8 个湿地植被型，即落叶阔叶灌丛湿地植被型、盐生灌丛湿地植被型、莎草型湿地植被型、禾草型湿地植被型、杂类草湿地植被型、漂浮植物型湿地植被型、浮叶植物型湿地植被型和沉水植物型湿地植被型；62 个群系。保护区自然植被类型及面积详见表 8 - 4。

表 8 - 4　保护区自然植被类型及面积

植被型组	植被型	群系	拉丁名	植被面积（hm²）	植被比例（%）
灌丛湿地植被型组	落叶阔叶灌丛湿地植被型	枸杞	*Lycium chinense*	0.56	0.03
	盐生灌丛湿地植被型	碱蓬	*Suaeda glauca*	31.50	1.80
		盐地碱蓬	*Suaeda salsa*	1.61	0.09
		白刺	*Nitraria schoberi*	4.98	0.28
		柽柳	*Tamarix chinensis*	1.65	0.09
		小计		39.74	2.27
	合计			40.30	2.30

（续）

植被型组	植被型	群系	拉丁名	植被面积（hm²）	植被比例（%）
	莎草型湿地植被型	扁秆藨草	*Scirpus planiculmis*	0.02	0.00
		藨草	*Scirpus triqueter*	22.88	1.31
		荆三棱	*Scirpus yagara*	32.60	1.86
		小计		55.50	3.17
	禾草型湿地植被型	獐毛（獐茅）	*Aeluropus littoralis* var. *sinensis*	0.40	0.02
		马唐	*Digitaria sanguinalis*	0.56	0.03
		升马唐	*Digitaria ciliaris*	0.00	0.00
		稗	*Echinochloa crusgalli*	1.86	0.11
		白茅	*Imperata cylindrica*	0.01	0.00
		芦苇	*Phragmites australis*	855.23	48.84
		狗尾草	*Setaria viridis*	23.09	1.32
		谷莠子	*Setaria viridis* var. *major*	0.24	0.01
		大米草	*Spartina anglica*	0.48	0.03
		结缕草	*Zoysia japonica*	0.00	0.00
草丛湿地植被型组		小计		881.87	50.37
	杂类草湿地植被型	大麻	*Cannabis sativa*	0.09	0.01
		葎草	*Humulus scandens*	9.73	0.56
		两栖蓼	*Polygonum amphibium*	0.00	0.00
		萹蓄	*Polygonum aviculare*	0.00	0.00
		水蓼	*Polygonum hydropiper*	0.02	0.00
		滨藜	*Atriplex patens*	0.00	0.00
		西伯利亚滨藜	*Atriplex sibirica*	0.06	0.00
		藜	*Chenopodium album*	0.03	0.00
		灰绿藜	*Chenopodium glaucum*	0.17	0.01
		地肤	*Kochia scoparia*	7.84	0.45
		猪毛菜	*Salsola collina*	0.30	0.02
		角果碱蓬	*Suaeda corniculata*	1.51	0.09
		凹头苋	*Amaranthus blitum*	0.32	0.02
		苋菜	*Amaranthus tricolor*	0.03	0.00
		马齿苋	*Portulaca oleracea*	18.23	1.04
		独行菜	*Lepidium apetalum*	0.42	0.02
		野大豆	*Glycine soja*	1.31	0.07
		苘麻	*Abutilon theophrasti*	0.03	0.00
		千屈菜	*Lythrum salicaria*	1.24	0.07
		二色补血草	*Limonium bicolor*	0.20	0.01

（续）

植被型组	植被型	群系	拉丁名	植被面积（hm²）	植被比例（%）
草丛湿地植被型组	杂类草湿地植被型	罗布麻	*Apocynum venetum*	0.04	0.00
		鹅绒藤	*Cynanchum chinense*	13.01	0.74
		萝藦	*Metaplexis japonica*	9.13	0.52
		田旋花	*Convolvulus arvensis*	0.01	0.00
		菟丝子	*Cuscuta chinensis*	0.00	0.00
		茵陈蒿	*Artemisia capillaris*	3.59	0.21
		柳叶蒿	*Artemisia integrifolia*	0.00	0.00
		野艾蒿	*Artemisia lavandulaefolia*	0.01	0.00
		猪毛蒿	*Artemisia scoparia*	11.06	0.63
		大蓟	*Cirsium japonicum*	1.86	0.11
		小蓟	*Cirsium setosum*	1.40	0.08
		小飞蓬	*Conyza canadensis*	49.36	2.82
		狗娃花	*Heteropappus hispidus*	0.01	0.00
		旋覆花	*Inula japonica*	0.01	0.00
		苦菜	*Ixeris chinensis*	0.30	0.02
		紫花山莴苣	*Lactuca tatarica*	0.04	0.00
		苣荬菜	*Sonchus brachyotus*	0.06	0.00
		苦苣菜	*Sonchus oleraceus*	1.27	0.07
		狭叶香蒲	*Typha angustifolia*	13.83	0.79
		小计		146.52	8.37
	合计			1 083.89	61.90
浅水植物湿地植被型组	漂浮植物型湿地植被型	浮萍	*Lemna minor*	7.37	0.42
	浮叶植物型湿地植被型	二角菱	*Trapa bicornis* var. *bispinosa*	1.63	0.09
	沉水植物型湿地植被型	狐尾藻	*Myriophyllum verticillatum*	0.91	0.05
		菹草	*Potamogeton crispus*	0.04	0.00
		眼子菜	*Potamogeton distinctus*	0.46	0.03
		小计		1.41	0.08
	合计			10.41	0.59
总计				1 134.60	64.80

（1）灌丛湿地植被型组

灌丛湿地植被型组面积为 40.30 hm²，占保护区植被面积的 2.30%，包括落叶阔叶灌丛湿地植被型和盐生灌丛湿地植被型 2 个湿地植被型，枸杞（图 8-28）、柽柳（图 8-29）、白刺（图 8-30）、碱蓬和盐地碱蓬（图 8-31）5 个群系。盐生灌丛湿地植被型面积 39.74 hm²，

图 8-28　枸杞群系

图 8-29　柽柳群系

图 8-30　白刺群系

图 8 - 31　碱蓬、盐地碱蓬群系

占了该植被型组的 98.61%。主要群系是碱蓬群系，面积为 31.50 hm²，面积占保护区植被面积的 1.80%，占灌丛湿地植被型组的 78.16%；其次是白刺群系，面积为 4.98 hm²，占湿地植被面积的 0.28%，占该植被型组的 12.36%；枸杞、盐地碱蓬和柽柳群系面积共3.82 hm²，占保护区植被面积的 0.22%，占该植被型组的 9.48%，分布在盐渍化严重区域，多为地势低平、土壤含盐量高的区域。主要组成除建群种外还有芦苇、獐茅、滨藜、蒿、狗尾草、萝藦、牵牛等物种。

（2）草丛湿地植被型组

该植被型组是保护区分布的主要植被类群，面积为 1 083.89 hm²，占保护区植被类型的绝对优势，达 61.90%。包括莎草型湿地植被型、禾草型湿地植被型和杂类草湿地植被型，面积分别为 55.50 hm²、881.87 hm² 和 146.52 hm²，分别占保护区植被类型覆被面积的3.17%、50.37% 和 8.37%。

1）莎草型湿地植被型。该类型植被有 3 个群系，分别是扁秆藨草群系（图 8 - 32）、藨草群系和荆三棱群系（图 8 - 33），面积 55.50 hm²，其中藨草群系和荆三棱群系面积分别为22.88 hm² 和 32.60 hm²，分别占保护区植被覆被面积的 1.31% 和 1.86%，占该类群面积的

41.23%和58.74%；扁秆蔍草面积仅有0.02 hm²。该植被型分布在草本沼泽区域。建群种以莎草科植物为主，除建群种外，其他植物较少，主要有芦苇、稗等。

图8-32　扁秆蔍草群系　　　　　　　　　　图8-33　荆三棱群系

2）禾草型湿地植被型。该类型包括芦苇（图8-34）、大米草（图8-35）、狗尾草（图8-36）、稗（图8-37）、獐茅、结缕草10个群系，面积为881.87 hm²，占保护区湿地植被面积的50.37%，是保护区湿地植被的主要组成部分。分布面积最大的为芦苇群系，面积达855.23 hm²，占保护区植被面积的48.84%，占该类群植被面积的96.98%；其次是狗尾草群系，面积23.09 hm²，占保护区植被面积的1.32%，占该类群面积的2.62%；稗群系面积1.86 hm²，占保护区植被面积的0.11%，该类群植被面积的0.21%；其他7个类群面积合计为1.69 hm²，仅占保护区湿地面积的近0.10%，占该类群面积的0.19%。该类群建群种以禾本科植物为主，其他伴生植物有蒲草、莎草、蓼等。其中，芦苇群系主要分布在低洼湿地、养殖池和库塘边缘，河流两岸、稻田埂等区域；稗群系分布区域以稻田田埂、稻田周边为主；大米草群系分布在河道边缘；狗尾草、结缕草、马唐、白茅（图8-38）等群系分布在河流、输水渠、坑塘、养殖池的岸边较高区域。

图8-34　芦苇群系

图 8-35　大米草群系

图 8-36　狗尾草群系　　　　　　　　　　　图 8-37　稗群系

图 8-38　白茅群系

　　3）杂类草湿地植被型。该类型包含狭叶香蒲（图 8-39）、野大豆（图 8-40）、二色补血草（图 8-41）、萝藦和鹅绒藤（图 8-42）、圆叶牵牛和裂叶牵牛（图 8-43）、蒿

（图 8-44）、蓟（图 8-45）、旋覆花（图 8-46）、罗布麻（图 8-47）、小飞蓬（图 8-48）、狗娃花（图 8-49）、千屈菜（图 8-50）、地笋（图 8-51）、马齿苋（图 8-52）、蓼（图 8-53）、山莴苣（图 8-54）、鬼针草（图 8-55）等 39 个群系，面积为 146.52 hm²，占保护区湿地植被面积的 8.37%，是保护区湿地植被的重要组成部分。主要群系有小飞蓬群系、马齿苋群系、狭叶香蒲群系、鹅绒藤群系和猪毛蒿群系，分布面积均在 10 hm² 以上，分别为 49.36 hm²、18.23 hm²、13.83 hm²、13.01 hm² 和 11.06 hm²，共计 105.49 hm²，占保护区湿地植被面积的 6.02%，占该湿地类型的 72.00%；分布面积在 1～10 hm² 的有 10 个群系，包括葎草、萝藦、地肤、茵陈蒿、大蓟、角果碱蓬、小蓟、野大豆、苦苣菜和千屈菜群系，面积合计 38.88 hm²，占保护区湿地植被面积的 2.22%，占该类群湿地植被面积的 26.54%；其他 25 个群系包括二色补血草、灰绿藜、西伯利亚滨藜、萹蓄等，分布面积均在 1.00 hm² 以下，这些群系面积总计 2.15 hm²，仅占保护区湿地植被面积的 0.12%，占该类群湿地植被面积的 1.47%。狭叶香蒲群系主要分布在低洼湿地、浅水沼泽、养殖池和库塘

图 8-39　狭叶香蒲群系

图 8-40　野大豆群系

边缘、河流两岸、稻田埂等区域，其他群系分布在干旱的低洼地、干坑塘、养殖池路埂、河岸、输水渠岸边等地。

图 8-41 二色补血草群系

图 8-42 萝藦群系和鹅绒藤群系

图 8-43　圆叶牵牛、裂叶牵牛群系

图 8-44　蒿群系

图 8 - 45　蓟群系　　　　　　　　　　　图 8 - 46　旋覆花群系

图 8 - 47　罗布麻群系

图 8 - 48　小飞蓬群系

图 8 - 49　狗娃花群系

图 8 - 50　千屈菜群系

图 8 - 51　地笋群系

图 8 - 52　马齿苋群系

图 8 - 53　蓼群系

图 8-54 山莴苣群系

图 8-55 鬼针草群系

(3) 浅水植物湿地植被型组

浅水湿地植被型组在保护区内的分布较少，面积仅为 10.41 hm²，仅占保护区植被面积的 0.59%。包括漂浮植物型湿地植被型、浮叶植物型湿地植被型和沉水植物型湿地植被型，面积分别为 7.37 hm²、1.63 hm² 和 1.41 hm²，分别占保护区植被类型的 0.42%、0.09% 和 0.08%。

1) 漂浮植物型湿地植被型。该类型仅有 1 个群系，即浮萍群系（图 8-56），面积为 7.37 hm²，该群系主要分布在稻田、坑塘等静水中，形成单优势群落。

2) 浮叶植物型湿地植被型。该类型仅有 1 个群系，即野菱群系（图 8-57），该群系在保护区的分布面积为 1.63 hm²，占保护区湿地植被面积的 0.09%，主要在第十一农场孙家灶区域输水河的河道中被发现。

图 8-56　浮萍群系

图 8-57　野菱群系

3) 沉水植物型湿地植被型

该类群在保护区有 3 个群系，即狐尾藻群系（图 8－58）、菹草群系（图 8－59）和眼子菜群系（图 8－60）。分布面积很小，均在 1.00 hm² 以下。主要分布在坑塘、输水河道中。

图 8－58　狐尾藻群系

图 8－59　菹草群系

图 8－60　眼子菜群系

2. 人工植被

保护区人工植被类型有5个湿地植被型组，即针叶林湿地植被型组、阔叶林湿地植被型组、灌丛湿地植被型组、草丛湿地植被型组和浅水植物湿地植被型组，6个湿地植被型，即温性针叶林湿地植被型、落叶阔叶林湿地植被型、常绿阔叶灌丛湿地植被型、落叶阔叶灌丛湿地植被型、杂类草湿地植被型和浮叶植物型，24个群系。人工植被面积616.31 hm²，占保护区总面积的6.41%，占保护区植被面积的35.20%（表8-5）。

表8-5 保护区人工植被类型及面积

植被型组	植被型	群　系	拉　丁　名	植被面积（hm²）	植被比例（%）
针叶林湿地植被型组	温性针叶林湿地植被型	油松	*Pinus tabuliformis*	0.01	0.00
		龙柏	*Sabina chinensis* var. *kaizuca*	0.57	0.03
		小计		0.58	0.03
	合计			0.58	0.03
阔叶林湿地植被型组	落叶阔叶林湿地植被型	杨	*Populus* spp.	47.49	2.71
		旱柳	*Salix matsudana*	2.85	0.16
		白榆	*Ulmus pumila*	0.13	0.01
		中华金叶榆	*Ulmus pumila* cv. *jinye*	0.11	0.01
		法国梧桐	*Platanus orientalis*	0.24	0.01
		桃	*Prunus persica*	0.05	0.00
		紫叶李	*Prunus cerasifera*	0.15	0.01
		刺槐	*Robinia pseudoacacia*	6.16	0.35
		香花槐	*Robinia pseudoacacia* cv. *idaho*	0.45	0.03
		火炬树	*Rhus typhina*	0.00	0.00
		栾树	*Koelreuteria paniculata*	0.28	0.02
		沙枣	*Elaeagnus angustifolia*	0.04	0.00
		白蜡树	*Fraxinus chinensis*	0.05	0.00
		小计		58.00	3.31
	合计			58.00	3.31
灌丛湿地植被型组	常绿阔叶灌丛湿地植被型	大叶黄杨	*Euonymus japonicus*	0.06	0.00
	落叶阔叶灌丛湿地植被型	月季	*Rosa chinensis*	0.42	0.02
		紫穗槐	*Amorpha fruticosa*	11.22	0.64
		金叶女贞	*Ligustrum vicaryi*	0.06	0.00
		小计		11.70	0.67
	合计			11.76	0.67

（续）

植被型组	植被型	群　系	拉　丁　名	植被面积（hm²）	植被比例（%）
草丛湿地植被型组	杂类草湿地植被型	景天	*Sedum erythrostictum*	0.13	0.01
		东方草莓	*Fragaria orientalis*	0.00	0.00
		芙蓉葵	*Hibiscus moscheutos*	0.67	0.04
		水稻	*Oryza sativa*	544.54	31.10
		小计		545.34	31.15
	合计			545.34	31.15
浅水植物湿地植被型组	浮叶植物湿地植被型	莲	*Nelumbo nucifera*	0.63	0.04
总　计				616.31	35.20

（1）针叶林湿地植被型组

针叶林湿地植被型组面积为 0.58 hm²，占保护区湿地植被面积的 0.03%，包括一个湿地植被型，即温性针叶林湿地植被型，有油松（图 8-61）、龙柏（图 8-62）2 个群系。龙柏群系面积为 0.57 hm²，占保护区植被面积的 0.03%，占该植被型组的 90.00% 以上；油松群系面积仅有 0.01 hm²。这两个群系主要为河流、输水河及湿地中道路两侧绿化形成。

图 8-61　油松群系　　　　　　　　　　　　图 8-62　龙柏群系

（2）阔叶林湿地植被型组

阔叶林湿地植被型组面积 58.00 hm²，占保护区湿地植被面积的 3.31%，包括 1 个湿地植被型，即落叶阔叶林湿地植被型，有杨、旱柳、白榆、刺槐和香花槐等 13 个群系（图 8-63、图 8-64、图 8-65、图 8-66）。杨群系面积 47.49 hm²，占保护区植被面积的 2.71%，占该植被型组的 81.88% 以上；刺槐群系面积 6.16 hm²，占保护区植被面积的 0.35%，占该植被型组的 10.62%；旱柳群系面积 2.85 hm²，占保护区植被面积的 0.16%，占该植被型组的 4.91%。这 3 个群系构成了河流、水渠堤岸绿化的主要人工群落。其他群系如香花槐、火炬树、白蜡树、沙枣、栾树等 10 个群系面积仅 1.50 hm²，零星分布在保护区湿地范围内的河流、水渠、池塘、道路两侧。

图 8-63　柳、杨群系　　　　　　　　　　图 8-64　刺槐群系

图 8-65　杨群系

图 8-66　沙枣群系

（3）灌丛湿地植被型组

灌丛湿地植被型组面积 11.70 hm²，占保护区植被面积的 0.67%，包括常绿阔叶灌丛和落叶阔叶灌丛 2 个湿地植被型，有大叶黄杨、月季、紫穗槐和金叶女贞 4 个群系。其中面积最大的是紫穗槐群系（图 8-67），主要分布在库塘堤埂、河流两岸等区域，面积 11.22 hm²，占该湿地植被型面积的 95.90%，其他群系合计面积仅 0.48 hm²，零星分布在保护区实验区的道路两侧和中间隔离带。

图 8-67　紫穗槐群系

（4）草丛湿地植被型组

草丛湿地植被型组面积 545.54 hm²，占保护区湿地植被面积的 31.15%，包括杂类草 1 个湿地植被型，有水稻（图 8-68）、东方草莓、芙蓉葵（图 8-69）、景天 4 个群系。其中水稻群系面积 544.54 hm²，占保护区湿地植被面积的 31.10%，占该植被型组面积的绝大多数，达 99.82%。其他群系 3 个群系面积仅 0.80 hm²，零星分布在保护区湿地范围内的道路两侧。

图 8-68　水稻群系

图 8-69　芙蓉葵群系

（5）浅水植物湿地植被型组

浅水植物湿地植被型组仅有 1 个湿地植被型，即浮叶植物湿地植被型，1 个群系，即莲群系（图 8-70），面积 0.63 hm²，占保护区湿地植被面积的 0.04%，为单优势人工植物群落，分布在第四农场的八里坨和第七农场的个别区域，为观赏植物群落。

图 8-70　莲群系

第六节　保护区鸟类资源

鸟类资源

　　曹妃甸湿地和鸟类省级自然保护区鸟类具有种类多、数量大、珍稀性强和脆弱性四大特点。保护区鸟类资源丰富，是候鸟南北迁徙和东西迁徙的交汇点，尤其是东亚—澳大利西亚候鸟迁徙路线上的重要停歇地，地理位置特殊，良好的湿地环境为鸟类提供了必要的栖息地、繁殖地和食物来源。根据保护区工作人员和科技工作者多年的调查观测记录，现已基本查明保护区及周边鸟类种数有 19 目 75 科 439 种，占我国鸟类 1 445 种总数的 30.38%。其中：国家Ⅰ级重点保护鸟类 13 种，占保护区鸟类总数的 2.96%，包括东方白鹳、大鸨、丹顶鹤、白头鹤、白鹤、中华秋沙鸭、金雕、遗鸥等；国家Ⅱ级重点保护鸟类 70 种，占保护区鸟类总数的 15.95%，包括黄嘴白鹭、海鸬鹚、黑脸琵鹭、白琵鹭、鸳鸯、白额雁、大天鹅、小天鹅、疣鼻天鹅、大鵟等。国家保护有益的或者有重要经济科学研究价值的鸟类以及河北省重点保护鸟类 282 种，占鸟类总数的 64.24%，包括潜鸟目、䴙䴘目、鹱形目、鹈形目、鹳形目、雁形目、隼形目、鸡形目、鹤形目、鸻形目、鸥形目、鸽形目、鹃形目、鸮形目、夜鹰目、雨燕目、佛法僧目、鴷形目、雀形目鸟类等。

　　在保护区及其周边分布的鸟类中除少数迷鸟（10 种）等很少光临外，常见的有 429 种，其中 20 种鸻鹬鸟类达到国际 1% 标准（指在一定时间和地点达到全球总数的 1%），包括黑尾塍鹬、斑尾塍鹬、中杓鹬、白腰杓鹬、大杓鹬、鹤鹬、泽鹬、青脚鹬、半蹼鹬、大滨鹬、红腹滨鹬、红胸（颈）滨鹬、尖尾滨鹬、黑腹滨鹬、弯嘴滨鹬、黑翅长脚鹬、反嘴鹬、灰斑鸻、阔嘴鹬、环颈鸻（图 8-71）。在渤海湾繁殖的具有国际意义的繁殖种群有黑翅长脚鹬、反嘴鹬、环颈鸻、海鸥、蛎鹬等 6 种。分布鸟类中有优势种 50 余种，普通常见种 110 余种，普通可见种 150 余种。保护区鸟类以水鸟为主，有水鸟 167 种。

　　1. 鸟类区系

　　区域内鸟类物种的绝对数量、单位面积数量在我国湿地区域占有重要位置，名列前茅，

黑尾塍鹬

白腰杓鹬

灰斑鸻

图 8-71　符合国际 1% 标准的鸻鹬类

居留区间分布广泛，区系成分复杂。种类和数量以旅鸟、夏候鸟为主，其次是留鸟、冬候鸟和迷鸟。

（1）古北界鸟类

湿地保护区常见种鸟类区系成分以古北界种为主，共 298 种，占已观测记录鸟类总数的67.88%，典型古北界种有大天鹅、灰鹤（*Grus grus*）、白鹤（*Grus leucogeranus*）、东方白鹳、苍鹰（*Accipiter gentilis*）、鹊鹞（*Circus melanoleucos*）等（图 8-72）。广布种 107种，占总数的 24.37%，代表种有海鸥（*Larus canus*）、草鹭（*Ardea purpurea*）、大白鹭（*Ardea alba*）、苍鹭（*Ardea cinerea*）、绿头鸭（*Anas platyrhynchos*）、短耳鸮（*Asio flammeus*）等（图 8-73）。东洋界 34 种，占总数的 7.74%，代表种有白鹭（*Egretta garzetta*）、黑枕黄鹂（*Oriolus chinensis*）、牛背鹭（*Bubulcus ibis*）、黑卷尾（*Dicrurus macrocercus*）、蓝翡翠（*Halcyon pileata*）等（图 8-74）。

大天鹅

灰鹤

白鹤

图 8-72　典型古北界鸟类

普通海鸥

草鹭

绿头鸭

图 8-73　广布种鸟类

白鹭

黑枕黄鹂

蓝翡翠

图 8-74　东洋界鸟类

（2）候鸟类

在保护区及周边地区常见的 429 种鸟类中，夏候鸟 74 种，占常见鸟类总数的 17.25%，代表种有东方大苇莺（*Acrocephalus orientalis*）、斑嘴鸭（*Anas poecilorhyncha*）、紫背苇鳽（*Ixobrychus eurhythmus*）、红骨顶（黑水鸡）（*Gallinula chloropus*）、苍鹭（*Ardea cinerea*）、夜鹭（*Nycticorax nycticorax*）、环颈鸻（*Charadrius alexandrinus*）、小䴙䴘（*Tachybaptus ruficollis*）、须浮鸥（*Chlidonias hybrida*）等（图 8-75）。冬候鸟 24 种，占总数的 5.59%，以毛脚鵟（*Buteo lagopus*）、普通鵟（*Buteo buteo*）、楔尾伯劳（*Lanius sphenocercus*）、西伯利亚银鸥（*Larus vegae*）、遗鸥（*Larus relictus*）、小鹀（*Emberiza pusilla*）、苇鹀（*Emberiza pallasi*）等为代表（图 8-76）。旅鸟 269 种，占总数的 62.70%，以大天鹅、小天鹅（*Cygnus columbianus*）、黑雁（*Branta bernicla*）、丹顶鹤、东方白鹳、赤麻鸭（*Tadorna ferruginea*）、角䴙䴘（*Podiceps auritus*）等为代表（图 8-77）。留鸟 62 种，占总数的 14.45%，以麻雀（*Passer montanus*）、凤头百灵（*Galerida cristata*）、白头鹎（*Pycnonotus sinensis*）、喜鹊（*Pica pica*）、红隼（*Falco tinnunculus*）、环颈雉（*Phasianus colchicus*）、震旦鸦雀、普通翠鸟（*Alcedo atthis*）等为代表（图 8-78）。

东方大苇莺

斑嘴鸭

红骨顶

图 8-75　夏候鸟

普通鵟

楔尾伯劳

西伯利亚银鸥

图 8-76　冬候鸟

黑雁

赤麻鸭

角鸊鷉

图 8-77 旅 鸟

麻雀

凤头百灵

白头鹀

图 8-78 留 鸟

2. 保护鸟类

国家保护的有益或有重要经济、科学研究价值的鸟类有潜鸟目、鹈形目、鹳形目、鹳形目、雁形目、鹰形目、隼形目、鸡形目、鸻形目、鹃形目、鸮形目、夜鹰目、雨燕目、佛法僧目、啄木鸟目、雀形目等众多鸟种。

(1) 国家Ⅰ级重点保护鸟类

保护区及周边区域分布鸟类中有国家Ⅰ级重点保护的鸟类 13 种，分别为大鸨（*Otis tarda*）、丹顶鹤、白头鹤（*Grus monacha*）、白鹤、中华秋沙鸭（*Mergus squamatus*）、金雕（*Aquila chrysaetos*）、白肩雕（*Aquila heliaca*）、白尾海雕（*Haliaeetus albicilla*）、短尾信天翁（*Diomedea albatrus*）、东方白鹳、黑鹳、黑嘴鸥、遗鸥（图 8-79）。国家Ⅰ级重点保护的鸟类占保护区鸟类总数的 2.96%。

(2) 国家Ⅱ级重点保护鸟类

国家Ⅱ级重点保护的鸟类 70 种，分别为黄嘴白鹭（*Egretta eulophotes*）、海鸬鹚（*Phalacrocorax pelagicus*）、黑头白鹮（*Threskiornis melanocephalus*）、黑脸琵鹭（*Platalea minor*）、白琵鹭（*Platalea leucorodia*）、鸳鸯（*Aix galericulata*）、白额雁（*Anser albifrons*）、大天鹅、小天鹅、疣鼻天鹅（*Cygnus olor*）、大䴓（*Buteo hemilasius*）、普通䴓、毛脚䴓、灰脸䴓鹰（*Butastur indicus*）、草原雕（*Aquila nipalensis*）、乌雕（*Aquila clanga*）、白尾鹞（*Circus cyaneus*）、鹊鹞、白腹鹞（*Circus spilonotus*）、赤腹鹰（*Accipiter soloensis*）、苍鹰、雀鹰（*Accipiter nisus*）、黑鸢（*Milvus migrans*）、黑翅鸢（*Elanus caeruleus*）、鹗（*Pandion haliaetus*）、凤头蜂鹰、日本松雀鹰（*Accipiter gularis*）、松雀鹰（*Accipiter virgatus*）、猎隼、矛隼（*Falco rusticolus*）、游隼（*Falco peregrinus*）、燕隼（*Falco subbuteo*）、灰背隼（*Falco columbarius*）、红脚隼（*Falco amurensiss*）、黄爪隼

|东方白鹳|白鹤|大鸨|
|中华秋沙鸭|金雕|遗鸥|

图8-79　国家Ⅰ级重点保护鸟类

（*Falco naumanni*）、红隼（*Falco tinnunculus*）、秃鹫（*Aegypius monachus*）、角䴙䴘、赤颈䴙䴘（*Podiceps grisegena*）、蓑羽鹤（*Anthropoides virgo*）、白枕鹤、灰鹤、小青脚鹬（*Tringa guttifer*）、小杓鹬（*Numenius minutus*）、小鸥（*Larus minutus*）、黑浮鸥（*Chlidonias niger*）、花田鸡（*Coturnicops exquisitus*）、普通角鸮（*Otus scops*）、领角鸮（*Otus bakkamoena*）、雕鸮（*Bubo bubo*）、鬼鸮（*Aegolius funereus*）、鹰鸮（*Ninox scutulata*）、纵纹腹小鸮（*Athene noctua*）、灰林鸮（*Strix aluco*）、长尾林鸮（*Strix uralensis*）、长耳鸮、短耳鸮、草鸮（*Tyto longimembris*）、雪鸮（*Bubo scandiaca*）、普通夜鹰（*Caprimulgus indicus*）、蓝翅八色鸫（*Pitta brachyura*）等（图8-80）。国家Ⅱ级重点保护的鸟类占保护区鸟类总数的15.95%。

（3）受威胁与濒危鸟类

国际鸟盟发布的全球性受威胁鸟类在曹妃甸湿地有斑嘴鹈鹕（*Pelecanus philippensis*）、东方白鹳、鸿雁（*Anser cygnoides*）、花脸鸭（*Anas formosa*）、中华秋沙鸭、白枕鹤、丹顶鹤、小青脚鹬、黄嘴白鹭、勺嘴鹬（*Eurynorhynchus pygmeus*）、黑嘴鸥、黑脸琵鹭、遗鸥、细纹苇莺（*Acrocephalus sorghophilus*）、斑背大尾莺、黄爪隼、乌雕、震旦鸦雀、小白额雁、青头潜鸭（*Aythya baeri*）、白鹤、白头鸭、花田鸡、远东苇莺（*Acrocephalus tangorum*）、大鸨、白肩雕、玉带海雕（*Haliaeetus leucoryphus*）27种。

被列入《中国濒危动物红皮书》的水鸟有黄嘴白鹭、黑鹳、黑脸琵鹭、小天鹅、鸳鸯、白头鹤、丹顶鹤、雪羽鹤、小青脚鹬、遗鸥、东方白鹳、白琵鹭、大天鹅、疣鼻天鹅、中华秋沙鸭、白枕鹤、黑尾塍鹬、半蹼鹬（*Limnodromus semipalmatus*）、黑嘴鸥19种。

| 黄嘴白鹭 | 黑脸琵鹭 | 海鸬鹚 |
| 大鵟 | 赤腹鹰 | 蓝翅八色鸫 |

图 8-80　国家 Ⅱ 级重点保护鸟类

二、鸟类主要分布情况

1. 鸟类繁殖区

(1) 乔木林繁殖区

乔木林繁殖区位于高铁以北双龙河两侧杨树林和刺槐林，保护区内、外各 1 km 的范围。主要繁殖种类为大白鹭、中白鹭（*Ardea intermedia*）、白鹭（*Egretta garzetta*）、黄嘴白鹭（*Egretta eulophotes*）、牛背鹭（图 8-81）、绿鹭（*Butorides striata*）、池鹭（*Ardeola bacchus*）、夜鹭、苍鹭等。每年 3 月中旬至 5 月初迁徙而来，在树冠集群建巢繁殖，在周边鱼塘、河流取食，11 月南迁越冬。

图 8-81　牛背鹭

(2) 草丛繁殖区

草丛繁殖区以保护区核心区芦苇、狭叶香蒲、飞蓬、荆三棱、碱蓬等植被为主。在草丛繁殖区繁殖的鸟类为夏候鸟类，主要繁殖种类有苍鹭、白鹭（苍鹭、白鹭有时也会在芦苇丛筑巢繁殖）、草鹭（*Ardea purpurea*）、黄斑苇鳽（*Ixobrychus sinensis*）、斑嘴鸭、凤头鸊鷉（*Podiceps cristatus*）、小鸊鷉、普通秧鸡（*Rallus aquaticus*）、黑水鸡（*Gallinula chloro-*

pus）、骨顶鸡（*Fulica atra*）、普通燕鸻（*Glareola maldivarum*）、黑翅长脚鹬（*Himantopus himantopus*）、反嘴鹬（*Recurvirostra avosetta*）、须浮鸥、燕鸥（*Sterna hirundo*）、斑背大尾莺（*Megalurus pryeri*）、东方大苇莺等（图 8 - 82）。每年 3—5 月迁徙而来，在芦苇、草丛建巢繁殖，在周边沼泽、鱼塘、河流取食，11 月南迁越冬。

图 8 - 82　草丛繁殖区鸟类

2. 迁徙类型

迁徙类型是保护区主要分布鸟类，种类、数量占绝对优势，多见于每年的春秋迁徙季节，水面、草丛、树冠均有分布。主要为雁形目的大天鹅、翘鼻麻鸭（*Tadorna tadorna*）、红头潜鸭（*Aythya ferina*）、中华秋沙鸭等，鹤形目为丹顶鹤、白鹤、蓑羽鹤等，鸻形目有灰头麦鸡（*Vanellus cinereus*）、灰斑鸻（*Pluvialis squatarola*）、红腰杓鹬（大杓鹬）（*Numenius madagascariensis*）、大沙锥（*Gallinago megala*）等，另外还有鸥形目的海鸥、红嘴鸥（*Larus ridibundus*）以及隼形目的金雕、苍鹰等（图 8-83）。每年春季这些迁徙类型的鸟类经保护区由南往北迁徙、秋季由北往南迁徙。

蓑羽鹤　　　　　　　　　　　　　　　丹顶鹤

图 8-83　迁徙类型鸟类

3. 留鸟和冬候鸟

保护区常见留鸟和冬候鸟的种类较少，主要有雀形目的喜鹊、麻雀、震旦鸦雀、楔尾伯劳等，隼形目的红隼等，此外还有环颈雉（*Phasianus colchicus*）（图 8-84）、纵纹腹小鸮、短耳鸮等。

图 8-84　环颈雉

4. 林带灌丛鸟类

在林带灌丛停息和繁殖的林鸟种类较多，密度亦较大，约有 125 种，其中旅鸟 75 种，留鸟 23 种，夏候鸟 19 种，冬候鸟只有 8 种。从鸟类的分布型看，以古北种为主，共计 86 种，广布种 29 种，东洋种 10 种。由于生境内以旅鸟为主，在不同的季节，鸟种数目和地理分布型均有较大的变化。春秋迁徙季节鸟种数最多，达 117 种。从鸟种数和密度上来看，林带灌丛生境的鸟种数仅次于芦苇沼泽生境。在迁徙季节鸟种类和数量均较大，在繁殖季节鸟类的繁殖群落数量也较大，较小的生境面积承受了较多的鸟类数量而导致密度较大。从鸟种的分布型上来看，除了夏季鸟种以广布种为主外，其他季节均以古北界鸟类为主，并且从总体上来看，东洋种鸟类所占的比例在各季节较其他生境均有所增加。在繁殖鸟类组成中，以广布种为主，但东洋种鸟类所占的比例比其他生境大。东洋种鸟类主要为林鸟，并且大多集中在林带灌丛生境。林带灌丛生境的景观较单一，主要植被组成为乔木和少量灌木，因而以林鸟为多。同时，林带又多分布于排灌水系的两岸，因而也吸引了少量的水鸟。据调查，此生境中主要为林鸟，共有 120 种，其中，林地雀形目 83 种，水鸟只有 5 种（李巨勇，2006）。林带灌丛生境面积所占的比例较小，人为干扰不大，喜树栖的林鸟类多选择在此停栖，因而鸟类密度较大。其中，个体数最多的依次为麻雀、夜鹭、黄眉柳莺（*Phylloscopus inornatus*）、灰椋鸟（*Sturnus cineraceus*）和灰斑鸠（*Streptopelia decaocto*）。优势种 8 种，除上述 5 种外，还有白鹭、喜鹊和树鹨（*Anthus hodgsoni*）；常见种 31 种；稀有种 86 种。稀有种主要为迁徙期偶尔出现的雀形目（Passeriformes）、隼形目（Falconiformes）、凤头蜂鹰、灰脸鵟鹰（*Butastur indicus*）、金雕、猎隼、北椋鸟（*Sturnus sturninus*）、达乌里寒鸦（*Corvus dauuricus*）、鸲姬鹟（*Ficedula mugimaki*）、白眉地鸫（*Zoothera sibirica*）、蓝矶鸫（*Monticola solitarius*）、领角鸮、雕鸮、红角鸮（普通角鸮，*Otus scops*）、普通夜鹰等。在春秋迁徙季节，大量的雀形目鸟类均在林带灌丛生境停栖；另外，由于林带依河渠而生并紧挨着苇塘和稻田，鸟类具有物种多样性和科属多样性。综合分析林带灌丛生境鸟类的食性，其中春秋迁徙季节食虫、食谷的雀形目和食肉的猛禽类的种类和数量最多，而夏季繁殖季节则为食鱼虾的鹭科鸟类的数量占优势。根据调查统计，此生境中以食虫、食谷鸟类为主，共有 96 种，如黑枕绿啄木鸟（*Picus canus*）、戴胜、喜鹊、黄腰柳莺（*Phylloscopus proregulus*）、北红尾鸲（*Phoenicurus auroreus*）、灰椋鸟等；食肉的猛禽类较少，共有 24 种，如苍鹰、大鵟、白尾鹞、红隼等（李巨勇，2006）；以鱼虾等水产动物为食的鸟类有 9 种，均为在此筑巢的鹭科鸟类，分别为夜鹭、白鹭、池鹭、中白鹭、大白鹭、牛背鹭、黄嘴白鹭、苍鹭、绿鹭。食肉的猛禽类对于消灭湿地的害鼠、害兽和维护生态平衡具有重要的意义，在此生境只做短暂的停歇，取食竞争并不大。食虫谷的雀形目鸟类有利于保护脆弱的林带植被，但由于数量较大，取食竞争较激烈。由于食鱼虾的鹭科鸟类在此繁殖，其间需要大量的鱼虾等水产类食物，取食和巢位竞争比较激烈，同种和异种之间不时有争斗现象。

5. 潮间带滩涂鸟类

潮间带底栖生物量最为丰富，在迁徙期，上万只鸻鹬类在此停歇觅食导致鸟类密度最高。此生境鸟类种数达 66 种：夏候鸟 13 种，冬候鸟 3 种，其余均为旅鸟。66 种鸟中：古北种 55 种，广布种 11 种，缺少东洋种。在鸟类迁徙期和越冬期古北种占优势，而在夏季广布种和古北种几乎相同。但此生境种类较单一，单属科亦较多。其中，以鸻鹬类和鸥类为主，个体数最多的依次为黑尾塍鹬、红腹滨鹬（*Calidris canutus*）、白腰杓鹬（*Numenius arquata*）和黑腹滨鹬（*Calidris alpina*）4 种（李巨勇，2006）。此生境中鸟类种类和数量的月变化均较大，其中有两个高峰期，一个是春季的 4—5 月，另一个为秋季的 9—10 月。鸟类数量春季相对最多，4—5 月接近 60 000 只。而秋季要比春季少，不到 40 000 只。鸻鹬类春秋两季南迁和北迁路线并不完全相同，因而导致种类和数量产生了一定的差异。潮间带生境有 6 种鸟类的分布密度最高，依次为红腹滨鹬、黑腹滨鹬、黑尾塍鹬、灰斑鸻、泽鹬（*Tringa stagnatilis*）和白腰杓鹬。水深不同，鸟类群落亦有差异。滩地（未被水淹的裸地）主要有环颈鸻、金眶鸻（*Charadrius dubius*）、针尾沙锥（*Gallinago stenura*）等；浅水区（水深＜2 cm）有环颈鸻、红腹滨鹬、弯嘴滨鹬（*Calidris ferruginea*）等；中水区（2 cm＜水深＜5 cm）有黑尾塍鹬、中杓鹬（*Numenius phaeopus*）、大滨鹬（*Calidris tenuirostris*）等；深水区（水深＞5 cm）有大杓鹬（*Numenius madagascariensis*）、白腰杓鹬（*Numenius arquata*）、翘鼻麻鸭、苍鹭、海鸥、红嘴鸥（*Larus ridibundus*）等（李巨勇，2006）。潮间带深水区鸟类种类最多，聚集度较低。除了大、中型的鸻鹬类在此觅食外，其他鸥科游禽也在此取食。滩地食物较少，不能吸引较多的鹬类，主要分布着小型的鸻科鸟类觅食，因此鸟种数和数量也较少。浅水区由于潮汐的带动，生物量最高，除了部分鸻科鸟类外，主要有中小型鹬类在此觅食。中水区种类和数量均有所下降，中小型鹬类占据优势。

6. 碱蓬荒草丛鸟类

碱蓬荒草丛生境与潮间带只有一个海防堤之隔，面积较小，为海水很少侵袭的海退地。除了吸引部分猛禽在此觅食外，还吸引了大量喜草地生境的雀形目鸟类，导致鸟类种数较多，达 61 种。以旅鸟为主，其次为留鸟，喜草地生境的雀形目种类最多。不同季节鸟类的种数变化较大，高峰期主要集中在春季和秋季。其中，数量较多的依次为麻雀、黄腹鹨（*Anthus rubescens*）、棕头鸦雀（*Paradoxornis webbianus*）、黄腰柳莺（*Phylloscopus proregulus*）4 种。常见种还有红尾伯劳（*Lanius cristatus*）、北红尾鸲（*Phoenicurus auroreus*）、灰椋鸟（*Sturnus cineraceus*）、中华攀雀（*Remiz consobrinus*）、灰头鹀（*Emberiza spodocephala*）等；稀有种有红隼、白尾鹞（*Circus cyaneus*）、斑嘴鸭、毛脚鵟、环颈雉（*Phasianus colchicus*）、白眉地鸫（*Zoothera sibirica*）等。从此生境分布鸟类的食性上分析，以小型鸟类和啮齿类为食的肉食性鸟类有 11 种，如普通鵟、毛脚鵟、白尾鹞、红隼、纵纹腹小鸮、灰伯劳（*Lanius excubitor*）等；食虫鸟类有 17 种，如戴胜（*Upupa epops*）、红尾伯劳（*Lanius cristatus*）、灰椋鸟、黑喉石䳭（*Saxicola torquata*）、黑眉苇莺（*Acrocephalus bistrigiceps*）、黄腰柳莺（*Phylloscopus proregulus*）等；食谷鸟类 13 种，有毛腿沙鸡（*Syrrhaptes paradoxus*）、黄雀（*Carduelis spinus*）、普通朱雀（*Carpodacus erythrinus*）、田鹀（*Emberiza rustica*）、小鹀等；杂食性鸟类 20 种，如鹌鹑（*Coturnix coturnix*）、环颈雉、喜鹊、虎斑地鸫（*Zoothera dauma*）、斑鸫（*Turdus naumanni*）、麻雀、中华攀雀等（李巨勇，2006）。

7. 芦苇沼泽生境鸟类

芦苇沼泽生境包括苇塘、沼泽和其间分布的淡水鱼塘，是生境中水分、生物量、植被和物种多样性最丰富的地带，鸟类种数最多，达 145 种。其中旅鸟最多，其次为夏候鸟，留鸟和冬候鸟最少。不同季节鸟种数和分布型均有较大的变化，春秋迁徙季节鸟种数最多，达到 135 种，其中古北种有 86 种，广布种 46 种，东洋种 3 种；夏季鸟种数次之，为 51 种，其中古北种 18 种，广布种达到了 30 种，东洋种 3 种（董鸡、蓝翡翠和黑卷尾）；冬季鸟种数最少，只有 20 种，包括古北种 15 种、广布种 5 种（李巨勇，2006）。芦苇沼泽生境人为干扰较少，苇塘内丰富的鱼虾和底栖生物吸引了大量的迁徙鸟类，因而春秋季节鸟种数和数量较多（图 8-85）。夏季芦苇茂密，为鸟类的繁殖提供了良好的隐蔽场所，鸟种数亦较多。

而冬季苇塘的苇丛被人为收割后，加之气温较低、水面结冰，使得鸟类很难找到觅食地，不适宜水禽越冬，故鸟种数较少。芦苇沼泽生境鸟类密度较大的种依次为须浮鸥、泽鹬（*Tringa stagnatilis*）、斑嘴鸭、棕头鸦雀（*Paradoxornis webbianus*）和麻雀。优势种有须浮鸥、泽鹬、斑嘴鸭、棕头鸦雀、麻雀、小鸊鷉、黑翅长脚鹬（*Himantopus himantopus*）、东方大苇莺和草鹭（*Ardea purpurea*）。常见种有绿头鸭、白鹭、黑水鸡（*Gallinula chloropus*）、黄头鹡鸰（*Motacilla citreola*）、黑眉苇莺（*Acrocephalus bistrigiceps*）等。稀有种较多，如黄嘴白鹭（*Egretta eulophotes*）、大天鹅、鹗、丹顶鹤、灰鹤、斑背大尾莺等。从此生境鸟类取食的空间生态位分布来看，可分为空旷水面取食、芦苇丛生境取食、地面取食及全境取食4种类型。其中空旷水面取食者最多，如雁鸭类、鹭科鸟类及鸊鷉类等；芦苇丛生境取食的有沙锥类、苇鳽类、苇莺

图8-85 芦苇沼泽鸟类

及秧鸡科鸟类等；地面取食的鸟类均为雀形目鸟类，如鹡鸰科（Motacillidae）、鸦科（Corvidae）、鸫科（Turdidae）等；全境取食的为部分猛禽类（李巨勇，2006）。

8. 盐场和虾池鸟类

盐场和海水养殖虾池生境景观最为单一，基本没有植被，土坝上偶有部分碱蓬等植被。由于池内鱼、虾及卤虫等生物量较高，人为干扰较少，因而鸟数量较多，有67种。其中旅鸟种数较多，夏候鸟次之，留鸟较少，冬候鸟只有3种。此生境仍以古北种为主，广布种次之，东洋种仅有蓝翡翠1种。在不同的季节，鸟种数和分布型均有较大的变化。春秋迁徙季节鸟类种数和数量较多。由于盐场和虾池生境变化较大，季节鸟类种数变化比较大，尤其是在冬季只有6种（冬候鸟3种和留鸟3种）（李巨勇，2006）。冬季大多数的虾池已经在秋季放水干涸，没有食物和水环境，大多数鸟类均不会出现，导致鸟类种数和数量最低。而在春秋季及夏季，虾池水满，鱼虾亦较多，适宜的水环境和丰富的食物吸引了大量的迁徙和繁殖的鸟类，导致鸟类种数和数量较多。由于盐场和虾池生境90%以上均为水面环境，因而以水禽类为主，如雁鸭类、鹭科鸟类、鸊鷉类等；林鸟较少，仅有戴胜、灰椋鸟、红隼、喜鹊等。在夏秋季节，鸥类较多，导致鸟类种群数量较大，但由于较分散，并且生境面积大，因而鸟类的密度并不高。密度较大的种类有红嘴鸥（*Larus ridibundus*）、黑尾鸥（*Larus crassirostris*）、绿背鸬鹚（*Phalacrocorax capillatus*）、环颈鸻、红脚鹬（*Tringa totanus*）等。此生境优势种较少，只有红嘴鸥和黑尾鸥2种；常见种较多，分别为环颈鸻、夜鹭、麻雀、海鸥、西伯利亚银鸥、普通鸬鹚（*Phalacrocorax carbo*）、苍鹭等；稀有种最多，主要有鹗、楼燕（*Apus apus*）、蓝翡翠、毛脚鵟、丹顶鹤、鸥嘴噪鸥（*Gelochelidon nilotica*）等。在冬季干涸期及春季鱼虾最初放养期，鸟的种数和数量最少，在夏季，鸟的尤其是鸥类数量开始大量增加，在10月收获鱼虾时节鸟的数量最多，一个池塘的集中捕食的鸥类最多可达几千

只。从盐场和虾池生境鸟类取食生态位分布来看，可分为水面取食、地面取食及全境取食3 种类型。水面取食鸟类种数最多，共计 41 种，如普通鸬鹚、苍鹭、白鹭、鸥类及鸻鹬类等；地面取食的鸟类有 16 种，均为雀形目，如黄鹡鸰（*Motacilla flava*）、白鹡鸰（*Motacilla alba*）、喜鹊、大嘴乌鸦（*Corvus macrorhynchos*）、灰椋鸟等；全境取食的鸟类主要为猛禽类，共计 10 种（李巨勇，2006）。

9. 稻田鸟类

大部分稻田冬季干涸成了荒地、初春季节大水泡田成了"浅池塘"、夏季成了"高草地"、秋季又提供了丰富的食物，因而在不同的季节鸟类种数及数量均变化较大。但总体上来看，由于稻田生境的片段化，加上较大的人为干扰，鸟类的种数和数量均不大。据调查，在本生境共记录到鸟类 49 种，其中，旅鸟 20 种，夏候鸟 19 种，留鸟 8 种，冬候鸟 2 种（李巨勇，2006）。在不同季节，稻田的景观差异较大，鸟种的分布型亦不相同。春季迁徙季节鸟种数最多，夏季鸟种数次之，秋季由于缺少了春夏季大面积的水环境，雁鸭类和鸻鹬类的减少导致鸟种数减少。冬春季有大量的赤麻鸭、大嘴乌鸦、小嘴乌鸦、赤颈鸭等鸟类在越冬稻田集群觅食；春季鸟种数最多，有环颈鸻、红腹滨鹬、大滨鹬、黑翅长脚鹬等 40 种鸻鹬鸟类，并且有白鹭、大白鹭、中白鹭、黄嘴白鹭、牛背鹭、绿鹭、夜鹭等 9 种鹭鸟及白琵鹭、黑脸琵鹭等鹮科鸟类在稻田湿地集群觅食，同时还有红嘴鸥、黑嘴鸥、棕头鸥、北极鸥、黑尾鸥、白翅浮鸥、灰翅浮鸥等。秋季，水稻均已成熟，此生境内水已较少，水禽类的减少导致鸟种数较春季减少。冬季大部分鸟类南迁，在此生境越冬和留居的鸟类均为古北界和分布广泛的林鸟种类，鸟种数较少，并且缺少东洋种。稻田生境不同季节景观差异较大，干涸季节林鸟较多，而灌溉季节又以水鸟为主，因而鸟类主要由水鸟和林鸟组成。水鸟最多，如小䴙䴘、草鹭、赤麻鸭、大天鹅、须浮鸥等；林鸟亦有不少，如普通鵟、红隼、戴胜等；中间型的鸟类 6 种，如稻田苇莺（*Acrocephalus agricola*）、水鹨（*Anthus spinoletta*）等。稻田生境密度最大的种依次为家燕（*Hirundo rustica*）、金腰燕（*Hirundo daurica*）、白鹭、麻雀、泽鹬等。优势种共有 8 种，除上述 5 种外，还有红尾伯劳（*Lanius cristatus*）、池鹭、灰椋鸟。常见种有 20 种，如斑嘴鸭、喜鹊、黄雀、戴胜、凤头麦鸡（*Vanellus vanellus*）、普通翠鸟（*Alcedo atthis*）等；稻田生境的稀有种较多，共计 21 种，如黄嘴白鹭、草鹭、牛背鹭、毛脚鵟、燕隼、灰头麦鸡等。由于稻田生境景观变化较大，鸟类的食性生态位较复杂。根据鸟类的食性，可分为主食谷类、主食陆生昆虫类、主食鱼虾类及食肉类4 种类型。据调查，稻田生境主食鱼虾类的鸟种数最多，共计 17 种，如小䴙䴘、草鹭、白鹭、黄斑苇鸦等；主食谷类的鸟种数次之，为 15 种，如斑嘴鸭、大嘴乌鸦、黄雀等；主食陆生昆虫类的鸟有 13 种，如红尾伯劳、家燕、金腰燕等；食肉类的鸟全为猛禽类，相对其他生境来说种类较多，有 4 种，分别为普通鵟、毛脚鵟、燕隼和红隼（李巨勇，2006）。

第七节　保护区存在的问题

随着曹妃甸港口经济开发高潮的崛起，保护区周边成为经济开发的热点地带。近十几年来，保护区的地貌、环境发生了很大变化，大致经历了初期保护（2005 年）、中期调规（2012 年）、后期开发（2012—2016 年）三个阶段，致使保护区受到一定程度的影响。①初期保护（2005 年）。2005 年 9 月，河北省人民政府批准建立保护区时，保护区的湿地环境以芦苇、稻田为主，其中第七农场的十一支四、五、六斗，九用支以南及第十一农场落潮湾西南近 26.7 hm² 均为海水养殖池；第十一农场十五队西北部，第七农场十一支二、三斗一至第八农场以南区域零星分布着半精养、粗养鱼池的淡水养殖。2005 年秋，唐海县政府批准建设第十一农场平原水库。2006 年秋，曹妃湖开始建设，此阶段地貌环境变化对保护区湿地的影响较小，并未影响湿地的性质。②中期调规（2012 年）。2006 年后保护区周边区域陆续增加了湿地酒店、高尔夫球场、渤海国际会议中心、红树湾度假村、湿地迷宫等建设项目，第十一农场西部、第七农场西部的卤水养殖池、老爷庙石油开发面积进一步拓展。保护区及周边区域地貌环境与 2005 年相比发生了很大变化。2012 年保护区进行了边界的规划调整，并得到了河北省政府的批准。③后期开发（2012—2016 年）。2012—2016 年，随着经济的发展和旅游业的兴起，保护区内核心区、缓冲区、实验区内部分区域开展水产养殖、曹妃甸湿地文化旅游活动，过度开发活动进一步开展。双龙河两岸包括第七农场、第四农场范围的实验区大规模引进项目进行开发建设，大面积山皮石填方，原来湿地的"农业土壤"变成山皮石的"人工土地"等，这些都导致保护区及周边地区地貌环境进一步发生改变，原有的排灌系统毁坏失修，给排水功能丧失，大面积湿地失去了其功能和性质。

一、保护管理难问题

1. 石油的开采和港口的兴建

曹妃甸湿地地下蕴藏着丰富的石油，油田开采始于 1988 年，在保护区建立时冀东油田老爷庙作业区已经存在，并已进行了大量开采，而且年年增大开采力度。老爷庙作业区位于实验区第七农场区域，占地总面积 553.16 hm²（8 297.39 亩），保护区范围内共有采油平台 29 处、油井 229 口（图 8-86）。大量的采油平台及油井对鸟类和湿地有很大的影响，采油点附近由于噪声和石油的污染，很少见到鸟类。

图 8-86 保护区内的采油平台

2003 年以来，随着曹妃甸港口的兴建，人为干扰越来越强，大批重工业的迁入使得湿地污染也在加剧，湿地鸟类栖息地成片丧失，在港口辐射范围内停留的湿地鸟类被迫迁移。石油的开采和港口的兴建给湿地保护区的管理带来一定的难度。

2. 保护区土地和水域经营管理权属分散

2005 年保护区建立并划定边界后，区内土地虽属国有土地，但区内土地使用和管理权分属第四农场、第七农场、第十一农场以及湿地保护区管理处和湿地管理委员会5个部门，除湿地保护区管理处管辖的区域（四号地）为封闭管理外，其他区域均由三个农场和湿地管理委员会管理。各类农业资源面向社会发包，由个人承包进行种植养殖生产。保护区大部分土地（79.29%）（包括湿地）经营权归个人，国有、湿地管理处和农场管理的土地（湿地）仅占17.16%。其中核心区和缓冲区属个人管理的面积高达3 746.67 hm²，占保护区面积的38.97%。同时曹妃甸湿地文化旅游度假区管理委员会对保护区的部分区域也有一定管理权限，形成多头管多头不管的局面。

由于保护区土地权属形成多部门管理的局面，导致湿地保护区管理处的管理权限和责任划分不明，给保护区的保护管理带来诸多困扰，严重制约了保护区保护管理工作的有效开展。保护区要实现对区内湿地真正意义上的经营管理，还需要有关部门进一步明确经营管理权限（《河北曹妃甸湿地和鸟类自然保护区规划（2018—2035年）》）。

3. 湿地保护与当地经济建设矛盾突出

近年来，随着曹妃甸经济的蓬勃发展、曹妃甸港区建设和冀东油田的开发，工农业及城市配套建设占用的土地越来越多，部分湿地被改造为工业用地，湿地面积日益减少。由于在保护区成立前该区域规划的建设用地较多，导致近年来保护区建筑设施尤其是园地和会议场所大量建设，给保护区管理带来了很大压力，部分区域由于保护价值丧失，需要通过调整保护区范围来提高保护效率，缓解保护与发展的矛盾。

2012年保护区调整规划时，调出982.6 hm²土地，主要用于曹妃湖、渤海国际会议中心、中医养生基地、天沐水乡温泉度假村、天和温泉度假村等十几个旅游项目的开发。保护区内主要道路已成为上述项目的主要服务通道，给保护区的核心区、缓冲区封闭管理带来困难。2013年曹妃甸湿地文化旅游度假区管理委员会成立后，制定了生态旅游度假规划方案。实验区双龙河以东地区有20个项目开发实施，破坏了原湿地地貌和生态系统。邻近保护区的曹妃湖周边区域有多个项目开发。经过多年的开发，曹妃湖由原来的600 hm²水库慢慢衍变成333 hm²的水塘，对保护区的生态系统造成了一定的影响。

由于湿地保护区内经营权属复杂，保护区实验区乃至缓冲区、核心区仍有村民从事生产经营活动，加之保护区管理处管理人员和设施投入不足、监管有所缺失，保护区除管理处管理的137.07 hm²区域外，其他区域全部对外开放，外来人员和车辆通行无阻，人为干扰强烈。频繁的交通活动给保护区的鸟类等野生动物保护带来很大的不利影响，也不利于维护保护区内生态系统的整体性和完整性（《河北曹妃甸湿地和鸟类自然保护区规划（2018—2035年）》）。

4. 人类活动致管理保护困难

八里坨、滨海一村、滨海二村3个居民点共有1 393户3 521人居住，面积为46.67 hm²。其中，第七农场面积为40 hm²，场部（滨海一村）共有583户，1 625人；滨海二村共有370户，1 049人；第四农场八里坨村共有440户，847人，面积为6.67 hm²。大量的人类活动影响鸟类的觅食与栖息。

多年来，保护区内陆续进行了旅游餐饮等项目的开发建设，这些项目填埋了原有的鱼塘、虾池、稻田、湖泊，造成湿地面积大幅度减少，环境支离破碎，生境斑块化严重，也给保护区的管理与保护带来极大的困难。

因保护区在农场的基础上建立，其前已存在大规模的农田和鱼塘虾池，导致湿地分割严重、水系交换能力下降、湿地资源衰减和环境恶化。目前当地村民仍在核心区和缓冲区进行水稻种植、水产养殖等活动(《河北曹妃甸湿地和鸟类省级自然保护区规划(2018—2035年)》)。

二、水产养殖活动对湿地的影响

保护区建立后,各级政府、保护区管理处对保护区建设做了大量工作,实施了村庄搬迁,一期、二期湿地恢复等工程。这些工作的开展取得了明显的效果。但后期因种种原因,政府又将二期湿地恢复工程区域退还给第七农场经营管理,湿地恢复工程区域大面积改造用于水产养殖活动,致使人类、养殖设施大量进入该区域,出现人进鸟退的情况。2006—2016年,第十一农场范围的核心区、缓冲区进行大规模水产养殖开发,致使原有的 2 133.3 hm² 芦苇及十四队、十五队约 666.7 hm² 的粗养和半精养鱼塘全部改造成精养池塘。

水产养殖对湿地的影响主要表现在:

1. 湿地景观破碎化

鱼虾池塘的开挖导致土壤表层被破坏和堤埂增多、增高,致使土地破碎化,天然植被、浅水洼和坑塘大面积消失,原有的成片草甸沼泽湿地已不复存在,只有排水用渠道存在少量芦苇和水草植被。水产养殖池塘建设一般连片、多片分布,致使湿地景观破碎化(图8-87)。

图8-87 水产养殖池致使湿地景观破碎化

2. 鸟类栖息环境遭受破坏

水产养殖池塘水深一般在 1.5~2.5 m,水位加深使得涉禽等鸟类栖息环境受到严重破坏;水产养殖以四大家鱼和凡纳滨对虾精养为主,导致水生动物种类过于单一,自然生长的小鱼、虾类减少,生物多样性降低,导致鸟类食物短缺,两栖类、爬行类动物种类和数量也大幅度减少或消失。

3. 土壤盐渍化和芦苇退化

一、二期湿地恢复工程区域退还给第七农场经营管理后恢复海水养殖,致使土壤盐分骤增,使几十年土壤改良的苇田又退变到 20 世纪 70 年代光板地的原始地貌,高浓度盐水对周边地下水有 5~10 km 浸蚀。如第七农场六斗 8~12 农(农为 1 条农渠灌溉的面积和单位,1 农的面积为 300~500 亩)167 hm² 苇田经营者放弃管理,3 年不收割、不灌水,67 hm² 芦苇因返盐(土壤次生盐渍化)而死亡;其余大面积因无水灌溉而导致芦苇退化,芦苇密度减小、高度变矮、生物量减少 50%~70%(图8-88)。

4. 排水系统遭受堵塞和破坏

开展水产养殖活动过程中,二排干截断(图8-89)变成了养鱼池,三排干截断(图8-90)变成了海用水渠,致使保护区部分地区排水不畅;由于地下咸水的顶托和湿托,局部区域地下水位上升,土壤盐渍化程度逐年增加。另外,实验区范围内几乎所有地面因山皮石回填(图8-91)增高了 0.8~1.5 m,使湿地地貌发生变化,湿地功能降低。

图 8-88　土壤次生盐渍化导致芦苇死亡

图 8-89　二排干截断

图 8-90　三排干截断

图8-91　山皮石回填

5. 农业面源污染加剧

在精养鱼塘、虾池运营过程中，受经济利益的驱动，养殖者往往采取高强度投饵，施用大量的添加剂、抗生素、消毒剂等投入品；加之排水系统不畅，产生的大量残饵、粪便等有机物、残留抗生素等物质逐步污染了保护区内的水源，导致湿地农业面源污染加重。连年的养殖活动不断加剧水源的恶性循环，因此湿地调节水源、净化水质、固定CO_2、动物栖息地等生态功能大大降低。

6. 山皮石回填改变地貌、降低了湿地功能

实验区范围内除规划的曹妃北湖（第七农场二斗的1～3农东和三斗的4～8农部分）和第四农场现存的少量鱼池（第四农场场部西）未施工回填山皮石外，几乎所有地面因山皮石回填（图8-91）增高，其中第七农场区域回填面积约64 hm²，第四农场区域（七场场部以北）约120 hm²。湿地地貌发生变化，湿地的生态保护功能大大降低。

7. 人为作业活动的干扰严重

高密度精养，运输车辆和养殖人员活动倍增；生产设施如电机、电缆线、增氧机、饵料及投入品、看护彩钢房等设施设备大量进入；湿地环境卫生极差，养殖工具、药袋药瓶、废弃塑料袋等随处可见；养成期池塘水位过深，养殖收获后彻底排干池水等。这些人为活动的干扰直接影响到鸟类的栖息、繁殖和觅食，致使鸟类的种类和数量减少。

当地居民农渔业生产与鸟类取食的矛盾突出。由于湿地鸟类在当地数量较多，并且一些鸟类（如鸭类、鸥类和鸬鹚）主要取食池塘中的鱼虾和稻田农作物，对当地居民的生产造成了一定程度的损失和影响。部分农渔民对鸟类的保护意识薄弱，在气愤之余驱赶、惊吓或伤害鸟类的现象时有发生。

8. 不规范的集约化养殖存在病原微生物传播风险

随着集约化养殖模式在曹妃甸湿地的大肆开发，形成了高投入、高产出的产业发展模式，在一定程度上促进了水产养殖业的发展。然而，不规范的集约化养殖，加之缺乏生物安保措施，当地水产养殖疾病频繁发生。1993年该地海域暴发病毒性对虾白斑综合征，导致数万亩池塘养殖的对虾几乎全军覆没。随后，牙鲆、大菱鲆、半滑舌鳎的腹水病、烂尾病、肠炎病以及河鲀盾纤毛虫病、小瓜虫病时有发生；在淡水养殖方面，草鱼、鲤、鲢、鲫长期遭受草鱼出血病、鲫鱼大红鳃病等病毒性疾病的困扰。近年来，对虾养殖也遭受了急性肝胰腺坏死病（AHPND）、细菌性玻化症（BVS）、虾肝肠胞虫病（EHP）的危害，给水产养殖

带来了巨大的经济损失。

在池塘建设过程中，由于缺少合理的整体规划，养殖系统中进排水不独立，呈现散、乱、差的局面。疾病发生后，池塘排出水进入其他健康池塘形成交叉感染；同时保护区内大量水鸟都以池塘内的鱼虾为食物，它们飞到发病鱼塘捕食或将发病鱼虾衔叼到其他池塘，或通过羽毛携带池水、粪便将携带病原传播到其他养殖池塘，易引发疾病在区域内大面积传播，不仅给养殖业带来了巨大的经济损失，还使得整个湿地系统的风险不断加剧。上述病原微生物对养殖环境、水生生物有较大侵害作用，部分微生物甚至对鸟类产生致病性。因此，不规范的集约化水产养殖存在病原微生物的传播风险。

三、旅游活动对保护区的影响

湿地迷宫、雁鸣湖（图8-92）、湿地年轮项目均位于保护区南部核心区域，其中湿地迷宫项目区占地面积约为200 hm²，雁鸣湖约为22.7 hm²，湿地年轮项目占地约16.0 hm²。这些项目的建设：一方面致使水道挖深，周围芦苇长年被深水浸泡，地下茎不能下扎，向下生长只有10～20 cm，地表出现了30～40 cm的根毯层，使芦苇发育严重退化；另一方面旅游、生产活动等的开展使该区域人员进出、车辆流动显著增加，旅游人员、相关设施甚至进入缓冲区、核心区，导致鸟类隐蔽空间越来越少。

图8-92　湿地迷宫、雁鸣湖

四、水利等基础设施损毁、土壤次生盐渍化

1. 水利等设施损毁

保护区区域内原归各农场管理，由于管护不到位、年久失修、堵截改养殖池等多方面原因，位于保护区实验区的部分扬水站、支（排支）、斗（排斗）、农（排农）等受损失修。例如，南部海水粗养池为十一排支或盐田蒸发池中供水，第四农场部分养殖池为双龙河和输水干渠供水。第七农场原有的5座扬水站，第四农场2座扬水站受损不能使用，八用支、九用支、十用支、十一用支及斗渠、农渠和涵闸损坏严重（图8-93）。水利设施的损毁使保护区区域内供排水能力大大降低，不能满足保护区生态用水的需要。

2. 土壤次生盐渍化程度增加

由于排水设施损毁、灌水压盐洗碱等土壤改良措施缺失，实验区土地（包括回填山皮石

图 8-93　损毁的涵闸

的土地）出现返盐返碱、地表积盐的现象，且有些地块相当严重，土壤次生盐渍化程度有加剧的趋势。

五、建设项目和日常生产活动对湿地的影响

1. 建设项目对湿地产生不利影响

随着曹妃甸区经济的发展，保护区及周边区域开发利用项目不断增加，如位于保护区实验区的湿地人家农业园、坤美堂现代农业产业园、生态国际养生养老院、滨海渔村（图 8-94）、晚居生态医养、虾文化主题乐园、零点渔港、多玛乐园、惠通水产、裕润、曹妃大院（图 8-95）、华润电力 500 kV 输电项目、缓冲区内曹妃甸湿地文化旅游度假管理委员会办公用房等。这些项目的开发导致原有地貌如芦苇、鱼池、稻田、斗渠及林带受到不同程度的影响，干扰了鸟类的正常栖息，同时也给湿地资源保护管理带来极大的困难。如原来实验区第七农场四斗是东方白鹳的主要聚集区，却因亿丰马尔仕庄园项目塔吊施工干扰而使东方白鹳远离。《"绿盾 2017"国家级自然保护区专项行动巡查通知》规定，在保护区的核心区和缓冲区内，违法违规的开发建设活动应逐步退出。

图 8-94　滨海渔村

图 8-95　曹妃大院

2. 日常生产活动导致污染问题突出

①水稻种植、水产养殖过程中，农药、化肥、饵料、抗生素等投入品的使用导致保护区内水体、土壤的农业面源污染问题严重。②实验区内及外围的部分生活污水经过化粪池存放后排入双龙河，造成双龙河水体的污染。随后，湿地再次从双龙河取水，在一定程度上影响其水质指标。③目前，位于第四农场实验区内的露天垃圾场占地 1 hm² 左右，且规模有增大的趋势，成为保护区内不可忽视的污染源。

第九章
曹妃甸湿地和鸟类省级自然保护区退养还湿规划与实施方案

　　2017 年以来，国家对各类自然保护区进行了"绿盾行动"整治，对湿地保护中出现的违法违规现象进行了整改，尤其是对核心区和缓冲区违法违规的水产养殖进行了 5 年内分期分批的退养还湿，以减轻对湿地水的污染、生物多样性的下降和对鸟类栖息活动的干扰。按照《河北曹妃甸湿地和鸟类省级自然保护区规划（2018—2035 年）》湿地保护与恢复规划内容中提出的"继续推进核心区、缓冲区五年退养计划，到 2020 年底前退出 1 790.63 hm²。启动并研究制定生态种养方案，建立保护区管理处与地方场镇共同保护的工作格局"，保持保护区内的湿地属性，防止湿地次生盐渍化、沼泽化和湿地功能退化。同时，为鸟类留足栖息、繁殖、觅食空间，提升和优化湿地的生态环境。

第一节　退养还湿

 一、退养还湿概念

　　退养还湿是指从保护和改善生态环境出发，使在湿地上围垦开发的水产养殖设施（池塘、大棚、工厂化养殖车间等）或浅海滩涂养殖有计划、有步骤地停止水产养殖活动，使被占湿地逐步恢复或重建到原有或类似于原有湿地生态系统和环境功能的一种湿地治理和维护模式。

　　退养还湿是加强保护湿地保护区的战略性措施，会对湿地起到根本性的保护作用。尤其是对核心区、缓冲区违法违规的水产养殖区等进行退养还湿，可以减轻养殖对湿地的水污染、改善水质、减缓生物多样性减少，保留的部分水产品作为水鸟食物可为鸟类营造更好的栖息地和觅食地，促进湿地生态系统自身的良性发展。

 二、退养还湿的必要性和必然性

　　曹妃甸湿地蕴藏着丰富的生物资源和水资源，是鸟类及多种野生动物的繁殖栖息地，是鸟类迁徙的通道和重要驿站；在涵养水源、调节径流、补给地下水和维持区域水平衡中发挥着重要作用，是蓄水防洪的天然"海绵"。曹妃甸湿地是在渤海沿岸流、潮汐作用以及入海河流的影响下形成的海退地，是滦河水系作用下形成的冲积平原和海洋动力作用下形成的滨海平原，地理位置特殊、海岸地貌明显，具有特殊性。曹妃甸湿地大部分是由原柏各庄农场及盐池、沼泽等经过多年人工改良和经营形成的人工湿地，因人工湿地的独特性质，湿地生态系统在相当程度上依赖种植、养殖等人类活动，若停止人为干预、离开人工管护，湿地将逐渐盐碱化、荒漠化，湿地生态系统将遭到破坏和退化，势必导致大量野生鸟类离开湿地。曹妃甸湿地土壤含盐量高，大多在0.6%以上，现有植被必须要有淡水才能维护。曹妃甸湿地周边工业企业众多，人口密度较大，修复和保护好曹妃甸湿地对生态环境意义很大，困难也很多。因此，通过退养还湿等措施对保护区湿地进行修复和维护，对保护曹妃甸湿地生态系统稳定、维持区域生态平衡、保护生态安全、涵养水源、防止水土流失、实现人与自然和谐发展具有重要意义。同时，在保持区域经济可持续发展方面也有着十分重要的作用。

1. 生态文明建设的需要

党的十九大以来，以习近平同志为核心的党中央从人类文明发展的历史纵深出发，顺应时代发展做出了生态文明建设的战略决策，推动美丽中国建设取得辉煌成就，引领我们走向生态文明新时代，绿色发展道路越走越宽广。面对如何解决经济发展与环境保护、生物多样性保护兼顾的问题，习近平总书记提出了"绿水青山就是金山银山"的理念。2015年9月，中共中央、国务院印发《生态文明体制改革总体方案》，提出要深入贯彻落实习近平总书记系列重要讲话精神，加快推进生态文明建设，加强湿地和生物多样性等自然资源的保护和修复工作。《京津冀协同发展规划纲要》（2015年4月）首次提出将京津冀打造为生态修复环境改善示范区。

河北省委、省政府高度重视湿地生态保护和生物多样性保护工作，已将其作为生态文明建设的重要任务实施和落实。由河北省林业厅牵头开展了《河北省湿地自然保护区规划（2018—2035年)》（2018年9月）和各湿地自然保护区专项规划的编制工作，并编制了《河北曹妃甸湿地和鸟类省级自然保护区规划（2018—2035年)》（2018年8月），曹妃甸区政府编制了《河北省级湿地和鸟类自然保护区养殖退出实施方案》（唐曹政办字〔2018〕23号）。为深入贯彻落实科学发展观，本着科学发展、绿色发展、和谐发展循环经济的思路，在大力发展曹妃甸产业经济的同时，注重生态效益和环境效益，做到工农业生产、港口发展、滨海旅游业发展和生态与环境协调、持续发展，实现人与自然和谐共生，对曹妃甸湿地保护区进行退养还湿、生态修复和湿地保护尤为必要。

2. 保护湿地资源和恢复湿地生态系统、维护湿地生态系统平衡的需要

曹妃甸湿地是渤海湾地区在河流动力和海洋动力双重作用下形成的一个多类型的滨海湿地，保护区以湿地生态系统和珍稀濒危鸟类为保护对象，湿地资源丰富、生态系统复杂多样。多年来，由于环境污染和不合理的开发利用，曹妃甸湿地面积逐渐缩小，湿地质量逐步降低，生物量明显减少。湿地本身既是重要的自然资源，又是独特的生态系统，其消长变化与生态环境平衡、人类的生存以及社会经济的可持续发展息息相关，大力保护好湿地资源，就是保护人类自身的生存环境。因此，采取科学有效的措施，提高湿地质量，最大限度地保护湿地生态系统的自然性、完整性，对于促进区域生物多样性、维护当地乃至周边地区的生态平衡具有重要意义。

3. 维护物种多样性、保护滨海湿地珍稀濒危物种的需要

曹妃甸湿地为野生动植物提供了丰富的食物和良好的生存繁衍空间，生存、繁衍的野生动植物种类极其丰富，有效保护了生物物种多样性。曹妃甸湿地地处渤海湾沿海地区，是世界候鸟迁徙的主要通道之一，特殊的地理位置及典型的湿地类型和湿地生态环境，为野生濒危动植物提供了良好的栖息、繁衍条件，也是迁徙鸟类中途补充能量的重要停歇地。实施曹妃甸湿地保护区退养还湿、生态修复和生态系统维护，可以恢复和改善湿地环境，有效保护珍稀濒危植物和动物，为更多的鸟类栖息、繁衍提供更为优越的环境。

4. 减少入海地表径流、蓄洪防旱、调节周边水源丰枯的需要

曹妃甸湿地在蓄水、调节径流、补给地下水和维持区域水平衡中发挥着重要作用，是曹妃甸乃至整个唐山市南部区域蓄水防洪的天然"海绵"。曹妃甸湿地是天然降水的蓄积地，在雨季，湿地不停地吸收着汛期雨水、地表径流水、种植和养殖业排放的多余水以及上游河流泄洪水，一部分以地表水的形式储存起来，一部分渗入地下，增加地下水储量。旱季或种植业、养殖业用水时，湿地又将蓄积的水源返还给种植业、养殖业，这样既能在洪水期降低洪水的危害，减少入海地表径流，又能在枯水期对拦蓄的洪水加以利用，缓解枯水期水资源紧缺的状况，实现对水资源的时空调节。实施曹妃甸湿地生态修复，充分发挥湿地在减少径流、蓄洪防旱等方面的功能，对于防止区域洪涝灾害、调节周边水源丰枯尤为重要。

5. 净化水质、保护海洋生态环境的需要

湿地利用自身独特的吸附、降解、过滤功能，可以排除或吸收水中污染物、悬浮物和营养物质。来自种植业、养殖业的面源污染物（如化肥、农药、药物残留、残饵、粪便等）经过农田地表径流、农田排水和地下渗漏等方式流入湿地后，通过湿地的过滤、沉淀和吸附作用得以降解，使污水得以净化，同时通过物质循环养育湿地生态系统中众多的次级生产者和更高等级的消费者。近年来渤海湾乃至整个渤海生态环境恶化、生物资源减少，其中主要的污染来自陆源污染，实施曹妃甸湿地退养还湿、生态修复和生态维护，改变水产养殖和农业生产方式，加强湿地对环境的净化功能，从而可减少陆源污染对海域的影响。

6. 保护独特景观、促进区域经济可持续发展的需要

人类构筑物对自然生态环境产生越来越严重的干扰和破坏，随着社会经济的发展，人类回归大自然的渴望与日俱增。保护区地处我国历史文化渊源深厚的冀东大地，自然景观、人文景观相互辉映。实施曹妃甸湿地退养还湿、生态修复和生态维护，将对这片自然景观实现有效保护，进而带动后续产业的发展，拉动相关产业的繁荣，为区域经济持续、健康发展注入后劲和活力。

三、湿地生态系统功能退化与退养还湿

1. 湿地生态系统功能退化与存在的问题

柏各庄农场建立后，有组织、有计划的湿地开发利用导致曹妃甸天然湿地面积减少，变为养殖池塘、水库、稻田等人工湿地，虽然对湿地总面积没有太大的影响，但湿地生物多样性明显降低，造成了湿地生态系统功能的退化。因保护区是在农场的基础上建立的，已存在大规模的稻田和鱼塘、虾池，导致湿地分割严重、水系交换能力下降，湿地环境衰减和环境恶化。村民在核心区和缓冲区进行水稻种植、水产养殖等活动，水稻种植所施用的化肥、农药，精养鱼塘、虾池投入的抗生素、水质净化剂等污染了保护区内的水源，加之排水系统不畅和不合理，导致湿地农业面源污染严重、芦苇湿地退化，而且连年的养殖活动又造成了水的恶性循环，湿地调节水源、净化水质、固定二氧化碳、动物栖息地等生态功能降低。保护

区内水利等基础设施薄弱，部分水利设施年久失修，损毁严重，不能满足保护区生态用水和调节水位的需要。

临近保护区的曹妃湖周边区域，近年来进行了高强度的项目开发，部分项目紧贴缓冲区、临近核心区，对核心区的保护构成了威胁。经过多年的开发，曹妃湖已由原来的 9 000 亩水库慢慢衍变成 5 000 亩水塘，对保护区的生态保护造成了相当大的影响。

由于特殊历史原因，多年来保护区内陆续进行了旅游餐饮等项目的开发，这些项目填埋了原有的鱼塘、虾池、稻田、湖泊，造成湿地面积大幅度减少、环境支离破碎，给保护区的管理与保护带来极大的困难。

保护区建立时冀东油田老爷庙作业区已经存在，在保护区范围内共有采油平台 29 处、油井 229 口。大量的采油平台及油井对鸟类和湿地有很大的影响。

近年来，由于区域生态环境变化以及人类活动的影响，曹妃甸湿地的保护工作面临较大压力，部分生态环境与生物资源呈现恶化的趋势，湿地生态功能显著下降。

2. 退养还湿目标

由于曹妃甸湿地生态系统功能退化，生态保护与退养还湿被提上了日程。首先，保护曹妃甸湿地的芦苇沼泽等天然湿地生态系统，维护湿地生态系统的完整性和稳定性，保护丰富的生物多样性及其生境，加强珍稀濒危野生动植物特别是东方白鹳、震旦鸦雀等珍稀湿地鸟类及栖息地的保护，增强湿地在区域内持续发挥涵养水源、补给地下水、保持水土、调节气候、蓄洪防旱等生态功能的能力。其次，结合保护区现状，有针对性地开展退养还湿、湿地修复、违规项目整改等，逐步化解历史遗留问题，整体恢复和提升曹妃甸湿地保护区的自然生态功能，实现湿地得到保护、群众得到保障、区域得到发展的目标。最后，在全面保护的前提下，积极开展科研监测和宣传教育活动，加强社（区）企（业）共管，发展社区经济，将保护区建设为集保护、科研、宣教于一体的功能区划合理、基础设施完备、管理水平高效、科研监测手段先进、社企协调发展的自然保护区。总之，通过退养还湿、湿地修复、管理体系建设等多种有效措施，使曹妃甸湿地和鸟类省级自然保护区成为河北乃至全国滨海湿地和鸟类自然保护区建设和管理的典范，示范和带动华北地区湿地自然保护区的建设工作。

按照曹妃甸区政府《河北省级湿地和鸟类自然保护区养殖退出实施方案》（唐曹政办字〔2018〕23 号）要求对湿地保护区进行规划与方案实施。

（1）近期目标（2018—2020 年）

继续推进核心区、缓冲区 5 年退养计划，到 2020 年底前退出 1 790.63 hm²；启动并研究制定生态种养方案，建立保护区管理处与地方场镇共同保护的工作格局；按照曹妃甸区政府《唐山市曹妃甸区"绿盾 2017"自然保护区违法违规开发建设活动整改方案》（唐曹政字〔2018〕15 号）文件要求，完成保护区内违规项目的整改，对违规项目整改区域实施湿地修复工程，包括进排水渠道修复等。

（2）中期目标（2021—2025 年）

继续推进核心区、缓冲区退养计划，2022 年底前退出 719.12 hm²；开展保护区核心区退耕还湿工程；继续对实验区内拆除项目后的硬化地表开展湿地恢复工程，建设水位控制与污染防控系统，使保护区基本形成较为稳定的湿地生态系统；完善管护基础设施，建立健全科研监测系统；完成苍鹭、草鹭繁殖地，鸻鹬类栖息繁殖地，鹤类、琵鹭栖息地，四号地鸟类保护科研实验区，震旦鸦雀、莺类繁殖地，天鹅、鸭雁栖息地等 8 个专属鸟类保护地的建设；对曹妃北湖进行湿地恢复和鸟类生境营造，逐步打造湿地景观和生态系统体验区；督导冀东油田老爷庙作业区建设湿地特色工业景观体验区、惠通水产公司建设湿地水生生物体验教育基地、多玛乐园建设湿地景观体验区、蛙蹼工社建设生态农业体验教育基地等。

（3）远期目标（2025—2035 年）

全面完善基础设施建设，各项建设形成规模；建成完善的水位控制与污染防控治理体系，使保护区内基本恢复为稳定的湿地生态系统，生物多样性得到丰富，野生鸟类数量和种类有一定程度的增加；保护区内全面推行科学生态的种养方式方法；建成极具特色和规模的湿地景观和生态系统体验区；社区居民生产生活条件得到明显改善，生产经营活动规范化，与保护区相处融洽；科学合理地开展自然资源可持续利用，以生态旅游、生态养殖为龙头带动保护区及周边多种经营全面发展，并以此推动保护区长期健康可持续发展。

3. 鸟类保护规划

在退养还湿的同时开展鸟类和保护地建设。

（1）开展鸟类活动调查和研究

湿地鸟类栖息生境的优劣是由多种生境要素决定的，各种要素相互联系、相互影响，共同对湿地鸟类发挥作用，其中最主要的因素包括食物条件要素和繁殖条件要素，栖息地的质量对鸟类的种类、丰富度、生物量都有着显著的决定作用。在退养还湿的同时，对保护区内重点保护鸟类进行全面调查，摸清鸟类分布、栖息和繁殖情况，查明各种重点保护鸟类的适宜生境和生存现状。

（2）开展专属鸟类保护地建设

根据保护区重点保护鸟类分布情况和其生境情况，分期建设林带鹭鸟繁殖地、须浮鸥繁殖地、苍鹭和草鹭繁殖地、东方白鹳繁殖地、鸻鹬类栖息繁殖地、游禽栖息繁殖地、鹤类和琵鹭栖息地、震旦鸦雀和莺类繁殖地、天鹅和鸭雁栖息地等。鸟类保护地建设应注意以下几个方面：①根据鸟类对特定植物的青睐程度和不同鸟类集群的不同生态位和生境需求，首选本土树种种植绿化，注重空间层次。② 丰富植物配置，为鸟类提供不同的生存空间，确保林带的联通性；搭配植被类型，林带边缘以茂密灌丛为主，中部以高树冠树种为主，从乔木层、亚乔木层到大灌木层、小灌木层以及地被层之间平滑过渡，从而发挥边缘效应、高物种多样性和高生产力优势。③ 完善引鸟设施，为鸟类配置较为安静私密的空间，安置饵台和投饵器等设施并定期补充饵料，配置鸟巢等。④ 重视湿地生境建设，合理配置植被，做好护岸处理、水底软化处理等，同时考虑水面积比率和水质等环境因子对鸟类的影响；根据各种鸟类的生态位，建设不同面积、不同深度、不同植物配置的水域和岛屿，通过合理搭配分离鸟类生态位的空间重叠，特别是在候鸟归来的时候，以减缓觅食和栖息的竞争。总之，专属保护地建设应秉承"生态优先、最小干预、关注鸟类需求、注重场地特征"的设计原则，以生态保护为基础，将人类活动对生境的破坏和干扰降到最低。通过增加植物多样性、控制水位线、移除外来物种和创造微生境构建有利于物种生息的生态环境。

（3）鸟类保护工程

为及时对保护区内需要救治的鸟类提供帮助，加强对珍稀濒危鸟类的保护，在保护区内建立鸟类救护中心，并制定鸟类救助方案及自然灾害应急预案。

第二节　规划方案的指导思想、目标和原则

一、指导思想

以国家和河北省关于自然保护区规划、管理的有关法律法规为指导，坚持以自然环境、自然生物资源为中心，遵循"统筹协调、全面规划，积极保护、科学管理，远近结合、合理利用"的指导方针，以保护曹妃甸湿地生态系统、湿地资源、生态环境、生物多样性及珍稀鸟类资源、扩大鸟类种群为前提，确保保护对象安全、稳定、自然地生长与发展；积极保护湿地生态系统、珍稀野生鸟类及其栖息地，扩大珍稀物种种群，提高生物多样性，确保湿地生态环境的良性循环。通过"退养还湿、大水面人工岛、人工植被、人工维护、稻渔生态种养、科学规划与管理"等措施，完善湿地保护区的功能调整和建设，实现湿地保护区的科学区划和合理利用，突出保护重点，处理好保护与发展的关系，确保湿地保护区生态系统的良性循环，实现湿地水生生物与鸟类和谐共生，并兼顾保护区内及周边人民获得一定的经济效益。

按照可持续发展的战略要求，在完善保护区功能的前提下，积极稳妥地提高卤虫、对虾、鱼类的品质和生物量，营造鸟类栖息环境，满足鸟类食物的供给和繁殖需要，不断提高生物自养能力，实现鸟类与水生生物、湿地植物的自然和谐、共生共息。运用湿地生态维护理论和高新科学技术手段，逐步实现湿地保护区的管理科学化、保护技术的现代化、资源利用的合理化、生态建设的标准化，最终建设成集保护与科研于一体、布局合理、设施完备、功能效益突出的湿地生态系统。

以湿地保护区项目的规划与实施及所取得的成果与经验为示范，促进曹妃甸乃至环渤海地区湿地资源保护和地区经济的可持续发展，探讨滨海湿地生态维护方式，为滨海湿地保护提供新的途径和发展样板，为建设生态文明和美丽中国做出积极贡献。

二、规划总体目标

根据《中华人民共和国自然保护区条例》（2017年10月）及国家有关自然保护区的法律法规和相关文件的规定，执行《河北曹妃甸湿地和鸟类省级自然保护区规划（2018—2035年）》（2018年8月）关于推行生态养护的内容，结合滨海湿地的性质、保护任务和发展方向，确定湿地生态维护的总体目标。

积极保护和改善鸟类栖息繁殖地环境，维护湿地自然保护区生态系统（鸟类迁徙、栖息繁殖和食物链）和生态功能，在此基础上，坚持"突出保护和恢复并行""逐步退养还湿和分步恢复、完善"的原则，用5年时间实现退养还湿，并实施湿地生态系统维护的方案。本规划先行先试，创新"海水湿地与水鸟栖息地维护、淡水湿地生态养殖、卤水湿地生态维护、水库湿地生态系统维护、淡水大水面维护、稻渔综合种养和鱼苇湿地养护模式"等，建成海水鱼虾生态增殖区、淡水鱼虾增殖区、半卤过渡区、卤虫增殖区、稻渔湿地综合种养、

鸟类人工岛、水循环渠道及耐盐植被区等，实现湿地系统内部的水循环能力和自净能力。同时，形成湿地系统内完善的、不同层级的营养食物链，为鸟类提供丰富的食物，营造良好的水鸟栖息地和迁徙中转基地。同时对曹妃甸滩涂进行规划（图9-1）。

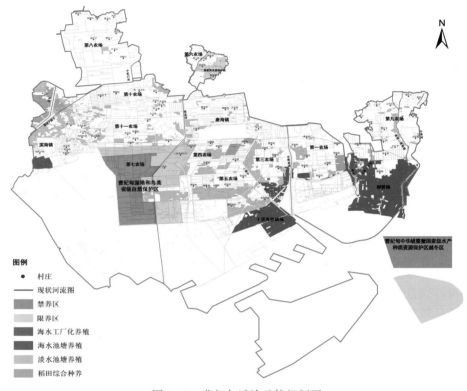

图9-1 曹妃甸滩涂总体规划图

三、项目区规划原则

1. 遵循上位、依法规划原则

根据《中华人民共和国自然保护区条例》（2017年10月）、《河北省湿地自然保护区规划（2018—2035年）》（2018年9月）、《河北唐海湿地和鸟类自然保护区总体规划（修编）》（2011年12月）等相关法律法规进行规划和实施，对湿地保护区区域内的养殖区域功能和养殖模式、养殖对象等进行功能性调整，退养还湿，并依据《河北曹妃甸湿地和鸟类省级自然保护区规划（2018—2035年）》《河北省级湿地和鸟类自然保护区养殖退出实施方案》（唐曹政办字〔2018〕23号）等相关法律法规，对退养还湿的部分区域启动并研究制定生态种养方案。

2. 全面规划、分步实施原则

本着整体规划、分期建设、逐步实施、分区块管理的原则，在退养还湿、推进生态维护过程中，根据滨海人工湿地的特点，对保护区进行全方位、整体性的规划。在此基础上，遵循由近及远、由浅入深、先易后难、逐步推进的原则，分步骤、分阶段组织实施。

3. 注重湿地生态环境保护原则

曹妃甸湿地保护区为历史形成的人工湿地，在湿地生态环境的建设和维护过程中，必不可少地也需要人为干预和维护。突出生态环境整治与恢复，提高系统内生态功能，增加和稳定区域内的生物多样性，通过人工供水、人工放养、陆生植物的栽培和移植等人为干预和维护手段，保持湿地常年有水、水中常年有生物，陆生植物固沙压碱，实现湿地生态系统的有效保护和长期稳定。通过科学的技术方案，进行卤虫、对虾、鱼类等物种的生态增殖，对湿地环境进行保护。在生态维护系统内建设鱼虾生态增殖区、生物饵料繁殖区、卤虫增殖区、稻渔生态种殖区、鸟类人工岛、鱼类洄游通道、水循环渠道及耐盐植被区等系统，并通过系统内的水循环和水位调控实现系统内水系的长期稳定，进而保持土壤的含水量和湿地属性，防止该区域盐渍化。在稻田湿地实施稻渔综合种养，增加湿地生物量，为鸟类提供丰富的食物来源和良好的栖息环境。恢复和重建渔苇湿地生态系统，为渔苇湿地生物提供良好的栖息生存环境。

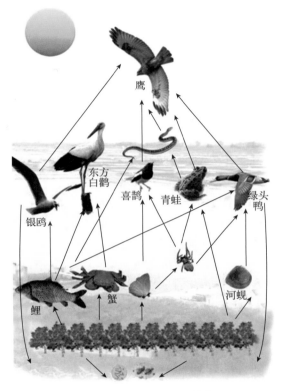

图 9-2 滨海湿地食物网（宋菲菲，2014）

湿地内重点保护鸟类 80 余种，为鸻形目的鸻科、鹬科、反嘴鹬科、鸥形目的鸥科等鸟类和部分雁形目的鸭科、鹈形目的鹭科、䴙䴘科的普通䴙䴘、鹳形目的东方白鹳等，还有大量的雀形目等其他鸟类 300 余种。通过"浮游生物→卤虫→虾→鱼""植物→昆虫→小型动物"的合理生态增殖，建成多营养层级的生态食物链和食物网（图 9-2），提高区域内的生物多样性，并建设鸟类栖息岛，为鸟类栖息和繁殖提供生境保障和食物保障。

4. 社会效益和生态效益统一原则

正确处理资源保护、合理利用和可持续发展的辩证关系，协调好整体利益与局部利益、长远利益和当前利益的关系。在建立生态维护系统的同时，适度合理利用保护区内资源，将资源保护、生态环境建设与科研、科普、文化、教育等有机结合，实现社会效益和生态效益的统一。

5. 科技先导、科学管理原则

本规划方案尊重自然规律，根据湿地自然保护区的功能、资源特征和保护对象的特点等进行科学合理的规划。在湿地生态维护过程中，遵从国家、地方相关条例法规，以科技为先导，利用科学手段提升保护区管理水平，避免盲目性、短视性、功利性行为，有计划分步实施湿地生态维护方案。

6. 坚持社企共建原则

由区域内信誉高、实力强、有责任有担当的国企或科技型民企承担湿地维护行动，以此为统领，由农场所在地职工广泛参与，开展湿地的社（区）企（业）共建养护工作。按照国家、地方法规制定实施细则，在湿地保护区管理处的指导下签订协议、实施和运作。

四、功能定位

1. 生物多样性保护功能

通过生态增殖和自然繁殖等方式提高保护区内水生生物的生物种类和丰富度，形成该区域完善的多营养层级的生物链，保护湿地的生物多样性特征。

2. 鸟类招引功能

通过大水面改造、稻田改造、鱼苇协调维护等，在大水面区域建造人工岛，并通过水位调控等措施提供适宜的觅食环境，招引国家重点保护的珍稀鸟类如东方白鹳、丹顶鹤、白琵鹭及燕隼、红隼、毛脚鵟、鸢、鹗、白腹鹞、白尾鹞、鸮等鸟类在此栖息摄食，为众多䴙䴘类、鹭类提供繁殖地。

3. 以湿养湿、综合利用功能

在保护湿地生态环境、生物多样性和鸟类的同时，在实验区人工放养一些鱼虾蟹类为鸟类提供摄食来源，鸟类摄食后剩余的或一些不能越冬的鱼虾蟹类可间接换取经济效益，使湿地和鸟类保护区既有良好的生态效益，又可获得一些经费补充，以此"以湿养湿"，逐步实现保护区的良性循环。同时在保护区的实验区适当兼顾旅游观光功能的发展，为社会人文发展提供服务。

4. 生态维护系统的示范功能

通过技术创新，实现水系和食物链双循环，提升水生生物多样性和丰度，为保护区鸟类提供适宜的觅食、停歇和繁殖场所。建立新型生态维护模式，为探索湿地保护和合理利用提供示范效应和科教基地。

五、保护区内湿地分布情况汇总

1. 保护区核心区、缓冲区内湿地分布情况

① 稻田湿地。第七农场北五斗 1～7 农共约 3 400 亩。②库塘湿地。第十一农场落潮湾西水库约 2 650 亩。③芦苇湿地。第七农场北六斗 7～12 农 2 400 亩。④鱼苇湿地。共约 7 000 亩。其中，四号地 2 400 亩，第七农场北六斗 3～4 农 500 亩，北五斗 9～10 农 250 亩，北五斗 14～16 农 1 300 亩，原湿地迷宫第七农场南五斗 1～4 农 2 000 亩，第七农场南四斗 550 亩。⑤淡水湿地。共约 29 090 亩。其中，第十一农场区域 19 240 亩，第七农场区域 9 850 亩。⑥海水湿地。共约 8 650 亩。其中，第七农场北六斗 1～7 农 2 400 亩，惠通水产区域 6 250 亩。⑦卤水湿地。共约 12 550 亩。其中，第十一农场区域 5 000 亩，惠通水产区域 7 550 亩（图 8 - 4）。

2. 保护区实验区湿地分布情况

① 稻田湿地。共约 8 385 亩。其中，第十一农场区域 5 785 亩，第四农场区域 2 600 亩。②库塘湿地。共约 5 500 亩。其中，第十一农场落潮湾水库 4 500 亩，多玛乐园 1 000 亩。③淡水湿地。共约 24 481 亩。其中，第十一农场 5 905 亩，第四农场 11 756 亩，第七农场四斗 1～8 农 3 200 亩，曹妃北湖区域 3 620 亩。④鱼苇湿地。第十一农场区域约 475 亩。⑤海水湿地。共约 8 130 亩。其中，第十一农场区域 630 亩，冀东油田老爷庙区域 6 200 亩，惠通水产区域 1 300 亩。⑥卤水湿地。惠通水产区域 3 400 亩（图 8 - 4）。

第三节　海水湿地与水鸟栖息地维护方案与实施

 项目概况

1. 地理位置

海水湿地退养还湿项目区位于曹妃甸湿地和鸟类省级自然保护区三号地、惠通水产海水养殖区，包含湿地的小部分核心区、缓冲区和试验区（图9-3），总面积13 800亩；其中，位于核心区和缓冲区的卤虫增殖区面积7 550亩（图8-4）。项目规划区四至坐标为：118°17′36.24″E、39°10′29.96″N；118°18′38.04″E、39°10′34.03″N；118°18′45.14″E、39°09′21.55″N；118°18′59.98″E、39°09′32.70″N；118°20′39.16″E、39°09′37.49″N；118°20′43.49″E、39°08′48.85″N；118°17′43.04″E、39°08′40.22″N。

图9-3　项目规划与实施范围

2. 项目区性质与功能定位

（1）项目区性质

项目区原始地是潮间带"斥卤不毛"的光板地，自1956年开始进行围海垦殖，通过50多年的土壤改良的生草过程，形成人工沼泽湿地。近几十年来主要进行海水池塘养殖和卤水池塘养殖，逆转为咸水湿地，逐渐形成了新的咸水环境生态系统，属滨海咸水湿地。通过科学的技术方案进行咸水环境卤虫、对虾、鱼类等物种的增殖，进而实现湿地环境的保护。①湿地的生境保护。在生态维护系统内建设卤虫增殖区、鱼虾生态增殖区、沉降与生物净化渠、进排水渠系、水循环和补给装备等系统，并通过系统内的水循环和水位调控实现系统内水系的长期稳定，从而保持土壤的含水量和湿地属性，防止该区域盐渍化。②湿地水鸟栖息环境的维护。重点保护对象为80余种鸻形目鸟类和部分雁形目的鸭科，鹈形目的鹭科，鸊鷉科的普通鸊鷉，鹳形目的东方白鹳等，此外还有大量的雀形目鸟类等300余种。通过"卤虫-对虾-鱼"的合理生态增殖，建成多营养层级的生态生物链，并建设鸟类栖息岛，为鸟类

栖息和繁殖提供多种保障。

（2）功能定位

① 生物多样性保护功能。通过人放天养和自然繁殖达到保护区内水生生物的增殖效果，形成该区域完善的多营养层级生物链，保护湿地的生物多样性特征。②鸟类招引功能。通过人工岛营造和水位调控招引国家重点保护的珍稀鸟类，如东方白鹳、丹顶鹤、白琵鹭及燕隼、红隼、毛脚鵟、鸢、白腹鹞、白尾鹞、鹗等物种在此栖息，为鸻鹬类、鹭类等提供繁殖地。③生态维护系统的示范和科研功能。通过生态维护模式的建立，探索湿地保护和合理利用的新模式，通过技术创新提升水生生物多样性和丰富度，并为保护区鸟类提供适宜的觅食、停歇和繁殖场所。

3. 主要内容

本项目以保护湿地生态系统稳定、提高系统内生物多样性为前提，主要进行生态维护系统构建和鸟类栖息岛建设，在该区域内构建湿地生态维护系统，建设水鸟栖息岛和数字化监测装备。通过系统内水循环和水位调控实现水系的长期维护和稳定，保持土壤中水分和湿地属性。区域内布局卤虫增殖区、鱼虾增殖区、沉降与生物净化渠、进排水渠系、水循环和补给装备等功能区域，通过定期补水达到水循环和水位调控的功能；建立以卤虫为核心的湿地生态维护系统（Artemia Based Eco‐culture System，ABC System），形成系统内完善的多营养层级生物链。该系统具有水域自净能力，同时可提高系统内生物多样性和丰度，为鸟类提供丰富的食物饵料。通过在鸟类主要集聚地建设栖息岛招引鸟类，完善区域内鸟类的保护功能，实现区域内的湿地生态系统的稳定和鸟类与水生生物的共生共养。

（1）湿地生态维护系统构建

布局以卤虫为核心的生态维护系统，面积 13 800 亩，兼顾鱼虾生态增殖，利用系统内生物饵料与有机物的能量传递实现湿地生态维护，为湿地鸟类提供优良而充足的食物。主要包括卤虫增殖区、鱼虾生态增殖区、沉降与生物净化渠、进排水渠系、水循环和补给装备等功能区域。

（2）水鸟栖息岛建设

在项目地第七农场南六斗 1～3 农、总面积为 1 500 亩的生态维护系统内建设 5 座鸟类栖息岛。并在栖息岛周边建设浅水区，为鸟类提供栖息和觅食场地。在栖息岛浅水区外挖掘 2～3 m 的深水区（渠），为保障冬季鱼虾存活提供条件，这些鱼虾可为鸟类提供冬季食物，并为翌年提供生物种源。

（3）数字化监测装备建设

在生态增殖区、鸟类栖息岛、进排水系统定点安装水质和视频监测系统，监测水体的温度、盐度、溶解氧、pH 等水质指标，同时监测保护区内鸟类的数量变化、人员流动情况，建立保护区内区域化的数字化监测系统。

4. 核心技术与创新点

该实施地属于人工湿地，退养还湿后若缺少科学人工管理措施，将会出现湿地次生盐渍化、沼泽化和湿地功能退化等现象。多年的实践证明：科学的人工管理和相关科学技术能够支撑和维系人工湿地的属性，并提高生物多样性和丰度，为鸟类提供卤虫、对虾、鱼类、贝类等多种形式的食物来源，对湿地生态系统具有优化和完善作用，可实现生态、经济的和谐与双赢发展。

（1）核心技术

1）卤虫增殖系统构建技术。区域内通过水泵将自然海水纳入鱼虾生态增殖区，进行鱼虾生态增殖（盐度15～35），然后其尾水排放到沉淀与生物净化渠中进行适当沉淀处理，这些水体携带浮游生物以及有机物颗粒，进入卤虫增殖区为卤虫提供食物，并通过卤虫的滤食作用对水体进行净化处理；同时海水不断蒸发，水体盐度不断提高（盐度60～80），更适宜卤虫的生长和繁殖。通过该技术实现天然海水变换成高盐水，确保卤虫增殖的生态维护。

2）水循环与净化技术。通过定期使用微生态制剂，如芽孢杆菌、乳酸菌、光合细菌等，对水体中的有机物、亚硝酸盐、氨氮等有害物质进行降解，使其形成无害物质，从而达到净化水质、稳定水质的目的。另外，把对虾增殖池尾水排放到卤虫池中，卤虫可以摄食水体中的有机物颗粒，有助于减少有机物腐败，从而也达到净化水质、稳定水质的目的。由此，该系统中可以实现长时间不换水、不腐败，真正做到节约用水。

3）湿地的新型维护方式——ABC System。区域内布局卤虫增殖区、鱼虾生态增殖区、沉降与生物净化渠、进排水渠系、水循环和补给装备等功能区域。通过补水将水纳入鱼虾生态增殖区进行鱼虾增殖（盐度在15～35），将尾水排放到沉淀与生物净化渠中进行沉淀处理，这些水体携带浮游生物以及有机物颗粒，进入卤虫增殖区为卤虫提供食物，对水体进行净化处理，同时可下调卤虫增殖区池塘的盐度。本系统是以卤虫为基础的生态维护系统，兼顾鱼虾增殖，利用了系统内生物饵料与有机物能量传递，替代了投喂颗粒饵料，解决了外援饵料投喂问题。通过系统内水体的循环利用，减少水的排放量和对环境的污染。同时，该系统产出的卤虫、对虾、鱼类等为鸟类的栖息和繁殖提供了丰富的生物饵料。整体上来说，这一技术保证了人工湿地的生态性、水体流动性和水生生物丰富度，为湿地鸟类的生存和栖息繁衍提供了重要保障。

（2）创新点

该方案的实施，可实现湿地生态系统的水循环、生物饵料的多营养层级自有循环和生物饵料多样性，有效解决了外援饵料投入带来的生态污染问题，为鸟类提供了丰富的食物来源，为鸻鹬类及东方白鹳等水鸟提供了繁殖和觅食场所，增加了保护区生物多样性，可实现湿地生态系统的可持续性。

5. 主要技术指标

本项目区域退养还湿后，实施生态维护模式，推行水生生物的生态维护、鱼鸟共生模式，具体生态、经济技术指标如下：

1）水质净化作用。通过湿地生态系统维护能够有效维护系统内的水环境，通过系统内的水循环和自净能力，使氨氮、亚硝酸盐等有害物质维持在较低水平，并保持平衡。湿地大水面内部实现水循环利用，减少尾水排放90%以上。

2）生态增效作用。提高系统内梭鱼、鲈、虾虎鱼、斑鰶、黄鲫、银鱼、花蛤、白蛤、牡蛎、海螺、毛蚶、海蛏子、海蟹、对虾、轮虫、卤虫、桡足类、糠虾、沙蚕等生物饵料的生物量，为鸟类提供丰富的生物饵料。

3）鱼鸟共生作用。建设5个长方形岛式鸻鹬鸟类繁殖地，每个人工鸟岛顶部面积约1 000 m²、底部面积约9 000 m²，招引鸻鹬类和燕鸥类等鸟类8～10种，数量约10 000只。拟招引春秋迁徙期水鸟（数量约20 000只）在项目实施地栖息觅食。鸟类食用量是卤虫、鱼虾增殖总量的 20％～30％，鱼鸟共生作用显著，让曹妃甸湿地保护区成为东亚—澳大利西亚鸟类迁飞路线上的重要停歇地和中转站。

二、 实施方案与技术工艺

1. 总体布局

区域内布局卤虫增殖区、鱼虾生态增殖区、沉降与生物净化渠、进排水渠系、水循环和补给装备等功能区域。其中卤虫增殖区 7 280 亩，鱼虾生态增殖区 6 060 亩，其他沟渠道路等约 460 亩。区域内通过补水泵将水补充到鱼虾生态增殖区，进行鱼虾生态增殖（盐度在 15～35），维护过程中通过换水将水排放到沉淀与生物净化渠中进行沉淀处理，整个过程中水不断蒸发，水体盐度也不断提高，这些水体携带浮游生物以及有机物颗粒，进入卤虫增殖区为卤虫提供食物，从而对水体进行净化处理（图 9-4）。

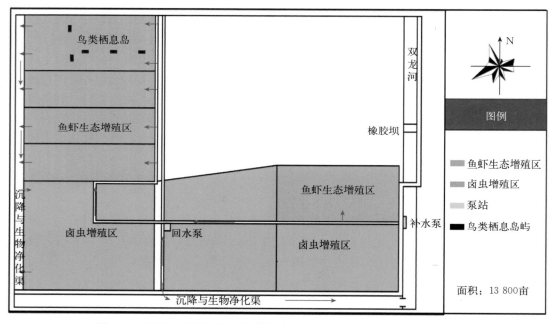

图 9-4　湿地与鸟类栖息地维护方案项目实施地总体布局平面示意图

本系统是以卤虫为核心的生态维护系统，兼顾鱼虾生态增殖，利用了系统内生物饵料与有机物的能量传递，解决了系统内投饵问题。同时，通过系统内水循环和自身净化，减少尾水的排放量及其对环境的影响。

2. 海水湿地生态维护技术工艺

（1）系统内水循环与水质调控

生态维护系统内实现了不同功能单元营养的层级利用，水通过鱼虾生态增殖区—沉淀与生物净化池—卤虫增殖区进行循环，海水随着蒸发盐度不断增加，进入卤虫增殖区后进行卤虫的增殖；同时也将鱼虾生态增殖区内的营养物质带入卤虫增殖区供卤虫食用，起到净化水质的作用。生态维护末期产生的高浓度卤水通过管道输送至项目临界地南堡盐厂，将高盐度卤水用于海盐生产，实现系统水循环的终极利用和零排放。

从长期监测的水质调查结果（表 9-1）可以看出，鱼虾生态增殖区和沉淀与生物净化池中的有害物质亚硝酸盐和氨氮含量较低，说明通过鱼虾生态增殖模式在低密度、无外源饵料投喂条件下产生的亚硝酸盐和氨氮较少，并通过沉淀与生物净化池和系统内的自净作用使有害物质的含量降到更低，这种模式符合湿地生态维护的特点。

表 9-1　区域内不同功能区的水质调查结果

功能区	时　间	检测项目	检测结果范围	平均结果
对虾生态增殖区	2017 年 8 月 18 日至 8 月 25 日	pH	8.3～9.2	8.9
	2017 年 8 月 18 日至 8 月 25 日	DO	1.5～5.5	3.9
	2017 年 8 月 18 日至 8 月 25 日	亚硝酸盐	0	0
	2017 年 8 月 18 日至 8 月 25 日	氨氮	0.10	0.10
	2017 年 8 月 18 日至 8 月 25 日	盐度	35～40	39
沉降与生物净化渠	2017 年 8 月 18 日至 8 月 25 日	pH	8.8～8.9	8.9
	2017 年 8 月 18 日至 8 月 25 日	DO	4.0～4.1	4.1
	2017 年 8 月 18 日至 8 月 25 日	亚硝酸盐	0	0
	2017 年 8 月 18 日至 8 月 25 日	氨氮	0.07～0.08	0.07
	2017 年 8 月 18 日至 8 月 25 日	盐度	39～40	39
卤虫增殖区	2017 年 8 月 18 日至 8 月 25 日	pH	9.0～9.5	9.3
	2017 年 8 月 18 日至 8 月 25 日	DO	2.6～5.0	3.8
	2017 年 8 月 18 日至 8 月 25 日	亚硝酸盐	0.01～0.05	0.03
	2017 年 8 月 18 日至 8 月 25 日	氨氮	0.20～0.40	0.30
	2017 年 8 月 18 日至 8 月 25 日	盐度	75～85	80

另外，鱼虾生态增殖区的尾水经沉淀与生物净化渠循环进入卤虫增殖区，同时鱼虾生态增殖系统中排出的粪便等有机物也随即被带入卤虫增殖区。卤虫通过滤食作用将水体中的有机物摄取到体内进行利用，卤虫作为水体中氮的负载者被鸟类捕食，从而维持系统中氮的平衡和水体的自净作用。需要指出的是，卤虫增殖区的亚硝酸盐和氨氮略有升高，是由于水分的蒸发和有机物的输入，但随着卤虫对水体中氮的不断摄取而达到一种较为稳定的平衡状态，维持良好的生态环境。

（2）卤虫的增殖工艺

1）卤虫卵的投放时间。鱼虾生态增殖区和卤虫增殖区均进行卤虫的增殖，卤虫增殖主要进行卤虫卵的投放，投放时间是每年的 3 月底至 4 月初，水温在 8～13 ℃时进行。卤虫卵的投放时间还要根据鸟类的栖息活动适时调整，以保障早期迁徙水鸟的食物供给。

2）卤虫卵投放密度。根据鸟类栖息活动对食物的需求以及该区域的生态环境承载力，一般在鱼虾生态增殖区投放 300 g/亩的卤虫卵，在卤虫增殖区投放 500 g/亩卤虫卵，并根据鸟类的数量以及对卤虫食物的需求量适时调整密度。

3）基础生产力维护与卤虫生长。根据湿地生态维护的特点以及卤虫的生长需求，为满足卤虫的快速生长，同时为了获得足够数量的卤虫供鸟类食用，需要对生态维护系统中的基础生产力进行维护，在卤虫增殖水体中投放肥藻膏（有机肥）、益生菌等，提高水体的基础生产力，为卤虫增殖和生长提供天然食物。卤虫一般在 15～30 ℃温度条件下生长迅速。

卤虫经过约半个月的培养，长成成体并繁殖后代。卤虫有两类生殖方式，即孤雌生殖和两性生殖。卤虫的繁殖有卵生和卵胎生，卵生是指子代以卵的方式自母体内产出，卵胎生是指子代自母体内产出时已孵化为小的无节幼体。雌性卤虫的生殖系统能形成两种类型的卵——冬卵和夏卵。一般认为环境条件好时产夏卵，条件较差时产冬卵。冬卵又称休眠卵、耐久卵，是增殖中所使用的卤虫卵。

4）生物量调控。根据本区域鸟类栖息迁徙特点、卤虫的增殖特性以及区域内生物量大小，每年 5 月初至 9 月中旬对区域内的卤虫生物量进行调控，并适度利用。根据鸟类数量及其对食物的需求量调整卤虫留存数量，留存的部分卤虫一方面作为种源继续进行增殖，另一方面供鸟类觅食。此外，定期进行收获并适度利用，一方面控制区域内的卤虫生物量，保障系统的种群稳定和平衡，另一方面应用收获的卤虫为对虾增殖提供食物。增殖的对虾是大型水鸟重要的食物来源。

卤虫生物量的调控方式：定期用聚乙烯密网制成的拉网在池中直接收取活体卤虫，而卤虫卵则采用 80～100 目的筛绢抄网收取。

（3）鱼虾生态增殖区技术工艺

1）增殖品种的选择。根据鸟类对食物的喜食程度，选择对虾和鱼类进行生态增殖，其中鱼类选择梭鱼、虾虎鱼、斑鰶、虎头鱼（纹缟虾虎鱼）等种类，对虾选择本地主要增殖种类——中国对虾、日本对虾、凡纳滨对虾（南美白对虾）。部分鱼类增殖品种可采用从天然海域中诱捕所得活体进行放养，对虾一般从育苗场选购苗种进行放养。放养前对对虾苗种进行有害微生物检测，禁止将携带病原的虾苗带入保护区。

2）饵料生物的培养。每年 3 月中旬，将鱼虾生态增殖区注满水，3 月底至 4 月初，水温在 8～13 ℃时，投放 300 g/亩卤虫卵，5 月中旬时卤虫的密度达到 15 万个/m³，然后进行对虾苗种和鱼类苗种的投放，为对虾和鱼类成长提供优良的天然饵料。

3）苗种投放时间。对虾苗种一般在 5 月初至 6 月初投放，鱼苗和鱼种一般在 5—6 月进行投放，具体投放时间要根据鸟类的栖息活动适时调整，以保障鸟类的食物。

4）苗种的投放密度。根据鸟类栖息活动对食物的需求以及该地区生态环境的承载力，确定该地区的苗种投放密度。对虾一般投放 0.6～1.5 cm 的苗种，投放密度为 1.5 万～2.0 万尾/亩。鱼类密度不宜过大，鱼苗一般投放密度为 200～300 尾/亩。小型鱼类每亩可投放千尾以上。

5）系统内营养的层级利用。根据池塘中卤虫的数量，及时从卤虫增殖区收取卤虫对鱼虾生态增殖区进行饵料的补充，不仅满足对虾生长需求，同时替代颗粒饵料的投喂。

6）生物量的调控。每年 8 月到 10 月上旬对系统内对虾和鱼的生物量进行调控，并适度利用，根据鸟类的活动情况适时调整时间。冬季来临之前，依据湿地保护区内鸟类的活动情况以及鸟类对饵料的需求，并根据对虾和鱼类对环境气候的耐受能力，防止鱼虾低温死亡造成生态破坏和疾病传播，依据鸟类对食物需求的多少调整系统内生物的留存数量，合理控制对虾和鱼类的生物量。

7）鸟类食物密度控制。鸟类食物密度是指保护区单位面积生态维护系统内鸟类能够摄取的对虾、鱼、卤虫等活体数量。依据季节气候变化，同时根据鸟类生长和迁徙规律，适时调节饵料密度，在控制生态系统生物总量的同时保证鸟类有充足的食物量。生态系统维护前期（4—6月），逐步进行卤虫、虾苗、鱼苗等生物种类的投放，保障饵料密度为 $80\sim100$ 个$/m^2$；生态系统维护中期（7—9月），对系统内的对虾和卤虫的生物量进行适当调控，饵料密度控制在 $50\sim60$ 个$/m^2$；生态系统维护后期（10月）迁徙鸟类逐渐抵达，人类活动逐步退出，为鸟类提供充足食物保障，此时卤虫量减少，系统内饵料构成应以成虾、鱼为主，保障饵料密度为 $20\sim30$ 个$/m^2$；生态系统维护末期（11—12月），迁徙鸟类南下，在不冻区，根据实际情况适时补充卤虫等饵料，保障越冬鸟类的食物供给，鱼虾密度 $5\sim10$ 个$/m^2$，卤虫卵若干，为项目区冬季鸟类聚集的池塘中补充卤虫卵等食物，保证冬季食物补给。

（4）区域内的管理

1）水位控制。根据系统内湿地水质状况以及地质特点，实时调整湿地系统的水位，保持湿地环境中的水系稳定，保护湿地属性。同时，根据鸟类迁徙季节、水鸟大小和不同习性，控制水位以保障良好的觅食环境。在池塘边缘营造 $0\sim30$ cm 的浅水区，为涉禽鸟类提供觅食场所；在池塘中部及人工鸟岛外缘营造深水区，为大型游禽提供栖息和觅食场所，也为保障冬季鱼虾存活提供条件。

2）生态系统的维护管理。生态系统维护是在保护湿地生态环境、维持鸟类栖息和觅食的基础上而进行的湿地系统管理。此过程中禁止一切破坏湿地生态环境的操作，根据鸟类和增殖生物的习性调节水位深度和透明度，维持系统内水系的稳定。利用数字化监测装备定期监测水体的溶解氧、水温、盐度、pH、透明度、氨氮、亚硝酸盐、COD、总氮、总磷、农药等指标；并通过视频监测系统定期观察增殖生物的活动、摄食、生长、数量及健康情况，同时监测保护区内鸟类的数量变化、人员流动情况。

3）加强环境管理。设定专人管理、巡视、维护、水质监测及鸟粪的理化处理。鸟粪处理方法：短期用生石灰处理；对长期积累的鸟粪进行集中发酵处理，或使用活菌（如枯草芽孢杆菌、乳酸菌、面包酵母菌等有益菌）进行鸟粪的生物高效分解、清洁处理。

4）人类行为管理。在湿地保护区内控制设备数量，减少人类活动和机械的干扰；特别是在鸟类繁殖期，限制或禁止人类进入鸟类集中区域；严查在保护区内垂钓、捕鸟、拣鸟蛋等违法违规行为。

3. 项目区内水鸟栖息繁殖地的修复和营造方案

多年以来，随着保护区环境的改善，项目区内的维护措施得力，鸟类食物充足，水鸟种类和数量不断增加；然而却缺少足够的水鸟繁殖场地，适合鸻鹬类繁殖的场地更少。因此，急需增设水鸟的栖息、繁殖场所。该方案通过营造人工鸟岛、周边浅水区和深水区为水鸟尤其是鸻鹬类提供繁殖栖息场地，为东方白鹳和鹭类等水鸟提供觅食场所。

(1) 建设地点

鸟岛项目地选择在保护区第七农场南六斗1～3农，具体见图9-4和图9-5。该区域主要是鱼虾生态增殖区域，区域内生物饵料的多样性较高，有卤虫、对虾、虾虎鱼、梭鱼等，可满足不同鸟类的摄食需求，同时该区域是湿地保护区较为核心的地区、鸟类的主要集聚地，也是退养还湿的重要区域。调研显示，第七农场南六斗1～3农为鸻鹬类和东方白鹳主要的聚群地，鸟类活动频繁，是鸟类觅食栖息的重点场所。因此，项目建设地选择靠近湿地保护区中心位置的南六斗1～3农，区域面积为1 500亩。

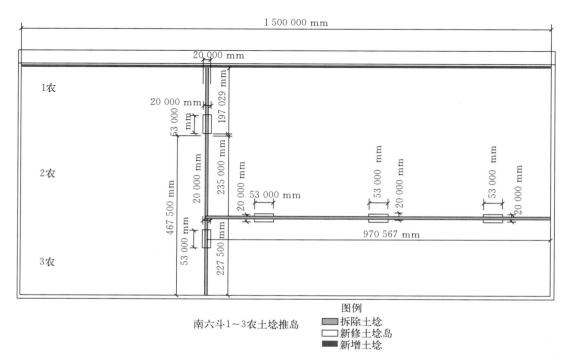

南六斗1～3农土埝推岛

图例
拆除土埝
新修土埝岛
新增土埝

图9-5 海水湿地保护区内鸟类栖息岛布局图

(2) 建设规划

建设5座人工鸟岛作为鸻鹬鸟类繁殖地，招引反嘴鹬、黑翅长脚鹬、环颈鸻，金眶鸻、剑鸻、普通燕鸥、白额燕鸥、红嘴巨鸥、须浮鸥等繁殖鸟10余种，数量达到1万只。人工鸟岛的布局如图9-5所示。对南六斗1～3农之间的堤埝进行拆除，土方用于构建人工鸟岛。

(3) 鸟类人工岛建设方案

每个人工鸟岛建设规格顶部为53 m×20 m，人工鸟岛横切面为等腰梯形结构，高度为3 m，梯形上端长度为20 m，下端长度为80 m，岛的坡比为1∶10（图9-6）。人工鸟岛上方每平方米堆放200～300 g石硝（直径1～2 cm的石子）为一处巢区。人工鸟岛周边留有0～30 cm浅水区，为水鸟提供栖息、觅食场所；此外，在栖息岛浅水区外挖掘3～4 m的深水区（渠），为保障冬季鱼虾存活提供条件，这些鱼虾可为鸟类提供冬季食物，并为翌年提供生物种源。

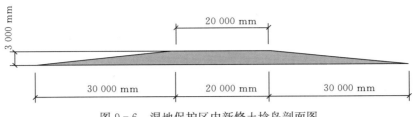

图 9 - 6　湿地保护区内新修土埝岛剖面图

（4）数字化监测装备建设

在生态维护区、水鸟栖息岛、进排水系统定点安装水质和视频监测系统，以监测水体的温度、盐度、溶解氧、pH 等水质指标，同时监测保护区内鸟类的数量变化、人员流动情况，建立保护区内区域化、数字化监测系统。

4. 湿地恢复效果跟踪监测

每年对湿地恢复效果进行跟踪监测，监测内容主要包括水文、土壤、植被和鸟类等。水文包括水位、透明度、水温、盐度、pH、溶解氧、氨氮、亚硝酸盐、总氮、总磷、生化需氧量、叶绿素 a、浮游植物、浮游动物、底栖生物等。土壤主要包括土壤成分及颗粒组成、pH、容重、全氮、全磷等。湿地植被主要包括植物种类、植被类型和面积等。湿地动物主要包括优势物种和数量；鸟类主要包括鸟类的主要种类和数量，水生生物主要包括水生生物的主要种类和数量。

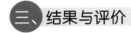 **结果与评价**

1. 结果

（1）卤虫收获

每年 3—4 月添补卤虫卵 300～500 g/亩，收获时间为 5—9 月；2016—2018 年，卤虫增殖区卤虫鲜虫收获总产量分别为 400.8 万 kg、446.4 万 kg 和 451.2 万 kg，平均亩产为 835 kg、930 kg 和 940 kg；卤虫卵收获总产量分别为 3.39 万 kg、3.25 万 kg 和 3.10 万 kg，平均亩产为 7.06 kg、6.77 kg 和 6.46 kg（表 9 - 2）。在此期间，卤虫虫体供鸟类及虾类共同食用。

表 9 - 2　卤虫种养与净化区收获情况

年份	种养面积 （亩）	卤虫总产量 （万 kg）	卤虫亩产 （kg）	卤虫卵总产量 （万 kg）	卤虫卵亩产 （kg）
2016	4 800	400.8	835	3.39	7.06
2017	4 800	446.4	930	3.25	6.77
2018	4 800	451.2	940	3.10	6.46

（2）对虾收获

每年 5—6 月投放规格为 1.5 cm 的虾苗 1.5 万～2.5 万尾/亩，对虾收获时间为 8—10 月；

2016—2018 年，鱼虾增殖区对虾总产量分别为 113 621 kg、127 918 kg 和 148 883 kg，亩产分别为 25.25 kg、34.57 kg 和 41.36 kg（表 9 - 3）。在此期间，池中生长的对虾供鸟类采捕食用。

表 9 - 3　鱼虾生态增殖区对虾收获情况

捕捞品种	捕捞时间	规格（尾/kg）	养殖面积（亩）	产量（kg）	总产量（kg）
对虾	2016 年 8 月	60	4 500	28 979	
	2016 年 9 月	50	4 500	79 661	113 621
	2016 年 10 月	45	4 500	4 981	
	2017 年 8 月	61	3 700	19 351	
	2017 年 9 月	50	3 700	87 142	127 918
	2017 年 10 月	45	3 700	21 425	
	2018 年 8 月	60	3 600	35 795	
	2018 年 9 月	50	3 600	97 743	148 883
	2018 年 10 月	40	3 600	15 345	

（3）东方白鹳调查

2015—2018 年，为候鸟护航行动组织在湿地保护区调查到东方白鹳分别为 700 只、1 200 只、1 800 只和 2 500 只，其中惠通公司生态种养区（项目规划实施区）分别为 200 只、350 只、500 只和 800 只，分别占 28.6%、29.2%、27.8% 和 32.0%（表 9 - 4）。

表 9 - 4　东方白鹳 2015—2018 年调查数据

年份	为候鸟护航行动调查（只）	惠通公司生态种养区调查（只）	占比（%）
2015	700	200	28.6
2016	1 200	350	29.2
2017	1 800	500	27.8
2018	2 500	800	32.0

注：为候鸟护航行动由相关政府部门组织领导，其发布数据由相关部门认同。

2. 专家评价

项目区规划方案与实施符合《河北省湿地自然保护区规划（2018—2035 年）》和《河北曹妃甸湿地和鸟类省级自然保护区规划（2018—2035 年）》文件和政策等要求，构建了以卤虫为核心的湿地生态维护系统，通过扩大卤虫资源、净化水质、完善湿地生态系统内食物链构成和维护生态系统稳定达到了保护湿地环境的目的，并可保持湿地环境中的水资源、维持湿地生态系统的稳定性，为水鸟栖息地提供了良好环境。

ABC System 生态种养模式为鸟类提供了卤虫、对虾、鱼类、贝类等多种形式的食物来源，对湿地生态系统具有优化和完善作用，实现了生态与经济的和谐与双赢发展。

第四节 实验区淡水湿地生态养殖规划与实施

一、实验区淡水湿地生态养殖概况

1. 规划区地理位置

本规划项目包括第十一农场北部区域、第四农场、曹妃北湖区以及第七农场四斗区实验区的淡水湿地，规划面积共计 24 481 亩，均为养殖池塘。其中，第十一农场（北部零散分布）5 905 亩，第四农场 11 756 亩，第七农场四斗 1～8 农 3 200 亩，曹妃北湖区域 3 620 亩（图 9 - 7）。

图 9 - 7 实验区淡水湿地规划区域分布示意图

2. 规划原则

项目区按照"科学评估、生态优先、以湿养湿、排放达标"的原则进行方案的制定，通过方案的实施实现湿地维护和鸟类共生共养的目标。

（1）科学评估

对该区域的池塘养殖环境进行科学的评估，科学分析水环境中的生物量以及池塘底质和水质条件，评价周围水源的稳定性和污染状况，并根据生物种类和生物量等初级生产力的分析评估池塘养殖系统的生物种类和容纳量，为后期的生态增养殖和科学地投饵提供理论依据。

（2）生态优先

规划区域的核心区和缓冲区实施人放天养，根据湿地保护区管理处的规定与企业签署协议，在湿地保护区管理处的指导下及在无公害、无污染、无干扰、无破坏湿地生物多样性的前提下进行人放天养，进而保护湿地的生态属性。通过增殖提高区域内生物量为鸟类提供足够的栖息、繁殖和觅食空间，达到生态补偿的目的。

规划区域的实验区实施生态增养殖，根据农业农村部等 10 部门印发的《关于加快推进水产养殖业绿色发展的若干意见》（2019 年 2 月），大力发展生态健康养殖。区域积极围绕"水"字谋发展，聚焦"水"字促转型，改变"散乱差、乱排乱放、高密度养殖"的现状，推动科技创新与水生态建设的深度融合，发展生态优先的水产养殖，形成生态养殖格局。生态养殖池是在原有池塘的基础上以小改大，形成 10 亩以上水体较大、水质稳定、生态平衡的养殖单元。并根据不同品种的营养需求，开展多品种、多营养层次养殖及不同养殖品种的综合混养，提高池塘环境中的营养综合利用率，从而减少养殖环境中的富营养化，维持生态环境的平衡。同时，不同养殖品种综合混养还能提高养殖环境中的生物多样性，为不同鸟类提供丰富的食物及提高湿地系统的稳定性。

（3）以湿养湿

该淡水湿地属于半人工湿地，维持湿地系统的稳定性并保持湿地环境中丰富的生物量，需要人为定期对系统内补充水源，并对系统进行养殖生物的增殖。通过该区域内生态养殖生产高品质绿色水产品，打造湿地养殖产品品牌，建成水产养殖高质量发展的模式，提高湿地的生态效益和经济效益，用产生的经济效益来补充核心区和缓冲区湿地维护所需要的费用，从而达到以湿养湿的目的。

（4）排放达标

规划区域的实验区实施生态养殖，该区域以尾水减排、达标排放的生态保护理念推进养殖节水减排，加强养殖尾水的综合性利用技术和池塘循环水养殖技术的推广，实现养殖尾水资源再利用和达标排放。加强养殖尾水监测，依法开展水产养殖项目环境影响评价，严格落实池塘养殖尾水排放相关标准，实现水产养殖污染治理与生态养殖产品供给的有机统一。

3. 规划思路

本规划区域位于保护区的实验区，为限养区。限养区是在不影响鸟类保护区的自然环境和自然资源的前提下进行水产养殖，是禁养区和适养区的过渡区域。该区域以生态养殖为目标，以水域生物承载力为依据，坚持创新、协调、绿色、开放、共享的发展理念。①清理、清退不合规、不达标排放等的养殖池塘，以生态修复和环境保护为先导，重点加强区域内环境整治和生态修复工作，推广生态养殖和科学管理。②根据不同品种对营养需求的差异，合理规划功能区、进排水渠道以及不同养殖品种的养殖规模等，开展多品种、多营养层次养殖，通过不同营养层级的综合养殖，使系统中产生的粪便、有机物、营养盐等物质成为其他类型养殖单元的食物或营养物质来源，将系统内多余的物质转化到养殖生物体内，实现系统内物质的有效循环利用，提高池塘系统内营养层级的综合利用，增强湿地生态系统的平衡，减轻养殖对环境的污染。③在相应区域范围建设水质净化池，对区域内的养殖尾水进行净化，再通过水渠输送到养殖池塘。最终形成区域内水循环和生物链循环，提升系统内水的自净能力和保湿能力，提高养殖系统的稳定性，减少人为干扰和尾水的排放，为鸟类提供充足的饵料和栖息、觅食场所。④在区域内合理控制养殖密度，控制饲料的用量，养殖尾水排放应符合国家和地方规定的污染物排放标准，养殖过程中养殖者不能使用任何农药和禁用药物，并定期接受水产品质量和水环境的监测检查，从而生产绿色健康水产品，达到"提质增效、减量增收"的目的。

二、规划与实施方案

方案根据限养区的规定，在实施区域内池塘进行多品种综合生态养殖，并通过人工定期补充水源保持系统内水系的稳定性，提高池塘系统内营养层级的综合利用，增强湿地生态系统的平衡。并根据不同的区域分别建设大水面蓄水池、水质净化池、净化沟渠，对区域内的养殖尾水以及进水渠道的水进行净化处理，水质净化池的水达到养殖水质标准后再通过渠道输送到各个养殖池塘，从而形成系统内水的自循环，减少养殖水对外界环境的污染，同时也解决本地区缺水的问题。

根据实验区淡水湿地的地理现状将该区域分为四部分，分别为第十一农场北部区、第四农场区、曹妃北湖区以及第七农场四斗区（图9-7）。根据不同区域的状况制定生态养殖方案。其中第十一农场北部区与卤水养殖区相配合建立鱼虾生态养殖—卤虫增殖的异位净化生态增养殖系统；第四农场区、曹妃北湖区以及第七农场四斗区建立区域内水循环的生态养殖系统。

1. 异位净化生态增养殖系统规划方案

第十一农场北部区建立鱼虾生态养殖→卤虫增殖的异位净化生态增养殖系统，该区域面积共计5 905亩（图9-8）。该区域与西部的卤水养护区临近，其设计可与卤水养护区相配合，建成鱼虾生态养殖区、水质净化区、半卤过渡区、卤虫增殖区，建立鱼虾生态养殖（水质净化区）→卤虫增殖（生物饵料繁殖区）的生态维护系统，形成异位水循环和生物链循环（双循环），提升系统的自净能力和保湿能力。同时，系统内增殖的不同生物可为鸟类提供充足的生物饵料。其中，鱼虾生态养殖区（水质净化区）建设3个人工鸟岛；第十一农场西北部的鱼虾生态养殖区（水质净化区）和生物饵料繁殖区规划在第十一农场"卤水湿地生态养护方案"章节详述、并与其一起实施。

图9-8 异位净化生态增养殖系统分布示意图

（1）实施生态养殖、实现水资源综合利用

第十一农场的淡水生态养殖区的尾水排放到卤虫增殖区的鱼虾生态增殖区进行综合利用，并与其综合规划和联动实施。鱼虾生态养殖区（5 905亩）进行鱼虾的生态养殖，其中鱼虾生态养殖过程中产生的含有粪便、排泄物、残饵等有机物的水（盐度小于3）进入水质净化池，水质净化池可低密度放养鱼虾，富含有机物的水在水质净化池内进行初步的沉淀、酵解、氧化，然后进入生物饵料繁殖区，该区域对水进一步沉淀、净化和蒸发，水体盐度不断提高，并且水中的浮游生物也不断生长和增加，这些含有浮游生物的半咸水通过进水沟（渠）向卤虫增殖区补充，为卤虫提供丰富的饵料和新鲜的水源，卤虫增殖区内的部分高卤水可以通过换水的方式输送到临近盐厂提溴、晒盐。遇到大雨季节，为防止卤虫增殖区内的卤水漫堤进入临近池塘或公共水域、破坏周围淡水池塘的水环境，可以将该区域的卤水通过溢流沟回流到生物饵料繁殖区，对卤水进行系统内循环使用。

（2）实现多营养层级利用、构建丰富食物链

规划区域内不同营养级食物的充分利用，使鱼虾生态养殖区域内增殖的鱼虾可为鸟类提供丰富的饵料，鱼虾生态养殖区内富含粪便等有机物的排放水进入水质净化池进行沉降净化，然后进入生物饵料繁殖区，进行生物饵料的培养。第十一农场生态养殖区的尾水进一步将携带丰富生物饵料的水输入卤虫增殖区，为卤虫提供饵料。而卤虫增殖区生产的卤虫在为部分鸟类提供食物的同时，还可为鱼虾生态养殖区内的鱼虾提供饵料。由此，形成了系统内不同营养级的食物链。

2. 区域内水循环的生态养殖系统方案

区域内水循环的生态养殖系统主要建立在第四农场区、曹妃北湖区以及第七农场四斗区。该区域分为8个板块，共计18 576亩，第四农场淡水养殖池塘11 756亩，第七农场四斗1～8农3 200亩，曹妃北湖区域3 620亩。在该区域内完善和建设蓄水池、进排水渠、生态养殖池及水质净化系统，并合理利用增氧机和微生态制剂稳定水质，实施鱼虾生态养殖，提升水产品质量。因缺水，在靠近双龙河一侧增设大型蓄水池，用于储存养殖用水。在生物净化池中建设沉淀池、生物净化池，作为该区域内养殖尾水的净化系统，其主要目的是形成区域内养殖水的循环净化利用和达标排放。区域内池塘需要补充水时，先将养殖池水排入水质净化池塘，对尾水进行沉淀和生物净化后再返回池塘利用，为鱼虾生态养殖池塘提供优良的水源，循环利用、节约水源。

（1）不同养殖生物互利共生

鱼虾生态养殖区域实施多品种的混养，根据不同养殖生物之间的共生互补原理，使不同生物在同一环境中共同生长，实现生态平衡，使其具有较好的生态效益和经济效益。不同养殖生物互利共生可以使养殖系统内部的营养物质循环、高效利用，最大限度减少养殖废弃物的产生，此外，多品种混养形成对重要致病源的种间隔离、减少疾病发生和药物使用具有重要作用。

（2）区域内水的自净与循环

区域内构建水质净化系统，该系统利用自然生态系统中物理、化学和生物的三重共同作用，运用工程技术手段，实现对污水的净化，是对自然界恢复能力和自净能力的一种强化。在养殖系统的排水渠道设置多段溢流堰、跌水设施，减缓排水速度，促进养殖废水中颗粒物质的充分沉降；在渠底放养底栖生物等让其摄食养殖废水中的残饵、粪便等颗粒物质，同时利用跌水增加废水溶解氧，提高后续工艺净化效率。

　　该系统建设沉淀池和生物净化池，并利用目前先进的养殖水处理技术对养殖尾水进行沉淀和生物净化。区域内的鱼虾生态养殖区的养殖尾水通过完善的水渠进入水质净化系统，尾水经过系统净化后达到养殖用水标准，再通过进水渠进入养殖池塘。根据区域内水的蒸发情况，定期由外部水渠补水，外部输入的水同样先进入水质净化系统净化后通过水渠输入养殖池塘，从而形成了区域内水的自净与循环，避免尾水直接排放污染外部生态环境。

　　水质净化系统构成如图9-9所示，主要有三部分：水源水沉淀池、养殖尾水沉淀池和生物净化池。水源水沉淀池和养殖尾水沉淀池在两侧，生物净化池位于中间，水源水首先进入水源水沉淀池进行沉淀后再进入生物净化池，养殖尾水首先通过排水渠进入养殖尾水沉淀池进行沉淀后而进入生物净化池。生物净化池内通过水质净化生物、降解有机物的微生物等对水进行净化，达到养殖用水标准后通过输水渠道进入鱼虾生态养殖系统进行养殖水的循环利用。水质净化系统占养殖总面积的1/10左右，具体建设应根据地域生态条件、养殖模式和用水量需求进行调整。水源水沉淀池、生物净化池、养殖尾水沉淀池三者的大小比例为3：4：3。养殖尾水沉淀池、生物净化池中部分区域种植芦苇、蒲草等净水植物，水面设置生物浮床，如栽培马齿苋等；同时，投放少量草鱼、鲢、鲤、鲫控制水草和有机物。此外，在水体中施用微生态制剂对水质进行深度净化。

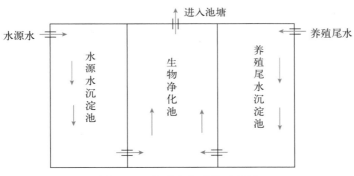

图9-9　水质净化系统示意图

（3）科学划分水循环区域

　　根据第四农场区、曹妃北湖区以及第七农场四斗区的淡水池塘水路和地域分布情况以及为方便管理等，科学划分区域内水循环池塘，实施部分池塘的局部微循环。因地制宜，局部微循环区域的水质净化系统尽量选择大水面的池塘，减少实施的工程量，并且要靠近双龙河，方便取水。如图9-10所示，依据地形和道路，将第四农场区分为4个微循环区域，将曹妃北湖区分为3个微循环区域，将第七农场四斗区分为1个微循环区域，共计8个板块分布。规划的每个微循环区域水系相对独立而彼此之间有联系。相对独立是指每个区域内的水形成独立的进排水循环系统，每个区域都配备完善的水质净化系统，区域独立运营，便于管理。彼此之间的联系是指每个区域的蓄水系统可通过水渠进行贯通，防止在汛期或旱季水系相对封闭而造成洪涝或干旱，从而更好地维护系统内水系的稳定性。

图 9 - 10　区域内水循环的生态养殖系统分布示意图

生态养殖池是在原有池塘的基础上以小改大，形成 10 亩以上水体较大、水质稳定、生态平衡的养殖单元。区域内生态养殖池的尾水排入水质净化系统中，经过净化后再返回池塘被利用，从而形成区域内水循环利用，达到节水、减排的目标。

3. 技术创新点

本规划方案根据区域的地理位置提出了异位净化生态增养殖系统规划方案和区域内水循环的生态养殖系统规划方案，通过方案的实施改变"散乱差、乱排乱放、高密度养殖"的现状，实现生态养殖和绿色发展。并通过多品种生物的混养形成病原的种间隔离，进而减少疾病的发生，提高水产品质量，实现"提质增效、减量增收"的目的。同时，利用湿地水系的维护和养殖生物多样性的提升，保护湿地水域生态属性，为湿地鸟类提供栖息和觅食场所。

（1）水系循环与自净

通过生态系统化设计，建成鱼虾生态养殖、水质净化系统、饵料培育系统、卤虫增殖区、水循环渠道及种植耐盐植被，建立以鱼虾生态养殖→卤虫增殖为核心的生态维护系统，形成系统内完善的水循环系统，提升系统内水的自净能力。

（2）食物链循环利用

区域内设定不同功能区，形成系统内部不同营养层级的食物链循环，即鱼虾排放有机物→生物饵料→卤虫→鱼虾→鸟类，使湿地为鸟类提供丰富的食物。同时，也可有限度地捕捞生态型优质水产品，为湿地养护提供经济支撑，形成以湿养湿的发展路径。

（3）生态、绿色增养殖

实施以鱼虾生态养殖-卤虫增殖为核心的生态维护方案，生产无污染的水产品，也可为鸟类提供丰富的食物。

（4）技术集成高

采用循环养殖、健康养殖、生态养殖、病害防御体系等关键技术高度集成，使池塘养殖技术进一步升级、使产品质量升级和产业升级，推动整个行业的技术进步。项目提出的"鱼虾混养→水质净化→鱼虾混养"水循环养殖模式和具有明显生物净化功能的"区域内水循环的生态养殖系统"，技术环节少、可操作性强、有利于示范推广，既能实现经济效益、生态效益和社会效益的统一，又能有效实现"渔业节能、减排"的目标，保持水产养殖业的可持续发展。

三、技术工艺

1. 异位净化生态增养殖系统生产流程

根据区域范围内河流特点和不同单元之间的关联性，对系统进行了规划。该系统与西部的卤水养殖区临近，其设计可与卤水养殖区相配合，建成鱼虾生态养殖区、水质净化区、半卤过渡区、卤虫增殖区，建立鱼虾生态养殖→卤虫增殖的生态维护系统。充分实现区域内水的层级利用，保持水系的稳定性。西部卤虫增殖区域的卤水是常年保存蒸发后的高卤水，后期维护过程中需要定期补充具有一定盐度的新鲜水，以维持卤虫增殖区稳定的水域环境。故使生态养殖的水经过净化和饵料培养后进入西部卤水增殖区。生物饵料繁殖区和卤虫增殖区之间架设直径为1m的进水管道，蒸发后的半咸水通过泵由进水管道泵入卤虫增殖区。其后，随着水分的不断蒸发，卤虫增殖区水的盐度不断提高，其高卤水再由管道泵入隔壁盐厂进行提溴和制盐。夏季汛期，可根据降水情况将卤虫增殖区的高卤水利用溢流方式（通过管道）再输送到生物饵料繁殖区，防止卤虫增殖区内的高卤水进入周边淡水池塘或河沟。

本系统构成了不同功能单元之间水的层级利用，形成了较为稳定的水源供给和循环性净化作用，从而保持了湿地系统的湿地属性，为水鸟的栖息和觅食提供了场所。

2. 基于水循环利用的生态养殖系统及生产工艺流程

（1）技术原理

该养殖系统属于组合生态养殖方式，而该生态养殖系统的技术原理由组合水产养殖（Integreated aquaculture）发展而来，它是由多个一元化养殖单元组成的复合养殖系统，每个单元的剩余物质能量通过池水传递到下一养殖单元而被重新利用。同时系统具备生物净化功能，水循环使用，实现节约化生产，达到减少排放、建立环境友好型产业模式的目的。

组合养殖20世纪70年代起源于淡水养殖和农业种植。开放式组合养殖为其原始模式，是节能型养殖系统。20世纪90年代以后逐步发展、完善到如今的循环水组合养殖，融入了生物净化的功能，不同习性的养殖生物在各自的池塘单元吸收营养物质的同时，也净化了养殖水质，减少了养殖尾水（废水）排放对生态环境的影响。因此，组合养殖系统的饵料利用率高、能量损失少、节约用水、环境友好，综合经济效益远高于其他养殖模式，因而受到世界各国的普遍关注，发展十分迅速。

（2）养殖生产模式选择

组合养殖模式因地域、水环境条件、主养品种的不同而不同。淡水养殖业多以节省水资源、提高产量为目的构建养殖生产系统，如多池微管循环养鱼系统、鱼-畜立体养殖系统等。进入21世纪，由于世界范围的经济加速增长，环境污染日益严重，环境恶化、资源衰退、病害频发，对养殖业影响极大，养殖模式也发生了改变，人们更加重视生态养殖、环境友好型循环养殖。如在江苏地区，凡纳滨对虾-梭鱼养殖系统，由于梭鱼捕食病虾，对减少病害发生、提高水产品质量、稳定产量具有重要作用。在天津地区，凡纳滨对虾-斑点叉尾鮰及凡纳滨对虾-淡水白鲳等混养模式效果良好。另外，稻-鱼种养也是近年来农业农村部的主推技术之一，在全国被推广应用。

目前的组合养殖系统以侧重降低自身污染、防止病害发生、稳定生产为目标。鉴于此，曹妃甸湿地具有缺水、高蒸发的特点，在盐碱地特征下池水盐度为1～3（微咸淡水属性），所以养殖模式应该选择中低密度的生态养殖。根据养殖状况、水产种业基础，考虑丰富水产种类及鸟类食物多样性等因素，提出"虾-鱼混养""多营养层次鱼类混养"两种模式。

（3）技术工艺

1）虾-鱼混养技术。在微咸淡水养殖池塘中，以凡纳滨对虾为主要品种，套养鲢、梭鱼等；在有水草、芦苇的池塘中放养少量草鱼。其中，对虾需要当年9—10月收获，因此套养的鱼类需要放大苗，并且生长速度要快，实现鱼虾同期收获。上述鱼类可以净化池水当中的饲料残饵、对虾粪便、浮游生物、有机物、底栖生物、虾壳以及发病的对虾，达到净化水质、防止或减少疾病发生的目的。

5月初，在池塘中放养凡纳滨对虾苗（商品苗）15 000～30 000尾/亩，待凡纳滨对虾生长到体长4 cm后能够弹跳时再投放鲢10～20尾/亩、梭鱼50～100尾/亩，有水草、芦苇的池塘中放养少量草鱼，一般放养10尾/亩。鲢苗种以越冬苗种500 g/尾的规格进行放养，10月可以生长到2.5 kg/尾；梭鱼放养当年夏花苗，10月可以生长到100 g/尾；草鱼放养500 g以上的越冬苗，10月可以生长到2.5 kg/尾。如此，池塘中鱼虾亩产量在250～350 kg，收获物以虾为主。（凡纳滨对虾在曹妃甸湿地已经养殖十余年，成为曹妃甸湿地产量高、经济效益好的养殖品种。凡纳滨对虾在该区域养殖池塘内冬季低温季节不能生存和自繁，不会造成外来物种的生物入侵。）

2）多营养层次鱼类混养技术。选择鲢、鳙、鲤、鲫混养。在多营养层次鱼类养殖区域，以1/5～1/4的池塘进行鱼苗的暂养标苗。翌年3—5月，池塘经过肥水后，逐步投放鲢、鲤2龄越冬大苗种，草鱼、鲫1龄苗种。鲢、鳙、鲤、鲫（彭泽鲫）（*Carassius auratus* var. *pengzesis*）苗种分别投放50尾/亩、100尾/亩、1 500尾/亩和700尾/亩。在有水草、芦苇的池塘中放养少量草鱼，放养10～20尾/亩。秋后至翌年春季为收获上市期，鱼类亩产量为1 500～2 000 kg。

收获后，滩面或环沟适当留有少量的水体，水体中留有适量鱼及小杂鱼虾，为鸟类提供食物。收获后的一段时期内不要消毒，使池塘内的鱼虾存活一段时间，并为鸟类提供适宜的觅食环境。

3. 区域内的管理

① 当地政府及相关部门应建立健全限养区内管理的各项制度，限养区内开展养殖活动必须严格执行相关管理制度，做到有政策依据。

② 曹妃甸湿地和鸟类省级自然保护区的实验区在不影响鸟类保护区的自然环境和自然资源的前提下进行水产养殖。在养殖过程中，养殖者应开展生态养殖，合理控制养殖密度，参考执行方案拟定的养殖技术方案，控制人工颗粒饲料的使用量、杜绝投喂小杂鱼，不得使用任何农药和禁用药物，定期接受水产品质量和水环境的监测和检查。

③ 清查保护区周边的污染源，坚决防止保护区受到污染，定期开展水质监测工作，及时掌握湿地水质动态。利用数字化监测装备定期监测溶解氧、水温、盐度、pH、透明度、氨氮、亚硝酸盐、COD、总氮、总磷、农药等指标；并通过视频监测系统定期观察增殖生物的活动、摄食、生长、数量及健康情况，同时监测保护区内鸟的数量变化、人员流动情况。

④ 根据鸟类迁徙季节的摄食需求，控制池塘水位以保障鸟类觅食、栖息。特别是在水产品收获期间，应为鸟类留存部分虾、鱼在池塘中。

⑤ 养殖尾水排放应符合国家和地方规定的污染物排放标准，如果发现超标排放应限期整改，整改后不达标的，由当地政府及相关部门负责处置。

⑥ 方案实施单位及相关部门应对实施过程中的相关数据进行收集，主要包括系统内的水质指标、鸟类的种类和数量，并记录区域内养殖活动和养护行动的相关过程。每年通过数据的搜集、整理与分析对区域内生态环境和鸟类的维护效果进行专家评价。

4. 专家评价

通过水质净化池、进排水渠的完善，形成独立的进排水系统，防止乱排乱放引发疾病的暴发，并利用不同营养层次养殖生物的互利共生的原理进行不同生物的生态混养，促进养殖池塘营养物质的充分利用，实现绿色健康养殖，可生产无污染水产品。

鱼虾生态养殖区域实施多品种的混养，根据不同养殖生物间的共生互补原理，使不同生物在同一环境中共同生长，实现了生态平衡养殖，可以使养殖系统内部的营养物质循环利用、高效利用，最大限度减少养殖废弃物的产生，并且通过多品种混养形成对重要致病源的种间隔离，对减少疾病发生和药物使用具有重要作用。符合国家提倡的绿色养殖和湿地实验区的管理规定。

项目构建的水质净化系统是利用自然生态系统中物理、化学和生物的三重共同作用，以工程技术手段实现对污水的净化，完成养殖过程中固体颗粒物和悬浮物的去除、氮磷等有害物质的消除和转化以及病原微生物的杀除。并通过区域内水循环的生态养殖系统将养殖尾水经过水质净化系统处理后再输送到养殖系统内，这样循环利用节约水源，真正实现了节能减排的作用，构建了资源节约、环境友好的现代渔业生态环境体系和生态、低碳、循环、高效的现代绿色渔业。通过生态养殖方案的实施，可实现湿地生态系统的长期稳定、生物饵料的多营养层级自有循环、生物饵料多样性。

该方案顺应国家、河北省、唐山市以及曹妃甸区的水产养殖绿色发展战略和湿地保护的需求，建立水产养殖的鱼虾生态养殖区，并形成区域内水循环和营养物质循环的"双循环"模式，可有效减少污染物的排放，保护周边河道和沿海环境，从而改变"散乱差、乱排乱放、高密度养殖"的现状，真正实现水产养殖的绿色健康可持续发展。

第五节　卤水湿地生态养护方案

一、项目规划的指导思想与特点

1. 项目区地理位置

曹妃甸湿地和鸟类省级自然保护区"卤水湿地生态养护方案"规划项目区位于曹妃甸湿地和鸟类省级自然保护区西北部，南临第七农场湿地、北依唐曹铁路、东接第十一农场淡水养殖区、西靠南堡盐场（图 9 - 11）；其四至坐标为：118°15′55.82″E、39°15′15.32″N；118°17′16.15″E、39°15′17.71″N；118°17′17.70″E、39°14′37.27″N；118°16′47.42″E、39°14′33.68″N；118°16′47.42″E、39°14′12.39″N；118°16′49.89″E、39°14′08.80″N；118°16′55.45″E、39°14′08.56″N；118°17′04.72″E、39°14′09.04″N；118°17′06.89″E、39°13′33.85″N；118°17′37.17″E、39°13′35.53″N；118°17′40.26″E、39°12′56.99″N；118°18′09.61″E、39°12′58.42″N；118°18′13.01″E、39°12′31.61″N；118°17′27.59″E、39°12′18.92″N；118°17′23.26″E、39°12′56.27″N；118°17′17.39″E、39°13′02.01″N；118°17′16.15″E、39°13′05.13″N；118°16′37.84″E、39°13′45.82″N；118°16′29.03″E、39°14′06.28″N；118°16′37.84″E、39°13′45.82″N；118°16′29.03″E、39°14′06.28″N；118°16′26.41″E、39°14′08.44″N。

图 9 - 11　项目区范围（图中红线部分）

项目规划区总面积约为 8 100 亩，其中卤水池塘 5 000 亩，微咸淡水养殖池塘 2 470 亩，海水池塘 630 亩。在 5 000 亩卤水池塘中：3 600 亩位于缓冲区，1 400 亩位于核心区，盐度 60～80，主要放养卤虫；2 470 亩为微咸淡水（盐度小于 3）生态养殖池塘，位于实验区，主要放养鱼虾蟹类；630 亩为海水（半咸水、盐度 15～35）池塘，位于实验区，主要繁殖生物饵料和放养少量的鱼虾类。

2. 规划指导思想

(1) 提高保护区内生物的多样性

项目规划区域的卤水湿地是该保护区的重要湿地类型，不仅可在冬季（不结冰）为鸟类提供特殊食物，而且能够四季涵养湿地水源。通过湿地的退养还湿和生态养护，规划设置鱼虾生态养殖区（水质净化区）、半卤过渡区（生物饵料繁殖区）、卤虫增殖区等功能区，使藻类、浮游生物、卤虫、对虾、鱼类的生物多样性和数量大大增加，为鸟类提供充足的天然食物。同时，湿地生态系统的稳定可为其他生物提供宜居的环境条件，使陆生动物等生物量增加，提高湿地生物多样性和稳定性，为区域内的鸟类提供足够的栖息、繁殖和觅食空间，达到生态补偿的目的。因此，实施湿地生态养护对维持生态平衡、提高保护区内生物多样性具有重要的作用。

(2) 保障保护区内生态功能

本项目方案所在区域属人工湿地类型，相较天然湿地而言，湿地生境十分脆弱。该区域内多数是小型池塘，水体较小且水质不稳定，蒸发量远大于降水量，而且规划区域内进行了多年水产养殖，系统内天然的水循环、生物生存环境以及系统内食物链的循环等极不完善，如果缺乏科学化管理、缺乏人工补水，湿地将面临沼泽化和盐渍化威胁，面临着无水、无鱼虾、鸟类无食物的困境。

鉴于此，对区域内的池塘进行整合，将小池塘改造成大水面生态池塘，并建立完善的水系，保证食物链层级传递，可有效达到系统内自循环净化状态，保持水系统的流动性和生物多样性，在为鸟类提供丰富食物的同时，确保保护区湿地生态系统的功能和价值得以维持，同时也为人工湿地的生态功能维护提供保障。

(3) 维护湿地系统的稳定性

该区域构建以卤虫增殖为核心的生态维护系统，对湿地保护具有举足轻重的生态意义。卤虫可以充分利用有机碎屑、单胞藻、浮游动物等，起到净化水质的作用，同时，也是食物链条中的重要环节，对区域内丰富的生物多样性发挥关键作用。①系统按功能区划分为卤虫增殖区、生物饵料繁殖区、鱼虾生态养殖区、进排水渠系等。该模式以卤虫增殖区、生物饵料繁殖区、鱼虾生态养殖区为核心，以湿地生态环境系统的平衡、维护为原则，采取各功能区间水系流通循环自净、大水面水质稳定、定期补水、零排放的生态维护方式，以及设置人工鸟岛、加宽岸堤、配植植被，建设湿地鱼鸟共生的重要载体。②系统内采用水循环和水位调控手段，以保证水质长期处于良好状态，营造一个相对独立的优良水体和水域环境。在该系统内投放卤虫、虾类和一些适宜的鱼类等鸟类饵料生物品种，实施生态养殖模式，一方面净化水质，另一方面也构建了相对完整的食物链结构网络，给不同种类的鸟类提供更多的食物来源，实现湿地生态系统自身净化的良性循环发展。人工鸟岛、加宽的岸堤及配植的植被为鸟类提供良好的栖息和繁殖环境。

(4) 保护鸟类的栖息和繁殖

保护区良好湿地生境的维护对于保护湿地生物特别是鸟类的多样性和增加种群数量均发挥着关键性的作用。项目实施区域属人工湿地类型，其属性决定了要涵养水源、净化水质、防止区域盐渍化，因此实施科学、合理的人工干预手段是必不可少的。依据河北省和曹妃甸区对湿地发展的指导意见，只有坚持生态优先的原则，优化调整湿地规划，推进湿地退养还湿计划，制定湿地生态维护方案，才可能一方面为更多的动植物资源提供生存空间，另一方面有效地保护珍稀鸟类及其生存环境。

3. 项目规划特点

(1) 完善区域内水循环区系

通过生态系统优化设计，实现各功能区间水系流通、循环自净。同时构建大水面单元，使其水质稳定；通过定期补水、循环自净、零排放的生态维护方式，形成系统内完整的水循环系统，提升系统内水的自净能力。

(2) 构建丰富的食物链条

区域内设定不同功能区，不需大量投饵、仅用自然生产力形成系统内部不同营养层级的食物链循环：①由各类植物、昆虫、食草动物构成食物链。②水体部分鱼虾排放的有机物→生物饵料→卤虫→鱼虾→鸟类食物层级利用网络最终能为鸟类提供丰富的食物。同时，也可有限度地捕捞生态型优质水产品，为湿地养护提供经济支撑。

(3) 实现卤虫的生态增殖

卤水湿地是保护区湿地的重要组成部分，保护卤水湿地是落实《河北曹妃甸湿地和鸟类自然保护区规划（2018—2035年）》（2018年8月）的重要任务之一。曹妃甸湿地降水少、蒸发量大，整体缺水，曾有多次部分区域发生干涸。因而，在缺水的状态下"水源零排放"是必然选择，同时也自然会产生卤水和卤水湿地类型。保护区生态养护过程中，卤虫居于生物链的重要环节，它是净化水质和为鱼虾提供生物饵料的主角。通过实施卤水湿地生态养护方案，利用发酵有机物（豆粕粉＋藻粉等）作为饵料替代鸡粪进行卤虫增养殖，可保护卤水湿地的水域环境，为数百种水生动物的繁育提供优良的生物饵料，同时又可为鸟类提供觅食和栖息场所。卤虫（图9-12）也是曹妃甸"卤虫之乡"的重要资源基础和产业基础，生态、绿色增殖卤虫是湿地养护的重要任务之一，实施卤虫生态养护也可为该区域卤虫的增殖提供示范。

图 9-12　卤虫和卤虫卵

二、卤水湿地鸟类栖息繁殖地修复和营造方案

1. 设计思路

项目实施区域根据目前池塘的水质条件进行生态种养的设计，建成鱼虾生态养殖区→半卤过渡区→卤虫增殖区生态系统、人工鸟岛、水循环渠道及种植耐盐植被，建立以卤虫增殖

为核心的生态维护系统，形成区域内水循环和生物链循环（双循环系统），提升系统内水的自净能力和保湿能力（图9-13）。同时，系统内增殖的不同生物可为鸟类提供充足的饵料。

图9-13　卤水湿地鸟类栖息繁殖地方案设计思路示意图

（1）大水面

对系统内鱼虾生态养殖区、半卤过渡区、卤虫增殖区的小池塘进行合并整合，"以小变大"建设大水面池塘，保持水体的稳定性，并减少劳作性人为干扰。

（2）人工鸟岛

对区域内小池塘进行合并，其原有部分堤坝土集聚建设人工鸟岛，鸟岛上建设鸟类的繁殖场所、移植耐盐植被、敷设假树干、淡水注等，为鸟类的栖息、繁殖和觅食提供条件。通过水生动物的增殖系统与人工鸟岛的共建，形成"池、桩、坝、台"鱼鸟共生的生态系统。

（3）生态养殖、综合利用水资源

鱼虾生态养殖区进行鱼虾的生态放养，其中放养过程中产生的含有粪便等有机物的水（盐度小于3）进入生物饵料繁殖区，富含有机物的水在生物饵料繁殖区进行沉淀、氧化和蒸发，盐度不断提高，并且水中的浮游生物也不断增加，这些含有浮游生物的半咸水通过进水沟渠向卤虫增殖区补充，为卤虫提供丰富的饵料和新鲜的水源，卤虫增殖区的部分高卤水可以通过换水的方式被输送到临近盐厂提溴、晒盐。大雨季节，为防止卤虫增殖区的卤水漫堤进入临近池塘或公共水域，破坏周围淡水池塘的水环境，可以将该区域内的卤水通过溢流沟回流到生物饵料繁殖区，实现对卤水的系统内循环使用。

（4）多营养层级利用

构建区域内不同营养级食物的充分利用架构，使鱼虾生态养殖区域内增殖的鱼虾可为鸟类提供丰富的饵料，鱼虾生态养殖区内富含粪便等有机物的排放水进入生物饵料繁殖区，为饵料生物的繁殖提供营养成分；水经过沉淀、蒸发后进入卤虫增殖区，为卤虫提供饵料。而卤虫增殖区生产的卤虫在为部分鸟类提供食物的同时，还可为鱼虾生态养殖区内的鱼虾提供饵料。由此，形成了系统内不同营养级的食物利用。

2. 方案的构成单元

该方案由鱼虾生态养殖区（A区）、生物饵料繁殖区（B区，半卤过渡区）、卤虫增殖区（C区）、人工鸟岛（图中圆点）、水循环渠道构成（图9-13），具体的规划设计如下：

（1）鱼虾生态养殖区（A区）

在项目实施地的北部区域设置鱼虾生态养殖区（图9-14），该区域面积约为2 470亩，属于湿地保护区的实验区。根据鱼虾生态养殖的特点，建设大水面鱼虾池塘进行养殖，有利于池塘水质的稳定，减少人为活动对项目区的干扰。将区域内的小型池塘（每个池20～50亩）的岸堤拆除，形成3个850～900亩的大水面池塘，岸堤宽度：顶部10 m，底部20 m，堤高2.5～3.0 m。池塘水深：中部1.5～2.0 m，边缘10 m左右区域水深0～30 cm（鸟类摄食区）；将拆除岸堤的土和清池的底泥堆积在池中央，在每个大水面池塘中建设一个圆形人工鸟岛，直径50～60 m，高度3～4 m，坡比1∶10；在环人工鸟岛浅水区外侧挖掘较深的水沟，以保证在低水位时供鱼虾类通游和冬季存活，保护物种的续存。在岸堤遍植耐盐碱植被、灌丛和树木等，并留有供工作人员通行的小路。

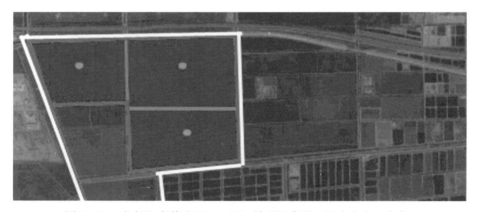

图9-14　鱼虾生态养殖区（A区）效果示意图（圆点为人工鸟岛）

通过建设大水面的生态池塘，实现系统水环境的稳定；然后，根据湿地环境中鸟类的数量向环境中补充鱼、虾、蟹等水生生物；并严格控制放养生物的密度，保持湿地的稳定水环境，实现系统内的生态养殖，既保持了湿地系统的稳定性，又减少了人类对湿地环境的干扰，为鸟类提供充足的饵料和栖息地。

（2）生物饵料繁殖区（B区）

生物饵料繁殖区（半卤过渡区）在实施地的北部区域，位于鱼虾生态养殖区的西南侧，整个项目区的中部，该区域的面积约为630亩，属于湿地保护区的实验区，为海水人工湿地

（图9-15）。该区域内有多个不同规格的池塘，坝塘常年失修。根据湿地环境的需要，将该区域内的部分堤坝拆除或整修加固，并且对池塘进行加深至2～3m，整合成大水面的半卤水过渡池塘（半卤过渡区），以维持湿地环境的稳定。利用池塘整合和加深产生的土进行堤坝维护，加固和加高周边堤坝。

图9-15　生物饵料繁殖区（B区）示意图

生物饵料繁殖区内的水源来自鱼虾生态养殖区排放的有机物和浮游生物形成的尾水及少量海水，该区域的主要功能是进行尾水的沉淀，同时为卤虫增殖区提供新生水源和培育饵料生物。

（3）卤虫增殖区（C区）

卤虫增殖区位于项目实施地的南部，该区域面积约为5000亩，属于湿地保护区的缓冲区和核心区（图9-16）。池塘以卤水养殖为主。目前，该区域内拥有多个不规则的池塘，每个池塘的面积约为100亩，进排水系统不完善，进排水困难，而且堤坝低矮，汛期池塘内卤水经常溢流到外面的淡水池塘，造成淡水池塘的较大经济损失。并且该区域缺少鸟类的繁殖栖息地和供鸟类摄食的浅滩。因此，为了使该区域具有完善的水系统、稳定的水环境以及良好的鸟类栖息摄食地，对区域进行改造，整合小池塘，设置进排水或溢水管道，保障区域内水的稳定供给和输出，对低

图9-16　卤虫增殖区（C区）实施后效果图（圆点为人工鸟岛）

矮堤坝进行增高加固，防止汛期卤水的外溢。

按照区域的地理位置，将该区域划分为 5 个大水面池塘，拆除池塘内现有的小堤坝，合并成的每个池塘的面积约为 1 000 亩，池深 1.0～1.2 m，水深 0.6～0.8 m，盐度保持在 60～80，同时加固、加高堤坝。部分堤坝边缘留有宽度 10～20 m 的浅水区，水深不超过 30 cm，呈缓坡状。用拆除的堤坝土在每个池塘中间建设一个圆形人工鸟岛，直径 50～60 m，高度 3～4 m，岸堤下边缘留有宽度为 20～30 m 的浅水区，水深不超过 30 cm，呈缓坡状，作为鸟类摄食区。

区域内通过完善的水系改造形成完善的食物链，并通过卤虫增殖过程中技术工艺的改进改变目前利用鸡粪进行卤虫增殖的现状，减少鸡粪中有害菌、病毒和抗生素等物质在卤虫、对虾、鱼类和周边水域生态环境间的传播，为湿地提供一个良好的水域环境，提高鸟类栖息的安全性。特别指出：长期以来养殖基层大量使用新鲜鸡粪用于卤虫增养殖，导致卤虫携带感染有害菌，继而引起对虾和鱼类发生疾病。

（4）人工鸟岛建设

项目区内的鱼虾生态养殖区建设 3 处鸟岛，卤虫增殖区建设 5 处鸟岛，共计 8 处鸟岛（图 9 - 17）。根据鸟类的习性，在其中 5 个人工鸟岛上种植植被，3 个鸟岛留有开阔地，仅种植少量低矮植被，在鸟岛上建设水洼，储存天然降水供鸟类饮用。

图 9 - 17　人工鸟岛的平面效果图（圆点为人工鸟岛）

每个鸟岛直径为 50～60 m，距基底高度为 3～4 m，岛基下边缘留有 0～30 m 的浅水区，水深不超过 30 cm，呈缓坡状，作为鸟类摄食区。池塘水位最高时，鸟岛高出水平面 1～2 m。人工鸟岛建设规格为上部直径 50～60 m，横切面为等腰梯形结构，基部直径为 100～140 m，岛的坡比约为 1∶10（图 9-18）。人工鸟岛上方每平方米堆放 200～300 g 石硝（直径 1～2 cm 的石子）为一处巢区。人工鸟岛周边留有 0～30 cm 浅水区，为水鸟提供摄食场所。

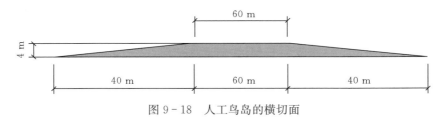

图 9-18 人工鸟岛的横切面

此外，在鱼虾生态养殖区（A 区）人工鸟岛外围外挖掘水深 2～3 m 的水沟，为保障冬季鱼虾存活提供条件，同时这些鱼虾可为鸟类提供冬季食物，并为翌年提供生物种源。卤虫增殖区（C 区）鸟岛周围不挖沟渠。

（5）大水面岸堤和人工鸟岛人工植被配植

1）岸堤植被。卤水增养殖池塘周边盐碱化程度较高，植被种类相对较少，在岸堤上配植的灌丛植被以碱蓬、盐地碱蓬、滨藜、白刺和柽柳等耐盐碱植物为主；草丛植被以獐茅、稗、狗尾草、茵陈蒿等为主。灌木、乔木类以旱柳、柽柳、刺槐、白榆等为主。

在微咸淡水养殖池塘岸堤搭配灌丛湿地植被型组的大叶黄杨、紫穗槐等；在靠近水边的岸堤种植草丛湿地植被型组的芙蓉葵、油菜等。

2）人工鸟岛植被。为招引鸟类的栖息，设置 8 个人工鸟岛。植被包括碱蓬、马齿苋、獐茅、茵陈蒿、油菜等；灌木类为旱柳、刺槐、紫穗槐、白榆。另外鸟岛上可设置假树干、人工巢穴等。

3. 区域内水系设计方案

项目实施区域内水系的稳定对保持湿地的属性具有重要的意义。根据区域范围内河流特点和不同单元之间的关联性，对水系系统进行规划，充分实现区域内水的层级利用，保持水系的稳定性。卤虫增殖区域的卤水是常年池水保存蒸发后的高卤水，后期维护过程中需要定期补充具有一定盐度的新鲜水，以维持卤虫增殖区稳定的水域环境。故在卤虫增殖区的北部设置鱼虾生态养殖区和生物饵料繁殖区，从这里提供合适的水源。

项目实施区域内的主要水体来源为十七支渠和三排干，根据两个水源渠道的水量和水质情况进行选择，水源由十七支渠或三排干利用水泵泵入鱼虾生态养殖区（盐度小于 3），把鱼虾生态养殖区含有粪便等有机物的排放水排入生物饵料繁殖区，水源在两个功能区域不断地蒸发，盐度也不断提高。在生物饵料繁殖区和卤虫增殖区之间架设直径 1 m 的进水管道，经过蒸发后的半咸水通过水泵由进水管道被泵入卤虫增殖区。其后，随着水分的不断蒸发，卤虫增殖区水的盐度不断增高，其高卤水再由管道泵入隔壁盐厂进行提溴和制盐。夏季汛期，可根据降水情况将卤虫增殖区的高卤水利用溢流方式（或通过管道）再输送到生物饵料繁殖区，防止卤虫增殖区内的高卤水进入周边淡水池塘或河沟（图 9-19）。

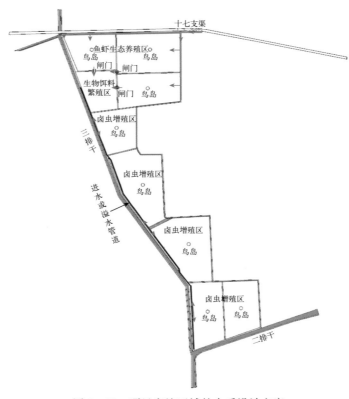

图 9-19　项目实施区域的水系设计方案

通过上述区域内水系的设计，构成了不同功能单元之间水的层级利用，形成了较为稳定的水源供给和循环性净化作用，从而保持了湿地系统的湿地属性，为水鸟的栖息和觅食提供了场所。应特别注意的是，根据前期调查，三排干东侧有石油管道、LNG 管道的铺设，后期在保护区的维护过程中一定要避开相关设施。

三、卤水湿地鸟类栖息繁殖地项目区生态维护

在项目实施过程中定期补充卤水和淡水，保持区域内水系的稳定性，并根据增殖生物对盐度和营养的需求不同，设置不同的功能区，从鱼虾生态养殖区（A 区）向生物饵料繁殖区（B 区）输送含有粪便等有机物的排放水，并经过沉淀、蒸发和饵料生物的培养后向卤虫增殖区（C 区）输送生物饵料，卤虫增殖区（C 区）产生的卤虫为鱼虾生态养殖区（A 区）的鱼虾提供饵料，以实现多营养层级的循环利用，提高湿地系统的稳定性；同时，通过生态维护提高区域内生物的多样性，为鸟类提供丰富的饵料。

1. 鱼虾生态养殖区（A 区）鱼虾的增养殖技术与实施

（1）增殖品种的选择

根据水体的自然条件，确定合理的放养对象、规格、放养比例和放养密度，控制凶猛鱼类，合理捕捞，控制生物量等，使水域中鱼虾类群体在种类、数量、年龄等结构上与天然饵

料资源相适应，使水域的饵料生物生产力充分合理、持续高效地转化为水产品。根据鸟类对食物的喜食程度，选择某些虾类和鱼类进行生态增殖。因该区域的池水盐度小于3，鲢、鳙、草鱼、鲂、鲤、鲫、梭鱼等温和性鱼类可作为主要的放养对象，此外，放养一些适应淡水环境的虾类，如日本沼虾、凡纳滨对虾。

大水面水域中浮游生物是繁殖快、产量大的饵料资源，应在大水面增殖以浮游生物为食的鱼类。鲢具有复杂的滤食器官，是淡水鱼类中利用浮游生物效率最高的鱼类，是主要放养种类，鲢生长快、个体大、经济价值高，为中上层鱼类，喜集群、易捕捞、人工育苗技术成熟、苗种来源有保障，放养鲢可对净化水质有较好的作用。草鱼是草食性鱼类，在大水面水域中或边缘会生长很多水草，对于草食性鱼类，不要放养太多，特别是草鱼，因为其食量大、又喜欢啃食植物嫩芽，很快会把水草吃光，不利于水域的自净；若没有了水草，水还会变得浑浊，对浮游生物和底栖生物的繁殖、生长不利，可少量搭配放养。鲤、鲫是偏食植物性的杂食性鱼类。大水面水域中富有各种底栖动物和植物种子、有机碎屑等，为鲤、鲫提供了优质饵料，适量放养鲤、鲫可提高单位水域的生产力。

梭鱼，亦称肉棍子、红眼梭、赤眼梭等（图9-20），对盐度的适应范围为0～38，在海水、咸淡水及内河淡水湖泊中均能生存。梭鱼能在水温3～35 ℃的水域中正常栖息觅食，最适宜的水温范围为12～25 ℃，水温低于-0.7 ℃时，出现死亡的情况。梭鱼的食性很广，属于以植物饲料为主的杂食性鱼类。以刮食沉积在底泥表面的底栖硅藻和有机碎屑为主，也食一些丝状藻类、桡足类、多毛类、软体类等，偶尔摄食很小的虾类。

此外，放养少量的餐条（又称白条）（图9-21）。餐条是一种小型鱼类，生长缓慢，一般体长100～140 mm，最长达240 mm，行动迅速，生活于流水或静水的上层，性活泼，喜集群，在沿岸水面觅食，杂食，主要摄食无脊椎动物、藻类，也食高等植物碎屑、甲壳类、水生昆虫等，繁殖力及适应性较强，如果水域长年有水，可在水域内自然繁殖。餐条是水体鱼类食物链的一个环节，对保持水域鱼类群落生态平衡起着重要作用，更主要的是能为鸟类提供大量食物。

图9-20　梭鱼

图9-21　餐条

投放一些淡水虾类，如日本沼虾（又称青虾、河虾、湖虾）、凡纳滨对虾。青虾体长40～80 mm，生活于江河、湖沼、池塘和沟渠内，以水草、底栖性藻类及有机碎屑为食，冬季栖息于水深处，春季水温上升后，始向岸边移动，夏季在沿岸水草丛生处索饵和繁殖。青虾具有较高的经济价值，同时也可为鸟类提供食物来源。凡纳滨对虾被从南美洲引入我国，已养殖20多年，成为我国的主养品种，在曹妃甸湿地也已经养殖10余年，成为曹妃甸湿地产量高、经济效益好的养殖品种，由于凡纳滨对虾在该区域养殖池塘内冬季低温季节不能生存和自繁，不会造成外来物种的生物入侵。

为了清除大水面水体内死亡的鱼虾腐尸，放养少量中华绒螯蟹（俗称大闸蟹、河蟹）。中华绒螯蟹食性杂，以食水草、腐殖碎屑为主，喜食动物尸体、底栖螺蚌和水生昆虫，偶尔也捕食鲜活小鱼虾。寿命 2～3 年，1～35 ℃条件下均能生存。因其生在海水、长在淡水，故不用担心其在保护区大水面自然繁殖。

（2）饵料生物的培养

鱼虾生态养殖区应长年保持有水、避免干涸。每年 4 月中旬，将鱼虾生态养殖区注满水，放苗前需要肥水、养水，培养单胞藻、枝角类、桡足类等丰富的浮游生物，水体透明度以 40～60 cm 为宜。

（3）苗种投放

1）投放时间。经过水质检测、苗种健康检测和试水后方可进行苗种投放。虾类的苗种一般在 5 月投放，待虾生长到 4 cm 后能够弹跳时再投放鱼苗。

2）投放密度。根据鸟类栖息活动对食物的需求以及该地区生态环境承载力确定该地区的苗种投放密度。凡纳滨对虾苗种 3 000～5 000 尾/亩和日本沼虾 5 000 尾/亩。待虾生长到体长 4 cm 后能够弹跳时再投放鲢（1 龄大苗种）10～20 尾/亩，梭鱼 100 尾/亩左右，鲤 50 尾/亩和鲫 150 尾/亩；在有水草、芦苇的池塘中放养少量草鱼，一般放养 10 尾/亩。放养中华绒螯蟹 100 只/亩，规格 5～10 g/只。

（4）生物量调控

每年 7—10 月对系统内鱼类和虾类的生物量进行调控，即根据鸟类的数量、栖息活动适时调整调控时间和适度收获。

冬季来临之前，依据保护区内鸟类的活动情况以及鸟类对饵料的需求，并根据鱼虾类对环境的耐受能力防止鱼虾低温死亡造成生态破坏和疾病传播，依据鸟类对食物的需求通过捕捞调整系统内生物的留存数量，大约留存生物量的 20%，为冬季鸟类的栖息索饵提供食物。

（5）鱼虾捕获

对水域中的鱼虾蟹类，不能采取竭泽而渔的方法捕获，鱼类捕捞可使用底层定置刺网、陷阱类渔具，捕捞底层虾蟹类可使用地笼。这些渔具在捕获鱼类时几乎不会惊吓鸟类。地笼是一种两侧设有倒须入口、网筒两端带有倒须的小型长串形笼状渔具。根据捕捞对象特有的栖息、摄食或生殖习性，在长串形网筒（或称笼筒）两侧设置防逃倒须入口，诱导底层的鱼、虾、蟹类进入笼内而将其捕获。

（6）增氧设施

在池塘中配置增氧设施，选择水下增氧机，既可增加池塘内水的溶解氧、形成一定的水流调和稳定水质有利于鱼虾生长，又不惊动鸟类。在生态养护过程中，定期施用微生物制剂、生石灰等绿色投入品，以维护水质稳定和清洁。

（7）食物来源

鱼虾生态养殖区面积约为 2 470 亩，属于保护区的实验区，属于限养性质。原则上进行低密度投放苗种，鱼虾的生长依赖水体中天然单胞藻、浮游生物、底栖生物、有机物颗粒以及卤虫。以天然生物饵料为主，必要时补以少许人工颗粒饲料；实施精准投喂，保障水质的稳定、清洁，生产优质生态型水产品。

2. 生物饵料繁殖区（B 区）浮游生物的培养

（1）浮游生物品种的选择及培养增殖

1）藻类培养。卤虫摄取的食物种类有细菌、微藻、小型原生动物、有机碎屑等。本区域的主要作用是为 C 区卤虫增养殖提供丰富的单胞藻，例如硅藻类的角毛藻、骨条藻，绿藻类的衣藻、扁藻、盐藻等。每年的 3 月以后，可在增养殖池塘内投放角毛藻、骨条藻、衣藻、扁藻、盐藻等藻种接种，藻类接种密度一般不低于 5 000 个/mL。随着水温的升高，藻类在水域中会大量自然繁殖。

2）浮游动物培养。浮游动物是漂浮的或游泳能力很弱的小型动物，是一类经常在水中浮游、本身不能制造有机物的异养型无脊椎动物和脊索动物幼体的总称（包括原生动物、轮虫、枝角类和桡足类等）。

原生动物是动物界最原始和最低等的一类真核单细胞动物，约有 3 万种。在海洋中生活的重要纲有鞭毛纲、肉足纲和纤毛纲。鞭毛纲通常身体长鞭毛，并将鞭毛作为运动器。鞭毛较少，有 1～4 条或稍多，少数种类则具有较多的鞭毛。有些体内有色素体，能进行光合作用，这种营养方式称为光合营养；有的通过体表渗透吸收周围水中呈溶解状态的物质，还有的吞食固体的食物颗粒作为营养来源。轮虫、枝角类和桡足类主要摄食藻类。原生动物纤毛虫投喂杂草、蔬菜叶等植物嫩叶汁液培养；轮虫、枝角类和桡足类投喂单胞藻（如异囊藻、角毛藻、等边金藻、绿藻、扁藻、金藻、硅藻等）或藻粉培养，亦可投喂由微生物制剂、酵母、小麦粉、大豆粉、油菜粕、海藻粉末以及相应配方组成的配合饵料等。在池塘中引入一定数量的浮游动物物种，海水水温 10 ℃以上时，这些浮游动物即可自然生长繁殖。

（2）鱼虾品种的选择及增养殖

生物饵料繁殖区的水域盐度一般在 15～35，放养的鱼虾种类应为广盐性品种，同时又不能摄食虾类。B 区将承接来自 A 区的大量有机物，梭鱼是较合适的放养品种，可以让梭鱼刮食沉积在池底的有机碎屑和底栖硅藻，起到池底净化作用，梭鱼苗的放养密度以 50～150 尾/亩为宜。

虾类凡纳滨对虾较为合适。凡纳滨对虾适应能力强，自然栖息区为泥质海底，能在水深 0～72 m、盐度 0～40 的水域中生存，最适盐度范围为 20～25，生长水温为 15～38 ℃，最适生长水温为 22～35 ℃。对高温的忍受极限为 43.5 ℃（渐变幅度），对低温适应能力较差，水温低于 18 ℃时，其摄食活动受到影响，9 ℃以下时侧卧水底并开始死亡。凡纳滨对虾具有个体大、生长快、营养需求低、耐低氧、抗病力强等优点，对水环境因子变化的适应能力较强。在自然环境条件下，以摄食动物性饵料为主，主要摄食糠虾类、小型甲壳类、桡足类、软体动物及小杂鱼和生物碎屑等。B 区的重要功能是为 C 区养水，故虾苗的放养密度不能过高，以 2 000～3 000 尾/亩为宜。

梭鱼的捕捞可以使用定置刺网；凡纳滨对虾的捕捞可采用地笼或陷阱类渔具等。

3. 卤虫增殖区（C 区）卤虫的增殖工艺技术

（1）卤虫卵的投放时间

卤虫卵的投放时间是每年的 2 月底至 3 月初，水温在 8～13 ℃时进行。卤虫卵的投放时间还要根据鸟类的栖息活动适时调整，以保障早春迁徙水鸟的食物供给。

（2）投放密度

根据鸟类栖息活动对食物的需求以及该地区生态环境的承载力，一般在卤虫增殖区每亩投放 500 g 卤虫卵，并根据鸟类的数量以及对卤虫食物的需求量适时调整密度。

（3）基础生产力维护与卤虫生长

本规划设置了生物饵料繁殖区（半卤水过渡区），目的就是把鱼虾类增殖区的尾水中的有机物引入该池：一是进行池水蒸发，提升盐度；二是繁殖有益菌、单胞藻和浮游动物，为卤虫繁殖生物饵料。如天然饵料不足，可以在卤水池中定期添加发酵的有机食物（如豆饼粉、玉米粉、米糠、藻粉等，需精细粉碎投放），还可以在卤虫增殖水体中投放肥藻膏（有机肥）、单胞藻、益生菌等，提高水体的基础生产力，为卤虫增殖和生长提供天然食物。投放量根据卤虫饱食状况和食物丰富程度而定，一般 5～7 d 补加一次。

（4）生物量的调控

根据本区域鸟类栖息迁徙特点、卤虫的增殖特性以及区域内生物量多少，每年 5 月初至 9 月中旬对区域内的卤虫生物量进行调控，并适度利用。根据鸟类数量及其对食物的需求量调整卤虫留存数量，留存部分的卤虫作为种源继续进行增殖或供鸟类觅食。此外，根据卤虫的生物量大小定期进行卤虫生物容纳量调控，保障系统的种群稳定和平衡，利用收获的卤虫为鱼虾养殖区提供食物。

卤虫生物量的调控方式：定期用聚乙烯单丝密网目拉网在池中直接收取活体卤虫，而卤虫卵则采用 80～100 目的筛绢抄网或框架拖网收取。

4. 区域内综合管理

（1）水位控制

根据大水面水质状况以及季节性特点，实时调整大水面的水位，保持水系稳定，并保护湿地属性。同时，根据鸟类和增殖生物的习性调节水位深度和透明度，维持系统内水系、水温的稳定，同时控制水位以保障鸟类良好的觅食环境。营造 0～30 cm 的浅水区，为涉禽鸟类提供觅食场所；营造深水区，为大型游禽提供栖息和觅食场所，也为保障冬季鱼虾存活提供条件（图 9 - 22）。

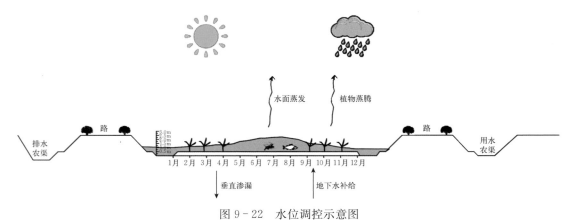

图 9 - 22　水位调控示意图

注：3 月中下旬开始灌水，5—9 月水位层加深为水生物生长期，9 月中下旬降水至 10 月 20 日，
10 月 20 日至翌年 3 月为水鸟迁徙觅食期，6—7 月为封闭鸟类活动高峰期。

（2）加强环境管理

设定专人进行管理、巡视、维护、水质监测及鸟粪的理化处理。处理方法：短期鸟粪用生石灰处理；长期积累的鸟粪进行集中发酵处理，或使用活菌（芽孢杆菌、乳酸菌、酵母菌等有益菌）进行鸟粪的生物高效分解、清洁处理。

（3）人类行为管理

在大水面湿地保护区内控制设备数量，减少人类活动和大型机械的干扰；特别是在4—7月鸟类繁殖期，限制或禁止人类进入鸟类集中区域；严查在保护区内垂钓、捕鸟、拣鸟蛋等违法违规行为。

（4）水体流动与增氧

为保障水体的流动性，使池水具有上下水层交换以及水体增氧作用，在鱼虾生态养殖区（A区）和生物饵料繁殖区（B区）可安装增氧机。

（5）人工鸟岛维护与管理

利用望远镜、监控摄像等对人工鸟岛上的鸟类活动（包括鸟类的种类、数量、摄食、筑巢等）和动植物生存情况进行观察、监测并做好记录，必要时管护人员上岛实地观察和维护，但严禁无关人员进入人工鸟岛。

5. 数字化监测装备建设

在鱼虾生态养殖区、生物饵料繁殖区、卤虫增殖区、水鸟栖息岛、进排水系统的定点区位安装水质监测系统，以监测温度、盐度、溶解氧、pH等水质指标，同时监测保护区内鸟类的数量变化、人员流动情况。

6. 数据的收集与年度评估

方案实施单位及相关部门应对实施过程中的相关数据进行收集，主要包括系统内的水质指标、鸟类的种类和数量，并记录区域内养殖活动和养护行动的相关过程。每年通过数据的搜集、整理与分析对区域内生态环境和鸟类的维护效果进行专家评价。

7. 专家评价

以基础饵料生物卤虫的增养殖和鱼虾类增养殖为核心，通过对水质不稳定、人为干扰大的小型池塘进行整合，并对区域内的池塘功能进行划分，人工合理增殖饵料生物，增加生物栖息环境的多样性，促进湿地原种生物资源的再生与增殖，构建完善的食物链层级生态系统，增强湿地的生态功能，保持系统内的稳定性，减少人为干扰。

通过大水面、人工鸟岛营造及生态养殖措施修复破碎化的人工湿地生境，促进系统内水质的自净，从而提高该区域人工湿地生态系统的稳定性和物种的多样性；使区域内鱼、虾、浮游生物、藻类等不同水生生物种类不断自繁、增殖；吸引大批水鸟栖息繁衍，尤其是吸引鸥鹬类在此落地安居、繁殖，其他鸟类种类与数量也逐年增加。进行大范围的水生生物增殖后，在保护区内建设人工鸟岛，积极营造"鸥鹬类繁殖地"和"东方白鹳觅食地"等鸟类繁育和觅食地，可实现鸟类自然保护区内鸟类种类和数量的双增长。通过对湿地生态系统的恢复和对鸟类的保护，珍稀鸟类种群数量逐年增加。

本区域以卤水湿地为养护重点，重点增养殖卤虫，四季不干涸、冬季不结冰，湿地的涵养作用十分显著；同时，区域内因冬季不结冰而可为鸟类提供冬季生物饵料。

第六节　落潮湾水库湿地生态系统维护与实施方案

一、落潮湾水库概况与规划原则

1. 落潮湾水库概况与位置

（1）水库概况与现状

落潮湾水库，又称十一场水库，始建于 20 世纪 80 年代，总面积 7 150 亩，平均水深 2.2 m，总库容 1 000 多万 m³，位于湿地保护区北部中间区域，为曹妃甸区第十一农场管理辖区。落潮湾水库分为东库区和西库区两部分，东库区位于实验区内，东临双龙河，接纳双龙河输水以保持库区纳水，面积 4 500 亩，水库中部有 3 个小岛（其中 1 个较小）；西库区位于核心区内，面积 2 650 亩。两库区中间有一条宽 5～6 m 的堤坝，坝下有管道保持两库区水源相互连通，堤坝即缓冲区分界线。

落潮湾水库的功能为丰水期接纳上游来水，而平时由通过北部的一条十八支输水渠为其他养殖区补水。此外，库区北部有 27 个小池塘，其中 11 个小池塘在核心区，16 个池塘在实验区。核心区的小池塘内种植一些水生植物，如莲、浮萍等，增殖泥鳅、麦穗鱼、青虾、虎头鱼等小型鱼虾，部分为鸟类提供食物，其余为繁殖种源；实验区 16 个小池塘为水库的辅助设施，用于苗种标苗、暂养和驯化等功能，随时为库区提供苗种补充。这些小池塘允许对苗种投喂饵料（图 9-23）。

图 9-23　落潮湾水库及库区北部小池塘分布图

库区水质为Ⅲ类、Ⅳ类，水源补给方式为综合补给，目前主导利用方式为养殖业、旅游休闲及其他。威胁因子主要是污染、盐碱化，受威胁程度为轻度。

目前落潮湾水库的养殖鱼类主要有鲢、鳙、鲫、梭鱼、鲈、鲤、草鱼、翘嘴红鲌、团头鲂等。因落潮湾水库水深较深，部分区域植被稀疏或无，浅水区域植被群落以芦苇为主，群落覆盖度较高，其他植物有荆三棱、碱蓬、苣荬菜、马齿苋、萝藦、鹅绒藤、狗尾草、稗等。库中小岛植被主要为芦苇，间有狗尾草、结缕草、马唐、白茅等。落潮湾水库湿地植被类型属于草丛湿地植被型组的禾草型湿地植被型。岸堤有少量的人工栽植乔木，如杨树、旱柳、刺槐等。由于库塘水比较深，在该区域取食的鸟类较少，主要有鸬鹚、鹛鹛和雁鸭类，白鹭也常常在坑塘边缘取食，其他水生动物有蛙、鳖类等。

落潮湾水库湿地属于库塘型人工湿地类型，维护模式为大水面生态系统营造和维护模式（图 9-24）。在多年的水产养殖过程中，承包者高密度养殖，大量投喂饵料、渔药等投入品导致水体污染较严重，加之养殖人员在库区活动频繁，对鸟类有一定的干扰。

图 9-24   落潮湾水库湿地

（2）水库位置

落潮湾水库西库区的四至坐标为：118°20′19.08″E、39°13′50.49″N；118°19′29.64″E、39°13′47.14″N；118°19′28.56″E、39°14′45.41″N；118°19′51.11″E、39°14′46.93″N；118°19′52.04″E、39°14′35.36″N；118°20′09.19″E、39°14′35.96″N；118°20′10.43″E、39°14′40.86″N；118°20′22.17″E、39°14′41.34″N。东库区的四至坐标为：118°20′50.29″E、39°14′48.76″N；118°21′56.56″E、39°14′53.91″N；118°21′00.79″E、39°13′44.02″N；118°20′20.31″E、39°13′42.71″N；118°20′23.56″E、39°14′34.88″N；118°20′49.98″E、39°14′36.68″N（图 9-25）。

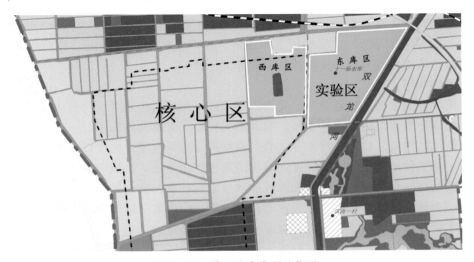

图 9-25   落潮湾水库湿地位置

2. 规划原则

落潮湾项目区按照"依法规划、科学评估、生态优先、以湿养湿、循环利用、社会效益和生态效益统一"的原则进行方案的制定，通过方案的实施，实现落潮湾水库湿地维护和鸟类共生共养的目标。

（1）依法规划

根据《中华人民共和国自然保护区条例》（2017 年 10 月）、《河北唐海湿地和鸟类自然保护区总体规划（修编）》（2011 年 12 月）等相关法律法规进行规划和实施，对落潮湾水库在湿地保护区内的功能和维护模式、鱼虾蟹放养对象等进行功能性调整和营造，并依据《河北曹妃甸湿地和鸟类省级自然保护区规划（2018—2035 年）》，对落潮湾水库启动退养还湿并研究制定生态维护方案。

（2）科学评估

对库区环境和生物量进行科学的评估，科学分析水环境中的生物量及库区底质和水质条件，评价库区水源水质的稳定性、污染情况，并根据生物种类和生物量等初级生产力的分析评估生态系统的生物种类和容纳量，为后期的库区维护和科学管理提供理论依据和技术支撑。

（3）生态优先

落潮湾库区遵循人放天养（即人工放苗、天然生长）、苗种放养低密度、不使用抗生素等原则。根据保护区管理处的规定与相关人员签署协议，在管理处的指导下人放天养鱼虾蟹类苗种，在无公害、无污染、无干扰、无破坏库区湿地生物多样性的前提下，保护库区湿地的生态属性，并通过增殖提高区域内生物量，为鸟类提供足够的栖息、繁殖和觅食空间，达到生态补偿的目的。

规划区域的实验区（东库区）遵循生态种养、控制密度、可适当投饵的原则。在为鸟类提供足够食物来源的同时，可以适当收获一定的绿色水产品。

（4）以湿养湿

落潮湾水库湿地属于半人工库塘湿地，为维持湿地系统的稳定性并保持湿地环境中丰富的生物量，需要人为定期为系统内补充水源，并对系统进行养殖生物的增殖。库区水源为涵养湿地核心区大水面提供保障，做到冬季、旱季不枯竭。为调节水色、水质，可适时采取补水、换水、内部循环等措施。实验区（东库区）所产生的经济效益用以补充核心区（西库区）湿地维护所需要的费用，从而达到以湿养湿的目的。

（5）循环利用

落潮湾库区的水源来自双龙河，先进入东库区，然后再由东库区向西库区供水，同时库区还作为向周边其他湿地供水的水源，起到涵养核心区大水面的作用。

核心区（西库区）实施人放天养，养殖密度根据库区水质、底质以及生物量进行科学评估，进行生物苗种的人工放养，库区内放养的苗种生物量低，区域内的水系统实现系统内自循环和水质的自净化，并根据季节和库区的水量定期补水。实验区（东库区）实施人放天养模式的生态养殖，该区域的水系统以水质达标输出（向西库区提供水）为生态保护理念，实时根据水质情况调节生物量大小，以保证水质清洁和稳定。

曹妃甸湿地和鸟类省级自然保护区管理处落实属地监管职责和环境保护主体责任，加强库区水量、水质监测，依法开展库区环境影响评价，严格落实库区水质相关标准，保障库区水资源的循环利用。

（6）社会效益和生态效益统一

正确处理好资源保护、合理利用和可持续发展的辩证关系，协调好整体利益与局部利益、长远利益与当前利益的关系。在建立落潮湾水库湿地生态维护系统的同时，适度合理利用库区内资源，将资源保护、生态文明建设与科研、文化、教育有机结合，实现社会效益和生态效益的统一。

3. 设计思路

本规划区域位于保护区的核心区（西库区）和实验区（东库区），根据分属区域不同进行相应的规划设计。

西库区位于核心区内，属大水面维护型湿地类型，其规划与维护应按照核心区的要求进行。库区水源为涵养湿地核心区大水面提供保障，做到冬季、旱季不枯竭。对库区的鱼虾蟹等生物应人放天养，苗种放养低密度、不投饵、不用抗生素。水库内设置鸟桩若干，同时在岸堤配植植被，并在岸边形成大坡面为鸟类提供摄食和栖息条件。

东库区位于实验区内，属大水面维护型湿地类型，其规划与维护应按照实验区的要求进行，与核心区的要求稍有不同。涵养大水面，做到冬季、旱季不枯竭。为调节水色、水质，可添加水、换水、做到内部水体流动循环。实施生态种养，控制密度，可适当投饵，使用水下增氧机保障水质良好和稳定。必要时，适当进行有机物肥水，提升浮游生物等基础生产力，以控制透明度来防止藻类暴发生长。根据生物量大小，在不影响生态环境稳定和鸟类栖息摄食的前提下适时进行调控，投放苗种或捕获适量的水产品。在库区营造人工鸟岛。同时在人工鸟岛上配置乔木及设置人工假树干、岸堤配植植被，并在岸边形成大坡面为鸟类提供摄食和栖息场所。

落潮湾水库以生态修复和环境保护为先导，重点加强区域内环境整治和生态修复工作，推广人放天养和科学管理，根据不同放养品种的营养需求，综合放养和培养繁殖鸟类摄食所需的水生生物种类。通过不同营养级的综合放养增殖，使系统中产生的粪便、有机物、营养盐等物质成为其他类型生物单元的食物或营养物质来源，将系统内多余的物质转化到放养生物体内，达到对系统内物质的有效循环利用，提高库区系统内营养层级的综合利用，促进库区湿地生态系统的平衡。最终形成区域内水循环和生物链循环，提升系统内水的自净能力和库区涵养能力，提高库区生态系统的稳定性，减少人为干扰，为鸟类提供充足的饵料和栖息觅食场所。

二、规划方案

1. 核心区（西库区）

①对库区的鱼虾蟹等生物应人放天养，苗种放养低密度、不投饵、不使用抗生素。②库区水源为涵养湿地核心区大水面提供保障，做到冬季、旱季不枯竭。③为调节水色、水质，可适时采取补水、换水、内部循环等措施。④必要时可进行生物量调控（投放鱼苗或适当捕获等）。⑤加深水库深度，保障鱼、虾、蟹等生物种质在冬季留存。⑥在库区内设置鸟桩，并在岸边形成大坡面为鸟类摄食和栖息提供条件。

2. 实验区（东库区）

①实施生态种养，控制苗种密度，可适当投饵。②涵养大水面，做到冬季、旱季不枯竭。为调节水色、水质，可实施添加水、换水、内部循环等措施。③控制水体透明度、防止有害藻类等暴发生长。④根据生物量适时进行调控投放或捕获。⑤加深水库深度，保障鱼虾种质在冬季留存；保留水库中央的 3 个小岛并在此基础上进行改建和种植植被，并在岸边和小岛周边形成大坡面为鸟类提供摄食和栖息环境。⑥因东库区是西库区的水源地，应该以滤食性、草食性、杂食性鱼类为主，禁止投喂小杂鱼，保障水质良好和稳定。⑦可应用水下增氧机，保障水体流动和水质稳定。

3. 库区小池塘（库区北部）

库区北部有 27 个小池塘，其中 11 个小池塘在核心区，16 个池塘在实验区。核心区的小池塘进行定期补水后，种植一些水生植物，如莲、浮萍等，增殖泥鳅、麦穗鱼、虎头鱼、青虾（*Macrobrachium nipponense*）等小型鱼虾，为鸟类提供食物。实验区 16 个小池塘为水库的辅助设施，用于苗种标苗、暂养和驯化等，随时为库区提供苗种补充；小池塘允许对苗种投喂饵料。

4. 鸟桩与人工鸟岛

（1）鸟桩

在核心区（西库区）东西边缘各建设 50 个支架式鸟桩，鸟桩为水泥桩或木桩支架，露出水面 1 m 左右，供鸟类栖息。鸟桩离堤坝 50 m 排列布局，桩与桩距离约为 2 m（图 9-26）。

图 9-26　西库区鸟桩营造区域和东库区人工鸟岛建设示意图

（2）人工鸟岛

在实验区（东库区）3 个小岛的基础上改建 3 个土坨式人工鸟岛（图 9-26），每个鸟岛顶部直径不小于 50 m。在鸟岛上建设鸟类的繁殖场所、移植耐盐植被、敷设假树干、建淡水洼，为鸟类的栖息、繁殖和觅食提供条件。

三、技术工艺

1. 增殖品种的选择

目标是将落潮湾打造成雁、鸭、鹭等鸟类的栖息地，应当根据鸟类的摄食习性和特点选择在库区投放的水生生物种类。

（1）核心区（西库区）

西库区面积 2 650 亩左右，属于中小型水库大水面湿地性质。根据鸟类对食物的喜食程度，选择某些虾类和鱼类进行生态增殖维护，不以经济收益为目的。采取大水面人放天养的增殖模式，即在不破坏天然饵料资源再生能力的前提下，依靠天然饵料生物层级来维持水域中的生物量平衡，并提高水生生物多样性。因此，必须根据水体的自然条件，确定合理的放养对象、鱼种规格、放养比例和放养密度，控制凶猛鱼类，合理控制生物量等，使水域中鱼虾蟹类群体在种类、数量、年龄等结构上与天然饵料资源相适应，使水域的饵料生物生产力充分合理、持续高效地转化为鸟类食物和鱼产品。

落潮湾水库的水资源为双龙河来水和天然降水，水质盐度常年小于 3，属于淡水性质。因此，鲢、鳙、草鱼、鲂、鲤、鲫、梭鱼等一些温和性鱼类可作为主要的放养对象；野生的麦穗鱼、泥鳅也会在水库中天然繁殖。此外，可放养一些淡水虾类诸如青虾等。

大水面水域中浮游生物繁殖快、生物量大，天然基础性饵料丰富，在大水面增殖中食浮游生物的鱼类应当是首选对象，如鲢、鳙。放养鲢、鳙既可以净化水质，又可以获得一定的鱼产量。鲤是偏食底栖动物的杂食性鱼类，鲫是偏食植物的杂食性鱼类。在大水面水域中富有各种底栖动物和植物种子、有机碎屑等，为鲤、鲫提供了优质饵料。因此，适量放养鲤、鲫可充分利用单位水域的动植物饵料和有机碎屑。鲤、鲫可以自行繁殖后代，先期可少投放鱼苗、后期可不投放鱼苗或少投放鱼苗。草鱼、团头鲂是草食性鱼类，在大水面水域中或边缘会生长很多水草，可少量搭配放养。对于草食性鱼类，不要放养太多，特别是草鱼，因为其食量大、又喜欢啃食植物嫩芽，很快会把水草吃光，不利于水域的自净；若没有了水草，水还会变得浑浊，对浮游生物和底栖生物的繁殖、生长不利。

此外，可放养少量的餐条。餐条是一种小型鱼类，行动迅速，生活于流水或静水的上层，性活泼，喜集群，在沿岸水面觅食，杂食性，主要摄食无脊椎动物、藻类，也食高等植物碎屑、甲壳类、水生昆虫等，繁殖力及适应性较强，如果水域长年有水，可在水域内自然繁殖。餐条是水体鱼类食物链的一个环节，对保持水域鱼类群落生态平衡起着重要作用，同时也是鸟类喜食种类。

可投放一些淡水虾类，如日本沼虾，日本沼虾体长 40～80 mm，生活于江河、湖沼、池塘和沟渠内，以水草、底栖性藻类及有机碎屑为食，冬季栖息于水深处，春季水温上升后，始向岸边移动，夏季在沿岸水草丛生处索饵和繁殖。青虾具有较高的经济价值，同时也可为鸟类提供食物来源。

为了清除大水面水体内死亡的鱼虾，可放养少量中华绒螯蟹（河蟹），每亩放养 20～30 只。

（2）实验区（东库区）

实验区（东库区）的增殖品种基本与核心区（西库区）的增殖品种相同，投放量可稍大一些。禁止投喂小杂鱼和动物下脚料，防止水质恶化。饵料选择工业化制造的人工颗粒饲料，营养全面、卫生、投喂方便。

2. 饵料生物的培养

(1) 核心区（西库区）

因西库区长年保持有水，每年 3 月底至 4 月初，水温在 8～13 ℃时，提升水域中的浮游生物等基础生产力，促使单胞藻、枝角类等的繁殖，为鱼虾生长提供优良的天然饵料。

(2) 实验区（东库区）

东库区的水库环境条件基本与西库区相同，因东库区位于实验区，其管控条件和要求比核心区的要求相对较低。根据水域的透明度、水质状况，可以实施适当的饵料生物培养措施，培养丰富的浮游生物，例如单胞藻、枝角类、桡足类、原生动物等种类。

3. 苗种投放

(1) 核心区（西库区）

1）投放时间。蟹苗 4 月投放，虾苗一般在 5 月投放，鱼苗种在 3—8 月均可进行投放，具体投放时间要根据鸟类的栖息活动适时调整，以保障鸟类的食物需求。同时注意，虾苗生长到能够跳动后再投放鱼苗。

2）投放密度。根据鸟类栖息活动对食物的需求以及生态环境承载力确定苗种投放密度。虾类一般投放商品苗，密度为 2 000～3 000 尾/亩。鱼苗一般投放密度为 20～30 尾/亩。鲢、鳙数量占鱼种总投放苗的 30%～40%，鲤、鲫占 50% 左右，草鱼、团头鲂占 10% 左右，其余为少量的河蟹。尝试移殖大银鱼，使其逐步成为一个种群，对净化库区水质、平衡物种食物链有良好作用。

鲢、鳙的放养比例。理论上，鲢、鳙的放养比例主要依据水域浮游生物组成比例和鲢、鳙自身的生长特性而定，一般情况是鲢在较小的水域生长较好，水体越大，鳙的生长优势越明显，鲢、鳙之比大致为 7：3，鱼苗规格为体长大于 10 cm。草鱼、鲤、鲂鱼苗体长 8～10 cm 均可，鲫鱼苗体长大于 5 cm。河蟹苗每亩投放 20～30 只，规格为 5～10 g/只。

(2) 实验区（东库区）

虾类一般投放商品苗，密度为 5 000～6 000 尾/亩。鱼苗一般投放密度为 200～300 尾/亩。鲢、鳙数量占鱼种总投放苗的 40% 左右，鲤、鲫、梭鱼占 50% 左右，草鱼、鲂占 10% 左右，其余为少量的河蟹。严禁混入大型肉食性鱼类。

鲢、鳙之比大致为 7：3，鱼苗规格体长大于 10 cm。草鱼、鲤、鲂鱼苗体长 8～10 cm 均可，鲫鱼苗体长大于 5 cm。中华绒螯蟹每亩 50～100 只，规格为 5～10 g/只。

4. 生物量调控

(1) 系统内营养层级利用

根据池塘中浮游生物数量、虾数量、小型鱼类及大型鱼类数量评估，按照合理比例进行补充和调整，形成稳定合理的营养层级。

(2) 生物量的调控

每年 7—8 月（高温期）和 9—10 月（秋季收获期）对系统内鱼类和虾类的生物量进行调控，即根据鸟类的数量、栖息活动适时调整调控时间和适度收获。冬季来临之前，依据库区内鸟类的活动情况以及鸟类对饵料的需求，并根据鱼虾类对环境气候的耐受能力（防止鱼虾低温死亡造成生态破坏和疾病传播），依据鸟类对食物的需求量通过捕捞调整系统内生物的留存数量，合理控制鱼虾类的生物量。

5. 鱼虾捕获

当西库区水域中的鱼虾蟹类生物总量超过 30 kg/亩、东库区水域中的鱼虾蟹生物总量超过 100 kg/亩时，要在不影响大多数鸟类活动的情况下进行生物量调控捕获。对水域中的鱼虾蟹类，不能采取竭泽而渔的方法捕获，鱼类捕捞可使用定置刺网、陷阱类渔具，捕捞底层虾蟹类可使用地笼。这些渔具在捕获鱼类时几乎不会惊吓鸟类。10 月，迁徙鸟类逐渐抵达，人类活动应逐步退出，为鸟类提供充足的食物保障；11—12 月，迁徙鸟类逐渐南下；3—4 月，候鸟来到曹妃甸湿地，所以应在秋后留存 20％的鱼虾，以保障鸟类的食物供给。

6. 增氧设施与水质维护

在实验区库塘底部配置水下射流式增氧设施，既可增加库塘内池水溶氧量，形成上下水层水体交换、调和稳定水质，有利于鱼虾生长，又不影响鸟类的栖息和摄食。

7. 饵料来源

西库区属于养护性质。原则上，进行低密度投放苗种，鱼虾的生长依赖水体中天然单胞藻、浮游生物、底栖生物、有机物颗粒等。禁止投喂饵料和使用禁用药物等行为。

东库区可实施生态种养。遵循低密度放苗，实施生态养殖，以维护水质良好为原则，可补以少许人工颗粒饲料，实施精准投喂，保障水质的稳定、清洁，生产优质生态型水产品。

四、维护与管理

1. 循环系统维护

（1）不同水生生物互利共生

落潮湾水库实施多品种混养，根据不同放养生物间的共生互补原理，使不同生物在同一环境中共同生长，是实现生态平衡的一种放养方式，具有较好的生态效益和一定的经济效益。通过不同放养生物互利共生可以使库区生物系统内部的营养物质循环、高效利用，最大限度减少放养生物废弃物的产生；多品种混养形成对重要致病源的种间隔离，对减少疾病发生和药物使用具有重要作用。

（2）库区内水的自净与循环

在库区内构建水质净化系统，该系统利用自然生态系统中物理、化学和生物的三重共同作用实现对污水的净化。来自双龙河的水源先输入东库区，然后再从东库区输入西库区，东库区和西库区的水源在湿地其他部位需要补充水源时再补给其他部位。双龙河的水源会带有化肥、人畜粪便等，经过物理沉淀和氧化作用，水体逐步清澈；这些有机物也可供养库区的浮游生物和水生植物的生长，继而浮游生物和水生植物会被水体中浮游动物和鱼虾蟹类作为饵料来源逐步利用。同时，水体中定期使用微生态制剂（有益菌）降解有机物等有害物质，使水质得到净化，从而形成系统内完善的水循环系统，提升系统内水的自净能力。东库区水经常向西库区传输，实现水体的流动和循环。同时，西库区水体也应视水质情况施用微生态制剂，以保障水质的稳定（图 9-27）。

2. 库区综合管理

(1) 水位控制

西库区和东库区均为涵养大水面，应做到冬季、旱季不枯竭。为调节水色、水质，可实施添加水、换水、内部循环等措施。根据大水面水质状况以及季节性特点，实时调整大水面的水位，保持水系稳定，并保护湿地属性。同时，根据鸟类迁徙季节、水鸟大小和不同习性，控制水位以保障良好的觅食环境。在库区边缘营造 0～30 cm 的浅水区，为涉禽鸟类提供觅食和栖息场所；在

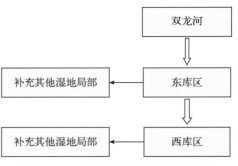

图 9-27　落潮湾水库水循环示意图

库区营造深水区，为大型游禽提供栖息和觅食场所，也为保障冬季鱼虾留存提供条件，使鱼虾蟹类安全越冬。

(2) 生态系统的维护管理

落潮湾水库生态系统维护是在保护湿地生态环境、维持鸟类栖息和觅食的基础上而进行的湿地系统管理。在此过程中禁止一切破坏大水面湿地生态环境的人为操作，根据鸟类和增殖生物的习性调节水位深度和透明度，维持系统内水系、水温的稳定。利用数字化监测装备定期监测溶解氧、水温、盐度、pH、透明度、氨氮、亚硝酸盐、COD、总氮、总磷、药残等指标；并通过视频监测系统定期观察增殖生物的活动、摄食、生长、数量及健康情况，同时监测保护区内鸟类的数量变化、人员流动等情况。为掌握水域基础生产力，利用浮游生物调查工具定期监测库区水域中的浮游生物生物量情况。

(3) 加强环境管理

设定专人进行管理、巡视、维护、水质监测及鸟粪的理化处理。处理方法：短期的鸟粪用生石灰处理；长期积累的鸟粪进行集中发酵处理，或使用活菌进行鸟粪的生物分解，做到清洁、安全处理。

(4) 人类行为管理

在落潮湾水库湿地保护区内控制设备数量，减少人类活动和大型机械的干扰；特别是在鸟类繁殖期，限制或禁止人类进入鸟类集中区域；严禁在保护区内捕鸟、拣鸟蛋等违法违规行为。特别是在核心区（西库区）要限制除管理人员、执法人员、科研人员等相关人员以外的任何人员进入和干扰。水库水面较大，为方便管理，需配备 2 条水上交通小艇，西部库区、东部库区各 1 条，供管理人员、执法人员使用。为了不惊扰鸟类摄食和栖息，选择购买小型、无噪声摩托艇。

(5) 水体流动与增氧

为保障水体的流动性，使落潮湾库区具有上下水层交换以及水体增氧作用，在水底可安装水下射流式增氧机（限于东库区）。

(6) 人工岛维护与管理方案

在实验区（东库区）营造 3 个人工鸟岛，在鸟岛上建设鸟类的繁殖场所、移植耐盐植被、敷设假树干等，为鸟类的栖息、繁殖和觅食提供条件。2 个鸟岛上配植荆三棱、苣荬菜、萝藦、鹅绒藤、狗尾草、稗等。1 个鸟岛留有开阔地，仅种植少量低矮植被；另外，在鸟岛上建设水洼储存天然降水，供鸟类饮用；人工岛上每平方米堆放 200～300 g 石硝（直

径大 1～2 cm 的石子）为一处巢区。人工鸟岛周边留有 0～30 cm 浅水区，为水鸟提供摄食场所。

在库区岸堤上部分区域人工栽植旱柳、杨树、刺槐、紫穗槐、白榆等；在岸堤合适的浅水区域种植芦苇、香蒲等。

利用望远镜等对人工鸟岛上的鸟类活动和动植物生存情况进行观察、监测，必要时管护人员上岛实地观察和维护，但严禁无关人员进入人工鸟岛。

（7）雁、鸭、鹭等栖息地建设

在核心区（西库区）的西部、东部边缘各搭建 50 个鸟桩，离堤坝 50 m 布局，桩与桩的距离约为 2 m；在堤坝内侧浅水区移植芦苇、蒲草等观赏植物，既可净化水质，又可美化生态环境，打造雁、鸭、鹭等鸟类栖息地（图 9-28）。

图 9-28　鸟桩效果图

五、效益分析与专家评价

1. 效益分析

（1）经济效益分析

落潮湾水库实验区的经济效益主要来自实验区的东库区，鱼类苗种投放密度为 200～300 尾/亩、日本沼虾苗种 5 000～6 000 尾/亩、中华绒螯蟹 100～150 只/亩；按照成活率 65% 计算，存活的鱼虾蟹中鸟类摄食约 20%，冬季留存 30%，人工收获 50%，预计每年可捕获 100～150 kg/亩的鱼产品，虾蟹类可捕获 50 kg，每亩直接经济产值 4 000～5 000 元。该库区面积 4 500 亩，经济收入 1 800 万～2 500 万元，为以湿养湿养护提供经济基础。

西库区在核心区，遵循鱼虾蟹人放天养，其水生动物主要满足鸟类的摄食。当西库区水域中的鱼虾蟹类生物总量超过 30 kg/亩时，在不影响大多数鸟类摄食活动的情况下可进行生物量调控。因在西库区产能不大，水产品收获的经济效益忽略不计。

（2）生态效益和社会效益分析

落潮湾水库在雨季可以拦蓄和滞留双龙河汛期来水，调节径流；在枯水期和干旱季节向周边湿地补充其所涵养的水源。因此，落潮湾水库湿地具有涵养水源、调节径流、延长丰水期、缩短枯水期等作用，是曹妃甸湿地和鸟类省级自然保护区重要的组成部分。

落潮湾水库湿地的水分循环和大气组分的改变，在调节局部地区的温度、湿度和降水等方面也将起到很大作用，昼夜温差和年较差将会缩小；同时能够提升空气质量、打造天然氧吧，净化生存空间，改善周边生活环境，有利于人们的生态健康。并且水库具有促进沉积物沉降的自然特性，进入库区的水多携带农用化肥、人畜粪便、水产养殖的残饵和鱼虾排泄物等，这些物质在库区沉积沉降后变成营养物质，通过湿生植物吸收，经化学和生物化学转换而被储存起来，然后通过湿地产品的收获将水体中营养物移出湿地，从而对湿地水体起到净化作用。落潮湾水库具有日处理污水 1 800 t 的能力。

2. 专家评价

该规划方案有利于落潮湾水库湿地生态功能的恢复，在库区水域合理放养一定数量的鱼虾蟹类及增殖其他浮游生物，可以为各类动植物提供优质的生长条件和栖息场所，稳定和扩大区域物种的多样性，使很多独具特色的生态资源得到很好的持续与循环利用，既可以净化水质又可以为鸟类提供充足的食物。预计落潮湾库区将为鸟类提供数万千克的水生动物食物。

落潮湾水库将成为重要的生物基因库，野生动植物的种类会更加丰富，来此越冬和栖息的动物会越来越多，库区会成为鸟类的"天堂"和野生动植物的乐园，估计每年会有数万只鸟（如雁、鸭、鹭等）在此停留、栖息和繁殖。此外，在维持生态平衡的基础上，可为生物科学研究、知识科普提供一个良好的生态场所。

规划方案实施后，可实现落潮湾水库的以湿养湿。

第七节　稻田湿地养护方案

稻田是一种典型的人工湿地，是曹妃甸区湿地生态系统中面积较大的一种湿地类型。在核心区，稻田面积 3 400 亩，其周边同是以鱼苇湿地、淡水湿地为主的约 5 000 hm² 核心区；该区域形成于曹妃甸湿地和鸟类省级自然保护区设立以前，存在时间较长，由农场管理经营多年，具有独特性。在保护区的实验区，稻田面积 8 385 亩，第四农场 2 600 亩和第十一农场 5 785 亩。近年来由农场发包经营，实施一年一包，存在设施老化、沟渠年久失修、掠夺性经营、用药用肥不规范以及土壤存在一定程度污染等现象。为此，对核心区和实验区的稻田湿地进行全面整治和保护、开展规模化综合种养是解决上述问题的有效手段，也是促进湿地保护和科学修复、实现湿地生态功能的有效手段之一。

一、核心区稻田湿地养护方案

1. 核心区稻田湿地位置

核心区稻田湿地面积 3 400 亩，位于核心区的中心位置，其周边以鱼苇湿地、淡水湿地等为主（图 9-29）。

2. 规划方案

（1）稻渔生态湿地构建

在核心区稻田湿地，主要通过稻渔综合种养技术实施湿地养护。鱼、虾、蟹等水产动物

图 9-29　核心区稻田湿地位置示意图

注：核心保护区内稻田湿地位于第七农场北五斗 1～7 农，共 3 400 亩。

的排泄物可作为水稻生长的营养物质，而水稻可为水生动物提供遮阳的栖息空间和食物来源，通过两者间的互相补充、互相利用，可以减少化肥等的投入，措施上禁用农药和渔药，在保障农产品质量安全的同时，在一定程度上既保护了生物多样性，又确保了生态环境的安全。因此，稻渔生态湿地是建立一个稻渔共生、相互依赖、相互促进的生态系统，鱼、虾、蟹等在系统中既起到了耕田除草、减少病虫害的作用，又可以合理利用水田土地资源、水面资源、生物资源和非生物资源，为湿地鸟类更好地生存繁衍创造了良好条件，创建了一个可持续发展的动态保护系统。稻田中生长的水生动物不允许捕捞，种植的水稻部分收获，根据需要留作鸟类食物。

（2）人放天养

人放天养是指在稻田中人工投放鱼类、虾蟹类等苗种，利用水域中的天然饵料生物进行增殖的一种自然养殖模式。其特点是没有或很少有人为干预，鱼、虾、蟹在生长过程中不投喂人工配合饵料、小杂鱼、动物下脚料等。人放天养以保护水环境为目的，以现代生态学理论为基础，根据水体特定的环境条件，通过人工放养适当的鱼苗、虾苗、蟹苗等改善水域中的水生生物群落组成，保持生态平衡，从而实现既保护水环境，又充分利用水体自然生产力，为鸟类提供足够的食物来源，以期最终实现鱼、虾、蟹类与鸟类、人类与自然的生态平衡、和谐共生。

（3）稻田环沟

对稻田进行按农整理，开挖较宽、较深的二至三面边沟，确保在水稻收割后沟中较深处水位达到 1 m 左右，为水生动物保种和保存鸟类的鲜活食物提供双重保障。同时，又可增加稻渔湿地的生物多养性，尽可能降低稻田逐渐演化成苇田的可能性。

（4）科学管理

1）稻渔生态湿地管控。稻渔生态湿地范围内尽可能减少人为进入和干扰，特别是在鸟类集中活跃期，任何人员进入都应实行严格管理。水稻、鱼虾蟹生长期要严格限制投入品。根据湿地鸟类总量、食物多寡，通过对水稻收获量的调节，弥补某些鸟类食物的不足。同时，稻渔生态湿地基础工程一定要做到位，避免水稻种植能力逐年下降而导致动态保护系统的失衡。此外，成立保护区职能部门，明确职能和责任，建立稻渔生态湿地管护区域通行证制度，对于进入稻渔生态湿地管护区的人员实施严格管控，并且配置相应的巡护设施设备，定点定时定线巡护。

2）鸟类保护。鸟类对潜在栖息地的变化非常敏感，并表现在不同的景观尺度上。迁徙鸟类对中途停歇地的选取在很大程度上取决于大尺度的生态格局，如湖泊、芦苇沼泽和河口滩涂等，这是决定一个地区迁徙鸟类物种多样性的重要因素。鸟类在中途的停歇则更大程度上是由小尺度上的微生境所决定的，如资源丰富的食物斑块，干扰小、隐蔽好、安全性高的休息场地等。栖息地的质量对鸟的种类、丰富度、生物量等都有显著的决定作用。影响湿地鸟类生境的主要因素包括食物条件要素（如水深因素、水域面积和干扰情况等）和繁殖条件要素（植被覆盖类型、面积、干扰因素等）。因此，科学规划与管理稻渔生态湿地，优化影响湿地鸟类栖息生境的食物条件要素和繁殖条件要素等非常重要。

核心区稻田养护规划应兼顾湿地环境保护和鸟类保护。①在核心区稻渔湿地不得有燃放爆竹、设置鸟网、破坏鸟巢等对鸟类不利的行为，尽可能优化鸟类栖息生境的食物条件、繁殖条件等，在鸟类迁徙、繁殖期，采取措施减少人为干扰。②在稻田沟渠埝坝点缀种植少量乔木、灌木（如柽柳、柳树、紫穗槐等），方便某些鸟类搭巢，形成部分视觉隔离，为鸟类提供多种有益条件。③加强冬春季大水泡田管理，为大天鹅、小天鹅、疣鼻天鹅、鸿雁、豆雁、黑雁、白额雁、小白额雁、斑嘴鸭、赤麻鸭等十几种雁鸭类密聚群体栖息、觅食提供场所。冬春季有大量的赤麻鸭、大嘴乌鸦、小嘴乌鸦、赤颈鸭等鸟类在越冬稻田集群觅食；春季有环颈鸻、红腹滨鹬、大滨鹬、黑翅长脚鹬等 40 种鸻鹬鸟类以及白鹭、大白鹭、中白鹭、黄嘴白鹭、牛背鹭、绿鹭、夜鹭等 9 种鹭鸟及白琵鹭、黑脸琵鹭等鹮科鸟类在稻渔湿地结群觅食，同时红嘴鸥、黑嘴鸥、棕头鸥、北极鸥、黑尾鸥、白翅浮鸥、灰翅浮鸥等亦在此群集觅食，因此稻田灌水深度以 30～40 cm 为宜。④核心保护区稻田湿地养护以湿地环境和鸟类栖息为目的，重点追求生态效益，不得仅仅追求经济效益，特别是季节性候鸟群在稻田采食时，都要做到"置之不理"。

稻田湿地作为曹妃甸湿地代表性的湿地类型，在环境保护等方面一直发挥着巨大作用，特别是保护区核心区这片稻田湿地，饵料资源比芦苇湿地更加丰富，植物种子量远高于芦苇湿地。因此，对以植物种子为食物的鸟类意义重大，因此每年留存部分稻谷不收割，就是要发挥这方面的积极作用。

（5）水系规划与管理

1）渠道疏浚。曹妃甸湿地和鸟类省级自然保护区核心区的水源补给除天然降水外，几乎全部依靠南北纵穿保护区的双龙河供水。为了使稻渔生态湿地水资源调节顺畅，需要对河道进行疏通、扩宽或挖深。除双龙河外，还应对核心区内主要的支、斗、农等沟渠加大清淤力度，提高储水、运水能力，以保持区域内水域生态系统的稳定性，把核心区稻田生态湿地水系纳入整个湿地保护区水系综合考虑，科学合理地布局所有水系。

2）生态补水。合理确定核心区稻渔生态湿地系统的用水量，多措并举拓展水源，加大渠道、水库蓄水量，满足稻渔生态湿地生态补水要求。在不影响周边居民生产生活用水的前提下，合理利用冬灌水、农闲水和雨季汇水。

3）水质净化。在湿地系统内布局不同模式的增养殖区，优化进排水渠系、水循环系统以及补给装备等，通过系统内水循环和自身净化减少尾水的排放量及其对湿地生态环境的影响。加强管控，打破湿地内坑塘各自独立封闭的组成模式，形成系统内的水系循环，进一步增强水质净化能力。通过基质、动植物与微生物的协同作用提升水体净化处理效率，改善水流条件，优化植物配置，构建湿地净化水质的生态系统，实现湿地内水质的自我净化。

3. 稻渔生态湿地工艺技术

为尽可能减少湿地核心区人为进入和干扰，在稻渔生态湿地建设过程中，水稻种植采取人工乳芽抛秧的形式种植；随着无人机的推广普及，也可实施无人机乳芽抛秧技术。水稻乳芽抛秧是不进行育秧、移栽而直接将种子播于大田的一种栽培方式。水稻乳芽抛秧可节省大量劳动力，大幅度减少湿地核心区人为进入和对鸟类的干扰。同时，在稻田湿地中投放鱼苗、蟹苗、虾苗等，不再设置任何防逃设施，一般也不允许使用网具等进行收获。

（1）水稻种植

1）大水泡田。入冬上冻前进行翻耕，之后大水泡田，泡田水深以 30～40 cm 为宜。

2）一次性整地、施底肥。每年 4 月下旬至 5 月上旬，将稻田中的水排至露出泥垡子2/3 时进行一次性快速耙地，将地拉得越平越好，耙好后水层保持 5～7 cm，趁泥浆未完全沉淀时一次性施入底肥（45％硫酸钾复合肥）15～20 kg/亩。底肥只在耕作时一次施用，之后整个生长期不再施用。

3）选种、催芽、播种。选择株高较矮、抗性较好，播种期为 5 月中旬及能在 10 月下旬收获的盐丰 47 水稻品种。浸种前进行晒种，晒种可以增强种皮的通透性，使之在浸种时吸水均匀，增进酶的活性，有效提高种子的发芽势和发芽率。

选用 17％乙蒜素、杀螟丹粉剂或 16％咪鲜胺杀螟丹 400～600 倍液＋25％氰烯菌酯悬浮剂 2 000 倍液在浸种池中浸种 3～4 d，浸种过程中每天至少搅动两次，让种子浸透浸匀，防止干尖线虫病和恶苗病的发生。

将种子捞出装入编织袋控水催芽，种子出芽露白达到 0.2 cm 时便开始晒芽，晒芽的目的是减少装运、播种时根芽的损伤。在地面铺一层 2～3 cm 厚的稻草，在稻草上再铺一层纱布，将露白出芽的种子摊至纱布上 4～5 cm 厚度，接受充足的阳光和空气，每隔 1 h 翻动一次并喷洒温水，根芽达到 0.5 cm 变绿见藁时可直接抛撒播种。播种前将水排干露泥晾晒1～2 d，把晒好的种芽均匀抛撒于泥中，用种量以干种计算为 4～5 kg/亩。

4）田间管理。水稻全生长期不使用任何农药和渔药，包含除草剂、清塘药物等。只允许保护区职能部门认证的管理人员按照水稻生长要求进行排灌水作业，科学保持水层深度，减少人员出入频次，减少对鸟类生存繁衍的负面影响。

（2）鱼、虾、蟹苗种投放

1）投放时间。鱼苗、虾苗、蟹苗等在秧苗返青后投放，减少对鸟类的干扰。上述三类苗种应在不同区域多点、分开投放，防止相互残食。

2）投放密度。以投放中华绒螯蟹大眼幼体估算，每亩投放 5 日龄大眼幼体 50 g，可为鸟类提供约 50 kg 饵料生物；以投放鲫鱼苗估算，每亩投放鲫夏花或寸片 2 000 尾，可为鸟类提供食物约 60 kg。也可以蟹苗、鱼苗一起投放，投苗量各自减 50%。也可同时投放青虾、泥鳅等能适应高温和浅水生活的各类水生动物苗种（限本地物种）。投苗前可用 10 mg/L 漂白粉或 20～30 g/L（2%～3%）食盐水浸洗 10 min 进行苗种的消毒处理。

（3）生物量调控

依照"适时播种、适时收割"的原则，保持稻田湿地水稻物种的每年更新调控，根据水稻的生长周期，10 月中下旬将水稻部分收割更新。根据保护区内鸟类的摄食需求，每年预留稻田面积的 20% 作为鸟类食物补给（不收割）、其他收获后遇有冬季食物匮乏期也可作为鸟类食物，以后每年根据上年预留饵料多寡进行科学调整。

在稻渔湿地投放的蟹苗、鱼苗不投饵、不使用渔药、不收获，以确保鸟类食物的安全充足。对于鸟类摄食后已不能再作为鸟类食物的大个体成蟹和鱼类，可以在不影响鸟类栖息和摄食的时期进行捕获。

4. 养护管理

（1）投入品监管

加强监管，保证水稻全生长期不使用任何农药和渔药，包括除草剂、清塘药物等。

（2）加强进出人员管控，减少对鸟类的干扰

只允许保护区职能部门认证的管理人员按照水稻生长要求进行排灌水作业，科学保持水层深度，减少人员出入频次，减少对鸟类栖息繁衍造成过多干扰。

（3）加强执法

对违法进入及在该区域使用爆竹等驱赶鸟类、用鸟网捕捉鸟类、使用违规渔具捕捞水生动物等违法行为及时依法进行处置。

5. 专家评价

本养护方案的制定以建设稻渔生态湿地为核心，通过实施人放天养，建立一个稻渔共生、相互依赖、相互促进的生态种养系统，合理利用了水田土地资源、水面资源、生物资源和非生物资源。其特点是以保护水环境为目的，以现代生态学理论为基础，根据水体特定的环境条件，通过人工放养适当的鱼苗、蟹苗等改善水域中的水生生物群落组成，保持生态平衡，从而既能保护水环境，又能充分利用水体自然生产力。区域内的水质通过自身系统自净，使保护区内鱼、虾、蟹、枝角类、藻类等不同水生生物种类不断自繁、增殖，吸引大批水鸟栖息繁衍，尤其是吸引鸻鹬类在此安居扎根，其他水鸟种类与数量也逐年增加。进行大范围的水生生物增殖后，保护区内将积极营造"鸻鹬类繁殖地"和"东方白鹳觅食地"等鸟类繁育和觅食地，实现鸟类自然保护区的鸟类种类和数量的双增长。

稻渔生态湿地生态维护模式可丰富湿地系统中的基础饵料生物，促进野生杂鱼、虾类、贝类、枝角类等生物的增殖，可为鸟类提供更加丰富的生物饵料，可大大减少保护区鸟类食物的补给费用，对湿地系统维护效果价值较大。

二、实验区稻田生态种养技术方案

1. 实验区稻田生态种养区位置

稻田生态种养区位于保护区实验区，稻田面积8 385亩，地处曹妃甸湿地和鸟类省级自然保护区的北部边缘，第四农场2 600亩和第十一农场5 785亩（图9-30）。

图9-30　实验区稻田生态种养区位置示意图

注：实验区内稻田湿地位于第四农场和第十一农场，其中第四农场2 600亩，第十一农场5 785亩，共8 385亩。

2. 规划方案

本方案以保护湿地生态系统稳定、提高系统内生物多样性为前提，在保护区实验区内推广普及稻渔综合种养技术，减轻单纯水稻种植对湿地生态环境的负面影响。通过综合种养实现互利共生，在取得社会效益和经济效益的同时，实现环境友好、生态绿色可持续发展。实验区水稻生态种养技术方案按照"兼顾种植业和养殖业，利用稻渔共生互利特性，生态效益与经济效益并重"等原则进行规划。

（1）稻渔综合种养模式

稻渔综合种养是指在不明显影响水稻产量的前提下，通过一定的工程建设，使之成为较适宜河蟹、淡水鱼虾类等生长的环境，从而实现稻渔双丰收。它是在稻田中人工投放鱼类、蟹类等苗种，利用水域中的天然饵料生物和人工投喂的一些饵料进行增养殖的一种综合种养模式，其特点是"一水两用、一地两用"，形成互利共生的一种生态种养模式。此模式为农村经济的健康稳定发展提供了重要保障，是农业农村部等十部委联合下发的《关于加快推进水产养殖业绿色发展的若干意见》（农渔发〔2019〕1号）文件大力倡导、农业农村部等相关部门积极推动、最近几年在国内多个省份发展最快的绿色发展模式之一。

（2）理论依据

稻渔综合种养的发展依据为生态经济学原理与生态循环农业原理，在此理论的支持下，将水稻种植、水产养殖有机结合在一起，并最终达到互利共赢的目的。水稻为鱼、虾、蟹类水产品提供了遮阳和有机物质，鱼、虾、蟹类的生命活动又起到了耕田除草、为水提供氧气、减少病虫害、增肥的作用，形成一个绿色的生态循环体系。实践证明，稻渔综合种养合理利用了水田土地资源、生物资源和非生物资源，有效减少了水产养殖与水稻种植中的物力、财力投入，为农民创造了更大的盈利空间，达到了"增粮、增渔、增肥、增水、节地、节肥、节成本"等多项目的。

（3）具有更为环保的生产工艺

传统单方面的水稻种植和水产养殖以最大限度地获取单位面积产出率和经济效益为目的。与传统种植、养殖模式相比，稻渔综合种养是一种具有稳粮、促渔、增收、提质、环境友好、发展可持续等多种生态系统功能的稻渔结合种养模式，在生产工艺上取得了很大创新。稻渔综合种养系统中，鱼、虾、蟹等水产品的排泄物可作为水稻生长的营养物质，而稻田也能对水产养殖产生一定的促进、推动作用，通过两者间的互相补充利用，降低农药、渔药、化肥等的投入，在保障农产品质量安全的同时，更在一定程度上保护了生物的多样性，确保了生态环境的安全。稻渔综合种养模式扩大并丰富了农民的收入来源，让农民的经济收入获得了双重保障，提升了土地资源利用率，也为农村经济的健康稳定发展提供了重要保障。同时，稻渔综合种养模式也为湿地鸟类更好地生存繁衍创造了良好条件，创建了一个可持续发展的湿地动态保护系统，生态效益、社会效益和经济效益明显。

3. 科学规划与管理

（1）稻渔生态湿地管控

稻渔生态湿地范围内尽可能减少人员进入和人为干扰。实施过程中，建好稻渔工程，做好防逃设施，严格投入品管理，管理好水、种、饵，及时收获主养产品，将野杂鱼留作鸟类食物，促进湿地生态系统的稳定协调发展。

（2）鸟类保护

实验区稻渔综合种养应农业生产与鸟类保护兼顾，尽可能优化鸟类栖息生境的食物条件、繁殖条件等，在鸟类迁徙、繁殖期，采取措施减少人为干扰，在稻田沟渠土埝适量种植树木，方便鸟类搭巢做窝，同时形成视觉隔离带和隐蔽带便于鸟类栖息停留，为鸟类提供各种有益条件。加强冬春季大水泡田管理，为大天鹅、小天鹅、疣鼻天鹅、鸿雁、豆雁、黑雁、白额雁、小白额雁、斑嘴鸭、赤麻鸭等密聚群体提供栖息觅食场所，冬春季灌水深度以30～40 cm为宜。春季，在稻田湿地有环颈鸻、红腹滨鹬、大滨鹬、黑翅长脚鹬等40种鸻鹬鸟类以及白鹭、大白鹭、中白鹭、黄嘴白鹭、牛背鹭、绿鹭、夜鹭等9种鹭鸟及白琵鹭、黑脸琵鹭等鹮科鸟类结群觅食，同时还有红嘴鸥、黑嘴鸥、棕头鸥、北极鸥、黑尾鸥、白翅浮鸥、须浮鸥等。因此，保持一定的水位有利于涉禽在实验区稻渔湿地群集觅食。

（3）破除单纯经济效益观念

加强鸟类保护意义的宣传，打造爱鸟护鸟的氛围，实验区稻渔综合种养的所有措施都应坚持生态保护和经济效益并重的原则。季节性候鸟群对种养动植物造成较大危害时，政府或相关职能部门应采取措施来弥补农民的部分经济损失，也可通过农业保险的形式让因鸟类摄食而受到损失的农民获得保险赔付。

（4）水系规划与管理

1）河渠疏浚。曹妃甸湿地和鸟类省级自然保护区实验区的水源补给除天然降水外，几乎全部依靠南北纵穿保护区的双龙河供水。为了使实验区稻田水资源调节顺畅，需要采用机械和人工相结合的措施对河道进行疏浚和加深；除双龙河外，还应对实验区内主要的支、斗、农等沟渠加大清淤力度，提高储水、输水能力。

2）生态补水。合理确定实验区稻渔综合种养系统的用水量，多措并举拓展水源，加大渠道、水库的蓄水量，满足稻渔综合种养生态补水要求。在不影响周边居民生产生活用水的前提下，合理利用冬灌水、农闲水和雨季汇水。

3）水质净化。通过系统内水循环和自身净化减少尾水的排放量及其对湿地生态环境的影响。在区域内布局进排水渠系、水循环和补给装备等功能区域。严禁周边居民及相关单位的污水向实验区排放。打破湿地内坑塘各自独立封闭的组成模式，形成系统内的水系循环，增强水质净化能力。通过基质、动植物与微生物的协同作用对水源进行净化，改善水流条件，优化植物配置，构建湿地净化系统。

4. 实验区稻田生态种养技术方案与实施

根据《河北曹妃甸湿地和鸟类自然保护区规划（2018—2035 年）》（2018 年 8 月）要求和指导原则，对实验区内的 8 385 亩稻田规划和实施稻渔综合种养模式，实现"一水两用、一田多收、种养结合、生态循环、绿色发展"以及"稳定粮食生产、增加农民收入、推进产业扶贫、实现产业富民、加快农（渔）业转型升级"的目标，并为保护区内鸟类提供食物补给，保持区域内的湿地属性，实现湿地保护和经济效益相互平衡、协调。

（1）设计思路

在不明显影响水稻产量的前提下，通过一定的环境工程建设，使之成为既适宜河蟹、淡水鱼类等生长又不影响水稻种植的生态种养稻田，实现稻渔双丰收。此模式限制了稻田生态系统中物质和能量流的外溢，使之转化为渔产品，鱼、虾、蟹粪便归还给土壤，改善了水稻生长发育的环境条件。以"农"和"丘"为基本单位*，对稻田地进行工程建设，开挖环沟，建设鱼坑，建设防逃设施，为河蟹或鱼类生态养殖构建工程设施。稻渔综合种养模式中稻田养鱼宜放养适于浅水生活、能充分利用稻田中天然饵料的鲤、鲫、泥鳅、草鱼等速生鱼类。稻田养蟹、养虾等与稻田养鱼类似，在曹妃甸已有近 30 年的历史，是一种技术成熟、生态效益与经济效益并重、环境友好的生态养殖模式，也是国家鼓励发展的主要模式之一。

在实验区开展和实施稻田养鱼、养蟹意义更大，主要原因如下：①可减少农药、渔药等的使用，有益于生态安全。②可减轻野草的危害程度，使禁止使用除草剂的要求容易实现。

---

* 曹妃甸湿地灌排系统为：柏各庄输水干渠（总干）→用干→支→斗→农→毛→丘→排毛→排农→排斗→排支→排干→海洋。支渠控制灌溉面积 3 万～5 万亩，斗渠控制灌溉面积 5 000～8 000 亩，农渠控制灌溉面积 350～500 亩，毛渠控制灌溉面积 30～45 亩，丘渠控制灌溉面积 1～3 亩。

③可增加稻田内各类水生动物的总量，丰富湿地生境。丰富的动植物种类及其生态环境可为多种鸟类提供丰富的食物来源和栖息繁殖处所。④更容易推广新技术，如推广微生物菌肥防治水稻病虫害技术等。⑤可实现提质增效，保证产出的农产品质量安全。⑥是解决湿地保护与农民种地矛盾的良好模式。对提升湿地周边农民收入、增加参与农民的幸福感、促进湿地周边社会稳定和谐具有重大意义。

（2）水稻种植

1）选种。选择株高较矮、抗性较好，适宜在 5 月中旬播种并能在 10 月下旬收获的盐丰47 等水稻品种。

2）加强大水泡田管理。入冬上冻前进行翻耕，之后大水泡田，泡田水深 30～40 cm，使之成为众多留鸟和候鸟栖息摄食的理想场所。

3）整地、施底肥。入冬上冻前进行翻耕，之后大水泡田，翌年 4 月下旬至 5 月上旬，将稻田中的水排至露出泥垡子 2/3 时进行一次性耙地，将地拉得越平越好，耙好后水层保持5～7 cm；趁泥浆未完全沉淀时一次性施入底肥（45％硫酸钾复合肥）15～20 kg/亩。

4）育秧、播种。水稻种植采取异地大棚育秧、机械化插秧模式。同时开展人工乳芽抛秧试验示范。

5）田间管理。稻渔综合种养田间管理主要包括用水管理、追肥管理、病虫害防治等。水稻种植过程中，加强农药化肥管控，慎用除草剂（用时尽可能选用对环境和人类健康危害小的种类）；限制化肥使用量，把化肥用作基肥使用，追肥采用少量多次的原则，后期积极推广使用生物肥料。

（3）水生动物养殖

1）水生动物品种选择。在水稻缓秧后投放蟹苗、鱼苗等，养殖品种首选河蟹（中华绒螯蟹），其次为泥鳅、鲫、草鱼、凡纳滨对虾、鳖（*Pelodiscus sinensis*）等。因克氏原螯虾（*Procambarus clarkii*，俗称小龙虾）为外来物种，应禁止养殖。

2）苗种投放。蟹苗、鱼苗等在秧苗返青后投放。河蟹大眼幼体、鱼苗在 5 月下旬至6 月中旬投放；成蟹养殖 4 月在环沟内放苗暂养，5 月中旬后放入稻田。上述苗种，应在不同区域、多点、分开投放，防止相互残食。

3）投放密度。以投放河蟹大眼幼体估算：每亩投放 5 日龄大眼幼体 50 g；放养扣蟹每亩投放 500～800 只。以投放鲫鱼苗估算：每亩投放鲫水花或寸片 3 000 尾。投苗时要进行苗种消毒，可使用二氧化氯等进行消毒，剂量时间按照说明书确定，也可用 10 mg/L 漂白粉或 20～30 g/L（2％～3％）食盐水浸洗 10 min 等进行消毒，投放其他水生动物苗种数量参照专家意见或有关推荐标准。

4）养殖模式。河蟹养殖包括扣蟹养殖和成蟹养殖，鱼类养殖等包括苗种养殖和商品鱼养殖。允许在稻田开挖鱼坑，为便于作业，可将局部环沟加宽、加深作为鱼坑，鱼坑与鱼沟或环沟相通，鱼坑水深可达 1 m，面积占稻田总面积的 2％～5％。

5）投入品管理。种养期间适度投喂饲料，如河蟹专用饲料、土豆、菜头、玉米渣等，不使用易污染水的冰鲜小杂鱼和动物内脏等，种养过程中谨慎使用渔药，禁止使用清塘药物。河蟹相关技术措施可参照河北省地方标准《稻田河蟹综合种养技术规范》（DB13/T324—2019）操作，苗种消毒不使用高锰酸钾。

6）水生动物捕获。种养周期结束后，只允许捕捞所养殖水生动物；禁止捕捞野生水生动物，为保护区的鸟类提供食物补给。

（4）维护管理

由职能部门与种养单位签订责任状、承诺书，明确管理要求，落实技术措施，发放明白纸、告知书等。对使用爆竹等驱赶鸟类、用鸟网捕捉鸟类、使用违规渔具在稻田捕捞等违法行为应及时依法处置。

（5）鸟类保护与管理

1）完善生态补偿机制。对实验区内的稻田一律实施鸟类危害生态保险措施，由保险公司与水稻种植企业（农户）签订保险合同，确保鸟类生态补偿全覆盖，及时化解人鸟矛盾。

2）采取减少人员干扰的各项措施。一是鼓励抛秧，控制机插秧、人插秧，以利于鸻鹬类、鹭鹭类等鸟类觅食。二是鸟类迁徙期（初春大水泡田期间，天鹅、雁鸭在稻田栖息觅食）、繁育期（如5—7月是环颈鸻、须浮鸥的繁殖期）加强人员出入限制，保护鸟类繁殖地，保证鸟类觅食需要，不得有取卵、恐吓、下网、投毒、猎杀等行为的出现。三是在沟渠埝上适量种植各类树木，给鸟类提供丰富多样的栖息生境。四是加强关键节点管理，如在开展耙地、灌水等农事活动时，鸥鸟等在作业机具后采食聚集时不能进行驱赶；水稻收获期，雁鸭等鸟类觅食稻谷时不得驱赶恐吓。

3）禁用药物。最大限度地为鸟类提供食物，稻渔综合种养期间不得使用清塘药物，谨慎选择和使用除草剂。常年监测实验区稻渔生态种养区的药物使用情况。

4）鸟类监测。对鸟类种类、种群数量以及水生生物量变化等实施常年监测，并形成实验报告和监测报告，以指导和促进后续稻田湿地修复和保护方法的改进和提升。

5. 效益分析与专家评价

（1）效益分析

1）生态效益。本方案是以稻渔综合种养技术为核心，通过人工科学合理地种植水稻、投放蟹苗和鱼苗建立起来的一个稻渔共生、相互依赖、相互促进的生态种养系统，鱼、蟹等在系统中既起到了耕田除草、减少病虫害的作用，又可以合理利用水田土地资源、水面资源、生物资源和非生物资源，达到"增粮、增渔、增肥、增水、节肥"等多种目的，增强了湿地的生态功能。通过生态系统的维护，增加了生物栖息环境的多样性，促进了湿地原种生物资源的再生与增殖，弥补完善了不同鸟类品种所需的食物链，可实现鸟类自然保护区的鸟类种类和数量的双增长。通过实施稻渔综合种养模式，对湿地生态系统的恢复和对鸟类的保护都会起到积极作用，珍稀鸟类种群数量将会逐年增加。

2）社会效益。稻渔综合种养模式减少了种养过程中各类投入品的使用，在保障农产品质量安全的同时，更在一定程度上保护了生物的多样性，确保了生态环境的安全。稻渔综合种养模式扩大并丰富了农民的收入来源，让农民的经济收入获得了双重保障；提升了土地资源利用率，也为农村经济的健康稳定发展提供了重要保障，实现了提质增效、绿色发展的目标；完全符合农业农村部等十部委联合下发的《关于加快推进水产养殖业绿色发展的若干意见》（农渔发〔2019〕1号）文件精神，是最近几年国内发展最快的绿色发展模式之一。

同时，稻渔综合种养对提升参与农民的幸福感、促进湿地周边社会稳定和谐具有重大意义，是解决湿地保护与农民种地矛盾冲突的良好模式。尤其是通过保护建设工程的进一步完善、科研工作的进一步展开，将会取得更大的保护成效，所产生的无形价值更是金钱所不能比拟的。

　　3）经济效益。稻渔综合种养模式实施后，农药、化肥使用量分别减少90%、50%以上，在这种模式下，鱼、蟹为水稻除草、除虫、松土，水稻为鱼、蟹提供生长的饲料，可以综合利用资源，节约成本，实现"一水两用、一田双收、粮渔共赢"。同时，减少环境污染，改善稻田生态环境，既稳定了粮食种植面积和产量、又可提高水稻品质。

　　以稻田养蟹为例，根据2017—2019年曹妃甸区水稻种植和河蟹养殖的基本情况分析，土地承包费和水电费成本800元/亩，水稻种植成本1050元/亩，扣蟹养殖成本300元/亩，包括苗种、管护、防逃、收获等费用，成本总计2150元/亩。收获稻谷700 kg/亩，产值1820元/亩，捕获商品蟹20 kg/亩，产值800元/亩，其他收入200元/亩，总计产值2820元/亩。综上所述，湿地保护区实验区稻田养蟹直接经济效益670元/亩。不仅如此，稻渔综合种养模式生产的水稻、渔获物品质上乘，安全性高，随着市场认可度的提升，其品质溢价将逐渐显现。

　　（2）专家评价

　　实验区稻渔综合种养技术方案的规划与实施：一方面可为更多的动植物资源提供生存空间；另一方面可有效地保护珍稀鸟类及其生存环境，维护自然生态系统的完整性、稳定性和连续性，同时也维护了生物的多样性，确保了生态环境的安全和农产品质量的安全。稻渔综合种养除了生态效益、社会效益、经济效益十分显著外，还可带动农事体验、田边钓蟹、农家乐等相关产业。可以认为，稻田综合种养是一种效益稳定和显著的方式，并可实现辐射带动、多业发展的经营模式，值得推广发展。

第八节　核心区淡水大水面生态修复

 一　核心区淡水大水面概况

1. 概况

　　曹妃甸湿地和鸟类省级自然保护区核心区淡水大水面主要指位于湿地核心保护区，原有芦苇种植带，后因渔民增加水位养鱼，使芦苇种植带基本破坏的面积较大、滩面水深不足1 m、环沟水深只有1.5 m左右的淡水大水面。该区域是多种鸟类栖息、摄食、繁殖的重要场所，是曹妃甸湿地主要的湿地类型之一，具备湿地多项重要功能。

　　该区域湿地曾经收归河北省曹妃甸区湿地和鸟类省级自然保护区管理处统一规范化管理，后因多种原因又交还农场发包经营，农户从事鱼虾养殖，导致湿地分割严重、水系交换能力下降，进而导致湿地资源衰减和环境恶化。另外，当地村民进行水产养殖活动，投入大量肥料、药物等，污染了保护区内的水源，加之排水系统不畅，导致湿地农业水源污染严重、芦苇湿地退化，而且连年的养殖活动又造成了水质的恶性循环，调节水源、净化水质、固定二氧化碳、动物栖息地等湿地生态功能显著降低。

　　为更好地恢复、保护曹妃甸湿地和鸟类省级自然保护区内的生物资源，增强湿地生物多样性，为鸟类等生物提供适宜的天然食物和栖息环境，发挥湿地正常的固碳、净化、保水、蓄水、气候调节等功能，防止曹妃甸湿地和鸟类省级自然保护区功能退化，针对曹妃甸湿地和鸟类自然保护区核心区内的淡水大水面29 090亩进行退养还湿、生态修复势在必行。

2. 位置

核心区淡水大水面位于第七农场、第十一农场，总面积 29 090 亩，其中第七农场境内 9 850 亩、第十一农场境内 19 240 亩，共计 8 个相互独立的大水面（图 9-31）。

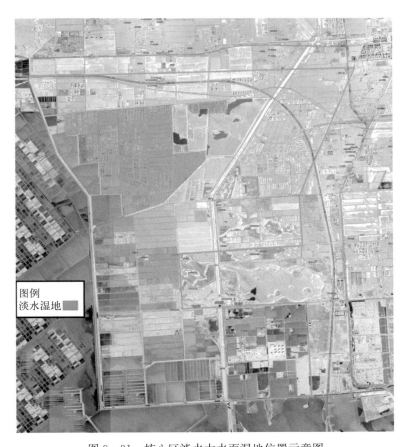

图 9-31　核心区淡水大水面湿地位置示意图

注：核心区淡水湿地面积共约 29 090 亩，其中第七农场 9 850 亩、第十一农场 19 240 亩。

3. 自然生态环境

核心区主要是水产养殖区域，属人工湿地类型，也是保护区的主要湿地类型，是多种鸟类栖息、摄食、繁殖的重要场所，具备湿地多项重要功能。

核心区水深一般在 1～2 m，水质为Ⅲ类、Ⅳ类，水源补给主要是人工补给，少数为综合补给。威胁因子主要是污染、盐碱化和人为活动，威胁程度为轻度。养殖场周边区域植被欠发达，以芦苇、獐茅、碱蓬、鹅绒藤、茵陈蒿等为主。主要水生生物有鲤、鲫、鲢、鳙、青鱼、草鱼、团头鲂、棒花鱼、麦穗鱼、马口鱼、河蟹、田螺等。

二、规划原则和总体目标

1. 规划原则

遵循曹妃甸区的经济发展总体规划，因地制宜，充分发挥湿地的潜在功能，退养还湿后做到湿地面积不减少、性质不改变、功能大提升。在满足湿地保护区当前需求的同时，兼顾保护区今后相当长一段时期的发展需要。努力做到工程量小，趋于自然，人为影响因素降到最低，运行投资小。

维护曹妃甸湿地和鸟类省级自然保护区生态功能的可持续性。通过重构湿地生境多样性、栖息地的改善、恢复植被、重建水体食物网等措施提高生物种群数量。在尊重自然生态的前提下营造多样的、适合鸟类和鱼虾类等湿地生物的栖息环境，保护原有生态系统的多样性、连通性和整体性。处理好曹妃甸湿地生物资源恢复、生态保护和可持续发展的辩证关系，在保护湿地生物资源、生态环境等的前提下，实现人与自然、生物与环境、生物与生物、社会经济发展与资源环境、陆域生态系统与水域生态系统之间的协调发展。

在总体修复目标指导下，立足"高起点、高标准"，全面规划、分期建设、逐步实施。除生态修复与环境治理活动和经过论证必要的科研、教育活动外，不符合要求的活动要及时调整，降低人类活动强度，减小生态压力，严格控制人类活动对湿地生态系统原真性、完整性的干扰破坏。

2. 总体目标

该区域生态恢复方案以曹妃甸湿地自然资源、生态环境和生物多样性保护为前提，依据曹妃甸湿地生物群落共生原理，采用科学的方法，用食物网与产品链将各湿地区域有机结合起来，实现物质流、能量流的平衡，使各种生物互惠共生，各项管理工作协调发展，恢复湿地生态系统、保护珍稀野生动物及其栖息地。扩大水生生物种群，提高曹妃甸湿地生物多样性，不断提高湿地的自养能力，确保湿地生态系统的良性循环和可持续利用。

运用科学的手段和措施，逐步实现湿地保护区管理的科学化、修复技术的现代化、资源利用的合理化、生态建设的标准化。湿地恢复、保护和建设的重点从事后治理逐步向事前修复养护转变，从以人工建设为主逐步向以自然恢复为主转变，从源头上扭转生态环境恶化趋势，使湿地恢复、保护和合理利用走上良性循环，最大限度地发挥湿地生态系统的各项功能和社会效益，使湿地生态环境得到逐步改善，使曹妃甸湿地生态系统和鸟类得到更好的保护，实现湿地资源的可持续利用，将曹妃甸湿地建设成集恢复、保护、科研、宣教于一体、布局合理、设施完备、运营灵活、功能效益突出、具有特色和示范意义的湿地保护区，增加当地百姓的幸福感指数，促进曹妃甸生态文明建设。

三、淡水大水面生态修复方案与实施

湿地修复方案本着"畅通沟渠、营造生境、科学放流、加强管理"的思路进行设计和管理。

1. 修复栖息生境，加大生态系统稳定性

以每个独立大水面区域为一个生境单元，进行大水面水系治理和修复工程改造，分别构筑深水区、浅水区、滩面、陆面、生态岛等多种生境，为各种鸟类提供差异化的栖息和生活环境。

（1）完善进排水系统

修缮现有泵站、进排水沟渠和闸涵，畅通水路，使湿地内的水进得来、排得出，提高进、排水能力，保障输水畅通。

（2）改小水面为大水面

根据实际情况在每个修复单元内，将几个地势相同的小池塘间的埝去除，改小水面为大水面（不小于 500 亩），以稳定水环境，保证湿地水体质量。

（3）修建环沟

在几个较大水面的适当位置修建环沟，环沟顶宽 4 m、底宽 2 m、水深 1.5～2.0 m，所取泥土就近加固堤岸、构筑生态岛，为一些游禽提供适宜的栖息和生活环境，同时保证在低水位时给放流的水生动物留有一定的活动空间，也可使放流的水生动物安全越冬。

（4）构筑生态岛

对大水面浅水平滩区进行局部治理，采取深挖浅垫的方法，抬高部分浅水区，构筑一定面积的浅滩和离岸长条形生态岛，为鸟类提供栖息和生活环境。

2. 扩大植被面积

在离岸生态岛、保护区边界、道路两侧、河道两侧等地适量种植柽柳、枸杞、白刺等灌木以及芦苇、黄蓿等草本植物，增加陆地、水域的植被面积，形成高低不同的植被群落，固土护岛，给鸟类、陆生动物和水生动物提供适宜的栖息和生活环境，丰富湿地生物多样性，净化湿地水环境。

（1）构建优势植物种群

① 芦苇。芦苇是曹妃甸湿地的典型植物群落，有"第二森林"之称。芦苇是盐碱滩涂上重要的经济作物，在生态环境保护、降解污染物等方面显示出重要的作用。湿地中的芦苇降低了人类活动对鸟类的干扰，在湿地上可利用池塘间的埝面和浅水区栽植一定面积的芦苇，可为鸟类的栖息和觅食提供适宜的环境条件。芦苇面积一般控制在湿地面积的 10% 以内。

② 野大豆。野大豆是我国特有的一个大种的种质基因库，是国家 II 级重点保护植物，它耐盐碱，可以改善改良土壤，其叶子、种子是众多陆生动物、鸟类的食物，是改善湿地生态环境、改善淡水大水面湿地食物链的重要物种。可在一些生态岛上构建以野大豆为优势种群的生境，以紫穗槐、柽柳为辅，形成特定群落的小气候。

③ 盐松。盐松（*Tamarix chinensis*）是柽柳的一个选育品种，耐盐碱，植株比普通柽柳高大，树形美观。可在一些生态岛上构建以盐松为优势种群的生境。

（2）适当栽植其他树木

① 白刺。白刺是曹妃甸湿地比较常见的一类小灌木，耐盐碱性能优良，能固土保墒，果实含多种矿物质，是多种野生动物的食物，可在地势较高的堤岸上点缀种植。

② 枸杞。枸杞在双龙河入海口沿岸自然资源较多，耐盐碱，容易成活，能自我扩繁。其种子为多种鸟类喜食，可在各生态岛上点缀种植。

③ 紫穗槐。紫穗槐耐盐碱、易成活，抗风能力远强于芦苇，许多小型鸟类喜欢在紫穗槐上做窝，相比于在芦苇上做巢，提高了安全性，后代成活率也提高很多。因此，在淡水大水面生态岛有计划有目的地种植紫穗槐，对震旦雅雀等小型鸟类意义重大。

④ 柳树、槐树、白蜡树、杨树等乔木。可在适宜湿地中适当栽植一些树木，一是提供不同生境，提供遮蔽空间，二是可以限制树下杂草旺长，便于鸟类等的活动。

（3）适当种植草本植物和水生植物

① 白茅等草本植物不需要引种，能自然生长。注意各生态岛不要使用除草剂。

② 蒲草。蒲草在浅水大水面的适应性与芦苇类似，其净化水的能力也很强，有些地方水深略深的地方，芦苇生长差，蒲草还能长得很好（如香蒲等），在每个单元可适量点缀种植蒲草，让其自然扩繁。

③ 野菱。秋季将成熟野菱种子引入大水面环沟岸边，让其自然生长，形成局部野菱群落，有利于某些淡水鱼虾蟹类生活，还可保护堤岸。

④ 也可在大水域中适当栽植菹草、眼子菜、狐尾藻等水生植物。

3. 增殖放流适宜的水生动物

增殖放流适宜的水生动物，维持湿地生态系统稳定性，净化水环境，丰富湿地生物多样性，为各种鸟类提供适宜的食物。根据现有条件，以增殖放流河蟹、鲢、鳙、梭鱼、鲤、青虾等为主，并对放流种类数量进行管控和动态调节，各单元间放流种类和数量根据具体环境条件可有所区别，在放流水生动物时一定要考虑浮游生物、水草等的供应量，量足则多放，量少则少放，根据水体中饵料来源综合考虑放流苗种的种类、数量，控制放养总量，不可盲目多放。

（1）增殖放流品种

河蟹是曹妃甸湿地主要的保护物种之一。河蟹为偏动物性食物的杂食性蟹类，在天然水域中饵料主要是螺、蚬、蚌、蠕虫和水生昆虫、动物尸体，也摄食眼子菜、苦草、浮萍等植物性饵料。

鲢以浮游植物为主食，但是鱼苗阶段仍以浮游动物为食，是一种典型的浮游生物食性的鱼类。鳙主要吃轮虫、枝角类、桡足类（如剑水蚤）等浮游动物，也吃部分浮游植物（如硅藻和蓝藻类）和人工饲料。采用补充鲢、鳙等滤食性鱼类的方法来控制池塘水体中浮游植物、浮游动物的数量，减少蓝藻等水华的发生，进而净化水质。

梭鱼为杂食性鱼类，刮食底泥表面的底栖硅藻和以有机碎屑为食，也摄食一些丝状藻类、桡足类、多毛类、软体动物和小型甲壳动物等。梭鱼经常在水的中上层活动，是许多鸟类的食物。

鲤是底栖杂食性鱼类，常拱泥摄食，维管束水草的茎、叶、芽和果实均是鲤爱食之物，鲤也很爱吃小虾、蚯蚓、幼螺、昆虫等。一般在放流河蟹的水域中不宜放流鲤，因为鲤的活动会对河蟹造成一定的影响。

放流的鳜鱼能适当控制水生动物的数量，吃掉一些病弱鱼类，维持鱼类健康种群。但因其是肉食性鱼类，不宜投放太多。

青虾主要摄食植物碎片、有机碎屑、水生动物尸体、附着藻类等，能净化湿地水环境。

（2）增殖放流规格和数量

水生生物放流数量控制在每亩水面投放：扣蟹（规格 160～180 只/kg）500 只以内或大眼幼体 50 g 以内；青虾苗 100～150 g；鲢和鳙（规格 10～30 尾/kg）控制在 80 尾以内（一般鲢40 尾、鳙 40 尾）；梭鱼（规格 400～600 尾/kg）控制在 500 尾以内；鲤（规格 10～20 尾/kg）控制在 80 尾以内；草鱼严格限制放流数量，每亩控制在（规格 10～20 尾/kg）10 尾以内，视水中水草多少调整草鱼放流数量，水草多的时候放流草鱼以控制水草过度繁衍生长，水草少的时候不宜放流草鱼；也可根据水体中的水生生物的种类和数量少量放流鳜鱼苗等，控制水体中的生物量。放流的水生动物规格不宜太大，以便于鸟类摄食。

每年根据经验和具体情况可适当进行调整，以保持水生生物适宜容量、生态系统健康稳定和满足鸟类摄食为原则。

4. 水质调控

（1）水质要求

水质清爽，透明度 0.3～0.5 m，pH 7.6～8.8，溶解氧 4 mg/L 以上，氨氮 0.2 mg/L 以下、亚硝酸盐 0.05 mg/L 以下，硫化氢 0.01 mg/L 以下，是水质符合要求的基础指标。

（2）调控措施

① 通过进水、排水、调节水位等措施，增加水体流动，调节水质。

② 通过调控芦苇和大型藻类的覆盖量调节水质，春季适当控制水位，促进近岸、近水边、浅水区域芦苇和水草正常发育。

③ 通过调整鲢、鳙滤食性鱼类等的数量调节水质。

④ 随进水施用有益菌调节水质。

⑤ 及时清理水体杂物，严控人员、车辆进出等减少对大水面环境的负面影响。

⑥ 每年 5—10 月，管护单位应定期检测水质，保证整个生长期不发生蓝藻暴发、水体腐败变臭等现象，保证湿地的生态功能。

5. 鸟类管护

鸟类对潜在栖息地的变化非常敏感，并表现在不同的景观尺度上。迁徙鸟类对中途停歇地的选取在很大程度上取决于大尺度的生态格局，如湖泊、芦苇沼泽和河口滩涂等，这是决定一个地区迁徙鸟类物种多样性的重要因素。鸟类在中途停歇的分布却更大程度上由小尺度上的微生境所决定，如资源丰富的食物斑块，干扰小、隐蔽好、安全高的休息场地等。栖息地的质量对鸟类的种类、丰富度、生物量等都有显著的决定性作用。因此，科学规划与管理淡水大水面生态湿地，优化影响湿地鸟类栖息生境的食物条件要素和繁殖条件要素等非常重要。为了尽可能减少对鸟类的干扰，措施如下：

（1）创造鸟类生境

有针对性地采取措施，创造有利于鸟类的生态环境。如上所述在离岸生态岛适量种植柽柳、枸杞、白刺等灌木以及芦苇、白茅、蒲草、碱蓬等草本植物，固土护岛，并给鸟类提供适宜环境。冬季留有部分芦苇，为震旦鸦雀营造栖息生境。要严格按照鸟类觅食栖息繁殖需要开展水位调控、芦苇清割、食物补饲等工作。

（2）增大鸟类食物来源

在主要迁徙过境期和重要保护鸟类繁殖期，根据鸟类的不同生活习性和湿地水生动物资源量，在特定时间节点放流小型鱼类，增大水生生物生物量，有针对性地增加鸟类食物来源，提升其湿地生态功能。一是在 3—5 月鸟类到保护区觅食，春季食物较匮乏，确保上一年冬季留有充足的水生生物量来保证雁鸭类、天鹅类等鸟类的食物来源。二是保证鸟类秋冬季迁徙期及冬候鸟的食物来源。秋季适当降低水位，便于鸟类摄食，重点为东方白鹳、灰鹤、丹顶鹤等大型鸟类提供食物补饲。

(3) 鱼蟹生物量调控

秋冬季通过分批采捕、降低水体载鱼总量保障鸟类摄食后的放流生物种类的安全越冬。一是采捕期间环沟水位不低于 80 cm，捕蟹网具局部网目尺寸应大于或等于 35 mm（让小规格水生动物逃生）。放流的鱼类 1~2 年捕捞一次，收鱼时过筛，捕大留小，给鸟类留足食物。二是虾蟹采捕仅限钻网（陷阱类渔具）或"迷魂阵"，一般在清晨或傍晚下网或起网，鱼类捕捞应间隔分片进行。三是结合候鸟活动规律限定采捕期，农历八月十五前一周和之后 20 d 左右为采捕期。

(4) 人员管控

对人员进入进行必要限制，采取措施减少人为干扰：一是人员凭证件进出，严格限制车辆进出，放苗期间和收获期间允许普通工人进入，其他时间仅允许看护人员、水质化验人员、科研人员等进入。二是看护巡逻使用小型电瓶车，禁止汽油、柴油车等噪声较大的车辆进入。

6. 加强管控，促进水生动物健康生长

① 春季适当降水，促进芦苇生长，较快提升水温，促进水生生物繁殖和摄食。

② 建立放流水生动物苗种暂养培育池，投喂符合相关标准的苗种饲料保证苗种体质，保证其放流时的成活率，强化培育时间不超过一个月。

③ 夏季通过加高水位和随灌水使用一些有益菌，保证放流动物安全健康度夏。

④ 秋季投喂符合相关标准的饲料，提升养殖动物肥满度，保证鸟类食物品质和保障越冬成活率；再次强调，必须使用发酵饲料和环保饲料，投饵限时、限量，避免产生负面影响，限定投喂时间。

⑤ 秋季适当降低水位，便于鸟类摄食；通过分批采捕降低水体载鱼总量，保障放流生物种类的安全越冬。要求采捕期间环沟或坑泽水位不低于 0.8 m，捕蟹网具应局部网目尺寸≥35 mm，以便小规格水生动物逃生越冬。

⑥ 翌年春天放流苗种前可将大鱼捕出，避免个体相差悬殊，影响新放流水生动物苗种的生长。

⑦ 严格管控肥料、药品等投入品的使用，修复期间不得使用各类化学性药物，不得进行清塘作业（湿地修复工程除外）；有机肥经过严格检验合格后方可使用。

7. 湿地恢复效果跟踪监测

每年对湿地恢复效果进行跟踪监测，监测内容主要包括：

① 水文和水环境要素主要包括水位、流量、盐度、pH、水温、透明度、溶解氧、五日生化需氧量、氨氮、总氮、总磷、高锰酸钾指数、叶绿素 a、浮游植物、浮游动物、底栖生物等。

② 土壤要素主要包括土壤机械组成、pH、容重、全氮、全磷等。

③ 湿地植物群落与植被主要包括湿地植物种类、植被类型和面积等。

④ 湿地动物优势物种和数量包括鸟类的主要种类和数量、水生生物的主要种类和数量等。

8. 建立健全修复机构、明确管理职责

(1) 成立专门的湿地修复管理机构

根据曹妃甸湿地和鸟类省级自然保护区的实际情况，成立保护区职能部门，明确职能和责任划分，建立修复区域通行证管理制度，不同人员、不同时期进入湿地管护区实施严格管控。同时，配置相应的巡护设施设备，定点、定时、定线巡护。

（2）加强保护设施建设

在修复区设置界碑、标识牌、界桩、保护区标志门、围栏等设施。

（3）依法依规管理

在湿地保护区开展的一切活动都必须严格执行《中华人民共和国自然保护区条例》和《河北曹妃甸湿地和鸟类省级自然保护区规划（2018—2035年）》等法律法规和条例。

9. 预期效益与专家评价

核心区淡水大水面生态修复之后，随着整个保护区湿地修复工作的开展，将在生态、社会和经济等方面产生积极的影响。

（1）预期效益

1）生态效益。核心区淡水大水面的生态修复将稳定曹妃甸湿地面积，恢复退化的湿地生态系统，促使湿地保持水土、蓄水防旱、调节气候和美化环境等多种生态功能的充分发挥，使湿地生态系统和临近水域得到很好的保护，有效地保护和维持湿地生态系统的完整性、稳定性和连续性，维持湿地的生物多样性，使核心区大水面生态环境质量得以改善，使湿地巨大的环境调节功能得以充分发挥，进而维护湿地生态平衡，为生物种群的恢复提供良好的环境。

核心区淡水大水面的生态修复将使曹妃甸湿地资源、野生动物及其栖息环境得到保护，生态功能得以恢复，生物物种逐渐消逝的现象得以缓解，植被结构趋向合理，生物种类逐渐增加，鸟类数量和栖息面积明显扩大，生物多样性明显恢复。

2）社会效益。曹妃甸湿地特殊的地理位置、土壤类型，独特的生态系统和珍稀的动植物资源尤其是鸟类资源为湿地生态系统研究提供了理想的基地，将成为一个天然的动植物基因库，为研究动植物演替、海陆环境动态变化提供良好的教学、科研条件。核心区淡水大水面的生态修复将更好地发挥曹妃甸后备水源地的功能，在需要的时候提供水源，对冀东地区经济和社会发展起着重要的作用。湿地保护与生态农业、生态渔业、生态旅游业相结合，推广湿地合理利用模式，有力地推动湿地保护与合理利用工作的开展，将成为国内湿地保护与合理利用的示范典型。

3）经济效益。曹妃甸湿地中的芦苇、鱼虾等野生动植物资源具有较高的经济价值，核心区淡水大水面的生态修复能保护野生动植物及其生态环境，使湿地野生动植物种群得到恢复，为社会提供丰富的生物资源和动物蛋白。随着保护区管理能力的不断提高，偷猎和野生动植物非法贸易将日趋减少，国家损失将得以挽回。

核心区淡水大水面的生态修复将会制止曹妃甸湿地的盲目和过度开发行为，引导湿地利用走上科学规划、合理开发、协调发展的轨道，实现资源开发与环境保护融合发展。在保护湿地典型生态环境的前提下，合理利用湿地的水资源、生物资源，将对提高当地居民的生活水平以及地方经济的发展具有较好的促进作用。通过举办相关的湿地科普宣教活动及湿地周边的合理开发，将会对曹妃甸当地及周边地区的经济发展起到间接促进作用，对区域湿地保护工作开展起到良好的示范带头作用，为唐山沿海经济的长久发展奠定坚实的基础。

（2）专家评价

《核心区淡水大水面生态修复方案》规划科学合理、切实可行，通过该方案的实施：变小池塘为大水面，合理利用了水源，水生态系统趋于稳定；增殖放流鱼虾苗种，为鸟类食物链和食物网提供保障，食物结构更加完善；适当配置植被，使植被结构趋向合理，鸟类栖息的小生境视觉隔离和隐蔽效果将明显改善。

《核心区淡水大水面生态修复方案》的实施将使曹妃甸湿地资源、野生动物及其栖息环境得到保护，生态系统和生态功能得以恢复，生物物种逐渐消逝的现象得以缓解，生物种类逐渐增加，鸟类栖息面积明显扩大、生境改善，生物多样性明显恢复。同时也将促进湿地及周边社区经济的健康快速发展，对区域湿地保护工作开展起到良好的示范带头作用。

第九节　渔苇湿地（四号地）生态修复技术方案

一、渔苇湿地概况

渔苇湿地项目区主要包括四号地和原湿地迷宫，位于曹妃甸湿地中部，左与第十一农场相接，右侧依双龙河与第四农场为邻，南靠第七农场（图9-32）。

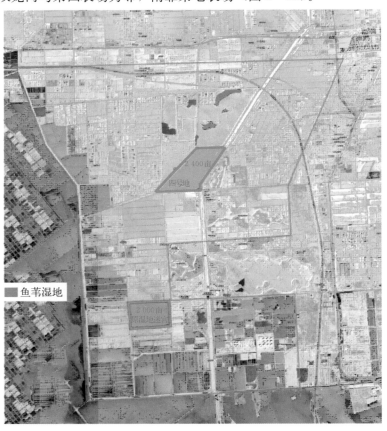

图9-32　四号地和原湿地迷宫渔苇湿地位置示意图

注：紫色线为曹妃甸区湿地和鸟类省级自然保护区外廓分界。

1. 四号地、原湿地迷宫自然生态环境状况

(1) 湿地概况

四号地位于湿地保护区缓冲区，由南北 16 农构成，面积约 2 400 亩（图 9 - 33）。周围铺设有钢渣路，全长为 3 056 m。设有 2 个扬水站、3 个截流坝，以保证湿地水量的调控。区域内建有一个管理站。

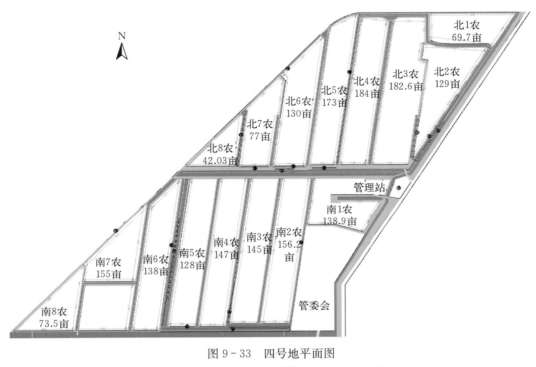

图 9 - 33　四号地平面图

▆ 水渠　▨ 埝　 ⅺ 桥　▆ 树木及其他地上物

原湿地迷宫位于湿地保护区核心区，为游禽栖息保护地，面积约 2 000 亩（图 9 - 34）。区域内钢渣路 5 223 m，围网 1 493 m，管护房 2 处，气象站 1 处，路口监控设备 2 台，宣传牌 4 处，修复进排水闸口 5 处，科研监控 1 处，节制闸 2 座。原有迷宫遗留的包括 250 kV 户外预装箱式变电站 1 处，信号塔、蓄电池组 1 处，水井 1 眼，管护房 1 座。

东侧有双龙河经过，为湿地的主要水源。设置有 2 个扬水站和 3 条水渠穿过四号地，两条水渠呈东西走向，一条水渠为南北走向且连接前两者，水渠流量为 1 m³/s。

主要土壤类型为沼泽土，土壤含盐 0.6% 以上。

(2) 湿地结构和利用情况

四号地近似平行四边形，南北池塘共计 16 个，南部池塘中最大一个为 156.2 亩，最小一个为 73.5 亩；北部最大一个池塘为 182.6 亩，最小一个为 42.03 亩（图 9 - 33）。沟里平均水深为 1.5 m，滩上平均水深为 0.4～0.5 m。

原湿地迷宫呈方形，由南斗 1～5 农组成，其中 1 农水面 407 亩，2 农水面 407.7 亩，3 农水面 412.6 亩，4 农水面 405.7 亩，5 农水面 415.2 亩，其他占地（沟、埝等）513.8 亩。1～5 农水面合计 2 048.2 亩（图 9 - 34）。

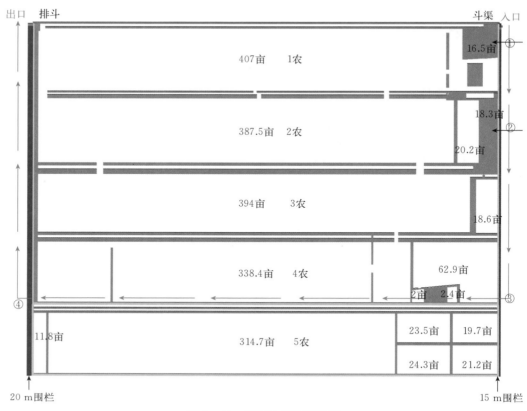

图 9 - 34　原湿地迷宫平面图

→ 行车路线　①~④站点　■水渠　■埝　)(桥

　　四号地、原湿地迷宫二者面积之和为 4 448.2 亩，均为芦苇种植区和淡水池塘养殖区，芦苇面积约占总面积的 30%，淡水养殖对象主要为鲢、鳙、梭鱼和河蟹等品种。

2. 现状与存在的问题

　　因四号地、原湿地迷宫是在农场的基础上建立的，其较早前已存在大规模的鱼塘、虾池，导致湿地分割严重，水系交换能力下降，湿地资源衰减和环境恶化。以前当地村民在湿地进行水产养殖等活动，精养鱼虾池大量投入肥水物质、抗生素、水质净化剂等投入品污染了保护区内的水源，加之排水系统不畅，导致湿地农业面源污染严重；而且连年的养殖活动又造成了水的恶性循环，芦苇湿地退化，调节水源、净化水质、固定二氧化碳、动物栖息地等生态功能降低，导致湿地功能的缺失与退化。

二、规划思路、修复方法与总体目标

1. 规划思路

　　通过退养还湿恢复和重建渔苇湿地，构建水体食物网，并构建健康稳定的水生态系统，既能维持渔苇湿地生态系统的稳定，维护生态平衡，净化水环境，在其无外界人工食物投喂的情况下保证水生生物存活增殖，为鸟类提供丰富的食物，又能生产优质的水产品，达到有机水产品质量要求，产生一定的经济效益，以湿养湿，维护渔苇湿地管理正常进行，确保典型湿地池塘生态系统的良性循环和健康发展。

在渔苇湿地池塘生态系统中，植物是生产者，动物是消费者，微生物是分解者，三者是渔苇湿地生态系统的重要组成部分。在系统内培育微生物、浮游生物和水草来满足鱼、虾、蟹的摄食需要，维护生产者、消费者和分解者等生物因素和水、土环境等非生物因素的生命力和稳定性，尽可能使渔苇湿地中的生态因子趋于完善、生态系统趋于稳定，

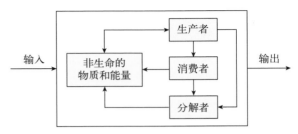

图 9 - 35　渔苇湿地池塘生态系统结构

形成局部区域内物质和能量的良性循环（图 9 - 35）。

构建良好稳定的有利于水生生物生长繁衍的渔苇湿地生态系统，充分利用天然资源扩繁更多的生产者，适当控制消耗者，充分利用分解者，营造良好的分解转化机制，控制人为影响，实现湿地内的资源物质循环利用。

转变观念和模式，变养殖为修复，由以养殖效益为主变为以生态效益为主，在此基础上，开展湿地全面保护，科学修复，恢复渔苇湿地生态功能。

2. 修复方法

① 恢复渔苇湿地动植物种群结构，以渔控藻、控草，构建渔苇湿地立体生态系统，增加渔业碳汇（Fishery carbon sink）。

② 大力进行渔苇湿地健康生态修复，利用生物调控技术构建稳定的渔苇湿地生物群落结构，充分发挥陆生、水生动植物的生态修复功能。

③ 强化投入品管理。进行渔苇湿地修复和保护，原则上禁止使用各种化学药物和有机或无机肥料，建立各类投入品的使用规范并严格执行。

④ 每年对水域生物承载能力进行评估，确定合理承载力，使渔苇湿地中水生生物总量在湿地水域承载能力范围以内，并将之作为增殖放流种类和数量的控制因素，制定科学的增殖放流方案。通过春季增殖放流增加以鱼净水的功能，满足鸟类对食物的需求；通过秋季降水采捕为鸟类提供适口食物，创造条件使剩余生物安全越冬。

⑤ 防控外来物种，维护渔苇湿地生态系统的稳定，有计划地引进新物种，但必须做好安全评估。

⑥ 每年召开 1~2 次湿地生态修复座谈会或研讨会，对遇到的问题或想法商讨解决办法或论证，达成一致意见后指导来年的具体修复工作。

3. 总体目标

① 规划与实施方案以渔苇湿地自然资源、生态环境和生物多样性保护为前提，依据生物群落共生原理，采用科学工艺，应用生态食物网与产品链将各区域有机结合起来，实现物质流、能量流的正反馈，各项管理工作互惠共生，协调发展。

② 保护渔苇湿地生态系统、珍稀野生动物及其栖息地，扩大水生生物物种种群，提高生物多样性，不断提高自养能力，确保湿地生态系统的良性循环。

③ 运用科学技术手段，逐步实现保护区管理的科学化、保护技术的现代化、资源利用

的合理化、生态建设的标准化。

④ 渔苇湿地恢复、保护和建设的重点从事后治理逐步向事前保护转变，从以人工建设为主逐步向以自然恢复为主转变，从源头上扭转生态恶化趋势，使湿地恢复、保护和合理利用进入良性循环，保持和最大限度地发挥渔苇湿地生态系统的各种功能和效益，使湿地生态环境质量得到改善，使湿地生态系统和鸟类得到充分保护，实现湿地资源的可持续利用。

⑤ 将曹妃甸湿地建设成集恢复、保护、科研、宣教于一体，布局合理、设施完备、运营灵活、功能效益突出、具有自身特色和示范意义的湿地保护区，增加当地百姓的幸福感指数，促进曹妃甸生态文明建设。

三、实施方案

1. 修复栖息生境、加大生态系统稳定性

（1）完善进排水系统、建设生态沟渠

对进水渠、排水渠进行疏浚，对泵站、闸门等进行修整，完善进排水系统，畅通水路，使渔苇湿地内的水进得来、排得出，提高进、排水能力，加强水体流动性，保障输水畅通。

在不影响进排水水流的情况下，在进水渠和排水渠内适当种植菱角（*Trapa bicornis* var. *bispinosa*）、莲、芡实、茭白、轮叶黑藻、苦草、狐尾藻等水生植物，使之形成生态沟渠，增加湿地生态系统多样性和增强水体净化能力。

（2）修建环沟、设置深水区

在四号地南、北2块湿地和原湿地迷宫5农的四周各开挖一个环沟，环沟顶宽4 m、底宽2 m，深1.5～2.0 m，营造局部深水区，增加蓄水量，使之成为补水困难年份各类水生动物的避风港，增加湿地的缓冲性，降低水体富营养化时水华暴发引起的动植物大批死亡的风险和干旱少水年份大量动植物死亡的风险。

（3）水系治理、改小水面为大水面

以水系改造为基础，进行进排水沟渠建设，进排水分离、独立设置，使各农进排水畅通。

在四号地将地势基本一致的几个较小的农与农中间的埝扒开，农与农以水相连，分别形成几个水系，改小水面为大水面，如北2农、北3农、北4农三个农形成一个水系，北5农、北6农、北7农三个农形成一个水系，南2农、南3农、南4农、南5农四个农形成一个水系，南6农、南7农、南8农三个农形成一个水系，在每个水系的四周开挖顶宽4 m、底宽2 m、深1.5～2.0 m的环沟，使每个水系内的水能够流动和交换，水体质量稳定，并为以雁鸭类为主的游禽提供良好的栖息地。

在原湿地迷宫，因各农本身面积较大，各农之间地势高程差别又较大，在原来农的基础上进行水系治理，在各农的四周各开挖一个顶宽4 m、底宽2 m、深1.5～2.0 m的环沟。

（4）设置浅滩、修建生态岛

以鸻鹬为主的涉禽喜欢在较宽的浅滩、光滩和低矮植被区活动，低矮植被可以起到隐蔽作用，恢复浅滩、光滩湿地，为涉禽提供栖息地、觅食地。选择适宜区域，对原来的农与农之间的埝进行合理改造，深挖浅垫，将一些埝上的土移走，降低埝的高度，使有的埝低于水面0.1～0.3 m，有的略高于水面，将埝变为浅滩、光滩，设置浅水区，提高生境多样性和生物多样性，为鸟类营造栖息和觅食场所。

将开挖环沟和恢复浅滩、光滩时移走的土垫到另外的埝上，或将两个埝合成一个埝，使之变为小型生态岛，在四号地和原湿地迷宫各建2～4个生态岛，生态岛长500～700 m、宽20～40 m，如在北3农、北4农之间建设一个生态岛。

通过设置浅滩、光滩、修建生态岛构建适合各类陆生、水生动植物生长和鸟类等栖息的良好环境。

（5）建立放流苗种暂养培育池

为保障增殖放流鱼、虾、蟹苗种的规格和质量，建立放流苗种暂养培育池，在放流前先进行苗种的强化培育，增加苗种的适应性和成活率，增强增殖放流效果。

（6）生态系统稳定性调节

针对不同鸟类的栖息和觅食繁殖习性，在不同季节的关键时间节点，采取芦苇清割、水位调控、生物量调控等修复措施，保障渔苇湿地生境和鸟类需求，维持渔苇湿地生态系统的稳定性。

（7）采取隔离措施，对进入人员和车辆进行必要限制

建设孤岛型陆地，对原有池塘围埝两端进行断离，对进入人员、车辆进行必要限制。看护巡逻使用小型电瓶车，禁止使用汽油车、柴油车。

2. 恢复植被

（1）芦苇植被

芦苇是曹妃甸湿地的典型植物群落，有"第二森林"之称。芦苇是盐碱滩涂上重要的植被群落和经济作物，在生态环境保护、降解污染物等方面发挥重要的作用。高大的芦苇阻挡了人类活动的干扰，呈条块状分布的芦苇为水鸟的栖息和觅食提供了安静的遮蔽环境条件，同时也为一些以芦苇群落为唯一栖息地的鸟类提供了栖息场所。

芦苇在不同的生长时期对水位的要求不同，调节水位应遵循由浅到深再由深到浅的原则，同时还要保持水位的稳定性。春季芦苇冒芽时需要一定的水分，水位不超过芦苇茬才有利于芦苇萌发。一般分栽时水位为5～10 cm，随着茎秆的生长，水位可调至20～40 cm。夏秋季节芦苇快速生长需要大量水分，水位需要适当加深。到抽穗老熟时，可将水位调至5 cm左右，待植株完全成熟后，尤其是在冬天需再次降低水位，使芦苇地面露出来，以便进行机械收割。

四号地、原湿地迷宫已有一定面积的芦苇，平时做好日常维护就可以。芦苇是多年生禾本科宿根性植物，可一次种植多年见效，每年只需要进行灌溉、田间水位管理及收割等工作。一年四季要做到"修好埝，保好水；多安泵，抽好水；二月下，冬灌水；三月初，仅补水；四月中，增加水；五月中，换新水；六月上，不断水；七月中，等雨水；八月中，加大水；九月末，降低水；十二月，清割苇；不打药、严防火、生态好"。

（2）树木植被

结合沿海防护林建设工程，在湿地保护区边界、河道、道路及堤旁种植一定数量的灌木或乔木，如柽柳、杨树、槐树、柳树、榆树等，营造湿地树木植被，进行适度点缀性林带建设。利用树木植被丰富湿地空间层次性，为鸟类提供栖息环境，提高本地生物多样性，完善生态系统结构，提升生态系统的稳定性。

（3）水生植被

水生植被恢复以自然恢复为主，侧重于恢复一些水生挺水、沉水、浮水植物，如在池塘中栽培一定数量的轮叶黑藻、苦草、狐尾藻等水生植物，为涉禽类提供食物，同时也为鱼、虾、蟹类提供饵料和栖息环境，有效改善湿地的水质。

3. 渔苇湿地池塘生态系统构建

（1）渔苇湿地池塘生态系统构成

渔苇湿地是野生动物的聚居地。一方面，湿地池塘生态系统为野生动物提供了不可替代的生境，为浮游动物、底栖动物、鱼类、虾类、蟹类、鸟类等提供良好的栖息地和食物来源；另一方面，野生动物的种类、数量、繁殖、生长等特征又会对湿地池塘生态系统的构成和稳定性产生较大的影响。这些生物又可作为渔苇湿地指示生物，湿地生物种类、密度、健康状况等可以作为湿地池塘生态系统健康水平的评价指标，所以保持优良、稳定的渔苇湿地池塘生态系统构成至关重要。

渔苇湿地生物多样性、水环境的恢复和保护关键在于构建健康稳定的水生态系统，原有的池塘是一种容量很小、相对封闭的生态系统。由于水体植物和岸边植被构建的缺失，人工池塘的陡坡建构形式及原有养殖种类相对单一，食物链、食物网不能有效构建。

曹妃甸渔苇湿地四号地、原湿地迷宫构建的湿地池塘生态系统生物组成为芦苇（水生植物）、浮游植物、浮游动物和微生物与河蟹、青虾、梭鱼、鲢和鳙等。

1）水生植物的筛选。构建健康稳定的渔苇池塘生态系统，首先要选择水体中的植物类型，通过在岸上、岸边浅水处栽培优势种芦苇，在水中种植轮叶黑藻等水生植物，可有效调节池塘水域生态环境，同时可为虾、蟹等水生生物提供栖息环境。

2）水生动物的筛选。根据当地的实际情况，并借鉴其他地方的修复经验，可筛选出渔苇池塘中适宜的水生动物，包括鲢、鳙、梭鱼、河蟹、青虾等。因曹妃甸湿地为国家级中华绒螯蟹种质资源保护区，所以河蟹应为优势种群。

河蟹、青虾为底层生物，鲢、鳙、梭鱼为中上层鱼类，上、中、下水层都有水生生物分布。

① 鲢、鳙。鲢以浮游植物为食，鳙以浮游动物为食。鲢、鳙为渔苇湿地池塘生态系统中的消费者，用补充鲢、鳙等滤食性鱼类的方法来调控池塘水体中浮游植物、浮游动物的数量，减少水华的发生，达到净化水质的目的。

② 河蟹。河蟹为偏动物性食物的杂食性，在天然水域中主要摄食螺、蚬、蚌、蠕虫和水生昆虫、动物尸体，也摄食眼子菜、苦草、浮萍等植物性饵料。

③ 青虾。青虾是以动物性食物为主的杂食性，幼虾阶段以浮游生物为食，成虾主要摄食植物碎片、有机碎屑、水生动物尸体、附着藻类等。栖息于近岸浅水区水草丛中，在水下草丛或石砾处越冬。

3）浮游生物的培育。浮游生物在渔苇湿地池塘生态系统中起着重要的调控作用，既能决定湿地池塘的初级生产力，又能调控各营养级间的生态转化效率。

①培养浮游植物、扩繁合适的生产者。浮游植物是水域生态系统中的生产者，优良的浮游植物可被湿地池塘中浮游动物、底栖动物甚至鱼类、虾类、蟹类等大型水生动物直接滤食，也可降低池塘中氨、硫化氢等有害物质的含量，改良水质，浮游植物光合作用可提高水体的溶解氧水平，促进好氧微生物的生长繁殖，加速有机质的分解和矿化。整个生态系统的修复过程中要保持水"肥、活、嫩、爽"，浮游植物起着重要的作用。

培养的浮游植物优势种群以绿藻、褐藻、硅藻为宜，根据水体中的藻类情况可进行适当接种、扩繁，确保容易消化的藻类为优势种群。

培养浮游植物的肥料主要是鱼、虾等的排泄物和底泥中的营养物质。浮游植物种类多、繁殖迅速，如果不能迅速被浮游动物或鱼虾等利用，在营养物质丰富的时候将会快速地生长繁殖产生水华，败坏水质。所以湿地中应保持足够深的水位，保证水流畅通，必要时适当换水，以维持水质的稳定。

②浮游动物的培育。浮游动物的种类繁多，主要包括原生动物、轮虫、枝角类和桡足类四大类。浮游动物以浮游植物为食，对防止浮游植物过度繁殖具有重要的作用。浮游动物在湿地能量流动、信息传递和物质转化中都起着至关重要的作用。

鱼类对浮游动物的捕食是改变浮游动物群落结构的重要因素。鱼类多偏好个体较大的浮游动物，如枝角类和桡足类，鲢、鳙等滤食性鱼类对浮游动物的摄食使得水体中大型浮游动物急剧减少，浮游动物会呈小型化趋势。

4）营造良好的分解转化机制。在整个生态系统发展过程中，不可避免地会出现残饵、粪便、水生生物尸体等需要分解转化的物质流。必须考虑如何进行分解利用，否则就可能造成整个生态系统的破坏甚至崩溃。在天然生态系统中分为一级分解、二级分解。一级分解包括生物之间的采食，如青虾、河蟹采食水生植物、有机碎屑、腐殖质等。二级分解主要包括微生物分解转化动植物尸体、有机物。

①营造一级分解机制。在渔苇湿地生态池塘中营造一级分解机制，主要包括在放养时应充分考虑放养一定量的河蟹、青虾、梭鱼等，可起到较好的利用有机碎屑、腐殖质的作用。湿地中的鸟类也可以起到很好的转化利用病死鱼、虾、蟹的作用。

②营造二级分解机制。营造二级分解机制主要包括引进培育光合细菌、硝化细菌、枯草芽孢杆菌等，能发挥氧化、氨化、硝化、反硝化、解硫、固氮等作用，将动物的排泄物、氨氮、亚硝态氮等有害物质迅速分解为二氧化碳、硝酸盐、硫酸盐等，为浮游植物生长繁殖提供营养，而浮游植物的光合作用又为有机物的氧化分解及水生生物的呼吸提供溶解氧，构成一个良性的生态循环，维持和营造良好的水质条件。

微生物是渔苇湿地池塘生态系统中的分解者，能降解水体中有机质、氨氮、亚硝态氮等污染物。水体中有机氮的降解主要靠氨化细菌，氨氮的降解主要靠硝化细菌和反硝化细菌。

5）非生物环境调控。影响水生生物的非生物因素主要有水深、透明度、pH、水温、溶解氧、营养盐等。这些非生物因子在多方面共同影响水生生物群落结构的变化。

①水温。水温是影响水生生物分布的一个重要因素，水生生物的生长、发育、群落组成和数量变化都与水温直接相关。一般来说，水生生物的生物量会随着水温的升高而升高，但是当水温高于或者低于某一温度值以后，便会抑制水生生物的生长和发育从而降低其生物量。

② 溶解氧。水生生物的生存离不开氧气，氧气在水中的含量有着明显的季节变化，氧气在水中的含量能直接决定大部分水生生物的生存，生物的新陈代谢和对氧的利用随着温度的升高而增强。

③ pH。水生生物的种类和数量与水体的 pH 有着密切的关系。不同种类的水生生物对 pH 的适应性不同，不同 pH 条件下的水生生物优势群体不同。

④ 透明度。透明度在一定程度上反映的是水体中浮游植物的多少。透明度低的水体反映的是浮游植物量多，反之浮游植物量少。

⑤ 水深和光照。水深和光照等其他因素对水生生物也有影响。许多水生生物都具有趋光性，因光照强度的变化，水生生物的一些物种会出现昼夜迁移和垂直迁移等特征。

水中溶解氧、pH、透明度等的调控主要通过水生植物和加水、换水等进行。

6）维护生产者、消费者、分解者之间的关系。典型渔苇湿地池塘生态系统具有完整的生产者—消费者—分解者食物网，营养物质在该食物网中逐层传递，互相影响。如青虾、梭鱼在湿地中摄食有机物，减少污泥和悬浮物。而这些动物的粪便又能为浮游植物或芦苇、水草等提供养分，形成物质能量流动的良性循环，鱼、虾、蟹等水生动物为鸟类提供了食物，在循环的过程中净化了湿地环境，部分鱼、虾、蟹等水生动物若要退出物质循环，则产生一定的经济效益。

① 生产者。水体中的浮游植物、芦苇、水草等水生植物是初级生产者，通过光合作用合成碳水化合物，放出氧气，也可直接吸收水体中氨氮、硫化氢等有害物质，改良池塘水质，更为重要的是藻类光合作用可以提高水体中的溶解氧水平，促进好氧微生物的生长繁殖，加速有机质的分解和矿化。

② 消费者。消费者靠消耗生产者及大量天然饵料维持生存生长，包括浮游动物、底栖生物和投放的水生动物，如河蟹、青虾、鲢、鳙、梭鱼、鸟类等。

③ 分解者。主要是细菌、真菌等微生物，它们能分解粪便以及浮游动植物残体等有机物，使之矿化成营养盐，供藻类（生产者）吸收利用。

④ 生产者、消费者、分解者的相互关系。生产者、消费者、分解者之间通过食物网、能量流相互联系，水生植物、浮游植物利用太阳能、无机物，大型浮游动物、底栖动物、鲢、鳙、青虾等采食浮游动物、浮游植物和有机碎屑等，某些鱼类采食水草，河蟹采食小型底栖生物、腐殖质等。生产者、消费者、分解者通过多条食物网相互联系起来。从湿地对有机污染物的自净能力上看，微生物和藻类是湿地诸多生态因子中最为关键的两大因素，在湿地池塘生态体系中，微生物种群和数量（即微生物相）与藻类的种群和数量（即藻相）是密切相关的。

（2）确定水生生物容纳量

消费者数量由生产者数量、质量等因素决定。鱼、虾、蟹等水生生物的健康生存必须满足密度小、饵料丰富、水质优良等先决条件。在苗种放养时一定要考虑浮游生物、水草等的供应量，量足则多放，量少则少放。根据水体中饵料来源综合考虑增殖放流苗种的种类、数量，控制放养总量，不可盲目多放。

主要增殖放流河蟹，搭配青虾、鲢、鳙、梭鱼等。平均每亩水面增殖放流：规格 160～180 只/kg 的扣蟹 350～500 只（也可每亩放流大眼幼体 25～50 g，需要先在小池塘强化培养 20 d 左右）；青虾成虾 100～150 g（可在小池塘繁育，大水面增殖）；10～30 尾/kg 的鲢

12～24 尾（上限 30 尾）、鳙 8～16 尾（上限 20 尾）；400～600 尾/kg 的梭鱼 200～300 尾。放流的水生动物规格不宜太大，以适口为宜，便于鸟类摄食。

根据水草的多少每隔 1～2 年放流草鱼苗一次，并严格限定数量（每亩水面可放流规格 50～100 g/尾的苗种 20 尾以内），通过放流适量草鱼和调节水位对芦苇、大型水藻等水生植物进行总量控制。

每年对水域承载力进行评估，确定合理载鱼量，结合上一年的湿地修复效果和经验适当调整方案，以保持水生生物适宜容纳量和生态系统健康稳定为原则。

（3）水质调节

1）水质要求。水质清爽，水色为黄绿色或茶褐色，透明度 30～50 cm，pH 7.6～8.8，溶解氧 4 mg/L 以上，氨氮 0.2 mg/L 以下，亚硝酸盐 0.05 mg/L 以下，硫化氢 0.01 mg/L 以下。

2）芦苇、水草净化水质。芦苇、水草吸收水体中的氮、磷等营养物质以及重金属等污染物，又可增加溶解氧，对池塘水质具有很好的净化功能，也能够为河蟹提供生长、栖息、蜕壳的隐蔽场所。

3）维持渔苇湿地池塘生态系统藻相和菌相平衡。日常管理过程中尽量维持水体中藻相和菌相的平衡，通过适当控制食物网关系来维持藻相的平衡，也可根据需要补充一些有益菌，起到调优藻相、菌相及提高动物机体免疫力的作用。

4）改善池底环境。渔苇湿地池塘生态系统的自净能力很大程度上取决于池塘底泥生态，即底泥化学组成和菌相（微生物种群和数量）。老化池塘由于长期处于厌氧状况，淤积大量黑臭底泥，底泥耗氧有机物丰富，以厌氧微生物为主，池塘自净能力有限，当水生生物放养密度超过池塘的养殖容纳量而又过多使用发酵肥时，就会造成溶解氧降低，水质恶化，养殖动物生长缓慢、疾病频发甚至死亡。可适当使用一些有益菌加快底泥生物氧化、提高藻类多样性、稳定藻相。

5）保持一定水位。保持进排水方便、水流流通，根据气候条件、动植物需要等适当补入新鲜水体，维持水位稳定，7 月、8 月高温季节和河蟹集中脱壳的时候尽量加大换水量，进行流水刺激，每次注水 0.1～0.2 m。一般水位保持 0.6～1.5 m 较好，坚持春浅、夏深、秋落干的原则。春季适当降低水位，有利于水温回升，同时有利于促进芦苇芽齐芽壮，促进近岸、近水边、浅水区域芦苇正常发育；夏季保持较高水位，有利于防止水温过高；秋天水浅有利于保持一定水温，促进鱼、虾、蟹等水生动物的生长；冰封前加高水位，以利于水生生物安全越冬。如果出现水生动物病害或水质恶化现象确需进排水，一定要注意每次换水量不超过总水量的 30%。夏天加高水位，维持水温恒定，切忌大排大放（大排大放不利于水质稳定）。冬季保持较高水位，以便游禽栖息和采食。

（4）日常管理

1）设置隔离防护网。结合渔苇湿地的相对封闭式管理，适当设置隔离防护网，防止外来生物的进入和湿地内生物外逃。

2）加强水质监测、适时进行水质调控。选择并建立若干个水质监测点（6～8 个），春秋季节 20～30 d 监测 1 次，夏季 15～20 d 监测 1 次，高温季节或特殊天气、水质变化大的时候，随时进行监测，根据需要及时调节水质，保证不发生蓝藻暴发、水体变臭等现象。除了监测水质指标外，还应对水生动植物进行健康检查，发现问题及时采取措施。可加水、排水、增加水体流动改善水环境，可随灌水使用一些有益菌等调节水质。

3）水生动物健康保障措施。

① 有针对性地采取措施，保障渔苇湿地生态功能。一是在 2—5 月鸟类繁殖季，保证雁鸭类等繁殖鸟的食物来源。二是保证鸟类春季迁徙期、秋冬季迁徙期及冬候鸟的食物来源，为东方白鹳、灰鹤、丹顶鹤等鸟类提供食物补饲，冬季留有部分芦苇，为震旦鸦雀营造栖息生境。要严格按照鸟类觅食、栖息和繁殖需要开展水位调控、芦苇清割、食物补饲等工作。

② 在放流苗种暂养培育池中适当投喂苗种饲料，保证苗种体质和放流成活率，强化培育不超过一个月。在秋季一个月时间之内适当投喂饲料提高水生生物的肥满度，加强脂肪储备，保证鸟类食物品质和保障越冬成活率。

4）控制生物量。

① 根据鸟类不同生活习性和湿地水生动物资源量，在特定时间节点放流小型鱼类，增大水生生物生物量，增加鸟类食物量，提升湿地生态功能。

② 春季适当降水，促进芦苇生长，较快提升水温，促进水生生物繁殖和摄食。夏季通过加高水位和随灌水使用一些有益菌，保证放流动物安全健康度夏。秋季适当降低水位、通过鸟类摄食、适当采捕降低水体载鱼总量，保障放流动物安全越冬。要求采捕期间环沟或坑泽水位不低于 0.8 m。

③ 为防止生物量过大，秋季可根据具体情况对水生生物进行适当采捕，限定采捕时间、采捕工具、采捕量和采捕规格，采捕一定比例鱼、蟹，使水中饵料生物既可以满足鸟类需要，又不会因生长不良、生长过剩而造成病害或环境恶化。采捕网具尺寸应不小于 35 mm，便于小规格水生动物逃生，虾、蟹捕捞仅限钻网或"迷魂阵"。结合候鸟活动规律限定采捕期，农历八月十五前一周和之后 20 d 左右为采捕期。翌年春天苗种放流前可将大个体的鱼捕出，捕大留小，避免个体相差悬殊。

5）加强日常管护。

① 建造控制人员进出的设施，制定人员进出的详细规则和管理制度，采取措施减少人为干扰；人员凭证件进出，放苗期间和收获期间允许普通工人进入，其他时间仅允许看护人员、水质化验人员、科研人员等进入。

② 严格肥料、药品等投入品管控，修复期间不得使用各类化学性药物，不得进行清塘作业（湿地修复工程除外），禁止使用鸡粪（包括发酵干鸡粪）等畜禽肥料和化学肥料。

③ 设置监控网络，通过卡口监控人员进出，通过大水面监控可以监督修复期间的各种情况，在减少人为干扰的情况下，有效开展修复工作。日常管护使用电瓶车、望远镜、小型无人机等辅助设备。

4. 湿地恢复效果跟踪监测

每年对湿地恢复效果进行跟踪监测，监测内容主要包括水文、土壤、植被和优势物种等。

（1）水文和水环境要素

主要包括水位、流量、盐度、pH、水温、透明度、溶解氧、生化需氧量、氨氮、总氮、总磷、高锰酸钾指数、叶绿素 a、浮游植物、浮游动物、底栖生物等。

（2）土壤要素

主要包括土壤机械组成、pH、容重、全氮、全磷等。

（3）湿地植物群落与植被

主要包括湿地植物种类、植被类型和面积等。

（4）湿地动物主要优势物种和数量

鸟类的主要种类和数量、水生生物的主要种类和数量等。

5. 预期效益与专家评价

（1）预期效益

1）生态效益。方案的实施可保护野生动植物及其生境，为渔苇湿地生物提供良好的栖息生存环境，有利于湿地物种遗传基因多样性和物种生态群落多样性的保留，使保护区真正成为鸟类与其他动物栖息、繁衍与生存的理想生境，成为生物资源的物种基因库，在增加动物物种多样性的基础上，更能促进微生物群落结构的多样性，进一步增加湿地生物多样性。通过方案的实施能保持湿地的水资源量和恒定的水位。在渔苇湿地中投放适量水生生物、栽培适量植物对减少温室气体排放有着明显的作用，对调控区域空气质量、减少温室效应、减缓全球大气变暖有着重要的意义。

湿地中的芦苇对湿地有很大的潜在净化功能，对污染物具有吸收、代谢和积累的作用，污水净化作用明显，使有毒物质随着芦苇的收割而离开水体，从而净化了水体和土壤环境。

2）社会效益。方案实施后，将更好地发挥曹妃甸湿地后备水源地的功能，在需要的时候提供水源，合理利用湿地资源。同时，亦将大大增强各级政府和人民群众对湿地重要性的认识和湿地保护意识，使人们充分认识到保护生态环境、维护生态平衡的重要性，增强人民自觉参与湿地保护和维护生态平衡的意识。此外，还可改善民生，促进地方经济的可持续发展，促进社会全面进步。

3）经济效益。通过方案的实施，制止渔苇湿地的盲目开发和过度利用行为，合理利用湿地的水资源、生物资源，将对提高居民的生活水平以及地方经济的发展起到很好的促进作用。通过实施相关的科普、宣教、科研及湿地周边的合理开发，将会对当地及周边地区的经济发展起到间接影响。

由生态效益和社会效益转化而来的间接经济效益主要体现在湿地的蓄洪防旱、调节气候、控制土壤侵蚀、避免土壤盐渍化、降解水环境污染等带来的间接经济效益，这种间接的经济效益虽不能直接以货币的形式体现出来，但无可否认它确实存在于现实之中。植被覆盖率的增加和野生动植物种类增多对整个环境的影响都有着潜在的经济效益。在保护了生物多样性的同时也保护了未来的发展选择，湿地物种所具有的巨大潜在价值也会越来越明显。通过湿地野生动植物资源的就地保护和人工培育，其价值将日益得到挖掘和开发。此外，芦苇是好的造纸原材料，部分刈割后可得到一定的经济收益。

（2）专家评价

方案的实施：将稳定曹妃甸渔苇湿地面积和改善湿地生态系统，促使湿地调节气候、蓄洪防旱、净化水体、保持水土、防风固沙和美化环境等环境功能的发挥；能改善渔苇湿地生态环境，使湿地生态系统、水域得到更好的保护，使生态环境质量逐步提高，有效保护和维持湿地生态系统的完整性、稳定性和连续性，使多种生态功能得以充分发挥；进而维护湿地生态平衡，为生物种群的恢复和发展提供良好的栖息环境，维持湿地的生物多样性。同时，将使曹妃甸湿地资源、野生动植物及其栖息环境得到保护，生态功能得以恢复，

逐渐缓解生物物种的消逝现象，鸟类栖息面积明显扩大、生境逐步改善，加快生物多样性的恢复。

第十节　生物安保体系建设

一、生物安保

1. 生物安保概念

早在 20 世纪末就有学者在动物疫病的预防与控制中采用了生物安保（Biosecurity）的概念。近年来，联合国粮食及农业组织（FAO）和世界动物卫生组织（WOAH）对生物安保进行了明确的定义。

FAO 定义的生物安保的范围较广，涵盖了养殖健康、外来物种入侵、转基因生物和生物多样性等方面。该定义指出，国家和地方生物安保体系的构建包括明确主管机构、制订国家计划、建立基础设施、实施国家战略、提升管理能力、开展风险评估、实施监测计划、制订应急计划、实施企业生物安保、开展监测机构服务、规范诊疗制剂使用、建立数据库、注重动物福利和加强各方合作 14 项内容；强调要使生物安保成为国家水产养殖业发展计划和方案的一个重要组成部分，要通过有效实施国家战略、国家政策及管理框架加强区域性和国际性条约及文书的执行；新品种和新技术应用也需用风险分析作为决策手段来及时评估可能的威胁和不确定性；通过建立数据库来支持生物安保评估和预警。

WOAH 对生物安保的定义仅限于动物卫生领域，指为了降低病原传入、留存和扩散的风险，在管理、技术和设施上执行的一整套措施。在 WOAH 标准中，判断某一种具体疫病的基本生物安保条件要看对该疫病是否采取了足够的安保措施。

2. 生物安保措施

生物安保强调从病原入手开展系统的风险分析，对由明确病原所导致的疫病风险进行有针对性的防控和健康管理。因此，生物安保体系包括对病原进行危害分级，通过监测手段掌握病原侵入系统及在系统定植和扩散的风险途径，评估各风险途径的风险等级，最后通过有针对性地采用一系列技术和设施手段来控制风险的侵入、定植和扩散并实施养殖管理（黄倢等，2016；董宣等，2016）。

2009—2011 年，国际水产兽医生物安保联盟梳理了首套生物安保计划的整体实施方案（Palić et al.，2015），并根据要达到无疫场目标的过程将生物安保实施方案分为Ⅰ～Ⅴ期，但这种按步骤的链条式分期（分级）方式的主要问题是Ⅳ期之前的各期生物安保措施不全面，不具备分级实施意义（图 9-36）。目前，生物安保的分级方式主要采用的是描述性分级的方法。其中，生物安保Ⅰ级（依诊施治）是指在疫病诊断指导下进行的局部防控，主要包括临床评估、疫病诊断和应急防控计划；生物安保Ⅱ级（预防为主）是指在初步的风险评估的基础上开展一定程度的监测计划，并通过改善设施和管理水平开展预防性的整体防控；生物安保Ⅲ级（风险防控）是指通过较完善的风险分析指导实施较为完善的疫病监测计划，从而形成较为全面的整体性防控，但其可追溯体系不十分完善；生物安保Ⅳ级（全面安保）是指全面实施有效的风险分析和疫病监测计划，有完善的应急计划，能够全面实施最佳管理实践（BMP），通过全面建立可追溯体系使生物安保的实施达到可审核和实现全面生物安保基础上的可持续无疫状况；生物安保Ⅴ级（无疫场注册）是指通过官方兽医验证和签注。该方案需要考虑不同级别疫病的检测、诊断、防控的综合实施情况，并与相应养殖管理规范相结合，且允许不同级别的中间层级的出现，有利于生物安保计划的广泛应用，在实施过程中会逐步强化生物安保的实施程度。

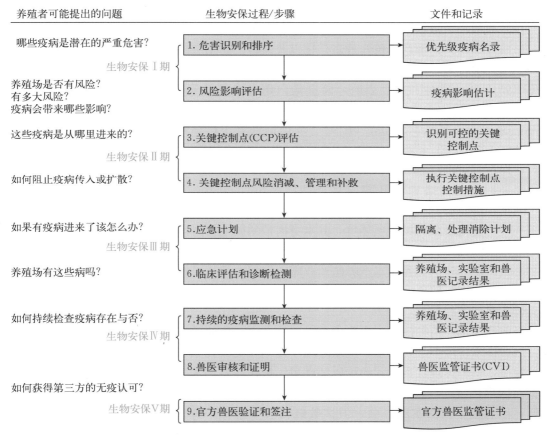

图9-36　国际水产兽医生物安保联盟梳理的生物安保计划实施步骤（Palić et al.，2015）
注：适用于任何需要预防、控制和消除疫病的流行病学单元（如养殖池塘、养殖场、区域、省份或国家）。

二、湿地保护区生物健康风险点分析

1. 当前保护区生物健康风险点

（1）传统的鸡粪肥水

自20世纪80年代以后，随着我国水产苗种繁育和大规模养殖的发展需要，丰年虫（卤虫）和虫卵成为市场刚性投入品。然而，在丰年虫养殖过程中，施用大量生鸡粪进行肥水，不合理的施用会导致水质和底质恶化、溶解氧降低、病原微生物急剧增加等问题。由于多年施用大量生鸡粪，丰年虫在养殖过程中常常出现"白苗"死亡现象，虫卵产量也大大下降。笔者通过微生物分析发现，施用鸡粪与不施用鸡粪相比，丰年虫体内的细菌数量增加 $10\sim100$ 倍，养殖水体内可培养细菌总量达到 1.79×10^6 CFU/mL，活卤虫携菌量达 4.80×10^8 CFU/g 以上，弧菌比例大大增加。这些施用鸡粪养殖的丰年虫常常被用来作为生物饵料，当用之投喂对虾时，养殖对虾几天便出现病症。笔者研究发现，这些丰年虫体内有溶藻弧菌（*Vibrio alginolyticus*）、副溶血弧菌（*Vibrio parahaemolyticus*）、哈维氏弧菌（*Vibrio harveyi*）、美人鱼发光杆菌（*Photobacterium damselae*）等优势菌种，这些也正是养殖鱼虾的重要致病源。

（2）投喂小杂鱼

目前，由于我国水产养殖物种多样化以及饵料工业无法满足不同阶段水生生物的营养需要，在水产苗种繁育与养殖的不同阶段，冰鲜杂鱼和大卤虫等仍是大多数养殖者广泛使用的水生生物饵料。现有研究已表明，卤虫是白斑综合征病毒（White spot syndrome virus，WSSV）、对虾传染性肌坏死病毒（Infectious myonecrosis virus，IMNV）、肝胰腺细小病毒（Hepatopancreatic parvovirus，HPV）、罗氏沼虾野田村病毒（Macrobrachium rosenbergii nodavirus，MrNV）和极小病毒（Extra small virus，XSV）等病毒的携带者和传播载体；同时，卤虫可被副溶血弧菌、坎贝氏弧菌（*Vibrio campbellii*）和哈维氏弧菌等水产养殖致病菌感染，存在传播急性肝胰腺坏死病（Acute hepatopancreatic necrosis disease，AHPND）的风险；且卤虫可被虾肝肠胞虫（*Enterocytozoon hepatopenaei*，EHP）污染而存在传播风险。冰鲜杂鱼污染养殖环境，其本身携带的微生物同样可造成养殖动物发病死亡（刘朝阳等，2009）。同时，随着我国对小杂鱼需求量的增加以及我国近海渔业资源的枯竭，国内小杂鱼产量无法满足我国水产养殖产业需求，而大量从国外进口鲜杂鱼和大卤虫等生物饵料，进一步加大了国外病原传入的风险。

（3）水产苗种投放

当前我国水产苗种问题主要集中在以下几方面：苗种场建设密集无序，盲目扩大生产规模，进、排水系统杂乱，养殖环境缺乏统一规划，交叉污染现象时有发生；水产种质退化、更新较慢，早期体现优良性状的种质经过多年累代养殖，大量苗种缺乏系统的品种选育与改良而出现严重的种质退化现象，导致后期养殖死亡率较高；从业者水产养殖技术水平偏低，虽有较丰富的实践经验，但多数经营者生态保护意识淡薄，盲目施用水产药物现象时有发生，造成苗种药残超标、水产品质量参差不齐，为后期水生生物生态种养造成隐患。

2020 年，农业农村部发布《全面推进实施水产苗种产地检疫制度的通知》，提出各地逐步推进水产苗种产地检疫的相关工作和种苗检疫合格证明的要求。但在养殖基层，执行率仍不高，苗种检验检疫制度有待完善。对运输或投放的水产苗种，缺乏针对水生生物主要病毒、细菌和寄生性致病源的全面检测流程与工艺，甚至购买未经检疫的劣质苗种，大大增加了苗种携带病原的风险。

（4）施用劣质的渔药

水产养殖业的成败直接关系到水产养殖从业者的经济效益。而面对水产动物发生的各种疾病，如果农业农村部推荐的渔药不能获得理想的防治效果，养殖者就会选择超时长、超剂量用药，甚至是使用某些不明药物。此外，在倡导无抗、替抗养殖的时代背景下，抗生素替代物的研发和应用已成为水产养殖业可持续发展的关键环节，氮循环菌、光合细菌、芽孢杆菌、酵母菌、乳酸菌和双歧杆菌等微生态制品被广泛使用；但微生态制剂质量也参差不齐，产品中往往含有大量的杂菌，甚至含有有害菌。在对虾养殖池塘中，大量使用枯草芽孢杆菌虽然可以净化水质，但也可导致对虾细菌性白斑病的发生（Wang et al.，2000）。另外，微生态制剂可通过调节水生动物的肠道微生态环境和调节水质间接预防鱼病的发生，但若单次大剂量使用微生态制剂会导致池塘微生物优势种群单一、条件致病菌高发，这种微生态失衡会降低池塘的承载力。

（5）水系的交叉污染

近年来，由于人类活动的影响，很多区域的水质都受到了不同程度的影响，不仅不利于动植物的生存，还对保护区的健康可持续发展构成极大威胁。在实践中发现，在部分湿地保护区内，核心区、缓冲区、实验区三区的水系相连，但缺少节制性涵闸或闸门。如此，作为实验区在进行鱼虾大面积、高密度养殖活动的情况下，进、排水水系不分将会导致有害微生物在三区间相互传播。水系的交叉污染加速了病原体在不同区域间的传播：一是水生生物发生疾病，导致水生生物数量减少；二是发病鱼虾被水鸟摄食后影响水鸟的健康、生长和繁殖。

（6）人员随意进出

湿地生态是重要的自然景观与水生生物繁育系统，湿地观光项目的开发在带动地方经济发展的同时也增加了各种潜在风险。在诸多湿地保护区管理过程中，实验区进行大量的养殖活动，苗种投放、养殖管理、生产物资及投入品的运输、水产品销售等活动均需要人员和车辆的进入，这些活动会大大增加病原携带的风险。如果核心区、缓冲区、实验区三区之间没有良好的人员流动管控措施，三区间的病原也会相互传播。此外，人员的随意进出，宠物（畜牧、水生生物等）放生、植物栽种等活动进一步加大了病原在湿地生态系统的传播风险。

2. 渤海区域水产疾病种类与重要致病源

20 世纪 60—70 年代，曹妃甸区域主要利用坑塘进行淡水鱼类养殖；20 世纪 70 年代开始，尝试进行池塘养殖中国对虾以及鱼虾混养；20 世纪 80 年代，由起初的粗放型养殖逐步转变为半精养和精养池塘，建立了十里海、八里滩两大专业化对虾养殖场；至 20 世纪 90 年代海淡水养殖扩展到 20 多万亩，形成了规模化、集约化水产养殖格局。1991 年该地海域发生大面积赤潮，1993 年出现流行性病毒病导致养殖对虾大批死亡，对虾养殖几乎停滞不前。

2005 年 9 月，河北省人民政府批准将湿地升级为曹妃甸湿地和鸟类省级自然保护区。保护区建立之初，保护区管理处对区域内进行了整治，后期交由当地农场管理，其后池塘被承包给个体养殖户，政府对该区域无法直接管控，个体养殖户为追求更高的利益对保护区内的池塘进行改造，形成了集约化的池塘养殖模式。在湿地的核心区和缓冲区范围内，一些高密度养殖模式不仅极大地影响了鸟类的迁徙活动，还导致多种疾病相继出现。

根据调查和相关报道，曹妃甸湿地及周边区域水产养殖病害的种类有病毒性疾病、细菌性疾病、寄生性疾病和敌害生物等多种类型（图 9-37、表 9-5）。

对虾白斑综合征症状

对虾肝胰腺坏死病症状

牙鲆腹水病

半滑舌鳎皮肤溃烂病

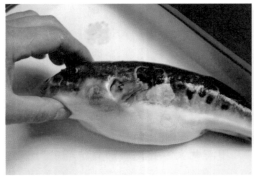
河鲀皮肤溃疡病

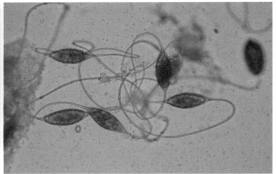
鲀异钩虫

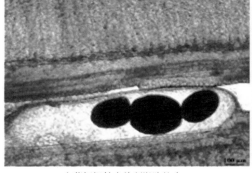
大菱鲆鳃丝中的刺激隐核虫

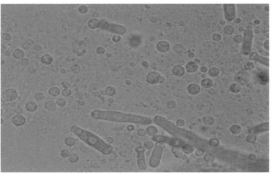
对虾肠道簇虫

图 9-37　曹妃甸沿岸水产养殖疾病种类及其病原

表 9 - 5　渤海区域水产疾病种类与重要致病源

疾病种类	病原	宿主	症状	作者
草鱼出血病	草鱼呼肠孤病毒（GCRV）	草鱼	"红肌肉型""红鳍红鳃盖型"和"肠炎型"	郑德崇等，1986
鲤鱼痘疮病	鲤疱疹病毒（CYHV）	鲤	全身布满痘疮，病灶部位有出血现象	唐子鹏等，2022
传染性胰腺坏死病毒病	传染性胰腺坏死病病毒（IPNV）	虹鳟	眼球突出，腹部膨大，胞浆包涵体出现	熊权鑫等，2018
鲕鱼病毒性腹水病	双 RNA 病毒（YATV）	条石鲷、黄条鲕、高体鲕	鳃贫血、肝胰腺细胞坏死、肝实质细胞坏死和肝出血	徐海君等，2006
胭脂鱼弹状病毒病	弹性病毒（CSRV）	胭脂鱼	体色发黑，病鱼肌肉、鳍基部有点状或块状出血	阮红梅等，2002
病毒性神经坏死症	病毒性神经坏死病毒（VNNV）	石斑鱼、尖吻鲈	体色偏黑，鱼体大多浮于水面、打转游动	蒋方军等，2008
淋巴囊肿病	虹彩病毒	牙鲆、鲈、云纹石斑鱼	病鱼体表呈现乳头瘤样赘生物	曲径等，1998
对虾白斑综合征	虾白斑综合征病毒（WSSV）	对虾、蟹等甲壳类	甲壳上出现大量白点，活动力降低、爬边	何培民等，2016
细菌败血症	嗜水气单胞菌（Aeromonas hydrophila）	鲫、鲢、鳙、鲤、鸟类等	体表明显出血、肛门红肿、腹部膨大，厌食	杨四林，2021
细菌性烂鳃病	柱状屈挠杆菌、柱状式纤维菌	青鱼、草鱼、鲫、鲤、鲈、清江鱼	体色偏黑，反应迟钝，呼吸极度困难	黄献虹等，2022
急性肝胰腺坏死病	副溶血弧菌、哈维氏弧菌、坎贝氏弧菌	对虾	肝胰腺红褐色、空肠空胃，有白便	李吉云等，2021
细菌性玻化症	溶藻弧菌	虾苗	活力降低、虾体暗浊、空肠空胃、肝胰腺萎缩、模糊、呈淡黄色	王印庚等，2021
爱德华氏综合病	缓慢爱德华氏菌	牙鲆	腹部膨胀、肛门发红，眼球白浊化突出，肝脏出血和肾脏肥大	张永嘉等，1993
杀鲑气单胞菌症	杀鲑气单胞菌	鲑鳟鱼类	鳃盖发红，皮肤溃疡	黄琪琰等，1992
腹水病	迟缓爱德华氏菌、溶藻弧菌、嗜水气单胞菌、副溶血弧菌	鲆鲽鱼类	体表变黑、行动迟缓、腹部膨胀、厌食，肝脏由淡红变成米黄色	尚琨等，2020
腐皮病	普通变形杆菌	中华鳖	皮肤糜烂、肝脏和胆囊肿大、肠道充血、厌食	郑天伦等，2015

（续）

疾病种类	病原	宿主	症状	作者
赤皮病	荧光假单胞杆菌	虹鳟鱼	体表局部或大部分出血、鳞片脱落、行动缓慢、反应迟钝	何文涛等，2019
化板症	副溶血弧菌	刺参	厌食、萎缩、溃烂、解体死亡	王印庚等，2012
黑褐病	溶藻弧菌	长茎葡萄蕨藻	藻体细胞壁表面聚集大量细菌，长时间导致细胞组织破裂死亡	张艳楠等，2020
黑鳃病	聚缩虫	河蟹	鳃丝发黑、糜烂	杨如举等，2012

（1）病毒性疾病

1993年，对虾白斑综合征（WSS）在我国沿海大面积暴发，给对虾养殖业带来了巨大损失。同年，在曹妃甸区域对虾白斑综合征传播速度快、死亡率高，从而导致5万亩对虾养殖池塘收益惨淡。其后，该区域中国对虾养殖也逐年萎缩。经查明，对虾白斑综合征由WSSV感染而致。至2000年左右，当地养殖者创新出"中国对虾＋红鳍东方鲀"的混养模式，较大程度上降低了对虾白斑综合征的发生概率。这种养殖模式被沿用至今，取得了良好的养殖成效，并在北方沿海地区得到推广。

在淡水养殖方面，鲤、草鱼、鲫、鲢是曹妃甸的主养品种。2010年以来，随着养殖密度的不断提高和高强度投饵，养殖系统内有机物和病原逐渐积累，草鱼出血病、鲤春病毒病（Spring viraemia of carp，SVC）、鲫鱼大红鳃病等病毒性疾病也日趋突出，给鱼类养殖带来了巨大的威胁。这3种疾病的病原分别是草鱼呼肠孤病毒（GCRV）、鲤春病毒血症病毒（SVCV）和疱疹病毒（CYHV）。

（2）细菌性疾病

细菌性败血症主要危害鲫、鲢、鳙和鲤等多种淡水养殖鱼类。此病也是曹妃甸区域发病率较高的疾病，流行时间一般是6—9月，一旦流行性暴发，3～5 d内可造成鱼的大批死亡。致病原为嗜水气单胞菌，可通过病鱼、病菌污染的饵料以及水源等途径传播，鸟类捕食病鱼也可造成疾病并使疾病在不同养殖池之间传播。

自2012年以来，对虾急性肝胰腺坏死病（AHPND）在保护区常有发生。病虾体色暗红、空肠、空胃，肝胰脏萎缩、呈红褐色；患病对虾厌食、生长缓慢、个体偏小，常伴有白便发生。出现病虾后，一般5～7 d内出现大批死亡。该病具有复杂的病原多样性，主要致病菌有副溶血弧菌、哈维氏弧菌、溶藻弧菌、坎贝氏弧菌等（刘志轩等，2018）。2020年4—5月，凡纳滨对虾苗种培育期间发生大规模细菌性玻化症，患病虾苗表现为活力降低、厌食直至空肠空胃，虾苗消瘦、暗浊；肝胰腺组织坏死性萎缩、轮廓模糊、颜色变浅呈淡黄色，甚至肝胰腺区由正常的饱满褐色组织变为无组织结构的"玻璃化"状态。流行病学和病原学研究证实，溶藻弧菌是其致病源（王印庚等，2021）。

在海水鱼类养殖方面，自20世纪90年代中期湿地及周边区域内开展了河鲀（红鳍东方鲀）的养殖，实施了"温室大棚＋池塘""池塘河鲀＋对虾混养"的养殖模式，高峰时期河鲀的养殖产量达到每年2 000 t以上，养殖效益十分可观。进入21世纪，保护区也重点进行了牙鲆、大菱鲆、半滑舌鳎的陆基工厂化养殖。据报道，保护区细菌性疾病发生率较高的有爱德华氏菌、鲨鱼弧菌、哈维氏弧菌导致的腹水病，鳗弧菌、链球菌导致的皮肤溃疡病，大菱鲆弧菌和溶藻弧菌引起的肠炎病等，这些疾病对其养殖成活率和生产效益影响较大（周军等，2005；张正等，2014）。

（3）寄生性疾病

在淡水（含半咸水）养殖方面，曹妃甸淡水鱼常见的寄生性疾病有车轮虫病、指环虫病、多子小瓜虫病、锚头鳋、三代虫、毛细线虫、鱼鲺等。

在海水养殖虾蟹方面，聚缩虫病、虾肝肠胞虫（*Enterocytozoon hepatopenaei*，EHP）病、蟹栖拟阿脑虫（*Mesanophrys carcini*）病、对虾肠道簇虫（*Nematopsis sinaloensis*）病等较为常见。

在海水鱼类养殖方面，发现有刺激隐核虫病、淀粉卵涡鞭虫病、车轮虫病、双阴道吸虫病等（肖国华等，2007）。此外，自1993年中国对虾发生病毒性白斑病以来，曹妃甸地区一般在池塘中把中国对虾和红鳍东方鲀进行混养。到了冬季，红鳍东方鲀被转入室内工厂化养殖，此时由蟹栖拟阿脑虫或贪食迈阿密虫感染而导致的盾纤毛虫病以及由鲀异钩虫感染而导致的异钩虫病发生率较高，并导致河鲀越冬养殖较大的经济损失。

（4）敌害生物

1991年，曹妃甸沿海暴发赤潮，其后频频发生，赤潮的生物种类有裸甲藻、金藻等（肖国华等，2007；庞景贵等，2011）。根据养殖者反映，赤潮发生时若不慎换水可导致池塘中养殖的鱼虾大批死亡。

2019年，从曹妃甸沿海刺参养殖场出现刺参大量化皮死亡的养殖池中采集到一种后鳃类敌害生物，根据形态学的描述，结合 *H3*、*16S* 及 *COI* 的基因序列鉴定结果和系统发育树分析，将其命名为 *Melanochlamys aquilina* sp. nov.，属于腹足纲（Gastropoda）、头楯目（Cephalaspidea）、拟海牛科（Aglajidae）。笔者人工设置拟海牛活体、卵团及黏液与刺参的共生环境，发现拟海牛本身对刺参无危害作用。但其卵团可以携带大量的纤毛虫，而刺参有食用卵团的迹象，纤毛虫通过食道入侵刺参呼吸树，导致大多数刺参个体出现不良症状，严重时导致化皮死亡（廖梅杰等，2020）。

在曹妃甸沿海刺参养殖池塘中时常出现大量的水丝蚓（俗称红线虫）。水丝蚓穴居于池底泥土中，具有天黑后浮到池水水面的习性；生物量过大时，其分泌物和排泄物影响刺参栖息，并与刺参竞争饵料，还容易引起夜间缺氧；在生理上，刺参出现活力弱、摄食量降低等现象。因此，水丝蚓较多的池塘，其刺参养殖产量较低，刺参个体也较小、参差不齐。水丝蚓在初春水温逐渐升高后出现，往往也被视为水质变坏的一个指征。

3. 水产疾病发生与鸟类健康

水产集约化养殖在曹妃甸湿地开发数十年，曾出现高投入、高产出的养殖产业发展模式，在一定程度上促进了当地水产养殖业和沿海经济的发展。然而，高密度、集约化的养殖模式也导致了当地水产养殖疾病的频发，加之成片池塘缺少整体规划和多年失修，整个养殖系统中进、排水不独立，整体呈现散、乱、差的局面，疾病发生后感染疾病的池塘排出水进入健康池塘或公共水域而形成交叉感染。另外，保护区内鸟类较多，这些鸟类大都以坑塘、养殖池塘内的鱼虾为食物（图9-38）；发生疾病后鱼虾的活力降低，鸟类成群地飞到池塘水面进行捕食，这些鸟类可将未摄食完的鱼虾移到别处或者其他养殖池塘，或羽毛上携带的水、代谢的粪便等携带有病原的物质传播到健康养殖池塘，鸟类便成为重要的病原传播载体，从而导致区域内大面积发病，给养殖业带来了巨大的经济损失，整个湿地系统中病原微生物也不断传播。

<table>
<tr><td>东方白鹳摄食小鱼</td><td>草鹭摄食小鱼</td></tr>
</table>

图 9-38　鸟类在坑塘摄食

有研究者在鹰斑鹬、夜鹭、田鹬、雀鹰、苍头燕雀、绿翅鸭、麻雀、红背伯劳鸟、绿篱莺、红脚隼、园林莺、灰白喉林莺、翠鸟、鸦鹊、寒鸦、冠鸦、蓝山雀、银喉（长尾）山雀、文须雀、苍头燕雀、蜡嘴雀、大山雀等鸟类组织中分离鉴定出副溶血弧菌、溶藻弧菌、霍乱弧菌（*V. cholerae*）、麦奇尼科夫氏弧菌（*V. metschnikovii*）、拟态弧菌（*V. mimicus*）、河流弧菌（*V. fluvialis*）、创伤弧菌（*V. vulnificus*）等多种致病性弧菌（祝令伟等，2019）；有研究者在红嘴鸥和骨顶鸡野鸟组织中分离到沙门菌，产气荚膜梭菌、温和气单胞菌和类志贺邻单胞菌等（Páll et al.，2021）；同时，张晓龙（2007）在雀形目（Passeriformes）、雁形目（Anseriformes）、隼形目（Falconiformes）、鸡形目（Galliformes）、鸮形目（Caprimulgiformes）、鹦形目（Psittaciformes）等 332 类鸟体内检测到西尼罗病毒（West nile virus，WNV）。

上述分离到的细菌和病毒中的一部分也是水产养殖动物中重要的致病菌，这进一步揭示了水产动物的健康水平直接影响鸟类健康程度和水鸟体内菌群结构的组成，而鸟类的迁徙活动也将对病原体在不同区域内的传播起到重要的媒介作用。因此，曹妃甸湿地是鸟类保护区，确保该区域的水生动物健康才能保障鸟类的健康、生长和繁殖。加强生物安保能力建设，规范保护区内的养护过程管理，为鸟类提供充足、优质的鱼虾等水生动物是十分重要的。

三、生物安保体系建设与控制措施

曹妃甸湿地和鸟类省级自然保护区是由土地、水系、植物、动物、微生物等组成的一个复杂的生态系统，加之鸟类被确立为保护对象，使保护区被赋予重要的任务和目标，即维护生态系统的湿地属性，提高动植物的生物多样性，保护珍稀野生鸟类及其栖息地，确保鸟类安全、稳定、自然地生长与发展，扩大鸟类珍稀物种种群，促进曹妃甸湿地资源保护和区域经济的可持续发展。

为确保湿地的生态系统安全，特别是鸟类的安全，生物安保体系建设尤为重要。其安保措施应包括人员管理、水系建设与管理、安全进水与达标排放、放养苗种的检疫、投入品的管控使用、保护区的卫生管控、水生生物的健康评估、生物风险的无害化处置、一般控制区综合利用与管控、保护区分区实施管控等事项。

1. 人员管理

保护区实施封闭与半封闭状态下的联合管理，设置围栏和通道准入制度，对核心保护区与一般控制区进行分层次管理，并依据鸟类生长和生殖特性及季节性活动规律，严格按计划控制人员和车辆进出以及机械设备作业时间，保障最大限度降低对区域内鸟类正常活动的干扰。

春季、秋季在保护区管理作业时，须错过鸟类活动高峰，加强人员准入管控和允许适量人员进入。在鸟类迁徙高峰期和繁殖高峰期，严格禁止人为活动，保障鸟类正常繁衍栖息，减少对鸟类活动的干扰，促进生态系统的良性发展。此外，综合评判保护区内丰年虫、对虾和鱼类的生物载量，合理控制周边村民的捕捞频率和捕捞数量，为鸟类生长、繁殖提供充足的饵料保障。

2. 水系建设与管理

水系建设的一个重要理念就是尊重自然，推崇自然协调，最大限度保留生态原貌。湿地生态区域内应布局进排水渠系、水补给装备，同时构建由天然基础生物饵料繁殖、鱼虾增养殖等组成多营养层级生物链的生态功能区域，通过定期补水实现水循环和水位调控的功能。其目的是建立以生物饵料培育为核心的湿地生态维护系统，形成系统内完善的多营养层级生物链，利用系统内生物饵料与有机物的能量传递实现湿地的生态自身维护，而并非靠人为的高投入、精投喂的养殖行为。

在核心保护区与一般控制区之间，水系是最重要的联系通道，不得人为随意截断、堵塞。若在一般控制区有大量水产养殖活动，存在水系的交叉污染风险，可经过科学评估后采取建设水闸、涵道的方式解决。此外，采取大水面自身循环、定期补水的方式，可实现系统内水的循环、水位调控和自净能力，还可通过人为投放鱼虾种苗，形成人放天养的湿地生态维护系统，保证区域内水系长期稳定和生物多样化的局面。

3. 安全进水与达标排放

进排水调控是维护保护区湿地生态环境、维持鸟类栖息觅食的重要措施。首先应根据鸟类和增殖生物的生物习性特点，通过进排水调节水位深度和透明度，维持系统内水系的稳定、安全和特殊生态化需求。利用数字化监测装备定期监测溶解氧、水温、盐度、pH、透明度、氨氮、亚硝酸盐、COD、总氮、总磷、农药等指标，实时了解进排水水质指标，保障水系安全健康和水质达标排放。

同时，通过视频监测系统定期观察增殖生物的活动、摄食、生长、数量及健康情况以及保护区内鸟的数量变化、人员流动情况等，提高保护区水质监测能力、应急能力和监管力度，提升监测监控信息化、智能化水平。

4. 放养苗种的检疫

做好水产苗种产地检疫工作，既是保障村民发展养殖生产、增加收入的重要措施，也是保障水生生态安全和水产品质量安全长效机制的根本措施。针对目前水产苗种流通过程中水产苗种产地防疫、检疫不健全的情况，政府应加强扶持力度，积极采购专业检测和大型消毒设备，建立专业化微生物检测实验室。

依据河北省农业农村厅印发的《河北省全面推进水产苗种产地检疫工作实施方案》，针对 WSSV、IHHNV、EHP、副溶血弧菌等常见重要水生生物病原体进行常态化检测。坚持做到应检尽检，对运输的水产苗种实施抽样检疫，经检疫合格并取得动物检疫合格证明后方可进入，对有病或异常的水产苗种坚决不予放养。同时，对于检测合格的可放养苗种，应根据苗种情况选择合适消毒的方式或外用药物有针对性地消毒后再进行苗种放养。

5. 投入品的管控使用

加强水产养殖投入品使用环节的监管，依法打击水产养殖违法用药行为，推进水产绿色健康养殖。严格遵守水产养殖用投入品使用白名单制度，依法使用国家批准的水产养殖用兽药、饲料和饲料添加剂，拒绝购买和使用禁用药品及其他停用兽药、假劣兽药、人用药、原料药、农药和未赋兽药批号的药物或不明化合物以及无产品标签信息的饲料和饲料添加剂。

禁止小杂鱼等生鲜饵料的投喂和鸡粪肥水的传统方式。原则上，在符合湿地保护管理要求的基础上，最大限度控制人为因素干扰及外源物的污染，以保障保护区内水生生物和水产品的质量安全。

6. 保护区的卫生管控

保护区卫生管理是保护区良性生态发展过程中必须要谨慎面对的管控活动。保护区要针对现实状况包括人类活动行为、环境状况、投入品潜在风险、卫生漏洞等进行调查摸底，制定卫生管理制度和管控措施，才能使得保护区生态环境保持好、环境生态价值得到最大体现、湿地生态地位得到巩固与提升。

设立门岗消毒池及相关设备，对进出保护区内的人员、车辆、生产物资以及投入品等进行全面消毒，以降低外来病原体传入风险。设立专人对保护区进行定期巡视、看护与日常管理，及时清理垃圾或污染物。聘请专业人员对保护区内水质进行定期监测，并对监控与检测设备等做定期维护；若水质恶化，需更换新水或进行水质的生物净化。对鸟类活动区和聚集地的鸟粪进行集中理化处理，短期的鸟粪用生石灰处理，长期积累的鸟粪应集中发酵处理，使用活性菌剂（枯草芽孢杆菌、乳酸菌、面包酵母菌等有益菌）进行生物高效分解。

7. 水生生物的健康评估

根据保护区不同功能区的生态特点，对不同生态位水生生物健康进行定期监测，了解水质因子变化情况及主要病原的丰度，评判不同生态位水生生物的健康风险，采取合理的措施以减少疾病的发生。根据水质肥力情况定期补充肥藻膏、益生菌以培养单胞藻、枝角类、丰年虫等浮游生物，保证水生生物基础饵料的供应，增强水生生物的营养水平和机体免疫力。

此外，依据曹妃甸地区湿地生态的季节属性，通过进排水调节水位深度和透明度，同时还可采用生石灰、微生态制剂等绿色投入品调节水质，抑制有害病原菌的滋生。汛期前在蓄水池内注满养殖用水，降水较多时及时排出表层淡水，防止池水盐度的骤降和降低鱼虾应激程度。定期观察对虾、鱼类等水产生物的活动、摄食、生长及健康情况，定期监测溶解氧、水温、盐度、pH、透明度、氨氮、亚硝酸盐以及鱼虾机体健康指标。此外，在鸟类迁徙高峰期，在生态种养区进行降低水位处理，满足鸟类摄食营养需求。冬季留下部分鱼虾，留有部分种源，以延长鱼虾生存时间，为不同类别的候鸟觅食提供适宜的空间场所和环境。

8. 生物风险的无害化处置

全面提高保护区内水产动物与死亡畜禽的无害化处理，充分认识到做好消杀工作的重要性是做好保护区内动物疫病防控工作的重要措施和关键环节。细致而充分的疾病防控工作能够有效切断疫病传播途径，净化保护区内生态环境。对具有典型疾病的水生动物及时采取有效的病害防控措施，减少死亡水生动物数量，减少经济损失；对死亡动物要及时捞出，防止搁置在池坝上或被鸟类误食，并对打捞上岸的死亡动物经生石灰处理后进行掩埋等无害化处理。

对健康评估不合格池塘的水生生物要及时打捞，并对池底尸体与底泥进行生石灰消毒氧化处理；对健康评估合格池塘，通过降低水位让鸟类摄食。此外，在日常巡视过程中发现死亡鸟类尸体要做好掩埋等无害化处理，禁止将保护区内的死亡动物带出保护区，防止疾病蔓延至保护区以外，并做好相关水体或周边土地的消杀工作。

9. 一般控制区综合利用与管控

依据保护区内不同功能区属性，在保护区区域内布局以饵料生物培育为基础的生态养护系统，并在一般控制区（试验区）兼顾鱼虾生态种养，利用系统内生物饵料与有机物的能量传递解决投饵问题，实现生态养护功能，把生态养殖重点任务放在为湿地鸟类提供优良而充足的食物。同时，结合一般控制区生态养殖水生生物摄食属性，在做好养殖物种的生物容纳量控制的同时，轻量投喂人工配合饲料，保证在不影响生态环境系统功能的基础上实现丰富的水产品产出。

曹妃甸湿地和鸟类省级自然保护区拥有丰富的单胞藻、轮虫、卤虫等微型生物饵料，结合低密度生态放养的对虾、鱼类、贝类等水生生物，打造形成生物链递进式生态养殖，将对养殖系统中有机物、生物饵料进行逐级吸收、摄食，尽可能形成无外源投喂的生态养殖模式，由此构成自给自足的天然生态养殖过程。最大限度地控制人为因素干扰及外源物的污染等，符合湿地保护管理要求。这种生态养殖模式既可为鸟类索饵、繁殖、栖息、迁徙、越冬等行为提供良好保障，同时也可获得较好的经济收益，实现经济和生态效益双赢。切不可高密度养殖，盲目投放苗种，大投入、精投饵、高产出的模式容易造成生态破坏、疾病频发，对保护区水系造成病原污染和对鸟类等生物造成安全威胁。

10. 保护区分区实施管控

按照自然资函〔2020〕71号《自然资源部国家林业和草原局关于做好自然保护区范围及功能分区优化调整前期有关工作的函》要求，自然保护区功能分区由原来的核心区、缓冲区、实验区转为核心保护区和一般控制区。

核心保护区原则上禁止人为活动。但允许开展以下活动：管护巡护、保护执法等管理活动，经批准的科学研究、资源调查以及必要的科研监测保护和防灾减灾救灾、应急抢险救援等。因病虫害、外来物种入侵、维持主要保护对象生存环境等特殊情况，经批准可以开展重要生态修复工程、物种重引入、增殖放流、病害动植物清理等人工干预措施。保护对象栖息地、觅食地与人类农业生产生活息息相关的自然保护区，经科学评估，在不影响主要保护对象生存、繁衍的前提下，允许当地居民从事正常的养殖生产等活动。

一般控制区原则上禁止开发性、生产性建设活动。但允许对生态功能不造成破坏的有限人为活动：开展生活必需的种植、放牧、捕捞、养殖等活动；自然资源、生态环境监测和执法，灾害风险监测、灾害防治活动；依法批准的非破坏性科学研究观测、标本采集、调查和保护活动；适度的参观旅游及相关的必要公共设施建设。

核心保护区和一般控制区生态功能不同，为此在不同区域应设立细化的管控方案。然而在退养还湿行动中，各地区对湿地的保护措施五花八门，有的简单粗暴、筑高坝大蓄水，有的敷衍了事、搁置观望……迫于保护区和环保政策压力，人们往往跟风行动，但缺少科学合理的规划和实施方案，使保护区要么缺水导致土壤盐渍化，要么大水漫灌导致鱼虾生物量骤减、鸟类栖息环境丧失，出现了死保护、保护死的不良局面。

第十一节　保障措施

 **管理措施**

1. 组织保证措施

加强组织领导，依法依规管护。湿地生态系统的维护与修复是按照《河北曹妃甸湿地和鸟类省级自然保护区规划（2018—2035 年）》的要求，根据湿地保护区管理处的规定，在管理处的指导下进行无公害、无污染、无干扰、无破坏湿地生物多样性的科学化增养殖活动。

上述湿地各维护规划方案是一个保护区湿地综合规划、探索创新的方案。因此在实施过程中，加强组织领导和科学管理是关键。湿地保护区管理处应成立湿地生态维护课题领导小组，严格落实领导责任，由区委、区政府主要负责人担任领导，保护区管理处、农业农村局、生态环境局、发展和改革局、自然资源和规划局、财政局、有关农场党政主要负责同志和分管负责同志为成员。贯彻落实国家和河北省有关湿地保护的方针政策和法律法规，严格落实执法监督，并负责在实施过程中合理规划、设计、监督检查和协调工作的实施。全面领导曹妃甸湿地生态维护工作，贯彻落实上级部门的决策部署，组织推动、督促检查工作落实，协调解决湿地生态维护中遇到的重要问题。

2. 社区（场区、企业）共管措施

社区（场区、企业）共管是进行湿地生态维护与修复的保障，建立由保护区和当地社区（场区、企业）组成的社区共管机制，负责保护区、社区（场区、企业）、有关单位等各方面的协调工作和宏观决策，以保证共管措施的有效实施。各单位要依法、依规分工负责，严格落实监管执法责任，构建属地负责、部门监管、条块结合、上下联动的管理格局，共同做好曹妃甸湿地和鸟类省级自然保护区生态维护管理工作。社区（场区、企业）必须认真执行，按湿地保护区管理处的要求，在共同协议的指导和约束下，严格执行各个环节，保证落实各项制度和管理措施。

3. 项目实施单位管理措施

在曹妃甸湿地和鸟类省级自然保护区管理处指导下，由项目实施单位对各项目区实施封闭与半封闭状态下的联合管理，设置围栏和实施通道准入制度。依据鸟类生长和生殖特性及季节性活动规律，严格按计划控制人员进入和机械设备作业时间，保障方案实施、最大限度降低对区域内鸟类正常活动的干扰。春季、秋季在保护区内管理作业时，需错过鸟类活动高峰，加强人员准入证机制，管控适当、适量人员进入。在鸟类迁徙和繁殖高峰期，严格禁止人为活动，保障鸟类正常繁殖、栖息，减少对鸟类活动的干扰，促进生态系统的良性发展。

项目区域在通过专家论证的基础上，确定各规划方案，其后在公开招标的方式下，委托有责任、有担当的国有企业集团或生态农业科技型企业进行统一管理；实施以湿养湿、谁养护谁收益的办法落实养护主体。项目实施单位各级、各部门要进一步明确职责分工，对方案规划的各项工作分类建立任务清单，压实任务，落实责任；强化湿地保护工程管理，按照全面质量管控的要求，建立一整套科学、高效的管理制度体系；合理确定建设规模与投入预算；制定规划工作方案，对规划任务、项目逐一制定时间表、路线图，确定责任领导、责任单位、责任人，建立规划实施任务清单、责任清单、问责清单，推动形成各负其责、齐抓共管的湿地生态维护工作格局；强化规划实施的监督检查，河北省曹妃甸湿地和鸟类省级自然保护区管理处对规划实施情况开展年度跟踪评价和检查落实，并依据各项保护区保护与恢复工作的动态评估结果进行整改和促进，确保项目顺利实施。

严格落实监管责任，明晰各级部门监管责任和边界。湿地保护区管理处负责曹妃甸湿地和鸟类省级自然保护区保护管理工作的组织、协调、指导和监督，行使行业管理责任，检查推动项目落实情况。湿地保护区管理处应配备和指定专门人员管理和监督项目的实施和进展，定期对项目进行检查；并配备执法专用设施设备，为项目的顺利实施保驾护航。

二、资金与人才保障

1. 落实资金保障措施

在该项目各方案资金保障前提下，拓宽资金筹措渠道，发挥曹妃甸区政府投资的主导作用，唐山市给予相应的政策支持，形成政府投资、社会融资、个人投资等多渠道投入机制，建立湿地生态效益补偿制度，对湿地自然保护区开展生态补偿。在利用好财政对银保合作补贴和风险补偿、农业产业化增信基金及农业产业发展引导基金的同时，采取财政引导支持、银行和社会资本为主的投资方式，探索设立项目区生态环境治理修复专项基金，支持科技研发、成果转化等平台建设。并加强资金使用监管，建立、健全财政资金管理办法，明确资金使用范围、使用方向等具体要求。财政资金实行专款专用、独立核算。加强对资金使用情况的核查、审计和监督工作，保证各项资金使用的合法合理，提高资金的利用与使用效率，为湿地生态维护方案具体实施提供多渠道资金保障。

2. 科技人才保障措施

坚持用先进科学技术引导生态维护工作，发挥科研院所、高校的技术优势，加大合作力度，实施农科教联合研发机制。加强先进技术模式的推广，培养专业技术人才，以科学技术为支撑，推行科学生态维护模式，促进目标任务的实施。与沿海各地区水产、湿地、林草、科技等相关领导部门联系，争取地方政府的协调与支持，为交流技术成果的广泛示范工作奠定基础。建立多个示范点，以点带面，多点辐射，建设具有示范作用的生态维护行业平台。

三、法律保障与社会保障

1. 法律保障

根据国家现有的湿地修复、保护和利用的法律法规和相关政策，制定曹妃甸湿地生态修复和保护政策，出台曹妃甸湿地生态修复和保护管理办法，确定湿地生态修复与保护的方针、原则和工作规范，规定管理程序及对违法违规行为的处理方法和程序等，为从事湿地保护与合理利用的管理者、利用者等提供基本的行为准则。

用严格的制度严守生态保护红线，通过法律和经济双层手段，惩治过度和不合理开发利用湿地资源的行为，打击破坏湿地资源和生态环境的违法活动；建立联合执法和执法监督体制，加强执法力度，严格执法，做到有法必依、执法必严、违法必究。

2. 社会保障

湿地修复坚持政府主导、社会广泛参与的原则，做到多元共治、长效保障，通过多种形式建立对湿地修复进行法律监督、行政监督和社会监督的工作机制。加强湿地修复和保护宣传教育，通过开展常规性的公众湿地科普宣传教育活动，充分利用广播、电视、网络、报刊等新闻媒体，结合"世界湿地日""爱鸟周""野生动物保护宣传月"等特定的活动，大力宣传有关湿地修复和保护的基础知识和公众教育活动，提高公众对湿地修复和保护的意识，强化周边区域群众对保护区保护的自律性。

第十章
曹妃甸湿地水鸟调查与保护

　　曹妃甸湿地地处渤海湾北岸，自古以来就是鸟类的家园，是水鸟南北迁徙的重要驿站，也是东亚—澳大利西亚水鸟迁徙路线的重要驿站和栖息地，迁徙期水鸟可在此停歇补充能量，继续南迁至长江中下游、华南和东南亚、澳大利西亚越冬，也是水鸟北迁至繁殖地前的最后停歇地。随着人类文明的进步，在漫长的人类活动中，人类从山洞走入平原，从平原进入河流，从河流迈向沿海。"白浪茫茫与海连，平沙浩浩四无边。暮去朝来淘不住，遂令东海变桑田（《浪淘沙·白浪茫茫与海连》，唐·白居易）"。早在一千多年前，海岸线尚在今第八、第十、第二农场一线（唐海县地方志编纂委员会，1997），历经河积海退，沧海桑田，昔日"斥卤不毛，如场之涤"的光板地演替为今天"苇蒲丛生、雁叫鸭鸣"的曹妃甸湿地。近三十多年来，随着沿海天然湿地逐渐演变为人工湿地和工业城市用地，湿地生境发生了很大变化，生物多样性日趋减少，也压缩了鸟类生存的空间，湿地生境与现实的不协调引起了各级政府、保护部门和学术界的高度重视。

　　20世纪末至今，国家林业和草原局、国家海洋局、国际湿地保护组织、北京师范大学等先后对曹妃甸湿地进行了多次考察和调研，并于2005年经河北省政府批准设立了河北曹妃甸湿地和鸟类省级自然保护区。自保护区成立以来，以科学发展观为指导，坚持可持续发展战略，使湿地保护得到了创新和发展，生态环境逐步恢复，广阔的海岸滩涂、水产养殖池塘、芦苇沼泽湿地、防护林带等生境为一百多种、数量超过几十万只的迁徙水鸟提供了良好的中转停歇地和繁殖地，是水鸟迁徙过程中休整和能量补充不可替代的湿地生境，使鸟类资源大量增加。到2020年，曹妃甸湿地共观测记录到鸟类19目75科439种，其中水鸟167种。

第一节　曹妃甸湿地水鸟调查

　　2019年4月，"国际湿地·中国"联合30余家单位共同开展了黄渤海区湿地和水鸟的同步调查，曹妃甸湿地和鸟类省级自然保护区管理处联合北京师范大学、唐山市野生动物保护协会、曹妃甸区野生动物保护协会，成立了2019年曹妃甸湿地水鸟同步调查领导小组，组建了9个野外调查组。本次水鸟调查范围990 km²，涵盖了曹妃甸湿地7块重点湿地生境和6处林间鹭鸟繁殖地，实际调查样线和块状小斑109 km²，占本次调查全域的11%。

　　湿地水鸟调查是为了查清曹妃甸湿地及沿海水鸟资源，建立水鸟资源数据库，对水鸟资源进行动态分析和综合评价，从而了解和掌握湿地水鸟资源动态和湿地保护现状，为相关保护工作的决策提供科学依据和技术支撑。通过水鸟调查和保护能力建设，提高曹妃甸湿地与水鸟管理人员和决策者的能力，推动曹妃甸水鸟及其生物多样性保护与合理利用，尤其是对提高曹妃甸湿地和鸟类省级自然保护区的管理能力具有重要作用。加强对曹妃甸湿地的保护对鸟类尤其是对鸻鹬鸟类的调查监测、掌握它们的活动规律对科学保护鸟类具有极其重要的意义。湿地水鸟调查为今后继续加强国家和政府层面对曹妃甸湿地与水鸟重要价值的认识，促进更多利益相关部门及公众对湿地及鸟类栖息地的保护和合理利用、建设生态文明家园等具有一定的指导意义。

一、调查区域

1. 曹妃甸湿地水鸟调查分区

曹妃甸湿地水鸟调查共分7块重点湿地生境和6处林间鹭鸟繁殖地，湿地生境分别为大清河盐场湿地、柳赞水产养殖池塘及潮间带湿地、十里海水产养殖池塘湿地、曹妃甸工业区及纳潮河湿地、曹妃甸湿地和鸟类省级自然保护区湿地、长芦南堡盐场和沙河河口湿地、黑沿子潮间带及水产养殖池（南堡开发区沙河口）湿地；林间鹭鸟繁殖地为保护区双龙河西岸繁殖地、西灌区繁殖地、东灌区繁殖地、鄁里村繁殖地、第十一农场新一队繁殖地、第八农场军垦师部繁殖地（图10-1）。曹妃甸湿地水鸟调查点位见图10-2。

图10-1 曹妃甸湿地水鸟调查分区示意图

1. 大清河盐场湿地 2. 柳赞水产养殖池塘及潮间带湿地 3. 十里海水产养殖池塘湿地 4. 曹妃甸工业区及纳潮河湿地 5. 曹妃甸湿地和鸟类省级自然保护区湿地 6. 长芦南堡盐场和沙河河口湿地 7. 黑沿子潮间带及水产养殖池（南堡开发区沙河口）湿地 8. 保护区双龙河西岸繁殖地 9. 西灌区繁殖地 10. 东灌区繁殖地 11. 鄁里村繁殖地 12. 第十一农场新一队繁殖地 13. 第八农场军垦师部繁殖地

图 10-2　曹妃甸湿地水鸟调查点位示意图
●迁徙水鸟调查点位　○繁殖水鸟调查点位

2. 主要调查区域环境

（1）大清河盐场湿地

大清河盐场南与滨海大道相隔为水产养殖池、快乐岛旅游区、潮间带，北接乐亭古河镇稻田湿地，东靠唐山京唐港，西隔小清河与柳赞水产养殖池塘相接。面积 140 km²。区域内为晒盐池和盐田蒸发池，少量植被以芦苇、盐地碱蓬为主。以鸻鹬类、鸥类、鸭类和东方白鹳为主。

（2）柳赞水产养殖池塘及潮间带湿地

柳赞水产养殖池塘南临潮间带，北依柳赞镇，东靠大清河盐场与小清河，西接溯河生态城，面积 33 km²。域内为海水养殖池塘，每个池塘面积 40～100 亩不等。渠道埝埂以盐地碱蓬植被为主。以鸻鹬类、鸥类、鸭类为主，迁徙期有一定数量的东方白鹳。

（3）十里海水产养殖池塘湿地

十里海水产养殖场南临工业开发区，北依曹妃甸第五农场稻田，东靠小青龙河与生态城相接，西以唐曹高速公路为界，面积 18 km²。域内为水产养殖池和城建未利用的回填盐碱地，与铁路相隔。植被以盐地碱蓬、低矮芦苇、碱蓬及耐盐性藜科、苋科、禾本科植物为主。以鸻鹬类、鸥类、鸭类为主（图 10-3）。

（4）曹妃甸工业区及纳潮河湿地

曹妃甸工业区是 20 世纪 90 年代末以原曹妃甸沙岛为中心人工吹填的人工土地，面积 417 km²。经过十几年的降水淋洗，土壤表层淡化，除工业用地外，80％的土地逐渐生长野生植物和 15％为低洼积水盐碱裸地，荒芜而壮观。西部以片状芦苇、柽柳、盐地碱蓬等群

图 10-3   十里海水产养殖场水鸟

落为主，中部以行道绿化树和柽柳、盐地碱蓬、芦苇混生群落为主，东部以盐地碱蓬、猪毛
蒿、芦苇、柽柳混生群落为主。工业区西部、南部为浅海，中部深槽为矿石码头，东部为潮
间带，涨潮为水、落潮为滩；北接曹妃甸商务开发区。纳潮河自西南通东北，把工业区一分
为二。域内主要栖息的鸻鹬类、燕鸥类、鸭类以及迁徙鸟类主要集中于纳潮河和东部潮间带
滩涂（图 10-4）、盐沼草地和低洼裸地，有大量的鸻鹬类繁殖鸟，还有很多凤头百灵等雀
形目鸣禽。主要问题是为鸟类提供的饮用淡水不足。

图 10-4   潮间带滩涂及水鸟

（5）曹妃甸湿地和鸟类省级自然保护区湿地

保护区南临长芦南堡盐场蒸发池，北靠曹妃甸第十农场，东接第四农场、第五农场与唐
曹高速公路相隔，西过三排干与长芦南堡盐场接壤，面积 106 km²。湿地生境以淡水养殖
池、海水养殖池、卤水养殖池、芦苇湿地、稻田湿地等人工湿地为主。主要栖息和繁殖的鸟

类有鹳科、鸻科、鹬科、反嘴鹬科、鹭科、鸭科、秧鸡科、鸥科、䴙䴘科、鹤科等。并设有林间鹭鸟繁殖地、须浮鸥繁殖地、草鹭繁殖地、东方白鹳栖息繁殖地、鸻鹬鸟类栖息繁殖地、游禽栖息繁殖地、鹤类栖息地、震旦鸦雀繁殖地、普通燕鸥繁殖地、大雁天鹅栖息地10个专属保护地。图10-5为在湿地保护区觅食的水鸟。

图10-5　保护区水鸟（翘鼻麻鸭）

（6）长芦南堡盐场和沙河河口湿地

长芦南堡盐场和沙河河口湿地南临滦南县嘴东、南堡地区，北靠保护区和曹妃甸南堡开发区，东与曹妃甸十里海接壤，西依滦南县北堡、丰南区、天津市，面积263 km²。该区域面积大、水域广，主要生境为晒盐池、蒸发池、排灌渠系、水产养殖池、河口、潮间带。裸地多，少有盐生植被（图10-6）。沙河口湿地植被较为丰富，淡水养殖池分布两岸。这里多集聚鸻科、反嘴鹬科、鹬科、鸥科、鹭科、鸬鹚科、鸭科等鸟类，珍稀性强的迁徙鸟和繁殖鸟种类多、数量大。

图10-6　大量水鸟在长芦南堡盐场湿地

（7）黑沿子潮间带及水产养殖池（南堡开发区沙河口）湿地

黑沿子潮间带及水产养殖池湿地分为两部分，北部区域北临丰南区，西靠滦南县和天津市，南部和东部毗邻南堡盐场。南部区域北依南堡盐场，南为潮间带。面积 13 km²。该区域生境主要为潮间带和水产养殖池。鸟类主要为鸻鹬类（图 10-7），其次为鸥类。

图 10-7　潮间带反嘴鹬群

（8）林间鹭鸟繁殖地

曹妃甸湿地林间鹭鸟繁殖区域主要集中于曹妃甸区中部农田防护林面积较大的林带中（图 10-8）。种群和群落繁殖地已发现有双龙河西岸（118°22′15.37″E、39°15′33.71″N）、西灌区（118°30′17.34″E、39°16′47.62″N）、东灌区（118°33′8.30″E、39°17′16.97″N）、唐海镇鄱里村（118°27′28.83″E、39°19′7.22″N）、第十一农场新一队（118°17′59.17″E、39°20′47.15″N）和第八农场军垦师部（118°13′57.32″E、39°21′59.11″N）6 处。繁殖种类最多的有白鹭、夜鹭、中白鹭，此外还有大白鹭、池鹭和少量的牛背鹭、黄嘴白鹭、绿鹭、苍

图 10-8　林间鹭鸟繁殖地

鹭等 9 种（图 10 - 9）。

黄嘴白鹭　　　　　　　　　　　　　　　白琵鹭

图 10 - 9　林间鹭鸟

 调查方法

1. 调查分区、观测点选择及调查人员和设备

（1）调查分区

根据不同区域确定每个调查地点的调查范围，并将每个调查地点的调查范围划分为若干观测分区，观测分区应覆盖调查点的所有水鸟集聚地。观测分区边界有明显的地物标志。每个观测分区由一个调查小组在一天内沿一条固定路线完成。

（2）观测点选择

根据每个观测分区的地貌和鸟类分布状况，选择若干个制高点观测计数，也可选择 1 条或多条调查线路进行计数。每个观测点要相对独立，不能重复计数。

（3）调查人员和设备

本次调查共分 9 个组同步进行，每组 2～4 人，其中 1 人观测，1～2 人计数。由组长带队，每组配备车 1 辆，配有单筒望远镜、双筒望远镜、数码相机、GPS 定位系统和计数器等。

2. 种群数量调查方法

调查采用路线调查法与定点观测法相结合的方法。借用单筒望远镜、双筒望远镜对区域内鸟类直接观测计数。通过直接计数，分别记录绝对数量、名称、时间、经纬度、栖息地干扰情况、生境影像信息，并列表登记，对未识别种单独统计。

林间繁殖鸟调查采用块状样块法，其他繁殖鸟如䴙䴘类、鸭类、鹳类、鸥类、秧鸡类等实施样块调查加权平均的方法，在水鸟同步调查的后期进行。

调查以步行为主，单一生境可在汽车中进行，调查数据通过 Excel 电子表格汇总。

3. 调查时间

2019 年 4 月 24 日调查区域：大清河盐场湿地、柳赞水产养殖池塘及潮间带湿地、十里海水产养殖池塘湿地、黑沿子潮间带及水产养殖池（南堡开发区沙河口）湿地、长芦南堡盐场北部地区、曹妃甸湿地和鸟类省级自然保护区湿地；4 月 25 日调查区域：长芦南堡盐场南部地区、林间鹭鸟繁殖地保护区及实验区；4月26日调查区域：曹妃甸工业区及纳潮河湿地；4月26—28日调查区域：曹妃甸中部林间鹭鸟繁殖地。

在"国际湿地·中国"统一进行环渤海水鸟同步调查时段后期的2019年4月26—28日，鉴于繁殖水鸟是以不同种群和群落占有繁殖领地等特点，分别对林间鹭鸟繁殖地，苇沼草沼的斑嘴鸭、草鹭、秧鸡、鹛鹕等繁殖地和少草滩涂心滩的鸻鹬鸟类繁殖地进行了调查。

4. 繁殖鸟调查方法

（1）样块调查法

根据林间鹭鸟、苇区鹭鸟、东方白鹳、须浮鸥、普通燕鸥等种群、群落（集团）的繁殖地进行不同种类的数量清点。不含鸟卵和幼雏。

（2）加权平均估算

对分布广、虽集中但较为分散筑巢的鸟类如斑嘴鸭、反嘴鹬、黑翅长脚鹬、环颈鸻、灰头麦鸡、小鹛鹕、凤头鹛鹕、苇鸻、白骨顶、黑水鸡等采用加权平均法进行估算。

（3）定位和记录信息

对鸟类繁殖地进行GPS定位，视频录像和无人机拍照，对生境留有资料并对干扰现状进行记录和说明。

5. 数据分析方法

统计数据和生境信息以标准化调查计数表进行记录，各组数据送交相关人员统一处理、汇总，上报"国际湿地·中国"办事处。

《湿地公约》标准与规定：如果一块湿地定期支持着20 000只或更多只水禽生存，那么就应该考虑其国际重要性。标准规定：如果一块湿地定期栖息有一种水禽物种或某一种群1％的个体，就应被认为具有国际重要意义。

三、调查结果与分析

1. 总体结果

调查涵盖了曹妃甸湿地的13块湿地（其中6块为林间鹭鸟繁殖地），共记录到水鸟种类72种，数量104 499只（表10-1）。其中，迁徙水鸟64 339只，迁徙繁殖水鸟40 160只；未识别的水鸟2 986只，占本次水鸟总数的2.86％。

表10-1 曹妃甸湿地水鸟调查汇总

序号	鸟种类	总计	发现区域和数量（只）
1	鹛鹕类	540	保护区540
2	白额燕鸥（*Sterna albi frons*）	149	黑沿子16、保护区75、十里海15、工业区43
3	白鹭（*Egretta garzetta*）	7 273	沙河河口1、南堡盐场1、保护区1 916、十里海3、西灌区2 210、东区域327、鄗里村212、新一队187、军垦师部2 416
4	白琵鹭（*Platalea leucorodia*）	38	沙河河口21、保护区17
5	勺嘴鹬（*Eurynorhynchus pygmeus*）	1	南堡盐场1
6	白腰草鹬（*Tringa ochropus*）	2 567	南堡盐场497、保护区2 070

（续）

序号	鸟种类	总计	发现区域和数量（只）
7	白腰杓鹬（Numenius arquata）	476	黑沿子90、沙河河口72、南堡盐场201、大清河盐场6、十里海107
8	斑尾塍鹬（Limosa lapponica）	325	黑沿子3、沙河河口2、南堡盐场320
9	斑嘴鸭（Anas poecilorhyncha）	2 507	沙河河口23、南堡盐场3、保护区2 367、工业区114
10	半蹼鹬（Limnodromus semipalmatus）	17	黑沿子17
11	苍鹭（Ardea cinerea）	3	保护区3
12	草鹭（Ardea purpurea）	150	保护区150
13	池鹭（Ardeola bacchus）	230	西灌区112、鄢里村12、新一队8、军垦师部98
14	赤麻鸭（Tadorna ferruginea）	165	保护区165
15	大白鹭（Ardea alba）	192	沙河河口1、保护区14、西灌区68、东灌区11、鄢里村8、新一队12、军垦师部78
16	大滨鹬（Calidris tenuirostris）	1 330	南堡盐场1 150、保护区180
17	大杓鹬（Numenius madagascariensis）	67	黑沿子50、沙河河口3、大清河盐场12、十里海2
18	东方白鹳（Ciconia boyciana）	30	黑沿子13、保护区17
19	豆雁（Anser fabalis）	4	沙河河口4
20	翻石鹬（Arenaria interpres）	4	沙河河口4
21	反嘴鹬（Recurvirostra avosetta）	7 963	黑沿子540、沙河河口589、南堡盐场1 215、保护区3 650、大清河盐场351、十里海324、工业区1 294
22	鹤鹬（Tringa erythropus）	365	南堡盐场210、保护区90、大清河盐场52、工业区13
23	黑翅长脚鹬（Himantopus himantopus）	8 473	黑沿子1 230、沙河河口1 180、南堡盐场1 160、保护区2 452、大清河盐场272、工业区2 179
24	黑腹滨鹬（Calidris alpina）	11 776	黑沿子11 180、沙河河口330、南堡盐场50、大清河盐场6、工业区210
25	黑颈䴙䴘（Podiceps nigricollis）	20	南堡盐场20
26	鸥类	132	南堡盐场132
27	黑尾塍鹬（Limosa limosa）	3 306	沙河河口150、南堡盐场3 144、大清河盐场12
28	黑尾鸥（Larus crassirostris）	41	南堡盐场40、十里海1
29	黑嘴鸥（Larus saundersi）	66	沙河河口66
30	红腹滨鹬（Calidris canutus）	4 781	黑沿子4 550、大清河盐场119、工业区112
31	红脚鹬（Tringa totanus）	320	南堡盐场320
32	红颈滨鹬（Calidris ruficollis）	1 342	黑沿子1 250、沙河河口80、南堡盐场12
33	红嘴巨燕鸥（Hydroprogne caspia）	16	南堡盐场2、保护区14
34	红嘴鸥（Larus ridibundus）	4 394	黑沿子80、沙河河口23、南堡盐场2 005、保护区1 825、大清河盐场454、十里海7

（续）

序号	鸟种类	总计	发现区域和数量（只）
35	环颈鸻（Charadrius alexandrinus）	16 155	黑沿子 3 500、沙河河口 2 160、南堡盐场 2 270、保护区 4 844、大清河盐场 328、十里海 233、工业区 2 820
36	黄嘴白鹭（Egretta eulophotes）	52	保护区 8、西灌区 24、东灌区 4、鄱里村 4、军垦师部 12
37	灰斑鸻（Pluvialis squatarola）	196	黑沿子 70、沙河河口 125、十里海 1
38	灰头麦鸡（Vanellus cinereus）	32	黑沿子 20、保护区 12
39	矶鹬（Actitis hypoleucos）	1 020	南堡盐场 1 020
40	尖尾滨鹬（Calidris acuminata）	624	沙河河口 43、南堡盐场 552、工业区 29
41	针尾沙锥（Gallinago stenura）	8	南堡盐场 8
42	剑鸻（Charadrius hiaticula）	120	沙河河口 120
43	金眶鸻（Charadrius dubius）	7	南堡盐场 7
44	阔嘴鹬（Limicola falcinellus）	286	黑沿子 195、沙河河口 91
45	蛎鹬（Haematopus ostralegus）	8	黑沿子 8
46	流苏鹬（Philomachus pugnax）	8	沙河河口 6、南堡盐场 2
47	罗纹鸭（Anas falcata）	13	保护区 13
48	绿翅鸭（Anas crecca）	31	保护区 31
49	绿鹭（Butorides striata）	94	保护区 12、西灌区 52、新一队 16、军垦师部 14
50	绿头鸭（Anas platyrhynchos）	288	保护区 288
51	蒙古沙鸻（Charadrius mongolus）	2	沙河河口 2
52	牛背鹭（Bubulcus ibis）	42	西灌区 12、鄱里村 4、军垦师部 26
53	鸥嘴噪鸥（Gelochelidon nilotica）	11	南堡盐场 11
54	海鸥（Larus canus）	1	南堡盐场 1
55	普通燕鸻（Glareola maldivarum）	86	保护区 86
56	普通燕鸥（Sterna hirundo）	6 243	黑沿子 2、沙河河口 2、南堡盐场 442、保护区 4 370、工业区 1 427
57	鸻类	670	保护区 670
58	翘鼻麻鸭（Tadorna tadorna）	988	黑沿子 145、沙河河口 169、南堡盐场 674、
59	翘嘴鹬（Xenus cinereus）	954	沙河河口 5、南堡盐场 860、保护区 86、十里海 3
60	青脚鹬（Tringa nebularia）	151	黑沿子 2、沙河河口 8、南堡盐场 135、保护区 5、十里海 1
61	铁嘴沙鸻（Charadrius leschenaultii）	3	黑沿子 1、沙河河口 2
62	弯嘴滨鹬（Calidris ferruginea）	648	黑沿子 500、沙河河口 120、南堡盐场 25、大清河盐场 3
63	无法辨认鸻鹬类	2 885	沙河河口 2 045、南堡盐场 500、保护区 120、工业区 220
64	无法辨认鸥类	101	南堡盐场 101

（续）

序号	鸟种类	总计	发现区域和数量（只）
65	小滨鹬（*Calidris minuta*）	1	黑沿子 1
66	须浮鸥（*Chlidonias hybrida*）	2 605	保护区 1 605、大清河盐场 250、十里海 350、工业区 400
67	秧鸡类	1 100	保护区 1 100
68	夜鹭（*Nycticorax nycticorax*）	6 029	保护区 1 352、西灌区 1 842、东灌区 438、鄑里村 316、新一队 139、军垦师部 1 942
69	遗鸥（*Larus relictus*）	163	黑沿子 45、南堡盐场 118
70	泽鹬（*Tringa stagnatilis*）	2 646	黑沿子 1、沙河河口 140、南堡盐场 2 161、大清河盐场 344
71	中白鹭（*Ardea intermedia*）	1 127	沙河河口 2、保护区 44、西灌区 462、东灌区 96、鄑里村 46、新一队 88、军垦师部 389
72	中杓鹬（*Numenius phaeopus*）	38	黑沿子 30、南堡盐场 2、大清河盐场 4、十里海 2
	各区域鸟类合计	104 499	黑沿子 23 539、沙河河口 7 589、南堡盐场 19 372、保护区 30 191、大清河盐场 2 213、十里海 1 049、工业区 8 861、西灌区 4 782、东灌区 876、鄑里村 602、新一队 450、军垦师部 4 975

水鸟数量最多、排前 10 位的依次是环颈鸻 16 155 只，占总数的 15.45%，黑腹滨鹬 11 776 只、黑翅长脚鹬 8 473 只、反嘴鹬 7 963 只、白鹭 7 273 只、普通燕鸥 6 243 只、夜鹭 6 029 只、红腹滨鹬 4 781 只、红嘴鸥 4 394 只、黑尾塍鹬 3 306 只。这 10 种鸟类共计 76 393 只，占统计总数的 73.10%。

2. 迁徙鸟数量、种类及分布

据调查统计，水鸟主要集中分布在曹妃甸湿地和鸟类省级自然保护区、黑沿子潮间带及水产养殖池、长芦南堡盐场蒸发池和林间鹭鸟繁殖地 4 个区域，水鸟总数量为 89 749 只，占调查总量的 85.88%。其中，曹妃甸湿地和鸟类省级自然保护区 25 150 只，占总数量的 24.07%；长芦盐场蒸发池 23 842 只，占 22.82%；黑沿子潮间带及水产养殖池 25 730 只，占 24.62%；林间鹭鸟繁殖地 15 027 只，占总数量的 14.38%。全区域繁殖环颈鸻 6 460 只，占鸟类总数量的 6.18%；繁殖反嘴鹬 2 670 只，占 2.56%；繁殖黑翅长脚鹬 4 850 只，占 4.64%；繁殖普通燕鸥 5 600 只，占 5.36%；繁殖须浮鸥 2 200 只，占 2.11%；繁殖斑嘴鸭 840 只，占 0.80%。

在记录到的 72 种水鸟中：种类最多的区域是长芦南堡盐场，为 36 种；黑沿子潮间带及水产养殖池次之，为 31 种；曹妃甸湿地和鸟类省级自然保护区位居第三，为 27 种。

3. 繁殖水鸟数量、种类及分布

全域共调查记录到迁徙繁殖鸟类 40 160 只。其中：林间鹭类繁殖鸟 15 027 只，占繁殖鸟总数的 37.42%；鸻鹬类繁殖鸟 14 020 只，占繁殖鸟总数的 34.91%；其他繁殖水鸟 11 113 只，占繁殖鸟总数的 27.67%。在 6 处林间鹭鸟繁殖地，繁殖鹭鸟聚集最多的区域分别是第八农场军垦师部（4 975 只）、西灌区（4 782 只）、保护区双龙河西岸（3 342 只）。草鹭于保护区繁殖地 150 只。须浮鸥于保护区繁殖地 1 200 只。普通燕鸥于保护区繁殖地

4 200 只。长芦南堡盐场蒸发池、曹妃甸工业区盐沼和大清河盐场有黑翅长脚鹬、反嘴鹬、环颈鸻等约 13 980 只。斑嘴鸭于保护区及周边湿地 840 只。

曹妃甸湿地的繁殖水鸟，2 月迁入繁殖领地的有斑嘴鸭、夜鹭、苍鹭、黑水鸡、白骨顶等。3 月上中旬迁入领地的有白鹭、中白鹭、牛背鹭、环颈鸻、黑翅长脚鹬、反嘴鹬等。3 月中下旬迁入领地的有黄嘴白鹭、池鹭、绿鹭、草鹭、普通燕鸥、白额燕鸥、红嘴巨燕鸥、须浮鸥、白翅浮鸥等。3 月下旬至 4 月初迁入领地的有黄斑苇鳽、紫背苇鳽及其他秧鸡类。北迁的大多数水鸟在域内停留觅食后大部分继续北迁，少部分留下来进入领地。曹妃甸湿地繁殖鸟点位见图 10 - 10。

图 10 - 10　曹妃甸湿地繁殖鸟点位示意图
1. 保护区双龙河西岸　2. 西灌区　3. 东灌区
4. 鄱里村　5. 第十一农场新一队　6. 第八农场军垦师部

域内繁殖水鸟的行为与继续北迁的水鸟行为不同，繁殖鸟多集中于心滩、环水高地群居成对活动，进行筑巢、产卵、孵化。而继续北迁的水鸟集中于潮间带、河口、养殖池繁忙觅食，所处生态位与繁殖鸟不同。在 4 月 24—26 日同步调查时，有些水鸟如环颈鸻、黑翅长脚鹬、白鹭、夜鹭已进入孵化阶段，有的已出壳（东方白鹳已出壳 12 d）。所以通过繁殖生态位的不同和巢进行清点不会出现重复计数。

(1) 林间鹭鸟

1）巢区选择。鹭鸟群巢选择于四周环水、林下有沟渠的林带、片林或岛式片林。林带长度不限，宽度必须在数十米以上，两侧生有林木和高草的 5~10 m 安全带（保护带）。巢区四周有水产养殖池、稻田、荷塘、河流沟渠等，可为鸟类提供丰富的食物，并且有干扰较少的生长十年以上的大树、老树和高灌丛（图 10 - 11）。

图 10 - 11　林间鹭鸟巢区

2）巢址选择。树种选择以高大杨树、柳树、洋槐、榆树为佳，一般距地面高度为 15～25 m。多杈的加拿大杨、小叶杨、榆树、洋槐最多，而树杈较少的欧美 107 杨、北京杨上巢的密度较小。一般一棵树上有 20～40 个巢穴。周边封闭较好的洋槐灌丛中巢一般距地面 2 m 以上，人手可及。

3）巢材、巢型。以长 0.2～0.5 m、粗 0.5～1.5 cm 的树枝、苇秆和硬质草棍为巢材，巢为浅平皿状巢。巢的大小因鸟的种类不同而有差异，白鹭、夜鹭、池鹭、绿鹭、牛背鹭、黄嘴白鹭的巢外径 30～40 cm，巢高 15～20 cm，巢内径 20～30 cm，巢深 5～10 cm，大白鹭、中白鹭巢型略大，多数利用旧巢。

4）巢域生态位。同种或不同种的巢距最近 80～100 cm，使成鸟（亲鸟）的颈和嘴不能接触，以免争斗。因夜鹭迁入繁殖地早、数量大，首先占据中心区域，接着白鹭迁入，数量更大，夜鹭与白鹭争夺巢域后多混巢。而刚刚性成熟的夜鹭和白鹭多占据混巢的边缘位置。数量较少、迁入较晚的牛背鹭、黄嘴白鹭、中白鹭、大白鹭多占用高枝。数量较少、个体较小的池鹭、绿鹭多占用边缘位置。

5）窝卵数。最少 3 枚，一般 4～5 枚，最多 6 枚，平均 4.5 枚。

6）受胁因子。巢材不足而争夺；大树更新而失去家园；食物不足影响产卵量和幼雏成活率；喜鹊天敌群攻及偷食鸟卵和幼雏；人为干扰如观鸟者的不规范行为等；偷捕幼雏和亲鸟等。

7）种类和数量。本次调查的 6 个林间鹭鸟繁殖地的繁殖种类主要有白鹭、中白鹭、大白鹭、牛背鹭、黄嘴白鹭、夜鹭、池鹭、绿鹭和苍鹭 9 种（本次调查未见到苍鹭巢），数量 15 027 只（表 10 - 2）。白鹭数量最多，夜鹭次之，牛背鹭、黄嘴白鹭、绿鹭数量最少。

表 10 - 2　曹妃甸湿地林间繁殖鹭鸟数量（只）

繁殖地	白鹭	中白鹭	大白鹭	牛背鹭	黄嘴白鹭	夜鹭	池鹭	绿鹭	合计	生境
双龙河西岸	1 912	44	14		8	1 352		12	3 342	洋槐混交林
西灌区	2 210	462	68	12	24	1 842	112	52	4 782	杨树林带
东灌区	327	96	11		4	438			876	杨树林带
鄷里村	212	46	8	4	4	316	12		602	杨树林带
第十农场新一队	187	88	12			139	8	16	450	杨树林带
第八农军垦师部	2 416	389	78	26	12	1 942	98	14	4 975	杨榆柳混交林
总计	7 264	1 125	191	42	52	6 029	230	94	15 027	

（2）东方白鹳

东方白鹳繁殖地位于保护区西侧南堡开发区偏北沙河与丰南区一排干交汇处。巢域筑在四周有大面积水产养殖池及芦苇沼泽的电力铁塔顶端。巢材为树枝、猪毛蒿茎秆和苇茎等，巢宽 60～80 cm、高 40～60 cm、深 5～10 cm，巢内垫有软草（图 10 - 12）。窝卵 3～5 枚，平均 4 枚。本次共调查到 7 巢，有 13 只成鸟，其中 6 巢幼雏已出壳 12 d，另有 1 巢仅有 1 只雄鸟，并不时叼草或护巢，等待雌鸟（雌鸟大概已死亡）。

（3）斑嘴鸭

斑嘴鸭繁殖地散布于以保护区为主的高中洼、洼中高不被水淹的水旁芦苇草沼和心滩、人工岛的隐蔽处，地面巢，窝卵多为 11 枚。采用地块采样加权，估计繁殖鸟有 840 只，主要分布在保护区、工业区（盐沼区域）和其他环水苇沼中。

图 10 - 12　东方白鹳鸟巢

（4）鸥鸟

① 在须浮鸥繁殖地调查到 2 200 只繁殖鸟，其中在湿地保护区第七农场六斗 7 农繁殖地的为 1 200 只，巢筑于浅水面芦苇漂浮台之上（图 10 - 13），窝卵一般有 3 枚。

须浮鸥

普通燕鸥

图 10 - 13　须浮鸥和普通燕鸥鸟巢

② 在普通燕鸥繁殖地调查到繁殖鸟 5 600 只，其中在湿地保护区曹妃湖的三个人工岛上地面筑巢（图 10 - 13）的繁殖鸟 4 200 只。在曹妃甸湿地繁殖的鸥鸟还有白额燕鸥、红嘴巨燕鸥、鸥嘴燕鸥、黑嘴鸥等。

（5）草鹭

草鹭（图 10 - 14）繁殖地位于保护区第七农场六斗 8 农芦苇主塘中，数量为 150 只，巢材芦苇，铺垫而成，巢距水位 60～80 cm，巢外径 60～80 cm，巢高 40～50 cm，巢深 5～10 cm；窝卵 3～5 枚，最多 6 枚，平均 4 枚。

图 10 - 14 草 鹭

（6）鸭类

鸭类分布在芦苇、蒲草群落生境中，分散筑巢，窝卵 4～6 枚，包括黄斑苇鳽（*Ixobrychus sinensis*）、栗苇鳽（*Ixobrychus cinnamomeus*）、紫背苇鳽、大麻鳽（*Botaurus stellaris*），数量约 670 只。

（7）秧鸡

秧鸡分布在芦苇、蒲草群落生境中，包括白骨顶（*Fulica atra*）、黑水鸡（*Gallinula chloropus*）等，约 1 100 只。

（8）䴙䴘

䴙䴘广布于草沼、排渠水系、淡水池塘中，包括小䴙䴘、凤头䴙䴘（*Podiceps cristatus*），数量为 540 只。

（9）鸻鹬类

本次主要对黑翅长脚鹬（图 10 - 15）、反嘴鹬、环颈鸻（图 10 - 16）、蛎鹬、灰头麦鸡进行了统计，没有统计金眶鸻、普通剑鸻。黑翅长脚鹬 4 850 只，其中保护区 240 只。反嘴鹬 2 670 只，其中保护区 48 只。环颈鸻 6 460 只，其中保护区 830 只。在黑沿子，蛎鹬 8 只。灰头麦鸡 32 只，其中保护区 12 只。繁殖鸟类和数量见表 10 - 3。

图 10 - 15 黑翅长脚鹬

图 10 - 16 环颈鸻

表 10 - 3　繁殖鸟类和数量

种类	数量（只）	种类	数量（只）
白鹭（*Egretta garzetta*）	7 264	东方白鹳（*Ciconia boyciana*）	13
中白鹭（*Ardea intermedia*）	1 125	斑嘴鸭（*Anas poecilorhyncha*）	840
大白鹭（*Ardea alba*）	191	草鹭（*Ardea purpurea*）	150
牛背鹭（*Bubulcus ibis*）	42	鸻类	670
黄嘴白鹭（*Egretta eulophotes*）	52	秧鸡类	1 100
夜鹭（*Nycticorax nycticorax*）	6 029	鹬鹬类	540
池鹭（*Ardeola bacchus*）	230	黑翅长脚鹬（*Himantopus himantopus*）	4 850
绿鹭（*Butorides striata*）	94	反嘴鹬（*Recurvirostra avosetta*）	2 670
蛎鹬（*Haematopus ostralegus*）	8	环颈鸻（*Charadrius alexandrinus*）	6 460
灰头麦鸡（*Vanellus cinereus*）	32	须浮鸥（*Chlidonias hybrida*）	2 200
普通燕鸥（*Sterna hirundo*）	5 600	合计	40 160

四、湿地重要性、珍稀濒危鸟种和重要种群分析

1. 湿地重要性分析

(1) 根据"标准5"确定具有国际重要意义的湿地

《国际重要湿地的标准》标准5（以下称"标准5"）规定："如果一块湿地定期栖息有2万只或更多的水禽，就应被认为具有国际重要意义。"此次调查统计的水鸟总数大于20 000只的区域有整个曹妃甸湿地104 499只，其中3个区域：曹妃甸湿地和鸟类省级自然保护区湿地30 191只、长芦南堡盐场和沙河河口湿地26 961只、黑沿子潮间带及水产养殖池（南堡开发区沙河口）湿地23 539只。根据"标准5"，整个曹妃甸湿地以及其中的湿地和鸟类自然保护区、长芦南堡盐场和沙河河口湿地、黑沿子潮间带及水产养殖池（南堡开发区沙河口）湿地3块湿地均可被确定为具有国际重要意义的湿地。

(2) 根据"标准6"确定具有国际重要意义的种类

《国际重要湿地的标准》标准6（以下称"标准6"）规定："如果一块湿地定期栖息有一个水禽物种或亚种某一种群1%的个体，就应被认为具有国际重要意义"。根据《黄渤海湿地与迁徙水鸟研究》（陈克林，2006）中著述的渤海湾北岸有20种鸻鹬类达到具有国际意义标准（1%），分别为环颈鸻、黑翅长脚鹬、红腹滨鹬、黑腹滨鹬、反嘴鹬、黑尾塍鹬、斑尾塍鹬、泽鹬、红胸滨鹬（红颈滨鹬）、弯嘴滨鹬、鹤鹬、大滨鹬、白腰杓鹬、尖尾滨鹬、中杓鹬、大杓鹬、灰斑鸻、阔嘴鹬、青脚鹬、半蹼鹬，本次调查均记录到。本次调查记录有环颈鸻、反嘴鹬、黑尾塍鹬、黑翅长脚鹬、翘嘴鹬、红腹滨鹬、黑腹滨鹬、阔嘴鹬、鹤鹬、白腰草鹬、矶鹬、黄嘴白鹭、东方白鹳、遗鸥、中白鹭、普通燕鸥16种满足"标准6"，可被确定为具有国际重要意义的种类（表10-4）。曹妃甸湿地和鸟类省级自然保护区湿地、长芦南堡盐场和沙河河口湿地、黑沿子潮间带及水产养殖池（南堡开发区沙河口）湿地同时符

合"标准5"和"标准6"认定的具有国际重要意义。

表10-4　曹妃甸湿地水鸟本次调查达到"标准6"的种类

序号	种名	保护级别	全球濒危状况	实际数量（只）	1%标准数量（只）
1	环颈鸻（*Charadrius alexandrinus*）	Ⅲ		16 155	1 000
2	反嘴鹬（*Recurvirostra avosetta*）	Ⅲ		7 963	1 000
3	黑尾塍鹬（*Limosa limosa*）	Ⅲ		3 306	1 400
4	黑翅长脚鹬（*Himantopus himantopus*）	Ⅲ		8 473	1 000
5	翘嘴鹬（*Xenus cinereus*）	Ⅲ		954	500
6	红腹滨鹬（*Calidris canutus*）	Ⅲ	近危（NT）	4 781	540
7	黑腹滨鹬（*Calidris alpina*）	Ⅲ		11 776	10 000
8	阔嘴鹬（*Limicola falcinellus*）	Ⅲ		286	300
9	鹤鹬（*Tringa erythropus*）	Ⅲ		365	250
10	白腰草鹬（*Tringa ochropus*）	Ⅲ		2 568	1 000
11	黄嘴白鹭（*Egretta eulophotes*）	Ⅱ	易危（VU）	52	35
12	东方白鹳（*Ciconia boyciana*）	Ⅰ	濒危（EN）	30	30
13	遗鸥（*Larus relictus*）	Ⅰ	易危（VU）	163	120
14	中白鹭（*Ardea intermedia*）	Ⅲ		1 127	1 000
15	普通燕鸥（*Sterna hirundo*）	Ⅲ		6 243	460
16	矶鹬（*Actitis hypoleucos*）	Ⅲ		1 020	500

2. 珍稀濒危鸟种和重要种群分析

(1) 具有全球保护意义的鸟种

根据世界自然保护联盟（IUCN）2015年发布的濒危物种红色名录，此次调查记录到：全球极危物种1种，为勺嘴鹬；全球濒危物种3种，分别为东方白鹳、大杓鹬和大滨鹬；全球近危物种10种，分别为罗纹鸭、蛎鹬、白腰杓鹬、黑尾塍鹬、斑尾塍鹬、红腹滨鹬、弯嘴滨鹬、红颈滨鹬、半蹼鹬和灰尾漂鹬；全球易危物种3种，分别为黄嘴白鹭、黑嘴鸥和遗鸥（表10-5）。

表10-5　本次调查统计到的列入全球濒危物种红色名录的物种

序号	物种名称	极危（CR）	濒危（EN）	近危（NT）	易危（VU）
1	东方白鹳（*Ciconia boyciana*）		EN		
2	罗纹鸭（*Anas falcata*）			NT	
3	黄嘴白鹭（*Egretta eulophotes*）				VU
4	蛎鹬（*Haematopus ostralegus*）			NT	
5	白腰杓鹬（*Numenius arquata*）			NT	
6	黑尾塍鹬（*Limosa limosa*）			NT	
7	斑尾塍鹬（*Limosa lapponica*）			NT	

（续）

序号	物种名称	极危（CR）	濒危（EN）	近危（NT）	易危（VU）
8	大杓鹬（*Numenius madagascariensis*）		EN		
9	大滨鹬（*Calidris tenuirostris*）		EN		
10	红腹滨鹬（*Calidris canutus*）			NT	
11	弯嘴滨鹬（*Calidris ferruginea*）			NT	
12	红颈滨鹬（*Calidris ruficollis*）			NT	
13	勺嘴鹬（*Eurynorhynchus pygmeus*）	CR			
14	半蹼鹬（*Limnodromus semipalmatus*）			NT	
15	灰尾漂鹬（*Tringa brevipes*）			NT	
16	黑嘴鸥（*Larus saundersi*）				VU
17	遗鸥（*Larus relictus*）				VU

（2）国家重点保护鸟种

根据国家林业局 2000 年发布的《中国国家重点保护野生动物》名录，本次调查记录到国家 I 级重点保护动物 3 种：东方白鹳、遗鸥、黑嘴鸥，国家 II 级重点保护动物 2 种：黄嘴白鹭、白琵鹭。

（3）具有重要保护意义的种群

本次调查记录到大的重要保护种群主要有黑翅长脚鹬、反嘴鹬、红颈滨鹬、斑嘴鸭、红腹滨鹬、黑腹滨鹬、环颈鸻、夜鹭、白鹭、普通燕鸥、东方白鹳、黄嘴白鹭、白琵鹭、遗鸥、草鹭。林间鹭鸟繁殖地等都具有重要保护意义（表 10-6）。

表 10-6 具有重要保护意义的水鸟种群及其分布

调查区域名称	有重要保护意义的水鸟种群数量
曹妃甸湿地和鸟类省级自然保护区湿地	鸻鹬类等（14 695 只）、普通燕鸥（4 370 只）、草鹭繁殖鸟（150 只）、斑嘴鸭（2 367 只）、东方白鹳（17 只）
黑沿子潮间带及水产养殖池（南堡开发区沙河口）湿地	鸻鹬类等水鸟（21 741 只）
长芦南堡盐场和沙河河口湿地	鸻鹬类等水鸟（17 724 只）
西灌区鹭鸟繁殖区	繁殖鹭鸟群（3 342 只）
第八农场军垦师部繁殖地	繁殖鹭鸟群（4 975 只）
东方白鹳繁殖地	繁殖东方白鹳（13 只）

（4）水鸟栖息地保护现状及分析

2019 年 4 月，共调查曹妃甸湿地水鸟栖息地 13 块，7 块属滨海滩涂湿地，6 块为内陆农田防护林林带或片林，符合《湿地公约》国际重要湿地"标准 5"或"标准 6"的湿地有 8 块，同时符合"标准 5"和"标准 6"认定的具有国际重要意义的湿地有 3 块（表 10-7）。

表 10 - 7　调查湿地的保护状况与符合具有国际重要湿地标准现状

序　号	调查区域	是否符合国际湿地标准 （标准 5＊、标准 6＋）	保护现状
1	曹妃甸湿地和鸟类省级自然保护区湿地	＊＋	省级保护区
2	黑沿子潮间带及水产养殖池（南堡开发区沙河口）湿地	＊＋	未保护状态
3	长芦南堡盐场和沙河河口湿地	＊＋	未保护状态
4	东方白鹳繁殖地	＋	有保护
5	双龙河西岸鹭鸟繁殖地	＋	有保护
6	西灌区鹭鸟繁殖地	＋	无保护
7	第八农场军垦师部鹭鸟繁殖地	＋	有保护
8	保护区游禽专属保护地	＋	有保护

（5）生境分析

从生境条件来看，鸭类（斑嘴鸭）多集中于保护区周边芦苇生境的淡水水域。翘鼻麻鸭多集中在滩涂咸水地域。鹭鸟繁殖鸟多集中于高大宽阔、四周环水的林带中。鸻鹬类繁殖鸟多集中在滨海滩涂和盐田环水高地，尤其是在曹妃甸工业区吹填十几年来未被利用的广袤盐沼中。

从食物量分布来看，鸭、雁、天鹅、鹭鸟、鸥类多集中于淡水环境的养殖池、芦苇草沼和稻田湿地中。鸻鹬鸟类栖息觅食于潮间带、盐田蒸发池。水鸟的种类和数量与湿地土壤质地有直接关系：西部的沙河、双龙河流域包括黑沿子、北堡、南堡、嘴东等地为沙质土质，底栖生物量大，包括单壳类、双壳类、多毛类等，年平均生物密度 1 559 个/m²；双龙河至溯河、小清河多为泥质，年平均生物密度为 956 个/m²，而部分净沙质的年平均生物密度为 47 个/m²。丰富的水生生物量是招引水鸟（尤其是鸻鹬鸟类）的物质基础。为此，西部潮间带、盐田蒸发池和自然保护区是水鸟种类多、数量大的主要原因。

根据干扰因素分析，栖息地的减少、湿地破碎度增大、食物不足等是水鸟受威胁的主要原因。从整体来看，水鸟数量在减少，而个别区块的高密度集聚是整体环境质量下降或栖息地萎缩造成的。

3. 曹妃甸湿地对水鸟南北迁徙具有重要的意义

本次环渤海曹妃甸湿地水鸟调查涉及沿海迁徙水鸟 7 个区域和 6 个鹭鸟繁殖地，共记录到水鸟 72 种，合计 104 499 只，其中迁徙水鸟 64 339 只，符合"标准 5"国际重要湿地标准的 3 处，符合"标准 6"标准的水鸟 16 种。调查结果充分表明，曹妃甸湿地水鸟数量大、集聚度高，对东亚—澳大利西亚水鸟迁徙具有非常重要的价值，为迁徙水鸟，尤其是为鸻鹬类提供了主要的停歇、觅食和中转栖息地。曹妃甸湿地还是我国北方极其重要的鹭鸟、鸻鹬鸟类、斑嘴鸭的繁殖地，繁殖鸟数量达到 40 160 只，其中林间繁殖鹭鸟 15 027 只。

第二节　曹妃甸湿地秋冬季东方白鹳调查

　东方白鹳概述

1. 东方白鹳生物学习性

东方白鹳别名老鹳，属鹳形目、鹳科、鹳属，是一种大型涉禽，体长 1.10～1.28 m，体重 3.9～4.5 kg,雌雄两性在外观上完全相同,一般雄鸟体型大于雌鸟。长而粗壮的嘴十分坚硬,呈黑色,仅基部缀有淡紫色或深红色。嘴的基部较厚,往尖端逐渐变细,并且略微向上翘。眼睛周围、眼线和喉部的裸露皮肤都是朱红色,眼睛内的虹膜为粉红色,外圈为黑色。身体上的羽毛主要为纯白色。翅膀宽而长,上面的大覆羽、初级覆羽、初级飞羽和次级飞羽均为黑色,并具有绿色或紫色的光泽。初级飞羽的基部为白色,内侧初级飞羽和次级飞羽外翈除羽缘和羽尖外,均为银灰色,向内逐渐转为黑色。前颈的下部有呈披针形的长羽,在求偶炫耀的时候能竖立起来。腿、脚甚长,为鲜红色。

东方白鹳(图 10-17)飞翔时颈部向前伸直,腿、脚则伸到尾羽的后面,尾羽展开呈扇状,初级飞羽散开,上下交错,既能鼓翼飞翔,又能利用热气流在空中盘旋滑翔,姿态轻快,体态优美。

图 10-17　东方白鹳

东方白鹳以捕食鱼类为主,在其全部食物中,鱼类占 79%～90%,所捕食最大的鱼类个体可达 0.5 kg 以上,但因季节的不同,取食的内容也有变化:在冬季和春季主要采食植物种子、叶、草根、苔藓和少量的鱼类;夏季的食物种类非常丰富,以鱼类为主,也有蛙、鼠、蛇、蜥蜴、蜗牛、软体动物、节肢动物、甲壳动物、环节动物、昆虫和幼虫以及雏鸟等其他动物性食物;秋季还捕食大量的蝗虫,此外平时也常吃一些沙砾和小石子来帮助消化食物。春季和夏季大多单独或成对觅食,秋季和冬季则大多组成小群觅食。除了在繁殖期成对活动外,其他季节大多组成群体活动,特别是迁徙季节,常常聚集成数十只甚至上百只的大群。

繁殖期 4—6 月。每年 3 月初至 3 月中旬到达我国东北繁殖地,最早到达时间是 3 月 2 日,多数在 3 月中旬。东方白鹳在繁殖期主要栖息于开阔而偏僻的平原、草地和沼泽地带,特别是有稀疏树木生长的河流、湖泊、水塘,以及水渠岸边和沼泽地上,有时也栖息和活动在远离居民区、具有岸边树木的稻田地带。巢区多选择在没有干扰或干扰较小、食物丰富而又有稀疏树木或小块丛林的开阔草原和农田沼泽地带,有时也选择在距水域、沼泽等取食地数千米至十余千米远的林带。常成对孤立地在柳树、榆树和杨树上营巢。典型自然生境以陆地上的淡水湿地和盐沼湿地为主,偶尔见于滨海湿地的潮间带,人工湿地生境则是常见于养殖池塘和稻田,在繁殖期选择视野开阔的高大树木或人工结构(例如高架输电铁塔)营巢。

东方白鹳在国外繁殖于俄罗斯远东西伯利亚东南部,西至布拉戈维申斯克,南到兴凯湖。在国内繁殖于黑龙江（三江平原和嫩江中下游地区是我国东方白鹳的主要繁殖地）、吉林等；近年来，由于环境的改善，东营黄河三角洲保护区、曹妃甸湿地保护区有少量东方白鹳筑巢繁殖。越冬于江西鄱阳湖，湖南洞庭湖，湖北沉湖、洪湖、长湖，安徽升金湖，江苏沿海湿地，偶尔到四川、贵州、西藏、福建、广东、香港和台湾越冬。迁徙时常集聚在开阔的草原湖泊、芦苇沼泽地带和滨海湿地活动，沿途需要选择适当的地点停歇，迁徙路线大多沿着平原、河岸及海岸线。

2. 东方白鹳的保护与调查

国际自然保护联盟（IUCN）红色物种名录将东方白鹳列为濒危级别，全球种群数量呈下降趋势，总数量评估为 1 000～2 499 只成体（2012 年）。东方白鹳已被列入《濒危野生动植物种国际贸易公约（CITES）》附录Ⅰ，我国作为该公约缔约国，已制定法律条款进行有针对性的保护：包含东方白鹳在内的附录Ⅰ所列野生动物物种（我国境内有分布）的保护地位等同于国家Ⅰ级重点保护野生动物。我国是东方白鹳的重要繁殖地和越冬区，为了保护东方白鹳种群，我国各级政府和研究机构给予了高度重视，经过 30 多年的艰苦努力，东方白鹳这一濒危的物种得以保护和壮大。20 世纪 90 年代，世界东方白鹳有 2 000～2 500 只。2002 年亚洲湿地局报道现存东方白鹳共有 3 000 只左右。一直到 2010 年，东方白鹳的种群数量仍然在 3 000 只左右，没有显著增长。而到 2020 年，据调查在鄱阳湖越冬的东方白鹳为 6 700～6 964 只，加上山东、江苏等地的越冬个体 1 200 余只；日本重引入 225 只；韩国重引入 67 只。全球东方白鹳的野生种群数量估计在 7 000～9 000 只（田秀华等，2021）。

曹妃甸湿地是春秋两季东方白鹳迁徙停歇的重要栖息地，也有少量的东方白鹳在此筑巢繁殖。近几年，也连续发现了数量较小的越冬种群，种群数量 20 只左右。同时，2018 年之前，偶有个别东方白鹳在曹妃甸湿地营巢繁殖；2018 年 3 月中旬，首次发现东方白鹳于唐山南部丰南区黑沿子镇集中营巢，共 8 巢，成功繁殖 7 巢，引起了社会各界的广泛关注。通过对以往的历史分布区域汇总分析发现，曹妃甸湿地和鸟类省级自然保护区周边相当大面积的保护空缺地是东方白鹳秋冬季的重要分布区域。为了能逐步掌握这些历史分布区域中东方白鹳种群的时空分布、迁徙规律、生存状况等，曹妃甸湿地和鸟类省级自然保护区管理处等于 2018 年 10—12 月对曹妃甸湿地（或称唐山调查区）、天津七里海湿地、天津北大港湿地进行了秋冬季东方白鹳同步对比调查，旨在通过长期开展东方白鹳调查，为制定有针对性的东方白鹳保护机制等提供第一手的数据资料和决策依据，进而更好地保护好东方白鹳这一珍稀濒危的野生鸟类物种。

二、调查区域划分

1. 调查区域划分

（1）主要调查区域

唐山调查区域（曹妃甸湿地及周边区域）主要位于省道 S364 以南，海岸线以北，西起滦南南堡湿地，东至大清河口，行政区划包括曹妃甸区、滦南县南堡镇、海港开发区大清河盐场。根据东方白鹳历史分布区域和以往观测记录的情况，划定若干块界线分明的调查区域，如表 10-8 和图 10-18 所示，共分为 7 个区域，总面积约 340 km²。

表 10 - 8 唐山调查区域（按照由西向东顺序排列）

编号	调查区域名称	生态系统类型	范围描述
A	南堡湿地	养殖池、潮间带	滦南县南堡镇
B	南堡盐场	盐池	曹妃甸南堡盐场
C	曹妃甸湿地	曹妃甸湿地和鸟类省级自然保护区	第十一农场、第七农场、第五农场
D	十里海养殖区	养殖池	十里海养殖场、第三农场、第五农场
E	溯河入海口	河口、潮间带	溯河大桥北
F	柳赞养殖区	养殖池	柳赞镇
G	大清河盐场	盐池、养殖池	大清河盐场

图 10 - 18 唐山调查区域卫星图

为了便于更准确地记录东方白鹳的位置，每个调查区域再细分为若干有明确边界的子区域，以 D 区（十里海养殖区）为例（图 10 - 19），分为 122 个子区域，总面积 4 100 hm²。

图 10 - 19 调查区域的子区域划分（以 D 区为例）

（2）对比补充调查区域

考虑到邻近区域东方白鹳的数量变化将与本调查有较大的关联性，在邻近市天津东方白鹳的重要迁徙停歇地设置了 2 处对比调查区域，用于对比和补充东方白鹳数量的动态变化，分别是天津宁河区的七里海湿地（面积约 44 km²，位于曹妃甸区西向略偏北，直线距离约为 70 km）和滨海新区的北大港湿地（面积约 80 km²，位于曹妃甸区西南向，直线距离约为 110 km）。唐山主要调查区域（曹妃甸湿地及周边区域）及天津 2 处对比调查区域的地理位置见图 10 - 20。

图 10 - 20　三处调查区域地理位置卫星图

2. 唐山湿地（曹妃甸湿地及周边区域）主要调查区域概况

该区域以滨海平原为主，平均高程为 2.5 m，坡度 1/3 000～1/2 000，总面积约 340 km²。区域内多为水产养殖区，约占调查区域总面积的 3/4，其余区域亦均属湿地类型，类型比较丰富，各种类型湿地的绝对面积和所占比例都不大，包括潮间带、淡水沼泽、盐沼、河道、河口等天然湿地类型。该区域属于滦河流域，有若干重要的支流通过；同时，由于农业灌溉和水产养殖的需求，区域内沟渠纵横，将不同类型的湿地联系在一起。

该区域气候属东部季风区暖温带半湿润季风型近海大陆性气候，年降水量 500～800 mm，主要集中在 6—8 月，秋冬季降水较少，但风力较大，通常为 3～4 级。冬季最低气温通常高于－10 ℃，但 0 ℃以下的气温会持续较长时间，因此除个别冬季反季节大棚水产养殖、水产育苗孵化室和南堡碱厂热电厂排水区等局部区域外，其他水体水面均结冰，滨海区域有凌汛。

三、调查方法

1. 调查方法

调查方法采用样线法，为每个调查区域预设固定的调查路线，充分考虑到道路的通过能力与堤埝遮挡的问题，预设路线基本采用折线的方式，对调查区域的子区域覆盖率接近 100％。

调查人员共分为 8 组，其中，唐山调查区 6 组，天津对比调查区 2 组。每组 2～3 人。调查开始前对参加的调查人员进行集中培训，规范和统一调查方法。

2. 数据采集

有针对性地编制一系列的工作记录表格，包括调查工作记录表、鸟类物种记录表、生境与受胁情况记录表等，用于手工记录调查过程中的相关数据和细节。同时，每个调查小组配备所负责区域的卫星图、子区域分区图和预设路线图，以便确认具体的区域和位置。调查轨迹图见图 10-21、图 10-22、图 10-23。

图 10-21　唐山湿地区域调查轨迹叠加图

图 10-22　天津七里海湿地调查轨迹叠加图

图 10 - 23　天津北大港湿地调查轨迹叠加图

驾驶机动车辆，沿预设调查线路记录观察到的鸟类数据，优先记录东方白鹳的数据，在时间允许的情况下，记录其他鸟类物种的数据，完成后将所有数据提交给相关人员统一处理。

每个调查小组均使用 8～10 倍双筒望远镜结合 20～60 倍单筒望远镜进行鸟类的观察和计数，以数码相机作为辅助的影像记录方式，利用"户外助手"App 记录线路轨迹。

3. 调查时间表的预设与实施

每次调查均采用时间同步的方式，以尽量减少可能出现的重复计数问题，所有调查小组在同一天的 8:30 开始调查，每个小组在一天内完成 1～2 个调查区域的全部调查和记录工作。

调查工作开始之前，预设调查时间表，整体调查时间段为 2018 年 10 月 11 日至 12 月 14 日。基本保持每周 2 次，12 月上旬气温骤降，改为每周 1 次，共开展实地调查 17 次（表 10 - 9）。因遇不良天气和路况差，个别小组根据实际道路通行情况临时调整了调查时间。

表 10 - 9　2018 年调查实施时间

调查日期	唐山调查区	天津北大港对比调查区	天津七里海对比调查区
10 月 11 日	√	×	×
10 月 22 日	√	√	√
10 月 26 日	√	√	×
10 月 28 日	√	√	√
10 月 31 日	√	√	√（10 月 29 日）
11 月 2 日	√	√	√
11 月 5 日	√	√（11 月 7 日）	√（11 月 7 日）
11 月 9 日	√	√	×

（续）

调查日期	唐山调查区	天津北大港对比调查区	天津七里海对比调查区
11月12日	√	√	√
11月17日	√	√（11月16日）	×
11月19日	√	√	√
11月23日	√	√	√
11月26日	√	√	√
11月30日	√	√	√
12月4日	√	×	×
12月7日	√	√	√
12月14日	√	√	√

注：√表示按计划有调查，×表示因故未进行调查。

四、调查结果统计与分析

1. 东方白鹳数量随时间变化的情况统计

（1）东方白鹳数量随时间变化的整体情况

根据调查数据，在10月11日至12月14日，唐山调查区及天津两个调查区，东方白鹳随时间变化的整体趋势如图10-24所示。图中结果表明，东方白鹳数量呈现明显的波峰、波谷的变化趋势。

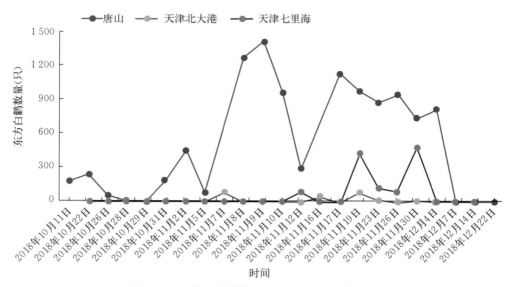

图10-24　东方白鹳数量随时间变化趋势叠加图

（2）主要调查区域东方白鹳数量时间变化

唐山调查区东方白鹳数量时间的变化趋势见图10-25。东方白鹳的第一次数量高峰为小尖峰状，应为第一批从北方南迁的种群，主要停歇于曹妃甸湿地和鸟类省级自然保护区（C区），停留时间为2018年10月11日至10月28日，与往年相比，2018年的迁徙到达时间提前了1周左右。10月11日首次观察到迁徙的东方白鹳184只，10月22日出现数量峰值，为241只。其间东方白鹳数量基本稳定在200只左右。第二次数量高峰也为小尖峰状，主要停歇于曹妃甸湿地和鸟类省级自然保护区（C区），停留时间为10月29日至11月5日，数量峰值为448只，峰值前后数量下降明显。第三次数量高峰为尖峰状，主要停歇于曹妃甸湿地和鸟类省级自然保护区（C区），停留时间为11月6—15日，数量峰值为1409只，集中出现在11月8日和9日，这两日之后数量快速下降。第四次高峰为缓峰状，主要停歇于十里海养殖区（D区），时间为11月16日至12月5日，数量峰值为1124只，为11月17日中午前后到达，之后东方白鹳种群数量基本稳定在800～1000只。该种群在十里海区域连续停留了近20 d。12月7日和12月14日为0。

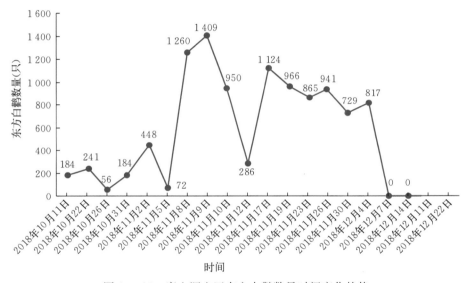

图10-25　唐山调查区东方白鹳数量时间变化趋势

第一次数量谷值出现在10月28日，为0只；第二次谷值出现在11月5日，为72只；第三次谷值出现在11月12日，为286只；第四次谷值出现在12月7日，为0只。若以4次峰值为4个种群，东方白鹳在唐山调查区出现的最高数量为3222只；假设谷值是前一种群尚未迁飞的东方白鹳继续停留，可把第二次谷值的72只计算到第三次飞临种群、第三次谷值的286只计算到第四次飞临种群，则最少数量也有2864只。

（3）对比调查区域东方白鹳数量时间变化

天津七里海湿地于2018年11月7日至30日有东方白鹳调查记录，其间出现2次东方白鹳数量高峰，分别出现于11月19日（426只）和11月30日（474只）。七里海湿地出现东方白鹳的数量时间变化为11月7日首次观测记录到3只、11月12日90只、11月19日426只、11月23日124只、11月26日84只、11月30日474只，至12月7日再次观测调查，则开始为0记录（图10-26）。七里海湿地生境整体上为大面积连片的开放式淡水水体。

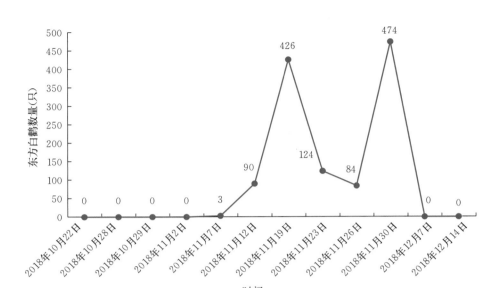

图 10 - 26　天津七里海调查区域东方白鹳数量时间变化趋势

　　天津北大港湿地于 2018 年 10 月 28 日至 11 月 30 日有东方白鹳调查记录，其间出现 2 次数量高峰，分别出现于 11 月 7 日（78 只）和 11 月 19 日（92 只）。北大港湿地出现东方白鹳的数量时间变化为 10 月 28 日首次观测记录到 2 只、10 月 31 日 2 只、11 月 2 日 5 只、11 月 7 日 78 只、11 月 9 日 0 只、11 月 12 日 0 只、11 月 16 日 46 只、11 月 19 日 92 只、11 月 23 日 11 只、11 月 26 日 0 只、11 月 30 日 9 只，12 月 7 日及以后均为 0 只记录（图 10 - 27）。北大港湿地核心区、缓冲区、实验区生境目前为已基本清退水产养殖后的、整体呈现大面积连片的开放式水体。

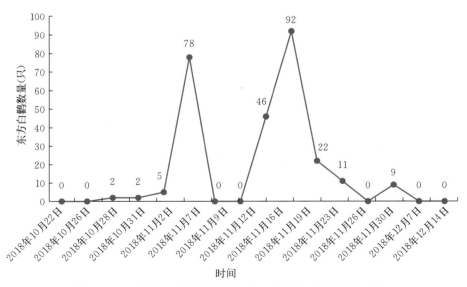

图 10 - 27　天津北大港调查区域东方白鹳数量时间变化趋势

2. 东方白鹳的空间分布

(1) 空间分布区域及活动概况

2018 年 10 月至 12 月调查期间，在唐山调查区迁徙停歇并陆续过境的东方白鹳种群不仅随着时间变化在数量上呈现显著的变化趋势，还在空间分布上呈现显著的变化趋势。图 10-28 标示出所有目击东方白鹳停歇的子区域分布图，按照调查区域划分，这些子区域自西向东分布于：调查 C 区（曹妃甸湿地和鸟类省级自然保护区）、调查 D 区（十里海养殖区）、调查 F 区（柳赞养殖区）和调查 G 区（大清河盐场）；其余 3 个调查区域（南堡湿地 A 区、南堡盐场 B 区、溯河入海口 E 区）在调查期间均未目击到东方白鹳。

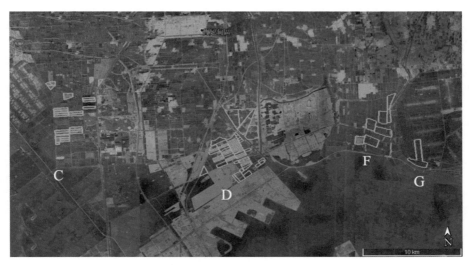

图 10-28 唐山调查区东方白鹳种群子区域分布

① 曹妃甸湿地和鸟类省级自然保护区（C 区）湿地类型为水产养殖池塘，池塘面积呈两极化分布，核心区池塘较大，通常面积约 500 亩，以对虾和淡水鱼蟹养殖为主；实验区池塘面积较小，10～100 亩，以对虾和鱼类养殖为主；各池独立换水、不连通。东方白鹳种群停歇地以核心区面积较大池塘为主。

② 十里海养殖区（D 区）湿地类型为水产养殖池塘，池塘面积较平均，平均面积 100 亩，以对虾养殖为主；各池塘独立换水、不连通；距曹妃甸湿地和鸟类省级自然保护区直线距离 15 km。东方白鹳种群活动区域遍布整个养殖区，西南侧子区域作为固定休息区。

③ 柳赞养殖区（F 区）湿地类型为水产养殖池塘，单个池塘面积较小，面积 40～90 亩不等，以对虾养殖为主；池塘通常连片分布，以堤埝隔开，但保留换水口将整片养殖区水体连通；距离曹妃甸湿地和鸟类省级自然保护区直线距离 30 km。东方白鹳种群活动区域主要集中在池塘面积更小的东侧。

④ 大清河盐场（G 区）湿地类型为水产养殖池塘，单个池塘面积较大，均在 300 亩以上，各池塘独立换水、不连通；距曹妃甸湿地和鸟类省级自然保护区直线距离 35 km。仅发现 1 次东方白鹳种群活动，当时池塘正在排水，水体深度约 20 cm。

(2) 数量区域分布

整体上，东方白鹳的数量空间分布以 11 月 9 日为转折点，在此之前（包含 11 月 9 日），以曹妃甸湿地和鸟类省级自然保护区（C 区）作为主要栖息地，数量占比达到或接近 100%；11 月 9 日之后，主要分布区域逐渐向东偏移，以十里海养殖区（D 区）为主，数量占比持续超过 90%；部分小种群继续向东扩散至柳赞养殖区（F 区），而仅在 11 月 9 日在大清河盐场（G 区）出现了 1 次、75 只（表 10 - 10、图 10 - 29）。

表 10 - 10　东方白鹳数量区域分布（2018 年）

监测日期	曹妃甸湿地和鸟类省级自然保护区（只）	十里海养殖区（只）	柳赞养殖区（只）	大清河盐场（只）	合计（只）
10 月 11 日	184	0	0	0	184
10 月 22 日	241	0	0	0	241
10 月 26 日	56	0	0	0	56
10 月 28 日	0	0	0	0	0
10 月 31 日	184	0	0	0	184
11 月 2 日	448	0	0	0	448
11 月 5 日	72	0	0	0	72
11 月 9 日	1 334	0	0	75	1 409
11 月 12 日	220	66	0	0	286
11 月 17 日	403	700	21	0	1 124
11 月 19 日	195	769	2	0	966
11 月 23 日	62	794	9	0	865
11 月 26 日	31	866	44	0	941
11 月 30 日	27	702	0	0	729
12 月 4 日	0	668	149	0	817
12 月 7 日	0	0	0	0	0
12 月 14 日	0	0	0	0	0

注：包括 2018 年 10 月 11 日首次发现东方白鹳种群的记录，其余记录均为分组调查记录。

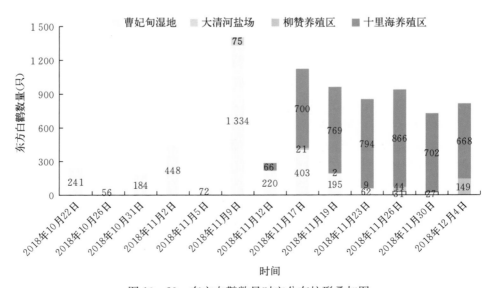

图 10 - 29　东方白鹳数量时空分布柱形叠加图

（3）空间聚集趋势

目击东方白鹳出现 3 次及以上的子区域为 16 个（表 10-11），占所有目击东方白鹳出现记录 96 个子区域的 16.7%；这 16 个子区域的目击次数为 57 次，占总目击次数 162 次的 35.2%。目击东方白鹳 2 次及以上的子区域为 41 个，占所有目击东方白鹳记录 96 个子区域的 42.7%；该 41 个子区域的目击次数 107 次，占总目击次数 162 次的 66.0%。

表 10-11　目击东方白鹳 3 次及以上次数的子区域

调查区域	区域名称	子区域编号	目击次数（次）
C	曹妃甸湿地和鸟类省级自然保护区	02-A14	6
C	曹妃甸湿地和鸟类省级自然保护区	02-A15	5
C	曹妃甸湿地和鸟类省级自然保护区	02-A7	5
D	十里海养殖区	113	4
C	曹妃甸湿地和鸟类省级自然保护区	02-A32	4
D	十里海养殖区	43	3
D	十里海养殖区	46	3
D	十里海养殖区	49	3
D	十里海养殖区	50	3
D	十里海养殖区	52	3
D	十里海养殖区	53	3
D	十里海养殖区	83	3
C	曹妃甸湿地和鸟类省级自然保护区	02-A23	3
C	曹妃甸湿地和鸟类省级自然保护区	02-A24	3
C	曹妃甸湿地和鸟类省级自然保护区	02-A31	3
C	曹妃甸湿地和鸟类省级自然保护区	02-A6	3

进一步分析调查数据，可以发现东方白鹳特别集中分布的子区域如图 10-30 所示，虚线边框区域为目击 3 次及以上子区域，填充区域为单次目击 200 只以上区域。

图 10-30　东方白鹳热点分布子区域示意图

相比于东方白鹳频繁活动区域的情况，东方白鹳群体聚集的情况则更为突出。在 15 次分组同步调查中，单次目击东方白鹳数量超过 200 只的子区域为 11 个，占所有目击东方白鹳 96 个子区域的 11.5%；该 11 个子区域累计目击东方白鹳数量合计为 4 160 只，占总累计目击数量 8 138 只的 51.1%，即超过半数的东方白鹳是在这 11 个养殖池塘中被目击调查到的（表 10 - 12）。

表 10 - 12　单次目击东方白鹳数量 200 只以上的子区域

调查区域	区域名称	子区域编号	调查日期	东方白鹳数量（只）
D	十里海养殖区	113	2018 年 11 月 26 日	617
D	十里海养殖区	103	2018 年 11 月 19 日	551
C	曹妃甸湿地和鸟类省级自然保护区	02 - A32	2018 年 11 月 9 日	476
C	曹妃甸湿地和鸟类省级自然保护区	02 - A31	2018 年 11 月 9 日	430
D	十里海养殖区	116	2018 年 11 月 23 日	416
C	曹妃甸湿地和鸟类省级自然保护区	02 - A7	2018 年 11 月 2 日	357
C	曹妃甸湿地和鸟类省级自然保护区	02 - A30	2018 年 11 月 9 日	345
D	十里海养殖区	118	2018 年 11 月 17 日	270
C	曹妃甸湿地和鸟类省级自然保护区	02 - A31	2018 年 11 月 17 日	250
D	十里海养殖区	51	2018 年 12 月 4 日	244
D	十里海养殖区	82	2018 年 11 月 30 日	204

单次目击最极端的情况出现于 2018 年 11 月 8 日的补充调查，位于调查 C 区曹妃甸湿地和鸟类省级自然保护区 02 - A23 号子区域，为水产养殖池塘，业主已基本完成捕捞和排水作业，在 170 亩的面积上，单次目击超过 1 100 只东方白鹳在此停歇，行为以休息为主，有个别东方白鹳个体觅食，现场蔚为壮观，实景见图 10 - 31。

图 10 - 31　单次目击东方白鹳最多的子区域实景（种群数量超过 1 100 只）（马宝祥摄）

3. 东方白鹳数量变化的影响因素

（1）气候因素

东方白鹳种群数量的变化可能受气候变化的影响，唐山曹妃甸调查区域东方白鹳种群数量与气温变化趋势见图 10 - 32，从图中看出，低温 0 ℃左右至高温 15 ℃左右时间段，东方白鹳出现频率最高；至12月7日（大雪节气）前后，最高气温持续低于5℃以后，东方白鹳则全部离开。除了气温之外，进一步分析曹妃甸区的天气状况，东方白鹳种群数量变化还与天气变化有关，在东方白鹳种群数量变化的显著拐点（峰值与谷值）均出现较明显的天气变化。

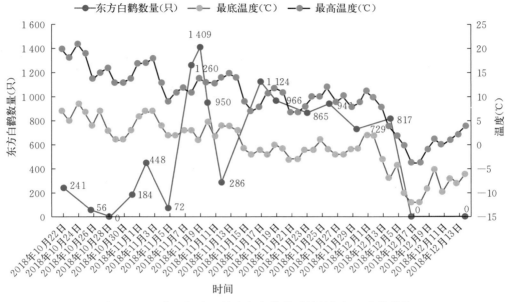

图 10-32 唐山调查区域东方白鹳种群数量与气温变化趋势

① 2018年10月22日出现一个小峰值，东方白鹳数量为241只，10月28日则为0只（谷值）。其间天气出现明显的变化，10月22日接近周最高气温单日峰值，天气晴朗，风力2级；10月25日有降雨，伴随大风，持续5 d至10月29日风力逐渐减弱，以西北风向为主，风力4~6级，同时平均最高气温较上一周骤降6℃。

② 11月2日出现峰值（448只），11月5日出现谷值（72只）。11月2日接近周最高气温单日峰值，天气晴朗，风力2级；11月4日有降雨，伴随东北风，最大风力4级，11月6日风力逐渐减弱，11月5日最高气温比11月2日骤降8℃。

③ 11月9日峰值（1 409只），11月12日谷值（286只）。11月9日为周最高气温单日峰值，之后4 d气候无显著变化，至11月14日有降雨，伴随东北风，最大风力4级，之后周平均最高气温降低4℃。

④ 11月17日峰值（1 124只），12月7日谷值（0只）。11月17日处于气温回升期，之后天气较为稳定，最高气温与最低气温变化幅度在3℃左右；11月20日和27日两次强风引起气温小幅下降，东方白鹳种群数量略有下降；12月3日北风5级，翌日温度降低4℃；12月5日降雪，之后连续两天大风，风向西北，最大风力5级，之后周平均最高气温降低6℃，12月6日之后，日最高温度持续在0℃以下，绝大部分水面开始结冰。

（2）食物因素

东方白鹳唐山调查区域生境类型以水产养殖池塘为主，同时有一定比例的盐池、潮间带滩涂、淡水水库、人工湖泊和稻田。水产养殖池塘又以对虾养殖为主，有较小比例的海参池、淡水或咸水养鱼池塘。7个调查区域中有5个（A、C、D、F、G）都是以水产养殖池塘为主的调查区（表 10-8）。在水产养殖区域，当部分池塘水位降低时，不论是水产养殖品种还是海水带来的天然水生动物，都能为东方白鹳迁徙种群提供食物。曹妃甸湿地和鸟类省级自然保护区中的单个养殖池塘面积较大，排干水体等作业用时较长，为东方白鹳提供了较为丰富的食物来源和有利的觅食机会。11 月中旬以后，曹妃甸湿地和鸟类省级自然保护区大部分池塘已经排干，而十里海养殖场和柳赞养殖区则开始较为普遍地进行池子底捕捞作

业［池子底主要为水体交换过程中自然引入的水产品种，以矛尾复虾虎鱼、白虾（Exopalaemon carinicauda）为主］，为了便于分期分批进行人工捕捞，多数池塘维持较低的水位，为东方白鹳的觅食提供了便利条件。图 10-33 为东方白鹳在十里海养殖场捕食池塘中圈养的矛尾复虾虎鱼（当地俗称楞蹦鱼、大头鱼）的场景，同时也可以清晰地看到池塘中有用于捕捞的地笼。

图 10-33　十里海养殖场东方白鹳捕食场景
（摄于 2018 年 11 月 30 日）

与天津七里海、北大港调查区域的总面积、水产养殖池塘面积相比较，唐山调查区域的总面积、水产养殖池塘绝对面积较大，水产养殖区域所占百分比最高（表 10-13），在本次调查中统计到的东方白鹳种群数量也最多。生境在空间上的差异性是东方白鹳种群数量较多的原因之一。

表 10-13　唐山调查区域与天津调查区域养殖池塘生境面积情况

调查区域	调查总面积（km²）	养殖池塘面积（km²）	占总面积比例（%）	非养殖池塘面积（km²）	占总面积比例（%）
唐山区域	340	253	74.4	87	25.6
天津七里海	44	10.5	23.9	33.5	76.1
天津北大港	80	9.68	12.1	70.32	87.9

（3）安全因素

曹妃甸湿地保护区核心区的单个养殖池塘面积较大，一般在 500 亩左右，呈长条形，短边长度通常为 230 m 左右，长边长度 1 500 m 左右，是比较适宜东方白鹳种群栖息的开阔空间，满足东方白鹳栖息的安全距离。

十里海养殖区次之，一般单个池塘面积 90 亩左右，呈长条形，短边长度通常为 100 m 左右，长边长度为 600 m，毗邻的两个池塘中间短边的堤埝是公用的，除了生产作业外，一般无人活动，车辆行驶道路多从两个毗邻池塘的长边两端通过（即主要通行道路间隔约 1 200 m），因此靠近中间公用堤埝的区域，基本满足东方白鹳栖息的安全距离。

柳赞养殖区单个池塘平均面积最小，40~90 亩不等，形状也不太一致，一般呈长条形，通常短边长度为 80 m 左右，长边长度 600 m 左右，但长边两端位于通行道路上，很难满足东方白鹳栖息的安全距离。

4. 东方白鹳的主要受胁因素

（1）自然栖息地功能丧失或退化

唐山调查区域中尚留存的天然湿地包括双龙河河道、南堡湿地潮间带滩涂、溯河入海口

潮间带滩涂。由于双龙河两侧河道坡度较大，从未在河道中目击过东方白鹳种群活动。两处潮间带滩涂以往都曾有秋冬季东方白鹳种群活动的记录，但从未有较大种群活动记录，此次调查中没有目击记录，潮间带滩涂并不是东方白鹳最适宜的生境类型。其他原本曾是天然湿地（以淡水沼泽湿地、咸水沼泽湿地和潮间带为主）的区域，在近十几年的工业区、港口和城镇化建设中，已逐步丧失。

（2）过度依赖水产养殖池塘、人鸟利益矛盾突出

唐山调查区域的人工湿地中，包含盐池、水库、人工景观湖泊、退养还湿项目等较大面积的开放式水体，但由于水体较深（超过 1 m）、物理边界坡度过大、边界硬化或植被过于密集（退养还湿）等原因，东方白鹳无法栖息觅食。此外，还包括很小比例的稻田（秋冬季无水），东方白鹳同样无法利用。除上述天然和人工湿地类型外，其他所有区域均为水产养殖区域（包括已废弃的水产养殖池塘），以对虾养殖为主，占调查区域总面积的 74.4%。

从调查结果看，在整个东方白鹳种群迁徙期间，东方白鹳种群对水产养殖池塘这一生境类型的依赖度达到 100%，该生境类型主要作为东方白鹳种群的觅食来源，面积较大的池塘同样可以作为东方白鹳白天或夜晚休息的场所。

由于东方白鹳对水产养殖池塘的过度依赖，直接造成池塘业主与东方白鹳种群之间的利益矛盾。东方白鹳的食物来源以鱼类为主，而水产养殖池塘中的鱼类（不管是早期的应季养殖还是后期的捕捞池子底）都是池塘业主能够盈利的水产品种。东方白鹳种群在某个业主的池塘中觅食，直接造成其经济利益的损失。东方白鹳个体一天所需食物量在 0.5~1.0 kg，以 0.5 kg 计算，一个 200 只的东方白鹳种群在一个池塘中停留一天，将吃掉 100 kg 鱼类。按照最低的 10 元/kg 计价（单价以最低也最常见的矛尾复虾虎鱼计算，其他水产品种均高于此价格），业主一天的经济损失将达到 1 000 元。同时在池塘捕捞期间，由于水位降低，更利于东方白鹳觅食，人鸟矛盾尤为突出，为了保护自己的财产，人为驱赶（包括人为接近驱赶或燃放鞭炮驱赶）的现象在十里海养殖区域十分普遍。

东方白鹳种群在十里海区域的分布范围最为广泛，覆盖了整个区域 50% 以上的子区域，面积占比达到 60% 以上，上述情况部分解释了东方白鹳种群在该区域频繁更换停留地点的原因。

（3）人类活动强度较大、东方白鹳休息觅食易受干扰

唐山调查区域内的人类活动主要为水产养殖作业中的人类活动，只有很小比例工业生产作业（冀东油田采油作业主要集中在十里海养殖区北部和柳赞养殖区西部）。水产养殖作业通常完全由人力完成，包括捕捞、布设网具、运输、水位调节等，需要作业人员在堤埝上和池塘中来回移动，作业人员在步行或驾驶电动车、摩托车、机动车等距离东方白鹳过近时，会对东方白鹳种群的觅食和休息产生直接干扰，实景见图 10-34。

图 10-34　养殖人员驾车经过导致东方白鹳飞离
（2018 年 11 月 30 日摄于十里海养殖区）

至 11 月下旬，十里海养殖区的东方白鹳种群明显更加适应人类活动的环境，往往在种群受干扰被迫起飞离开之后，仅稍微盘旋就降落在原来或邻近的池塘中，减少了体能的消耗。在 11 月 8 日和 11 月 17 日开始的两次东方白鹳迁徙高峰期，有大批全国各地的观鸟或拍鸟爱好者到十里海养殖区拍摄和观赏东方白鹳，多数拍摄者都能自律，做到保持安全距离，不下车不移动。但有个别拍摄者为了能以更近的距离拍摄或者拍摄飞版，不断移动接近东方白鹳种群，或者用无人机低空拍摄，在短期内对东方白鹳种群的正常活动带来一定的干扰。

（4）保护空缺区域的保护机制有待进一步改善

唐山调查区域总面积约 340 km²，除曹妃甸湿地和鸟类省级自然保护区 150 km² 具备常态的保护机制（日常巡逻、宣传、执法等保护工作）外，其余近 200 km² 广大的保护空缺区域缺乏常态化的保护机制，考虑到以十里海养殖区和柳赞养殖区为主的区域对东方白鹳种群的重要性，这类重点区域的保护机制有待进一步改善。

5. 结论

以曹妃甸湿地和鸟类省级自然保护区为主的唐山南部滨海湿地具有为东方白鹳提供重要迁徙停歇地的功能，并使东方白鹳得到了较好的保护。在曹妃甸湿地保护区及周边区域迁徙停歇的东方白鹳数量每年为 2 864～3 222 只。

2018 年 10 月至 12 月调查时段内，曹妃甸湿地和鸟类省级自然保护区和十里海水产养殖区是最重要的两处分布区域；以 11 月 9 日为分割点，之前东方白鹳种群主要停歇在曹妃甸湿地和鸟类省级自然保护区内，之后停歇区域以十里海水产养殖区为主。

在唐山调查区域内，迁徙停歇的东方白鹳种群完全依赖水产养殖池塘类型的人工湿地，主要原因是东方白鹳无法利用其他类型的湿地生境。水产养殖作业虽能为东方白鹳种群提供一定的食物来源，但也由此产生了东方白鹳种群生存与池塘业主利益之间的直接矛盾，这一矛盾目前尚缺乏有针对性的解决方案。

高频度分组同步调查工作的实施以及在其过程中开展的保护行动对东方白鹳种群的保护起到了积极作用，2018 年秋冬季东方白鹳个体受伤害的数量和事件发生次数均大幅减少。

鉴于曹妃甸湿地和鸟类省级自然保护区、十里海水产养殖区和柳赞水产养殖区对东方白鹳秋冬季迁徙的重要性，应加强对东方白鹳有力的巡护监测、食源供应、生境营造等方面的保护工作。

针对以十里海养殖区为代表的保护空缺区域，应在宣传、巡护、执法、资金等方面加大投入力度；有关部门应探索解决人鸟利益矛盾的有效方法，使保护空缺区域的东方白鹳种群在秋冬季迁徙期得到很好的保护。

第三节　鸟类保护地建设

一、曹妃甸湿地和鸟类省级自然保护区珍稀水鸟栖息地恢复

在保护区内共计面积 470 hm² 的三块鸟类活动集中且存在问题急需治理的区域进行珍稀水鸟栖息地恢复建设，分别为四号地湿地鸟类保护实验示范区水位调节系统建设 178 hm²，第七农场四斗 7～12 农芦苇湿地沼泽化盐渍化治理 192 hm²，第七农场南六斗 1～3 农东方白鹳、鸻鹬类觅食繁殖地建设 100 hm²（图 10-35）。

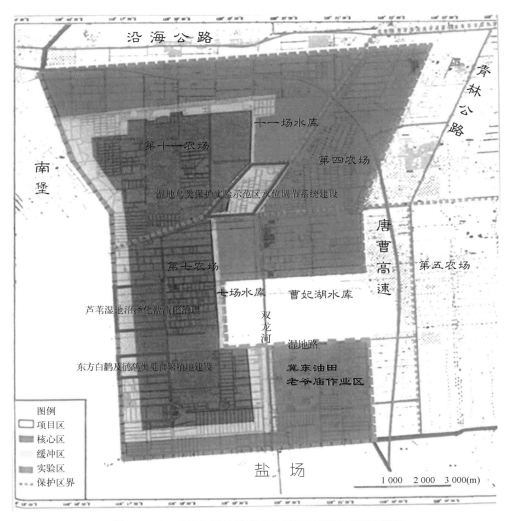

图 10 - 35　曹妃甸湿地珍稀水鸟栖息地恢复区域示意图

项目的实施将全面提升保护区内鸟类活动集中区域的湿地生态环境和珍稀水鸟的栖息环境，提升湿地的生境质量，改善湿地生态功能，为区域湿地保护提供经验和示范。项目建成后，珍稀水鸟栖息地环境将会得到明显的恢复和改善，湿地环境、鸟类及各类动植物资源得到更好的保护，吸引更多鸟类前来栖息定居，对恢复和提高以珍稀鸟类为主的湿地生物多样性起着关键的作用。保护区内以鸟类为主的动植物资源亦会到更好的保护，湿地保护工作逐步进入良性循环，充分发挥湿地的生态、社会、经济效益。

1. 四号地湿地鸟类保护实验示范区水位调节系统建设

(1) 项目背景

湿地鸟类保护实验示范区所在的四号地是湿地管理处自主管理的实验田，总面积 178 hm²，是由芦苇湿地和水面组成的生境，区域内施行全封闭管理，排灌系统较完整。此地块是鸟类栖息觅食的集中区域，2017 年、2018 年迁徙期东方白鹳数量最多时达到 1 100 只，白琵鹭最多时 126 只，鸭类 5 000 余只，红嘴鸥万余只，还有大量苍鹭、白鹭、夜鹭、鸬鹚类等。

为了逐步掌握保护区内水鸟种类、数量和习性的变化，曹妃甸湿地和鸟类省级自然保护区管理处与北京师范大学生命科学院签订合作协议，在此地块建立科研基地，于2018年春共同开展适合湿地水鸟栖息环境的水位调节试验，取得了较翔实的水鸟栖息和水位变化的数据。加大水位调控能力建设，划定三块示范区约178 hm²，最大限度地招引迁徙鸟类和本地繁殖鸟类栖息和筑巢。深入研究湿地水位变化与水鸟栖息觅食的关系，将保护区真正打造成最具保护价值的鸟类保护示范地。

（2）存在的问题

目前此区域存在以下问题急需解决：一是排水渠系不配套，由于地势低洼、滞水淤堵，直接造成芦苇湿地的沼泽化，影响芦苇的生长，也影响苇田繁殖鸟筑巢；二是灌水系统不完备，水循环死角多，环沟浅且淤积，鱼类、甲壳类、软体动物等水生动物数量少，结构单一，生物多样性偏低，不能满足各种水鸟的食物需求；三是湿地生态养殖的环境达不到科学合理的要求，水体小，水层浅，距离达到鱼、虾、蟹类生长需求差距很大，湿地生态结构不合理；四是在鸟类迁徙期，食鱼类鸟的食物供应不足；五是内部巡护路低洼泥泞，巡护人员难以进入；六是安置救助鸟类的笼舍过于简陋，救助人员和病鸟未能隔离，极易形成人鸟疾病传染，急需购置新的救助笼舍及设备设施。

（3）目标

通过项目的实施，消除湿地退化风险，保护湿地野生动植物资源，促进区域内水位调控和排灌水能力提升，加强湿地鸟类保护和模式创新，以保证湿地芦苇的正常生长，使东方白鹳、丹顶鹤、白琵鹭、东方大苇莺、震旦鸦雀、鸻鹬类等珍稀鸟类的觅食、繁殖环境得以提升。

（4）项目建设内容

修复水系循环系统，打通南6农、7农、8农和北5农、6农、7农的水系循环系统，两个区域内四周分别清出顶宽4 m、底宽2 m、深1.5 m的环形循环渠道，在形成区域水系循环的同时为水生动植物生长及野生鸟类觅食创造有利条件。建设四号地水位调节系统，健全排水体系，设置排水闸涵，建设强排站，使四号地内水位可随植物生长以及不同季节鸟类觅食需求而改变。建设野生鸟类救助设施和野化训练笼舍，购置专业救治设备，提升鸟类救助水平。修复巡护路，为科研观测、水位调节、鸟类保护等提供便利条件。使四号地成为集科研、保护、救助于一体的综合保护示范区。

具体工程内容如下：

① 南2～6农设置排水闸涵6座，涵管直径0.5 m、长6 m，闸口为商混结构，铸铁闸门，安装启闭机。②北8农设置排水闸涵1座，涵管直径0.8 m、长6 m，闸口为商混结构，铸铁闸门，安装启闭机。③南大沟东头武装部桥下设置排水闸涵1座，涵管直径1 m、长6 m，闸口为商混结构，铸铁闸门，安装启闭机。④北1农排农建设一座强排站，排水量为350 m³/h，架设80 kV变台。⑤打通南6农、7农、8农水系，长度为1 992 m。⑥打通北5农、6农、7农水系，长度为2 536 m。⑦对北8农水系进行治理贯通。⑧在南5农、6农南侧建设野生鸟类救助笼舍5个，并配备3个集装箱，设置办公室、治疗室、救助设备及档案室。架设80 kV变台，修复水井。⑨北2农、3农中间建设野化训练笼舍一处，高8 m，直径50 m。⑩四号地芦苇收割清运，总面积76 hm²。⑪修复南2农东埝、南2～8农南埝、南8农西埝巡护路，铺设钢渣，总长2 582 m，宽3 m，厚0.1 m。⑫修复南5农西埝巡护路。水泥路，长742 m，宽3 m，厚0.2 m。⑬按照鸟类不同季节觅食需要投放鱼苗。

2. 第七农场六斗 7～12 农芦苇湿地沼泽化盐渍化治理

(1) 项目背景

第七农场六斗 7～12 农面积 192 hm²，是保护区最大的人工芦苇湿地，有大量须浮鸥等鸥类、黑翅长脚鹬、苇鳽、环颈雉、东方大苇莺、震旦鸦雀、黑水鸡、鹧鸪等水鸟，苍鹭、草鹭等涉禽在此栖息繁殖。然而近几年来因海水倒灌，常年污水淤积，芦苇弃割，造成土壤严重沼泽化、盐渍化，芦苇植被受损 90% 以上，鸟类生存受到严重威胁。因此应采取抢救性保护措施，用疏通排灌水系的方法解决进排水不畅的问题，将域内污水排出，引入淡水进行洗盐压碱，并对沉积芦苇进行收割清运，恢复芦苇植被，改善鸟类的栖息繁殖环境。

(2) 存在的问题

目前此区域存在以下问题急需解决：一是海水引起芦苇沼泽化；二是多年不灌水、不收割引起芦苇退化；三是工程设施损坏严重，灌排水系统几乎全部淤积和堵塞，灌排水困难；四是须浮鸥、苍鹭、草鹭等鸟类栖息繁殖环境遭到破坏，繁殖数量约减少 70%。

(3) 目标

通过项目区的抢救性保护，2～3 年内使芦苇生境得到全面恢复，鸟类生存繁殖环境得以修复、完善和提高，芦苇湿地生物多样性得以全面保护。

(4) 项目建设内容

经调查，目前该区域地势最洼处为 8 农，对六斗 7～12 农各农排农和六斗排斗水系进行治理打通，各农排水后汇集在排斗与 8 农排农。因六斗排斗靠近海水渠道三排干，且常年水位高于六斗排斗，为防止海水倒灌以及创造有利的排水条件，在 8 农东侧设置排水闸涵并建设一座强排站，从五排斗将水排出，五斗排斗水位低时可顺排，水位较高时可强排。对六斗斗渠 7～12 农段进行治理，并利用土方加高路面。六斗斗渠建设节制闸一座，防止进水时水资源流失。

具体工程内容如下：

① 架设变台，规格 80 kV，建设配电房一座。②建设强排站，安装 2 个水泵，单个水泵排水量 350 m³/h。③建设节制闸 1 座。④六斗 7～12 农段斗渠水系治理，长度为 1 180 m。⑤六斗 7～12 农段排斗水系治理，长度为 1 180 m。⑥六斗 7～12 农各农排农水系治理，总长 6 000 m。⑦六斗 7～12 农沉积芦苇收割清运，总面积 168.5 hm²。⑧进行 2 次进排水，进行清洗压盐。

3. 第七农场南六斗 1～3 农东方白鹳及鸻鹬类觅食繁殖地建设

(1) 项目背景

第七农场南六斗 1～3 农是海水养殖区，南与南堡盐场蒸发池相连，西南方是渤海湾北岸潮间带，是东方白鹳及鸻鹬类的重要栖息觅食地，据统计，每年迁徙期到曹妃甸湿地保护区停歇觅食的东方白鹳数量为 1 000 只左右，2017 年通过加强为鸟护航保护行动和调控湿地水位的食物补给，东方白鹳数量达到 1 500 余只，并有部分在此越冬、筑巢繁殖。

(2) 存在的问题

目前此区域存在以下问题急需解决：人工池塘养殖的存在，海水不断冲刷使得可供鸟类觅食的滩涂面积逐年减少。

(3) 目标

通过打造适合东方白鹳及鸻鹬类繁殖觅食的浅滩招引更多的鸟类到此繁殖，作为东方白鹳和鸻鹬类专属保护地会有事半功倍的效果。

（4）项目建设内容

按照该地区鸟类生活习性，计划采取推埝还滩的方式，为鸟类创造优越的栖息、觅食和繁殖场所。在 1 农北侧筑一条水渠，与 4 号埝北侧水渠贯通，形成自然水系循环。

具体工程内容如下：

① 1 农北侧开渠筑埝，埝顶宽 5 m，底宽 11 m，高 3 m，长 15 000 m。②1～3 农南北内埝、2～3 农东西内埝推埝还滩 5 处，每个长 100 m、宽 20 m，压实后高于最高水面 0.4 m，坡比为 1：10（防止风浪冲刷）。

二、曹妃甸湿地和鸟类省级自然保护区游禽栖息地保护示范小区

1. 地理位置

项目建设地点位于河北曹妃甸区湿地和鸟类省级自然保护区第七农场南五斗 1～5 农（图 10-36）。

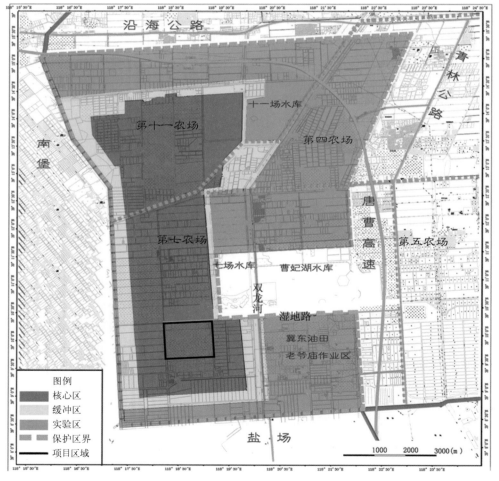

图 10-36　曹妃甸湿地和鸟类省级自然保护区游禽栖息地保护示范小区示意图（左下方框部分）

2. 项目建设

在保护区内建设游禽栖息地保护示范小区，设远距离高清激光夜视摄像机 2 点位，新修巡护道路 1 条，新建围网 3 500 m，修建进排水闸涵 5 座，设大型宣传指示牌 7 座，区域内施行封闭管理，切实承担湿地保护重任，使保护区的生态环境和鸟类资源得到更有效的保护，遏制人为因素对湿地保护区的干扰和破坏，全面维护湿地的生态特性和基本功能，改善湿地生态功能，为区域湿地保护提供经验和示范。

3. 综合评价

项目建成后，湿地环境、鸟类及各类动植物资源得到更好的保护，吸引大量鸟类前来栖息定居，对恢复和提高以珍稀鸟类为主的湿地生物多样性起着关键的作用。保护区内游禽等鸟类资源和湿地生态环境将会得到更好的保护，湿地保护工作逐步进入良性循环，充分发挥湿地的生态、社会、经济效益。

该项目的实施，可以使保护区内的湿地生态环境和游禽等鸟类动植物资源得到更好的保护，使湿地生态系统功能不断增强、生物物种不断丰富，为区域湿地恢复和保护提供经验和示范。同时为保护区的长久发展奠定坚实基础，促进曹妃甸区域社会经济的持续发展，对实现资源永续利用具有重要意义。经过研究论证，项目建设符合国家、河北省等有关生态环境保护的政策、法规，符合曹妃甸区域可持续发展战略，项目建设规模适宜，资金投入适当，生态、社会效益巨大。项目建设是必要的，也是可行的。

三、双龙河西岸林带鹭鸟繁殖保护地建设

项目建设地点位于曹妃甸区湿地和鸟类省级自然保护区双龙河西岸林带沿海公路至唐曹铁路桥之间。根据双龙河西岸林带生态系统的结构特点，以保护林带与恢复鹭鸟栖息地为重点，扩大鹭鸟栖息面积，修复生态系统，加强湿地保护监管，恢复湿地的自然特性和生态功能，促进当地生态环境和社会经济的健康可持续发展。

1. 项目建设条件

（1）基本情况

双龙河发源于滦县茨榆坨北，全长 55 km，双龙河西岸自然保护区段（沿海公路至零点桥）全长 13 100 m，平均宽度 90 m，总土地面积 1 768.5 亩。

双龙河西岸第十一农场段北部树木较茂密，2017 年 7 月调查时，有树上筑巢鹭鸟 8 000余只。中南部苗木稀疏，野生植物繁生。堤岸分别由双龙河河道、七十二用支和第十一农场用斗及第七农场四斗用斗组成三沟三埝布局。

（2）资源情况

1）鸟类资源。根据 2017 年 7 月湿地保护区管理处调查结果，鸟巢主要分布在第十一场段北部，计清点鸟巢 1 034 个，成鸟 2 116 只，幼雏 6 348 只。其中苍鹭成鸟 4 只，夜鹭 2 869只，白鹭 2 960 只，中白鹭 844 只，大白鹭成鸟 2 只，牛背鹭 250 只，池鹭 1 015 只，绿鹭 420 只。鹭鸟总数 8 364 只。另有喜鹊巢 6 个，成鸟喜鹊 16 只；环颈雉（野鸡）12 只；纵纹腹小鸮（小猫头鹰）4 只；秧鸡 6 只。还有鸥形目、雀形目、鸽形目等鸟类如东方大苇

莺、震旦鸦雀、须浮鸥、红骨顶、杜鹃、翠鸟、环颈鸻等。

2）绿化树种。绿化苗木较多，以杨树、洋槐、香花槐为主。

3）其他野生植物资源。经调查，有野生植物110余种，优势种有菊科、豆科、禾本科、十字花科、藜科、蓼科等。沉水植物以大叶眼子菜、狐尾藻为代表；沼生植物以芦苇、东方香蒲、两栖蓼、扁秆藨草为代表；旱生植物以狗尾草、葎草、旋覆花、猪毛蒿、益母草、灰绿藜、苣荬菜为代表；盐生植物以盐地碱蓬、碱蓬、柽柳、白刺、马绊草为代表。有很多种类具有重要的医药、食用、观赏、种质遗传等价值。

4）地貌与土壤。高程2.5 m左右（黄海高程），坡度1/3 000—1/2 000，地形平缓。堤岸大平小不平，沟壑很多，保水效果很差。土壤为滨海盐土类的黏土、重黏土、龟裂型黏土类型，透水性差。土壤有机质在1%～2%，处于国家标准的四级、五级水平。1 m土体氯离子含量一般在0.1%～0.3%。

5）土地绿化利用率。土地绿化利用率在55%～60%。

2. 项目建设目标

（1）建设目标

项目期间完成重点鹭科鸟类栖息地保护工作，建立瞭望塔2座、路口监控系统2点位、鸟类监控系统2点位、巡护路2.5 km、人工鸟巢1 000个、鹭鸟繁殖期食物5 000 kg，设置管理房、围网进行封闭管理。本项目的实施，能够维护区域生态系统的基本功能，最大限度地发挥生态系统的多种功能和效益，增加保护区域湿地生物多样性，使区域湿地生态系统朝着良性循环方向发展。

（2）指导思想

坚持"保护优先，科学布局，合理利用，持续发展"的方针，以国家和地方有关法律、法规为依据，以双龙河西岸林带鹭鸟栖息地保护为重点和促进湿地资源、环境与经济的协调发展为目标，结合区域实际情况，采取相应恢复措施，逐步改善和恢复区域湿地生态功能，促进区域生态、经济、社会可持续发展。

（3）建设原则

① 以国家有关自然保护区、物种保护、自然遗迹和人文遗迹保护的法律、法规为依据，在符合国家现有湿地保护与利用政策的基础上，坚持保护第一、可持续发展的原则。

② 坚持建设方案科学性和可操作性相结合的原则。

③ 正确处理湿地保护和当地经济发展的关系，坚持统筹兼顾、合理安排的原则。

④ 坚持生态效益为主导，生态、社会、经济三大效益协调统一的原则。

（4）主要建设任务

建设期内完成瞭望塔建设2座，增加高倍望远镜2个、路口监控2点位、鸟类监控系统2点位，建设管理房1座、监控显示器2个、围网460 m、门3个、简易桥2座、石碑1座、巡护路2.5 km、人工鸟巢1 000个，巢材500 kg，补充鹭鸟繁殖期食物5 000 kg。

3. 项目建设方案与实施

（1）瞭望塔、增加高倍望远镜

瞭望塔高 11 m，主体采用钢结构为三节衔接，外围包被防腐木，再用绿化植物在最外部伪装（图 10 - 37）。添加两个高倍望远镜用于清晰观察鹭鸟活动。

（2）视频监控

新建路口监控 2 点位、鸟类监控系统 2 点位，用于对保护地的实时监控，有效避免动植物资源遭到破坏（图 10 - 38）。

图 10 - 37　瞭望塔

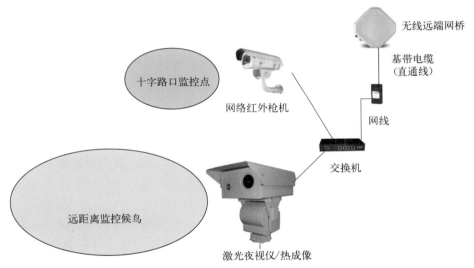

图 10 - 38　视频监控系统示意图

（3）管理房与监控显示器

管理房为简易彩钢房。管理房内设置两组监控显示器。

（4）围网、门、简易桥

在保护地的两端新建围网，进行封闭管理，可有效阻止人为因素对保护地的干扰和破坏。门 3 m×2 m，为方铁。桥为木质简易桥。

（5）巡护路

在鹭鸟繁殖保护地铺设简易巡护路，总长 2.5 km。路基垫土，厚 50 cm，宽 3 m；上铺钢渣，厚 10 cm，宽 2.5 m。

（6）石碑

新建大型石碑 1 块，位于保护地重要路口（图 10 - 39）。

（7）人工鸟巢、巢材及补充鹭鸟繁殖期食物

人工鸟巢为 6 号钢筋焊成 3～4 个等距向上分叉型且有把的巢型支架（图 10 - 40），巢把绑在树的侧干上。鹭鸟巢位选址必须有 3 个以上树权上才能依托巢材，人工巢架能

帮助鸟选址筑巢。

图 10-39 石 碑

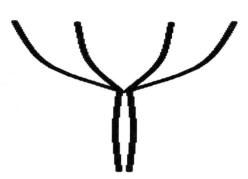

图 10-40 人工巢架示意图

巢材准备：鹭鸟筑浅平巢，需以大量树枝为铺垫。一般选择粗 0.2～0.5 cm 最粗 1 cm，长 20～30 cm 的细小树枝编成盘状支撑，一般巢宽 40～60 cm。巢外径 20～25 cm，巢内径 15～20 cm，巢内底深 5～10 cm，垫有少量软草。人工巢材可用伐树后的细枝和果园及园林修剪下来的细枝及蒿秆。

在鹭鸟繁殖期准备鹭鸟食用的小鱼等食材，避免食物不足的情况发生。

4. 专家评价

项目建成后，双龙河西岸林带生态环境得到一定程度的改善，增加了物种多样性和生态多样性，通过对林带的封闭管理使环境得到进一步修复和改善，鹭鸟栖息地和栖息环境逐步进入良性循环，使得区域内环境、鸟类及各类动植物资源得到更好的保护，充分发挥湿地的生态、社会、经济效益。

该项目的实施，可以使保护区内的鹭鸟栖息地生态环境得到有效的改善、生态系统功能不断增强。经过研究论证，项目建设符合国家、河北省等有关生态环境保护政策、法规要求，符合曹妃甸区域可持续发展战略，项目建设规模适宜，资金投入适当。项目建设是有必要的，也是可行的。

第四节　曹妃甸湿地鸟类影视资料

曹妃甸湿地面积 54 073.14 hm²，具有多种湿地类型，包括潮滩、浅海、洼地、苇田、沼泽、荒草丛、水库、洼塘、虾鱼池、水稻田、盐田、生态林等，多样性生态景观、良好的生态环境、丰富的水生生物，吸引了大量的鸟类到此栖息、觅食和繁殖。

20 世纪末至今，国家林业和草原局（原国家林业局）、国家海洋局、国际湿地、北京师范大学等先后对曹妃甸湿地进行了多次考察和调研。保护区成立以来，湿地保护得到了创新和发展，生态环境逐步恢复，广阔的海岸滩涂、水产养殖池塘、芦苇沼泽湿地、防护林带等生境为 100 多种、数量超过几十万只的迁徙水鸟提供了良好的中转停歇地和众多水鸟的繁殖地，是水鸟迁徙过程中驻足休整和能量补充不可替代的湿地生境，鸟类资源大量增加。

随着多年对湿地的修复和维护，近年来鸟类种类保持稳定，目前记录到鸟类 19 目 75 科 439 种，其中水鸟 167 种。另外，特别是鸬鹚类、雁鸭类、鹭鸟类在数量上增长较大；再者，在这些鸟类中国家Ⅰ级重点保护鸟类例如东方白鹳等有 13 种，国家Ⅱ级重点保护鸟类海鸬鹚等有 70 种，国家保护的有益或有重要经济、科学研究价值的鸟类有 282 种，其中 20 种鸻鹬鸟类达到国际 1‰ 标准。

　　为了充分展现曹妃甸湿地鸟类的维护成果，现以部分鸟类的精选图片和视频形式呈现百鸟翔集的场景。

 一、曹妃甸湿地鸟类精选图片

见图 10-41 至图 10-64。

图 10-41　中白鹭与其幼鸟

图 10-42　草　鹭

图 10-43　牛背鹭

图 10-44　牛背鹭与其幼鸟

图 10-45　黑脸琵鹭

图 10-46　黄嘴白鹭

图 10-47　东方白鹳

图 10-48　东方白鹳

图 10-49　东方白鹳

图 10-50　东方白鹳

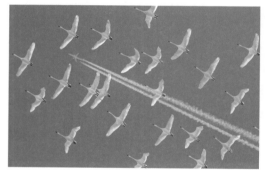

图 10-51　小白鹅

图 10-52　黄苇鳽

图 10-53　大天鹅

图 10-54　大天鹅

图 10 - 55　小天鹅

图 10 - 56　小天鹅

图 10 - 57　草原雕

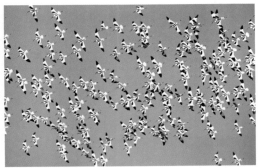

图 10 - 58　反嘴鹬

图 10 - 59　湿地水系纵横

图 10 - 60　水鸟与城市

图 10 - 61　鸿　雁

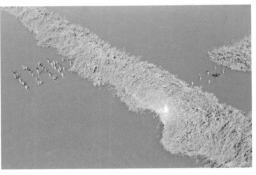

图 10 - 62　木桩上鸬鹚群

图 10-63　黑尾塍鹬　　　　　　　　图 10-64　红嘴巨燕鸥

二、曹妃甸湿地鸟类视频资料

场景一：苇田湿地
水系纵横

场景二：湿地浅水区
的滩沟结构

场景三：初春大批
水鸟迁徙而至

场景四：东方白鹳
群体在滩沟处觅食

场景五：东方白鹳在
苇田丛中分群栖息

场景六：大批东方白鹳
在苇田水沟中集聚

场景七：东方白鹳
在大水面集聚

场景八：大白鹭
及其幼鸟

场景九：鸬鹚在湿地

场景十：俯瞰鸬鹚
在木桩上栖息

场景十一：数万只鸬鹚
在曹妃甸浅海沿岸

场景十二：鹅鸭在
湿地大水面水系中栖息

场景十三：大天鹅
在稻田中觅食

场景十四：鸭群在湿地

场景十五：鸭群
在水中觅食

场景十六：海鸥
在湿地浅水处栖息

场景十七：大批海鸥
在湿地觅食

场景十八：无人机下
湿地水鸟

场景十九：湿地及
水鸟救助笼

场景二十：多种鸟类
在夕阳下漫天飞舞

参考文献

安娜，2011. 日益重要的环境科学 ［M］. 北京：北京工业大学出版社．

安娜，高乃云，刘长娥，2008. 中国湿地的退化原因、评价及保护 ［J］. 生态学杂志，27（5）：821－828.

安树青，2003. 湿地生态工程：湿地资源利用与保护的优化模式 ［M］. 北京：化学工业出版社．

安鑫龙，李婷，2007. 凤眼莲的生态特征 ［J］. 水利渔业，27（4）：82－84.

安鑫龙，齐遵利，李雪梅，等，2009. 中国海岸带研究Ⅲ：滨海湿地研究 ［J］. 安徽农业科学，37（4）：1712－1713.

奥林·H·皮尔奇，罗伯·杨，2015. 上升的海洋 ［M］. 程艳，译．北京：海洋出版社．

白鸿祥，1990. 蛇岛土壤的基本特征 ［J］. 辽宁师范大学学报（自然科学版），1：56－62.

白佳玉，2017. 海洋外来物种入侵防治的法律规制研究 ［M］. 北京：中国政法大学出版社．

白洁，高会旺，2011. 滨海湿地生态修复理论与技术：进展与展望 ［M］. 北京：海洋出版社．

包维楷，陈庆恒，1999. 退化山地生态系统恢复和重建问题的探讨 ［J］. 山地学报，17（1）：22－27.

北京市环境保护科学研究院，2002. 跨世纪的环境保护科学技术 ［M］. 北京：中国环境科学出版社．

蔡赫，卞少伟，2015. 天津古海岸与湿地保护区啮齿动物群落结构及其与环境因子关系 ［J］. 兽类学报，35（3）：288－296.

蔡雪芹，2018. 浅谈珊瑚及其生态功能与保护 ［J］. 海洋与渔业，7：100－102.

蔡易洁，张义文，张国臣，2014. 河北省重要自然湿地生态健康评价 ［J］. 湖北农业科学，53（8）：1797－1800.

蔡在峰，曲文馨，洪宇薇，等，2019. 天津市北大港湿地自然保护区植物多样性特征分析 ［J］. 西北农业学报，28（8）：1326－1334.

曹炳臣，1989. 唐山-丰南推覆构造初步研究 ［J］. 中国煤田地质，1（2）：8－11.

曹妃甸湿地和鸟类省级自然保护区管理处，2016. 曹妃甸湿地鸟集图册 ［M］. 唐山：曹妃甸湿地和鸟类省级自然保护区管理处．

曹侃，王槐英，赵有为，1983. 水生作物栽培 ［M］. 上海：上海科学技术出版社．

曹磊，宋金明，李学刚，等，2013. 中国滨海盐沼湿地碳收支与碳循环过程研究进展 ［J］. 生态学报，33（17）：5141－5152.

曹晓凡，朴光洙，2010. 对秦皇岛沿海湿地开发与保护的思考 ［C］//国家林业局政策法规司，中国法学会环境资源法学研究会，东北林业大学，中国法学会环境资源法学研究会．2010 全国环境资源法学研讨会（年会）论文集：上册．北京：366－369.

曹议丹，2017. 河北昌黎滦河口湿地景观格局演变及生态系统健康评价研究 ［D］. 石家庄：河北师范大学．

曹议丹，赵蕾，高敏，等，2017. 2005—2015 年滦河口湿地景观格局变化及环境效应 ［J］. 海洋湖沼通报，3：1－6.

柴子文，雷维蟠，莫训强，等，2020. 天津市北大港湿地自然保护区的鸟类多样性 ［J］. 湿地科学，18（6）：667－678.

昌黎县地方志编纂委员会，1992. 昌黎县志 ［M］. 北京：中国国际广播出版社．

常曼，金昌南，林伟波，等，2019. 江苏盐城滨海湿地的退化现状、成因与生态恢复对策 ［J］. 淮海工学院学报（自然科学版），28（1）：81－86.

陈彬，俞炜炜，2012. 海洋生态恢复理论与实践 [M]. 北京：海洋出版社.

陈彬，俞炜炜，陈光程，等，2019 滨海湿地生态修复若干问题探讨 [J]. 应用海洋学学报，38（4）：464-473.

陈朝宗，2013. 福建海洋发展战略研究 [M]. 厦门：厦门大学出版社.

陈国栋，张超，2016. 天然宝库：湿地 [M]. 济南：山东科学技术出版社.

陈惠彬，2005. 渤海典型海岸带滩涂生境、生物资源修复技术研究与示范 [J]. 海洋信息，3：20-23.

陈吉余，1996. 中国海岸带和海涂资源综合调查专业报告集·中国海岸带地貌 [M]. 北京：海洋出版社.

陈建伟，黄桂林，1995. 中国湿地分类系统及其划分指标的探讨 [J]. 林业资源管理，5：65-71.

陈克亮，黄海萍，张继伟，等，2018. 海洋保护区生态补偿标准评估技术与示范 [M]. 北京：海洋出版社.

陈克林，1995. 《拉姆萨尔公约》：《湿地公约》介绍 [J]. 生物多样性，3（2）：119-121.

陈克林，1998. 中国的湿地与水鸟 [J]. 生物学通报，33（4）：2-4.

陈克林，2005. 湿地公园建设管理问题的探讨 [J]. 湿地科学，3（4）：298-301.

陈克林，2006. 黄渤海湿地与迁徙水鸟研究 [M]. 北京：中国林业出版社.

陈克林，2010. 中国的湿地 [J]. 生物学通报，45（6）：1-3.

陈克林，吕咏，王琳，等，2019. 中国环绕黄海和渤海的湿地春季水鸟多样性及其分布 [J]. 湿地科学，17（2）：137-145.

陈克林，孟宪民，1997. 湿地国际介绍 [J]. 野生动物，1：5-9.

陈克林，杨秀芝，吕咏，2015. 鸻鹬类鸟东亚—澳大利西亚迁飞路线上的重要驿站：黄渤海湿地 [J]. 湿地科学，13（1）：1-6.

陈渠，2007. 基于3S的福建湿地类型及其分布研究 [D]. 福州：福建师范大学.

陈权，马克明，2015. 红树林生物入侵研究概况与趋势 [J]. 植物生态学报，39（3）：283-299.

陈伟烈，1997. 中国湿地植被类型、分布及其保护：中国湿地保护与持续利用研究论文集 [C]. 北京：中国林业出版社：92-97.

陈雅楠，2020. 2019年山东长岛秋季鸟类环志调查 [J]. 山东绿化，1：46-47.

陈颖，张明祥，2012. 中国湿地退化状况评价指标体系研究 [J]. 林业资源管理，2：116-120.

陈征海，刘安兴，李根有，等，2002. 浙江天然湿地类型研究 [J]. 浙江大学学报（农业与生命科学版），28（2）：156-160.

陈志科，2018. 退化湿地恢复与重建技术研究 [J]. 科学技术创新，9：149-150.

陈志群，1996. 国外水葫芦生物防治研究概况 [J]. 中国生物防治杂志，12（3）：143-145.

陈志云，王玲，徐家雄，等，2018. 中山市林业有害生物生态图鉴 [M]. 广州：广东人民出版社.

陈中义，李博，陈家宽，2004. 米草属植物入侵的生态后果及管理对策 [J]. 生物多样性，12（2）：280-289.

程丽玉，胥勤勉，郭虎，等，2020. 滦河三角洲晚全新世地层和演化过程 [J]. 第四纪研究，40（3）：751-763.

程敏，张丽云，崔丽娟，等，2016. 滨海湿地生态系统服务及其价值评估研究进展 [J]. 生态学报，36（23）：7509-7518.

程胜高，罗泽娇，曾克峰，2003. 环境生态学 [M]. 北京：化学工业出版社.

程晓明，李存才，杨秀丽，2006. 黄河三角洲湿地生态特征及开发利用：山东水利科技论坛2006 [C]. 济南：山东科学技术出版社：586-589.

储照源，赵静，尚辛亥，2006. 秦皇岛沿海湿地的现状与保护建议 [J]. 河北林业科技，5：52-54.

崔保山，1999. 湿地生态系统生态特征变化及其可持续性问题 [J]. 生态学杂志，18（2）：43-49.

崔保山，刘兴土，1999. 湿地恢复研究综述 [J]. 地球科学进展，14（4）：358-365.

崔保山，杨志峰，2002a. 湿地生态系统健康评价指标体系 I. 理论 [J]. 生态学报，22（7）：1005-1011.

崔保山，杨志峰，2002b. 湿地生态系统健康评价指标体系Ⅱ. 方法与案例 [J]. 生态学报，22（8）：

1231 - 1239.

崔保山，杨志峰，2006. 湿地学 [M]. 北京：北京师范大学出版社.

崔丽娟，2001. 湿地价值评价研究 [M]. 北京：科学出版社.

崔丽娟，2004. 鄱阳湖湿地生态系统服务功能价值评估研究 [J]. 生态学杂志，23 (4)：47 - 51.

崔丽娟，艾思龙，2006. 湿地恢复手册：原则、技术与案例分析 [J]. 北京：中国建筑工业出版社.

崔丽娟，张明祥，2002. 湿地评价研究概述 [J]. 世界林业研究，15 (6)：46 - 54.

崔丽娟，张曼胤，张岩，等，2011. 湿地恢复研究现状及前瞻 [J]. 世界林业研究，24 (2)：5 - 9.

崔丽娟，张岩，张曼胤，等，2011. 湿地水文过程效应及其调控技术 [J]. 世界林业研究，24 (2)：10 - 14.

崔丽娟，赵欣胜，张岩，等，2011. 退化湿地生态系统恢复的相关理论问题 [J]. 世界林业研究，24 (2)：
    1 - 4.

崔旺来，2009. 政府海洋管理研究 [M]. 北京：海洋出版社.

崔心红，2012. 水生植物应用 [M]. 上海：上海科学技术出版社.

大连市海洋与渔业局，2005，2005 年大连市海洋环境质量公报 [R]. 大连：大连市海洋与渔业局.

大连市水产局，1996. 大连斑海豹国家级自然保护区综合考察报告 [R]. 大连：大连市水产局.

戴宇飞，吴福星，赵丽媛，等，2019. 秦皇岛七里海潟湖湿地非繁殖期鸟类多样性 [J]. 应用海洋学学报，
    38 (4)：569 - 577.

党丽霞，2013. 我国湿地恢复的研究进展 [J]. 现代农业，11：77 - 78.

邓慧平，李爱贞，2000. 极端气候波动对莱州湾地区水资源及旱涝事件的影响 [J]. 地理科学，20 (1)：
    56 - 60.

邓慧平，刘厚风，李爱贞，2000. 莱州湾地区水资源问题与对策分析 [J]. 土壤与环境，9 (1)：81 - 83.

邓聚龙，1985. 灰色系统（社会·经济）[M]. 北京：国防工业出版社.

邓龙，刘成斌，李久山，等，2006. 试论湿地的分类 [J]. 黑龙江生态工程职业学院学报，19 (6)：6 - 7.

丁东，李日辉，2003. 中国沿海湿地研究 [J]. 海洋地质与第四纪地质，23 (1)：109 - 112.

丁洪安，2013. 山东黄河三角洲国家级自然保护区 [J]. 湿地科学与管理，3：2 - 3.

丁建清，王韧，付卫东，1998. 化学除草剂对恶性杂草水葫芦的控制效果 [J]. 植物保护学报，25 (4)：
    373 - 374.

丁建清，王韧，王念英，等，1998. 三种化学除草剂对水葫芦象甲的影响 [J]. 中国生物防治，14 (1)：
    7 - 10.

丁立仲，卢剑波，徐文荣，2006. 浙西山区上梧溪小流域生态恢复工程效益评价研究 [J]. 中国生态农业学
    报，4 (3)：202 - 205.

丁秋祎，黄来斌，刘佩佩，等，2011. 河北省湿地功能退化及其综合治理 [J]. 安徽农业科学，39 (8)：
    4618 - 4619，4755.

丁世坤，2012. 天津七里海湿地保护区生态保护研究 [D]. 保定：河北农业大学.

董成仁，郗敏，李悦，等，2015. 湿地生态系统 CO_2 源/汇研究综述 [J]. 地理与地理信息科学，31 (2)：
    109 - 114.

董蕾，吴林芳，2011. 薇甘菊最新研究进展 [J]. 安徽农业科学，39 (25)：15352 - 15355.

董淑萍，2010. 南大港湿地生态脆弱性分析 [J]. 南水北调与水利科技，8 (5)：178 - 180，183.

董晓玉，李长慧，杨多林，等，2019. 气候变化对湿地影响的研究 [J]. 安徽农业科学，47 (23)：7 - 10.

董宣，梁艳，黄健，2016. 全球水产生物安保战略及其国外经验的启示 [J]. 中国工程科学，18 (3)：
    110 - 114.

窦笑菊，吴玉荷，2006. 薇甘菊防除及综合利用的研究进展 [J]. 广东林业科技，22 (2)：76 - 79，84.

窦勇，唐学玺，王悠，2012. 滨海湿地生态修复研究进展 [J]. 海洋环境科学，31 (4)：616 - 620.

杜卫军，袁东芹，鄂华，等，2011. 河北唐海湿地和鸟类自然保护区的管理现状及保护对策 [J]. 湿地科学

与管理，7（2）：36-38.

樊彦丽，田淑芳，2018. 天津市滨海新区湿地景观格局变化及驱动力分析［J］. 地球环境学报，9（5）：497-507.

范强东，徐建民，1996. 渤海海峡湿地鸟类［J］. 野生动物，1：11-14.

范晓梅，刘高焕，唐志鹏，等，2010. 黄河三角洲土壤盐渍化影响因素分析［J］. 水土保持学报，24（1）：139-144.

方成，王小丹，杨金霞，等，2014. 唐山市海岸线变化特征及环境影响效应分析［J］. 海洋通报，33（4）：419-427.

费菲，2017. 炫彩瑰丽的海洋万象［M］. 太原：山西经济出版社.

冯海云，何利平，常华，等，2010. 滨海新区湿地生态系统退化程度诊断分析［J］. 环境科学与管理，35（9）：99-104.

冯杰，2009. 人工湿地在横南铁路车站生活污水处理中的应用［J］. 铁道标准设计，5：111-114.

冯雨峰，孔繁德，2008. 生态恢复与生态工程技术［M］. 北京：中国环境科学出版社.

傅秀梅，王长云，邵长伦，等，2009. 中国珊瑚礁资源状况及其药用研究调查 I. 珊瑚礁资源与生态功能［J］. 中国海洋大学学报（自然科学版），39（4）：676-684.

高常军，范秀仪，易小青，等，2017. 广东海丰鸟类省级自然保护区湿地生态系统服务价值评估［J］. 林业与环境科学，33（2）：14-20.

高宏颖，2015. 秦皇岛地区鸟类资源调查报告［J］. 河北科技师范学院学报，29（1）：81-85.

高宏颖，范怀良，2017. 河北鸟类图鉴［M］. 秦皇岛：燕山大学出版社.

高杰，高敏，赵志红，等，2018. 1987—2015年七里海潟湖湿地景观格局变化及驱动力分析［J］. 水生态学杂志，39（4）：8-16.

高莲凤，张振国，姚纪明，等，2012. 唐山滨海湿地退化影响因素及其保护对策［J］. 海洋湖沼通报，3：103-108.

高莲凤，张振国，张盈，等，2012. 唐山滨海湿地分布特征及其形成的控制因素［J］. 海洋地质前沿，28（4）：17-22，29.

高雷，李博，2004. 入侵植物凤眼莲研究现状及存在的问题［J］. 植物生态学报，28（6）：735-752.

高美霞，王德水，王松涛，等，2009. 莱州湾南岸滨海湿地生物多样性及生态地质环境变化［J］. 山东国土资源，25（6）：16-20.

高士武，李伟，张曼胤，等，2008. 湿地退化评价研究进展［J］. 世界林业研究，21（6）：13-18.

高晓云，1998. 天津古海岸与湿地国家级自然保护区［J］. 海洋技术，3：67-67.

葛继稳，2007. 湿地资源及管理实证研究：以"千湖之省"湖北省为例［M］. 北京：科学出版社.

葛仁英，纪灵，1995. 莱州湾海水营养盐含量及有机污染状况分析［J］. 齐鲁渔业，12（6）：45-46.

宫健，崔育倩，谢文霞，等，2018. 滨海湿地 CH_4 排放的研究进展［J］. 资源科学，40（1）：173-184.

谷东起，2003. 山东半岛潟湖湿地的发育过程及其环境退化研究：以朝阳港潟湖为例［D］. 青岛：中国海洋大学.

谷东起，付军，夏东兴，2005. 秦皇岛地区滨海湿地类型及其生态脆弱性［J］. 海岸工程，24（4）：35-41.

谷东起，付军，杨鸣，等，2006. 莱州湾南岸滨海湿地景观破碎化分析［J］. 海洋科学进展，24（2）：213-219.

谷东起，付军，闫文文，等，2012. 盐城滨海湿地退化评估及分区诊断［J］. 湿地科学，10（1）：1-7.

谷东起，赵晓涛，夏东兴，2003. 中国海岸湿地退化压力因素的综合分析［J］. 海洋学报，25（1）：78-85.

谷慧书，1999. 天津古海岸与湿地国家级自然保护区［J］. 天津科技，6：22-22.

顾晓军，2012. 鸟儿的天堂：长岛［J］. 文明，12：52-59.

关道明，2009. 中国滨海湿地米草盐沼生态系统与管理［M］. 北京：海洋出版社.

关道明,2012. 中国滨海湿地 [M]. 北京:海洋出版社.

关道明,阿东,2013. 全国海洋功能区划研究:《全国海洋功能区划(2011—2020 年)》研究总报告 [M]. 北京:海洋出版社.

关道明,马明辉,许妍,2017. 海洋生态文明建设及制度体系研究 [M]. 北京:海洋出版社.

管卫兵,刘凯,石伟,等,2020. 稻渔综合种养的科学范式 [J]. 生态学报,40 (16):5451-5464.

桂峰,樊超,2018. 海岛生态环境调查与评价 [M]. 北京:海洋出版社.

国家地理系列编委会,2012. 国家地理:中国卷 [M]. 北京:蓝天出版社.

国家海洋局,2009. 中国海洋环境质量公报(2000—2008)[R]. 北京:国家海洋局.

国家海洋局 908 专项办公室,2005. 海岸带调查技术规程 [M]. 北京:海洋出版社.

国家海洋局 908 专项办公室,2006. 海洋灾害调查技术规程 [M]. 北京:海洋出版社.

国家海洋局规划政策研究室,全国海岸带和海涂资源综合调查领导小组办公室,1990. 海洋和海岸带区域经济研究 [M]. 北京:海洋出版社.

国家海洋局宣传教育中心,2018. 全国大中学生海洋知识竞赛参考书 [M]. 青岛:中国海洋大学出版社.

国家环境保护总局自然生态保护司,2005. 关于特别是作为水禽栖息地的国际重要湿地公约:生物多样性相关国际条约汇编 [G]. 北京:中国环境科学出版社:189-193.

国家林业局,2000. 中国湿地保护行动计划 [M]. 北京:中国林业出版社.

国家林业局《湿地公约》履约办公室,2001. 湿地公约履约指南 [M]. 北京:中国林业出版社.

国家林业局野生动植物保护司,2001. 湿地管理与研究方法 [M]. 北京:中国林业出版社.

郭琨,艾万铸,2016. 海洋工作者手册:第 1 卷 海洋科技 [M]. 北京:海洋出版社.

郭连杰,江涛,严立文,2017. 基于 Landsat 遥感数据的长岛南部岛群景观格局演化研究 [J]. 海洋科学,41 (4):75-81.

郭玲,张义文,焦明,等,2012. 黄骅湿地的动态变化及保护对策 [J]. 湖北农业科学,51 (23):5324-5327.

郭先平,王德庆,1993. 唐海县水利志 [M]. 石家庄:河北人民出版社.

郭兴然,刘宪斌,张青田,等,2019. 河北昌黎海域大型底栖动物群落特征及青岛文昌鱼资源现状 [J]. 生态与农村环境学报,35 (8):1034-1042.

郭亚梅,杨玉春,范永平,2012. 海河流域水生态修复探索与研究 [M]. 郑州:黄河水利出版社.

郭友红,韩丽萍,李津立,等,2014. 曹妃甸湿地水资源平衡分析 [J]. 湖北农业科学,53 (5):1048-1050.

郭岳,徐清馨,佟守正,等,2017. 黄河三角洲滨海湿地退化原因分析及生态修复 [J]. 吉林林业科技,46 (5):40-44.

郭祖宝,2002. 潍坊地区的两栖动物资源 [J]. 潍坊学院学报,2 (6):24-25,44.

海兴县地方志编纂委员会,2002. 海兴县志 [M]. 北京:方志出版社.

"海洋梦"系列丛书编委会,2015. 蓝色"妖姬":海洋植物 [M]. 合肥:合肥工业大学出版社.

韩大勇,杨永兴,杨杨,2012. 湿地退化研究进展 [J]. 生态学报,32 (4):1293-1037.

韩富伟,付元宾,赵建华,2009. 滨海湿地退化机制及修复对策研究:2009 全国湿地规划生态保护及合理开发利用研讨会论文集 [C]. 成都:2009 全国湿地规划生态保护及合理开发利用研讨会:214-218.

韩丽萍,付秀悦,霍永生,等,2011. 唐海湿地和鸟类省级自然保护区鸟类资源调查研究 [J]. 河北林业科技 (5):20-27.

韩美,2009. 黄河三角洲湿地生态研究 [M]. 济南:山东人民出版社.

韩美,张维英,李艳红,等,2002. 莱州湾南岸平原古湖泊的形成与演变 [J]. 地理科学,22 (4):430-435.

韩钦臣,查良松,2007. 中国湿地生态质量预警研究 [J]. 资源开发与市场,23 (11):983-986.

韩清波,2009. 依法行政开创河口管理工作新局面 [J]. 海河水利,3:3-4.

韩秋影,黄小平,施平,等,2008. 广西合浦海草示范区的生态补偿机制 [J]. 海洋环境科学,27 (3):283-286.

韩秋影，施平，2008. 海草生态学研究进展 [J]. 生态学报，28 (11)：5561 - 5570.

韩诗畴，李开煌，罗莉芬，等，2002. 菟丝子致死薇甘菊 [J]. 昆虫天敌，24 (1)：7 - 14.

韩诗畴，李丽英，彭统序，等，2001. 薇甘菊的天敌调查初报 [J]. 昆虫天敌，23 (3)：119 - 126.

韩维栋，高秀梅，2009. 雷州半岛红树林生态系统及其保护策略 [M]. 广州：华南理工大学出版社.

寒亭地名编纂委员会，1989. 寒亭区地名志：一 [M]. 潍坊：寒亭地名编纂委员会.

郝德彦，2016. 辽宁省绥中六股河湿地公园野生动物现状及保护措施 [J]. 农民致富之友，12：87.

郝向举，李巍，汤亚斌，2020. 稻渔综合种养技术模式 [J]. 中国水产，12：78 - 80.

河北海岸带资源编辑委员会，1989. 河北省海岸带资源：下卷 第一分册 [M]. 石家庄：河北科学技术出版社.

河北环境保护丛书编委会，2011. 河北生态环境保护 [M]. 北京：中国环境科学出版社.

河北林业，2019. 河北省省级重要湿地简介 [J]. 河北林业，2：18 - 19.

河北省沧州地区地名办公室，1983. 沧州地名志 [M]. 沧州：沧州地区地名办公室.

河北省地方志编纂委员会，1986. 河北市县概况：上册 [M]. 石家庄：河北省地方志编纂委员会.

河北省地方志编纂委员会，1993. 河北省志：第 3 卷 自然地理志 [M]. 石家庄：河北科学技术出版社.

河北省海洋局，2013a. 河北省海洋环境资源基本现状 [M]. 北京：海洋出版社.

河北省海洋局，2013b. 河北省海岸带调查报告 [M]. 北京：海洋出版社.

河北省国土资源厅，2007. 河北省海洋资源调查与评价综合报告 [M]. 北京：海洋出版社.

河北省国土资源厅，河北省海洋局，2007a. 河北省海洋资源调查与评价专题报告（上册）[M]. 北京：海洋出版社.

河北省国土资源厅，河北省海洋局，2007b. 河北省海洋资源调查与评价专题报告（下册）[M]. 北京：海洋出版社.

河北省国土资源厅，河北省海洋局，河北省地理科学研究所，2003. 滦河口湿地省级自然保护区综合考察报告 [R]. 石家庄：河北省国土资源厅.

河北省水文水资源勘测局，2015. 河北省水文志（2000—2010 年）[M]. 石家庄：河北科学技术出版社.

河北省唐山市地方志编纂委员会，1999. 唐山市志（第一卷）[M]. 北京：方志出版社.

何广顺，杨健，2013. 海洋功能区划研究与实践：天津市海洋功能区划编制 [M]. 北京：海洋出版社.

何国富，徐慧敏，2012. 河流污染治理及修复：技术与案例 [M]. 上海：上海科学普及出版社.

河海大学《水利大辞典》编辑修订委员会，2015. 水利大辞典 [M]. 上海：上海辞书出版社.

何海燕，2016. 薇甘菊的防治及其利用研究趋势 [J]. 现代园艺，8：50 - 51.

何立平，梁启英，杨瑞华，等，2000. 薇甘菊在深圳内伶仃岛外地区的分布及其危害 [J]. 广东林业科技，16 (3)：38 - 40.

何培民，郭媛媛，贾晓会，等，2016. 对虾白斑综合征病毒免疫防治研究进展 [J]. 海洋渔业，38 (4)：437 - 448.

何文珊，2008. 中国滨海湿地 [M]. 北京：中国林业出版社.

何文涛，谢洪霞，2019. 虹鳟荧光假单胞菌的分离鉴定 [J]. 甘肃畜牧兽医，49 (2)：57 - 59.

何兴东，尤万学，余殿，2016. 生态恢复理论与宁夏盐池植被恢复技术 [M]. 天津：南开大学出版社.

贺强，安渊，崔保山，2010. 滨海盐沼及其植物群落的分布与多样性 [J]. 生态环境学报，19 (3)：657 - 664.

侯春良，2005. 唐海湿地生态系统服务功能价值评估和保护研究 [D]. 石家庄：河北师范大学.

侯春良，张义文，2007. 河北省湿地退化分析及保护策略研究 [J]. 水土保持研究，14 (5)：362 - 365.

胡斌，曹振杰，李娴，等，2013. 黄河三角洲滨海湿地渔业循环经济模式研究 [J]. 河北渔业，(10)：54 - 56.

胡聪，尤再进，于定勇，等，2017. 集约用海对海洋资源影响评价方法研究 [J]. 海洋环境科学，36 (2)：173 - 178.

胡镜荣，1991. 昌黎黄金海岸自然保护区建设探讨 [J]. 海洋与海岸带开发，8 (3)：55 - 59.

胡求光，2017. 国家海洋发展战略与浙江蓝色牧场建设路径研究 [M]. 北京：海洋出版社．

胡瑞峰，孙现领，2011. 黄河三角洲湿地的气候调节功能量化和保护探讨 [J]. 西华师范大学学报（自然科学版），32（3）：281 - 286.

胡玉佳，毕培曦，1994. 薇甘菊生活史及其对除莠剂的反应研究 [J]. 中山大学学报（自然科学版），33（4）：88 - 95.

胡玉佳，毕培曦，2000. 薇甘菊花的形态结构特征 [J]. 中山大学学报（自然科学版），39（6）：123 - 125.

华国春，李艳玲，黄川友，2005. 拉萨拉鲁湿地生态恢复评价指标体系研究 [J]. 四川大学学报（工程科学版），37（6）：21 - 25.

华泽爱，贾泓，1996. 中国沿海湿地开发利用、管理与保护 [J]. 海洋通报，15（1）：78 - 84.

环境科学大辞典编辑委员会，1991. 环境科学大辞典 [M]. 北京：中国环境科学出版社．

环境科学大辞典编委会，2008. 环境科学大辞典：修订版 [M]. 北京：中国环境科学出版社．

黄初龙，郑伟民，2004. 我国红树林湿地研究进展 [J]. 湿地科学，2（4）：303 - 308.

黄河水利委员会黄河志总编辑室，2001. 黄河大事记：增订本 [M]. 郑州：黄河水利出版社．

黄桂林，张建军，李玉祥，2000. 辽河三角洲的湿地类型及现状分析 [J]. 林业资源管理，4：51 - 56.

黄骅市地方志编纂委员会，2013. 黄骅市志（1986—2008）[M]. 北京：方志出版社．

黄健，曾令兵，董宣，等，2016. 水产生物安保发展趋势与政策建议 [J]. 中国工程科学，18（3）：15 - 21.

黄琪琰，金丽华，孙其焕，等，1992. 鱼类暴发性流行病的防治 [J]. 水产养殖，3：2 - 4.

黄献虹，2022. 淡水养殖鱼类常见疾病及其防治 [J]. 农家参谋，12：90 - 92.

黄小平，黄良民，2007. 中国南海海草研究 [M]. 广州：广东经济出版社．

黄小平，江志坚，2019. 海草床食物链有机碳传递过程的研究进展 [J]. 地球科学进展，34（5）：480 - 487.

黄锡畴，1982. 试论沼泽的分布和发育规律 [J]. 地理科学，2（3）：193 - 201.

黄忠良，曹洪麟，梁晓东，等，2000. 不同生境和森林内薇甘菊的生存与危害状况 [J]. 热带亚热带植物学报，8（2）：131 - 138.

黄宗国，2004. 海洋河口湿地生物多样性 [M]. 北京：海洋出版社．

吉云秀，丁永生，丁德文，2005. 滨海湿地的生物修复 [J]. 大连海事大学学报（自然科学版），31（3）：47 - 52.

纪大伟，邓红，马志华，2010. 天津古海岸与湿地国家级自然保护区范围调整及其必要性研究 [J]. 湿地科学与管理，6（1）：30 - 33.

季则舟，李卫国，1993. 河北省昌黎县新开口潮汐汉道动力分析及导堤整治方案：第七届全国海岸工程学术讨论会论文集：上 [C]. 北京：海洋出版社：444 - 449.

季中淳，1981. 温州湿地海滨沼泽的初步研究 [J]. 地理科学，1：77 - 84.

季中淳，1991. 中国海岸湿地及其价值与保护利用对策：第四次中国海洋湖沼科学会议论文集 [C]. 北京：科学出版社：66 - 73.

贾久满，郝晓辉，2010. 湿地生物多样性指标评价体系研究 [J]. 湖北农业科学，49（8）：1877 - 1879.

贾久满，客绍英，2009. 河北省唐海湿地生物多样性评价 [J]. 湖北农业科学，48（10）：2407 - 2410.

贾明明，2014. 1973—2013 年中国红树林动态变化遥感分析 [D]. 北京：中国科学院大学．

贾文泽，田家怡，潘怀剑，2002. 黄河三角洲生物多样性保护与可持续利用的研究 [J]. 环境科学研究，15（4）：35 - 39，53.

贾文泽，田家怡，王秀凤，2002. 黄河三角洲浅海滩涂湿地鸟类多样性调查研究 [J]. 黄渤海海洋，20（2）：53 - 59.

贾玉玲，于瑞涛，胡文忠，2007. 沧州湿地管理中存在的问题与对策 [J]. 河北工程技术高等专科学校学报，4：45 - 46.

姜宏瑶，2011. 中国湿地生态补偿机制研究 [D]. 北京：北京林业大学．

姜玲玲，熊德琪，张新宇，等，2008. 大连滨海湿地景观格局变化及其驱动机制 [J]. 吉林大学学报（地球科学版），38（4）：670-675.

姜明，吕宪国，杨青，2006. 湿地土壤及其环境功能评价体系 [J]. 湿地科学，4（3）：168-173.

姜太良，房宪英，徐洪达，等，1986. 滦河口径流量和滦河口输沙分析 [J]. 海洋科学进展，4（4）：93-106.

姜文来，袁军，2004. 湿地 [M]. 北京：气象出版社.

姜文明，李新运，1994. 莱州湾地区海水入侵与相关因子研究 [J]. 山东师大学报（自然科学版），12（4）：57-61.

姜芸，李锡泉，2007. 湖南省湿地标准与分类以及湿地资源 [J]. 中南林业科技大学学报，27（3）：92-95.

姜在兴，王留奇，马在平，等，1994. 黄河三角洲现代沉积研究 [M]. 东营：石油大学出版社.

江春波，惠二青，孔庆蓉，等，2007. 天然湿地生态系统评价技术研究进展 [J]. 生态环境，16（4）：1304-1309.

江洪涛，张红梅，2003. 国内外水葫芦防治研究综述 [J]. 中国农业科技导报，5（3）：72-75.

蒋方军，高隆英，何俊强，等，2008. 鱼类病毒性神经坏死病毒的分离和部分特性研究 [J]. 华中农业大学学报（自然科学版），27（3）：409-413.

蒋兴伟，2016. 中国近海海洋：海岛海岸带遥感影像处理与解译 [M]. 北京：海洋出版社.

金连成，邱英杰，2004. 辽宁野生动植物和湿地资源 [M]. 哈尔滨：东北林业大学出版社.

金连奎，梁余，张耀文，等，1989. 双台子河口自然保护区的鸟类区系及生态群 [J]. 辽宁林业科技，3：33-34.

金志刚，张彤，朱怀兰，1997. 污染物生物降解 [M]. 上海：华东理工大学出版社.

津南区地方志编修委员会，1997. 天津市津南区志（蓝本）：上册 [M]. 天津：津南区地方志编修委员会.

靳博文，马硕利，李炳烨，2016. 我国珊瑚礁的研究现状及相关探究 [J]. 环球人文地理，16：71-71.

居丽玲，孔繁德，2005. 秦皇岛市50年气候变化与可持续发展战略研究 [J]. 中国环境管理干部学院学报，17（1）：10-12，22.

孔国辉，吴七根，胡启明，2000. 外来杂草薇甘菊（Mikania micrantha H.B.K.）在我国的出现 [J]. 热带亚热带植物学报，8（1）：27.

匡翠萍，张建乐，杨燕雄，等，2017. 秦皇岛河口海岸环境容量研究 [M]. 北京：海洋出版社.

匡耀求，黄宁生，2005. 关于《湿地公约》中"湿地"定义的汉译 [J]. 生态环境，14（1）：134-135.

兰天慧，2018. 辽河口湿地生态退化评价研究 [D]. 沈阳：沈阳农业大学.

兰竹虹，陈桂珠，2006. 南中国海地区珊瑚礁资源的破坏现状及保护对策 [J]. 生态环境，15（2）：430-434.

郎惠卿，1997. 中国湿地与保护：中国湿地保护与持续利用研究论文集 [C]. 北京：中国林业出版社：63-67.

郎惠卿，1998. 中国湿地植被区划：中国湿地研究和保护 [C]. 上海：华东师范大学出版社：9-19.

郎惠卿，金树仁，1983. 中国沼泽类型及其分布规律 [J]. 东北师大学报（自然科学版），3：1-12.

郎惠卿，祖文辰，金树仁，1983. 中国沼泽 [M]. 济南：山东科学技术出版社.

雷德林，张东江，张可义，2006. 南大港湿地生态环境需水量分析 [J]. 水科学与工程技术（增刊）：5-7.

雷昆，张明祥，2005. 中国的湿地资源及其保护建议 [J]. 湿地科学，3（2）：81-86.

雷威，丛丕福，刘玉安，等，2018. 国家重要滨海湿地选划方法初步研究：以盘锦滨海湿地为例 [J]. 海洋开发与管理，35（1）：46-51.

雷维蟠，伍洋，张正旺，2021. 河北滦南南堡嘴东世界自然遗产提名地鸟类多样性现状评估 [J]. 自然与文化遗产研究，6（2）：1-13.

雷茵茹，崔丽娟，李伟，等，2016. 气候变化对中国滨海湿地的影响及对策 [J]. 湿地科学与管理，12（2）：59-62.

雷宗友，朱宛中，1986. 中国的内海和邻海 [M]. 北京：科学普及出版社.

李爱贞，金荣兴，1997. 莱州湾地区干湿气候研究 [M]. 济南：山东省地图出版社.

李宝梁，2007. 环渤海地区发展中的湿地保护与生态治理 [J]. 经济研究参考，44：36-39.

李炳玺，谢应忠，吴韶寰，2002. 湿地研究的现状与展望 [J]. 宁夏农学院学报，23（3）：61-67.

李博，2000. 生态学 [M]. 北京：高等教育出版社.

李博，陈家宽，2002. 生物入侵生态学：成就与挑战 [J]. 世界科技研究与发展，24（2）：26-36.

李长久，2014. 地球之殇：资源开发与保护 [M]. 北京：新华出版社.

李承绪，1990. 河北土壤 [M]. 石家庄：河北科学技术出版社.

李道高，赵明华，韩美，等，2000. 莱州湾南岸平原浅埋古河道带研究 [J]. 海洋地质与第四纪地质，20（1）：23-29.

李德峰，高坚，张冬，2018. 黄河三角洲湿地恢复措施及效果分析 [J]. 科技创新导报，15（14）：135-136.

李富荣，陈俊勤，陈沐荣，等，2007. 互花米草防治研究进展 [J]. 生态环境，16（6）：1795-1800.

李广泉，许顺哲，刘桂芳，2003. 唐山市湿地的消失及其影响探析 [J]. 河北水利（7）：18，32.

李广雪，王璇，丁咚，2014. 山东半岛蓝色经济区海洋产业现状与优化分析 [M]. 北京：海洋出版社.

李桂荣，梁士楚，2007. 广西湿地分类系统的研究 [J]. 玉林师范学院学报，28（3）：75-79.

李宏，陈锋，2017. 警惕外来物种入侵 [M]. 重庆：重庆出版社.

李洪奎，陈国栋，王海芹，等，2015. 山东典型地质遗迹 [M]. 北京：地质出版社.

李洪远，孟庆伟，2012. 滨海湿地环境演变与生态恢复 [M]. 北京：化学工业出版社.

李吉祥，1997. 山东黄河三角洲国家级自然保护区 [J]. 生物学通报，32（5）：20-21.

李吉云，沈辉，孟庆国，等，2021. 对虾急性肝胰腺坏死病（AHPND）流行病学、诊断方法及防控措施的研究进展 [J]. 海洋科学，45（3）：163-172.

李家彪，雷波，2015. 中国近海自然环境与资源基本状况 [M]. 北京：海洋出版社.

李建国，杨德明，胡克，等，2006. 盘锦市红海滩碱蓬空间特征研究 [J]. 吉林大学学报（地球科学版），36（增刊）：108-112.

李晶，雷茵茹，崔丽娟，等，2018. 我国滨海滩涂湿地现状及研究进展 [J]. 林业资源管理，2：24-28，137.

李巨勇，2006. 河北唐海湿地鸟类时空动态和重要类群的繁殖生态研究 [D]. 石家庄：河北师范大学.

李巨勇，李东明，孙砚峰，等，2013. 河北唐海湿地不同生境鸟类群落结构的变化 [J]. 四川动物，32（3）：449-457.

李巨勇，李素萍，孙砚峰，等，2006. 河北唐海湿地四种鹭的种群动态和繁殖空间生态位 [J]. 动物学研究，27（4）：351-356.

李可晔，徐伟，2013. 曹妃甸区农业资源状况 [M]. 石家庄：河北科学技术出版社.

李坤陶，李文增，2006. 生物入侵与防治 [M]. 北京：光明日报出版社.

李礼，林艺滨，刘灿，2018. 入侵植物凤眼莲的生物学特性及生态管理对策 [J]. 安徽农业科学，46（3）：60-62，67.

李丽英，彭统序，刘文惠，等，2002. 薇甘菊的天敌：安娓珍蝶 [J]. 昆虫天敌，24（2）：49-52.

李鸣光，鲁尔贝，郭强，等，2012. 入侵种薇甘菊防治措施及策略评估 [J]. 生态学报，32（10）：3240-3251.

李娜，陈丕茂，乔培培，等，2013. 滨海红树林湿地海洋生态效应及修复技术研究进展 [J]. 广东农业科学，20：157-160，167.

李楠，胡媛秋，2020. 退化湿地恢复效果评价研究进展 [J]. 防护林科技，7：62-64.

李宁云，2006. 纳帕海湿地生态系统退化评价指标体系研究 [D]. 昆明：西南林学院.

李培英，杜军，刘乐军，等，2007. 中国海岸带灾害地质特征及评价 [M]. 北京：海洋出版社.

李培英，张海生，于洪军，2010. 近海与海岸带地质灾害 [M]. 北京：海洋出版社.

李鹏，潘英华，何福红，等，2017. 黄河三角洲湿地土壤毛管水运动特性研究 [J]. 中国农业气象，38

（6）：378 - 387.

李鹏辉，陆兆华，苗颖，等，2008. 黄河三角洲滨海湿地生态特征变化及影响因子分析 [J]. 环境保护，36（10）：49 - 52.

李秋莉，杨淑英，翟彩霞，等，2017. 北方地区稻田培育扣蟹技术试验 [J]. 渔业致富指南，11：37 - 42.

李秋莉，翟彩霞，杨淑英，等，2017. 山东地区利用稻田培育扣蟹养殖技术 [J]. 中国水产，10：81 - 85.

李瑞叶，林干琼，2012. 外来有害生物薇甘菊的发生与防治 [J]. 农业灾害研究，2（4）：11 - 13，77.

李森，范航清，邱广龙，等，2010. 海草床恢复研究进展 [J]. 生态学报，30（9）：2443 - 2453.

李爽，申海鹏，张国臣，2013. 河北省滨海湿地可持续利用评价 [J]. 安徽农学通报，19（19）：88 - 89，94.

李太武，2013. 海洋生物学 [M]. 北京：海洋出版社 .

李团结，马玉，王迪，等，2011. 珠江口滨海湿地退化现状、原因及保护对策 [J]. 热带海洋学报，30（4）：77 - 84.

李伟，崔丽娟，赵欣胜，等，2014. 中国滨海湿地及其生态系统服务功能研究概述 [J]. 林业调查规划，39（4）：24 - 30.

李文涛，张秀梅，2009. 海草场的生态功能 [J]. 中国海洋大学学报（自然科学版），39（5）：933 - 939.

李文艳，2011. 天津滨海湿地生态系统退化指标体系的构建与评价研究 [D]. 济南：山东师范大学 .

李希宁，刘曙光，2004. 影响黄河河口来水来沙量的因素分析 [J]. 人民黄河，26（9）：15 - 16.

李晓文，李梦迪，梁晨，等，2014. 湿地恢复若干问题探讨 [J]. 自然资源学报，29（7）：1257 - 1269.

李新香，2004. 凌河口湿地科学考察 [J]. 辽宁农业科技，1：34 - 35.

李学刚，宋金明，2004. 海洋沉积物中碳的来源、迁移和转化 [J]. 海洋科学集刊，46：106 - 117.

李雅，刘玉卿，2017. 滩涂湿地生态系统服务价值评估研究综述 [J]. 上海国土资源，38（4）：86 - 92.

李亚楠，黄水光，张燕，2001. 我国沿海湿地保护与开发利用研究：以辽宁省双台子河口国家级自然保护区为例 [J]. 海洋开发与管理，18（2）：22 - 24.

李艳红，韩美，庞小平，等，2006. 山东省寿光市沿海湿地生态系统的组成与结构研究 [J]. 山东师范大学学报（自然科学版），21（2）：88 - 91.

李艳红，韩美，张维英，2003. 山东省寿光市湿地保护与可持续开发利用 [J]. 国土与自然资源研究，2：63 - 65.

李艳岩，2008. 黑龙江省湿地法律定义评析 [J]. 湿地科学，6（2）：321 - 325.

李杨帆，刘青松，2003. 湿地与湿地保护 [M]. 北京：中国环境科学出版社 .

李怡，殷克东，金雪，等，2018. 滨海湿地退化损失评估体系构建与实证 [J]. 统计与决策，2（总第494期）：52 - 56.

李贻铎，1993. 南大港农场水利志 [M]. 天津：天津人民出版社 .

李永祺，2012. 中国区域海洋学：海洋环境生态学 [M]. 北京：海洋出版社 .

李永祺，唐学玺，2016. 海洋恢复生态学 [M]. 青岛：中国海洋大学出版社 .

李永涛，葛忠强，王霞，等，2018. 山东省滨海自然湿地生态系统服务功能价值评估 [J]. 生态科学，37（2）：106 - 113.

李有志，崔丽娟，潘旭，等，2015. 辽河口湿地植物多样性及物种功能型空间分布格局 [J]. 生物多样性，23（4）：471 - 478.

李裕红，2019. 我国滨海湿地生物多样性保护的难点与对策 [J]. 中华环境，6：45 - 47.

李玉凤，刘红玉，2014. 湿地分类和湿地景观分类研究进展 [J]. 湿地科学，12（1）：102 - 108.

李昱蓉，武海涛，张森，等，2021. 互花米草入侵和持续扩张下黄河三角洲滨海湿地潮沟的形态特征及其变化 [J]. 湿地科学，19（1）：88 - 97.

李元超，黄晖，董志军，等，2008. 珊瑚礁生态恢复研究进展 [J]. 生态学报，28（10）：5047 - 5054.

李云琴，季梅，刘凌，等，2019. 云南省林地薇甘菊防控研究进展 [J]. 生物安全学报，28（1）：1-6.

李振宇，解焱，2002. 中国外来入侵种 [M]. 北京：中国林业出版社.

李政海，王海梅，刘书润，等，2006. 黄河三角洲生物多样性分析 [J]. 生态环境，15（3）：577-582.

李志杰，黄江华，2018. 薇甘菊防治研究进展 [J]. 仲恺农业工程学院学报，31（1）：66-71.

李志伟，崔力拓，2015. 集约用海对海洋资源影响的评价方法 [J]. 生态学报，35（16）：5458-5466.

厉梅，徐兰珊，王晓宇，等，2020. 双台河口保护区芦苇和碱蓬湿地退化分析 [J]. 测绘与空间地理信息，43（4）：99-103，107.

连煜，王新功，王瑞玲，等，2011. 黄河生态系统保护目标及生态需水研究 [M]. 郑州：黄河水利出版社.

梁启英，昝启杰，王勇军，等，2006. 薇甘菊综合防治技术 [J]. 中国森林病虫，25（1）：26-30.

梁斯佳，2015. 基于鸟类保护的曹妃北湖湿地公园景观规划设计 [D]. 北京：清华大学.

辽宁蛇岛老铁山国家级自然保护区志编辑委员会，2010. 辽宁蛇岛老铁山国家级自然保护区志 1980—2010 [M]. 大连：大连海事大学出版社.

辽宁省海岸带办公室，1989. 辽宁海岸带和海涂资源综合调查及开发利用报告 [M]. 大连：大连理工大学出版社.

廖宝文，2009. 海南东寨港红树林湿地生态系统研究 [M]. 青岛：中国海洋大学出版社.

廖宝文，张乔民，2014. 中国红树林的分布、面积和树种组成 [J]. 湿地科学，12（4）：435-440.

廖宝文，郑松发，陈玉军，2005. 红树林湿地恢复技术的研究进展 [J]. 生态科学，24（1）：61-65.

廖梅杰，王印庚，李彬，等，2020. 澳洲异尾涡虫杀灭药物的筛选及其对刺参的安全性评估 [J]. 科学养鱼，10：47-49.

廖玉静，宋长春，2009. 湿地生态系统退化研究综述 [J]. 土壤通报，40（5）：1199-1203.

林翠新，廖庆文，曾丽梅，2003. 薇甘菊的研究综述 [J]. 广西林业科学，32（2）：60-65.

林光辉，2014. 滨海湿地生态修复技术及其应用 [M]. 北京：海洋出版社.

林露菲，2010. 天津古海岸与湿地自然保护区的保护与利用研究 [D]. 天津：天津大学.

林宁，赵培剑，丰爱平，2013. 海岛资源调查与监测体系研究 [J]. 海洋开发与管理，30（3）：36-40.

林鹏，1984. 红树林 [M]. 北京：海洋出版社.

林鹏，1993. 红树林研究论文集：第二集 [C]. 厦门：厦门大学出版社.

林鹏，1997. 中国红树林生态系 [M]. 北京：科学技术出版社.

林鹏，2001. 福建漳江口红树林湿地自然保护区综合科学考察报告 [M]. 厦门：厦门大学出版社.

林鹏，傅勤，1995. 中国红树林环境生态及经济利用 [M]. 北京：高等教育出版社.

林文棣，1993. 中国海岸带和海涂资源综合调查专业报告集：中国海岸带林业 [M]. 北京：海洋出版社.

林业部野生动物和森林植物保护司，1994. 湿地保护和合理利用指南 [M]. 北京：中国林业出版社.

林业部野生动物和森林植物保护司，1996. 湿地保护和合理利用：中国湿地保护研讨会文集 [C]. 北京：中国林业出版社.

林贻卿，谭芳林，肖华山，2008. 互花米草的生态效果及其治理探讨 [J]. 防护林科技，84（3）：119-123.

林益明，林鹏，1999. 福建红树林资源的现状与保护 [J]. 生态经济，3：16-19.

吝涛，薛雄志，Shawn Shen，等，2006. 厦门海岸带湿地变化的研究 [J]. 中国人口·资源与环境，16（4）：73-77.

刘爱智，2007. 河北省滨海湿地动态变化分析与效益评价研究 [D]. 石家庄：河北师范大学.

刘长安，2012. 滨海湿地碳汇区与碳汇经济发展对策：生态健康与海洋发展：第七届中国生态健康论坛文集 [C]. 北京：中国医药科技出版社：224-229.

刘超，董贯仓，李秀启，等，2016. 滨海盐渍湿地"苇-渔"种养模式与效益分析 [J]. 齐鲁渔业，33（3）：21-23.

刘朝阳，王印庚，孙晓庆，2009. 小杂鱼携带细菌与大菱鲆疾病发生的相关性 [J]. 南方水产，5（5）：

44-51.

刘德良，孙自永，周海玲，等，2009. 基于 CSR 模型的我国湿地退化地学监测指标体系研究 [J]. 安全与环境工程，16（2）：5-9.

刘冬梅，2017. 生态修复理论与技术 [M]. 哈尔滨：哈尔滨工业大学出版社.

刘芳，2012. 生长在海洋中的植物 [M]. 合肥：安徽文艺出版社.

刘峰，高云芳，李秀启，2020. 我国湿地退化研究概况 [J]. 长江大学学报（自然科学版），17（5）：84-89.

刘峰，高云芳，李秀启，等，2018. 我国湿地退化特征现状分析 [J]. 安徽农业科学，46（6）：12-15.

刘国祥，2010. 除草剂对水葫芦的控制及助剂的应用 [D]. 福州：福建农林大学.

刘汉湖，白向玉，夏宁，2006. 城市废水人工湿地处理技术 [M]. 徐州：中国矿业大学出版社.

刘红玉，2005. 中国湿地资源特征、现状与生态安全 [J]. 资源科学，27（3）：54-60.

刘红玉，李玉凤，曹晓，等，2009. 我国湿地景观研究现状、存在的问题与发展方向 [J]. 地理学报，64（11）：1394-1401.

刘红玉，吕宪国，刘振乾，2001. 环渤海三角洲湿地资源研究 [J]. 自然资源学报，16（2）：101-106.

刘红玉，吕宪国，刘振乾，等，2000. 辽河三角洲湿地资源与区域持续发展 [J]. 地理科学，20（6）：545-551.

刘红玉，杨青，李兆富，等，2003. 湿地景观变化对水禽生境影响研究进展 [J]. 湿地科学，1（2）：115-121.

刘红玉，周奕，郭紫茹，等，2021. 盐沼湿地大规模恢复的概念生态模型：以盐城为例 [J]. 生态学杂志，40（1）：278-291.

刘厚田，1995. 湿地的定义和类型划分 [J]. 生态学杂志，14（4）：73-77.

刘焕鑫，2006. 2006 辽宁省农村经济发展研究 [M]. 沈阳：辽宁大学出版社.

刘慧，黄小平，王元磊，等，2016. 渤海曹妃甸新发现的海草床及其生态特征 [J]. 生态学杂志，35（7）：1677-1683.

刘克，赵文吉，杜强，等，2010. 北大港湿地动态变化特征研究 [J]. 资源科学，32（12）：2356-2363.

刘嘉麒，邓加忠，王红，1996. 利用天敌控制水葫芦疯长研究 [J]. 云南环境科学，15（4）：11-14.

刘建，杜文琴，马丽娜，等，2005. 大米草防除剂：米草净的试验研究 [J]. 农业环境科学学报，24（2）：410-411.

刘剑秋，2006. 闽江河口湿地研究 [M]. 北京：科学出版社.

刘娇，2011. 有机污染型河口潮滩的修复技术研究 [D]. 青岛：中国海洋大学.

刘兰朝，孙梦成，2019. 大唐曹妃传 [M]. 北京：华文出版社.

刘连军，2014. 曹妃甸湿地旅游产业发展战略研究 [D]. 天津：河北工业大学.

刘鹏，2008. 蛇岛蝮种群动态、生境选择及其保护 [D]. 哈尔滨：东北林业大学.

刘平，关蕾，吕偲，等，2011. 中国第二次湿地资源调查的技术特点和成果应用前景 [J]. 湿地科学，9（3）：284-289.

刘绮，1999. 汞入海通量及其污染因素分析与防治方法探讨 [J]. 人民珠江，6：44-47.

刘绮，欧阳荣，2008. 重金属 Hg、Cu、Pb、Cd 入海通量实例研究：兼论珠江河口重金属污染防治对策 [J]. 丹东海工（12）：31-35.

刘旗开，1993. 渤海湾的一颗明珠：天津古海岸与湿地国家级海洋自然保护区 [J]. 天津科技，2：4-6.

刘荣凤，孙冬红，2010. 唐海湿地现状与保护对策 [J]. 河北水利，5：18-18.

刘世栋，2016. 滨海湿地旅游环境影响评价研究 [M]. 北京：科学技术文献出版社.

刘世梁，许贵林，2017. 广西典型滨海湿地景观生态健康评价与旅游可持续发展 [M]. 北京：海洋出版社.

刘述锡，马明辉，王真良，等，2004. 双台子河口近 2 年春季同期典型生物群落变化 [J]. 海洋环境科学，23（4）：38-40.

刘松涛，2012. 秦皇岛海岸侵蚀动态研究 [J]. 中国环境管理干部学院学报，22（1）：25-28.

刘婷，刘兴土，杜嘉，等，2017. 五个时期辽河三角洲滨海湿地格局及变化研究 [J]. 湿地科学，15（4）：622-628.

刘伟，但新球，刘世好，等，2014. 浅海湿地生态系统恢复技术初探 [J]. 湿地科学，12（5）：606-611.

刘卫民，2008. 秦皇岛观鸟湿地的生态环境保护 [J]. 安徽农业科学，36（14）：6063-6064.

刘西汉，石雅君，姜会超，等，2021. 曹妃甸邻近海域浮游动物群落时空变化及其影响因素 [J]. 海洋科学，45（4）：114-125.

刘锡清，2006. 中国海洋环境地质学 [M]. 北京：海洋出版社.

刘宪斌，朱琳，李海明，2005. 天津古贝壳堤、牡蛎滩的沉积特征及其环境意义 [J]. 地学前沿，12（2）：178.

刘小春，2012. 试论鄱阳湖湿地生态环境保护法律制度的构建 [J]. 前沿，16：66-67.

刘小鹏，2010. 西北典型湖泊湿地生态系统特征与综合评价 [M]. 北京：中国环境科学出版社.

刘新宇，2014. 辽河三角洲滨海湿地退化机制与植被修复技术研究 [J]. 新农业，6：28-29.

刘秀云，满瀛，2003. 辽东湾湿地动态变化遥感监测与分析 [J]. 辽宁城乡环境科技，23（5）：26-29.

刘学忠，范怀良，萧木吉，等，2011. 北戴河鸟类图志 [M]. 石家庄：河北教育出版社.

刘亚柳，金照光，2010. 昌黎黄金海岸自然保护区七里海潟湖湿地生态系统退化分析与修复对策 [J]. 吉林地质，29（2）：127-129，136.

刘艳霞，严立交，黄海军，2012. 黄河三角洲地区环境与资源 [M]. 北京：海洋出版社.

刘昱枫，2018. 唐山曹妃甸名称由来考及其辨伪 [J]. 大众文艺，20：241-242.

刘玉河，2013. 唐山市滨海湿地现状及保护对策 [J]. 南水北调与水利科技，11（2）：49-50.

刘月杰，2004. 博斯腾湖芦苇湿地生态恢复研究 [D]. 北京：北京化工大学.

刘志轩，王印庚，张正，等，2018. 几种消毒剂对凡纳滨对虾致病性弧菌的杀灭作用 [J]. 渔业科学进展，39（3）：112-119.

刘子刚，马学慧，2006. 湿地的分类 [J]. 湿地科学与管理，2（1）：60-63.

刘宗英，2005. 唐山市湿地的消失及其影响探析 [J]. 河北林业科技，2：36-37.

龙颂元，张曼胤，刘魏魏，等，2019. 互花米草入侵对滨海盐沼土壤甲基汞的影响 [J]. 中国环境科学，39（12）：5200-5209.

娄广艳，范晓梅，张绍峰，等，2007. 黄河三角洲不同补水方案下地下水水位及水均衡影响研究：第三届黄河国际论坛论文集：第 2 册 [C]. 郑州：黄河水利出版社：330-341.

卢昌义，叶勇，2006. 湿地生态与工程：以红树林湿地为例 [M]. 厦门：厦门大学出版社.

卢国兴，张义文，张国永，等，2011. 河北省主要自然湿地动态变化及相关分析 [J]. 中国农学通报，27（31）：41-46.

卢静一，2009. 关于北戴河鸟类保护区的规划探讨 [J]. 工程与建设，4：472-474.

路峰，杨俊芳，2018. 基于 Landsat 8OLI 卫星数据的入侵植物互花米草遥感监测与分析：以山东黄河三角洲国家级自然保护区为例 [J]. 山东林业科技，48（1）：29-32.

陆健健，1990. 中国湿地 [M]. 上海：华东师范大学出版社.

陆健健，1996a. 中国滨海湿地的分类 [J]. 环境导报，1：1-2.

陆健健，1996b. 我国滨海湿地的功能 [J]. 环境导报，1：41-43.

陆健健，1998. 一个新的中国湿地分类系统：中国湿地研究与保护 [C]. 上海：华东师范大学出版社：362-364.

陆健健，何文珊，童春富，等，2006. 湿地生态学 [M]. 北京：高等教育出版社.

滦南县地方志编纂委员会，2010. 滦南县志 [M]. 北京：新华出版社.

栾天宇，2017. 辽宁蛇岛老铁山国家级自然保护区昆虫多样性初步研究 [D]. 大连：辽宁师范大学.

栾兆擎，闫丹丹，薛媛媛，等，2020. 滨海湿地互花米草入侵的生态水文学机制研究进展 [J]. 农业资源与环境学报，37（4）：469－476.

罗舒心，万新月，熊欣悦，等，2015. 海岸挤迫现象对滨海湿地丧失的影响及对策研究综述 [J]. 湿地科学，13（6）：778－784.

骆世明，2005. 普通生态学 [M]. 北京：中国农业出版社.

吕彩霞，1997. 关于海岸带湿地资源持续利用的几点思考 [J]. 海洋开发与管理，3：33－36.

吕彩霞，2003. 中国海岸带湿地保护行动计划 [M]. 北京：海洋出版社.

吕世海，叶生星，郑志荣，等，2012. 北方森林草原交错带 [M]. 北京：中国环境科学出版社.

吕宪国，2002. 湿地科学研究进展及研究方向 [J]. 中国科学院院刊，17（3）：170－172.

吕宪国，2004. 湿地生态系统保护与管理 [M]. 北京：化学工业出版社.

吕宪国，2008. 中国湿地与湿地研究 [M]. 石家庄：河北科学技术出版社.

吕宪国，陈克林，1997. 中国水禽及其栖息地的保护与管理 [J]. 野生动物，18（3）：10－13.

吕宪国，黄锡畴，1998. 我国湿地研究进展 [J]. 地理科学，18（4）：293－301.

吕宪国，姜明，2004. 湿地生态学研究进展与展望：生态学研究回顾与展望 [C]. 北京：气象出版社：319－335.

吕宪国，邹元春，2017. 中国湿地研究 [M]. 长沙：湖南教育出版社.

吕咏，陈克林，2006. 国内外湿地保护与利用案例分析及其对镜湖国家湿地公园生态旅游的启示 [J]. 湿地科学，4（4）：268－273.

吕咏，陈克林，2010. 中国湿地与湿地自然保护区管理 [J]. 世界环境，3：25－28.

吕勇，张晓蕾，易烜，等，2008. 东江湖湿地效益评价初探 [J]. 林业资源管理，2：38－41.

马成亮，2007. 山东长岛列岛植物区系及群落结构研究 [D]. 南京：南京林业大学.

马德毅，侯英民，2013. 山东省近海海洋环境资源基本现状 [M]. 北京：海洋出版社.

马广仁，2017. 国家湿地公园湿地修复技术指南 [M]. 北京：中国环境出版社.

马吉让，程晓明，2015. 黄河山东段水资源保护现状及对策 [M]. 天津：天津科学技术出版社.

马建新，郑振虎，李云平，等，2002. 莱州湾浮游植物分布特征 [J]. 海洋湖沼通报，4：63－67.

马玲，强胜，2006. 外来入侵性杂草薇甘菊的研究进展 [J]. 杂草科学，1：55－59.

马田田，梁晨，李晓文，等，2015. 围填海活动对中国滨海湿地影响的定量评估 [J]. 湿地科学，13（6）：653－659.

马旭，王安东，付守强，等，2020. 黄河口互花米草对日本鳗草 Zostera japonica 的入侵生态效应 [J]. 环境生态学，2（4）：65－71.

马学慧，2005. 湿地的基本概念 [J]. 湿地科学与管理，1（1）：56－57.

马学慧，蔡省垣，王荣芬，1991. 我国泥炭基本性质的区域分异 [J]. 地理科学，11（1）：30－41.

马学慧，刘兴土，1997. 中国湿地生态环境质量现状分析与评价方法 [J]. 地理科学，17（增刊）：401－408.

马学慧，牛焕光，1991. 中国的沼泽 [M]. 北京：科技出版社.

马志军，陈水华，2018. 中国海洋与湿地鸟类 [M]. 长沙：湖南科学技术出版社.

马志远，陈彬，黄浩，2017. 中国海岛生态系统评价 [M]. 北京：海洋出版社.

梅宏，2014. 滨海湿地保护法律问题研究 [M]. 北京：中国法制出版社.

孟德荣，王保志，2008. 天津北大港湿地鸭科鸟类调查 [J]. 经济动物学报，12（3）：173－176.

孟宏，2020. 稻渔综合种养五种模式介绍 [J]. 黑龙江水产，39（2）：38－40.

孟丽静，王仁德，张宝藏，等，2008. 河北省典型湿地生态系统综合评价及其调控对策 [J]. 中国水土保持科学，6（6）：107－111.

孟庆海，2013. 唐山文史资料大全：地区综合卷：上 [M]. 唐山：唐山市政协文史资料委员会.

孟伟庆，李洪远，郝翠，等，2009. 天津滨海新区湿地环境演化与景观格局动态 [J]. 城市环境与城市生态，22（2）：4－7.

孟伟庆，李洪远，王秀明，等，2010. 天津滨海新区湿地退化现状及其恢复模式研究 [J]. 水土保持研究，
　　17（3）：144－147.

莫训强，戚露露，贺梦璇，等，2021. 天津市 4 个湿地保护区的鸟类物种多样性 [J]. 天津师范大学学报
　　（自然科学报），41（5）：24－37.

缪泸君，李言阔，李佳，等，2013. 鄱阳湖国家级自然保护区东方白鹳（*Ciconia boyciana*）种群数量变化
　　与气候的关系 [J]. 动物学研究，34（6）：549－555.

牟晓杰，刘兴土，阎百兴，等，2015. 中国滨海湿地分类系统 [J]. 湿地科学，13（1）：19－26.

南大港农党政办公室，2002. 保护湿地资源维护生态环境：走进新世纪的沧州：从十五大到十六大 [C].
　　沧州：中共沧州市委党史研究室：403－408.

倪晋仁，殷康前，赵智杰，1998. 湿地综合分类研究：I. 分类 [J]. 自然资源学报，13（3）：214－221.

宁潇，胡咪咪，邵学新，等，2017. 杭州湾南岸滨海湿地生态服务功能价值评估 [J]. 生态科学，36（4）：
　　166－175，184.

牛焕光，马学慧，1995. 中国的沼泽 [M]. 北京：商务印书馆.

牛永君，黄连秋，2007d. 唐海湿地生态系统结构研究 [J]. 现代农业科技，8：126－129.

牛永君，王艳萍，2007. 唐海湿地功能研究 [J]. 科学技术与工程，7（11）：2610－2613.

牛永君，张义文，黄连秋，2007. 唐海湿地资源及其特点分析 [J]. 安徽农业科学，35（21）：6531－6532.

牛永君，张义文，马秀峰，2007. 唐海湿地动态变化研究 [J]. 安徽农业科学，35（17）：5261－5263.

牛振国，宫鹏，程晓，等，2009. 中国湿地初步遥感制图及相关地理特征分析 [J]. 中国科学（D 辑：地球
　　科学），39（2）：188－203.

农区生物多样性编目编委会，2008. 农区生物多样性编目：上 [M]. 北京：中国环境科学出版社.

农区生物多样性编目编委会，2008. 农区生物多样性编目：下 [M]. 北京：中国环境科学出版社.

欧阳峰，王磊，2009. 玛曲湿地保护管理 [M]. 兰州：甘肃人民出版社.

欧阳志云，王如松，赵景柱，1999. 生态系统服务功能及其生态经济价值评价 [J]. 应用生态学报，10
　　（5）：635－640.

潘金华，江鑫，赛珊，2012. 海草场生态系统及其修复研究进展 [J]. 生态学报，32（19）：6223－6232.

潘金华，张全胜，许博，2007. 鼠尾藻有性繁殖和幼孢子体发育的形态学观察 [J]. 水产科学，26（11）：
　　589－592.

潘秀英，2014. 世界之最 [M]. 合肥：安徽美术出版社.

盘锦市地方志编纂委员会，1995. 盘锦年鉴 1995 [M]. 沈阳：沈阳出版社.

盘锦市人民政府地方志办公室，2005. 盘锦市简志 [M]. 北京：方志出版社.

庞博，崔保山，蔡燕子，等，2020. 我国滨海湿地生态修复参照区选取方法研究 [J]. 环境生态学，2（1）：
　　1－9，25.

庞景贵，周军，康辰香，等，2011. 赤潮历史记载及其成因与危害 [J]. 海洋信息，4：16－18.

庞世瑜，周浩平，2010. 中国少儿百科全书：海洋生物 [M]. 天津：天津教育出版社.

裴宝明，2015. 曹妃甸湿地生态系统服务功能价值评价 [D]. 保定：河北农业大学.

裴绍峰，刘海月，马雪莹，等，2015. 辽河三角洲滨海湿地生态修复工程 [J]. 海洋地质前沿，31（2）：
　　58－62.

彭德纯，1994. 拟生造林 [M]. 长沙：湖南科学技术出版社.

彭林，赵志勇，2009. 北戴河湿地和鸟类自然保护区：中国环境科学学会学术年会论文集 [C]. 北京：北
　　京航空航天大学出版社：381－384.

彭培好，2017. 四川南河国家湿地公园生态系统服务价值评估 [M]. 成都：西南交通大学出版社.

彭少麟，2007. 恢复生态学 [M]. 北京：气象出版社.

彭少麟，陆宏芳，梁冠峰，2004. 澳门离岛植被生态恢复与重建及其效益 [J]. 生态环境，10（3）：301－305.

彭少麟，任海，张倩媚，2003. 退化湿地生态系统恢复的一些理论问题［J］. 应用生态学报，14（11）：2026 - 2030.

彭士涛，赵益栋，张光玉，等，2009. 七里海湿地生物多样性现状及其保护对策［J］. 水道港口，30（2）：135 - 138.

彭逸生，陈桂珠，林金灶，2011. 南中国海湿地研究：以汕头滨海湿地生态系统为例［M］. 广州：中山大学出版社.

彭逸生，周炎武，陈桂珠，2008. 红树林湿地恢复研究进展［J］. 生态学报，28（2）：786 - 797.

濮培民，王国祥，李正魁，等，2001. 健康水生态系统的退化及其修复：理论、技术及应用［J］. 湖泊科学，12（3）：193 - 384.

钱宏林，谢健，娄全胜，等，2016. 广东省海岛保护与开发管理［M］. 北京：海洋出版社.

乔青，高新法，张义文，2004. 南大港湿地生物多样性现状与可持续利用对策［J］. 河南师范大学学报（自然科学版），32（2）：71 - 75.

乔延龙，宋文平，李文抗，2010. 生物入侵对水生生物多样性的影响及管理对策［J］. 农业环境科学学报，29（增刊）：321 - 323.

钦佩，2006. 海滨湿地生态系统的热点研究［J］. 湿地科学与管理，2（1）：7 - 11.

钦佩，李思宇，2012. 互花米草的两面性及其生态控制［J］. 生物安全学报，21（3）：167 - 176.

钦佩，左平，何祯祥，2004. 海滨系统生态学［M］. 北京：化学工业出版社.

秦皇岛年鉴编纂委员会，1996. 秦皇岛年鉴1996［M］. 沈阳：沈阳出版社.

秦皇岛市地方志办公室，2004. 秦皇岛年鉴2004［M］. 北京：方志出版社.

秦皇岛市地方志编纂委员会，1994. 秦皇岛市志［M］. 天津：天津人民出版社.

秦皇岛市人民政府地方志办公室，2009. 秦皇岛市志（1979—2002）（上卷）［M］. 北京：方志出版社.

秦磊，2012. 天津七里海古潟湖湿地环境演变研究［J］. 湿地科学，10（2）：181 - 187.

秦卫华，周守标，王兵，等，2014. 典型自然保护区重点保护物种资源调查与研究［M］. 北京：中国环境出版社.

秦智雅，陶景怡，胡辰，等，2016. 我国水域水葫芦的分布·影响·防治措施［J］. 安徽农业科学，44（28）：81 - 84.

青少年爱国主义教育读本编委会，2009. 自然与环境［M］. 北京：中国时代经济出版社.

邱广龙，林幸助，李宗善，等，2014. 海草生态系统的固碳机理及贡献［J］. 应用生态学报，25（6）：1825 - 1832.

邱广龙，周浩郎，覃秋荣，等，2013. 海草生态系统与濒危海洋哺乳动物儒艮的相互关系［J］. 海洋环境科学，32（6）：970 - 974.

邱彭华，徐颂军，2012. 人工次生湿地生态系统健康评价的理论与实践：以广州南沙区万顷沙湿地为例［M］. 北京：中国环境科学出版社.

邱彭华，徐颂军，谢跟踪，等，2010. 自然湿地、人工次生湿地与人工湿地比较分析［J］. 海南师范大学学报（自然科学版），23（2）：209 - 213，231.

邱若峰，杨燕雄，刘松涛，等，2006. 唐山市滨海湿地动态演变特征及其机制分析［J］. 海洋湖沼通报，4：25 - 31.

邱英杰，2011. 黑嘴鸥［M］. 沈阳：辽宁科学技术出版社.

曲径，江育林，沈海平，等，1998. 牙鲆鱼淋巴囊肿病初报［J］. 中国动物检疫，15（2）：1 - 17.

全国海岸带办公室《中国海岸带气候调查报告》编写组，1991. 中国海岸带和海涂资源综合调查专业报告集：中国海岸带气候［M］. 北京：气象出版社.

全国人大常委会办公厅，2010. 中华人民共和国海岛保护法［M］. 北京：中国民主法制出版社.

任国玉，姜彤，李维京，等，2008. 气候变化对中国水资源情势影响综合分析［J］. 水科学进展，19（6）：

772-779.

任海，刘庆，李凌浩，2008. 恢复生态学导论［M］. 北京：科学出版社.

任志远，2003. 区域生态环境服务功能经济价值评价的理论与方法［J］. 经济地理，23（1）：1-4.

阮红梅，李正秋，张奇亚，2002. 胭脂鱼弹状病毒对鲤科鱼类感染性的测定［J］. 水生生物学报，26（5）：555-559.

阮俊潮，戴文红，李文兵，等，2019. 滨海湿地优势植物芦苇和互花米草的生态响应与效应研究进展［J］. 杭州师范大学学报（自然科学版），18（5）：490-498，509.

山东省滨州市地方史志编纂委员会，2003. 滨州地区志（1979—2000）［M］. 北京：方志出版社.

山东省长岛县人民政府，1996. 庙岛群岛国家海洋特别保护区建区论证报告［R］. 长岛：山东省长岛县人民政府.

山东省长岛县志编纂委员会，1990. 长岛县志［M］. 济南：山东人民出版社.

山东省地方史志编纂委员会，1996. 山东省志：自然地理志［M］. 济南：山东人民出版社.

山东省盐务局，1992. 山东省盐业志［M］. 济南：齐鲁书社.

单凯，2007. 黄河三角洲自然保护区湿地生态恢复的原理、方法与实践［J］. 湿地科学与管理，3（4）：16-20.

上海环境保护丛书编委会，2014. 上海生态保护［M］. 北京：中国环境科学出版社.

尚琨，曲凌云，王玉芬，等，2020. 患腹水病牙鲆病原菌分离、鉴定及病原菌的特性［J］. 水产学报，44（2）：266-275.

尚笑雨，2015. 山东省校本课程海洋系列教材：海洋生物［M］. 青岛：中国海洋大学出版社.

邵婉婷，韩诗畴，黄寿山，等，2002. 控制外来杂草薇甘菊的研究进展［J］. 广东农业科学，1：43-45，48.

佘国强，陈扬乐，1997. 湿地生态系统的结构和功能［J］. 湘潭师范学院学报（社会科学版），18（3）：77-81.

沈德中，2002. 污染环境的生物修复［M］. 北京：化学工业出版社.

沈凌云，宁天竹，吴小明，等，2010. 深圳湾凤塘河口红树林修复工程［J］. 价值工程，14：55-57.

沈彦，刘明亮，雷志刚，2007. 洞庭湖区湿地生态脆弱性评价及其恢复与重建研究［J］. 国土资源科技管理，3：107-111.

沈振国，陈怀满，2000. 土壤重金属污染生物修复的研究进展［J］. 农村生态环境，16（2）：39-44.

生态环境名片编委会，2012. 生态环境名片：辽宁省自然保护区［M］. 沈阳：辽宁大学出版社.

盛连喜，2002. 环境生态学导论［M］. 北京：高等教育出版社.

施雅风，黄鼎成，陈泮勤，1992. 中国自然灾害灾情分析与减灾对策［M］. 武汉：湖北科学技术出版社.

湿地国际·中国项目办事处，1999. 湿地经济评价［M］. 北京：中国林业出版社.

湿地国际·中国办事处，2001. 社区参与湿地管理［M］. 北京：中国林业出版社.

湿地国际·中国项目，中国林业保护司，世界自然基金会—中国项目，1997. 湿地效益［M］. 北京：林业部保护司.

石洪华，沈程程，刘永志，2018. 典型海洋生态系统动力学模型构建、应用及发展［M］. 北京：海洋出版社.

石卉，2010. 凌河口湿地保护与治理［J］. 理论界，2：66-67.

史莎娜，杨小雄，黄鹄，等，2012. 海岛生态修复研究动态［J］. 海洋环境科学，31（1）：145-148.

史新泉，叶水英，曾海龙，2011. 水葫芦生物入侵的危害、防治及其开发利用［J］. 景德镇高专学报，26（4）：42-43.

司法部，2018. 中华人民共和国新法规汇编：2018年第8辑［M］. 北京：中国法制出版社.

宋爱环，邹琰，郑永允，2015. 黄河三角洲滩涂湿地资源开发与保护［M］. 青岛：中国海洋大学出版社.

宋朝景，赵焕庭，王丽荣，2007. 华南大陆沿岸珊瑚礁的特点与分析 [J]. 热带地理，27（4）：294 - 299.

宋德人，李颖，骆泽斌，1995. 环渤海湾海岸带湿地初步探讨：中国湿地研究 [C]. 长春：吉林科学技术出版社，262 - 268.

宋菲菲，2014. 天津市七里海湿地生物多样性保护研究 [D]. 天津：天津大学．

宋鹏涛，2019. 两千多只东方白鹳暂栖曹妃甸 [J]. 华北电业，12：72 - 75.

宋文鹏，霍素霞，2015. 环渤海集约用海区海洋环境现状：下 [M]. 北京：海洋出版社．

宋香荣，耿绪云，钟文慧，等，2019. 天津地区稻渔综合种养产业发展对策研究：以稻蟹综合种养为例 [J]. 河北渔业，8：51 - 55.

宋雪，蒋露，郭强，等，2018. 应用田野菟丝子防治薇甘菊对其他植物的影响 [J]. 广西师范大学学报（自然科学版），36（4）：139 - 150.

隋士凤，蔡德万，2000. 长岛自然保护区鸟类资源现状及保护 [J]. 四川动物，19（4）：247 - 248.

隋士凤，范强东，1999. 迷人的长鸟自然保护区 [J]. 野生动物，2（6）：26 - 27.

孙保和，杨俊，刘明华，等，2002. 秦皇岛市生态环境报告 [M]. 北京：中国环境科学出版社．

孙峰，李晓丹，2012. 珍稀的海兽 [M]. 长春：吉林出版集团有限责任公司．

孙阁，李帅，2019. 曹妃甸湿地和鸟类省级自然保护区精细化保护模式效果好 [J]. 河北林业，12：23.

孙广友，1997. 美国湿地研究进展 [J]. 地理科学，17（1）：87 - 90.

孙广友，1998a. 沼泽湿地的形成演化 [J]. 国土与自然资源研究，4：33 - 35.

孙广友，1998b. 试论沼泽综合分类系统 [J]. 地理学报，53（增刊）：141 - 148.

孙广友，2000. 中国湿地科学的进展与展望 [J]. 地球科学进展，15（6）：666 - 672.

孙广友，2008. 地理系统探微 [M]. 长春：吉林科学技术出版社．

孙晶，刘长安，刘玉安，等，2017. 辽东湾滨海湿地现状遥感调查 [J]. 安徽农业科学，45（8）：74 - 77.

孙立汉，张宁佳，刘国宝，1997. 滦河口黑嘴鸥巢位生态位研究 [J]. 地理学与国土研究，13（3）：50 - 52.

孙立汉，张宁佳，赵文伟，等，1999. 滦河口黑嘴鸥自然保护区探讨 [J]. 地理学与国土研究，15（4）：81 - 86.

孙丽艳，孙钦帮，张冲，等，2019. 曹妃甸围填海工程对海床冲淤的影响预测分析 [J]. 珠江水运，14：73 - 76.

孙娟，李强坤，张霞，等，2007. 黄河三角洲湿地生态治理浅析：第三届黄河国际论坛论文集：第 2 册 [C]. 郑州：黄河水利出版社：229 - 235.

孙军，刘东艳，柴心玉，等，2002. 莱州湾及潍河口夏季浮游植物生物量和初级生产力的分布 [J]. 海洋学报，24（5）：81 - 90.

孙梦成，2012. 左古典·右现代 [M]. 北京：大众文艺出版社．

孙乾照，林海英，焦乐，等，2021. 滨海盐沼湿地生态修复研究进展 [J]. 北京师范大学学报（自然科学版），57（1）：151 - 158.

孙庆艳，吴三雄，2007. 敦煌西湖国家级自然保护区湿地生态系统保护研究：绿色长征·和谐先锋：2007 全国青少年绿色长征接力活动学术论文集 [C]. 北京：中国环境科学出版社：127 - 134.

孙松，2012. 中国区域海洋学：生物海洋学 [M]. 北京：海洋出版社．

孙贤斌，2013. 湿地景观演变及其对保护区景观结构与功能的影响 [M]. 合肥：中国科学技术大学出版社．

孙贤斌，刘红玉，2011. 江苏海滨湿地研究进展 [J]. 海洋环境科学，30（4）：599 - 602.

孙小燕，丁洪，2004. 水葫芦的综合利用与防治技术 [J]. 农业环境与发展，21（5）：35 - 36，38.

孙秀玲，2016. 建设项目水土保持与环境保护 [M]. 济南：山东大学出版社．

孙绪金，2008. 环境水土资源学 [M]. 西安：西安地图出版社．

孙砚峰，武丽娜，李少云，等，2014. 河北省滦河口湿地的生物多样性评价 [J]. 贵州农业科学，42（7）：185 - 187.

孙毅，郭建斌，党普兴，等，2007. 湿地生态系统修复理论及技术 ［J］. 内蒙古林业科技，33（3）：33 -
　　35，38.

孙永涛，张金池，2010. 长江口北支湿地分类及生境特征 ［J］. 湿地科学与管理，6（2）：49 - 52.

孙志高，牟晓杰，王玲玲，2010. 滨海湿地生态系统 N_2O 排放研究进展 ［J］. 海洋环境科学，29（1）：
　　159 - 164.

谭芳林，2009. 福建滨海湿地生态恢复技术研究 ［D］. 厦门：厦门大学 .

汤蕾，许东，母学征，2006. 辽河三角洲生态系统服务价值变化 ［J］. 水土保持研究，13（5）：108 - 110.

汤玉强，李清伟，左婉璐，等，2019. 秦皇岛市滨海湿地类型、特点及保护对策 ［J］. 湿地科学与管理，15
　　（1）：27 - 30.

唐海县地方志编纂委员会，1997. 唐海县志 ［M］. 天津：天津人民出版社 .

唐海县地方志编纂委员会，2014. 唐海县志 ［M］. 北京：中国文史出版社 .

唐娜，崔保山，赵欣胜，2006. 黄河三角洲芦苇湿地的恢复 ［J］. 生态学报，26（8）：2616 - 2624.

唐伟，陈燕珍，葛清忠，等，2013. 海岛生态修复措施探讨 ［J］. 海洋开发与管理，30（9）：16 - 17.

唐文跃，李晔，2006. 园林生态学 ［M］. 北京：中国科学技术出版社 .

唐小平，黄桂林，2003. 中国湿地分类系统的研究 ［J］. 林业科学研究，16（5）：531 - 539.

唐子鹏，曲木，刘艳，等，2022. 锦鲤疱疹病毒病的流行特点、诊断及防治的研究进展 ［J］. 饲料博览，1：
　　40 - 43.

田海兰，2011. 现代滦河三角洲滨海湿地动态变化分析研究 ［D］. 石家庄：河北师范大学 .

田华，辛蕾，2014. 话说中国海洋生态保护 ［M］. 广州：广东经济出版社 .

田甲申，韩家波，张明，等，2013. 大连斑海豹自然保护区海域渔业资源现状初步研究 ［J］. 水产科学，32
　　（11）：646 - 652.

田家怡，贾文泽，窦洪云，1999. 黄河三角洲生物多样性研究 ［M］. 青岛：青岛出版社 .

田家怡，王秀凤，蔡学军，等，2005. 黄河三角洲湿地生态系统保护与恢复技术 ［M］. 青岛：中国海洋大
　　学出版社 .

田家怡，闫永利，韩荣钧，2016a. 黄河三角洲生态环境史：上 ［M］. 济南：齐鲁书社 .

田家怡，闫永利，韩荣钧，2016b. 黄河三角洲生态环境史：下 ［M］. 济南：齐鲁书社 .

田若谷，李怀恩，刘铁龙，2019. 湿地价值评估研究综述 ［J］. 水资源研究，8（3）：267 - 273.

田秀华，张佰莲，马雪峰，等，2021. 东方白鹳：往南方移居 ［J］. 森林与人类，2：26 - 33.

童春富，2004. 河口湿地生态系统结构、功能与服务：以长江口为例 ［D］. 上海：华东师范大学 .

佟凤勤，刘兴土，1995. 我国湿地生态系统研究的若干建议：中国湿地研究 ［C］. 长春：吉林科学技术出
　　版社：10 - 14.

童钧安，1993. 莱州湾开发整治研究 ［M］. 北京：海洋出版社 .

汪承焕，王卿，赵斌，等，2007. 盐沼植物群落的分带及其形成机制 ［J］. 南京大学学报（自然科学版），
　　43：41 - 55.

汪高明，邱若峰，2007. 基于 RS 和 GIS 的唐山沿海地区湿地结构动态监测 ［J］. 海洋湖沼通报，3：35 - 40.

汪凤娣，2003. 外来入侵物种凤眼莲的危害及防治对策 ［J］. 黑龙江环境通报，2（3）：21 - 23.

汪迎春，赵玉连，张志麒，等，2020. 几种典型湿地的生态现状与修复策略 ［J］. 湿地科学与管理，16
　　（1）：34 - 37.

王斌，曹喆，张震，2008. 北大港湿地自然保护区生态环境质量评价 ［J］. 环境科学与管理，33（2）：
　　181 - 184.

王春义，张尚武，赵德三，1997. 莱州湾地区海水入侵灾害综合评估方法 ［J］. 水利水电技术，28（9）：
　　9 - 13.

王春泽，乔光建，2009. 河北省沿海湿地现状评价与保护对策 ［J］. 南水北调与水利科技，7（4）：46 - 49.

王聪，刘红玉，2014. 江苏淤泥质潮滩湿地互花米草扩张对湿地景观的影响 [J]. 资源科学，36（11）：2413-2422.

王迪，李团结，谢敬谦，2018. 广东省海岛（岛礁）滨海湿地现状与保护 [J]. 湿地科学与管理，14（3）：34-37.

王芳，张磊，范波，等，2018. 昌黎黄金海岸湿地独特性与生态脆弱性 [J]. 绿色环保建材，2：233.

王飞，谢其明，1990. 论湿地及其保护和利用：以洪湖湿地为例 [J]. 自然资源学报，5（4）：297-303.

王飞燕，王富葆，王雪瑜，1991. 地貌学与第四纪地质学 [M]. 北京：高等教育出版社.

王凤丽，2015. 国家生态保护丛书·国家自然保护区卷：下. 北京：北京联合出版公司.

王凤琴，覃雪波，2007. 天津地区鸟类组成及多样性分析 [J]. 河北大学学报（自然科学版），27（4）：417-422.

王凤琴，苏海潮，刘利华，2003. 天津七里海湿地鸟类区系及类群多样性研究 [J]. 天津农学院学报，10（3）：16-23.

王凤琴，赵欣如，周俊启，等，2006. 天津大黄堡湿地自然保护区鸟类调查 [J]. 动物学杂志，41（5）：72-81.

王耕，关晓曦，孙康，等，2019. 老铁山自然保护区鸟类多样性调查和特征研究 [J]. 绿色科技，8：7-12.

王华新，2010. 长江口环境变化及表层沉积物中总有机碳、总氮的时空分布 [D]. 青岛：中国科学院研究生院（海洋研究所）.

王焕喜，刘宗斌，2006. 山东滨州沿海湿地生物多样性保护探讨 [J]. 黑龙江环境通报，30（4）：26-28.

王红，石雅君，刘西汉，等，2015. 河北省曹妃甸海域浮游动物群落长期变化特征 [J]. 海洋通报，34（1）：95-101.

王建华，王艳霞，张义文，等，2003. 南大港湿地及其保护研究 [J]. 河北师范大学学报（自然科学版），27（3）：309-312，320.

王建龙，文湘华，2001. 现代环境生物技术 [M]. 北京：清华大学出版社.

王景荣，2016. 盐田港溪尾湾生境修复过程中微生物群落结构变化 [D]. 厦门：厦门大学.

王君，2018. 黄河三角洲石油污染盐碱土壤生物修复的理论与实践 [M]. 徐州：中国矿业大学出版社.

王恺，2003. 中国国家级自然保护区：上 [M]. 合肥：安徽科学技术出版社.

王丽荣，赵焕庭，2001. 珊瑚礁生态系的一般特点 [J]. 生态学杂志，20（6）：41-45.

王丽荣，赵焕庭，2006. 珊瑚礁生态系统服务及其价值评估 [J]. 生态学杂志，25（11）：1384-1389.

王丽学，李学森，窦孝鹏，等，2003. 湿地保护的意义及我国湿地退化的原因与对策 [J]. 中国水土保持，7：8-9.

王亮，2008. 湿地生态系统恢复研究综述 [J]. 环境科学与管理，33（8）：152-156.

王楠，王智进，2016. 北戴河湿地生态环境保护与措施 [J]. 管理视窗与公共管理，31：68-68.

王宁，高珊，尚成海，等，2018. 天津北大港湿地东方白鹳和白琵鹭迁徙停歇期的种群动态 [J]. 天津师范大学学报（自然科学版），38（4）：50-54.

王平格，2008. 滦河三角洲演变过程及趋势分析 [D]. 石家庄：河北师范大学.

王强，1994. 天津古海岸遗迹与湿地 [J]. 大自然，6：31-32.

王庆海，2006. 水葫芦的综合利用 [J]. 杂草科学，3：6-9.

王诗成，2009. 王诗成论蓝色经济·海洋环境保护论：第4卷 [M]. 济南：山东科学技术出版社.

王诗慧，2015. 盘锦双台河口湿地生物多样性的调查与保护的研究 [D]. 大连：大连海事大学.

王守春，1998. 历史时期莱州湾沿海平原湖沼的变迁 [J]. 地理研究，17（4）：423-428.

王松涛，高美霞，傅俊鹤，2008. 山东潍坊沿海地下卤水矿地质特征及成矿规律 [J]. 矿床地质，27（5）：631-637.

王薇，陈为峰，李其光，等，2012. 黄河三角洲湿地生态系统健康评价指标体系 [J]. 水资源保护，28（1）：13-16.

王文斌，2018. "鱼米之乡"话养鱼：见证：曹妃甸改革开放 40 年［C］. 北京：新华出版社：258－262.

王文斌，2018. 曹妃甸湿地蟹：见证：曹妃甸改革开放 40 年［C］. 北京：新华出版社：305－307.

王文斌，赵伟利，1995. 稻田养殖扣蟹高产技术报告［J］. 淡水渔业，25（4）：42－43.

王宪礼，1997. 我国自然湿地的基本特点［J］. 生态学杂志，16（4）：64－67.

王宪礼，李秀珍，1997. 湿地的国内外研究进展［J］. 生态学杂志，16（1）：58－62，77.

王宪礼，肖笃宁，1995. 湿地的定义与类型：中国湿地研究［C］. 长春：吉林科学技术出版社：34－41.

王晓辉，2006. 江苏潮滩湿地生态服务功能价值评估及围垦评价：以王港潮滩为例［D］. 南京：南京大学.

王小龙，2006. 海岛生态系统风险评价方法及应用研究［D］. 青岛：中国科学院研究生院（海洋研究所）.

王小平，2015. 蛇岛老铁山国家级自然保护区：神秘的蝮蛇栖息地［M］//王凤丽. 国家生态保护丛书·国家自然保护区卷：下. 北京：北京联合出版公司：652－658.

王新功，连煜，黄锦辉，等，2007. 黄河河口生态需水初步研究：第三届黄河国际论坛论文集：第 2 册［C］. 郑州：黄河水利出版社：123－130.

王学雷，2001. 江汉平原湿地生态脆弱性评估与生态恢复［J］. 华中师范大学学报（自然科学版），35（2）：237－240.

王亚明，2018. 天津古海岸牡蛎礁时空分布及成因研究［J］. 地质灾害与环境保护，29（1）：108－112.

王艳霞，张素娟，张义文，2011. 滨海湿地生态补偿机制建设初探［J］. 湿地科学与管理，17（4）：56－58.

王一，2008. 黄河三角洲湿地：健康、价值、变化［M］. 济南：山东人民出版社.

王印庚，陈洁君，秦蕾，2005. 养殖大菱鲆蟹栖异阿脑虫感染及其危害［J］. 中国水产科学，12（5）：594－601.

王印庚，郭伟丽，荣小军，等，2012. 养殖刺参"化板症"病原菌的分离与鉴定［J］. 渔业科学进展，33（6）：81－86.

王印庚，于永翔，刘潇，等，2021. 凡纳滨对虾虾苗细菌性玻化症（BVS）的病原、病理分析［J］. 水产学报，45（9）：1563－1573.

王永洁，2010. 东北地区典型湿地的水环境及其可持续性度量研究［M］. 北京：中国环境科学出版社.

王永洁，郑冬梅，罗金明，2011. 双台子河口湿地生态系统变化过程及其影响分析［J］. 安徽农业科学，39（21）：12954－12956.

王勇军，昝启杰，王彰九，等，2003. 入侵杂草薇甘菊的化学防除［J］. 生态科学，22（1）：58－62.

王永哲，侯春良，2008. 唐海县湿地功能和可持续发展研究［J］. 沿海企业与科技，7（总 98）：86－89.

王宇，2012. 从水土环境要素研究河北保定—沧州地区湿地演变［D］. 北京：中国地质大学.

王玥，2018. 稻渔综合种养技术要点［J］. 科学养鱼，2：17－18.

王智，蒋明康，强胜，等，2014. 沿海地区自然保护区外来入侵物种调查与研究［M］. 北京：中国环境出版社.

王志远，2013. 入侵杂草薇甘菊在云南的发生与防治［J］. 江苏农业科学，41（1）：116－119.

王自磐，2001. 滨海湿地保护及其在海洋产业结构中的战略定位［J］. 海洋开发与管理，18（2）：43－47.

魏成广，2009. 中国钾盐工业概览［M］. 上海：上海交通大学出版社.

蔚东英，冯媛霞，李振鹏，等，2015. 世界自然遗产申报研究［M］. 北京：中国环境科学出版社.

魏帆，韩广轩，张金萍，等，2018. 1985—2015 年围填海活动影响下的环渤海滨海湿地演变特征［J］. 生态学杂志，37（5）：1527－1537.

魏忠平，范俊岗，潘文利，等，2015. 辽宁滨海湿地研究现状、问题对策与展望：第五届中国湖泊论坛论文集：2015 年卷［C］. 长春：吉林人民出版社，72－75.

温庆可，张增祥，徐进勇，等，2011. 环渤海滨海湿地时空格局变化遥感监测与分析［J］. 遥感学报，15（1）：183－200.

吴后建，王学雷，2006. 中国湿地生态恢复效果评价研究进展［J］. 湿地科学，4（4）：304－310.

吴辉，邓玉林，李春艳，等，2007. 我国湿地研究、保护与开发 [J]. 世界林业研究，20 (6)：42-49.

吴建强，阮晓红，王雪，2005. 人工湿地中水生植物的作用和选择 [J]. 水资源保护，21 (1)：1-6.

吴克强，1993. 初谈滇池流域的生态平衡 [J]. 国内湖泊（水库）协作网通讯，1：47-49.

吴良冰，张华，孙毅，等，2009. 湿地生态系统健康评价研究进展 [J]. 中国农村水利水电，10：22-26.

吴珊珊，2009. 莱州湾南岸滨海湿地的景观格局变化及其生态脆弱性评价 [D]. 济南：山东师范大学.

吴玉红，全玉莲，李克国，2012. 葫芦岛市海洋生态环境保护与建设对策 [J]. 中国环境管理干部学院学报，22 (2)：19-22.

吴玥，2011. 天津古海岸与湿地国家级自然保护区调整评估与论证研究 [D]. 天津：天津大学.

毋瑾超，2013. 海岛生态修复与环境保护 [M]. 北京：海洋出版社.

伍建军，2001. 薇甘菊的他感作用及其对两种化学物质胁迫的反应研究 [D]. 广州：中山大学.

夏东兴，2009. 海岸带地貌环境及其演化 [M]. 北京：海洋出版社.

夏东兴，边淑华，丰爱平，等，2014. 海岸带地貌学 [M]. 北京：海洋出版社.

夏东兴，王文海，武桂秋，等，1993. 中国海岸侵蚀述要 [J]. 地理学报，48 (5)：468-476.

夏小明，2015. 海南省海洋资源环境状况 [M]. 北京：海洋出版社.

向言词，彭少麟，周厚诚，等，2001. 生物入侵及其影响 [J]. 生态科学，20 (4)：68-72.

肖笃宁，李秀珍，胡远满，等，1996. 中国北方滨海湿地的保护：生态环境特点 [J]. 人类环境杂志，25 (1)：2-5.

肖国华，王玉梅，张立坤，等，2007. 河北省海水养殖主要流行病害调查 [J]. 河北渔业，11：56-57.

谢宝华，韩广轩，2018. 外来入侵种互花米草防治研究进展 [J]. 应用生态学报，29 (10)：3464-3476.

谢鹏，2018. 东方白鹳（Ciconia boyciana）不同时期栖息地生境比较研究 [D]. 哈尔滨：东北林业大学.

谢永宏，2003. 外来入侵种凤眼莲（Eichhornia crassipes）的营养生态学研究 [D]. 武汉：武汉大学.

谢正宇，2006. 基于生态系统服务功能价值评估的新疆艾比湖湿地退化恢复措施研究 [D]. 北京：北京师范大学.

辛琨，肖笃宁，2002. 盘锦地区湿地生态系统服务功能价值估算 [J]. 生态学报，22 (8)：1345-1349.

熊权鑫，朱玲，汪开毓，等，2018. 一株虹鳟源传染性胰腺坏死病病毒的分离与鉴定 [J]. 水产学报，42 (7)：1132-1139.

徐长喜，1994. 大港区志 [M]. 天津：天津社会科学院出版社.

徐东霞，章光新，2007. 人类活动对中国滨海湿地的影响及其保护对策 [J]. 湿地科学，5 (3)：282-288.

徐国万，卓荣宗，1985. 我国引种互花米草的初步研究：米草研究的进展：22 年来的研究成果论文集 [C]. 南京：南京大学出版社：212-225.

徐海根，丁辉，2003. 外来入侵物种的防治对策：保护生物多样性加强自然保护区管理：生物多样性与自然保护区管理培训班论文集 [C]. 北京：中国环境科学出版社：128-140.

徐海君，杨章女，林建国，等，2006. 海洋双 RNA 病毒（MABV）vp2e 和 vp3 基因在昆虫细胞中的高效表达 [J]. 农业生物技术学报，14 (4)：612-617.

徐恒力，2009. 环境地质学 [M]. 北京：地质出版社.

徐洪增，王春华，乔富荣，2009. 黄河口治理实践与研究 [M]. 东营：中国石油大学出版社.

徐景贤，2011. 唐海湿地自然植被初步调查研究 [J]. 江苏农业科学，39 (3)：498-500.

徐利淼，1995. 天津滨海地区地貌特征与分类系统 [J]. 天津师范大学学报（自然科学版），15 (4)：54-59.

徐玲玲，张玉书，陈鹏狮，等，2009. 近 20 年盘锦湿地变化特征及影响因素分析 [J]. 自然资源学报，24 (3)：483-490.

徐宁伟，2016. 秦皇岛滨海地区植物景观研究 [D]. 杭州：浙江农林大学.

徐琪，1989. 湿地农田生态系统的特点及其调节 [J]. 生态学杂志，8 (3)：8-13，23.

徐琪，1997. 浅谈我国湿地类型及其管理：中国湿地保护与持续利用研究论文集 [C]. 北京：中国林业出版社：68-73.

徐琪，蔡立，董元华，1995.论我国湿地的特点类型与管理：中国湿地研究［C］.长春：吉林科学技术出版社：24-33.

徐宗军，张绪良，张朝晖，等，2010.莱州湾南岸滨海湿地的生物多样性特征分析［J］.生态环境学报，19（2）：367-372.

许宁，高德明，2005.天津湿地［M］.天津：天津科学技术出版社.

许申来，陈利顶，2008.生态恢复的环境效应评价研究进展：第五届中国青年生态学工作者学术研讨会论文集：生态创新与生态文明建设［C］.广州：第五届中国青年生态学工作者学术研讨会论文集编辑委员会：7-13.

许学工，1998.黄河三角洲地域结构、综合开发与可持续发展［M］.北京：海洋出版社.

薛芳，胡金叶，张子峰，等，2003.浅析黄河三角洲海岸侵蚀现状与生态保护对策［J］.山东环境，6：39.

薛鸿超，谢金赞，1996.中国海岸带和海涂资源综合调查专业报告集：中国海岸带水文［M］.北京：海洋出版社.

薛静，孙震，2014.湿地退化及其引起的景观格局变化对湿地旅游业的影响［J］.当代旅游（学术版），8：31-33.

薛禹群，吴吉春，谢春红，等，1997.莱州湾沿岸海水入侵与咸水入侵研究［J］.科学通报，42（22）：2360-2368.

鄢帮有，2004.鄱阳湖湿地生态系统服务功能价值评估［J］.资源科学，26（3）：61-68.

严宏生，2008.盐城滨海湿地生态价值评估及政策法律、土地利用分析［M］.南京：南京师范大学出版社.

杨波，2004.我国湿地评价研究综述［J］.生态学杂志，23（4）：146-149.

杨晨玲，李军伟，田华丽，等，2014.广西滨海湿地生态系统退化评价指标体系研究［J］.湿地科学与管理，10（1）：53-56.

杨帆，2007.基于RS和GIS的辽东湾滨海湿地景观动态变化研究［D］.大连：大连海事大学.

杨凤辉，马涛，陈家宽，等，2002.上海黄浦江凤眼莲灾害的发生机理及控制对策初探［J］.复旦学报（自然科学版），41（6）：599-603.

杨洪，2013.深圳凤塘河口湿地的生态系统修复［M］.武汉：华中科技大学出版社.

杨会利，2008.河北省典型滨海湿地演变与退化状况研究［D］.石家庄：河北师范大学.

杨会利，袁振杰，高伟明，2009.七里海潟湖湿地演变过程及其生态环境效应分析［J］.湿地科学，7（2）：118-124.

杨慧玲，2009.双台子河口滨海湿地生态系统服务功能及其价值评估研究［D］.大连：辽宁师范大学.

杨杰峰，闵水发，王海民，等，2015.湿地生物多样性评价体系研究［J］.广东农业科学，5：115-118.

杨琳，2020.沿海湿地现状及修复方法研究［J］.池州学院学报，34（3）：58-59.

杨玲霞，许兴，邱小琮，等，2020.稻渔综合种养的生态效应研究进展［J］.上海农业学报，36（3）：141-145.

杨庆礼，1990.黄骅县志［M］.北京：海潮出版社.

杨如举，2012.河蟹黑鳃病的防治技术［J］.渔业致富指南，8：43-43.

杨盛昌，陆文勋，邹祯，等，2017.中国红树林湿地：分布、种类组成及其保护［J］.亚热带植物科学，46（4）：301-310.

杨圣云，吴荔生，陈明茹，等，2001.海洋动植物引种与海洋生态保护［J］.台湾海峡，20（2）：259-265.

杨四林，2021.鱼类细菌性败血症的诊断与治疗［J］.渔业致富指南，24：62-63.

杨文鹤，2000.中国海岛［M］.北京：海洋出版社.

杨学诚，2002.唐山市水产志［M］.天津：天津人民出版社.

杨一鹏，蒋卫国，何福红，2004. 基于 PSR 模型的松嫩平原西部湿地生态环境评价 [J]. 生态环境，13 （4）：597 - 600.

杨永兴，1988. 三江平原沼泽的生态分类 [J]. 地理研究，7 (1)：27 - 35.

杨永兴，2002a. 国际湿地科学研究进展和中国湿地科学研究优先领域与展望 [J]. 地球科学进展，17 (4)：508 - 514.

杨永兴，2002b. 国际湿地科学研究的主要特点、进展与展望 [J]. 地理科学进展，21 (2)：111 - 120.

杨永兴，2002c. 从魁北克 2000 -世纪湿地大事件活动看 21 世纪国际湿地科学研究的热点与前沿 [J]. 地理科学，22 (2)：150 - 155.

杨永兴，刘兴土，韩顺正，等，1993. 三江平原沼泽区 "稻-苇-鱼" 复合生态系统生态效益研究 [J]. 地理科学，13 (1)：41 - 48，95.

杨志，赵冬至，林元烧，2011. 河口生态安全评价方法研究综述 [J]. 海洋环境科学，30 (2)：296 - 300.

杨宗岱，1982. 中国海草的生态学研究 [J]. 海洋科学，2：34 - 37.

姚长新，袁红明，孟祥君，等，2011. 黄河三角洲滨海湿地损失和退化的自然因素 [J]. 海洋地质与第四纪地质，31 (1)：43 - 50.

姚海燕，赵蓓，孙莉莉，等，2014. 滨海湿地管理中的问题认识及解决策略探讨 [J]. 海洋开发与管理，31 （12）：57 - 60.

姚祖芳，赵振勋，1991. 河北省土壤图集 [M]. 北京：农业出版社.

叶青超，1982. 黄河三角洲的形成和演变：1980 年全国海岸带和海涂资源综合调查/海岸工程学术会议论文集：上集 [C]. 北京：海洋出版社，152 - 164.

叶森，2020. 水生外来入侵植物遥感识别与预警研究：以凤眼莲为例 [D]. 呼和浩特：内蒙古大学.

殷康前，倪晋仁，1998. 湿地研究综述 [J]. 生态学报，18 (5)：539 - 546.

殷书柏，李冰，沈方，2014. 湿地定义研究进展 [J]. 湿地科学，12 (4)：504 - 514.

殷书柏，李冰，沈方，等，2015. 湿地定义研究 [J]. 湿地科学，13 (1)：55 - 65.

殷书柏，吕宪国，武海涛，2010. 湿地定义研究中的若干理论问题 [J]. 湿地科学，8 (2)：182 - 188.

尤平，李后魂，王淑霞，2006. 天津北大港湿地自然保护区蛾类的多样性 [J]. 生态学报，26 (4)：999 - 1004.

於方，周昊，许申来，2009. 生态恢复的环境效应评价研究进展 [J]. 生态环境学报，18 (1)：374 - 379.

于彩芬，许道艳，邢庆会，等，2021. 浅谈环渤海地区互花米草（*Spartina alterniflora*）防治建议 [J]. 海洋环境科学，40 (6)：903 - 907.

于辉，王旭静，2014. 浅谈外来物种入侵对湿地生态系统的影响 [J]. 防护林科技，8：66 - 67.

于淼，栗云召，屈凡柱，等，2020. 黄河三角洲滨海湿地退化过程的时空变化及预测分析 [J]. 农业资源与环境学报，37 (4)：484 - 492.

于沛民，张秀梅，张沛东，等，2007. 人工藻礁设计与投放的研究进展 [J]. 海洋科学，31 (5)：80 - 84.

于晓梅，杨逢建，2011. 薇甘菊在深圳湾的入侵路线及其生态特征 [J]. 东北林业大学学报，39 (2)：51 - 52，88.

于志刚，孟范平，等，2009. 海洋环境 [M]. 北京：海洋出版社.

余国营，2000. 湿地研究进展与展望 [J]. 世界科技研究与发展，22 (3)：61 - 66.

余国营，2001. 湿地研究的若干基本科学问题初论 [J]. 地理科学进展，20 (2)：175 - 183.

余萍，2004. 薇甘菊的生态防除：群落改造和田野菟丝子寄生 [D]. 广州：中山大学.

余绍文，周爱国，孙自永，2011. 湿地退化的地质指标体系 [J]. 地质通报，30 (11)：1757 - 1762.

余顺慧，2014. 环境生态学 [M]. 成都：西南交通大学出版社.

俞小明，石纯，陈春来，等，2006. 河口滨海湿地评价指标体系研究 [J]. 国土与自然资源研究，2：42 - 45.

喻龙，龙江平，李建军，等，2002. 生物修复技术研究进展及在滨海湿地中的应用 [J]. 海洋科学进展，20 (4)：99 - 108.

袁宏利，董民，贾国臣，等，2008. 天津平原水利工程地质环境概论 [M]. 郑州：黄河水利出版社 .

袁正科，2008. 洞庭湖湿地资源与环境 [M]. 长沙：湖南师范大学出版社 .

岳军，张宝华，韩芳，等，2012. 渤海湾西北岸的几道牡蛎礁 [J]. 地质学报，86（8）：1175 - 1187.

云南减灾年鉴编辑委员会，2012. 云南减灾年鉴 2010—2011 [M]. 昆明：云南科技出版社 .

恽才兴，蒋兴伟，2002. 海岸带可持续发展与综合管理 [M]. 北京：海洋出版社 .

昝启杰，谭凤仪，李喻春，2013. 滨海湿地生态系统修复技术研究：以深圳湾为例 [M]. 北京：海洋出版社 .

昝启杰，王勇军，梁启英，等，2001. 几种除草剂对薇甘菊的杀灭试验 [J]. 生态科学，20（1，2）：32 - 36.

昝启杰，王勇军，王伯荪，等，2000. 外来杂草薇甘菊的分布及危害 [J]. 生态学杂志，19（6）：58 - 61.

昝启杰，王伯荪，王勇军，等，2002. 田野菟丝子控制薇甘菊的生态评价 [J]. 中山大学学报（自然科学版），41（6）：60 - 130.

詹文欢，姚衍桃，孙杰，2013. 广东省海洋环境资源基本现状 [M]. 北京：海洋出版社 .

泽桑梓，李浩然，闫争亮，等，2010. 入侵生物薇甘菊防治技术及其对策概述 [J]. 福建林业科技，37（3）：176 - 179.

曾江宁，2013. 中国海洋保护区 [M]. 北京：海洋出版社 .

曾星，2013. 北方海域典型潟湖大叶藻（Zostera marina L.）植株移植技术的研究 [D]. 青岛：中国海洋大学 .

张凤春，李俊生，刘文慧，2015. 生物多样性基础知识 [M]. 北京：中国环境出版社 .

张凤翔，1936. 滦县志（卷二·地理河流）[M]. 1936（民国 25 年）年版 .

张福群，1991. 唐海县迁徙鸟类的调查 [J]. 河北师范大学学报（自然科学版），15（3）：58 - 65.

张高生，董广清，1999. 莱州湾生态系统特点及保护建议 [J]. 环境科学研究，12（4）：64 - 67.

张国臣，2014. 唐海湿地健康状况评价研究 [D]. 石家庄：河北师范大学 .

张国臣，张义文，李爽，等，2014. 基于 PSR 模型的唐海湿地生态退化评价 [J]. 湖北农业科学，53（4）：784 - 787.

张海燕，2009. 滨海复合湿地生态功能研究及评价：以海兴湿地为例 [D]. 保定：河北农业大学 .

张海燕，王红，陈海昆，等，2008. 河北省湿地现状研究 [J]. 安徽农业科学，36（9）：3806 - 3808.

张浩，郭勇，李文君，2012. 南大港湿地水生态现状调查：中国环境科学学会学术年会论文集（2012）第二卷 [C]. 北京：中国农业大学出版社：1339 - 1343.

张恒庆，王印睿，许爽，等，2020. 大连老铁山秋季环志雀形目鸟类多样性及变化分析 [J]. 辽宁师范大学学报（自然科学版），43（1）：70 - 77.

张弘，2007. 遥感技术在大连湿地资源调查中的应用研究 [D]. 大连：大连海事大学 .

张华，苗苗，孙才志，等，2007. 辽宁省滨海湿地资源类型及景观格局分析 [J]. 资源科学，29（3）：139 - 146.

张继民，宋文鹏，高松，等，2014. 集约用海对渤海海洋环境影响评估技术研究及应用 [M]. 北京：海洋出版社 .

张健，李佳芮，杨璐，等，2019. 中国滨海湿地现状和问题及管理对策建议 [J]. 环境与可持续发展，5：127 - 129.

张健榕，崔玉波，张书畅，等，2016. 大连市滨海湿地现状分析 [J]. 环境保护前沿，6（5）：85 - 91.

张娇，张龙军，2008. 有机物在河口区迁移转化机理研究 [J]. 中国海洋大学学报（自然科学版），38（3）：489 - 494，394.

张洁，孙绍永，武艳丽，等，2019. 唐山市曹妃甸区稻渔综合种养产业发展状况及对策分析 [J]. 河北渔业，11：13 - 16.

张景珍，张承旺，金伟福，2008. 黄河三角洲冰雹气候特征分析及其对策建议 [J]. 安徽农业科学，36

（2）：10-13.

张晓龙，李培英，刘月良，等，2007. 黄河三角洲湿地研究进展 [J]. 海洋科学，31（7）：81-85.

张晓龙，李萍，刘乐军，2009. 黄河三角洲湿地生物多样性及其保护 [J]. 海岸工程，28（3）：33-39.

张晓龙，李萍，刘乐军，等，2010. 现代黄河三角洲滨海湿地退化评价 [J]. 海洋通报，29（6）：685-689.

张晓龙，刘乐军，李培英，等，2014. 中国滨海湿地退化评估 [J]. 海洋通报，33（1）：112-119.

张鑫，2007. 昌黎黄金海岸国家级海洋自然保护区管理能力研究：绿色长征和谐先锋：2007 全国青少年绿色长征接力活动学术论文集 [C]. 北京：中国环境科学出版社：369-383.

张绪良，2003. 莱州湾南岸滨海湿地生物多样性及保护 [J]. 海洋开发与管理，20（6）：65-67.

张绪良，2006. 莱州湾南岸滨海湿地的退化及其生态恢复、重建研究 [D]. 青岛：中国海洋大学.

张绪良，2008. 莱州湾南岸滨海湿地的景观格局变化及其累积环境效应：第五届中国青年生态学工作者学术研讨会论文集：生态创新与生态文明建设 [C]. 北京：中国生态学会青年工作委员会等：249-258.

张绪良，陈东景，谷东起，2009. 近 20 年莱州湾南岸滨海湿地退化及其原因分析 [J]. 科技导报，27（4）：65-70.

张绪良，谷东起，陈东景，等，2008. 莱州湾南岸滨海湿地维管束植物的区系特征及保护 [J]. 生态环境，17（1）：86-92.

张绪良，谷东起，陈东景，2009，2005/2006 年度莱州湾东部的海冰灾害及其影响 [J]. 海洋湖沼通报，2：131-136.

张绪良，谷东起，丰爱平，2003. 莱州湾南岸滨海湿地资源环境及其开发利用 [J]. 海岸工程，22（2）：84-91.

张绪良，谷东起，夏东兴，2005. 莱州湾南岸湿地水文环境变化与可持续的水资源管理对策 [J]. 湿地科学，3（3）：235-240.

张绪良，于冬梅，丰爱平，等，2004. 莱州湾南岸滨海湿地的退化及其生态恢复和重建对策 [J]. 海洋科学，28（7）：49-53.

张绪良，谷东起，丰爱平，等，2006. 黄河三角洲和莱州湾南岸湿地植被特征及演化的对比研究 [J]. 水土保持通报，26（3）：127-131，140.

张绪良，谷东起，丰爱平，等，2008. 莱州湾南岸滨海湿地的氮、磷循环过程及调控对策 [J]. 中国生态农业学报，16（5）：1127-1133.

张绪良，徐宗军，张朝晖，等，2010. 中国北方滨海湿地退化研究综述 [J]. 地质论评，56（4）：561-567.

张绪良，叶思源，印萍，等，2008. 莱州湾南岸滨海湿地的生态系统服务价值及变化 [J]. 生态学杂志，27（12）：2195-2202.

张绪良，张朝晖，徐宗军，等，2009. 莱州湾南岸滨海湿地的景观格局变化及累积环境效应 [J]. 生态学杂志，28（12）：2437-2443.

张绪良，叶思源，印萍，等，2009. 黄河三角洲自然湿地植被的特征及演化 [J]. 生态环境学报，18（1）：292-298.

张学峰，房用，李士江，等，2016. 湿地生态修复技术及案例分析 [M]. 北京：中国环境出版社.

张学峰，张春萌，陈长燕，等，2019. 胶州湾五河口互花米草群落扩展趋势及治理策略 [J]. 湿地科学与管理，15（1）：39-42.

张亚楠，成海，赵永强，等，2020. 盐城国家级珍禽自然保护区旱化湿地修复区鸟类多样性评价 [J]. 浙江农业科学，61（10）：2171-2175.

张嫣然，2012. 双台子河口芦苇湿地生态用水调度优化设计 [D]. 青岛：中国海洋大学.

张艳楠，王印庚，刘福利，等，2020. 养殖长茎葡萄蕨藻黑褐病的病原学研究 [J]. 渔业科学进展，41（1）：135-144.

张彦威，2004. 南大港滨海湿地鸟类群落结构及其与环境因子的关系 [D]. 石家庄：河北师范大学.

张彦威，吴跃峰，武明录，等，2005. 河北南大港鸟类保护区黑翅长脚鹬与反嘴鹬繁殖行为的比较 [J]. 动物学报，51（增刊）：22-26.

张义文，宋树恩，赵彦民，等，2005. 南大港湿地保护研究 [M]. 西安：西安地图出版社.

张义文，张海军，高新法，等，2001. 南大港湿地保护研究 [J]. 地理学与国土研究，17（4）：91-94.

张义文，张素娟，杨兰举，2006. 唐海湿地保护研究 [J]. 地理与地理信息科学，22（2）：110-112.

张永嘉，吴泽阳，周林，1993. 广东沿海笛鲷科、鲷科鱼类的细菌性疾病 [J]. 海洋科学，1：7-10.

张永泽，王烜，2001. 自然湿地生态恢复研究综述 [J]. 生态学报，2（21）：309-314.

张玉峰，徐全洪，高士平，等，2014. 滦河口湿地主要水鸟种群迁徙动态 [J]. 湿地科学，12（1）：109-112.

张韵，蒲新明，黄丽丽，等，2013. 我国滨海湿地现状及修复进展 [C]//中国环境科学学会. 2013中国环境科学学会学术年会论文集（第六卷）. 北京：中国环境科学学会：5743-5746.

张峥，刘爽，朱琳，等，2002. 湿地生物多样性评价研究：以天津古海岸与湿地自然保护区为例 [J]. 中国生态农业学报，10（1）：76-78.

张峥，张建文，李寅年，等，1999. 湿地生态评价指标体系 [J]. 农业环境保护，18（6）：283-286.

张正，廖梅杰，李彬，等，2014. 两种疾病发生对养殖半滑舌鳎肠道菌群结构的影响分析 [J]. 水产学报，38（9）：1565-1572.

张志忠，2007. 水文条件对我国北方滨海湿地的影响 [J]. 海洋地质动态，23（8）：10-13.

张祖陆，1995. 渤海莱州湾南岸滨海平原的黄土 [J]. 海洋学报，17（3）：127-134.

赵蓓，王斌，宋文鹏，2017. 环渤海区域填海造陆对滨海湿地的影响研究 [M]. 北京：海洋出版社.

赵冰梅，尹德涛，2008. 辽河三角洲湿地保护与湿地旅游研究 [M]. 北京：地质出版社.

赵德祥，1982. 我国历史上沼泽的名称、分类及描述 [J]. 地理科学，2（1）：83-86.

赵冬至，2013. 入海河口湿地生态系统空间评价理论与实践 [M]. 北京：海洋出版社.

赵桂平，2018. 葫芦岛市湿地保护现状浅议 [J]. 农业与技术，38（6）：255-255.

赵焕庭，1998. 中国现代珊瑚礁研究 [J]. 世界科技研究与发展，4：98-105.

赵焕庭，王丽荣，2000. 中国海岸湿地的类型 [J]. 海洋通报，19（6）：72-82.

赵焕庭，王丽荣，宋朝景，等，2009. 广东徐闻西岸珊瑚礁 [M]. 广州：广东科技出版社.

赵晶晶，2013. 昌黎黄金海岸国家级自然保护区土地利用景观格局变化及驱动力分析 [D]. 石家庄：河北师范大学.

赵魁义，1988. 加拿大国际湿地会议与湿地研究 [J]. 地理科学，8（3）：293-294.

赵魁义，1995. 中国湿地生物多样性研究与持续利用 [C]//陈宜瑜. 中国湿地研究. 长春：吉林科学技术出版社，48-54.

赵魁义，1999. 中国沼泽志 [M]. 北京：科学出版社.

赵魁义，刘兴土，1995. 湿地研究的现状与展望 [C]//陈宜瑜. 中国湿地研究. 长春：吉林科技出版社：1-8.

赵美霞，余克服，张乔民，2006. 珊瑚礁区的生物多样性及其生态功能 [J]. 生态学报，26（1）：186-194.

赵平，何金整，2008. 海兴湿地生态资源特征及发展对策 [J]. 科技情报开发与经济，18（25）：107-109.

赵生才，2005. 中国湿地退化、保护与恢复：香山科学会议第241次学术讨论会 [J]. 地球科学进展，20（6）：701-704.

赵淑江，吕宝强，王萍，等，2011. 海洋环境学 [M]. 北京：海洋出版社.

赵微，2010. 三江平原湿地保护法律问题研究 [D]. 哈尔滨：黑龙江大学.

赵小萱，韩美，于佳，等，2016. 基于遥感影像的黄河三角洲湿地退化研究 [J]. 人民黄河，38（4）：59-64.

赵雅萱，2017. 黄河三角洲湿地降水特征研究 [J]. 科技经济导刊，5：121，119.

赵延茂，宋朝枢，1995. 黄河三角洲自然保护区科学考察集 [M]. 北京：中国林业出版社.

赵彦民，王立宝，张义文，等，2003. 南大港湿地芦苇群落生态条件及调控措施 [J]. 河北师范大学学报

（自然科学版），27（3）：313 - 315.

赵彦民，张义文，雷平化，等，2002. 南大港湿地生态系统保护与农业可持续发展［C］//郭焕成，高新法，张义文. 农村产业结构调整与农村城镇化研究. 西安：西安地图出版社：419 - 422.

赵真真，陈庆阳，2015. 滨海河口湿地的修复实践与理论探讨［J］. 青岛理工大学学报，36（2）：53 - 58.

赵志楠，张月明，梁晓林，等，2014. 河北省南大港滨海湿地退化评价［J］. 水土保持通报，34（4）：339 - 344.

郑德崇，黄琪琰，蔡完其，等，1986. 草鱼出血病的组织病理研究［J］. 水产学报，10（2）：151 - 159.

郑冬梅，洪荣标，2006. 滨海湿地互花米草的生态经济影响分析与风险评估探讨［J］. 台湾海峡，25（4）：579 - 586.

郑凤英，邱广龙，范航清，等，2013. 中国海草的多样性、分布及保护［J］. 生物多样性，21（5）：517 - 526.

郑光美，2012. 鸟类学［M］. 2 版. 北京：北京师范大学出版社.

郑光美，2017. 中国鸟类分类与分布名录［M］. 3 版. 北京：科学出版社.

郑浚茂，孙永传，王德发，等，1980. 滦河体系及北戴河海岸沉积环境标志的研究［J］. 石油与天然气地质，1（3）：177 - 190.

郑清梅，2017. 动物学野外实习指导［M］. 广州：暨南大学出版社.

郑施雯，詹鹏，2016. 我国湿地评价方法综述［J］. 求知导刊，31：30 - 31.

郑天伦，张海琪，2015. 中华鳖腐皮病的病原鉴定与药敏研究［J］. 浙江农业学报，27（1）：32 - 36.

郑云云，胡泓，邵志芳，2013. 典型滨海湿地植被演替研究进展［J］. 湿地科学与管理，9（4）：56 - 60.

中国大百科全书总编辑委员会，1991. 中国大百科全书：生物学 I［M］. 北京：中国大百科全书出版社.

中国大百科全书总编辑委员会，2002. 中国大百科全书：大气科学、海洋科学、水文科学［M］. 北京：中国大百科全书出版社.

中国海湾志编纂委员会，1991. 中国海湾志：第三分册（山东半岛北部和东部海湾）［M］. 北京：海洋出版社.

中国海湾志编纂委员会，1998. 中国海湾志：第十四分册（重要河口）［M］. 北京：海洋出版社.

中国海洋年鉴编纂委员会，2013. 2013 中国海洋年鉴［M］. 北京：海洋出版社.

中国海洋文化委会，2016. 中国海洋文化：河北卷［M］. 北京：海洋出版社.

中国环境年鉴社，2012. 中国环境年鉴 2012［M］. 北京：中国环境年鉴社.

中国科学院自然与社会协调发展局，林业部野生动物和森林植物保护司，1995. 中国湿地调查纲要［M］. 北京：科学出版社.

中国人民政治协商会议天津市宁河县委员会，2014. 宁河文史资料：第 11 辑：七里海文史集［M］. 天津：中国人民政治协商会议天津市宁河县委员会.

钟海波，王亲波，杜文峰，等，2010. 长山列岛湿地现状与功能恢复的探讨［J］. 山东林业科技，2：120 - 122，28.

钟文慧，包海岩，徐晓丽，等，2019. 天津地区稻蟹生态种养技术应用情况与产业发展建议［J］. 科学养鱼，12：3 - 5.

周海燕，黄业进，2009. 薇甘菊综合开发和利用的研究进展［J］. 农业科技与信息（现代园林），3：46 - 48.

周军，张海鹏，李怡群，等，2005. 红鳍东方鲀越冬期间水霉菌的发病原因及防治［J］. 河北渔业，1：43 - 44.

周林飞，许士国，李青山，等，2007. 扎龙湿地生态环境需水量安全阈值的研究［J］. 水利学报，38（7）：845 - 851.

周青青，2011. 东寨港红树林分布区外来植物入侵的廊道效应研究［D］. 海口：海南师范大学.

周巍，2018. 唐山滨海湿地重金属地球化学过程研究［D］. 唐山：华北理工大学.

周文珠，2019. 薇甘菊综合防治技术及实施要点分析［J］. 农家参谋，7：135，160.

周昕薇，宫辉力，赵文吉，等，2006. 北京地区湿地资源动态监测与分析 [J]. 地理学报，61（6）：654-662.

周毅，徐少春，张晓梅，等，2020. 海洋牧场海草床生境构建技术 [J]. 科技促进发展，16（2）：200-205.

周毅，许帅，徐少春，等，2019. 中国温带海域新发现较大面积（大于 0.5 km²）海草床：Ⅱ声呐探测技术在渤海唐山沿海海域发现中国面积最大的鳗草海草床 [J]. 海洋科学，43（8）：50-55.

周毅，张晓梅，徐少春，等，2016. 中国温带海域新发现较大面积（大于 50 hm²）的海草床：Ⅰ黄河河口区罕见大面积日本鳗草海草床 [J]. 海洋科学，40（9）：95-97.

周永灿，张本，谢珍玉，2013. 海南省潜在海水增养殖区研究 [M]. 北京：海洋出版社.

周祖光，2004. 海南珊瑚礁的现状与保护对策 [J]. 海洋开发与管理，21（6）：48-51.

朱保和，1992. 宝山县志 [M]. 上海：上海人民出版社.

朱建国，2019. 正在消失的美丽：中国濒危动植物寻踪：动物卷 [M]. 北京：北京出版社.

朱士文，2011. 黄河三角洲滨海湿地退化现状及应对策略浅析 [J]. 赤峰学院学报（自然科学版），27（12）：171-173.

朱艳飞，哈建强，张东江，2009. 南大港湿地生态环境需水量分析研究：第五届环境与发展中国（国际）论坛论文集 [C]. 北京：现代教育出版社：386-390.

朱叶飞，蔡则健，2007. 基于 RS 与 GIS 技术的江苏海岸带湿地分类 [J]. 江苏地质，31（3）：236-241.

祝令伟，景洁，梁冰，等，2019. 野生水鸟感染霍乱弧菌和沙门菌等病原菌的分离和鉴定 [J]. 中国人兽共患病学报，35（3）：212-215，222.

邹发生，宋晓军，江海声，等，1999. 海南岛的湿地类型及其特点 [J]. 热带地理，19（3）：204-207.

邹晴中，蒋造极，蒋严，2019. 水稻扣蟹生态高效综合种养技术试验 [J]. 科学养鱼，4：6-7.

庄晨辉，2009. 湿地与水鸟 [M]. 北京：中国林业出版社.

庄平，刘健，王云龙，等，2009. 长江口中华鲟自然保护区科学考察与综合管理 [M]. 北京：海洋出版社.

庄振业，刘冬雁，杨鸣，等，1999. 莱州湾沿岸平原海水入侵灾害的发展进程 [J]. 青岛海洋大学学报，29（1）：141-147.

庄振业，杨燕雄，刘会欣，2013. 环渤海砂质岸侵蚀和海滩养护 [J]. 海洋地质前沿，29（2）：1-9.

左平，2014. 江苏盐城滨海湿地生态系统与管理：以江苏盐城国家级珍禽自然保护区为例 [M]. 北京：中国环境科学出版社.

左志武，2017. 山东半岛公路生态建设和修复工程技术及实践 [M]. 青岛：中国海洋大学出版社.

Adam P，1990. Saltmarsh ecology [M]. Cambridge：Cambridge University Press.

Achituv Y，Dubinsky Z，1990. Evolution and zoogeography of coral reefs：Ecosystems of the world 25. Coral reefs [C]. Elsevier：Amsterdam：1-9.

Batanouny K H，El-Fiky A M，1975. The water hyacinth (*Eichhornia crassipes* Solms) in the Nile system，Egypt [J]. Aquatic Botany，1：243-252.

Beeftink W G，1977. Salt-marshes：The Coastline：Chapter 6 [C]. New York：John Wiley and Sons：93-121.

Bellamy D J，1968. An ecological approach to the classification of european mires：Proceeding of the Third International Peat Congress [C]. Ottawa：Department of Energy，Mines and Resources，National Research Council of Canada（eds）：74-79.

BirdLife International，2018. *Ciconia boyciana*. The IUCN red list of threatened species 2018：e. T22697695A-131942061 [DB/OL]. http://dx. doi. org/10. 2305/IUCN. UK，2018-2. RLTS. T22697695A131942061. en.

Bond W K，Cox K W，Heberlein T，et al.，1992. Wetland evaluation guide：Final report of the wetlands are not wastelands project [R]. Ottawa：Secretariat to the North American Wetlands Conservation Council（Canada）.

Boulé M，1994. An early history of wetland ecology：Global wetlands：Old world and new [C]. Amsterdam：Elsevier：57-74.

Breaux A, Cochrane S, Evens J, et al., 2005. Wetland ecological and compliance assessments in the San Francisco Bay Region, California, USA [J]. Journal of Environmental Management, 74 (3): 217 - 237.

Brinson M M, 1993. A hydrogeomorphic classification for wetlands [R]. U. S. Army Corps of Engineers, Waterways Experiment Station. Washington D C: Wetlands Researsh Program Technical Report WRP-DE-4.

Brinson M M, Kruczynski W, Lee L C, et al., 1994. Developing an approach for assessing the functions of wetlands: Global wetlands: Old world and new [C]. Amsterdam: Elsevier: 615 - 624.

California coastal commission, 2011. Definition and delineation of wetlands in the coastal zone [R]. Briefing. http://documents. coastal. ca. gov/reports/2001/10//w4-10-2011. pdf. October5.

Canada soil survey committee subcommittee on soil classification, 1978. The Canadian system of soil classification [M]. Ottswa: Canadian Department of Agriculture.

Champion M, 1995. Ontario wetlands: An evaluation of adjacent lands [J]. Global Biodiversity, 4: 12 - 14.

Chapman G P, 1992. Desertified grassland [M]. London: Academic Press.

Chapman V J, 1974. Salt marshes and salt deserts of the world [M]. New York: Interscience.

Charudattan R, Lin C Y, 1974. Isolates of *Penicillium*, *Aspergillus* and *Trichoderema* toxic to aquatic plants [J]. Hyacinth Control Joumal, 12: 70 - 73.

Charudattan R, McKinney D E, Cordo H A, et al., 1976. *Uredo eichhorniae*, a potential biocontrol agent for water hyacinth: Proceedings of the IV International Symposium on Biological Control of Weeds [C]. University of Florida: Gainesville, 210 - 213.

Chen L Z, Wang W Q, Zhang Y H, et al., 2009. Recent progresses in mangrove conservation, restoration and research in China [J]. Journal of Plant Ecology, 2 (2): 45 - 54.

Cock M J W, 1982. The biology and host specificity of *Liothrips mikaniae* (Priesner) (Thysanoptera: Phlaeothripidae), a potential biological control agent of *Mikania micrantha* (Compositae) [J]. Bulletin of Entomological Research, 72 (3): 523 - 533.

COFI Sub-committee on Aquaculture, 2010. Aquatic biosecurity: A key for sustainable aquaculture development [R]. Phuket: COFI Sub-Committee on Aquaculture.

Committee on Characterization of Wetlands, Water Science and Technology Board, Board on Environmental Studies and Toxicology, et al., 1995. Wetlands: Characteristics and boundary [M]. Washington D C: National Academy Press.

Connell J H, 1978. Diversity in tropical rain forests and coral reefs [J]. Science, 199: 1302 - 1310.

Costa C S B, Marangoni J C, Azevedo A G, 2003. Plant zonation in irregularly flooded salt marshes: Relative importance of stress tolerance and biological interactions [J]. Journal of Ecology, 91: 951 - 965.

Costanza R, D'Arge R, de Groot R, et al., 1997. The value of the world's ecosystem services and natural capital [J]. Nature, 387 (6630): 253 - 260.

Cowardin L M, Carter V, Golet F C, et al., 1979. Classification of wetlands and deepwater habitats of the United States [M]. Washington D C, USA: Fish and Wildlife Service, US Department of the Interior.

Cowardin L M, Golet Francis C, 1995. US fish and wildlife service 1979 wetland classification: A review: Classification and Inventory of the World's Wetlands [C]. Netherlands: Kluwer Academic Publishers: 139 - 152.

Cuny P, Miralles G, Cornet-Barthaux V, et al., 2007. Influence of bioturbation by the polychaete *Nereis diversicolor* on the structure of bacterial communities in oil contaminated coastal sediments [J]. Marine Pollution Bulletin, 54 (4): 452 - 459.

Daily G C, 1995. Restoring value to the world's degraded lands [J]. Science, 269: 350 - 354.

Day J W Jr, Rybczyk J, Scarton F, et al., 1999. Soil accretionary dynamics, sea-level rise and the survival of wetlands in Venice Lagoon: A field and modelling approach [J]. Estuarine, Coastal and Shelf Science,

49（5）：607 - 628.

Davis J A，Froend R，1999. Loss and degradation of wetlands in south-western Australia：Underlying causes，consequences and solutions [J]. Wetlands Ecology and Management，7（1）：13 - 23.

Dennis A A，Douglas A W，Joel W I，et al.，2005. Hydrogeomorphic classification for great lakes coastal wetlands [J]. Journal of Great Lakes Research，31（Supplement. 1）：129 - 146.

Duarte C M，Middelburg J J，Caraco N，2005. Major role of marine vegetation on the oceanic carbon cycle [J]. Biogeosciences，2（1）：1 - 8.

Dutta S K，Sarkar S K，Barbora B C，1968. Control of *Mikania* in tea with 2，4 - D and M. C. P. A. [J]. Two and a Bud，15：83 - 84.

Edwards A J，Gomez E D，2007. Reef restoration concepts and guidelines：Making sensible management choices in the face of uncertainty [Z]. St Lucia，Australia：Coral Reef Targeted Research and Capacity Building for Management Programme.

Edwards K R，Proffitt C E，2003. Comparison of wetland structural characteristics between created and natural salt marshes in southwest Louisiana，USA [J]. Wetlands，23（2）：344 - 356.

Ehrenfeld J G，2000. Evaluating wetlands within an urban context [J]. Ecological Engineering，15：253 - 265.

Facey P C，Pascoe K O，Porter R B，et al.，1999. Investigation of plants used in Jamaican folk medicine for anti-bacterial activity [J]. The Journal of Pharmacy and Pharmacology，51（12）：1455 - 1460.

Finlayson C M，van der Valk A G，1995. Classification and Inventory of the world's wetlands [M]. London：Kluwer Academic Publishers.

Finlayson C M，Oertzen I V，1993. Wetlands of Australian：Northern（tropical）Australia [C]//Whigham Dennis F，Dykyjová D，Hejny S. Wetlands of the World I：Inventory，Ecology and Management. Kluwer Academic Publishers. Dordrecht，The Netherlands：195 - 251.

Forbes M G，Back J，Doyle R D，2012. Nutrient transformation and retention by coastal prairie wetlands，upper Gulf Coast，Texas [J]. Wetlands，32（4）：705 - 715.

Fourqurean J W，Duarte C M，Kennedy H，et al.，2012. Seagrass ecosystems as a globally significant carbon stock [J]. Nature Geoscience，5（7）：505 - 509.

Freitas A V L，1991. Variation，life cycle and systematics of *Tegosa claudina*（Eschscholtz）（Lepidoptera，Nymphalidae，Melitaeinae）in São Paulo State，Brazil [J]. Revista Brasileira de Entomologia，35：301 - 306.

Gacia E，Duarte C M，Middelburg J J，2002. Carbon and nutrient deposition in a Mediterranean seagrass（*Posidonia oceanica*）meadow [J]. Limnology and Oceanography，47（1）：23 - 32.

Glooschenko W A，Tarnocai C，Zoltai S et al.，1993. Wetlands of Canada and Greenland [C]//Whigham Dennis F，Dykyjová D，Hejny S，Wetlands of the World I：Inventory，Ecology and Management. Dordrecht，The Netherlands：Kluwer Academic Publishers：415 - 514.

Hacker Sally D，Bertness Mark D，1999. Experimental evidence for factors maintaining plant species diversity in a New England salt marsh [J]. Ecology，80：2064 - 2073.

Harley K L S，1990. The role of biological control in the management of water hyacinth，*Eichhornia crassipes* [J]. Biocontrol News and Information，11（1）：11 - 22.

Harold H P，Frank M D，1985. Coastal wetlands：Proceedings of the first great lakes coastal wetlands colloquium [M]. Chelsea，MI，U. S. A：Lewis Publishers，Inc.

Hemminga M A，1998. The root/rhizome system of seagrasses：An asset and a burden [J]. Journal of Sea Research，39（3 - 4）：183 - 196.

Henry C P，Amoros C，1995. Restoration ecology of riverine wetlands：I. A scientific base [J]. Environmental Management，19（6）：891 - 902.

Holm L G, Plucknett D L, Pancho J V, et al., 1977. The world's worst weeds: Distribution and biology [M]. Honolulu: East-West Center and University Press of Hawaii.

Hope D, Billett M F, Cresser M S, 1994. A review of the export of carbon in river water: Fluxes and processes [J]. Environmental Pollution, 84 (3): 301 – 324.

Huang X P, Huang L M, Li Y H, et al., 2006. Main seagrass beds and threats to their habitats in the coastal sea of South China [J]. Chinese Science Bulletin, 51 (Sull. Ⅱ): 136 – 142.

Huang H C, 1981. An outline of China's marshes [C]//Laurence J. C. Ma and Allen G. Noble (eds), The Environment: Chinese and American Views. New York, Loadon: Methuen and Co. Ltd.: 187 – 196.

Hubbard R K, Lowrance R R, 1994. Riparian forest buffer system research at the coastal plain experiment station, Tifton, GA [J]. Water Air and Sail Pollution, 3 – 4: 213 – 236.

Indra R, Krishnamurthy K V, 1984. Allelopathic control of water hyacinth [A].//Thyagarajan G. (ed). Proceedings of the International Conference on Water Hyacinth: Hyderabad, India, February 7 – 11, 1983. United Nations Environment Programme: 936 – 943.

Ipor I B, Price C E, 1994. Uptake, translocation and activity of paraquat on *Mikania micrantha* H. B. K. grown in different light conditions [J]. International Journal of Pest Management, 40 (1): 40 – 45.

Ipor I B, Tawan C S, 1995. The effect of shade on leaf characteristics of *Mikania micrantha* (Compositae) and their influence on retention of Imazapyr [J]. Agricultural Science, 18 (3): 163 – 168.

Jackson E L, Rowden A A, Attrill M J, et al., 2001. The importance of seagrass beds as a habitat for fishery species [J]. Oceanography and Marine Biology, 39: 269 – 303.

James K S, Ivan R L, Helene M, 2007. Seagrass as pasture for seacows: Landscape-level dugong habitat evaluation [J]. Estuarine, Coastal and Shelf Science, 71 (1 – 2): 117 – 132.

James W F, Carlos M D, Hilary K, et al., 2012. Seagrass ecosystems as a globally significant carbon stock [J]. Nature Geoscience, 5 (7): 505 – 509.

Johnstone I M, 1986. Plant invasion windows: A time-based classification of invasion potential [J]. Biological Reviews, 61: 369 – 394.

Joyce J C, 1993. Chemical control [J]. Lakeline, 13: 44 – 47.

Kathiresan R M, 2000. Allelopathic potential of native plants against water hyacinth [J]. Crop Protection, 19 (8 – 10): 705 – 708.

Kauraw L P, Bhan V M, 1994. Efficacy of cassytha powder to water hyacinth (*Eichhornia crassipes*) and of marigold to *Parthenium* population [J]. Weed News, 1 (2): 3 – 6.

Keddy P A, 2000. Wetland ecology: Principles and conservation [M]. Cambrideg: Cambridge University Press.

Kent D M, Reimold R J, Kelly J, 1990. Wetlands delineation and assessment [R]. Technical report to the Connecticut Department of Transportation, Bureau of Planning, Weimar: Metcalf and Eddy, Inc.

Kent D M, Schwegler B R, Langston M A, 1999. Virtual reference wetlands for assessing wildlife [J]. Florida Scientist, 62 (3 – 4): 222 – 234.

Kim K G, Park M Y, Choi H S, 2006. Developing a wetland-type classification system in the Republic of Korea [J]. Landscape and Ecological Engineering, 2 (2): 93 – 110.

Kent D M, Reimold R J, Kelly J, 1990. Wetlands delineation and assessment [R]. Technical report to the Connecticut Department of Transportation, Bureau of Planning, Weimar: Metcalf and Eddy, Inc.

King R S, Brazner J C, 1999. Coastal wetland insect communities along a trophic gradient in Green bay, Lake Michigan [J]. Wetlands, 19 (2): 426 – 437.

Klumpp D W, Howard R K, Pollard D A, et al., 1989. Trophodynamics and nutritional ecology of seagrass communities [C]. Larkum A W D. Biology of Seagrasseset Amsterdam: Elsevier: 394 - 457.

Kusler J A, Mitsch W J, Larson J S, 1994. Wetlands [J]. Scientific American, 270 (1): 64 - 70.

Laffoley D, Grimsditch G, 2009. The management of natural coastal carbon sinks [R]. Gland, Switzerland: International Union for Conservation of Nature.

Laine J, 1982. Peatlands and their utilization in Finland [M]. Helsinki: Finnish Peatland Society (Suoseura).

Lal P, 2004. Coral reef use and management-the need, role and prospects of economic valuation in the Pacific [C]//Ahmed M. Economic valuation and policy priorities for sustainable management of coral reefs Penang: World Fish Cente: 59 - 78.

Larson J S, Mazzarese D B, 1994. Rapid assessment of wetlands: History and application to management [C]//Mitsch. Global wetlands: Old world and new . Elsevie: 623 - 636.

Larsson T, 1994. Controle des roseux et conservation des zones humides [J]. Bulletin Mensuel de I'Office National de la Chasse, 189: 18 - 21.

Lei C, Mark B, Meijuan Z, et al. , 2011. A systematic scheme for monitoring waterbird populations at Shengjin Lake, China: Methodology and preliminary results [J]. Chinese Birds, 2 (1): 1 - 17.

Levenson H, 1991. Coastal systems: On the margin [C]//H. Suzanne Bolton. Coastal wetlands. New York: American Society of Civil Engineers: 75 - 83.

Lloyd J W, Tellam J H, Rukin N, et al. , 1993. Wetland Vulnerability in East Anglia: A Possible conceptual framework and generalized approach [J]. Journal of Environmental Management, 37 (2): 87 - 102.

Long S P, 1983. Saltmarsh ecology [M]. Glasgow: Blackie, Distributed in the USA by Chapman and Hall.

Lugo A E, Snedaker S C, 1974. The ecology of mangroves [J]. Annual Review of Ecology and Systematics, 5: 39 - 64.

Maltby E, 1986. Waterlogged wealth: Why waste the world's wet places? [M]. London: London Earthscan Publication.

Maltby E, Hogan D V, Immirzi C P, et al. , 1994. Building a new approach to the investigation and assessment of wetland ecosystem functioning [C]. //Mitsch. Global wetlands: Old world and new. Elsevier: 637 - 658.

Maltby E, Immirzi P, 1993. Carbon dynamics in peatlands and other wetland soils regional and global perspectives [J]. Chemosphere, 27 (6): 999 - 1023.

Maltby E, Turner R E, 1983. Wetlands of the world [J]. Geographical Magazine, 55 (1): 12 - 17.

McKee K L, Faulkner P L, 2000. Restoration of biogeochemical function in Mangrove forest [J]. Restoration Ecology, 8 (3): 247 - 259.

Meybeck M, 1993. Riverine transport of atmospheric carbon: Sources, global typology and budget [J]. Water, Air and Soil Pollution, 70 (1 - 4): 443 - 463.

Michael W, 1990. Wetlands: A threatened landscape [M]. Oxford: Basil Blackwell.

Mitchell D S, 1985. African aquatic weeds and their management [C]//Patrick Denny. The ecology and management of African wetland vegetation. Dordrecht: Dr. W. Junk Publishers: 177 - 202.

Mitsch W J, Gosselink J G, 1986. Wetlands [M]. New York: John Wiky and Sons.

Mitsch W J, Gosselink J G, 2007. Wetlands [M]. 4th edition. New York: John Wiley and Sons.

Mitsch W J, Jorgensen S E, 1989. Ecological engineering: An introduction to ecotechnology [M]. New York: John Wiky and Sons.

Mitsch W J, Mitsch R H, Turner R E, 1994. Wetlands of the old and new worlds: Ecology and management [C]//Mitsch W J. Global wetlands: Old world and new. Amsterdam: Elsevier Science: 3 - 56.

Mitsch W J, Wilson R F, 1996. Improving the success of wetland creation and restoration with know-how, time, and self-design [J]. Ecological Applications, 6 (1): 77 - 83.

Moffat A S, 1995. Plants proving their worth in toxic metal cleanup [J]. Science, 269 (21): 302 - 303.

Moore P D, Bellamy D J, 1974. Peatlands [M]. London: Elek Science: 221.

Murphy K I, Castella Emmanuel, Clément B, et al. , 1994. Biotic indicators of riverine wetland ecosystem functioning [C]//Mitsch W J. Global wetlands: Old world and new [C]. Elsevier: 659 - 682.

National wetlands working group, 1988. Wetlands of Canada [C]. Ecological Land Classification Series 24, Envirorment Cananda, Ottawa, Ontario, Polyscience Publication, Montreal, Quebec.

National wetlands working group, 1997. The Canadian wetland classification system: second edition [M]//Warner B G and Rubec C D A. Waterloo: The Wetlands Research Centre.

Newell S Y, 2001. Multiyear patterns of fungal biomass dynamics and productivity within naturally decaying smooth cord grass shoots [J]. Limnology and Oceanography, 46 (3): 573 - 583.

Nicholls R J, 2004. Coastal flooding and wetland loss in the 21th century: Changes under the SRES climate and socio-economic scenarios [J]. Global Environmental Change, 14: 69 - 86.

Nicholls R J, Hoozemans F M J, Marchand M, 1999. Increasing flood risk and wetland losses due to global sea-level rise: Regional and global analyses [J]. Global Environmemtal Change, 9 (Supplement 1): s69 - s87.

Nixon S W, 1980. Between coastal marshes and coastal waters: A review of twenty years of speculation and research on the role of salt marshes in estuarine productivity and water chemisty [C]//Hamilton P, Macdonald K B. Estuarine and wetland process with emphasis on modeling. New York: Plenum Publishers Corporation: 437 - 525.

Northey J E, Christen E W, Ayars J E, et al. , 2006. Occurrence and measurement of salinity stratification in shallow groundwater in the Murrumbidgee irrigation area [J]. Agricultural Water Management, 81: 23 - 40.

Odum E P, 1968. A research challenge: Evaluating the productivity of coastal and estuarine water [C]//Proceedings of the second sea grant conference. Kingston: University of Rhode Island: 63 - 64.

Odum E P, 1969. The strategy of ecosystem development [J]. Science, 164: 262 - 270.

Paijmans K, Galloway R W, Faith D P, et al. , 1985. Aspects of Australian wetlands [R]. CSIRO Division of Water and Land Resources, 44: 1 - 71.

Palić D, Scarfe A D, Walster C I, 2015. A standardized approach for meeting national and international aquaculture biosecurity requirements for preventing, controlling, and eradicating infectious diseases [J]. Journal of Applied Aquaculture, 27 (3): 185 - 219.

Páll E, Niculae M, Brudașcă G F, et al. , 2021. Assessment and antibiotic resistance profiling in vibrio species isolated from wild birds captured in *Danube Delta Biosphere* reserve, romania [J]. Basel: Antibiotics, 10 (3): 333.

Pandey D K, Kauraw L P, Bhan V M, 1993. Inhibitory effect of Parthenium (*Partheniun hysterophorus* L.) residue on growth of water hyacinth [*Eichhornia crassipes* (Mart.) Solms.] [J]. Journal of Chemical Ecology, 19: 2651 - 2662.

Paul M J, Meyer J L, 2001. Streams in the urban landscape [J]. Annual Review of Ecology and Systematics, 32: 333 - 365.

Pennings S C, Bertness M D, 2000. Salt marsh communities [C]//Bertness M D, Gaines S D, Hay M E. Marine community ecology. Sunderland: Sinauer Associates: 289 - 316.

Perillo G M E, Wolanski E, Cahoon D R, et al. , 2009. Coastal wetlands: An integrated ecosystem approach [M]. Amsterdam: Elsevier.

Peter D M, 2007. Wetlands (Ecosystem) [M]. New York: Facts on File.

Ralph W T, 1984. Wetlands of the United States: Current status and recent trends [R]. U. S. Fish and Wildlife Service.

Santiago C M J, 1990. Competition of water hyacinth [*Eichhornia crassipes* (Mart.) Solms] with *Hydrilla verticillata* Royle and *Pistia stratiotes* Linn [J]. Philippine Journal of Science, 4: 323 – 327.

Schmidt K S, Skidmore A K, 2003. Spectral discrimination of vegetation types in a coastal wetland [J]. Remote Sensing of Environment, 85 (1): 92 – 108.

Scott M P, 1994. Landscape-level processes and wetland conservation in the southern Appalachian Mountains [J]. Water, Air and Soil Pollution, 77: 321 – 332.

Semeniuk V, Semeniuk C A, 1997. A geomorphic approach to global classification for natural inland wetlands and rationalization of the sysyem used by the Ramsar Convention: A discussion [J]. Wetlands Ecology and Management, 5: 145 – 158.

Shaw S P, Fredine C G, 1956. Wetlands of the United States: Their extent and their value to waterfowl and other wildlife [R]. Washington D C: U. S. Department of Interior, Fish and Wildlife Service, Circular 39: 67.

Sheppard J K, Lawler I R, Marsh H, 2007. Seagrass as pasture for seacows: Landscape-level dugong habitat evaluation [J]. Estuarine Coastal and Shelf Science, 71 (1): 117 – 132.

Short F T, Davis R C, Kopp B S, et al., 2002. Site-selection model for optimal transplantation of eelgrass *Zostera marina* in the northeastern US [J]. Marine Ecology Progress Series, 227: 253 – 267.

Short F T, Polidoro B, Livingstone S R, et al., 2011. Extinction risk assessment of the world's seagrass species [J]. Biological Conservation, 144 (7): 1961 – 1971.

Shukla V P, 1998. Modelling the dynamics of wetland macrophytes: Keoladeo National Park wetland, India [J]. Ecological Modelling, 109 (1): 99 – 114.

Smith S V, 1978. Coral-reef area and the contributions of reefs to processes and resources of the world's oceans [J]. Nature, 273: 225 – 226.

Soerjani M, Kostermans A J G H, Tjitrosoepomo G, 1987. Weeds of rice in Indonesia [M]. Jakarta: Balai Pustaka.

Spencer C, Robertson A I, Curtis A, 1998. Development and testing of a rapid appraisal wetland condition index in south-eastern Australia [J]. Journal of Environmental Management, 54 (2): 143 – 159.

Sun S C, Cai Y L, Tian X J, 2003. Salt marsh vegetation change after a short-term tidal restriction in the Changjiang Estuary [J]. Wetlands, 23 (2): 257 – 266.

Tarnocai C, Adams G D, Glooschenko V, et al., 1988. The Canadian wetlands classification system [C]// National wetlands working group. Wetlands of Canada. Ecological land classification series 24, Enviorment Cananda, Ottava, Ontario. Montreal, Quebec: Polyscience Publication: 413 – 427.

Teal J M, 1962. Energy flow in the salt marsh ecosystem of Georgia [J]. Ecology, 43 (4): 614 – 624.

Teal J M, Howes B L, 2000. Salt marsh values: Retrospection from the end of the century [C]//Weinstein M P, Kreeger D A. Concepts and controversies in tidal marsh ecology. New York: Kluwer Academic Publishers: 9 – 18.

Trettin C C, Aust W M, Davis M M, et al., 1994. Wetlands of the interior southeastern united states: Conference summary statement [J]. Water, Air and Soil Pollution, 77 (3 – 4): 199 – 205.

van der Valk A G, 1999. Succesion theory and wetland restoration [C]//Perth: Proceeding of INTECOL's V International Wetland Conference: 31 – 47.

Wang G P, Liu J S, Wang J D, et al., 2006. Soil phosphorus forms and their variations in depressional and riparian freshwater wetlands (Sanjiang Plain, Northeast China) [J]. Geoderma, 132 (1 – 2): 59 – 74.

Wang Y G, Lee K L, Najiah M, et al., 2000. A new bacterial white spot syndrome (BWSS) in cultured tiger shrimp Penaeus monodon and its comparison with white spot syndrome (WSS) caused by virus [J]. Diseases of aquatic organisms, 41 (1): 9 - 18.

Waterhouse D F, 1994. Biological control of weeds: Southeast Asian prospects [M]. Canberra, Australia: Australian Centre for International Agricultural Research.

Watts C H, Gibbs G W, 2002. Revegetation and its effect on the ground-dwelling beetle fauna of Matiu-Somes Island, New Zealand [J]. Restoration Ecology, 10 (1): 96 - 106.

Wetland ecosystems research group, 1999. Wetland functional analysis research program [M]. London: College Hill Press.

Wetlands of Canada: National wetlands working group, 1988. Ecological Land Classification Serise, 24 [M]. Sustainable Development Branch, Environment Canada, Ottawa, Ont. And Polyscience Publications, Inc., Montreal, Que.

Wheeler B D, 1995. Introduction: Restoration and wetlands [C]//Wheeler B D, Shaw S C, Fojt W J, et al. Restoration of temperate wetlands [C]. Chichester: John Wiley and Sons : 1 - 18.

Wilen B O, Tiner R W, 1993. Wetlands of the United States [C]//Whigham D F, Dykyjová D, Hejny S. Wetlands of the World: Inventory, ecology and management. Dordrecht: Kluwer Academic Publishers. : 515 - 636.

World organisation for animal health, 2015. Aquatic animal health code [M]. Paris: OIE.

Young D A, 1994. Wetlands are not wastelands: a study of functions and evaluation of Canadian wetlands [C]//Mitsch W J. Global wetlands: Old world and new. Amsterdam: Elsevier Science: 683 - 689.

Zedler J B, Kercher S, 2005. Wetland resources: Status, trends, ecosystem services and restorability [J]. Annual Review of Environment and Research, 15 (30): 39 - 74.

Zoltai S C, 1979. An outline of the wetland regions of Canada [C]//Pollett. Proceedings of a workshop on Canadian wetlands [C]. Saskatchewan: Environment Canada, Lands Directorate: 1 - 8.

Zoltai S C, 1988. Wetland envirorments and classification: Wetlands of Canada [C]. Montreal, Quebec: Polyscience Publication: 1 - 26.

Zoltai S C, Vitt D H, 1995. Canadian wetlands: Environmental gradients and classification [J]. Vegetatio, 188: 131 - 137.

Zuo P, Li Y, Liu C A, et al., 2013. Coastal wetlands of China: Changes from the 1970s to 2007 based on a new wetland classification system [J]. Estuaries and Coasts, 36: 390 - 400.

内部资料参考文献

河北省林业调查规划设计院 . 曹妃甸湿地和鸟类省级自然保护区资源调查成果报告 . 2017.12

李学军，孙少双，张春海，等 . 2018 年秋冬季东方白鹳调查项目报告 . 2019.02

李学军，孙希顺，何向奎，等 . 2019 年春季曹妃甸湿地水鸟调查报告 . 2019.05

李学军等 . 曹妃甸湿地珍稀水鸟栖息地恢复工程建设项目 . 2018.11

李学军等 .《曹妃甸区湿地和鸟类省级自然保护区游禽栖息地保护示范小区工程》. 2018.05

李学军等 .《双龙河西岸林带鹭鸟繁殖保护地建设项目一期工程》. 2018.05

齐遵利 . 曹妃甸湿地（四号地、迷宫）生态修复技术方案 . 2020.04

齐遵利，王文斌 . 曹妃甸湿地核心保护区淡水大水面生态修复技术方案 . 2020.04

王文斌，齐遵利 . 实验区稻田湿地综合种养技术方案 . 2020.04

王文斌，齐遵利 . 核心区稻田湿地养护方案 . 2020.04

王印庚，孙中之，李彬，等 . 落潮湾水库湿地生态系统维护与实施方案 . 2020.04

王印庚，孙中之，李彬，等 . 卤水湿地生态养护方案 . 2020.04

王印庚，李彬，孙中之，等 . 实验区生态养殖规划与实施方案 . 2020.04

王印庚，吕咏，高儒林，等 . 湿地与水鸟栖息地维护方案 . 2019.05

附录 I

曹妃甸湿地和鸟类省级自然保护区高等植物名录

中文名称	拉丁名	备注
1. 丛藓科	Pottiaceae	
大丛藓	*Molendoa hornschuchiana*	
2. 葫芦藓科	Funariaceae	
葫芦藓	*Funaria hygrometrica*	
3. 木贼科	Equisetaceae	
问荆	*Equisetum arvense*	
木贼	*Equisetum ramosissimum*	俗称节节草
4. 蘋科	Marsileaceae	
蘋	*Marsilea quadrifolia*	又名田字草
5. 槐叶蘋科	Salviniaceae	
槐叶蘋	*Salvinia natans*	
6. 满江红科	Azollaceae	
满江红	*Azolla imbricata*	
7. 桑科	Moraceae	
大麻	*Cannabis sativa*	
葎草	*Humulus scandens*	
8. 荨麻科	Urticaceae	
狭叶荨麻	*Urtica angustifolia*	
9. 蓼科	Polygonaceae	
两栖蓼	*Polygonum amphibium*	
萹蓄	*Polygonum aviculare*	
柳叶刺蓼	*Polygonum bungeanum*	
水蓼	*Polygonum hydropiper*	别名红辣蓼、辣椒草
酸模叶蓼	*Polygonum lapathifolium*	常见种
圆基长鬃蓼	*Polygonum longisetum*	
红蓼	*Polygonum orientale*	常见种
西伯利亚蓼	*Polygonum sibiricum*	
皱叶酸模	*Rumex crispus*	
小酸模	*Rumex acetosella*	
巴天酸模	*Rumex patientia*	

（续）

中文名称	拉丁名	备注
10. 藜科	Chenopodiaceae	
滨藜	*Atriplex patens*	常见种
西伯利亚滨藜	*Atriplex sibirica*	
轴藜	*Axyris amaranthoides*	
尖头叶藜	*Chenopodium acuminatum*	
藜	*Chenopodium album*	
刺藜	*Chenopodium aristatum*	
灰绿藜	*Chenopodium glaucum*	常见种
小藜	*Chenopodium serotinum*	
市藜	*Chenopodium urbicum*	
宽翅虫实	*Corispermum platypterum*	
地肤	*Kochia scoparia*	别名地麦，常见种
盐角草	*Salicornia europaea*	
猪毛菜	*Salsola collina*	常见种
无翅猪毛菜	*Salsola komarovii*	
角果碱蓬	*Suaeda corniculata*	
碱蓬	*Suaeda glauca*	别名碱蒿，最常见种
盐地碱蓬	*Suaeda salsa*	别名翅碱蓬、黄须（蓿）菜，常见种
11. 苋科	Amaranthaceae	
凹头苋	*Amaranthus blitum*	
反枝苋	*Amaranthus retroflexus*	别名野苋菜，外来物种
苋菜	*Amaranthus tricolor*	又称红苋菜，常见种
12. 马齿苋科	Portulacaceae	
马齿苋	*Portulaca oleracea*	常见种
13. 石竹科	Caryophyllaceae	
女娄菜	*Silene aprica*	
拟漆姑草	*Spergularia marina*	
14. 金鱼藻科	Ceratophyllaceae	
金鱼藻	*Ceratophyllum demersum*	常见种
15. 毛茛科	Ranunculaceae	
棉团铁线莲	*Clematis hexapetala*	
水葫芦苗	*Halerpestes cymbalaria*	
茴茴蒜	*Ranunculus chinensis*	
石龙芮	*Ranunculus sceleratus*	

（续）

中文名称	拉丁名	备注
箭头唐松草	*Thalictrum simplex*	
16. 十字花科	Brassicaceae	
荠菜	*Capsella bursa - pastoris*	常见种
播娘蒿	*Descurainia sophia*	
独行菜	*Lepidium apetalum*	常见种
沼生蔊菜	*Rorippa islandica*	
风花菜	*Rorippa globosa*	别名球果蔊菜
盐芥	*Thellungiella salsuginea*	
17. 景天科	Crassulaceae	
垂盆草	*Sedum sarmentosum*	
景天	*Sedum erythrostictum*	栽培
18. 虎耳草科	Saxifragaceae	
扯根菜	*Penthorum chinense* Pursh	
19. 蔷薇科	Rosaceae	
鹅绒委陵菜	*Potentilla anserina*	又名蕨麻
委陵菜	*Potentilla chinensis* Ser.	又名翻白草、白头翁
朝天委陵菜	*Potentilla supina*	
欧李	*Cerasus humilis*	
月季花	*Rosa chinensis*	栽培
东方草莓	*Fragaria orientalis*	栽培
桃	*Prunus persica*	栽培
紫叶李	*Prunus cerasifera*	别称樱桃李，常见种，栽培
20. 豆科	Leguminosae	
合萌	*Aeschynomene indica*	
豆茶决明	*Cassia nomame*	
决明	*Cassia tora*	别名假绿豆
野大豆	*Glycine soja*	国家Ⅱ级重点保护，常见种
刺果甘草	*Glycyrrhiza pallidiflora*	
米口袋	*Gueldenstaedtia verna*	
鸡眼草	*Kummerowia striata*	
海边香豌豆	*Lathyrus maritimus*	又称海滨香豌豆
山黧豆	*Lathyrus quinquenervius*	
达乌里胡枝子	*Lespedeza daurica*	
天蓝苜蓿	*Medicago lupulina*	
紫苜蓿	*Medicago sativa*	
白香草木樨	*Melilotus albus*	别称白花草木樨、白甜车轴草

（续）

中文名称	拉丁名	备注
黄香草木樨	*Melilotus officinalis*	又名草木樨
山绿豆	*Phaseolus minimus* Roxb.	又名野小豆
苦马豆	*Sphaerophysa salsula*	
紫穗槐	*Amorpha fruticosa*	栽培，常见种
刺槐	*Robinia pseudoacacia*	别名洋槐，栽培，常见种
香花槐	*Robinia pseudoacacia* cv. *idaho*	栽培，常见种
苦参	*Sophora flavescens*	别名野槐
堇花槐	*Sophora japonica* var. *violacea*	又名五色槐，栽培，常见种
21. 牻牛儿苗科	Geraniaceae	
牻牛儿苗	*Erodium stephanianum*	
老鹳草	*Geranium wilfordii*	
鼠掌老鹳草	*Geranium sibiricum*	
22. 蒺藜科	Zygophyllaceae	
白刺	*Nitraria schoberi*	常见种
蒺藜	*Tribulus terrestris*	
23. 大戟科	Euphorbiaceae	
铁苋菜	*Acalypha australis*	
地锦草	*Euphorbia humifusa*	又名铺地锦
大戟	*Euphorbia pekinensis*	
24. 苦木科	Simaroubaceae	
臭椿	*Ailanthus altissima*	
25. 葡萄科	Vitaceae	
掌裂草葡萄	*Ampelopsis aconitifolia*	
地锦	*Parthenocissus tricuspidata*	俗称爬山虎、三叶地锦
五叶地锦	*Parthenocissus quinquefolia*	五叶爬山虎，栽培
26. 锦葵科	Malvaceae	
野西瓜苗	*Hibiscus trionum*	
芙蓉葵	*Hibiscus moscheutos*	别称草芙蓉，栽培，常见种
苘麻	*Abutilon theophrasti*	栽培
27. 柽柳科	Tamaricaceae	
柽柳	*Tamarix chinensis*	常见种
28. 堇菜科	Violaceae	
早开堇菜	*Viola prionantha*	
29. 千屈菜科	Lythraceae	
千屈菜	*Lythrum salicaria*	
耳叶水苋	*Ammannia arenaria*	

（续）

中文名称	拉丁名	备注
30. 菱科	Trapaceae	
细果野菱	*Trapa maximowiczii*	
野菱	*Trapa incisa* var. *sieb*	国家Ⅱ级重点保护
二角菱	*Trapa bicornis* var. *bispinosa*	
31. 小二仙草科	Haloragidaceae	
狐尾藻	*Myriophyllum verticillatum*	
32. 伞形科	Umbelliferae	
蛇床	*Cnidium monnieri*	
水芹	*Oenanthe javanica*	
33. 报春花科	Primulaceae	
点地梅	*Androsace umbellata*	
34. 蓝雪科	Plumbaginaceae	
二色补血草	*Limonium bicolor*	省级保护
35. 龙胆科	Gentianaceae	
荇菜	*Nymphoides peltatum*	别称金莲子
36. 夹竹桃科	Apocynaceae	
罗布麻	*Apocynum venetum*	
37. 萝藦科	Asclepiadaceae	
牛皮消	*Cynanchum auriculatum*	
地梢瓜	*Cynanchum thesioides*	
鹅绒藤	*Cynanchum chinense*	常见种
萝藦	*Metaplexis japonica*	常见种
38. 旋花科	Convolvulaceae	
打碗花	*Calystegia hederacea*	
宽叶打碗花	*Calystegia sepium*	
菟丝子	*Cuscuta chinensis*	
田旋花	*Convolvulus arvensis*	
裂叶牵牛	*Pharbitis hederacea*	
圆叶牵牛	*Pharbitis purpurea*	
39. 紫草科	Boraginaceae	
斑种草	*Bothriospermum chinense*	
鹤虱	*Lappula myosotis* Moench	
砂引草	*Messerschmidia sibirica*	
附地菜	*Trigonotis peduncularis*	
40. 唇形科	Labiatae	
夏至草	*Lagopsis supina*	别名小益母草

（续）

中文名称	拉丁名	备注
益母草	*Leonurus japonicus*	
地笋	*Lycopus lucidus*	又称地瓜儿苗
薄荷	*Mentha haplocalyx*	
雪见草	*Salvia plebeia*	又名荔枝草
华水苏	*Stachys chinensis*	
水苏	*Stachys japonica*	
41. 茄科	Solanaceae	
曼陀罗	*Datura stramonium*	
枸杞	*Lycium chinense*	常见种
龙葵	*Solanum nigrum*	常见种
42. 玄参科	Scrophulariaceae	
地黄	*Rehmannia glutinosa*	别名生地黄
北水苦荬	*Veronica anagallis-aquatica*	
43. 列当科	Orobanchaceae	
黄花列当	*Orobanche pycnostachya*	
44. 狸藻科	Lentibulariaceae	
狸藻	*Utricularia vulgaris*	
45. 车前科	Plantaginaceae	
平车前	*Plantago depressa*	
大车前	*Plantago major*	
车前	*Plantago asiatica*	
46. 茜草科	Rubiaceae	
茜草	*Rubia cordifolia*	
47. 葫芦科	Cucurbitaceae	
盒子草	*Actinostemma tenerum*	
48. 菊科	Compositae	
黄花蒿	*Artemisia annua*	
青蒿	*Artemisia carvifolia*	
艾蒿	*Artemisia argyi*	
茵陈蒿	*Artemisia capillaris*	常见种
柳叶蒿	*Artemisia integrifolia*	常见种
野艾蒿	*Artemisia lavandulaefolia*	
蒌蒿	*Artemisia selengensis*	
猪毛蒿	*Artemisia scoparia*	常见种
阴地蒿	*Artemisia sylvatica*	
小花鬼针草	*Bidens parviflora*	

（续）

中文名称	拉丁名	备注
狼把草	*Bidens tripartita*	
短星菊	*Brachyactis ciliata*	
大蓟	*Cirsium japonicum*	常见种
小蓟	*Cirsium setosum*	别名刺儿菜，常见种
小飞蓬	*Conyza canadensis*	常见种
狗娃花	*Heteropappus hispidus*	
阿尔泰狗娃花	*Heteropappus altaicus*	
鳢肠	*Eclipta prostrata*	常见种
泥胡菜	*Hemistepta lyrata* Bunge	
旋覆花	*Inula japonica*	常见种
山苦荬	*Ixeris chinensis*	俗称苦菜，常见种
苦荬菜	*Ixeris denticulata*	
抱茎苦荬菜	*Ixeris sonchifolia*	常见种
全叶马兰	*Kalimeris integrtifolia*	
山莴苣	*Lactuca indica*	又称翅果菊
北山莴苣	*Lactuca sibirica*	
紫花山莴苣	*Lactuca tatarica*	又称乳苣，常见种
细叶鸦葱	*Scorzonera pusilla*	又称毛管草
蒙古鸦葱	*Scorzonera mongolica*	
狗舌草	*Tephroseris kirilowii*	
苣荬菜	*Sonchus brachyotus*	又名长裂苦苣菜，常见种
苦苣菜	*Sonchus oleraceus*	别名苦菜、苦苦菜，常见种
蒲公英	*Taraxacum mongolicum*	
碱菀	*Tripolium vulgare*	
苍耳	*Xanthium sibiricum*	
49. 香蒲科	Typhaceae	
长苞香蒲	*Typha angustata*	
香蒲	*Typha orientalis*	
狭叶香蒲	*Typha angustifolia*	又名水烛，常见种
50. 眼子菜科	Potamogetonaceae	
菹草	*Potamogeton crispus*	常见种
眼子菜	*Potamogeton distinctus*	
小叶眼子菜	*Potamogeton cristatus*	
马来眼子菜	*Potamogeton malaianus*	又称竹叶眼子菜
龙须眼子菜	*Potamogeton pectinatus*	
角果藻	*Zannichellia palustris*	

（续）

中文名称	拉丁名	备注
51. 茨藻科	Najadaceae	
大茨藻	*Najas marina*	
小茨藻	*Najas minor*	
52. 泽泻科	Alismataceae	
草泽泻	*Alisma gramineum*	
泽泻	*Alisma orientale*	
野慈姑	*Sagittaria trifolia*	
53. 花蔺科	Butomaceae	
花蔺	*Butomus umbellatus*	
54. 水鳖科	Hydrocharitaceae	
水鳖	*Hydrocharis dubia*	
黑藻	*Hydrilla verticillata*	
苦草	*Vallisneria natans*	别称蓼萍草，扁草
55. 禾本科	Gramineae	
獐茅	*Aeluropus littoralis* var. *sinensis*	别名獐毛、马绊草，常见种
巨序剪股颖	*Agrostis gigantea*	
华北剪股颖	*Agrostis clavata*	
看麦娘	*Alopecurus aequalis*	
羊草	*Leymus chinensis*	
荩草	*Arthraxon hispidus*	
茵草	*Beckmannia syzigachne*	又名菵草、俗称水稗子
假苇拂子茅	*Calamagrostis pseudophragmites*	
虎尾草	*Chloris virgata*	
升马唐	*Digitaria ciliaris*	常见种
马唐	*Digitaria sanguinalis*	常见种
双稃草	*Diplachne fusca*	
稗	*Echinochloa crusgalli*	常见种
光头稗	*Echinochloa colonum*	
长芒稗	*Echinochloa caudata*	
旱稗	*Echinochloa crusgalli* var. *hispidula*	常见种
无芒稗	*Echinochloa crusgalli* var. *mitis*	
西来稗	*Echinochloa crusgalli* var. *zelayensis*	
蟋蟀草	*Eleusine indica*	又名牛筋草，常见种
秋画眉草	*Eragrostis autumnalis*	
大画眉草	*Eragrostis cilianensis*	
画眉草	*Eragrostis pilosa*	

（续）

中文名称	拉丁名	备注
紫羊茅	*Festuca rubra*	
牛鞭草	*Hemarthria sibirica*	
茅香	*Hierochloe odorata*	
白茅	*Imperata cylindrica*	常见种
假稻	*Leersia japonica*（Makino）Honda	
水稻	*Oryza sativa*	常见种，量多，栽培
荻	*Miscanthus sacchariflorus*	
狼尾草	*Pennisetum alopecuroides*	
碱茅	*Puccinellia distans*	
芦苇	*Phragmites australis*	常见种，量最多
鹅观草	*Roegneria kamoji*	
金狗尾草	*Setaria glauca*	
狗尾草	*Setaria viridis*	常见种
谷莠子	*Setaria viridis* var. *major*（Gau－din）	常见种
大米草	*Spartina anglica*	外来种
菅草	*Themeda japonica*	又名黄背草
茭白	*Zizania latifolia*	又名菰
结缕草	*Zoysia japonica*	
56. 莎草科	Cyperaceae	
披针叶薹草	*Carex lanceolata*	
翼果薹草	*Carex neurocarpa*	
阿穆尔莎草	*Cyperus amuricus*	
异型莎草	*Cyperus difformis*	
三轮草	*Cyperus orthostachyus* Franch	
碎米莎草	*Cyperus iria*	
旋鳞莎草	*Cyperus michelianus*	
水莎草	*Cyperus glomeratus*	别名头状穗莎草
羽毛荸荠	*Heleocharis wichurai*	
牛毛毡	*Heleocharis yokoscensis*	
二歧飘拂草	*Fimbristylis dichotoma*	
球穗莎草	*Pycreus globosus*	
红鳞扁莎	*Pycreus sanguinolentus*	
萤蔺	*Scirpus juncoides*	
扁秆藨草	*Scirpus planiculmis*	常见种
水葱	*Scirpus validus*	
藨草	*Scirpus triqueter*	常见种

（续）

中文名称	拉丁名	备注
荆三棱	*Scirpus yagara*	常见种
57. 天南星科	Araceae	
菖蒲	*Acorus calamus*	
58. 浮萍科	Lemnaceae	
浮萍	*Lemna minor*	
紫萍	*Spirodela polyrhiza*	
59. 鸭跖草科	Commelinaceae	
鸭跖草	*Commelina communis*	别名碧竹子
60、雨久花科	Pontederiaceae	
雨久花	*Monochoria korsakowii*	
61. 灯芯草科	Juncaceae	
小灯芯草	*Juncus bufonius*	
细灯芯草	*Juncus gracillimus*	
62. 百合科	Liliaceae	
兴安天门冬	*Asparagus dauricus*	
龙须菜	*Asparagus schoberioides*	
63. 鸢尾科	Iridaceae	
马蔺	*Iris lactea* Pall. var. *chinensis*	别称马莲、马兰
64. 睡莲科	Nymphaeaceae	
莲	*Nelumbo nucifera*	别名荷花，国家Ⅱ级重点保护
65. 银杏科	Ginkgoaceae	
银杏	*Ginkgo biloba*	国家Ⅰ级重点保护
66. 松科	Pinaceae	
油松	*Pinus tabuliformis*	省级保护，栽培
67. 柏科	Cupressaceae	
龙柏	*Sabina chinensis* var. *kaizuca*	栽培
68. 杨柳科	Salicaceae	
杨	*Populus* spp.	常见种，栽培
旱柳	*Salix matsudana*	常见种，栽培
柳	*Salix* spp.	常见种，栽培
69. 榆科	Ulmaceae	
白榆	*Ulmus pumila*	栽培
中华金叶榆	*Ulmus pumila* cv. *jinye*	栽培
70. 悬铃木科	Platanaceae	
法国梧桐	*Platanus orientalis*	又名三球悬铃木，栽培
71. 漆树科	Anacardiaceae	

（续）

中文名称	拉丁名	备注
火炬树	*Rhus typhina*	栽培
72. 卫矛科	Celastraceae	
冬青卫矛	*Euonymus japonicus*	又名大叶黄杨，栽培
73. 无患子科	Sapindaceae	
栾树	*Koelreuteria paniculata*	常见种，栽培
74. 胡颓子科	Elaeagnaceae	
沙枣	*Elaeagnus angustifolia*	栽培
75. 木樨科	Oleaceae	
白蜡树	*Fraxinus chinensis*	栽培
金叶女贞	*Ligustrum vicaryi*	栽培

注：至 2020 年，曹妃甸湿地和鸟类省级自然保护区已发现记录到高等植物 75 科、189 属、287 种，其中：野生高等植物 65 科 170 属 260 种，栽培植物 16 科 23 属 27 种。

附录 II

曹妃甸湿地和鸟类省级自然保护区鸟类名录

目、科、种及拉丁名	数量等级	区系类型	居留类型	保护级别
Ⅰ 潜鸟目 Gaviiformes				
潜鸟科 Gaviidae				
红喉潜鸟 *Gavia stellata*	+	P	旅	▲
黑喉潜鸟 *Gavia arctica*	+	P	旅	▲
Ⅱ 鸊鷉目 Podicipediformes				
鸊鷉科 Podicipedidae				
小鸊鷉 *Tachybaptus ruficollis*	++	O	夏	▲
凤头鸊鷉 *Podiceps cristatus*	+	P	夏	▲
角鸊鷉 *Podiceps auritus*	+	C	旅	Ⅱ
赤颈鸊鷉 *Podiceps grisegena*	+	P	旅	Ⅱ
黑颈鸊鷉 *Podiceps nigricollis*	+	C	旅	▲
Ⅲ 鹱形目 Procellariiformes				
鹱科 Procellariidae				
白额鹱 *Calonectris leucomelas*	+	C	迷	
海燕科 Hydrobatidae				
白腰叉尾海燕 *Oceanodroma leucorhoa*	+	P	旅	▲
黑叉尾海燕 *Oceanodroma monorhis*	+	O	迷	
信天翁科 Diomedeidae				
短尾信天翁 *Diomedea albatrus*	+	O	迷	Ⅰ
Ⅳ 鹈形目 Pelecaniformes				
鹈鹕科 Pelecanidae				
卷羽鹈鹕 *Pelecanus crispus*	+	C	旅	Ⅱ
斑嘴鹈鹕 *Pelecanus philippensis*	+	C	旅	Ⅱ
鸬鹚科 Phalacrocoracidae				
普通鸬鹚 *Phalacrocorax carbo*	+++	C	旅	▲
海鸬鹚 *Phalacrocorax pelagicus*	+	P	旅	Ⅱ

（续）

目、科、种及拉丁名	数量等级	区系类型	居留类型	保护级别
暗绿背鸬鹚 *Phalacrocorax capillatus*	++	P	旅	▲
军舰鸟科 Fregatidae				
小军舰鸟 *Fregata minor*	+	O	旅	
V 鹳形目 Ciconiiformes				
鹭科 Ardeidae				
苍鹭 *Ardea cinerea*	++	C	夏	▲
草鹭 *Ardea purpurea*	++	C	夏	▲
池鹭 *Ardeola bacchus*	++	C	夏	▲
绿鹭 *Butorides striata*	+	C	夏	▲
大白鹭 *Ardea alba*	+	C	夏	▲✿
中白鹭 *Ardea intermedia*	+++	C	夏	▲✿
牛背鹭 *Bubulcus ibis*	+	C	夏	▲✿
白鹭 *Egretta garzetta*	+++	C	夏	▲✿
黄嘴白鹭 *Egretta eulophotes*	+	C	旅	II
夜鹭 *Nycticorax nycticorax*	+++	C	夏	▲
黄苇鳽 *Ixobrychus sinensis*	+	C	夏	▲
紫背苇鳽 *Ixobrychus eurhythmus*	+	P	夏	▲
栗苇鳽 *Ixobrychus cinnamomeus*	+	C	夏	▲
大麻鳽 *Botaurus stellaris*	+	C	夏	▲
鹳科 Ciconiidae				
东方白鹳 *Ciconia boyciana*	+	P	旅	I
黑鹳 *Ciconia nigra*	+	P	旅	I
鹮科 Threskiornithidae				
黑头白鹮 *Threskiornis melanocephalus*	+	P	旅	II
白琵鹭 *Platalea leucorodia*	+	P	旅	II
黑脸琵鹭 *Platalea minor*	+	C	旅	II
VI 雁形目 Anseriformes				
鸭科 Anatidae				
鸿雁 *Anser cygnoides*	+	P	旅	▲
豆雁 *Anser fabalis*	+	P	旅	▲
灰雁 *Anser anser*	+	P	旅	▲
白额雁 *Anser albifrons*	+	P	旅	II
小白额雁 *Anser erythropus*	+	P	旅	▲
斑头雁 *Anser indicus*	+	P	迷	

（续）

目、科、种及拉丁名	数量等级	区系类型	居留类型	保护级别
黑雁 Branta bernicla	+	P	旅	▲
大天鹅 Cygnus cygnus	+	P	旅	II
小天鹅 Cygnus columbianus	+	P	旅	II
疣鼻天鹅 Cygnus olor	+	P	旅	II
赤麻鸭 Tadorna ferruginea	+	P	旅	▲
翘鼻麻鸭 Tadorna tadorna	++	P	旅	▲
针尾鸭 Anas acuta	++	C	旅	▲
绿翅鸭 Anas crecca	++	P	旅	▲
花脸鸭 Anas formosa	+	P	旅	▲
罗纹鸭 Anas falcata	+	P	旅	▲
绿头鸭 Anas platyrhynchos	++	P	夏	▲
斑嘴鸭 Anas poecilorhyncha	+++	C	夏	▲
赤膀鸭 Anas strepera	++	P	旅	▲
赤颈鸭 Anas penelope	+	P	旅	▲
白眉鸭 Anas querquedula	+	P	旅	▲
琵嘴鸭 Anas clypeata	+	P	旅	▲
鹊鸭 Bucephala clangula	+	P	旅	▲
红头潜鸭 Aythya ferina	+++	P	旅	▲
斑背潜鸭 Aythya marila	+	P	旅	▲
青头潜鸭 Aythya baeri	+	P	旅	▲
凤头潜鸭 Aythya fuligula	+	P	旅	▲
白眼潜鸭 Aythya nyroca	+	P	迷	▲
鸳鸯 Aix galericulata	+	P	旅	II
斑脸海番鸭 Melanitta fusca	+	P	旅	▲
丑鸭 Histrionicus histrionicus	+	P	旅	▲
长尾鸭 Clangula hyemalis	+	P	旅	▲
白秋沙鸭 Mergellus albellus	+	P	旅	▲
中华秋沙鸭 Mergus squamatus	+	P	旅	I
红胸秋沙鸭 Mergus serrator	+	P	旅	▲
普通秋沙鸭 Mergus merganser	+	P	旅	▲
VII 隼形目 Falconiformes				
鹰科 Accipitridae				
凤头蜂鹰 Pernis ptilorhynchus	+	C	旅	II
黑鸢 Milvus migrans	+	P	旅	II

（续）

目、科、种及拉丁名	数量等级	区系类型	居留类型	保护级别
黑翅鸢 *Elanus caeruleus*	+	C	旅	II
苍鹰 *Accipiter gentilis*	+	P	旅	II
赤腹鹰 *Accipiter soloensis*	+	O	旅	II
雀鹰 *Accipiter nisus*	+	P	旅	II
松雀鹰 *Accipiter virgatus*	+	O	旅	II
日本松雀鹰 *Accipiter gularis*	+	P	旅	II
凤头鹰 *Accipiter trivirgatus*	+	O	旅	II
大鵟 *Buteo hemilasius*	+	P	旅	II
普通鵟 *Buteo buteo*	+	P	旅	II
毛脚鵟 *Buteo lagopus*	+	P	旅	II
灰脸鵟鹰 *Butastur indicus*	+	P	旅	II
白肩雕 *Aquila heliaca*	+	P	旅	I
金雕 *Aquila chrysaetos*	+	P	旅	I
乌雕 *Aquila clanga*	+	P	旅	II
草原雕 *Aquila nipalensis*	+	P	旅	II
玉带海雕 *Haliaeetus leucoryphus*	+	P	旅	II
白尾海雕 *Haliaeetus albicilla*	+	P	旅	I
蛇雕 *Spilornis cheela*	+	O	旅	II
白尾鹞 *Circus cyaneus*	+	P	旅	II
草原鹞 *Circus macrourus*	+	P	旅	II
鹊鹞 *Circus melanoleucos*	+	P	旅	II
白腹鹞 *Circus spilonotus*	+	C	旅	II
秃鹫 *Aegypius monachus*	+	P	冬	II
鹗科 Pandionidae				
鹗 *Pandion haliaetus*	+	C	旅	II
隼科 Falconidae				
猎隼 *Falco cherrug*	+	P	旅	II
矛隼 *Falco rusticolus*	+	P	旅	II
游隼 *Falco peregrinus*	+	C	旅	II
燕隼 *Falco subbuteo*	+	P	旅	II
灰背隼 *Falco columbarius*	+	P	旅	II
黄爪隼 *Falco naumanni*	+	P	旅	II
红隼 *Falco tinnunculus*	+	C	夏	II
红脚隼 *Falco amurensiss*	+	C	旅	II

（续）

目、科、种及拉丁名	数量等级	区系类型	居留类型	保护级别
Ⅷ鸡形目 Galliformes				
雉科 Phasianidae				
鹌鹑 *Coturnix coturnix*	+	C	留	▲
日本鹌鹑 *Coturnix japonica*	+	C	留	▲
环颈雉 *Phasianus colchicus*	+	P	留	
石鸡 *Alectoris chukar*	+	C	留	
斑翅山鹑 *Perdix dauurica*	+	C	留	
Ⅸ鹤形目 Gruiformes				
三趾鹑科 Turnicidae				
黄脚三趾鹑 *Turnix tanki*	+	C	夏	
鹤科 Gruidae				
灰鹤 *Grus grus*	+	P	旅	Ⅱ
丹顶鹤 *Grus japonensis*	+	P	旅	Ⅰ
白枕鹤 *Grus vipio*	+	P	旅	Ⅱ
白鹤 *Grus leucogeranus*	+	P	旅	Ⅰ
白头鹤 *Grus monacha*	+	P	旅	Ⅰ
蓑羽鹤 *Anthropoides virgo*	+	P	旅	Ⅱ
秧鸡科 Rallidae				
普通秧鸡 *Rallus aquaticus*	+	P	旅	▲
小田鸡 *Porzana pusilla*	+	C	旅	▲
红胸田鸡 *Porzana fusca*	+	C	旅	▲
斑胸田鸡 *Porzana porzana*	+	C	旅	▲
斑肋田鸡 *Porzana paykullii*	+	C	旅	▲
花田鸡 *Coturnicops exquisitus*	+	P	旅	Ⅱ
董鸡 *Gallicrex cinerea*	+	O	夏	▲
黑水鸡 *Gallinula chloropus*	++	C	夏	▲
白骨顶 *Fulica atra*	+	C	夏	▲
白胸苦恶鸟 *Amaurornis phoenicurus*	+	O	夏	▲
鸨科 Otididae				
大鸨 *Otis tarda*	+	P	旅	Ⅰ
Ⅹ鸻形目 Charadriiformes				
彩鹬科 Rostratulidae				
彩鹬 *Rostratula benghalensis*	+	C	旅	▲
蛎鹬科 Haematopodidae				

（续）

目、科、种及拉丁名	数量等级	区系类型	居留类型	保护级别
蛎鹬 *Haematopus ostralegus*	+	C	旅	▲
鸻科 Charadriidae				
凤头麦鸡 *Vanellus vanellus*	++	P	旅	▲
灰头麦鸡 *Vanellus cinereus*	+	P	旅	▲
灰斑鸻 *Pluvialis squatarola*	+++	P	旅	▲
金斑鸻 *Pluvialis fulva*	+	P	旅	▲
长嘴剑鸻 *Charadrius placidus*	+	P	夏	▲
环颈鸻 *Charadrius alexandrinus*	+++	C	夏	▲
金眶鸻 *Charadrius dubius*	++	C	夏	▲
蒙古沙鸻 *Charadrius mongolus*	++	P	旅	▲
铁嘴沙鸻 *Charadrius leschenaultii*	+	P	旅	▲
红胸鸻 *Charadrius asiaticus*	+	P	旅	▲
剑鸻 *Charadrius hiaticula*	++	C	旅	▲
东方鸻 *Charadrius veredus*	+	P	旅	▲
鹬科 Scolopacidae				
小杓鹬 *Numenius minutus*	+	P	旅	Ⅱ
中杓鹬 *Numenius phaeopus*	+++	P	旅	▲
白腰杓鹬 *Numenius arquata*	+++	P	旅	▲
大杓鹬 *Numenius madagascariensis*	++	P	旅	▲
黑尾塍鹬 *Limosa limosa*	+++	P	旅	▲
斑尾塍鹬 *Limosa lapponica*	+++	P	旅	▲
鹤鹬 *Tringa erythropus*	+++	P	旅	▲
红脚鹬 *Tringa totanus*	++	P	旅	▲
泽鹬 *Tringa stagnatilis*	+++	P	旅	▲
青脚鹬 *Tringa nebularia*	+++	P	旅	▲
小青脚鹬 *Tringa guttifer*	+	P	旅	Ⅱ
白腰草鹬 *Tringa ochropus*	++	P	旅	▲
林鹬 *Tringa glareola*	+	P	旅	▲
矶鹬 *Actitis hypoleucos*	+++	P	旅	▲
翘嘴鹬 *Xenus cinereus*	++	P	旅	▲
翻石鹬 *Arenaria interpres*	+	P	旅	▲
半蹼鹬 *Limnodromus semipalmatus*	+++	P	旅	▲✿
长嘴半蹼鹬 *Limnodromus scolopaceus*	+	P	旅	▲
孤沙锥 *Gallinago solitaria*	+	P	旅	▲

（续）

目、科、种及拉丁名	数量等级	区系类型	居留类型	保护级别
针尾沙锥 Gallinago stenura	+	P	旅	▲
大沙锥 Gallinago megala	+	P	旅	▲
扇尾沙锥 Gallinago gallinago	+	P	旅	▲
澳南沙锥 Gallinago hardwickii	+	C	迷	▲
丘鹬 Scolopax rusticola	+	P	夏	▲
红腹滨鹬 Calidris canutus	+++	P	旅	▲
大滨鹬 Calidris tenuirostris	+++	P	旅	▲
小滨鹬 Calidris minuta	+	P	旅	▲
红颈滨鹬 Calidris ruficollis	+++	P	旅	▲
长趾滨鹬 Calidris subminuta	+	P	旅	▲
青脚滨鹬 Calidris temminckii	+	P	旅	▲
尖尾滨鹬 Calidris acuminata	+++	P	旅	▲
黑腹滨鹬 Calidris alpina	+++	P	旅	▲
弯嘴滨鹬 Calidris ferruginea	+++	P	旅	▲
斑胸滨鹬 Calidris melanotos	+	C	旅	
三趾滨鹬 Calidris alba	+	P	旅	▲✿
阔嘴鹬 Limicola falcinellus	+++	P	旅	▲
流苏鹬 Philomachus pugnax	+	P	旅	
漂鹬 Heteroscelus incanus	+	O	旅	▲
灰尾漂鹬 Tringa brevipes	+	P	旅	▲
勺嘴鹬 Eurynorhynchus pygmeus	+	P	旅	▲
姬鹬 Lymnocryptes minimus	+	P	旅	▲
水雉科 Jacanidae				
水雉 Hydrophasianus chirurgus		O	留	▲
反嘴鹬科 Recurvirostridae				
反嘴鹬 Recurvirostra avosetta	+++	P	旅	▲
黑翅长脚鹬 Himantopus himantopus	+++	P	旅	▲✿
鹮嘴鹬科 Ibidorhynchidae				
鹮嘴鹬 Ibidorhyncha struthersii	+	P	旅	▲
瓣蹼鹬科 Phalarodidae				
红颈瓣蹼鹬 Phalaropus lobatus	+	P	旅	▲
灰瓣蹼鹬 Phalaropus fulicarius		C	旅	▲
燕鸻科 Glareolidae				
普通燕鸻 Glareola maldivarum	+	C	夏	▲

（续）

目、科、种及拉丁名	数量等级	区系类型	居留类型	保护级别
Ⅺ鸥形目 Lariformes				
鸥科 Laridae				
遗鸥 *Larus relictus*	+	P	旅	Ⅰ
渔鸥 *Larus ichthyaetus*	++	P	冬	▲
海鸥 *Larus canus*	++	P	旅	▲
西伯利亚银鸥 *Larus vegae*	++	P	旅	▲
北极鸥 *Larus hyperboreus*	++	P	冬	▲
黑尾鸥 *Larus crassirostris*	++	P	冬	▲
灰背鸥 *Larus schistisagus*	+++	P	冬	▲
灰翅鸥 *Larus glaucescens*	++	P	冬	▲
红嘴鸥 *Larus ridibundus*	+++	P	旅	▲
黑嘴鸥 *Larus saundersi*	+	P	夏	Ⅰ
棕头鸥 *Larus brunnicephalus* Jerdon	+	P	旅	▲
小鸥 *Larus minutus*	+	P	旅	Ⅱ
细嘴鸥 *Larus genei*	+	P	迷	▲
弗氏鸥 *Leucophaeus pipixcan*	+	P	迷	▲
灰翅浮鸥 *Chlidonias hybrida*	+++	C	夏	▲
白翅浮鸥 *Chlidonias leucopterus*	+	P	旅	▲
黑浮鸥 *Chlidonias niger*	+	P	旅	Ⅱ
鸥嘴噪鸥 *Gelochelidon nilotica*	+	C	旅	▲
红嘴巨燕鸥 *Hydroprogne caspia*	+	C	旅	▲
普通燕鸥 *Sterna hirundo*	+++	P	夏	▲
白额燕鸥 *Sterna albifrons*	+	P	夏	▲✿
黑枕燕鸥 *Sterna sumatrana*	+	O	旅	▲
三趾鸥 *Rissa tridactyla*	+	P	冬	▲
Ⅻ鸽形目 Columbiformes				
沙鸡科 Pteroclidae				
毛腿沙鸡 *Syrrhaptes paradoxus*	+	P	旅	▲
鸠鸽科 Columbidae				
岩鸽 *Columba rupestris*	+	P	留	▲
山斑鸠 *Streptopelia orientalis*	+	C	留	▲
灰斑鸠 *Streptopelia decaocto*	+++	C	留	▲
火斑鸠 *Streptopelia tranquebarica*	+	C	夏	▲
珠颈斑鸠 *Spilopelia chinensis*	++	O	留	▲

（续）

目、科、种及拉丁名	数量等级	区系类型	居留类型	保护级别
XIII 鹃形目 Cuculiformes				
杜鹃科 Cuculidae				
棕腹杜鹃 *Cuculus fugax*	+	O	夏	▲
四声杜鹃 *Cuculus micropterus*	+	C	夏	▲
大杜鹃 *Cuculus canorus bakeri*	++	C	夏	▲
鹰鹃 *Cuculus sparverioides*	+	O	夏	▲
中杜鹃 *Cuculus saturatus*	+	O	夏	▲
小杜鹃 *Cuculus poliocephalus*	+	C	夏	▲
小鸦鹃 *Centropus bengalensis*	+	C	夏	II
XIV 鸮形目 Strigiformes				
草鸮科 Tytonidae				
草鸮 *Tyto longimembris*	+	C	留	II
鸱鸮科 Strigidae				
领角鸮 *Otus bakkamoena*	+	C	留	II
普通角鸮 *Otus scops*	+	C	留	II
东方角鸮 *Otus sunia*	+	C	留	II
雕鸮 *Bubo bubo*	+	P	留	II
雪鸮 *Bubo scandiaca*	+	P	冬	II
鹰鸮 *Ninox scutulata*	+	C	留	II
纵纹腹小鸮 *Athene noctua*	+	P	留	II
长耳鸮 *Asio otus*	+	P	旅	II
短耳鸮 *Asio flammeus*	+	C	冬	II
灰林鸮 *Strix aluco*	+	P	留	II
长尾林鸮 *Strix uralensis*	+	P	留	II
鬼鸮 *Aegolius funereus*	+	P	留	II
XV 夜鹰目 Caprimulgiformes				
夜鹰科 Caprimulgidae				
普通夜鹰 *Caprimulgus indicus*	+	C	夏	II
XVI 雨燕目 Apodiformes				
雨燕科 Apodidae				
楼燕 *Apus apus*	+	P	夏	▲
白腰雨燕 *Apus pacificus*	+	C	夏	▲
白喉针尾雨燕 *Hirundapus caudacutus*	+	C	夏	▲
XVII 佛法僧目 Coraciiformes				

（续）

目、科、种及拉丁名	数量等级	区系类型	居留类型	保护级别
翠鸟科 Alcedinidae				
普通翠鸟 *Alcedo atthis*	+	C	夏	▲
蓝翡翠 *Halcyon pileata*	+	O	夏	▲✿
赤翡翠 *Halcyon coromanda*	+	O	迷	▲
冠鱼狗 *Megaceryle lugubris*	+	C	夏	
佛法僧科 Coraciidae				
三宝鸟 *Eurystomus orientalis*	+	C	旅	▲✿
戴胜科 Upupidae				
戴胜 *Upupa epops*	+++	C	留	▲
XVIII 䴕形目 Piciformes				
啄木鸟科 Picidae				
蚁䴕 *Jynx torquilla*	+	P	夏	▲✿
黑枕绿啄木鸟 *Picus canus*	+	C	留	▲✿
大斑啄木鸟 *Dendrocopos major*	+	P	留	▲✿
小斑啄木鸟 *Dendrocopos minor*	+	P	留	▲
白背啄木鸟 *Dendrocopos leucotos*	+	P	留	▲
棕腹啄木鸟 *Dendrocopos hyperythrus*	+	C	旅	▲✿
星头啄木鸟 *Dendrocopos canicapillus*	+	O	留	▲✿
黑啄木鸟 *Dryocopus martius*	+	P	留	▲
XIX 雀形目 Passeriformes				
百灵科 Alaudidae				
蒙古百灵 *Melanocorypha mongolica*	+	P	冬	▲
小沙百灵 *Calandrella rufescens cheleensis*	+++	P	留	
短趾百灵 *Calandrella cheleensis*	++	P	留	
凤头百灵 *Galerida cristata*	+	C	留	
云雀 *Alauda arvensis*	+++	P	冬	
小云雀 *Alauda gulgula*	+	P	旅	
角百灵 *Eremophila alpestris*	+	C	留	
燕科 Hirundinidae				
崖沙燕 *Riparia riparia*	+	P	旅	▲
家燕 *Hirundo rustica*	+++	P	夏	
岩燕 *Hirundo rupestris*	+	P	夏	
金腰燕 *Cecropis daurica*	++	C	夏	▲
烟腹毛脚燕 *Delichon dasypus*	+	C	夏	

（续）

目、科、种及拉丁名	数量等级	区系类型	居留类型	保护级别
毛脚燕 *Delichon urbica*	+	C	夏	
鹡鸰科 Motacillidae				
山鹡鸰 *Dendronanthus indicus*	+	C	夏	▲
黄鹡鸰 *Motacilla flava*	++	P	旅	▲
黄头鹡鸰 *Motacilla citreola*	+	C	旅	▲
灰鹡鸰 *Motacilla cinerea*	+	C	旅	▲
白鹡鸰 *Motacilla alba*	++	C	夏	▲
田鹨 *Anthus richardi*	+	C	夏	▲
布氏鹨 *Anthus godlewskii*	+	P	旅	▲
黄腹鹨 *Anthus rubescens*	++	P	旅	
树鹨 *Anthus hodgsoni*	+	P	旅	▲
红喉鹨 *Anthus cervinus*	+	P	旅	▲
水鹨 *Anthus spinoletta*	+	P	旅	▲
平原鹨 *Anthus campestris*	+	P	旅	▲
北鹨 *Anthus gustavi*	+	P	旅	▲
粉红胸鹨 *Anthus roseatus*	+	P	旅	
山椒鸟科 Campephagidae				
灰山椒鸟 *Pericrocotus divaricatus*	+	P	旅	▲
长尾山椒鸟 *Pericrocotus ethologus*	+	O	旅	▲
鹎科 Pycnonotidae				
白头鹎 *Pycnonotus sinensis*	+	O	旅	▲✿
太平鸟科 Bombycillidae				
小太平鸟 *Bombycilla japonica*	+	C	旅	▲
太平鸟 *Bombycilla garrulus*	+	C	旅	▲
伯劳科 Laniidae				
虎纹伯劳 *Lanius tigrinus*	+	P	夏	▲
牛头伯劳 *Lanius bucephalus*	+	P	夏	▲
红尾伯劳 *Lanius cristatus*	++	P	夏	▲
灰伯劳 *Lanius excubitor*	+	P	冬	▲
楔尾伯劳 *Lanius sphenocercus*	+	P	冬	▲✿
棕背伯劳 *Lanius schach*	+	O	留	▲
黄鹂科 Oriolidae				
黑枕黄鹂 *Oriolus chinensis*	+	O	夏	▲✿
卷尾科 Dicruridae				

（续）

目、科、种及拉丁名	数量等级	区系类型	居留类型	保护级别
黑卷尾 *Dicrurus macrocercus*	+	O	夏	▲
发冠卷尾 *Dicrurus hottentottus*	+	O	夏	▲
椋鸟科 Sturnidae				
北椋鸟 *Sturnus sturninus*	+	P	旅	▲✿
紫翅椋鸟 *Sturnus vulgaris*	+	P	旅	▲
灰椋鸟 *Sturnus cineraceus*	+++	P	留	▲
丝光椋鸟 *Sturnus sericeus*	+	O	迷	▲
鸦科 Corvidae				
喜鹊 *Pica pica*	++	P	留	▲
灰喜鹊 *Cyanopica cyanus*	+	P	留	
寒鸦 *Corvus monedula*	+	P	留	
达乌里寒鸦 *Corvus dauuricus*	+	P	旅	▲
秃鼻乌鸦 *Corvus frugilegus*	+	P	旅	▲
大嘴乌鸦 *Corvus macrorhynchos*	++	C	留	
小嘴乌鸦 *Corvus corone*	+	C	留	
渡鸦 *Corvus corax*	+	C	留	▲
红嘴山鸦 *Pyrrhocorax pyrrhocorax*	+	P	留	
松鸦 *Garrulus glandarius*	+	C	留	
星鸦 *Nucifraga caryocatactes*	+	P	留	
红嘴蓝鹊 *Urocissa erythrorhyncha*	+	O	留	
鹪鹩科 Troglodytidae				
鹪鹩 *Troglodytes troglodytes*	+	P	旅	
岩鹨科 Prunellidae				
领岩鹨 *Prunella collaris erythropygia*	+	P	留	
棕眉山岩鹨 *Prunella montanella*	+	P	冬	
鸫科 Turdidae				
红尾歌鸲 *Luscinia sibilans*	+	P	旅	
红喉歌鸲 *Luscinia calliope*	+	P	旅	▲
蓝喉歌鸲 *Luscinia svecica*	+	P	旅	▲
蓝歌鸲 *Luscinia cyane*	+	P	旅	▲
红胁蓝尾鸲 *Tarsiger cyanurus*	+	P	旅	▲
赭红尾鸲 *Phoenicurus ochruros*	+	P	旅	
北红尾鸲 *Phoenicurus auroreus*	+	P	旅	▲
红腹红尾鸲 *Phoenicurus erythrogastrus*	+	P	旅	

（续）

目、科、种及拉丁名	数量等级	区系类型	居留类型	保护级别
红尾水鸲 *Rhyacornis fuliginosus*	+	C	留	
黑喉石鸥 *Saxicola torquata*	++	C	旅	▲
白顶鸥 *Oenanthe hispanica pleschanka*	++	P	旅	
白背矶鸫 *Monticola saxatilis*	+	P	旅	
蓝头矶鸫 *Monticola cinclorhynchus*	+	P	旅	
白喉矶鸫 *Monticola gularis*	+	P	旅	
蓝矶鸫 *Monticola solitarius*	+	C	旅	
白眉地鸫 *Zoothera sibirica*	+	P	旅	▲
虎斑地鸫 *Zoothera dauma*	+	C	旅	▲
灰背鸫 *Turdus hortulorum*	+	C	旅	▲
白腹鸫 *Turdus pallidus*	+	P	旅	▲
白眉鸫 *Turdus obscurus*	+	P	旅	
赤颈鸫 *Turdus ruficollis*	+	P	旅	
斑鸫 *Turdus naumanni*	+	P	旅	▲
乌鸫 *Turdus merula*	+	C	旅	
宝兴歌鸫 *Turdus mupinensis*	+	P	旅	▲
橙头地鸫 *Geokichla citrina*	+	O	旅	
八色鸫科 Pittidae				
蓝翅八色鸫 *Pitta brachyura*	+	O	夏	II
文须雀科 Panuridae				
文须雀 *Panurus biarmicus*	+	P	冬	
鸦雀科 Paradoxornithidae				
棕头鸦雀 *Paradoxornis webbianus*	+++	C	留	
震旦鸦雀 *Paradoxornis heudei*	+	C	留	II
画眉科 Timaliidae				
山噪鹛 *Garrulax davidi*	+	P	留	
鹟科 Muscicapidae				
白眉姬鹟 *Ficedula zanthopygia*	+	P	旅	▲
黄眉姬鹟 *Ficedula narcissina*	+	P	旅	▲
鸲姬鹟 *Ficedula mugimaki*	+	P	旅	▲
红喉姬鹟 *Ficedula parva*	+	P	旅	▲
白腹姬鹟 *Cyanoptila cyanomelana*	+	P	旅	
乌鹟 *Muscicapa sibirica*	+	P	旅	▲
灰纹鹟 *Muscicapa griseisticta*	+	P	旅	▲

（续）

目、科、种及拉丁名	数量等级	区系类型	居留类型	保护级别
北灰鹟 *Muscicapa dauurica*	+	C	旅	▲
棕腹大仙鹟 *Niltava davidi*	+	C	旅	▲
方尾鹟 *Culicicapa ceylonensis*	+	O	旅	
寿带 *Terpsiphone paradisi*	+	O	夏	▲
王鹟科 Monarchidae				
紫寿带 *Terpsiphone atrocaudata*	+	P	旅	▲
莺科 Sylviidae				
斑胸短翅莺 *Locustella thoracica*	+	P	旅	
斑背大尾莺 *Megalurus pryeri*	+	P	旅	▲
小蝗莺 *Locustella certhiola*	+	P	旅	
北蝗莺 *Locustella ochotensis*	+	P	旅	▲
矛斑蝗莺 *Locustella lanceolata*	+	P	旅	
苍眉蝗莺 *Locustella fasciolata*	+	P	旅	▲
东方大苇莺 *Acrocephalus orientalis*	++	P	夏	▲
黑眉苇莺 *Acrocephalus bistrigiceps*	+	P	夏	▲
稻田苇莺 *Acrocephalus agricola*	+	P	夏	
远东苇莺 *Acrocephalus tangorum*	+	P	夏	▲
大苇莺 *Acrocephalus arundinaceus*	+	C	夏	
芦苇莺 *Acrocephalus scirpaceus*	+	P	夏	
细纹苇莺 *Acrocephalus sorghophilus*	+	P	夏	▲
厚嘴苇莺 *Acrocephalus aedon*	+	P	旅	
芦莺 *Phragamaticola aedon*	+	P	夏	
褐柳莺 *Phylloscopus fuscatus*	++	P	旅	▲
棕眉柳莺 *Phylloscopus armandii*	+	P	旅	▲
巨嘴柳莺 *Phylloscopus schwarzi*	+	P	旅	▲
黄眉柳莺 *Phylloscopus inornatus*	+++	P	旅	▲
黑眉柳莺 *Phylloscopus ricketti*	+	C	旅	▲
黄腰柳莺 *Phylloscopus proregulus*	++	P	旅	▲
四川柳莺 *Phylloscopus sichuanensis*	+	P	旅	▲
极北柳莺 *Phylloscopus borealis*	+	P	旅	▲
暗绿柳莺 *Phylloscopus trochiloides*	+	P	旅	▲
双斑绿柳莺 *Phylloscopus plumbeitarsus*	+	P	旅	
灰脚柳莺 *Phylloscopus tenellipes*	+	P	旅	▲
冕柳莺 *Phylloscopus coronatus*	+	P	旅	▲

（续）

目、科、种及拉丁名	数量等级	区系类型	居留类型	保护级别
淡眉柳莺 *Phylloscopus humei*	+	P	旅	
金眶鹟莺 *Seicercus burkii*	+	P	旅	▲
白眶鹟莺 *Seicercus affinis*	+	P	旅	▲
鳞头树莺 *Urosphena squameiceps*	+	P	旅	▲
扇尾莺科 Cisticolidae				
棕扇尾莺 *Cisticola juncidis*	+	C	旅	▲
山鹛 *Rhopophilus pekinensis*	+	P	留	
戴菊科 Regulidae				
戴菊 *Regulus regulus*	+	P	旅	▲
山雀科 Paridae				
银喉长尾山雀 *Aegithalos caudatus*	+	P	留	▲
大山雀 *Parus major*	+	C	留	▲
沼泽山雀 *Parus palustris*	+	P	留	▲
黄腹山雀 *Parus venustulus*	+	O	旅	▲
褐头山雀 *Parus montanus*	++	P	留	▲
煤山雀 *Periparus ater*	+	P	旅	
攀雀科 Remizidae				
中华攀雀 *Remiz consobrinus*	++	P	旅	
攀雀 *Remiz pendulinus*	+	P	旅	▲
绣眼鸟科 Zosteropidae				
红胁绣眼鸟 *Zosterops erythropleurus*	+	P	夏	▲
暗绿绣眼鸟 *Zosterops japonicus*	+	O	留	
文鸟科 Ploceidae				
树麻雀 *Passer montanus*	+++	C	留	
雀科 Passeridae				
燕雀 *Fringilla montifringilla*	++	P	冬	▲
金翅雀 *Carduelis sinica*	+	P	留	▲
黄雀 *Carduelis spinus*	++	P	旅	▲
白腰朱顶雀 *Carduelis flammea*	+	P	旅	▲
普通朱雀 *Carpodacus erythrinus*	+	P	旅	▲
北朱雀 *Carpodacus roseus*	+	P	冬	▲
红交嘴雀 *Loxia curvirostra*	+	P	旅	▲
白翅交嘴雀 *Loxia leucoptera*	+	P	旅	▲
长尾雀 *Uragus sibiricus*	+	P	冬	▲

（续）

目、科、种及拉丁名	数量等级	区系类型	居留类型	保护级别
黑头蜡嘴雀 Eophona personata	+	P	旅	▲
黑尾蜡嘴雀 Eophona migratoria	+	P	旅	▲
锡嘴雀 Coccothraustes coccothraustes	+	C	留	
燕雀科 Fringillidae				
灰腹灰雀 Pyrrhula griseiventris	+	P	冬	
鹀科 Emberizidae				
白头鹀 Emberiza leucocephalos	+	P	冬	▲
栗鹀 Emberiza rutila	+	P	旅	▲
栗耳鹀 Emberiza fucata	+	P	冬	▲
灰头鹀 Emberiza spodocephala	+	P	旅	▲
黄胸鹀 Emberiza aureola	+	P	旅	▲
黄喉鹀 Emberiza elegans	+	P	旅	▲
三道眉草鹀 Emberiza cioides	++	P	留	▲
栗斑腹鹀 Emberiza jankowskii	+	P	旅	▲
田鹀 Emberiza rustica	+	P	冬	▲
小鹀 Emberiza pusilla	++	P	旅	▲
黄眉鹀 Emberiza chrysophrys	+	P	旅	▲
白眉鹀 Emberiza tristrami	+	P	旅	▲
红颈苇鹀 Emberiza yessoensis	+	P	旅	▲
苇鹀 Emberiza pallasi	+	P	冬	▲
芦鹀 Emberiza schoeniclus	+	P	旅	▲
铁爪鹀 Calcarius lapponicus	+	P	冬	▲
河乌科 Cinclidae				
褐河乌 Cinclus pallasii	+	C	留	
鸤科 Sittidae				
黑头鸤 Sitta villosa	+	P	留	
普通鸤 Sitta europaea	+	P	留	
旋壁雀科 Tichidromidae				
红翅旋壁雀 Tichodroma muraria	+	P	留	
旋木雀科 Certhiidae				
旋木雀 Certhia familiaris	+	P	夏	

注：+++为优势种，++为普通种，+为少见种和稀有种；C为广布种，P为古北种，O为东洋种；留为留鸟，夏为夏候鸟，冬为冬候鸟，旅为旅鸟，迷为迷鸟；Ⅰ为国家一级重点保护动物，Ⅱ为国家二级重点保护动物；▲为国家保护有益的或者有重要经济科学研究价值的鸟类；✿为河北省重点保护鸟类。

至2020年，共观察记录到鸟类19目75科439种，其中迷鸟10种，国家Ⅰ级重点保护鸟类13种，国家Ⅱ级重点保护鸟类70种。

附录 Ⅲ

规划方案编制依据的法律法规、政策、文件

《生物多样性公约》（1992 年 6 月 5 日）

《湿地公约》（1971 年 2 月 2 日）

《中华人民共和国环境保护法》（2014 年 4 月 24 日）

《中华人民共和国野生动物保护法》（1988 年 11 月 8 日）

《中华人民共和国自然保护区条例》（1994 年 10 月 9 日发布，2017 年 10 月 7 日修订）

《中华人民共和国陆生野生动物保护实施条例》（2016 年 2 月 6 日）

国务院《关于加快推进水产养殖业绿色发展的若干意见》（2019 年 2 月）

《中国湿地保护行动计划》（2008 年 4 月 18 日）

《全国野生动植物保护及自然保护区建设工程总体规划》（2001 年 6 月）

《全国湿地保护工程规划（2004—2030)》（2004 年 2 月）

《全国湿地保护"十三五"实施规划》（2016 年 11 月）

《湿地保护管理规定》（2017 年 11 月 3 日）

《自然保护区总体规划技术规程（GB/T 20399—2006)》（2006 年 5 月 25 日）

《中共中央　国务院关于加快推进生态文明建设的意见》（2015 年 4 月 25 日）

《国务院办公厅关于印发湿地保护修复制度方案的通知》（国办发〔2016〕89 号）

《关于加快推进水产养殖业绿色发展的若干意见》（2019 年 1 月 11 日）

《农业部关于加快推进渔业转方式调结构的指导意见》（农渔发〔2016〕1 号）

《农业部关于推进渔业节能减排工作的指导意见》（2011 年 12 月 9 日）

《养殖水域滩涂规划编制工作规范》和《养殖水域滩涂规划编制大纲》（农渔发〔2016〕39 号）

《京津冀协同发展规划纲要》（2015 年 3 月）

《河北省湿地保护规划（2015—2030 年)》（2015 年 5 月 12 日）

《河北省湿地保护条例》（2016 年 9 月 22 日）

《河北省湿地保护修复制度实施方案》（河北省人民政府 2017 年 11 月 30 日）

《河北省湿地自然保护区规划（2018—2035 年)》（2018 年 9 月）

《河北唐海湿地和鸟类自然保护区总体规划（修编)》（2011 年 12 月）

《河北曹妃甸湿地和鸟类省级自然保护区规划（2018—2035 年)》（2018 年 8 月）

《曹妃甸湿地文化旅游度假区总体规划》（2013 年）

《唐山市曹妃甸区养殖水域滩涂规划（2018—2030 年)》（2018 年 12 月）

《河北省曹妃甸湿地和鸟类省级自然保护区湿地与鸟类栖息地维护方案（2019 年)》（2019 年 3 月）

《河北省级湿地和鸟类自然保护区养殖退出实施方案》（唐曹政办字〔2018〕23 号）

《关于建立野生动物保护三级联保机制工作方案》（唐曹政办字〔2017〕83 号）

《关于建立健全鸟类等野生动物保护工作长效管理机制的意见》（唐曹政办字〔2017〕56 号）

《唐山市曹妃甸区"绿盾 2017"自然保护区违法违规开发建设活动整改方案》（唐曹政字〔2018〕15 号）

《曹妃甸区现代农业"十三五"规划》（2015 年 12 月）

《建设项目经济评价方法与参数》（第三版）（2006 年 8 月）

《基本建设财务管理规定》（财建〔2002〕394 号）

《投资项目可行性研究指南（试用版）》（计办投资〔2002〕15 号）

《河北省建筑工程概算定额》（冀建质〔2005〕562 号）

《工程勘察设计收费管理规定》（国家计委、建设部计价格〔2002〕10 号）

《建设工程监理与相关服务收费管理规定》（发改价格〔2007〕670 号）

《建设项目环境影响咨询收费规定》（国家计委、国家环保总局计价格〔2002〕125 号）

《招标代理服务收费管理暂行办法》（计价格〔2002〕1980 号）

《稻田河蟹综合种养技术规范（DB13/T 324—2019）》（2019 年 7 月 4 日）

附录 Ⅳ

环渤海主要滨海湿地概况

湿地名称	批准时间	面积 （hm²）	地理坐标	湿地类型	保护对象	备注
黄河三角洲国家级 自然保护区	1992 年	15.3 万	118°33′00″—119°20′00″E， 37°35′00″—38°12′00″N	河口型 三角洲	新生湿地和 珍稀濒危鸟类	国家级
莱州湾南岸 滨海湿地	2006 年	25.46 万	118°32′00″—119°37′00″E， 36°25′00″—37°19′00″N	滨海湿地	迁徙鸟类中转站、 栖息地	市级
长岛国家级 自然保护区	1985 年	5 015.2	120°35′58″—120°56′35″E， 37°53′20″—38°23′58″N	海岛型	迁徙猛禽为主	国家级
南大港湿地	2002 年	9 800	117°18′15″—117°38′17″N， 38°23′35″—38°33′44″E	复合型 滨海湿地	湿地生态系统， 珍稀候鸟	省级
海兴湿地	2005 年	16 800	117°35′00″—117°46′00″E， 38°07′00″—38°17′00″N	复合型 滨海湿地	生态系统和迁徙鸟类	省级
北戴河湿地和 鸟类自然保护区	1990 年	3 081		滨海城市 湿地	候鸟为主体的珍稀鸟类	市级
昌黎黄金海岸湿地	1990 年	30 000	119°11′00″—119°37′00″E， 39°27′00″—39°41′00″N	海滩 生态系统	文昌鱼、沙丘海岸、 潟湖、鸟类	国家级
滦河口湿地		31 900	119°07′00″—119°23′00″E， 39°20′00″—39°32′00″N	河口三角洲	黑嘴鸥等鸟类、文昌鱼	拟建
曹妃甸湿地和鸟类 省级自然保护区	2005 年	11 064	39°09′24″—39°14′28″N， 118°15′42″—118°23′24″E	复合型 滨海湿地	东方白鹳等珍稀水鸟类	省级
北大港湿地	2001 年	44 240	38°36′00″—38°57′00″N， 117°11′00″—117°37′00″E	复合型 滨海湿地	湿地生态系统及鸟类	市级
天津古海岸与湿地 国家级自然保护区	2009 年	35 913	117°14′00″—117°46′34″E， 38°33′40″—39°32′02″N	古海岸、 潟湖	贝壳堤、牡蛎礁古 海岸和潟湖	国家级
双台子河口湿地	1988 年	81 000	121°30′00″—122°00′00″E， 40°45′00″—41°10′00″N	河口型	丹顶鹤等珍稀濒危鸟类	国家级
大连斑海豹国家级 自然保护区	2016 年	561 975	120°50′00″—121°55′50″E， 38°55′00″—40°05′00″N	沿海 浅海型	斑海豹	国家级
辽宁蛇岛老铁山 国家级自然保护区	1994 年	9 072	蛇岛 38°56′28″—38°57′41″N， 120°58′00″—120°59′15″E； 老铁山 38°43′16″—38°57′53″N， 121°2′30″—121°15′04″E	海岛与 岩石海岸	蛇岛蝮与候鸟	国家级

（续）

湿地名称	批准时间	面积（hm²）	地理坐标	湿地类型	保护对象	备注
大连四湾滨海湿地		101 260	121°05′00″—121°45′00″E，38°55′00″—39°50′00″N	滨海沼泽湿地	珍稀鸟类	
凌海滨海湿地	2005 年	79 310	121°00′00″—121°30′00″E，40°45′00″—41°00′00″N	滨海沼泽湿地	丹顶鹤等鸟类	市级
六股河口湿地	2006 年	56 280	120°00′00″—120°35′00″E，40°05′00″—40°25′00″N	河口/滨海沼泽湿地	丹顶鹤、灰鹤等珍稀鸟类	县级

注：截至 2020 年底。

后 记

历时三载，笔耕不辍。写到结尾，心中有一种如释重负的感觉，且有一种无比喜悦的心情。在本书即将付梓之际，思绪万千，这是千头万绪的释然，也是新征程的开始！此时此刻，回归性思考涌上脑海，仍有几点感受和期盼记录下来且为后记。

1. "绿水青山就是金山银山"理念指引我们发展前行

习近平总书记在十九大报告中指出，坚持人与自然和谐共生，必须树立和践行"绿水青山就是金山银山"的理念，坚持节约资源和保护环境的基本国策。现在我们生存的环境已经被我们无意识地污染和破坏，如果不采取有效措施尽快维护治理，任其继续遭受更严重的破坏，那么无需太长时间，包括人类在内的一切生命将会逐渐消失殆尽。所以，每一个人保护自然生态环境其实就是保护我们生存的家园。我们要按照绿色发展理念，树立大局观、长远观、整体观，坚持保护优先，把生态文明建设融到经济建设、政治建设、文化建设、社会建设的各个方面，建设美丽中国、开创社会主义生态文明新时代。

2018 年，河北省政府为贯彻落实习近平总书记的治国理念，颁布了《河北省湿地自然保护区规划（2018—2035 年）》和《河北省级湿地和鸟类自然保护区养殖退出实施方案》。习近平总书记的理念指引着我们发展、前行，也是笔者执笔立作的动力之源。我们学习习近平总书记关于"绿水青山就是金山银山"的重要理念，就是要在今天更加自觉地加快生态文明建设，推进绿色低碳发展，让我们美丽的绿水青山成为取之不尽、用之不竭的宝藏，为实现中华民族伟大复兴的中国梦谱写绿色新篇章。

2. 滨海湿地生态维护行动是湿地保护理论的实践性探索

本书针对我国北方环渤海沿岸湿地最集中的分布区，主要对山东省域的黄河三角洲湿地、莱州湾南岸滨海湿地和庙岛群岛滨海湿地，天津市的古海岸滨海湿地和北大港滨海湿地，河北省域的沧州段滨海湿地、唐山段滨海湿地和秦皇岛段滨海湿地，辽宁省的辽东湾底部双台子河口滨海湿地和大连段的斑海豹滨海湿地等进行了生态特征、生物资源、湿地类型、人为干预程度、生态脆弱性等方面的比较，分析了滨海湿地的退化成因、湿地的恢复理论与技术、外来生物入侵与防控；并先行先试制定了 7 种不同湿地类型下生态维护与退养还湿实施方案，同时通过调查证实了鸟类保护的良好效应。这是以曹妃甸湿地为例，科学性、全面性开展的滨海湿地生态维护理论探索与创新实践，以期为其他滨海湿地的维护行动提供技术支撑和有益的参考。

2018 年，笔者完成《曹妃甸养殖水域滩涂规划（2018—2030 年）》，以"创新、协调、绿色、开放、共享"五大发展理念为引领，结合本地经济发展和生态保护需要，全面分析曹妃甸区海洋渔业发展现状和存在问题，科学评价水域滩涂资源禀赋和环境承载力，科学划定各类养殖功能区，明确三区（禁养区、限养区、养殖区）四至范围，合理规划水产养殖布局，提出曹妃甸区水域滩涂发展的总体目标、重点任务、发展思路、政策措施等，稳定基本养殖水域，确保水产品稳定供给和生态环境安全，实现"提质增效、减量增收、绿色发展、富裕渔民"的发展目标，形成人与自然和谐、经济与社会持续发展的海洋渔业生产体系。同时，明确三区，保护湿地水域生态环境免受其他人类活动的干扰和破坏，为湿地的保护和可持续利用提供政策性保障。

3. 保护意识和维护能力是当前湿地永续发展的生命线

在生态保护活动中，各地区对湿地的保护措施五花八门，大多数缺少科学的规划和合理的保护方案。近年来，全国各地的湿地维护存在较多问题：一是保护意识不足，导致敷衍了事、搁置观望。二是简单粗暴、高筑坝蓄满水地盲目保护，导致生态类型单一，芦苇草甸被淹没，鸟儿飞离；有的自然搁置，缺少水的供给，导致湿地干涸或盐渍化。三是维护能力不足，体现在人力、技术、管理、资金等方面的缺失，放之任之。长此以往，湿地的功能将会逐渐丧失。因此，保护意识和维护能力是当前湿地永续发展的生命线。

湿地的维护大大依赖于人力、技术、管理、资金等方面的输入。如今，湿地多数被大型设施、城市、农村、耕地、水产养殖场区等包围或占用，如果没有人为管理维护和水的供给，多数小型湿地会干涸或盐渍化。所以，人力投入和维护管理是至关重要的。同时，要尊重湿地科学，以不同湿地类型特征为基础依据，建立一整套科学的技术方案和管理机制，全力支撑湿地保护工程。在资金方面，以政府专项资金为主＋社会融资＋使用税收等多渠道投入机制，为湿地的维护实施提供多渠道资金保障。

4. 曹妃甸湿地永远是区域发展的重要资源

自 1956 年开始的围海垦殖，拉开了曹妃甸开发的序幕。自此，大面积的天然湿地被稻田、养殖池塘、人工苇田和盐田等人工湿地取代。20 世纪 80—90 年代至今，以芦苇沼泽为代表的天然湿地相对萎缩，海淡水养殖扩展到 20 多万亩，滩涂面积减少，以鸟类资源为主的生物多样性逐年弱化。为了进行抢救性保护，2005 年 9 月，河北省人民政府批准建立了河北曹妃甸湿地和鸟类省级自然保护区。

经过半个多世纪的湿地人工改造，湿地功能流转，也记录下时代的变迁和生态资源利用的足迹，它既是东亚—澳大利西亚鸟类迁徙的重要驿站和通道，也是我国东部沿海候鸟南北迁徙的重要驿站；同时曹妃甸被评为"中国丰年虫之乡""中国东方对虾之乡"和"中国红皮海蜇之乡"，这里成为我国水产养殖重镇，并且长期地、不断地发挥着湿地的重要作用。几十年来，中国水产科学研究院黄海水产研究所赵法箴院士、雷霁霖院士、杨丛海副所长、原国家海洋局第一海洋研究所孙修勤研究员以及曹妃甸区王晓谦、刘东坡、李全江、郑文忠、高儒林、王云鹏、李学军、王术庆等人在芦苇移栽、稻田水系建设、湿地维护、鸟类保护、水生动物增养殖实践中做出了积极努力和突出贡献。本书涵盖的丰富内容和资料，是前辈们数十年的工作积累和研究成果。

5. 坚持在保护中发展、在发展中保护

曹妃甸湿地是人工湿地，它的维护如何进行，没有太多先例和经验参考。大水漫灌形式的保护会导致生态单一、芦苇草甸淹没、鸟儿飞离；自然搁置形式的保护缺少水的供给，会导致湿地盐渍化。这种死保护、保护死的局面，亟待解决。

本书在湿地生态维护理论的基础上，对保护区七种湿地类型制定了湿地维护、退养还湿、生态种养的规划方案，并付诸实施；创新性地设计了鱼虾蟹混养、水循环＋生物链双循环，构建鱼鸟共生系统和以卤虫为核心的湿地生态维护系统，实现了人工湿地保湿属性、水系循环、生物多样性增加和保障鸟类食物充足等生态功能。事实证明，这一系统中生物多样性丰富、鸟的丰度逐步增加，系统生态功能明显提升。

坚持在保护中发展、在发展中保护，经济发展不应是对自然资源和生态环境的竭泽而渔，生态环境保护也不应是舍弃经济发展的缘木求鱼。目前，针对七种湿地类型制定的湿地维护、退养还湿、生态种养的实施方案正在推行当中，其效果将交给时间来验证。由此建议，每2～3年进行专家评估，评判湿地维护、退养还湿的成效及湿地生态系统的健康水平和演替走向。

在未来，我们期许人与湿地和谐相处，让湿地发挥其应有的功能，为生态平衡和人类持续发展提供保障。湿地是地球之肾，面对它的演变、生境健康、功能作用，我们仍需不断探索，永无止境；湿地是一把尺子，它时刻度量着我们人类的保护力度和精细化管理水平；湿地是一面镜子，折射出我们对大地的爱戴和敬畏！

宋代欧阳修诗曰：

百啭千声随意移，山花红紫树高低。

始知锁向金笼听，不及林间自在啼。

曹妃甸湿地就是鸟的家园。我们期盼湿地永远熠熠生辉，永远呈现植物繁盛、百鸟翔集、人水和谐的壮景。"鹰击长空，鱼翔浅底，万类霜天竞自由"，我们期盼未来更加美好！

图书在版编目（CIP）数据

滨海湿地生态维护的理论与实践：以曹妃甸湿地为例 / 王印庚，陈克林，李学军主编 . —北京：中国农业出版社，2023.1

ISBN 978 - 7 - 109 - 30356 - 0

Ⅰ.①滨… Ⅱ.①王… ②陈… ③李… Ⅲ.①海滨—沼泽化地—生态环境—环境保护—研究—唐山 Ⅳ.①P942.223.78

中国国家版本馆 CIP 数据核字（2023）第 005654 号

中国农业出版社出版

地址：北京市朝阳区麦子店街 18 号楼

邮编：100125

责任编辑：王金环　蔺雅婷　李雪琪　　文字编辑：郝小青

版式设计：书雅文化　　责任校对：赵　硕

印刷：中农印务有限公司

版次：2023 年 1 月第 1 版

印次：2023 年 1 月北京第 1 次印刷

发行：新华书店北京发行所

开本：787mm×1092mm　1/16

印张：36.5　　插页：1

字数：935 千字

定价：298.00 元